ΣBEST シグマベスト

完全理解 知識を深め 考える力を育む

小学算数

小学3～6年

前田卓郎
黒田耕平
共編著

文英堂

知識を深め 考える力を育む

完全理解 小学算数

前田卓郎
黒田耕平
共編著

文英堂

この本の構成と使い方

この本は，中学入試に必要な算数の内容を，学習しやすいよう５つの編にまとめています。くわしい解説と豊富な入試問題で，合格への実力をつけることができます。

1 まとめページで基本を確認する

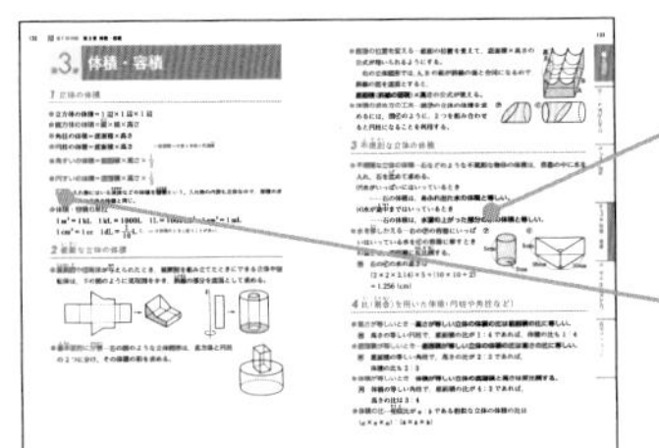

各章の初めに，その章で必要となる重要事項をまとめて紹介しています。

注意 参考 などの補足事項も必要に応じて示しています。

2 例題と練習問題で理解を深める

基本的な内容から中学入試に対応できる内容まで，いろいろなタイプの例題を取り上げ，考え方，解き方をわかりやすく解説しています。

例題のレベルを「基本」「標準」「応用」の３段階で表示していますので，再確認のときに役立ちます。

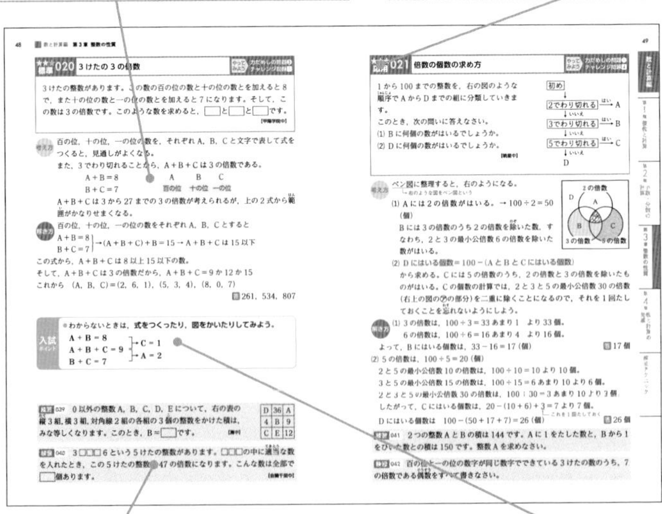

例題ごとに載せた類題で，学習した内容をすぐに定着させられます。

必要に応じて「入試ポイント」として大切なことがらを書き出しました。

3 問題&解法テクニックで入試の対策をする

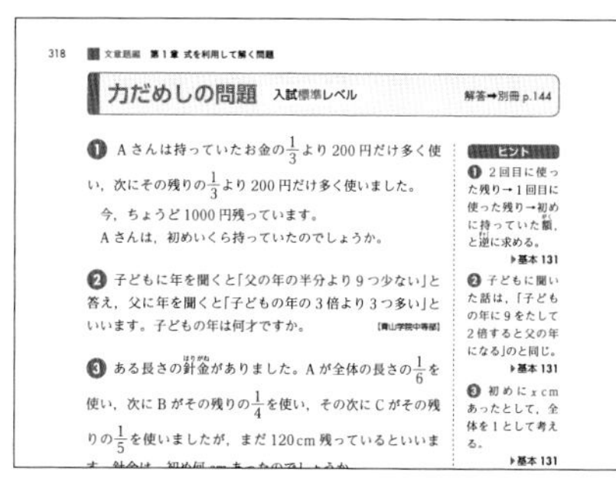

318 文章題編 第1章 式を利用して解く問題

力だめしの問題 入試標準レベル 解答➡別冊 p.144

❶ Aさんは持っていたお金の$\frac{1}{3}$より200円だけ多く使い，次にその残りの$\frac{1}{3}$より200円だけ多く使いました。
今，ちょうど1000円残っています。
Aさんは，初めいくら持っていたのでしょうか。

❷ 子どもに年を聞くと「父の年の半分より9つ少ない」と答え，父に年を聞くと「子どもの年の3倍より3つ多い」といいます。子どもの年は何才ですか。 〔青山学院中等部〕

❸ ある長さの針金がありました。Aが全体の長さの$\frac{1}{6}$を使い，次にBがその残りの$\frac{1}{4}$を使い，その次にCがその残りの$\frac{1}{5}$を使いましたが，まだ120cm残っているといいます。

ヒント
❶ 2回目に使った残り→1回目に使った残り→初めに持っていた額，と逆に求める。 ▶基本131
❷ 子どもに聞いた話は，「子どもの年に9をたして2倍すると父の年になる」のと同じ。 ▶基本131
❸ 初めにxcmあったとして，全体を1として考える。 ▶基本131

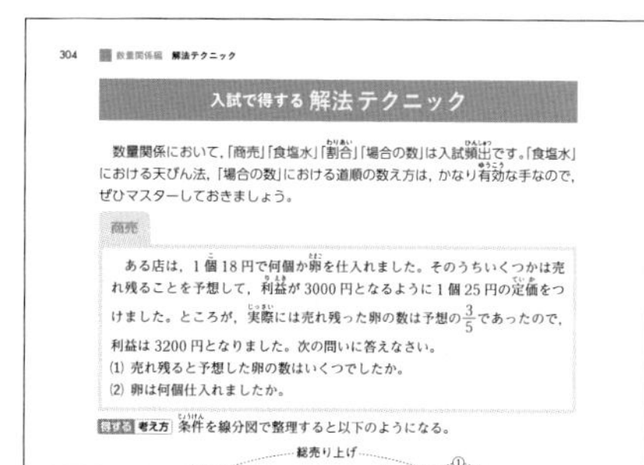

304 数量関係編 解法テクニック

入試で得する 解法テクニック

数量関係において，「商売」「食塩水」「割合」「場合の数」は入試頻出です。「食塩水」における天びん法，「場合の数」における道順の数え方は，かなり有効な手なので，ぜひマスターしておきましょう。

商売

ある店は，1個18円で何個か卵を仕入れました。そのうちいくつかは売れ残ることを予想して，利益が3000円となるように1個25円の定価をつけました。ところが，実際には売れ残った卵の数は予想の$\frac{3}{5}$であったので，利益は3200円となりました。次の問いに答えなさい。
(1) 売れ残ると予想した卵の数はいくつでしたか。
(2) 卵は何個仕入れましたか。

得する 考え方 条件を線分図で整理すると以下のようになる。

章末 力だめしの問題

標準レベルの入試問題です。解法を身につけた後は，どれくらい力がついたか，テストしてみましょう。「ヒント」やもとになる例題番号を載せていますので，解法を再確認することができます。

チャレンジ問題

ハイレベルな入試問題をまとめています。これまでの知識を使ってチャレンジしましょう。とくに難しい問題には★をつけています。

編末 入試解法テクニック

各編末には，知っていると入試で有利になる「解法テクニック」を掲載しています。中学入試ならではの考え方にもしっかり対応できます。

4 巻末のテストで最終仕上げ

中学入試 総仕上げテスト

本の終わりには，模擬テスト形式の問題を5回分載せてあります。決められた時間を守り，実際に中学の入学試験を受けているつもりで，合格点を目指して取り組んでください。

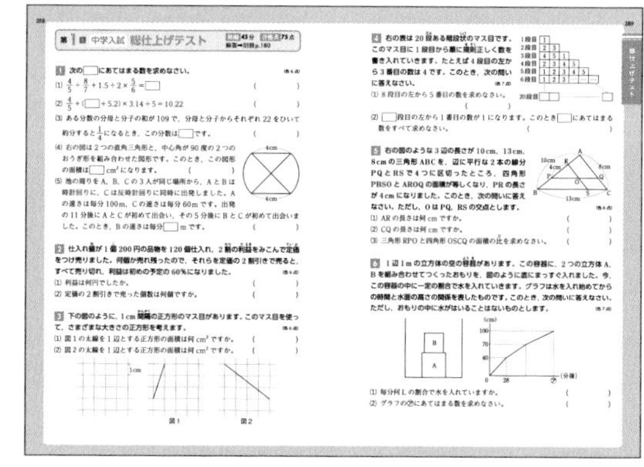

第1回 中学入試 総仕上げテスト

もくじ

数と計算編

量と測定編

文章題編

数と計算編

第1章 整数と計算

1 整数と十進数

- **自然数と整数**… 1，2，3，…の数を**自然数**といい，これに 0 を加えた数を整数という。
- **十進数**…整数などのように，0 から 9 までの 10 個(こ)の数字を用いて 10 倍ごとに位を変えて表した数を**十進数**という。
- **十進数の特徴(とくちょう)**…十進数は数を **10 倍**，**100 倍**，…すると，もとの数の小数点が右へ 1 けた，2 けた，…移(うつ)り，$\frac{1}{10}$，$\frac{1}{100}$，…にすると，もとの数の小数点が左へ 1 けた，2 けた，…移る。

2 記数法

- **十進法**… 1 が 10 個集まると 10，10 が 10 個集まると 100 のように，各単位の数が 10 になると新しい単位におきかえる**十進**の考えと，単位を位置のちがいで表す**位取り**の考えで表す。このような数の表し方を**十進法**という。
- **十進法の位取り**…

4	2	0	6	4	3	7	5	9	0	0	2	0	6
十兆	一兆	千億	百億	十億	一億	千万	百万	十万	一万	千	百	十	一

3 整数のたし算・ひき算

- **たし算**…**加法**ともいう。たし算の答えを**和**という。

例　48　＋　26　＝　74
たされる数　たす数　和

▶筆算では同じ位の数字をそろえて書く。
▶一の位から順に，上の位へ計算する。

- **ひき算**…**減法(げんぽう)**ともいう。ひき算の答えを**差**という。

例　92　－　48　＝　44
ひかれる数　ひく数　差

▶筆算では同じ位の数字をそろえて書く。
▶たし算と同じように，一の位から順に，上の位へ計算する。

〔筆算〕

$$\begin{array}{r} 48 \\ +\,26 \\ \hline 74 \end{array} \qquad \begin{array}{r} 92 \\ -\,48 \\ \hline 44 \end{array}$$

〔確かめ〕

たし算　26 ＋ 48 ＝ 74
　　　　74 － 26 ＝ 48
ひき算　92 － 44 ＝ 48
　　　　44 ＋ 48 ＝ 92

4 整数のかけ算・わり算

●**かけ算**…**乗法**ともいう。かけ算の答えを積という。

例　23　×　32　＝　736
かけられる数　かける数　積

〔23 × 32 の筆算〕

```
   23
 × 32
 ----
   46 … 23 × 2 = 46
  69  … 23 × 30 = 690
 ----
  736
```

●**わり算**…**除法**（じょほう）ともいう。わり算の答えを商という。

例　368　÷　23　＝　16
わられる数　わる数　商

例　254　÷　18＝　14 あまり 2
わられる数　わる数　商　あまり

〔368 ÷ 23 の筆算〕

```
       16
 23 ) 368
      23
     ----
      138
      138
     ----
        0
```

●**確**（たし）**かめ**

▶かけ算の確かめは

積÷かける数＝かけられる数

になればよい。

(上の例では 736 ÷ 32 ＝ 23)

▶あまりのないわり算の確かめは

わる数×商＝わられる数　または　**商×わる数＝わられる数**

(上の例では 23 × 16 ＝ 368)

▶あまりのあるわり算の確かめは

わる数×商＋あまり＝わられる数

(上の例では 18 × 14 ＋ 2 ＝ 254)

確かめのことを**検算**（けんざん）ともいう。

5 整数の四則（しそく）計算

●**四則**…たし算（加法），ひき算（減法），かけ算（乗法），わり算（除法）をまとめて，**四則**という。

●**四則の基本型**（きほんけい）**と関係式**

たし算　$a+b=c$　$\boldsymbol{a=c-b}$　$\boldsymbol{b=c-a}$

ひき算　$a-b=c$　$\boldsymbol{a=c+b}$　$\boldsymbol{b=a-c}$

かけ算　$a\times b=c$　$\boldsymbol{a=c\div b}$　$\boldsymbol{b=c\div a}$

わり算　$a\div b=c$　$\boldsymbol{a=c\times b}$　$\boldsymbol{b=a\div c}$

6 □やxを求める

- **逆算**…四則の基本型と関係式(前ページ参照)を利用して，逆に計算するしかたを**逆算**という。なお，$b=a-c$，$b=a\div c$ の式に注意する。
- **未知数を求める**…□や x（これを**未知数**という）もわかっているものとして，計算の順序を決め，逆算して未知数を求める。

7 等号と不等号

大きさが等しいことを示す記号として「＝」を用い，これを**等号**という。また，大きさの大小を示す記号を**不等号**といい，「＞」や「＜」を用いる。不等号を用いると，２数の間の大小関係を示すことができる。

〔等号・不等号の使い方〕

- ６は４より大きい→$6>4$
- $6+4$ は 2×5 に等しい →$6+4=2\times5$
- x は６よりも大きく，14よりも小さい→$6<x<14$

8 等式のきまり

- **等式の，両側に同じ数をたしても，両側から同じ数をひいても等号は成り立つ。**

  例　$4\times6=3\times8$　→　$4\times6+3=3\times8+3$

- **等式の，両側に同じ数をかけても，両側を０でない同じ数でわっても等号は成り立つ。**

  例　$10\times4=8\times5$ → $10\times4\times3=8\times5\times3$

9 計算の法則

- **交換の法則**…たし算・かけ算では，前後の数を入れかえても，和・積は変わらない。

  例　$4+5=5+4$　　$3\times6=6\times3$

- **結合の法則**…たし算・かけ算では，どの２つを先に組み合わせても，その和・積は変わらない。

  例　$(1+2)+3=1+(2+3)$

  $(5\times4)\times3=5\times(4\times3)$

- **分配の法則**…２つの数の和(差)との積は，２つの数それぞれとの積の和(差)と等しい。

  例　$(60+5)\times6=60\times6+5\times6$

$a+b=b+a$

$a\times b=b\times a$

$(a+b)+c=a+(b+c)$

$(a\times b)\times c=a\times(b\times c)$

$(a+b)\times c=a\times c+b\times c$

$(a-b)\times c=a\times c-b\times c$

10 計算の順序

次のきまりにしたがって計算する。

● 普通左から順に計算する。

● かけ算・わり算は，たし算・ひき算よりも先に計算する。

例 $\underline{6\times3}+\underline{20\div4}=18+5$　（先に計算）
$=23$

$14-\underline{48\div8}+3=14-6+3$　（先に計算）
$=8+3$
$=11$

● かっこの中は先に計算する。

例 $100-\{50-(\underline{40-25})\}=100-(50-15)$　（これを計算）
$=100-35$　（次にこれを計算）
$=65$

11 計算の工夫

結合の法則や交換の法則，分配の法則を用いてうまく計算することができる。

● たし算やかけ算の計算で，交換の法則をうまく使う。

例 $35+40+65=\underline{35+65}+40$
$=100+40$
$=140$

$25\times6\times4=\underline{25\times4}\times6$
$=100\times6$
$=600$

● たし算とひき算の混じった計算では，たす数の和からひく数の和をひいても答えは変わらない。

● かけ算とわり算の混じった計算では，かける数，わる数の順序を変えて計算しても答えは変わらない。

● かけ算の計算で，分配の法則をうまく使う。

例 $8\times\underline{314}+17\times\underline{314}=(8+17)\times314$　（同じ数）
$=25\times314$
$=100\div4\times314$
$=100\times314\div4$
$=7850$

● たし算やかけ算の計算で，結合の法則をうまく使う。

例 $59+47+43=59+(47+43)$
$=59+90$
$=149$

$163\times25\times4=163\times(25\times4)$
$=163\times100$
$=16300$

★★★ 基本 001 たし算・かけ算の法則(ほうそく)

やってみよう 力だめしの問題❷ チャレンジ問題1

次の計算では，交換(こうかん)の法則，結合の法則，分配の法則のうち，それぞれ何という計算の法則が使われていますか。

(1) $7+13=13+7=20$

(2) $4\times38=38\times4=152$

(3) $13+63+37=13+100=113$

(4) $46\times102=46\times100+46\times2=4600+92=4692$

(5) $68\times12+32\times12=(68+32)\times12=100\times12=1200$

考え方 3つの法則がある。

- **交換の法則** $a+b=b+a$（たし算）
  $a\times b=b\times a$（かけ算）
- **結合の法則** $(a+b)+c=a+(b+c)$（たし算）
  $(a\times b)\times c=a\times(b\times c)$（かけ算）
- **分配の法則** $(a+b)\times c=a\times c+b\times c$
  または
  $a\times c+b\times c=(a+b)\times c$

注意 たし算では交換の法則が使えるが，ひき算では使えない。
かけ算では交換の法則が使えるが，わり算では使えない。

解き方

(1) 交換の法則 …答

(2) 交換の法則 …答

(3) $13+63+37=13+(63+37)$
$=13+100$
結合の法則 …答

(4) $46\times102=46\times(100+2)$
$=46\times100+46\times2$
分配の法則 …答

(5) 分配の法則 …答

練習 001 次の計算を工夫してしなさい。

(1) $458-140+642$

(2) $934-350-134$

(3) $46\times25\times4$

(4) $125\times93\times8$

(5) $46000\div50\div20$

(6) $62\times10+38\times10$

(7) $8\times8\times314-2\times2\times314$

(8) $48\times125-23\times125+5\times125$

★★★ 基本 002 計算の順序

やってみよう 力だめしの問題③ チャレンジ問題⑤

次の計算をしなさい。

(1) $40-18\div3$　　(2) $80+40\div8-3\times6$

(3) $32+2\times(27-19)$　　(4) $30-4\times(3+24\div6)$

×や÷はまとめて先に計算する。(　)の中も1つのまとまりとみて，先に計算しておく。

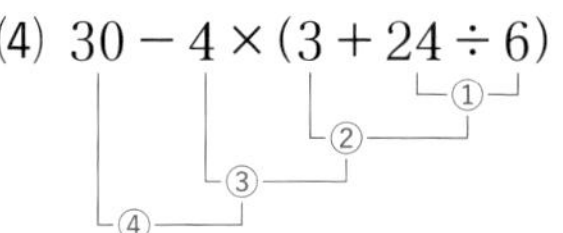

(1) $40-18\div3=40-6$
$=34$ …答

(2) $80+40\div8-3\times6=80+5-18$
$=85-18$
$=67$ …答

(3) $32+2\times(27-19)=32+2\times8$
$=32+16$
$=48$ …答

(4) $30-4\times(3+24\div6)=30-4\times(3+4)$
$=30-4\times7$
$=30-28$
$=2$ …答

練習 002 次の計算をしなさい。

(1) $25-3\times6$

(2) $310\times5+130\times6$

(3) $950-340+165\div5$

(4) $540-320\div5\times8$

(5) $363-(32+23\times8)$

(6) $16\times3-(46-4\times6)\div2$

(7) $(8-6)\times6-4+(6+3)\div3\times2-1$

(8) $60\div12\times5-(87-36)\div17$

★★★ 基本 003 ( )と{ }と〔 〕のある式の計算

やってみよう 力だめしの問題④ チャレンジ問題⑤

次の計算をしなさい。

(1) $36-\{26-4\times(7-2)\}$

(2) $450\div[30-\{20-(6-1)\}]$

計算の順序(じゅんじょ)は，( )の中→{ }の中→〔 〕の中　の順にする。
また，それぞれのかっこの中ではこれまでと同じように，×と÷の計算を＋，－の計算より先にする。

(1) $36-\{26-4\times(7-2)\}$ ①→②→③→④

(2) $450\div[30-\{20-(6-1)\}]$

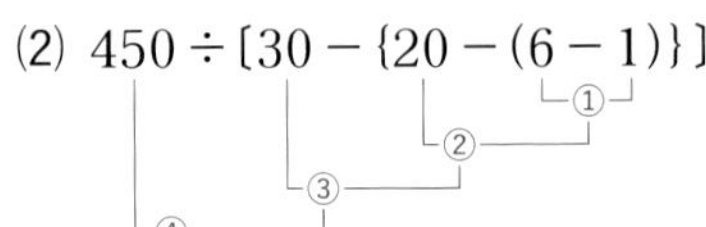

解き方

(1) $36-\{26-4\times(7-2)\}=36-(26-4\times5)$
$=36-(26-20)$
$=36-6$
$=30$ …答

(2) $450\div[30-\{20-(6-1)\}]=450\div\{30-(20-5)\}$
$=450\div(30-15)$
$=450\div15$
$=30$ …答

練習 003 次の計算をしなさい。

(1) $\{(8+20)\div7-2\}\times5$

(2) $420-\{83-(60-48)\div3\}$

(3) $(48\div8+3)\times4-\{16\times2-(18-8\div2)\}$

(4) $15-[7-\{(21+9)\div6-3\}]$

(5) $[80-\{(12+6)\times5\div3+8\}]\div7$

(6) $18+[\{56-(15-8)\times6\}\div7+18]\times6$

練習 004 次の計算をしなさい。

(1) $50-(10+15\times2)\div4$

(2) $180\div\{4\times(15-12\div2)\}$

(3) $[\{30-(16-8)\}\times5+20]\div5$

★★★ 標準 004 逆算(ぎゃくさん)で□の中の数を求める

やってみよう 力だめしの問題9 チャレンジ問題3

次の□にあてはまる数を書きなさい。

(1) 48＋(240－□)÷5＝60

(2) {414－(63＋24×3－65÷□)}÷4＝71

(3) 〔200－{36＋(□＋28)÷3}×2＋45〕÷9＝15

考え方 □に数があるものとして計算の順序を考え，その順序と逆に計算していく。

解き方 (1) (240－□)÷5＝12

240－□＝60

□＝180…答

(2) 414－(135－65÷□)＝284

135－65÷□＝130

65÷□＝5　　□＝13…答

(3) 200－{36＋(□＋28)÷3}×2＋45＝135

{36＋(□＋28)÷3}×2＝110

36＋(□＋28)÷3＝55

(□＋28)÷3＝19

□＋28＝57　　□＝29…答

練習 005 次の□にあてはまる数を書きなさい。

(1) 240－(□－13×14)＝222　　(2) (12＋13×□＋24)÷7＝20

(3) 70＋(310－□)÷5＝100　　(4) 1620÷(652－□×16)＝3

練習 006 次の□に1から9までの整数を書き入れて，どの式も成り立つようにしたいと思います。□を正しくうめなさい。ただし，それぞれの式の2つの□には，異(こと)なる整数がはいります。

(1) □×2＋□÷3＝10　　(2) 5＋□－3×□＝10

(3) 7×□－4×(□×5＋3)＝10

練習 007 次の問いに答えなさい。

(1) 38をある整数でわったところ，商の小数部分が0.75となりました。この整数はいくつですか。

(2) ある数に7をかけるところを，まちがえて70をかけたので，正しい答えより756大きくなってしまいました。正しい答えはいくつですか。

力だめしの問題 入試標準レベル

解答➡別冊 p.3

1 ある整数を8でわると商が24で，あまりが出ました。同じ整数を6でわるとあまりが前のときと同じ数になりました。

(1) この整数を6でわったときの商はいくらですか。

(2) 初めのわられる整数として考えられるものをすべて求めなさい。 【慶應中等部】

2 1年間の日付を考えたときに，
(月の数)を(日の数)でわったときのあまりを

【(月の数) / (日の数)】

で表し，(日の数)を(月の数)でわったときのあまりを

《(月の数) / (日の数)》

で表すことにします。

たとえば，4月13日の場合

【4/13】＝4，《4/13》＝1

となります。

(1) 【4/ ア 】＝【8/ ア 】となるような ア にあてはまる数は何個（なんこ）ありますか。

(2) 《3/ イ 》＝《4/ イ 》＝《6/ イ 》となるような イ にあてはまる数は何個ありますか。 【四天王寺中】

3 3つの数A，B，Cについて

A×B＋B×C－C×A

を(A，B，C)と書くことにすると

(4，□，3)＝(7，6，5)

です。□はいくらですか。 【駒場東邦中】

ヒント

1 あまりとして考えられるのは6未満の1，2，3，4，5である。

2 (1) 8－4＝4はアでわり切れる。
(2)《3/ イ 》は3でわったあまりなので，0，1，2のどれかになる。

▶基本 001

3 ( )を約束（やくそく）にしたがって書き直す。

▶基本 002

4 Aを整数とし，次のような記号を考えます。
記号〔A〕＝A×A×A
たとえば，〔3〕＝3×3×3＝27になります。このとき
〔1001〕，〔1002〕，…，〔2000〕
の1000個の整数の一の位の数だけをたし合わせると□です。
【西大和学園中】

5 次の□の中に適当な数を入れなさい。
1×2×3×…×199×200を計算した答えには一の位から0が続いて□個並(なら)びます。
また，2×4×6×…×198×200を計算した答えには一の位から0が続いて□個並びます。
【甲陽学院中】

6 3種類の数が書いてあるカード[7]，[5]，[2]が合計15枚(まい)あり，その数の合計は79でした。このような3種類のカードの枚数の組はいくつかあります。
そのような枚数の組のうち[7]のカードの枚数が最大となるとき，それぞれの枚数を答えなさい。
【洛星中】

7 ある2けたの連続する2つの整数があり，これら2つの整数をかけ合わせた数は100でわり切れました。このような連続する2つの整数の組は2組あり，[ア]と[イ]です。
ただし，連続する2つの整数の組とは，(21，22)や(55，56)などの2つの整数の組を表すこととします。
【西大和学園中】

8 次の2つの条件(じょうけん)を満たす整数だけを考えます。
条件1　「3の倍数ではない」
条件2　「各位の数に3がふくまれない」
(1) 30以下のものの一の位の数の和を求めなさい。
(2) 3000以下のものの一の位の数の和を求めなさい。
【甲陽学院中】

ヒント

4 〔1001〕，〔1002〕，…の一の位だけを見ていくと1，8，7，4，5，6，3，2，9，0の繰(く)り返(かえ)しになっている。
▶基本003

5 並ぶ0の個数は，5がかけられた個数と同じ。

6 7＝5＋2より，[7]は，[5]と[2]におきかえられる。

7 2つの整数を1以外のできるだけ小さな整数の積の形に表して考える。

8 一の位にはいる数は3以外の9通りある。

9 ある整数Aを6でわったあまりを(A)，7でわったあまりを{A}と表します。

(1) (A)＋{A}＝0となる2けたの整数Aをすべて求めなさい。

(2) (A)×{A}＝12となる2けたの整数Aをすべて求めなさい。

【神戸女学院中学部】

10 ある整数Aから始めて，次の操作を何回も繰り返す。

操作：2倍する。

ただし，2倍した数が150以上のときには，この2倍した数から100をひく。

2倍した数が101以上149以下のときには，この2倍した数から50をひく。

2倍した数が100以下のときには，この2倍した数のままにする。

たとえば，36から始めてこの操作を4回繰り返したとき，得られる整数は順に

72，94，88，76

となる。

この操作を4回繰り返したとき，その結果が60になるような整数Aは，全部で ① 個ある。

また，この操作を101回繰り返したとき，その結果が60になるような整数Aのうちでいちばん小さい数は， ② である。

【灘中】

ヒント

9 (1) (A)＝0，{A}＝0

(2) 次の3つの場合がある。

(A)＝2，{A}＝6

(A)＝3，{A}＝4

(A)＝4，{A}＝3

▶標準004

10 2でわり，操作を逆にたどって戻していく。

戻れるのは偶数のみで，50より大きな偶数になるのは3通りあることに注意。

チャレンジ問題 入試発展レベル

解答➡別冊 p.6

★は最高レベル

★ **1** 4けたの整数 ABCD を考えます。ただし，A，B，C，D には同じ数があってもよいとします。数の並び(なら)を逆(ぎゃく)にした DCBA が ABCD より大きい 4 けたの整数となるような ABCD は全部で ① 個あります。また，DCBA が ABCD と等しい 4 けたの整数となるような ABCD すべての合計は ② です。 【灘中】

2 3 つの数 A，B，C はいずれも 2 けたの整数で，どの 2 つも等しくありません。A＋B の 5 倍と B＋C の 6 倍が等しく，A＋C の 11 倍と A＋B の 12 倍が等しくなっています。このとき，A は□，B は□，C は□です。

【甲陽学院中】

3 整数 a の中に現れる(あらわ) 0 の個数を $n(a)$ と表します。たとえば，
$n(1000)=3$，$n(2010)=2$ です。このとき，次の問いに答えなさい。

(1) 1 から 199 までの整数の中に現れる 0 の個数の和
$n(1)+n(2)+\cdots+n(199)$ を求めなさい。

(2) 1000 から 1999 までの整数の中に現れる 0 の個数の和
$n(1000)+n(1001)+\cdots+n(1999)$ を求めなさい。 【東大寺学園中】

★ **4** 6 けたの整数 ABCDEF で，いちばん上の位の数 A をいちばん下の位に移(うつ)した数 BCDEFA がもとの数の 3 倍になるものは，ちょうど 2 つあります。このような数 ABCDEF のうち大きい方を x とすると，$x=$□です。□にはいる数を求めなさい。 【灘中・改】

5 2009個の数が次のように並んでいます。

1番目の数は，1

2番目の数は，2

3番目の数は，2番目の数に1を加えてから1番目の数でわってできた数

$(2+1)\div 1=3$

4番目の数は，3番目の数に1を加えてから2番目の数でわってできた数…

なお，3番目からは，1つ前の数に1を加えてから2つ前の数でわってできた数です。次の問いに答えなさい。

⑴ 5番目の数はいくつですか。

⑵ 2009番目の数はいくつですか。

⑶ 並んでいる2009個の数から，10個目ごとの数10番目，20番目，30番目，…，2000番目の数を取り除きました。このとき並んでいる数の合計を求めなさい。

⑷ ⑶で取り除いたあとに並んでいる数について，再び10個目ごとの数10番目，20番目，…の数を取り除きました。このとき，並んでいる数の合計を求めなさい。

【筑波大附駒場中・改】

★ **6** サイコロは向かい合う面の目の数の和が7になっています。サイコロを**図1**のように見ると，3つの面を同時に見ることができます。このときの見えている3つの目の数の和を『三面和』ということにします。**図1**の状態の三面和は6です。

図1

三面和は6

図2 右に倒したとき

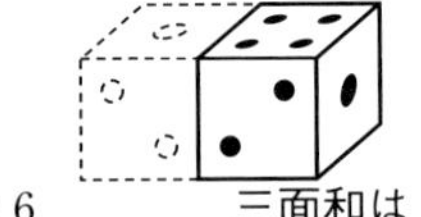

三面和は7

図3 手前に倒したとき

三面和は9

平面上に置いたサイコロを，底面の1つの辺を軸に回転させて倒したときの三面和を考えます。**図2**のように，**図1**の状態から右に1回倒したときの三面和は7です。また，**図3**のように**図1**の状態から手前に1回倒したときの三面和は9です。次の問いに答えなさい。

⑴ サイコロを右に続けて倒していきます。

図1の状態から2回倒したとき，**図1**の状態から3回倒したとき，**図1**の状態から4回倒したときの三面和をそれぞれ答えなさい。

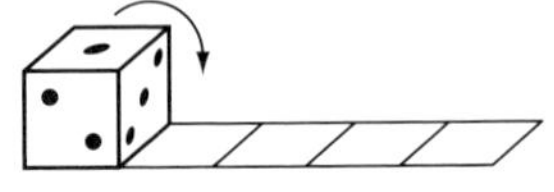

⑵ サイコロを，まず右に 1 回倒し，次に手前に 1 回倒し，次に右に 1 回倒し，次に手前に 1 回倒し，次に右に 1 回倒し，…というように倒していきます。

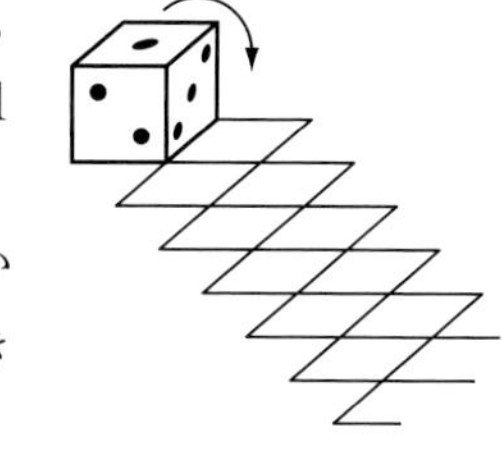

（ア） **図 1** の状態から 2 回倒したとき，**図 1** の状態から 3 回倒したとき，**図 1** の状態から 4 回倒したときの三面和をそれぞれ答えなさい。

（イ） **図 1** の状態から，2010 回倒したときまでの 2011 個の三面和の合計はいくつですか。

【筑波大附駒場中】

7 計算式□□÷□＋□÷□□の 6 か所の空所に，1，2，3，4，5，6，7，8，9 の 9 個の数字から 6 個を入れて，計算をします。ただし，同じ数字を 2 か所以上で用いてはいけません。

⑴ 計算結果が最も大きな整数となるような数字の入れ方を，次の欄に書きなさい。

□□÷□＋□÷□□

⑵ 計算結果が 25 となるような数字の入れ方を，すべて次の欄に書きなさい。ただし，欄をすべて使うとは限りません。

【麻布中】

□□÷□＋□÷□□

□□÷□＋□÷□□

□□÷□＋□÷□□

□□÷□＋□÷□□

第2章 小数・分数の計算

1 小数

●小数のしくみ

$5.376 = 1 \times 5 + 0.1 \times 3 + 0.01 \times 7 + 0.001 \times 6$ と表せる。

この数を**10倍，100倍**，…すると，53.76，537.6，…と，小数点が**右へ1つずつ**ずれる。また，$\frac{1}{10}$，$\frac{1}{100}$，…にすると，0.5376，0.05376，…と，小数点が**左へ1つずつ**ずれる。

2 分数

●分数の種類

▶**真分数**　分子＜分母　の分数。**真分数は1より小さい。**

▶**仮分数**　分子＝分母　または　分子＞分母　の分数。**仮分数は1と同じか1より大きい。**

▶**帯分数**　整数と真分数の和になっている分数。帯分数は仮分数に，仮分数は帯分数に変えられる。

また，真分数や仮分数の分母と分子を入れかえた分数をもとの分数の**逆数**(ぎゃくすう)という。

●約分と通分

分数の分母と分子に同じ数をかけても，分母と分子を同じ数でわっても大きさは変わらないことを利用。

例　$\frac{6}{8} = \frac{6 \div 2}{8 \div 2} = \frac{3}{4} = \frac{3 \times 3}{4 \times 3} = \frac{9}{12}$

▶**約分**　分数の分母と分子を同じ数でわって，簡単(かんたん)な分数にすること。これ以上約分できない分数を**既約分数**(きやく)という。

例　$\frac{12}{18} = \frac{12 \div 6}{18 \div 6} = \frac{2}{3}$　　$1\frac{6}{9} = 1\frac{6 \div 3}{9 \div 3} = 1\frac{2}{3}$

▶**通分**　いくつかの分母のちがう分数を分母が同じ分数に直すこと。分母をそれらの分数の分母の最小公倍数にするとよい。

例　$\frac{3}{4} = \frac{9}{12}$　　$\frac{1}{3} = \frac{4}{12}$

分母を12にして通分した

3 分数と小数と整数

小数や整数は分数とたがいに変換(へんかん)できる。

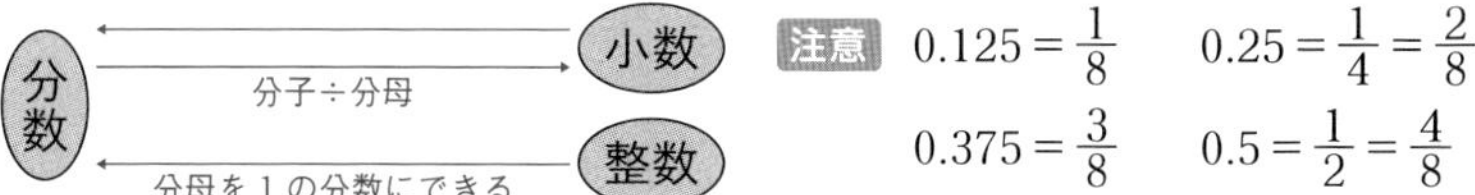

4 計算の順序(じゅんじょ)

- **原則(げんそく)的には左から右に順に計算する。**
- **＋，－と×，÷が混(ま)じっている式は，×，÷を＋，－より先に計算する。**
- **(　)の中は最優先(ゆうせん)。(　)の中の＋，－は(　)の外の×，÷より先。**

★★★ 基本 005 小数の表し方

やってみよう　力だめしの問題❶　チャレンジ問題1

次の□にあてはまる数を書きなさい。

(1) 6.489 は 1 を□個(こ)と 0.1 を□個と 0.01 を□個と 0.001 を□個合わせた数である。

(2) 0.01 を 48 個集めた数は□である。

(3) 4.649 の 10 倍は□，100 倍は□，1000 倍は□である。

(4) 46.49 の $\frac{1}{10}$ は□，$\frac{1}{100}$ は□，$\frac{1}{1000}$ は□である。

考え方

(1) 6.489 = 6 + 0.4 + 0.08 + 0.009

(2) 48 = 40 + 8 です。0.01 が 10 個で 0.1 だから 40 個では 0.4，0.01 が 8 個で 0.08 だから　0.4 + 0.08 = 0.48

(3) 10 倍，100 倍，…すると小数点が右へ 1 けた，2 けた，…移(うつ)ります。

(4) $\frac{1}{10}$，$\frac{1}{100}$，…にすると小数点が左へ 1 けた，2 けた，…移ります。

解き方

(1) 順に，6，4，8，9　　(2) 0.48

(3) 順に，46.49，464.9，4649　　(4) 順に，4.649，0.4649，0.04649

練習 008 次の□にあてはまる数を書きなさい。

(1) 0.1 を 625 個集めた数は□，0.01 を 25 個集めた数は□である。

(2) 3.5 は 0.1 を□個集めた数である。また，0.01 を□個集めた数である。

(3) 5.5 は 0.001 を□倍した数である。

(4) 3.05 を $\frac{1}{10}$ にすると□である。3.05 を□倍すると 305 になる。

★★★ 基本 006 小数のたし算・ひき算

やってみよう 力だめしの問題③ チャレンジ問題⑪

次の計算をしなさい。

(1) 19.25＋0.879　　(2) 4.625＋3.375
(3) 8.69＋13.869＋2.009　　(4) 8.005－2.19
(5) 5－4.29　　(6) 2－0.16＋4.55

小数点の位置をそろえて，整数のときと同じように計算する。数字のない所は0とみて計算。くり上がり，くり下がりに注意。たしかめ算もしておこう。

解き方

(1)
```
   19.25
+   0.879
---------
   20.129
```
↑小数点の位置をそろえる

(2)
```
   4.625
+  3.375
--------
   8.000
```
小数点より下の右はしの0は消す

(3)
```
    8.69
   13.869
+   2.009
---------
   24.568
```

(4)
```
   8.005
-  2.190
--------
   5.815
```
←数字がない所は0とみて計算する

(5)
```
   5.00
-  4.29
-------
   0.71
```
←0とみて計算

(6)
```
   2
-  0.16
-------
   1.84
+  4.55
-------
   6.39
```

答 (1) 20.129　(2) 8　(3) 24.568　(4) 5.815　(5) 0.71　(6) 6.39

練習 009 次の計算をしなさい。

(1) 33.5＋69.7　　(2) 3.485＋0.0899
(3) 7.796＋8.551　　(4) 6.487＋32.88
(5) 27.51＋8.214　　(6) 32.159＋43.767
(7) 3.94＋5.063＋4.35　　(8) 2.79＋0.06＋4.398

練習 010 次の計算をしなさい。

(1) 8.46－2.71　　(2) 6.05－2.47　　(3) 7.26－5.87
(4) 9.251－6.587　　(5) 4.573－2.657　　(6) 2.1－1.986
(7) 21.51－18.678　　(8) 26.5－9.897　　(9) 5.031－2.853

練習 011 次の計算をしなさい。

(1) 4.38＋6.25－1.86　　(2) 5.27＋9.251－0.667
(3) 3.08＋8.59－7.88　　(4) 4.006－3.96＋4.886
(5) 6.075－2.938＋4.555　　(6) 5.97－3.063－1.434

★★★ 基本 007 小数のかけ算

やってみよう 力だめしの問題④ チャレンジ問題8

次の計算をしなさい。

(1) 38.7 × 25　　(2) 0.603 × 47　　(3) 4.75 × 493

(4) 0.289 × 66.7　　(5) 25.7 × 3.2　　(6) 5.125 × 2.6

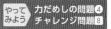

整数のときと同じように計算する。積の小数点の位置は，かけられる数の小数点以下のけた数とかける数の小数点以下のけた数の和が，積の小数点以下のけた数になるようにする。

(1)
```
   38.7  ┐右に 1 けた
 ×   25  │
 ──────  │
   1935  │
   774   │
 ──────  │
  967.5 ←┘右から 1 けた
```

(2)
```
   0.603  ┐右に 3 けた
 ×    47  │
 ───────  │
    4221  │
   2412   │
 ───────  │
  28.341 ←┘右から 3 けた
```

(3)
```
      4.75
 ×     493
 ─────────
      1425
     4275
    1900
 ─────────
   2341.75
```

(4)
```
     0.289 ← 3 けた ┐
 ×    66.7 ← 1 けた ┤
 ─────────          │
      2023          │ 3＋1
     1734           │ ＝4
    1734            │
 ─────────          │
   19.2763 ← 4 けた ┘
```

(5)
```
    25.7
 ×   3.2
 ───────
     514
    771
 ───────
   82.24
```

(6)
```
     5.125
 ×     2.6
 ─────────
     30750
    10250
 ─────────
   13.3250
```

答 (1) 967.5　(2) 28.341　(3) 2341.75　(4) 19.2763　(5) 82.24　(6) 13.325

練習 012 次の計算をしなさい。

(1) 9.56 × 81　　(2) 0.516 × 54　　(3) 4.72 × 62

(4) 9.721 × 25　　(5) 86.21 × 27　　(6) 5.235 × 12

(7) 4.76 × 32　　(8) 1.04 × 251　　(9) 7.61 × 324

(10) 87.98 × 63　　(11) 95.46 × 513　　(12) 25.58 × 113

練習 013 次の計算をしなさい。

(1) 22.5 × 2.4　　(2) 2.7 × 4.38　　(3) 5.6 × 35.6

(4) 4.78 × 2.58　　(5) 54.6 × 35.5　　(6) 6.48 × 22.9

(7) 2.06 × 8.79　　(8) 0.606 × 9.09　　(9) 4.08 × 0.285

(10) 3 × 0.954　　(11) 9.854 × 2.86　　(12) 7.776 × 8.69

(13) 5.974 × 4.35　　(14) 6.854 × 35.8　　(15) 6.007 × 9.897

★★★ 基本 008 小数のわり算

やってみよう 力だめしの問題6 チャレンジ問題3

次のわり算の商を小数第2位まで求め，あまりもあれば求めなさい。

⑴ 3.29÷43　⑵ 1.19÷17　⑶ 91.77÷296

⑷ 0.057÷1.9　⑸ 1.63÷0.26　⑹ 7.812÷4.2

わる数が小数のときは，わる数が整数になるようにわられる数とわる数の小数点を移(うつ)す。商の小数点はわられる数の移したあとの小数点の位置にそろえ，あまりの小数点はわられる数のもとの小数点の位置にそろえる。

解き方

⑴
```
      0.0 7
43 ) 3.2 9
     3 0 1
     0.2 8
```
商が立たないときは0を立てる

⑵
```
      0.0 7
17 ) 1.1 9
     1 1 9
         0
```

⑶
```
       0.3 1
296 ) 9 1.7 7
      8 8 8
        2 9 7
        2 9 6
        0.0 1
```

⑷
```
       0.0 3
1.9 ) 0.0 5 7
          5 7
            0
```
右へ1けた　右へ1けた

⑸
```
          6.2 6
0.26 ) 1.6 3
       1 5 6
           7 0
           5 2
           1 8 0
           1 5 6
       0.0 0 2 4
```
右へ2けた　右へ2けた

⑹
```
       1.8 6
4.2 ) 7.8.1 2
      4 2
      3 6 1
      3 3 6
        2 5 2
        2 5 2
            0
```

答 ⑴ 0.07あまり0.28　⑵ 0.07　⑶ 0.31あまり0.01

⑷ 0.03　⑸ 6.26あまり0.0024　⑹ 1.86

練習 014 次のわり算を，わり切れるまで計算しなさい。

⑴ 25.2÷35　⑵ 1.2÷16　⑶ 19.8÷5.5

⑷ 2.3÷2.5　⑸ 4.96÷0.4　⑹ 16.35÷0.075

練習 015 次のわり算の商を小数第2位まで求め，あまりを求めなさい。

⑴ 7.6÷32　⑵ 13.1÷28　⑶ 180.4÷359

⑷ 20.2÷2.6　⑸ 67.77÷7.48　⑹ 8.88÷0.29

練習 016 商を四捨五入(ししゃごにゅう)して上から2けたの概数(がいすう)で求めなさい。

⑴ 7.198÷14　⑵ 790.6÷16　⑶ 9.409÷84

⑷ 71.13÷0.34　⑸ 7.266÷0.35　⑹ 45.85÷2.19

★★★ 基本 009 分数のたし算・ひき算

やってみよう 力だめしの問題8 チャレンジ問題10

次の計算をしなさい。

(1) $\frac{8}{10}+\frac{9}{10}$　(2) $1\frac{2}{7}-\frac{5}{7}$　(3) $\frac{5}{12}+\frac{7}{15}$

(4) $1\frac{3}{10}-\frac{11}{14}$　(5) $3\frac{1}{6}-2\frac{5}{6}+\frac{7}{6}$

考え方 仮(か)分数は帯分数にし，約分できるものは約分しておくこと。

解き方 (1) $\frac{8}{10}+\frac{9}{10}=\frac{17}{10}=1\frac{7}{10}$ …答

仮分数は帯分数に。こうすることで約分し忘(わす)れが防(ふせ)げる。

(2) $1\frac{2}{7}-\frac{5}{7}=\frac{9}{7}-\frac{5}{7}=\frac{4}{7}$ …答

分数どうしでひけないときは，帯分数を仮分数にする。

(3) $\frac{5}{12}+\frac{7}{15}=\frac{25}{60}+\frac{28}{60}=\frac{53}{60}$ …答

分母がちがうときは，分母の最小公倍数を分母にする。

(4) $1\frac{3}{10}-\frac{11}{14}=1\frac{21}{70}-\frac{55}{70}=\frac{91}{70}-\frac{55}{70}=\frac{36}{70}=\frac{18}{35}$ …答

(5) $3\frac{1}{6}-2\frac{5}{6}+\frac{7}{6}=2\frac{7}{6}-2\frac{5}{6}+\frac{7}{6}=\frac{2}{6}+\frac{7}{6}=\frac{9}{6}=\frac{3}{2}=1\frac{1}{2}$ …答

練習 017 次の計算をしなさい。

(1) $\frac{4}{13}+2\frac{11}{13}+\frac{11}{13}$　(2) $\frac{4}{17}+2\frac{1}{17}+\frac{12}{17}$　(3) $5\frac{10}{11}+4\frac{1}{11}+\frac{10}{11}$

(4) $\frac{2}{15}+1\frac{1}{15}-\frac{11}{15}$　(5) $\frac{3}{128}+2\frac{5}{128}-1\frac{34}{128}$

(6) $9-2\frac{4}{15}-3\frac{11}{15}$

練習 018 次の計算をしなさい。

(1) $\frac{1}{2}+1\frac{2}{5}-\frac{7}{6}$　(2) $3\frac{2}{5}-2\frac{5}{6}+\frac{2}{15}$　(3) $2\frac{1}{8}-1\frac{2}{3}+\frac{5}{12}$

(4) $3\frac{1}{3}-1\frac{7}{9}-\frac{5}{6}$　(5) $2\frac{5}{8}-1\frac{1}{2}+1\frac{5}{16}$　(6) $\frac{1}{46}+\frac{1}{69}+\frac{1}{138}$

練習 019 次の計算をしなさい。

(1) $\frac{1}{6}+\frac{1}{12}+\frac{1}{20}+\frac{1}{30}$　(2) $1-\frac{1}{2}+\frac{2}{3}-\frac{3}{4}+\frac{4}{5}-\frac{5}{6}$

(3) $16\frac{1}{32}-8\frac{1}{16}-4\frac{1}{8}-2\frac{1}{4}-1\frac{1}{2}$

(4) $\frac{1}{2}+\frac{1}{6}+\frac{1}{8}+\frac{1}{10}+\frac{1}{12}+\frac{1}{40}$

★★★ 基本 010 分数のかけ算・わり算(1)

やってみよう 力だめしの問題⑨ チャレンジ問題②

次の計算をしなさい。

(1) $\frac{5}{18}\times 12$ (2) $3\times 9\frac{3}{5}$ (3) $6\frac{2}{7}\times 5\frac{1}{4}$

(4) $\frac{8}{15}\div 12$ (5) $8\div 2\frac{3}{4}$ (6) $4\frac{3}{8}\div\frac{5}{6}$

考え方 かけ算は，分母は分母どうし，分子は分子どうしをかける。**わり算はわる数の逆数をかける。**仮分数は帯分数に，約分できるものは既約分数にする。

解き方 (1) $\frac{5}{18}\times 12=\frac{5\times\overset{2}{\cancel{12}}}{\underset{3}{\cancel{18}}}=\frac{10}{3}=3\frac{1}{3}$ …**答**

分母・分子を6でわる

(2) $3\times 9\frac{3}{5}=3\times\frac{48}{5}=\frac{3\times 48}{5}=\frac{144}{5}=28\frac{4}{5}$ …**答**

分子にかける

(3) $6\frac{2}{7}\times 5\frac{1}{4}=\frac{44}{7}\times\frac{21}{4}=\frac{\overset{11}{\cancel{44}}\times\overset{3}{\cancel{21}}}{\underset{1}{\cancel{7}}\times\underset{1}{\cancel{4}}}=\frac{33}{1}=33$ …**答**

仮分数にする

7と21は7で，44と4は4でわり切れる

(4) $\frac{8}{15}\div 12=\frac{8}{15}\times\frac{1}{12}=\frac{\overset{2}{\cancel{8}}\times 1}{15\times\underset{3}{\cancel{12}}}=\frac{2}{45}$ …**答**

12の逆数をかける

(5) $8\div 2\frac{3}{4}=8\div\frac{11}{4}=\frac{8\times 4}{11}=\frac{32}{11}=2\frac{10}{11}$ …**答**

(6) $4\frac{3}{8}\div\frac{5}{6}=\frac{35}{8}\div\frac{5}{6}=\frac{\overset{7}{\cancel{35}}\times\overset{3}{\cancel{6}}}{\underset{4}{\cancel{8}}\times\underset{1}{\cancel{5}}}=\frac{21}{4}=5\frac{1}{4}$ …**答**

練習 020 次の計算をしなさい。

(1) $3\frac{7}{15}\times 13$ (2) $8\times 2\frac{11}{12}$ (3) $2\frac{1}{8}\times 3\frac{3}{17}$

(4) $3\frac{15}{28}\times 6\frac{2}{9}$ (5) $\frac{3}{4}\times\frac{6}{7}\times\frac{2}{9}$ (6) $4\frac{1}{8}\times 2\frac{2}{9}\times 1\frac{5}{22}$

練習 021 次の計算をしなさい。

(1) $14\frac{2}{15}\div 12$ (2) $65\div 4\frac{1}{3}$ (3) $6\frac{9}{13}\div 11\frac{3}{5}$

(4) $7\frac{1}{11}\div 9\frac{2}{7}$ (5) $8\frac{8}{11}\div\frac{16}{85}\div 6\frac{4}{5}$ (6) $6\frac{2}{15}\div 15\frac{1}{5}\div 1\frac{4}{19}$

★★★ 基本 011 分数のかけ算・わり算(2)

やってみよう 力だめしの問題⑩ チャレンジ問題⑨

次の計算をしなさい。

(1) $\frac{4}{9}\times\frac{11}{12}\div1\frac{5}{6}$　(2) $4\frac{4}{5}\div2\frac{1}{6}\div3\frac{9}{13}$

(3) $1\frac{7}{8}\div\frac{2}{3}\div1\frac{3}{4}\times3\frac{1}{9}$　(4) $1\frac{9}{11}\div1\frac{7}{13}\times1\frac{1}{2}\div4\frac{1}{3}$

考え方 3項(こう)になっても4項になっても同じ。かけ算は分子どうし，分母どうしをかけ合わせ，わり算は逆数をかける。つまり，**わり算は×逆数**にする。

解き方 (1) $\frac{4}{9}\times\frac{11}{12}\div1\frac{5}{6}=\frac{4}{9}\times\frac{11}{12}\div\frac{11}{6}=\frac{4\times11\times6}{9\times12\times11}=\frac{2}{9}$ …答

(2) $4\frac{4}{5}\div2\frac{1}{6}\div3\frac{9}{13}=\frac{24}{5}\div\frac{13}{6}\div\frac{48}{13}=\frac{24\times6\times13}{5\times13\times48}=\frac{3}{5}$ …答

(3) $1\frac{7}{8}\div\frac{2}{3}\div1\frac{3}{4}\times3\frac{1}{9}=\frac{15}{8}\div\frac{2}{3}\div\frac{7}{4}\times\frac{28}{9}$

$=\frac{15\times3\times4\times28}{8\times2\times7\times9}=5$ …答

(4) $1\frac{9}{11}\div1\frac{7}{13}\times1\frac{1}{2}\div4\frac{1}{3}=\frac{20}{11}\div\frac{20}{13}\times\frac{3}{2}\div\frac{13}{3}$

$=\frac{20\times13\times3\times3}{11\times20\times2\times13}=\frac{9}{22}$ …答

練習 022 次の計算をしなさい。

(1) $\frac{2}{9}\div\frac{5}{6}\div\frac{4}{15}$　(2) $3\frac{3}{5}\times\frac{3}{4}\div1\frac{1}{2}$　(3) $1\frac{1}{14}\div2\frac{1}{4}\times4\frac{1}{5}$

(4) $\frac{5}{14}\div3\frac{3}{4}\times2\frac{5}{8}$　(5) $1\frac{1}{6}\times12\div14$　(6) $1\frac{3}{4}\div1\frac{1}{8}\times\frac{3}{14}$

(7) $\frac{3}{10}\times\frac{5}{6}\div1\frac{1}{4}$　(8) $2\times1\frac{4}{5}\div2\frac{5}{8}$　(9) $2\frac{14}{17}\div5\frac{1}{3}\times12\frac{3}{4}$

(10) $10\frac{4}{5}\div5\frac{1}{7}\times1\frac{12}{13}\div7\frac{7}{9}$　(11) $3\frac{3}{5}\times\frac{5}{12}\div2\frac{7}{8}\div1\frac{1}{5}$

(12) $1\frac{11}{15}\times9\frac{3}{8}\times\frac{38}{39}\div9\frac{1}{2}$　(13) $\frac{7}{15}\div1\frac{3}{4}\div\frac{2}{5}\times7\frac{1}{11}$

(14) $1\frac{5}{6}\div\frac{11}{12}\times\frac{4}{9}\times4\frac{1}{5}$　(15) $8\frac{1}{3}\div4\frac{1}{6}\div3\frac{3}{4}\times3\frac{3}{8}$

★★★ 基本 012 計算の順序(1)

やってみよう　力だめしの問題❶　チャレンジ問題2

次の計算をしなさい。

(1) $3 \times 4 + 18 \div 3 - 1$　　(2) $(0.16 + 0.04) \times (0.125 + 0.75)$

(3) $3 \times 5 - 27 \div (15 - 3 \times 2)$　　(4) $12 \div \{9 - 6 \div (11 - 9)\} \times 3$

優先順位は，①(　)の中，②×，÷，③+，－の順。
(　)の中を計算するときも，この順にする。つまり，(　)の中に×，÷があれば，これを最初に計算する。

解き方

(1) $3 \times 4 + 18 \div 3 - 1 = 12 + 6 - 1$
$= 18 - 1$
$= 17$ …答

(2) $(0.16 + 0.04) \times (0.125 + 0.75) = 0.2 \times 0.875$
$= 0.175$ …答

(3) $3 \times 5 - 27 \div (15 - 3 \times 2) = 3 \times 5 - 27 \div (15 - 6) = 3 \times 5 - 27 \div 9$
$= 15 - 3$
$= 12$ …答

(4) $12 \div \{9 - 6 \div (11 - 9)\} \times 3 = 12 \div (9 - 6 \div 2) \times 3 = 12 \div (9 - 3) \times 3$
$= 12 \div 6 \times 3$
$= 6$ …答

練習 023 次の計算をしなさい。

(1) $16 + 4 \times 3 \div 6 - 20 \div 5$

(2) $100 - 6 \times 13 + 48 \div 6$

(3) $90 - 54 \div (27 - 18) \times 3$

(4) $2 \times 54 - 36 \div 72 \times 4 + 14$

(5) $\{(7 \times 3 - 12) \div 3 + 6 \div 3\} \times 7$

(6) $242 - 17 \times 14 + (119 + 49) \div 112$

(7) $8.4 - (0.14 + 0.9 \times 2 - 0.5) \div 4$

(8) $30.7 - 2.8 \times (21.2 - 11.4)$

(9) $10.8 - 3.6 \div 3 \times (13 - 7)$

(10) $18 \div 2 \times 3 - \{24 - 4 \times (7 - 3) \div 2\} \div 8$

(11) $\{49 - 2 \times (26 - 18 \div 9 \times 2)\} \times 2 \div 5$

(12) $18 - \{33 - 4 \times 5 \div (14 - 4)\} \times 2 \div 31$

★★★ 標準 013 計算の順序(2)

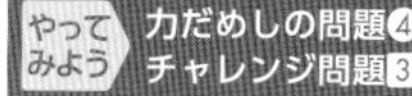

次の計算をしなさい。

(1) $4.96+\{7.35-(4\times0.31+6\div1.25)\}$

(2) $\left(3\frac{2}{3}-\frac{3}{4}\right)\times10+\frac{1}{5}$　　(3) $(168+75)\div21\times7$

考え方 計算の優先順位は，小数でも分数でも整数の場合と同じ。1つ1つ確実(かくじつ)に計算すること。(3)は今までと同じように計算すればよいと思えるが，前から順に計算していくと，243÷21 がわり切れなくなる。こういうときは，**わる数は分母，わられる数は分子にする**ことを思い出そう。

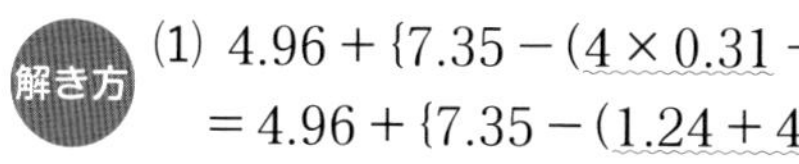

解き方 (1) $4.96+\{7.35-(4\times0.31+6\div1.25)\}$

$=4.96+\{7.35-(1.24+4.8)\}$

$=4.96+(7.35-6.04)=4.96+1.31=6.27$ …答

(2) $\left(3\frac{2}{3}-\frac{3}{4}\right)\times10+\frac{1}{5}=\left(\frac{11}{3}-\frac{3}{4}\right)\times10+\frac{1}{5}=\frac{35}{12}\times10+\frac{1}{5}$

$=\frac{175}{6}+\frac{1}{5}=\frac{881}{30}=29\frac{11}{30}$ …答

(3) $(168+75)\div21\times7=243\div21\times7$ ←$○\div△=\frac{○}{△}$

$=\frac{243}{21}\times7=\frac{\overset{81}{\cancel{243}}\times\overset{1}{\cancel{7}}}{\underset{\underset{1}{3}}{\cancel{21}}}=81$ …答

練習 024 次の計算をしなさい。

(1) $(1.2+0.8)\times0.6-(2-0.08)\div2.4$ 【広島大附東雲中】

(2) $(9.8+7.6\times5-4.3)\div2\div0.1$

(3) $7.6\times5-(8.4-3\div6\times3.2)\div0.4$ 【実践女子学園中】

(4) $3.96+\{6.31-(3\times0.51+4\div1.25)\}$

(5) $\frac{1}{2}-\frac{1}{3}\times\frac{1}{4}-\frac{1}{5}-\frac{1}{6}$

(6) $\frac{5}{6}-\left\{\frac{1}{3}-\left(\frac{3}{4}-\frac{1}{2}\right)\right\}$

(7) $3-6\times\left\{\frac{1}{2}-\left(\frac{3}{4}-\frac{2}{3}\right)\right\}$

(8) $9\frac{1}{3}\div2\times\left\{4\frac{1}{2}-\left(\frac{5}{8}+\frac{1}{6}\right)\times2\frac{8}{19}\right\}$

(9) $126\div60\div3\times10$ 【香蘭女学校中等科】

(10) $63\div27\times18+57\times15\div95$ 【甲南女子中】

(11) $11\times(12\div13-10\div11)\times13$ 【関西大一中】

★★★ 標準 014 計算の順序(3)

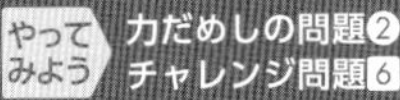

次の計算をしなさい。

(1) $\frac{1}{2}-\frac{1}{4}\div\left\{1\div 6\div\left(\frac{1}{3}-\frac{1}{5}\right)\right\}$

(2) $\frac{2}{5}\times\left(1\frac{1}{3}-0.75\right)+\left(\frac{2}{3}+0.2\right)$

(3) $\left(1\div\frac{1}{5}+\frac{2}{3}\div\frac{1}{6}\right)-\left(\frac{1}{2}\div\frac{1}{5}+\frac{1}{3}\div\frac{1}{6}\right)$
$+\left(\frac{1}{2}\div\frac{1}{5}+\frac{1}{3}\div\frac{1}{6}\right)\times\frac{1}{3}$

考え方 分数→小数は分子÷分母，小数→分数は$\bigcirc=\frac{\bigcirc\times\triangle}{\triangle}$で変換(へんかん)する。

解き方 (1) 与式(よしき)$=\frac{1}{2}-\frac{1}{4}\div\left\{\frac{1}{6}\div\left(\frac{1}{3}-\frac{1}{5}\right)\right\}=\frac{1}{2}-\frac{1}{4}\div\left(\frac{1}{6}\div\frac{2}{15}\right)$

（②：{ } 内，①まずはココ：$\left(\frac{1}{3}-\frac{1}{5}\right)$）

$=\frac{1}{2}-\frac{1}{4}\div\frac{1\times 15}{6\times 2}=\frac{1}{2}-\frac{1}{4}\div\frac{5}{4}=\frac{1}{2}-\frac{1}{4}\times\frac{4}{5}$

$=\frac{1}{2}-\frac{1}{5}=\frac{5}{10}-\frac{2}{10}=\frac{3}{10}$ …答

(2) $0.75=\frac{0.75\times 100}{100}=\frac{75}{100}=\frac{3}{4}$（÷25），$0.2=\frac{0.2\times 10}{10}=\frac{2}{10}=\frac{1}{5}$から

与式$=\frac{2}{5}\times\left(\frac{4}{3}-\frac{3}{4}\right)+\left(\frac{2}{3}+\frac{1}{5}\right)=\frac{2}{5}\times\left(\frac{16}{12}-\frac{9}{12}\right)+\left(\frac{10}{15}+\frac{3}{15}\right)$

$=\frac{2}{5}\times\frac{7}{12}+\frac{13}{15}=\frac{7}{30}+\frac{13}{15}=\frac{7}{30}+\frac{26}{30}$

$=\frac{33}{30}=1\frac{3}{30}=1\frac{1}{10}$ …答

(3) 与式$=\left(1\times\frac{5}{1}+\frac{2}{3}\times\frac{6}{1}\right)-\left(\frac{1}{2}\times\frac{5}{1}+\frac{1}{3}\times\frac{6}{1}\right)$
$+\left(\frac{1}{2}\times\frac{5}{1}+\frac{1}{3}\times\frac{6}{1}\right)\times\frac{1}{3}$

$=(5+4)-\left(\frac{5}{2}+2\right)+\left(\frac{5}{2}+2\right)\times\frac{1}{3}$

$=9-\frac{9}{2}+\frac{9}{2}\times\frac{1}{3}$

$=\frac{18}{2}-\frac{9}{2}+\frac{3}{2}=\frac{12}{2}=6$ …答

練習 025 次の計算をしなさい。

(1) $1\frac{2}{3}-\left(1\frac{1}{2}+2\frac{3}{4}\div\frac{11}{2}\right)\div2\frac{4}{13}$

(2) $\frac{2}{5}+2\frac{1}{3}\times\left(1\frac{1}{14}\div\frac{3}{7}-1\frac{3}{5}\right)$ 【奈良教育大附中】

(3) $\left\{\left(\frac{14}{15}+\frac{5}{6}\right)\div\frac{11}{12}-\frac{3}{7}\right\}\div\left(\frac{3}{5}+\frac{3}{4}\right)$ 【大阪教育大附平野中】

練習 026 次の計算をしなさい。

(1) $1.8\times1\frac{1}{3}-\left(\frac{5}{6}-\frac{3}{4}\right)\div1\frac{1}{4}$

(2) $\left(2.4-\frac{3}{5}\right)\div\left(0.24+\frac{4}{3}\times0.9\right)$

(3) $\left\{\frac{5}{7}\div1\frac{1}{4}-1\div(1\div0.3)\right\}\div\frac{1}{5}$

(4) $\left\{2\frac{2}{3}\div\left(1\frac{1}{30}-0.8\right)+4\frac{4}{7}\right\}\times3.25$ 【灘中】

(5) $3-\left\{1-\left(2\frac{1}{4}-1\frac{2}{3}\right)\div0.75\right\}\div1\frac{1}{6}$

(6) $\left\{0.375\times17\frac{7}{9}-\left(2-\frac{11}{12}\right)-3\frac{1}{3}\right\}-1\frac{1}{6}\div\frac{7}{8}$ 【明治大付中野中】

(7) $\left\{2.75\times1\frac{3}{5}-\left(4.1-2\frac{7}{18}\right)\div\frac{2}{3}\right\}\div\left(\frac{1}{3}+\frac{7}{12}\right)$ 【高槻中】

練習 027 次の計算をしなさい。

(1) $1+11\div\{1+2\div(1+2+3)\}$

(2) $25\div[1+1\div\{1\div(1+1\div2)\}]$ 【洛南高附中】

(3) $1.78\times6\frac{2}{3}-4\times\left(1\frac{2}{3}+\frac{4}{5}\right)$ 【ラ・サール中】

(4) $2\frac{3}{4}\div1\frac{2}{9}-\left\{5-\left(\frac{3}{5}+1\frac{2}{3}\right)\times1.875\right\}$ 【ラ・サール中】

(5) $3.25\times\left(\frac{1}{8}-\frac{1}{13}\right)\div\frac{3}{128}+\left(\frac{5}{6}+1.25\right)\times0.6-15\frac{1}{3}\times(1-0.875)$ 【大阪星光学院中】

(6) $\left(0.625-\frac{1}{8}\right)\div\left(0.125+\frac{1}{6}\right)\times\left(\frac{1}{3}-\frac{1}{4}+\frac{1}{30}\right)$ 【高槻中】

(7) $\left(4\frac{2}{11}+2\frac{1}{8}\right)\times\frac{11}{40}\div\left(5\frac{5}{8}+3.5\div2\frac{2}{3}\right)$ 【高槻中】

(8) $4\frac{3}{8}-3.25-\left(2\frac{1}{8}-0.125\times2\frac{1}{3}\right)\div7\frac{1}{3}$ 【東大寺学園中】

(9) $2.4+1\frac{1}{6}\div\left(0.625\div1\frac{1}{2}\right)-1.8\times1\frac{3}{4}\div0.75$ 【東大寺学園中】

★★★ 標準 015 いろいろな計算

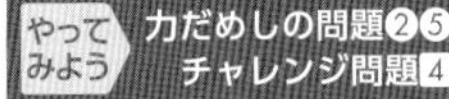

次の計算をしなさい。

(1) $1+\cfrac{1}{1+\cfrac{1}{1+\cfrac{1}{2}}}$ 【立命館中】

(2) $31.4\times2.72-6.28\times4+0.314\times8$

(3) $16\times2-204\div(156\times5\div12-156\times4\div13)$ 【東大寺学園中】

考え方 (1)は分母・分子に同じ数をかけて整理していく。(2)は分配の法則(ほうそく)を使う。(3)はかっこの中に156が2回出てくる。$156=12\times13$であることを利用する。

解き方 (1) $1+\cfrac{1}{1+\cfrac{1}{1+\cfrac{1}{2}}}=1+\cfrac{1}{1+\cfrac{1}{\frac{3}{2}}}=1+\cfrac{1}{1+\cfrac{1\times2}{\frac{3}{2}\times2}}$

簡単(かんたん)に計算できそうな所から順にかたづける。

$=1+\cfrac{1}{1+\frac{2}{3}}=1+\cfrac{1}{\frac{5}{3}}=1+\cfrac{1\times3}{\frac{5}{3}\times3}=1+\frac{3}{5}=1\frac{3}{5}$ …答

(2) $31.4\times2.72-6.28\times4+0.314\times8$

3.14でまとめる問題はよく出る。3.14の倍数は要チェック。0.314, 6.28, 9.42, 12.56, …

$=3.14\times10\times2.72-3.14\times2\times4+3.14\times0.1\times8$

$=3.14\times(10\times2.72-2\times4+0.1\times8)=3.14\times(27.2-8+0.8)=3.14\times20$

$=62.8$ …答

(3) $16\times2-204\div(156\times5\div12-156\times4\div13)$

$=32-204\div\left(\frac{156\times5}{12}-\frac{156\times4}{13}\right)=32-204\div(13\times5-12\times4)$

$=32-204\div(65-48)=32-204\div17=32-12=20$ …答

練習 028 次の計算をしなさい。

(1) $31.4\times5+3.14\times12-314\times0.38$

(2) $0.25\times94-0.75\div\frac{3}{7}+13\times0.25$

(3) $6+66+666+6666$

(4) $2.48\times12-0.8\times12.4-18\times1.24\div3$

(5) $7.85\div0.25+2.8\times78.5+785\div12.5$

(6) $3366\times22-1122\times55$

(7) $51+52+53+54+55+56+57+58$

★★★ 応用 016 1つの分数を2つの分数の差で表す

やってみよう 力だめしの問題⑧ チャレンジ問題5

2と3，3と4のように1つちがいの整数を2つとって，それを分母とする単位分数をつくると，その差はいつも右のように表されます。

例 $\dfrac{1}{2}-\dfrac{1}{3}=\dfrac{3}{2\times3}-\dfrac{2}{2\times3}=\dfrac{1}{2\times3}$

例 $\dfrac{1}{3}-\dfrac{1}{4}=\dfrac{4}{3\times4}-\dfrac{3}{3\times4}=\dfrac{1}{3\times4}$

このことを利用して，右の和を簡単に求めなさい。

$$\frac{1}{6}+\frac{1}{12}+\frac{1}{20}+\frac{1}{30}+\frac{1}{42}+\frac{1}{56}$$

考え方 分子が1である分数を単位分数という。
問題文の意味を一般的（いっぱん）に考えると，

$$\frac{1}{A}-\frac{1}{B}=\frac{B}{A\times B}-\frac{A}{A\times B}=\frac{B-A}{A\times B}$$

となり，**AとBが1ちがいの整数**であるときは，B－Aは1である。

解き方

$$\frac{1}{6}+\frac{1}{12}+\frac{1}{20}+\frac{1}{30}+\frac{1}{42}+\frac{1}{56}$$

$$=\frac{1}{2\times3}+\frac{1}{3\times4}+\frac{1}{4\times5}+\frac{1}{5\times6}+\frac{1}{6\times7}+\frac{1}{7\times8}$$

$$=\left(\frac{1}{2}-\frac{1}{3}\right)+\left(\frac{1}{3}-\frac{1}{4}\right)+\left(\frac{1}{4}-\frac{1}{5}\right)+\left(\frac{1}{5}-\frac{1}{6}\right)+\left(\frac{1}{6}-\frac{1}{7}\right)+\left(\frac{1}{7}-\frac{1}{8}\right)$$

$$=\frac{1}{2}-\frac{1}{8}=\frac{4}{8}-\frac{1}{8}$$

$$=\frac{3}{8}$$ …答

練習 029 次の計算をしなさい。

(1) $\dfrac{1}{8\times9}+\dfrac{1}{9\times10}+\dfrac{1}{10\times11}+\dfrac{1}{11\times12}$

(2) $\dfrac{1}{125\times126}+\dfrac{1}{126\times127}+\dfrac{1}{127\times128}-\dfrac{1}{125}+\dfrac{1}{128}$

練習 030 $\dfrac{1}{2\times3}=\dfrac{1}{2}-\dfrac{1}{3}$，$\dfrac{1}{3\times4}=\dfrac{1}{3}-\dfrac{1}{4}$を参考にして，次の計算をしなさい。 【洛南高附中】

(1) $\dfrac{1}{1\times2}+\dfrac{1}{2\times3}+\dfrac{1}{3\times4}+\dfrac{1}{4\times5}+\dfrac{1}{5\times6}$

(2) $\dfrac{2}{1\times3}+\dfrac{2}{2\times4}+\dfrac{2}{3\times5}+\dfrac{2}{4\times6}+\dfrac{2}{5\times7}+\dfrac{2}{6\times8}+\dfrac{2}{7\times9}$

力だめしの問題　入試標準レベル

解答➡別冊 p.17

1 次の計算をしなさい。(2)は商を小数第1位まで求め，あまりも書きなさい。

(1) 0.062×7.6　　(2) $4.9 \div 0.75$

(3) $(9.73 - 3.8 + 0.23 \times 4) \div 1.37$

2 次の計算をしなさい。

(1) $0.33 - \{0.5 - (2.17 - 1.23) \div 2\}$

(2) $1 \div \left\{1 - \left(1 - \frac{8}{15} \times \frac{1}{2}\right)\right\}$

(3) $9 \times \left(2\frac{1}{3} - 0.2\right) + 5.8$

3 次の計算をしなさい。

(1) $21 + 22 + 23 + 24 + 75 + 76 + 77 + 78 + 79$

(2) $4.321 + 3.214 + 2.143 + 1.432$

(3) $44 \times 0.22 + 22 \times 0.44 - 88 \times 0.11$

(4) $800 - [532 - \{235 - (343 - 297) + 25\}]$

(5) $19 \times 12 \div 57 \times 375 \div 3$

(6) $428 \times 23.16 + 428 \times 76.84$

(7) $2 \times 3 \times 3.14 + 3 \times 3 \times 3.14 - 4 \times 3 \times 3.14$

(8) $(125 \times 106 + 94 \times 125) \div 25 \times 4$

(9) $600 - \{732 - (3536 \div 17 - 15)\}$　【智辯学園中】

4 次の式を計算の性質（せいしつ）や法則（ほうそく）を利用して簡単（かんたん）にしてから計算しなさい。

(1) 0.035×4000　　(2) $120000 \div 48000$

(3) $4 \times 4 \times 0.75 + 8 \times 3 \times 0.75$

(4) $2\frac{1}{7} \times 4\frac{2}{5} - 2\frac{1}{7} \times 1\frac{5}{6}$

(5) $18 \times 3.14 + 24 \times 6.28 - 7 \times 9.42$

(6) $0.03 \times 0.56 \div 0.021$

(7) $144 \times 0.2 \div 72 \times 12 \div 6 \times 0.25 \div \frac{1}{5}$

ヒント

1 小数点の位置に注意する。

▶基本 005，基本 012

2 (1)，(2)は中のかっこから計算し，(3)は小数を分数に直す。

▶標準 014，標準 015

3 (1) 初めと終わりを組み合わせて100を4つつくる。

(2) 同じ位の数の和はすべて10になる。

(5) $\frac{19 \times 12 \times 375}{57 \times 3}$ $= 4 \times 125$

(8) $125 \times (106 + 94) \div 25 \times 4$ $= 125 \times 200 \div 25 \times 4$

▶基本 006

4 (3) $(4 \times 4 + 8 \times 3) \times 0.75$

(4) 帯分数を仮（か）分数にしてから計算。

(5) 3.14でくくる。

(6) $\frac{3 \times 56 \times 1000}{100 \times 100 \times 21}$

▶基本 007，標準 013

5 次の計算をしなさい。

(1) $6.3 \times 4 \times 1.29 - 2.6 \times 2 \times 1.29$ 【青山学院中等部】

(2) $3.14 \times 2.81 + 3.14 \times 2.42 + 4.77 \times 3.14$ 【大阪青凌中】

(3) $4230 \div 19 \times 0.38 - 332 \div 19 \times 3.8 - 9 \div 19 \times 38$ 【暁星中】

(4) $7.3 \times 3.4 - 0.73 \times 1.7 + 7.3 \times 2.27$ 【追手門学院中】

ヒント

5 (3)，(4)は分配の法則を使うときに，少し工夫がいる。

▶標準 015

6 次の問いに答えなさい。

(1) 次の［　　］にあてはまる数を求めなさい。 【香蘭女学校中等科】

$8.765 \div 4.32 =$ ［㋐］あまり［㋑］(商は小数第 2 位まで)

(2) 上から 2 けたの概数(がいすう)で求めなさい。

① 11.6×0.173　　② $5.56 \div 0.0252$

③ 38463×4865

(3) 次の［　　］にあてはまる数を求めなさい。 【鎌倉学園中】

ある整数を 17 でわった商の小数第 1 位を四捨五入(ししゃごにゅう)したら 21 になりました。この整数は［㋐］以上［㋑］以下の数です。

6 (1) あまりの小数点は，もとの小数点の位置に戻(もど)すことを忘(わす)れないように。

(2) ①は 12×0.17 として計算。

②，③も同様。

▶基本 008

7 次の問いに答えなさい。

(1) ある計算の答えは小数第 1 位までの数となりました。誤(あやま)ってその答えの小数点をつけ忘(わす)れたために，正しい答えとの差が 86.4 になりました。正しい答えはいくつですか。 【青山学院中等部】

(2) ある計算をしましたが，答えに小数点をつけ忘れたため，正しい答えよりも 2516.58 だけ大きくなりました。正しい答えはいくつですか。

7 小数点をつけ忘れたということは，整数になるということ。

たとえば

1.234 → 1234

8 次のように，分数がある規則(きそく)にしたがって $\frac{1}{2}$ から $\frac{19}{20}$ まで並(なら)んでいます。

$\frac{1}{2}, \frac{1}{3}, \frac{2}{3}, \frac{1}{4}, \frac{2}{4}, \frac{3}{4}, \frac{1}{5}, \cdots, \frac{18}{20}, \frac{19}{20}$

(1) 50 番目の分数を求めなさい。

(2) $\frac{1}{2}$ 以下の分数は全部でいくつありますか。

(3) 並んでいるすべての分数の和を求めなさい。【神戸女学院中学部】

8 同じ分母の分数を 1 つのグループと考える。

▶基本 009，応用 016

9 あたえられた分数に対して，次のような操作を行います。

操作A：分数の分子と分母を入れかえる。
操作B：分数に1を加える。
操作C：分数に2をかける。
操作D：分数を3でわる。

たとえば，$\frac{3}{4}$に対して，操作A，操作B，操作Aの順に3回の操作を行うと

$$\frac{3}{4} \xrightarrow[A]{} \frac{4}{3} \xrightarrow[B]{} \frac{7}{3} \xrightarrow[A]{} \frac{3}{7}$$

のように変化し，$\frac{3}{7}$になります。このとき，次の□に適当な数を入れなさい。

(1) $\frac{5}{6}$に対して，操作D，操作C，操作B，操作Aの順に操作を行うと，$\frac{\boxed{ア}}{\boxed{イ}}$になります。

(2) できるだけ少ない操作の回数で，$\frac{5}{7}$を整数にしようと思います。このとき，操作の回数は□回です。

【慶應中等部】

ヒント

9 (2)分母または分子が，2と3の積の形になるようにする。

▶基本 010

10 次の問いに答えなさい。

(1) $\frac{5}{7}$と$\frac{9}{11}$の間の数で，分子が17になる分数の分母として考えられる数を，すべて答えなさい。

(2) 分母が同じである異なる3つの既約分数があり，これらの3つの分数の分子をかけ合わせると100になります。また，これらの3つの分数をたすと1になります。このとき，3つの分数の分母として考えられる数を，すべて答えなさい。

【洛南高附中】

10 (1) 分子を17にそろえると

$\frac{5}{7}=\frac{17}{23.8}$

$\frac{9}{11}=\frac{17}{20.77\cdots}$

(2) 3つの分数をたすと1になるので，分母は分子の和と等しい。

▶基本 011

チャレンジ問題 入試発展レベル

解答➡別冊 p.20

★は最高レベル

1 11 でわると，小数第 2 位が 3 になり，13 でわると小数第 1 位が 6 になる整数を考えます。このうち最も小さいものは［①］で，2 番目に小さいものとの差は［②］です。【灘中】

★ **2** 数 x に対して，x を超えない整数のうち，最も大きいものを$[x]$で表します。たとえば，$[3.3]=3$，$[4]=4$ です。

(1) (ア) $\left[\dfrac{20}{7}\right]+\left[\dfrac{2010}{7}\right]=\square$　(イ) $\left[\dfrac{30}{7}\right]+\left[\dfrac{2000}{7}\right]=\square$

(2) 次の計算をしなさい。

$$\left[\frac{20}{7}\right]+\left[\frac{30}{7}\right]+\left[\frac{40}{7}\right]+\cdots+\left[\frac{2000}{7}\right]+\left[\frac{2010}{7}\right]$$

(3) 次の 20 個の整数の中に，全部で［　］種類の整数があります。

$$\left[\frac{1\times1}{20}\right],\ \left[\frac{2\times2}{20}\right],\ \left[\frac{3\times3}{20}\right],\ \cdots,\ \left[\frac{20\times20}{20}\right]$$

(4) 次の 2010 個の整数の中に，全部で何種類の整数がありますか。

$$\left[\frac{1\times1}{68}\right],\ \left[\frac{2\times2}{68}\right],\ \left[\frac{3\times3}{68}\right],\ \cdots,\ \left[\frac{2010\times2010}{68}\right]$$

【灘中】

★ **3** 1 からある整数までの整数の中から 1 つの整数を除いて，平均を求めると $\dfrac{375}{11}$ になりました。

(1) ある整数を求めなさい。

(2) 除いた整数を求めなさい。【甲陽学院中】

4 次の［　］の中に適当な整数を入れなさい。

(1) $\dfrac{767}{2010}$ を分子が 1 である 3 つの分数の和で表すと，

$$\frac{767}{2010}=\frac{1}{\square}+\frac{1}{\square}+\frac{1}{\square}$$

または，$\dfrac{767}{2010}=\dfrac{1}{\square}+\dfrac{1}{\square}+\dfrac{1}{\square}$ となります。

(2) $\dfrac{19}{13}$ を小数にするとき，小数第 100 位の数は［　］です。また，小数第 1 位の数から順に各位の数を取り出して加えていくとき，その和が初めて 400 より大きくなるのは小数第［　］位まで加えたときです。【甲陽学院中】

5 ある分数を小数で表すと，$\frac{4}{9}=0.444\cdots$，$\frac{56}{99}=0.565656\cdots$のように数字が続いて現(あらわ)れます。

次の問いに答えなさい。

(1) 下の分数を，上の例の書き方で，小数で表しなさい。

㋐ $\frac{1}{9}+\frac{23}{99}$　　　　㋑ $\frac{2}{90}+\frac{34}{99}$

(2) $\frac{150}{1111}$を小数で表したとき，小数第30位の数は何ですか。【東邦大附東邦中】

★ **6** 次の(1)，(2)の分数を小数で表したとき，小数点以下第何位までの数になりますか。それぞれ答えなさい。

(1) $\frac{1}{2\times2\times2\times10\times10}$

(2) $\frac{3\times7}{\underbrace{2\times2\times\cdots\times2}_{73\text{個}}\times\underbrace{5\times5\times\cdots\times5}_{37\text{個}}}$

たとえば，$\underbrace{2\times2\times\cdots\times2}_{73\text{個}}$は，2を73個(こ)かけた式を表します。【麻布中】

7 ある整数を5でわった商の小数第1位を四捨五入(ししゃごにゅう)すると7になり，同じ整数を3でわった商の小数第1位を四捨五入すると12になります。このような整数をすべて求めなさい。ただし，商が整数になるものをふくみます。【久留米大附設中】

★ **8** 次の問いに答えなさい。

(1) ある数に0.7を加え，小数第1位を四捨五入すると12になります。この数は，どんな範囲(はんい)にありますか。

(2) ある数の小数第3位を四捨五入し，次に0.7を加えて9倍し，最後に小数第1位を四捨五入すると23になります。この数は，どんな範囲にありますか。範囲は，「以上」，「より大きく」，「以下」，「未満」を用いて答えなさい。

【筑波大附駒場中】

9 長方形があります。縦(たて)と横の長さをはかって小数第２位を四捨五入したところ，4.6cm と 7.3cm になりました。次の問いに答えなさい。

(1) 縦と横の長さの差は，実際(じっさい)には何 cm より長くて，何 cm より短いですか。小数第２位まで答えなさい。

(2) 長方形の面積は，実際には何 cm^2 以上で，何 cm^2 より小さいですか。小数第４位まで答えなさい。 【甲南中】

10 次の問いに答えなさい。

(1) 次の式において，[ア]，[イ]にあてはまる整数をそれぞれ求めなさい。

$$\frac{53}{30}=\frac{1}{2}+\frac{2}{\boxed{ア}}+\frac{3}{\boxed{イ}}$$

(2) [ア]，[イ]が整数で，$\frac{2}{\boxed{ア}}+\frac{3}{\boxed{イ}}=1$ が成り立つとき，[ア]にあてはまる整数は[　　]である。考えられる数をすべて書きなさい。

11 ある数から，その小数点を１けた左へ移(うつ)した数をひくと，4.104 になりました。初めの数はいくつですか。 【土佐中】

第3章 整数の性質

1 偶数(ぐうすう)と奇数(きすう)

整数は2でわったとき，あまりが0になる(わり切れる)整数と,あまりが1になる整数に分かれる。2でわったとき，あまりが0になる整数を**偶数**といい，あまりが1になる整数を**奇数**という。

〔整数の組分け〕
整数
偶数 | 奇数

0の組(偶数) 0，2，4，6，8，10，…
1の組(奇数) 1，3，5，7，9，11，…

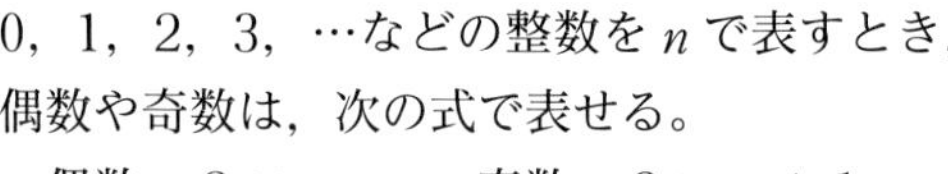

0，1，2，3，…などの整数をnで表すとき，
偶数や奇数は，次の式で表せる。
・偶数…$2 \times n$　　・奇数…$2 \times n + 1$

2 素数(そすう)と素因数(そいんすう)

- **素数**…2，3，5など，1とその数自身のほかに約数をもたない整数を**素数**という。**1は素数ではない。**

  例　1から50までの素数は2，3，5，7，11，13，17，19，23，29，31，37，41，43，47の15個(こ)。

- **因数と素数**…ある整数の約数のことをその数の**因数**といい，因数が素数であるとき，これを**素因数**という。
- **素因数分解(そいんすうぶんかい)**…整数を素数の積の形に表すことを，その整数を**素因数分解**するという。素因数分解するには，小さい素数から順にわっていく。

2)84 …**素数2でわる**
2)42 …**素数2でわる**
3)21 …**素数3でわる**
　7 …**素数**
84＝2×2×3×7

3 いろいろな倍数

- **2の倍数**…一の位の数が偶数(0，2，4，6，8)である整数
- **3の倍数**…各位の数の和が3でわり切れる整数

  例　3258　3＋2＋5＋8＝18，18÷3＝6　←**3でわり切れる**

- **4の倍数**…下2けたの数が00か，4でわり切れる整数

  例　25500，307716

- **5の倍数**…一の位の数が0か5である整数

●**8 の倍数**…下 3 けたの数が 000 か，8 でわり切れる数

●**9 の倍数**…各位の数の和が 9 でわり切れる整数

例　192267　1＋9＋2＋2＋6＋7＝27　**←9 でわり切れる**

〔3 + 2 + 5 + 8 が 3 の倍数のとき 3258 が 3 の倍数になるわけ〕

$$3258 = 1000 \times 3 + 100 \times 2 + 10 \times 5 + 8$$
$$= (\underbrace{999}_{3\text{の倍数}} + 1) \times 3 + (\underbrace{99}_{3\text{の倍数}} + 1) \times 2 + (9 + 1) \times 5 + 8$$
$$= 999 \times 3 + 3 + 99 \times 2 + 2 + 9 \times 5 + 5 + 8$$
$$= \underbrace{999 \times 3}_{3\text{の倍数}} + \underbrace{99 \times 2}_{3\text{の倍数}} + \underbrace{9 \times 5}_{3\text{の倍数}} + \underbrace{3 + 2 + 5 + 8}_{3\text{の倍数}}$$

よって，3258 は 3 の倍数。

4 公倍数と最小公倍数

●**公倍数**… 2 つ以上の整数に共通な倍数を，それらの整数の**公倍数**という。

例　3 と 4 の公倍数(　　の数が公倍数)

3 の倍数…3　6　9　12　15　18　21　24

4 の倍数…4　8　12　16　20　24　28　32

●**最小公倍数**… 2 つ以上の整数の公倍数のうち，0 を除(のぞ)く最小のものを，それらの整数の**最小公倍数**という。

例　5 と 6 の最小公倍数

公倍数は，**30**，60，90，…だから，最小公倍数は **30**

●**最小公倍数の求め方**…素因数分解を利用した方法か，素因数でわる方法で求める。

例　3，4，6 の最小公倍数(素因数でわる方法)

ア．2 つ以上の数に共通な素因数でわり，わり切れない数はそのまま下に書く。

イ．商に共通な素因数がなくなるまでわり算を繰(く)り返(かえ)す。

ウ．わった素因数と残った数をかけると，その積が最小公倍数となる。

```
2 ) 3  4  6
3 ) 3  2  3
    1  2  1  → 2×3×1×2×1
               ＝12
```

●いくつかの整数の公倍数は，それらの最小公倍数の倍数になる。

例　3，4，6 の公倍数は，12，24，36，48，…となるから，これらの数はすべて最小公倍数 12 の倍数である。

5 約数

● **約数**…整数A，B，Cがあって，A＝B×Cとなっているとき
Aは B でわり切れて商はC，AはCでわり切れて商はB
このとき，B，CをAの**約数**という。

例 18の約数を求めよう。18＝2×3×3だから，約数は
1，2，3，2×3，3×3，2×3×3
すなわち1，2，3，6，9，18の6個(こ)ある。

● **約数の個数の求め方**
たとえば24＝2×2×2×3と積の形に表すと，24の約数の個数は
{(2の個数)＋1}×{(3の個数)＋1}＝4×2＝8（個）

6 公約数と最大公約数

● **公約数**…2つ以上の整数に共通な約数を，それらの整数の**公約数**という。

例 8と12の公約数（■の数が公約数）
8の約数 … 1 2 4 8
12の約数… 1 2 3 4 6 12

● **最大公約数**…2つ以上の整数の公約数のうちで，最も大きい公約数を**最大公約数**という。

例 18と24の最大公約数
公約数は1，2，3，6だから最大公約数は6

● **最大公約数の求め方**…素因数分解(そいんすうぶんかい)を利用した方法か，素因数でわる方法で求める。

例 24と36の最大公約数（素因数でわる方法）
ア．共通な素因数でわる。
イ．商に共通な素因数がなくなるまで，わり算を繰(く)り返(かえ)す。
ウ．わった共通な素因数の積が最大公約数となる。

```
2 ) 24  36
2 ) 12  18
3 )  6   9
↓    2   3
2×2×3＝12
```

● いくつかの整数の公約数は，それらの最大公約数の約数になる。

例 24と36の公約数は1，2，3，4，6，12で，最大公約数は12である。
公約数1，2，3，4，6，12は12の約数である。

● **素数を使って整数を積の形に直す**
素数を使うと，たとえば60＝2×2×3×5，72＝2×2×2×3×3となる。
こうすると60と72の最大公約数は2×2×3，60と72の最小公倍数は，2×2×2×3×3×5とわかり，便利なことが多い。

★★★ 基本 017 倍数の見分け方

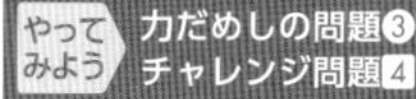
やってみよう　力だめしの問題③　チャレンジ問題4

11 の倍数の見分け方では，1 つおきにとった数の和と残りの数の和との差が, 0 か 11 の倍数になれば, もとの数は 11 の倍数であるとしてよいのです。
たとえば，2136816 では，

　　2＋3＋8＋6＝19，1＋6＋1＝8

ですから，

　　19－8＝11

となり，2136816 は 11 の倍数となります。
このことを利用して，次の数の中から 33 の倍数を 1 つ見つけ，その記号で答えなさい。

㋐ 5186005　　㋑ 3872001　　㋒ 8372001　　【プール学院中】

考え方　33 の倍数は，3 の倍数でもあり，11 の倍数でもある数である。
3 の倍数の見分け方は，各位の数の和が 3 の倍数であるものが 3 の倍数であることから考える。

解き方　3 の倍数であるものは

㋐ 5＋1＋8＋6＋0＋0＋5＝25
㋑ 3＋8＋7＋2＋0＋0＋1＝21
㋒ 8＋3＋7＋2＋0＋0＋1＝21

より，㋑と㋒である。
このうち，11 の倍数であるものは

　　㋑ 3＋7＋0＋1＝11，8＋2＋0＝10，11－10＝1
　　㋒ 8＋7＋0＋1＝16，3＋2＋0＝5，16－5＝11

より，㋒である。

　　答 ㋒

練習 031 次の数の倍数を，小さいものから順に 3 つずつ書きなさい。

(1) 4　　(2) 6　　(3) 35　　(4) 46

練習 032 次の□にあてはまる数を書き入れなさい。

(1) 9 の倍数の中で，500 に最も近い数は□です。
(2) 1 から 100 までの整数のうち，5 でわって 2 あまる数は，全部で□個あります。

基本018 ある整数の倍数

やってみよう 力だめしの問題① チャレンジ問題④

4けたの整数78□2を，次のような倍数にするには，十の位にどんな数を入れたらよいでしょうか。すべての場合を考えなさい。

(1) 3の倍数　(2) 4の倍数　(3) 8の倍数

考え方 十の位に0から9までの数を順に入れて調べていくこともできるが，次の「入試ポイント」を使うと便利である。

入試ポイント

〔倍数の見つけ方〕

- 2の倍数…一の位が0，2，4，6，8である数
- 3の倍数…各位の数をそのままたした数が3 **の倍数**になる数
- 4の倍数…終わりの2けたが00か4 **の倍数**である数
- 5の倍数…一の位が0か5である数
- 8の倍数…終わりの3けたが000か8 **の倍数**である数
- 9の倍数…各位の数をそのままたした数が9 **の倍数**になる数

解き方 (1) 7＋8＋2＝17

17より大きい最小の3の倍数は18

18－17＝1

あとは3をたしていけばよい。　答 1，4，7

(2) 12が4の倍数である。

あとは20ずつ大きくしていけばよい。　答 1，3，5，7，9

(3) 832が8の倍数である。

あとは40ずつ大きくしていけばよい。　答 3，7

練習033 [2]，[5]，[7]の3枚(まい)のカードから，2枚のカードを取り出して並(なら)べ，2けたの整数をつくります。この中に，3の倍数はいくつありますか。

練習034 2，5，6，8の4つの数のうち，3つを取って並べ，3けたの整数をつくります。この中に，6の倍数はいくつありますか。

練習035 次の□の中に0~9までの数を入れて4けたの整数をつくります。それぞれの□には，どんな数を入れたらよいでしょうか。

(1) 3□□8は，4の倍数で最も大きい。

(2) □55□は，8の倍数で最も小さい。

★★★ 基本 019 倍数を使って解く方法

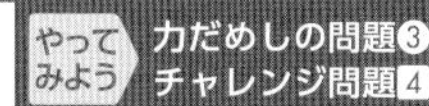

1 から 150 までの整数の中に，ある数 A の倍数が 11 個あります。

(1) ある数 A を求めなさい。

(2) この 11 個の数の和を求めなさい。 【慶應普通部】

考え方 A×1，A×2，A×3，…，A×11 が 1 から 150 までの整数の中にあるから，A×12 は 150 を超えることになる。このことから A がわかる。

(2)は，

$$A\times1+A\times2+A\times3+\cdots+A\times11=A\times(1+2+3+\cdots+11)$$

から計算できる。

解き方 (1) A×1 から A×11 までが，1 から 150 までの整数の中にある。

$13\times11=143$，$14\times11=154$ だから

$13\times11<150<14\times11$

これから A は 13 になる。 **答** 13

(2) $13\times1+13\times2+\cdots+13\times11$

$=13\times(1+2+\cdots+11)$

↑ $\dfrac{(1+11)\times11}{2}=66$ と計算することもできる。

$=13\times66$

$=858$ **答** 858

入試ポイント

- **1 から A までの整数の中に B の倍数は(A ÷ B)個ある。**（ただし，一の位未満は切り捨てる。）
- 個数を数えるときは**境目の数**に気をつけること。
- わり算をしてあまりがあるときは，あまりをたしたとき，範囲にはいるかどうかを調べる。

練習 036 200 以上 450 以下の整数の中に，15 の倍数はいくつありますか。

練習 037 次のような整数はいくつありますか。

(1) 7 でわると 2 あまる 2 けたの整数

(2) 500 以上 1000 未満の整数で，45 でわると 10 あまる数

練習 038 同じ数字 3 個でできている 3 けたの数のうち，9 の倍数をすべて書きなさい。 【修道中】

★★★ 標準 020 3けたの3の倍数

やってみよう 力だめしの問題③ チャレンジ問題1

3けたの整数があります。この数の百の位の数と十の位の数とを加えると8で，また十の位の数と一の位の数とを加えると7になります。そして，この数は3の倍数です。このような数を求めると，□と□と□です。

【甲陽学院中】

考え方 百の位，十の位，一の位の数を，それぞれA，B，Cと文字で表して式をつくると，見通しがよくなる。

また，3でわり切れることから，A＋B＋Cは3の倍数である。

A＋B＝8　　　A　B　C

B＋C＝7　　　百の位　十の位　一の位

A＋B＋Cは3から27までの3の倍数が考えられるが，上の2式から範囲がかなりせまくなる。

解き方 百の位，十の位，一の位の数をそれぞれA，B，Cとすると

A＋B＝8

B＋C＝7 } →(A＋B＋C)＋B＝15 → A＋B＋Cは15以下

この式から，A＋B＋Cは8以上15以下の数。

そして，A＋B＋Cは3の倍数だから，A＋B＋C＝9か12か15

これから (A，B，C)＝(2，6，1)，(5，3，4)，(8，0，7)

答 261，534，807

入試ポイント

● わからないときは，**式をつくったり，図をかいたりしてみよう。**

A ＋ B ＝ 8

A ＋ B ＋ C ＝ 9 → **C ＝ 1**

B ＋ C ＝ 7 → **A ＝ 2**

練習 039 0以外の整数A，B，C，D，Eについて，右の表の縦3組，横3組，対角線2組の各組の3個の整数をかけた積は，みな等しくなります。このとき，B＝□です。

【灘中】

D	36	A
4	B	9
C	E	12

練習 040 3□□□6という5けたの整数があります。□□□の中に適当な数を入れたとき，この5けたの整数が47の倍数になります。こんな数は全部で□個あります。

【金蘭千里中】

★★★ 応用 021 倍数の個数の求め方

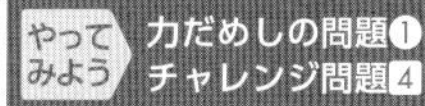

1から100までの整数を，右の図のような順序(じゅんじょ)でAからDまでの組に分類していきます。

このとき，次の問いに答えなさい。

(1) Bに何個の数がはいるでしょうか。

(2) Dに何個の数がはいるでしょうか。

【暁星中】

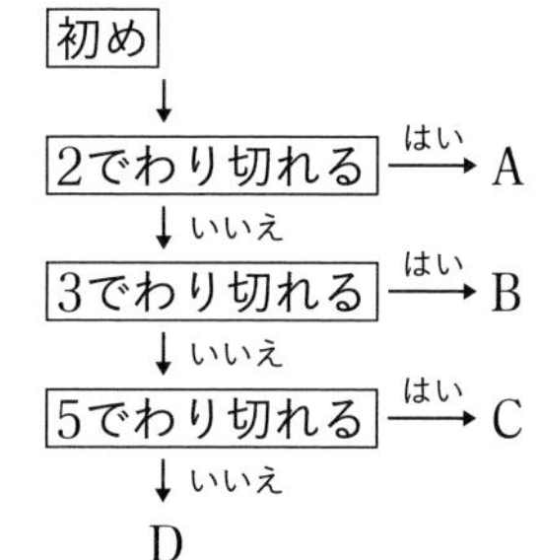

考え方 ベン図に整理すると，右のようになる。
└右のような図をベン図という

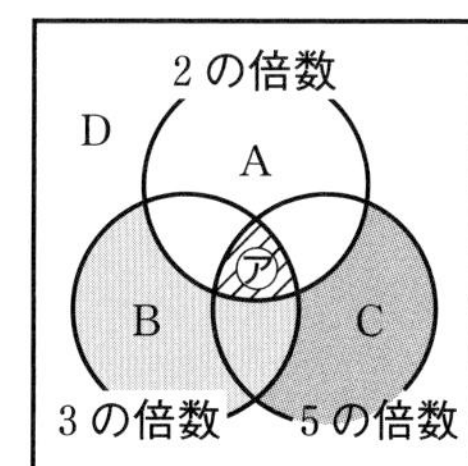

(1) Aには2の倍数がはいる。→ 100÷2＝50(個)

Bには3の倍数のうち2の倍数を除(のぞ)いた数，すなわち，2と3の最小公倍数6の倍数を除いた数がはいる。

(2) **Dにはいる個数＝100－(AとBとCにはいる個数)**

から求める。Cには5の倍数のうち，2の倍数と3の倍数を除いたものがはいる。Cの個数の計算では，2と3と5の最小公倍数30の倍数(右上の図の㋐の部分)を二重に除くことになるので，それを1回たしておくことを忘(わす)れないようにしよう。

解き方 (1) 3の倍数は，100÷3＝33あまり1　より33個。

6の倍数は，100÷6＝16あまり4　より16個。

よって，Bにはいる個数は，33－16＝17(個)　**答** 17個

(2) 5の倍数は，100÷5＝20(個)

2と5の最小公倍数10の倍数は，100÷10＝10より10個。

3と5の最小公倍数15の倍数は，100÷15＝6あまり10より6個。

2と3と5の最小公倍数30の倍数は，100÷30＝3あまり10より3個。

したがって，Cにはいる個数は，20－(10＋6)＋3＝7より7個。
└これを1回たしておく

Dにはいる個数は　100－(50＋17＋7)＝26(個)　**答** 26個

練習 041 2つの整数AとBの積は144です。Aに1をたした数と，Bから1をひいた数との積は150です。整数Aを求めなさい。

練習 042 百の位と一の位の数字が同じ数字でできている3けたの数のうち，7の倍数である偶数(ぐうすう)をすべて書きなさい。

★★★ 基本 022 公倍数を求める

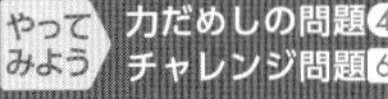

次の組になった数の公倍数を小さいものから順に3つずつ求めなさい。

(1) (5, 10)　　(2) (4, 6, 8)　　(3) (12, 30, 50)

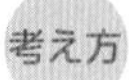

各組のそれぞれの数の倍数を求める。それらの共通の倍数が公倍数である。なお，公倍数は最小公倍数の倍数であるから，まず最小公倍数を見つけてもよいわけである。(3)のような場合には，最小公倍数は素因数(そいんすう)でわる方法(下のような計算)を利用すると求めやすい。

(最小公倍数の求め方)

公約数でわっていく方法がある。3つの数の場合，そのうちの2つの数の公約数でわっていけばよい。われないものはそのまま下ろす。

2)	12	30	50
3)	6	15	25
5)	2	5	25
	2	1	5

$2 \times 3 \times 5 \times 2 \times 1 \times 5 = 300$

▒部分の全部の数をかける。

解き方 (1) 5と10の最小公倍数は10だから

$10 \times 1 = 10,\ 10 \times 2 = 20,\ 10 \times 3 = 30$　　答 10, 20, 30

(2) 4と6と8の最小公倍数は24だから

$24 \times 1 = 24,\ 24 \times 2 = 48,\ 24 \times 3 = 72$　　答 24, 48, 72

(3) 最小公倍数は右上の計算より　300

したがって　$300 \times 1 = 300,\ 300 \times 2 = 600,\ 300 \times 3 = 900$

答 300, 600, 900

練習 043 次の組になった数の公倍数を，小さいものから順に3つずつ書きなさい。

(1) (4, 6)　　(2) (9, 15)

(3) (10, 12, 15)　　(4) (24, 36, 54)

★★★ 基本 023 公倍数の応用(おうよう)(1)

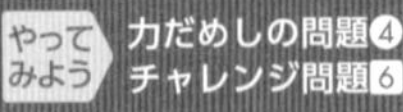

1から100までの整数の中で，2または3でわり切れる数はいくつありますか。

考え方 1から100までの整数の中で，2の倍数の個数と3の倍数の個数との和から，2と3の公倍数の個数をひく。

2と3の最小公倍数は6である。1から100までの整数の中で，2, 3, 6の倍数の個数はそれぞれ50, 33, 16なので　$50 + 33 - 16 = 67$

答 67個

練習 044 3けたの整数の中に，2から6までのどの数でわってもわり切れる数は，何個(なんこ)ありますか。 【愛光中】

練習 045 次の□にあてはまる数を求めなさい。

⑴ 8でわっても5でわっても2あまる3けたの最小の数は□です。 【女子学院中・改】

⑵ 200以下の整数で，3でわっても5でわっても1あまる最大の数は□です。 【広島学院中】

★★★ 標準 024 公倍数の応用(2)

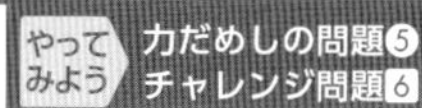

ある学級の生徒数は42名で，1番から42番までの出席番号がついています。次の問いに答えなさい。

⑴ 出席番号が3の倍数になっている生徒は何人いますか。

⑵ 出席番号が3の倍数で，しかも5の倍数になっている生徒は何人いますか。

⑶ 出席番号の12番と18番は，ともにある数の倍数になっています。ある数をすべて求めなさい。ただし，ある数は1でないものとします。

【西南学院中】

⑴は倍数，⑵は最小公倍数，⑶は最大公約数の問題である。つまり，⑴では，42までの3の倍数の個数だから，42÷3を計算する。

⑵は3と5の両方の倍数だから，3と5の最小公倍数の倍数の個数を求める。

⑶は12と18の約数をさがすので，最大公約数がわかればよい。

解き方

⑴ 42÷3＝14 **答** 14人

⑵ 3と5の最小公倍数は3×5＝15で，42÷15＝2あまり12 **答** 2人

⑶ 12と18の最大公約数は6だから，ある数というのは6の約数になる。ただし，1を除(のぞ)いて　2，3，6 **答** 2，3，6

練習 046 花火を，A町では3分ごとに1発ずつ合計100発，B町では5分ごとに1発ずつ合計50発打ち上げます。同時に打ち上げ始めると，A町とB町の中間地点にいる人は，何回花火の音を聞くことになりますか。 【愛光中】

基本 025 最小公倍数の応用

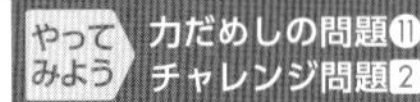

Aのベルは8分ごとに，Bのベルは12分ごとに鳴ります。両方のベルが同時に鳴ったときから時間をはかると，次の場合はそれぞれ何分後ですか。

(1) 第1回目に同時に鳴るとき　　(2) 第5回目に同時に鳴るとき

【久留米大附設中】

Aのベルは8分，16分，24分，…ごとに鳴り，Bのベルは12分，24分，36分，…ごとに鳴るから，8と12の最小公倍数である24分ごとに同時に鳴る。

解き方

(1) 24分後 …答

(2) $24 \times 5 = 120$ (分)　　答 120分後

練習 047 右の図のような直角三角形の形をした厚紙がたくさんあります。この厚紙をすき間なく並べて最も小さい正方形をつくります。

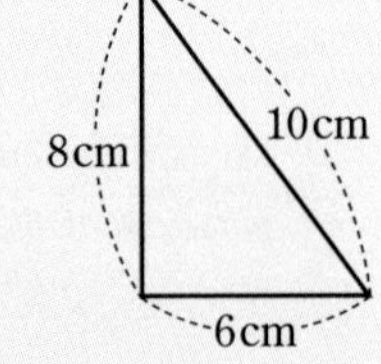

(1) この正方形の面積は何 cm^2 ですか。

(2) 全部で何枚の厚紙を並べましたか。

【江戸川学園取手中・改】

練習 048 ある駅から，バスは12分おきに，電車は18分おきに発車します。午前8時にバスと電車が同時に発車しました。

(1) 次に，この駅からバスと電車が同時に発車するのは，午前何時何分ですか。

(2) 午前9時から正午までの間で，同時に発車するのは何回ありますか。

【愛知教育大附岡崎中】

練習 049 1番目から33番目までの番号のつけられた33人の生徒のいるクラスで2日間で大掃除をすることになりました。第1日目には番号が偶数の生徒は教室を，番号が奇数の生徒は特別区域を分担し，第2日目には番号が3の倍数の生徒は教室を，それ以外の生徒は特別区域を分担することにしました。2日とも欠席者はいないものとして，次の問いに答えなさい。

(1) 2日とも教室を分担する生徒は何人ですか。

(2) 2日とも特別区域を分担する生徒は何人ですか。

【金蘭千里中】

練習 050 4日ごとと6日ごとに取りかえる広告があります。ある月曜日に両方をいっしょに取りかえました。この次に，月曜日にいっしょに取りかえるのは何週間後ですか。

★★★ 応用 026 公倍数の応用(3)

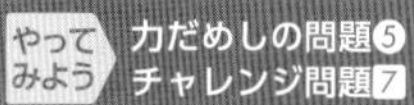

A，Bの2人は，3月1日から次のように働きます。
Aは1日働いて2日間休む。Bは5日間働いて3日間休む。
2人はそれぞれの休みの日を利用して4月に1泊(ぱく)2日の旅行を計画しました。4月は何日に泊(と)まることになるでしょう。【金城学院中】

考え方 働く日を○印，休む日を×印で表に表してみる。

	1	2	3	4	5	6	7	8	9	10	11	12	13	14	15	16	17
A	○	×	×	○	×	×	○	×	×	○	×	×	○	×	×	○	×
B	○	○	○	○	○	×	×	×	○	○	○	○	○	×	×	×	○

	18	19	20	21	22	23	24	25	26	…
A	×	○	×	×	○	×	×	○	×	…
B	○	○	○	○	×	×	×	○	○	…

Aは3日ごと，Bは8日ごとに同じ様子が繰(く)り返(かえ)されて，A，B両方は3と8の最小公倍数の24日後の3月25日に，初めて3月1日の最初の日の様子に返る。

解き方 1＋2＝3，5＋3＝8
Aは3日，Bは8日ごとに同じ様子になるから，A，Bの2人は3と8の最小公倍数の24日過(す)ぎたあとに3月1日と同じ状態(じょうたい)になる。
それは3月では3月25日，4月では，24×2－31＋1＝18より，4月18日。
そして，それらの日の2日前と13日後が適(てき)するので，4月では4月7日か4月16日がうまく合う。

答 4月7日，4月16日

入試ポイント
● 公倍数の応用問題は**表や図を利用**すると，まちがいが少なくなる。初めて合う所や重なる所などを，表や図で求めれば，あとは計算でできる。**パターンの1つ目を正しく見つけることがたいせつ！**

練習 051 ある駅から電車は12分ごとに，バスは16分ごとに出ます。電車の始発は午前6時15分，バスは午前6時55分です。

(1) 午前6時55分より前で，それにいちばん近い電車の発車時刻(じこく)は，何時何分ですか。

(2) 初めて同時に出るのは何時何分ですか。

(3) 午後初めて同時に出るのは何時何分ですか。また，そのときのバスは，始発から数えて何番目ですか。

【三輪田学園中】

練習 052 AとBの2つの団体(だんたい)を，同じ人数のグループに分けたいと思います。Aの団体は60人ですが，Bの団体は70人以上100人以下です。6人ずつのグループに分けると，あまらずにちょうど分けられました。

次の問いに答えなさい。

(1) 考えられるBの団体の人数は何人ですか。すべて書きなさい。

(2) 7人以上のグループに分けようとすると，きっちり分けられませんでした。Bの団体の人数は何人ですか。

【奈良女子大附中等教育学校】

練習 053 ある学級の生徒数は40人です。この学級では，教室の掃除(そうじ)を月曜日から土曜日まで，出席番号順に6人の当番を決めて毎日交代で行います。ある週の月曜日に出席番号1，2，3，4，5，6の生徒が掃除をしました。

次に，この同じ6人が教室の掃除当番になるのは，この週から何週目の何曜日ですか。ただし，日曜日以外に休みの日はないものとして答えなさい。

【和洋九段女子中・改】

練習 054 35人のクラスで，日直と掃除当番を，次のように割(わ)り当てました。

・日直は出席番号(1番～35番)の1番から順に2名ずつ，毎日交代で行う。

・掃除当番は，1班(ぱん)が出席番号1番～5番の生徒，2班が出席番号6番～10番，…というように，5人ずつの班をつくり，1週間を月～水，木～土の2つに分けて，1班から順に3日間ずつ仕事にあたる。

出席番号1, 2番の2人は，最初の週の月曜日に日直と掃除当番が重なりました。次に，日直と掃除当番が重なるのは，最初の週を第1週として数え始めて，何週目の何曜日ですか。ただし，日曜日以外に休日はないものとします。

【共立女子中】

練習 055 図のように，AからBまで何本かの木が1列に並(なら)んでいます。これらの木に，Aからは2本おきに赤ひもをつけ，Bからは3本おきに青ひもをつけたところ，ちょうど真ん中の木には，赤と青のひもがつきました。木は全部で何本ありますか。ただし，木の数は40本以下です。

A　B

【慶應普通部】

★★☆ 標準 027 公倍数の応用(4)

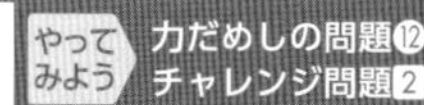

道路の両側に桜は 10m おき，杉は 9m おきに植えられていて，それぞれ図のように番号が順につけられています。今桜の 57 番は杉と向かい合っています。1 番から 1982 番までの桜のうち，杉と向かい合っているのは何本ありますか。ただし，57 番もふくめます。

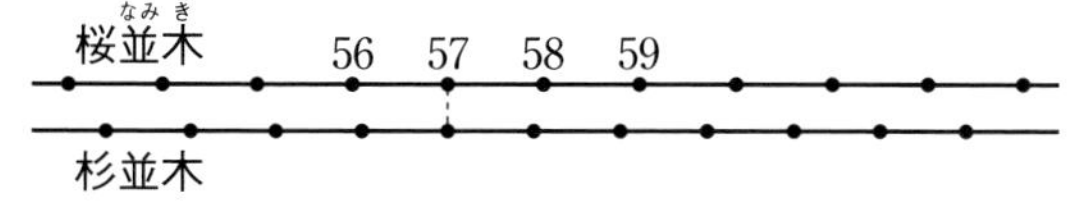

【灘中・改】

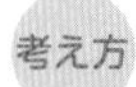

桜の 57 番目の位置をもとにして長さを計算する。

10m と 9m の最小公倍数の 90m ごとに桜と杉は向かい合っている。

57番目
桜
19250m
1982
90m
80m

1982 − 57 = 1925 (番)

1925 × 10 = 19250 (m)

19250 ÷ 90 = 213 あまり 80

これから，58 番から 1982 番までに向かい合っている杉の本数がわかる。

1 番から 56 番までについても同様に考える。

桜 57 番の場所をもとにすると，10m と 9m の最小公倍数の 90m ごとに桜と杉は向かい合っている。

1982 − 57 = 1925

1925 × 10 = 19250

19250 ÷ 90 = 213 あまり 80

58 番から 1982 番までに向かい合っている杉は 213 本。

56 × 10 = 560

560 ÷ 90 = 6 あまり 20

1 番から 56 番までに向かい合っている杉は 6 本。

57 番もふくめると，全部で　213 + 6 + 1 = 220　**答** 220 本

練習 056　2 つの数 A と B の積は，A と B の最小公倍数と最大公約数の積と等しくなります。

(1) ある数 A と 216 の最小公倍数と最大公約数は，それぞれ 1512 と 36 です。このとき，ある数 A はいくつですか。

(2) B は A の 2 倍より 24 大きく，A と B の最小公倍数は A の 8 倍で，最大公約数は 12 です。A と B の最小公倍数はいくつですか。

★★★ 基本 028 約数とその個数

やってみよう 力だめしの問題7 チャレンジ問題1

144の約数をすべてあげなさい。全部でいくつありますか。

考え方 思いつくままにあげていたのでは，抜けたものに気がつかないので，**規則的に求める**こと。たとえば，2，3，4，…と小さい数から順にわっていってわり切れるものをさがしていくと，わったあと，商も約数になる。**1とその数自身も約数に入れる**ことになっている。

解き方 144÷1＝144　144÷2＝72　144÷3＝48　144÷4＝36
144÷6＝24　144÷8＝18　144÷9＝16　144÷12＝12

答 約数…1，2，3，4，6，8，9，12，16，18，24，36，48，72，144
個数…15個

〔別解〕144＝2×2×2×2×3×3　となるので，約数は2を0個から4個までと3を0個から2個までをかけたものである。

（2を0個かけるとは，1をかけることと考える。3を0個かけるも同じ。）

3の個数＼2の個数	0 (1)	1 (2)	2 (4)	3 (8)	4 (16)
0 (1)	1	2	4	8	16
1 (3)	3	6	12	24	48
2 (9)	9	18	36	72	144

表より，約数の個数は，

(4＋1)×(2＋1)＝5×3＝15（個）

として求めることができる。

入試ポイント

● A＝B×C　ならば　BもCもAの約数

A＝B×B×C×C×Cならば**A**の約数は，**B**は**0**個から**2**個まで，**C**は**0**個から**3**個まで使えるから**3×4＝12**（個）である。ただし，**B**，**C**は**1**とその数自身以外に約数はない数である。これを**素数**という。

練習 057 24の約数をすべて加えると，いくらになりますか。【日本大二中】

練習 058 〔A〕がAの約数の個数を表すとき，次の式の値を求めなさい。

(1) 〔20〕＋〔30〕＋〔40〕

(2) 〔72〕－〔35〕－〔37〕

★★☆ 標準 029 約数の個数

(1) 22 の約数は 1，2，11，22 の 4 個です。このように約数が 4 個だけある整数を小さいものから順に並(なら)べると，22 は何番目になりますか。

(2) 約数が 3 個だけある整数を小さいものから順に並べたとき，5 番目の数はいくつですか。

【開成中】

考え方 (1) A，B，C を 1 とその数自身以外に約数をもたない数とすると，4 個だけ約数がある数は，

A×B　か　C×C×C

の形をしている。なぜなら，

A×B の約数は　1，A，B，A×B
C×C×C の約数は　1，C，C×C，C×C×C
} の 4 個

となるからである。

(2) (1)と同じように考えて，約数が 3 個だけある数の形を考えよう。

解き方 (1) 22 より小さい数で A×B の形の数は（A，B は 1 とその数自身以外に約数がない数とする。）

2×3，2×5，2×7，3×5，3×7

もう 1 つ 2×2×2 も 4 個の約数があるから，小さいものから順に並べると

6，8，10，14，15，21，22　**答** 7 番目

(2) 約数が 3 個だけある数は，A×A の形をしている。
この数の約数は，1，A，A×A の 3 個である。
だから小さいものから順に並べると

2×2，3×3，5×5，7×7，11×11　**答** 121

練習 059 次の問いに答えなさい。

(1) 15 の約数は，1，3，5，15 の 4 個です。約数の個数が 3 個の整数は，30 までに何個ありますか。

(2) 3 の約数は，1，3 でその和は 4 です。このように，整数の中で約数の和がその数より 1 大きくなるものは，30 までに何個ありますか。

練習 060 20 から 50 までの整数のうち，約数が 3 つある整数をすべて加えるとその和は□になります。　【関西学院中学部】

〔手が出ないとき〕範囲(はんい)が決まっているのだから，シラミつぶしに調べていけば，必ずできる。時間はかかるが，その途中(とちゅう)でうまい解法(かいほう)に気がつくことも考えられる。

★★★ 基本 030 最大公約数を求める

やってみよう 力だめしの問題② チャレンジ問題5

ある数で86をわると2あまり，63をわると3あまります。その数のうちで，最も大きい整数は何ですか。 【広島大附東雲中】

考え方 ある数でわり切れる数は，86より2小さい数と，63より3小さい数。つまり，ある数は，この2数の公約数であり，そのうち，最大公約数を求める問題である。最大公約数は素因数（そいんすう）でわると求めやすい。

解き方 $86-2=84$

$63-3=60$

右の計算から，84と60の最大公約数は

$2\times2\times3=12$

```
2)84  60
2)42  30
3)21  15
   7   5
```

答 12

練習 061 次の組になった数の公約数を求めなさい。

(1) (12，18)　(2) (14，28，56)　(3) (45，60，90)

練習 062 次の組になった数の最大公約数を求めなさい。

(1) (30，45)　(2) (14，21)　(3) (17，51)

(4) (36，90)　(5) (16，24，56)　(6) (36，42，72)

(7) (65，78，104)

練習 063 次の□の中にあてはまる数を書き入れなさい。

(1) 53をわっても，81をわっても11あまる整数のうちで，最も大きい数は□です。 【玉川学園中】

(2) 87と183をわると，あまりが3になる整数をすべて求めると，□，□，□です。 【西南学院中・改】

練習 064 かき45個（こ），梨60個，りんご30個があります。これをなるべく多くの組に分けて，どの組にもかき，梨，りんごがそれぞれ同じ個数ずつはいっているようにします。何組に分けたらよいでしょうか。 【久留米大附設中】

練習 065 縦（たて）36cm，横48cm，高さ60cmの直方体から，同じ大きさの立方体を切り取り，残りがないようにしたいと思います。次の問いに答えなさい。

(1) 切り取れるいちばん大きな立方体の1辺の長さは何cmになりますか。

(2) (1)の立方体は，全部で何個できますか。

★☆☆ 基本 031 公約数の利用(1)

59，140，194 のそれぞれを同じ整数でわって，あまりがどれも 5 になるようにするには，どんな整数でわればよいでしょうか。　【慶應中等部】

考え方　わる数を A とすると，59 を A でわるとあまりが 5 になることから，

　　59 − 5 = 54

は **A でわり切れるはず**。

140，194 についても同じことだから，

　　140 − 5 = 135

　　194 − 5 = 189

より，A は 54，135，189 の公約数になる。

解き方　59 − 5 = 54

140 − 5 = 135

194 − 5 = 189

54，135，189 の最大公約数は

　　3 × 3 × 3 = 27

公約数は，最大公約数の約数だから，5 より大きいものを求めると，9 と 27 である。

3)	54	135	189
3)	18	45	63
3)	6	15	21
	2	5	7

答 9，27

入試ポイント
- 公約数を全部書くときは，**最大公約数**を見つけて，その約数をみんな書けばよい。たとえば，**18** と **24** の最大公約数は **6** で，公約数は **1**，**2**，**3**，**6** である。

練習 066　50 をある整数でわっても，また 76 をその整数でわっても，あまりが 11 になるそうです。ある整数を求めなさい。

練習 067　380 をわれば 2 あまり，1085 をわれば 5 あまるような整数のうち，いちばん大きい数といちばん小さい数を求めなさい。

練習 068　3 つの整数 168，240，384 のどれにも 12 を加えると，ある 2 けたの整数の倍数になるそうです。このような 2 けたの整数をすべて答えなさい。

★★★ 標準 032 公約数の利用(2)

やってみよう 力だめしの問題⑦ チャレンジ問題5

3つの整数517，613，877をある整数でわると，あまりが等しくなります。このような整数をすべて求めなさい。

考え方 Aを**B**でわるとあまりが**C**のときは，**A－C**は**B**でわり切れる。つまり，あまりがあるとき，**あまりをひいたものはわり切れる**ことになる。

だから，DとEをPでわったとき，あまりをRとすると，

D－E

はPでわり切れる。

だから，613－517＝96

877－613＝264

より，ある整数は96と264の1以外の公約数である。

D P P P P P P R
E P P P P R
D－E P P

解き方 3つの整数517，613，877をある整数でわるとき，あまりが等しいのだから，2つずつの差をとると，あまりがなくなって，ある整数でわり切れる。

613－517＝96　　877－613＝264

```
6)96  264
4)16   44
   4   11
```

これから96と264の1以外の公約数が求める数である。

最大公約数が24だから，求める数は24の約数から1を除(のぞ)いた

2，3，4，6，8，12，24

答 2，3，4，6，8，12，24

入試ポイント
● いくつかの数**A**，**B**，**C**，…をある整数でわるときあまりが等しいならば，**2つずつの差A－B，A－C，B－C，…などはその整数でわり切れる**ことを覚えておこう。

練習069 3つの整数385，510，615をある整数でわると，385はわり切れるが，あとの2つは同じあまりが出ます。そのあまりは2けたの数です。
ある整数というのはいくつですか。

練習070 ある学級で，鉛筆(えんぴつ)148本，ノート100冊(さつ)をみんなに同じように分けたら，鉛筆が20本，ノートが4冊あまりました。
この学級の子どもは何人でしょうか。

練習071 8でわると5あまる整数があります。この整数を3倍して8でわったときのあまりはいくらですか。 【大阪教育大附天王寺中】

★★★ 応用 033 最大公約数の利用

やってみよう 力だめしの問題9 チャレンジ問題5

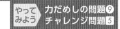

縦(たて) 36 m，横 45 m の長方形の土地があります。この土地の周囲(しゅうい)に同じ間隔(かんかく)で桜(さくら)の木を植えたいと思います。4 つのかどに必ず桜の木を植えることにして，桜の本数を最も少なくなるように植えます。

(1) 何 m おきに桜の木を植えればよいでしょうか。

(2) 桜の木は全部で何本必要でしょうか。

考え方 36 m と 45 m は**同じ間隔でわり切れるから，36 と 45 の公約数が間隔になる**。ところが桜の木の本数を最も少なくなるようにするから，間隔は最も大きくなる。だから，間隔は 36 と 45 の最大公約数である。

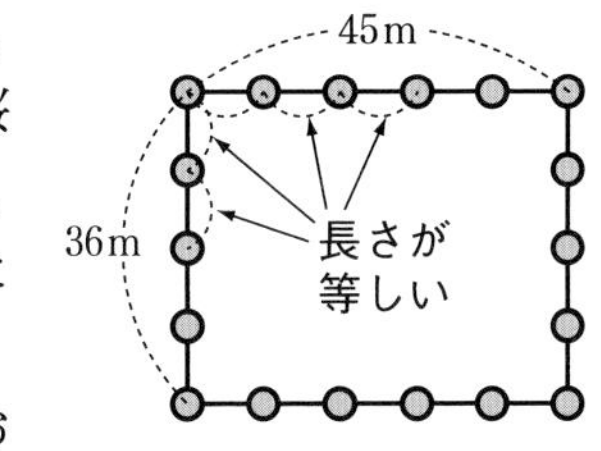

解き方 (1) 36 と 45 の最大公約数は 9 だから，9 m おきに植える。

答 9 m

(2) 周囲の長さは，

$(36+45)\times 2=162$ (m)

これを直線にのばすと図のようになり，

2 つのはしのうち，1 つには植えないから　$162\div 9=18$ (本)

答 18 本

練習 072 整数 a と b の最大公約数を $(a,\ b)$ で，また最小公倍数を $[a,\ b]$ で表すことにします。たとえば，$(4,\ 6)=2$，$[4,\ 6]=12$ です。このとき，□ にあてはまる数を求めなさい。

(1) $[(18,\ 27),\ 12]=$ □　　(2) $[(12,\ 18),\ $ □ $]=54$

練習 073 右の図のような四角形の形の広場があります。4 つのかどにも植えて，周りに同じ間隔に木を植えようと思います。木の数を最も少なくするには何 m おきに植えればよいでしょうか。 【修道中】

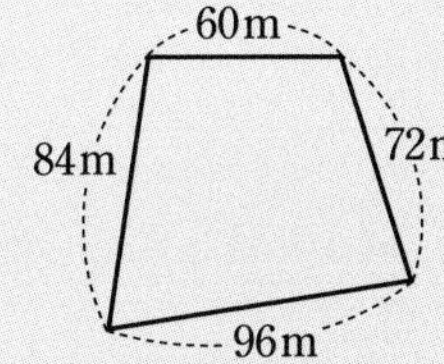

練習 074 縦 132 m，横 180 m の長方形の土地の周りに，同じ間隔で木を植えます。四すみには必ず植えることにするとき，最も少なくて何本の木が必要ですか。 【久留米大附設中・改】

練習 075 a を 12 でわったら，商が 2 であまりが 4 でした。b は 50 に最も近い 6 の倍数です。このとき，a，b の最大公約数を求めなさい。 【富士見中】

★★★ 応用 034 整数の積

やってみよう 力だめしの問題⑩ チャレンジ問題1

1×2×3×4×5×…と順に1ずつ大きな整数をかけていくとき，その積が初めて6で10回わり切れる数になるのは，いくつまでかけたときですか。また，そのとき，その積は7で何回わり切れますか。

考え方 **6を1を除く整数の積の形で表すと，2×3となる。**整数の積の形としては，これ以上分けることはできない。1×2×3×4×5×…もできるだけ小さい整数の積に書き直して，その中から，2×3の組をつくっていくとよい。

解き方 1×2×3×4×5×6×7×8×9×10×11×12× …
=1×2×3×2×2×5×2×3×7×2×2×2×3×3×2×5×11×2×2×3× …

2は十分だから，3が10回出てくるところまでかければよいことがわかる。

3	6	9	12	15	18	21	24	
1	1	2	1	1	2	1	1	⇒10回

24までの間に，7の倍数は3つある。

答 24，3回

練習 076 1から10までの整数の積1×2×3×4×5×6×7×8×9×10を2で何回わると答えが奇数(2でわり切れない整数)になりますか。またそのときの答えはいくらですか。
【白陵中】

練習 077 0より大きい3つの整数a，b，cがあります。aとbをかけると45，aとcをかけると54になります。このようなa，b，cをすべて求めなさい。
【麻布中】

練習 078 □の中にあてはまる数を求めなさい。

(1) 2を10個，5を13個全部かけてできる数は終わりに0が□個続きます。

(2) 1から10までの整数全部をかけてできる数は終わりに0が□個続きます。

(3) 21から30までの整数全部をかけてできる数は終わりに0が□個続きます。

(4) 71から100までの整数全部をかけてできる数は終わりに0が□個続きます。

(5) 1から100までの整数全部をかけてできる数は終わりに0が□個続きます。
【桐蔭学園中等教育学校】

★★★ 応用 035 わり算のあまりによる分類

やってみよう 力だめしの問題⑧ チャレンジ問題①

整数 1，2，3，4，…を 1 から順に書き並(なら)べて，右のような表をつくりました。

	㋐	㋑	㋒	㋓
①	1	2	3	4
②	5	6	7	8
③	9	10	11	12
④	13	14	…	…
⋮	…	…	…	…
	…	…	…	…

⑴ ㋓の列の数はどんな数の集まりといえますか。

⑵ ㋑の列の数はどんな数の集まりといえますか。

⑶ ㋐の列の⑫行の数を求めなさい。

⑷ ㋒の列の数を 3＋7＋11＋…と⑪行まで加えると合計はいくらになりますか。

⑸ ⑩行の数を横に合計するといくらになりますか。　【慶應中等部】

整数 1，2，3，4，…が 4 個ずつ 1 まとめになっているから，**縦(たて)の列は 4 でわったときのあまりが等しいもの**が並んでいる。

㋐の列は 4 でわったとき 1 あまる数が上から 4 の差で並んでいる。

⑶，⑷，⑸は㋓の列をもとにして考えよう。

⑴ 4 でわるとわり切れて，商が 1，2，3，…となる。　答 4 の倍数

⑵ 4 でわるとあまりが 2 のもので，商が 0，1，2，…となる。

答 4 でわったとき 2 あまる数

⑶ ㋓の列の⑫行の数より 3 小さいから

$4\times12-3=45$　答 45

⑷ ㋓の列より 1 ずつ小さい数の和だから

$$4+8+12+\cdots+44-11=4\times(1+2+3+\cdots+11)-11$$
$$=4\times66-11=264-11$$
$$=253$$

答 253

⑸ ㋓の⑩行は $4\times10=40$ だから

$37+38+39+40=154$　答 154

練習 079 整数を右のように，A，B，C 3 つのグループに分けました。次の問いに答えなさい。

A → 2，5，8，11，…
B → 1，4，7，10，…
C → 0，3，6，9，…

⑴ 70 は，どのグループにはいりますか。

⑵ A グループで，20 番目の数は何ですか。

⑶ A グループの数に B グループの数をかけると，その積は，どのグループの数になりますか。

★★★基本 036　ある数に最も近い数(1)

やってみよう　力だめしの問題⑥　チャレンジ問題①

10，15，24 のいずれでわっても 7 あまる整数のうちで，500 に最も近い数はいくらですか。　【愛光中】

考え方　10 でも 15 でも 24 でもわり切れる数は 10，15，24 **の公倍数**である。10，15，24 の最小公倍数は 120 だから 500 の近くで 120 の倍数に 7 を加えた数を調べていけばよい。

解き方　10，15，24 の最小公倍数は

$2 \times 5 \times 3 \times 1 \times 1 \times 4 = 120$

$500 \div 120 = 4$ あまり 20

$120 \times 4 + 7 = 487$

$120 \times 5 + 7 = 607$

$$\begin{array}{r|rrr} 2 & 10 & 15 & 24 \\ \hline 5 & 5 & 15 & 12 \\ \hline 3 & 1 & 3 & 12 \\ \hline & 1 & 1 & 4 \end{array}$$

これから，487 が 500 に最も近い。　**答** 487

入試ポイント

● **公倍数は最小公倍数の倍数である。**

A，**B**，**C** の最小公倍数を **L** とすると

L × **2**，**L** × **3**，**L** × **4**，…

は公倍数である。

練習 080　4 けたの整数の中で，30 でわっても，36 でわっても，54 でわってもわり切れるものはいくつありますか。

練習 081　12，18，20 の公倍数で，10000 に最も近い数を求めなさい。

練習 082　4 けたの整数の中で，6 でわっても，9 でわっても，16 でわっても 4 あまるものはいくつありますか。

練習 083　次の□にあてはまる数を求めなさい。

(1) 2 つの整数 60 とある数の最大公約数は 12 です。このとき，ある数の中で 10 番目に大きいものは□です。

(2) 119，184，262 をある整数でわったところ，3 つともわり切れませんでしたが，あまりは 3 つとも 2 でした。わった数は□です。　【東京女子学院中・改】

★★★ 標準 037 ある数に最も近い数(2)

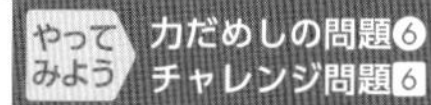

12 でわると 10 あまり，15 でわると 13 あまり，16 でわると 14 あまる整数のうち 500 に最も近い整数はいくつですか。 【関西学院中学部】

考え方 あまりはみんな等しくないが，どれもあまりがわる数よりも 2 ずつ小さいことをうまく使えばよい。
つまり，
求める数は 12 の倍数，15 の倍数，16 の倍数よりも 2 だけ小さい数
ということである。

解き方 12 − 10 = 2，15 − 13 = 2，16 − 14 = 2
12 と 15 と 16 の最小公倍数は
3 × 4 × 1 × 5 × 4 = 240
500 ÷ 240 = 2 あまり 20
240 × 2 − 2 = 478

```
3)12  15  16
4) 4   5  16
   1   5   4
```

答 478

入試ポイント

(もとの数) ÷ **A** のあまりが　**A** −(同じ数 **C**) (もとの数) ÷ **B** のあまりが　**B** −(同じ数 **C**)	⇨	(もとの数) +(同じ数 **C**) は **A** でも **B** でもわり切れる

つまり，もとの数は(A，**B の公倍数**)−(**同じ数 C**)である。

練習 084 5 でわると 3 あまり，6 でわると 4 あまり，7 でわると 5 あまるような整数のうちで，1000 に最も近い数はいくつですか。

練習 085 7 をたすと 11 でわり切れて，11 をたすと 7 でわり切れるような整数があります。次の問いに答えなさい。
(1) このような整数で，最も小さい整数を求めなさい。
(2) このような整数で，1000 に最も近い数を求めなさい。 【巣鴨中】

練習 086 8 でわったら 2 あまり，12 でわったら 6 あまり，16 でわったら 10 あまる整数があります。この整数について，次の問いに答えなさい。
(1) 最も小さい整数を求めなさい。
(2) 1000 に最も近い整数を求めなさい。 【大西学園中】

力だめしの問題 入試標準レベル

解答➡別冊 p.33

1 1から100までの整数について，次のそれぞれの問いに答えなさい。

⑴ 6の倍数はいくつありますか。

⑵ 6と8の公倍数はいくつありますか。

⑶ 6の倍数であって，8の倍数でない数はいくつありますか。

【相模女子大中学部】

2 27，45，81の最小公倍数は最大公約数の何倍ですか。

【関西学院中学部】

3 1から100までの整数で，2の倍数でもなく，3の倍数でもない整数の個数を求めなさい。

【立命館中】

4 100から300までの整数で，2でも3でもわり切れるが，5でわり切れない数は，何個ありますか。

【ラ・サール中】

5 次の図はベルを鳴らして，信号を送っている様子を表したものです。㋐の信号はベルを2秒間鳴らすごとに1秒間休みます。㋑の信号はベルを1秒間鳴らすごとに1秒間休みます。これについて，下の問いに答えなさい。

㋐ (ベル) 休み (ベル) 休み ―― ―― ――

㋑ (ベル) 休み (ベル) 休み ― ― ― ― ― ―

⑴ ㋐の信号は，送り始めてから2分間に何回ベルが鳴りますか。

⑵ ㋐と㋑の信号を同時に送り始めてから，ベルが同時に休むのは2分間に何回ありますか。

ヒント

1 ⑶ 6の倍数の個数(こすう)から24の倍数の個数をひけばよい。

▶基本 018，応用 021

2 計算するだけ。

▶基本 030

3 まず，2の倍数，3の倍数の個数を求める。

▶基本 017，基本 019，標準 020

4 2と3の公倍数の個数から，2と3と5の公倍数の個数をひく。

▶基本 022，基本 023

5 ⑵初めて同時に休むのは何秒後かを調べる。

▶標準 024，応用 026

6 5でわれば4あまり，6でわれば5あまり，8でわれば7あまる数の中で，300に最も近い数はいくつですか。

【昭和女子大附昭和中・改】

7 鉛筆(えんぴつ)が525本，ノートが310冊(さつ)，消しゴムが224個あります。これらをあるクラスで公平に配ったところ，鉛筆，ノート，消しゴムがいずれも同じ数だけあまりました。このクラスの人数は何人でしょうか。

8 次のように，1から99までの99個の数で，連続する3個の整数の積を全部で97個つくります。

1×2×3,　2×3×4,　3×4×5,　…,
96×97×98,　97×98×99

この中で次のような積は何個ありますか。

(1) 4の倍数である。 (2) 4の倍数であり8の倍数でない。

(3) 8の倍数であり16の倍数でない。

(4) 36の倍数である。

【洛南高附中】

9 50以上100以下の整数Nがあります。Nの約数は奇数(きすう)個で，Nと36の公約数のうち，最も大きいものは9です。

(1) 36の約数は全部で何個ありますか。

(2) 整数Nを求めなさい。また，Nと36の公倍数のうち，最も小さいものを求めなさい。

(3) Nと36のうち，少なくとも一方をわり切る整数は，全部で何個ありますか。

【巣鴨中・改】

10 1から50までの50個の整数があります。

(1) これらの整数を小さい方から順に，
1234567891011…4950と並(なら)べたときにできる整数は何けたですか。

(2) これらの整数の一の位，十の位の数全部の和はいくらですか。

(3) これらの整数を全部かけたときにできる整数には，右はしから数えて何個の0が並びますか。

【甲陽学院中・改】

ヒント

6 まず，5と6と8の最小公倍数を求める。

▶基本036，標準037

7 同じ数だけあまるので，各品数の差は人数の倍数。

▶基本028，標準032

8 (1) 最初の4つの積について4の倍数かどうか調べる。あとは4つごとに同じ順番で4の倍数が現(あらわ)れる。

▶応用035

9 最大公約数と最小公倍数をきっちり求める。

▶標準029，基本031，応用033

10 (1) 1けたの数が9個，2けたの数が41個並ぶ。

▶応用034

11 大みそかに近くの甲寺と乙寺から除夜の鐘が聞こえてきました。甲寺は30秒ごとに，乙寺は40秒ごとに，それぞれ108回ずつ鐘をつくことになっています。

夜中のちょうど12時に甲寺と乙寺がともに第1回目の鐘をつきましたが，同時についた鐘は1つに聞こえるものとして，次の問いに答えなさい。

(1) 甲寺の鐘を最後についたのは，何時何分何秒ですか。

(2) (1)の時刻までに両方の寺の鐘は，合わせて何回聞こえましたか。

(3) 両方の寺を合わせて100回目に聞こえた鐘は，どちらの寺からつかれたものですか。また，それは何時何分何秒でしょうか。

(4) 乙寺の鐘をつき終わるまでに，両寺を合わせて何回鐘の音が聞こえますか。 【灘中】

ヒント

11 (1) 鐘と鐘の間隔は107個。
(2)～(4) 2つの鐘は120秒ごとに同時につかれる。

▶基本 025

12 A，B，C3種類のブザーがあります。A，B，Cが鳴っている時間の割合は2：10：11で，それぞれ鳴り終わってから20秒たって，また鳴り出します。最初に，A，B，Cが同時に鳴り始めてから14分後に，Cが21回目で，初めて3つのブザーが同時に鳴り出しました。次の問いに答えなさい。

(1) Cが1回に鳴っている時間は何秒ですか。

(2) Cが21回目に鳴ったとき，Aは何回目ですか。

(3) A，Bは同時に鳴り始めてから何分何秒後に，初めて同時に鳴り終わりますか。 【駒場東邦中】

12 (1) 21回ブザーが鳴るので，間隔は20個。

▶標準 027

チャレンジ問題 入試発展レベル

解答➡別冊 p.36

★は最高レベル

1 〔A〕は，整数Aのすべての約数の平均を表します。

たとえば

〔24〕＝(24＋12＋8＋6＋4＋3＋2＋1)÷8＝60÷8＝$7\frac{1}{2}$

〔29〕＝(29＋1)÷2＝30÷2＝15 です。

このとき，次の各問いに答えなさい。ただし，わり切れないときは，分数で答えなさい。

(1) 〔20〕，〔98〕の値をそれぞれ求めなさい。

(2) Aが11以上99以下の整数で，約数の個数が5個のとき，〔A〕の最も小さい値と最も大きい値を求めなさい。

(3) Aが11以上99以下の整数のとき，〔A〕の最も小さい値と最も大きい値を求めなさい。

【巣鴨中】

★ **2** 横の辺の長さが6mの長方形の部屋の床に正方形のタイルを敷きつめます。横の辺に平行な直線で床を2つの長方形に分けて，一方には1辺が50cmのタイルを敷き，もう一方には1辺が30cmのタイルを敷くと，床全体に敷きつめられます。このとき使うタイルは合計228枚です。

また，直線を横の辺に平行なままずらして床を前とは別の2つの長方形に分けて，一方には1辺が40cmのタイルを敷き，もう一方には1辺が30cmのタイルを敷いても，床全体に敷きつめられます。このとき使うタイルは合計220枚です。部屋の縦の辺の長さは何mですか。

【武蔵中】

★ **3** 横1列に並んだn個の○の間に，仕切りの｜を入れていくつかの部分に分ける方法の数をS(n)とします。

たとえば

n＝2のとき　○○に対し　○｜○　より　S(2)＝1

n＝3のとき　○○○に対し

○｜○○　○○｜○　○｜○｜○　より　S(3)＝3

です。このとき，次の問いに答えなさい。

(1) S(4)，S(5)を求めなさい。

(2) S(n)＝127となるnを求めなさい。

【東大寺学園中】

4 9の倍数でなく，かつ各けたの数字に9をふくまない1以上の整数のうち，

⑴ 999以下のものは□個あります。

⑵ 小さい方から数えて999番目の数は□です。 【灘中】

5 ある池の周りに5m間隔で木を植えていくと，最後に植えた木と最初に植えた木の間隔は2mになります。7m間隔で木を植えていくと，最後に植えた木と最初に植えた木の間隔は1mになります。

1本の木を植える作業に3分間かかります。作業と作業の間に1分間の休憩をとります。

5m間隔で池の周りに木を植えるのに，3時間半以上かかりますが4時間はかかりません。

⑴ 5m間隔で池の周りに木を植える場合，木は何本必要ですか。

⑵ 7m間隔で池の周りに木を植えるのに何時間何分かかりますか。 【四天王寺中】

★**6** 鉛筆180本を，A組の生徒全員に1人4本ずつ配ると何本かあまりました。また，別の鉛筆200本を，B組の生徒全員に1人6本ずつ配るには何本かたりないので，1人5本ずつ配ると何本かあまりました。あまった鉛筆を合わせると，A組，B組の生徒全員にちょうど1人1本ずつ配ることができて，1本も残りませんでした。

A組の生徒は□人です。 【灘中】

★**7** 1から100の番号が書かれた100個のブロックが平らな床の上に置いてあります。**図1**のように，各ブロックの4面にそれぞれ，緑色，黄色，赤色，青色が順に塗られています。初め，100個のブロックがすべて，緑色の面を上にして並んでいます。

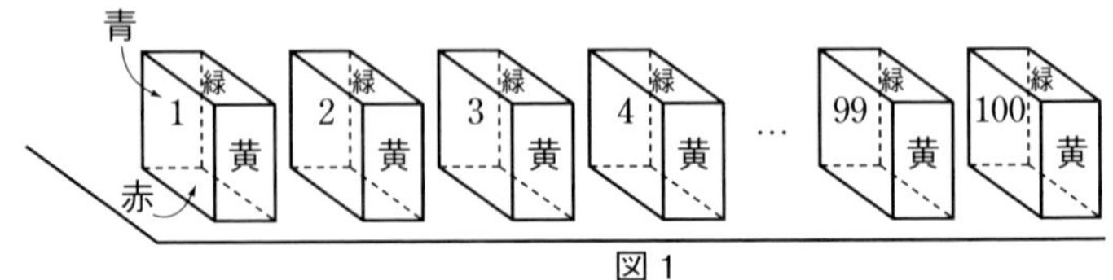

図1

これらの各ブロックを次の手順で，緑色→黄色→赤色→青色→緑色→…の順に，次の色の面が上になるように転がしていきます。

手順 ［手順 1］1 の倍数のついたブロックをすべて，次の色の面が上になるように 1 回転がします。ただし，1 の倍数とは，すべての整数を表すこととします。

［手順 2］2 の倍数のついたブロックをすべて，次の色の面が上になるように 1 回転がします。

［手順 3］3 の倍数のついたブロックをすべて，次の色の面が上になるように 1 回転がします。

⋮

［手順 100］100 の倍数のついたブロックをすべて，次の色の面が上になるように 1 回転がします。

たとえば，［手順 2］では，**図2**のようになります。

つまり，2 の倍数のついたブロックをすべて，黄色の面が上になっている状態から，1 回転がし，次の赤色の面が上にくるというように転がします。

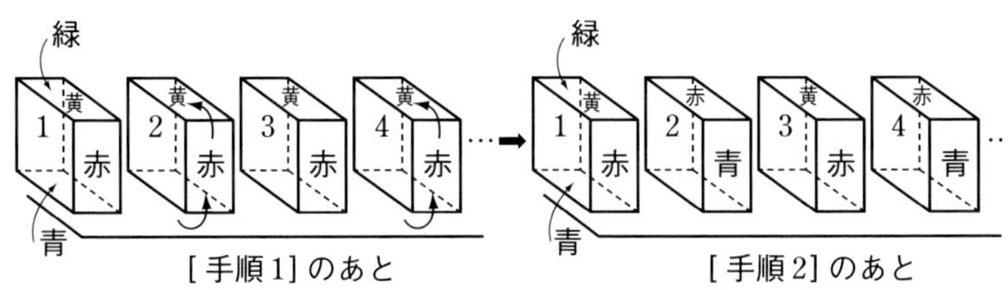

図2

このとき，それぞれの問いに答えなさい。

⑴ ［手順 3］を終えたとき，上になっている面が黄色であるブロックはいくつあるかを答えなさい。

⑵ ［手順 100］を終えたとき，84 と書かれたブロックを何回転がしたかを答えなさい。

⑶ ［手順 100］を終えたとき，上になっている面が黄色であるブロックはいくつあるかを答えなさい。

【西大和学園中】

第4章 数と計算の発展

1 周期性の問題

●**周期性**…あるきまりにしたがって，同じことが繰り返し起こることを**周期性**という。数や記号などの列の中から繰り返される周期あるいは組を見つけ，そのきまりを手がかりにして解く問題が多い。

例 ●○●●○●○●●○●○●●○●…（1番目 ／ 1組目・2組目・3組目・4組目）

▶●○●●○の5個の並びが繰り返されている。

▶たとえば，左から数えて18番目にくるのが●か○かを見つけるには，5個で1組になっていることを利用する。18÷5＝3（組）あまり3
これは4組目の3番目になることを表しているから，18番目は●

2 数列

●あるきまりにしたがって，数を順に並べたものを**数列**という。数列ではそのおのおのの数を**項**といい，初めの項を**初項**という。2番目の項を第2項，3番目を第3項，…という。最後の項を**末項**という。

●数列は，そのきまりによっていろいろな数列がある。それらの中で代表的なものは，**等差数列**と**等比数列**である。

(1) **等差数列**；2，5，8，11，14，17，…
（**隣り合う2項の差が一定**。この差を**公差**という。）

(2) **等比数列**；1，2，4，8，16，32，…
（**隣り合う2項の比が一定**。この比を**公比**という。）

●数列の隣り合う2項の差を**階差**といい，階差を順に並べてできる数列を**階差数列**という。次の数列の階差数列は，等差数列になっている。

数列；1，2，4，7，11，16，22，…
階差； 1 2 3 4 5 6 … ←階差数列

入試ポイント ●**きまりが見つけにくい数列の問題では，まず階差数列を考えてみる。**

●特別な数列

フィボナッチ数列；1，1，2，3，5，8，13，21，34，55，89，…

（初項と第２項が１で，第３項以降の項が前の２つの項の和になっている。）

●等差数列の和

例　1＋4＋7＋10＋13＋16＋…＋31 の求め方。

$$\begin{array}{r} 1+4+7+\cdots+28+31 \\ +)\ 31+28+25+\cdots+4+1 \\ \hline 32+32+32+\cdots+32+32 \end{array}$$

$$(1+31)\times\left(\frac{31-1}{3}+1\right)\div 2=176$$

初項　末項　　項数（植木算）の考え方

入試ポイント　●**等差数列の和の求め方**　（初項＋末項）×（項数）÷２

3 N進法

●N 進法… 10 倍ごとに新しい単位を決めて大きさを表す方法を**十進法**といい，そのような数を**十進数**という。

例　5321＝5×1000＋3×100＋2×10＋1

N 進法は，N 倍ごとに新しい単位を決めて，けたが増えていく。たとえば，二進数では十進数の６は１×２×２＋１×２＋０×１で 110 で表される。

十進数	0	1	2	3	4	5	6	7	8	9	10	11
二進数	0	1	10	11	100	101	110	111	1000	1001	1010	1011
五進数	0	1	2	3	4	10	11	12	13	14	20	21

N 進数では数字の種類は，0，1，2，…，N－1 の N 個ある。五進数では 0 から 4 までの 5 個，十二進数では 0 から 9 までと，新しく 10，11 を表す記号が必要になって，12 個の数字が使われているわけである。

●十進数を二進数にする方法

十進数の 10 を二進数にするには，右のようなわり算をする。2 で順にわっていき，最後の商とあまりを下から並べる。

```
2)10
2) 5  …0
2) 2  …1  → 1010
   1  …0
```

★★★ 基本 038 数列と規則性

やってみよう 力だめしの問題❶ チャレンジ問題❶

次の数列の，㋐，㋑，㋒にあてはまる数を求めなさい。

初項	第２項	第３項	第４項	第５項	第６項	…	第㋑項	…	第80項	…
↓	↓	↓	↓	↓	↓		↓		↓	
1	5	9	13	㋐	21	…	37	…	㋒	…

考え方 項の番号と，それに対応する数の関係から規則性を見つける。この数列は，4ずつ増えているので，公差４の等差数列である。

どの項も，(4の倍数)－3，つまり，(番号)×4－3になっている。

4	8	12	16	20	24	…
↓－3	↓－3	↓－3	↓－3	↓－3	↓－3	
1	5	9	13	㋐	21	…

解き方 ㋐…… $5\times4-3=17$

㋑……$\square\times4-3=37$ から　$\square=(37+3)\div4=10$

㋒…… $80\times4-3=317$

答 ㋐…17　㋑…10　㋒…317

練習 087 次の数列で，初めから数えて10番目の数をそれぞれ求めなさい。

(1) 2，5，9，14，20，27，…

(2) $2\frac{3}{4}$，$3\frac{5}{7}$，$4\frac{7}{10}$，$5\frac{9}{13}$，$6\frac{11}{16}$，…

【日本大三中】

練習 088 $\frac{1}{3}$，$\frac{3}{6}$，$\frac{5}{9}$，$\frac{7}{12}$，$\frac{9}{15}$，…と並んでいる数列があります。次の問いに答えなさい。

(1) 47番目の分数の分母は何ですか。

(2) 分母が663の分数は，何番目ですか。また，その分子はいくつですか。

【城北中】

練習 089 5でわったとき，あまりが3になる整数を小さい方から順に並べて書くと，3，8，13，18，23，…となります。次の問いに答えなさい。

(1) 小さい方から25番目の数は何ですか。

(2) 98は，小さい方から何番目に出てきますか。

【慶應中等部】

練習 090 1，$\frac{1}{2}$，1，$\frac{1}{3}$，$\frac{2}{3}$，1，$\frac{1}{4}$，$\frac{2}{4}$，$\frac{3}{4}$，1，$\frac{1}{5}$，$\frac{2}{5}$，…

のように，あるきまりにしたがって数が並んでいます。

このとき，$\frac{7}{12}$は，初めから数えて何番目ですか。

【共立女子中】

★★★ 基本 039 数列の和（1）

やってみよう 力だめしの問題③ チャレンジ問題1

次のような数列の，すべての和を求めなさい。

(1) 1，2，3，4，5，6，7，8，9，10，11，12

(2) 3，6，9，12，15，18，21，24，27，30

(3) 17，22，27，32，37，42，47，52，57

考え方 隣（となり）との差が一定な数列の和は，簡単（かんたん）な計算で求めることができる。たとえば，(1)では

$$\begin{array}{r} 1+2+3+4+5+6+7+8+9+10+11+12 \\ 12+11+10+9+8+7+6+5+4+3+2+1 \\ \hline 13+13+13+13+13+13+13+13+13+13+13+13 \end{array}$$

縦（たて）に加える

上のように，**順序（じゅんじょ）を逆（ぎゃく）にしたものを重ねて重なった数をたす**と，みんな同じ数になる。これは，初めの1と終わりの12をたしたもので，全部で12組できる。これらの和は，求めようとする和の2倍になっている。

解き方

(1) $(1+12)\times 12\div 2=78$ 答 78

(2) $(3+30)\times 10\div 2=165$ 答 165

(3) $(17+57)\times 9\div 2=333$ 答 333

入試ポイント ● 差が一定な数列の和＝(初めの数＋終わりの数)× 個数（こすう） ÷ 2

練習 091 次の計算をしなさい。

(1) $1+8+15+22+29+36+43+50$

(2) $100+96+92+88+84+80+76+72+68+64+60$

(3) $123+234+345+456+567+678+789$

(4) $1+2+4+5+7+8+10+11+13+14+16+17+19+20$

練習 092 差が等しい数列の和について，次の式が成り立ちます。

$1+2+3=2\times 3$　　$5+7+9+11=8\times 4$

$10+14+18+22+26=18\times 5$

このことをもとにして，次の式の□にあてはまる数を求めなさい。

(1) $5+6+7+8+9+10+11+12=\square\times\square$

(2) $2+5+8+11+14+17+20+23+26=\square\times\square$

(3) $10+15+20+25+\cdots+50+55=\square\times\square$

(4) $96+90+84+78+\cdots+66+60=\square\times\square$

基本 040 数列の和(2)

やってみよう 力だめしの問題④ チャレンジ問題③

1, 2, 3, 4, 5, 6, 7, 1, 2, 3, 4, 5, 6, 7, 1, 2, …のように, 1から7までの数が繰り返し並んでいます。1000番目の数と1番目から1000番目までの数の和はいくらですか。 【愛光中】

考え方 数列の並び方のきまりは, 次のようなことに目をつけるとよい。

①隣の数との差　**②隣の数との割合(何倍か)**

③順番を表す数との関係(2番目は2をもとにした数, 3番目は3をもとにした数)

④いくつかの数の列の組み合わせ(いくつかおきにとってみる)

本問は④の場合で繰り返しになっているから, 1番目から7番目までをひとまとめにして, 1000番目と1000番目までの和を求めればよい。

解き方 $1000 \div 7 = 142$ あまり6より1000番目は6

$(1+2+3+4+5+6+7) \times 142 + (1+2+3+4+5+6)$

$= 28 \times 142 + 21 = 3997$ 　**答** 6, 3997

〔別解〕$(1+2+3+4+5+6+7) \times 143 - 7 = 3997$

練習 093 次の□にあてはまる数を求めなさい。

(1) 2から100までの偶数の和 $2+4+6+8+\cdots+100=$ □

(2) 1から99までの奇数の和 $1+3+5+7+\cdots+99=$ □

練習 094 数が下のように並んでいます。これについて, 次の問いに答えなさい。

2, 6, 10, 14, 18, … 【慶應普通部】

(1) 最初から20番目までの数を全部加えるといくらになりますか。

(2) 最初から50番目までの数を全部加えるといくらになりますか。

練習 095 1, 2, 3の数が下のように並べてあります。

1, 2, 3, 3, 2, 1, 1, 2, 3, 3, 2, 1, 1, 2, …

(1) 100番目の数はいくらですか。

(2) 最初から100番目までの数の和は, いくらですか。 【白陵中】

練習 096 右のように○や●を6つ並べて数を表し, 計算で, 次のようになると約束します。

○○●○●○＋○○○○●● は ○○●●○●

(1) ○●○○○○はいくつを表しますか。

(2) ○●○●●○＋○○●●○●を約束で表しなさい。

○○○○○●＝1
○○○○●○＝2
○○○●○●＝5
○○○●●○＝6
○○●○●○＝10

★★★ 応用 041 七進数

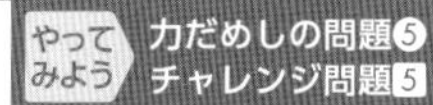

A 君は今，485 個(こ)の白玉をもっています。白玉 7 個を青玉 1 個に取りかえることができます。また同じように青玉 7 個を緑玉 1 個，緑玉 7 個を赤玉 1 個に取りかえることができます。玉の数をできるだけ少なくするように取りかえると，A 君のもつ玉の数は全部で何個になりますか。【慶應普通部】

考え方 もし 485 円として，1 円玉，10 円玉，100 円玉に直して考えると，

485＝100×4＋10×8＋5

なので，100 円玉が 4 個，10 円玉が 8 個，1 円玉が 5 個の

4＋8＋5＝17（個）

になるわけである。この表し方は十進法だが，例題は 7 個を単位にしているので七進法になる。七進法は 7 倍ごとに新しい単位が必要となる。ここではそれが白，青，緑，赤である。そのかわり 0，1，2，3，4，5，6 と数字は 7 個でたりる。

7) 485
7) 69（青）…… 2（白）
7) 9（緑）…… 6（青）
　　1（赤）…… 2（緑）

上の計算から白玉 2 個，青玉 6 個，緑玉 2 個，赤玉 1 個となり　2＋6＋2＋1＝11（個）

答 11 個

参考
十進数の 485 は七進数では $1262_{(7)}$ となる。この $_{(7)}$ は七進数であることを表すためにつけたものである。
7×7×7×1＋7×7×2＋7×6＋2＝485 である。

練習 097

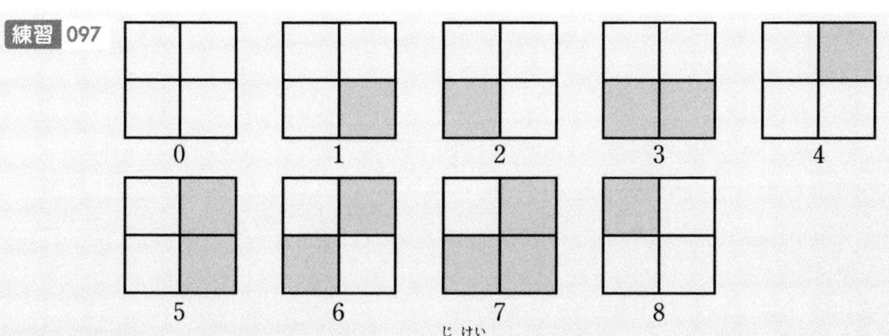

同じ大きさの 4 つの正方形を「田」の字型(じけい)に組み合わせ，それぞれの正方形をあるきまりによって塗(ぬ)りつぶし，その塗りつぶした数と位置のちがいによって，0 から 15 までの整数を表すことにします。上の図はこのきまりによって 0 から 8 までの整数を表したものです。このきまりによれば，13 はどのように表せばよいですか。右の必要な正方形を塗りつぶして答えなさい。

【東京学芸大附竹早中】

★★★標準 042 表による問題

やってみよう 力だめしの問題⑤ チャレンジ問題④

カレンダーをつくるために，右のような表をつくりました。そして1日が木曜日である月のカレンダーをつくりました。この上に右の図のようなわくを乗(の)せて，そのわくの中にはいる5つの数の和を求めます。

日	月	火	水	木	金	土
				1	2	3
4	5	6	7	8	9	10
11	12	13	14	15	16	17
18	19	20	21	22	23	24
25	26	27	28	29	30	31

(1) 和が75になるのは，真ん中のわくにいくつがはいったときですか。

(2) 5つの数のうちで，いちばん小さい数が12のとき，5つの数の和はいくつになりますか。

考え方 **5つのわくの中にはいる数の間の関係を考える。**

縦(たて)に並(なら)んでいる数は，カレンダーだから差が7である。
(**イ**は**ウ**より7小さく，**エ**は**ウ**より7大きい。)
左右に並んでいる数は，右へいくと1ずつ大きくなる。
(**ア**は**ウ**より1小さく，**オ**は**ウ**より1大きい。)
エから7をとってその7を**イ**にたせば，**イ**，**ウ**，**エ**は等しくなり，**オ**から1をとってその1を**ア**にたせば，**ア**，**ウ**，**オ**も等しくなる。**ウ**は5つの数の平均(へいきん)にあたることがわかる。

	イ	
ア	ウ	オ
	エ	

解き方

(1) $75 \div 5 = 15$ 　　答 15

(2) **イ**にはいる数が最も小さい。**ウ**は**イ**に7をたした数である。

$12 + 7 = 19$ 　　$19 \times 5 = 95$ 　　答 95

練習 098 赤，白，青，緑の立方体を右の図のような規則(きそく)で並べて順に番号を入れていくと，270番の立方体は何色ですか。 【同志社中】

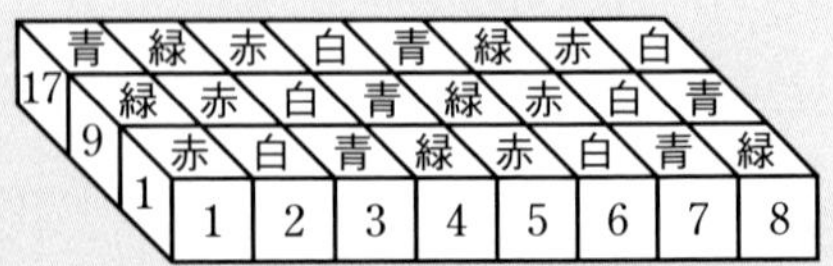

練習 099 1から始めて順に整数を書き並べた表があります。この表の上で，左上から数えて右に3列，下へ2段(だん)いった所の数は8です。このことを(3, 2)＝8と書くことにします。

□にあてはまる数を求めなさい。

(1) (2, 10)＝□ 　　(2) (□, □)＝70

1	4	9	16		
2	3	8	15		
5	6	7	14		
10	11	12	13		
17	18				

力だめしの問題 入試標準レベル

解答➡別冊 p.41

❶ 1から999までの整数をすべて書き並べて次のような整数をつくりました。123456789101112…998999

(1) この整数は何けたですか。

(2) この整数には数字の1は何個ありますか。

【南山中女子部】

❷ 毎分1mの速さで進むロボットがあり，このロボットが図のようなまっすぐの道を進みます。

O　100m　A　B　C

ここで，地点A，B，Cに「赤」と「青」からなる信号を用意します。信号は次のような規則で変わるものとします。

・地点Aの信号は4分ごとに「青」，「赤」を繰り返す。

・地点Bの信号は3分ごとに「青」，「赤」を繰り返す。

・地点Cの信号は2分ごとに「青」，「赤」を繰り返す。

このロボットは自分より前にある信号がすべて「赤」のときにはその場で停止し，自分より前にある信号が1つでも「青」になれば再び前進します。ただし，ロボットが信号のある地点にきたとき，その信号は見えなくなるものとします。

このロボットが10時ちょうどに地点Oを出発し地点Cに到着するまでの時間をはかる実験をしました。すべての信号は10時ちょうどに「赤」から「青」になりました。

(1) このロボットが地点Aに着くのは何時何分ですか。

このロボットが地点Oを出発し地点Bに着くまでに，停止することが20回あり，20回目の停止のあと動き出して1分後に地点Bに着きました。

(2) OBは何mですか。

この日の実験ではロボットが地点Cに着いたとき，地点Cの信号がちょうど「青」から「赤」に変わりました。翌日，同じ実験をしたところ，13時ちょうどから，地点Cの信号が故障のためずっと「青」のままだったので，ロボットは前の日に比べて20分早く地点Cに着きました。

(3) OCは何mですか。

【洛星中】

ヒント

❶ 1けたの数が9個，2けたの数が90個，3けたの数が900個並ぶ。

▶基本 038

❷ 各信号の周期はそれぞれ8分，6分，4分。それらの最小公倍数24分が3つの信号を合わせたものの周期である。

(1) OA間を進むとき，1周期の24分間のうち21分間進む。

(2) OA間で9回止まるので，AB間では11回止まる。

(3) BC間で20分間止まっている。

3 下の図のような式の列で，上から順に 1＋2 を第 1 式，3 を第 2 式，4＋5＋6 を第 3 式というようによぶことにします。また，それぞれの式で左から順に 1 番目の数，2 番目の数，3 番目の数というようによぶことにします。

たとえば 5 は第 3 式の 2 番目の数，23 は第 8 式の 3 番目の数です。

1＋2＝3

4＋5＋6＝7＋8
（4＋5＋6：第 3 式）

9＋10＋11＋12＝13＋14＋15

16＋17＋18＋19＋20＝21＋22＋23＋24
（21＋22＋23＋24：第 8 式）

このとき，次の問いに答えなさい。

(1) 75 は第何式の何番目の数であるか求めなさい。

(2) 第 11 式の数の和を求めなさい。

(3) ある式の数の個数(こすう)は偶数(ぐうすう)個で，この式の数の和は 1518 でした。この式が第何式であるかを求めなさい。

【学習院中等科】

ヒント

3 (1) 各段(だん)のいちばん左の数は，段の数×段の数になっている。
(2) 第 11 式は上から 6 段目の左側の式である。
(3) 式の個数が偶数のとき，式の最初の数と最後の数の和は奇数(きすう)になる。

▶基本 039

4 下の(A)は 3 の倍数を小さい数から順番に 1 列に並(なら)べたものです。また，(B)は(A)の数の一の位の数字を 1 列に並べたものです。たとえば，(A)の初めから数えて 6 番目の数は 18 なので(B)の 6 番目の数字は 8 になります。

(A)　3，6，9，12，15，18，21，24，…

(B)　3，6，9，2，5，8，1，4，…

(1) (B)の初めから数えて 123 番目の数字は何ですか。

(2) (B)の初めから 123 番目まで順に数を加えていくと，合計はいくらになりますか。

(3) (B)の初めから順に数を加えていったところ，その合計が 999 になりました。何番目まで加えましたか。

4 (1) B は 10 個の並びを繰(く)り返(かえ)す。
(2) B の最初から 10 個を 1 セットと考えると，1 セットの和は 45
(3) 999÷45＝22 あまり 9 より，23 セット目のある数まで加えている。

次に(A)の「,」をとって次のように数字を1列に並べました。

(C)　3691215182124

↑　　↑

4番目　11番目

たとえば(C)の4番目の数字1は(A)の4番目の数12の十の位であり，(A)の7番目の数21の一の位の数字は(C)の11番目になります。

⑷ (A)の66番目の数の一の位の数字は何ですか。また，その数字は(C)の何番目ですか。

⑸ (C)の1000番目の数字は何ですか。また，その数字は(A)の何番目の数の何の位ですか。

【淳心学院中】

ヒント

⑷ (A)の66番目の数は

66×3＝198

⑸ まず，999の一の位9は(C)の何番目かを考える。

▶基本 040

5 表のようにきまりにしたがって，奇数と記号△，□，×が並んでいます。

1	3	5	7	9	11	13	15	17	19	21	23	25	27	29	31	…	…	…
△	×	□	△	×	□	△	×	□	△	×	□	△	×	□	△	…	…	…
×	□	□	△	×	□	□	△	×	□	□	△	×	□	□	△	…	…	…

⑴ 3の列を見ると，

3
×
□

となっています。303の列を見たときの記号を答えなさい。

⑵ 1の列から数えて，表の中の△の合計がちょうど10個になるとき，その列の数は31です。

同様にして1の列から数えて，表の中の△の合計がちょうど500個になるとき，その列の数を求めなさい。

【神戸女学院中学部】

5 上の段は3つごとの繰り返し，下の段は4つごとの繰り返し。3と4の最小公倍数は12なので，12個を1セットと考える。

▶応用 041，標準 042

チャレンジ問題 入試発展レベル

解答➡別冊 p.44

★は最高レベル

★ **1** 立方体がたくさんあります。

1番目の立方体の6つの面にそれぞれ

1，2，3，4，5，6

の数を書きます。

2番目の立方体の6つの面にそれぞれ

7，9，11，13，15，17

の数を書きます。

3番目の立方体の6つの面にそれぞれ

18，21，24，27，30，33

の数を書きます。

4番目の立方体の6つの面にそれぞれ

34，38，42，46，50，54

の数を書きます。

以下同じ規則(きそく)で，次々に立方体に数を書きます。

(1) 10番目の立方体に書かれた6つの数の合計を求めなさい。

(2) 初めて1000を超(こ)える数を書いた立方体に書かれた6つの数の合計を求めなさい。

【甲陽学院中】

2 青と赤の2つのランプがあります。青いランプは計測(けいそく)を始めてから1秒後に点灯し，その後1秒間点灯してから2秒間消えて，また1秒間点灯してから2秒間消えるということを繰(く)り返(かえ)します。赤いランプは計測を始めてから3秒後に点灯し，その後1秒間点灯してから3秒間消えて，また1秒間点灯してから3秒間消えるということを繰り返します。計測を始めてから5分間計測するとき，次の問いに答えなさい。

(1) 2つのランプが同時についているのは全部で何秒間ありますか。

(2) 2つのランプのどちらか一方だけがついているのは全部で何秒間ありますか。

【暁星中】

3 次のような数の列を考えます。

1, 1, 3, 1, 4, 7, 1, 5, 9, 13, 1, 6, 11, 16, 21, 1, …

すなわち，いちばん左の数は1で，その後は

2でわると1あまる数を小さい順に2つ

3でわると1あまる数を小さい順に3つ

4でわると1あまる数を小さい順に4つ

5でわると1あまる数を小さい順に5つ

⋮

という規則で，数を並(なら)べています。

⑴ 5個(こ)目の「1」は11番目ですが，12個目の「1」は何番目ですか。

⑵ 200番目の数は何ですか。

⑶ 最初の「2009」は何番目ですか。

【甲陽学院中】

★ **4** 右の図のように，次の規則にしたがって数を並べます。

(a) 第1行は1, 1, 1, 1とする。

(b) 第2行以下では，両はしは1とし，それ以外の数は左上の数と右上の数の和とする。

第1行			1	1	1	1		
第2行		1	2	2	2	1	
第3行	1	3	4	4	3	1	
第4行	1	4	7	8	7	4	1
⋮							

⑴ 第6行と第7行の数を，左から順にすべて答えなさい。

⑵ 次の□にあてはまる数を答えなさい。

奇数(きすう)だけが並ぶ行は，順に，第1行，第［ア］行，第［イ］行，…，です。

第1行の数の和は［ウ］×4，第2行の数の和は［エ］×4，第6行の数の和は［オ］×4，第7行の数の和は［カ］×4です。

第1行から第4行までの数をすべてたすと(［キ］−1)×4，第1行から第5行までの数をすべてたすと(［ク］−1)×4，第1行から第7行までの数をすべてたすと(［ケ］−1)×4なので，第1行から第20行までの数をすべてたすと［コ］です。

【奈良学園中】

★**5** 表裏(おもてうら)のあるカード6枚(まい)が，すべて表を上にして重ねてあります。このカードに次の操作(そうさ)を何回か行います。
(操作)サイコロを投げて，出た目の数と同じ枚数だけカードを上から取り，まとめたまま裏返して，もとに戻(もど)す。

表が上のカードを○，裏が上のカードを×で表すと，たとえば，操作を2回行いサイコロの出た目が順に(2→5)のとき，カードは**図1**のようになっていきます。

図1

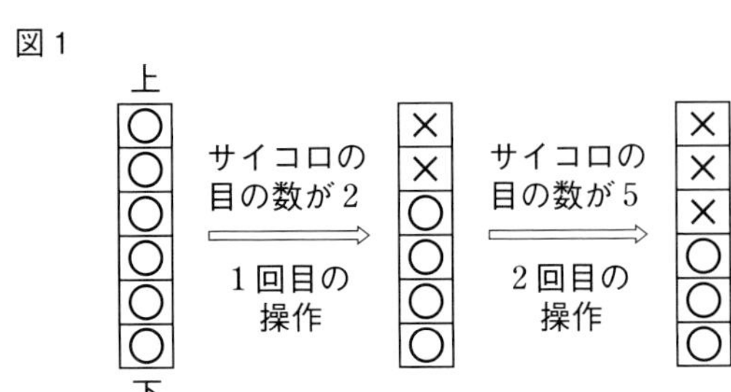

操作を始める前，カードは6枚とも表が上になっているものとして，次の問いに答えなさい。

(1) 操作を3回行い，サイコロの出た目は順に(1→2→3)でした。カードはどのように重なっていますか。**図1**のように，○，×で答えなさい。

(2) 操作を何回か行ったところ，カードは**図2**のように重なっていました。

図2

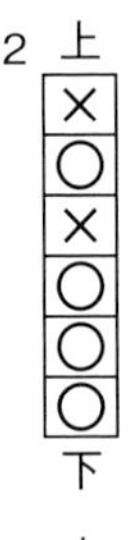

(ア) 操作を何回行いましたか。考えられる回数のうち，最も小さいものを答えなさい。

(イ) (ア)のとき，サイコロの目はどのように出ましたか。出た目の数を(△→□→…)のように書き，考えられるものをすべて答えなさい。

(3) 操作を何回か行ったところ，カードは**図3**のように重なっていました。

図3

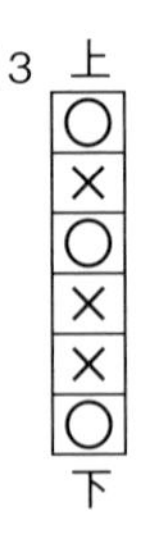

(ア) 操作を何回行いましたか。考えられる回数のうち，最も小さいものを答えなさい。

(イ) (ア)のとき，サイコロの目の出方は，何通り考えられますか。

【筑波大附駒場中】

入試で得する 解法テクニック

これまで学んだ以外にも「2 つの周期性がずれてくる問題」や，「奇数の和」などは知識として知っているかどうかで大きく得点力が変わる。また，「互除法」は数の取りあつかいを問う問題に欠かせないテクニックとして重要視される。

ずれのある問題

あるクラブの人数は 45 人ですが，番号順に 6 人 1 組になって月曜日から金曜日まで毎日交代で当番をします。8 月 26 日の金曜日に番号が 5，6，7，8，9，10 の 6 人が当番にあたりました。また，土・日以外の休業日は 9 月 15 日，9 月 23 日，10 月 10 日，11 月 3 日，11 月 23 日でした。このとき，11 月 1 日の当番の人は番号が何番の人ですか。

たとえば(5，6，7，8，9，10)のように全員の番号を答えなさい。

ただし，この間，だれも休む人はありませんでした。

得する考え方 45 ÷ 6 = 7 あまり 3 より，2 回目に番号が 1 の人が当番をするとき，メンバーが 3 人ずれる。このずれは，45 と 6 の最小公倍数 90 人目の当番で解消される。また　11/1 = 10/32 = 9/62 = 8/93

お化けカレンダーと当番表を対応させると，11/1 は 48 組目の当番である。

日	月	火	水	木	金	土
					26	27
28	29	30	31	32	33	34
・・・	・・・	・・・	・・・	・・・	・・・	・・・
・・・	・・・	・・・	・・・	・・・	・・・	・・・
・・・	・・・	・・・	・・・	・・・	・・・	・・・
91	92	93				

日	月	火	水	木	金	土
					1	×
×	2	3	4	5	6	×
×	7	8	・・・	・・・	・・・	×
⋮	・・・	・・・	・・・	・・・	・・・	⋮
×	・・・	・・・	・・・	・・・	・・・	×
×	47	[48]	49			

ところが 9/15，9/23，10/10 の 3 日を除くので　48 − 3 = 45 (組目)

ここで，[1]　[2]　[3]　…　[45]

　　5　11　17　　　269

との規則性から，269 ÷ 45 = 5 あまり 44

したがって，(3，4，5，6，7，8)となる。　**答** (3，4，5，6，7，8)

解法テクニック
- 繰り返しの人数は，全体の人数と当番の人数の**最小公倍数**。
- **11/1 = 10/32 = 9/62 = 8/93**　これがお化けカレンダー。

ずれのある・なし

あるクラブの人数は42人で，メンバーそれぞれに1～42の番号をつけ，その番号順に9人ずつ毎日交代で当番をします。4月8日(月)に1番から9番の人が当番をしました。このとき，次の問いに答えなさい。ただし，⑴，⑵とも土・日は当番をせず，祝日による休日はないものとします。

⑴ 4月8日の9人が，この次また当番をするのは，何月何日何曜日ですか。

⑵ 4月8日の9人が，次に月曜日に当番をするのは，何月何日ですか。

得する 考え方 ⑴ 当番のメンバーは，**42と9の最小公倍数の126人**で1じゅんし，もとの9人のメンバーに戻（もど）る。126÷9＝14（組）。

したがって，14＋1－1＝14（日後）となる。

当番はずれのない問題だから，14÷5＝2（週）あまり4（日後）でこれは金曜日。7×2＋4＝18（日後）　4/8＋18＝4/26

⑵ **クラブのメンバーと月曜日の当番はずれのある問題**である。

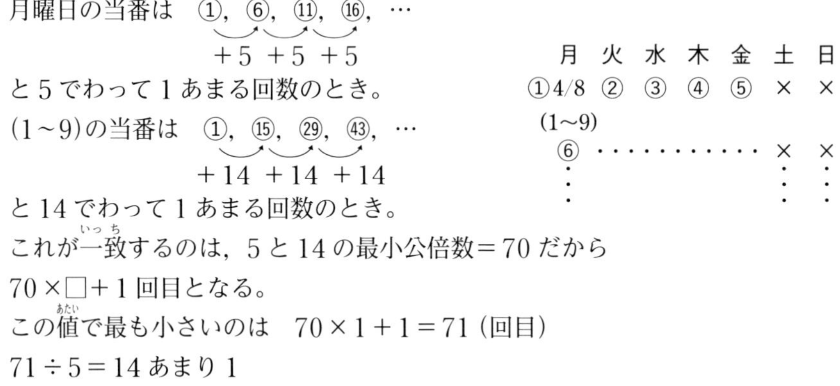

月曜日の当番は　①，⑥，⑪，⑯，…
＋5　＋5　＋5
と5でわって1あまる回数のとき。
(1～9)の当番は　①，⑮，㉙，㊸，…
＋14　＋14　＋14
と14でわって1あまる回数のとき。
月　火　水　木　金　土　日
①4/8　②　③　④　⑤　×　×
(1～9)
⑥　…………　×　×

これが一致（いっち）するのは，5と14の最小公倍数＝70だから

70×□＋1回目となる。

この値（あたい）で最も小さいのは　70×1＋1＝71（回目）

71÷5＝14あまり1

4/8＋7×14＋1－1＝4/106＝5/76＝6/45＝7/15

答 ⑴ 4月26日金曜日　　⑵ 7月15日

解法テクニック ● **ずれのある問題は，カレンダーを少し書いて考える。**

ついたり消えたりの問題

赤，青２種類のランプがあります。スイッチを入れると赤，青同時に明かりがつき，赤は４秒間ついて２秒間消え，青は４秒間ついて３秒間消えます。この割合(わりあい)で赤，青のランプが点滅(てんめつ)します。

(1) スイッチを入れてから２度目に赤，青のランプが同時に消えるのは何秒後ですか。

(2) スイッチを入れてから７分間に３秒以上いっしょに赤，青のランプがついているのは何回ありますか。

得する 考え方 赤……点灯４秒＋消灯２秒　　６秒で１パターン
青……点灯４秒＋消灯３秒　　７秒で１パターンとなる。

６と７の最小公倍数の42秒で１セットとして，以下のような**時間線分図**で考える。

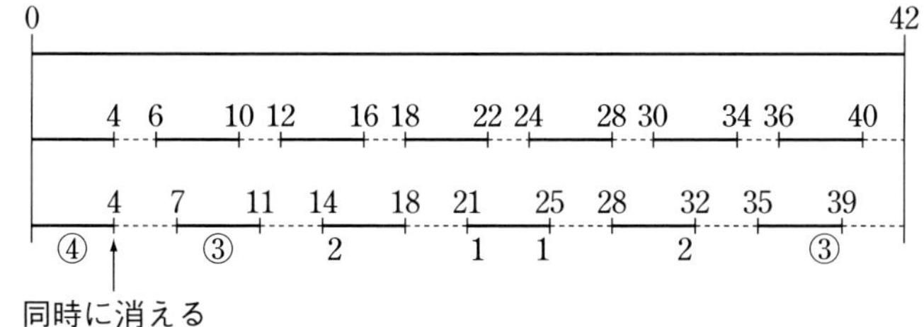

(1) 同時に消えるのは42秒に１回。２回目は４＋42＝46（秒後）

(2) ３秒以上いっしょについているのは，42秒に３回。
　７×60÷42＝10（セット）　　３×10＝30（回）

答 (1) 46秒後　　(2) 30回

解法テクニック
● ランプがついたり消えたりする問題は，**最小公倍数の時間線分図**を正確(せいかく)にかく。

ユークリッドの互除法

縦24cm，横51cmの長方形ABCDをできるだけ大きな正方形(1辺の長さは整数)のタイルで敷きつめるのに，次のように考えます。

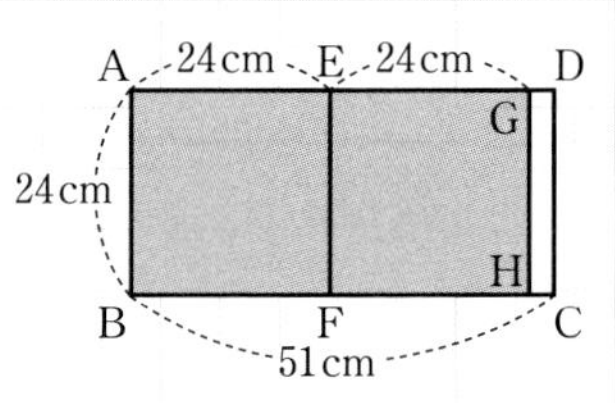

長方形ABCDを敷きつめるタイルであれば，正方形ABFEと正方形EFHGも敷きつめることができる。だから，長方形ABCDをできるだけ大きなタイルで敷きつめるには，上の2つの正方形を除いた長方形GHCDを敷きつめる，できるだけ大きなタイルを考えればよい。

この考え方を利用し，次の問いに答えなさい。

(1) 長方形ABCDは1辺が何cmのタイルで敷きつめたらよいですか。

(2) 縦429cm，横924cmの長方形では，1辺何cmのタイルになりますか。

(3) 縦1333cm，横9579cmの長方形では，1辺何cmのタイルになりますか。

得する 考え方 (1) 51－24×2＝3　24と3の最大公約数は3より　3cm

(2) 924÷429＝2あまり66　429と66の最大公約数は33より　33cm

(3) 9579÷1333＝7あまり248　1333と248の最大公約数は31より　31cm

数値が小さいうちは，上のような解き方で十分だろう。しかし，この問題をふくめてもっとほかに求める方法がある。それが**ユークリッドの互除法**である。

たとえば，429と924の最大公約数を求めるには，

①… 924÷429＝2あまり66，2を①の所に書く。
②… 429×2＝858　858を②の所に書く。
③… 924－858＝66　66は③の所に書く。
④… 429を66でわり，その商を④の所に書く。
⑤… 66×6＝396をここに書く。
⑥… 429－396＝33　をする。
⑦… 66÷33＝2あまり0　わり切れる。

④6	429	924	2①
	396⑤	858②	
	33⑥	66③	2
		66	
		0⑦	

この，**最後にわった数**(**本問では33**)**が最大公約数**になる。

これを(3)について考えてみましょう。

5	1333	9579	7
	1240	9331	
1	93	248	2
	62	186	
	31	62	2
		62	
		0	

$9579 \div 1333 = 7$ あまり 248
$1333 \div 248 = 5$ あまり 93
$248 \div 93 = 2$ あまり 62
$93 \div 62 = 1$ あまり 31
$62 \div 31 = 2$ あまり 0
したがって，最大公約数 31

答 (1) 3 cm　(2) 33 cm　(3) 31 cm

●大きな最大公約数がかくれているとわかったら**ユークリッドの互除法**を使おう！

約数の個数（こすう）と和

196 の約数は全部で□個あり，その和は□になります。

得する考え方 約数の個数と総和（そうわ）は，**素因数分解（そいんすうぶんかい）**で求めることができる。

例　48 の約数の個数と総和

$48 = 2^4 \times 3^1$　← 2^4 は $2 \times 2 \times 2 \times 2$ を表します。

より，48 は 2 が 4 個，3 が 1 個の組み合わせと考えられる。

2＼3	0 個➡ 1	1 個➡ 3
0 個➡ 1	1	3
1 個➡ 2	2	6
2 個➡ 2^2	4	12
3 個➡ 2^3	8	24
4 個➡ 2^4	16	48

➡

$48 = 2^4 \times 3^1$

個数➡ $(4+1) \times (1+1) = 10$（個）

総和➡ $(1+2^1+2^2+2^3+2^4) \times (1+3^1) = 124$

この問題ならば，$196 = 2^2 \times 7^2$ より

個数➡ $(2+1) \times (2+1) = 9$（個）

総和➡ $(1+2^1+2^2) \times (1+7^1+7^2) = 399$

答 個数…9 個　総和…399

解法テクニック

●約数の個数と総和は，

素因数分解すると，$A^a \times B^b \times C^c \times \cdots \times P^p$ となるとき，

約数の個数＝$(a+1) \times (b+1) \times (c+1) \times \cdots \times (p+1)$

約数の総和＝$(1+A^1+A^2+\cdots+A^a) \times (1+B^1+B^2+\cdots+B^b) \times \cdots \times (1+P^1+P^2+\cdots+P^p)$　となる。

奇数の和

次の□にあてはまる数を求めなさい。
⑴ 1 から 199 までの奇数の和　$1+3+5+7+\cdots+199=$□
⑵ 41 から 199 までの奇数の和　$41+43+45+\cdots+199=$□

得する考え方 **奇数の和**は，下のように，**正方形状に置いたおはじきの個数**として考えられる。したがって，奇数の和である数を**四角数**ともいう。

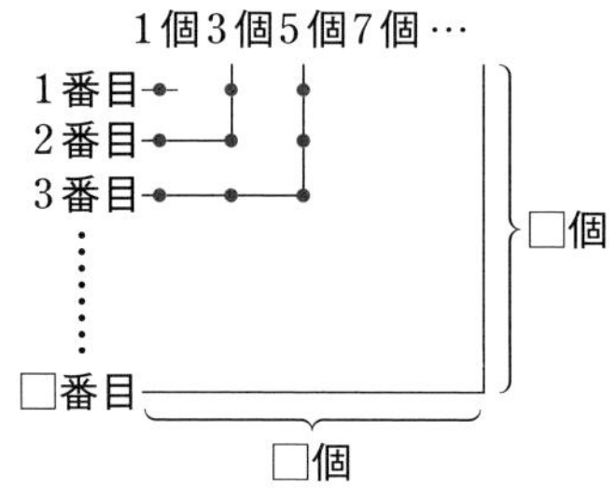

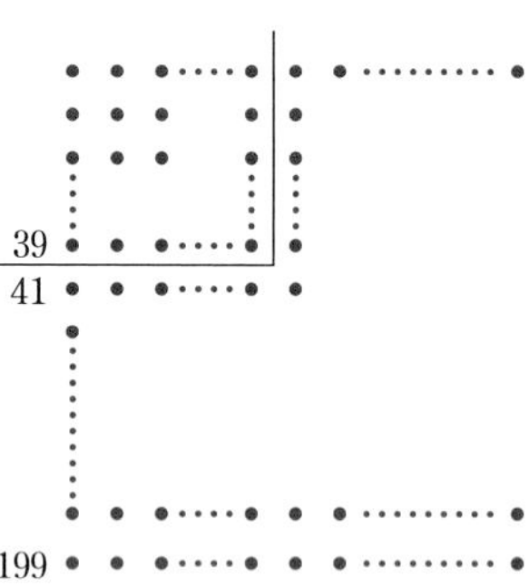

⑴ 199 は，$(199-1)\div2+1=100$ より 100 番目の奇数です。したがって，縦に 100 個，横に 100 個並んだおはじきの個数と考えて

$100\times100=10000$（個）

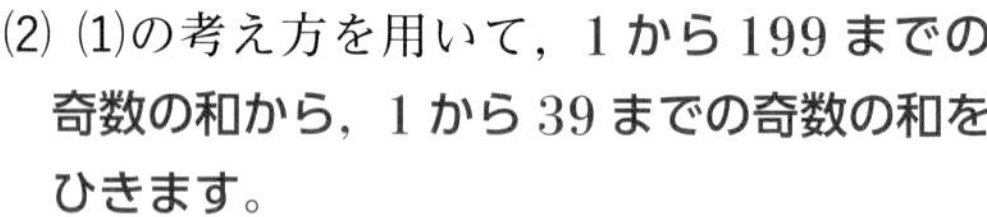

⑵ ⑴の考え方を用いて，1 から 199 までの奇数の和から，1 から 39 までの奇数の和をひきます。

199 は，$(199-1)\div2+1=100$（番目）
41 は，$(41-1)\div2+1=21$（番目）
⇒ 39 は，$21-1=20$（番目）
$1+3+\cdots+199=100\times100=10000$
$1+3+\cdots+39=20\times20=400$
よって
$41+43+\cdots+199=10000-400=9600$

答 ⑴ 10000　⑵ 9600

解法テクニック
● □番目までの奇数の和⇒□×□

量と測定編

第1章 図形と長さ

1 基本的な図形の周りの長さ

- 長方形の周りの長さ＝(縦＋横)×2
- 正方形の周りの長さ＝1 辺の長さ×4
- 正多角形の周りの長さ＝1 辺の長さ×辺の数
- **円周の長さ＝直径×円周率＝半径×2×円周率**

今後，とくに断りがないとき，円周率は 3.14 とする。

- **おうぎ形の周りの長さ＝半径×2×円周率×$\frac{中心角}{360}$＋半径×2**

2 複雑な図形の周りの長さ

- **直線部分のみの図形の周りの長さ**

例　右のような図形の周りの長さは，縦が a，横が b の長方形の周りの長さに等しい。

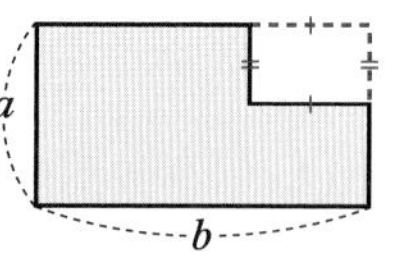

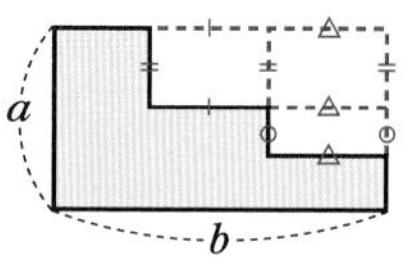

- **直線部分と曲線部分の混じった図形の周りの長さ**

例 1．右の図のような図形の周りの長さは，直線の部分と曲線の部分(合わせると円周になる)ごとに分けて求める。

例 2．下のような図形に巻きついた糸の長さは，円の数がいくつあっても，曲線の部分は合わせると円周 1 つ分になる。

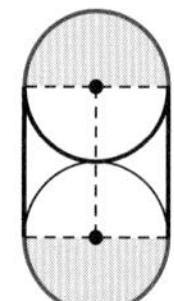

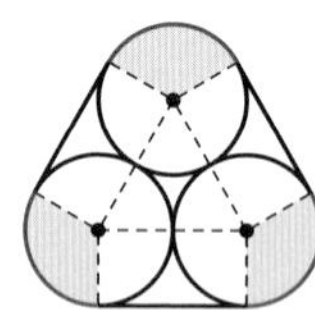

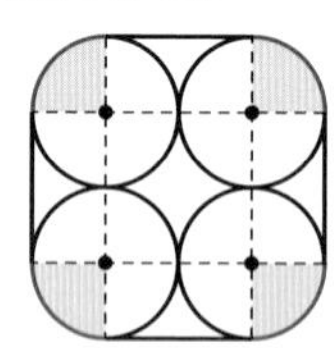

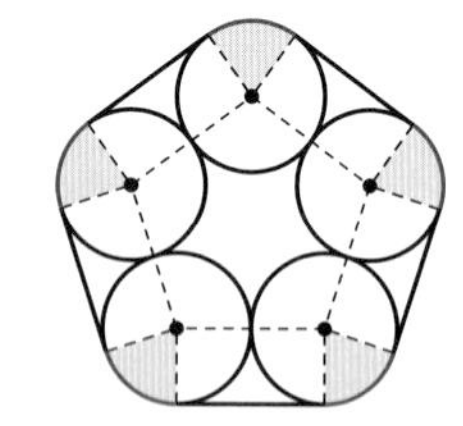

例 3．右の図のように，点が動いたあとが円周の一部になるときは，半径と回転した角度に注目する。

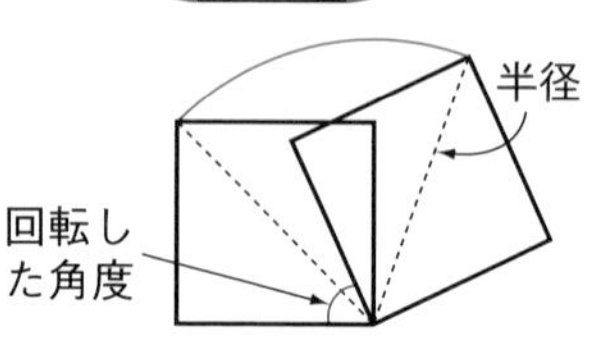

★★★ 標準 043 ひもの長さ

やってみよう 力だめしの問題③ チャレンジ問題①

底面の円の半径が 10cm，高さが 20cm の円すいを，図のようにたがいにさかさまに並(なら)べて，その中央部分をひもで結びつけました。結び目に 15cm 使ったとすると，ひもの長さは何 cm ですか。

【久留米大附設中】

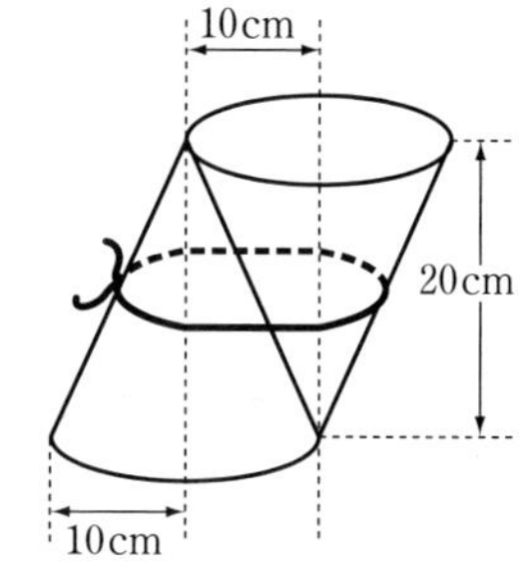

考え方 2つの円すいを底面に平行な平面で，高さ 10cm の所で切ってみよう。切り口は，図のような2つの円になって，これにひもをたるまないように結びつけると，**円の部分は，両方合わせてちょうど円周1つ分**になる。

ひもは右の図のように結びつけられている。

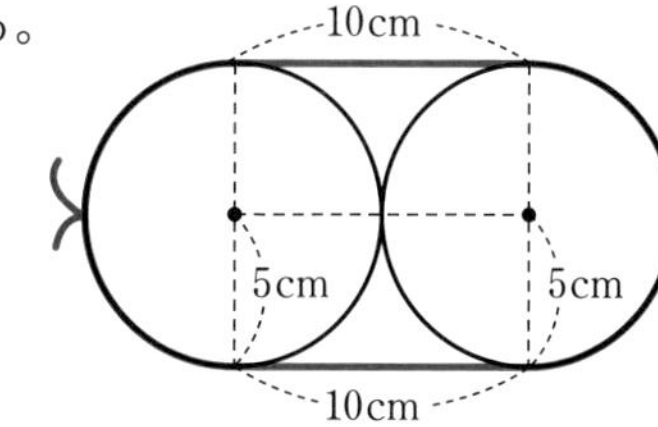

円周の長さは　10×3.14 cm

直線の部分の長さは　20cm

結び目の長さは　15cm

だから　$10 \times 3.14 + 20 + 15 = 66.4$ (cm)

 66.4cm

入試ポイント

● ある図形に巻きつけたひもなどの長さを求めるときは，**円周部分をできるだけ合わせてまとめて計算する**とよい。

練習 100 右の図のようなおうぎ形があるとき，影(かげ)の部分の周囲(しゅうい)の長さは□cm です。(円周率は 3.14 としなさい。)

【愛光中】

〔**手が出ないとき**〕大きいおうぎ形の半径をまず求める。

半径 $= 12.56 \div \left(2 \times 3.14 \times \frac{60}{360}\right)$

練習 101 赤道の真上を，高度1万 m で，人工衛星(えいせい)が地球を回っています。この人工衛星の軌道(きどう)は，赤道の長さより何 km 長くなりますか。

★★☆ 標準 044 図形の移動と点の動いたあと(1)

やってみよう 力だめしの問題⑧⑩⑫ チャレンジ問題5

右の図のような折れ線**アイウエオカキ**があります。点**ア**，**イ**，**オ**，**カ**は直線上にあり，直線**アカ**と**ウエ**は平行です。

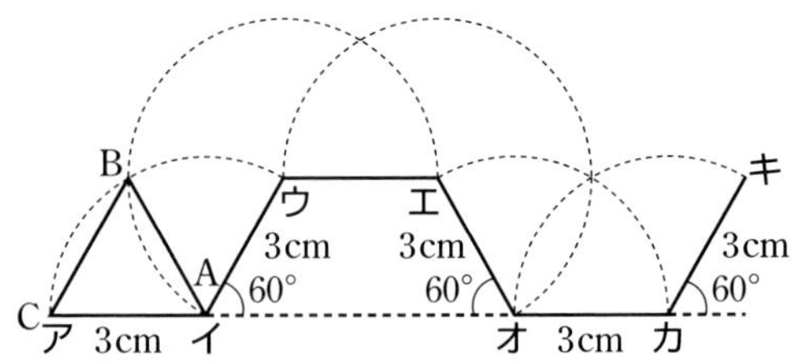

今，1辺の長さが3cmの正三角形ABCを，辺CAが**アイ**に重なるように置き，三角形のどれかの辺が**カキ**に重なるまで，滑(すべ)らせないで折れ線にそって転がしました。

(1) 頂点(ちょうてん)Aの動いたあとを，点線の上にかきなさい。

(2) 頂点A, B, Cのうち，動いたあとが最も短いのはどの頂点ですか。また，その頂点は何cm動きましたか。

Aが動くとき，**どの頂点がおうぎ形の中心なのか**，また**その頂点は折れ線の折れ目のどこにあるのか**に着目しよう。正三角形の辺が折れ線に重なると，次からおうぎ形の中心も(したがっておうぎ形も)入れかわるから注意すること。

解き方 (1) 中心はそれぞれ右の図のようになる。

答 右の図の赤い線

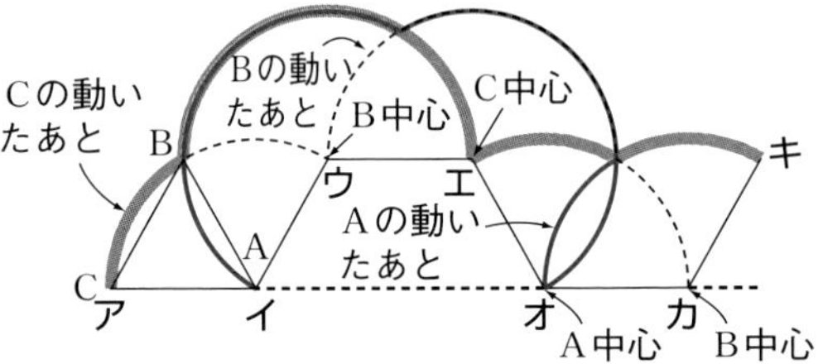

(2) B，Cの動いたあとも右の図のようになるので，

Aが動いてできるおうぎ形の中心角の和は $180° + 180° + 60° = 420°$

Bが動いてできるおうぎ形の中心角の和は $60° + 180° + 60° = 300°$

Cが動いてできるおうぎ形の中心角の和は $60° + 180° + 60° + 60° = 360°$

これから，動いたあとが最も短いのはBで，その長さは

$3 \times 2 \times 3.14 \times \frac{300}{360} = 15.7$ (cm)

答 B，15.7cm

練習 102 右の図の三角形ABCは，1辺が6cmの正三角形です。この三角形を，図の位置から出発して，辺BCが再(ふたた)び直線XYにくるまで，滑らないように回転させたとき，点Aが動いてできる曲線の長さは何cmになりますか。

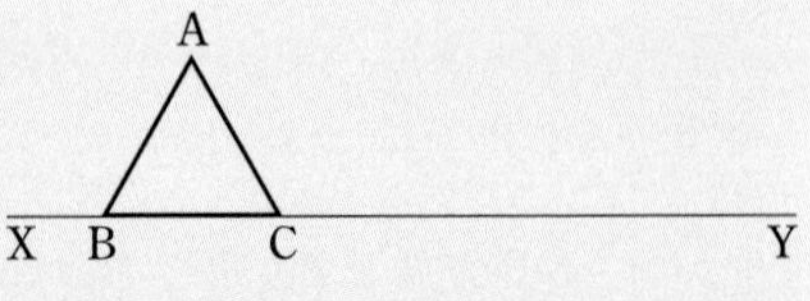

★★★ 基本 045 円の一部と直線がつくる図形の周

やってみよう 力だめしの問題②④⑥⑧⑩ チャレンジ問題⑥

半径 5 cm の円が，6 個図のようにそれぞれ接しているとき，実線部分の長さを求めなさい。
円周率を 3.14 とし，小数第 2 位を四捨五入して答えなさい。

【東大寺学園中】

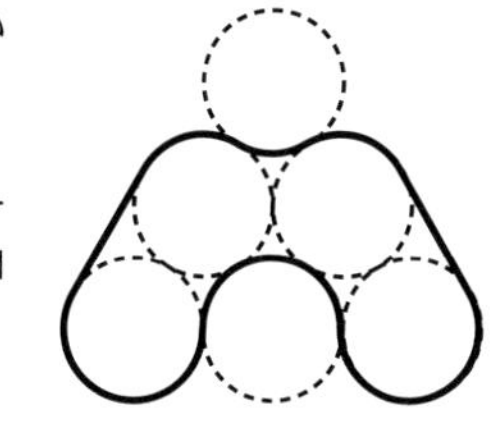

考え方 右の図で，**円の中心を結んだ三角形 ABC は正三角形**になる。
おうぎ形の中心角を調べると，
おうぎ形 GAH は 60°，おうぎ形 IFH は 90°，
おうぎ形 JBK は 210°，おうぎ形 KDL は 180°，
おうぎ形 LCM は 210°，おうぎ形 NEG は 90°
となる。
また，直線の部分 IJ，MN は円の直径と同じ長さになるので，ともに 10 cm である。

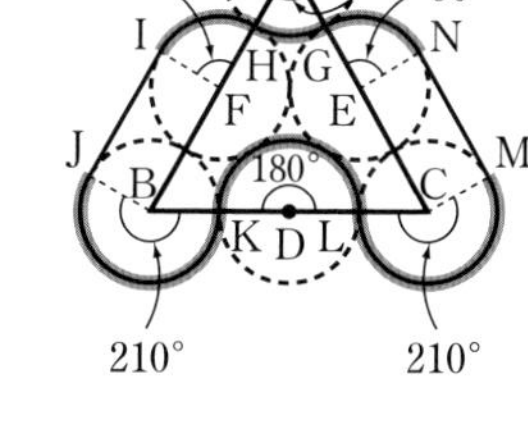

解き方

$$5\times2\times3.14\times\frac{60+(90+210)\times2+180}{360}+10\times2$$

$=93.2\overset{3}{6}\cdots$

答 93.3 cm

練習 103 右の図は，底面の半径が 5 cm の円柱を 4 個くくったものを真上から見たもので，A, B, C, D は底面の中心，E, F, G はひもが円柱からはなれる点です。

(1) 角 BCD は何度ですか。
(2) 角 EAF は何度ですか。
(3) 巻いてあるひもの 1 周りの長さは何 cm ですか。

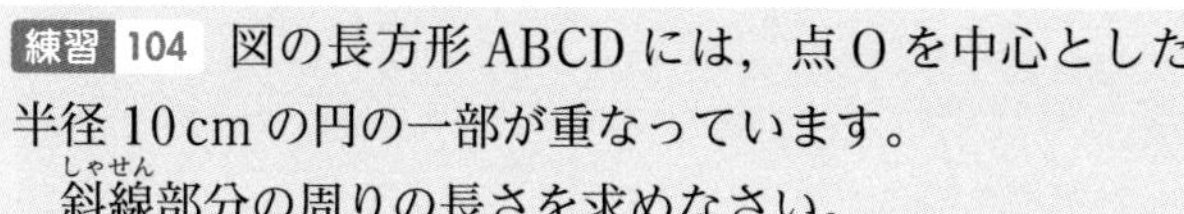

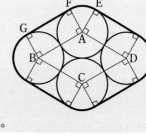

練習 104 図の長方形 ABCD には，点 O を中心とした半径 10 cm の円の一部が重なっています。
斜線部分の周りの長さを求めなさい。

【江戸川学園取手中・改】

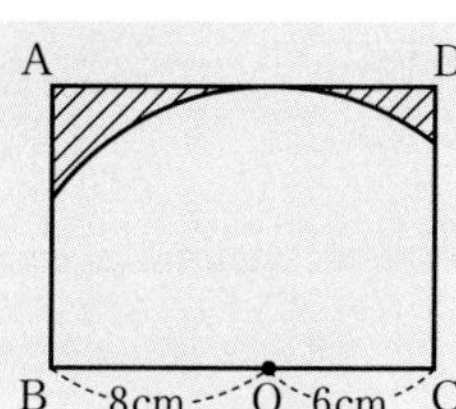
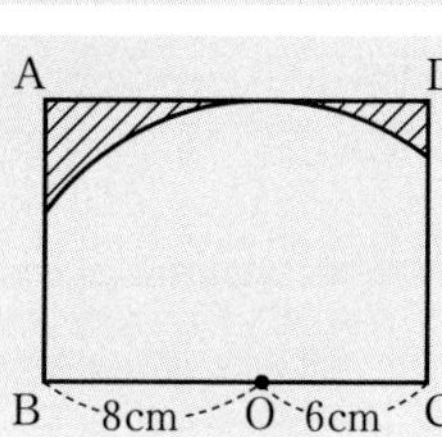

★★★ 応用 046 図形の移動と点の動いたあと(2)

やってみよう 力だめしの問題27 チャレンジ問題7

右の図は，㋐の位置にある長方形ABCDを，下の太線に沿って滑らないように転がしながら，1回転させて㋑の位置に動かしたことを表したものです。この長方形が，㋐の位置から㋑の位置まで動くときの点Dが描く曲線の長さを求めなさい。

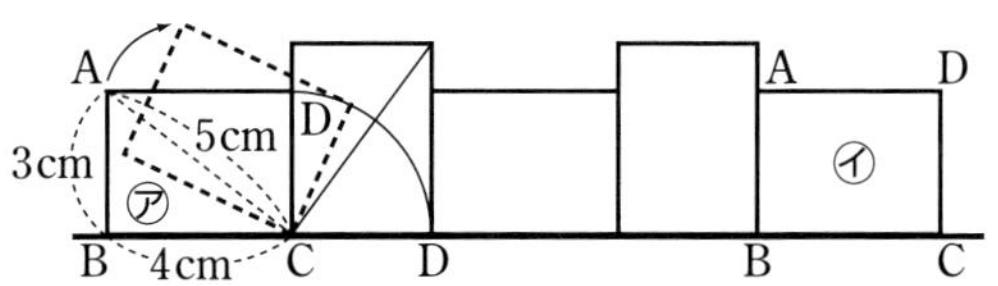

【東京学芸大附世田谷中】

考え方 中心はC，D，A，Bと順に入れかわるが，**回転角はいつも90°**である。

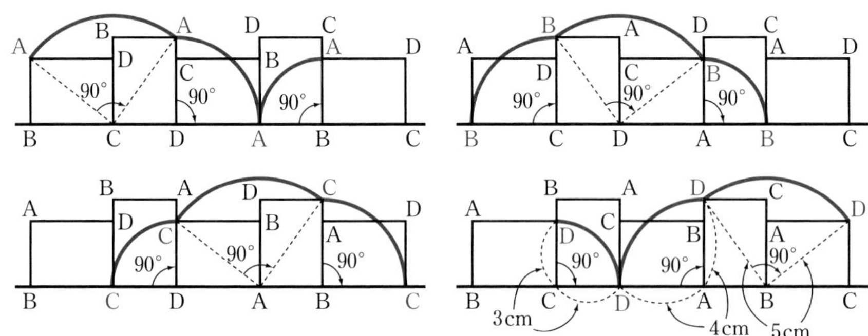

解き方 $\left(3\times2\times\frac{90}{360}+4\times2\times\frac{90}{360}+5\times2\times\frac{90}{360}\right)\times3.14=18.84\,(\text{cm})$

答 18.84cm

練習 105 底面の1辺が1cmの正五角形の角柱に，糸が1巻きしてあります。
右の図のように，糸のはしをぴんと張りながら，そのはしで線をかいていくとき，アからイまでの曲線の長さは何cmになりますか。

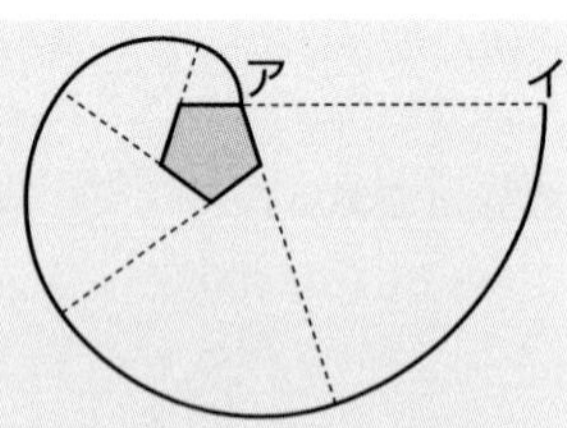

〔手が出ないとき〕 5つのおうぎ形について，それぞれの半径と中心角を考える。

練習 106 1辺の長さが6cmの正六角形があり，長さ24cmの糸ABの一端が，頂点Aに固定してあります。この糸をたるまないように，左回りに正六角形に巻きつけたとき，糸の先端Bの動いたあとの線の長さはいくらですか。

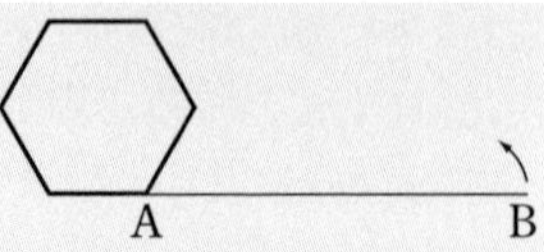

【ラ・サール中】

力だめしの問題　入試標準レベル　解答➡別冊 p.48

❶ 右の図のように，1 辺の長さが 20 cm の正方形 ABCD と，点 A を中心とする半径 10 cm の円が重なっています。このとき，外側の太い線で囲まれた図形の周りの長さは何 cm ですか。

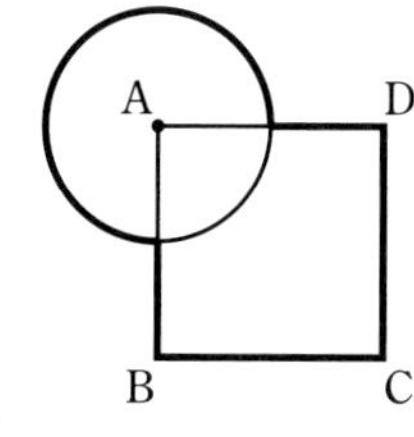

【広島大附中】

❷ 図のような直角に曲がった階段を，半径 10 cm の球を滑らないように転がしました。球の中心の描く線の長さを，次の場合について求めなさい。

(1) 球の中心が A から B まで動いたとき。

(2) 球の中心が A から C まで動いたとき。

【藤村女子中】

❸ 図のように，長方形の両はしが半円の形をしたグラウンドがあります。長方形の部分の縦 AB と横 BC の長さの比は 1：2 で，このグラウンド 1 周の長さは 285.6 m です。直線の部分 BC の長さは何 m ですか。

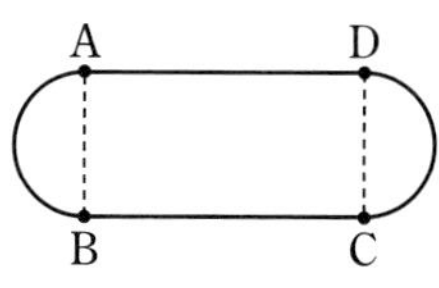

【慶應中等部】

❹ 右の図のように半径 2 cm の円が 6 個あります。隣り合う円はすべてぴったりとくっついているとします。周りにひもをたるまないようにかけました。

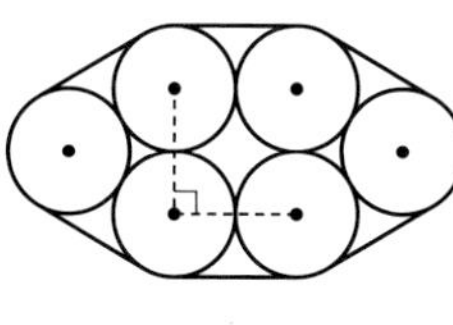

このひもの長さを求めなさい。

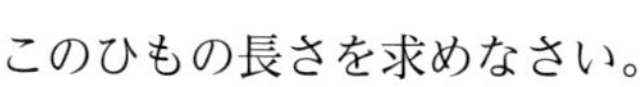

【桜蔭中】

ヒント

❶ 円周の部分と直線の部分を分けて考える。

❷ まず，中心の動いたあと(軌跡という)をかいてみよう。
▶基本 045，応用 046

❸ AB の長さを 1 としてみる。
▶標準 043

❹ 曲線部分と直線部分に分けて考える。
▶基本 045

5 右の図のように，底面の円周の長さが80cm，高さが90cmの円柱があります。底面の左のはしAから，1回半回って上面の右のはしBまで，長さが最も短くなるように線を引きます。

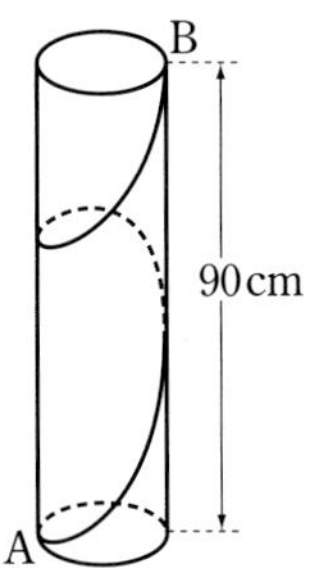

(1) 曲線ABの長さを求めなさい。

(2) この線に沿って，点Pが毎秒1cmの速さでA地点から上り始め，同時に点Qは毎秒4cmの速さでB地点から下り始めます。点Qが最初に点Pを真下に見る位置にくるのは，出発してから何秒後ですか。また，このときPとQの間の距離を求めなさい。

【久留米大附設中】

ヒント

5 展開図をかいて考える。

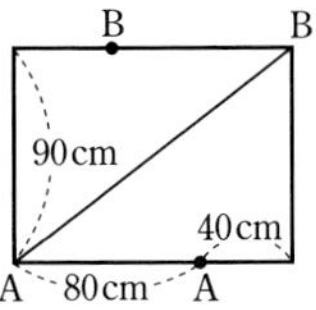

6 右の図のように，半径5cmの円が6つあります。

太線の部分の長さは□cmです。

【桜蔭中】

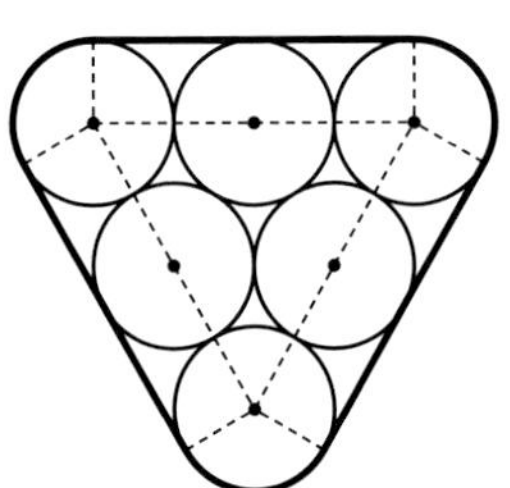

6 円の一部である部分の長さを合計すると，1つの円の円周の長さになる。

▶基本 045

7 下の図のような半径6cm，中心角30°のおうぎ形があります。

このおうぎ形を直線ℓに沿って，矢印の方向に，滑らないようにあの位置からいの位置まで回転させます。

このとき，おうぎ形の中心Oの動いた長さは何cmですか。

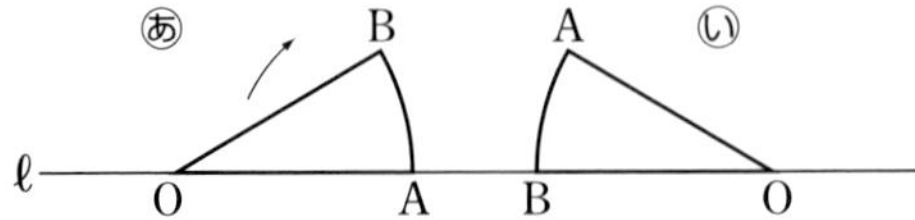

【関西学院中学部】

7 図をかいてみる。
Aを中心に回転しているとき，
円周の部分ABがℓに接しながら転がっているとき，
Bを中心に回転しているとき，
に分けて考える。

▶応用 046

8 三角形 ABC の土地の周りに，図のように幅 4m の道があります。三角形の 3 辺の長さの比は

AB：BC：CA＝8：9：7

で，道の面積は，半径 10m の円の面積に等しくなります。

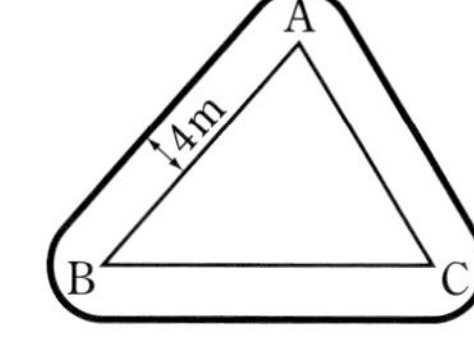

(1) 辺 AB の長さは，半径何 m の円の周に等しいですか。

(2) ある人が，同じ速さで，この道の外側(図の太い線)を歩いたときは，この道の内側(図の細い線)を歩いたときより，1 周するのに 20 秒多くかかりました。この速さで半径 10m の円周を 1 周するのに何秒かかりますか。

ヒント

8 円周の長さ
＝半径×2
×3.14
円の面積
＝半径×半径
×3.14

▶標準 **044**,
基本 **045**

9 下の図のように，底面の半径 5cm，母線の長さが 15cm の円すいが，平面上に倒してあります。

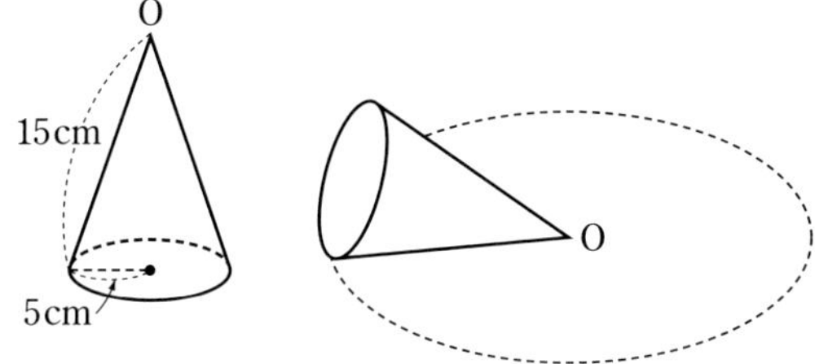

この円すいを，頂点 O を中心として滑らないように，再びもとの位置にくるまで転がすとき，次の問いに答えなさい。

(1) この円すいの底面の円周を求めなさい。

(2) もとの位置に戻るまでに，この円すいは何回転しましたか。

9 (2) 円すいの底面は，半径 15cm の円周上を転がる。
比を求めるときは 3.14 は共通するのでなくてもよい。

10 右の図のように，半径 1cm の円がおうぎ形の周りを 1 周します。

円の中心が通った線の長さは，何 cm ですか。

【ラ・サール中】

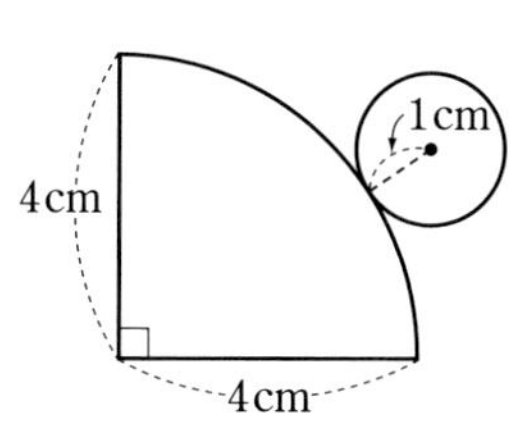

10 図をかくとわかりやすい。

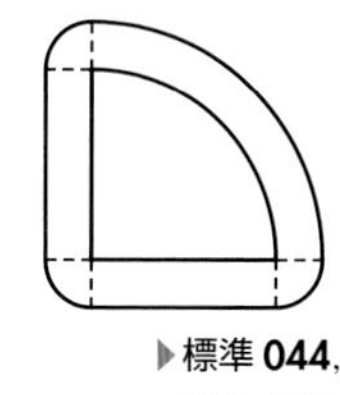

▶標準 **044**,
基本 **045**

11 図は，正方形の折り紙３枚（まい）を並（なら）べたものです。右上，左下の折り紙は大きさが等しく，１辺の長さは中央の正方形の１辺の長さの $\frac{3}{4}$ 倍で，重なった部分はいずれも面積の等しい正方形です。全体（図の太線で囲（かこ）まれた部分）の面積は $104\,cm^2$ です。

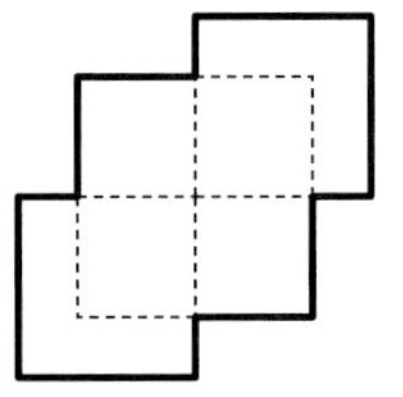

⑴ 中央の正方形の１辺の長さを求めなさい。

⑵ 周（図の太線部分）の長さを求めなさい。 【青雲中】

ヒント

11 中央の正方形の１辺を４とおいて面積を求め，実際（じっさい）の面積と比（くら）べる。

12 図のように，半径 3 cm の円の中で，１辺が 3 cm の正三角形 ABC を，円周の内側に沿（そ）って回転させました。正三角形 ABC がもとの位置までくる間に，頂点（ちょうてん）A はどんな線を描（えが）きますか。図にかき入れなさい。また，そのとき点 A が描いた線の長さを求めなさい。

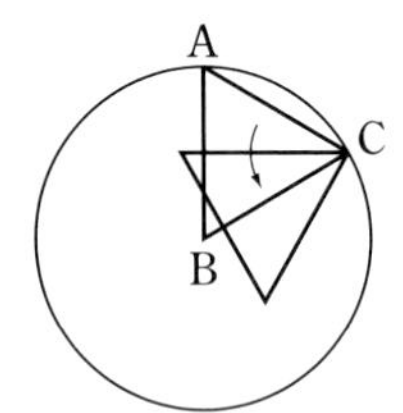

【帝塚山中】

12 AC を１辺とし，円に内接（ないせつ）する正六角形をかくとよい。

▶標準 044

13 右の図の長方形 ABCD で，AB＝6 cm，AD＝4 cm です。図のように，点 P，Q，R，S，T を各辺にとり，順に結びます。

AP＝BT＝2 cm として，次の問いに答えなさい。

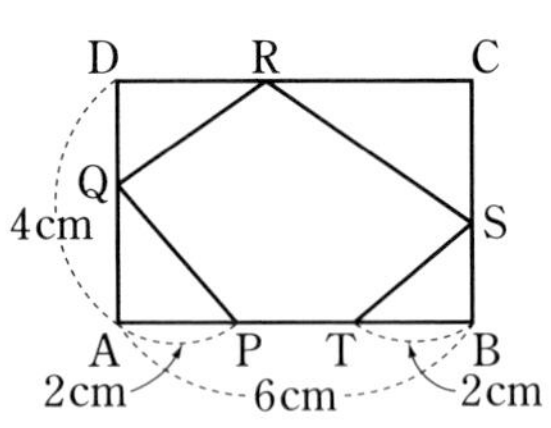

⑴ DR＝4 cm のとき，PQ＋QR の長さが最小になるように点 Q を決めると，AQ の長さはいくらですか。

⑵ Q，R，S の位置をいろいろ変えて

PQ＋QR＋RS＋ST

の長さが最小となるようにすると，AQ の長さはいくらですか。

【ラ・サール中】

13 ⑴ AD に関して点 R と対称（たいしょう）な点 R′ をとると

PQ＋QR
＝PQ＋QR′

P，Q，R′ が一直線上に並ぶとき，最小となる。

14 たかお君は，デザイン博のシンボルマークをまねて，右の図をかきました。A，B，C はそれぞれの円の中心を表しています。塗りつぶした部分の周りの長さは，何 cm ですか。

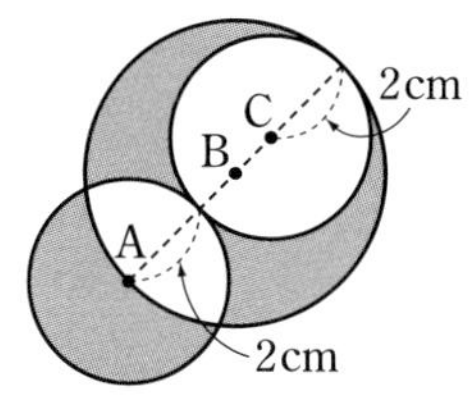

15 厚さ 5cm，長さ 60cm のパイプがあります。このパイプを図のように，ひもでしばって積んでいきます。

最下段に 20 本，最上段に 1 本積むとき，ひもの長さは全部で何 m あればよいですか。

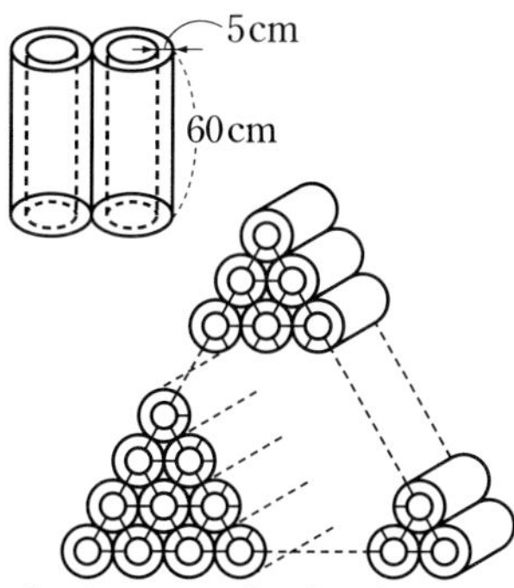

ただし，1 つの結び目には，ひもが 10cm 必要です。

【愛光中】

16 直径 10cm の円柱に，図のように幅 4cm の紙が，重ならないように，またすき間のないように巻きつけてあります。

これを途中 2 か所で切って，高さ 10cm の円柱をつくると，これに巻きついていた紙は，隣り合う 2 つの辺の長さが □ cm と □ cm の平行四辺形となります。

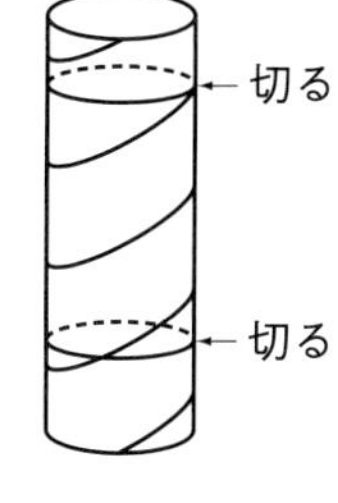

【佼成学園中】

ヒント

14 周りの長さは 3 つの円の円周の和に等しい。

15 2 本のパイプをしばるのに必要なひもの長さは
$60\times2+5\times4$
$+10$
$=150$ (cm)

16 1 辺は円柱の底面の周の長さ。もう 1 辺は展開図をかき，面積から求める。

チャレンジ問題 入試発展レベル

解答➡別冊 p.51

★は最高レベル

1 図のように，直線アイの上に直径のある半円が4個あります。いちばん小さい半円は半径10cmで，半径は大きくなるにつれて，前の半円の半径の1.5倍になっています。円周率を3.14として計算しなさい。

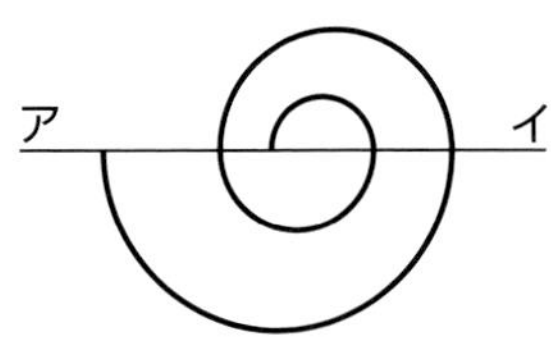

(1) 太線の長さは□cmである。

(2) いちばん大きい半円の中心は，いちばん小さい半円の中心と比べて，〔 左 ・ 右 〕に□cmだけはなれている。(〔　〕内はいずれかを○で囲みなさい。)

【女子学院中・改】

2 図のような平行四辺形ABCDがあります。図において，斜線をつけた3つの三角形の周の長さの和は，斜線をつけていない2つの四角形と2つの三角形の周の長さの和より□cm短くなります。

【灘中・改】

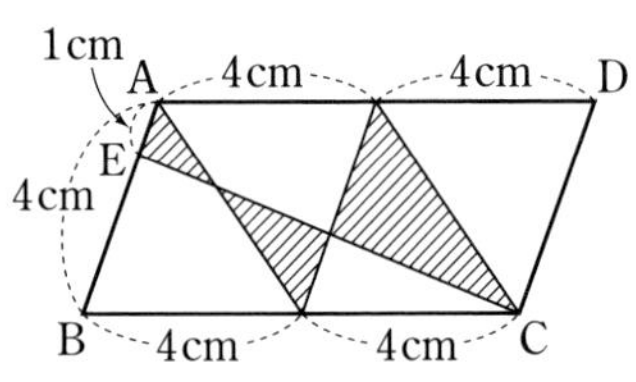

★ **3** 右の図の直線ℓは，斜線部分を面積の等しい3つの部分に分けています。ABの長さは□cmです。

【灘中】

4 右の図において，四角形ABCDと四角形EFGHはどちらも正方形で，いずれの対角線も点Oで交わっています。PBの長さは12cm，三角形OPBの面積は$90\,\mathrm{cm}^2$，OPとPFの長さの比は2：1です。

このとき，次の問いに答えなさい。

(1) 正方形ABCDの1辺の長さは何cmですか。

(2) 三角形OBQの面積は何cm^2ですか。

(3) 正方形EFGHの面積は何cm^2ですか。

【灘中】

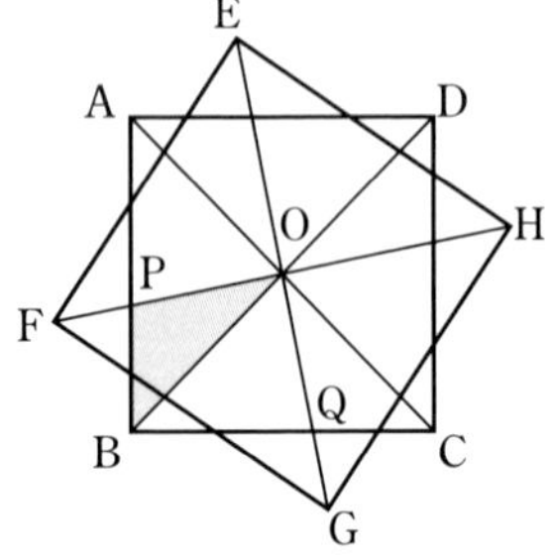

5 図のような三角形 ABC があり，辺 AC 上に，BR の長さが 5 cm となるように点 R をとります。次に，三角形 PQR の周の長さが最も短くなるように，辺 AB 上，辺 BC 上にそれぞれ点 P，Q をとります。このとき，三角形 PQR の周の長さは［　　］cm です。

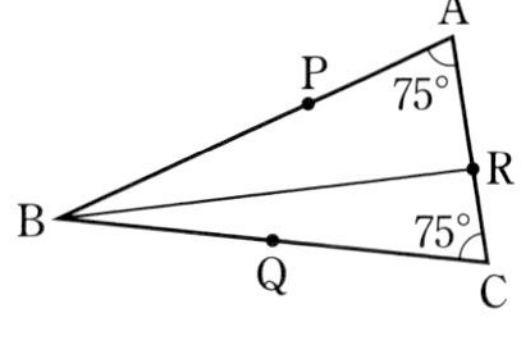

【西大和学園中】

★ **6** 1 辺の長さが 6 cm の正八角形の各頂点（ちょうてん）を中心として円をかき，円と正八角形が重なった部分を正八角形から切り取っていきます。

次の場合に，残った部分の図形の周囲（しゅうい）の長さを求めなさい。円周率は 3.14 とします。

(1) 半径が 3 cm の円をかく場合

(2) 半径が 6 cm の円をかく場合 【甲陽学院中】

★ **7** 次の問いに答えなさい。ただし，円周率は 3.14 とし，また，直角二等辺三角形の斜辺と他の 1 辺の長さの比は 10：7 として計算しなさい。

(1) 下の**図**①のような半円と直角二等辺三角形をつないだ図形があり，この周の長さは 29.7 cm です。この半円の半径を求めなさい。

(2) (1)の図形を，下の**図**②のように 1 辺の長さ 29.7 cm の正方形の内部に置きます。次に，これを滑（すべ）らないように正方形の内側を転がし，1 周してもとの位置まで戻（もど）します。このとき，半円の中心 A はどのような図形を描（えが）くか，**図**②に記入し，この図形の周りの長さを求めなさい。 【甲陽学院中】

図①

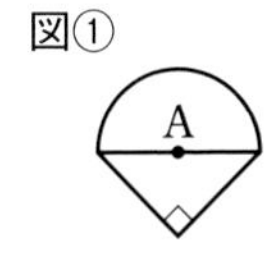

図②

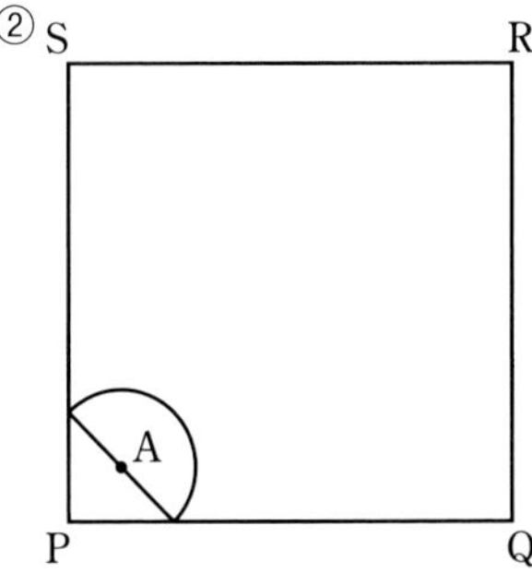

第2章 面積

1 多角形の面積

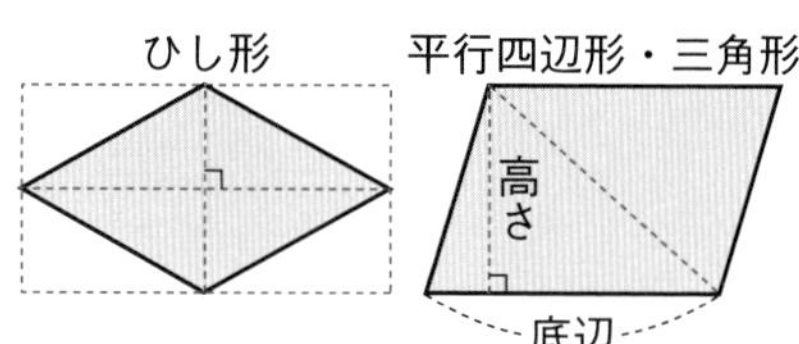

- 正方形の面積＝1辺×1辺
- 長方形の面積＝縦×横
- ひし形の面積＝対角線×対角線÷2
  （対角線×対角線…長方形の面積）
- **平行四辺形の面積＝底辺×高さ**
- **三角形の面積＝底辺×高さ÷2**
  （底辺×高さ…平行四辺形の面積）
- **台形の面積＝(上底＋下底)×高さ÷2**
  （(上底＋下底)×高さ…平行四辺形の面積）

2 円・おうぎ形の面積

- **円の面積**…**図1**のように，円をいくつかの直径で等分して，**図2**のように並べかえると，その形は長方形に近くなる。その縦は円の半径と等しく，横は円周の半分の長さ(半径×円周率)と等しい。

  円の面積＝半径×半径×円周率

図1　図2

半径

円周の半分
(半径×円周率)

- **おうぎ形の面積**…同じ半径の円の面積の何分のいくつかによって求める。

  おうぎ形の面積＝半径×半径×円周率×$\frac{\text{中心角}}{360}$

  （$\frac{\text{中心角}}{360}$…円に対するおうぎ形の割合）

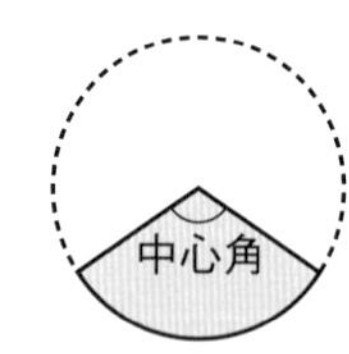

3 複雑な図形の面積の求め方

- **三角形に分割する**

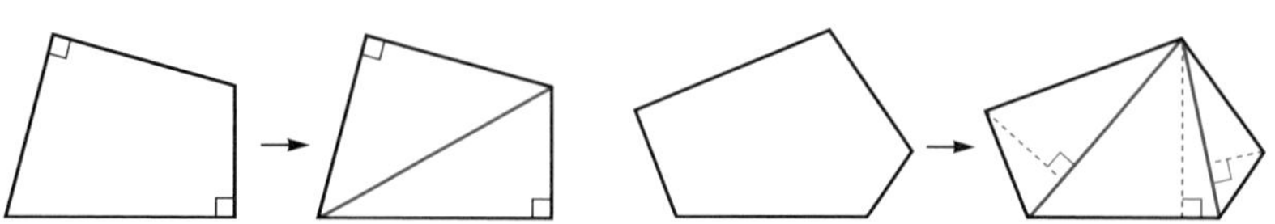

●**四角形やおうぎ形に分割する**

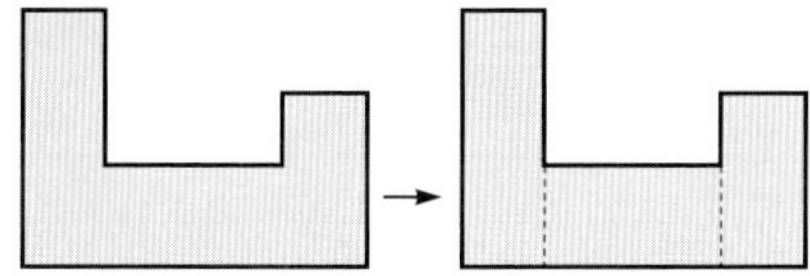

おうぎ形は4つ合わせると円

●**図形の移動**…複合図形の一部を移動させ，基本図形や求めやすい形にする。

例　**図1**の斜線部分の面積は，**図2**のように，**ア**の部分を**イ**の部分に移動させて求める。

図1　図2

$10 \times 10 \times 3.14 \div 8 - 10 \times 5 \div 2$

$= 39.25 - 25 = 14.25$

●**等積変形**…面積を変えないで，面積が求めやすい形に変える。

右の図の**ア**，**イ**，**ウ**，**エ**の部分を合わせると，長方形になる。

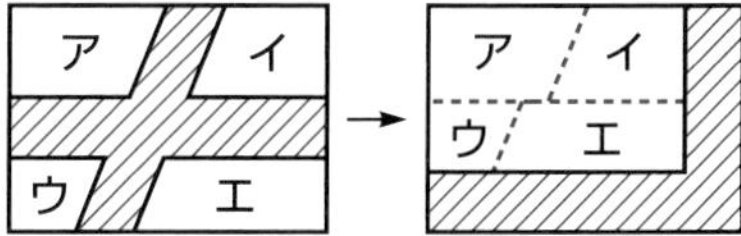

4 立体の表面積

●立方体の表面積＝1辺×1辺×6

●**直方体の表面積＝(縦×横＋縦×高さ＋横×高さ)×2**

●角柱の表面積＝底面積×2＋側面積　(側面積＝底面の周×高さ)

●**円柱の表面積＝半径×半径×円周率×2＋半径×2×円周率×高さ**

（半径×半径×円周率：底面積，半径×2×円周率×高さ：側面積）

●角すいの表面積＝底面積＋側面積

●円すいの表面積＝半径×半径×円周率＋母線×母線×円周率×$\frac{半径}{母線}$

（母線×母線×円周率×$\frac{半径}{母線}$：側面積）

5 比を用いて求める面積

●**辺の比と面積の比**…高さが一定の三角形では，面積の比は底辺の比に等しい。

また，底辺が一定の三角形では，面積の比は高さの比に等しい。

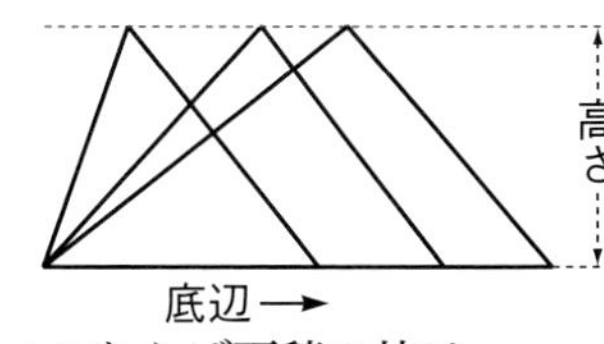

●**相似な図形と面積**…相似な図形では，相似比が $a:b$ ならば面積の比は $(a \times a):(b \times b)$ である。

★★★基本 047 長方形の土地の面積

やってみよう 力だめしの問題❶ チャレンジ問題7

右の図は，長方形の庭の花壇と道(斜線の部分)を示しています。
花壇の部分の面積はいくらですか。

【賢明女子学院中】

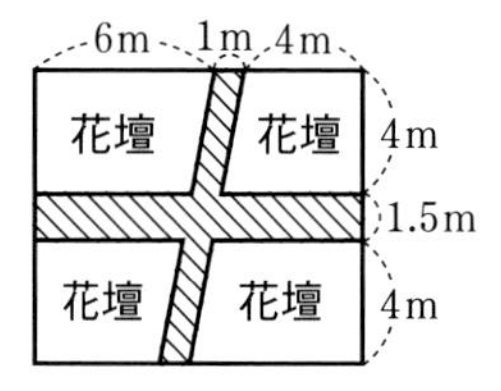

考え方 ① 縦1.5m，横11mの長方形の道の面積と，底辺1m，高さ9.5mの平行四辺形の道の面積を全体の土地の面積からひいて，2本の道の重なっている部分(底辺1m，高さ1.5mの平行四辺形)の面積を加える。

② 下の図のように，等積移動(もとの図形と面積の等しい図形への移動)して求める。この方が簡単である。

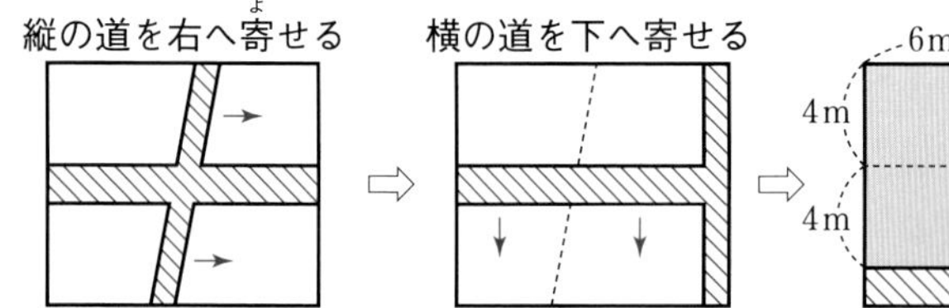

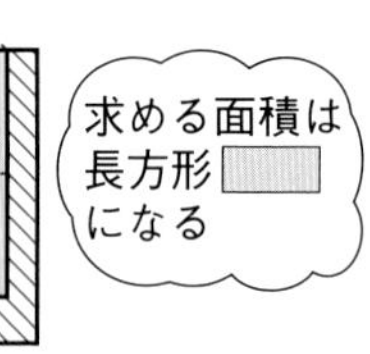

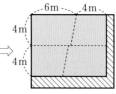

解き方 上の図のように，縦8m，横10mの長方形になるので

$8 \times 10 = 80$ (m^2)

答 80m^2

〔別解〕 $9.5 \times 11 - 1.5 \times 11 - 1 \times 9.5 + 1 \times 1.5 = 80$ (m^2)

入試ポイント ● いくつかの図形を合わせた部分の面積を求めるときは，**図形の等積移動を最大限利用すること**。

練習 107 右の図の四角形ABCDは，辺AB，辺ADの長さがそれぞれ10cm，12cmの長方形で，三角形CDEは直角三角形です。また，直線BEと直線CDとの交わる点をFとします。
次の問いに答えなさい。

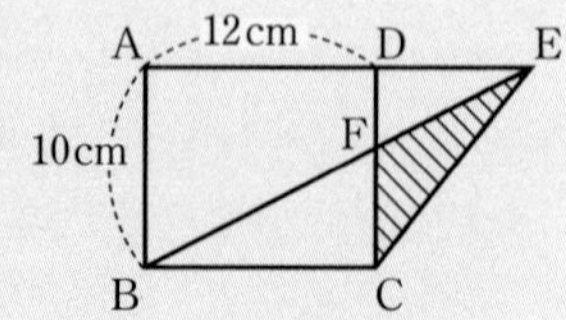

(1) 斜線の部分の面積が27cm^{2}であるとき，直線FCの長さはいくらですか。

(2) 直線DEの長さが8cmであるとき，斜線の部分の面積はいくらですか。

【高知学芸中】

★★★ 標準 048 三角形の等積移動

やってみよう 力だめしの問題③ チャレンジ問題3

右の図で，四角形 ABCD は平行四辺形です。このとき，斜線部分の面積は ☐ cm² です。

【大阪星光学院中】

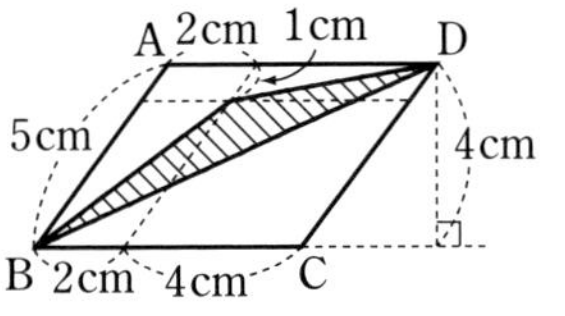

考え方 ① 右の図の G を通って BD に平行線を引き，AD との交点を E とすると，
三角形 GBD＝三角形 BDE
三角形 BDE の高さ＝DK＝4 cm
となる。これから **ED の長さを求めればよい**ことがわかる。
ED＝GH＝FI－FG－HI

② 三角形 GBD
＝三角形 ABD－三角形 BGF
－三角形 DJG－平行四辺形 AFGJ
としても求められる。

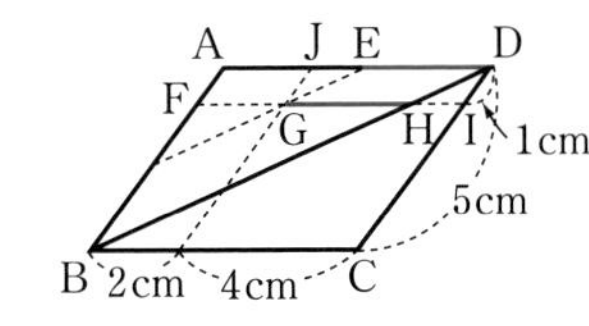

右の図で，FG＝2 cm，FI＝6 cm，

$HI = 6 \times \frac{1}{5} = \frac{6}{5}$ (cm) から　$GH = 6 - 2 - \frac{6}{5} = \frac{14}{5}$ (cm)

ED＝GH だから，面積は

$\frac{14}{5} \times 4 \div 2 = \frac{28}{5} = 5.6$ (cm²)　　**答** 5.6 cm²

〔別解〕上の②の方法で解くと

$$6 \times 4 \div 2 - 2 \times 4 \times \frac{4}{5} \div 2 - 4 \times 4 \times \frac{1}{5} \div 2 - 2 \times 4 \times \frac{1}{5} = \frac{28}{5} = 5.6\ (\text{cm}^2)$$

練習 108 右の図で，E，F，G は BC を 4 等分した点で，H，I は AD を 3 等分した点です。AD と BC の長さの比は 3：5，AB の長さは 10 cm，斜線を引いた台形の面積は 70 cm² です。AD の長さはいくらですか。

【関西学院中学部】

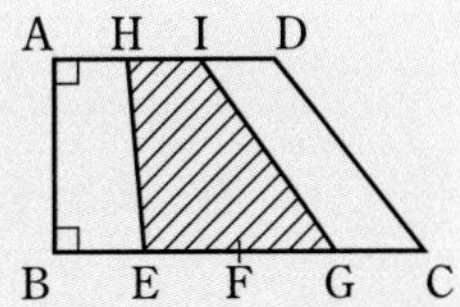

練習 109 長方形 ABCD があります。BE と EC の長さの比は 2：3，AF と FD の長さの比は 5：1 です。また，三角形 BEF の面積は 30 cm² です。三角形 ABF の面積は何 cm² ですか。

【同志社中】

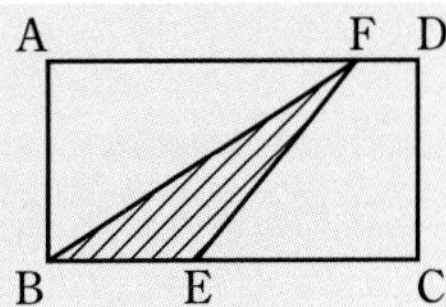

★★☆ 標準 049 底辺の比と三角形の面積比

やってみよう 力だめしの問題② チャレンジ問題⑤

右の図で，三角形ABCの面積は$110\,cm^2$です。次の問いに答えなさい。

(1) 三角形ACEの面積はどれだけでしょう。

(2) 三角形ABEと三角形DCEの面積の比を，簡単な整数の比で表しなさい。

【愛知淑徳中】

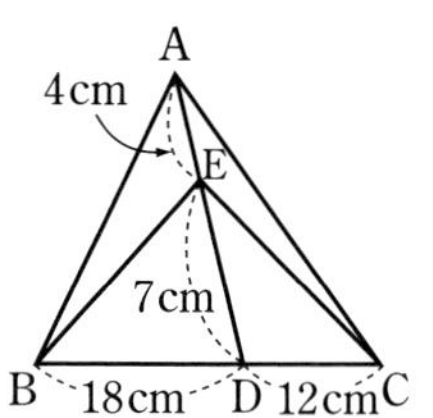

考え方 三角形の面積＝底辺×高さ÷2　だから，**高さの等しい2つの三角形の面積の比は，底辺の長さの比に等しくなる。**

解き方 (1) (三角形ABCの面積)：(三角形ACDの面積)＝30：12＝5：2となるので，三角形ACDの面積は　$110\times\frac{2}{5}=44\ (cm^2)$

また，(三角形ACDの面積)：(三角形ACEの面積)＝11：4だから

三角形ACEの面積は　$44\times\frac{4}{11}=16\ (cm^2)$　　**答** $16\,cm^2$

(2) 三角形ABDの面積は　$110\times\frac{3}{5}=66\ (cm^2)$だから

三角形ABEの面積は　$66\times\frac{4}{11}=24\ (cm^2)$

三角形DCEの面積は　$44\times\frac{7}{11}=28\ (cm^2)$

これから　24：28＝6：7　　**答** 6：7

練習 110 右の図で，D，E，Fはそれぞれ辺BC，CA，ADの3等分点です。㋑，㋺，㋩，㊁の面積について，次の比をできるだけ簡単な比で答えなさい。

㋺：㋩＝□：□，㋑：㊁＝□：□

【神戸女学院中学部】

練習 111 右の図のように正方形ABCDがあります。点EはBE：EC＝2：1となる点です。また，点FはACとDEの交わった点，GFはBCと平行です。

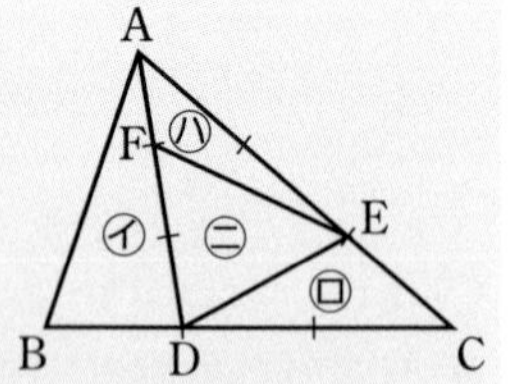

(1) 三角形DECの面積は正方形ABCDの面積の何分のいくつですか。

(2) 三角形FECの面積は正方形ABCDの面積の何分のいくつですか。

(3) 三角形AGFと三角形FECの面積の比を求めなさい。

【同志社女子中】

★★★ 応用 050 高さ・底辺の比と面積の比

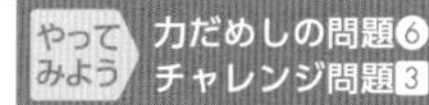

右の図の三角形 ABC で，点 D，E，F，G，H は辺 BC を 6 等分しており，AD と IF の線は平行です。このとき，次の四角形の面積は，それぞれ三角形 ABC の面積の何分の何ですか。分数の形で答えなさい。

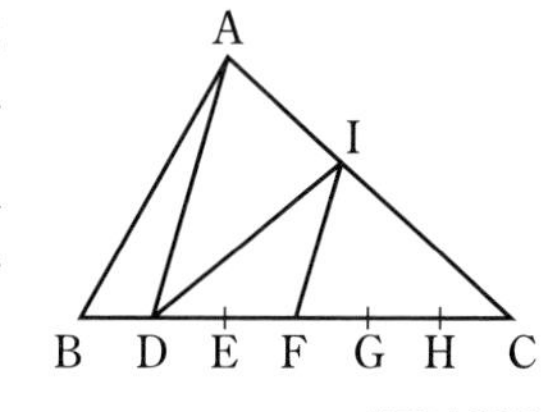

(1) 四角形 ABDI　　(2) 台形 ADFI

右の三角形 ABC の AB 上に M が，AC 上に N があって，**MN が BC に平行であるときには**，AM：MB＝AN：NC，
AM：AB＝MN：BC，AM：AB＝AN：AC
(三角形 AMN の高さ)：(三角形 ABC の高さ)
＝AM：AB
となる。これを使えるようにしておこう。

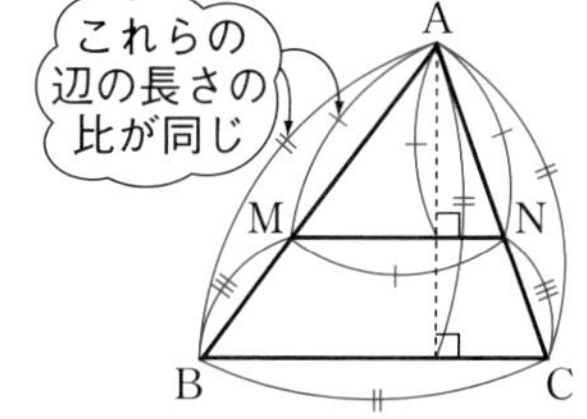

解き方 (1) AD と IF が平行なので　CI：CA＝CF：CD＝3：5

これから　(三角形 IDC の高さ)：(三角形 ABC の高さ)＝3：5

また，DC：BC＝5：6 だから

(三角形 IDC の面積)：(三角形 ABC の面積)

$=(5\times3\div2):(6\times5\div2)=\frac{1}{2}:1$

四角形 ABDI の面積＝(三角形 ABC の面積)－(三角形 IDC の面積)　（三角形 ABC の面積の半分）

よって

四角形 ABDI の面積＝(三角形 ABC の面積)$\times\frac{1}{2}$

 $\frac{1}{2}$

(2) 台形 ADFI の面積＝(三角形 CAD の面積)－(三角形 CIF の面積)で，

三角形 CIF の面積＝(三角形 CAD の面積)$\times\frac{3}{5}\times\frac{3}{5}$

＝(三角形 ABC の面積)$\times\frac{5}{6}\times\frac{9}{25}$＝(三角形 ABC の面積)$\times\frac{3}{10}$

よって

台形 ADFI の面積

＝(三角形 ABC の面積)$\times\frac{5}{6}$－(三角形 ABC の面積)$\times\frac{3}{10}$

＝(三角形 ABC の面積)$\times\frac{8}{15}$

 $\frac{8}{15}$

★★★ 標準 051 半円と三角形の面積

やってみよう　力だめしの問題⑪　チャレンジ問題2

右の図は，AB＝10 cm，BC＝8 cm，AC＝6 cm の直角三角形 ABC のそれぞれの辺を直径とする半円をかいたものです。この図で，斜線(しゃせん)をつけた部分の面積は，斜線をつけていない部分の面積の □ 倍です。ただし，円周率(りつ)は 3 とします。

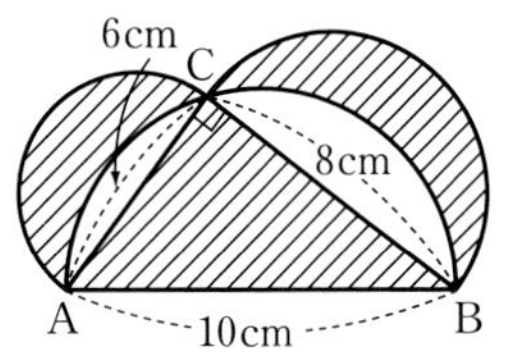

【学習院中等科】

考え方 次のようにして，順に面積を求めていく。

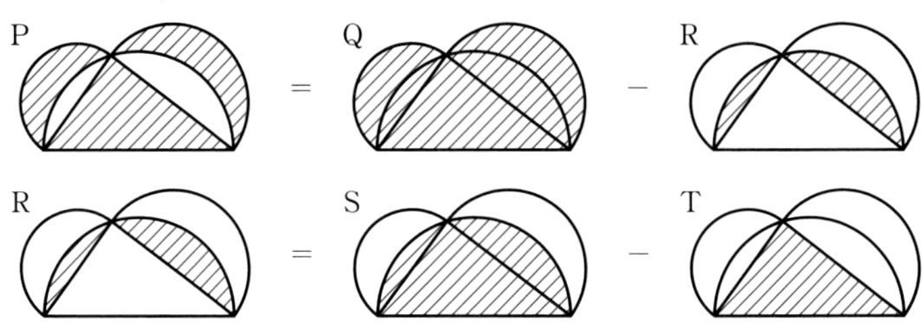

解き方 上の図で，

Q の面積は　$3\times3\times3\div2+4\times4\times3\div2+6\times8\div2=61.5\ (\mathrm{cm}^2)$

R の面積は　$5\times5\times3\div2-6\times8\div2=13.5\ (\mathrm{cm}^2)$

となるので，P の面積は

$61.5-13.5=48\ (\mathrm{cm}^2)$

よって　$48\div13.5=\dfrac{480}{135}=\dfrac{32}{9}=3\dfrac{5}{9}$

答 $3\dfrac{5}{9}$

練習 112 右の図の影(かげ)の部分の面積を求めなさい。ただし，円周率は 3.14 とします。

【東洋英和女学院中学部】

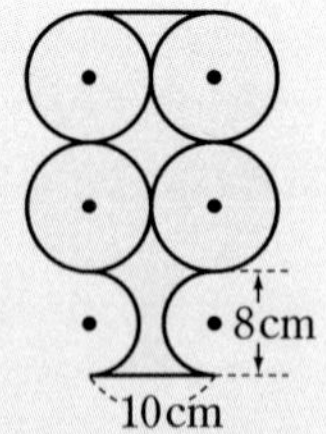

練習 113 図の四角形 ABCD は，1 辺の長さが 10 cm の正方形です。残りの四角形も正方形で，他は円です。次の問いに答えなさい。ただし，円周率は 3.2 とします。また，点 E は 2 つの円の中心です。

(1) 正方形 FGHI の面積を求めなさい。

(2) 斜線の部分の面積を求めなさい。

【東京女学館中】

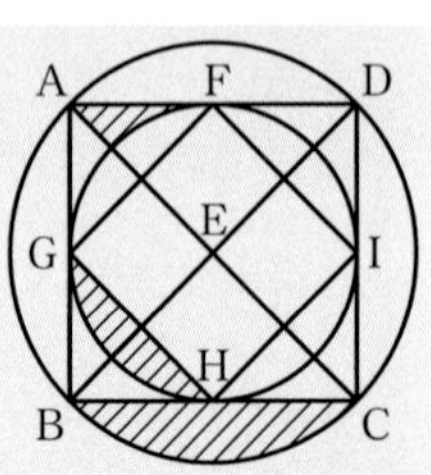

★★★ 基本 052 牛が動ける範囲の面積

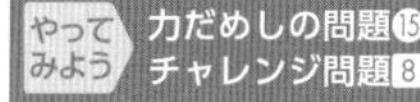

1 辺が 6m の正三角形の柵 ABC があり，A から 2m はなれた D に長さ 9m の綱で牛がつながれています。この牛は，柵の中へははいれませんが，柵の外を動きまわることができます。牛が動くことのできる範囲の面積は何 m^2 ですか。

【慶應中等部】

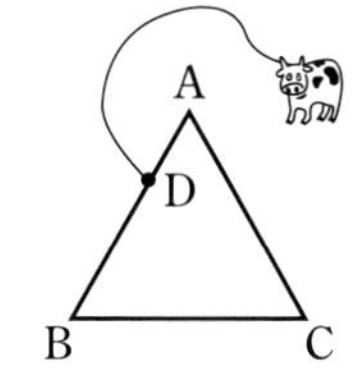

考え方 **どの点を中心とするおうぎ形になるか**を考える。
直線 AB の C と反対になる側では，中心 D，半径 9m の半円，角 DAC の所では，中心 A，半径 7m，中心角 120° のおうぎ形，角 DBC の所では，中心 B，半径 5m，中心角 120° のおうぎ形，角 ACB の所では，中心 C，半径 1m，中心角 120° のおうぎ形になる。

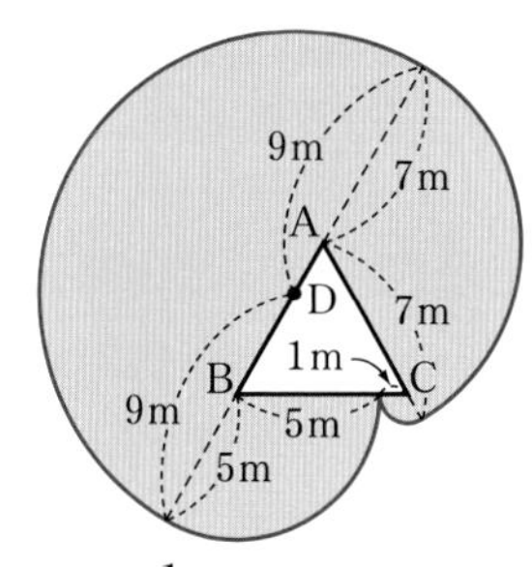

解き方 動ける範囲は，右の図のようになるので

$$9 \times 9 \times 3.14 \times \frac{1}{2} + (7 \times 7 + 5 \times 5 + 1 \times 1) \times 3.14 \times \frac{1}{3} = 205.67\ (m^2)$$

答 $205.67\,m^2$

練習 114 広い牧場の中に，1 辺 4m の正方形の貯水池があります。長さ 12m の綱でくいにつながれた牛がいます。この牛が歩いて，牧草を食べることができる範囲を図にかき，その面積を求めなさい。ただし，貯水池の周りは，柵があって，綱は貯水池の上を通ることはできません。池とくいの関係は上の図です。円周率は 3.14 とします。四捨五入によって小数第 2 位まで求めなさい。

【駒場東邦中】

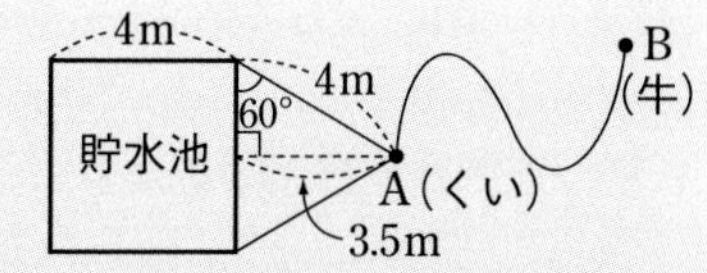

練習 115 1 辺 2cm の正八角形 ABCDEFGH の頂点 H に，長さ 8cm の糸 HP が結びつけてあります。P は小さなおもりです。初めに，AHP がこの順に一直線上に並んでいます。この位置から糸がたるまないようにして，おもり P を右周りに回転して，糸をこの正八角形に巻きつけていきます。

(1) P の描く線をかきなさい。

(2) 初めの位置の糸，および(1)の線と正八角形の周で囲まれた図形(正八角形の内部を除く)の面積を求めなさい。

【東大寺学園中・改】

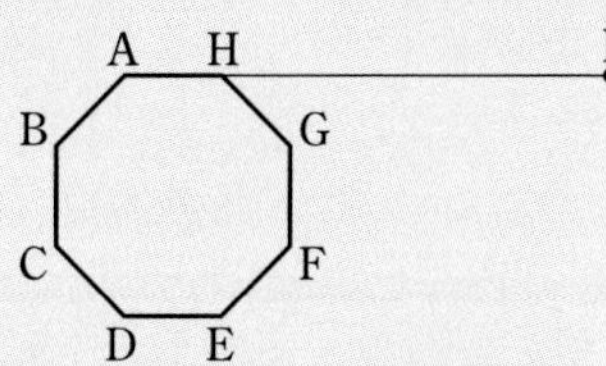

★★★ 基本 053 図形の移動と面積(1)

やってみよう 力だめしの問題⑤ チャレンジ問題①

右の図は，対角線の長さが 10 cm の正方形 ABCD を頂点B の周りに 20°回転したものです。
斜線の部分の面積は，約何 cm² ですか。

【甲南女子中】

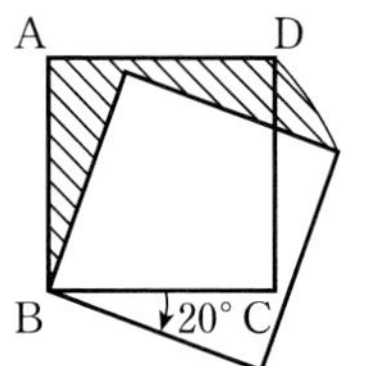

考え方 図形を回転したときは，**面積の等しい図形がどこにできるか**に注意する。右の図のように考えると，A の部分の面積と B の部分の面積が等しくなることがわかる。

正方形を半分にした三角形から，この色の三角形をとると，AとBの面積が同じになることがわかる

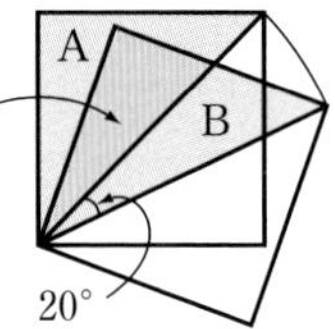

解き方 斜線部分の面積は，半径 10 cm，中心角が 20°のおうぎ形の面積に等しくなる。

$10 \times 10 \times 3.14 \times \frac{20}{360} = 17.44 \cdots$

答 約 17.44 cm²

練習 116 図は，面積が 90 cm² の正方形 ABCD を 70°回転させた図です。
斜線部分の面積を求めなさい。【関西学院中学部】

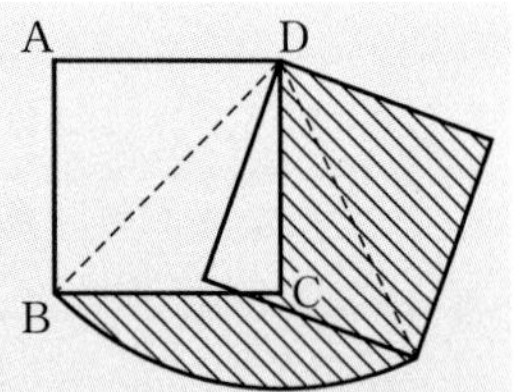

練習 117 **図1**のように，半径 10cm，中心角 120°のおうぎ形があります。点 B は円周上の点で，円周上の 2 点 A，C のちょうど真ん中の点です。

このおうぎ形を直線 BC で折り曲げ，**図2**のような図形をつくりました。斜線をつけた部分の面積を求めなさい。

ただし，正三角形の面積＝0.43×1 辺×1 辺 とします。【同志社女子中】

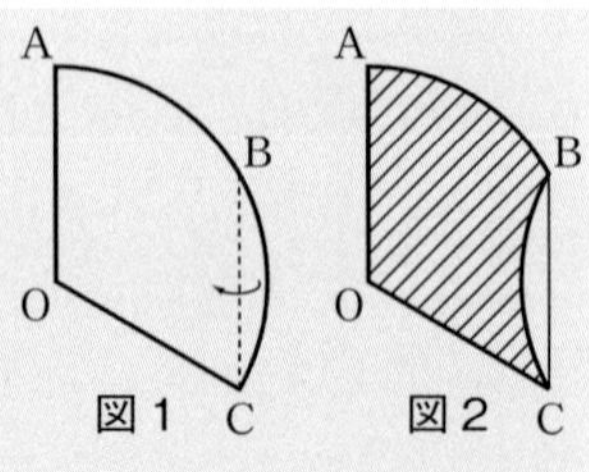

図1　図2

〔手が出ないとき〕O と B，A と B を結んでみる。その上で，直線 AB と曲線 AB で囲まれた部分を，曲線 AB が曲線 BC に重なるように移してみると，求める面積は，正三角形 OAB の面積と正三角形 OBC の面積の和になる。

★★★ 標準 054 図形の移動と面積(2)

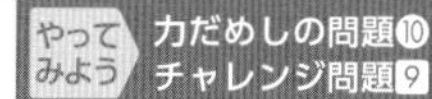

2枚(まい)の合同な台形の紙を重ね，台形EFGHを右のようにAE，ED，DHの長さが等しくなるようにずらしました。AD：BC＝2：3として，あ，い，うの面積の比(ひ)を簡単(かんたん)な整数の比で表しなさい。

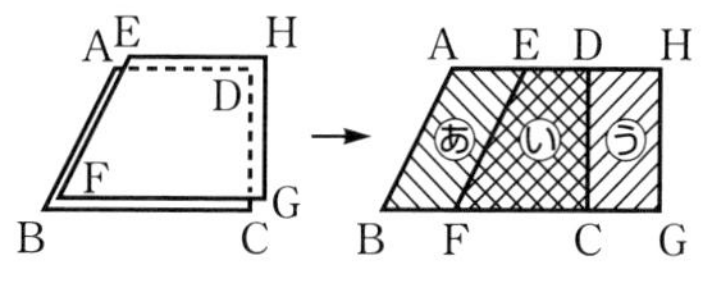

【愛知教育大附名古屋中】

台形あ，い，うの**高さは等しく，上底，下底の長さの比もわかっている。**
あ，い，うの上底をそれぞれ a，b，c，下底をそれぞれ a'，b'，c'，高さを h とすると，面積は

あ＝$(a+a')\times h\div 2$，い＝$(b+b')\times h\div 2$，う＝$(c+c')\times h\div 2$

となるので，面積の比は，次のようになる。

あ：い：う＝$(a+a')$：$(b+b')$：$(c+c')$

解き方 AD＝2とすると，AE＝ED＝DH＝1，BF＝1，FC＝2，CG＝1となる。
あ：い：う＝(1＋1)：(1＋2)：(1＋1)＝2：3：2 **答** 2：3：2

練習 118 右の図の四角形ABCDと四角形OPQRは，1辺の長さが10cmの正方形です。また，Oは正方形ABCDの対角線ACの真ん中の点です。2つの正方形の重なった部分(図の斜線部分)の面積は何 cm^2 ですか。

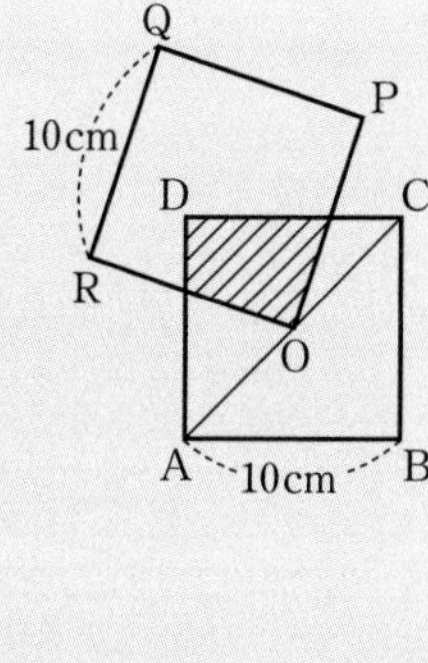

〔手が出ないとき〕右の図のように，OとDを結んで，三角形ODSを三角形OCTに移してみる。

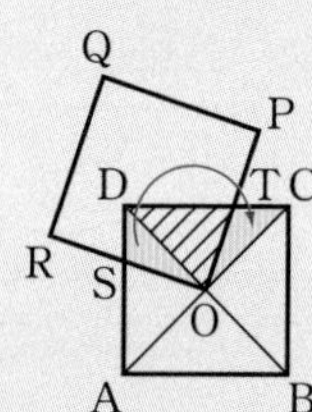

練習 119 図のように，長さ10cmの辺ABを1辺とする直角三角形ABCと，辺ABを直径とする半円とがあります。半円の周と辺ACとが交わる点をDとします。半円の内部で三角形の外部にある図形をあ，半円の外部で三角形の内部にある図形をいとします。あといの面積が等しいとき，BCの長さは何cmですか。

【久留米大附設中】

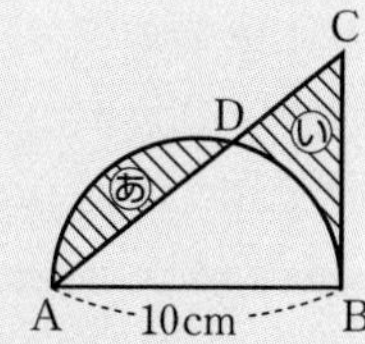

基本 055 頂点の移動と三角形の面積

やってみよう 力だめしの問題③ チャレンジ問題③

右の図の三角形 ABC の面積は 48 cm^2，BD は 8 cm，DC は 4 cm，AD は 10 cm です。今，点 P が A を出て D まで毎分 1 cm の速さで AD 上を動くとき，三角形 ABP について，次の問いに答えなさい。

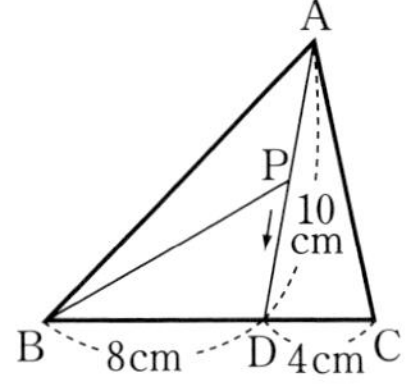

(1) P が A を出て 6 分後の三角形 ABP の面積は，何 cm^2 ですか。

(2) 三角形 ABP の面積が，三角形 ABC の面積の$\frac{1}{6}$になるのは，点 P が A を出てから何分何秒後ですか。 【広島城北中】

考え方 三角形 ABP は，**P が動いても底辺 AB は共通**で，(三角形 ABP の高さ)：(三角形の ABD の高さ)＝AP：AD と考えるか，**高さが共通で辺 AP の長さが変わる**と考える。どちらの場合でも，(三角形 ABP)：(三角形 ABD)＝AP：AD となる。

解き方 (1) 三角形 ABD の面積

$$=(\text{三角形 ABC の面積})\times\frac{8}{8+4}=48\times\frac{2}{3}=32\ (\text{cm}^2)$$

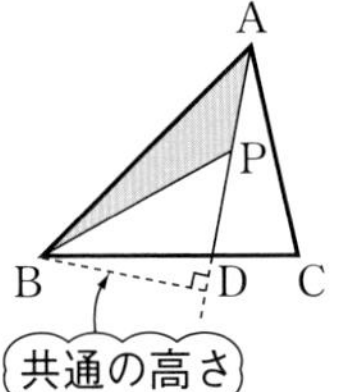

三角形 ABP の面積＝(三角形 ABD の面積)×$\frac{6}{10}$

$$=32\times\frac{6}{10}=19.2\ (\text{cm}^2)$$ 答 19.2 cm^2

(2) (三角形 ABC の面積)×$\frac{1}{6}$＝48×$\frac{1}{6}$＝8 (cm^2)

AP：AD＝(三角形 ABP の面積)：(三角形 ABD の面積)＝8：32＝1：4

よって　AP＝10×$\frac{1}{4}$＝2.5 (cm) 答 2 分 30 秒後

練習 120 右の図のように，直角三角形 ABC の辺に沿って直線㋐と㋑があります。P 点は㋐上を毎秒 2.5 cm の速さで，Q 点は㋑上を毎秒 3.4 cm の速さで，同時に B 点を出発し，矢印の方向に進みます。P，Q が出発してから，30 秒後の三角形 QBP の面積は何 cm^2 ですか。 【愛光中】

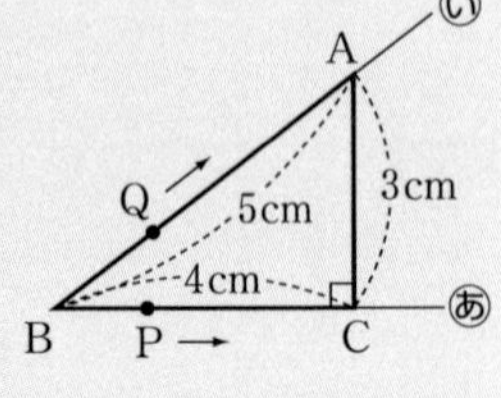

〔**手が出ないとき**〕AB：AC＝5：3 であることを利用して三角形 QBP の高さを求める。

★★★ 応用 056 図形の重なりと面積

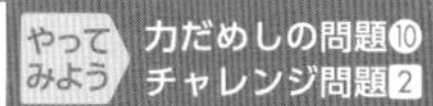

下の図は，いずれも同じ正方形と三角形からできています。㋑，㋺，㋥は線対称な図です。㋑，㋩，㋥は正方形と三角形の重なっている部分の面積が，正方形の半分です。

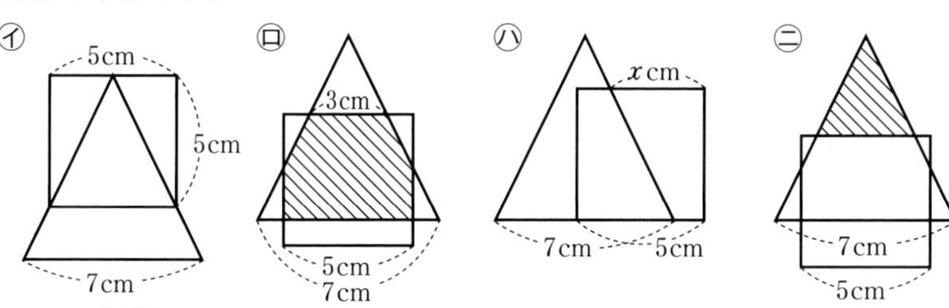

(1) 図㋺の斜線の部分の面積を求めなさい。

(2) 図㋩の x の値を求めなさい。

(3) 図㋥の斜線部分の面積を求めなさい。　【神戸女学院中学部】

考え方 ㋑から，**三角形の底辺と高さが等しい**ことを見抜く。これを使って，㋺，㋩，㋥で，太い線の長さから赤い線の長さを求める。

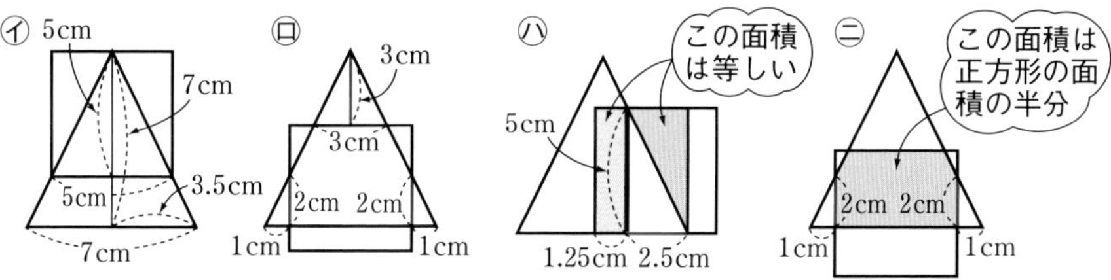

解き方

(1) $7\times7\div2-3\times3\div2-(1\times2\div2)\times2=18\ (\text{cm}^2)$　**答** $18\,\text{cm}^2$

(2) $5\div2=2.5$　　$2.5\div2=1.25$

$5-1.25=3.75$　**答** 3.75

(3) $7\times7\div2-(1\times2\div2)\times2-5\times5\div2=10\ (\text{cm}^2)$　**答** $10\,\text{cm}^2$

練習 121 ガラスの大きさが，縦70cm，横100cm，わくの幅が4cmの2枚のガラス戸のはいった窓があります。初め2枚の戸は**1図**のように閉まっています。この戸の一方だけを**2図**のように，毎秒8cmの速さで開けていきます。2枚のガラスの重なっていない部分（斜線の部分㋐，㋑）の面積の和と，重なった部分（㋒）の面積が等しくなるのは何秒後ですか。　【愛光中】

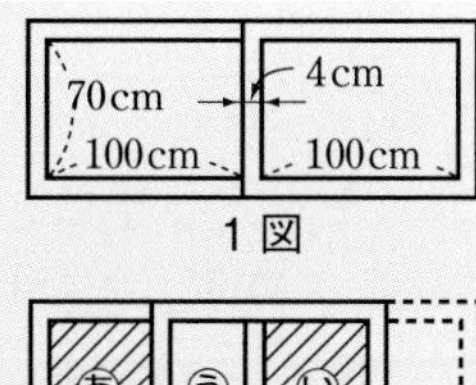

1図

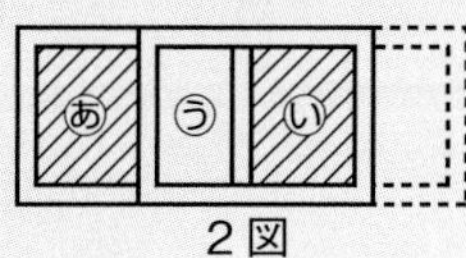

2図

★★★ 標準 057 円の通過した部分の面積

やってみよう 力だめしの問題⑫ チャレンジ問題4

右の図のような縦 10 cm，横 18 cm の長方形の辺に沿って，半径 1 cm の円が，①の所から②を通って③の所まで滑らずに転がっていくことにします。

次の問いに答えなさい。円周率を 3.14 とし，小数第 2 位を四捨五入し，小数第 1 位まで求めなさい。

(1) ①の所から③の所まで行くのに，円の通過する部分の面積を求めなさい。

(2) そのとき，円は何回転しますか。 【暁星中】

考え方 まず，**図をかいてみる。**

(1) 右の図で，赤く塗りつぶした部分(5 か所)と斜線部分を除いた部分の面積になる。

(2) **{(長方形の半周) − (円と接しない部分の長さ)} ÷ 円周** で回転数は求められる。

解き方 (1) $10 \times 18 - \left(1 \times 1 - 1 \times 1 \times 3.14 \times \dfrac{1}{4}\right) \times 5 - (10 - 2) \times (18 - 2)$

$= 50.925\ (\mathrm{cm}^2)$ 　　**答** $50.9\,\mathrm{cm}^2$

(2) $\{(10 - 2) + (18 - 2)\} \div (2 \times 3.14) = 3.821 \cdots$ 　　**答** 3.8 回転

練習 122 縦 10 cm，横 12 cm の長方形の辺の内側を半径 1 cm の円が転がっていきます。今，この円が 1 周して最初の所に戻ったとします。

次の(1)～(3)の問いに答えなさい。ただし，円周率を 3 とします。

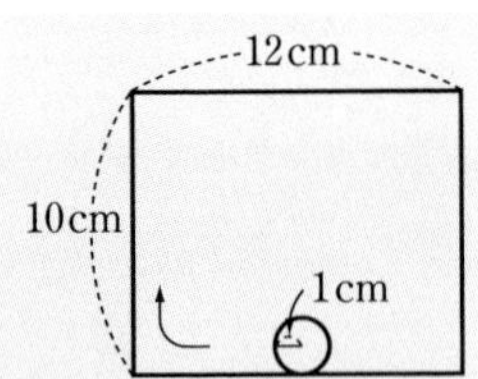

(1) 円が転がった長方形の辺の部分は，全部で何 cm ですか。

(2) 円の中心が動いた長さは何 cm ですか。

(3) 円の通らなかった部分の面積は何 cm^2 ですか。 【英数学館中】

練習 123 図のように，半径 5 cm，中心角が直角のおうぎ形 OAB を，おうぎ形 O′A′B′ の位置までずらしました。このとき，弧 AB が通過した部分の面積を求めなさい。ただし，OO′ は 3 cm で，弧 AB とは 2 点 A，B で区切られる円周の一部分のことです。 【麻布中】

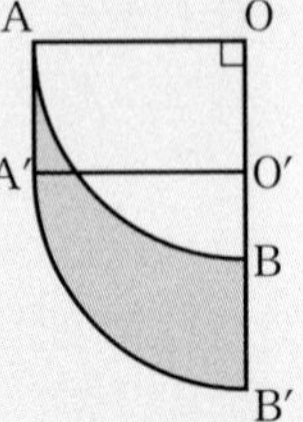

★★★ 基本 058 表面積・断面積

やってみよう 力だめしの問題⑭ チャレンジ問題①

半径がそれぞれ 5cm，10cm，15cm で，高さがどれも 2cm の円柱が，図のように円の中心をそろえて重ねてあります。

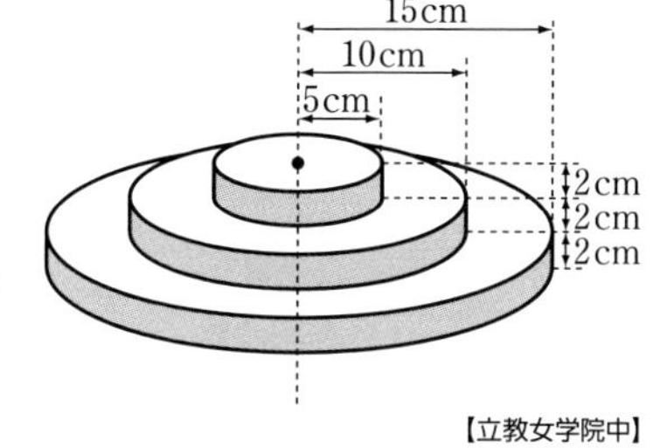

(1) この立体の表面積は何 cm^2 ですか。

(2) 円の中心を通って，円柱に垂直な平面でこの立体を切ったとき，切り口の面積は何 cm^2 になりますか。

【立教女学院中】

考え方 (1) 真上から見ると，右の図のようになる。この図から，次の式で求めればよいことがわかる。

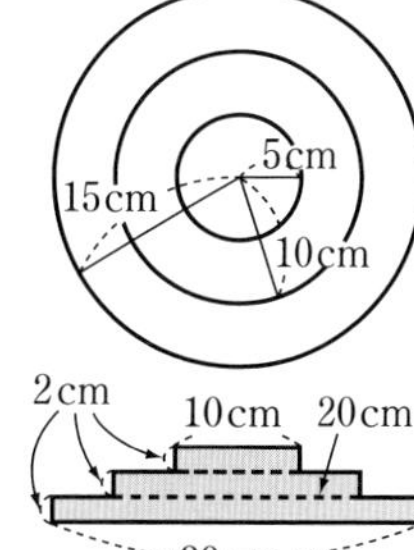

表面積

＝(底面の円の面積)×2＋(3 つの円柱の側面積)

円柱の側面積＝(底面の円周)×(高さ)

(2) 切り口の図をかいて求める。

解き方 (1) $15\times15\times3.14\times2$

$+(10+20+30)\times3.14\times2$

$=1789.8\ (cm^2)$

答 $1789.8cm^2$

(2) $(30+20+10)\times2=120\ (cm^2)$

答 $120cm^2$

練習 124 1 辺が 5cm の鉄でできた立方体を，図のように積み重ねました。この立体の表面積を求めなさい。

〔手が出ないとき〕この立体の真上からと真横から見た図をかいてみるとよくわかる。また，立方体を右の図のようにずらしても，表面積は同じであることに注意する。

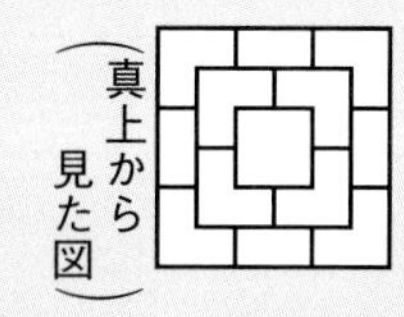

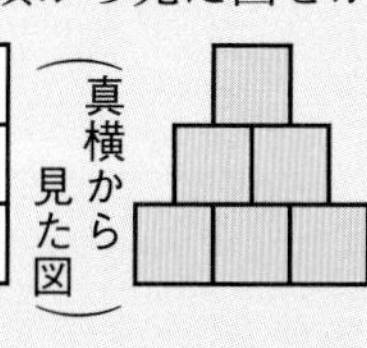

練習 125 1 辺 10cm の立方体を，図のように，すき間なく積み上げた立体について，表面積を求めなさい。

【プール学院中・改】

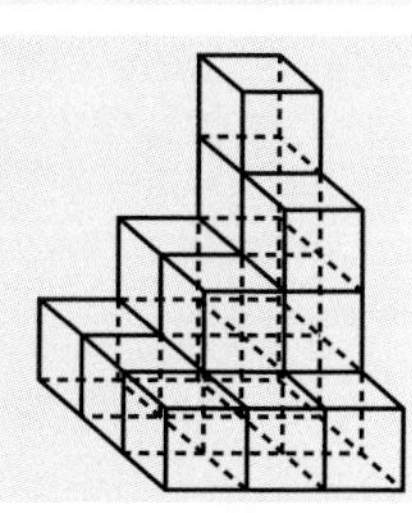

★★★応用 059 回転体の表面積

やってみよう 力だめしの問題⑰ チャレンジ問題⑨

AB＝6cm，BC＝10cm，CA＝8cmの直角三角形ABCがあります。これを右の図にあるように，底面と垂直(すいちょく)になる状態(じょうたい)を保(たも)って，Cを中心として1周させます。このとき，次の問いに答えなさい。ただし，円周率(りつ)は$\frac{22}{7}$として分数で答えなさい。

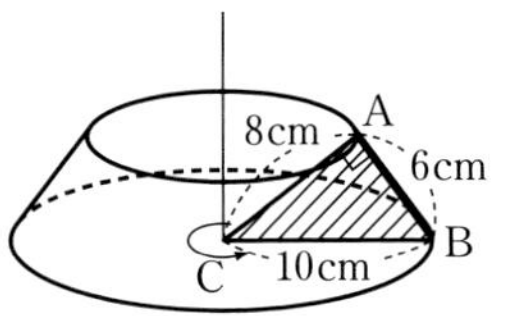

(1) 点Aが回転してできる上面の円の面積を求めなさい。

(2) ABが回転してできる帯状の部分の面積を求めなさい。 【甲陽学院中】

考え方 (1) 右の図のADが上面の円の半径になる。右の図の2つの三角形は**相似**(そうじ)なので，8：AD＝10：8から，$AD=8\times\frac{8}{10}=\frac{32}{5}$である。

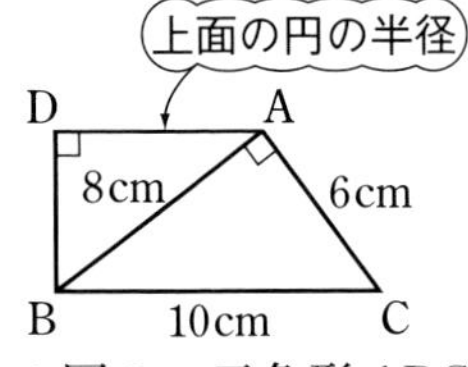

(2) **展開図**(てんかい)**をかいて考える**。

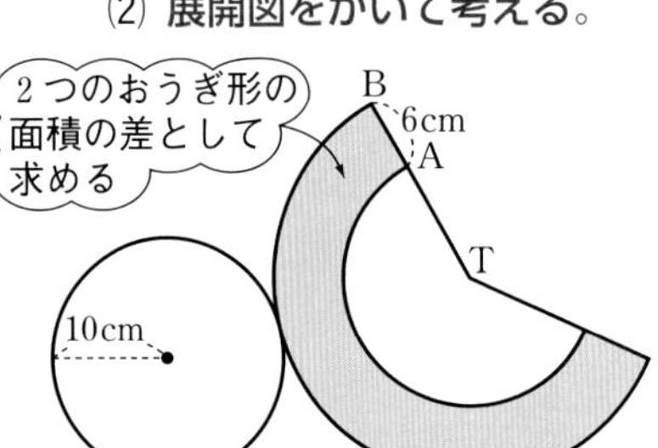

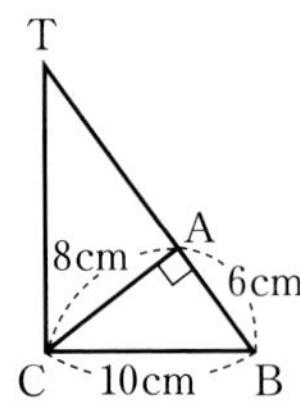

左の図の，三角形ABCと三角形CBTは相似なので

10：TB＝6：10

これから$TB=\frac{50}{3}$となる。

解き方 (1) $\frac{32}{5}\times\frac{32}{5}\times\frac{22}{7}=\frac{22528}{175}=128\frac{128}{175}(\text{cm}^2)$ 　**答** $128\frac{128}{175}\text{cm}^2$

(2) $\frac{50}{3}\times\frac{50}{3}\times\frac{22}{7}\times\frac{10}{\frac{50}{3}}-\left(\frac{50}{3}-6\right)\times\left(\frac{50}{3}-6\right)\times\frac{22}{7}\times\frac{10}{\frac{50}{3}}$

$=\frac{10824}{35}=309\frac{9}{35}(\text{cm}^2)$ 　**答** $309\frac{9}{35}\text{cm}^2$

練習 126 右の図の斜線(しゃせん)が引いてある図形(単位はcm)を，直線ABを軸(じく)として1回転させてできる立体の表面積は，何cm^2になりますか。 【北豊島中・改】

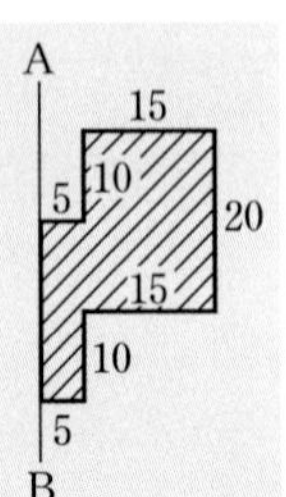

★★★ 応用 060 中をくり抜いた立体の表面積

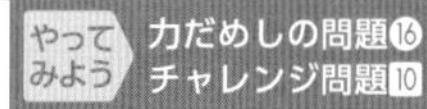

図1のように，1辺が7cmの立方体の面ABCDの上に，1辺が3cmの正方形EFGHをそれぞれの対角線が重なり合うようにかき，この立方体からEFGHを底面とする正四角柱を取り除いて穴をあけます。矢印のついた他の2方向からも，同じように，もとの立方体をつき抜けた穴をあけます。こうしてできた立体が**図2**です。この立体の表面積を求めなさい。

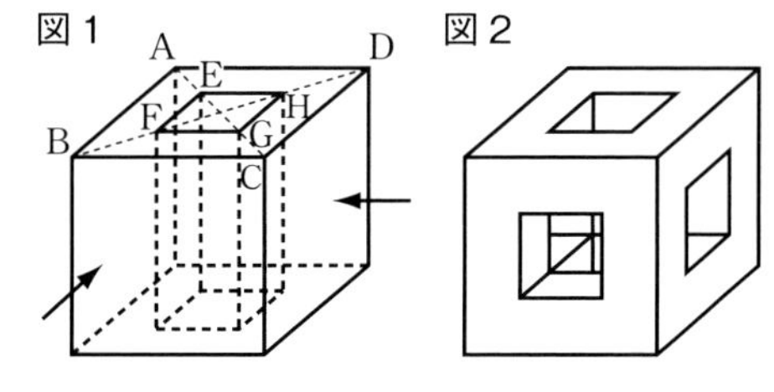

【麻布中・改】

考え方 このような立体の表面積では，下の図のように，**くり抜かれた立体の表面積**を考える方が簡単である。

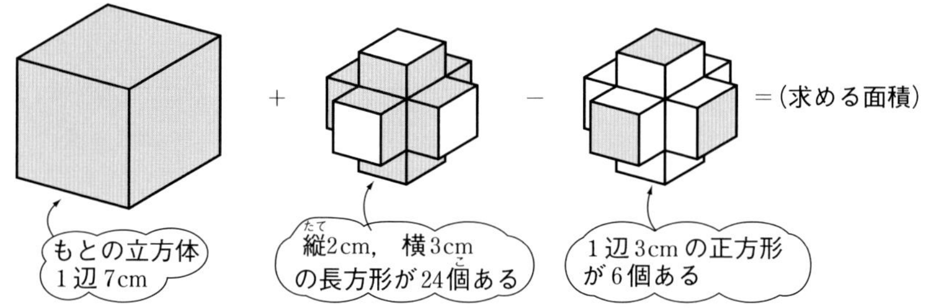

解き方 $7\times7\times6+2\times3\times24-3\times3\times6=384\ (\mathrm{cm}^2)$

答 $384\,\mathrm{cm}^2$

練習 127 1辺の長さが9cmの立方体があります。右の図は，立方体の向かい合った面から面まで，切り口が1辺の長さ3cmの正方形の穴をあけたものです。穴は各面の中央にあけてあります。この立体を頂点A，B，Cを通る平面で切ったとき，

(この立体の切り口の面積)：(三角形ABCの面積)

＝□：□です。

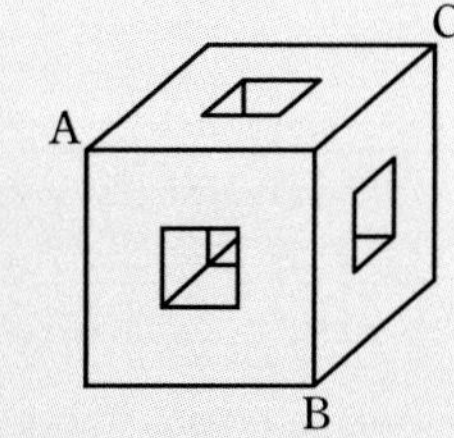

【灘中】

〔手が出ないとき〕

とにかく図をかいてみる。

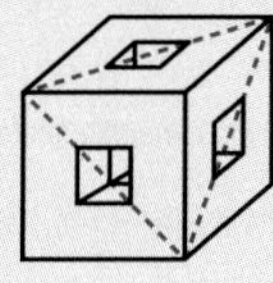

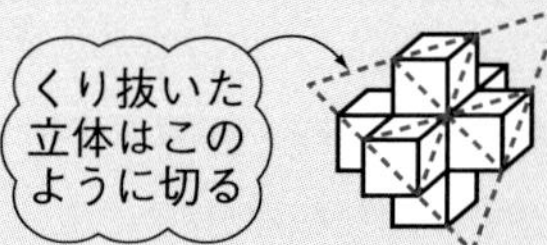

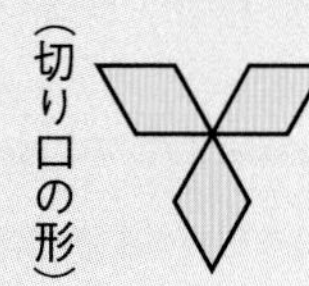

力だめしの問題 入試標準レベル

解答➡別冊 p.56

1 1辺の長さが36cmの正方形の紙があります。図の影(かげ)の部分を切り取り，点線を折り目として折り曲げます。

そして底面が正方形で側面がすべて二等辺三角形である四角すいをつくります。このとき，この四角すいの表面積は648cm²でした。この四角すいの底面となる正方形の面積は何cm²ですか。

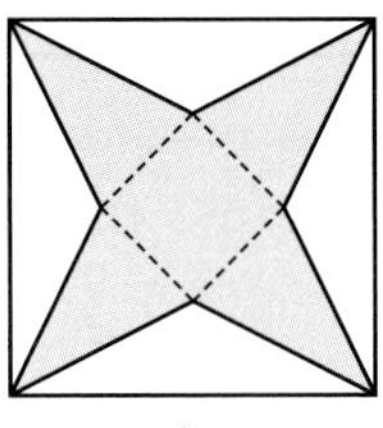

【南山中女子部・改】

2 右のような台形の2つの部分㋐と㋑の面積の比(ひ)を最も簡単(かんたん)な整数の比で表すと，□：□である。

【女子学院中】

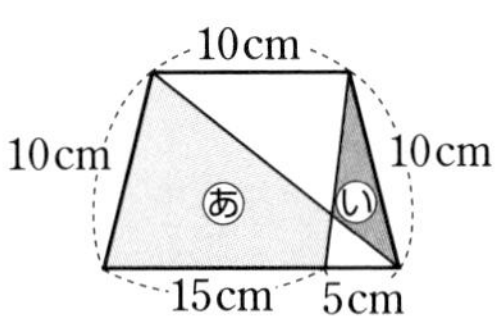

3 1辺が6cmの正方形の各辺を3等分した点を図1，図2のように結びました。

(1) **図1**で，斜線(しゃせん)部分の面積は□cm²です。

(2) **図2**で，斜線部分の面積は□cm²です。

図1

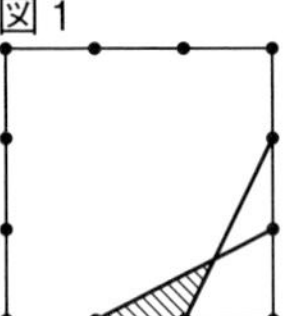

図2

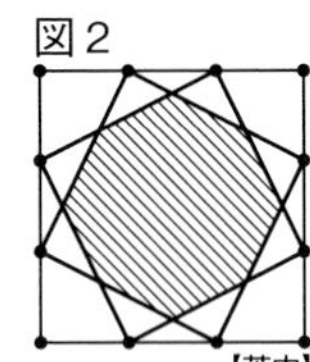

【芝中】

4 半径5cmの円が4つあり，図のように中心が隣(となり)の円の周上にある。影をつけた部分の面積を求めなさい。

ただし，正三角形の高さを1辺の長さの0.87倍，円周率(りつ)を3.14として計算し，答えは小数第3位を四捨五入(ししゃごにゅう)しなさい。

【女子学院中】

ヒント

1 影の部分以外の三角形について，36cmの長さの辺を底辺としたときの高さを考える。

▶基本 047

2 図のいちばん小さな三角形をもとに，㋐，㋑の面積を考える。

▶標準 049

3 (1) 補助(ほじょ)線を引き，面積が等しい三角形をつくる。

(2) 正方形の面積から図1の(斜線部分以外の)直角三角形4つと新たに三角形4つをひいたもの。

▶標準 048，基本 055

4 正三角形6つと2種類の大きさのおうぎ形それぞれ2つずつに分ける。

5 右の図のような1辺の長さが20cmの正方形があります。点Cを中心とする半径20cmの円と直線ABで囲(かこ)まれる図の斜線部分の面積は□cm^{2}です。ただし，円周率は3.14とします。

【大阪星光学院中】

ヒント

5 Bから下の辺に垂線(すいせん)BDを引くと三角形BCDは30°，60°，90°の直角三角形になる。

▶基本 053

6 (1) **図Ⅰ**の直角三角形ABCの面積は7cm^{2}です。このとき，辺ABの長さの2倍を1辺の長さとする正六角形の面積は□cm^{2}です。

(2) (1)の正六角形の辺上にDからGの4点を**図Ⅱ**のようにとります。D，E，F，Gは各辺をそれぞれ1：1，3：2，3：1，7：3の比に分ける点です。**図Ⅱ**の斜線部分の三角形DPEの面積を求めなさい。

(3) **図Ⅱ**の斜線部分の四角形GFQRの面積は□cm^{2}です。

【大阪星光学院中】

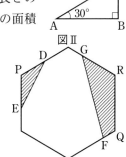

6 (1) 図Ⅰの三角形を6個(こ)合わせると正三角形ができる。
(2)(3) 正六角形の面積の何倍になるかを考える。

▶応用 050

7 右の図のように1辺の長さが10cmの正方形ABCDの頂点(ちょうてん)Bから発射(はっしゃ)した玉が，正方形の辺上の点P, Q, R, S, T，U，…で反射して，正方形の4つの頂点のいずれかにあたったときに止まるものとします。AR＝4cmのとき，

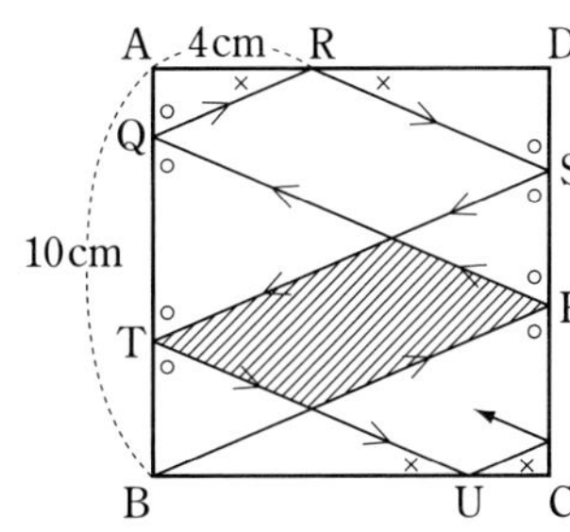

(1) BUの長さは□cmです。

(2) 斜線部分の面積は□cm^{2}です。

(3) 玉は頂点□で止まります。

【大阪星光学院中】

7 (1) 縦(たて)方向，横方向にどれだけ進むか考える。
(2) 斜線部分は平行四辺形になる。
(3) 縦方向，横方向とも(10の倍数)cm進んだとき。

8 右の図のような1辺の長さが6cmの立方体があります。この立方体を3点A，C，Iを通る平面で切るとき，切り口の図形の面積は□cm² です。ただし，FI：IG＝1：1です。

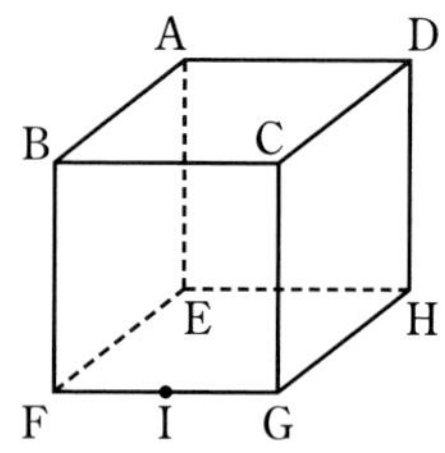

【大阪星光学院中】

ヒント

8 切り口は台形になる。

9 図のように，1つあたりの面積が16 cm² の正三角形が5つ並んでいます。両はしの正三角形の頂点を図のように結んだとき，影の部分の面積の合計は□cm² です。

【西大和学園中】

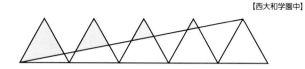

9 影の部分が，それぞれ正三角形の何倍になっているかを考える。

10 (1) 3辺の長さが3cm，4cm，5cmの2つの直角三角形を重ねた図です。斜線部分の面積を求めなさい。

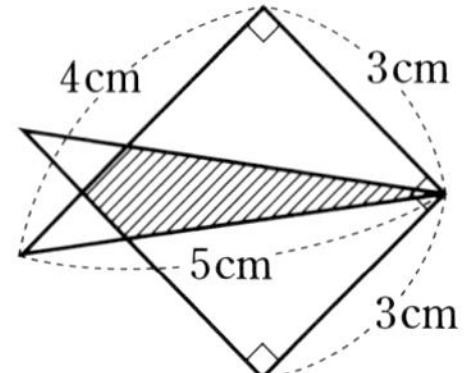

(2) 半径の等しい2つの半円を重ねた図です。（線分ABの長さは6cmです。）

(イ) ㋐の角の大きさを求めなさい。

(ロ) 斜線部分の面積を求めなさい。

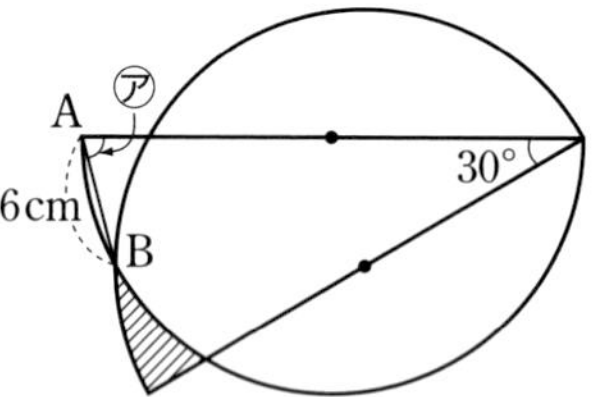

【神戸女学院中学部】

10 (1) 正方形の面積から三角形の面積を2つひく。
(2)(ロ) うまく移動すれば，二等辺三角形の面積で求められる。

▶標準 054，応用 056

11 図のように，1辺の長さが15cmの正方形の中に半径5cmの4つの円があります。図の影をつけた部分の面積の和は何cm² ですか。ただし，円周率は3.14とします。

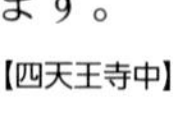
【四天王寺中】

11 うまく移動して，正方形や長方形とおうぎ形にする。

▶標準 051

12 半径 10 cm の大円と半径 3 cm の小円があり，小円の周上には 1 か所・印がついています。図のように，㋐の位置でその・印は大円の周上にあります。この位置から小円を大円に沿って滑らないように回転させ，次に・印が大円の周上にくるのが㋑の位置です。図の影の部分の面積を求めなさい。

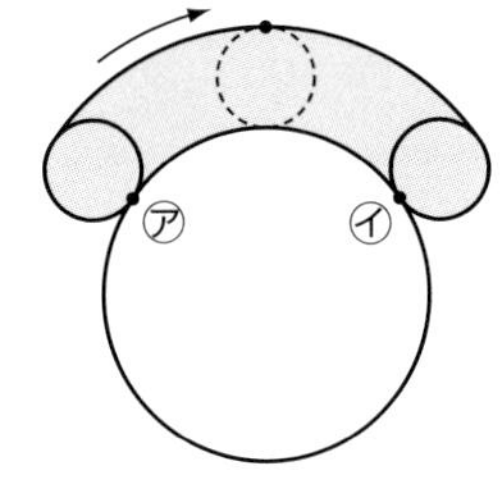

【六甲中学院】

13 右の図の四角形 ABCD において，AB，AD，AE の長さはすべて等しくなっています。このとき，四角形 ABED の面積は□ cm^2 です。【灘中】

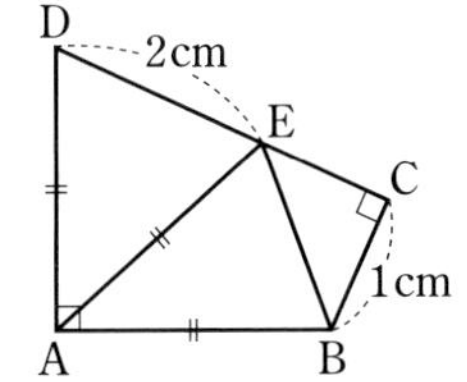

14 1 辺が 27 cm の立方体の辺 AB を 1：2 に分ける点を C とし，AC，CB を 1 辺とする立方体を**図 1** のようにつくります。次に，AC，CB を，1：2 に分ける点をそれぞれ D，E として，AD，DC，CE，EB を 1 辺とする立方体を**図 2** のようにつくります。さらに AD，DC，CE，EB を 1：2 に分ける点をそれぞれ F，G，H，I として，AF，FD，DG，GC，CH，HE，EI，IB を 1 辺とする立方体を同様にしてつくるとき，これら 8 個の立方体でできた立体を V とします。次の問いに答えなさい。

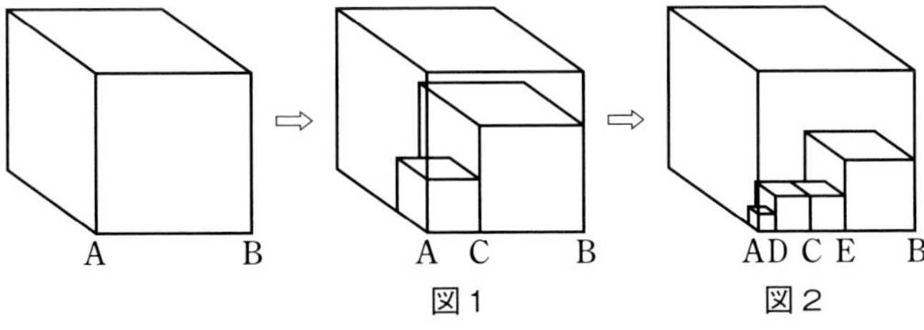

図 1　図 2

(1) 立体 V の表面積を求めなさい。

(2) 1 辺の長さが 27 cm の最初の立方体から立体 V を取り除いたとき，残った立体の表面積を求めなさい。

【東大寺学園中・改】

ヒント

12 大円の周上の・から・の長さは小円の周の長さになる。

▶標準 057

13 三角形 BCE は二等辺三角形になる。

14 (1) 8 つの立方体の表面積の和から，重なった部分の面積をひく。
(2) もとの立方体の表面積に V の表面積を加え，共通する部分の面積の 2 倍をひく。

▶基本 058

15 図のように1辺が2mの正方形の板を3枚(まい)つなげて，平らな床(ゆか)の上にまっすぐに立て，動かないように固定しました。

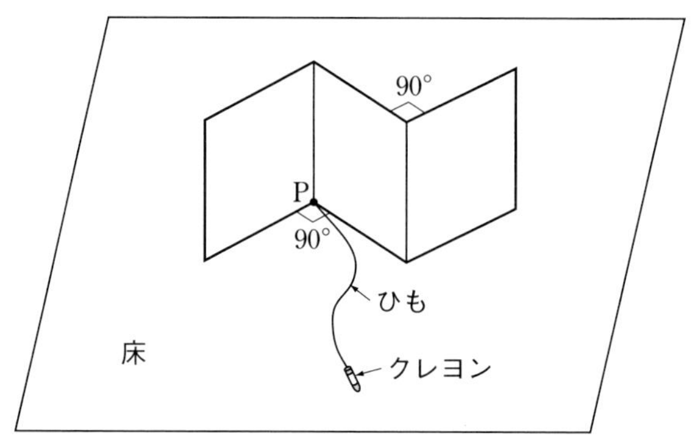

次に図のような長さ4mのひものはしを点Pにつなぎ，もう一方には「クレヨン」をつけ，図のようにひもを置き，自由に動かします。このとき，3枚の板は，ひもをどのように動かしても動かないものとします。ただし，「クレヨン」の太さ,「ひも」の太さや「板」の厚(あつ)みなどは考えないものとします。また,ひもは板の上と横から反対側に回ることができますが，床と板の間からは回ることができないものとします。円周率(りつ)を3.14として，次の問いに答えなさい。

ひもを自由に動かして，「クレヨン」を床の上に塗(ぬ)ることができる部分の図形を図形Aとします。

(1) 図形Aの面積は何m^2かを答えなさい。

(2) (1)で考えた図形Aの内部ではみ出すことがないように，半径1mの「円板」を床の上で自由に動かすことにします。このとき，「円板」が動き回ることができる部分の面積は何m^2かを答えなさい。

(3) 床に対してまっすぐに立てた3枚の板に，点Pと4mのひもでつながった「クレヨン」で塗ることができる部分の面積は何m^2かを答えなさい。

ただし，「ひも」のどの部分も板からはなれることがないようにして塗ります。 【西大和学園中】

ヒント

15 (1) 半径2mのおうぎ形と半径4mのおうぎ形を合わせた図形になる。

(2) (1)で考えた図形のどの部分が残るのか，ていねいに見ていく。

(3) 点Pの左にある板の裏側(うらがわ)は上，横の2つの方向から回りこめるので，すべて塗りつぶすことができる。

▶基本 052

16 図の立体 ABCD-EFGH は，1つの辺の長さが 16cm の立方体です。点 J は立方体の辺 AD の真ん中の点で，ABKJ-EFLM は直方体であり，点 N は直方体の辺 EM の真ん中の点です。

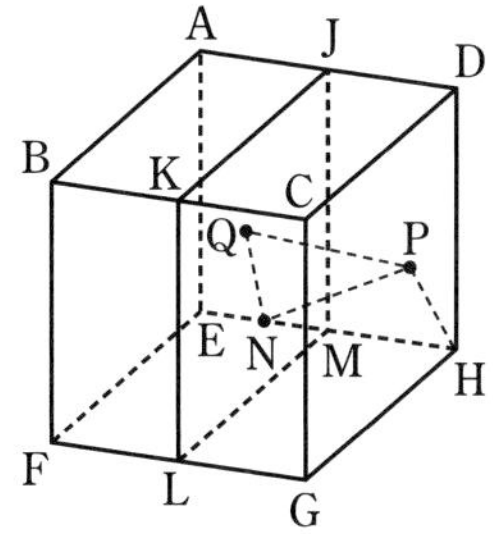

今，正方形 DCGH の周と内部を動く点 P と，直方体 ABKJ-EFLM の表面と内部を動く点 Q を考えます。

点 P は，HP の長さが 9cm であるように動き，このとき NP の長さは 15cm になります。また，点 Q は 3 つの点 P，N，H を通る平面の上にあって，四角形 PQNH の面積が 90cm^2 となるように動きます。

このとき，次の問いに答えなさい。ただし，円周率は 3.14 とします。

(1) 点 P が動くことのできる部分の長さを求めなさい。

(2) 点 P が DH の上にあり，点 Q が JM の上にあるとき，MQ の長さを求めなさい。

(3) 点 Q が動くことのできる部分の面積を求めなさい。

【大阪桐蔭中】

17 AB の長さが 12cm，AD の長さが 48cm の長方形の紙 ABCD を，頂点(ちょうてん) B と頂点 D が重なるように折り，もと通りに開きました。

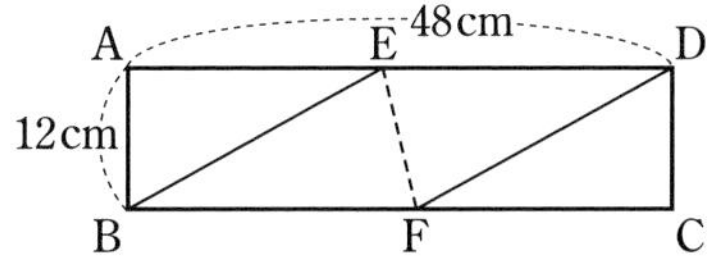

折り目の線を EF とするとき，四角形 BFDE の面積は，□ cm^2 となります。

【甲陽学院中】

ヒント

16 (1) 点 P は，点 H を中心とする半径 9cm，中心角 90° のおうぎ形の曲線部分を動く。
(2) 三角形 PQH の面積を求めれば，三角形 NHQ の面積がわかり，MQ の長さが求められる。
(3) 点 Q の動くことのできる部分は，円すいの一部分になる。

▶応用 060

17 四角形 BFDE はひし形になる。

▶応用 059

18 正方形の紙を**図１**から**図５**の順に折って，切ります。

BD，CD の真ん中の点をそれぞれ E，F とし，BC，EF に沿(そ)って切ります。このとき，三角形 DEF の部分を㋐，四角形 BCFE の部分を㋑とします。

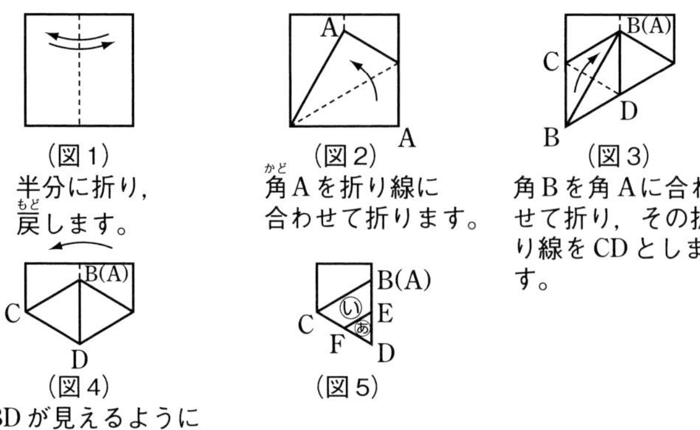

（図１）半分に折り，戻(もど)します。
（図２）角(かど)A を折り線に合わせて折ります。
（図３）角 B を角 A に合わせて折り，その折り線を CD とします。
（図４）BD が見えるように半分に折ります。
（図５）

⑴ ㋐，㋑を開いたときの図形を，それぞれ S，T とします。図形 S，T をもとの正方形の紙に実線――でかきなさい。また，すべての折り線を点線……でかきなさい。

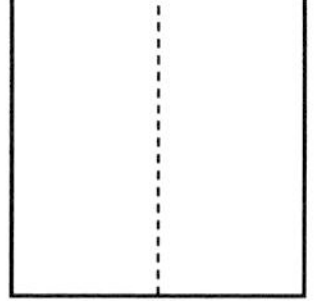

⑵ 図形 S の面積は，図形 T の面積の何倍ですか。

⑶ ㋑を，CF の真ん中の点 M と点 E を結ぶ線に沿って切ります。このとき，図形 T はいくつの部分に分かれますか。また，そのうちいちばん小さい部分の面積は，図形 T の面積の何倍ですか。 【駒場東邦中】

ヒント

18 １つ１つもとに戻して考える。

チャレンジ問題 入試発展レベル

解答➡別冊 p.62

★は最高レベル

1 右の図のように，正方形 ABCD の中に，BC を 1 辺とする正三角形 BCE があります。DE を E の方に延長した線上に AD＝AF となる点 F をとり，AE を E の方に延長した線上に AD＝DG となる点 G をとります。

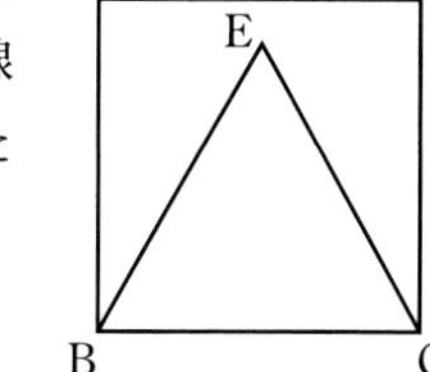

⑴ 図を完成させなさい。

⑵ 角 AFD は何度ですか。

さらに，点 C と点 F，点 B と点 G をそれぞれ結び，その交点を H とします。また，AB の長さを 5 cm とします。

⑶ 三角形 BEF の面積を求めなさい。

⑷ 四角形 EFHG の面積を求めなさい。

【駒場東邦中】

★ **2** 図の円は半径が 6 cm で，円周上に 12 個の点が等しい間隔で並んでいます。1 辺の長さが 6 cm の正三角形の高さは 5.2 cm，円周率は 3.14 とします。

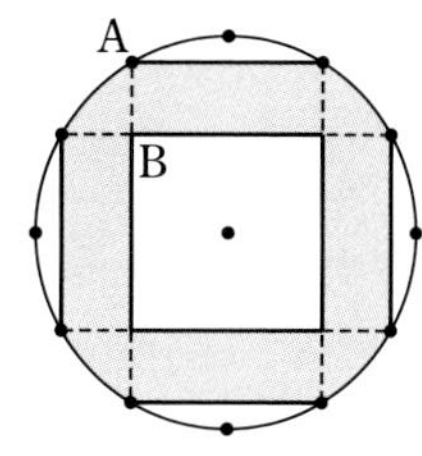

⑴ AB の長さを求めなさい。

⑵ 影の部分の面積を求めなさい。

【慶應普通部】

★ **3** 辺 AB の長さが 20 cm の長方形 ABCD があり，黒丸は各辺を 5 等分する点を表します。図のあ，い，うの部分の面積をそれぞれ 198 cm^2，142 cm^2，82 cm^2 とします。

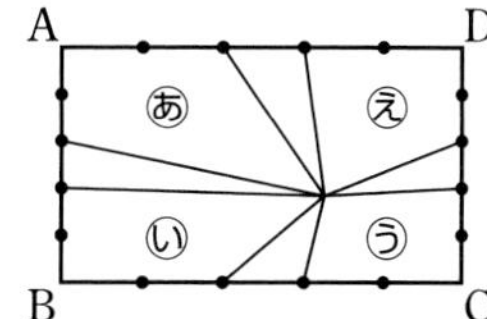

⑴ えの部分の面積を求めなさい。

⑵ 辺 AD の長さを求めなさい。

【甲陽学院中】

★**4** **図1**は，大小２つの正方形㋐と㋑があり，それぞれの対角線は直線ℓに重なっています。また，㋐と㋑の頂点(ちょうてん)は重なっています。

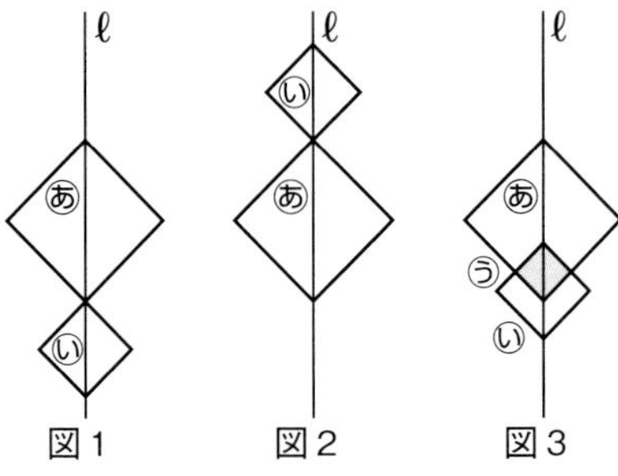

今，大きい正方形㋐は動かずに小さい正方形㋑だけを**図1**の位置から直線ℓに沿(そ)って，**図2**の位置まで一定の速さで動かします。**図2**では，㋐と㋑の頂点は重なっています。

小さい正方形㋑を動かすと，**図3**のように，２つの正方形が重なった部分に正方形㋒ができます。

小さい正方形㋑が動いた時間と重なってできる正方形㋒の対角線の長さが変わるようすをグラフに表しました。

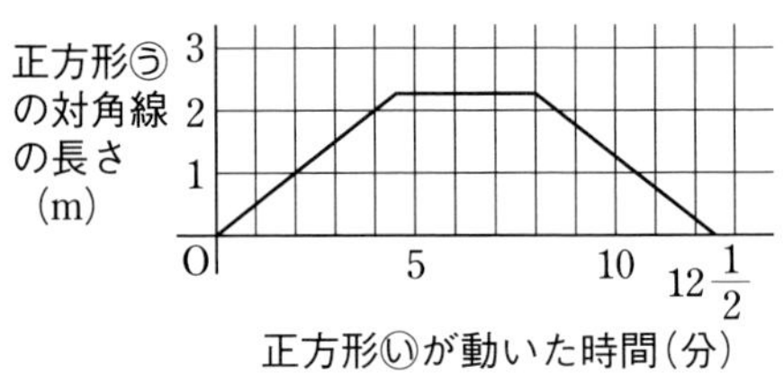

⑴ 小さい正方形㋑の速さは毎分何 m ですか。また，大きい正方形㋐と小さい正方形㋑の対角線の長さの比(ひ)を最も簡単(かんたん)な整数で表しなさい。

⑵ 小さい正方形㋑の面積を求めなさい。

⑶ 重なってできる正方形㋒の面積が$\frac{8}{9}$ m^2 となるのは，動き始めてから何分何秒後と何分何秒後ですか。 **【駒場東邦中】**

5 右の図のような平行四辺形 ABCD があり，点 E，F は辺 BC を３等分する点，点 G は辺 CD の真ん中の点である。斜線(しゃせん)部分の面積は平行四辺形 ABCD の面積の□倍である。

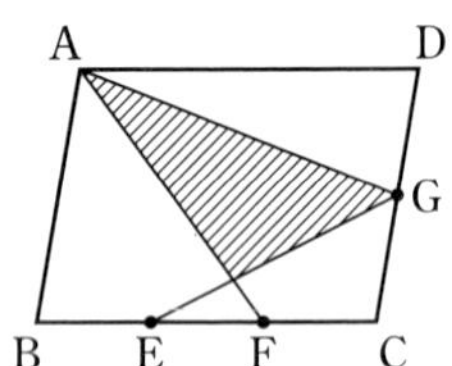

【灘中】

★ **6** 右の図の台形ABCDはAD：BC＝2：3で，ADとBCは平行です。今，辺AB上に点P，辺CD上に点Qをとると，三角形ADQ，三角形APQ，三角形CPQ，三角形BCPの面積は，それぞれ3 cm^2，5 cm^2，4 cm^2，3 cm^2となりました。ACとPQの交点をRとするとき，次の問いに答えなさい。

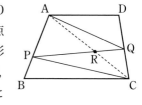

(1) 三角形APCの面積はいくらですか。

(2) 三角形APRの面積はいくらですか。

【ラ・サール中】

★ **7** 1辺の長さが1 cmの黒と白の正方形が図のように敷(し)きつめられています。このとき，太線で示(しめ)された(1)から(3)の各図形の中の，黒の部分の面積と白の部分の面積はどちらがどれだけ大きいですか。

(1) 三角形ABC

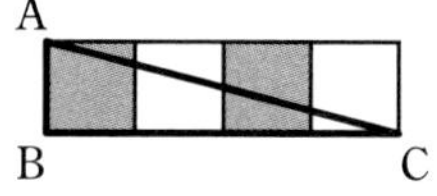

(2) 三角形DEF

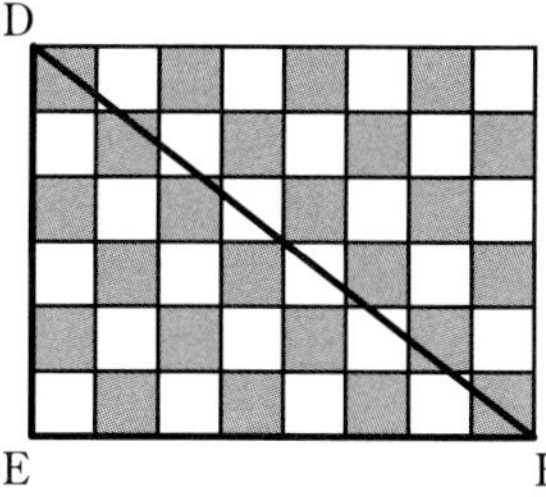

(3) 四角形GHIJ

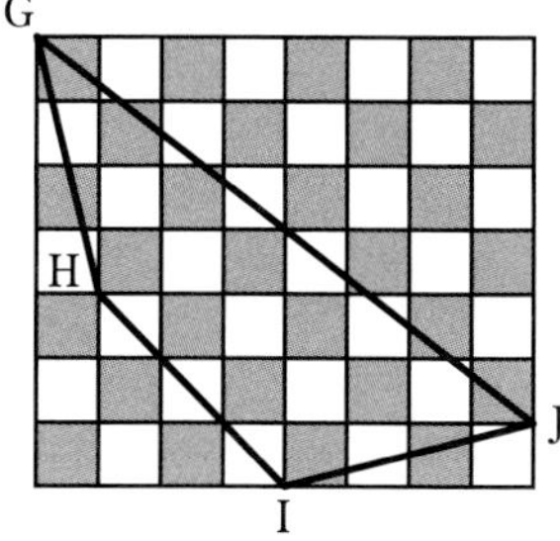

【麻布中】

★ **8** 右のように，先が45°に切れた赤い半透明のテープがあり，そのテープの中心に線がはいっています。また，右のように，長方形の透明な板を用意し，辺BC上にBP＝3cmとなる点Pをとります。

下の**図1**のように，テープの中心線のはしを点Pに重ね，板に表面から巻きつけていきます。テープの中心線は，各辺と45°に交わります。**図1**の例では，点Sまで巻きつけ，テープを辺に沿ってはさみで切りました。このとき，使ったテープの中心線の長さは，PQ＋QR＋RSになります。なお，**図1**の影の部分は，板の表面も裏面もテープで覆われて，濃い赤に見える部分です。

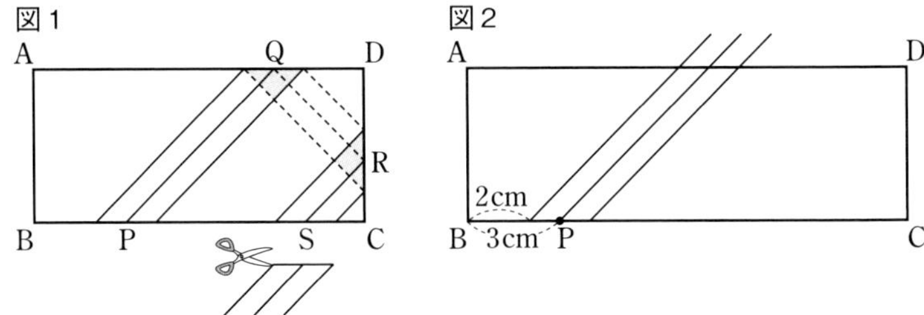

図2は，AB＝4cm，AD＝12cmの場合について，途中まで巻きつけた様子です。このあと，さらに巻きつけてテープの中心線が再び点Pに重なったら巻きつけるのをやめ，テープを辺に沿ってはさみで切ることにします。

図2の場合について，次の問いに答えなさい。必要があれば，直角を挟む2辺の長さが1cmの直角二等辺三角形の残りの辺の長さを1.414cmとして考えなさい。また，テープも板も，厚さは0cmとして考えることにします。

⑴ 右の図に，巻きつけたテープの中心線をかきこみなさい。ただし，裏面のテープの中心線は点線でかくこと。

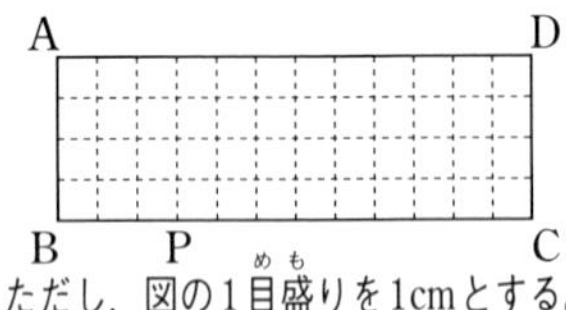

ただし，図の1目盛りを1cmとする。

⑵ 使ったテープの中心線の長さを求めなさい。

⑶ 板の表面のうち，テープで覆われた部分の面積を求めなさい。

⑷ 板の表面も裏面もテープで覆われて，濃い赤に見える部分の面積を求めなさい。

【開成中】

9 次の□にあてはまる数を答えなさい。

(1) 図のように同じ大きさの正方形が2枚(まい)重なっています。このとき，正方形の面積は□ cm^2 です。

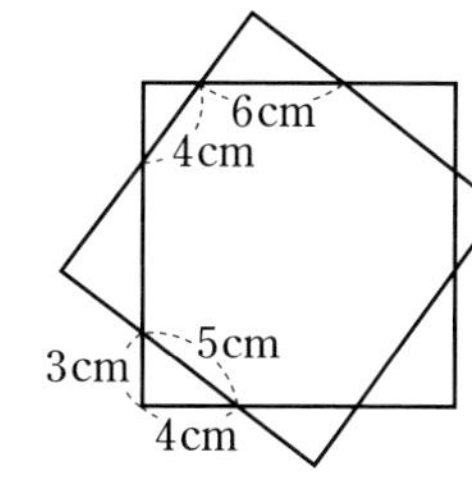

(2) 右の図で，三角形ABEと三角形CDFは正三角形で，四角形ABCDは正方形です。DEとAFとが交わる点をGとしたとき，三角形GBCは正三角形となります。AB＝3cmであるとき，四角形EHFGの面積は□ cm^2 です。

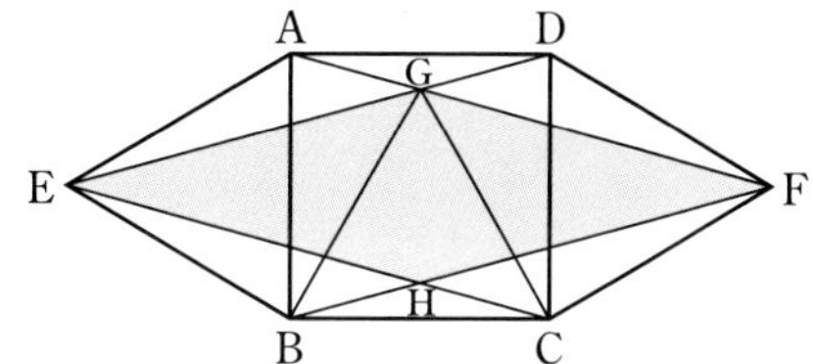

【西大和学園中】

★**10** 1辺1cmの立方体を重ねて図のような1辺5cmの立方体をつくりました。次の図の斜線(しゃせん)をつけた部分を反対の面までまっすぐくり抜(ぬ)きます。ただし，くり抜いても立体はくずれないものとします。

くり抜いたあとの立体の表面積を求めなさい。

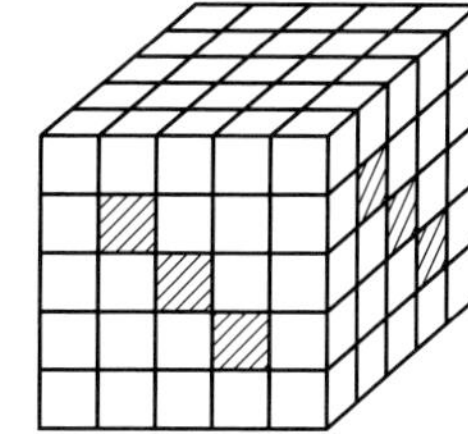

【神戸女学院中学部】

第3章 体積・容積

1 立体の体積

- 立方体の体積＝1辺×1辺×1辺
- **直方体の体積＝縦(たて)×横×高さ**
- 角柱の体積＝底面積×高さ
- 円柱の体積＝底面積×高さ　←底面積＝半径×半径×円周率(りつ)
- **角すいの体積＝底面積×高さ×$\frac{1}{3}$**
- **円すいの体積＝底面積×高さ×$\frac{1}{3}$**

注意 入れ物にはいる液体(えきたい)などの体積を**容積(ようせき)**という。入れ物の内側も立体なので，容積の求め方は立体の体積と同じ。

- **体積・容積の単位**

$1\,\mathrm{m}^3=1\,\mathrm{kL}$　$1\,\mathrm{kL}=1000\mathrm{L}$　$1\mathrm{L}=1000\,\mathrm{cm}^3$　$1\,\mathrm{cm}^3=1\,\mathrm{mL}$

$1\,\mathrm{cm}^3=1\,\mathrm{cc}$　$1\mathrm{dL}=\frac{1}{10}\mathrm{L}$（L，cc は容積のときに使うことが多い）

2 複雑(ふくざつ)な立体の体積

- **展開図(てんかいず)や回転体**が与(あた)えられたとき，展開図を組み立てたときにできる立体や回転体は，下の図のように見取図をかき，斜線(しゃせん)の部分を底面として求める。

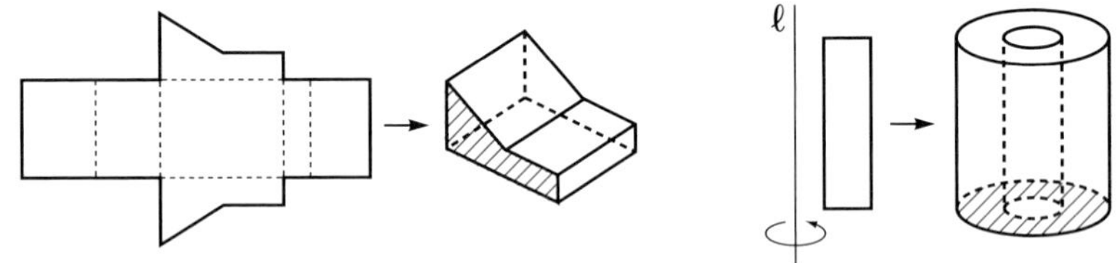

- **基本(きほん)図形に分割(ぶんかつ)**…右の図のような立体図形は，直方体と円柱の2つに分け，その体積の和を求める。

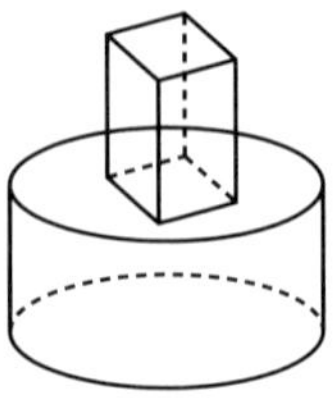

● **底面の位置を変える**…底面の位置を変えて，底面積×高さの公式が用いられるようにする。

右の立体図形では，A, B の面が斜線の面と合同になるので，斜線の面を底面とすると，

底面積(斜線の面積)×高さの公式が使える。

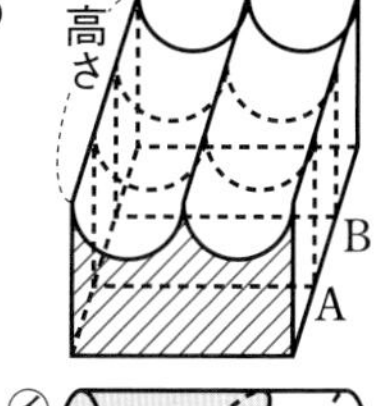

● **体積の求め方の工夫**…図㋐の立体の体積を求めるには，図㋑のように，２つを組み合わせると円柱になることを利用する。

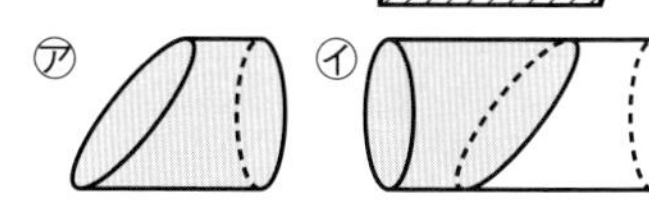

3 不規則な立体の体積

● **不規則な立体の体積**…石などのような不規則な物体の体積は，容器の中に水を入れ，石を沈めて求める。

(ア)水がいっぱいにはいっているとき

……石の体積は，**あふれ出た水の体積と等しい。**

(イ)水が途中まではいっているとき

……石の体積は，**水面の上がった部分の水の体積と等しい。**

● **水を移しかえる**…右の㋐の容器にいっぱいはいっている水を㋑の容器に移すときの高さは，底面積に反比例する。

例　右の㋑の水の高さは

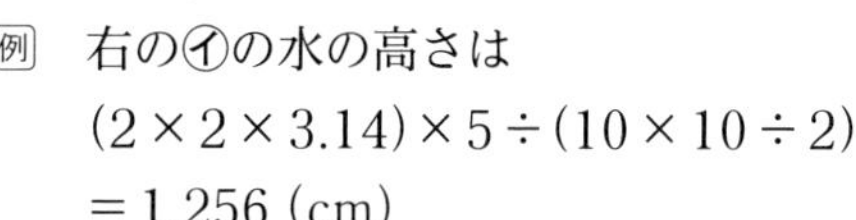

$(2\times2\times3.14)\times5\div(10\times10\div2)$

$=1.256$ (cm)

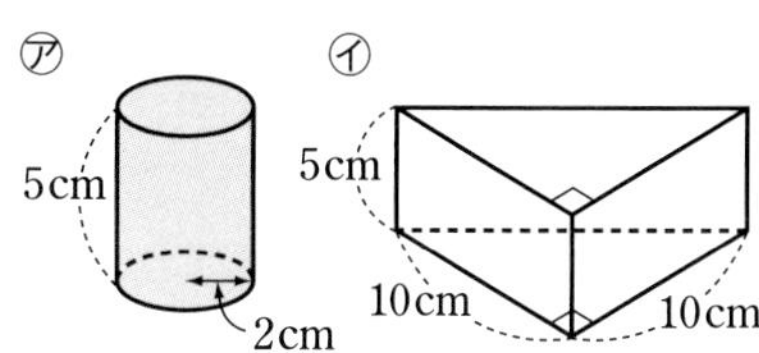

4 比(割合)を用いた体積(円柱や角柱など)

● **高さが等しいとき**…**高さが等しい立体の体積の比は底面積の比に等しい。**

例　高さの等しい円柱で，底面積の比が 1：4 であれば，体積の比も 1：4

● **底面積が等しいとき**…**底面積が等しい立体の体積の比は高さの比に等しい。**

例　底面積の等しい角柱で，高さの比が 2：3 であれば，

体積の比も 2：3

● **体積が等しいとき**…**体積が等しい立体の底面積と高さは反比例する。**

例　体積の等しい角柱で，底面積の比が 4：3 であれば，

高さの比は 3：4

● **体積の比**…相似比が $a：b$ である相似な立体の体積の比は

$(a\times a\times a)：(b\times b\times b)$

★★☆ 標準 061 体積と容積

やってみよう 力だめしの問題5 チャレンジ問題2

粘土で，右の図のような円筒の湯飲みをつくりました。内のりの半径は4cm，深さは12cm，厚さはどこも1cmです。同じ量の粘土を使って，内のりの半径が8cmで厚さがどこも1cmの円筒形の灰皿をつくると，灰皿の容積は湯のみの容積の［　　］倍になります。ただし，粘土の体積は時間が経っても変わらないものとします。

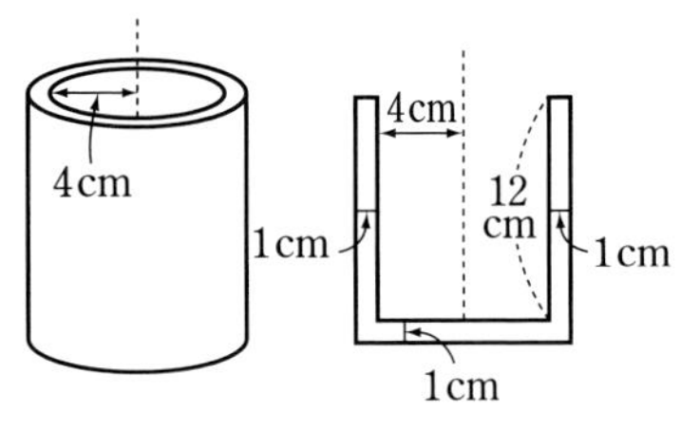

【大阪星光学院中】

考え方 同じ量の粘土を使うので，**湯飲み自身の体積と灰皿自身の体積は等しくなる**。湯飲みの体積はわかるので，灰皿の深さもわかる。

解き方 湯飲み自身の体積は

$$5\times5\times3.14\times13-4\times4\times3.14\times12$$
$$=(5\times5\times13-4\times4\times12)\times3.14=133\times3.14\ (\text{cm}^3)$$
←最後まで計算しなくてよい

灰皿の深さを $x$cm とすると，灰皿自身の体積は，半径9cm，高さ $(x+1)$ cm の円柱から，半径8cm，高さ $x$cm の円柱を除いた部分の体積になるので

$$9\times9\times3.14\times(x+1)-8\times8\times3.14\times x$$
$$=\{9\times9\times(x+1)-8\times8\times x\}\times3.14=(81+17\times x)\times3.14\ (\text{cm}^3)$$

これと湯飲み自身の体積が等しいので　$81+17\times x=133$

$17\times x=133-81$　　　$x=(133-81)\div17=\dfrac{52}{17}$

これから　$8\times8\times3.14\times\dfrac{52}{17}\div(4\times4\times3.14\times12)=\dfrac{52}{51}$

答 $\dfrac{52}{51}$

入試ポイント
- 体積から高さなどを求めるときは，その高さを文字 x などとして求めるとよい。**式が複雑になるときは，文字 x をうまく使うこと。**

練習 128 右のような直方体と円柱の形をした入れ物があります。どの部分も厚さが1cmで，蓋はありません。

それぞれの入れ物の容積を求めなさい。また，それぞれの入れ物自身の体積を求めなさい。

㋐
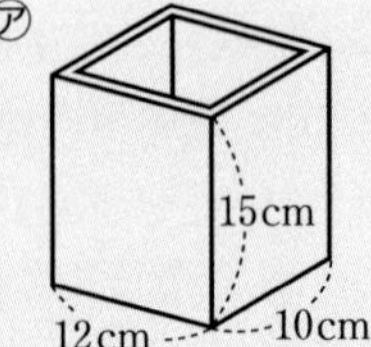

㋑
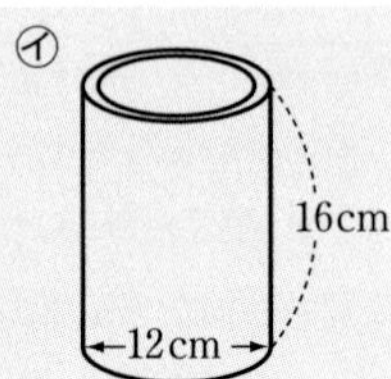

★★★ 応用 062 基本の立体の体積の差

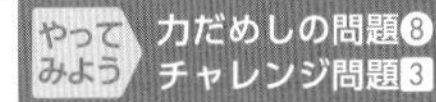

直方体から円柱の半分をくり抜いた形の立体があります。この容器に水を入れたところ，**図1**のようになりました。容器の水がこぼれないように蓋をして，面ABCDが水平になるように置いたら，**図2**のようになりました。曲線PQの長さは，半円の半分の長さになっています。

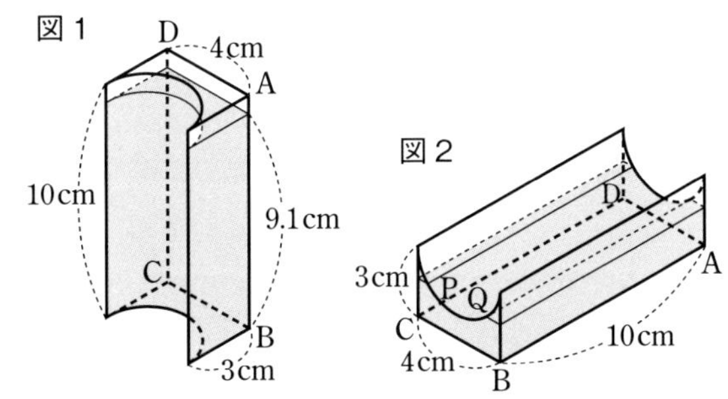

(1) **図1**で容積を求めなさい。

(2) **図2**において，水の深さはいくらですか。

ただし，円周率は3.14とし，答えは四捨五入で小数第1位まで求めなさい。

考え方 (1) 直方体の体積から半円柱の体積をひく。

(2) 底面が右の図のような図形で，**高さがABの立体とみる**。曲線PQを線分PQとまちがえないこと。

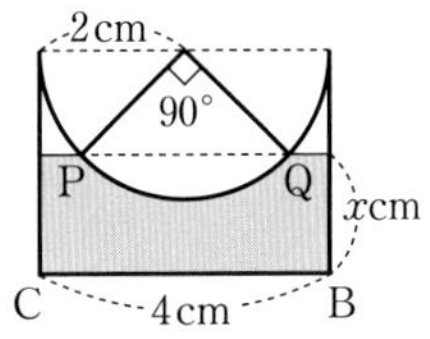

解き方 (1) $\left(3 \times 4 - 2 \times 2 \times 3.14 \times \frac{1}{2}\right) \times 10 = 57.2\ (\text{cm}^3)$　　答 57.2cm^3

(2) 水の体積は$\left(3 \times 4 - 2 \times 2 \times 3.14 \times \frac{1}{2}\right) \times 9.1 = 52.052\ (\text{cm}^3)$

図2の水の深さをx cmとすると，水の体積は同じであることから

$\left\{x \times 4 - \left(2 \times 2 \times 3.14 \times \frac{1}{4} - 2 \times 2 \div 2\right)\right\} \times 10 = 52.052\ (\text{cm}^3)$

$(x \times 4 - 1.14) \times 10 = 52.052$　　$x \times 4 = 52.052 \div 10 + 1.14$

$x \times 4 = 6.3452$　　$x = 1.5863$　　答 1.6cm

練習 129 右のような立体の体積を求めなさい。

(1)は，直方体から円柱の半分を2つくり抜いた立体です。

(2)は，三角柱から円柱をくり抜いた立体です。

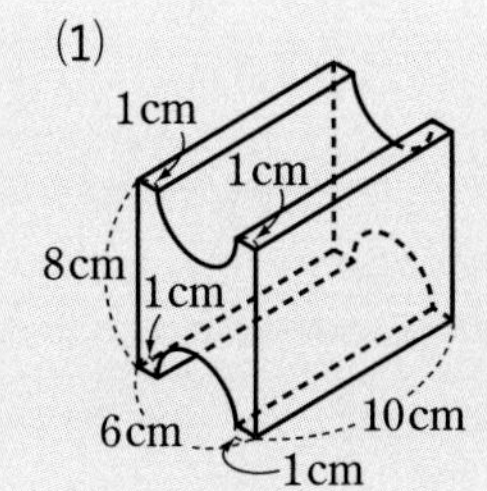

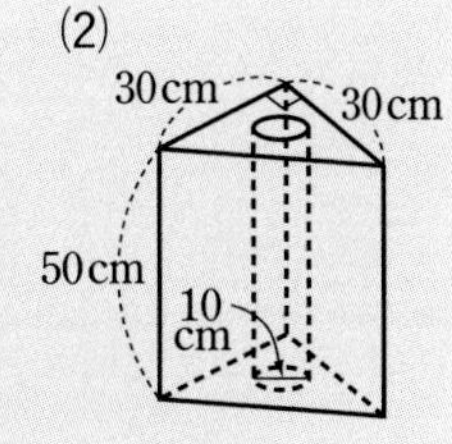

★★★応用 063 高さが同じ立体の体積

やってみよう　力だめしの問題④　チャレンジ問題⑦

右の図のように(イ)，(ロ)の2つの部分に仕切られた容器があります。この容器を正面から見ると**1図**のようになります。

(1) (イ)の部分に一定の割合で水を注いだら，いっぱいになるのに16秒かかりました。同じ割合で(ロ)の部分に水を注いだら，いっぱいになるのに何秒かかりますか。

(2) (イ)，(ロ)の両方に水をいっぱい入れて，この容器を**2図**のように倒したとき，こぼれ出た水の量は何 cm^3 ですか。

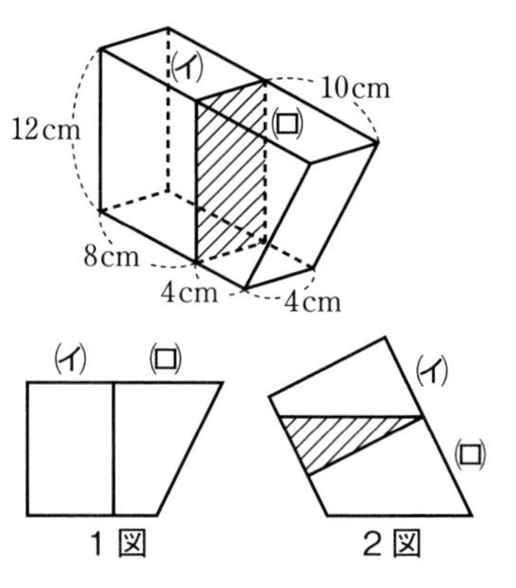

考え方　柱状の立体の体積は，底面がどんな形をしていても**体積＝底面積×高さ**で求められる。この容器は正面から見ると奥行き4cmが共通だから，体積の比を考えるときは，正面から見た図の面積を考えればよい。

解き方　(1) (イ)，(ロ)の体積の比は，**1図**の面積の比になるので

$(12\times8):\{(4+10)\times12\div2\}=8:7$

(ロ)にかかる時間は　$16\times\dfrac{7}{8}=14$　　　**答** 14秒

(2) 正面から見た図の長さは，右のようになる。

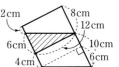

こぼれた水の量は

$\{(12+18)\times12\div2-6\times12\div2\}\times4=576\ (cm^3)$

└ 右の図の斜線部分以外の面積

答 $576\,cm^3$

練習 130　ある学校のプールは，右の図のように長さ25m，はば10mで，深さは両はしが1.8mと1.2mになっています。

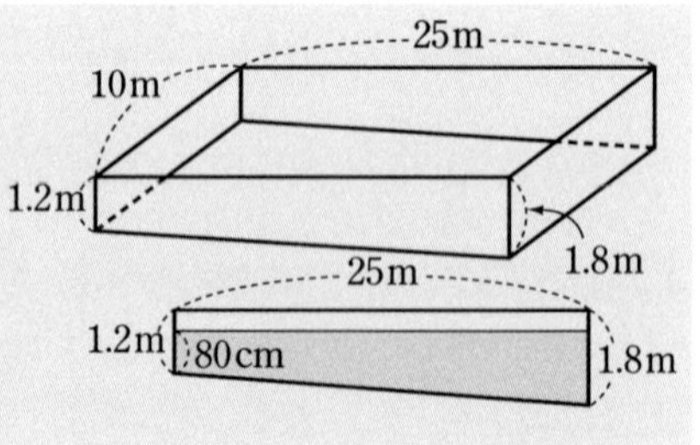

(1) 今，いちばん浅い所で深さ80cmまで水がはいっています。はいっている水の重さは何tですか。

(2) 1時間に12.5 tの割合で注水できるポンプで，空のプールに水を入れるとき，水を入れ始めてから8時間後の水の深さは，いちばん深い所で何cmですか。

【同志社香里中】

★★★ 応用 064 底面積と水の深さ(1)

やってみよう 力だめしの問題⑭ チャレンジ問題②

図1のように，水のはいっている直方体の容器があります。この容器に，縦(たて)，横，高さが 20cm，30cm，40cm の直方体のおもりを入れます。**図2**のようにおもりを入れると，水の高さが 16cm になり，**図3**のようにおもりを入れると，水の高さが 20cm になります。

図1　図2（20cm，40cm，16cm）　図3（20cm，30cm，20cm）　図4（30cm，20cm）

(1) この容器の底面積は何 cm^2 ですか。

(2) おもりを入れる前(**図1**)の水の高さは何 cm ですか。

(3) **図4**のようにおもりを入れると，水の高さは何 cm になりますか。

【洛南高附中】

水の体積は変わらないことに目をつける。

(容器の底面積－おもりの底面積)×水の高さ＝水の体積

(1) **図2**と**図3**の水中のおもりの体積の差が，水面を 4cm 上げているので，底面積は　$(40 \times 20 \times 20 - 30 \times 20 \times 16) \div 4 = 1600$ (cm^2)

答 1600 cm^2

(2) 水の体積は**図2**から　$(1600 - 30 \times 20) \times 16 = 16000$ (cm^3)

これから高さは　$16000 \div 1600 = 10$ (cm)　答 10cm

(3) **図4**で，高さ 20cm 以下の部分の水の体積は

$(1600 - 30 \times 40) \times 20 = 8000$ (cm^3)

$16000 - 8000 = 8000$ (cm^3)の水がおもりの上にくるので，その高さは

$8000 \div 1600 = 5$ (cm)

これから水の高さは　$20 + 5 = 25$ (cm)　答 25cm

練習 131 正六角柱の容器があります。この容器に，右の図のように水を通さない 3 つの仕切り板を入れ，A，B，C，D の 4 つの容器に分けます。

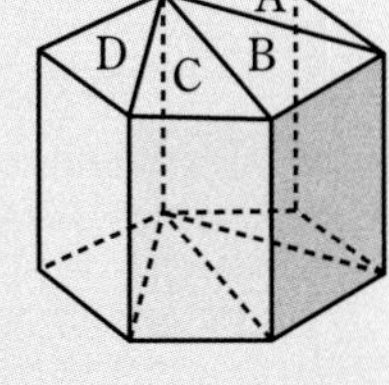

A の容器には 16cm の高さまで水を入れ，B の容器には A の$\frac{1}{2}$の高さまで水を入れ，C の容器には B の$\frac{1}{2}$の高さまで水を入れ，D の容器には，C の$\frac{1}{2}$の高さまで水を入れました。

(1) A の容器の底面積と，B の容器の底面積の比を求めなさい。

(2) 3 つの仕切り板を全部取り除(のぞ)くと，容器の水の高さは何 cm になりますか。

★★★ 標準 065 底面積と水の深さ(2)

やってみよう 力だめしの問題⑬ チャレンジ問題3

底面が1辺8cmの正方形の直方体の水槽(すいそう)に，深さ6cmまで水がはいっています。この水槽の中に，右の図のような底面が1辺4cmの正方形の角柱を垂直(すいちょく)に立てると，水の深さは何cmになりますか。

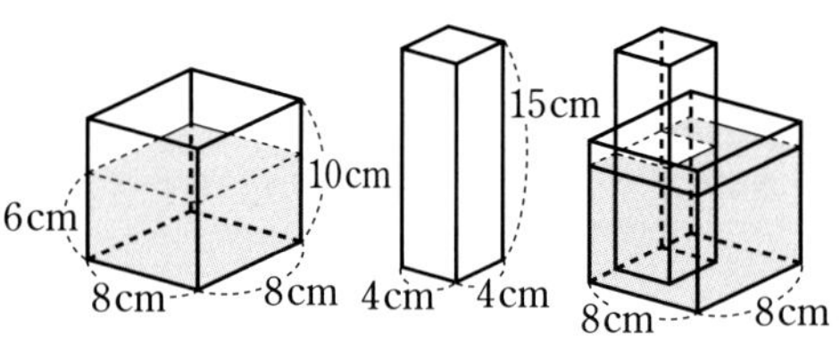

考え方 右の図㋐の色の部分の水が，水槽の中に角柱を立てることによって，図㋑の色の部分に移(うつ)ると考える。

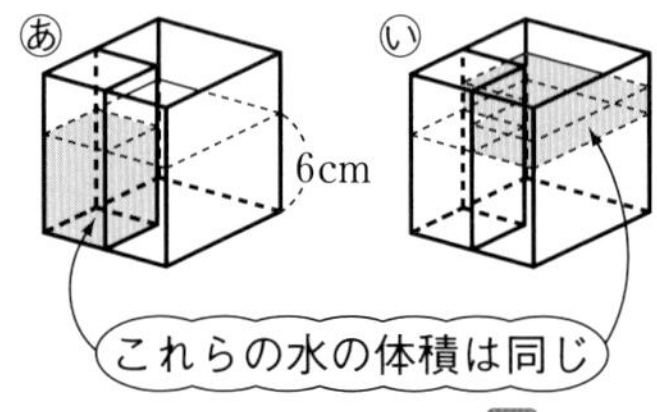

解き方 $4 \times 4 \times 6 = 96$ (cm^3)

$96 \div (8 \times 8 - 4 \times 4) = 2$ (cm)

$6 + 2 = 8$ (cm)

答 8cm

〔別解〕角柱を立てると底面積は $1 - \frac{1}{2} \times \frac{1}{2} = \frac{3}{4}$(倍)となる。水の体積は同じだから，水の深さは$\frac{4}{3}$倍になる。 $6 \times \frac{4}{3} = 8$ (cm)

練習 132 図のような円柱形の容器(ようき)があります。この容器の底面に垂直に，仕切りをします。ただし，仕切りの厚(あつ)さは考えません。仕切りで分けられた2つの部分に，同じ量の水を入れたところ，水面の高さがそれぞれ4cmと6cmになりました。容器から仕切りを取ると，水面の高さは何cmになりますか。

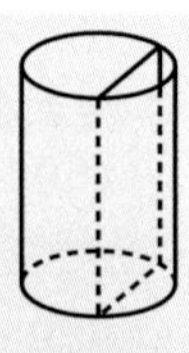

【麻布中】

練習 133 内のりが右の図のような容器AとBがあります。どちらにも同じ量だけの水がはいっています。

(1) Aの容器には何cm^{3}の水がはいっていますか。

(2) Aの容器に水がこぼれないように蓋(ふた)をして，㋐の斜線(しゃせん)を引いた面を底面にするように横に倒(たお)しました。

このときの水面の高さは何cmですか。

(3) Bの容器に，図のように石を沈(しず)めたら，水面の高さが13cmになりました。

石の体積は何cm^{3}ですか。

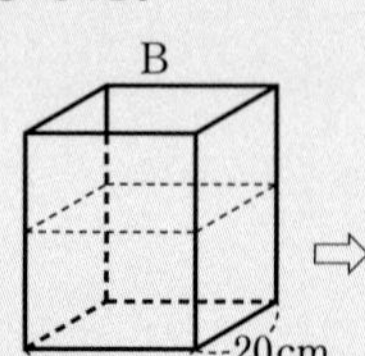

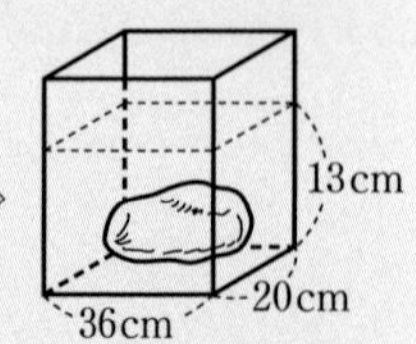

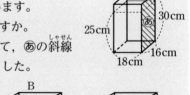

★★★ 標準 066 立体の切断と体積

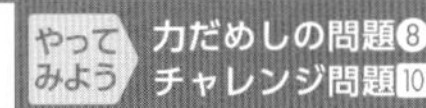

底面の半径が 4 cm，高さが 20 cm の円柱を図のように切断して，大，小 2 つの立体に分けました。円周率を 3.14 として，次の問いに答えなさい。

(1) 大きい立体の体積を求めなさい。

(2) 大，小 2 つの立体の表面積の差を求めなさい。

【帝京大中】

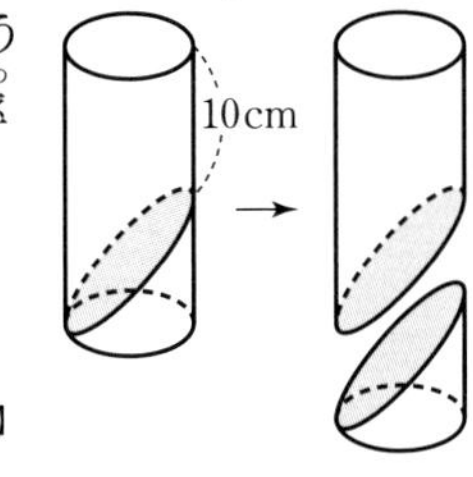

考え方 下の図のように，円柱を高さが 10 cm の所で 2 つに分けて考えると，体積も側面積（曲面の部分だけ）も，大きい方が小さい方の 3 倍になることがわかる。

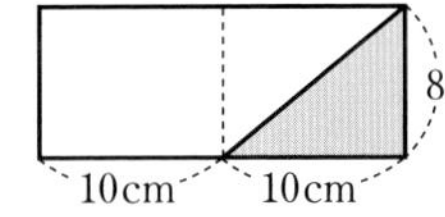

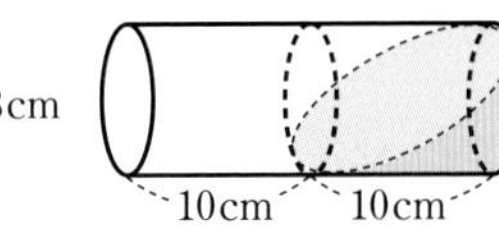

解き方 (1) $4 \times 4 \times 3.14 \times 20 \times \dfrac{3}{4} = 753.6\ (\text{cm}^3)$　　**答** $753.6\,\text{cm}^3$

(2) 切断面，両底面と，小さい立体 1 つ分は打ち消し合うので

$4 \times 2 \times 3.14 \times 10 = 251.2\ (\text{cm}^3)$　　**答** $251.2\,\text{cm}^2$

練習 134 底面が縦 2.5 cm，横 7.5 cm の長方形で，深さが 12.5 cm の直方体の容器に水がはいっています。今，この水を，底面が直径 5 cm の円で，高さが 10 cm の円柱の容器に全部入れました。そして，この円柱の容器を傾けて水面が容器のいちばん上にきたとき，底面と水平面との角度をはかると 45° でした。（図は，このときの円柱を横から見たものです。）

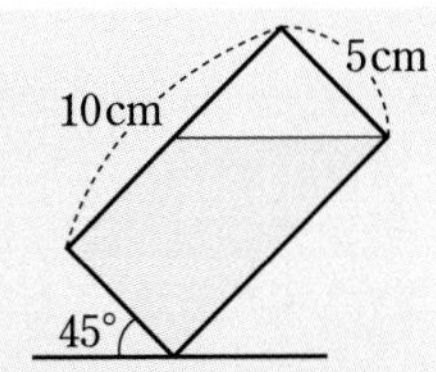

初めに直方体の容器にはいっていた水の深さは，この容器の深さの［　　］% です。ただし，容器の厚さは考えないで，円周率は 3.14 として計算しなさい。

【大阪星光学院中】

練習 135 円柱を平面で切って，同じ立体を 4 つつくります。それらの 4 つの立体を切り口がはみ出さないようぴったり組み合わせて，額縁をつくりました。この額縁を平面上に置いて真上から見ると，外側は 1 辺 40 cm，内側は 1 辺 36 cm の正方形でした。この額縁の体積を求めなさい。

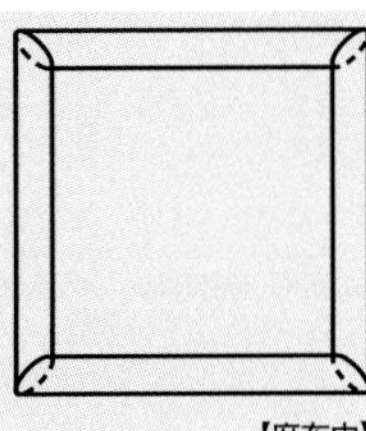

【麻布中】

★★★ 標準 067 傾けた容器の水量

やってみよう 力だめしの問題⑫ チャレンジ問題7

立方体の1辺の長さは8cmです。

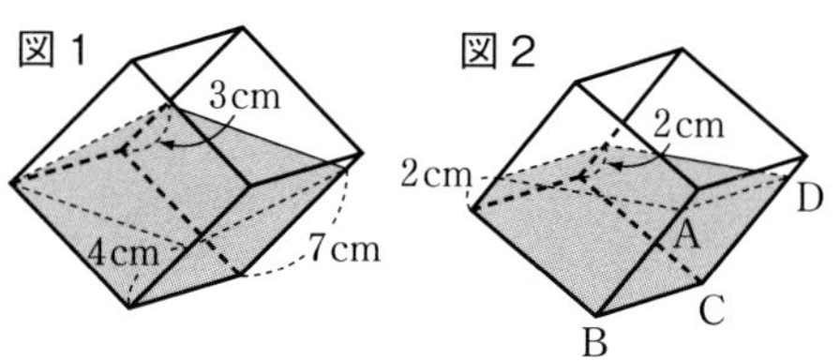

(1) 立方体の容器を傾けたところ，**図1**のようになりました。この容器にはいっている水の量は何cm^3ですか。

(2) 次に，この容器を**図2**のように傾けたところ，ABとCDの長さは同じになりました。ABの長さは何cmですか。 【麻布中】

考え方 下の図のように，**底面を水平にしたときの深さ**を考える。このようにしても水量は変わらない。

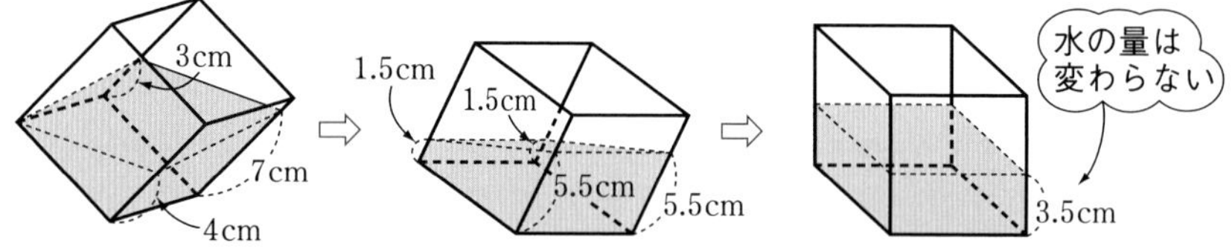

解き方 (1) 水平にしたときの深さは　$(0+3+4+7)\div4=3.5$ (cm)
└4すみの高さの平均になる

水の量は　$8\times8\times3.5=224$ (cm^3)

答 224cm^3

(2) ABと2の平均が3.5だから，

$AB=3.5\times2-2=5$ (cm)となる。

答 5cm

練習 136 長方形と三角形の面でできた容器に水を入れて密閉します。この容器を，図のように長方形BCFEが下になるように水平な床に置いたところ，水の深さは10cmになりました。

(1) 長方形ACFDが下になるように置くと，水の深さは何cmになりますか。

(2) 辺CFを床につけたまま容器を回転し，水面が辺ADと重なるようにします。水面と辺BCの交点をGとすると，BGの長さは何cmになりますか。

【筑波大附駒場中】

〔手が出ないとき〕(2) 右上の図で，AB，ACと水面との交点をそれぞれT，Hとすると，水の量は変わらないので，三角形ABGの面積は三角形ATHの面積に等しい。

★★★ 応用 068 回転体の体積

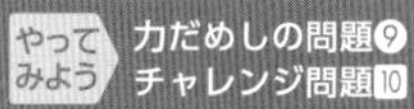

右の図において，角 CDB＝角 BDA，
角 ABD＝角 BCD＝90°，AB＝7.5cm，BC＝6cm，
CD＝8cm，BD＝10cm，AD＝12.5cm です。また，
BD と CE とは垂直(すいちょく)に交わっています。

(1) CE の長さは何 cm ですか。

(2) 辺 AB を軸(じく)として，四角形 ABCD を 1 回転してできる立体の体積は何 cm^3 ですか。円周率(りつ)は 3 とします。

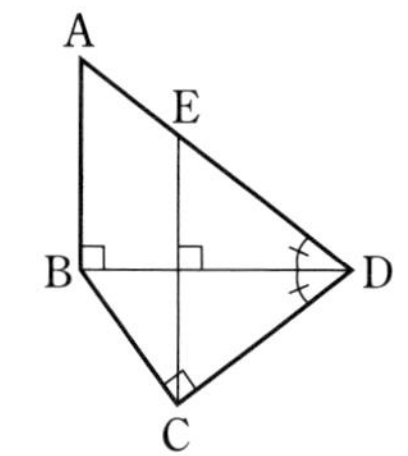

【高槻中】

(1) 図の CH の長さを，**面積を 2 通りに表して**求める。

(2) いくつかの円すいの体積の和や差で求める。
底面の半径 BD，高さ AB の円すい 2 つの体積から，底面の半径 TC，高さ BT，TK の円すいの体積をひく。

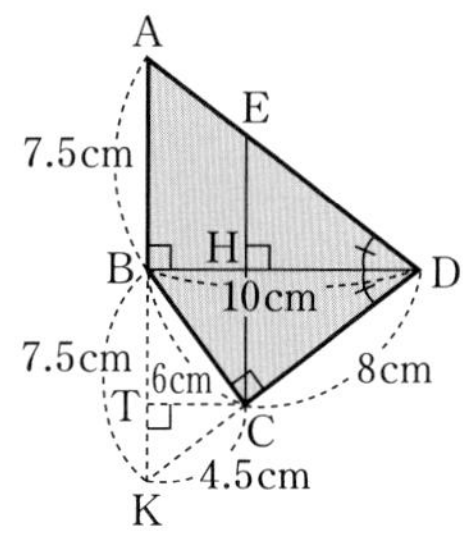

解き方

(1) CH の長さは　$6 \times 8 \div 10 = 4.8$ (cm)　（←三角形 BCD の面積の 2 倍）
三角形 DEH と三角形 DCH は合同で，EH＝CH だから
$CE = 4.8 \times 2 = 9.6$ (cm)

答 9.6cm

(2) 図の TC の長さは　$4.5 \times 6 \div 7.5 = 3.6$ (cm)となるので，体積は

$$10 \times 10 \times 3 \times 7.5 \times \frac{1}{3} \times 2 - 3.6 \times 3.6 \times 3 \times 7.5 \times \frac{1}{3} = 1402.8\ (cm^3)$$

（7.5：高さ BT，TK の和）

答 1402.8 cm^3

練習 137 右の図のような 1 辺が 10cm の正方形を 4 つ並(なら)べて長方形をつくりました。あ，い 2 つの斜線(しゃせん)のついた台形について，次の問いに答えなさい。

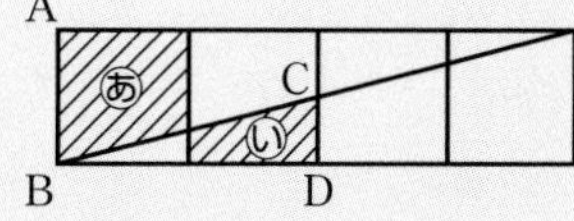

(1) 周囲(しゅうい)の長さの差は何 cm ですか。

(2) 面積の差は何 cm^2 ですか。

(3) あの台形を辺 AB を軸にして 360° 回転してできる立体と，いの台形を辺 CD を軸にして 360° 回転してできる立体の体積の差は何 cm^3 ですか。【川村中】

〔手が出ないとき〕(1) 直線 BC の部分は，差を考えるときは打ち消し合うので，長さを求める必要はない。

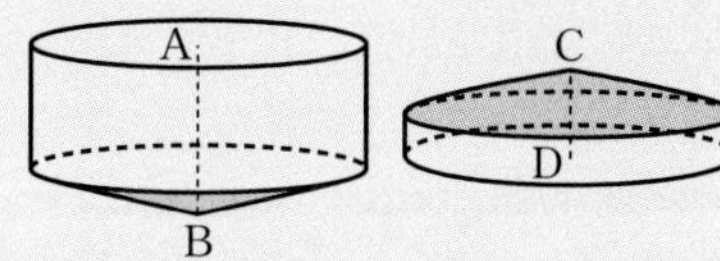

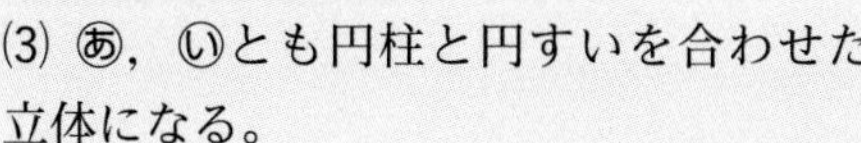

(3) あ，いとも円柱と円すいを合わせた立体になる。

★★★ 応用 069 比と体積

やってみよう 力だめしの問題⑮ チャレンジ問題5

右の図のような立体(表面は2つの台形と4つの長方形)を，斜線を引いた部分が切り口になるように，㋐，㋑，㋒の3つに切断します。

(1) 図においてABの長さは何cmですか。

(2) 立体㋐の体積は何cm^3ですか。

【広島学院中】

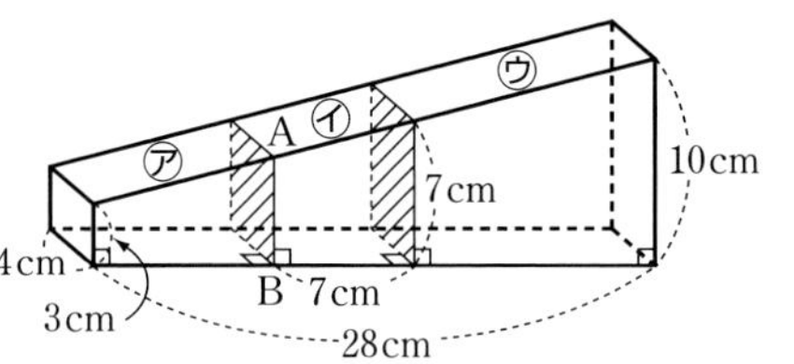

考え方 (1) **正面から見た図で考える。**

SK：SP＝CK：EP，

AH：EP＝SH：SPを使って，

①，②，③の順に求める。

(2) 台形ASTBを底面とする四角柱と考える。

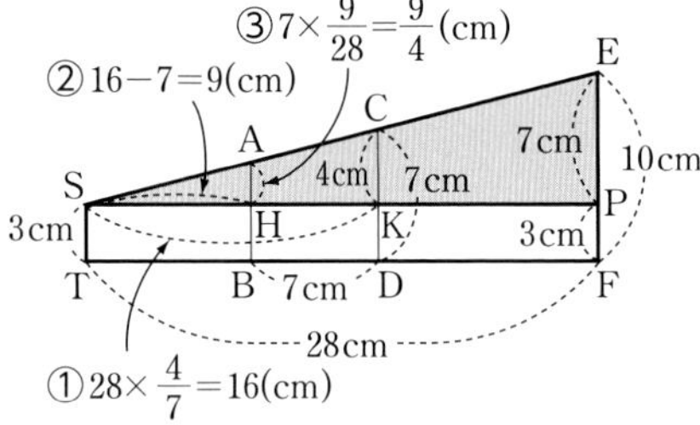

解き方 (1) $SK=28\times\frac{4}{7}=16$ (cm)

$SH=16-7=9$ (cm)　となるので　$AB=7\times\frac{9}{28}+3=5.25$ (cm)

答 5.25cm

(2) $(3+5.25)\times9\div2\times4=148.5$ (cm^3)

答 148.5cm^3

練習 138 右の図のように，長方形と台形からできた容器があります。水が深さ12cmまではいっています。

水の体積は，何cm^3でしょう。

【愛知教育大附名古屋中】

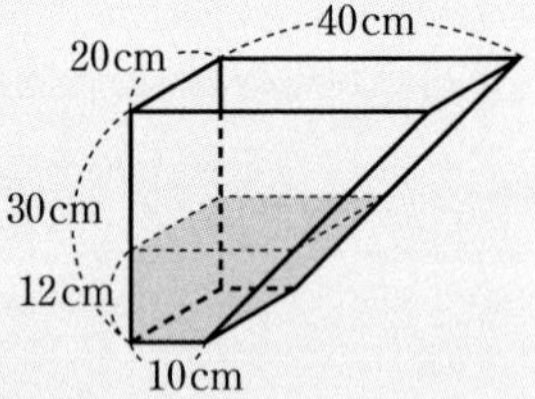

練習 139 右の図は，直角を挟む2辺AB，BCの長さがどちらも6cmの直角三角形で，BDは角ABCを2等分しています。

(1) ABを軸として，三角形ABDを回転してできる立体の体積は何cm^3ですか。

(2) ABを軸として，三角形ABD，三角形DBCをそれぞれ回転してできる立体の体積を順に，a cm^3，b cm^3とするとき，$a:b$を求めなさい。

【久留米大附設中】

A
D
6cm
B
6cm
C

★★★ 基本 070 深さによって水面の面積の異なる水槽

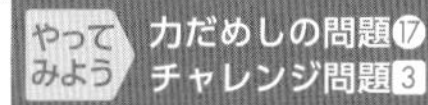

右の図のように，直方体から直方体を切り取った形をした容器が水平に置いてあります。この容器にいっぱいになるまで水を入れました。

(1) 容器には何 cm^3 の水がはいっていますか。

(2) 入れた水の半分だけ取りました。何 cm の深さまで水は残りましたか。 【智辯学園中】

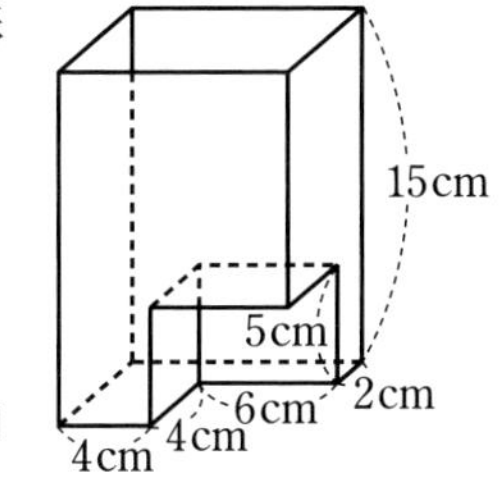

(1) 2 **つの直方体の体積の差**として求める。

(2) まず，深さ 5 cm まで水を入れると何 cm^3 はいるかを求める。次に，残りの水を入れると深さはさらに何 cm 増えるかを求める。(深さ 5 cm 以内にはいりきらない場合)
または，入れた水の半分を取り去れば水面は何 cm 下がるかを考えてもよい。下がる水面が 10 cm 以内のときは，この方が簡単である。

(1) $(4+2)\times(4+6)\times15-4\times6\times5=780$ (cm^3) 答 780 cm^3

(2) 半分の水を取り去ると，$780\div2\div(6\times10)=6.5$ (cm) 下がる。
$15-6.5=8.5$ (cm) 答 8.5 cm

入試ポイント
● 深さによって水面の面積が異なる場合に水の深さを求めるときは，全体の深さから下がった水面の高さをひいて求めることもできる。

練習 140 右の図のような水槽があります。曲線の部分は半円で，ABCD の部分は長方形です。この水槽の中には，縦 50 cm，横 40 cm，高さ 20 cm の直方体の石があります。(図の中の数の単位は cm です。)

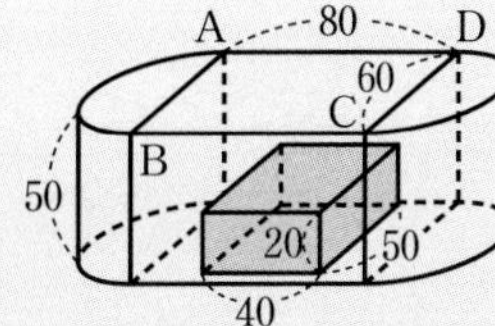

(1) この水槽の石の部分を除いた底面積は，いくらですか。

(2) 今，水を毎分 14L の割合でこの水槽に入れるとき，水面の高さが石の上面と同じ高さになるのに，約何分かかりますか。(答えは四捨五入で分の単位まで出すこと。)

(3) (2)と同じ割合で 15 分間水を入れると，水面の高さは底から約何 cm になりますか。(四捨五入で cm の単位まで出すこと。)

★★★ 応用 071 複雑な立体の体積

やってみよう 力だめしの問題⑱ チャレンジ問題⑨

(1) 底面が1辺の長さ9cmの正方形で，高さが3cmの直方体があります。この直方体からあ図のように同じ三角柱を4つ切り取ります。残った八角柱の体積を求めなさい。

(2) (1)の八角柱を3個使い，一部を切り取ってすき間なく組み合わせて立体をつくりました。この立体は，真正面，真上，真横のどこから見ても，い図のように見えます。この立体の体積を求めなさい。

【フェリス女学院中】

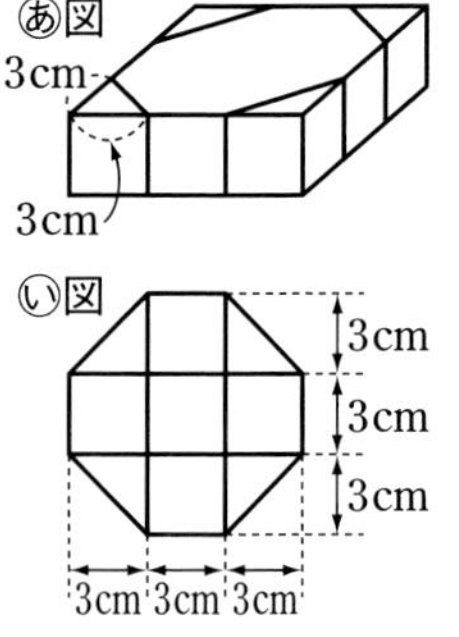

考え方 (2)は，**見取図をかく**と，右の図のようになる。

この形の三角柱が12個
この形の立方体が7個
このような形をした三角すいが8個

(1) $(9\times9-3\times3\div2\times4)\times3$
$=189\ (\mathrm{cm}^3)$ 　　答 $189\,\mathrm{cm}^3$

(2) 立方体7個と三角柱12個と三角すい8個からできているので，

$3\times3\times3\times7+3\times3\div2\times3\times12+3\times3\div2\times3\div3\times8=387\ (\mathrm{cm}^3)$

答 $387\,\mathrm{cm}^3$

練習 141 1辺1cmの立方体あ，底面の半径1cm，高さ1cmの円柱を4等分したものい，半径1cmの球を8等分したものうを貼り合わせて，真上，正面，真横のどこから見ても右の図のように見える立体をつくりました。各立体を最大限何個ずつ使っていますか。 【灘中・改】

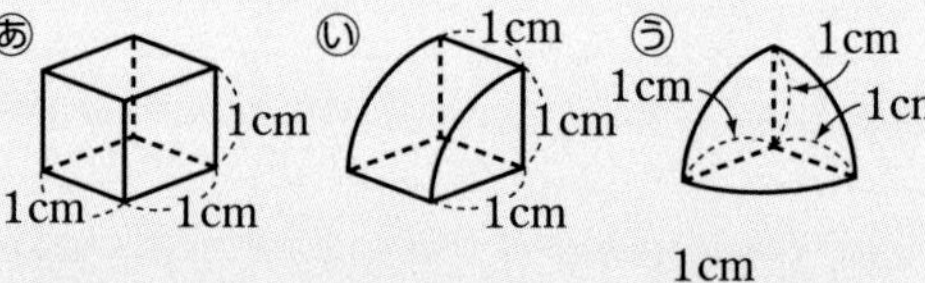

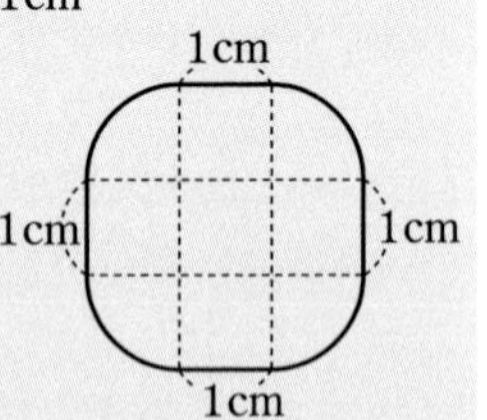

練習 142 ある屋根の形をした立体を正面から見た図が(ア)，真上から見た図が(イ)，真横から見た図が(ウ)です。この立体の体積を求めなさい。

〔手が出ないとき〕(ア)，(イ)の縦の点線に沿って切り，両はしの立体をくっつけてみる。

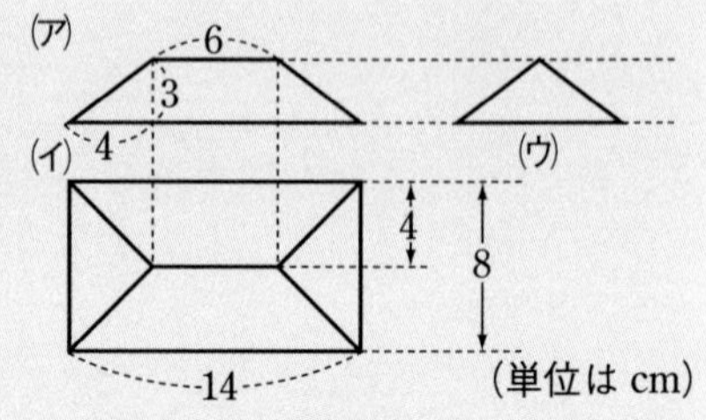

力だめしの問題　入試標準レベル

解答➡別冊 p.68

1 次の□の中にあてはまる数を答えなさい。ただし，円周率（りつ）は 3.14 とします。

半径が 0.15km の円の形をした土地の面積は (1) ha です。その土地は，縮尺（しゅくしゃく）$\frac{1}{1000}$ の地図では面積が (2) cm^2 になります。その土地の周りを，時速 20km で自転車を走らせれば，1 周するのに (3) 分かかります。また，その土地の面積のちょうど $\frac{1}{5}$ の部分が深さ 150cm の池になっているので，その池にたまっている水の量は (4) kL になります。

【開成中】

2 下の図は，直方体の形の板を何枚（まい）か使ってつくられた立体を，正面，真横，真上から見たときの図です。

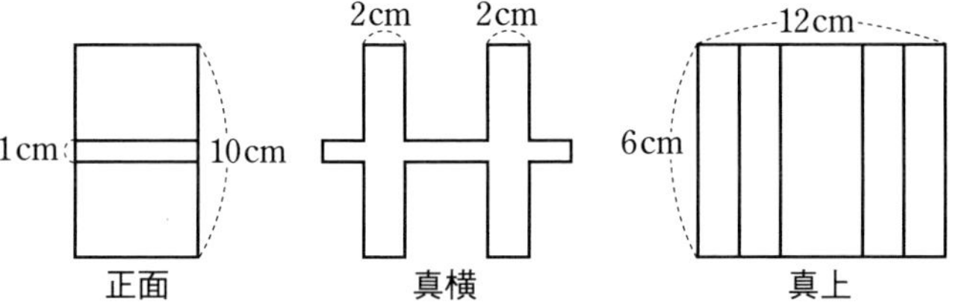

(1) この立体の表面積を求めなさい。

(2) この立体の体積を求めなさい。

【修道中】

3 右の図は，ある土地を真上から見たものです。A，B どちらも平らな土地で，A は B より 80cm 高くなっています。

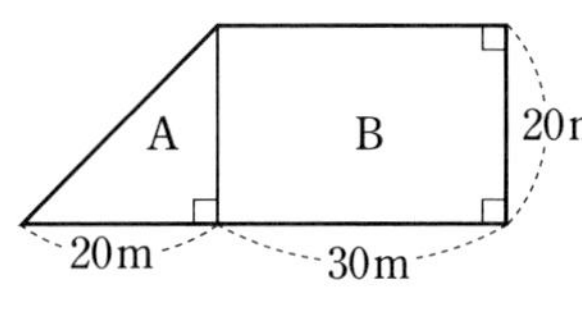

(1) A の土を B に移（うつ）して全体を平らにするには，A の土を何 cm けずればよいですか。

(2) 全体を平らにしたあと，さらに A の土を B に移して，B を A より 1m 高くするには，A の土をあと何 cm けずればよいですか。

【共立女子中】

ヒント

1 1ha
＝100a
＝10000m^2
$\frac{1}{1000}$ の縮図上では，面積は $\frac{1}{1000000}$ になる。
$1m^3 = 1kL$

2 見取図は次のようになる。
（単位は cm）

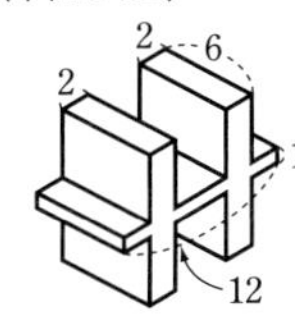

3 (1) B の面積は A の面積の 3 倍だから，B を 1cm 高くするには A を 3cm けずらなければならない。

4 図のような直方体から一部を切り取った形をした水槽があります。この水槽に一定の割合で水を入れます。2分20秒水を入れると，底から7cmの所まで水がはいりました。

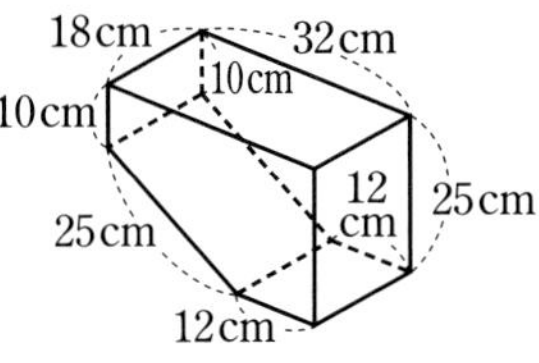

このとき，次の問いに答えなさい。

(1) 水は1分間に何Lはいっていますか。

(2) 満水になるまで，あと何分何秒かかりますか。 【洛南高附中】

ヒント

4 (1) 図のような台形を底面とする四角柱の部分に水ははいっている。

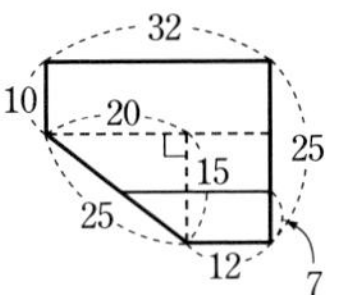

▶応用 063

5 次の問いに答えなさい。

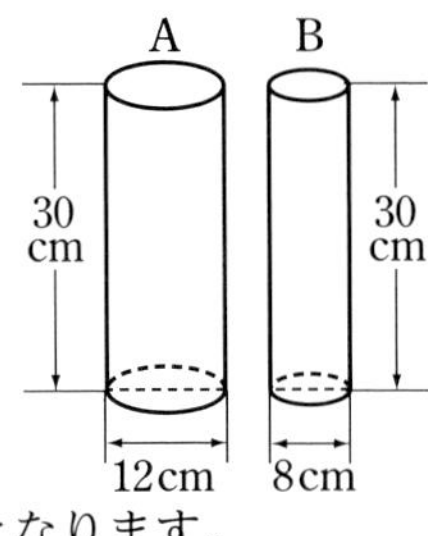

(1) 右の図のような2つの円柱の容器A，Bがあります。今，容器Aに深さ26cmまで水がはいっています。この水を容器Bにいくらか移して，水面の高さを等しくしました。このとき，等しい水面の高さは□cmとなります。

(2) (1)のあとに，容器Aから容器Bに水を□cm^3入れると，水はいっぱいになります。 【帝京中】

5 (1) Aの底面積に対して，A，B2つの底面積の和は

$1\times1+\frac{8}{12}\times\frac{8}{12}$

$=\frac{13}{9}$(倍)

となるので，(1)の高さは$\frac{9}{13}$倍になる。

▶標準 061

6 右の図は，底面が正方形の四角すいO-ABCDで，その体積は600cm^3です。

今，この四角すいを辺CDを通る平面で図のように切ったら，OP：PB＝OQ：QA＝2：1になりました。次を求めなさい。

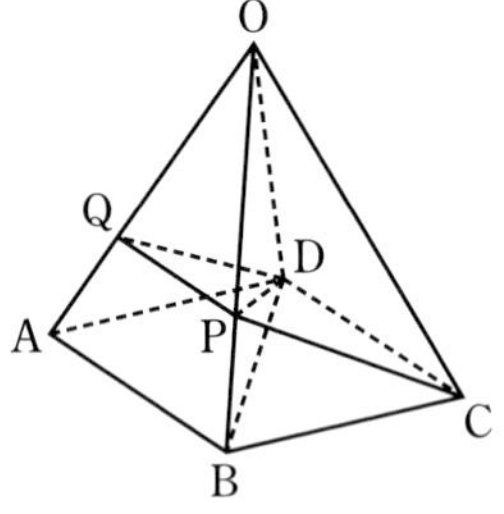

(1) 三角形OPQと四角形QABPの面積の比

(2) 三角すいO-PQDの体積

(3) 四角すいO-QPCDの体積 【ラ・サール中】

6 (2) 三角形OPQを底面と見れば，2つの三角すいO-PQD，O-BADの高さは同じ。

7 内のりの半径が6cmと8cmで，深さが等しい円柱の形をした容器AとBがあって，Aにいっぱいに入れた水をBに注ぐと，水の深さは容器の$\frac{2}{3}$よりも1cm低くなりました。この容器の深さは何cmですか。 【開成中】

7 AとBの底面積の比は

(6×6)：(8×8)

＝9：16

8 図のような円柱の形をしたA，B，C 3つの容器があります。底面積の比は，AとCの比が5：2，BとCの比が3：2です。

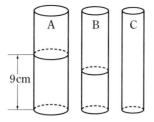

今，Aには深さ9cmまで水がはいっています。Bにはいくらかの水がはいっていますが，Cにははいっていません。

そこで，この3つの容器にそれぞれ等しい量の水を注ぎ入れたら，3つとも深さが等しくなりました。

(1) 水の深さは何cmになるのでしょうか。

(2) Bには，初め何cmの深さまで水がはいっていたでしょうか。

9 ［**図2**］は［**図1**］の二等辺三角形を3枚重ねてできた図形です。この図形を，直線ABを軸として1回転させたときにできる立体の体積を求めなさい。 【清風南海中】

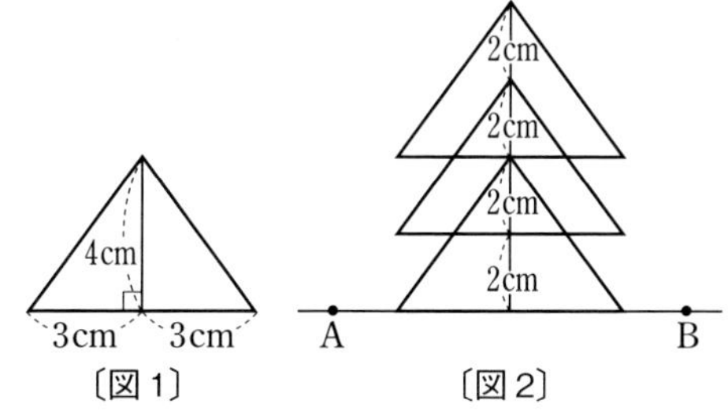

10 図のような①から⑥の正方形と長方形の板が，それぞれ4枚ずつ計24枚あります。この板を組み合わせて直方体をつくります。たとえば①を2枚，②を4枚組み合わせると例のような直方体ができます。

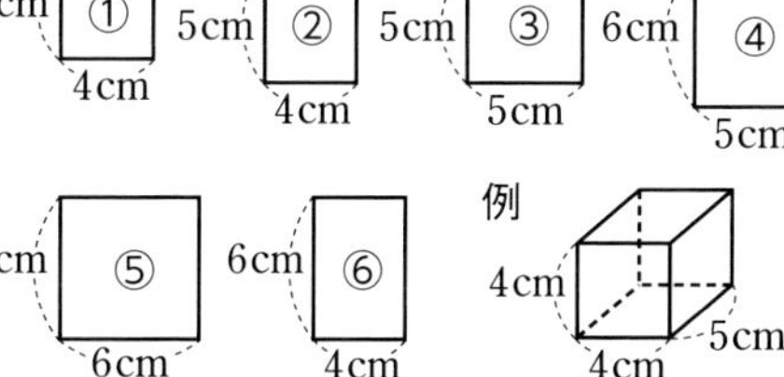

(1) 直方体を2つつくったところ，残った板をどう組み合わせても，新しく直方体をつくることはできませんでした。つくった直方体の体積の合計を求めなさい。

(2) つくった直方体の体積の合計が最も大きくなるときの，直方体の個数とその体積の合計を求めなさい。 【東海中】

ヒント

8 同じ量の水を入れたとき，底面積の逆比が増える水の深さの比になる。

▶応用 **062**，標準 **066**

9 回転前の図形の一部を，回転軸と平行に動かしても，回転後の立体の体積は変わらない。

▶応用 **068**

10 できる直方体は7種類。また，板は4枚ずつしかないので，立方体はできない。

⑪ 図のように，立方体を半分に切って三角柱ABC-DEFをつくり，辺AB，BE，EF，BC，DEの真ん中の点をそれぞれP，Q，R，S，Tとします。3点P，Q，Rを通る平面を平面㋐，3点Q，S，Tを通る平面を平面㋑とします。次の問いに答えなさい。

(1) 三角柱を平面㋐で切ったときにできる切り口の線を右の展開図にかきなさい。

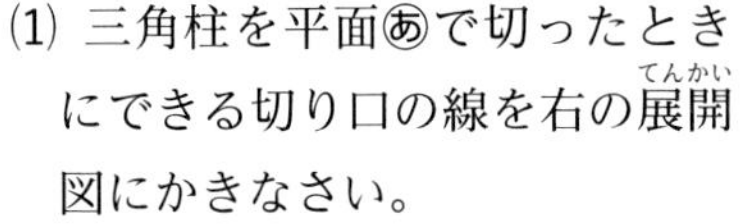

(2) AC＝8cmとするとき，三角柱を平面㋐で切ったときの切り口の面積を求めなさい。ただし，1辺が1cmの正三角形の面積を$\frac{7}{16}$cm²として計算しなさい。

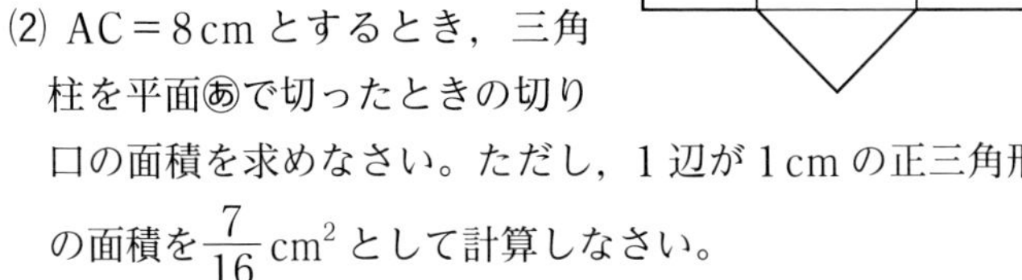

(3) 三角柱を平面㋐で切って2つに分け，点Bをふくむ方の立体を立体Xとします。さらに，立体Xを平面㋑で切って2つの立体に分けます。このときできる2つの立体のうち，点Bをふくむ方の立体の体積を(ア) cm³，ふくまない方の立体の体積を(イ) cm³とするとき，(ア)：(イ)を最も簡単な整数の比で答えなさい。 【清風南海中】

⑫ 図のように，1辺の長さが5cmの立方体の箱を水に浮かべると，一部だけが水面上に出ました。水面から上の部分の長さをはかると，4cm，1cm，3cmでした。この箱の表面のうち，水面から下の部分の面積を求めなさい。 【甲陽学院中】

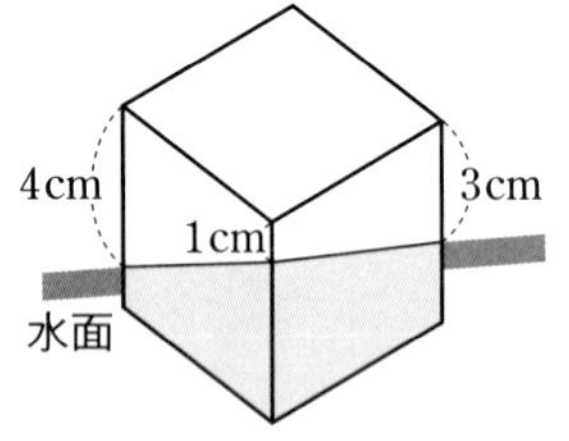

⑬ 図1のような容器があります。左から10cmの所に高さ10cmの仕切りがあり，その右側に濃さが10%の食塩水が1440cm³，左側に濃さのわからない食塩水がいくらかはいってい

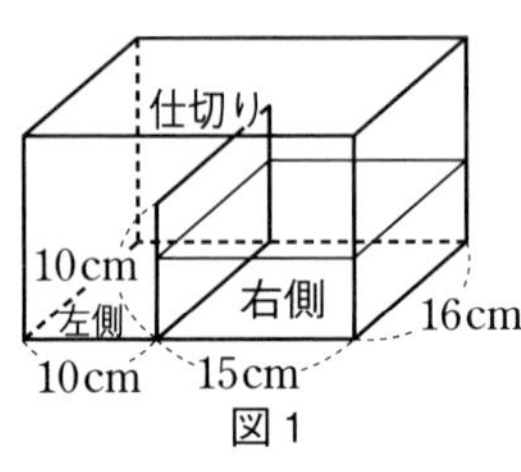

図1

ヒント

⑪ (1) もとの立方体の切り口は正六角形になる。
(2) 切り口の面積は，1辺が4cmの正六角形の面積の半分になる。
(3) 立体Xの体積は，三角柱の体積の半分になる。

⑫ 立体を水面で切ったと考え，見えていない面の様子をかいてみる。
▶標準 067

⑬ 直方体Aを沈めたとき，Aが完全に沈んでいるかいないかが重要。
▶標準 065

ます。また，**図 2** のような底面が 1 辺 4 cm の正方形で，高さが 8 cm の直方体 A が何本かあります。

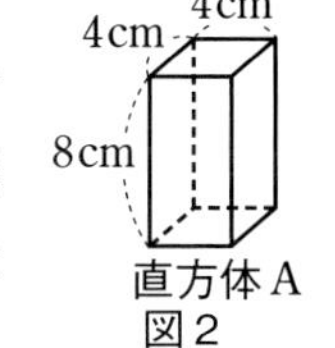

1 個の直方体 A を容器の仕切りの右側の方に，図のように正方形を底面にしたまま容器の底に立てたとき，右側の水面は［ア］cm 上がります。次に，1 個目の直方体 A はそのままにして，容器の仕切りの右側に，2 個目の直方体 A を下から 6 cm だけ水面につかるように入れると，水面はさらに［イ］cm 上がります。2 個目の直方体 A も容器の底までつけて立て，3 個目，4 個目，5 個目，6 個目も同じように立てると，右側の水面の高さより，左側の水面の方が 4.2 cm 低くなりました。初めに仕切りの左側にはいっていた食塩水の量は［ウ］cm^3 であることがわかります。直方体 A を立て続けて，10 個目の直方体を立て終わったあと，左側は，濃さが 15% の食塩水になりました。初めに仕切りの左側にはいっていた食塩水の濃さは［エ］% です。 【西大和学園中】

⑭ 1 辺の長さが 3 cm の立方体の各面の真ん中に 1 辺の長さが 1 cm の正方形をとり，向かいの面までまっすぐくり抜いた**図 1** のような立体を考えます。この立体を**図 2** のような水のはいった直方体の容器に**図 1** の立体の底面が**図 2** の容器の底にぴったりくっつくまで沈めます。

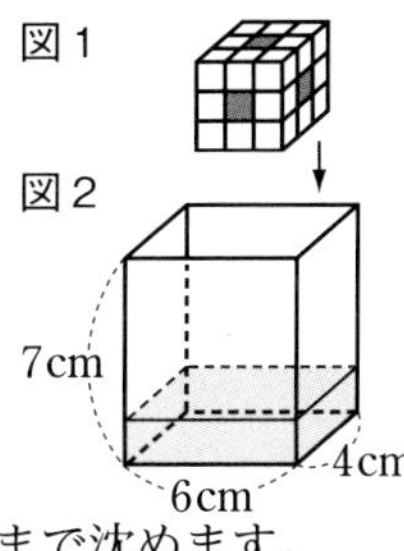

(1) 立体を沈める前の水面の高さが 4 cm のとき，沈めたあとの水面の高さを求めなさい。

(2) 立体を沈める前の水面の高さが 1.8 cm のとき，沈めたあとの水面の高さを求めなさい。

(3) 立体を沈めると水面の高さが 0.8 cm 上がりました。沈める前の水面の高さを求めなさい。 【土佐中】

ヒント

⑭ (1) 立体は完全に沈む。

(2) 容器内の水の量は
$4 \times 6 \times 1.8$
$= 43.2\ (cm^3)$
中に立体が置かれた空の容器に，この水を注いだときの水面の高さを考える。

(3) 立体の上段，中段，下段の断面積に着目する。

▶応用 064

15 **図1**のような直方体の水槽(すいそう)があります。この水槽の底に，面DEFGに平行に高さ8cmと10cmの2つの仕切りをつけました。このとき，次の問いに答えなさい。ただし，仕切りの厚(あつ)さは考えないものとします。

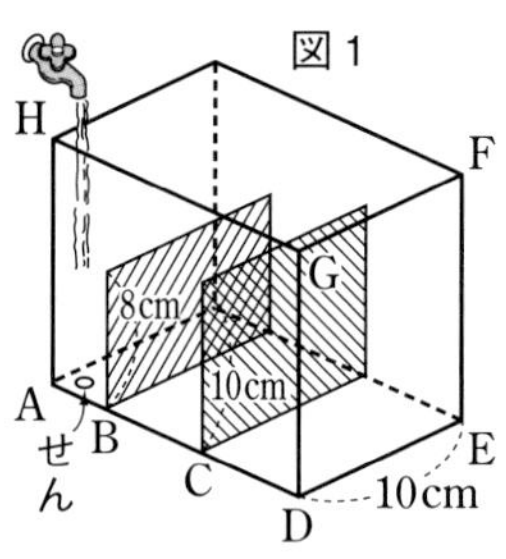

(1) この水槽に，**図1**の位置にある水道から毎秒20cm³の割合(わりあい)で水を入れたところ，264秒後に満水になりました。その間の，AHではかった水面の高さと時間の関係をグラフに表すと，**図2**のようになりました。CDとAHの長さはそれぞれ何cmですか。

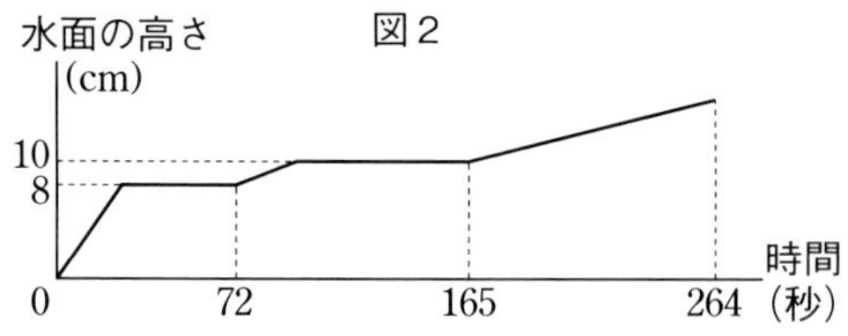

(2) この水槽が満水になったところで水を入れるのをやめて，**図1**の位置にある栓(せん)を開け，毎秒20cm³の割合で水を流し始めました。すると，141秒後に水が流れ出なくなりました。BCの長さは何cmですか。

【早稲田中】

16 図のような底面の半径2cm，高さ6cmの円すいAと，底面の半径3cm，高さ9cmの円すいBがあります。

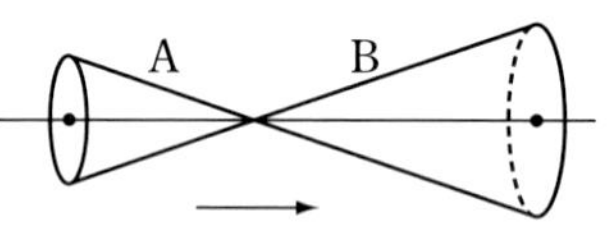

Aを矢印の向きに毎秒0.5cmの速さで動かします。

(1) 12秒後のAとBの共通部分の体積を求めなさい。

(2) 18秒後のAとBの共通部分の体積を求めなさい。

【洛南高附中】

ヒント

15 (1) 下の図の水の体積から，CD，AHを求める。

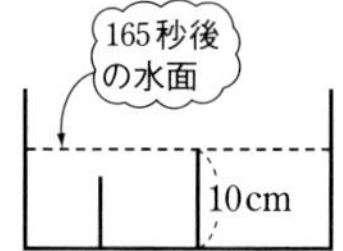

(2) 残った水は図のようになる。

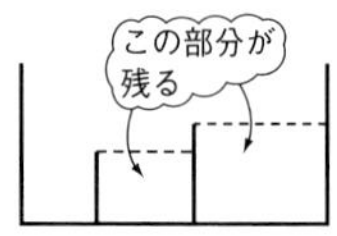

▶応用 069

16 (1) 円すいを2つ合わせた立体になる。

(2) 円すいと円すい台を合わせた立体になる。

17 **図 1** のような，縦 100 cm，横 60 cm，高さ 33 cm の直方体の水槽の中に，底面に垂直な高さが 15 cm と 30 cm の仕切りがついています。仕切りは側面と平行です。仕切りで区切られた所を左から A，B，C とします。C の横は 20 cm です。

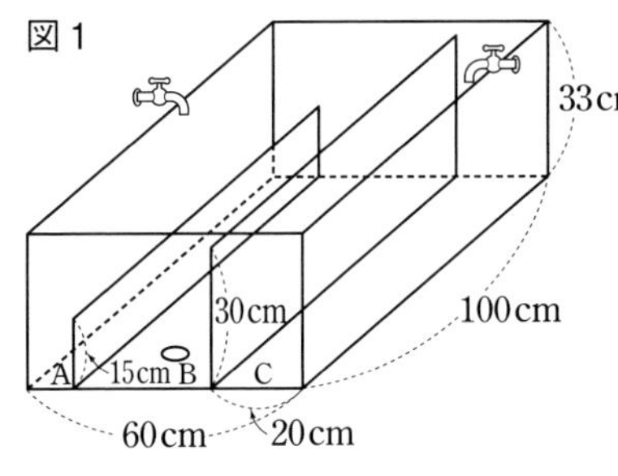

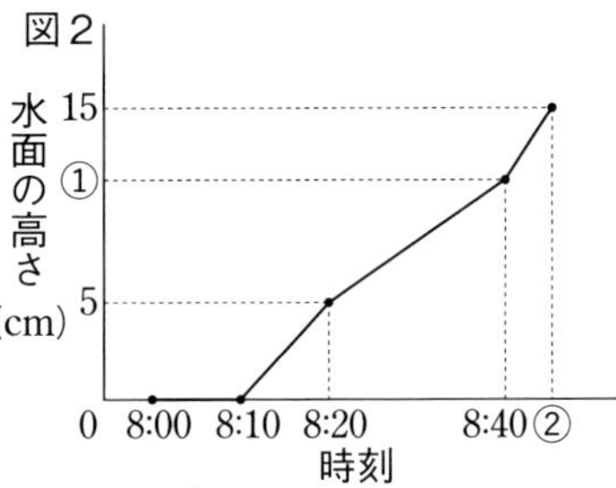

B の底には，一定の割合で水が出る穴があり，栓は閉じてあります。A に毎分 1.5L の割合で，C に毎分ある一定の割合で 8 時ちょうどに同時に水を入れ始めます。水が A から B に移り始めてから 10 分後に B の栓を抜きます。その後，C から B に水が移り始めます。C から B に水が移り始めてから 10 分後に B の栓を閉じます。1 分間に B の穴から出る水の量と C に入れる水の量の比は 2：5 です。また，**図 2** は 8 時以降の B の水面の高さをグラフにしたものの一部です。ただし，仕切りの厚みは考えないことにします。

(1) 水槽の B の横の長さを求めなさい。また，B の穴から毎分何 L の割合で水が出るか答えなさい。

(2) **図 2** のグラフの①と②にあてはまるものを求めなさい。

(3) 9 時の B の水面の高さを求めなさい。 【桜蔭中】

18 右の図は蓋のない容器の展開図です。この容器にぴったりの蓋をつくるとすれば，蓋の面積は [①] cm^2 です。

また，この容器にはいる水の体積は [②] cm^3 です。 【灘中】

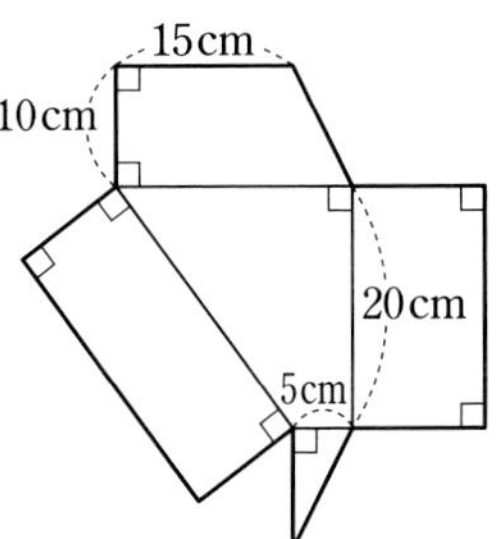

ヒント

17 (1) A には 10 分間に 1500×10 (cm^3) の水がはいり，C には 40 分間に $100 \times 20 \times 30$ (cm^3) の水がはいる。

(2) 8 時 20 分から 8 時 40 分までは，A から水がはいり，B の穴から水が出ていく。その後は，C からはいる水が加わる。

(3) 8 時 50 分に B の穴の栓が閉まることに注意。

▶基本 070

18 見取図をかくと，この容器は三角柱を 2 つ合わせたものになっていることがわかる。

▶応用 071

チャレンジ問題 入試発展レベル

解答➡別冊 p.74

★は最高レベル

1 右の図のような各面が正三角形でできた立体(正八面体) ABCDEF があり，BD＝6cm です。このとき，次の各問いに答えなさい。ただし，円周率は 3.14 として計算しなさい。また，円すい，角すいの体積は，
(底面積)×(高さ)÷3 で求められます。

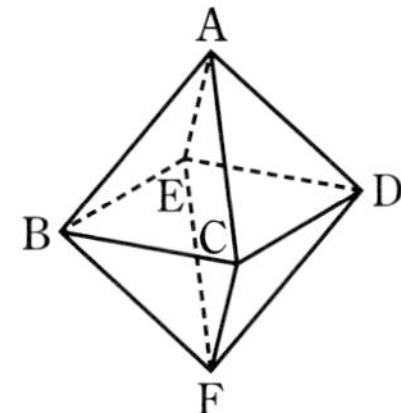

⑴ 立体(正八面体) ABCDEF の体積を求めなさい。

⑵ AF を軸として，四角形 AEFC を回転したときにできる立体の体積を求めなさい。

⑶ AF を軸として，三角形 ABC を回転したときにできる立体の体積を求めなさい。

【巣鴨中】

★ **2** ある直方体の表面積は 900 cm² です。この直方体の縦，横，高さをそれぞれ 1cm ずつ短くすると，表面積が 142 cm² 減りました。

⑴ もとの直方体の縦，横，高さの合計は何 cm ですか。

⑵ もとの直方体の縦，横，高さをそれぞれ 1cm ずつ長くすると，表面積は何 cm² 増えますか。また，体積は何 cm³ 増えますか。

【甲陽学院中】

3 **図1**のような直方体の水槽があり，高さ 12cm の仕切りによって A，B の2つの部分に分けられています。A の部分には注水管 P，B の部分には P と注水量のちがう注水管 Q で水を入れます。また，A の部分には底に排水口 R があり，これを開くと水が毎分 2400 cm³ 排水されます。

今，排水口 R が閉まっている状態で，空の水槽に P，Q から同時に水を入れます。途中で Q を止め，何分かしてから水がいっぱいになったので P も止め，同時に排水口 R を開いて水を出しました。**図2**は A の部分の水の深さと時間の関係を表しています。

図1

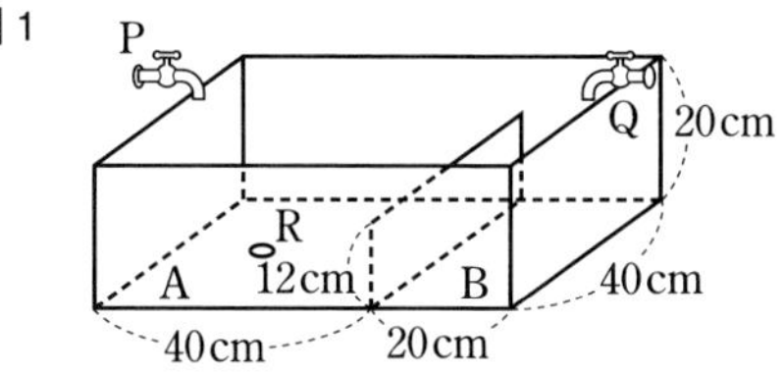

図2

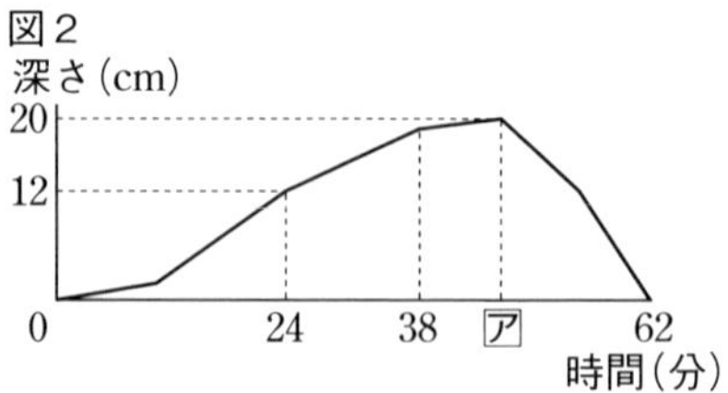

⑴ アの時間は，[　　]分です。

⑵ 初めて A の部分の水の深さが 8cm になるのは[　　]分後です。

【芝中】

★ **4** 次の各問いに答えなさい。

⑴ 右の図の1辺が4cmの立方体について，長方形ABCDから向かい合う面までを垂直にくり抜いてできる図形の体積はいくらですか。

⑵ ⑴でできた図形について，さらに長方形EFGHからもとの立方体の向かい合う面までを垂直にくり抜いてできる図形の体積はいくらですか。

⑶ ⑵でできた図形を，3点P，Q，Rを通る平面で切ったときにできる切断面を右の図に斜線で示しなさい。また，切り口の面積と三角形PQRの面積の比を最も簡単な整数の比で表しなさい。 【ラ・サール中】

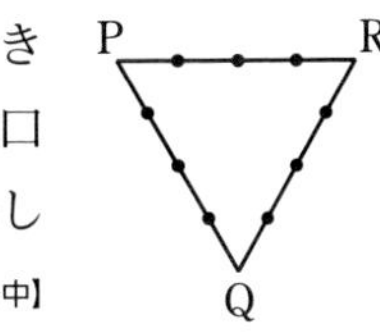

★ **5** 右の**図1**のような厚さ1cm，幅2cmの十分に長い直方体の材木があります。これを，**図1**の斜線部分の面に平行な面でいくつかに切って，それらを貼り合わせ，**図2**のような形の5つの板をつくりました。ただし，**図2**の3段目から5段目までの板は，中央に穴があいています。

図1

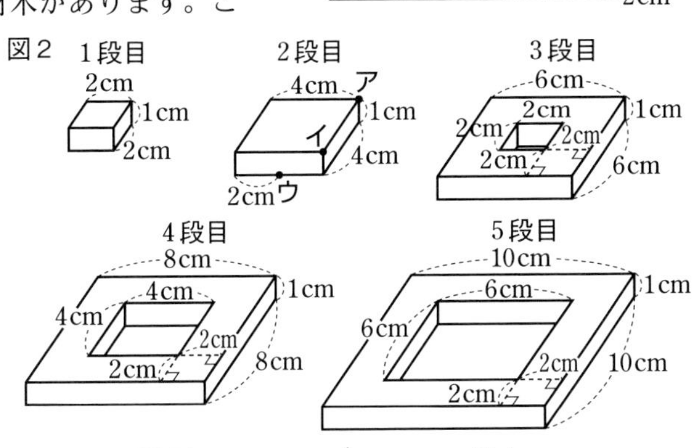

さらに，これらを貼り合わせて**図3**のような階段状の立体をつくりました。**図4**は，この階段状の立体を真上から見た図であり，2本の点線上に5つの板の角がそろっています。次の各問いに答えなさい。

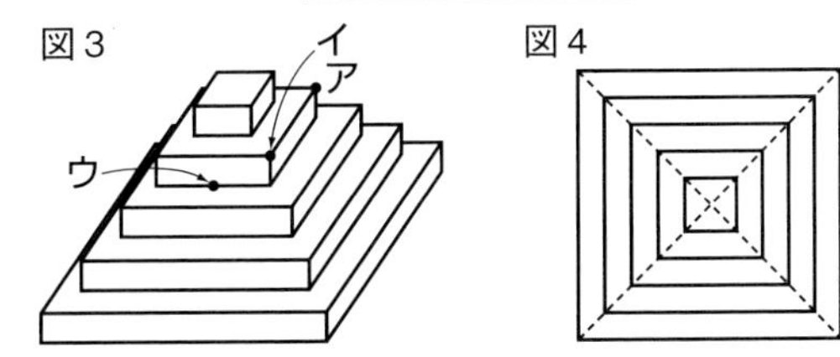

⑴ **図2**の5つの板をつくるのに，**図1**の材木の長さは最も短くて何cm必要ですか。

⑵ **図3**の階段状の立体全体の表面積を求めなさい。

⑶ **図3**の立体を，2段目の3点**ア**，**イ**，**ウ**を通る平面で切って2つの立体に分けます。1段目をふくむ立体の体積を求めなさい。 【灘中】

6 右の図は，1辺の長さが6cmの正三角形から，1辺の長さが1cmのひし形3つを切り取ってつくられたものです。この図形を，AB, BC, CAを折り目として折り曲げ，UAとPA，QBとRB，SCとTCをそれぞれ貼り合わせて，蓋のない容器をつくります。この容器の容積は，どの面も1辺の長さが1cmの正三角形でできた三角すいの体積の□倍です。 【灘中】

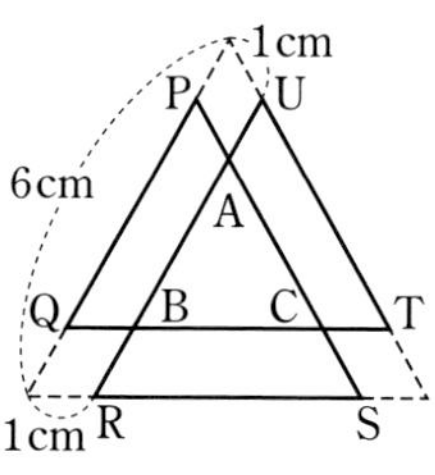

7 2つの直方体を貼り合わせた，図のような立体があります。これを，3点A，B，Cを通る平面で2つに分けたとき，点Dをふくむ部分の体積は□ cm^3 です。 【灘中】

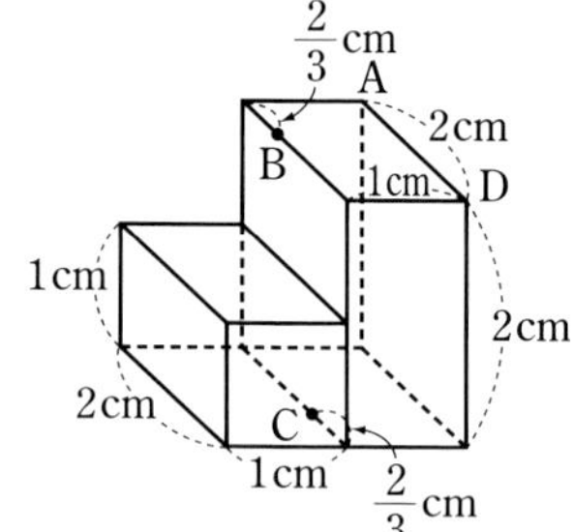

★**8** **図1**のように，A，B，C，Dを4つの頂点とし，どの面も合同な正三角形でできている三角すいがあり，その体積は40 cm^3 です。この三角すいの各辺の真ん中の点E，F，G，H，I，Jを結んで，**図2**のように8つの面をもつ中身のつまった立体Pをつくります。立体Pの8つの面は合同な正三角形です。

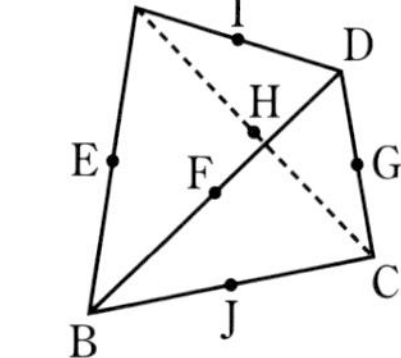

⑴ 立体Pの体積は□ cm^3 です。

⑵ 立体Pが，2点I，Jを通る直線の周りに1回転する間に通過する部分の体積は，立体Pの体積の□倍です。

⑶ 立体Pが2点I，Jを通る直線の周りに1回転する間に，**図3**の斜線をつけた三角形EFIが通過する部分の体積を求めなさい。 【灘中】

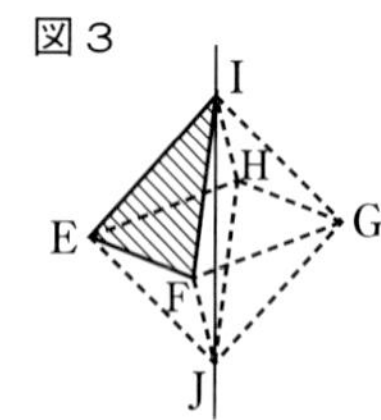

★ **9** 縦 8cm，横 10cm，高さ 12cm の直方体の形をした材木があります。このとき，次の問いに答えなさい。

(1) この材木を真上から，**図 1** の斜線部分をまっすぐに下の面までくり抜いて穴をあけました。次に真正面から，**図 2** の斜線部分をまっすぐに裏の面までくり抜いて穴をあけました。穴をあけたあとの材木の体積を求めなさい。

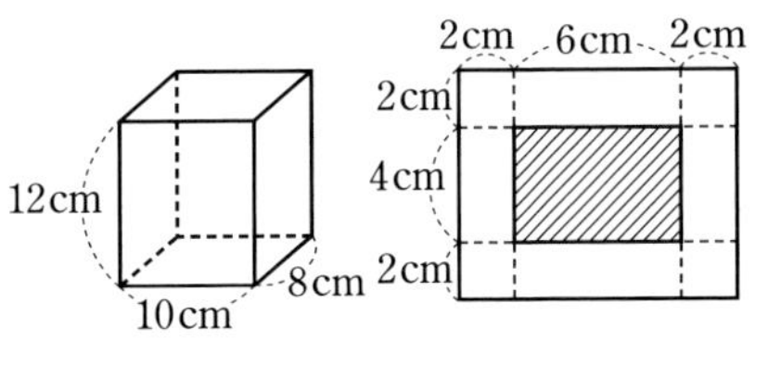

図 1 真上から見た図

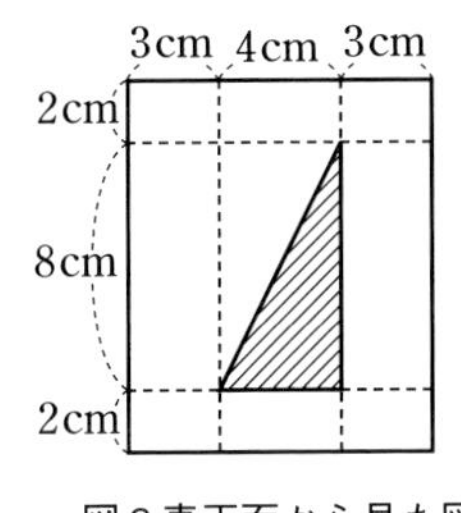

図 2 真正面から見た図

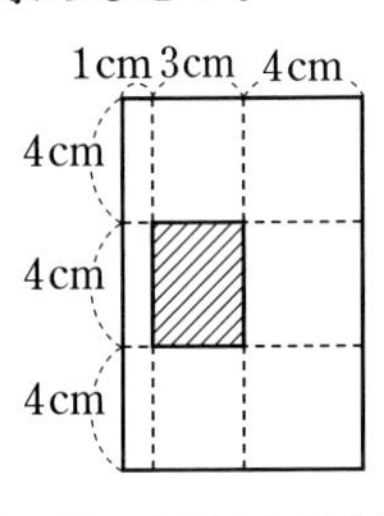

図 3 右側から見た図

(2) (1)のように穴をあけたあと，さらに右側の面から，**図 3** の斜線部分をまっすぐに左側の面までくり抜いて穴をあけました。穴をあけたあとの材木の体積を求めなさい。

【東大寺学園中】

★ **10** 右の図で，A，B，C，D，E，F と P，Q，R，S，T，U はそれぞれ円柱の両底面の円周上の 6 等分点で，AP，BQ，CR，DS，ET，FU はどれも底面に垂直である。三角形 ACE の面積を 3cm^2，円柱の高さを 5cm とするとき，三角形 ACE，QSU を底面にもち，6 つの三角形 AQU，CSQ，EUS，ACQ，CES，EAU を側面とする立体の体積は □ cm^3 である。

【灘中】

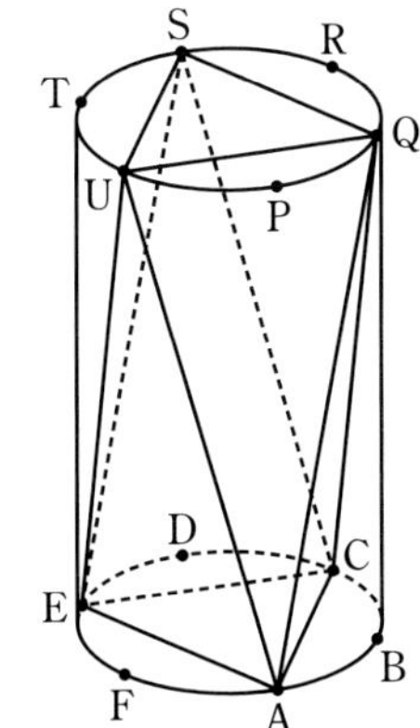

第4章 単位量あたり

1 単位量あたり

長さや重さなどのように，1つの単位だけで表される量以外に，速さや密度(みつど)のように2つの量を組み合わせて表す量がある。これらの量の大きさを表すのに，一方の量を単位の大きさ(1m，1a，1ha，1時間など)にすることがある。

2 密度

●**密度**…いろいろなものの1cm^3あたりの重さを，そのものの**密度**という。密度は次の式にあてはめて計算する。

密度＝重さ÷体積

●**人口密度**…単位面積あたりの人口を**人口密度**といい，次の式にあてはめて計算する。

人口密度＝人口÷面積

人口密度は，普通(ふつう)1km^2あたりの人口で表す。

●**比重**(ひじゅう)…同じ体積の水の重さの何倍にあたるかを表す数を**比重**という。おもなものの比重は，次のようになっている。

白金	金	水銀	銅(どう)	鉄	アルミニウム	牛乳(ぎゅうにゅう)	石油	コルク
21.5	19.3	13.6	8.96	7.87	2.70	1.03	0.89	0.24

参考 密度は比重と同じ値(あたい)で表されるが，密度は1cm^3あたりの重さをgで表すのに対し，比重には単位をつけない。

●**濃さ**(こ)(**濃度**(のうど))…食塩水や砂糖(さとう)水などの濃さは，食塩(砂糖)の重さの全体の重さに対する割合(わりあい)で表す。普通，**百分率**(ひゃくぶんりつ)**で表す**。

食塩水の濃度＝食塩の重さ÷(水の重さ＋食塩の重さ)×100 (%)

この場合，**全体の重さは水と食塩の重さの和である**。

3 速さ

●**速さの比**(くら)**べ方**

㋐ 道のりが同じならば，かかった時間の短い方が速い。陸上競技(きょうぎ)，水泳競技などの速さはこの方法で比べる。 ←かかった時間で比べる

(イ) 時間が同じならば，進んだ道のりの長い方が速い。 ←道のりで比べる

(ウ) 道のりも時間もちがうときは，単位時間あたりに進む道のりを求めて，その値を比べる。 ←単位時間あたりに進む道のりで比べる

●**速さの求め方**…速さは単位時間に進む道のりで表す。したがって，道のりを時間でわって求める。

速さ＝道のり÷時間

●**速さの公式**…速さには，次の公式がある。

速さ＝道のり÷時間
道のり＝速さ×時間
時間＝道のり÷速さ

●**速さの単位**…速さには，時速，分速，秒速などの表し方がある。

時速……１時間あたりに進む道のりで表した速さ
分速……１分間あたりに進む道のりで表した速さ
秒速……１秒間あたりに進む道のりで表した速さ

●**時速・分速・秒速の関係**…時速，分速，秒速の間には，次のような関係がある。

時速÷60＝分速→分速×60＝時速
分速÷60＝秒速→秒速×60＝分速
時速÷60÷60＝秒速→秒速×60×60＝時速

例　時速36kmは分速36÷60＝0.6（km）→600m
　　　　　　　秒速600÷60＝10（m）

4 いろいろな速さ

●**回転の速さ**…モーターやタイヤのように，回転するものの速さは，単位時間あたりの回転数で表す。

回転の速さ＝回転数÷時間

●**仕事の速さ**…人間や機械などのする仕事の速さのこと。全体の仕事量を１として，単位時間に全体の何分のいくつできるかで表す。

例　１人が５時間で仕上げることができる仕事での，１時間の速さは$\frac{1}{5}$

●**音の速さ**…空気中を伝わる音の速さは，0℃のとき毎秒約331mで，気温が1℃上がるごとに毎秒約0.6mずつ速くなる。普通，毎秒340mとして計算する。

例　気温が15℃のときの音の速さは秒速331＋0.6×15＝340（m）

★★★ 基本 072 羊1頭あたりの面積

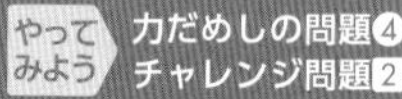

鈴木(すずき)さんの家では，縦(たて)65m，横32mの長方形の牧場に羊を16頭かっています。隣(となり)の山本さんの家では1辺40mの正方形の牧場に羊を12頭かっています。
羊1頭あたりの広さは，どちらが広いでしょうか。 【ノートルダム女学院中】

羊1頭あたりの面積を求めて比(くら)べる。
鈴木さんの牧場…**長方形＝縦(たて)×横**
山本さんの牧場…**正方形＝1辺×1辺**

解き方 鈴木さんの牧場の面積は
$65 \times 32 = 2080$ (m^2)
羊1頭あたりの面積は
$2080 \div 16 = 130$ (m^2)
山本さんの牧場の面積は
$40 \times 40 = 1600$ (m^2)
羊1頭あたりの面積は
$1600 \div 12 = 133.3 \cdots$ (m^2)

答 山本さんの家の牧場

練習 143 1haあたり4.5tの収穫(しゅうかく)のある水田があります。この割合(わりあい)で収穫できるとすれば，20万分の1の地図で□cm^{2}の水田からは7200tの収穫が得(え)られます。 【青山学院中】

練習 144 あるクラスで水田Aと水田Bの稲刈(いねか)りをしました。水田Aは水田Bの2倍の広さです。初めの1時間は全員で水田Aの稲刈りをし，次の1時間は，クラスを半分ずつに分けて，一方が水田A，もう一方が水田Bの稲刈りをしました。その結果，水田Aはちょうど刈り終えましたが，水田Bの方は終わらなかったので，何人か残って稲刈りをしたところ，さらに36分かかりました。
次の問いに答えなさい。
(1) 初めの1時間で刈ったのは，水田A全体のどれだけにあたりますか。分数で答えなさい。
(2) 最後の36分で刈った所を全員で刈っていたら，何分かかりますか。
(3) クラスの人数は何人ですか。ただし，このクラスは35人以上45人以下です。 【筑波大附駒場中】

★★★ 基本 073 速さ・時間・距離(きょり)

やってみよう 力だめしの問題⑥ チャレンジ問題4

右の表は，列車アと列車イの運行の様子を表しています。

駅Aからの距離(km)	停車駅(ていしゃえき)	列車ア	列車イ
623	駅B	発 午後1時36分	発 午後1時56分
811	駅C	着 午後2時37分	着 午後3時16分
		発 午後2時38分	発 午後3時17分
1177	駅D	着 午後4時32分	

(1) 駅B，C間の列車アの速さと列車イの速さを比べると，列車アは列車イより1時間に何km多く進んだことになりますか。答えの1km未満は四捨五入(ししゃごにゅう)しなさい。

(2) もし，列車イが駅B，C間と同じ速さで駅Cから駅Dまで走ると，駅Dに午後何時何分に着きますか。答えの1分未満は四捨五入しなさい。

考え方 (1) **速さ＝走った道のり÷かかった時間** の関係を使う。

表から，駅B，C間の距離は　811－623＝188 (km)

かかった時間は，列車ア… 1時間1分＝$1\frac{1}{60}$時間,

列車イ… 1時間20分＝$1\frac{1}{3}$時間

(2) 駅C，D間の距離は　1177－811＝366 (km)

解き方 (1) $(811-623)\div1\frac{1}{60}=188\times\frac{60}{61}=184\frac{56}{61}$…列車アの速さ

$188\div1\frac{1}{3}=141$ …列車イの速さ　　$184\frac{56}{61}-141=43\frac{56}{61}=43.9\cdots$

答 44km

(2) $(1177-811)\div141=2\frac{28}{47}$　　$\frac{28}{47}\times60=35.7\cdots$→ 36分

3時17分＋2時36分＝5時53分　　答 午後5時53分

練習 145 4km進むと15分休む歩き方で，24km進むのに6時間15分かかりました。この歩き方で15km進むには何時間何分何秒かかりますか。

【関西学院中】

練習 146 周囲(しゅうい)が4kmの池の周りをAさんは自転車で，Bさんはかけ足で3周回ることにしました。同じ場所から同じ方向に出発して30分後に，2人の差は2kmになりました。Aさんが3周を回り終えたとき，Bさんは，Aさんに1回追いこされて，Aさんの後方800mの所にいました。AさんとBさんの時速はそれぞれ何kmですか。

【神戸女学院中】

★★★ 基本 074 速度と距離

やってみよう 力だめしの問題⑰ チャレンジ問題1

毎時10億8000万kmの速さの光が，地球と月の間を往復するのに2.4秒かかるとしたら，地球と月との間の距離は□万kmとなります。

考え方 **距離＝速さ×時間**の関係がある。
ただし，どのような単位を使うかに注意すること。
この場合，距離は万km，時間は秒である。

解き方 108000÷60÷60＝30より
　時速10億8000万km＝秒速30万km
よって，地球と月との間の距離は
30×2.4÷2＝36（万km）
↑片道なので2でわっておく

答 36

練習 147 地球を，赤道にそってはかった周囲の長さが40000kmの球とします。陸の面積と海の面積の比は5：12，また世界の総人口は68億人とします。球の表面積は4×半径×半径×円周率で求められます。
このとき，次の(1)，(2)に答えなさい。
(1) 1人あたりの陸の面積は，次の(ア)～(ク)のうちどれにいちばん近いですか。
(ア) $40\,m^2$　(イ) $200\,m^2$　(ウ) $400\,m^2$　(エ) $2000\,m^2$
(オ) $4000\,m^2$　(カ) $20000\,m^2$　(キ) $40000\,m^2$　(ク) $200000\,m^2$
(2) 人口が100年ごとに2倍になるとします。1人あたりの陸の面積が $1\,m^2$ より小さくなるのは何年後ですか。次の(ア)～(ク)のうちどれにいちばん近いですか。
(ア) 300年後　(イ) 600年後　(ウ) 900年後　(エ) 1200年後
(オ) 1500年後　(カ) 1800年後　(キ) 2100年後　(ク) 2400年後

【麻布中・改】

練習 148 午前10時に出発して目的地で40分間休憩し，同じ道を通って午後2時に戻ってくるようなドライブを計画しています。行きは時速60km，帰りは時速40kmで自動車を運転します。目的地は出発地点から何kmはなれていますか。

【同志社女子中・改】

練習 149 A地点からB地点まで走ったら，太郎君は5分36秒，花子さんは7分12秒かかりました。太郎君と花子さんの速さの比を求めなさい。【慶應中等部】

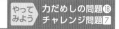

★★★ 基本 075 速さの平均

やってみよう 力だめしの問題⑱ チャレンジ問題⑦

A君とB君は，学校から15kmはなれた公園まで往復しました。A君は，行きは時速6km，帰りは時速4kmで歩き，B君は，行きも帰りも同じ速さで歩きました。2人のかかった時間は同じでした。

(1) A君は往復に何時間何分かかりましたか。

(2) B君は時速何kmで歩きましたか。　【奈良女子大附中等教育学校】

(1) 行きの時間と帰りの時間をたす。

(2) 往復30kmを，A君がかかった時間でわる。

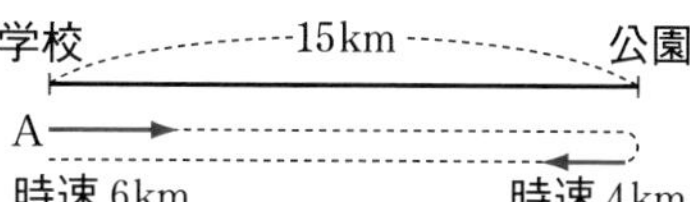

(1) $\frac{15}{6}+\frac{15}{4}=6\frac{1}{4}$(時間)　（$\frac{15}{6}$：行きの時間，$\frac{15}{4}$：帰りの時間）　$60\times\frac{1}{4}=15$　　答 6時間15分

(2) $15\times 2\div 6\frac{1}{4}=4.8$ (km/時)　　答 時速4.8km

練習 150 同じ道を自動車で往復します。行きは毎時40km，帰りは毎時60kmでした。平均の速さは毎時何kmですか。　【四天王寺中】

練習 151 甲(こう)，乙(おつ)2人が，1200mはなれた地点から向かい合って同時に出発すれば6分で出会い，両人ともに毎分の速さを20m遅(おそ)くすれば，前に出会った地点から30mはなれた所で出会います。ただし，甲は乙よりも速いものとします。

(1) 両人が毎分の速さを20m遅くしたときの，出会うまでの時間は何分ですか。

(2) 両人の初めの毎分の速さを求めなさい。　【開成中】

練習 152 A町とB町は10kmはなれています。兄と弟はA町を出発してB町に着いたら，すぐにA町にひき返すことにしました。兄が弟より36分遅(おく)れてA町を出発したところ，B町の手前2.8kmの所で弟を追いこし，A町に帰り着いたとき，弟はA町の手前3.2kmの所にいました。

(1) 兄と弟の速さの比をできるだけ簡単(かんたん)な整数の比で表しなさい。

(2) 弟の歩く速さは毎分何mですか。

(3) 兄は，弟を追いこしてから，何分後に弟と出会いますか。　【早稲田中】

練習 153 今出発して目的地へ行くのに，時速30kmで行くと，決められている時刻(じこく)に2時間遅れます。また，時速36kmにしても20分遅れます。決められた時刻に着くには，時速何kmにしなければなりませんか。

基本 076 時計の長針と短針のなす角と時刻

やってみよう 力だめしの問題8 チャレンジ問題3

4時と5時の間で，時計の長針と短針が次のようになる時刻を求めなさい。

(1) 一直線になる。　　(2) 垂直に交わる。

考え方 針が進む速さは，1分間あたりに針が回転する角度で表す。

長針
…$360° \div 60 = 6°$
短針
…$360° \div 12 \div 60 = 0.5°$

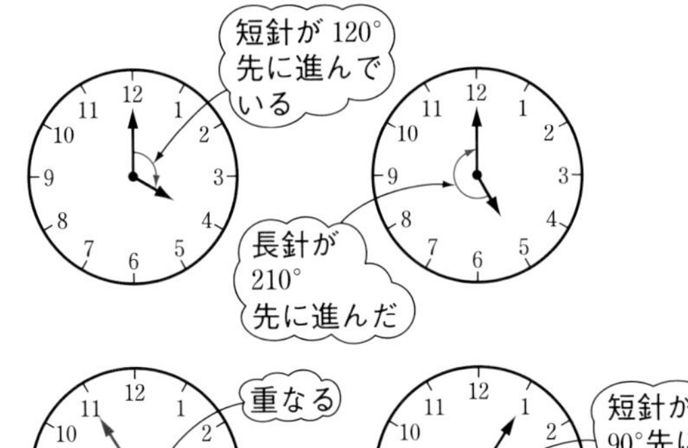

4時には，短針が120°先に進んでいて，長針がそれを追いかけ，追いつき，追いこすと考える。5時には，長針が短針を210°ひきはなして先に進んだことになる。

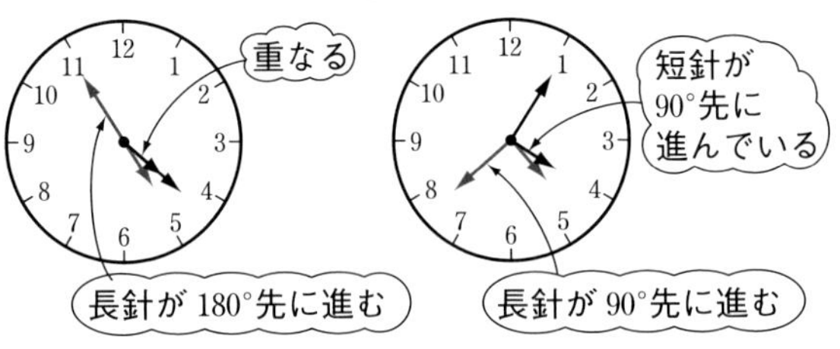

解き方 (1) 重なるときは120°の差をつめるので

$$120 \div (6 - 0.5) = 21\frac{9}{11}\text{(分)}$$

反対側に来るときは，120°の差をつめて，さらに180°先に進むので

$(120 + 180) \div (6 - 0.5) = 54\frac{6}{11}$(分)　　**答** 4時$21\frac{9}{11}$分，4時$54\frac{6}{11}$分

(2) 追いつく前は，$120° - 90° = 30°$つめるので　$30 \div (6 - 0.5) = 5\frac{5}{11}$(分)

追いこしたあとは，120°の差をつめ，さらに90°の差をつけるので

$(120 + 90) \div (6 - 0.5) = 38\frac{2}{11}$(分)　　**答** 4時$5\frac{5}{11}$分，4時$38\frac{2}{11}$分

練習 154 3時から4時までの間について，次の問いに答えなさい。

(1) 時計の長い針と短い針の重なる時刻は何時何分ですか。

(2) 時計の両針のつくる角が60°になってから2度目に60°になるまでに何分かかりますか。

【北豊島中】

★★★ 標準 077 仕事の速さ

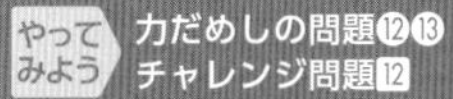

ある水槽(すいそう)に水をいっぱい入れるのに，Aの管では4時間，Bの管では7時間かかります。また，この水槽にいっぱいはいっている水をCの管から流し出して，空にするには6時間かかります。うっかりCを開けたまま空の水槽にAとBから同時に水を入れました。水がいっぱいになるには，何時間かかりますか。【同志社中】

考え方 **仕事量＝仕事の速さ×かかった時間**(または，かかった日数)だが，この問題では仕事量がわからない。したがって，仕事の速さもわからない。
このようなときは，空の水槽に水をいっぱい入れるまでの仕事を1として，仕事の速さを分数で表す。

解き方 Aの管から1時間にはいる水の量は水槽の　$1\div4=\frac{1}{4}$

Bの管から1時間にはいる水の量は水槽の　$1\div7=\frac{1}{7}$

Cの管から1時間に出る水の量は水槽の　$1\div6=\frac{1}{6}$

A，Bから入れて，Cから出すとかかる時間は

$1\div\left(\frac{1}{4}+\frac{1}{7}-\frac{1}{6}\right)=1\div\frac{19}{84}=4\frac{8}{19}$(時間)　　**答** $4\frac{8}{19}$時間

入試ポイント ●仕事の速さを比(くら)べたり，仕事にかかる時間などを求めるときは，**仕事量を1として，仕事の速さを分数で表す。**

練習 155 何人かの人たちで大小2つの牧場の草刈(か)りをしました。大きい牧場の広さは小さい牧場の2倍です。午前中は全員で大きい牧場の草刈りをし，午後は午前と同じ時間で半分の人で大きい牧場を刈りあげました。残り半分の人で小さい方を刈りましたが，少し刈り残しができました。そこで，この残りを次の日3人で午前，午後かけて刈りあげました。

全部で何人いたのでしょうか。式を書いて求めなさい。ただし，午前と午後の働いた時間，1人1人の仕事の能率(のうりつ)は同じとして考えなさい。【履正社学園豊中中】

〔手が出ないとき〕全員が半日でする仕事を1とすると，
人数＝1÷(1人半日分の仕事量)となる。

★★★ 応用 078 仕事の速さとかかる時間

やってみよう 力だめしの問題⑳ チャレンジ問題⑪

スキー場に，次の表のような2つのリフトAとBが並行して頂上まで動いています。リフトに空席はないものとし，また行列の先頭の人が乗るとき，両方のリフトが同時に乗車位置を通過するものとして，次の問いに答えなさい。

	乗車位置から頂上までの距離	リフトのいすの間隔	速さ	リフトのいす1つあたりの定員
A	600m	6m	毎秒1.6m	1人
B	600m	7m	毎秒1.5m	2人

(1) リフト待ちの行列がAに32人，Bに49人並んでいます。このあとに並ぶとき

(イ) □のリフトに並んだ方が□秒早くリフトに乗れます。

(ロ) □のリフトに並んだ方が□秒早く頂上に着きます。

(2) Bに53人並んでいるとき，Aに並んでいる人数が□以下ならば，Aに並ぶ方が早く頂上に着きます。 【大阪星光学院中】

考え方 リフトのいすが乗車位置にくるのは，A，Bそれぞれ

A…$6 \div 1.6 = \frac{15}{4}$(秒)　　B…$7 \div 1.5 = \frac{14}{3}$(秒)

ごとであり，その時間ごとにAは1人，Bは2人行列から人が減っていく。なお，Bの行列の人数は奇数なので，Bに並ぶと行列の最後の人と同時に乗車することになる。

解き方 (1) (イ) Aでは$\frac{15}{4} \times 32 = 120$(秒)，Bでは$\frac{14}{3} \times 24 = 112$(秒)かかる。

$120 - 112 = 8$(秒)　　**答** 順に，B，8

(ロ) 頂上に着くには，Aでは$600 \div 1.6 = 375$(秒)，Bでは$600 \div 1.5 = 400$(秒)かかる。Bの方に8秒早く乗っているので

$400 - 375 - 8 = 17$(秒)　　**答** 順に，A，17

(2) Bに並ぶと乗車までの時間は，$\frac{14}{3} \times 26 = \frac{364}{3}$(秒)かかる。

A，Bのリフトに同時に乗ると，Aの方が25秒早く着くから，Aに1人もいないときBに比べ，$\frac{364}{3} + 25 = 146\frac{1}{3}$(秒)早く着く。この間に運べるのは$146\frac{1}{3} \div \frac{15}{4} = 39.\cdots$(人)なので，39人以下ならAの方が早い。　**答** 39人

力だめしの問題　入試標準レベル

解答➡別冊 p.80

1 あるスーパーでは，卵10個入り180円の箱と，6個入り120円の箱の2種類を売っています。ある日売った卵の箱の数が156箱で，卵の売り上げ金額は，23940円でした。このとき，10個入りの箱は□箱，6個入りの箱は□箱売れました。卵は1個□円で売れたことになります。一の位までの概数で求めなさい。　【大阪星光学院中・改】

2 びんに油が3Lはいっています。その重さをはかったら2.9kgでした。油をびんから2L出したあと，重さをはかったら1.5kgでした。油1Lの重さは何gでしょうか。また，びんの重さは何gでしょうか。　【藤村女子中・改】

3 長さが$1\frac{1}{4}$mで，重さが$7\frac{1}{2}$kgの鉄の棒があります。この鉄の棒1mの重さを求める式を書きなさい。
(太さはどこも同じとします。)　【お茶の水女子大附中】

4 6Lのガソリンで52kmの道のりを走る自動車Aと4Lのガソリンで39kmの道のりを走る自動車Bがあります。次の問いに答えなさい。

(1) 自動車Aが260kmの道のりを走ることができるガソリンの量で自動車Bが走ると，自動車Bは□kmの道のりを走ることができます。

(2) この2台の自動車が同じ道のりを走るとき，自動車Bが消費するガソリンの量は，自動車Aが消費するガソリンの量の□倍です。　【東京学芸大附世田谷中】

5 4つの器A，B，C，Dに42個のみかんを分けました。AとBの個数の比は3：2，BとDの個数の和とCの個数の比は6：5になり，BはDの半分の個数になったそうです。Aの器には，みかんは何個あるでしょう。　【金城学院中】

ヒント

1 1箱につき，値段のちがいは60円。156箱全部120円の箱とすると，売り上げ金はいくらか？

2 まず，油2Lの重さを求める。

3 1mの重さ＝重さ(kg)÷長さ(m)

4 (1) A，Bはそれぞれ1Lのガソリンで何km走れるか。
(2) 1kmあたりの消費するガソリンの量で比べる。
▶基本 072

5 基準にBをとり，Bを2としてみる。

6 A町からB町まで走る車があります。

次の問いに答えなさい。ただし，答えは四捨五入により小数第1位まで求めなさい。

(1) A町から出発して時速60kmで，ある時間だけ走り，次に同じ時間だけ時速40kmで，さらに，同じ時間だけ時速36kmで走って，ちょうどB町に着きました。この車は平均時速何kmで走ったことになりますか。

(2) A町から出発して時速60kmで，ある距離だけ走り，次に同じ距離だけ時速40kmで，さらに同じ距離だけ時速36kmで走って，ちょうどB町に着きました。この車は平均時速何kmで走ったことになりますか。

【久留米大附設中】

7 A地を30分おきに発車して一定の速さでB地に向かうバスがあり，B地からA地に向かって一定の速さで歩いている人は25分ごとにバスに出会うそうです。

このとき，バスの速さと人の速さの比は，□：1です。

【灘中】

8 図のように，A，B，C 3つの針が同じ向きに回ります。BはAの1.5倍，CはAの2倍の速さで回ります。A，B，Cは120°ずつはなれているイ，ロ，ハの所から同時に動き始めます。Aはイからロまで動くのに5秒かかります。

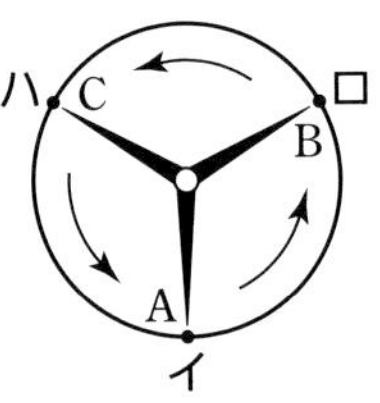

(1) 50秒たったとき，A，B，Cはそれぞれどこにきていますか。イ，ロ，ハの記号で答えなさい。

(2) Bが13回転してロにきたあとで，A，B，Cが初めと同じ位置にくるのは，動き始めてから何秒後ですか。

【同志社中】

9 ある人が，A町からB町へ1時間歩いては10分休んで行ったところ，3時間54分かかりました。帰りは，歩く速さを2割へらし，50分歩いては10分休みました。帰りは行きに比べ，どれだけ多くの時間がかかりましたか。

【関西学院中学部】

ヒント

6 (1) ある時間を1時間とする。
(2) ある距離を1kmにとる。または，60と40と36の最小公倍数の360kmにとる。

▶基本 073

7 下の図のQR:PQを求める。

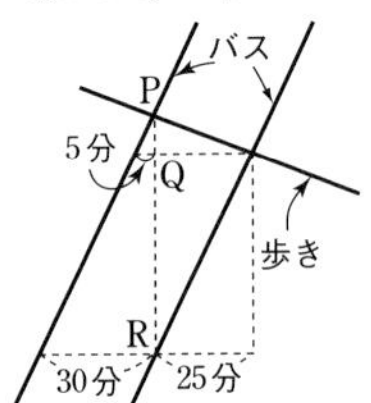

8 角120°を1とすると，A，B，Cの回転速度は1秒あたりそれぞれ$\frac{1}{5}$，$\frac{3}{10}$，$\frac{2}{5}$となる。したがって，10秒ごとに，Aは2，Bは3，Cは4進む。これから30秒ごとにもとの状態に戻ることがわかる。

▶基本 076

9 A町からB町までの距離を1とする。わからない場合はダイヤグラムをかいて整理しよう。

10 2つの時計A，Bがあります。Aの時計は3時間に4分遅れ，Bの時計は2時間に1分進みます。ある日の夜，時計Aは8時15分を指し，時計Bは8時ちょうどを指していました。時計Bの目覚ましの目盛りを7時ちょうどに鳴るようにセットしたら，翌朝，時計Bのベルが鳴りました。そのとき，時計Aは何時何分を指していますか。　【麻布中】

11 長さのちがうA，B2種類のろうそくがあります。ろうそくに火をつけると，それぞれ同じ割合で短くなっていきます。Aのろうそくの長さは20cmです。

A，Bのろうそくに同時に火をつけると，10分後に同じ長さになり，それから5分後にAの長さは2cm，Bの長さは6cmになりました。

(1) Bのろうそくの初めの長さは何cmですか。

(2) Bのろうそくの長さがAの2倍になるのは，火をつけてから何分後ですか。　【慶應普通部】

12 大小2つの容器があります。容積の比は3：2です。大きい容器にはA管で，小さい容器にはB管で水を入れると，大きい方は2時間で，小さい方は3時間でいっぱいになります。

逆に大きい容器にはB管を用い，小さい容器にはA管を用いると，大きい方は□時間□分，小さい方は□時間□分でいっぱいになりました。　【土佐中】

13 A，B2人で働いても，A，C2人で働いても24日かかる仕事があります。これをBとC2人ですれば21日かかるといいます。

もし，A，B，C3人ですれば，この仕事は□日目に完成します。　【灘中】

ヒント

10 6時間で考え，AとBの速さの比を求める。

11 Aは1分間に $\frac{18}{15}=\frac{6}{5}$ (cm)短くなる。
まず，初めのA，Bの長さの差を求める。

12 大きい方の容器の容積を3とすると，A，B管の水を入れる速さは $\frac{3}{2}$，$\frac{2}{3}$ となる。
▶標準 077

13 全仕事量を1として，AとBとCが1日にする仕事量を求める。
▶標準 077

14 高さの異なる3つの台㋐，㋑，㋒が並んでいて，台㋑は台㋐より10cm高く，台㋒より38cm高くなっています。今，図のように点Aよりボールを落としたところ，台㋐，㋑，㋒で次々と跳ねて床に落ちました。台㋑で跳ねたあと最も高くなったときの高さは，Aの高さより88cm低く，台㋒で跳ねたあと最も高くなったときの高さは，床から2mでした。ただし，このボールは落ちた高さの80%だけ跳ね上がることとします。

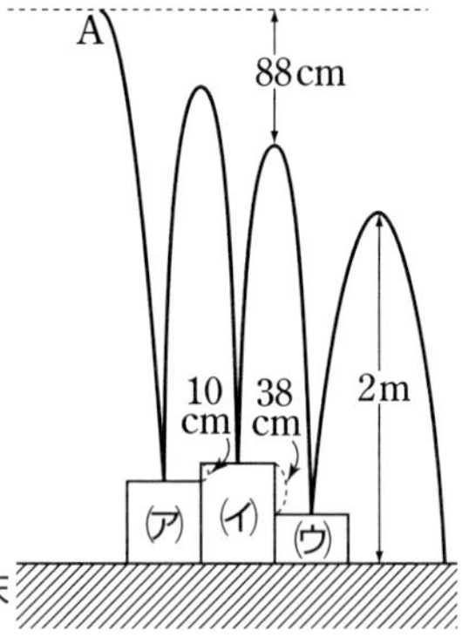

(1) 点Aは台㋐より何cm高いですか。

(2) 台㋐の高さは何cmですか。

【早稲田中】

ヒント

14 (1) ㋑の高さが㋐の高さと同じだったら，Aから何cmの所まで跳ね上がるか。これと，㋐よりもAが1m高いときに跳ね上がる高さを比べる。

(2) ㋑で跳ね上がった高さから㋒で跳ね上がる高さを求め，そこから，まず㋒の高さを求める。

15 ひろし君は，午前9時にA駅から北山に登り，頂上で30分間休み，B駅に降りました。A駅から頂上までは，時速2kmで登りました。よし子さんは，午前9時にB駅から北山に登り，A駅に降りました。

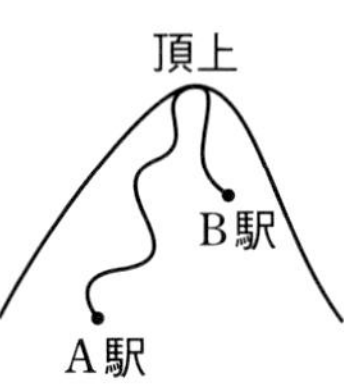

右のグラフは，その様子を表したものです。

B駅
よし子さん
ひろし君
A駅
9時

(1) A駅から頂上までは何kmありますか。

(2) ひろし君は，頂上からB駅まで時速何kmで降りましたか。

(3) よし子さんが，ひろし君とすれちがったのは何時何分ですか。

【神戸女学院中学部】

15 グラフの，縦1目盛りが何kmにあたるか，横1目盛りが何分にあたるかを調べる。

16 右の図のように，正方形の形をした道路の内側に，直径が 60 m の円形の道路が，4点 P，Q，R，S で接しています。(これらの点を接点といいます。)今，太郎君，次郎君の2人が同時に点 P を出発して，太郎君は毎分 50 m の速さで正方形の形の道路の上を，次郎君は $4\frac{4}{29}$ 分で1周する速さで円形の道路の上を，それぞれ時計と反対回りに歩き出しました。

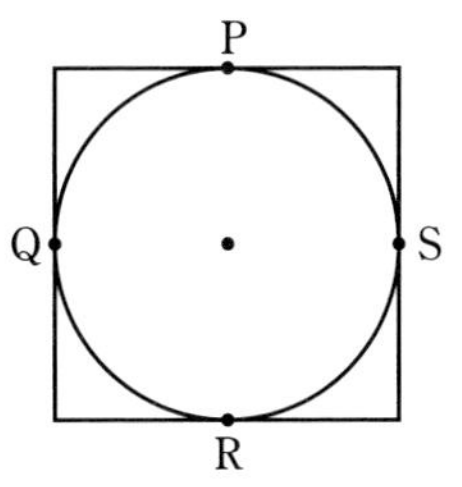

次の問いに答えなさい。

⑴ ある接点から次の接点まで行くのにかかる2人の時間の比を，最も簡単な整数の比で求めなさい。

⑵ 点 P を出発したあと，太郎君と次郎君とが初めて出会うのは，どの点で，何分後ですか。 【駒場東邦中】

ヒント

16 ⑵ 仮に，次の接点まで行くのにかかる時間を計算しやすい数で求める。次に，実際の時間に合わせて，何倍かする。

17 池の周りを，A さんは毎分 120 m，B さんは毎分 60 m，C さんは毎分 80 m で歩きます。

ある地点 P から，A さんと B さんは左回りに，C さんは右回りに同時に歩き出しました。

A さんと C さんが初めて出会った地点から，A さんは向きを変えて戻り，戻り始めてから B さんに出会うまでに 8 分かかりました。

このとき，次の問いに答えなさい。

⑴ 池の周りの長さは何 m ですか。

⑵ A さんは，B さんに出会うと，また向きを変えて歩き出しました。A さんが C さんと出会うのは，B さんと出会ってから何分後ですか。

　このとき，A さんは P 地点から何 m の所にいますか。短い方の距離で答えなさい。 【四天王寺中】

17 池は円として考えてよい。

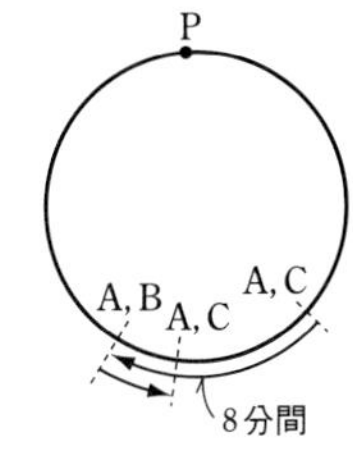

A，B，C の進む距離の比は

A：B＝2：1

A：C＝3：2

となる。

▶基本 074

18 太郎と次郎が，同時にA地からB地に向かって出発しました。太郎は毎時4kmの速さで歩いて行きました。次郎は，毎時20kmの速さで自転車に乗って行きました。次郎は，B地に着いて30分過ごしたあと，A地に向かって同じ速さでひき返しました。太郎は，次郎より2時間24分遅れてB地に着きました。

(1) A地からB地までの道のりは何kmですか。

(2) 次郎がB地を出発して何分後に，太郎と出会いましたか。

【同志社中・改】

ヒント

18 (1) 道のりを1とする。2人が1進むのにかかる時間の差を求める。
(2) 次郎がB地を出発するとき，太郎はどの地点にいるか。この地点からB地までの距離を2人で進んだことになる。

▶基本 075

19 ある工場に，毎分125Lの割合でいつも水が使われている貯水タンクがあります。このタンクの貯水量が500Lになると，ポンプが動いて一定の割合で水がはいり始め，タンクの貯水量が7500Lになるとポンプは止まります。午前8時に貯水量が500Lになったのでポンプが動き始め，午前8時50分に初めて止まりました。

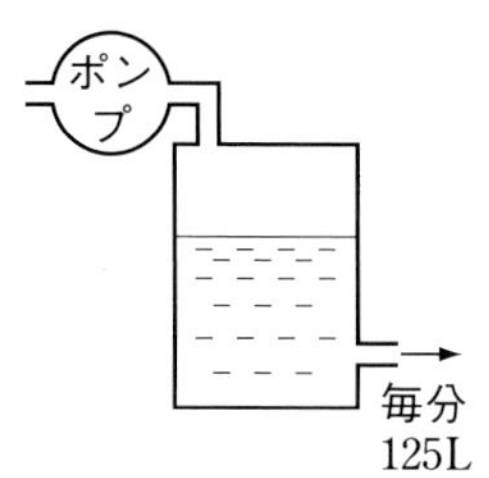

(1) このポンプが1分間に入れる水の量は何Lですか。

(2) 正午にタンクにはいっている水の量は何Lですか。

【愛光中】

19 (1) ポンプが50分間に入れる水の量は，(タンクに増えた水の量)＋(50分に使った水の量)である。
(2) 再び500Lになってから何分経っているか。

20 上，下にパイプのついた水槽に，ある量の水がはいっています。それぞれ一定の割合で，上のパイプから水をつぎこむと同時に下のパイプから水を流して使用していくと，ある時間で使い切ります。つぎこむ水の量を20%増し，使う水の量を10%増しても使い切る時間に変わりはなく，またつぎこむ水の量を50%増し，使う水の量を20%増したとすると，使い切る時間は2時間多くなるそうです。

(1) 同じ時間に，つぎこむ水の量と，使う水の量の比を求めなさい。

(2) つぎこむ水の量を20%増し，使う水の量を変えないとしたら，使い切るまでの時間は何時間何分でしょう。【開成中】

20 つぎこむ水の量，使用する水の量とも単位時間あたりの量である。
(1) つぎこむ水の量の20%と使う水の量の10%は等しい。

▶応用 078

チャレンジ問題 入試発展レベル

解答➡別冊 p.84

★は最高レベル

1 A，B 2枚(まい)の長方形の紙が，たがいに垂直(すいちょく)な2本の直線に沿(そ)って図のように置かれています。今，図の位置から直線に沿って，2直線の交点Oの方に向かって矢印の方向に，2枚の紙をそれぞれ一定の速さで動かします。

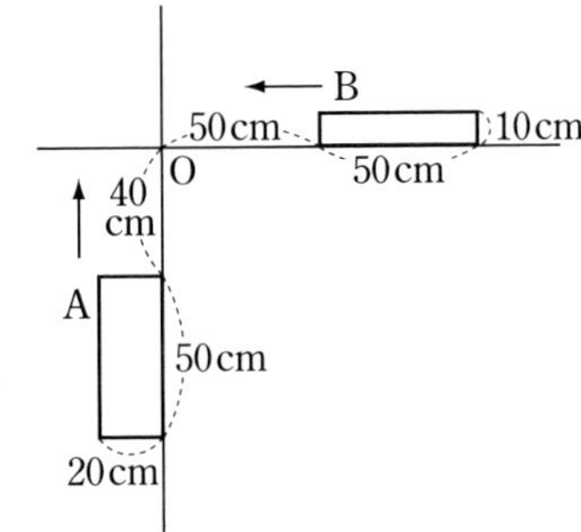

(1) AもBも速さは毎秒5cmです。このまま進むなら，A，Bが重なり合っている時間は何秒間ですか。

(2) Aの速さを毎秒5cmとします。AとBが重ならないようにしたい。そのためにはBの速さを，(ア)毎秒何cm以上とするか，または，(イ)毎秒何cm以下とすればよいですか。

【金蘭千里中】

2 A君は42kmの道のりを2時間20分で走ります。B君は100mを12秒で走ります。

(1) A君は，100mを何秒の割合で走ることになりますか。

(2) この2人が同時にスタートして，同じコースを上の速さで走ります。B君が400m走ったとき，A君はB君の何m後ろにいることになりますか。

【慶應普通部】

3 右の図のような正三角形の周上を，2点P，Qが点Aを同時に出発し，一定の速さで反対方向に回ります。

P，Qが1周するのに，Pは15秒，Qは21秒かかります。

次の問いに答えなさい。

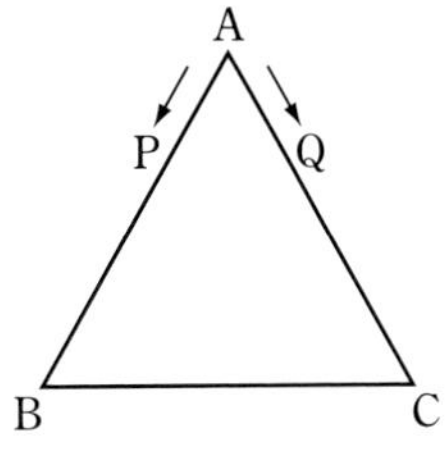

(1) P，Qが出発してから3回目に出会うのはどこですか。

(2) P，Qが頂点(ちょうてん)Bで4回目に出会うのは何秒後ですか。

【ラ・サール中】

★ **4** グラフは，太郎君が午前 9 時に自分の家を出発してから 18.8km はなれた三郎君の家に行ったときの，時間と歩く速さの関係を表したものです。途中，A 地点と B 地点でそれぞれ休憩をとり，その休憩時間は，それぞれすぐ前に歩き続けた時間の $\frac{1}{5}$ でした。また，A 地点から B 地点までは 7.2km ありました。

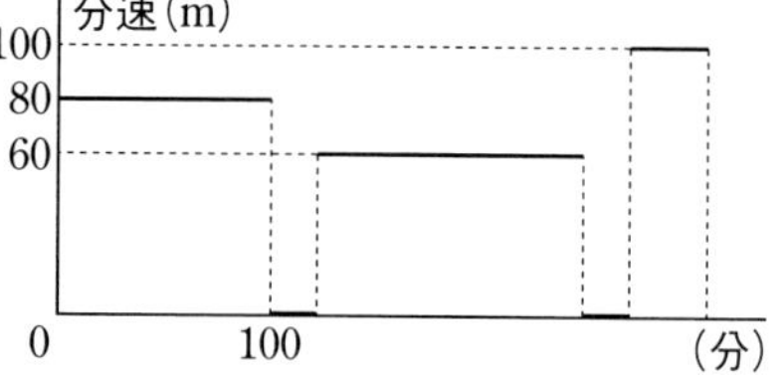

次の問いに答えなさい。

(1) 太郎君の家から A 地点までは何 km ありますか。

(2) 休憩時間は合わせて何分でしたか。

(3) 太郎君は何時何分に三郎君の家に着きましたか。

(4) この日，午前 10 時 30 分に A 地点から出発した次郎君は，三郎君の家に向かって休憩を 1 回もとらずに一定の速さで歩きました。結局，次郎君は，太郎君の 20 分後に三郎君の家に着きました。

さて，三郎君の家に向かう途中，次郎君は太郎君に何回会ったでしょうか。

【名古屋学院中】

5 聖君は，毎日 A 地点から B 地点まで自転車で通っています。A 地点と B 地点を結ぶまっすぐな道路のちょうど真ん中に P 地点があり，A 地点と P 地点の間に Q 地点があります。A 地点から Q 地点までは雨が降ってもぬかるむことはありませんが，雨が降ると Q 地点からぬかるみが始まり，自転車のスピードも落ちてしまいます。A 地点と B 地点の間の距離が 15km，ぬかるんでいない所を走る自転車の速さを時速 14km として，次の問いに答えなさい。

(1) ある日雨が降り，Q 地点から 1km にわたって道がぬかるんでいました。この日，自転車に乗って B 地点に向かったところ，1 時間 10 分かかりました。ぬかるみでの自転車の速さは時速何 km ですか。

(2) (1)の次の日も雨が降り，自転車に乗って B 地点に向かったところ，1 時間 50 分かかりました。この日，ぬかるみになっていた距離は，Q 地点から何 km ですか。ただし，ぬかるみでの自転車の速さは(1)の答えと同じものとします。

(3) (2)のとき，A 地点から P 地点までにかかった時間は P 地点から B 地点までにかかった時間より 10 分だけ短くなりました。Q 地点は A 地点から何 km の所にありますか。

【聖光学院中】

★ **6** 図のような1辺が120mの正方形1つと，1辺が20mの正方形2つとからできている周回道路があります。今，太郎君と次郎君が矢印の方向に，この道路を走ることにします。ただし，次郎君は大きい正方形の部分だけを走り，太郎君はC地点，D地点にきたときには必ず小さい正方形の部分を1周します。太郎君は毎分140mの速さでA地点から，次郎君は毎分100mの速さでB地点から同時に出発したとき，次の⑴，⑵に答えなさい。

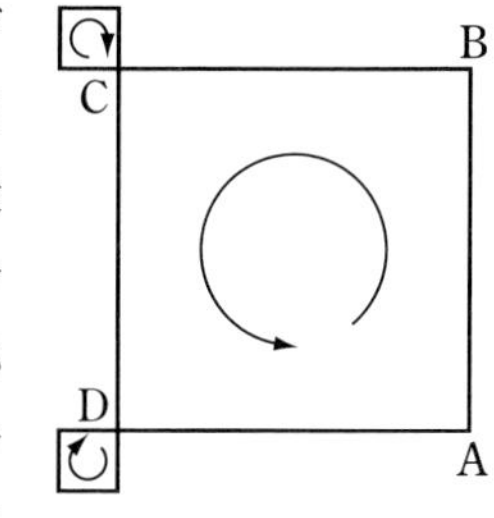

⑴ 次郎君が1周してB地点に戻(もど)ったとき，太郎君はどこにいますか。A，B，C，Dのうち最後に通過(つうか)した地点から何m先かで答えなさい。

⑵ 太郎君が次郎君に最初に追いつくのは，出発してから何分後ですか。また，その地点はどこですか。⑴と同じように答えなさい。 【麻布中】

7 1秒間に右へ5cm，下へ3cmの割合(わりあい)で動く点Pがあります。この点Pが長方形ABCDの頂点(ちょうてん)Aから出発します。

ただし，点Pが1秒間に右へ5cm，下へ3cmの割合で動くとは，右の図の矢印の道筋(みちすじ)を1秒間に進むことです。

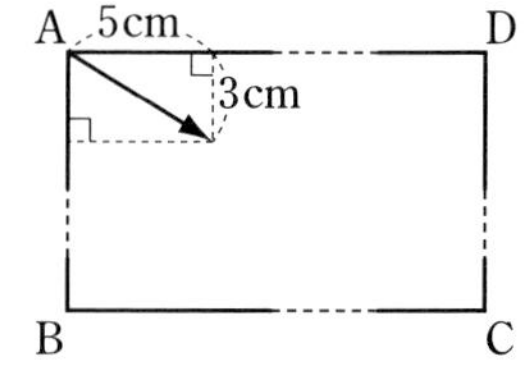

⑴ 点Pは頂点Aを出発してから5秒後に，頂点Cに着きました。このときの長方形ABCDの面積は何cm^2ですか。

⑵ 点Pは頂点Aを出発してから10秒後に，動きが1秒間に右へ5cm，下へ6cmの割合に変わりました。その10秒後に，点Pは頂点Cに着きました。このときの長方形ABCDで点Pが通った道筋と辺AB，BCによって囲(かこ)まれる図形の面積は何cm^2ですか。

⑶ 点Pは頂点Aを出発してから8秒後に，動きが1秒間に右へ7cm，下へ3cmの割合に変わり，その8秒後に動きが1秒間に右へ7cm，下へ5cmの割合に変わりました。その8秒後に，点Pは頂点Cに着き，すぐに1秒間に左へ6cm，上へ4cmの割合で動き始めました。このときの長方形ABCDで点Pが頂点Cから動き始めてから［ア］秒後に，動きが1秒間に左へ8cm，上へ4cmの割合に変わったので，点Pは頂点Cを出発してから［イ］秒後に頂点Aに戻りました。

［ア］，［イ］にあてはまる数を答えなさい。 【四天王寺中】

★ **8** 1辺の長さが30cmの正方形ABCDの頂点(ちょうてん)Aを出発して辺AB上を一定の速さで往復(おうふく)し続ける点Pと，Pと同時にAを出発して辺AD上を一定の速さで往復し続ける点Qがあります。Pから辺ABに垂直(すいちょく)に引いた直線と，Qから辺ADに垂直に引いた直線の交点をRとします。Pの速さが秒速6cmのとき，次の面積を求めなさい。

(1) 点Qの速さが秒速15cmのとき，点Rが動いた線によって囲(かこ)まれる図形の面積

(2) 点Qの速さが秒速20cmのとき，点Rが動いた線によって囲まれる図形の面積

【甲陽学院中】

9 図のように，周の長さが1200mの正六角形の形をした池があり，BE間には，まっすぐな橋がかかっています。太郎(たろう)君はBを出発して，毎分100mの速さでEまでこの橋を渡(わた)ります。次郎君はAを出発してLとの間を，花子さんはAを出発してMとの間をそれぞれ一定の速さのボートでまっすぐ往復します。3人は同時に出発し，次郎君と花子さんは，同時にAに戻(もど)るまで，休むことなく往復し続けました。次郎君と花子さんがそれぞれ初めて橋の下にきたとき，その真上に太郎君がいました。L，MはそれぞれCD，DEの真ん中の点です。

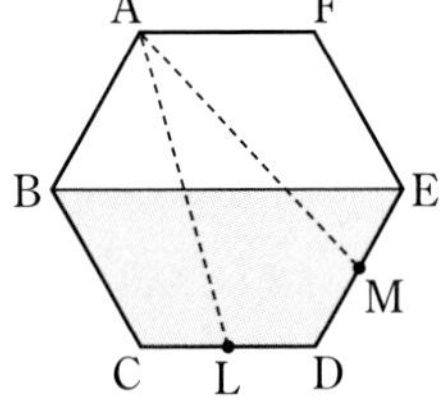

(1) 次郎君が初めて橋の下にくるのは，出発してから何分何秒後ですか。

(2) (次郎君のボートの速さ)：(花子さんのボートの速さ)を最も簡単(かんたん)な整数の比(ひ)で表しなさい。

(3) 次郎君と花子さんが同時にAに戻(もど)るのは出発してから何分後ですか。また，この間で2人がともに池の▭の範囲(はんい)にいるのは何分何秒間ですか。

【洛南高附中】

10 国道に，A，B，Cの順に信号機が設置(せっち)されています。この信号は連動されていて，A，B，C同時に色が変わる方式です。なお，赤信号は50秒，青信号は70秒，黄信号は20秒で色が変わります。A，B間の距離(きょり)は14kmです。

(1) 時速36kmの自動車がAを青信号で通過(つうか)して，Bも青信号で，そのまま通過しました。Bの信号は，Aを通過してから何回目の青信号でしたか。

(2) Aが青信号になった瞬間(しゅんかん)に通過した自動車が，BもCも青信号になった瞬間に通過しました。Bの青信号は，Aを通過してから9回目のもので，Cの青信号は，Aを通過してから15回目のものでした。

自動車の時速と，B，C間の距離を求めなさい。

【駒場東邦中】

11 図のAから太郎が，Bから次郎が，Cに向けて同時に出発しました。次郎は時速3kmで歩き，途中(とちゅう)で45分休み，その後は時速4.8kmで歩きました。太郎は時速4kmで休まず歩き，ある地点で次郎を追いこしましたが，2人は同時にCに着きました。

次郎は出発してから休むまでに何時間何分歩きましたか。 【武蔵中】

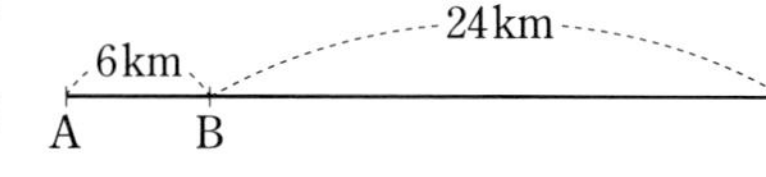

12 A君，B君の2人がマラソンに参加しました。A君が15km地点を通過したとき，B君はA君の3km後方にいましたが，その後，残り12kmの地点でA君は体調をくずし，走ることをやめて休みました。30分したらB君がきたので，B君と同時にその地点を出て走り始めましたが，速さは前に比(くら)べて毎時3kmだけ遅(おそ)くなったため，B君がゴールしたとき，A君はゴール前1.5kmの所を走っていました。

このとき，次の問いに答えなさい。ただし，A君は休む前とあとはそれぞれ一定の速さで，また，B君はスタートからゴールまで同じ速さで走ったものとします。

⑴ A君が途中で走るのをやめたのは，スタートしてから何時間何分後ですか。

⑵ B君の速さは，時速何kmですか。 【巣鴨中】

★ **13** 子どもと大人がそれぞれA地を出発して，9kmはなれたB地に行き，ただちにひき返して，A地に戻るものとします。

大人は，子どもより30分遅(おく)れてA地を出発して，B地の手前3kmの所で子どもに追いつき，A地に帰ったときは，子どもはA地の手前4kmの地点を帰りつつありました。

次の問いに答えなさい。

⑴ 子どもと大人の速さは，それぞれ1分間に何mですか。

⑵ 大人が，子どもを追いこしてから帰りに会うまでの時間は何分間ですか。

【灘中】

入試で得する 解法テクニック

求積の問題では，いかに問題に切りこむかが合否を分ける。図形が動く問題では，その軌跡をとらえること，面積の比では，辺の比を面積比へと移すこと，「立体の求積問題」では「高さ平均」・「合体・分割」を利用するなど，総合的にテクニックを利用する能力が問われる。

円に接する三角形

下の**図 1** の直角三角形の内接円の半径を□ cm とすると，三角形㋐，㋑，㋒の高さはすべて□ cm になっています。□にはいる数を求めなさい。

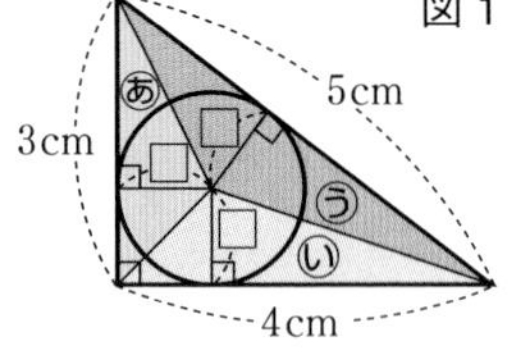

図 1

普通の 考え方 三角形㋐，㋑，㋒の面積の和は，

$(3+4+5)\times\square\div 2$　　全体の面積は　$3\times 4\div 2$

（底辺の和）

よって　$(3+4+5)\times\square\div 2=3\times 4\div 2$

$(3+4+5)\times\square=3\times 4$　　$\square=\dfrac{3\times 4}{3+4+5}=1$ (cm)

得する 考え方 下の解法テクニックで，辺を**図 2** のア，イ，ウの長さに分割できる。

すると，全体が直角三角形なので，左下に**正方形**ができ，**内接円の半径が，イの長さと等しく**なる。したがって，次の消去算を解けばよい。

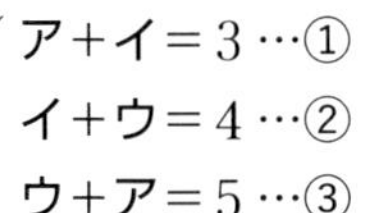

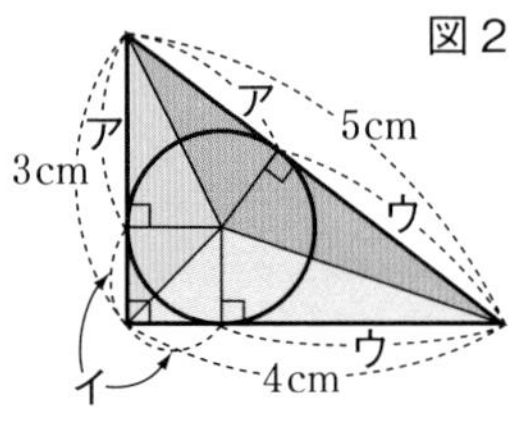

図 2

この消去算を，ちょっとかわった解き方で解いてみる。

3＋4 ……………………ア＋イ＋イ＋ウ　　…④ ←①＋②をする

3＋4－5 ………………イ＋イ　　　　　　…⑤ ←④－③をする

$\dfrac{3+4-5}{2}=1$ (cm)　…イ

答 1

解法テクニック

● 円外の 1 点から 1 つの円に接線を 2 本引くとき，**その点から接点までの距離は等しい。**

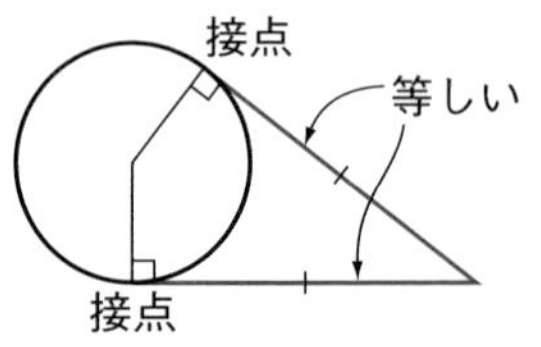

円の回転数

半径1cmの円Pと半径2cmの円Qがあります。(円周率を3.14とする。)

(1) **図1**のように，円Pが直線上を12.56cm進むとき，円Pは何回転しますか。

(2) **図2**のように，円Pが円Qの外側を滑ることなく転がって1周するとき，円Pは何回転しますか。

(3) **図3**のように，円Pが円Qの内側を滑ることなく転がって1周するとき，円Pは何回転しますか。

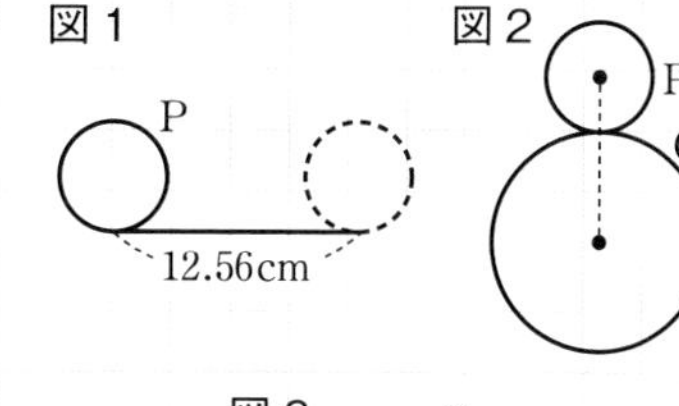

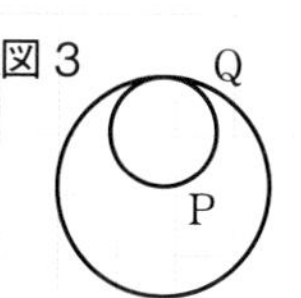

普通の考え方 右の図で，色の線はそれぞれ中心の動いたあと。

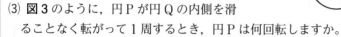

(1) $12.56 \div (1 \times 2 \times 3.14) = 2$ (回転)

(2) $(3 \times 2 \times 3.14) \div (1 \times 2 \times 3.14) = 3$ (回転)

(3) $(1 \times 2 \times 3.14) \div (1 \times 2 \times 3.14) = 1$ (回転)

得する考え方 (2)と(3)はもっとスッキリ解ける。

円Qの円周は $2 \times 2 \times 3.14 = 12.56$ (cm)で(1)の直線の長さと同じ。

(2) $2 + 1 = 3$ (回転)　(3) $2 - 1 = 1$ (回転)

(3)を解説すれば**なぜ1をひくか**がわかる。この逆が(2)の＋1の理由である。(1)の直線を円に丸めると(3)の円Qになる。円Pの顔の動きをよく見ると，円Pは1回転しかしていないのがわかる。これは，円Pの中心が円Pの回転と反対方向に1回転しているためで，$2 - 1 = 1$ (回転)と求められる。

(2)は逆に $2 + 1 = 3$ (回転)である。

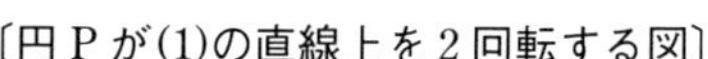
〔円Pが(1)の直線上を2回転する図〕

答 (1) 2回転　(2) 3回転　(3) 1回転

解法テクニック

● 小円が大円と接しながら回転するときの回転数 ⬅(1)にあたる部分は $\frac{\text{大円の半径}}{\text{小円の半径}}$ で求められる。

〔外接〕

$$\frac{\text{大円の半径}}{\text{小円の半径}} + 1$$

〔内接〕

$$\frac{\text{大円の半径}}{\text{小円の半径}} - 1$$

辺の比を面積比へ

次の(1)～(3)は三角形 ABC と三角形 ADE の面積の比を，(4)は㋐，㋑，㋒，㋓の面積の比を求めなさい。(単位は cm)

(1)
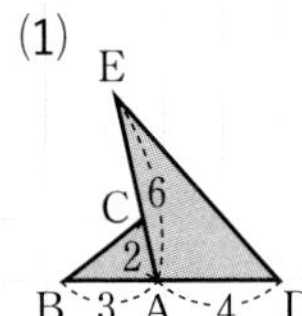

(2)
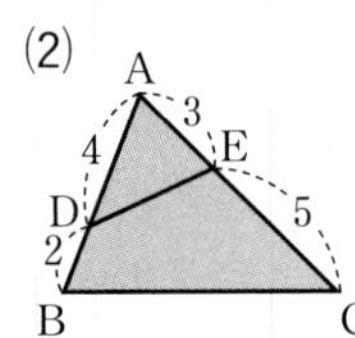

(3)
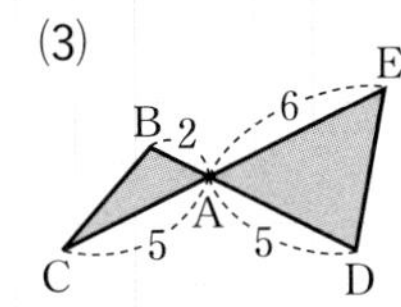

(4)
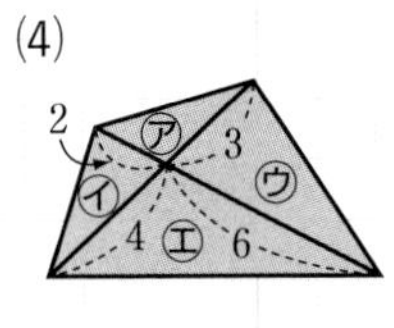

得する考え方 (1) 三角形 ABC と三角形 ADE は，**底辺の比** 3：4，**高さの比** 2：6 だから，
面積の比は　(3×2)：(4×6)＝1：4

(2) 三角形 ABC と三角形 ADE は，底辺の比は 6：4，高さの比は 8：3
よって，面積の比は　(6×8)：(4×3)＝4：1

(3) 三角形 ABC と三角形 ADE は，底辺の比は 2：5，高さの比は 5：6
よって，面積の比は　(2×5)：(5×6)＝1：3

(4) ㋐，㋑，㋒，㋓は，底辺の比は 2：2：6：6，高さの比は 3：4：3：4
よって，面積の比は
(2×3)：(2×4)：(6×3)：(6×4)
＝3：4：9：12

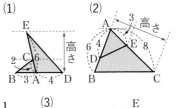

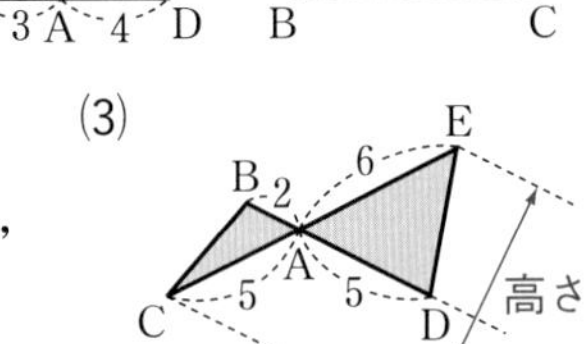

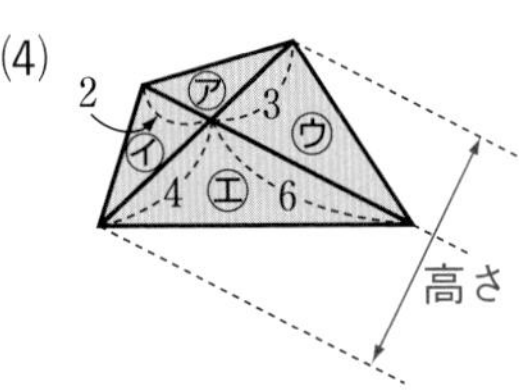

答 (1) 1：4　(2) 4：1　(3) 1：3　(4) 3：4：9：12

解法テクニック

● 1 組の角が等しいか和が 180° になる 2 つの三角形の面積の比は，**その角を挟む 2 辺の積の比に等しい。**

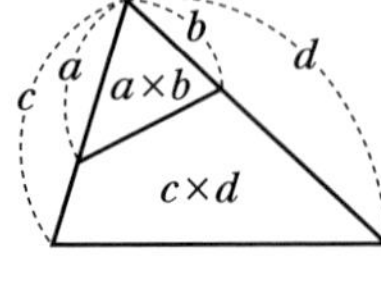

(a×b)：(c×d)

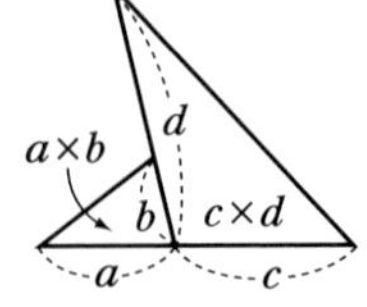

(a×b)：(c×d)

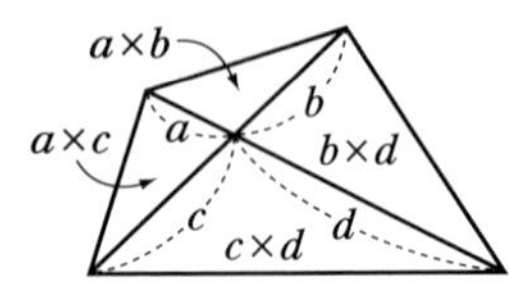

(a×b)：(a×c)：(b×d)：(c×d)

等積変形の逆

右の図において，O は台形 ABCD の対角線 AC，BD の交点で，AO＝3cm，BO＝8cm，CO＝12cm，DO＝2cm になっています。M は AC の真ん中の点です。このとき，辺 BC 上に点 E をとると，四角形 ABED の面積と三角形 CDE の面積とが等しくなりました。このとき，(BE の長さ)：(EC の長さ)を求めなさい。

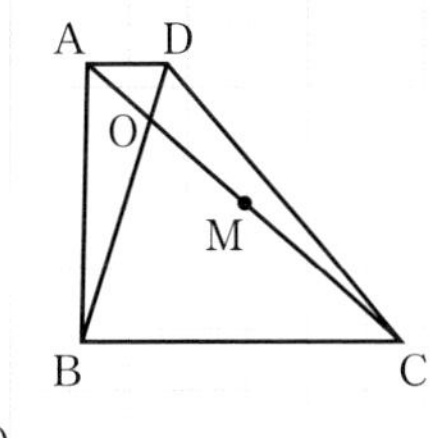

得する 考え方

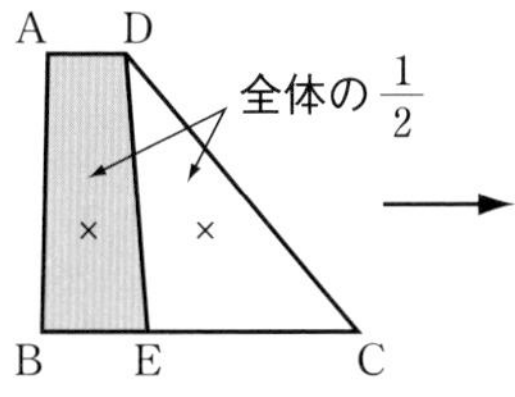

四角形 ABED と三角形 CDE の面積が等しいから，四角形 ABED の面積は，全体の面積の $\frac{1}{2}$

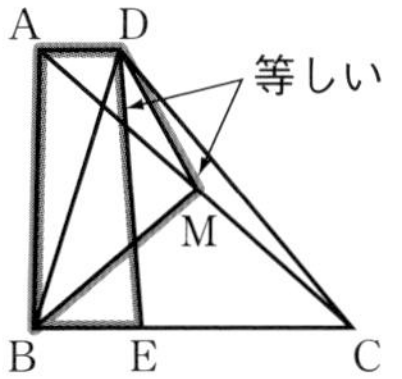

四角形 ABMD と四角形 ABED は，ともに全体の面積の $\frac{1}{2}$ だから，面積が等しい。

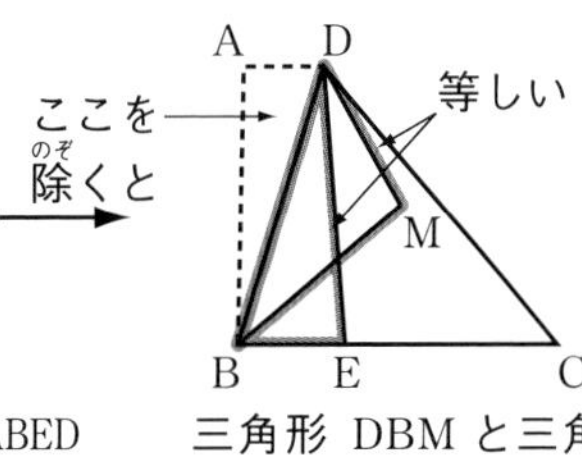

三角形 DBM と三角形 DBE の面積も等しい。

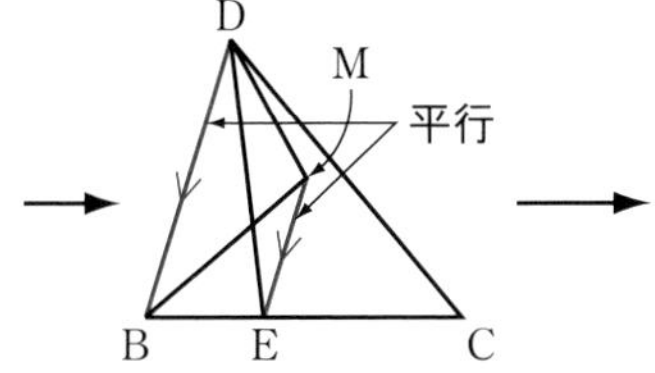

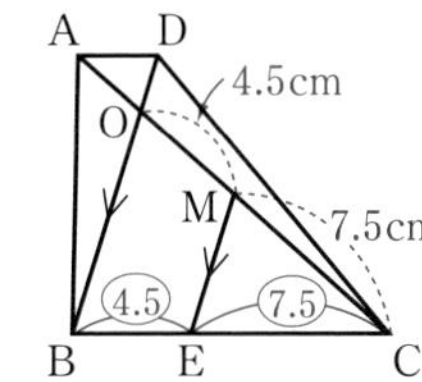

よって，DB と ME は平行。BE：EC は OM：MC に等しく

4.5：7.5＝3：5

答 3：5

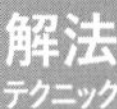

● 下の図で，三角形 **ABC** と三角形 **DBC** の面積が等しいとき，**AD** と **BC** は平行(**等積変形の逆**)。

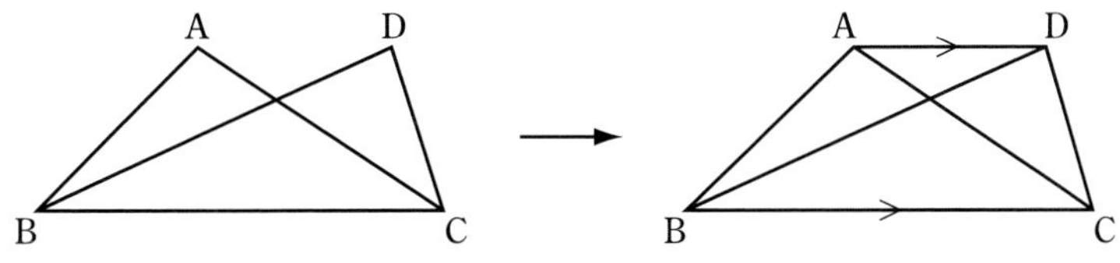

スーパー三角形・スーパー台形

(1) 右の㋐の面積を求めなさい。
(2) 右の円すい台の側面積を求めなさい。
ただし，(1)も(2)も円周率は 3.14 とします。

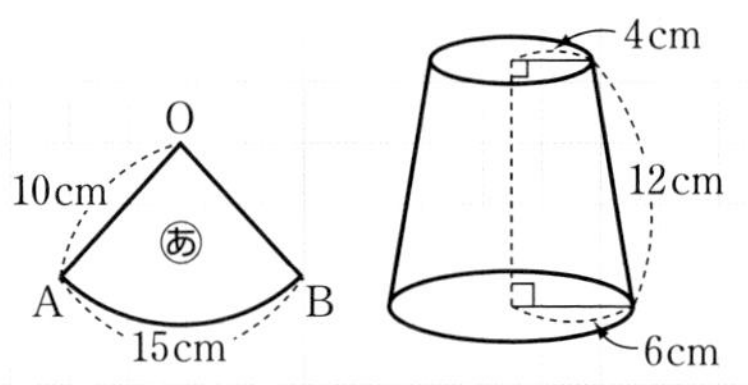

普通の考え方 (1) 一般的には，円周と弧の長さの比の値から，次のように解く。

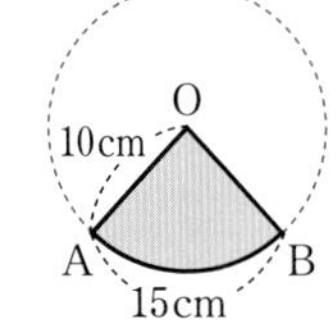

$$10 \times 10 \times 3.14 \times \frac{15}{10 \times 2 \times 3.14}$$
$$= 10 \times 15 \div 2 = 75 \ (\text{cm}^2)$$

しかし，何と，これは**底辺 15 cm，高さ 10 cm の三角形の面積を求める式**と同じ。したがって，解法テクニックを使うと次のようになる。

得する考え方 $15 \times 10 \div 2 = 75 \ (\text{cm}^2)$ ⬅これぞスーパー三角形

普通の考え方 (2) 円すい台の側面積は，一般的には円に戻して考えるが，**側面積を台形とみなせば 1 行で解ける。**

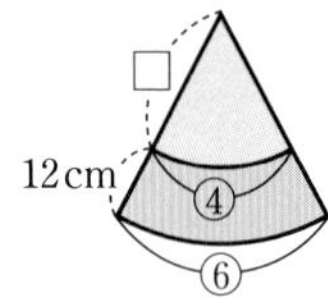

$□:(□+12)=4:6 \quad □=24$
$$(36 \times 36 \times 3.14 - 24 \times 24 \times 3.14) \times \frac{4 \times 2 \times 3.14}{24 \times 2 \times 3.14}$$
$$= 120 \times 3.14 = 376.8 \ (\text{cm}^2)$$

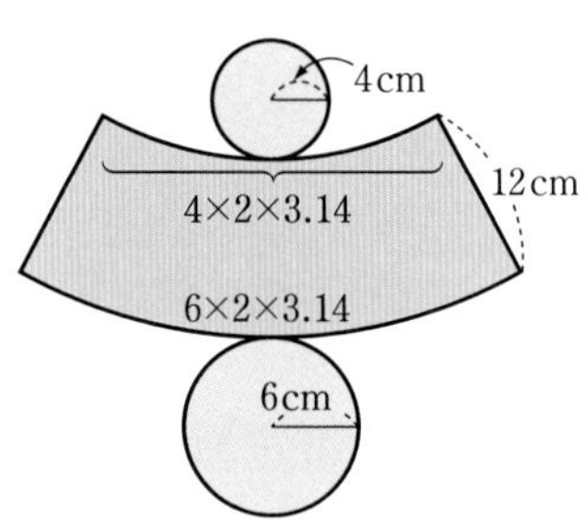

得する考え方 ⬅スーパー台形の考え方

$(4 \times 2 \times 3.14 + 6 \times 2 \times 3.14) \times 12 \div 2 = 120 \times 3.14$
$= 376.8 \ (\text{cm}^2)$ ⬅スーパー台形

答 (1) 75cm^2 (2) 376.8cm^2

解法テクニック

- **おうぎ形の面積＝(円弧の長さ)×(半径)÷2**
  (スーパー三角形)　底辺　高さ
- **円すい台の側面積＝{(上の弧の長さ)＋(下の弧の長さ)}×(母線)÷2**
  (スーパー台形)　上底　下底　高さ

奥行き一定の問題

図1のような容器の上から3cmの所まで水がはいっています。

⑴ 水の量を求めなさい。

⑵ この容器を**図2**のようにゆっくりと右へ45度傾けました。こぼれた水の量を求めなさい。

⑶ 次に，もとの位置に戻し，今度は左へゆっくりと45度傾け，また，もとに戻しました。水の深さは，いちばん深い所で何cmありますか。

図1

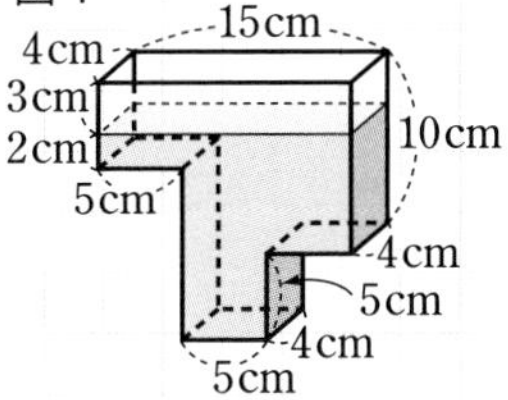

15cm
4cm
3cm
2cm
10cm
5cm
4cm
5cm
4cm
5cm

図2

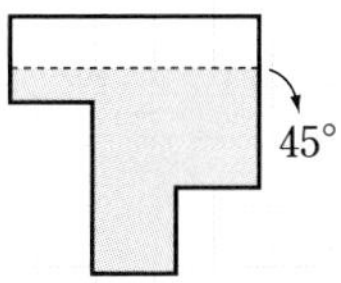

45°

得する 考え方 **水槽を傾ける問題**では，**水槽の奥行きは変わらない**ので，**正面から見た水の面積**で考える。

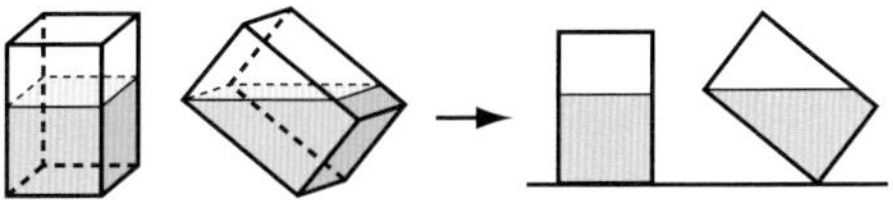

⑴ 右の図より $(5\times5\times3+2\times15)\times4=420$ (cm³)

⑵

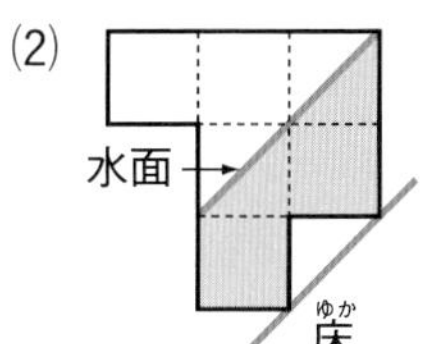

水面は左の太線部になるから，
残った水の量は
$5\times5\times3\times4=300$ (cm³)
したがって
$420-300=120$ (cm³)

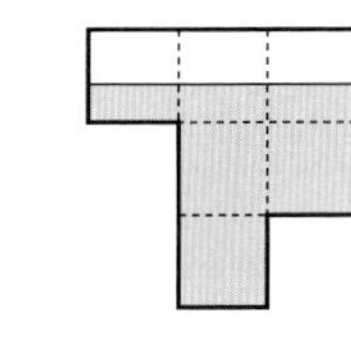

⑶ ⑵より，もとの位置に戻すと，㋐のようになることがわかる。したがって，左に45°傾けると，㋑のようになり，㋑と㋒の**赤色部の面積は同じ**となる。

㋐
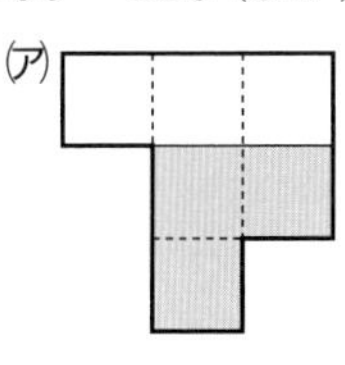

㋑ ㋒
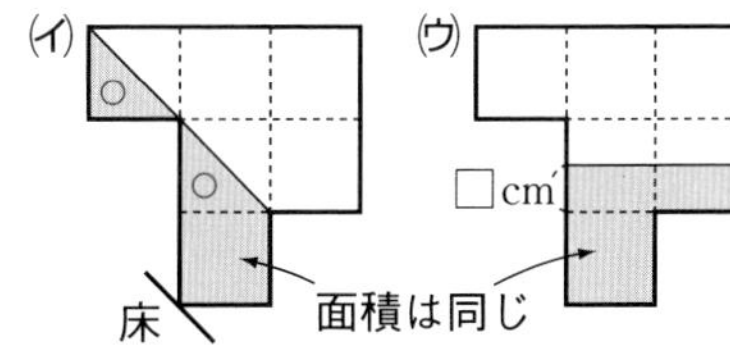

したがって，$\square=5\div2=2.5$ (cm)で最も深い水の深さは

$5+2.5=7.5$ (cm)

答 ⑴ 420cm³ ⑵ 120cm³ ⑶ 7.5cm

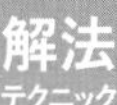

● 奥行き一定の問題は，**正面から見た図で考える。**

高さの平均

底面の形が縦 3 cm，横 6 cm の長方形をした直方体の容器に水を入れ，A 点を中心に静かに傾けたところ，水面 EFGH の位置が，AE＝8 cm，BF＝5 cm，DH＝7 cm になりました。

⑴ CG の長さを求めなさい。

⑵ 水の体積を求めなさい。

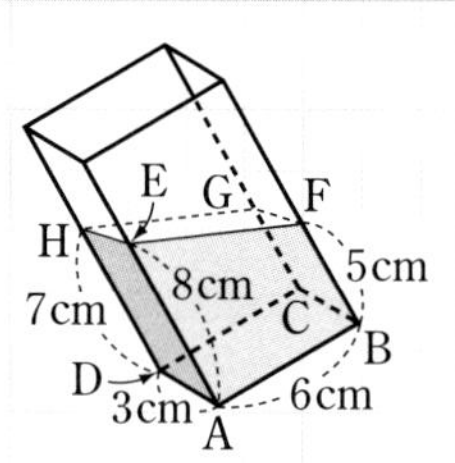

普通の 考え方

⑴

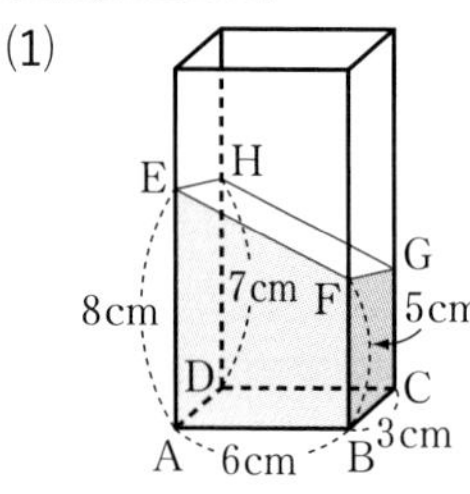

まっすぐ立てると左のような形になる。

DH は AE と比べて 8 cm → 7 cm と 1 cm 下がっている。

EH と FG は平行だから，CG は BF と比べて 5 cm から 1 cm 下がる。

→ CG は 5－1＝4 (cm)

〔別解〕

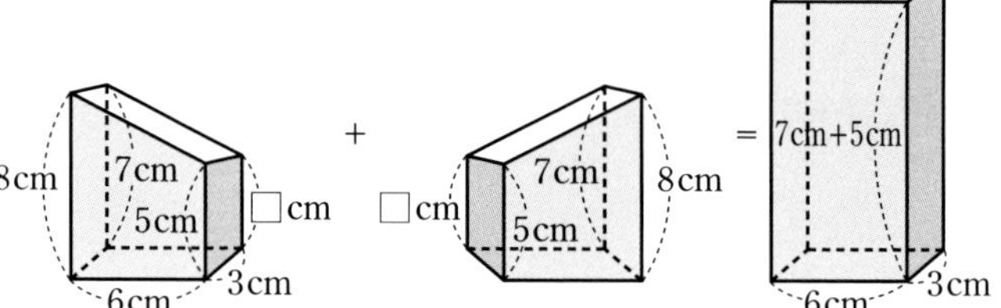

逆向きの立体を考えてつけ加えると高さ 12 cm の直方体になる。

よって　7＋5－8＝4 (cm)

⑵ $6 \times 3 \times 12 \div 2 = 108$ (cm^3)

得する 考え方 下の解法テクニックを使うと，もっと簡単に解ける。

体積＝$\underbrace{3 \times 6}_{\text{底面積}} \times \underbrace{\dfrac{7+8+5+4}{4}}_{\text{高さ平均}} = 108$ (cm^3)

答 ⑴ 4 cm　⑵ 108 cm^3

解法テクニック

● **体積＝底面積×高さの平均**

（ただし，底面の形が円，三角形，平行四辺形，ひし形，長方形，正方形，正 n 角形（n ＝ 6，8，10，12，…）のときに限る。

台形のときは使えない！）

図形編

第1章 平面図形

1 平行・垂直

●**平行・平行線**…同じ平面上で，２本の直線がきちんと並んでいて，どこまで行っても交わらないとき，これらの直線は**平行**であるといい，これらの直線を**平行線**という。

平行なとき，２本の直線の間隔は一定。

●**垂直・垂線**…同じ平面上において，２本の直線が直角に交わるとき，これらの直線はたがいに**垂直**であるといい，垂直に交わっている直線を**垂線**という。

2 角

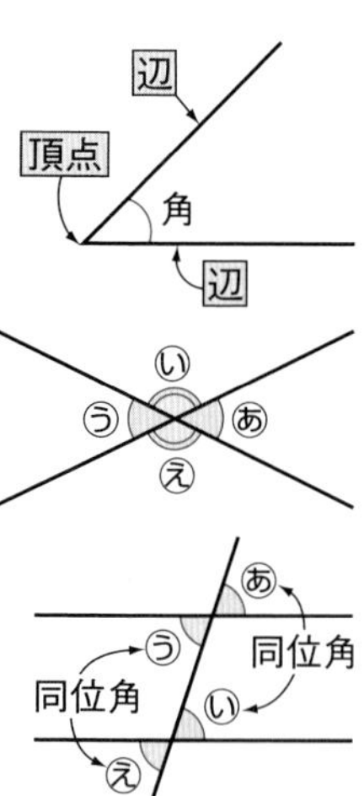

●**角**… １つの点から出た２本の直線の開きを**角**，その２本の直線を角の**辺**，２本の直線の交わる点を角の**頂点**という。

角の大小は辺の長さに関係ない。

●**対頂角**… ２本の直線が交わってできる向かい合った角を**対頂角**という。

右の図のあとう，いとえは対頂角で，大きさは等しい。

●**同位角**…右の図のあとい，うとえのように，２本の直線に１本の直線が交わってできる同じ位置にある角を**同位角**という。

２本の直線が平行なときは，同位角の大きさは等しい。

3 三角形

平行でない３本の直線で囲まれた平面図形を**三角形**という。三角形には，３つの頂点，３つの角，３つの辺がある。

●**正三角形**… ３つの辺の長さがどれも等しい三角形。

(ア)正三角形の３つの内角の大きさはすべて60°

(イ)３つの高さはどれも等しい。

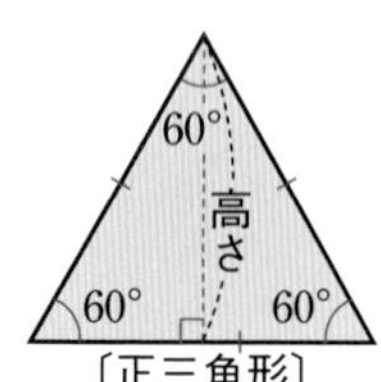

〔正三角形〕

●**二等辺三角形**… 2 つの辺の長さが等しい三角形。

等しい辺を**等辺**，残りの辺を**底辺**，また，等辺と底辺の挟(はさ)む角を**底角**という。

二等辺三角形の 2 つの底角は等しい。

●**直角三角形**… 1 つの角が直角である三角形。

●**直角二等辺三角形**…直角を挟む 2 辺の長さが等しい直角三角形。

直角でない角はどちらも 45°

●**三角形の性質**(せいしつ)

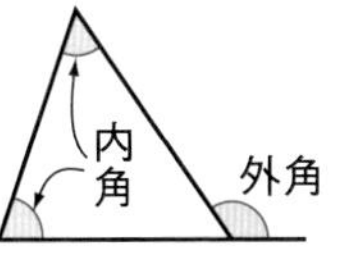

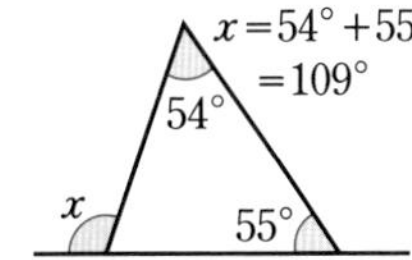

(ア) 3 つの内角の和は 180°

(イ) 2 辺の長さの和は，残りの 1 辺の長さより長い。

(ウ) 1 つの外角は，その隣(となり)にない 2 つの内角の和に等しい。

●**三角形の決定条件**(じょうけん)…三角形は次の 3 つの場合に，大きさも形も決まる。この条件を**三角形の決定条件**という。

(ア) 3 辺の長さが決まっているとき(3 辺)

(イ) 2 辺の長さとその挟む角の大きさが決まっているとき(2 辺とその間の角)

(ウ) 1 辺の長さとその両端(りょうたん)の角の大きさが決まっているとき(1 辺と両端の角)

4 四角形

●**四角形と対角線**… 4 本の直線で囲まれた図形を**四角形**(**四辺形**)という。四角形の向かい合った 2 つの頂点を結んだ直線を**対角線**という。

●**四角形の性質**

(ア)四角形の 4 つの内角の和は 360°である。

(イ)四角形では，対角線が 2 本引ける。

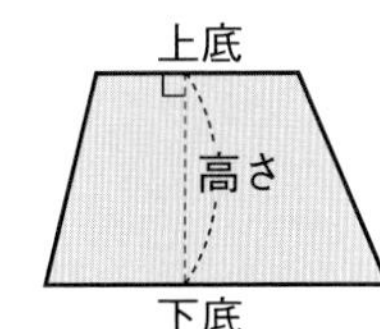

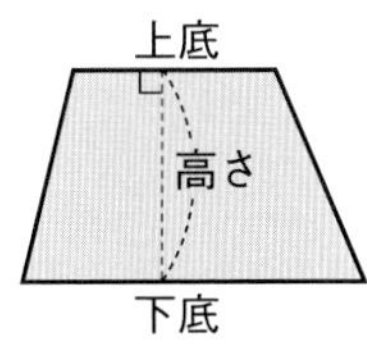

●**台形**… 1 組の向かい合う辺が平行である四角形。平行な 2 つの辺のうち，上の方を**上底**，下の方を**下底**，2 辺の間の距離(きょり)を**高さ**という。

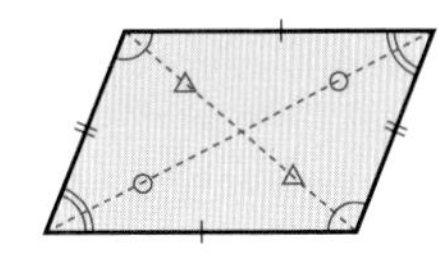

●**平行四辺形**… 2 組の向かい合う辺がそれぞれ平行である四角形。平行四辺形の向かい合う辺の長さは等しく，向かい合う角の大きさも等しい。また，対角線は，それぞれの真ん中の点で交わる。

●**長方形**… 4 つの内角がすべて 90°である四角形。

長方形の 2 本の対角線の長さは等しい。また，長方形は平行四辺形の性質をすべてもっている。

●**ひし形**… 4 つの辺の長さがすべて等しい四角形。
ひし形の 2 本の対角線は垂直に交わり，それぞれの真ん中の点で交わる。
また，ひし形は平行四辺形の性質をすべてもっている。

●**正方形**… 4 つの内角がすべて 90°で，4 つの辺の長さがすべて等しい四角形。
正方形は，長方形やひし形の性質をすべてもっている。

5 多角形

●**多角形**…三角形，四角形，五角形，…などのように，3 本以上の直線で囲まれた平面図形を**多角形**という。すべての辺の長さが等しく，すべての角の大きさが等しい多角形を**正多角形**という。

●**n 角形の内角の和**（n は 3 以上）… $180^\circ \times (n-2)$

〔**理由**〕n 角形は 1 つの頂点から対角線を引くと，$n-2$（個）の三角形に分かれるから　$180^\circ \times (n-2)$

●**n 角形の外角の和**（n は 3 以上）… 360°

●**n 角形の対角線の数**（n は 4 以上）…
　1 つの頂点から引ける対角線の数×頂点の数÷2
$=(n-3)\times n \div 2$（本）

6 合同

●**合同な図形**…重ねたとき，きちんと重なる図形を**合同な図形**という。重なる頂点，辺，角をそれぞれ**対応する頂点**，**対応する辺**，**対応する角**という。
㋐対応する辺の長さは等しい。
㋑対応する角の大きさは等しい。

7 円・おうぎ形

●**円**…平面上で，1 点（中心）から等しい距離（半径）にある点をつないだ形。
　円周は，直径の約 3.14 倍ある。円周と直径の割合の 3.14（3.1415926 …）を**円周率**という。

●**おうぎ形**…円を 2 本の半径で切り取った円の一部分を**おうぎ形**という。そして，おうぎ形の 2 本の半径でつくられる角を，おうぎ形の**中心角**という。また，曲線部分をおうぎ形の**弧**という。

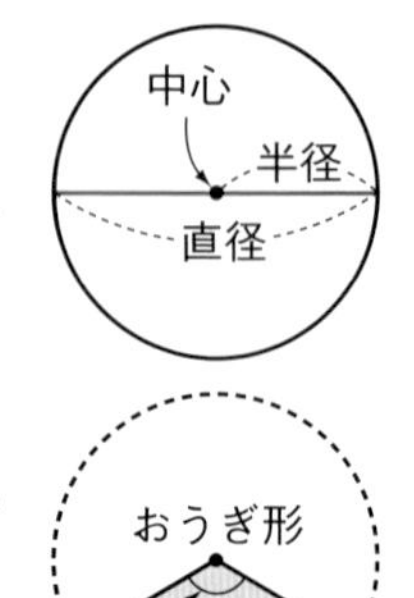

★★★ 基本 079 平行線と角

やってみよう 力だめしの問題④ チャレンジ問題④

次の問いに答えなさい。

(1) 右の図で，AB と CD は平行です。
　このとき，x＝□です。

(2) 右の図で，直線 ℓ と m，直線 AB と CD はそれぞれ平行です。
　このとき，x＝□，y＝□です。

【高知学芸中】

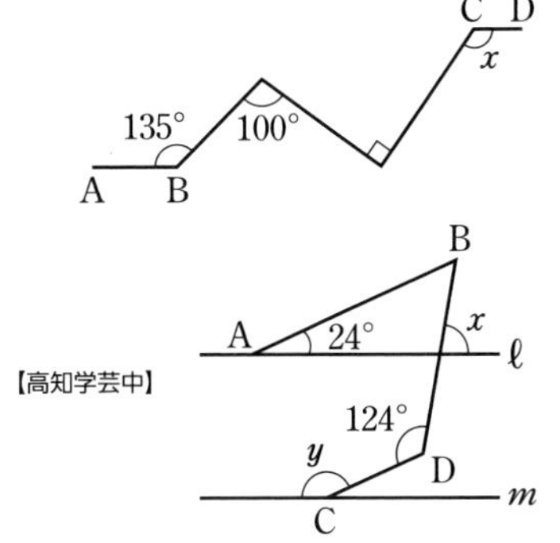

考え方

平行線と直線が交わっているとき，図の4個の(あ)，4個の(い)は等しい。このことをうまく使えればしめたもの。しかし，図形の問題では，そのままでは解(と)けないが，線をかき加えることによって解ける場合が多い。また，ここでは，(あ)＋(い)＝180°であることにも注意しよう。

(1) (う)＝180°－135°＝45°
　(え)＝180°－((う)＋100°)＝180°－145°＝35°
　このように AB に平行な直線を順に引いていけばよい。

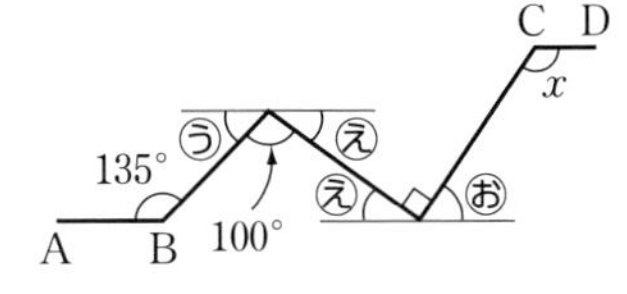

(2) D から ℓ に平行な直線を引くと　(か)は 24°
　(き)＝124°－(か)＝124°－24°＝100°

解き方

(1) (う)＝180°－135°＝45°
　(え)＝180°－((う)＋100°)＝180°－145°＝35°
　(お)＝180°－((え)＋90°)＝180°－(35°＋90°)＝55°
　x＝180°－(お)＝180°－55°＝125°　　**答** x＝125°

(2) (か)は 24°，(き)＝124°－(か)＝124°－24°＝100°
　x＝180°－(き)＝80°，y＝180°－(か)＝156°　　**答** x＝80°，y＝156°

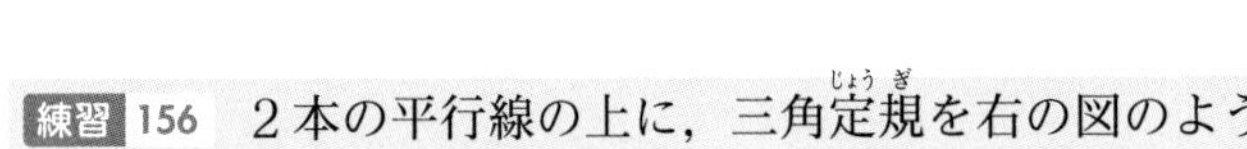

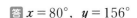

練習 156　2本の平行線の上に，三角定規(じょうぎ)を右の図のように置きました。
　このとき，x の角の大きさはいくらになりますか。

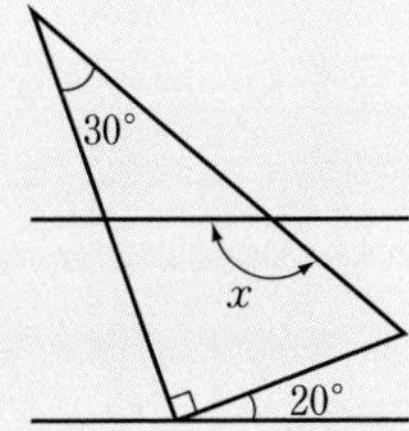

★★★ 基本 080 二等辺三角形と角(1)

やってみよう 力だめしの問題③ チャレンジ問題①

右の図のように半円とおうぎ形が重なっています。

あの角度は [ア]°,

いの角度は [イ]°

です。

【愛光中】

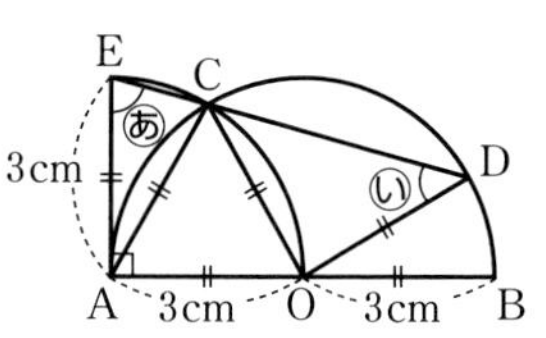

考え方 長さが同じ線がいくつもあることに注意すれば，同じ角度が，次々とわかってくる。

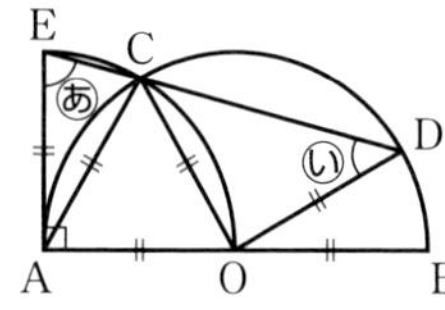

まず，OA＝OC＝AC＝3cm で，三角形 AOC は正三角形だから

角 CAO＝60°

これから，角 CAE，AC＝AE から，角あ，また角 ECA がわかり，角 OCD＝角いとなって，いが求められる。

解き方 OA＝OC＝AC＝半径

よって，三角形 AOC は正三角形で

角 CAO＝60°

角 CAE＝90°－角 CAO＝90°－60°＝30°

$$あ=\frac{180°-角CAE}{2}=\frac{180°-30°}{2}=75°$$

OC＝OD だから

い＝角 OCD＝180°－(角 ECA＋角 ACO)

＝180°－(75°＋60°)

＝45°

答 ア…75　イ…45

入試ポイント
● 角度や長さを求めるとき，特別な三角形を見つけるのがいちばん有効である。たとえば，正三角形や二等辺三角形などである。

練習 157 右の図の x はいくらですか。ただし，(1)では AC＝BC です。

【洛南高附中】

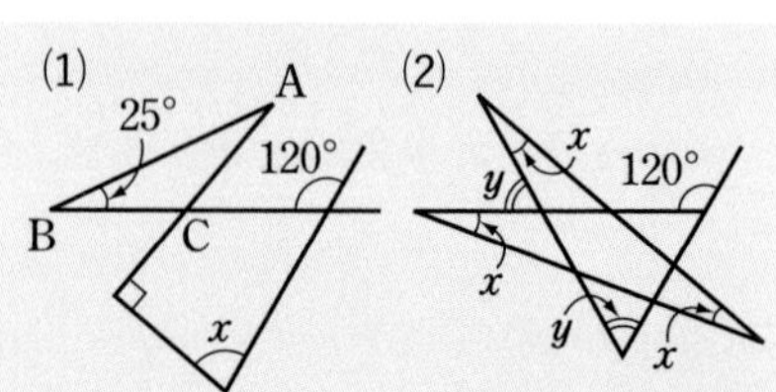

★★★ 応用 081 二等辺三角形と角(2)

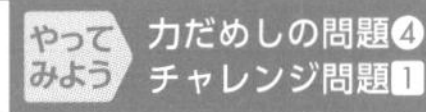

三角形には**図1**のように角 a と角 b の和が角 c に等しい性質(せいしつ)があります。

(1) **図2**の二等辺三角形 ABC (AB＝AC)の 3 つの角の和(180°)は角 x の □ 倍です。

(2) (1)と同じように考えると，**図3**の二等辺三角形 DEF (DE＝DF)の 3 つの角の和(180°)は，角 y の □ 倍で，**図4**の二等辺三角形 GHI (GH＝GI)の 3 つの角の和(180°)は，角 z の □ 倍です。このとき，角 x：角 y：角 z＝63：□：□ となります。 【桐蔭学園中】

図1

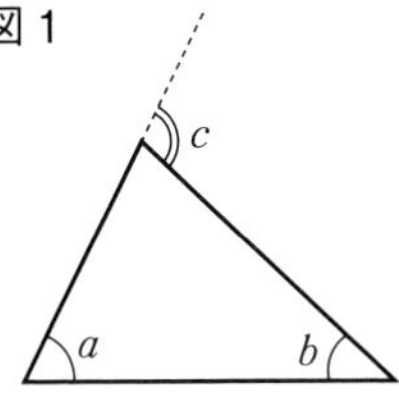

図2

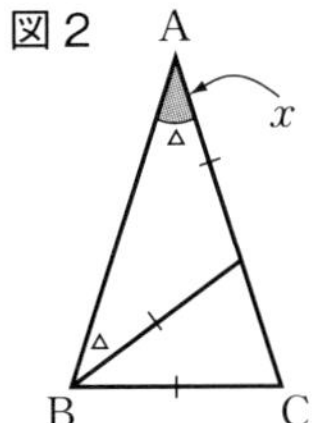

図3

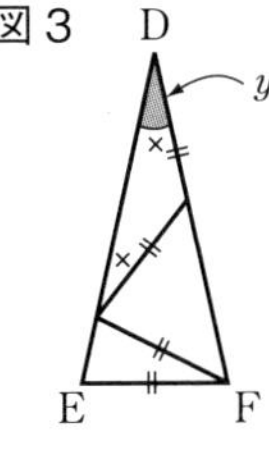

図4

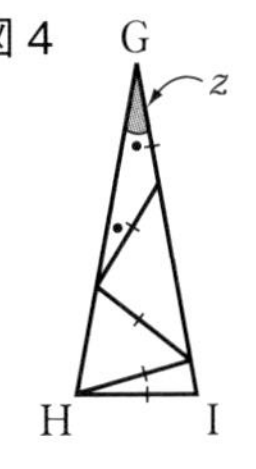

考え方 **図2′**では(△＋△)が角 C と等しい。
図3′で　角 MNF＝(×が 2 個)＝角 MFN
角 EMF＝角 D＋角 DFM＝(×が 3 個)

図2′

図3′

解き方 (1) x が $2\times2+1=5$ (個)  **答** 5

(2) y が $(2+1)\times2+1=7$ (個)

z が $(1+2+1)\times2+1=9$ (個)

よって　$x:y:z=\frac{1}{5}:\frac{1}{7}:\frac{1}{9}=63:45:35$

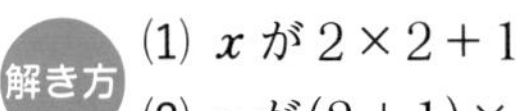

答 順に，7，9，45，35

練習 158 右の図で AB，BC，CD，DE の長さはすべて同じです。角㋐が 13° のとき，角㋑，㋒，㋓，㋔，㋕の大きさは，それぞれいくらですか。 【愛光中】

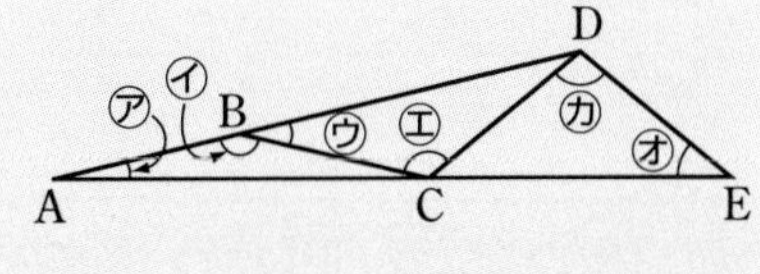

練習 159 右の図の三角形 ABC は AB と AC の長さの等しい二等辺三角形で三角形 DBC は正三角形です。
次の問いに答えなさい。
(1) BE の長さを求めなさい。
(2) ㋐の角の大きさを求めなさい。 【京都女子中】

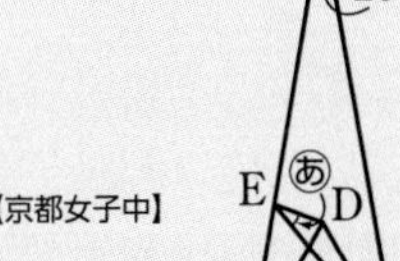

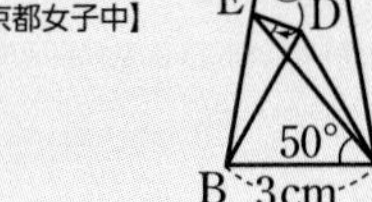

★☆☆ 基本 082 三角定規の問題

やってみよう 力だめしの問題④ チャレンジ問題④

図のようなA型とB型の三角定規について，次の問いに答えなさい。

⑴ A型の三角定規2枚を辺どうしぴったり重なるように並べて，三角形または四角形をつくります。何通りの形ができますか。名前も言いなさい。

⑵ B型の三角定規2枚をやはり辺どうし重なるように並べて，三角形または四角形をつくります。何通りの形ができますか。名前も言いなさい。

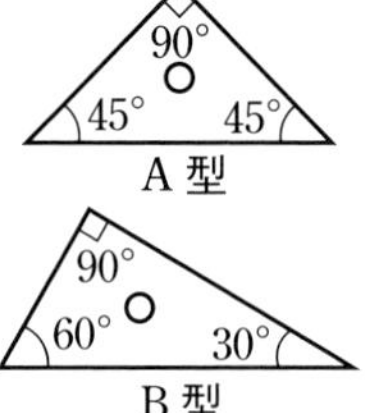

⑶ A型の三角定規2枚をうまく並べると大きさが2倍の同じ形の三角定規をつくることができます。では，B型の三角定規を使って，大きさのちがう同じ形の三角形をつくるには少なくとも何枚のB型三角定規がいりますか。

【立命館中・改】

考え方 長さの等しい辺どうしをくっつけるが，うら返しでくっつけて，ちがった図形ができるときもある。

解き方 答 ⑴ 3通り　正方形，平行四辺形，直角二等辺三角形

⑵ 6通り　長方形1，正三角形1，二等辺三角形1，平行四辺形2，四角形1

⑶ 3枚

⑴ 正方形　平行四辺形　直角二等辺三角形

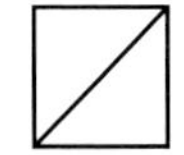
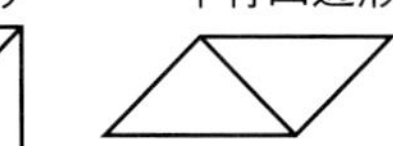
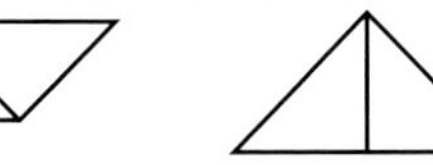

⑵ 長方形　四角形　二等辺三角形　平行四辺形　正三角形　平行四辺形

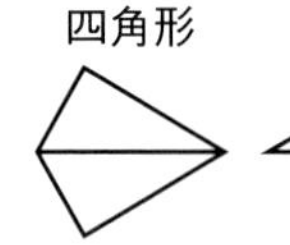
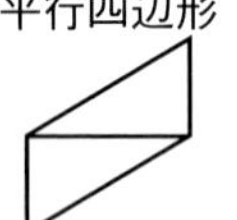

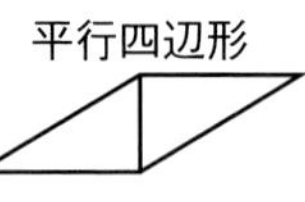

⑶

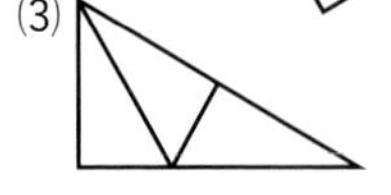

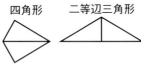

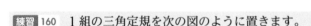

練習 160 1組の三角定規を次の図のように置きます。

⑴ ㋐の角の大きさを求めなさい。ただし，ABとCDは平行です。

⑵ ㋑の角の大きさを求めなさい。

【慶應普通部】

(1) ㋐ A B C D

(2)

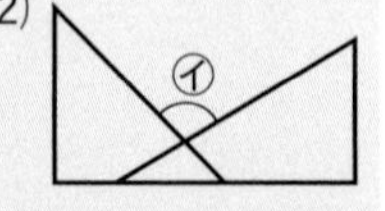

★★★ 基本083 三角形，四角形と角

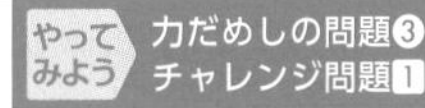

右の図で四角形ABCDは1辺が12cmの正方形で，曲線AEFC，BEDは，それぞれB，Cを中心とした半径12cmの円周の一部です。
角BED（角㋐）の大きさを求めなさい。 【富士見中】

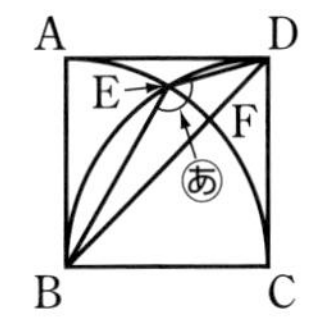

考え方 三角形BCEは正三角形，四角形ABCDは正方形でBCを共通にしているから正方形の4つの辺と，正三角形の3つの辺は，みんな同じ長さである。CD＝CEだから三角形CDEは二等辺三角形，そして角DCE＝90°－角BCE＝90°－60°＝30°
角CDEと角CEDは等しいから，三角形の内角の和180°から角DCEの30°をひいたものを2でわれば角CEDが求められる。

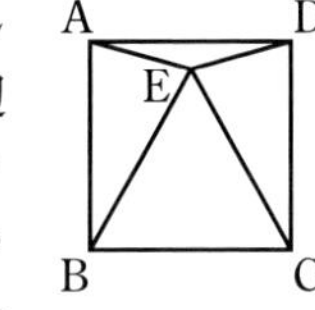

解き方 BC，CE，BE，CDはみんな長さが等しいから，三角形BCEは正三角形，三角形CDEは二等辺三角形である。
角DCE＝90°－角BCE＝90°－60°＝30°より

$$角CED=\frac{1}{2}\times(180^\circ-角ECD)=\frac{1}{2}\times(180^\circ-30^\circ)=75^\circ$$

$$角BED=角BEC+角CED=60^\circ+75^\circ=135^\circ$$

答 135°

練習 161 右の図で，三角形ABCは正三角形で，四角形BCDEは正方形です。
このとき，角DAEの大きさはいくらですか。

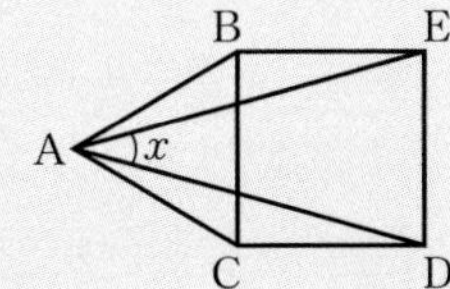

練習 162 右の図の三角形EBCは正三角形で，四角形ABCDは正方形です。
このとき，x，y，zの角の大きさはそれぞれいくらになりますか。

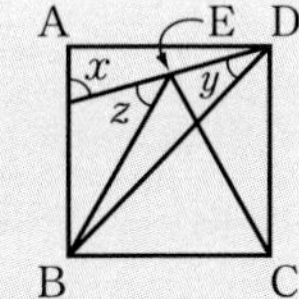

練習 163 右の図の三角形ABCは，AC＝BCで，角Aが65°の二等辺三角形です。
AB，ACのそれぞれを1辺として正三角形ADB，ACEをつくると，角ADCは30°でした。
このとき，x，yの角の大きさはいくらですか。

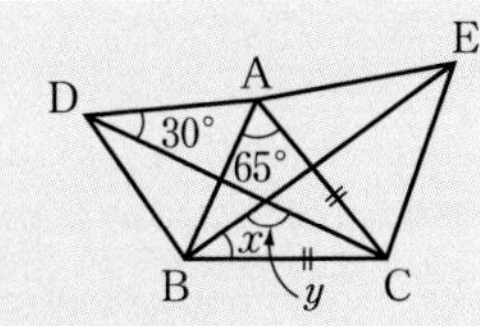

★☆☆ 基本 084 多角形

やってみよう 力だめしの問題⑤ チャレンジ問題5

ある正多角形の角の大きさの和が720°になりました。この正多角形では1つの頂点(ちょうてん)から対角線を引くことによって最大□個(こ)の三角形ができます。また，この正多角形の対角線は全部で□本引くことができます。□をうめなさい。【戸板中】

考え方 三角形の内角の和は180°であるから，多角形の内角の和が720°ということから，720÷180＝4で，対角線によって分けられる三角形の個数が求められる。多角形の辺の数をnとすると，対角線の数は，$(n-3)\times n\div 2$から求められる。

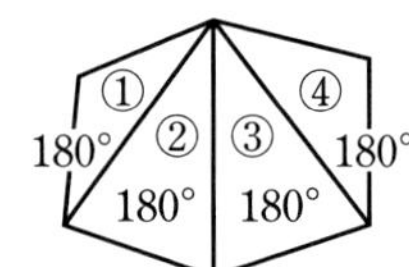

解き方 三角形の内角の和は180°だから，720÷180＝4で4個の三角形である。六角形とわかるから，対角線の数は　(6－3)×6÷2＝9

答 順に，4，9

練習 164 図のように点Oを中心とする円と正六角形，正五角形があります。円周の一部CQの長さで，点Cから円周上に順に点をとり，それらを順に結んで多角形をつくります。

(1) その多角形を何といいますか。

(2) 次の点で，(1)の多角形の頂点であるものを選びなさい。

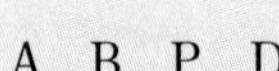

A，B，P，D

【奈良女子大附中等教育学校】

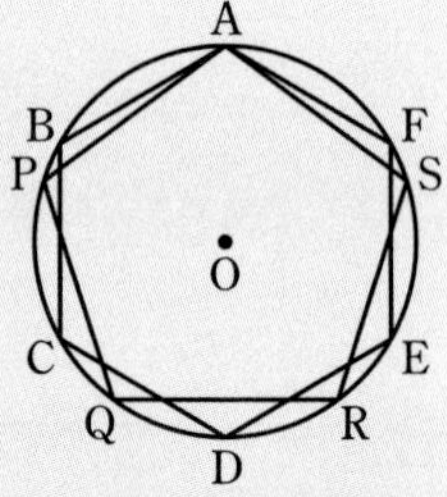

練習 165 右の図のような6つの角がすべて等しい六角形があります。

(1) この六角形の1つの角の大きさはいくらですか。

(2) BCの長さはいくらですか。

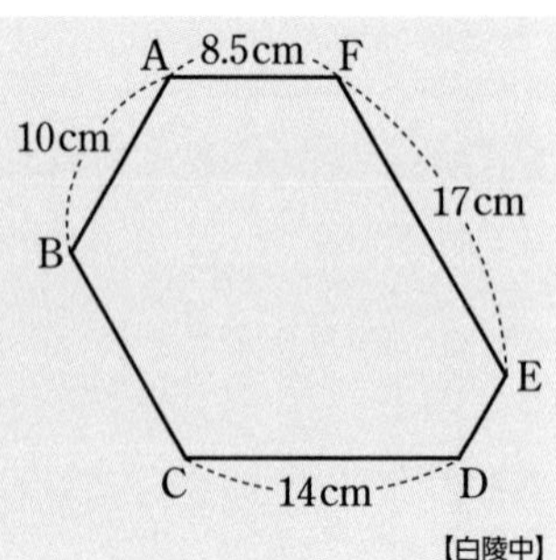

【白陵中】

練習 166 右の図で角㋐から角㋓までの角の大きさの和はいくらですか。

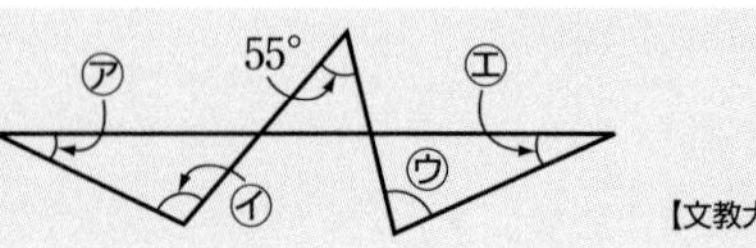

【文教大付中】

★★★ 標準 085 図形の折り返し(1)

やってみよう 力だめしの問題❷ チャレンジ問題❶

右の図の三角形 ABC は，辺 AB と辺 AC の長さが等しい二等辺三角形です。
この三角形を EF を折り目として，点 B が点 D に重なるように折ります。
このとき，㋐の角の大きさはいくらになりますか。

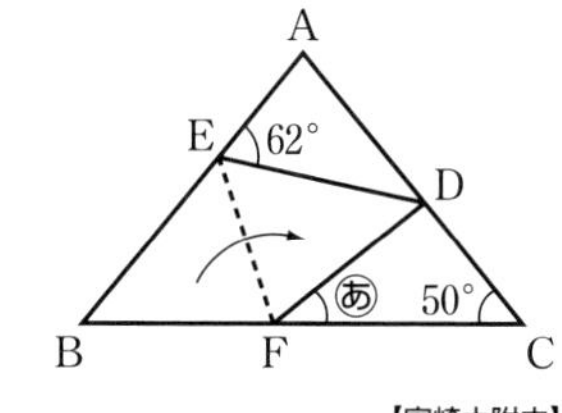

【宮崎大附中】

考え方 折った図形ともとの図形は合同だから，㋑どうし，㋒どうしは等しいことを使えばよい。

解き方 三角形 BEF と三角形 DEF は合同だから
㋑どうし，㋒どうしは等しい。

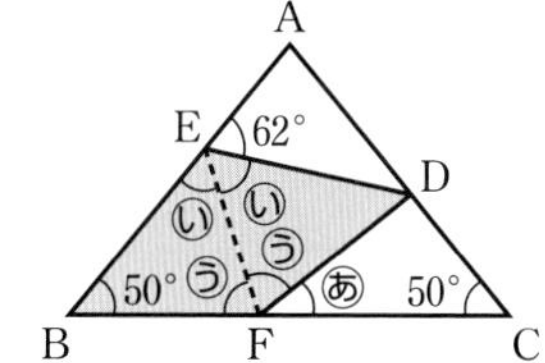

㋑ $= (180° - 62°) \div 2 = 118° \div 2 = 59°$

㋒ $= 180° - 50° -$ ㋑ $= 180° - 50° - 59° = 71°$

㋐ $= 180° -$ ㋒ $\times 2 = 180° - 142° = 38°$

答 38°

入試ポイント
- **折り曲げた図形ともとの図形は合同である。**
- あたりまえのことに気がつかないことがある。

練習 167 右の図は，角 A の大きさが 110° の平行四辺形 ABCD を頂点 A が頂点 C に重なるように折り返したものです。
　このとき，㋐の大きさは 38° になりました。
　x，y の大きさを求めなさい。 【高知学芸中】

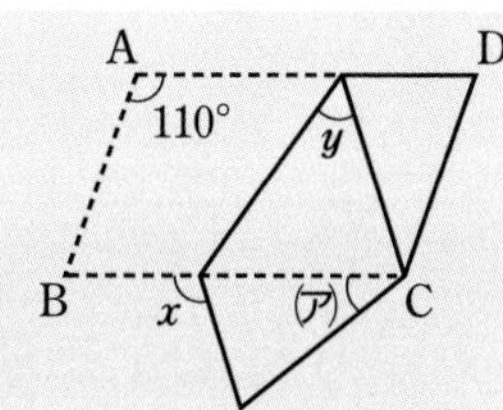

練習 168 右の図のような長方形 ABCD の紙があります。頂点 C が辺 AD 上にくるように，頂点 B を通る点線を折り目として折ると，図のような角度になりました。
　このとき，アの角度とイの角度を求めなさい。

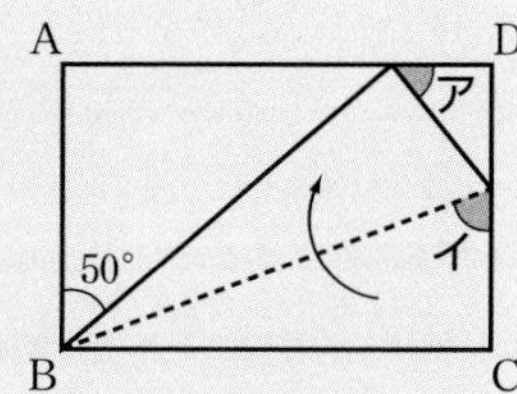

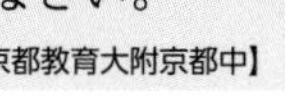
【京都教育大附京都中】

★基本 086 図形の折り返し(2)

やってみよう 力だめしの問題② チャレンジ問題1

平行四辺形の紙を，図のように2つの頂点(ちょうてん)が重なるように折り曲げたところ正五角形 ABCDE になりました。

(1) もとの平行四辺形の面積と正五角形 ABCDE の面積の大きさの差はどの三角形の面積と同じですか。

(2) ㋐の角の大きさはいくらですか。

【土佐中】

考え方 平行線と直線でできる角の関係を使う。
右の図で，折り返すことで3個(こ)の㋐は等しい。

㋐＋㋑＝108°(正五角形の1つの角)

㋐＋㋐＋㋑＝180°

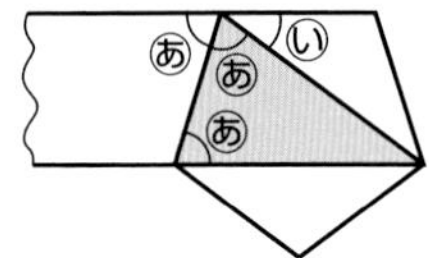

解き方 (1) 四角形 ABCD が共通するから　三角形 ABD　　答 三角形 ABD

(2) ㋐＋㋐＋㋑＝180°，㋐＋㋑＝108°だから　㋐＝180°－108°＝72°

答 72°

入試ポイント

● 幅(はば)が一定なテープを折り曲げるとき，**重なった図形は，二等辺三角形**で，折り目がその底辺になっている。

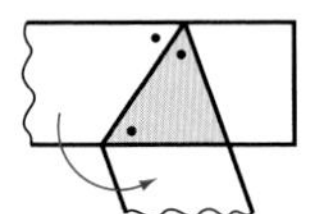

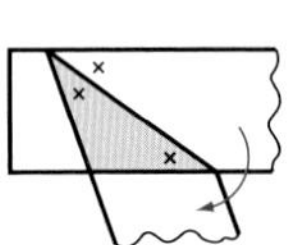

練習 169 下の図は，正五角形 ABCDE のまわりに同じ幅(はば)の紙テープが巻(ま)いてあったものをほどいた状態(じょうたい)のものです。紙テープ上の点線は折り目を表し，①の長さは②の長さの半分です。このとき，次の(1)，(2)の問いに答えなさい。

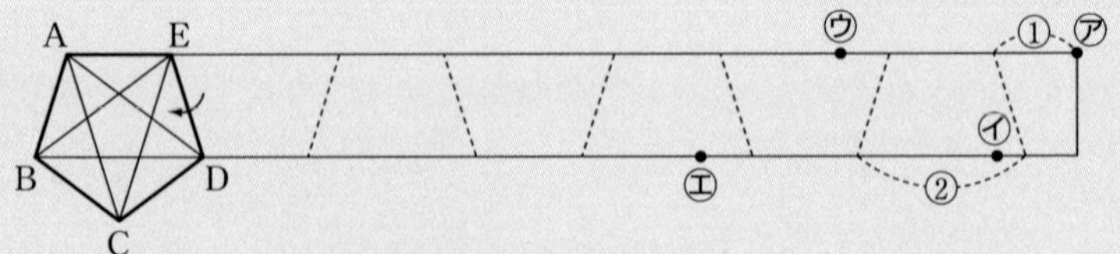

(1) ほどいた紙テープを矢印の方向にもう1度巻いていくとすると，図の㋐～㋓の点の中で図の正五角形の表側(見えている側)にくるものをすべて選び，記号で答えなさい。

(2) (1)のようにテープを巻いたとき，㋐の点は直線 AC，直線 AD，直線 BD，直線 BE，直線 CE のどの線上にきますか。

【京都教育大附京都中】

★★☆ 標準 087 図形の回転と角

やってみよう 力だめしの問題③ チャレンジ問題1

三角形 ABC を点 A の周りに時計の針(はり)の進む方向と同じ向きに 80° 回転させると，**図ア**のように，辺 AC がもとの辺 AB に重なります。もとの三角形 ABC を点 A の周りに時計の針の進む方向と反対の向きに 30° 回転させると**図イ**のように点 B がもとの辺 BC の上にきます。角①，②の大きさを求めなさい。

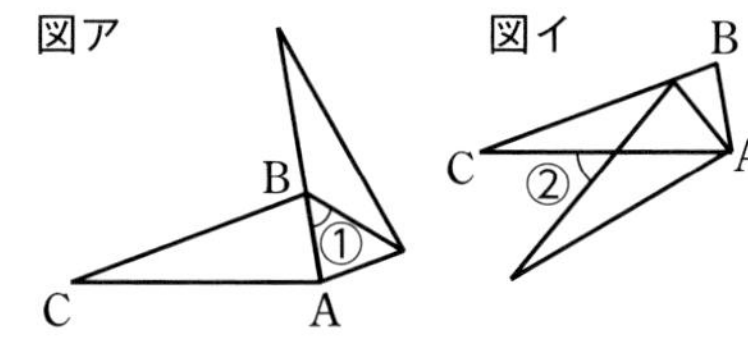

【親和中】

考え方 ア．80° 回転するから
角 BAD ＝ 80°
これと AB ＝ AD を使えばよい。
イ．30° 回転するから
角 BAF ＝ 30°
また AB ＝ AF から角 B，角 C と順にわかる。

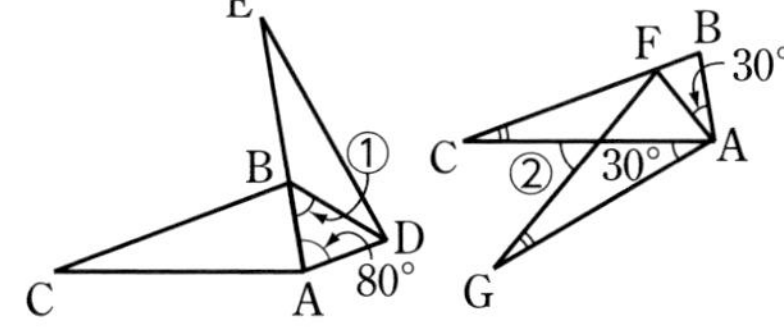

解き方 ア．角 BAD ＝ 80°　①＝(180° − 80°) ÷ 2 ＝ 50°
イ．角 BAC ＝ 80°，角 BAF ＝ 30°，角 B ＝(180° − 30°) ÷ 2 ＝ 75°
角 C ＝ 180° −(角 A ＋角 B)＝ 180° −(80° ＋ 75°)＝ 25° ＝角 G
角 CAG ＝ 30° だから　②＝角 G ＋角 CAG ＝ 25° ＋ 30° ＝ 55°

答 ①… 50°　②… 55°

入試ポイント

- 三角形 **ABC** を **A** の周りに角度㋐だけ回すとどの辺も同じ角度だけ回る。つまり，
角 **BAD** ＝角 **CAE** ＝角 **BFD** ＝㋐
(理由)角 **BAD** ＝角 **CAE** ＝㋐は明らか。
角 **B** ＝角 **D** だから三角形 **ABG** と三角形 **FDG** は相似(そうじ)である。これから　角 **BFD** ＝角 **BAG** ＝㋐

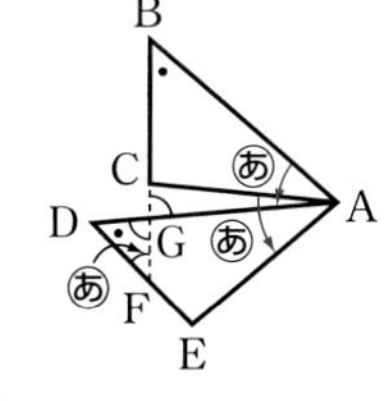

練習 170 角 B の大きさが 30° で角 C の大きさが 85° の三角形 ABC があります。

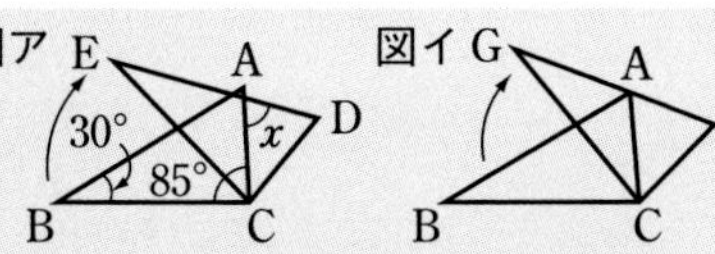

⑴ 三角形 ABC を点 C を中心に，矢印の方向に 45° 回転させて，三角形 DEC をつくりました。**図ア**の中の x の角の大きさはいくらですか。
⑵ **図イ**のような三角形 FGC をつくるには何度回転すればよいでしょうか。

★★☆ 標準 088 円に関するもの

やってみよう 力だめしの問題⑦ チャレンジ問題②

図1のような線対称な形の五角形のタイルがあります。次の問いに答えなさい。

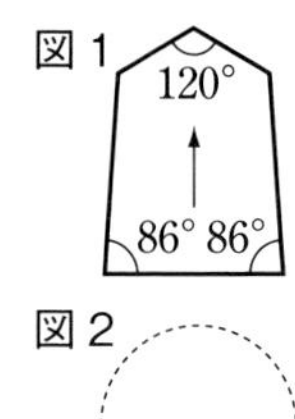

(1) このタイルを**図2**のようにくっつけて並べていくと，ちょうど1つの輪ができあがります。輪を完成させるためには，何枚のタイルが必要ですか。

(2) **図3**のように2つおきにタイルを逆向きに並べても，ちょうど1つの輪ができます。輪を完成させるためには何枚のタイルが必要ですか。

図3

【広島学院中】

考え方 中心角㋐と㋑を計算すればよい。

解き方 (1) 三角形OABはOA＝OBの二等辺三角形で角OABは86°だから，中心角

$㋐ = 180° - 86° \times 2 = 8°$

$360° \div 8° = 45$

から45枚必要になる。 答 45枚

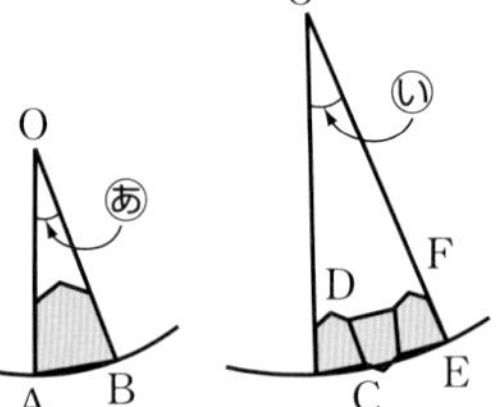

(2) CDとEFは平行だから，中心角㋑も8°

これから，求める枚数は

$360° \div 8° \times 3 = 135$ 答 135枚

練習 171 図のような円形のトラックを，甲はAから左回りに，AからBまでは毎秒5mの速さで，Bを過ぎると毎秒6mの速さで走ります。また，乙はAから右回りに毎秒3mの速さで走ります。今，甲，乙2人が同時にAから走り始めたとき，2人の出会う点をCとします。

このとき，図の角㋐は□°です。

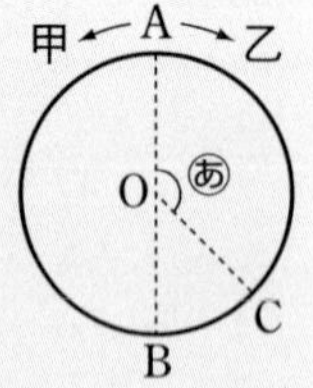

【愛光中】

練習 172 右の図の直線CDは半円周上のある点Pを円の中心Oに重ねたときの折り目です。

角BOD＝72°のとき

(1) 角POA＝□°です。

(2) 角APC＝□°です。

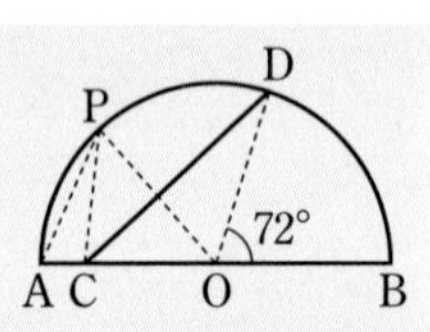

【大阪星光学院中】

★★★ 応用 089 図形の重なり

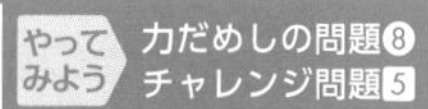

1辺の長さが1cmの黒色の正三角形の紙を，外側の形が正三角形になるように並べます。(たとえば1辺が5cmの正三角形をつくると図のようになります。)

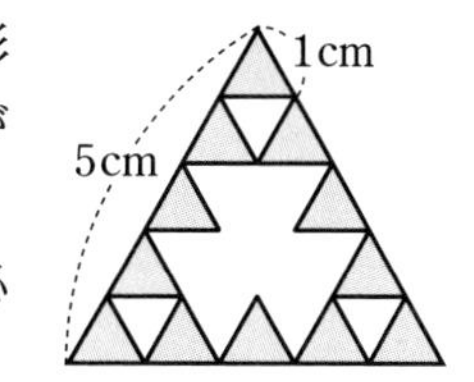

(1) 1辺が10cmの正三角形をつくるには紙が何枚必要ですか。

(2) 1辺が10cmの正三角形をつくったのち，中にできたすき間をうめてしまうには，さらにあと何枚必要ですか。【久留米大附設中】

(1) 1辺に必要な正三角形は10枚。頂点(ちょうてん)の重なりをひけばよい。

(2) 全部の枚数を計算して，(1)をひけばよい。

解き方 (1) 1辺に10枚必要だから　10×3－3＝27(枚)

答 27枚

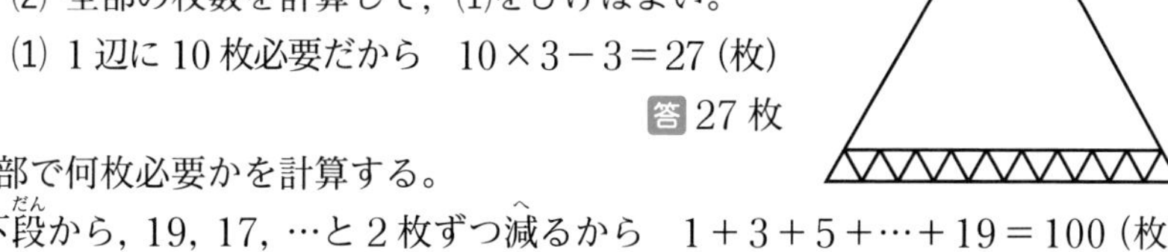

(2) 全部で何枚必要かを計算する。

最下段(だん)から，19，17，…と2枚ずつ減(へ)るから　1＋3＋5＋…＋19＝100(枚)

100－27＝73(枚)

答 73枚

練習 173 2枚の合同な四角形の紙を重ねてその重なり合った部分の形を正八角形にする方法がいくつかあります。たとえば**図1**の四角形2枚を，**図2**のように重ねると正八角形ができます。これ以外にも2枚の合同な四角形で，重ねて正八角形をつくることのできるものが3種類あります。その重なり合っている様子を**図2**にならってかき入れなさい。(重なり合ってできた正八角形が，斜線(しゃせん)の正八角形になるようにかき入れなさい。)【広島学院中】

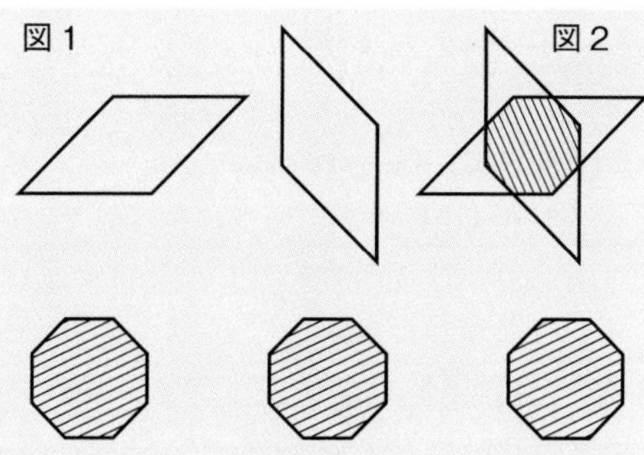

練習 174 同じ大きさの正方形の紙が8枚，少しずらして重ねてあります。上から2番目にある正方形と上から4番目にある正方形はどれですか。**ア**～**ク**の中からそれぞれ1つずつ選び，その記号を答えなさい。【池田中】

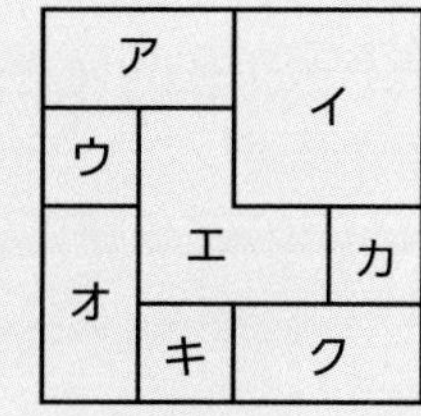

★★★ 応用 090 光の反射（はんしゃ）

やってみよう 力だめしの問題8 チャレンジ問題6

角 AOB＝11°である鏡の面 OA，OB があります。A から発した光線が順次 R_1，R_2，…で反射して，鏡に垂直（すいちょく）にあたると，光線はそれまでと逆（ぎゃく）に進んで A まで戻（もど）ってきます。図は A から発した光線が 2 度(垂直にあたる直前までの回数)反射して A に戻る場合のものです。次の問いに答えなさい。

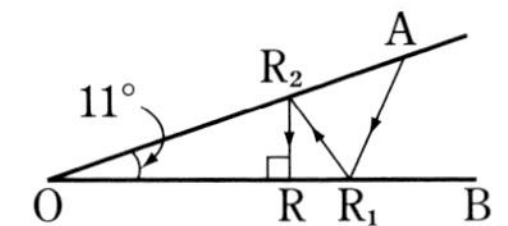

(1) 図の場合，角 OAR_1 の大きさを求めなさい。

(2) A から発した光線が 3 回反射してまた A に戻るとき，角 OAR_1 の大きさを求めなさい。

(3) A から発した光線が最も多い回数反射してまた A に戻るとき，角 OAR_1 の大きさと反射の回数を求めなさい。

【甲陽学院中】

考え方 反射の法則（ほうそく）で右の図のあどうし，いどうしは等しい。(RR_2 では光は往復（おうふく）する)

あ＝90°－11°＝79°

11°＋い＝あから

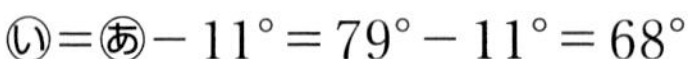

い＝あ－11°＝79°－11°＝68°

角 OAR_1＝い－11°＝68°－11°＝57°

解き方

(1) (考え方)参照 (つまり 90°から 11°を 3 回ひいている。)

(2) (1)のことをさらにもう 1 回くり返せばよい。

(1)を使って，う＝57°だから

角 OAR_1＝57°－11°＝46°

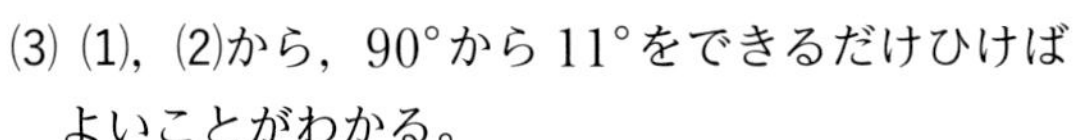

(3) (1)，(2)から，90°から 11°をできるだけひけばよいことがわかる。

90°÷11°＝8 あまり 2°，つまり 90°から 11°を 8 回ひいて，2°残る。

答 (1) 57°　(2) 46°　(3) 2°，7 回

練習 175 次の図で，点 O を中心とする円の円周は鏡になっており，ある点 P から出た光は直進し，円周にあたったときは角 PQO＝角 OQR になるように反射します(**図 1**)。今，**図 2** のように円周上の点 A から AO と 62°の角をなす方向に光が出たとき何回か反射して A 点に帰ってきました。

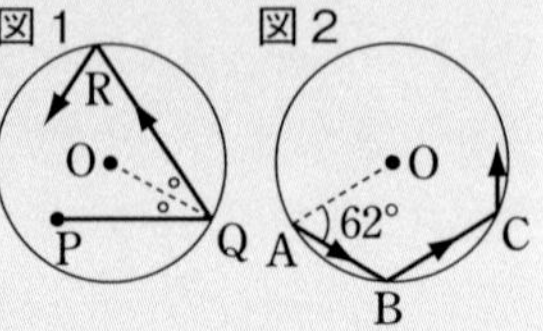

(1) この光は，何周しましたか。

(2) この光は，A 点に帰ってくるまでに何回反射しましたか。

【白陵中】

★★☆ 標準 091 平面上の点の位置

やってみよう　力だめしの問題⑧　チャレンジ問題②

右の図のように 100 m の間隔で道路があります。交差点Kをもとにして，東へ 200 m，北へ 100 m いった交差点Aの位置を，A (東 2，北 1) の記号で表します。交差点BとCは，B (西 3，北 2)，C (西 2，南 2) です。道路の幅は考えません。

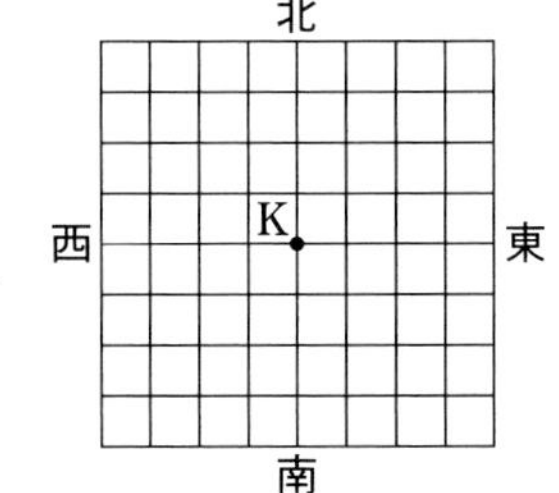

⑴ 交差点A，B，Cを図に記入しなさい。

⑵ 交差点Dをどこにとると，四角形ABCDが平行四辺形になりますか。記号で答えなさい。

【奈良女子大附中等教育学校】

4点A, B, C, Dを結んでできる四角形の場合，点を結ぶ順序は問わないが，四角形ABCDと書かれていたら，必ず，A，B，C，Dの順に結ぶことに注意する。三角形ADA′と三角形BCB′が合同だからAから東に 100 m 行き，そこから南に 400 m 行くとDにくると考えるのがよい。

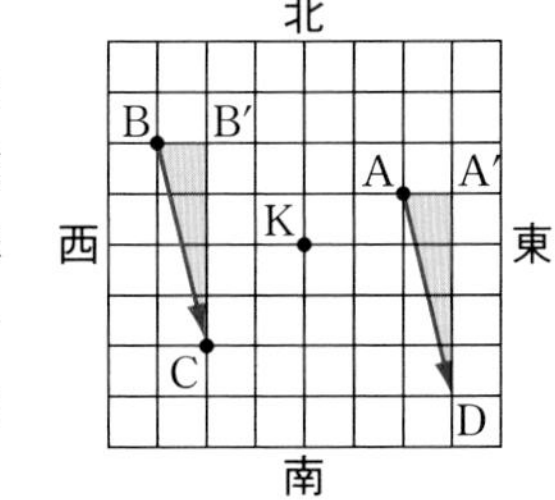

解き方　⑴は右上の図の通り。

⑵ BからCに行く方法を，AからDに適用すると，Aから東に 100 m，次に南に 400 m 行けばよい。

答 D (東 3，南 3)

〔別解〕普通の方眼紙で考えると，平行四辺形の 2 つの対角線は，たがいにそれぞれの真ん中で交わることを使うと，ACの真ん中とBDの真ん中が一致している。このことからDの位置を求めることもできる。

練習 176　右の図で，たとえば点Aの位置を(3，2)，点Bの位置を(4，7)というように表すことにします。

次の x，y にあてはまる数を答えなさい。

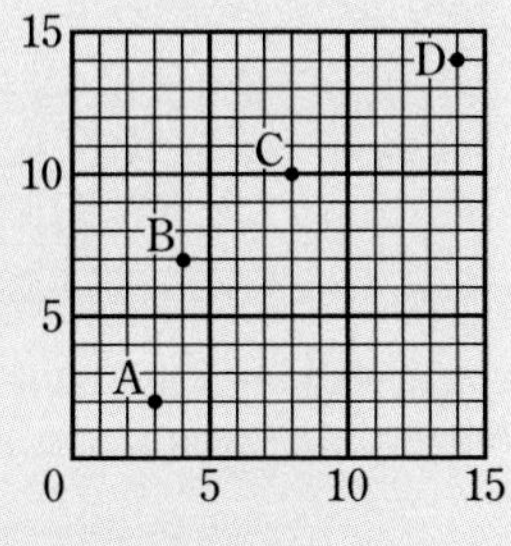

⑴ Aと(x，y)を結ぶ直線の真ん中の点はCです。

⑵ Bと(10，y)を結ぶ直線は，横の軸と平行です。

⑶ CとDと(x, y)を結ぶと, 直角三角形ができます。(2 通り見つけなさい。)

⑷ BとCと(x，y)を結ぶと，二等辺三角形ができます。(2 通り見つけなさい。)

★★★ 応用 092 三角形を見つける

やってみよう 力だめしの問題8 チャレンジ問題3

円周を等分します。その等分点から3点を選び，その3点を頂点(ちょうてん)とする三角形を考えます。次の(1)，(2)に答えなさい。ただし，回転したり，裏(うら)返したりして重なるものは同じ形とします。

(1) 円周を7等分したとき，どんな三角形ができますか。
それらの中で，形の異(こと)なるものをすべてかきなさい。

(2) 円周を12等分したとき，形の異なる三角形は何種類できますか。【麻布中】

考え方 (1) 1つの頂点Aを固定し，頂点Bを動かして考える。

(2) (1)の結果をじっくり見ると，円周を3つに分けることに気がつく。
つまり12を3つの整数の和で表すことと同じになる。

解き方 (1) 答

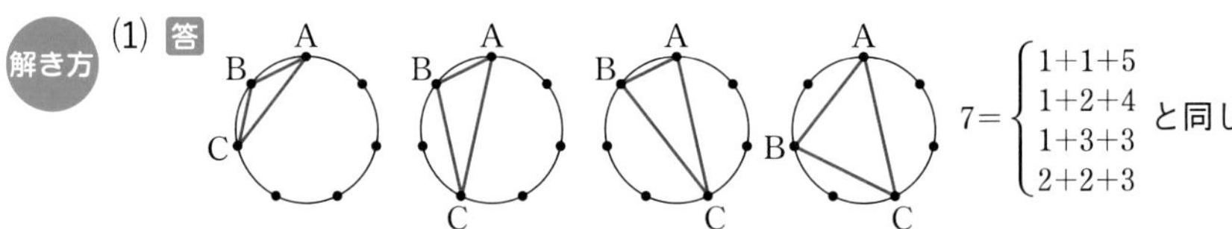

(2) (1)の結果から，12を3つの整数の和で表したらよいことに気がつく。
1＋1＋10，1＋2＋9，1＋3＋8，1＋4＋7，1＋5＋6，2＋2＋8，
2＋3＋7，2＋4＋6，2＋5＋5，3＋3＋6，3＋4＋5，4＋4＋4
の12種類。

答 12種類

入試ポイント
● 場合の数などを数えるときは，方針(ほうしん)をたてること。上の例題では1つの頂点を固定した。その他，形や大きさで分類してもよい。

練習 177 右の図のように，大きい円の中に，半径1cmの小さい円が7つぴったりとはいっています。
小さい円の中心を結んでできる正三角形は全部で何個(なんこ)ありますか。【慶應普通部】

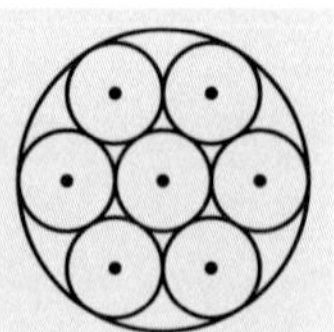

練習 178 正六角形ABCDEFがあります。6つの頂点から3点をとってできる三角形について考えます。

(1) 正三角形はいくつできますか。

(2) 直角三角形はいくつできますか。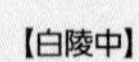【白陵中】

★★★ 応用 093 図形と分割(ぶんかつ)

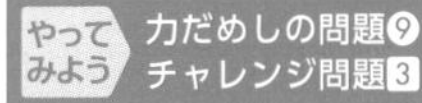

3辺の長さが7cm, 24cm, 25cmの直角三角形があります。
その中に図のように1辺が1cmの正方形を, 重ならないようにできるだけたくさん入れたいと思います。
何個はいりますか。

【開成中】

考え方 直角のかどAから始めて, いちばん下に6個, 次も6個と順に数えていくと時間ばかりかかる。そこで, 次のように考えよう。縦(たて)24cm, 横7cmの長方形で対角線を引くとき, この線が1辺が1cmの小正方形を何個通過(つうか)するかを考える。

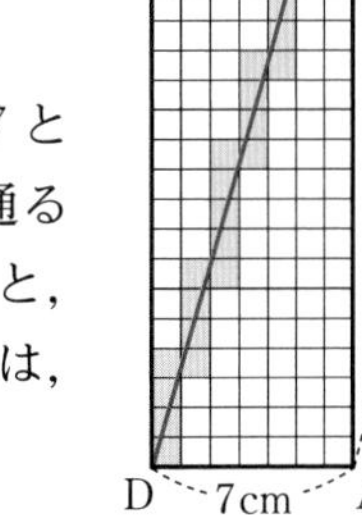

解き方 右の図の長方形ABCDで, 対角線BDを引くと, 7と24には1以外の公約数はないから, 方眼(ほうがん)の交点を通ることはない。対角線BDは, 縦6本の線と, 横23本の線と, それぞれ1回ずつ交わる。それで, 通過する小正方形の数は, 交点より1つ多いから

$6+23+1=30$(個)

求める小正方形の数は

$(24\times 7-30)\div 2=(168-30)\div 2=138\div 2=69$

答 69個

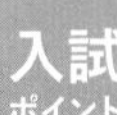
入試ポイント

● 長方形の縦, 横の長さ a, b に1以外の公約数がないとき, 対角線が内部で縦, 横の線に交わる点の数は, $\boldsymbol{a+b-2}$, 通過する小正方形の数は, $\boldsymbol{a+b-1}$ である。
(図は $a=5$, $b=3$ のとき)

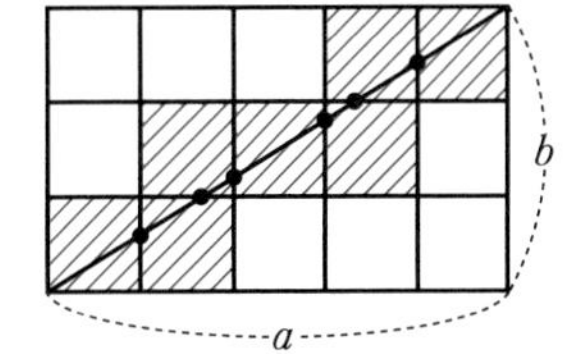

練習 179 正三角形の紙に, 右の図のように点線を入れて切りはなすと, 2つの合同な三角形ができあがります。

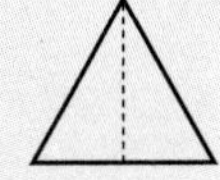

(1) 正三角形の紙に, 点線を入れて切りはなし, 6つの合同な三角形にしたいと思います。どうすればよいでしょうか。

(2) 正三角形の紙に, 点線を入れて切りはなし, 8つの合同な三角形にしたいと思います。どうすればよいでしょうか。

【追手門学院中】

力だめしの問題 入試標準レベル

解答➡別冊 p.94

1 右の図のおうぎ形において，
(弧ABの長さ)：(弧CDの長さ)
＝5：3
角BOCの大きさは24°
角DOAの大きさは144°
です。角㋐の大きさは何度ですか。

【洛南高附中】

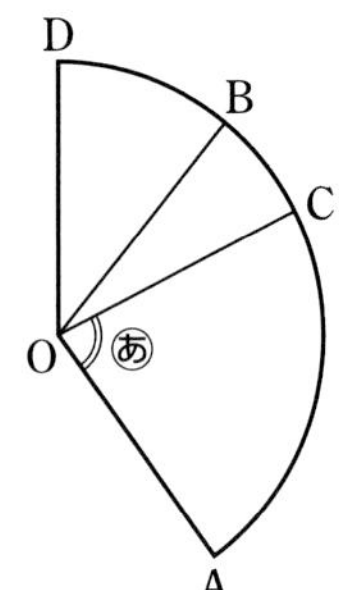

2 右の図の三角形ABCの紙をDEを折り目として折ると，AがBC上のFになりました。次に，DFを折り目として折ると，BがAC上のEになりました。このとき，角㋐の大きさは何度ですか。

【洛南高附中】

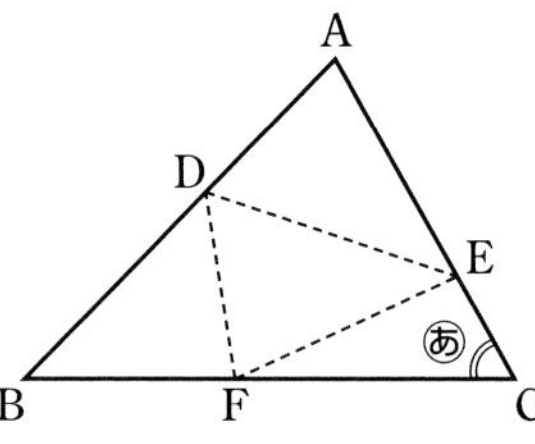

3 図のように，円の$\frac{1}{4}$の図形の円周上に点Cがあり，BCを折り目として折りました。折り曲げた円周の部分とABの重なった点をDとするとき，BDとBOが同じ長さになりました。角㋐は［　　］度，角㋑は［　　］度です。

【女子学院中】

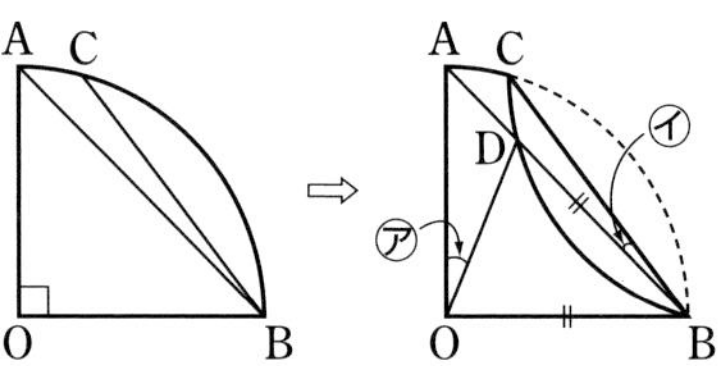

4 右の図で，AB＝DE，BC＝CDのとき，∠CED＝［　　］°です。［　　］にあてはまる数を答えなさい。

【西大和学園中】

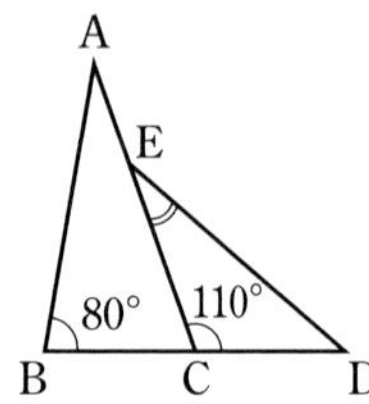

ヒント

1 弧ABの長さと弧CDの長さの比が5：3なので，角AOBと角CODの比は5：3となる。

2 三角形ADEと三角形FDE，三角形FDBと三角形FDEがそれぞれ合同になる。

▶標準085，基本086

3 Dの折り返す前の点をD′とすると，BD＝BD′となる。OBとOD′は円の半径で等しいので，三角形OBD′は正三角形となる。

▶基本080，基本083，標準087

4 BとDが重なり，A，C，Eがこの順に並ぶように三角形CDEを移動させて考える。

▶基本079，応用081，基本082

5 正十二角形について次の問いに答えなさい。

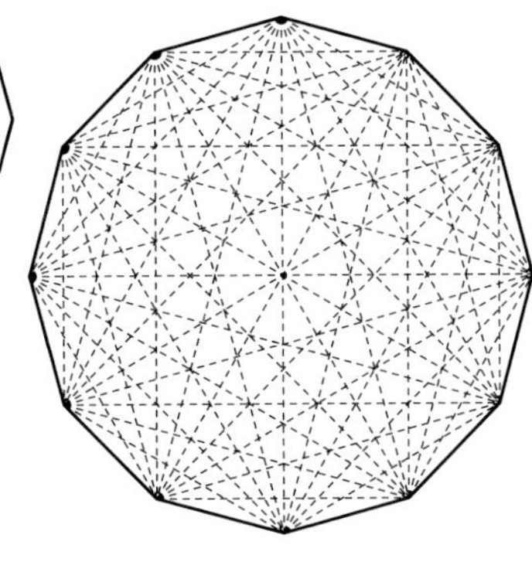

(1) 対角線の本数を求めなさい。

(2) どの辺も右の図の点線上にある正十二角形をすべて図中に太線でかきこみなさい。

【麻布中】

6 右の図のように，1辺の長さが9cmの正方形ABCDの中に，中心が頂点(ちょうてん)Bで半径が9cmの円の円周の一部ACがかかれています。さらに，辺AD，辺BCの真ん中の点をそれぞれE，Fとし，EとFを結ぶ直線と円周の一部ACが交わる点をGとします。このとき，円周の一部GCの長さを求めなさい。

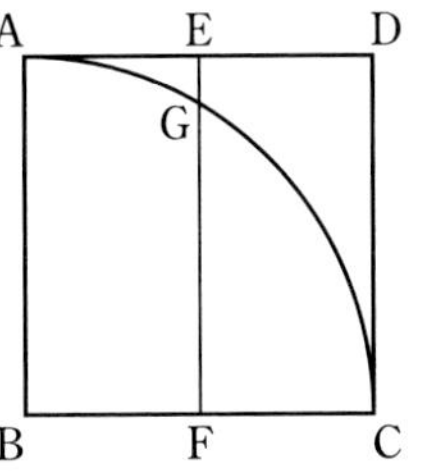

【東大寺学園中】

7 次の問いに答えなさい。

(1) 正三角形，正方形，正五角形の紙が合わせて157枚(まい)あります。正三角形と正方形のすべての角の大きさの平均(へいきん)は78度，正三角形と正五角形のすべての角の大きさの平均は96度です。正三角形の紙は何枚ありますか。

(2) 正三角形，正方形，正五角形の紙が何枚かあります。(正三角形の枚数)：(正方形の枚数)＝2：1です。これらの紙のすべての角の大きさの平均は88度，辺の数の合計は270本です。正五角形の紙は何枚ありますか。

【洛南高附中】

ヒント

5 (1) 正n角形の対角線の本数は$(n-3)\times n\div 2$
(2) 規則(きそく)性を見つける。

▶基本 084

6 三角形GBCが正三角形になる。

7 正三角形，正方形，正五角形の1つの内角はそれぞれ60°，90°，108°になる。

▶標準 088

8 右の図は，1辺の長さが1cmの正方形9個でできていて，16個の頂点には1から16までの番号がついています。Aの箱には，1から8までの数字が書かれた8枚のカードがはいっています。Bの箱には，9から16までの数字が書かれた8枚のカードがはいっています。Aの箱から1枚，Bの箱から2枚のカードを取り出します。カードに書かれている3つの数字の頂点を結んで三角形をつくります。たとえば，［3］，［9］，［14］のカードを取り出した場合，カードに書かれた数の和は26で，三角形の面積は 2cm^2 となります。［1］，［9］，［13］の場合は，三角形ができないので面積は考えません。

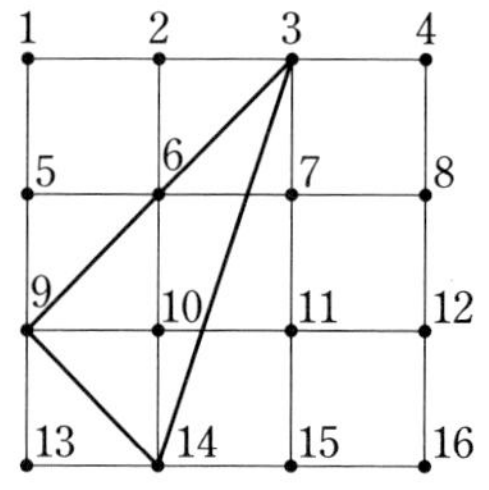

⑴ 三角形の面積が最も大きくなるカードの取り出し方は何通りありますか。

⑵ 3枚のカードに書かれた数の和が35になる取り出し方の中で，面積がいちばん小さくなるのは2通りあります。3枚のカードに書かれた数字を2通り書きなさい。

⑶ 三角形ができないカードの取り出し方は［ア］通りあり，三角形ができるカードの取り出し方は［イ］通りあります。［ア］，［イ］にあてはまる数を答えなさい。 【四天王寺中】

ヒント

8 ⑴ 底辺，高さとも3cmになる場合。
⑵ Aから取り出すカードの数字で場合分けをする。
⑶ 三角形ができないのは3つの点が1つの直線上に並ぶ場合。

▶応用 089，応用 090，標準 091，応用 092

9 半径1cmの円を，長方形の中に図の㋐，㋑の2通りの方法でできるだけ多く並べていくことを考えます。次の長方形の中に円を並べていくとき，㋐と㋑の並べ方では，どちらの方が何個多く並べることができますか。ただし，1辺の長さが1cmの正三角形の高さは0.87cmとします。

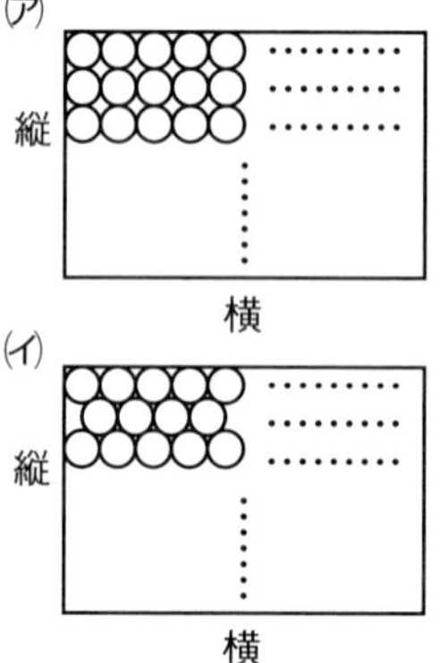

⑴ 縦8cm，横30cmの長方形

⑵ 縦20cm，横30cmの長方形

【洛南高附中】

9 ⑴，⑵ともに長方形の横の長さは30cmで，上から1段目の横に並ぶ円の個数は
30÷2＝15（個）
㋑は奇数段目には15個，偶数段目には14個並ぶことに注意する。

▶応用 093

チャレンジ問題 入試発展レベル

解答➡別冊 p.96

★は最高レベル

★ **1** 図において，三角形ABEと三角形CDEはともに正三角形で，A，Cを結ぶ直線とB，Dを結ぶ直線は点Oで交わっています。

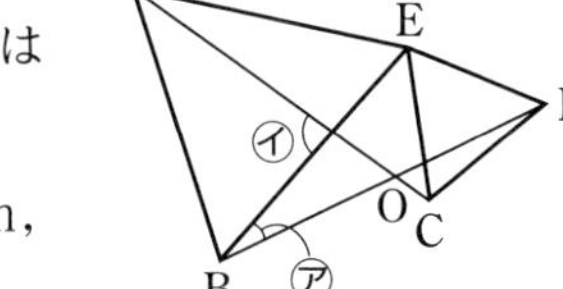

(1) OA，OB，OCの長さがそれぞれ8cm，5cm，1cmのとき，ODの長さは［①］cmです。

(2) ㋐の角の大きさが23度のとき，㋑の角の大きさは［②］度です。

【灘中】

2 (1) 下の①～⑥の立方体の展開図を組み立てます。できあがった立方体を，図のように「**カ**」の面を「**カ**」の字がAから見て上下左右が正しい向きに見えるように台に置きます。矢印のように時計回りにこの立方体を回したときに，「**カ**」「**イ**」「**セ**」「**イ**」の順に，上下左右の向きもふくめて正しくAから見えるようになる展開図には『○』，そうでないものには『×』を解答欄に書きなさい。
なお，問題用紙を切り取ったり折ったりしてはいけません。

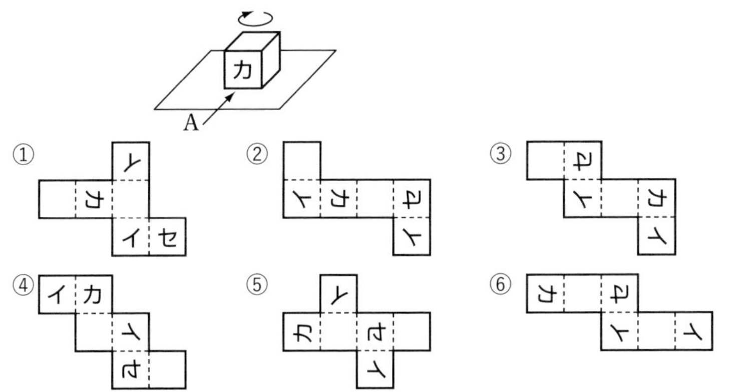

(2) 図のような，1辺が1cmの正三角形を4つ使った2種類の平行四辺形A，Bと，1辺が1cmの正三角形を3つ使った台形Cを，それぞれたくさんつくります。

A 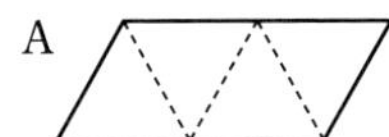 B  C 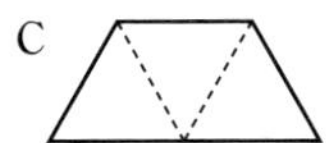

1辺が4cmの正六角形の内部を，これらの平行四辺形と台形を合計26個用いて敷きつめることができました。このとき台形Cを何個用いたか答えなさい。

【開成中】

3 (1) 同じ大きさの正方形を敷きつめて長方形をつくり，図の直線PQが何個の正方形を通るかを考えます。**図1**の場合は4個の正方形を通り，**図2**の場合は2個の正方形を通ります。

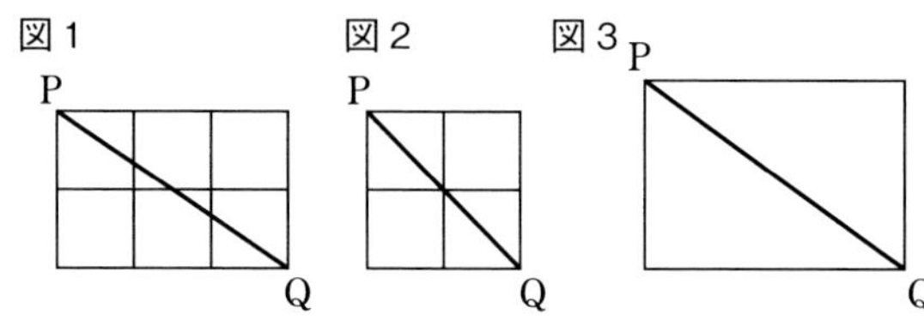

① 縦に3個，横に4個の正方形を敷きつめて**図3**のような長方形をつくった場合，何個の正方形を通りますか。

② 縦に12個，横に16個の正方形を敷きつめて**図3**のような長方形をつくった場合，何個の正方形を通りますか。

③ 縦に12個，横に17個の正方形を敷きつめて**図3**のような長方形をつくった場合，何個の正方形を通りますか。

(2) 同じ大きさの立方体を積み重ねて直方体をつくり，図の直線PQが何個の立方体を通るかを考えます。

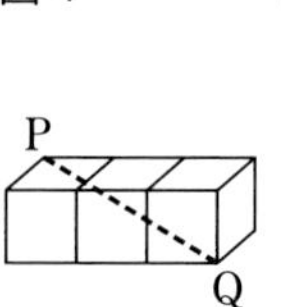
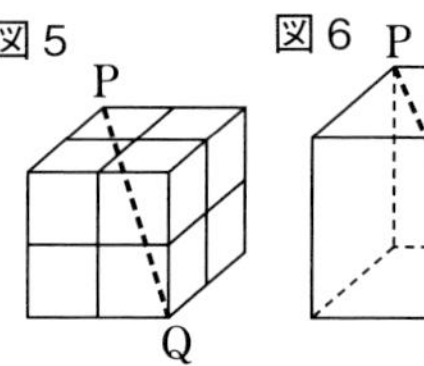

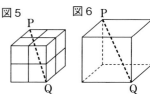

図4の場合は3個の立方体を通り，**図5**の場合は2個の立方体を通ります。

縦に7個，横に9個，上に8個の立方体を積み重ねて**図6**のような直方体をつくった場合，何個の立方体を通りますか。 【早稲田中】

4 直角二等辺三角形を，図のように3本の平行な直線㋐，㋑，㋒の上に頂点があるように置きました。角Bは直角です。また，㋐と㋑の幅は5cm，㋑と㋒の幅は3cmです。

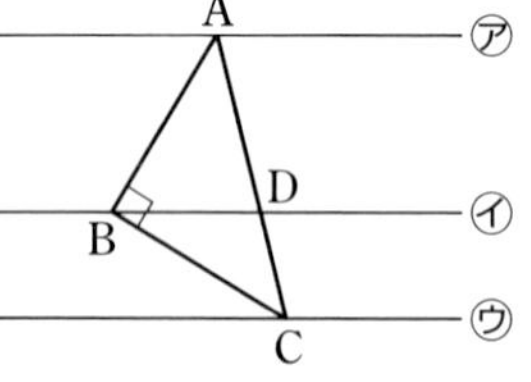

㋑とACが交わる点をDとすると，BDの長さは

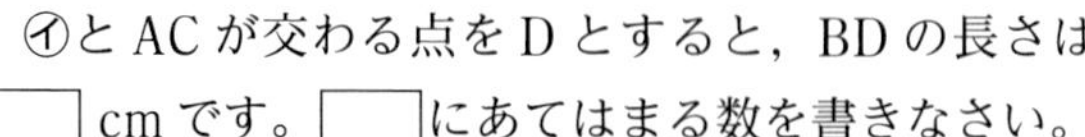

□ cmです。□にあてはまる数を書きなさい。 【武蔵中】

★ **5** 正十二角形の異(こと)なる4つの頂点を結んでできる四角形のうち，向かい合った辺が平行であるものを考えます。

⑴ 平行な辺が2組である四角形の個数を求めなさい。

⑵ 平行な辺が1組以上である四角形の個数を求めなさい。　【甲陽学院中】

★ **6** **図1**のように，辺ABの長さが18cm，辺ADの長さが42cmの長方形ABCDがあります。点Pは，Aを出発し，長方形の辺上をA→D→C→B→Aの向きに，毎秒3cmの速さで動き，再(ふたた)びAに着いたら止まります。

図1

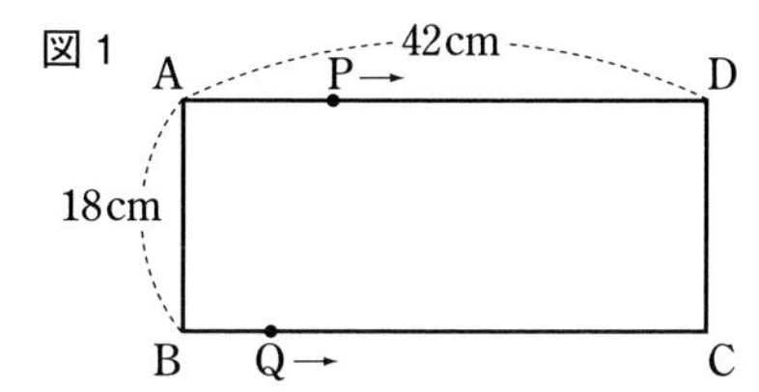

点Qは，PがAを出発するのと同時にBを出発し，長方形の辺上をPと逆(ぎゃく)の向きに，毎秒2cmの速さで，Pが止まるまで動きます。次の問いに答えなさい。

⑴ PとQが出会うのは動き始めてから何秒後ですか。

⑵ 点Rは，Pと同時にAを出発し，長方形の辺上をPと逆の向きに，毎秒2cmの速さで，Pが止まるまで動きます。このとき3点P，Q，Rを結んだ図形について考えます。

㋐ 途中(とちゅう)で三角形ができないことが何回かあります。三角形ができない場合を動き始めてからの時間で，すべて答えなさい。ただし，たとえば△秒後から□秒後までずっとできないときは，△～□のように答えてかまいません。

㋑ **図2**のように，線ACと線BDの交点をEとします。Eが三角形PQRの内部や周上にあるのはいつですか。㋐にならってすべて答えなさい。　【筑波大附駒場中】

図2

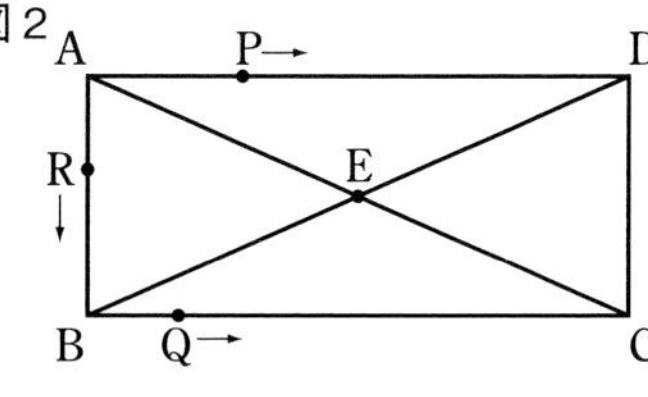

第2章 立体図形

1 立方体・直方体

●6つの平面で囲まれ，辺が12，頂点が8つある。

●向かい合う面は平行，隣り合う面は垂直。

●向かい合う辺は平行，隣り合う辺は垂直。

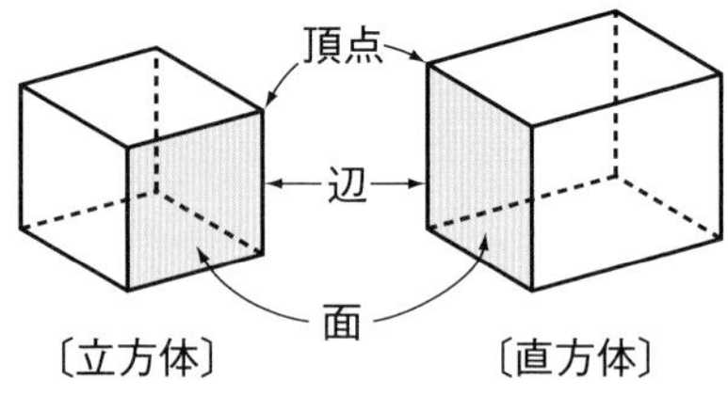

●立方体の6つの面は合同な正方形で，12の辺の長さはすべて等しい。直方体には2つずつ合同な長方形の面が3組，4本ずつ長さの等しい辺が3組ある。

2 柱体(角柱・円柱)

●**角柱**…合同である2つの平行な多角形の底面と，底面に垂直な長方形(または正方形)の側面で囲まれた立体を**角柱**という。

底面の形によって，**三角柱**，**四角柱**，**五角柱**，…などという。

●**円柱**…合同である2つの平行な円の底面と，底面に垂直な曲面の側面で囲まれた立体を**円柱**という。

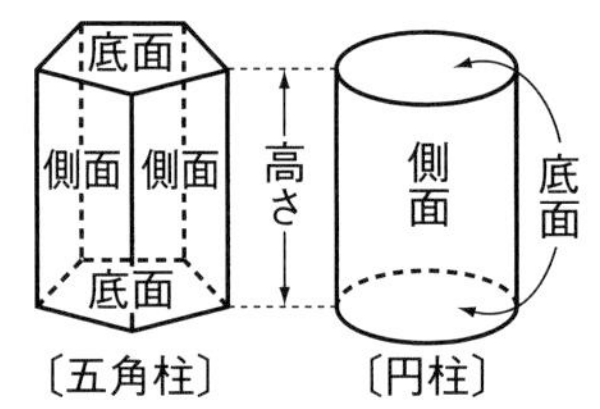

3 すい体(角すい・円すい)

●**角すい**…多角形の底面と，三角形の側面で囲まれた立体。底面の形によって，**三角すい**，**四角すい**，…という。

●**円すい**…円の底面と曲面である側面で囲まれた立体を**円すい**という。円すいを，頂点を通り底面に垂直な平面で切ると，切り口は二等辺三角形になる。

●**角すい台・円すい台**…角すい・円すいを底面に平行な平面で切り取ったときにできる底面をふくむ方の立体。

4 多面体

●**多面体**…立方体や三角すいなどのように，平面だけで囲まれた立体。すべて合同な正多角形で囲まれた立体を**正多面体**という。正多面体は，**正四面体**，**正六面体**(**立方体**)，**正八面体**，**正十二面体**，**正二十面体**の５つしかない。

●**多面体の頂点・辺・面の数の関係**

面の数＋頂点の数－辺の数＝2

5 回転体

●**回転体**…１つの平面図形を，同じ平面上にある一直線を軸(じく)として，１回転させてできる立体を**回転体**という。円柱，円すいなどは回転体。

また，軸とした直線を**回転軸**(**回転の軸**)という。

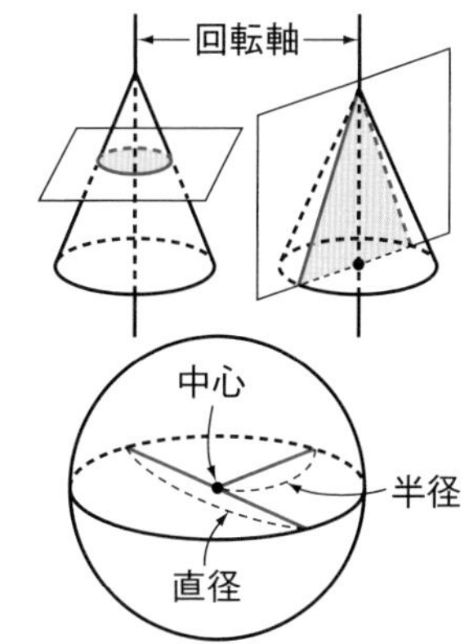

●**回転体の性質**(せいしつ)

(ア)軸に垂直な平面で切ると，切り口はいつも円。

(イ)軸を通る平面で切ると，切り口は回転軸を対称(たいしょう)軸とする線対称な図形になる。

●**球**…球も回転体の１種。球を平面で切ると切り口は円。球の中心を通る平面で切った切り口がいちばん大きい。

6 立体の表し方

●**見取図**…立体をある方向から見たままの形で表した図を**見取図**という。線の見えない部分は点線で表す。

●**展開図**(てんかい)…立体の表面を開いて，すべての面を１つの平面上に広げたものを，その立体の**展開図**という。

●**投影図**(とうえい)…真正面から見た図と，真上から見た図を組み合わせた図を，その立体の**投影図**という。真正面から見た図を**立面図**，真上から見た図を**平面図**といい，境(さかい)の線を**基線**(きせん)という。

〔三角柱〕

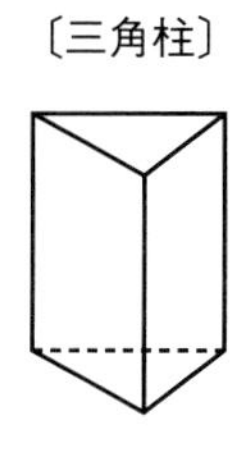

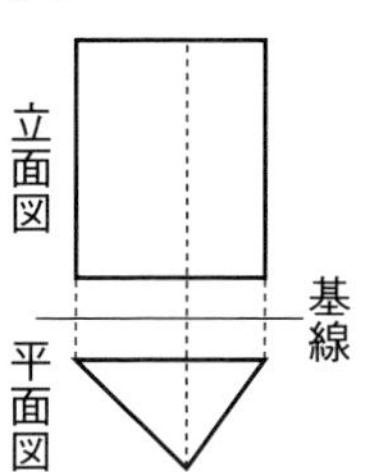

〔四角すい〕

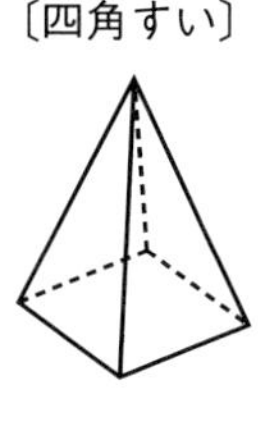

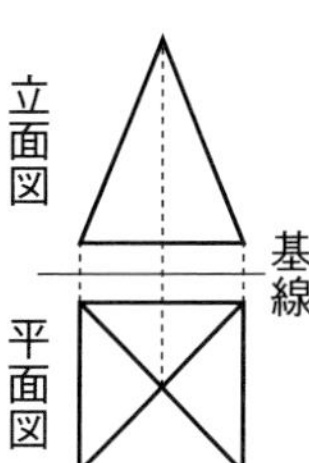

★☆☆ 基本 094 立体をつくる

やってみよう 力だめしの問題⑤ チャレンジ問題4

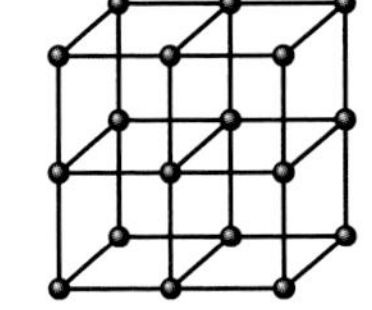

(1) 長さ 10cm の棒と，それをつなぐ玉があります。それらを右の図のように組み立てていき，1 辺が 30cm の立方体をつくります。このとき，

① 棒は何本必要ですか。 ② 玉は何個必要ですか。

【慶應普通部】

(2) 1 辺の長さが 1cm の立方体が 72 個あります。これらを全部くっつけて 1 つの直方体をつくったとき，異なった形の直方体は何種類できますか。

【灘中】

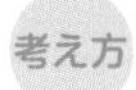

(1) ① 右の図の矢印のように，棒は 3 つの方向に延びている。1 つの方向の棒の数を計算して 3 倍すればよい。

② 玉は数えやすい。いちばん上の面を数えて 4 倍すればよい。

(2) $72=2\times2\times2\times3\times3$ として 72 の約数の個数を調べて，いちばん短い辺の長さで分けて考える。

解き方

(1) ① 1 つの方向の棒は，$3\times4\times4=48$（本）

3 方向あるから，$48\times3=144$（本） 答 144 本

② 1 つの面に，$4\times4=16$（個），4 段では $16\times4=64$（個） 答 64 個

(2) 高さの方向がいちばん短いとして考える。

高さ 1 のとき，72 の約数は 12 個あるから $12\div2=6$（種類）

高さ 2 のとき 36 個で 1 つの面をつくる。36 を 2 以上の 2 つの数の積で表す表し方は 6×6，4×9，3×12，2×18 の 4 種類。

高さ 3 のとき 24 個で 1 つの面をつくる。24 を 3 以上の 2 つの数の積で表す表し方は 4×6，3×8 の 2 種類。

高さ 4 のとき 18 個で 1 つの面をつくるが，18 は 4 以上の 2 つの数の積で表せない。

$6+4+2=12$ 答 12 種類

練習 180 1 辺の長さが 2cm の立方体が，右の図のように積み重ねられています。この立体の体積は 328cm^3 であることがわかっています。

この立体をつくるのに使われている立方体の個数はいくつですか。

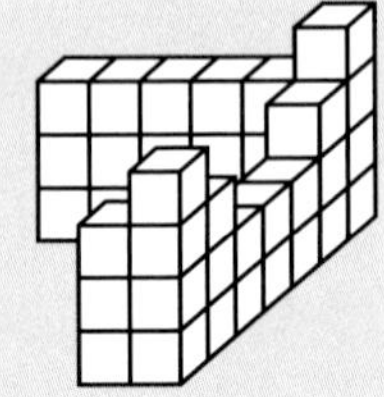

★★★ 標準 095 立体を小さな立方体に分ける

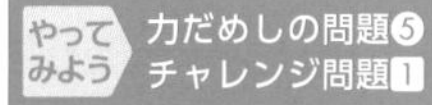

1辺が1cmの立方体がたくさんあります。これを使って**図1**，**図2**のような立体をつくり，表面に青いペンキを塗(ぬ)りました。このとき，次の問いに答えなさい。

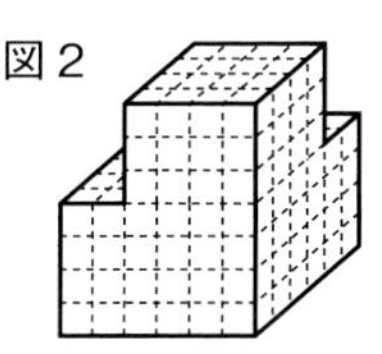

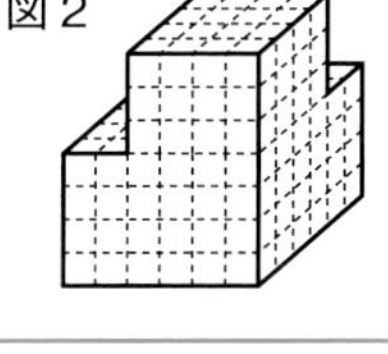

⑴ **図1**でまったくペンキが塗られなかった立方体は何個ですか。

⑵ **図1**で2つの面だけ塗られた立方体は何個ですか。

⑶ **図2**で1つの面だけ塗られた立方体は何個ですか。

⑷ **図2**で2つの面だけ塗られた立方体は何個ですか。

【巣鴨中】

考え方

⑴ 表面を一皮はがしたものを想像(そうぞう)すればよい。
右の⑴の図で色をつけた部分に相当する内部にある立方体である。

⑵ 右の⑵の図の色をつけたものを数えればよい。

⑶ 表面で，3つの面，2つの面に塗られたものを除(のぞ)いたものだから，右の図の㋐，㋑，㋒，㋓と正面，右側面の6つの方向から見た面で色をつけたものを数えればよい。

⑷ まったくペンキが塗られていない立方体の数と⑶の結果と3つの面が塗られている立方体の数を，全体からひくとよい。

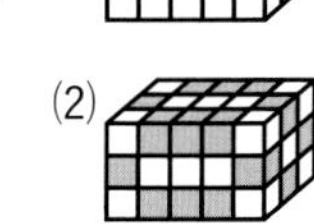

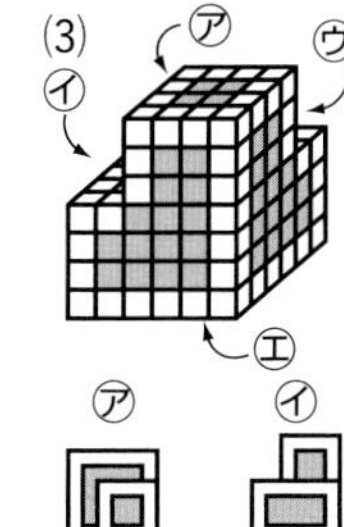

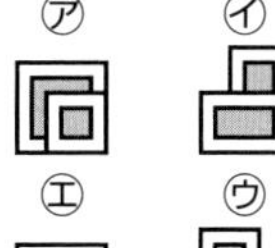

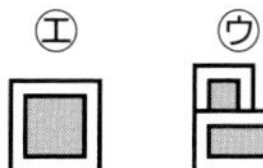

解き方

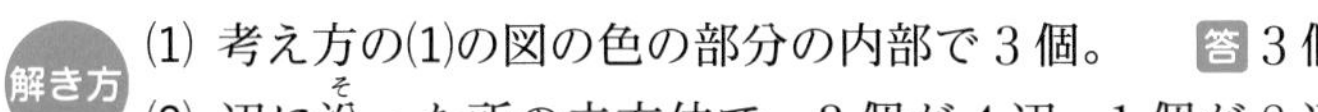

⑴ 考え方の⑴の図の色の部分の内部で3個。　答 3個

⑵ 辺に沿(そ)った所の立方体で，3個が4辺，1個が8辺あるから　$3\times4+1\times8=20$　答 20個

⑶ 見取図の正面と右側面の色の部分　$15\times2=30$
㋐ $7+4=11$，㋑と㋒はそれぞれ $8+4=12$，
㋓ 16　　全部で　$30+11+12\times2+16=81$

答 81個

⑷ $192-\{(\underset{\text{塗られていない立方体}}{\underline{8+9+32}})+\underset{⑶}{\underline{81}}+\underset{\text{3面塗られた立方体}}{\underline{11}}\}=51$

答 51個

練習 181　右の図のように $1\,\mathrm{cm}^3$ の立方体を，縦(たて)7個，横8個，高さ9個と積み重ねて直方体をつくって，㋐，㋑，㋒の3面を赤く塗ってから再(ふたた)びばらばらにくずしました。このとき，どこも塗られていない立方体は何個ありますか。　【戸板中】

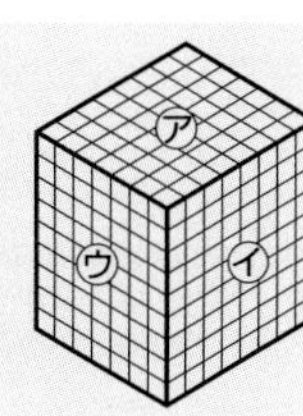

★★★ 基本 096 立方体の展開図

やってみよう 力だめしの問題⑥ チャレンジ問題③

右の図は立方体の展開図の一部です。これにもう1つの面Fをつけ加えて，この展開図を完全なものにしたいと思います。

(1) 面Fをつけたらよい所として，太線の**ク**と**サ**があります。このほかに，面Fをつけたらよい所を，すべて選び**ア**～**シ**で答えなさい。

(2) 面Fをつけ加えて，立方体を組み立てたとき，この面Fと平行になるのはどの面ですか。A～Eで答えなさい。 【奈良教育大附中】

考え方 いちばんわかりやすい展開図，たとえば，右の図のようなとき，**ア**のまわりを4つの面がとり囲むから，最後の面は**ア**に向かい合うことになる。だから，**イ**，**ウ**，**エ**，**オ**の中の1つに面をつければよい。本問の図をこのような展開図に直すことを考えるとわかりやすい。

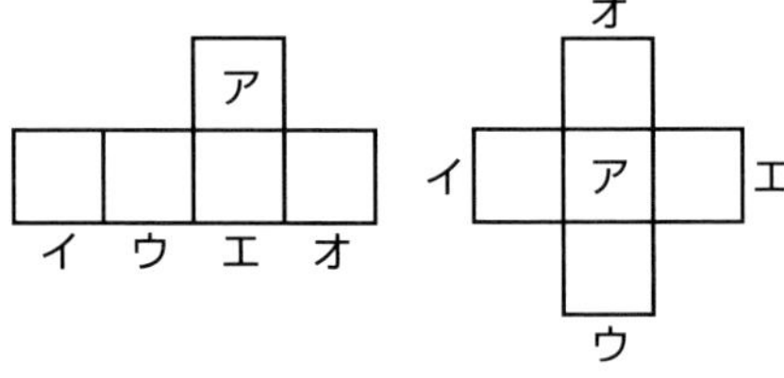

解き方 (1) 問題にある展開図を，内容を変えないようにわかりやすい展開図に直すと，右上の図のようになる。すると，**サ**，**シ**，**キ**，**ク**の4つの場所にFをつければよいが，**ク**と**サ**以外だから答えは**キ**と**シ**になる。

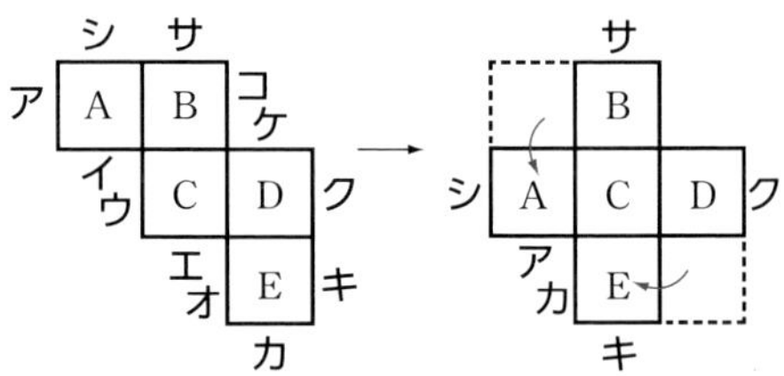

答 キ，シ

(2) CがFに向かい合うから，Fに平行なものはCである。

答 C

練習 182 右の図において，斜線部と㋐～㋘の中から1個の面を選んで立方体の展開図をつくります。㋐～㋘の面の選び方は何通りありますか。

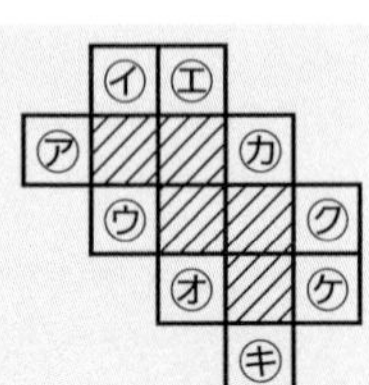

★☆☆ 基本 097 展開図と切り口

やってみよう 力だめしの問題②④ チャレンジ問題3

右の図は底面 EFGH が 1 辺 10 cm の正方形で高さが 12 cm の直方体です。この直方体を P, E, G, Q を通る平面で切ると，切り口の線は展開図ではどうなりますか。右の展開図にその線をかき入れなさい。ただし，P, Q はそれぞれ AB, BC の真ん中の点です。【関西学院中】

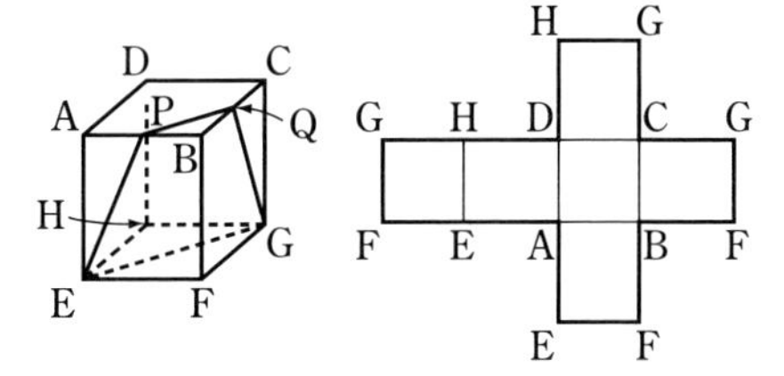

考え方 8 つの頂点(ちょうてん)には，A, B, …と記号がついているから，切り口の P, Q を A, B, …との関係で求めればよい。

解き方 P は A と B の真ん中の点だから，展開図の A と B の真ん中にとる。Q は B と C の真ん中の点だから，展開図の B と C の真ん中にとる。そして P, Q, G, E, P と順につないでいけばよい。E と G で展開図上の線が切れているが，同じ面上にあるものどうしをつなぐと図のようになる。

答

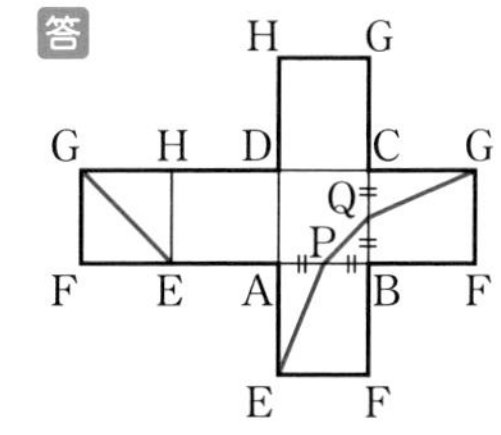

練習 183 下の**図①**は立方体の展開図で，**図②**はそれを組み立てた図です。**図①**のななめの太線は，**図②**ではどのようになるでしょうか。図にかきこみなさい。

図①

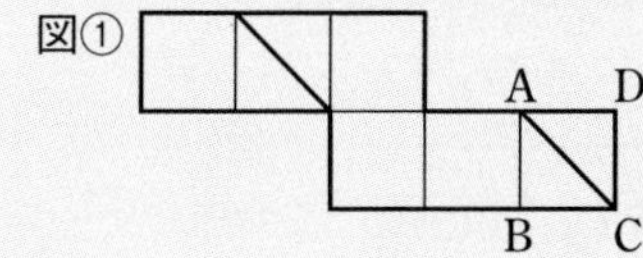

図②

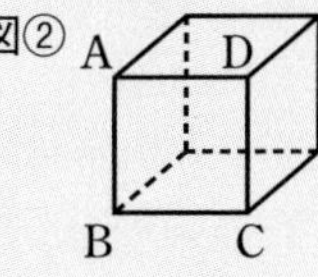

【広島女学院中】

練習 184 右の**図 1** は，ボール紙でつくった**図 2** の展開図を組み立てた立方体です。辺 BF の長さを 2 等分する点を P とし，3 点 A, C, P を通る平面で，この立方体を 2 つの立体に分けたとき，大きい方の立体の展開図は**図 2** のどの部分を切り取りますか。

切り取る部分に斜線を引いて示(しめ)しなさい。

図 1

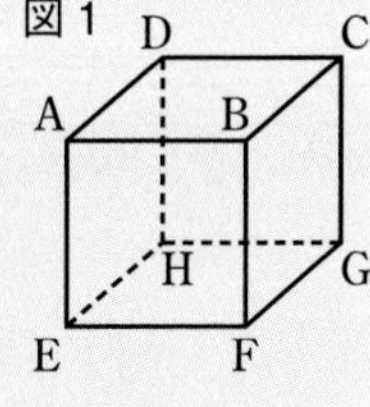

図 2

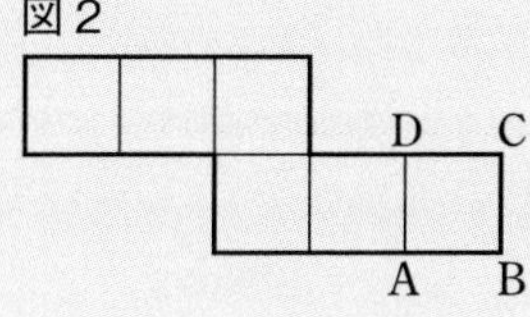

【駒場東邦中】

★★★ 標準 098 いろいろな立体の展開図

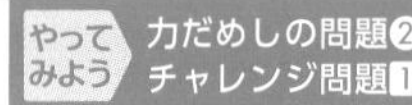

右の図はある立体の展開図です。(オ)の面は正方形で，(ア)，(イ)，(ウ)，(エ)の面はすべて合同な二等辺三角形です。これについて，次の(1)～(3)の問いに答えなさい。

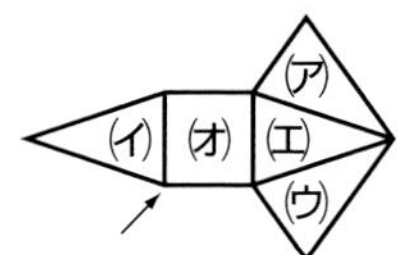

(1) この立体の名前を答えなさい。

(2) この立体を組み立てて，(オ)の面を下にして置き，矢印の方向(これを真正面とする)から見ます。そのときの真正面と真上から見た図の組み合わせで正しいものを，次の(a)～(d)の中から選び記号で答えなさい。

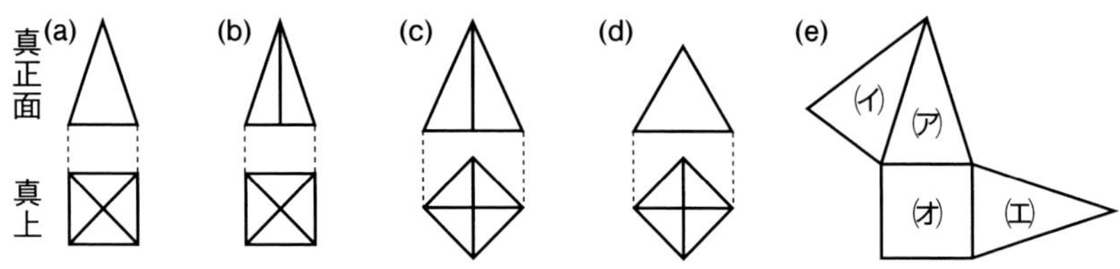

(3) この立体を組み立ててから，右上の図(e)のように展開しましたが，側面(ウ)がかかれてありません。側面(ウ)のつき方は何通りありますか。

【高知大附中】

考え方

(1) 底面が正方形，側面が二等辺三角形。

(2) 矢印の先が正方形の対角線に向いていることに注意しよう。すると，(c)か(d)のどちらかになる。

(3) (イ)を移動して(オ)にくっつけるとわかりやすい。

解き方

(1) 正四角すい …答

(2) 矢印が(オ)の対角線に向かっている。 答 (c)

(3) (イ)を移動して右の図のように直すと，(イ)，(オ)，(エ)の隣に(ウ)をつければよいから3通りある。 答 3通り

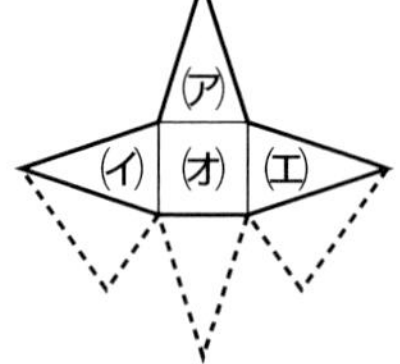

練習 185 図1は図2の立体の展開図です。図2の2つの斜線の面と2つの太線の辺のうち，1つの面と1つの辺は図1に示されています。もう1つの面ともう1つの辺は図1のどれですか。それぞれ斜線と太線で示しなさい。

【早稲田中】

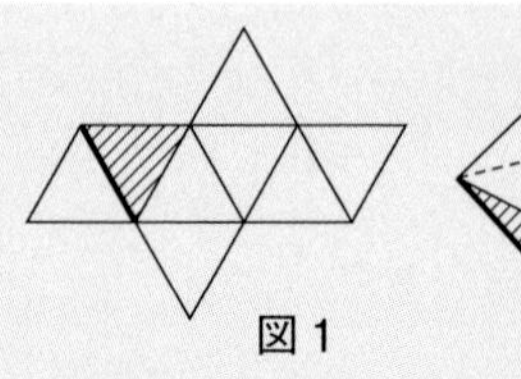

★★★ 応用 099 立体図形の読みとり

やってみよう 力だめしの問題③ チャレンジ問題⑥

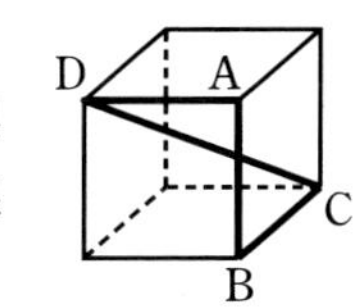

ある立方体の頂点を使って，右の図のような 4 つの辺 AB，BC，CD，DA でできた図形(太線の部分)を考えます。4 点 A，B，C，D から 2 点を選び，その 2 点を結んだ直線を軸としてこの図形を 1 回転させます。軸が直線 AB，BC，CD，DA，BD の 5 通りの場合にそれぞれどのような立体ができますか。右の 10 個の見取図の中から適するものを選び，その番号を答えなさい。

【灘中】

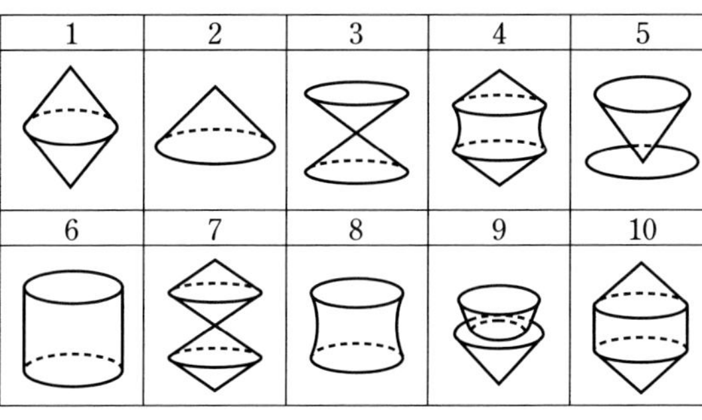

考え方 たくさん条件をもつ図形をさがすには，1 つ 1 つの条件に合う図形をさがして共通なものを求めるか，条件に合わないものを除いていくか，どちらかの方法が効果的である。

解き方 AB が軸：上下が円であるから，3，5，6，8 のうち上下対称でない 5 を除くと 3，6，8，円柱ではないから 3 と 8，真ん中で交わらないから 8。

BC が軸：C の所でとがっていて，B の周りに D が円をかいているから 2。

CD が軸：C と D の所がとがっているから，1，4，7，10 のうち CB，BA，AD が回ってできる 3 つの部分からできているから 4 と 10，真ん中の部分は円柱でないから 4。

DA が軸：D の所でとがっていて，A の周りを C が回るから 2。

BD が軸：D の所でとがっていて，C が B の周りを回り，2 つの部分があるから 9。

答 AB：8，BC：2，CD：4，DA：2，BD：9

練習 186 次のⓐからⓔまでの立体の中で，どれとどれが真上から見た図と真正面から見た図のそれぞれが同じ図になるでしょう。記号で答えましょう。

【愛知教育大附名古屋中】

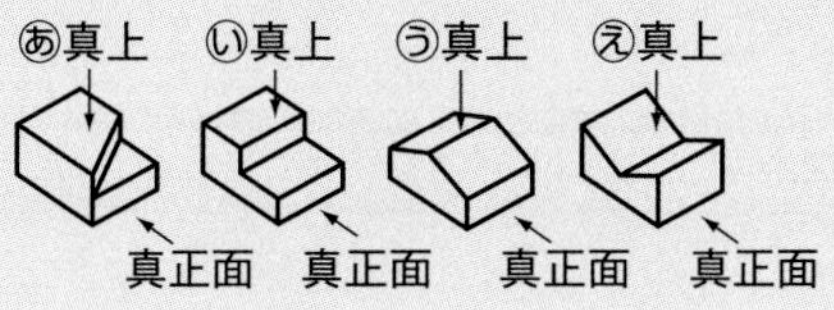

★★★ 標準 100 立方体の積み重ね

やってみよう 力だめしの問題❶ チャレンジ問題①

1辺の長さが1cmの立方体を①図のように積み重ねました。②図はそれを，後ろから見たものです。

①図

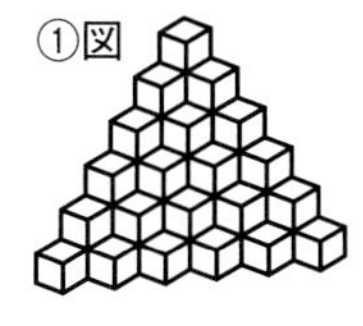

②図

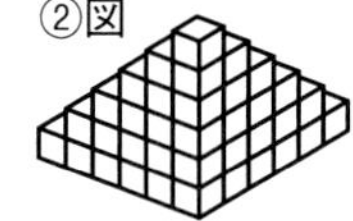

(1) 立方体は全部で何個(なんこ)ありますか。

(2) たがいに重なっている部分の面積は全部で何 cm^2 ですか。

下のようなとき，重なっている部分の面積は，どちらも $1cm^2$ です。

【同志社中】

考え方 (1) $1+(1+2)+(1+2+3)+(1+2+3+4)$
$+(1+2+3+4+5)+(1+2+3+4+5+6)$
を計算すればよい。

(2) 重なっている部分は2つの立方体のどちらにも共通な面だから，表面に現(あらわ)れていない面の数を計算して2でわればよい。

解き方 (1) $1+(1+2)+\cdots+(1+2+3+4+5+6)$
$=1\times6+2\times5+3\times4+4\times3+5\times2+6\times1$
$=56$

答 56個

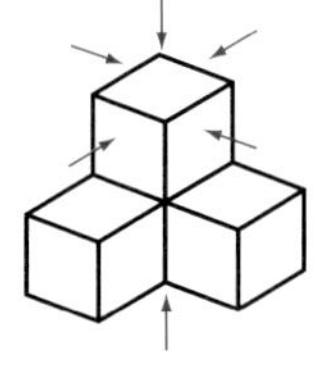

(2) 表面に現れている面の数は表面積からわかる。立方体の6つの面に直角な6つの方向から見た形は6つとも同じだから，表面積は，
$(1+2+3+4+5+6)\times6=126\ (cm^2)$
求める面積は
$\{(56個の表面積)-(立体の表面積)\}\div2$
$=(6\times56-126)\div2=105$

答 $105cm^2$

練習 187 図のように1辺の長さが2cmの立方体を机(つくえ)の上に積み重ねることにします。これについて，次の問いに答えなさい。

(1) 3段(だん)に積み重ねたときの全表面積を求めなさい。

(2) 5段に積み重ねたときの体積を求めなさい。

(3) 10段に積み重ねたとき，上からも横からも見えない立方体は上から4段目には1個，5段目には3個あります。全部では何個ありますか。 【ラ・サール中】

★★★ 応用 101 投影図(とうえい)

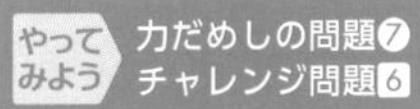

ある平らな土地に3つの建物A，B，Cがあります。AとBは正四角柱，Cは正四角すいの建物です。**図1**は真横から（西から）見た図で，**図2**は真上から見た図です。また**図2**の斜線部(しゃせんぶ)はある時刻(じこく)のAの影(かげ)をかきこんだものです。

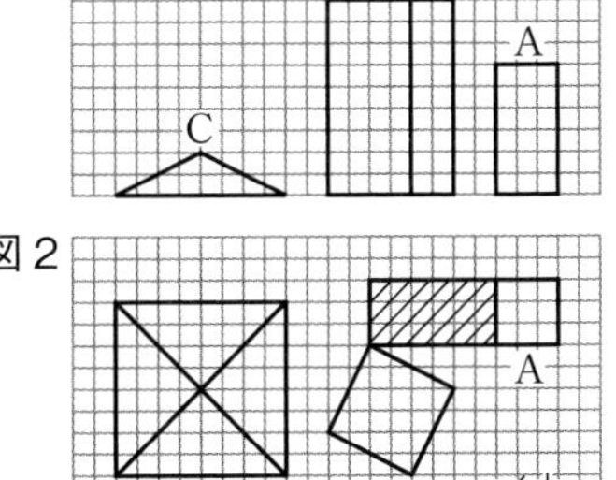

⑴ **図2**に同じ時刻のBの影をかきこみなさい。

⑵ そのときCの斜面にできるBの影の部分の面積はCの斜面となっている二等辺三角形1個の面積の何倍になりますか。 【開成中】

考え方 Aの影から光線は45°の方向からくることがわかり，㋐，㋑，㋒の影は㋐′，㋑′，㋒′と図のようにとれるが，辺㋐㋑の影はCの屋根で曲がる所が難(むずか)しい。㋐と㋑の真ん中の点㋔の影がうまくCの屋根の頂上(ちょうじょう)にくることから解決(かいけつ)する。

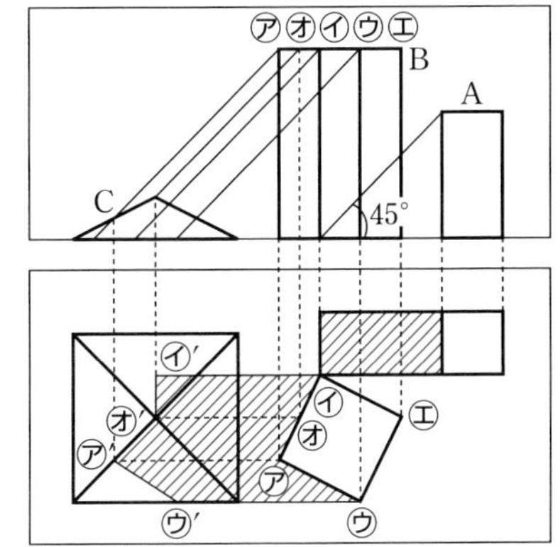

解き方

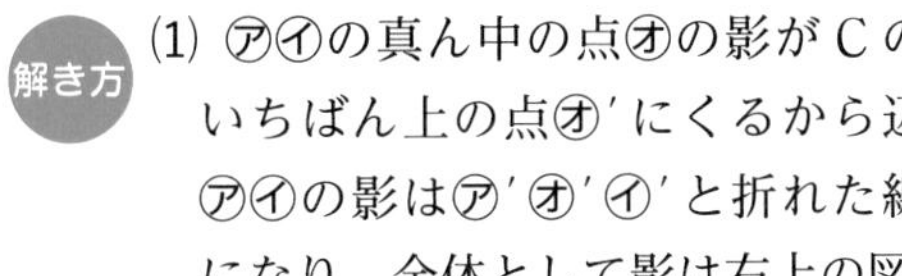

⑴ ㋐㋑の真ん中の点㋔の影がCのいちばん上の点㋔′にくるから辺㋐㋑の影は㋐′㋔′㋑′と折れた線になり，全体として影は右上の図の斜線部。

⑵ 1目もりを1とすると，二等辺三角形の面積は16だから

$(32-5)\div 16=1\frac{11}{16}$ **答** $1\frac{11}{16}$倍

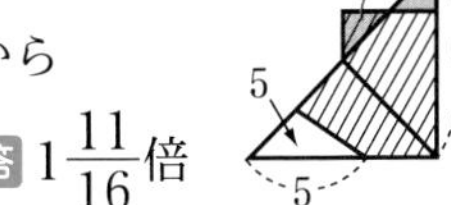

練習 188 **(例)**の立体は，真上から，正面から，右横からそれぞれ光をあててついたてに影をうつすとどれも「山」という字に見えます。では，右のような立体がついたてにうつる影はどのように見えますか。**(例)**を参考に図にかきこみなさい。ただし，どの面も1本の影はあらかじめかかれています。【立命館中】

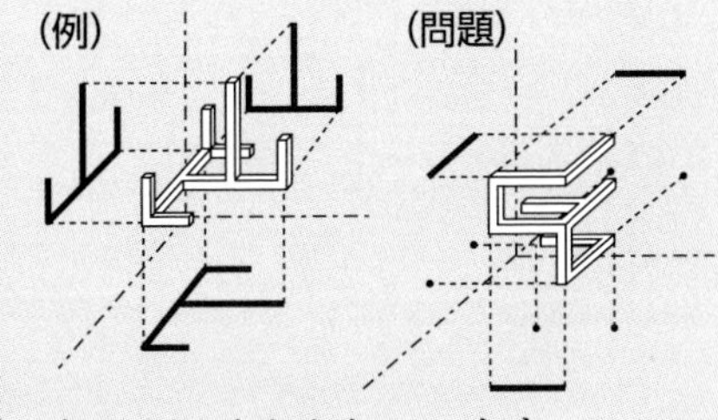

★★★ 標準 102 立体の表面上の最短距離

やってみよう 力だめしの問題37 チャレンジ問題3

図1のように1辺の長さが1mである立方体があります。Aから出発した点は立方体の表面を直線で進み，BFのような縦の辺にきたときは，図2のように同じ角度で面BCGF上を進みます。またEFやFGのような横の辺にきたときは，図3のように同じ角度で反射します。もし点が頂点A～Hのどれかにきたとき，そこを終点とします。次の例題を参考にして問いに答えなさい。

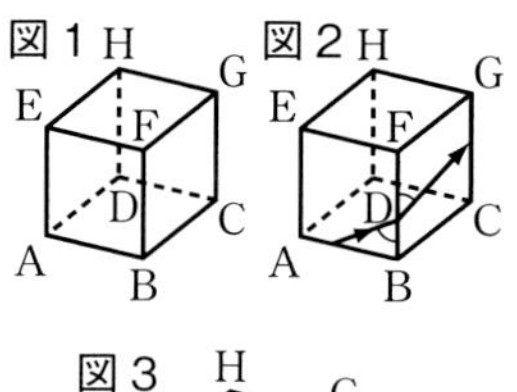

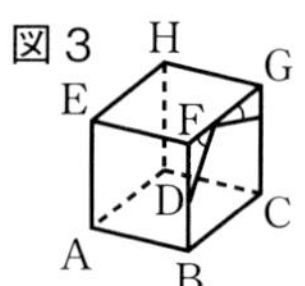

〔例題〕PはBF上にあってBP：PF＝2：1となっています。Aを出発してPを通過していった点の終点はどこになりますか。〔答 D〕

〔問い〕図4のようにAを出発してJを通過していった点の終点はどこになりますか。【同志社女子中】

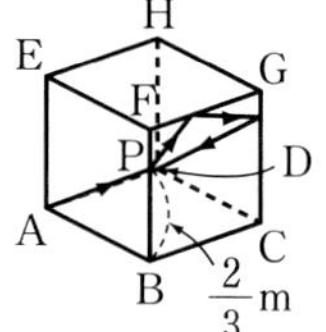

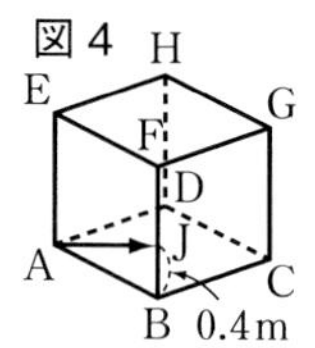

考え方 図2の平面ABFEと平面BCGFを1つの平面上に展開すると，右の図のようにAKは一直線になるから，AからKまでが最短距離になる。展開図をつくって考えてみるとよい。

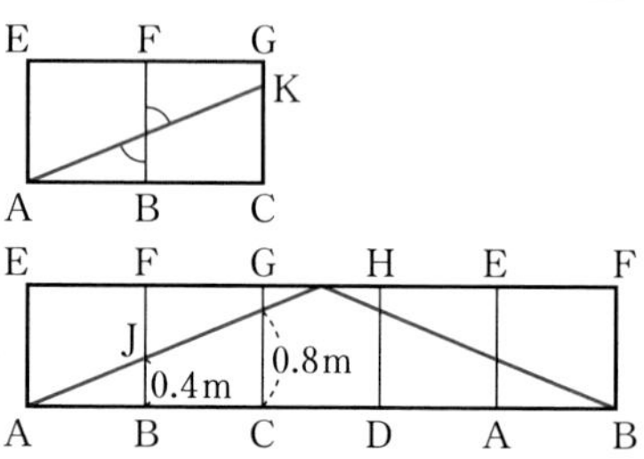

解き方 展開図をつくってみると，横に1m進むごとに，0.4m上がるから，横に2.5m進むと1m上がる。GHの真ん中で反射して頂点Bに着いて終わりになる。

答 B

入試ポイント

立体の表面上の最短距離→展開図上で直線でつなげば得られる。

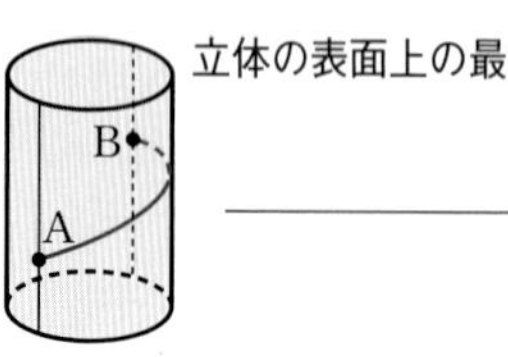

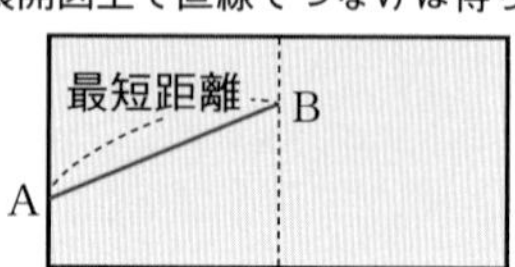

★★★ 応用 103 光の反射

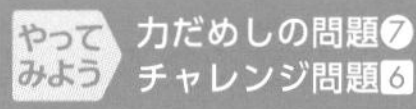

前後左右の4つの側面と底面との5つの面の内側が，すべて鏡になっている立方体状の空間があります。上の面は透明なガラスで，縦横3本ずつの直線 a，b，c；p，q，r で16等分されており，それらの交点には図のように1～9の番号がつけられています。1から出た光が鏡に反射して進む様子について，次の問いに答えなさい。

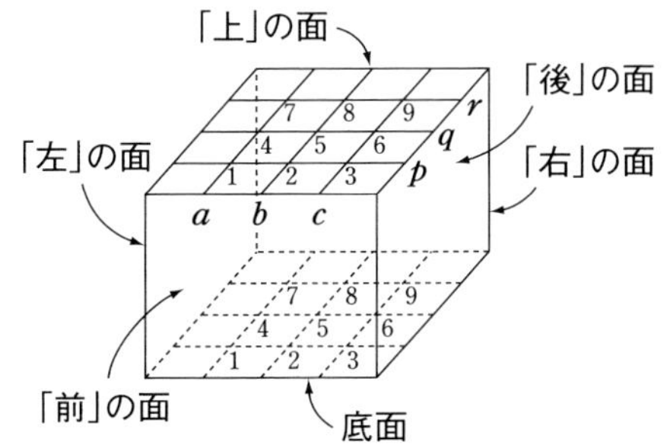

〔問い〕例にならって，右の空欄をうめなさい。ただし，表中の数字は上面では光が出発した点の番号または到着した点の番号を，底面では光が反射する点の番号を，記号→は光が次の点に直進することを，左，右，前，後の文字は光がそれぞれの面に1回反射して進むことを表す記号とします。

	上面	側面	底面	側面	上面
例1	1	→	4	→	7
例2	1	左	2	右	3
問1	1	→	5	→	
問2	1	→	7		
問3	1	前	3		
問4	1		5	後	9
問5	1	後	8		

【灘中】

考え方 立体的な問題は机の上では実験してみることはできないし，紙の上にかくこともできないので頭の中で想像するしかないところが難しい。だから，このような問題になれておくことは必要である。問1，問2は平面上と考えられるから比較的簡単だが，問3，問5は空間内で2方向から考えないとできない。問4は逆から考えればわかりやすい。

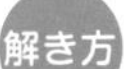

答

問1					9
問2				後	7
問3				右	9
問4		前			
問5				前	3

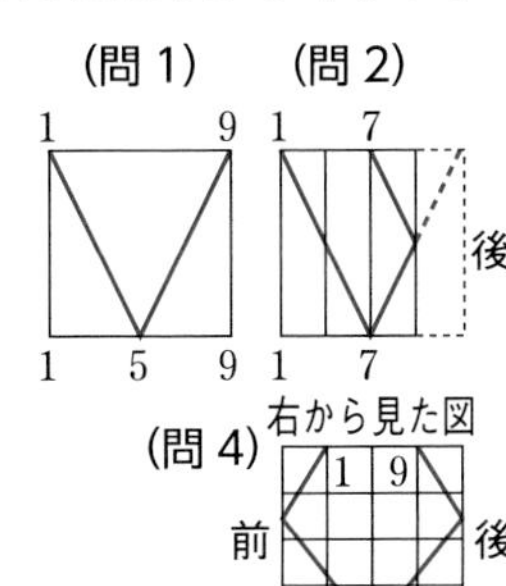

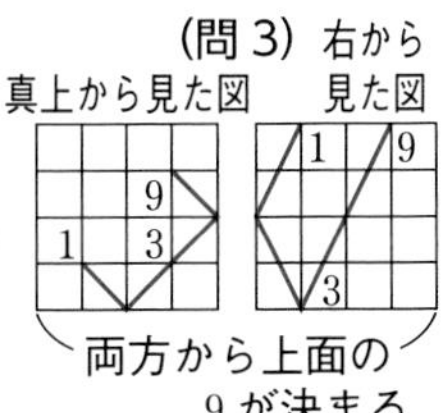

力だめしの問題 入試標準レベル

解答➡別冊 p.100

1 1辺の長さが6cmの立方体があります。正面から見たとき**図1**の斜線の部分となるように，四角柱の形の穴を反対側の面まであけます。次に真横から見たとき**図2**の斜線の部分となるように，側面に垂直にもとの立体の反対側の面までくり抜き，穴をあけます。

(1) できた立体の体積はもとの立方体の体積より何 cm^3 小さいですか。

(2) できた立体の表面積を求めなさい。

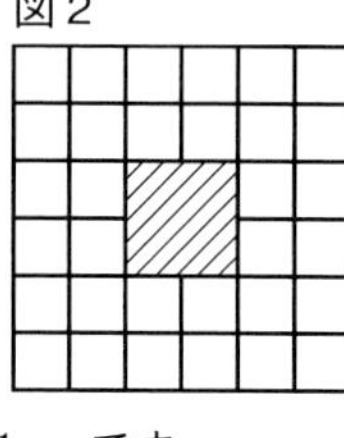

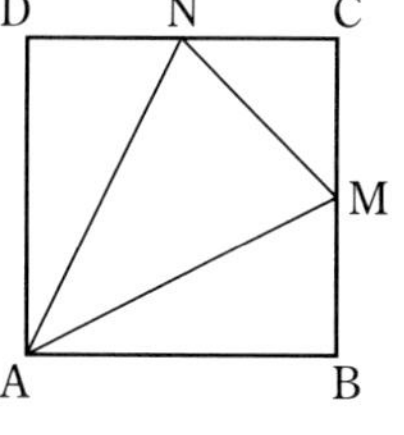

1目盛りは1cmです。

【桜蔭中】

2 次の問いに答えなさい。

(1) 図のように，1辺の長さが12cmの正方形の紙があり，辺BCの真ん中の点をM，辺CDの真ん中の点をNとします。AM，MN，NAでこの紙を折り曲げて三角すいをつくりました。この三角すいについて，次の問いに答えなさい。

(ア) 体積は何 cm^3 ですか。

(イ) 三角形AMNが底面になるように置いたとき，高さは何cmですか。

(2) 図のように，1辺の長さが12cmの立方体があり，辺BCの真ん中の点をMとします。3点M，F，Hを通る平面でこの立方体を切りました。頂点Aをふくむ方の立体について，次の問いに答えなさい。

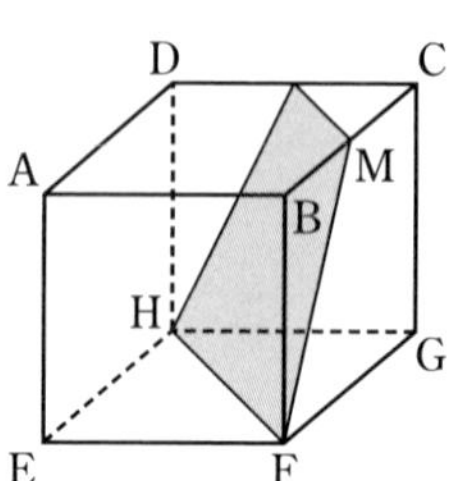

(ア) 切り口の面積は何 cm^2 ですか。

(イ) 切り口が底面になるように置いたとき，切り口から点Aまでの高さは何cmですか。

【洛南高附中】

ヒント

1 (1) 四角柱2つの体積から，重なり部分の体積をひく。
(2) 増えた面積，減った面積を分けて考える。

▶標準 100

2 (1) できる立体は三角すいである。
(2) 立体の辺を延長すれば(1)と相似な三角すいができる。

▶基本 097，標準 098

3 **図 1**，**図 2** のような立方体があります。**図 1** では頂点と各辺を 3 等分した点，**図 2** では頂点と各辺の真ん中の点を使って，それぞれ図のように線を引きました。これらの立方体の展開図（てんかい）が**図 1－2** と**図 2－2** です。不足している線をかき入れ，展開図を完成させなさい。なお，定規（じょうぎ）を使わないでもよいです。不足している線だけをかき入れなさい。 【芝中】

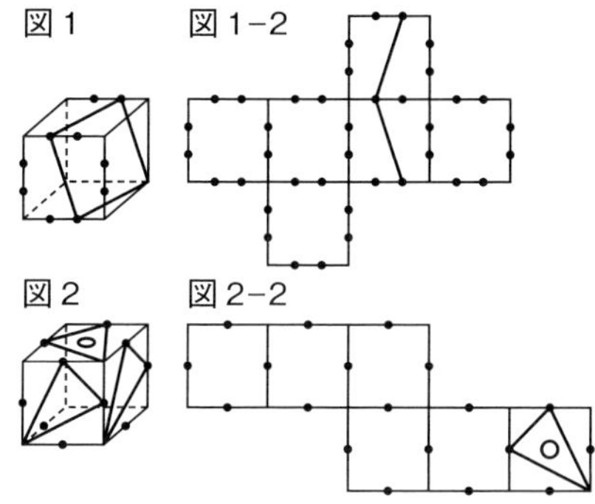

4 ある直方体の 1 つの面には「P」という文字が，3 つの面には対角線が 1 本ずつかかれています。**図 1**，**図 2** はこの直方体の展開図を 2 通りにかいたものです。辺 AB の長さは 14 cm です。

⑴ 3 本の対角線を，**図 2** に手がきでかきこみなさい。

⑵ **図 1** の展開図の周（太線）の長さから長方形 ABCD の周の長さをひくと 24 cm です。

また，**図 2** の展開図の周（太線）の長さから**図 1** の展開図の周の長さをひくと 10 cm です。この直方体の体積は □ cm^3 です。 【青山学院中等部】

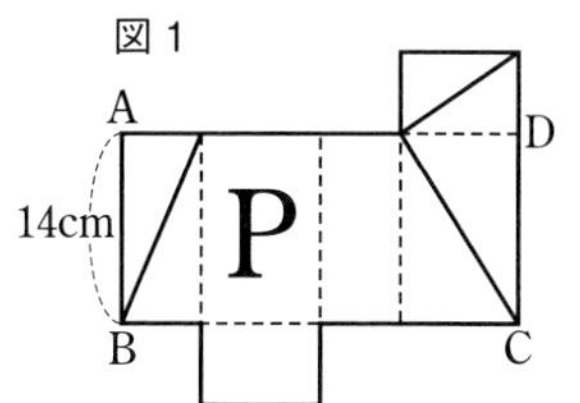

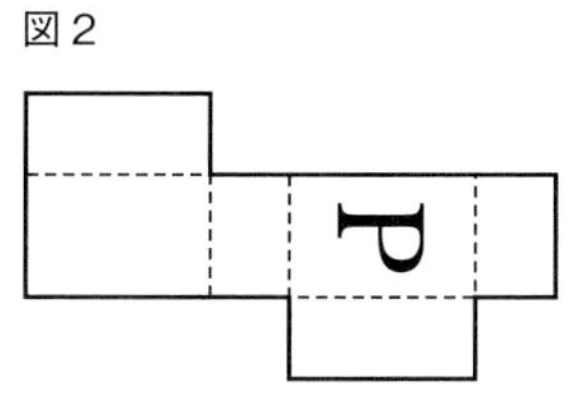

ヒント

3 各頂点に名前をつけて，ていねいに考える。

▶応用 **099**，標準 **102**

4 ⑵ **図 1** の展開図の周の長さと，長方形 ABCD の周の長さの差は，「P」と書かれた面を底面としたときの高さ 4 つ分になる。

▶基本 **097**

5 白いプラスチックでできた1辺が1cmの小さな立方体を図のようにすき間なく組み合わせ，1辺が5cmの大きな立方体をつくりました。大きな立方体の6つの表面全部に赤い色を塗り，再びばらばらにしたとき，次の問いに答えなさい。

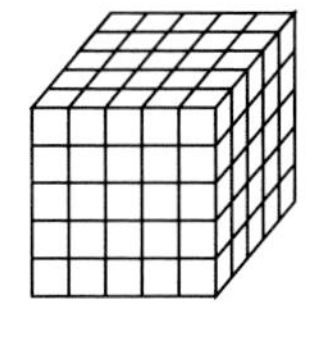

(1) 全部の面が白い小さな立方体はいくつありますか。

(2) 1つの面だけが赤い小さな立方体はいくつありますか。

(3) ばらばらにした小さい立方体のすべてについて，白い面の面積を合計しなさい。 【東山中】

ヒント

5 (3) ばらばらの立方体の表面積から，赤い色の部分の面積をひけばよい。

▶基本 094，標準 095

6 **図1**の展開図を，・のかいてある面が外側になるように組み立てて直方体をつくりました。同じ直方体を4個つくり，**図2**のようにぴったりつけて並べました。□の中に・や数をかきなさい。

図1

(1) **図1**で[∴]とかかれた面と平行になる面は，□である。**図2**で(あ)の面は□である。

図2

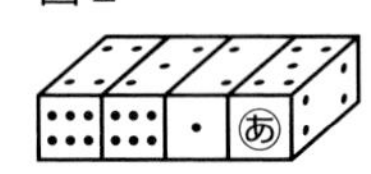

(2) **図2**で，直方体どうしが接している面の・の数の和は□である。 【女子学院中】

6 目に見えている数をもとに考えていく。

▶基本 096

7 **図1**のような1辺の長さが12cmの立方体があり，点P，Q，R，S，Tはそれぞれ辺CD，CG，FG，EF，AE上の点です。次の(1)，(2)の問いに答えなさい。

図1

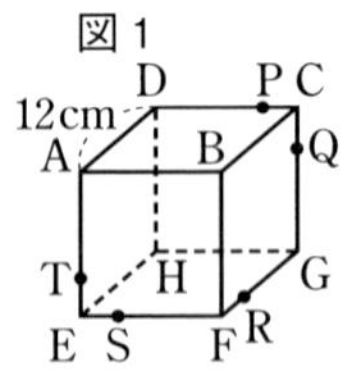

図2

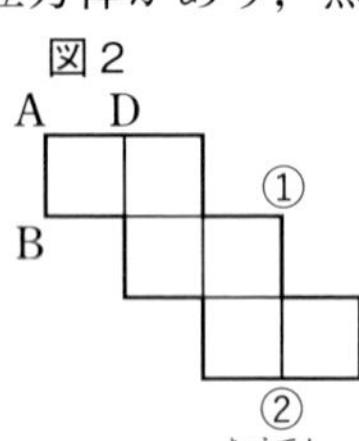

(1) **図2**は立方体の展開図です。①，②にあてはまる頂点を答えなさい。

(2) 点Aから点P，Q，R，S，Tをこの順に通って点Dにいたる経路の長さが最も短くなるようにしたとき，ETの長さは何cmですか。 【六甲中】

7 (2) 展開図上で考える。最も短くなるのは直線になるとき。

▶応用 101，標準 102，応用 103

チャレンジ問題 入試発展レベル

解答➡別冊 p.101

★は最高レベル

1 底面が1辺20cmの正方形で，高さが10cmの直方体の形をした積み木がたくさんあります。この積み木を，下にある規則（きそく）にしたがって積み上げ，**図1**と**図2**のような反時計回りで上がっていく「らせん階段（かいだん）」の形をした立体をつくります。

図1

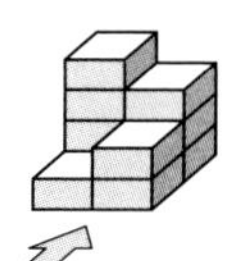

図2

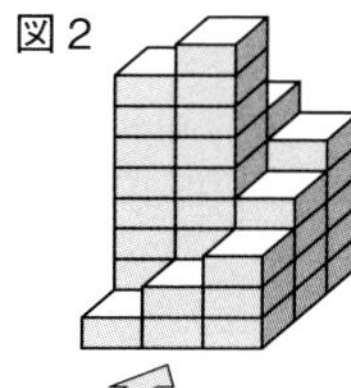

【規則1】積み木は，上下の正方形の面と面を合わせて積み上げる。

【規則2】できあがった立体を上から見たときは正方形になるようにする。

(1) **図1**のような高さが40cmの立体を，矢印の方向から見た図は，**図3**のようになります。高さが160cmの立体を，**図1**，**図2**と同じ方向から見た図をかきなさい。ただし，積み木を積み重ねた部分の線はかき入れないものとします。

図3

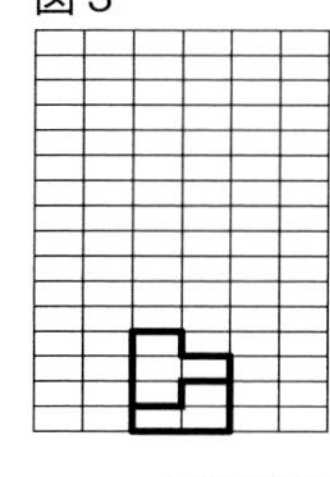

(2) 高さが160cmの立体をつくるには ア 個の積み木が必要で，その立体の体積は イ cm^3，表面積は ウ cm^2 です。

(3) 体積が180000cm^3になる立体の表面積を求めなさい。

【聖光学院中】

★ **2** **図1**のような積み木A，B，Cがそれぞれたくさんあります。これらをいくつかずつ使い，すき間なくくっつけて，**図2**のような直方体をつくります。ただし，どの積み木も必ず1つは使うものとします。このとき，次の問いに答えなさい。

図1

2cm 2cm 4cm A（三角柱）

2cm 2cm 5cm B（直方体）

2cm 1cm 6cm C（三角柱）

図2

2cm 2cm 15cm ア

2cm 2cm 30cm イ

4cm 2cm 30cm ウ

(1) **ア**をつくるとき，A，B，Cをそれぞれいくつずつ使えばよいですか。（Aの個数，Bの個数，Cの個数）の形で答えなさい。

(2) **イ**をつくるとき，A，B，Cをそれぞれいくつずつ使えばよいですか。考えられる場合を，すべて（Aの個数，Bの個数，Cの個数）の形で答えなさい。

(3) Bをちょうど6個だけ使って**ウ**をつくるとき，（Aの個数，Cの個数）の組み合わせは全部で何通りありますか。

(4) **ウ**をつくるとき，（Aの個数，Bの個数，Cの個数）の組み合わせは全部で何通りありますか。

【洛南高附中】

3 右の図は立方体の展開図です。**ア**と**イ**は立方体の頂点，**ウ**，**エ**，**オ**は辺の真ん中の点です。組み立てた立方体の**ア**から**オ**の点のうち3点を選び，その3点を通る平面で立方体を切ったときの切り口を考えます。(たとえば，**ア**と**イ**と**オ**を選ぶと切り口は長方形になります。)ただし，3点がちょうど立方体の1つの面上にあるとき(たとえば**イ**と**エ**と**オ**を選んだとき)は考えないことにします。

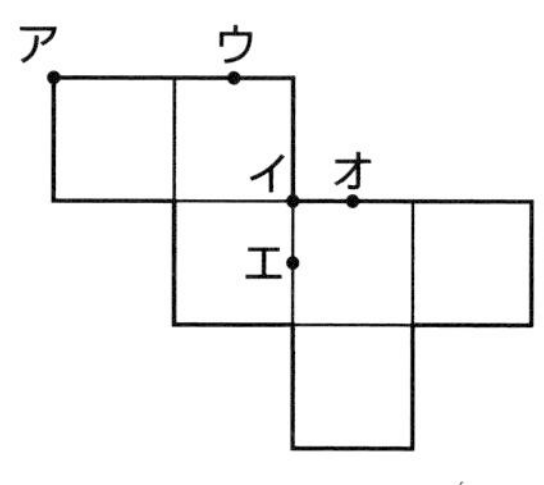

このとき，切り口が次の図形になるような3点の選び方をすべて答えなさい。考えるときに，解答用紙の見取図を使ってもよいです。解答欄は余分にあります。

⑴「**ア**と**イ**と**オ**」以外で，切り口が長方形になる3点の選び方。

⑵ 切り口が台形になる3点の選び方。

⑶ 切り口が五角形になる3点の選び方。【桜蔭中】

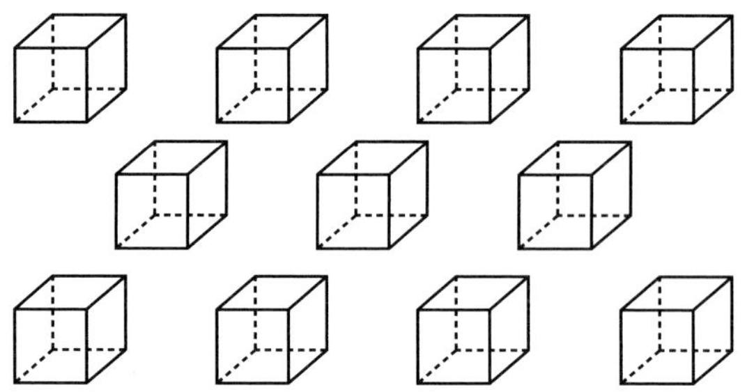

★**4** 1辺が6cmの正三角形4つで囲まれた立体をXとします。

⑴ 立体Xの1つの頂点Pに集まる3つの辺上にあって，頂点Pからそれぞれ3cmはなれた3つの点を通る面で立体Xを切り，頂点Pをふくむ方の立体を取り除きます。立体Xの残りの頂点全部で同じように立体を取り除いてできる立体の面，辺，頂点の数を求めなさい。また，このようにしてできた立体の表面積はもとの立体Xの表面積の何倍ですか。

⑵ もとの立体Xの1つの頂点Pに集まる3つの辺上にあって，頂点Pからそれぞれ2cmはなれた3つの点を通る面で立体Xを切り，頂点Pをふくむ方の立体を取り除きます。立体Xの残りの頂点全部で同じように立体を取り除いてできる立体の面，辺，頂点の数を求めなさい。また，このようにしてできた立体の表面積はもとの立体Xの表面積の何倍ですか。【甲陽学院中】

5 右の図のように，1辺1cmの方眼紙に，立体Aの展開図をかきます。次に，太線部分の辺を，はさみを使って切り，点線部分の辺は折り曲げ，すき間のない立体Aをつくります。

立体Aをつくると，図の影の部分の面どうしは，平行になります。

(1) 立体Aの体積は何cm^3であるかを答えなさい。

(2) 立体Aをすき間なく［①］個組み合わせると，縦，横，高さがそれぞれ［②］cm，2cm，2cmの直方体をつくることができます。このとき，［　］にあてはまる数を答えなさい。

(3) 立体Aをすき間なくいくつか組み合わせてつくることができる立方体のうちで，いちばん体積の小さい立方体をつくります。このとき必要な立体Aの個数はいくつであるかを答えなさい。

【西大和学園中】

★ **6** 1辺の長さが1cmの正方形4つを組み合わせてできる，以下の5つの図形があります。

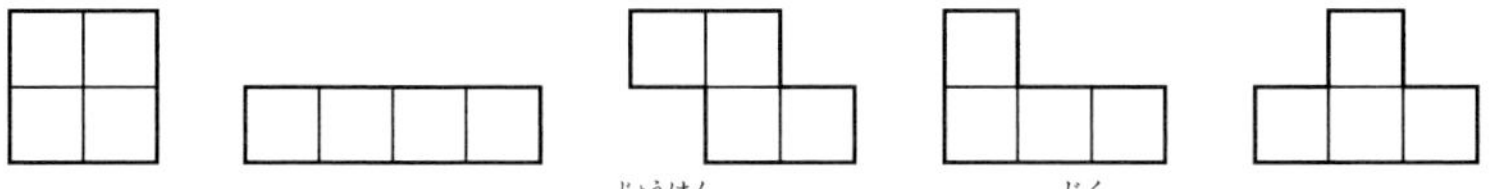

それぞれの図形において，次の条件を満たすような軸の周りに図形を1回転させてできる立体をすべて考えます。

ア．軸は図形の辺と重なっている。

イ．軸およびその延長は図形の内部を通らない。

円周率を3.14として，次の問いに答えなさい。

(1) 立体は全部で何種類できますか。向きを変えて同じになる立体は同じ種類とみなします。

(2) 体積が最大の立体，2番目に大きい立体の体積はそれぞれ何cm^3ですか。

【甲陽学院中】

第3章 対称・移動

1 線対称

ある形を，1 本の直線を折り目にして折ったとき，その形の両側の部分がちょうど重なるとき，この形は**線対称**であるという。

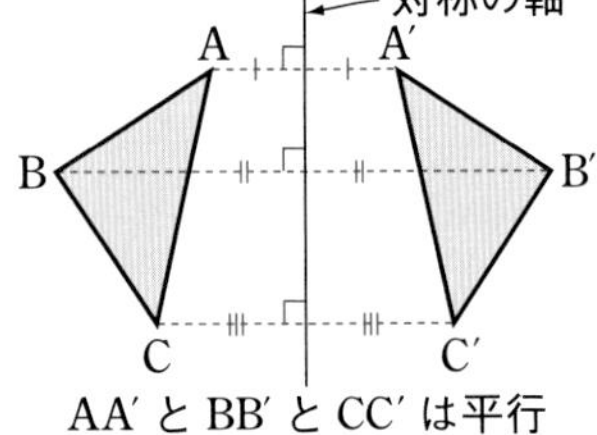

AA′ と BB′ と CC′ は平行

●**対称の軸**（**対称軸**）…折り目となる直線のこと。

対称の軸を折り目として折り重ねたとき，重なる点や線（辺）や角のことをそれぞれ**対応する点**，**対応する線**（**辺**），**対応する角**という。

例　右の図で点 B に対応する点は点 B′

辺 BC に対応する辺は辺 B′C′

●**線対称な図形の性質**…対応する 2 つの点をつなぐ直線は，対称の軸に垂直で，対称の軸で 2 等分される。

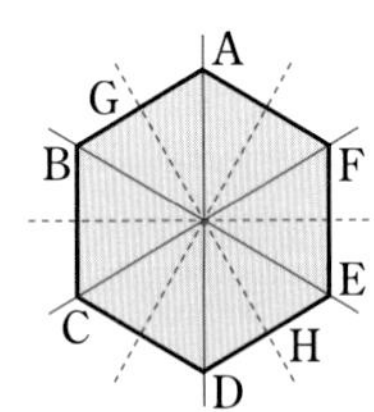

例　正六角形には，6 本の対称の軸がある。

右の図で，AG＝BG，DH＝EH，AB と GH は垂直。

2 点対称

ある形を，その平面上の 1 つの点を中心として 180°回転したとき，この形ともとの形は**点対称**であるという。

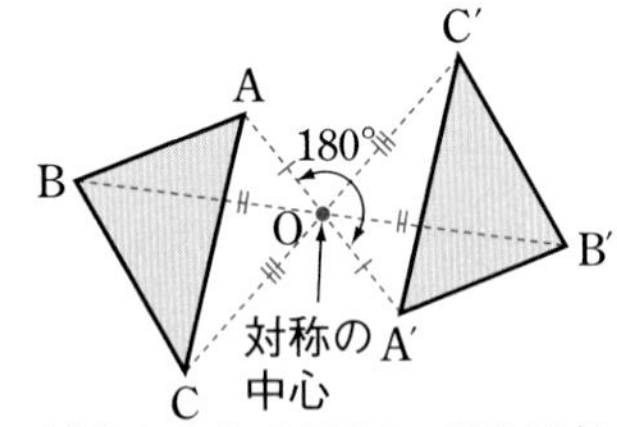

対称の中心の周りに 180° 回転

●**対称の中心**…回転の中心を**対称の中心**という。

右の図で，点 A と A′，点 B と B′，点 C と C′ を**対応する点**という。

●**点対称な図形の性質**…対応する 2 つの点をつなぐ直線は，対称の中心を通り，対称の中心で 2 等分される。

3 移動

●**平行移動**… 1 つの平面図形を，一定の方向に，一定の距離だけ動かす移動。

●**対称移動**… 1 つの平面図形を，ある直線を折り目として重ねた位置に移す移動。

●**回転移動**… 1 つの平面図形を，ある 1 つの点を中心として，その平面上で，同じ向きに，一定の角度だけ回転する移動。

★★★ 基本 104 対称な図形(1)

やってみよう 力だめしの問題❶ チャレンジ問題5

右の図は正八角形です。

⑴ 線対称な図形と見たとき，軸は何本ありますか。

⑵ BF を軸としたとき，次のそれぞれの点に対応するのはどの点ですか。

　① D　　② G

⑶ 次のような辺が対応するのは，どんな直線を軸としたときですか。

　① AB と ED　　② AH と DE

⑷ 点対称な図形と見たとき，次の辺に対応するのはどの辺ですか。

　① CD　　② EF

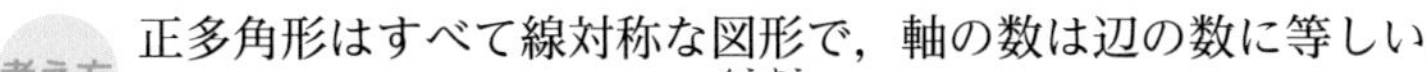

考え方 正多角形はすべて線対称な図形で，軸の数は辺の数に等しい。
正八角形のように辺の数が偶数（ぐうすう）のときは，右の図のように，向かい合った頂点（ちょうてん）を結ぶ対角線と，向かい合った辺の真ん中の点を結ぶ直線が対称の軸になり，それぞれ 4 本ずつある。
辺の数が偶数である正多角形は，点対称な図形である。
対応する点というのは，線対称な図形では，軸を折り目として 2 つに折ったとき重なり合う点で，点対称な図形では，中心の周りに 180°回転したとき重なり合う点である。

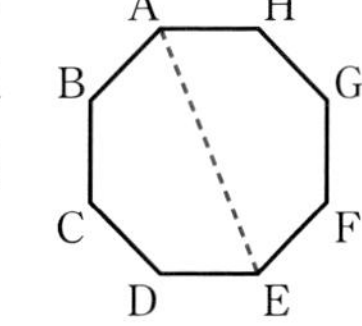

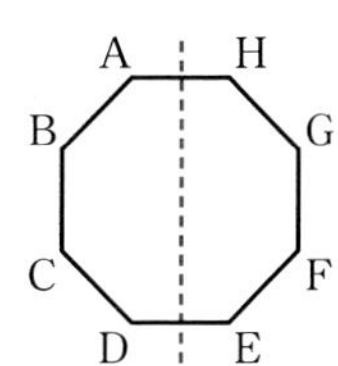

解き方 答 ⑴ 8 本

⑵ ① H　② E

⑶ ① CG　② BC の真ん中の点と GF の真ん中の点を結ぶ直線

⑷ ① GH　② AB

練習 189 右の図形について答えなさい。

⑴ 対称の軸は，何本ありますか。

⑵ 次のように点が対応するのは，どのような直線を軸としたときですか。

　① イとク　　② エとシ　　③ サとキ

⑶ 点対称な図形とみたとき，次の辺と対応するのは，どの辺ですか。

　① ウイ　　② サコ　　③ カキ

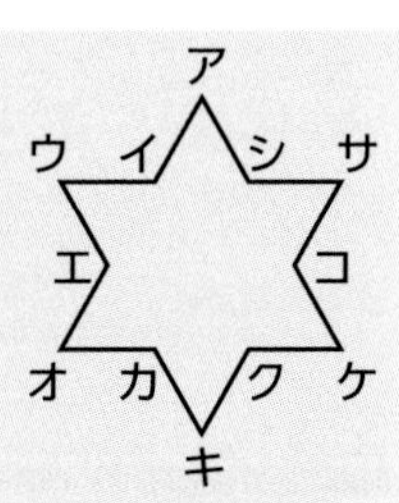

★★★ 基本 105 対称な図形(2)

やってみよう 力だめしの問題⑧ チャレンジ問題⑥

アルファベット 26 文字が次のようにかいてあります。

A B C D E F G H I J K L M
N O P Q R S T U V W X Y Z

これらを次のように型分けします。

たとえば， A 縦の線を入れて線対称になるもの ……… 1 型

B 横の線を入れて線対称になるもの ……… 2 型

O 点を入れて点対称になるもの …………… 3 型

このとき，次の問いに答えなさい。

(1) 1 型でも，2 型でも，3 型でもあるアルファベットをすべてあげなさい。

(2) 3 型だけであるアルファベットをすべてあげなさい。 【洛南高附中】

考え方 アルファベット 26 文字の 1 つ 1 つについて，1 型，2 型，3 型であるか，ないかを調べて表にしておくとよい。答えは，たりなくてもまた余分なものがあってもいけない。

1 型… A，H，I，M，O，T，U，V，W，X，Y

2 型… B，C，D，E，H，I，K，O，X

3 型… H，I，N，O，S，X，Z

(1) 1 型でも，2 型でも，3 型でもあるものは，上の 3 つに共通なものだから
H，I，O，X 答 H，I，O，X

(2) 3 型だけであるものは，3 型であって，1 型，2 型でないものだから
N，S，Z 答 N，S，Z

練習 190 次の図形のうち，線対称にも点対称にもなっている図形はどれですか。
円，正三角形，平行四辺形，台形，長方形 【慶應中等部】

★★☆ 標準 106 対称な図形をかく

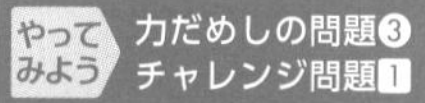

下の図で，四角形 ABCD と四角形 A′B′C′D′ は合同で，対応(たいおう)する 2 つの点 A, A′ を結ぶ直線は直線㋐と垂直(すいちょく)に交わり，㋐によって 2 等分されています。

⑴ 直線㋐を対称の軸(じく)として，四角形 ABCD と線対称な図形をかき入れなさい。

⑵ ⑴でできた図形は，ある直線㋑を対称の軸として四角形 A′B′C′D′ と線対称になります。直線㋑をかき入れ，そのはしに㋑とかきなさい。

【広島学院中】

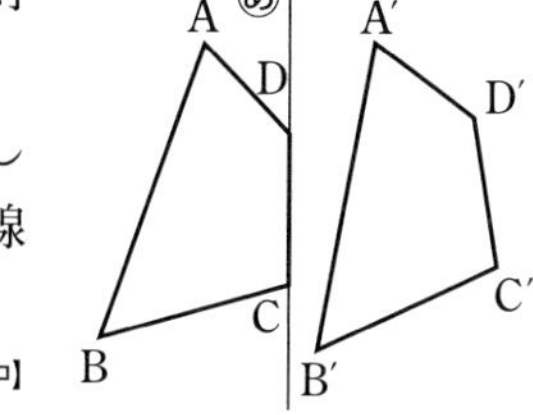

考え方 ⑴ 対称な軸上の点 C と D は，線対称な図形をつくるとき，そのままでよい。点 B と対称な点 B″ を求めるには，B から㋐に垂直な直線を引いて，それを延(の)ばし，その上に B″ をとって B と B″ の真ん中の点が㋐の上にくるようにすればよい。

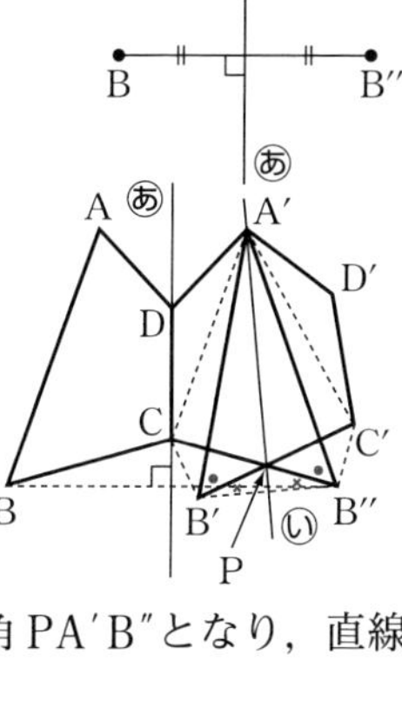

⑵ 右の図で，三角形 A′B′B″ が二等辺三角形なので　A′B′＝A′B″

これと図から，角 PB′B″＝角 PB″B′ となることがわかるので，三角形 PB′B″ が二等辺三角形とわかり　PB′＝PB″

これより，三角形 PA′B′ と三角形 PA′B″ が合同になることがわかる。よって，角 PA′B′＝角 PA′B″ となり，直線 A′P は B′ と B″ の真ん中の点を通る。

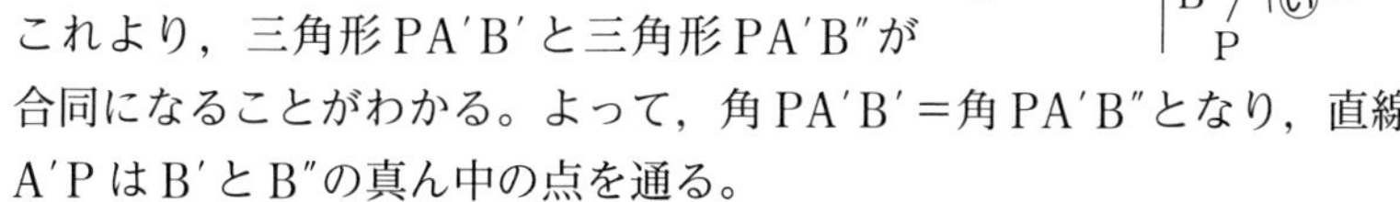

解き方 ⑴ A に対称な点は A′，C，D はそのままで，BB″ が㋐と垂直，BB″ の真ん中の点が㋐の上にくるように B″ をとると，四角形 A′B″CD が求める図形である。

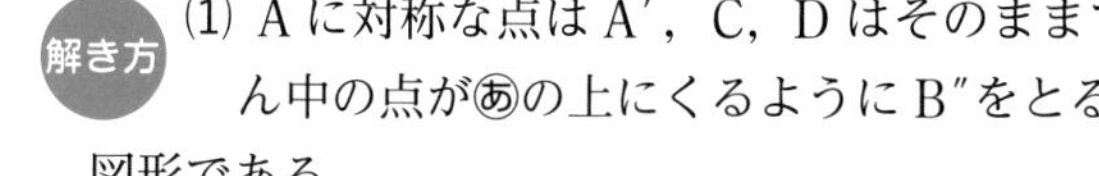

⑵ B′C′ と B″C が交わる点を P とすると，直線 A′P が㋑になる。

練習 191 右の図を，点 O を中心として 180°回転した図形をかきなさい。

【静岡県西遠女子学園中】

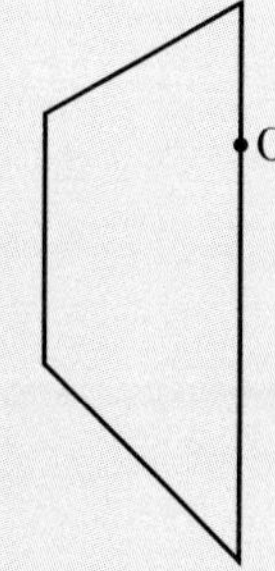

★★★ 基本 107 折った紙を切って開く

やってみよう 力だめしの問題③⑧ チャレンジ問題④

1 辺が 10 cm の正方形の紙を右の図のように 3 回折って 2 辺が 5 cm の直角二等辺三角形をつくります。次にこの直角二等辺三角形の直角の頂点(ちょうてん)を中心として，半径 2 cm のおうぎ形を切り取り，他の 2 つの頂点を中心として，それぞれ半径 1.5 cm のおうぎ形を切り取り，再(ふたた)び広げます。

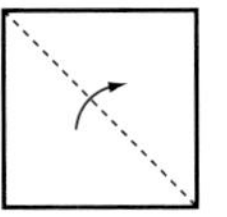
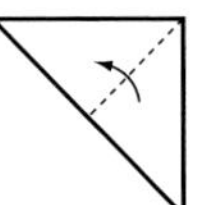
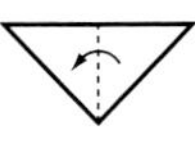
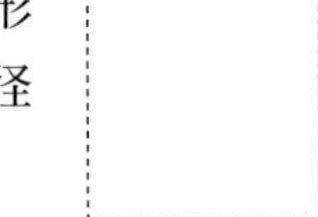

次のそれぞれの問いに答えなさい。

(1) この広げた図形を実線で右の図にかきなさい。

(2) (1)でかいた図形の実線の長さを求めなさい。(円周率(りつ)は 3.14 とする。)

【東大寺学園中】

考え方 (1) 最後にできた図を三角形 ABC として，順にさかのぼって，A，B，C をつけていくとわかりやすい。

(2) 直線の部分と円周の部分に分けて求めればよい。

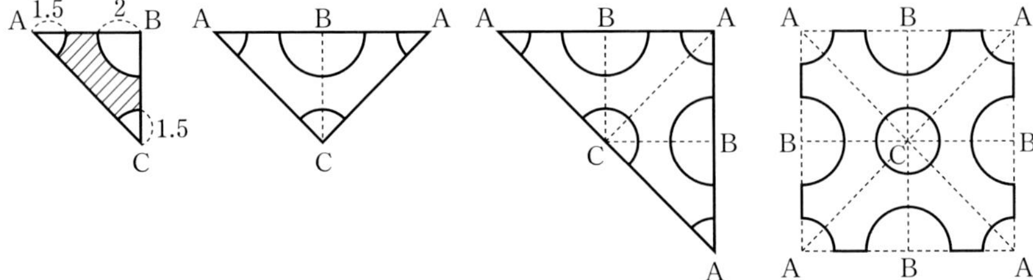

解き方 (1) 右上図

(2) 直線部分 1.5 × 8 = 12 (cm)

直径 4 cm の円周が 2 個(こ)，直径 3 cm の円周が 2 個だから，

$12 + 4 \times 3.14 \times 2 + 3 \times 3.14 \times 2 = 55.96$

答 55.96 cm

入試ポイント

● 折り紙で「つる」を折ってみよう。そして，折ってから広げてみよう。同じ形の直角二等辺三角形が 4 つある。
三角形 **ABC** で点 **P** は **3** つの角を **2** 等分した直線が交わった所である。

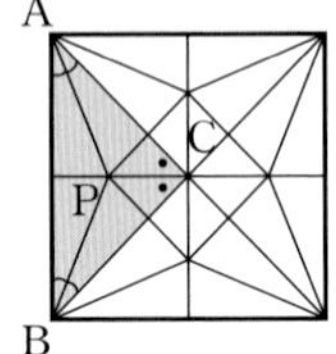

★★☆ 標準 108 図形の移動

やってみよう 力だめしの問題❹❺❻❼ チャレンジ問題1 4

右の図(ア)のような正方形ABCDがあります。①から⑤までの操作を次のように決めます。

①は①の直線を軸として，正方形を裏返す。
②は②の直線を軸として，正方形を裏返す。
③は③の直線を軸として，正方形を裏返す。
④は④の直線を軸として，正方形を裏返す。
⑤は点Oの周りに右回りに90°回転させる。

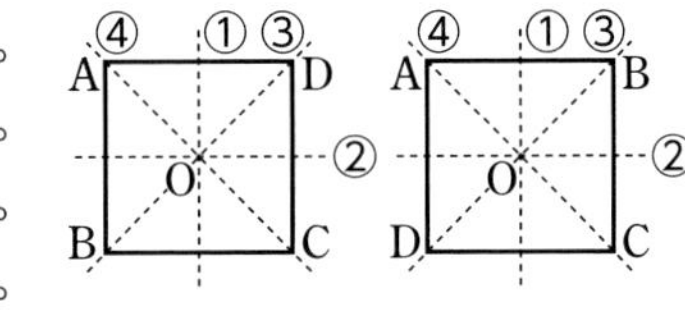

たとえば，②，⑤と2つの操作を続けて行うと，上の図(ア)の正方形の各頂点は，(イ)の位置に移ります。このとき，次の問いに答えなさい。ただし軸の位置は変わらないものとします。

(1) ②，③，④，⑤の順に4つの操作を続けて行うとき，各頂点はどこに移りますか。頂点の記号を図に書き入れなさい。

(2) ①，⑤，②，③，④の順に5つの操作を行いました。次にあと1回どの操作を行うと各頂点は初めの位置に戻りますか。 【慶應普通部】

考え方 長い文章で難しそうに見えるが，実際に点を1つ1つたどっていくと，意外とやさしくできる。考えるよりも実行すること。

上の図(ア)で，Aは①によりDに移る。これを $A \xrightarrow{①} D$ と書く。Aの移動は，

$A \xrightarrow{①} D$，$A \xrightarrow{②} B$，$A \xrightarrow{③} C$，$A \xrightarrow{④} A$，$A \xrightarrow{⑤} D$ のようになる。

解き方 (1)

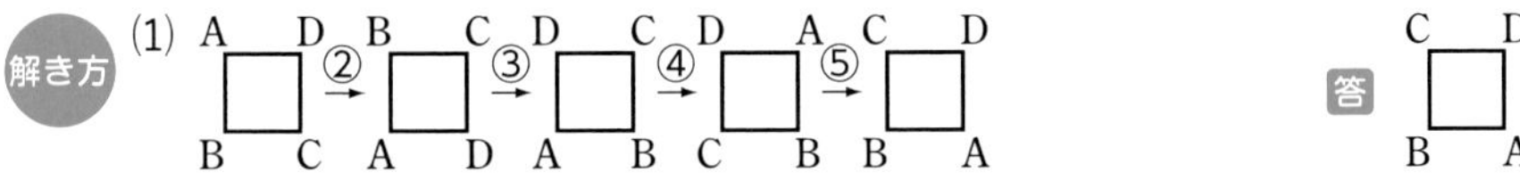

(2)

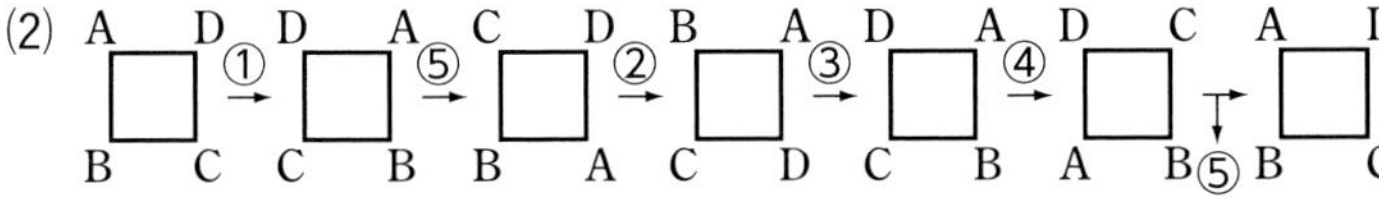

答 ⑤

練習 192 (1) 右の図(a)の正方形において $x \times x$ を求めなさい。

(2) 右の図(b)のような半径3cmの円を4等分した図形㋐があります。この図形を直線に沿って矢印の方向に滑らせずに㋑の位置になるまで回転させます。

(イ) 図形が通過した部分の図を完成させなさい。

(ロ) (1)を利用して，(イ)の面積を求めなさい。 【駒場東邦中】

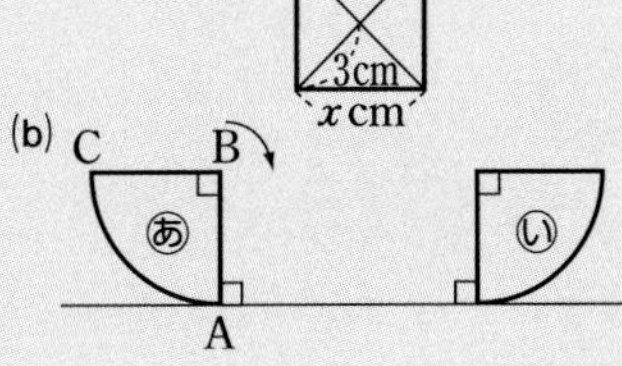

★★★応用 109 回転と面の移動

やってみよう 力だめしの問題8 チャレンジ問題5

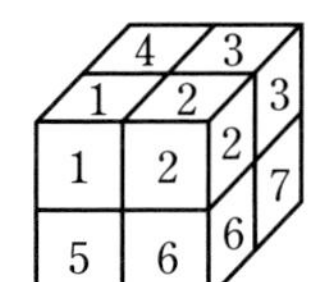

図のように同じ番号をすべての面に書きこんだ同じ大きさの立方体8個を積んでおきます。番号は1から8までとし，この積み方を「最初の位置」とよぶことにします。
右の図で見えない立方体の番号は8です。この立体で，番号1の立方体を番号2の位置に移すことを1→2のように書くことにします。下の左の図のように，前面に積んだ4個の立方体を矢印の向きに1つずつ位置を変えるのを回転Sとよび，下の右の図のように側面に積んだ4個の立方体を矢印の向きに1つずつ位置を変えるのを回転Tとよぶことにします。次は回転Sによる最初の位置の番号の移り変わりを示しています。

1→2，2→6，3→3，4→4
5→1，6→5，7→7，8→8

回転S

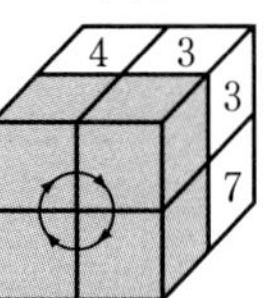

回転T

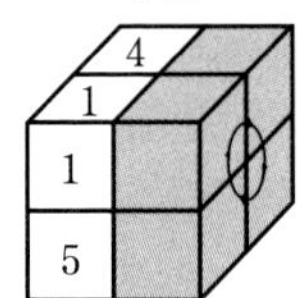

(1) 回転Tによる最初の位置の番号の移り変わりを(　)内に記入しなさい。

1→(ア)，2→(イ)，3→(ウ)，4→(エ)
5→(オ)，6→(カ)，7→(キ)，8→(ク)

(ST)は回転Sをしてから引き続き回転Tをすることを表すものとします。

(2) (ST)による最初の位置の番号の移り変わりを(　)内に記入しなさい。

1→(ケ)，2→(コ)，3→(サ)，4→(シ)
5→(ス)，6→(セ)，7→(ソ)，8→(タ)

(3) (ST)を2回することにより，最初の位置の番号1の立方体はどこに移りますか。

(4) 1→5となるのはSTを最小限何回したときですか。 【灘中】

考え方 ルービックキューブからの出題である。実際にそれを動かす気持ちでやればよい。

解き方
(1) 答 ア…1　イ…3　ウ…7　エ…4　オ…5　カ…2　キ…6　ク…8
(2) 答 ケ…3　コ…2　サ…7　シ…4　ス…1　セ…5　ソ…6　タ…8
(3) 1→3→7だから，1→7 答 7
(4) 1→3→7→6→5だから，最小限4回 答 4回

練習 193 「応用109」ですべての立方体が最初の位置に戻るのは(ST)を最小限何回したときですか。ただし，書いてある数字の向きは考えなくてよい。

力だめしの問題　入試標準レベル

解答➡別冊 p.106

1 図のように，正方形ABCDの内部に三角形ABR，三角形BCS，三角形CDP，三角形DAQが正三角形になるように4点P，Q，R，Sをとります。このとき，四角形PQRSは正方形となります。この正方形PQRSの面積が27 cm^{2}であるとき，三角形ADSの面積は□cm^{2}です。

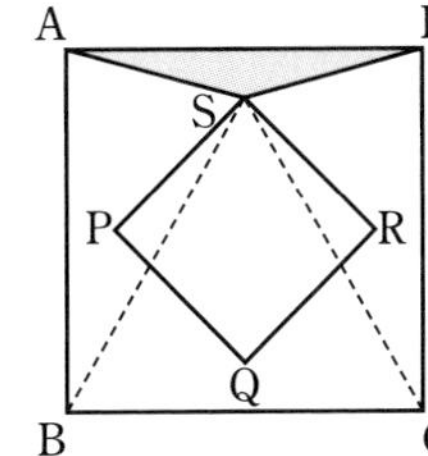

【西大和学園中】

2 次の(ア)～(エ)にあてはまる数を求めなさい。

(1) **図1**のように半径3 cmの円と，AB＝4 cm，BC＝1 cmである長方形ABCDがあります。また，円の太線の部分は円周の$\frac{1}{4}$を表しています。**図1**の円の中心が長方形の辺の上をA→B→Cと動いたとき，円の太線の部分が通る部分は，**図2**の斜線（しゃせん）部分になります。このとき，斜線部分の面積は，(ア) cm^{2}です。ただし，円は動くときに回転しないものとします。

図1

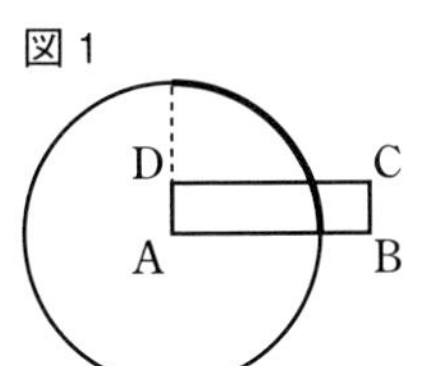

図2

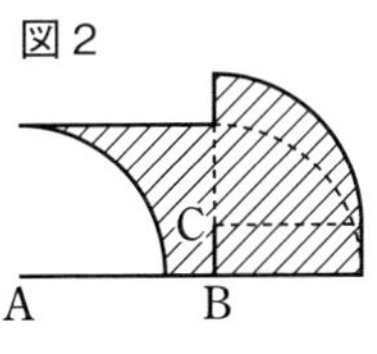

図3

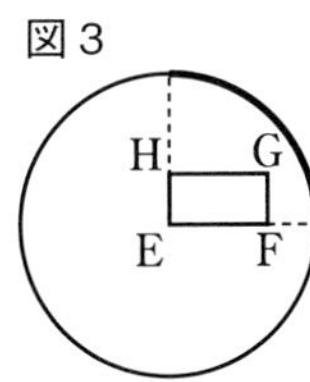

(2) **図3**のように半径3 cmの円と，EF＝2 cm，FG＝1 cmである長方形EFGHがあります。また，円の太線部分は円周の$\frac{1}{4}$を表しています。**図3**の円の中心が長方形の辺の上をE→F→Gと動いたとき，円の太線部分を通る部分の面積は，(イ) cm^{2}です。また，円の中心が長方形の辺の上をE→F→G→H→Eと動いたとき，円の太線の部分が通る部分の面積は，(ウ) cm^{2}であり，円の太線部分が2回通る部分の面積は(エ) cm^{2}です。ただし，円は動くときに回転しないものとします。

【東大寺学園中】

ヒント

1 三角形APS，BQP，CRQ，DSRはすべて正三角形になる。

▶基本 104

2 (1) おうぎ形の部分を移動させると，長方形2つ分になる。

(2) おうぎ形の面積は打ち消し合うと考えると，長方形の面積の和になる。

3 図のような
AB＝AC＝10cm，BC＝6cm
の二等辺三角形があります。
辺 AB 上に点 D を AD＝3cm
となるようにとり，図のように折ったところ，AC と DE が平行になりました。このときの点 B の行き先を F とするとき，EC，GF，AG の長さをそれぞれ求めなさい。【洛星中】

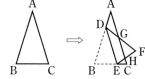

4 縦 15cm，横 60cm の青色の長方形の台紙に，縦 12cm，横 15cm の長方形の白い紙 A と正方形の白い紙 B を**図Ⅰ**のように置きました。A と B は同時に動き出し，A は毎秒 1.5cm の速さで右に，B は一定の速さで左にそれぞれ進んだところ，A と B は同時に反対側に着き，**図Ⅱ**のようになりました。

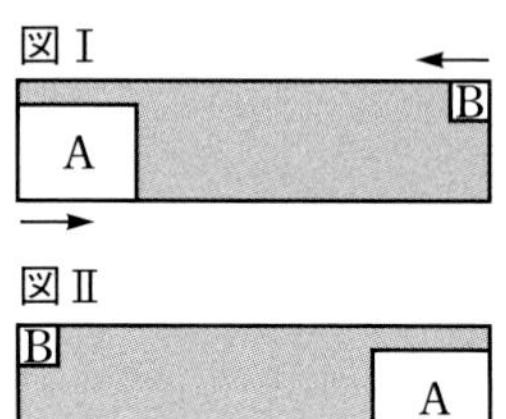

また，青い部分の面積が最も大きくなるとき，その面積は 705cm² になりました。次の問いに答えなさい。

(1) 正方形 B の 1 辺の長さは何 cm ですか。

(2) A と B が動き出してから，12.6 秒後の青い部分の面積は何 cm² ですか。【立教池袋中】

5 右の図のような 3 個の正六角形をくっつけた図形があり，三角形 AEI の面積は 12cm² です。3 点 P，Q，R はそれぞれ六角形 ABCMKL，EFGMCD，IJKMGH の周上を矢印の方向に一定の速さで動く点です。3 点 P，Q，R は，それぞれ点 A，E，I を同時に出発し，1 周して 6 秒後に出発した点に戻ります。

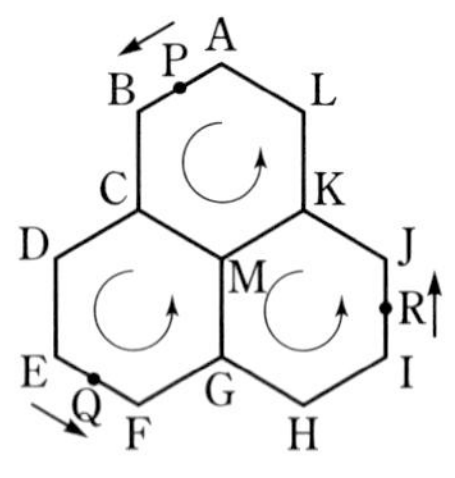

(1) 出発して 1 秒後の三角形 PQR の面積は何 cm² ですか。

(2) 出発して 1.5 秒後の三角形 PQR の面積は何 cm² ですか。

(3) 三角形 PQR の面積が $\frac{1}{3}$ cm² となるのは出発してから何秒後ですか。【明治大付明治中】

ヒント

3 相似な三角形を見つける。
三角形 BED と三角形 BCA，三角形 ECH と三角形 ABC に着目する。
▶標準 106，基本 107

4 (1) 青い部分の面積が最大になるのは A と B の重なり部分が最も大きいとき。
(2) A が反対側に移動するのにかかる時間は
(60－15)÷1.5
＝30（秒）
▶標準 108

5 (1) 三角形 ACK，CEG，KGI，CGK は合同な正三角形である。
(2) 1.5 秒後の BP と PF の長さの比は 1：5 になる。
(3) 三角形 PQR の面積が $\frac{1}{3}$ cm² になるのは 2 回あることに注意。
▶標準 108

6 右の図のように，正方形ABCDを点Dを中心として60°回転させると，正方形A′B′C′Dとなりました。□の部分の面積は，■の部分の面積の何倍ですか。　【洛南高附中】

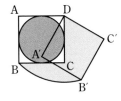

7 図のように1辺10cmの正方形から1辺6cmの正方形を切り抜いた図形があります。この図形の周に沿って外側を半径1cmの円が1周するとき，この円が通った部分の面積を求めなさい。ただし，円周率は3.14とします。　【白陵中】

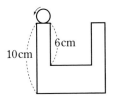

8 図のように角に鏡がつけられており，反射を利用して向こう側が見える筒がある。**図A**の筒ではアルファベットの“F”が下の表の⑦のような向きで見えている。

図A

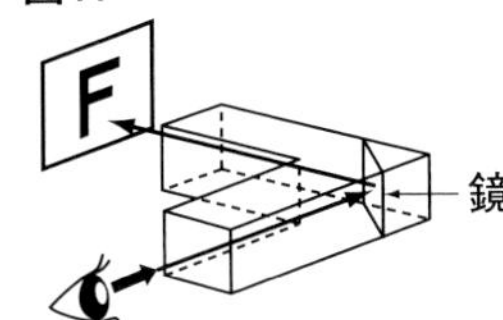

①	②	③	④
⑤	⑥	⑦	⑧

⑴ **図A**の筒を次のように2つつなげた。このとき，“F”はどのような向きに見えるか。①～⑧の中から選び，記号で答えなさい。

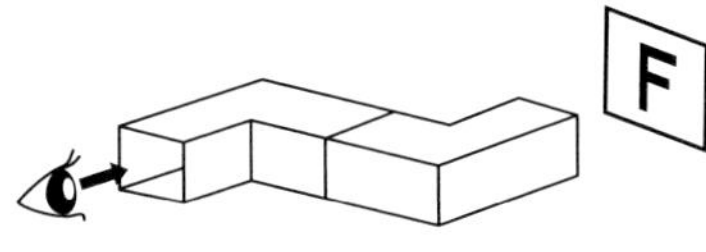

⑵ **図B**の筒には次のように鏡がつけられている。このとき，“F”はどのような向きに見えるか。①～⑧の中から選び，記号で答えなさい。

図B

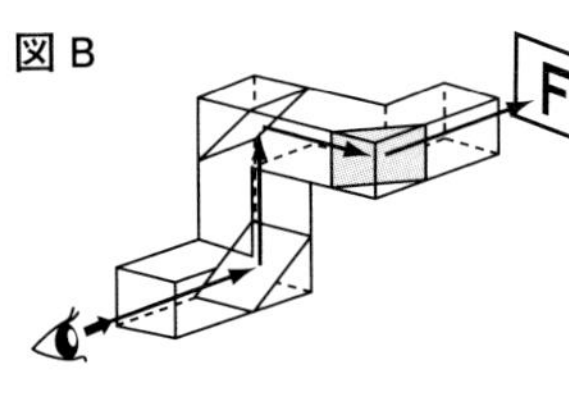

⑶ **図B**の筒を次のように2つつなげた。このとき，“F”はどのような向きに見えるか。①～⑧の中から選び，記号で答えなさい。

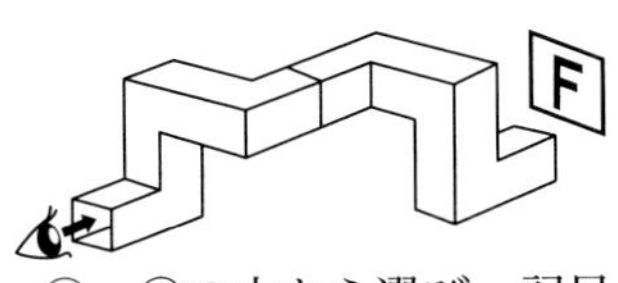

【西南学院中】

ヒント

6 BD×BDは正方形ABCDの面積の2倍。
▶標準 108

7 円が通過する部分は，おうぎ形と長方形(正方形)を組み合わせたもの。
▶標準 108

8 ⑴ 左右が逆になることを2回続ける。
⑵⑶ 光が反射するごとに文字の見え方を確認していく。
▶基本 105，基本 107，応用 109

チャレンジ問題 入試発展レベル

解答➡別冊 p.109

★は最高レベル

★ **1** 右の図のような図形の上を1辺の長さが2cmの正三角形ABCを滑らないように転がして，正三角形A′B′C′の位置まで移動させます。

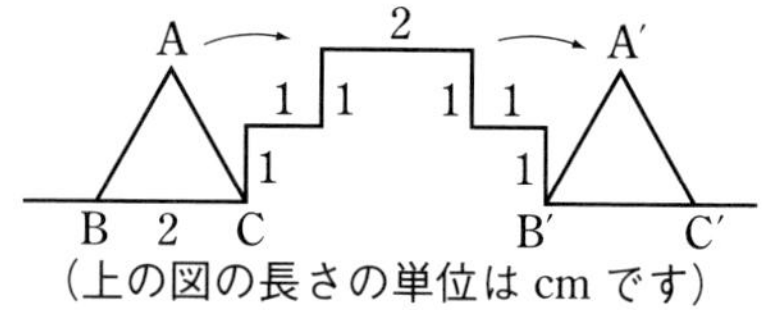

(上の図の長さの単位はcmです)

(1) 頂点Aが移動する点はA′，B′，C′のうち□です。

(2) 頂点Aが移動した距離は何cmですか。ただし，円周率は3.1とし，正三角形ABCの高さは1.7cmとします。

【大阪星光学院中・改】

2 右の**図1**は半径1cmの2つの円板を点Aでくっつけた図形です。この図形を**図2**の直角三角形のわくの中に置き，このわくからはみ出さないように動かすとき，点Aが動くことのできる範囲の面積は□ cm^2 です。

【灘中】

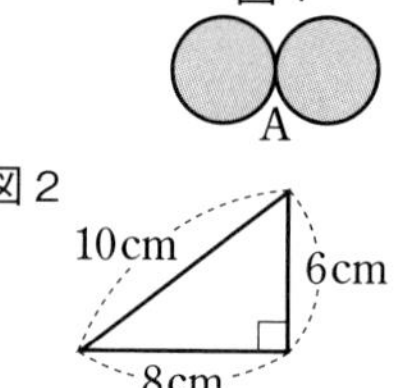

3 右の図のように半径40cmの円板Aと，Aの中心を通る直線㋐と，Aの中心からの距離が40cmの直線㋑があり，2本の直線は南北に引かれています。また，半径10cmの円板Bがあり，その中心が直線㋐または㋑上を毎分40cmで南から北へ通り抜けます。円板Bが円板Aと初めて接触してから完全にAの外に出るまで，直線㋐上を通るときは ① 分，直線㋑上を通るときは ② 分かかります。ただし，3辺の長さの比が3：4：5の三角形は直角三角形であることを使ってよいとします。

【灘中】

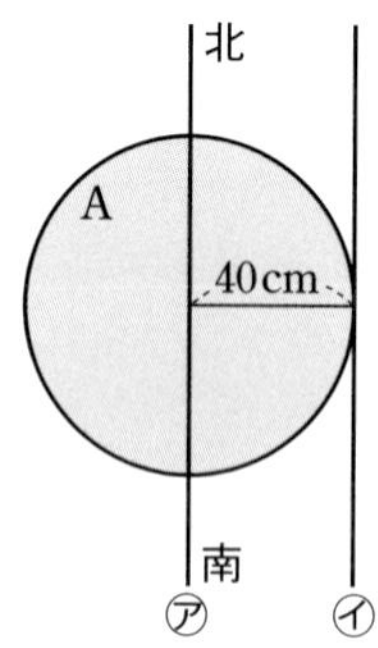

★ **4** ある長さの長方形の紙テープがあります。下の図のようにこのテープを半分に折って真ん中で切ると，最初の長さの2分の1のものが1枚と，4分の1のものが2枚できます。

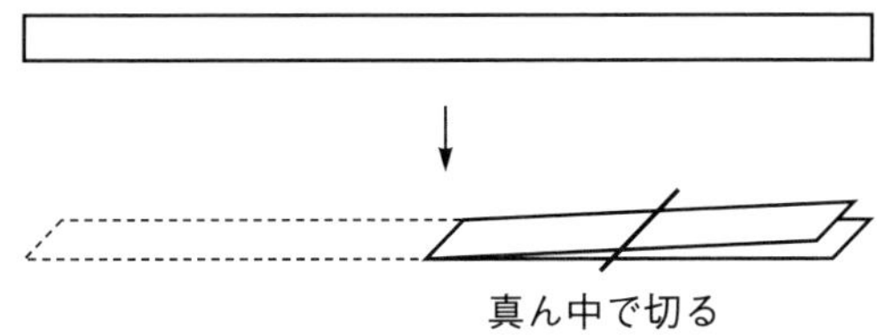

次の問いに答えなさい。すべて答えのみでかまいません。(2)~(4)は(1)のように答えなさい。(テープの厚さは考えないものとします。)

(1) 次の［ア］~［エ］に適当な数を入れなさい。(［ア］は［ウ］より小さい数とします。)

半分に折ることを2回続けてできたものを真ん中で切ると，最初の長さの［ア］分の1のものが［イ］枚，［ウ］分の1のものが［エ］枚できます。

(2) 半分に折ることを3回続けてできたものを真ん中で切ると，最初の長さの何分の1のものが何枚できますか。

(3) 半分に折ることを10回続けてできたものを真ん中で切ると，最初の長さの何分の1のものが何枚できますか。

(4) 次に，前と同じように半分に折ることを3回続けてできたものを3等分する位置で2か所切ります。最初の長さの何分の1のものが何枚できますか。また，半分に折ることを10回続けてできたものを3等分する位置で2か所切るとどのようになりますか。

【桜蔭中】

★ **5** 1辺の長さが3cmの正多角形の周りを1辺の長さが3cmの正三角形ABCが滑ることなく転がります。正多角形の1つの辺PQに正三角形ABCの辺BCが重なった状態から転がり始め，辺BCが辺PQと再び重なるまで転がり続けます。ただし，途中で逆向きに転がることはありません。

正多角形が次の図形のとき，点Aが動いてできる線の長さを求めなさい。ただし，円周率は3.14とします。

(1) 正六角形

(2) 正方形

(3) 正二十四角形

【甲陽学院中】

6 平面上に点Oと点Pがあり，**図1**のように，Oを中心とする円と，Pを中心とする円があります。さらに，Pを中心とする円の周上に点Qがあります。

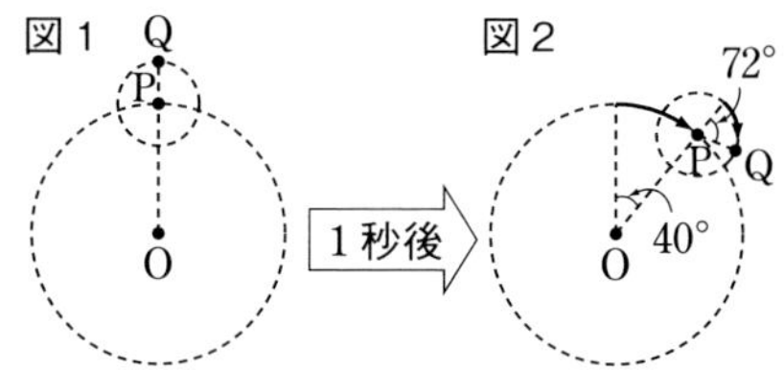

Pは，Oを中心とする円の周上を時計回りに一定の速さで動き続け，Oの周りを1周するのに9秒かかります。このとき，Pを中心とする円もPといっしょに動きます。また，Qは，Pを中心とする円の周上を時計回りに一定の速さで動き続け，Pの周りを1周するのに5秒かかります。

P，Qは**図1**の位置から同時に動き始め，たとえば1秒後には**図2**のようになります。

次の問いに答えなさい。

⑴ 動き始めてからPがOの周りを1周するまでに，3点O，P，Qが1つのまっすぐな線の上にくることは何回ありますか。ただし，動き始めたときは回数にふくめません。

⑵ 点Rは，Pを中心とする円の周上をQと逆（ぎゃく）回りに一定の速さで動き続け，Pの周りを1周するのに3秒かかります。Rは，Qと同じ位置から，Qと同時に動き始めます。

㈠ 3点P，Q，Rが初めて1つのまっすぐな線の上にくるのは，動き始めてから何秒後ですか。

㈡ 動き始めてから2010秒までに，4点O，P，Q，Rが1つのまっすぐな線の上にくることは何回ありますか。ただし，動き始めたときは回数にふくめません。

【筑波大附駒場中】

★ **7** 平面上に1辺の長さが10cmの正方形Aがあります。この平面上で面積2cm^{2}の正方形Bを正方形Aの周からはなれないように動かすとき，正方形Bが通ることのできる部分の面積は□cm^{2}です。

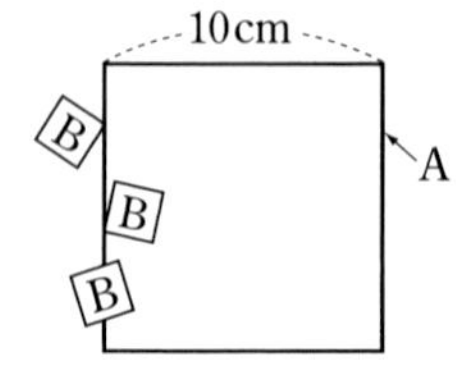

【灘中】

第4章 図形の拡大・縮小

1 縮図・拡大図

● **縮図・縮尺**…図形の各部分を，どれも同じ割合で縮めた図形を**縮図**という。この縮めた割合を**縮尺**という。(地図では，2万5千分の1は，1：25000と書かれ，右下に目盛りがある。)

500m　0　500　1000　1500

(地図上の2cmは実際には500mにあたる。)

● **拡大図**…図形の各部分を，どれも同じ割合で延ばした図形を**拡大図**という。

例　**$\frac{2}{3}$の縮図と2倍の拡大図**　右の図で，

$$\frac{AB'}{AB}=\frac{AC'}{AC}=\frac{AD'}{AD}=\frac{2}{3}$$

$$\frac{AB''}{AB}=\frac{AC''}{AC}=\frac{AD''}{AD}=2$$

(四角形ABCD，AB′C′D′，AB″C″D″は同じ形である。)

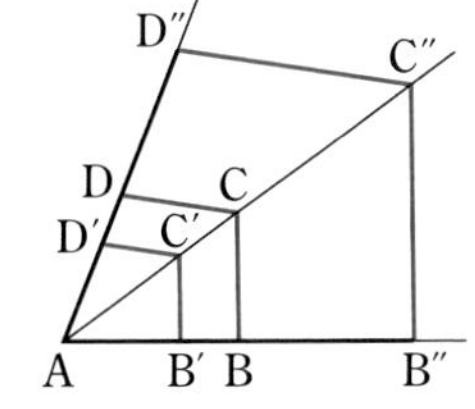

2 相似形

2つの図形で，形は同じだが大きさがちがうとき**相似**であるという。また，このような図形を**相似形**という。

● **相似形の性質**(右の**図い**は**図あ**の1.5倍の拡大図)

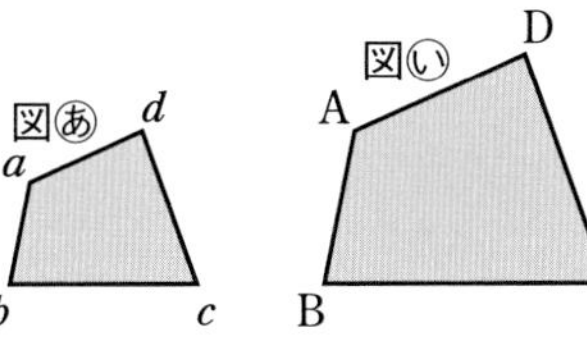

(ア) 対応する角の大きさは等しい。

角a＝角A，角b＝角B，角c＝角C，角d＝角D

(イ) 対応する辺の長さの比は一定である。

$$\frac{AB}{ab}=\frac{BC}{bc}=\frac{CD}{cd}=\frac{DA}{da}\left(=\frac{3}{2}=1.5\right)$$

● **相似比**…相似形では対応する辺の比を相似比という。(相似比が1のときは合同)

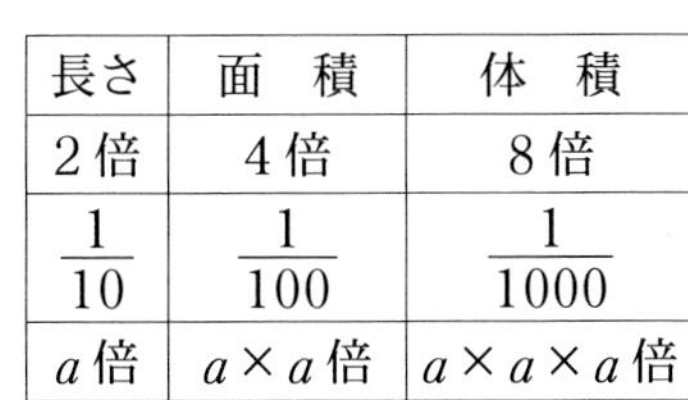

長さ	面　積	体　積
2倍	4倍	8倍
$\frac{1}{10}$	$\frac{1}{100}$	$\frac{1}{1000}$
a倍	$a\times a$倍	$a\times a\times a$倍

● **相似形の面積・体積**…相似比$a：b$の2つの相似な図形があるとき

面積の比は$(\boldsymbol{a\times a})：(\boldsymbol{b\times b})$，体積の比は$(\boldsymbol{a\times a\times a})：(\boldsymbol{b\times b\times b})$

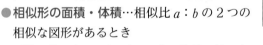

例 図形㋒と図形㋓で
赤い部分の面積の比は
(1×1)：(2×2)＝1：4
体積の比は
(1×1×1)：(2×2×2)＝1：8

3 三角形の相似

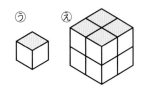

2つの三角形で，次の①～③の条件のうち，どれか1つが満たされるとき，この2つの三角形は相似である。

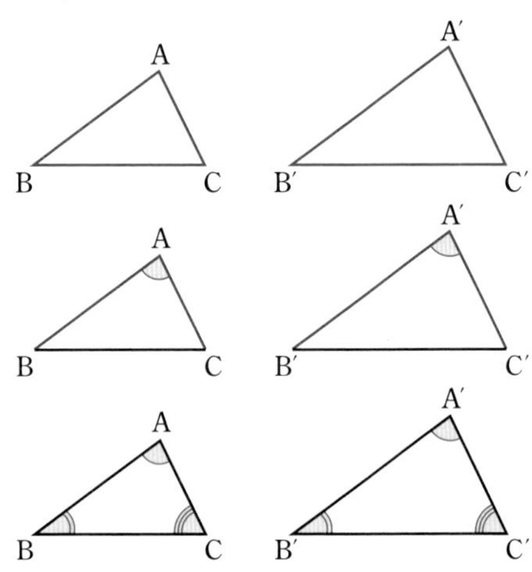

①対応する3つの辺の比が一定
AB：A′B′＝BC：B′C′
＝CA：C′A′

②対応する2つの辺の比と，その間の角が等しい。
AB：A′B′＝AC：A′C′
角A＝角A′

③対応する2つの角が等しい。
(3つの角が等しい。)
角A＝角A′，角B＝角B′，
角C＝角C′

4 相似形の応用

木の高さや川幅などは，縮図をかいたり，比例関係を使って求める。

●比例関係を用いて解く

例 右の電柱の高さを求める。
相似な図形(色の部分)をつくると
x：4.2＝1：1.2　　x＝3.5
電柱の高さは　3.5＋1.2＝4.7 (m)

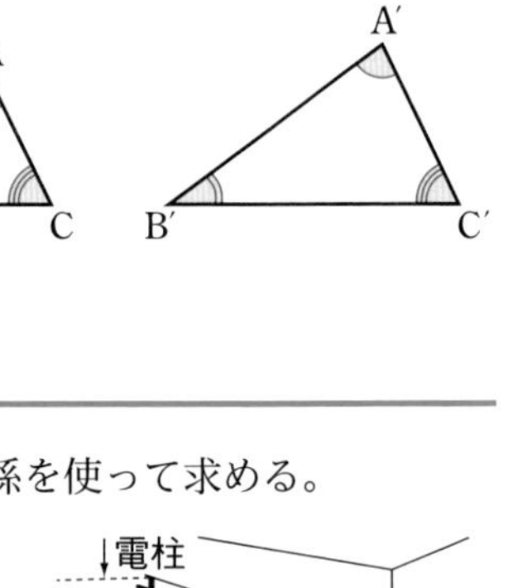

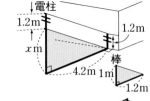

●縮図を用いて求める

例 右の図は，木から4mはなれた地点に目までの高さが1.3mの人が立ち，木の頂上を見上げたときの角度が25°であることを示している。
これを縮尺100分の1の縮図にかいて，色の線の長さをはかると1.9cmだから，木の高さは
0.019×100＋1.3＝3.2 (m)

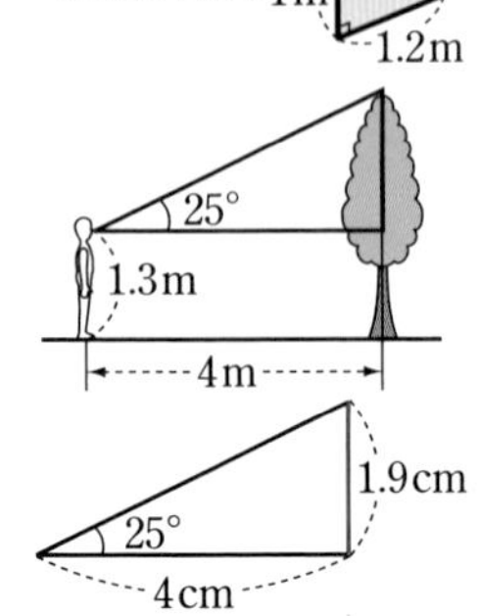

★★★ 基本 110 **図形の拡大・縮小のしかた**

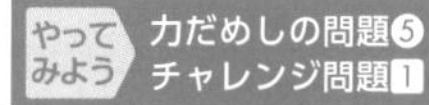

下の図は，四角形を拡大する方法を示しています。点Pをどこにとるかによって，いくつかの方法があることがわかります。
4つの方法で2倍に拡大した四角形をかきなさい。

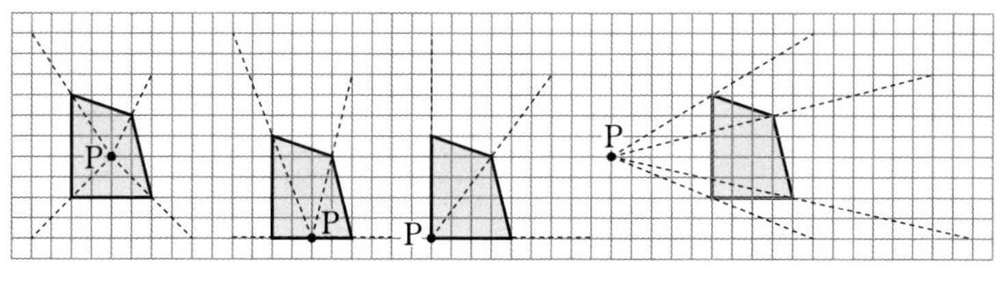

考え方 右の図で，PA＝AC＝CE＝EG，PB＝BD＝DF＝FHであると，AB，CD，EF，GHはすべて平行で，三角形PAB，PCD，PEF，PGHは，どの2つもたがいに拡大・縮小の関係にある。

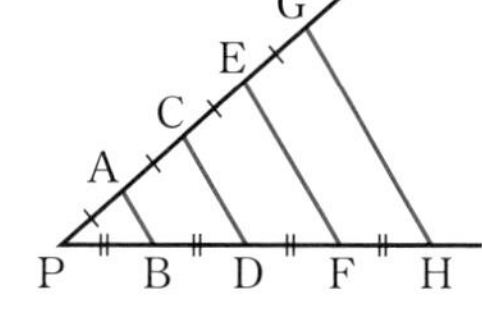

このことを利用して，問題にあるような方法で，拡大した図形や縮小した図形をかくことができる。
ここでは，2倍に拡大するのだから，方眼の目盛りを数えて，Pから各頂点までの長さを2倍に延ばした点を見つければよい。（たとえば，Pから左へ2目盛り，上へ3目盛り行ったならば，そこからさらに，左へ2目盛り，上へ3目盛り行けばよい。）

解き方 

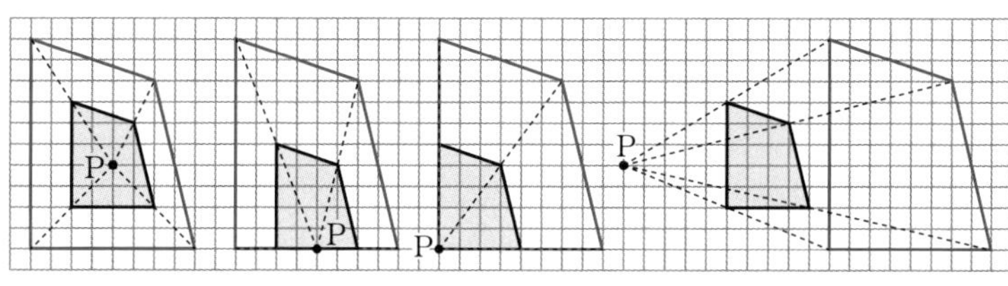

練習 194 次の図を$\frac{1}{2}$に縮小した図をかきなさい。点アは同じ位置とします。問題の方眼と解答欄の方眼は同じ大きさです。

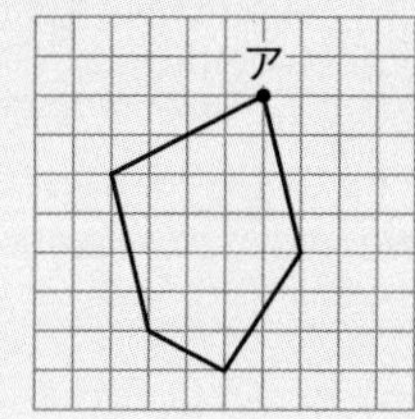

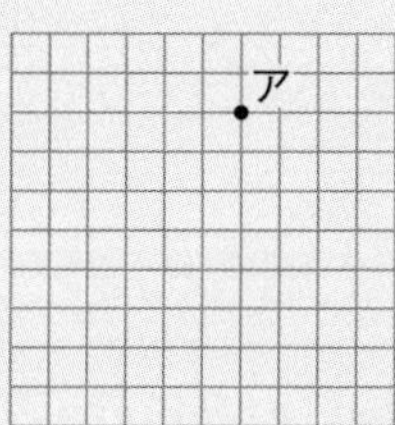

★☆☆ 基本 111 三角形の拡大・縮小

やってみよう 力だめしの問題❶❸❹ チャレンジ問題❶

⑴ 右の図で，三角形 ADE は三角形 ABC の $\frac{3}{5}$ の縮図です。

① AD の長さを求めなさい。

② 角 A の大きさを求めなさい。

③ BC の長さを求めなさい。

【鎌倉女子学園中】

⑵ 右の図のように，直角三角形 ABC の 3 つの辺の上に，4 つの点 D, E, F, G をとり，正方形 DEFG をつくりました。次の辺の長さの比をできるだけ簡単な整数の比で表しなさい。

㋐ BE と DE　　㋑ BE と CE

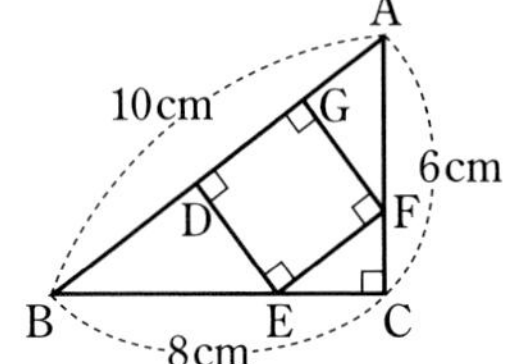

【同志社香里中】

考え方 ⑴ AD：AB＝3：5，DE と BC は平行である。

⑵ 三角形 ABC と三角形 EBD と三角形 FEC は，相似である。

解き方 ⑴ 三角形 ADE は，三角形 ABC を $\frac{3}{5}$ に縮小したものである。

① $AD = AB \times \frac{3}{5} = 15 \times \frac{3}{5} = 9$　　答 9 cm

② 角 ADE＝角 B＝40°より，角 A＝180°－(40°＋70°)＝70°　　答 70°

③ 三角形 ABC は，角 A＝角 C＝70°だから，二等辺三角形とわかる。

BC＝AB＝15 cm　　答 15 cm

⑵ 三角形 ABC と三角形 EBD では，角 B が重なっていて，角 C，角 D が 90° で等しいから，相似である。

㋐ BE：DE＝BA：CA＝10：6＝5：3 ……㊍　　答 5：3

㋑ 三角形 ABC と三角形 FEC は，AB と FE が平行だから，相似である。また，EF＝DE だから，

EC：DE＝EC：EF＝BC：BA＝8：10＝4：5

さらに，㊍から

BE：CE＝(5×5)：(4×3)＝25：12　　答 25：12

練習 195 上の「基本 111」の⑵で辺 DE の長さを，分数で求めなさい。

★★★ 標準 112 図形の拡大・縮小と面積

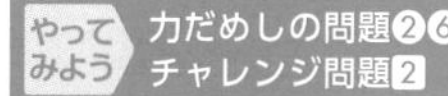

右の図で，A イは AB の 3 倍，B ウは BC の 3 倍，C アは CA の 3 倍です。また DE はアを通り A イに平行，EF はイを通り B ウに平行，FD はウを通り C アに平行です。

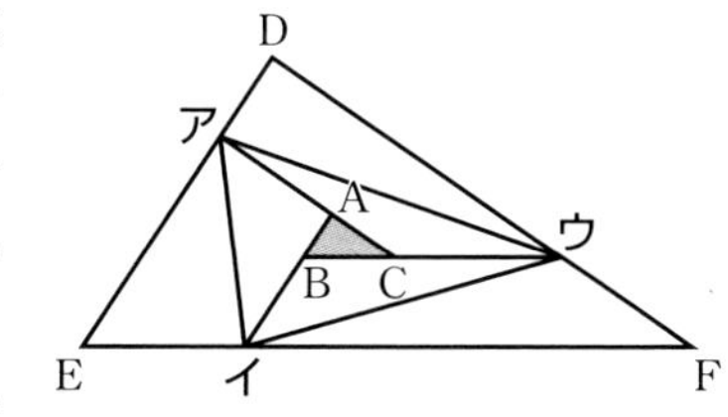

(1) 三角形 DEF の面積は，三角形 ABC の面積の何倍ですか。

(2) 三角形アイウの面積は，三角形 ABC の面積の何倍ですか。

(1) AB と DE，BC と EF，AC と DF は平行なので，三角形 ABC と三角形 DEF は，角 A と角 D，角 B と角 E，角 C と角 F が等しく，相似である。それで，AB：DE がわかれば，面積の比は求められる。

(2) 三角形 ABC の面積を 1 とすれば三角形 A ア B は 2，三角形 A アイは $2 \times 3 = 6$ となる。

(1) AB と DE，BC と EF，AC と DF は平行だから三角形 ABC と三角形 DEF は相似である。右上の図のように P，Q をとると，三角形 ABC と三角形ア PC も相似であるから，AB の長さを 1 とすると，

B イ $= 2$，B イ $=$ PE だから　PE $= 2$，P ア $=$ AB $\times 3 = 3$

BA：BQ $=$ BC：B ウ $= 1 : 3$ だから　BQ $= 3$，AQ $= 2$，D ア $= 2$

これらから　DE $= 2 + 3 + 2 = 7$

三角形 DEF の面積は，三角形 ABC の面積の　$7 \times 7 = 49$（倍）　**答** 49 倍

(2) 三角形 ABC の面積を 1 とすると，三角形 A ア B $= 2$

三角形 A アイ $= 2 \times 3 = 6$，三角形 B イウ $=$ 三角形 C ウア $= 6$

だから　三角形アイウ $= 6 \times 3 + 1 = 19$　**答** 19 倍

練習 196 右の図のように 5 枚（まい）の正方形がきっちりとおさめられています。

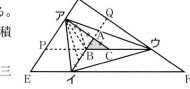

(1) 最も大きい正方形の面積は，最も小さい正方形の面積の何倍ですか。

(2) 影（かげ）の部分の面積と白い部分の面積との比を最も簡単な整数の比で表しなさい。　【大阪教育大附池田中】

★★★ 基本 113 地図上の長さや面積と，実際(じっさい)の長さや面積

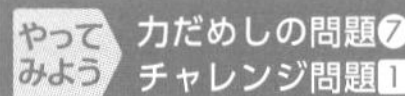

(1) 時速 4km で歩くと 1 時間 48 分かかる道のりは，縮尺(しゅくしゃく) $\frac{1}{25000}$ の地図上では何 cm ですか。　【愛光中】

(2) ある土地の面積は，縮尺が $\frac{1}{25000}$ の地図では $4\,\text{cm}^2$ です。この土地の実際の面積を求めなさい。(単位は m^2)　【東京学芸大附世田谷中】

(3) 縮尺 2 万 5 千分の 1 の地図で面積 $20\,\text{cm}^2$ の土地は，縮尺 10 万分の 1 の地図では何 cm^2 になりますか。また，この土地の面積は実際には何 km^2 になりますか，それぞれ答えなさい。　【麻布中】

考え方 10 分の 1 の縮尺では，1000 m は 100 m になり，$10000\,\text{m}^2$ は $100\,\text{m}^2$ になる。初めにある単位と答えの単位とをはっきり区別して，まちがえないように気をつけることが大切である。

1 km = 1000 m = 100000 cm だから，縮尺が 10 万分の 1 のとき，実際の 1 km は縮図上では 1 cm になる。

解き方 (1) 実際の道のりは　$4 \times 1\frac{48}{60} = 4 \times \frac{9}{5} = 7.2$ (km)

7.2 km = 7200 m = 720000 cm だから，地図上の長さは

$720000 \times \frac{1}{25000} = \frac{720}{25} = \frac{2880}{100} = 28.8$ (cm)　**答** 28.8 cm

(2) 1 辺の長さが 2 cm の正方形を考えると，面積は $2 \times 2 = 4$ (cm^2)で，

実際の 1 辺の長さは　$2 \times 25000 = 50000$ (cm)　　50000 cm = 500 m

よって，実際の面積は　$500 \times 500 = 250000$ (m^2)　**答** $250000\,\text{m}^2$

(3) $\frac{1}{25000}$ の $\frac{1}{4}$ が $\frac{1}{100000}$ だから，面積は $\frac{1}{4} \times \frac{1}{4} = \frac{1}{16}$ になる。

よって，10 万分の 1 の縮図上での面積は　$20 \times \frac{1}{16} = 1.25$ (cm^2)

縦(たて) 1 cm，横 1.25 cm の長方形を考えると，面積は $1.25\,\text{cm}^2$ で，実際は縦 1 km，横 1.25 km の長方形だから，面積は　$1 \times 1.25 = 1.25$ (km^2)

答 縮尺 10 万分の 1 の地図… $1.25\,\text{cm}^2$　実際… $1.25\,\text{km}^2$

練習 197 (1) 実際の面積が $2\,\text{km}^2$ の土地が，$2\,\text{cm}^2$ で表される地図の縮尺を求めなさい。

(2) 縮尺 2 万 5 千分の 1 の地図で，ある学校の敷地(しきち)を調べたら，縦が 12 mm，横が 16 mm の長方形でした。この敷地の縦の長さは何 m ですか。また，この敷地の面積は何 ha ですか。　【京都女子中】

★★★ 標準 114 影の長さと形

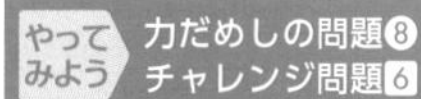

電灯の光によってできる棒の影の様子を，**図1**のようにして調べることにしました。棒と電灯の柱は床に垂直で，3mはなれています。棒の高さと電灯の高さは自由にあたえられるものとします。

(1) 棒の高さを1m，電灯の高さを3mとすると，棒の影の長さは何mになりますか。

(2) 棒の高さや電灯の高さを調節して，棒の影の長さがいつも1mになるようにしようと思います。このとき，棒の高さと電灯の高さにはどのような関係がありますか。右の表の**ア**，**イ**，**ウ**にあてはまる数を書き，その関係も答えなさい。

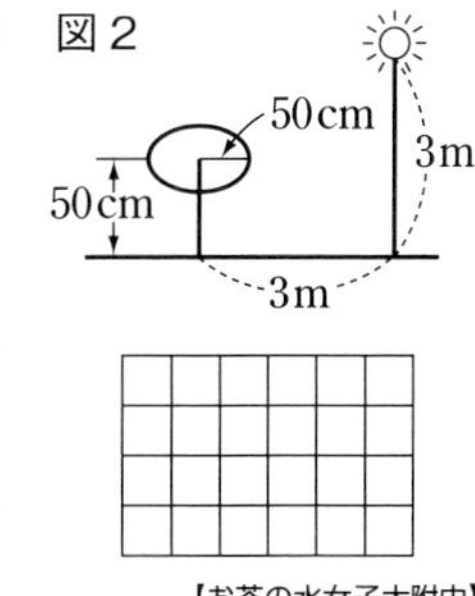

棒の高さ(m)	1	2	3
電灯の高さ(m)	ア	イ	ウ

(3) **図2**のように，円形のテーブルをテーブルの面が床に平行になるように置きます。テーブルの高さは50cm，テーブルの面の半径も50cm，中心は電灯の柱から3mはなれているものとして，厚さは考えないものとします。電灯の高さを3mとするとき，テーブルの面の影はどうなりますか。真上から見た図をおよその形と大きさを考えて，右の方眼にかきなさい。(方眼の1目盛りは50cm)

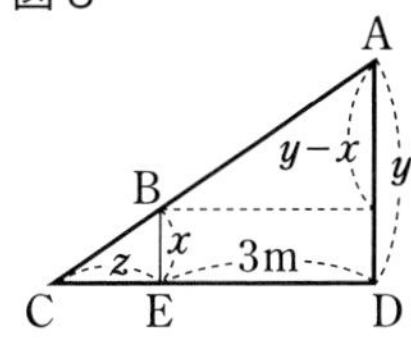

【お茶の水女子大附中】

電灯，棒，影のそれぞれのはしは一直線上に並んでいるから，三角形BCEは三角形ACDの縮小になっている。(3)では，初めにテーブルの面の中心の影を考える。

図3
A, B, C, E, D, $y-x$, y, x, z, 3m

解き方 **図3**で　$z:x=3:(y-x)$

(1) $x=1$，$y=3$ より　$z=3\times1\div(3-1)=1.5$ (m)…**答**

(2) $1:x=3:(y-x)$ より，$y=x\times4$ となり，$x=1$，2，3 に対し，y は4，8，12　**答** 電灯の高さは棒の高さの4倍　ア…4　イ…8　ウ…12

(3) Oをテーブルの中心，O′をその影とする。

O′E：OE＝OF：AF より

O′E＝OE×OF÷AF
　＝0.5×3÷2.5＝0.6

O′C：OB＝AD：AF より

O′C＝OB×AD÷AF
　＝0.5×3÷2.5＝0.6

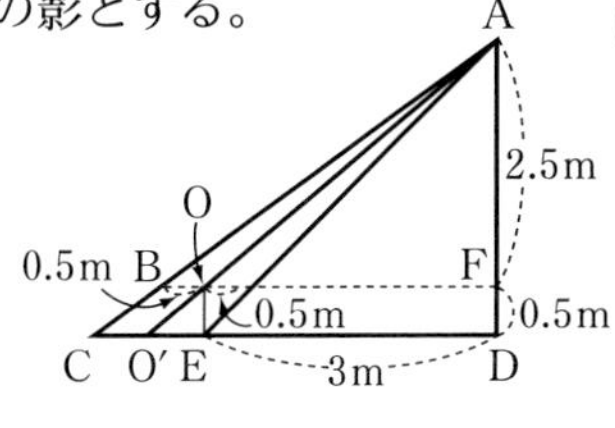

半径60cmの円
斜線部がテーブルの影。
点線の円はテーブルを真上から見た図。

★★★ 応用 115 光のあたっている部分の面積

やってみよう 力だめしの問題8 チャレンジ問題6

右の図は南向きの部屋の見取図で，窓(まど)を通して南東からななめに光がさしこんでいます。下の図は床(ゆか)を真上から見た図(平面図)と西壁(かべ)を真横から見た図(側面図)です。どの図も光のあたっている部分は斜線(しゃせん)で示(しめ)しています。太陽光線はすべて平行と考え，次の問いに答えなさい。

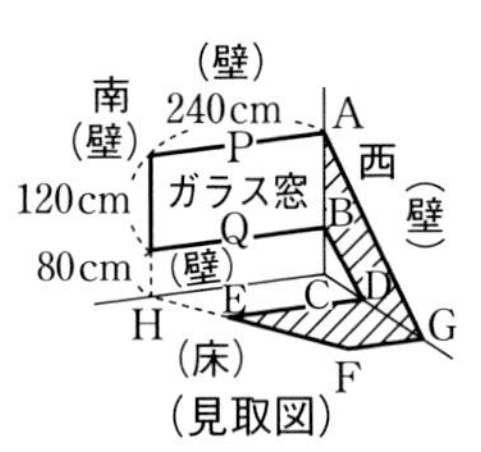

⑴ DE の長さはいくらですか。

⑵ 光のあたっている部分の面積は床の部分と壁の部分を合わせていくらですか。

⑶ 見取図で長方形 ABQP の部分をカーテンで覆(おお)ったところ，ちょうど光が壁にあたらなくなりました。
このとき，AP＝BQ の長さはいくらですか。 【灘中】

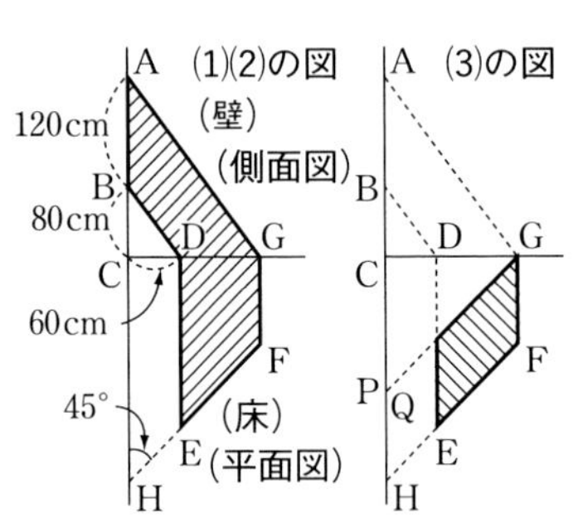

考え方 ⑴ DE は平面図で考える。

⑶ PQ の影(かげ)を見取図から考えて，それを投影図(とうえいず)にうつしかえると全体の感じがつかめる。

解き方 ⑴ 台形 CHED を考えて DE＝240－60＝180 **答** 180cm

⑵ 投影図で図形 AHFG の面積から図形 BHED の面積をひいて求める。

CG：CA＝CD：CB だから，

CG＝CA×CD÷CB＝200×60÷80＝150 (cm)

GF＝CH－CG＝240－150＝90 (cm)

求める面積＝(GF＋AH)×CG÷2－(DE＋BH)×CD÷2

＝(90＋440)×150÷2－(180＋320)×60÷2

＝(530×150－500×60)÷2

＝24750 (cm^2) **答** 24750 cm^2

⑶ 点 P の真下の点を L とすると，⑶の図から

CL＝CG＝150 (cm)

すなわち　AP＝150 (cm) **答** 150cm

練習 198 上の「応用 115」で，AP＝BQ＝120cm としてちょうど窓の西半分をカーテンで覆ったとき，光のあたる部分の面積を求めなさい。 【灘中】

力だめしの問題 入試標準レベル

解答➡別冊 p.113

1 図のように1辺12cmの正方形に線を引きました。影をつけた部分の面積を求めなさい。 【神戸女学院中学部】

(1)

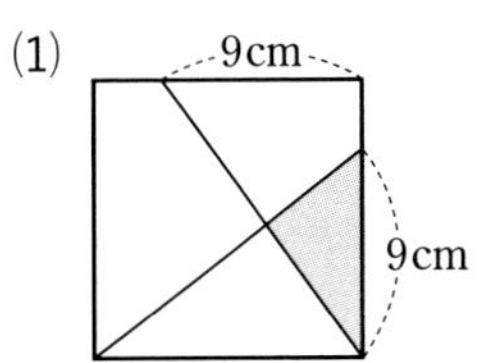

(2)

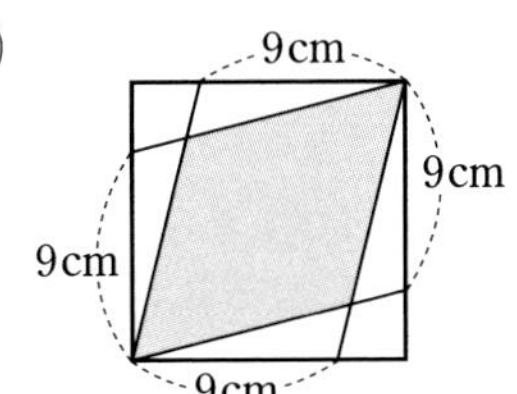

2 図のように，三角形を㋐，㋑，㋒，㋓の4つの部分に分けたとき，㋐と㋓の面積の比を最も簡単な整数を用いて表しなさい。 【六甲中】

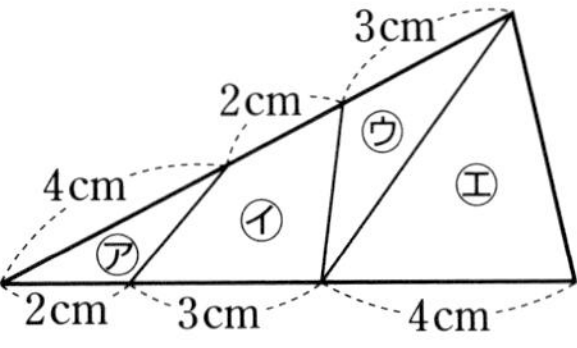

3 次の問いに答えなさい。

(1) 図のように，台形ABCDの辺AB，DCの真ん中の点をそれぞれM，Nとしたとき，［影の部分］の面積の合計は台形ABCDの面積の何倍ですか。

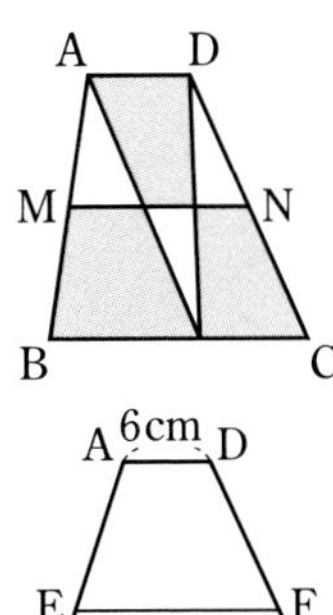

(2) 図のような台形ABCDを辺ADに平行な直線EFで2つに分けると，

(台形AEFDの面積)

：(台形EBCFの面積)

＝5：4

となりました。EFの長さは何cmですか。 【洛南高附中】

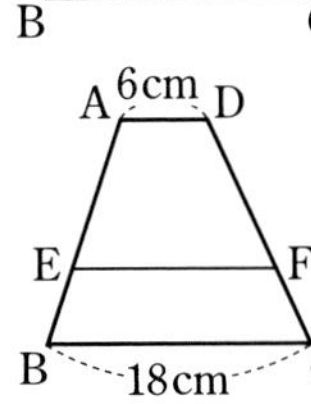

ヒント

1 (1) 補助線を引き，三角形の相似を利用する。

(2) 補助線を引き，底辺の等しい三角形の面積比を考える。

▶基本 111

2 ㋐は三角形全体の

$\frac{4}{4+2+3} \times \frac{2}{2+3+4}$

㋓は三角形全体の

$\frac{4}{2+3+4}$

▶標準 112

3 (1) A,DからBCに延びる直線で，台形を3つの三角形に分ける。

(2) BA，CDを延長し，大きな三角形をつくって考える。

▶基本 111

4 右の図のように，三角形ABCの内部に点Pがあり，頂点A，B，Cと点Pを通る直線が辺BC，CA，ABと交わる点をそれぞれD，E，Fとします。また，点Fを通り，BPに平行な直線とADとの交点をGとします。AP＝3cm，BP＝5cm，CP＝2cm，PD＝1cm，PF＝2cmとするとき，次の問いに答えなさい。ただし，3辺の比が3：4：5の三角形は，直角三角形であることがわかっているものとします。

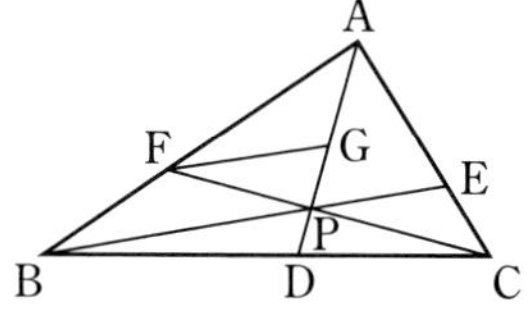

⑴ 三角形ABC，三角形ABP，三角形PBCの面積比を最も簡単な整数比で答えなさい。

⑵ AF：FBを最も簡単な整数比で答えなさい。

⑶ FGの長さを求めなさい。

⑷ 三角形ABCの面積を求めなさい。 【聖光学院中】

ヒント

4 ⑴ 三角形ABCの面積を1として三角形ABP，PBCの面積を表す。
⑵ AF：FB
＝三角形APC
：三角形PBC
⑶ FG：BP
＝AF：AB
⑷ 三角形GPFが直角三角形になる。
▶基本 111

5 直方体と，直径16cmの円を底面とする円柱が水平な地面に置いてあります。これらに太陽の光があたり，図のような影ができたとき，円柱の高さは［　　］cmです。 【西大和学園中】

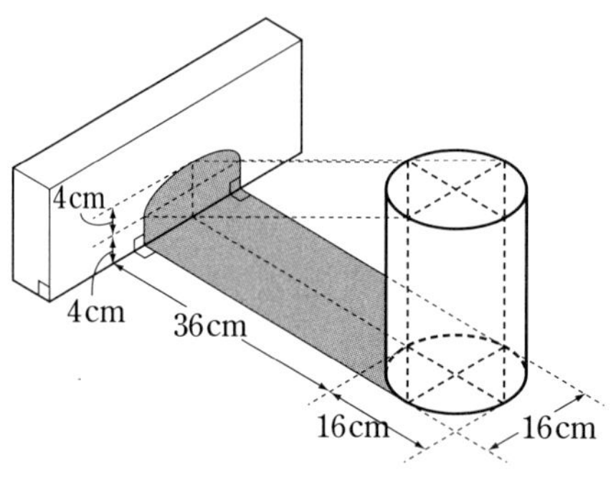

5 真横から見た図で相似を利用する。
▶基本 110

6 図のように三角形ABCの3辺AB, BC, CAの延長上にそれぞれ点P，Q，Rを，AB：BP，BC：CQ，CA：ARがすべて2：1になるようにとりました。また，PAの延長とQRが交わる点をSとします。

⑴ QS：SRを最も簡単な整数の比で表しなさい。

⑵ PA：ASを最も簡単な整数の比で表しなさい。 【清風南海中】

6 ⑴ QS：SR
＝三角形APQ
：三角形RPA
⑵ PA：AS
＝三角形RPA
：三角形RAS
▶標準 112

7 次の問いに答えなさい。

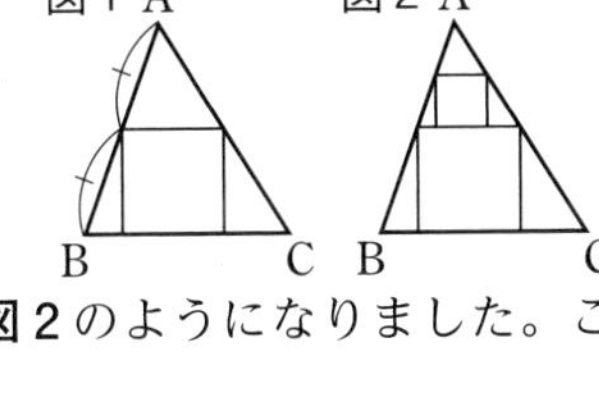

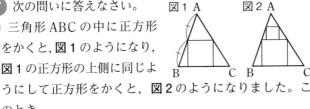

(1) 三角形ABCの中に正方形をかくと，**図1**のようになり，**図1**の正方形の上側に同じようにして正方形をかくと，**図2**のようになりました。このとき，

(三角形ABCの面積)：(2つの正方形の面積の和)

を最も簡単な整数の比で表しなさい。

(2) (1)と同じようにして，2つの正方形のさらに上側にもう1つの正方形をかくとき，

(三角形ABCの面積)：(3つの正方形の面積の和)

を最も簡単な整数の比で表しなさい。 【洛南高附中】

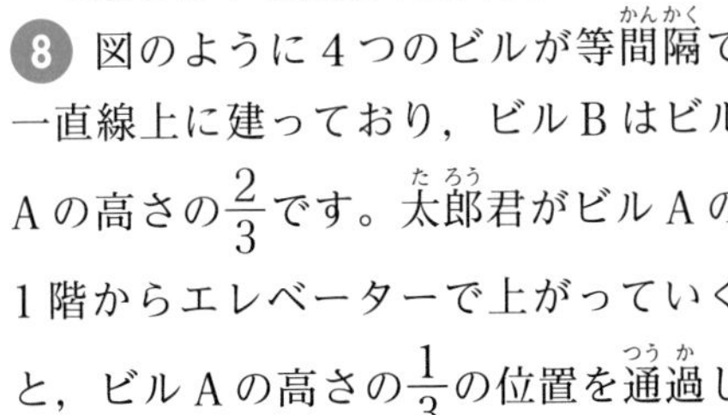

8 図のように4つのビルが等間隔(かんかく)で一直線上に建っており，ビルBはビルAの高さの$\frac{2}{3}$です。太郎(たろう)君がビルAの1階からエレベーターで上がっていくと，ビルAの高さの$\frac{1}{3}$の位置を通過(つうか)したとき初めてビルDの頂上が見えました。さらに上がっていくと，ビルAの高さの$\frac{8}{9}$の位置を通過したとき初めてビルCの頂上が見えました。また，次郎君は，太郎君と同時にビルDの頂上からエレベーターで下り始め，頂上と1階の間を止まらず往復(おうふく)しました。ビルの幅(はば)は考えないものとして，次の(1)~(3)の問いに答えなさい。

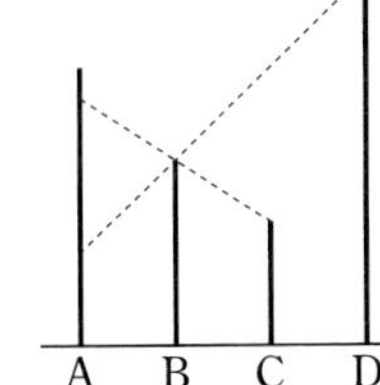

(1) ビルCとビルDの高さの比を最も簡単な整数を用いて表しなさい。

(2) ビルDのエレベーターがビルAのエレベーターの1.2倍の速さで動くとき，太郎君がビルAの高さのどの位置にきたときに初めて次郎君の姿(すがた)が見えますか。分数を用いて答えなさい。

(3) ビルDのエレベーターがビルAのエレベーターの2.4倍の速さで動くとき，太郎君がビルAの高さのどの位置にきたときに初めて次郎君の姿が見えますか。分数を用いて答えなさい。 【六甲学院中】

ヒント

7 **図1**の三角形ABCの底辺と正方形の1辺の長さの比，高さと1辺の長さの比はともに2：1であるから，三角形ABCと正方形の面積比は

(2×2÷2)

：(1×1)

＝2：1

▶**基本 113**

8 (1) ビルAの高さを1とすると，Cの高さは

$\frac{2}{3}-\left(\frac{8}{9}-\frac{2}{3}\right)$

$=\frac{4}{9}$

Dの高さは

$\frac{2}{3}+\left(\frac{2}{3}-\frac{1}{3}\right)$

$\times 2$

$=\frac{4}{3}$

(2) 太郎君が①上がったとき，次郎君が見えるビルAの部分は(0.6)短くなる。

(3) 次郎君が見えなくなるビルAの部分は(1.2)短くなるので，上がってくる次郎君を見ることになる。

▶**標準 114**，
応用 115

チャレンジ問題　入試発展レベル

解答➡別冊 p.116

★は最高レベル

1 右の図の四角形 ABCD は長方形です。このとき，次の問いに答えなさい。

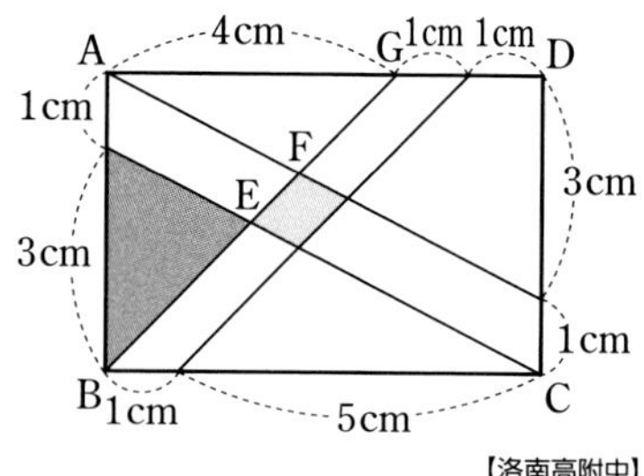

(1) (BE の長さ)：(EF の長さ)：(FG の長さ) を最も簡単(かんたん)な整数の比(ひ)で表しなさい。

(2) ▒ の部分の面積は何 cm^2 ですか。

(3) □ の部分の面積は何 cm^2 ですか。

【洛南高附中】

2 図のような三角形 ABC があり，辺 AB 上に点 D を，辺 BC 上に点 E を，辺 CA 上に点 F を，長さの比がそれぞれ AD：DB＝3：1，BE：EC＝5：3，CF：FA＝4：1 となるようにとります。

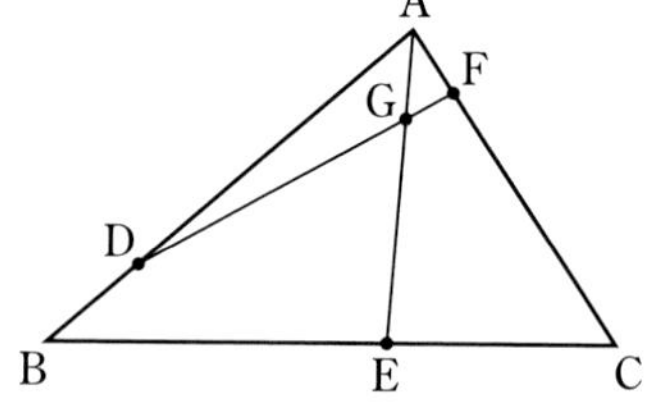

DF と AE の交点を点 G とすると，

DG：GF＝□：□ です。

【西大和学園中】

★ **3** 図のように辺 AD と辺 BC が平行な台形 ABCD があります。点 P は辺 CD 上の点で，直線 BP は台形 ABCD の面積を 2 等分しています。

AD：BC＝3：5 のとき，次の問いに答えなさい。

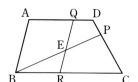

(1) DP：PC を求めなさい。

(2) 直線 BP 上に BE：EP＝45：31 となるような点 E をとります。点 E を通る直線が辺 AD，BC と交わる点をそれぞれ Q，R とすると，四角形 ABEQ と四角形 ERCP の面積が等しくなりました。このとき，BR：RC を求めなさい。

【甲陽学院中】

4 ある10階建てのビルに，**図1**のような通路があります。この通路は，円柱の側面に沿う（そ）ようにして，1階の地点Pからその真上の10階の地点Qまでつながっています。円柱の側面の展開図（てんかい）は**図2**のようになっており，円柱の周りを2周するとちょうど1階分上ることになります。

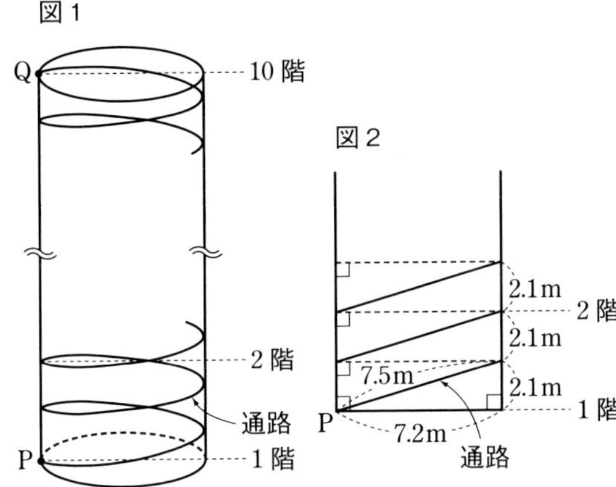

A君は地点Qを出発して一定の速さで通路を下り，2分15秒で地点Pに着きました。一方，A君の出発と同時に，B君は地点Pから一定の速さで通路を上り始めました。その後，B君は地点Pの真上にある5階の地点Rで立ち止まり，少し休みました。A君が地点Rに着くと同時に，B君は休む前よりゆっくり一定の速さで通路を再び（ふたた）上り始めました。そして，A君が地点Pに着くと同時に，B君は地点Pの真上にある7階の地点Sに着きました。

通路の幅（はば）や，人の大きさは考えないものとします。

(1) A君は通路を分速□mで進みました。

(2) B君が地点Rを出発してから地点Sに着くまでの間に，B君の真下にA君がいることが□秒おきに，全部で□回ありました。ただし，B君がRを出発した瞬間（しゅんかん）とSに着いた瞬間は除いて（のぞ）数えます。

(3) B君が地点Pを出発してから地点Rに着くまでの間に，B君の真上にA君がいることが，出発時を除いて全部で13回ありました。このとき，B君がとった休みの時間は，何秒より長く，何秒より短いですか。ただし，B君が地点Rに着いた瞬間，A君はB君の真上にいなかったとします。 【灘中】

5 右の図の四角形 ABCD は平行四辺形であり，点 E，F，G はそれぞれ辺 AB，CD，DA 上の点で，AE＝EB，AG＝GD，DF：FC＝4：1 です。また，点 H は EF と BG の，点 I は EF と CG の交わる点です。このとき，次の問いに答えなさい。

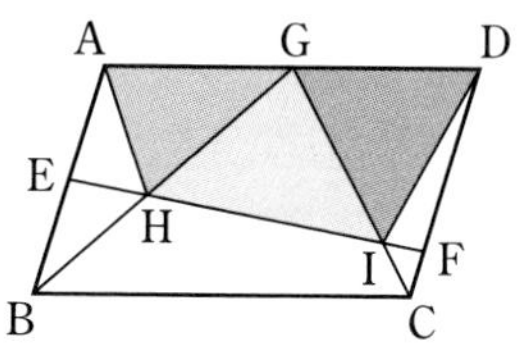

⑴ 辺 DA を延長(えんちょう)した直線と，FE を延長した直線の交わる点を P とします。また，辺 BC を延長した直線と，EF を延長した直線の交わる点を Q とします。このとき，PA：AD と BC：CQ を求めなさい。

⑵ GH：HB と GI：IC を求めなさい。

⑶ 三角形 AHG と三角形 GHI と三角形 GID の面積の比(ひ)を求めなさい。【開成中】

6 右の図のような 1 辺の長さが 6 cm の立方体 ABCD－EFGH があります。辺 AB, CD, BF 上にそれぞれ点 K, L, M があり，AK＝4 cm，CL＝3 cm，BM＝3 cm とするとき，次の問いに答えなさい。ただし，⑴，⑶の比は最も簡単(かんたん)な整数比で答えるものとします。

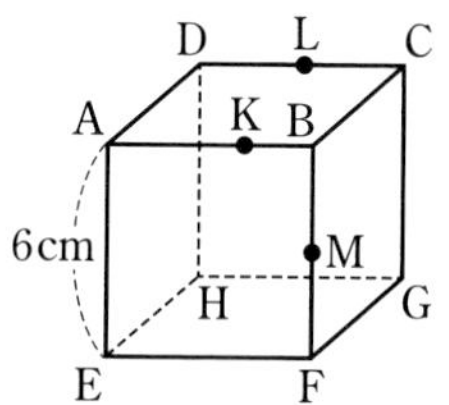

⑴ 直線 AC と KL の交点を P とするとき，AP と PC の長さの比を求めなさい。

⑵ 3 点 K，L，M を通る平面と辺 CG との交点を Q とするとき，CQ の長さを求めなさい。

⑶ 3 点 K，L，M を通る平面と直線 CE との交点を R とするとき，CR と RE の長さの比を求めなさい。【聖光学院中】

入試で得する 解法テクニック

図形の応用では「転がり・回転移動」のような平面的なものから「立体の水入れ」のような立体的なとらえ方まで数多くあるが，まず，すべてにわたって平面的に取り扱うように考えていく原則を覚えておきたい。たとえば「立体の最短距離を結ぶヒモかけ問題」も「円すい台や円柱の表面積」もすべて展開図という平面図形として考えるのがポイントである。このようなテクニックは解法時間を短縮させるのに大きく役立つだろう。

タイル切りの問題

1 辺の長さが 1 cm の正方形のタイルをすき間なく敷きつめて，長方形をつくります。次の問いに答えなさい。

⑴ 縦に 5 枚，横に 3 枚並ぶように敷きつめた長方形で，対角線を 1 本引くと，対角線が横切るタイルは何枚ありますか。

⑵ 縦に 35 枚，横に 32 枚並ぶように敷きつめた長方形で，対角線を 1 本引くと，対角線が横切るタイルは何枚ありますか。

得する 考え方 ⑴ 壁で仕切られた部屋が 3 × 5 = 15 (部屋)
あるとすると，対角線が横切った壁の数は，
右の図より　2 + 4 = 6
対角線が通った部屋の数は，
6 + 1 = 7 (部屋)となる。

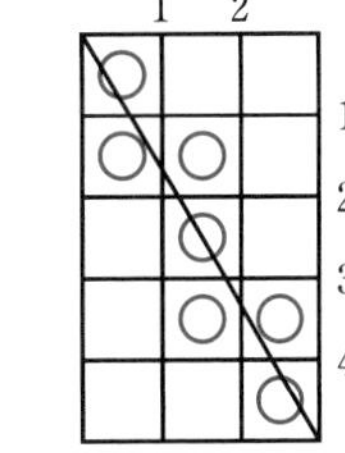

⑵ ⑴と同じ考え方で，対角線が横切る壁の数は
(32 − 1) + (35 − 1) = 65 (枚)
対角線が通る部屋の数は，65 + 1 = 66 (部屋)となる。

答 ⑴ 7 枚　　⑵ 66 枚

解法テクニック

● タイル切りの問題は，
正方形を縦に a 枚，横に b 枚並べて長方形をつくるとき，a と b がたがいに素(最大公約数が 1)なら，長方形の対角線が横切る正方形の数は，$a + b - 1$ となる。

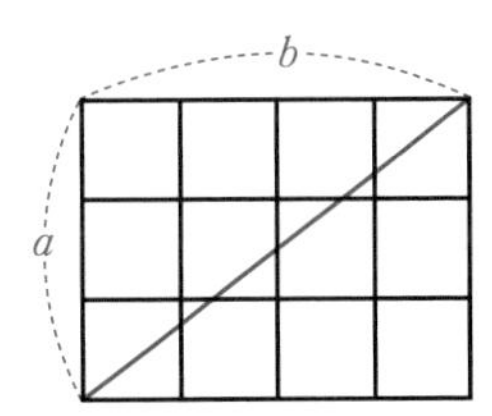

オイラーの法則

正多面体の面，頂点，辺の数について下の表を完成しなさい。

	正四面体	正六面体	正八面体	正十二面体	正二十面体
面の数					
頂点の数					
辺の数					

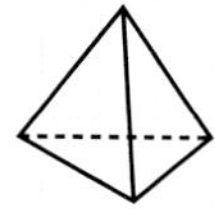
正四面体

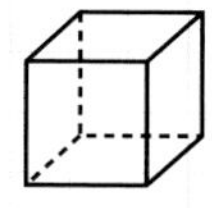
正六面体

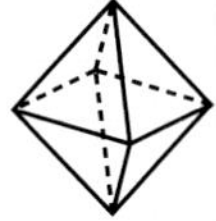
正八面体

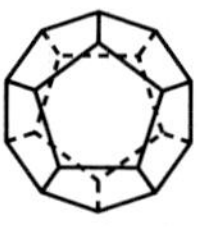
正十二面体

正二十面体

普通の考え方 覚えられるかもしれないが，正攻法では次のように考える。

〔正四面体〕・〔正六面体〕・〔正八面体〕は図を見て十分わかる。

〔正十二面体〕正五角形 12 個でできている。

頂点の数… 12 個分の正五角形の頂点の数は $5 \times 12 = 60$（個）。しかし，正五角形の頂点 3 つで，正十二面体の頂点 1 つをなすことから

$60 \div 3 = 20$（個）

辺の数…正五角形の辺 2 本で正十二面体の辺 1 本をなすので $5 \times 12 \div 2 = 30$（本）

〔正二十面体〕正三角形 20 個でできている。同様に

頂点の数…正三角形の頂点 5 つで 1 つの頂点をなすので $3 \times 20 \div 5 = 12$（個）

辺の数…正三角形の辺 2 本で 1 本の辺をなすので $3 \times 20 \div 2 = 30$（本）

得する考え方 表の中の数は，決まったものなので覚えておいてもよいが，次のように，面の数＋頂点の数－辺の数＝2 の関係を使って機械的に求めてもよい。

答

	正四面体	正六面体	正八面体	正十二面体	正二十面体	
面の数	4	6	8	12	20	⬅正○面体の○
頂点の数	4	8	6	20	12	⬅数を矢印方向へ移す
辺の数	6	12	12	30	30	⬅面の数＋頂点の数－2
	└4＋4－2	└6＋8－2		└12＋20－2		＝辺の数

解法テクニック
- 穴のあいていない多面体では，**面の数＋頂点の数－辺の数＝** 2（**オイラーの法則**）が成り立つ。

立体の切断

1辺の長さが12cmの立方体ABCD－EFGHがあります。Bを出発して，点Pは毎秒4cmでB→A→Eと，点Qは毎秒3cmでB→C→Gと，点RはDを出発して毎秒3cmでD→H→Gと進みます。それぞれの点は，目的の点に着いたら止まるとします。

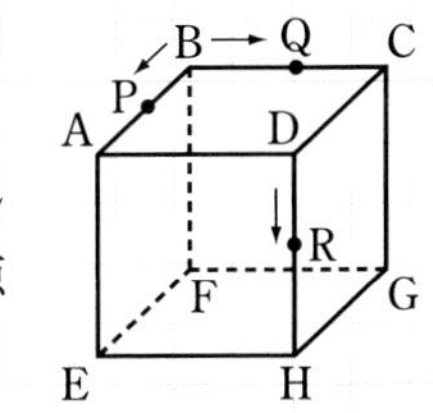

(1) 2秒後の3点P，Q，Rを通る平面で立方体を切断すると，切り口の形はどんな形でしょう。

(2) 5秒後の3点P，Q，Rを通る平面で立方体を切断すると，切り口の形はどんな形でしょう。

答 (1) 五角形　　(2) 六角形

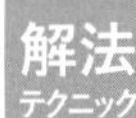

①

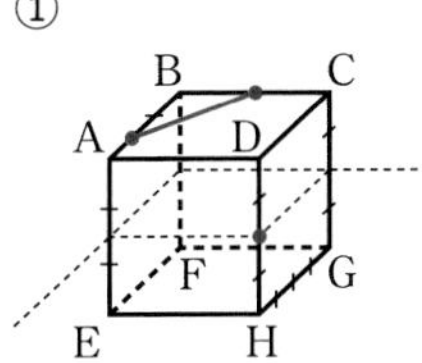

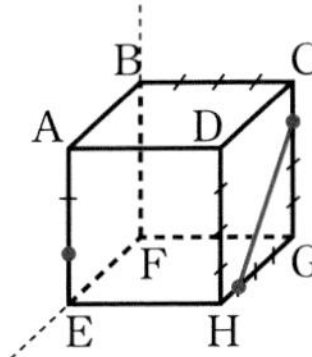

←同じ面上にある2点を結ぶ。残りのもう1点を通り，初めの2点をふくむ面に平行な平面をつくる。平面をなす2直線は左のように延長しておく。

②

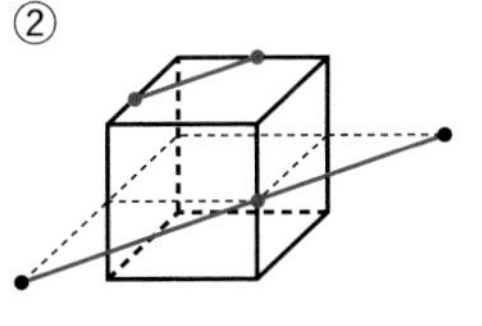

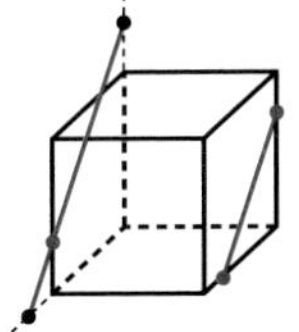

←①で結んだ直線と平行で，残りのもう1点を通る直線を，①でつくった平面上に引く。延長線との交点を●とする。

③

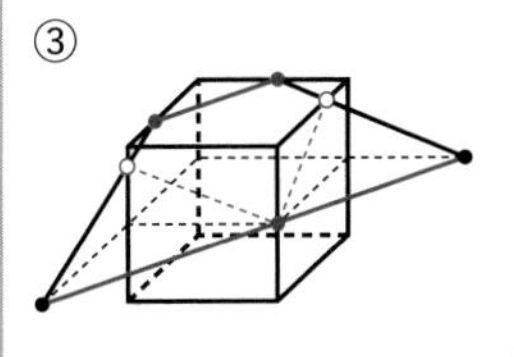

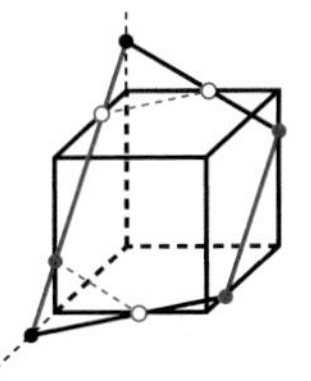

←●と●，●と●を結び，立方体の辺と交わる所を○とする。●と○が頂点になる。頂点を結ぶ。

円の通る面積

右の図のような三角形の周の外側に沿って，半径2cmの円が1周します。円周率は3.14とします。
(1) この円の中心が移動する長さは何cmですか。
(2) この円が通った部分の面積は何cm^2ですか。

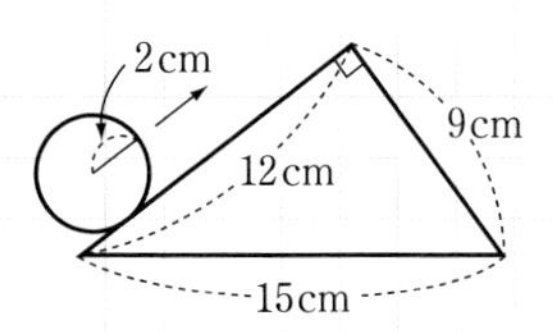

普通の 考え方 (1) 各頂点でできる3つのおうぎ形を合わせると，半径2cmの1つの円になるから
2×2×3.14＋12＋15＋9
＝4×3.14＋36
＝48.56 (cm)

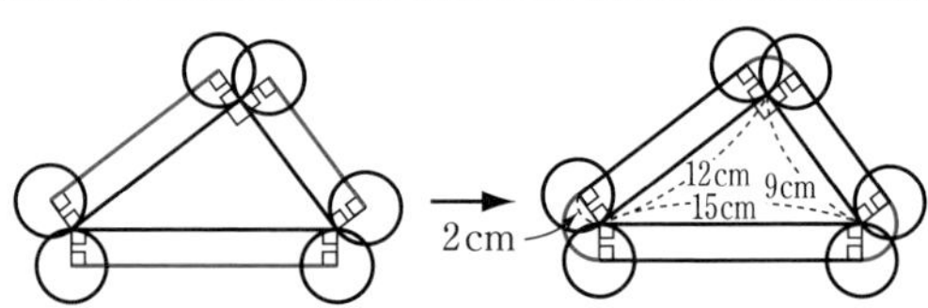

辺上を転がるときの図。直角マークが重要。　頂点を回るときは，中心はおうぎ形を描く。

(2) (1)と同様，3つのおうぎ形を合わせると，半径4cmの1つの円になる。

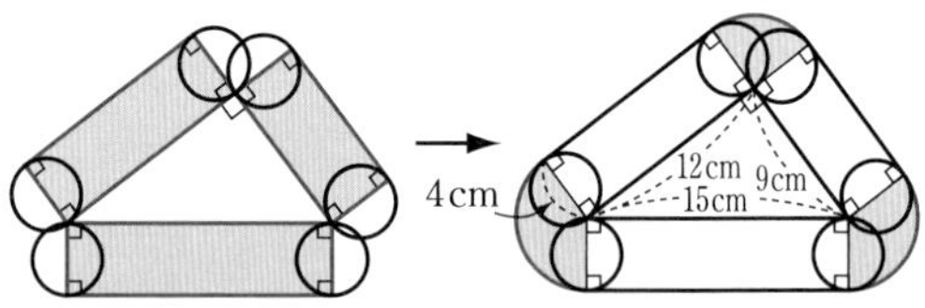

4×4×3.14＋(12＋15＋9)×4＝16×3.14＋144＝194.24 (cm^2)

得する 考え方 (1)より　48.56×4＝194.24 (cm^2)

上の図の左の長方形3つ分については，「辺の長さの和×直径」なのでわかる。3つのおうぎ形を合わせてできる円については，おうぎ形の面積公式「弧の長さ×半径÷2」より考える。円は，中心角360°のおうぎ形だから，「円周×半径÷2」で求められる。ここでいう「半径」とは「動く円の直径」にあたる。

また，「円周÷2」で，「中心が描く円の円周」(右の図・赤太線部)となるから，「中心が描く円の円周」×「動く円の直径」で，3つのおうぎ形を合わせてできる円の面積となる。

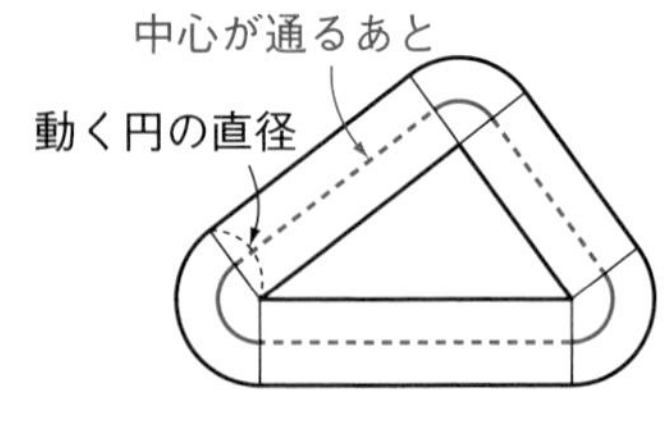

これより，
円が通った部分の面積
＝(辺の長さの和＋中心が描く円の円周)×直径
＝(中心が通ったあとの長さ)×直径　となる。

答 (1) 48.56cm　(2) 194.24cm^2

解法テクニック ●円の通った部分の面積＝中心が通ったあとの長さ×直径

数量関係編

第1章 割合

1 割合(わりあい)の表し方

●数や量を割合で比(くら)べるには，どちらか一方を基準(きじゅん)にして考える。

例 AはBの$\frac{3}{5}$倍 ←Bを基準　　BはAの$1\frac{2}{3}$倍 ←Aを基準

▶割合では，基準とする数量を**もとにする量**，割合にあたる数量を**比べる量**ともいう。

●**割合の特別な表し方**…割合の間の関係は，右の表のようになる。

小　数	1	0.1	0.01	0.001
分　数	1	$\frac{1}{10}$	$\frac{1}{100}$	$\frac{1}{1000}$
百分率(ひゃくぶんりつ)	100%	10%	1%	0.1%
歩合(ぶあい)	10割	1割	1分(ぶ)	1厘(りん)

2 比(ひ)と比の値(あたい)

●**比**…「AはBの何倍か」ということを，**A：B**と書いて，これをA対B，AとBの比，AのBに対する比，Bに対するAの比などという。

また，Aを比の**前項**(ぜんこう)，Bを比の**後項**という。比は比べる量を前項とし，もとにする量を後項として表す。

A：B→(比べる量)：(もとにする量)

●**比の値**… A：Bで，比の前項を後項でわった商$\frac{A}{B}$を**比の値**という。

●**比の性質**(せいしつ)…比の両項に0でない同じ数をかけても，比の値は変わらない。また，比の両項を0でない同じ数でわっても，比の値は変わらない。

例 $\frac{1}{4}:\frac{3}{8}=\left(\frac{1}{4}\times 8\right):\left(\frac{3}{8}\times 8\right)=2:3$　　$8:6=(8\div 2):(6\div 2)=4:3$

3 割合の計算

●**比の3用法**…割合は比べる量の中にもとにする量がいくらふくまれているかを示(しめ)す数である。

▶**割合＝比(くら)べる量÷もとにする量**

▶**比べる量＝もとにする量×割合**

▶**もとにする量＝比べる量÷割合**

●**比例配分**…ある数量を2つ以上に分けるとき，あたえられた比に応(おう)じて分けることを，その数量をその比に**比例配分する**という。

ある数量をA：Bに比例配分するとき，

Aにあたる数量＝ある数量× $\frac{A}{A+B}$

Bにあたる数量＝ある数量× $\frac{B}{A+B}$

例　120円を2：3の比に配分

$120 \times \frac{2}{2+3} = 48$（円）

$120 \times \frac{3}{2+3} = 72$（円）

4 比例式，比どうしの積・商

●**比例式**…A：Bの比の値とC：Dの比の値が等しいとき，A：B＝C：Dと書き，これを**比例式**という。AとDを比の**外項**，BとCを**内項**という。

比例式の内項の積と，外項の積は等しい。（A×D＝B×C）

比例式で3つの項がわかっているとき，残り1つの項は，**内項の積＝外項の積**で求められる。このことを，**比例式を解(と)く**という。

●**比どうしの積・商**…2つの長方形A，Bがあって，縦(たて)の比が3：4，横の比が2：5であるとき，A，Bの面積の比は　(3×2)：(4×5)＝3：10

逆(ぎゃく)に，面積の比が3：10で，縦の比が3：4のとき，横の比は

(3÷3)：(10÷4)＝1：2.5＝2：5

縦	3：4
横	2：5　(×)
面積	6：20 ＝ 3：10

面積	3：10
縦	3：　4　(÷)
横	1：2.5 ＝ 2：5

5 連比，逆比(ぎゃくひ)

●**連比**…2：3：4のように，3つ以上の項でつくられた比を，**連比**という。連比の各項に0でない同じ数をかけても，また0でない同じ数でわっても，連比は変わらない。

この性質を用いて，連比を簡単(かんたん)にすることができる。

〔**連比の求め方**〕A：B＝2：3，B：C＝4：5のとき

A：B：Cは右のように計算すると

A：B：C＝8：12：15

A	B	C
2	3	
	4	5
8	12	15

●**逆比**…逆数の比のことを**逆比**という。

例　3：2の逆比は $\frac{1}{3}:\frac{1}{2}$ ＝2：3，$a:b$ の逆比は $b:a$ になる。ただし，$a:b:c$ の逆比は $c:b:a$ にはならない。

1：2：3の逆比は $\frac{1}{1}:\frac{1}{2}:\frac{1}{3}$ ＝6：3：2

★★★ 基本 116 比を簡単にする

やってみよう 力だめしの問題❶❷❸❺ チャレンジ問題19

(1) $1\frac{1}{3}:2\frac{2}{5}=5:\square$

(2) $\frac{306}{\square+409}=\frac{17}{23}$ 【土佐女子中】

(3) 春子さんと夏子さんの貯金の比は3：2で，夏子さんの貯金の$\frac{3}{8}$と秋子さんの貯金の$\frac{4}{5}$は同じです。春子さんと秋子さんの貯金の比をいちばん簡単な整数の比にすると，$\square:\square$です。 【比治山女子中】

考え方 (1) $\frac{B}{A}:\frac{D}{C}=\frac{B\times C}{A\times C}:\frac{A\times D}{A\times C}=(B\times C):(A\times D)$

つまり，$\frac{B}{A}:\frac{D}{C}=(B\times C):(A\times D)$となる。

(3) $A\times\square=B\times\triangle$という形の式は$A=\triangle$，$B=\square$(入れかえる)とすれば成り立つので，$A:B=\triangle:\square$とできる。

解き方 (1) $1\frac{1}{3}:2\frac{2}{5}=\frac{4}{3}:\frac{12}{5}=(4\times5):(3\times12)=20:36=5:9$ 答 9

(2) $306\div17=18$ だから $\square+409=23\times18$

$\square=23\times18-409=414-409=5$ 答 5

(3) 春子さん，夏子さん，秋子さんの貯金をそれぞれA，B，Cとする。

$B\times\frac{3}{8}=C\times\frac{4}{5}$なので

$B:C=\frac{4}{5}:\frac{3}{8}=(4\times8):(5\times3)=32:15$

$A:B=3:2=48:32$ なので，春子さんの貯金と秋子さんの貯金の比は

$48:15=16:5$ 答 16，5

A		B		C
3	:	2		
×16		×16 32	:	15
48	:	32	:	15

入試ポイント
● 連比のつくりかた…2組の比A：B，B：Cから，A：B：Cをつくるとき，**中央のBを同じ数にそろえる。**

練習 199 次のxを求めなさい。

(1) $x:5=1.2:\frac{2}{3}$ 【世田谷学園中】 (2) $\frac{3}{4}:\frac{2}{5}=x:4$

★☆☆ 基本 117 歩合の計算

やってみよう 力だめしの問題⑮⑯ チャレンジ問題⑩

(1) 定価 560 円の□割□分引きは 420 円です。

(2) □の 2 割 4 分は 204 になります。【比治山女子中】

(3) 1200 円の 2 割 4 分は□円の 1 割 6 分と同じです。【同志社中】

考え方 割合(百分率・歩合など)では，比べる量ともとにする量を見分ければ，あとは，次の公式で解ける。

① 割合＝比べる量÷もとにする量

② 比べる量＝もとにする量×割合

③ もとにする量＝比べる量÷割合

解き方 (1) 公式①から　$420 \div 560 = 0.75$

$1 - 0.75 = 0.25$ → 2 割 5 分　**答** 順に，2，5

(2) 公式③から，$204 \div 0.24 = 850$　**答** 850

(3) 1200 円の 2 割 4 分は，公式②で求め，□は，公式③で求められる。

$1200 \times 0.24 =$ □ $\times 0.16$

□ $= 1200 \times 0.24 \div 0.16 = 1800$　**答** 1800

入試ポイント ● 割合の計算では，**もとにする量，比べる量，割合をていねいに確認**する。

練習 200 ある商品の今年の値段は 106400 円で，これは昨年の値段より 12% だけ高くなっています。今年は昨年より何円高くなりましたか。【慶應中等部】

練習 201 いちろう君は，スポーツ店で定価の 2 割引きで売られているサッカーボールを買いました。売り値の 10%の消費税がかかったので，合計 2200 円を支払いました。

このサッカーボールの定価はいくらですか。【愛知教育大附岡崎中・改】

練習 202 仕入れ値 800 円の商品を定価の 2 割 5 分引きで売っても，なお仕入れ値の 2 割の利益がありました。

このとき，定価は，□円です。【桐蔭学園中・改】

練習 203 ある商品を原価 3000 円で仕入れ，原価の 25%の利益を見込んで定価をつけましたが，売れ残ったので定価の□%引きで売って 300 円の利益を得ました。【甲南女子中】

★★★ 基本 118 濃さ

やってみよう 力だめしの問題⑭ チャレンジ問題5 6 7 8

A，B 2つの入れ物があります。A では食塩 15g を溶かして 120g の食塩水をつくり，B では食塩 25g を溶かして，180g の食塩水をつくりました。2つの食塩水の濃度を考えたとき，薄いのは□の入れ物の方です。また□の方に□ g の水を加えると両方の食塩水は同じ濃度になります。

考え方 食塩水など，水溶液の濃度は，溶けているもの(食塩)の，水溶液(食塩水)全体に対する割合で表す。

食塩の水に対する割合でないことに注意すること。

解き方 A の濃さ：$\frac{15}{120}\times100=12.5$ (%)

B の濃さ：$\frac{25}{180}\times100=13\frac{8}{9}$ (%)

よって，薄いのは A の入れ物の方。

同じ濃度にするには，B に水を加えればよい。

B に水を加えても食塩の重さは変わらないので，B を 12.5%にするには，食塩水の重さを

$25\div0.125=200$ (g)

にすればよい。

よって，加える水の量は　$200-180=20$ (g)

答 順に，A，B，20

入試ポイント

● **濃度(%)＝$\frac{食塩}{食塩水}$×100**　食塩＝食塩水×濃度(小数)

食塩水＝食塩÷濃度(小数)

練習 204 砂糖 60g に水 40g を加えたシロップをいくらか取り，5倍の体積の水で薄めて飲み物をつくったところ，体積は 120 cm^3 で重さは 125g でした。

(1) シロップの砂糖の濃度は何%ですか。

(2) この飲み物をつくるのにシロップに加えた水は何 g ですか。(水 1 cm^3 は 1g)

(3) この飲み物の砂糖の濃度は何%ですか。 【お茶の水女子大附中】

★★☆ 標準 119 割合の表し方の統一

やってみよう 力だめしの問題⑧⑱ チャレンジ問題⑪

たんぱく質は人間の身体の組織をつくるためにぜひ必要な栄養素で，1日に70gはとる必要があるといわれています。ところで卵の成分は，水分が0.75，脂肪が$\frac{14}{125}$，灰分が1.2%で，残りがたんぱく質とします。

次の問いに答えなさい。

(1) 上の卵1個にふくまれるたんぱく質の割合はいくらですか。

(2) 卵1個の重さが50gであるとして，1日に3個食べると，この3個の卵からは1日に必要なたんぱく質の何%をとることができますか。【開成中】

考え方 割合＝比べる量÷もとにする量
比べる量＝もとにする量×割合
もとにする量＝比べる量÷割合

小数	分数	パーセント
0.1	$\frac{1}{10}$	10%
0.01	$\frac{1}{100}$	1%

解き方 (1) $1-0.75-\frac{14}{125}-0.012$

$=1-0.75-0.112-0.012$

$=0.126 \rightarrow 12.6\%$ 　答 12.6%

(2) $\frac{50\times0.126\times3}{70}\times100=27\ (\%)$ 　答 27%

練習 205 長さ400cmの針金を折り曲げて，縦と横の長さの比が3：5の長方形をつくると，縦，横の長さはそれぞれ何cmになりますか。

練習 206 ある中学校で，昨年度の男女生徒数の比は，15：14でしたが，本年度は，男子が昨年度の男子の12%減少し，女子が昨年度の女子の10%増加しました。

本年度の男女生徒数の比を求めなさい。

練習 207 ある野球チームは今，26勝14敗です。次の問いに答えなさい。

(1) 勝った試合数の全部の試合数に対する割合(勝率)は，何割何分ですか。

(2) これからあと25試合をして，勝率7割以上になるためには最低何勝しなければなりませんか。ただし，引き分けはないものとします。【北豊島中】

★★★ 応用 120 割合の割合

やってみよう 力だめしの問題⑲ チャレンジ問題 4 13 14

ある国では，エネルギー源として石油が全体の 60%，石炭が 20%，天然ガスが 20%用いられています。これらを使って，同じ量のエネルギーを得るために発生する二酸化炭素は，石炭が最も多く，石油は石炭の 80%，天然ガスは石炭の 60%です。

(1) もし，エネルギー源の構成を石油 50%，石炭 20%，天然ガス 30%とすると，二酸化炭素の発生量は何%減少しますか。

(2) エネルギー消費量が今より 10%増加するとして，そのときの 60%は石油からエネルギーを用いるとします。二酸化炭素の発生量を今と同じに保つには，石炭によるエネルギーを全体の何%にすればよいでしょうか。四捨五入して小数第 1 位まで求めなさい。 【神戸女学院中学部】

考え方 現在のエネルギー使用量を 100，エネルギー1%あたりの二酸化炭素発生量を，石油，石炭，天然ガスについて，それぞれ 4，5，3 とする。

解き方 (1) 同量のエネルギーを得るために発生する二酸化炭素の発生量の比は，
石油：石炭：天然ガス＝80：100：60＝4：5：3 だから，「考え方」で述べたようにすると，現在の二酸化炭素発生量は

$60 \times 4 + 20 \times 5 + 20 \times 3 = 400$

エネルギー源の構成比を変えたときの二酸化炭素の発生量は

$50 \times 4 + 20 \times 5 + 30 \times 3 = 390$ だから

$$\frac{400-390}{400} \times 100 = 2.5\ (\%)$$

答 2.5%

(2) 石油から発生する二酸化炭素の量は $(100 + 10) \times 0.6 \times 4 = 264$

だから，石炭，天然ガスから発生が許される二酸化炭素の量は

$400 - 264 = 136$

残り 40%のエネルギーは，$(100 + 10) \times 0.4 = 44$ なので，石炭と天然ガスを 44 使って二酸化炭素の発生量が 136 になるから，石炭は

$(136 - 3 \times 44) \div (5 - 3) = 4 \div 2 = 2$

$$\frac{2}{100+10} \times 100 = 1.8181 \cdots$$

答 1.8%

練習 208 あるお店のすべての品物には，定価の 10%の消費税がかかっています。ただし，消費税は円未満を切り捨てるものとします。

(1) 定価 1850 円の品物の消費税込みの値段はいくらですか。

(2) 5000 円以内で，定価が最高で何円までの品物を買うことができますか。

【聖園女学院中・改】

力だめしの問題 入試標準レベル

解答➡別冊 p.120

1 次の□にあてはまる最も簡単な数を求めなさい。

(1) 52：13＝□：1 【天理中】

(2) 32：48＝6：□ 【佐賀大附中】

(3) □：8.4＝15：6 【横浜共立学園中】

(4) $\frac{3}{2}$：□＝6：1 【南山中男子部】

(5) 1.5kg：900g＝□：□ 【比治山女子中】

(6) 1.6時間：1時間21分＝□：□ 【富山大附中】

2 Aの$\frac{4}{5}$とBの$1\frac{1}{3}$倍が等しいとき，AはBの何倍になりますか。

3 次のAとBの割合を，A：Bの形で表しなさい。

(1) Aの2倍がBの$\frac{1}{3}$に等しいとき。 【清泉女学院中】

(2) Aの$\frac{4}{5}$とBの$\frac{3}{4}$が等しいとき。 【昭和女子大附昭和中】

4 A，B，Cの容器があり，その中にそれぞれ同じ量の水を入れたところ，Aにはその$\frac{1}{3}$，Bにはその$\frac{2}{5}$，Cにはその0.75だけはいりました。3つの容器の容積の比を最も簡単な整数の比で表しなさい。 【日本女子大附中】

5 □，△にあてはまる最も小さい整数を求めなさい。

(3×□)：(4×△)＝7：6

6 A，B，C 3人の所持金の比は1：2：3でした。CとDの所持金の比は6：5でした。BとDの所持金の比を求めなさい。 【東大寺学園中】

7 2つの円柱A，Bで，底面の半径の比が2：3のとき，その体積の比を2：5にするためには，その高さの比をいくらにすればよいでしょうか。 【秀明中】

ヒント

1 $\frac{A}{B}=\frac{A\times C}{B\times C}$

$\frac{A}{B}=\frac{A\div C}{B\div C}$（ただしCは0ではない）

(5)と(6)は単位を統一して考える。

1kg＝1000g

1時間＝60分

▶基本 116

2 A×□＝B×△ のとき

A：B＝△：□

▶基本 116

3 A×□＝B×△ のとき

A：B＝△：□

▶基本 116

4 Aの$\frac{1}{3}$，Bの$\frac{2}{5}$，Cの0.75を1とおく。

5 A：B＝C：D

⟺B×C＝A×D

▶基本 116

6 Cを6とおく。

7 体積の比は，長さの比を3回かける。

8 ある数の20％も96％も2けたの整数になるような数をすべて求めなさい。 【東邦大附東邦中】

ヒント

8 $0.2 \times x$ と $0.96 \times x$ は整数。 ▶標準 119

9 2本の棒A，Bがあり，AとBの長さの比は5：4でした。Aから10cmを切り取り，Bからはその$\frac{1}{4}$を切り取ると，Aの残りとBの残りの長さの比が3：2になりました。棒A，Bのもとの長さはそれぞれ何cmでしたか。

9 10cmがAの何分のいくつになるかを考える。

10 あるクラスの在籍数は36人で，男女の人数比は，5：4です。このクラスの算数のテストの平均点は65点で，女子の平均点は67点でした。

このとき，男子の平均点は，□点となります。 【富士見中】

10 男子の総得点＝(クラス平均点)×36－(女子平均点)×16

11 A君とB君の持っていた鉛筆の本数の割合は，11：13でした。A君が，2人の持っている鉛筆の合計の25％にあたる鉛筆をB君にあげたところ，A君の鉛筆の本数は，10本になりました。B君が初め持っていた鉛筆の本数を求めなさい。 【慶應普通部】

11 A君，B君の持っていた鉛筆の本数を，それぞれ11本，13本として，実際とのちがいを考える。

12 碁石がいくつかあります。ある正三角形の3つの頂点に碁石を置き，さらに3つの辺の上に4cmの等間隔で碁石を置いていくことができ，8個あまりました。次に，3つの頂点に置いた碁石はそのままにして，3つの辺の上に3cmの等間隔で碁石を置きなおそうとすると，最後の1個がたりなくなりました。この碁石は全部で□個ありました。 【西大和学園中】

12 碁石の数と，碁石と碁石の間隔の数は等しくなる。

13 ある道のりを，初め時速15kmの速さで，次に時速12kmの速さで，最後に時速9kmの速さで走ったら，5時間40分かかりました。時速15km，時速12km，時速9kmの速さで走った道のりの比は1：2：3でした。走った道のりの合計は何kmでしたか。 【桐朋中】

13 道のりの比と速さから，かかった時間の比を求める。

14 2％の食塩水500gから何gの水を蒸発させたら，5％の食塩水になりますか。 【海城中】

14 ふくまれる食塩の量は変わらない。 ▶基本 118

15 原価(げんか) 4000 円のセーターに定価をつけたいと思います。定価の 2 割引きで売っても，まだ 1 割の利益(りえき)があるようにするには，定価を何円にしたらよいでしょうか。 【共立女子中】

16 原価の 2 割増(ま)しの定価をつけた品物を，定価の 2 割引きで売ったら，100 円の損(そん)をしました。

この品物の原価は，何円でしょうか。 【川村中】

17 商品 A と商品 B は，昨日は同じ数だけ売れました。今日は，昨日に比(くら)べて商品 A の売れた個数は 6% 増(ふ)え，商品 B の売れた個数は 4% 減(へ)りました。2 つの商品の売れた個数の合計は，今日は昨日よりも 62 個増えていました。

(1) 2 つの商品の今日売れた個数の合計は，昨日売れた個数の合計に比べて何 % 増えましたか。

(2) 今日の商品 A，商品 B の売れた個数をそれぞれ求めなさい。 【親和中】

18 ある店で 120 本のジュースを仕入れて 25% の利益を見込(こ)んで定価をつけました。1 日目は定価で売り，2 日目は定価の 1 割引きの 1 本 99 円で売ったところ，2 日目にすべて売り切れました。その結果，1815 円の利益がありました。

次の問いに答えなさい。

(1) このジュースの仕入れ値(ね)は 1 本いくらですか。

(2) 1 日目に売れたジュースは何本ですか。 【青雲中】

19 昨年，A タクシー会社と B タクシー会社の自動車の台数の比は 3：5 でしたが，今年 A 社は 24 台増やし，B 社も何台か増やしたので，A 社と B 社の台数の比は 6：7 となりました。今年の A 社と B 社の自動車の台数の和は，昨年の台数の $1\frac{5}{8}$ 倍です。

(1) 今年，B 社はタクシーを何台増やしましたか。

(2) 今年の A 社と B 社のタクシーの台数をそれぞれ求めなさい。

(3) 昨年の A 社と B 社のタクシーの台数の和を求めなさい。 【攻玉社中】

ヒント

15 原価の 1.1 倍が，定価の 0.8 倍になる。

▶基本 117

16 原価を 1 とおく。

▶基本 117

17 (1) 昨日売れた商品 A，商品 B の個数を 1 とすると，今日売れた個数の合計は
$1.06+0.96=2.02$
(2) $2.02-2=0.02$ が 62 個にあたる。

18 (1) 原価の 1.25 倍が定価で，定価の 0.9 倍が 2 日目の売り値。
(2) 1 日目，2 日目の 1 本あたりの利益を考える。

▶標準 119

19 タクシー会社 A，B の昨年の自動車の台数を，それぞれ 3，5 とすると，今年の自動車の台数の和は，
$(3+5)\times 1\frac{5}{8}=13$

▶応用 120

20 右の図のように，大小２つの円が重なっています。重なった部分の面積は，大きい方の円の$\frac{3}{8}$にあたり，小さい方の円の$\frac{2}{3}$にあたります。大きい方の円と小さい方の円の面積の比(ひ)を求めなさい。

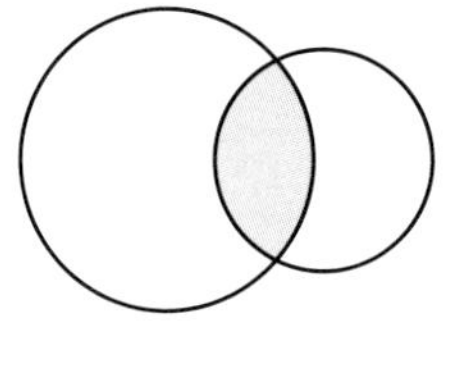

【武庫川女子大附中】

21 全校生徒439人の学校があります。この学校では33人の組と34人の組しかありません。そして，34人の組には，女子が15人，33人の組には，女子が13人います。全校生のうち，女子は何％いますか。小数第２位を四捨五入(ししゃごにゅう)して，小数第１位まで求めなさい。 【白陵中・改】

22 太郎(たろう)，二郎，三郎の３人は，お父さんから合わせて１万円のおこづかいをもらって遊園地に行きました。３人がそれぞれの入園料を払(はら)うと，太郎，二郎，三郎の残金はそれぞれがもらった金額(きんがく)の$\frac{2}{3}$，$\frac{1}{2}$，$\frac{2}{5}$になりました。

その後，昼食に３人は同じものを食べました。食べた後の二郎の残金は750円になりました。

このとき次の問いに答えなさい。

⑴ 三郎がお父さんからもらった金額は，入園料の何倍にあたるか求めなさい。

⑵ 二郎がお父さんからもらった金額を求めなさい。

⑶ 昼食を食べた後の三郎の残金を求めなさい。 【学習院中等科】

ヒント

20 大円×$\frac{3}{8}$＝小円×$\frac{2}{3}$

21 すべて33人の組と考えて，組の数を求める。

22 ⑴ 入園料は，もらった金額の$1-\frac{2}{5}=\frac{3}{5}$(倍)

⑵ 入園料は３人とも同じなので，３人がもらった金額の比がわかる。

⑶ 二郎の所持金から，昼食の代金がわかる。

チャレンジ問題 入試発展レベル

解答➡別冊 p.123

★は最高レベル

1 合わせて 12L はいる直方体の容器(ようき) A，B があります。今，A には容器の半分，B には容器いっぱいの水がはいっています。この 2 つの容器から同じ量の水をくみ出すと，A には容器の$\frac{1}{6}$，B には容器の$\frac{1}{4}$の水が残りました。

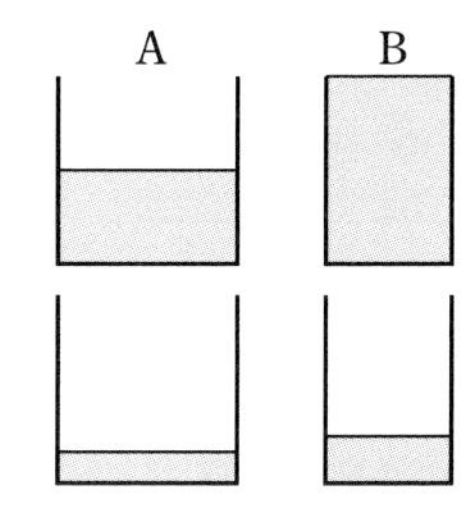

次の問いに答えなさい。

(1) 容器 A，B の容積を最も簡単(かんたん)な整数の比で表しなさい。

(2) A からくみ出した水の量は，何 L ですか。 【広島学院中】

2 H 中学校のある年の全校生徒の男子と女子の比は，8：7 でした。それから 3 年後，全校生徒数は，8％増(ふ)えて，男子と女子の比は，85：77 になりました。

この 3 年間に男子・女子はそれぞれ何％増えましたか。 【白陵中】

3 A，B，C，D の 4 つの箱の中に，それぞれ 10 個(こ)以下のボールがはいっています。

(ア) A と B の箱の中にはいっているボールの数の和は，C の箱の中のボールの数の 2 倍です。

(イ) B と D の箱の中にはいっているボールの数の和は，A の箱の中のボールの数の 2 倍です。

(ウ) B の箱の中から A の箱にボールを 1 個移(うつ)すと，A の箱の中のボールの数は，B の箱の中のボールの数の 2 倍になります。

この 4 つの箱の中に 6 個のボールがはいった箱が 1 つあります。

(1) 6 個のボールがはいった箱は，どの箱ですか。

(2) D の箱の中にはいくつボールがはいっていますか。 【慶應普通部】

4 右の図のように，ボールを落としたところ，A 点での高さが 3m になりました。

最初は何 m の高さから落としたのでしょうか。ただし，右のボールは 3m の高さから落とすと，2m の割合(わりあい)で跳(は)ね上がるとします。 【暁星中】

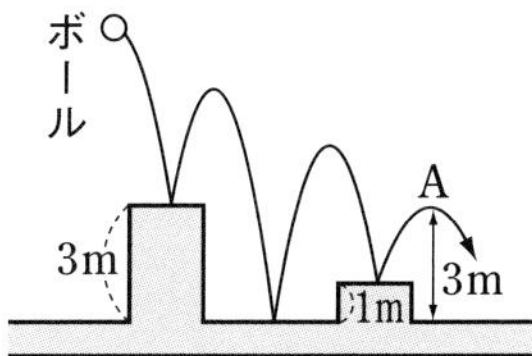

5 A，B，Cの3つの容器にそれぞれ5%，7%，12%の食塩水がはいっています。

このとき，次の(1)，(2)の問いに答えなさい。

(1) A，B，Cから食塩水をそれぞれ取り出し，1つの容器に入れてよくかき混ぜたら7%の食塩水になりました。AとCから取り出した食塩水の量を最も簡単な整数の比で表しなさい。

(2) Bから400g，CからはAから取り出す量の2倍の食塩水を取り出し，1つの容器に入れてよくかき混ぜたら8%の食塩水になりました。このとき，Cから取り出した食塩水の量は何gですか。 【東邦大附東邦中】

6 AとBの2つの食塩水があります。Aの食塩水200gとBの食塩水100gを混ぜ合わせると8.5%の食塩水ができ，Aの食塩水150gに水200gを混ぜ合わせると，Bの食塩水と濃さが同じになります。このとき，次の各問いに答えなさい。

(1) Aの食塩水の濃さは何%ですか。

(2) Aの食塩水400gとBの食塩水600gから，それぞれ同じ量の食塩水をくみ出し，Aからくみ出したものはBへ，Bからくみ出したものはAへ入れて，混ぜ合わせると，2つの食塩水の濃さが同じになりました。何gの食塩水をくみ出しましたか。 【明治大付明治中】

★ **7** 8%の食塩水Aが100g，12%の食塩水Bが150g，濃さのわからない食塩水Cが350gあります。食塩水A，B，Cをすべて混ぜると，8.3%の食塩水ができます。

(1) 食塩水Cの濃さは□%です。

(2) 食塩水A，B，Cからそれぞれ何gかずつ取り出して，9%の食塩水を200gつくります。このとき，食塩水Bはいちばん少ないときで□g使います。ただし，使わない食塩水があってもかまいません。 【大阪星光学院中】

★ **8** 濃度(のうど)がそれぞれ3%，5%，8%の食塩水があります。これらの食塩水を2種類以上混ぜて，6%の食塩水300gをつくります。ただし，初めの3種類の食塩水は6%の食塩水をつくるには十分な量があるものとします。

⑴ この操作(そうさ)に必要な8%の食塩水の量は，何g以上何g以下になりますか。

⑵ 濃度がそれぞれ5%と8%の食塩水を同じ量混ぜるとき，何gずつ混ぜることになりますか。 【海城中】

9 兄と弟で，ボールを投げて的に当てるゲームをしたところ，2人合わせて196個(こ)のボールが的に当たりました。兄と弟の命中率(りつ)(投げた数をもとにした当たった数の割合(わりあい))はそれぞれ54%，55%で，的に当たった数とはずれた数の差は兄も弟も同じでした。

⑴ 兄が的に当てたボールの数はいくつですか。

⑵ 兄だけがさらにいくつかボールを投げたら，最初のときと合わせた兄の命中率は，弟の命中率と同じになりました。あとから投げたボールのうち，的に当たった数とはずれた数の差が8のとき，あとから投げたボールの数はいくつですか。 【桐朋中】

10 ある文房具(ぶんぼうぐ)店で鉛筆(えんぴつ)をまとめて買うと，10本以上20本未満では定価(ていか)の2割引きとなり，20本以上では定価の3割引きとなります。

このとき，次の問いに答えなさい。

⑴ 定価が1本50円の鉛筆を15本買うと，代金はいくらですか。

⑵ 定価が1本100円の鉛筆をまとめて買うと，3000円では何本まで買えますか。

⑶ A君は，鉛筆30本を買って，2000円出したら，80円おつりをもらいました。しかし，まちがえられて定価の2割引きで計算されていたことがあとでわかりました。A君はあといくらおつりをもらえばよいですか。 【東京学芸大附世田谷中】

11 A 市，B 市，C 町の人口と面積は次の通りです。

	人口(人)	面積(km^2)
A 市	50000	200
B 市	72000	300
C 町		50

次の問いに答えなさい。

⑴ B 市の人口が何人増加すれば，A 市の人口密度と B 市の人口密度が等しくなりますか。

⑵ A 市から B 市に何人引っこせば，A 市の人口密度と B 市の人口密度が等しくなりますか。

A 市の人口の 0.6%が B 市に引っこしました。その後，B 市と C 町が合併して新 B 市になり，その人口密度は，合併前の C 町の人口密度と等しくなりました。

⑶ 合併前の C 町の人口は何人ですか。 【広島学院中】

★**12** 太郎君の仲間 8 人は，家から車で目的地まで行くことにしました。ところが，車が 1 台しかないので，太郎君のお父さんが運転をし，8 人を A，B 2 つのグループに分けました。A グループは，初め家から目的地の途中(図の Q)まで車で行き，残りを歩きました。

家 P Q 目的地
5km

車はすぐひき返し，最初家から歩いていた B グループと家から 5km の所(図の P)で出会い，B グループを乗せて目的地に向かいました。

2 つのグループが同時に目的地に着いたとして，次の問いに答えなさい。

ただし，人は毎時 4km で歩き，車は太郎君の仲間を乗せているときは，毎時 40km，お父さんだけのときは，毎時 50km で走るとし，車の乗り降りの時間は考えないものとします。

⑴ 車が B グループと出会うまでのうち，PQ 間を往復した時間を求めなさい。

⑵ PQ 間は何 km ですか。

⑶ 家から目的地までは何 km ですか。 【学習院中等科】

13 2つの整数A，BがあってA：B＝7：2です。Aの$\frac{2}{3}$倍は整数となり，その整数をBでわったら，あまりが12となりました。

このとき，A，Bをそれぞれ求めなさい。

14 長方形ABCDと正方形EFGHが，右の図のように重なっています。

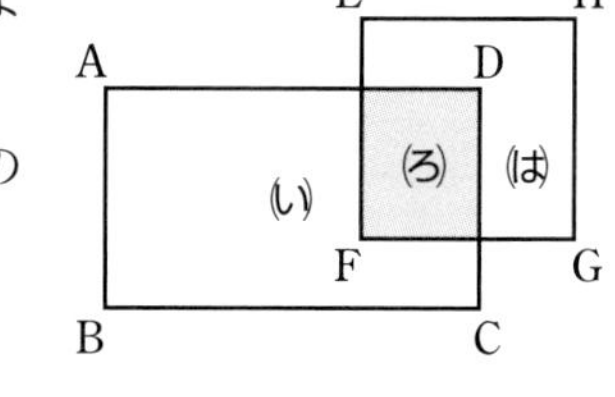

長方形と正方形の面積の比(ひ)は7：4で，(ろ)の部分の面積は，正方形の$\frac{3}{8}$です。

(い)の部分の面積は，55 cm^2 です。

(1) 長方形の面積を1とすると，(ろ)の部分の面積は，どれだけですか。

(2) 長方形の面積は，何 cm^2 ですか。

(3) (い)，(ろ)，(は)を合わせた面積は，何 cm^2 ですか。 【成城中】

15 ABは，細長い板で，表にはAから順に一定間隔(かんかく)で線をかき，裏(うら)にはBから順に別の一定間隔で線をかいていきました。

すると，表の11番目の線と，裏の22番目の線が重なり，また，表の23番目の線と裏の13番目の線も重なりました。

両はしA，Bには線は，かかないものとします。

(1) 板の表には，線が何本ありますか。

(2) 板の裏にかいた最後の線は，Aから1.5 cmの所にあります。

板ABの長さは何 cmですか。 【淳心学院中】

第2章 2つの変わる量

1 和・差が一定の関係

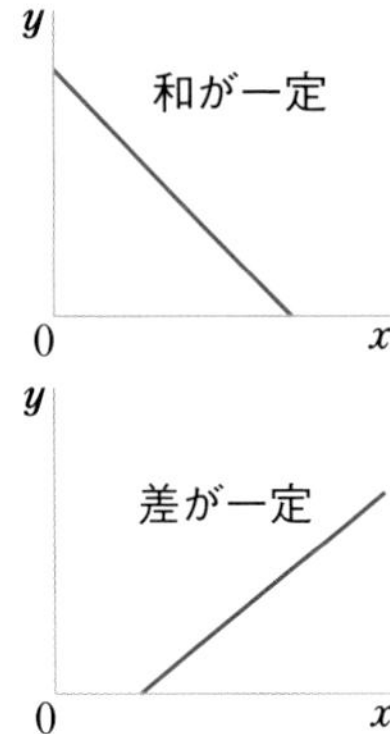

●**ともなって変わる2つの数量**… x が変われば y も変わるというように，関係しながら変わる2つの数量があり，変わり方に簡単な規則がある場合には，その関係を式に表すことができる。
(式のほかに，表やグラフで表す方法もある。)

●**和・差が一定の関係**

▶和が一定　$x+y=a$　(a は一定)

例　昼の時間＋夜の時間＝24 (時間)

▶差が一定　$x-y=a$　(a は一定)

例　兄の年令－弟の年令＝5 (才)
(誕生日が同じ場合)

2 比例(正比例)

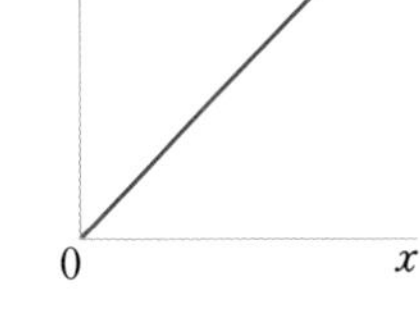

●**比例**(**正比例**)… 2つの数量 x，y があって，x と y の間に商が一定

$\frac{y}{x}$ ＝**一定**(または，$y=x$ ×**一定**)

の関係があるとき，y は x に**比例**(または**正比例**)しているという。

例　円周＝直径×円周率(円周は直径に比例している)

● x の値が2倍，3倍，…になると，y の値も2倍，3倍，…になる。

●比例する2つの数量の関係をグラフに表すと，原点(0)を通る右上がりの直線になる。

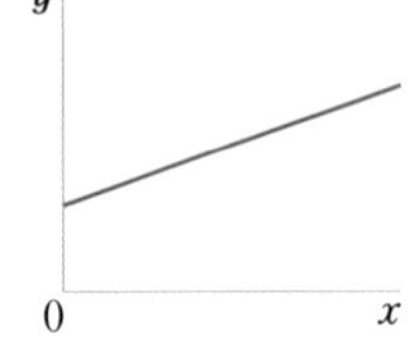

注意
- ばねの長さとおもりの重さは比例しない。
(原点を通る右上がりの直線にならない。)
- ばねの伸びとおもりの重さは比例している。
- グラフの形は差が一定のグラフに似ているが，差が一定のグラフは原点を通らない場合もふくむなど，比例のものとは異なるところもある。

3 反比例

●**反比例**…２つの数量 x, y があって，x と y の間に積が一定

$x \times y =$ 一定（または，$y =$ 一定 $\div x$）

の関係があるとき，y は x に**反比例**しているという。

例　速さ×時間＝道のり（道のりは一定）

（時間は速さに反比例している。）

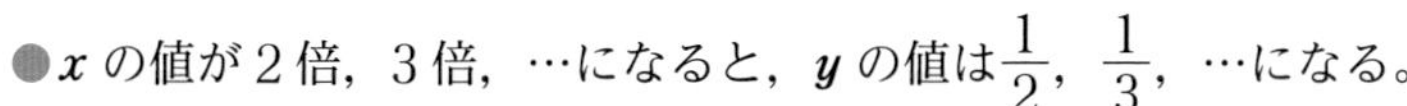
●x の値が２倍，３倍，…になると，y の値は $\frac{1}{2}$，$\frac{1}{3}$，…になる。

●反比例する２つの数量の関係をグラフに表すと，なめらかな曲線（**双曲線**（そうきょくせん）という）になる。

4 比例・反比例の見分け方

●式に表したとき，$y = a \times x$ ならば比例。$x \times y = a$ ならば反比例。

（a ←一定の数）

●x が２倍，３倍，…となると，y も２倍，３倍，…となるとき比例。

x が２倍，３倍，…となると，y が $\frac{1}{2}$，$\frac{1}{3}$，…となるとき反比例。

●グラフが原点を通る直線のとき比例。双曲線になるとき反比例。

5 階段（かいだん）グラフ，ダイヤグラム

●**階段グラフ**…タクシー料金などに用いられる。

２つの数量の関係が階段のように，ある区間で１段ずつ変化していく。

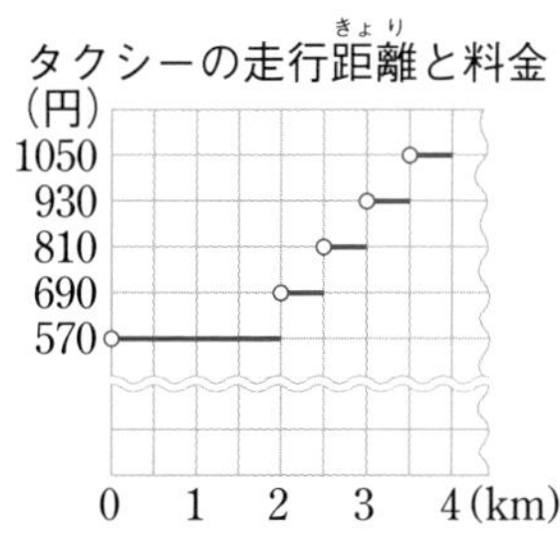

●**ダイヤグラム**…電車・バスなどの運行の様子を表すのに用いられる。

出会う時刻（じこく）と位置がひと目でわかり，たいへん便利である。

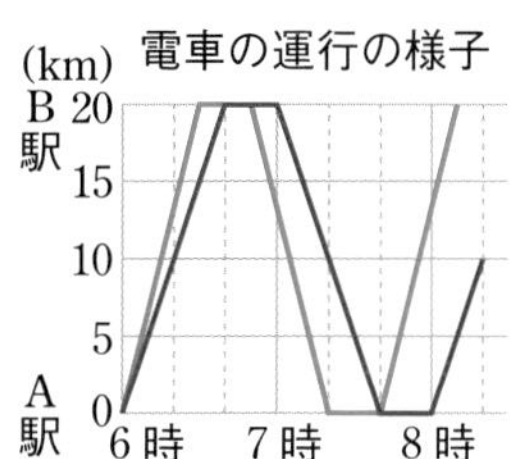

★☆☆ 基本 121 比例・反比例の意味

やってみよう 力だめしの問題❶❸

次の2つの数量 x, y において, y が x に比例するものには○, 反比例するものには△, 比例も反比例もしないものには×をつけなさい。

(1) ある長さを, m で表したときの x m と cm で表したときの y cm
(2) 封書(ふうしょ)の重さ x g とその郵便(ゆうびん)料金 y 円
(3) 50 km の道のりを行くときの, 時速 x km とかかる時間 y 時間
(4) A が 20 分かかるところを B が 30 分で行くときの, A の分速 x m と B の分速 y m
(5) 高さが 10 cm, 面積が 50 cm^2 の台形の上底 x cm と下底 y cm
(6) 面積が 50 cm^2 の三角形の底辺 x cm と高さ y cm

考え方 x を2倍, 3倍, …と変えていくと, y がどのように変わるかを調べる。または, x と y の関係を式に表して考える。

(1) $y = 100 \times x$ だから, 比例する。
(2) 封書の郵便料金は, 重さが何 g までは何円というような決め方だから, 比例も反比例もしない。
(3) $50 = x \times y$ だから, 反比例する。
(4) 分速 x m で 20 分進んだ道のりと, 分速 y m で 30 分進んだ道のりが等しいから,

$$x \times 20 = y \times 30$$

つまり, $y = \frac{2}{3} \times x$ だから, 比例する。

(5) $(x + y) \times 10 \div 2 = 50$
つまり, $x + y = 10$ だから, 比例も反比例もしない。
(6) $x \times y \div 2 = 50$ なので, $x \times y = 100$ となり, 反比例する。

答 (1) ○ (2) × (3) △ (4) ○ (5) × (6) △

練習 209 2つの数量 x と y が, 次の表のように変わるとき, x と y の関係を式に表し, 比例するものには○, 反比例するものには△, 比例も反比例もしないものには×をつけなさい。

(1)

x	1	5	15	20	30
y	60	12	4	3	2

(2)

x	2	4	8	12	15
y	16	14	10	6	3

(3)

x	2	3	4	5	6
y	3	5	7	9	11

(4)

x	2	3	5	7	10
y	0.8	1.2	2	2.8	4

★★★ 基本 122 比例

やってみよう 力だめしの問題⑥⑦⑩ チャレンジ問題③④⑩

木の高さを調べるのに，影(かげ)の長さから調べる方法があります。
ある日の正午，よしお君が木の影の長さを調べると 60 cm ありました。
また，自分の影の長さを調べると 23 cm ありました。
次の問いに答えなさい。

(1) よしお君の身長は 138 cm です。この木の高さは何 m ですか。

(2) 同じ日の午後 5 時，よしお君が自分の影の長さを調べると，207 cm ありました。1 m の長さの棒(ぼう)を立てたら影の長さは何 m になりますか。

(3) 正午に影の長さが 1 m あった木は，午後 5 時の測定(そくてい)では，影の長さは何 m になりますか。

【西南学院中】

考え方 地面に垂直(すいちょく)に立っているものの高さは，同じ時刻(じこく)の影の長さに比例する。

解き方 (1) 木の高さを x cm とする。ものの高さと影の長さの比は一定。

$138:23=x:60$ より

$6:1=x:60$

$x=360$ (cm) → 3.6 (m)　　**答** 3.6 m

(2) 影の長さを x m とする。

$138:207=1:x$ より　$2:3=1:x$

よって　$x=1.5$ (m)　　**答** 1.5 m

(3) 午後 5 時の影の長さを x m とする。

正午と午後 5 時の影の長さの比は一定なので

$23:207=1:x$

よって　$1:9=1:x$　　$x=9$ (m)　　**答** 9 m

入試ポイント

- 比例では，いろんな「比が一定」という関係が利用できる。何の比を利用するのかをしっかりと定めてから利用するようにしよう！

練習 210 自動車が一定の速さで走っています。下の表は，走った時間 x 分と走った距離(きょり) y km の関係です。

x (分)	…	4	…	6	…	イ	…
y (km)	…	ア	…	7.2	…	18	…

(1) ア，イをうめなさい。

(2) 自動車は，分速何 km ですか。

(3) x と y の関係を式で表しなさい。

【北鎌倉女子学園中】

★★★ 標準 123 反比例(はんぴれい)

やってみよう 力だめしの問題③

右の図のように，3つの車A，B，Cがベルトでつながっています。半径は，Aが1cm，Bの大が3cm，小が$\frac{1}{2}$cm，Cが2cmとします。円周率(りつ)を3.14として次の問いに答えなさい。ただし，Bの大，小の車は，軸(じく)が同じでいっしょに動くものとします。

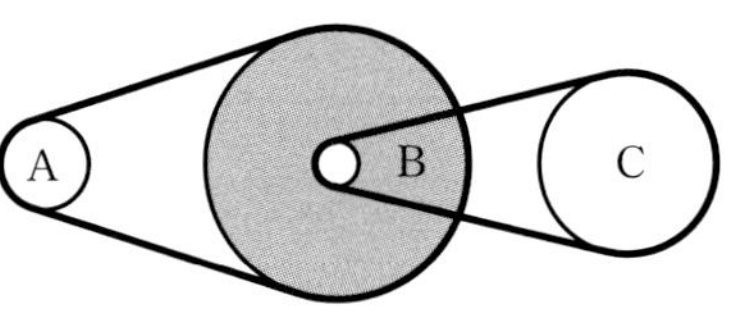

(1) Aが1回転するとき，Aにつながっているベルトはどれだけ動きますか。

(2) Aが1回転するとき，Bは何回転しますか。

(3) Aが1回転するとき，Cは何回転しますか。 【金蘭千里中】

考え方 周の長さと回転数の積は等しいから，ベルトでつながっている2つの車A，Bの半径をa，b，回転数をp，qとすると，

$a\times2\times3.14\times p=b\times2\times3.14\times q$

すなわち$a\times p=b\times q$が成立。

つまり，半径と回転数の積も等しい。

解き方 (1) $1\times2\times3.14=6.28$ 答 6.28cm

(2) Bがb回転したとすると

$1\times1=3\times b$

これから $b=\frac{1}{3}$ 答 $\frac{1}{3}$回転

Aが1回転＝B（大）がb回転
⋮ ⋮ ⋮ ⋮
$1\times1=3\times b$

(3) Cがc回転したとすると

$\frac{1}{2}\times\frac{1}{3}=2\times c$

これから $c=\frac{1}{2}\times\frac{1}{3}\div2=\frac{1}{12}$

答 $\frac{1}{12}$回転

B（小）が$\frac{1}{3}$回転＝Cがc回転
⋮ ⋮ ⋮ ⋮
$\frac{1}{2}\times\frac{1}{3}=2\times c$

練習 211 A，B，Cは歯車で，歯車Aが7回転するとき，歯車Cは6回転します。

(1) Aの歯の数を42とすると，Cの歯の数はいくらですか。

(2) Bが7回転するとき，Cは1回転します。Aが8回転するとき，Bは何回転しますか。

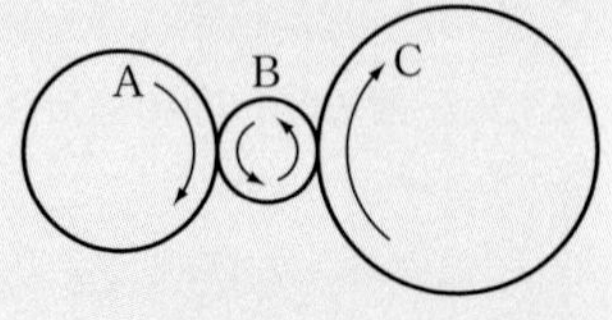

【海城中】

★★★ 基本 124　2つの変わる量のグラフと式

やってみよう　力だめしの問題②④

次の A，B，C，D の各文は，2つの量 x と y の関係を表したものです。それぞれについて，x と y の関係を表す式とグラフを下の(ア)～(カ)と(1)～(6)の中から選んで，その記号と番号を答えなさい。

A．時速 60 km で x 時間走ったとき，進んだ距離(きょり)が y km

B．面積 30 cm^2 の三角形の底辺の長さ x cm と高さ y cm

C．水が 60L はいっているタンクに，さらに満水になるまで毎分 1L ずつ水を入れるとき，水を入れ始めてから x 分後のタンク内の水の量 y L

D．周りの長さが 120 cm の長方形の縦(たて)の長さ x cm と横の長さ y cm

(ア) $y=(60+x)\div 2$

(イ) $y=60\times x$

(ウ) $y=60+x$

(エ) $y=60-3\times x$

(オ) $y=60\div x$

(カ) $y=60-x$

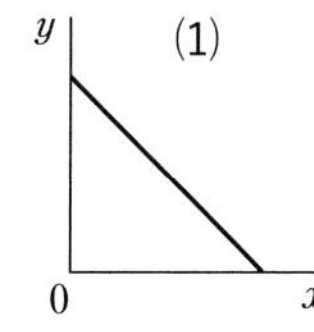

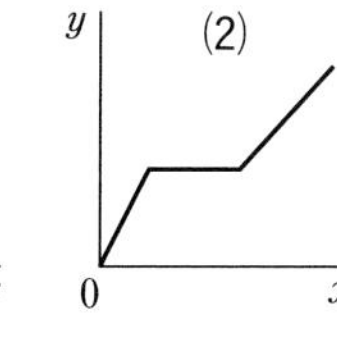

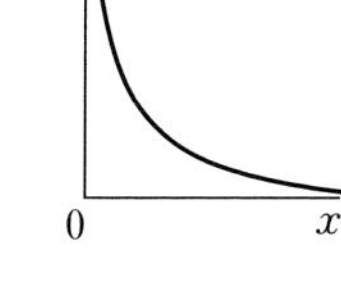

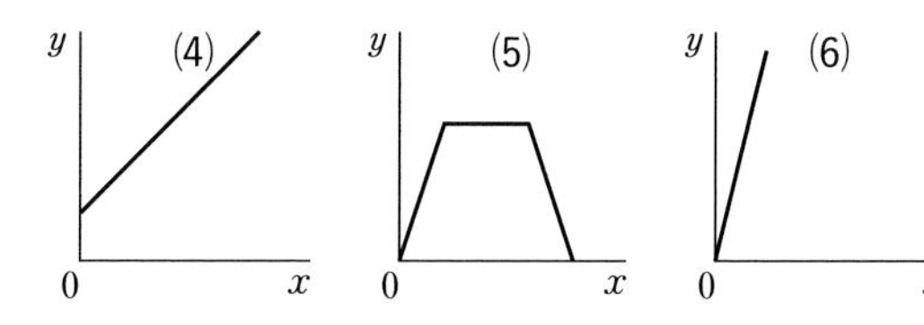

考え方　x が変化すると y はどう変化するかを考えよう。

解き方　答 A…(イ)，(6)　B…(オ)，(3)　C…(ウ)，(4)　D…(カ)，(1)

練習 212　次の(ア)～(キ)について，下の(1)，(2)の問いに答えなさい。

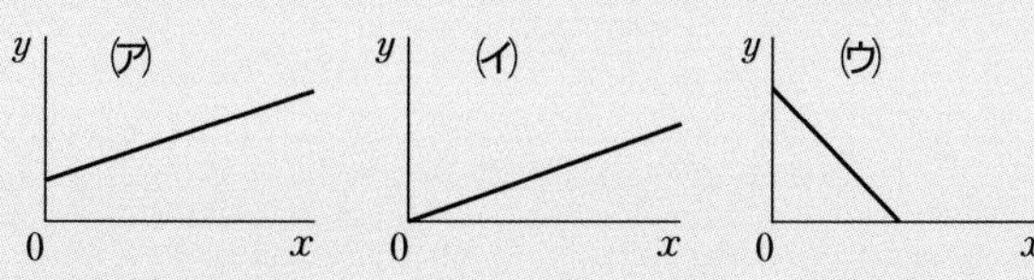

(エ) 5600 m の道のりを自転車で行くとき，自転車の分速 x m とかかる時間 y 分。

(オ) 1 m の重さが 40 g のひも x m の重さ y g。

(カ) 150 ページの本について，すでに読んだページ数 x と残りのページ数 y。

(キ) 面積 18 cm^2 の長方形の縦 x cm と横 y cm。

(1) x と y の関係で，比例するものをすべて選び，記号で答えなさい。

(2) x と y の関係で，反比例するものをすべて選び，記号で答えなさい。

★★☆ 標準 125 時間と水の深さ

やってみよう 力だめしの問題⑪ チャレンジ問題5

図１のような縦60cm，横75cm，深さ60cmの直方体の形をした容器があります。底の部分が仕切りで２つの部分A，Bに分かれています。この容器のAの部分に，一定の割合で水を入れたときの，時間と水の深さとの関係は図２のようになっています。

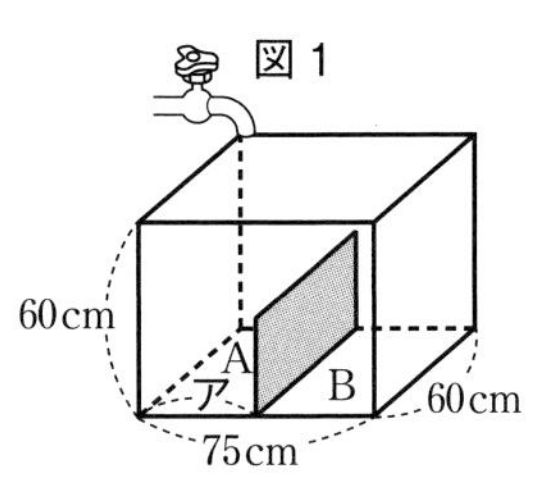

次の問いに答えなさい。

⑴ 水は毎分何Lの割合ではいりますか。

⑵ 図の中のアの長さはいくらですか。
（ただし，仕切りの厚さは考えない。）

【比治山女子中】

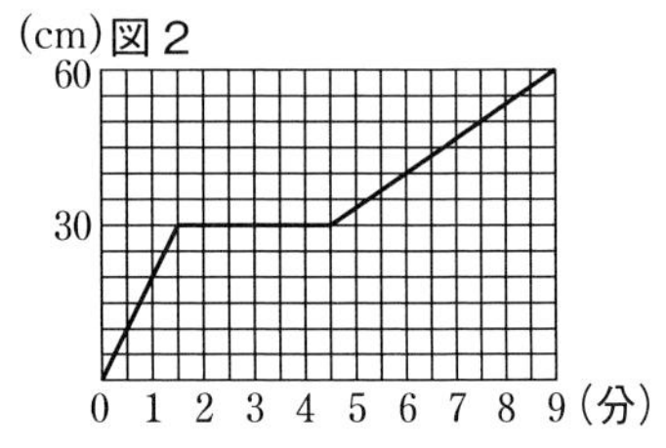

考え方 ⑴ 9分で満水になることに着目する。
⑵ 1.5分で水の深さが30cmになる。
この30cmは仕切りの高さである。

解き方 ⑴ 9分で満水になるから，1分間にはいる水の量は
$60 \times 75 \times 60 \div 9 = 30000$ (cm^3) → 30L　　**答** 30L

⑵ 仕切りの高さは30cmで，そこまで水がはいるのに1.5分かかるから
$60 \times$ ア $\times 30 = 30000 \times 1.5$
ア $= 45000 \div 1800 = 25$ (cm)　　**答** 25cm

〔別解〕Aは1.5分，A，B合わせて4.5分で高さ30cmまで水がはいるから
ア：75＝1.5：4.5＝1：3
ア $= 75 \div 3 = 25$ (cm)

練習 213 右の図は，太郎君の家のおふろの浴槽を，真正面からと真上から見た図です。

⑴ この浴槽の体積は何Lですか。

⑵ この浴槽に水道管から毎分27Lずつ水を入れるとき，5分後の水の深さはいくらですか。【宮崎大附中・改】

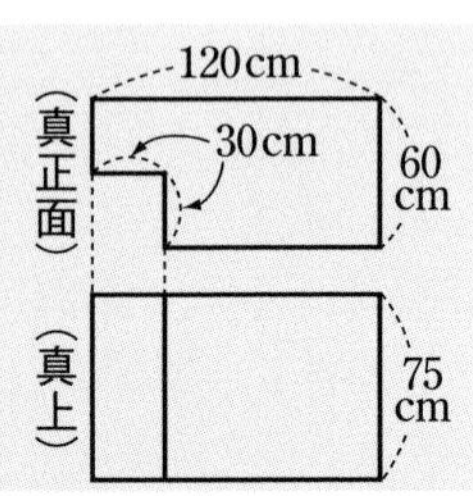

★★★ 標準 126 頂点の移動と三角形の面積の変化

やってみよう 力だめしの問題⑫

右の図のように，辺BCが4cm，高さ4cmの三角形ABCがあります。頂点CがBCの延長上を毎分1cmずつ矢印の方向に動くとき，次の問いに答えなさい。

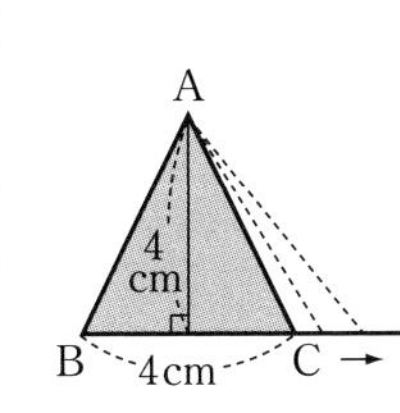

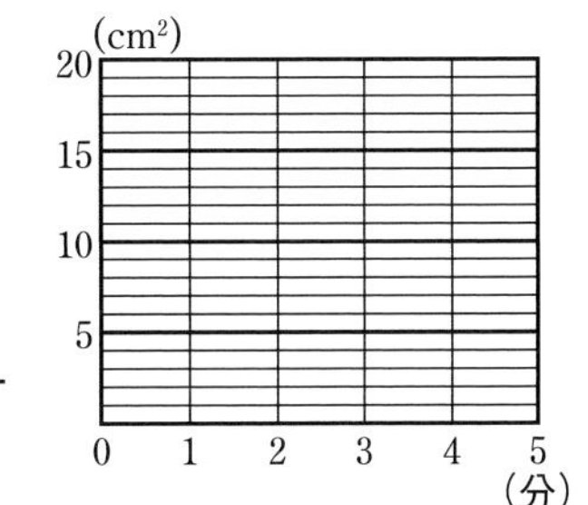

(1) 点Cが動き始めてから，5分間の三角形ABCの面積の変わり方をグラフで示しなさい。

(2) 三角形ABCの面積が30 cm^2 になるのは，Cが動き始めてから何分後ですか。

【静岡県西遠女子学園中】

考え方 三角形の面積＝底辺×高さ÷2で，高さが一定だから，三角形の面積の増加量は底辺の増加量に比例する。

解き方 答 (1)

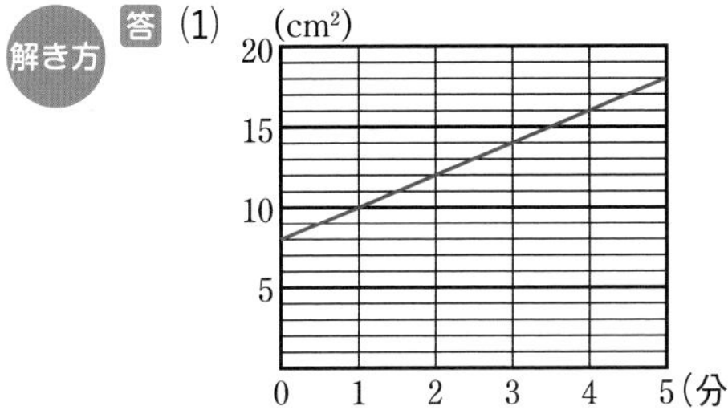

(2) 面積が30 cm^2 のとき，

底辺＝三角形の面積×2÷高さ＝30×2÷4＝15 (cm)

初めは4cmで，毎分1cmずつ増えて15cmになる時間は

(15－4)÷1＝11 (分)　　答 11分後

練習 214 右の図の長方形ABCDについて，点Pは，BC上を毎秒2cmの速さで進みます。

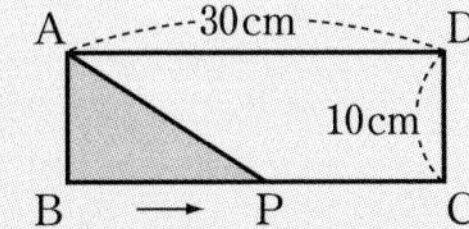

(1) 点PがBからCまで進むのに何秒かかりますか。

(2) 三角形ABPの面積が長方形ABCDの面積の $\frac{1}{3}$ になるのは，点PがBを出発してから何秒後ですか。

(3) 点PがBからCまで進むとき，三角形ABPの面積は毎秒何 cm^2 増えますか。

★★★ 応用 127 点の移動とダイヤグラム

やってみよう 力だめしの問題⑭ チャレンジ問題2 11

右の図のような点Oを中心としてかいた2つの半円があります。点Pは，Aを出発して太線の部分AB上を，点Qは，Cを出発して太線の部分CD上を，一定の速さで往復(おうふく)しています。ただし，点Qは，C，Dに到着(とうちゃく)するごとに1秒間休みます。下のグラフは，点P，Qが出発してからの時間と角POA，角QOCの大きさの関係を表したものです。

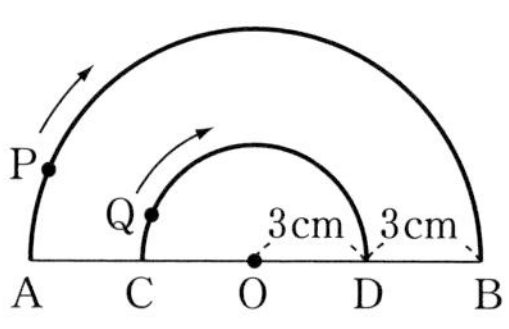

グラフを見て，次の問いに答えなさい。

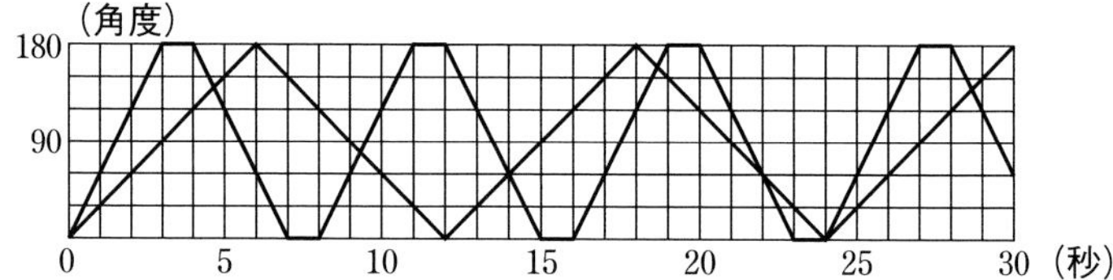

(1) 点Pの速さは，毎秒何cmですか。ただし，円周率(りつ)は3.14とします。

(2) 出発後，3点P，Q，Oが初めてこの順に一直線上に並(なら)ぶのは，何秒後ですか。

【桜蔭中】

考え方 (1) 角POAが初めて180°になったとき，点Pは半円の弧(こ)AB上をAからBまで移動している。

(2) 2本のグラフが初めて交わるときに注意する。

解き方 (1) 半円ABの半径＝3＋3＝6 (cm)

Pが A を出発してBに到着するのは，グラフから，6秒後。

だから

速さ＝6×2×3.14÷2÷6＝3.14

答 毎秒3.14cm

(2) 2本のグラフが交わるとき，角POA＝角QOC

となり，3点P，Q，Oは一直線上に並ぶ。

右の図から

$$6 \times \frac{7}{7+2} = 4\frac{2}{3}$$

答 $4\frac{2}{3}$秒後

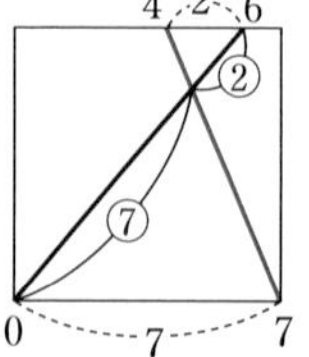

入試ポイント

● ダイヤグラムで表すことによって図形のテクニックを利用できるようにする！

練習 215 前ページの「応用 127」について，出発してから 17 秒後の三角形 POQ の面積を求めなさい。

練習 216 ある川沿(ぞ)いに A 町，B 町があります。右のグラフは，C 船が A 町を，D 船が B 町を出発して A 町と B 町の間を往復する様子を表したものです。両船が初めて出会う P 地点は，A 町から 9km はなれた所にあります。

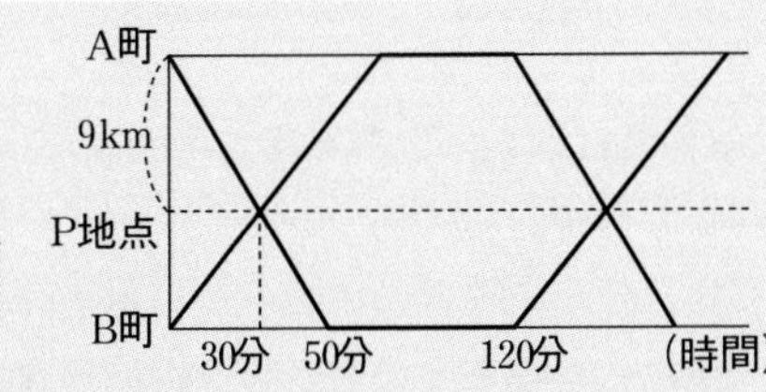

静水時での両船の速さは同じものとします。

(1) A 町から B 町までの距離(きょり)は何 km ですか。

(2) 川の流れの速さは毎時何 km ですか。

(3) C 船と D 船が 2 回めに P 地点で出会うためには，D 船は A 町で何分休んでから出発するとよいでしょうか。

【西大和学園中】

練習 217 図は A 駅と B 駅の間を往復するバスの運行を表すグラフです。

バスは，両駅に 5 分間停車(ていしゃ)します。ある日，福山君が 10 時 10 分に A 駅を自転車で出発し，毎時 12km の速さで B 駅に向かいました。

しばらくして，B 駅 10 時発 A 駅行きのバスに出会い，その後，A 駅で折り返してきたバスに 10 時 30 分に追い抜(ぬ)かれました。

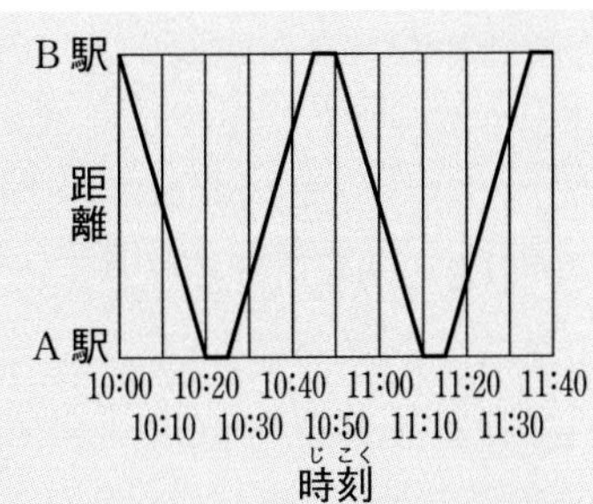

(1) A 駅から折り返したバスが福山君を追い抜いた地点は，A 駅から何 km の所ですか。

(2) 福山君が B 駅に着いたのは，何時何分ですか。

(3) B 駅発 10 時 A 駅行きのバスと出会ったのは，A 駅から何 km の所ですか。

【英数学館中】

〔手が出ないとき〕直線が交わる⇔出会う（反対方向行き），追いこす（同方向行き）

力だめしの問題 入試標準レベル

解答➡別冊 p.129

1 次の2つの量の関係で，比例するものには○，反比例するものには△，比例も反比例もしないものには×をつけなさい。

(1) 同じ種類のくぎの本数とその重さの合計。
(2) 決まった面積の長方形の，縦の長さと横の長さ。
(3) 決まった速さで進むときの，かかる時間と進む距離。
(4) 親の年令と子どもの年令。

ヒント

1 数値を適当に決めて，グラフをかいてみる。
一方を1，2，3，…あるいは2倍，3倍，…と増やしてみて，他方の変化をみる。

▶基本 121

2 次の(1)～(5)の文にあてはまるグラフを右の(ア)～(オ)から選び，その記号を書きなさい。また，(1)～(5)の x と y の関係で，y が x に比例するものには○，反比例するものには△，それ以外の関係には×をつけなさい。

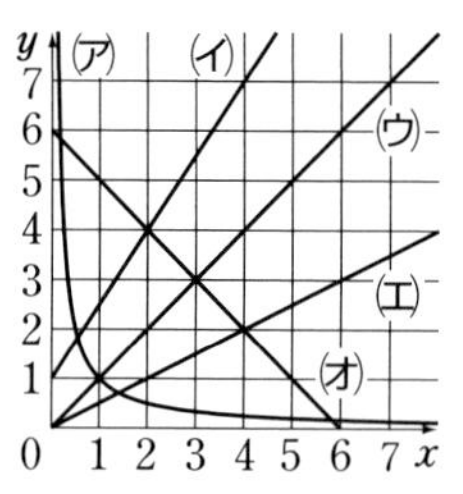

(1) x が2増えるごとに，y は3増える。
(2) x が y に比例し，$x=1$ のとき，$y=1$ である。
(3) y の x に対する比の値がいつも0.5である。
(4) ある数 x とその逆数 y との関係。
(5) x と y の合計は，いつも6である。 【甲南女子中】

2 a を一定の数とすると
$y=a\times x$
$y\div x=a$
がいつも成り立てば，比例。
$x\times y=a$
$y=a\div x$
がいつも成り立てば，反比例。

▶基本 124

3 ㋐～㋓の表について，下の問いに答えなさい。

㋐

x	2	4	6
y	7	14	21

㋑

x	2	4	6
y	6	8	10

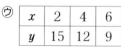

㋒

x	2	4	6
y	15	12	9

㋓

x	2	4	6
y	15	7.5	5

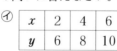

(1) $x\times y=a$（a は一定）の形になるものを選びなさい。
(2) $y=b\times x$（b は一定）の形になるものを選びなさい。また，そのときの b の値も求めなさい。
(3) x の値が10のとき，y の値が3になるのはどれですか。

【お茶の水女子大附中】

3 $y\div x=$一定ならば，“比例”
$x\times y=$一定ならば，“反比例”
(3) y と x の関係を式に表してから，$x=10$ を入れて $y=3$ となるかどうかを確かめる。

▶基本 121，標準 123

4 5mが26gの針金(はりがね)があります。この針金の長さをxm，重さをygとすると，xとyの関係は

$y=$□$\times x$

です。 【広島学院中】

5 針金の束があって，その重さは，2958gでした。全体の長さの$\frac{1}{3}$よりも3m長い針金を切って使い，残りの針金を3：2の割合(わりあい)で2つに切って，軽い方の重さをはかると748gでした。初めに針金は，何mあったでしょうか。 【神戸女学院中学部】

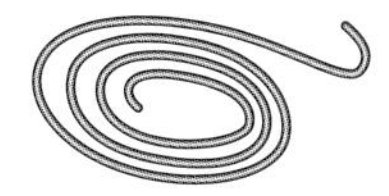

6 1時間に6分遅(おく)れる時計を，午後1時に正しい時刻(じこく)に合わせました。この時計の長針(ちょうしん)と短針が最初に重なるときの正しい時刻は1時何分ですか。 【武蔵中】

7 右の図は，身長1.5mのA君が街灯に向かって毎秒1mの速さでまっすぐ歩いているところです。

このとき，A君のこの街灯によってできる影(かげ)の先端(せんたん)Pは，毎秒1.5mの速さで進みます。

この街灯の高さは，□mです。 【大阪星光学院中】

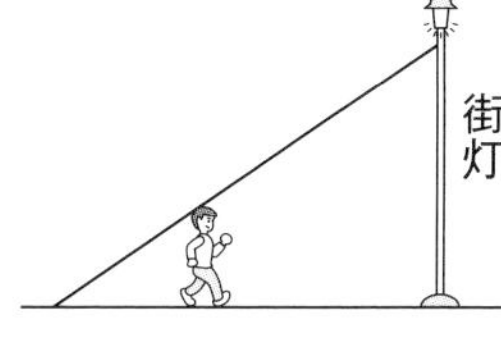

8 xとyの関係をグラフに表すと，右のような直線になりました。

xが1000のとき，yはどんな数でしょうか。 【共立女子中】

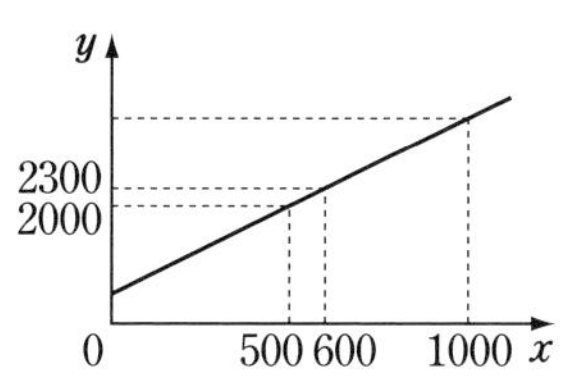

ヒント

4 □には，1mあたりの重さがはいる。

▶基本 124

5 針金の重さは長さに比例する。

6 正しい時間と遅れる時計が示(しめ)す時間の比は
60：(60－6)

▶基本 122

7 PK：PHはいくらになるか。(街灯から遠ざかると考えても同じ。)

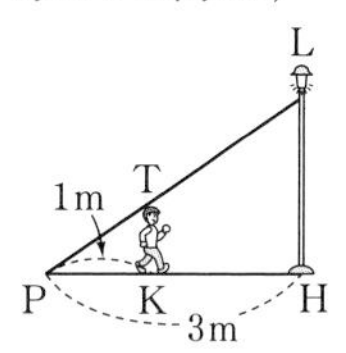

▶基本 122

8 グラフが0の点を通っていないから，yとxは，比例の関係ではないことに注意する。しかし，xの増える分と，yの増える分は比例の関係にある。

9 水槽(すいそう)に水を入れるのに，初めA管だけを使って途中(とちゅう)まで入れ，途中からB管も使っていっぱいになるまで入れました。右のグラフを見て次の問いに答えなさい。

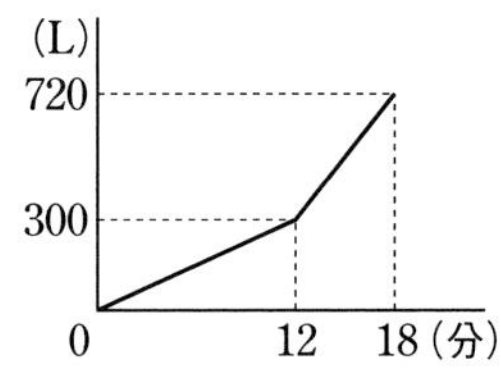

(1) A管だけで，いっぱいになるまで入れるとすると，何分かかりますか。

(2) B管だけで，初めから入れたとすると，いっぱいになるまでに何分かかりますか。

10 火をつけるとそれぞれ一定の速さで短くなっていく2本のろうそくA，Bがあります。今，この2本に同時に火をつけると，次のように燃(も)えました。

> ① 火をつけてから15分後，Aの長さは12cmになっていました。
> ② Aが燃えつきたとき，Bの長さは20cmになっていました。
> ③ Bは火をつけてから40分後に燃えつきました。

最初のAの長さが48cmであるとき，次の問いに答えなさい。

(1) Aが燃えつきたのは，火をつけてから何分後ですか。

(2) 最初のBの長さは何cmでしたか。

(3) 2本のろうそくが同じ長さになるのは，火をつけてから何分後ですか。 【大阪桐蔭中】

11 高さ80cmの直方体の形をした水槽があり，この水槽には120Lの水がはいります。この水槽の内部に高さ60cmの仕切りと，高さ20cmの仕切りを同じ間隔(かんかく)に立て，Ⅰ，Ⅱ，Ⅲの部分に分けました。

そして，Ⅰの部分に水がはいるようにA管をつけ，Ⅲの部分から水を抜(ぬ)くことができるように，バルブBをつけました。右上の図は，この水槽を横から見たものです。

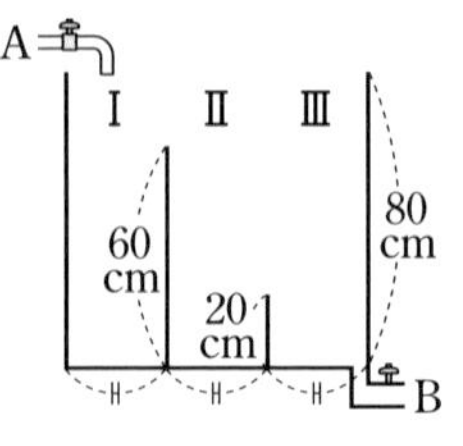

ヒント

9 A管とB管を両方使ったとき18－12＝6 (分)の間に
720－300
＝420 (L)
の水がはいる。

10 (1) Aは15分で 48－12＝36 (cm)燃える。
(2) Bは，Aが燃えつきた時間から40分後までに20cm燃える。
(3) AとBの初めの長さの差を，燃える速さの差でわればよい。
▶基本 122

11 水面の上昇(じょうしょう)する速度は，
$\frac{注水速度}{底面積}$
Ⅰの水の高さは，60cmになると，容器(ようき)全体の水面の高さが，60cmを超(こ)えるまでしばらく60cmのままである。
▶標準 125

A 管からは，毎分 4L ずつ水を入れることができ，バルブ B からは毎分 5L ずつ水を抜くことができるものとします。仕切りの厚(あつ)さは考えないものとして，次の問いに答えなさい。

(1) はじめに水槽の水を空の状態(じょうたい)にして，バルブ B を閉(と)じ，A 管から水を入れると，水槽が満水になるのは何分後ですか。

(2) 満水の状態から，A 管を開いたままバルブ B を開くとすると，Ⅲの部分の水槽が空になるのは何分後ですか。

(3) 水槽全体を空の状態にして，バルブ B を閉じ，A 管で水を入れ始めてから 30 分間の，時間とⅠの部分の水の高さとの関係をグラフに表しなさい。

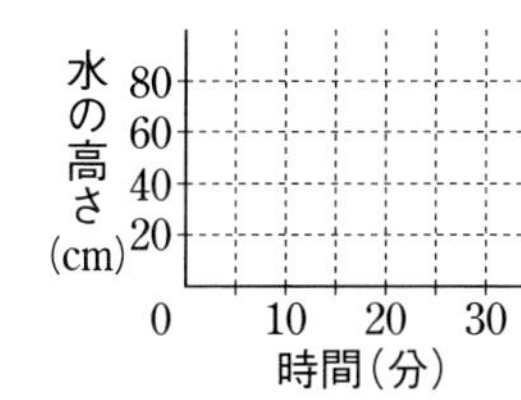

⓬ 右の図のような台形 ABCD があります。

点 P が A を出発して，辺上を A → B → C → D の順に動きます。

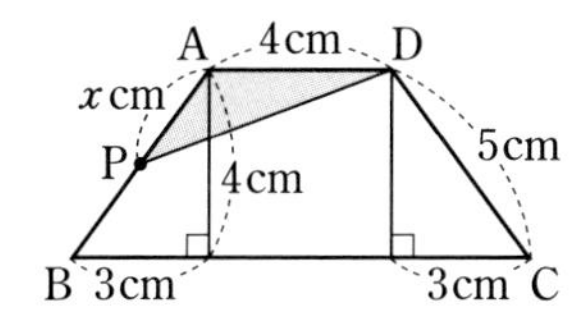

(1) 点 P が A から 5cm 動いたときの三角形 APD の面積を求めなさい。

(2) 三角形 APD の面積が変化しない場合があります。それは P がどの区間を動く場合ですか。

(3) 点 P が A から x cm 動いたときの三角形 APD の面積を y cm^2 とすると，点 P が AB 上を動くときの x と y の関係を式で表しなさい。

(4) 点 P が A → B → C → D を動くとき，x と y の関係を表すグラフをかきなさい。

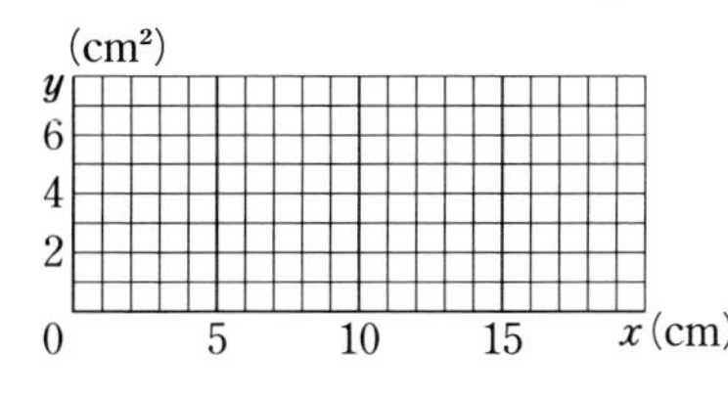

ヒント

⓬ 両側の三角形は合同だから
AB＝DC＝5cm
点 P が A から B へ x cm 動くと，AD を底辺とする三角形の高さは
$x \times \dfrac{4}{5}$ cm
となる。

▶標準 126

13 長さ 30cm のろうそく A と長さ 20cm のろうそく B に同時に火をつけ，火をつけてからの時間とろうそくの残りの長さの関係を調べました。右の図は，その様子を表したグラフです。

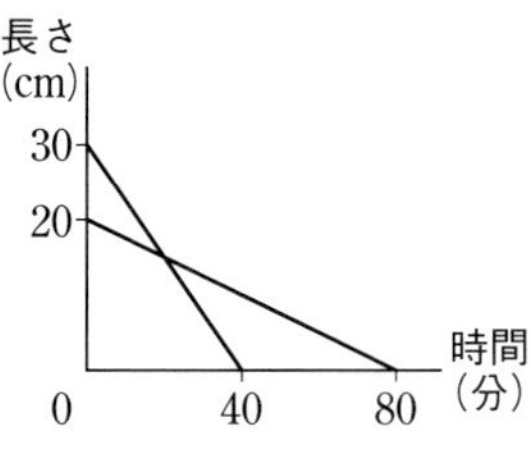

(1) ろうそく A が 1 分間に燃(も)える長さは，ろうそく B が 1 分間に燃える長さの何倍ですか。

(2) ろうそく A とろうそく B の残りの長さが等しくなるのは火をつけてから何分後ですか。

【共立女子第二中】

ヒント

13 (1) 30cm のろうそく A は 40 分で，20cm のろうそく B は 80 分で燃えつきてしまう。

(2) (1)より 1 分間に $\frac{3}{4}-\frac{1}{4}=\frac{1}{2}$ cm ずつ長さの差が縮(ちぢ)まる。それでは，10cm の差を縮めるためには，何分かかるか。

14 右のグラフは，A 地点と B 地点の間の電車の運行の様子を表しています。

横の軸(じく)は時刻(じこく)，縦(たて)の軸は A 地点からの距離(きょり)を表しています。

電車の様子
(km)
B地点 15
A地点 0
午前6時　7時

(1) 午前 6 時 20 分に A 地点を出発した電車が，A 地点へ戻(もど)ってくるまでには，ほかの電車と何回すれちがいますか。

(2) 午前 6 時に A 地点を出発した電車は，40 分後には，A 地点から何 km の所にいますか。

(3) 電車の時速は何 km ですか。

【長崎大附中】

14 (1) 2 つの折れ線の交点の数。

(2) 午前 6 時に A 地点を出発した電車のグラフと，6 時 40 分の縦(たて)の線の交点から読みとる。

(3) グラフから A，B 両地点間を 20 分で運行していることがわかる。

▶応用 127

チャレンジ問題 入試発展レベル

解答➡別冊 p.131

★は最高レベル

1 右のグラフは，24kmはなれた2つの町A，Bの間をバスが往復している様子と，太郎君がA町からB町へ，和夫君がB町からA町へ，自転車でバスの通る道を走った様子を表したものの一部です。

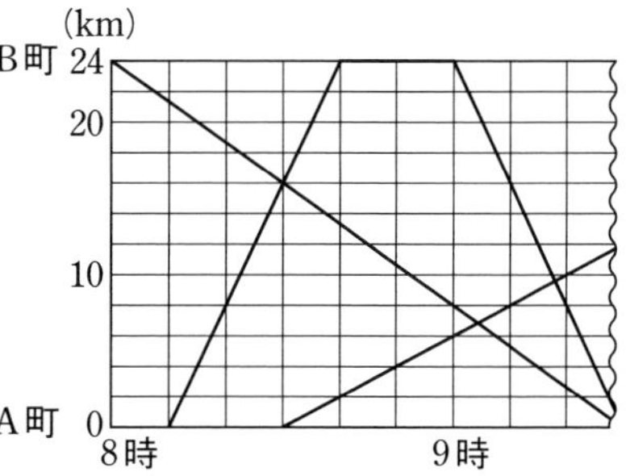

(1) バスの速さは，太郎君の自転車の速さの何倍ですか。

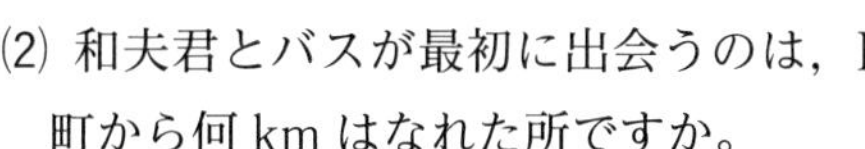

(2) 和夫君とバスが最初に出会うのは，B町から何kmはなれた所ですか。

(3) 太郎君と和夫君が出会う時刻は，何時何分何秒ですか。

2 下の図は，太郎君が午前8時に上町を出発して下町に向かって歩き，途中中町において，午前9時上町発下町行きのバスに乗車して下町に行ったときの時間と距離の関係を示しています。

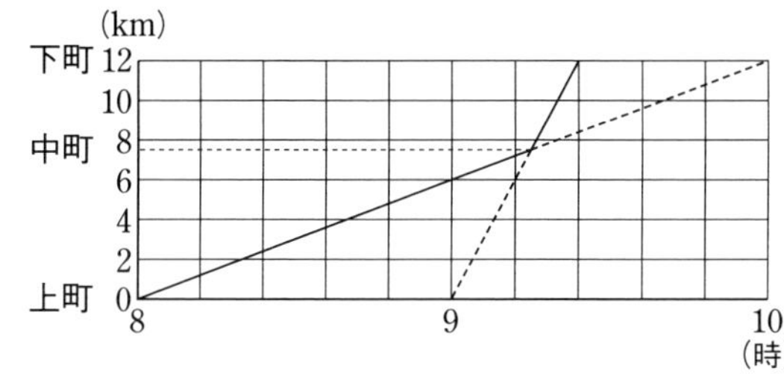

(1) 太郎君の歩く速さは時速何kmですか。

(2) バスは下町に何時何分に到着しますか。

(3) バスの速さは時速何kmですか。

(4) 上町から中町までの距離は何kmですか。

【日向学院中】

3 時計Aと時計Bがあります。時計Aは1日につき1分18秒進み，時計Bは1日につき45秒遅れます。1月1日の朝，2つの時計は正しい時刻を示していましたが，1月[①]日の朝，時計Aが9時54分52秒を指しているとき，時計Bは9時36分25秒を指していました。このとき，正しい時刻は9時[②]分[③]秒です。

【愛光中】

4 はずれている時計の針を取りつけます。次の各問いに答えなさい。ただし，取りつけに要する時間は考えないものとします。

⑴ 現在午前8時28分です。長針および短針を，12時の位置から時計回りに何度の位置に取りつければよいですか。

⑵ ⑴の位置に針を取りつけておいたところ，その日の午前9時に，その時計は8時58分を指していました。その日の午後1時に，その時計も1時ちょうどを指すようにするためには，午前8時28分の時点で，何時何分の所に針を取りつければよかったでしょうか。【白陵中】

★ **5** ある工場の水槽が仕切りによってA，B2つの部分に分けられています。Aは，底面積が$10\,\mathrm{m}^2$の直方体，Bは，底面積が$5\,\mathrm{m}^2$の直方体になっています。

今，Aの部分に毎分$20\,\mathrm{m}^3$の割合で水を入れます。ところが，仕切りには，下から6mと12mの所に1か所ずつ小さなポンプが取りつけてあって，それぞれAの水面の高さがその部分より上にくれば，毎分$5\,\mathrm{m}^3$の割合でAからBに水が流れるようになっています。

⑴ 水を入れ始めてから何分後に，Aの水面の高さが12mになりますか。

⑵ 水を入れ始めてからBの水面の高さがAの水面の高さと同じになるまでの時間と，A，Bの水面の高さの関係を表すグラフを，それぞれ右の図にかきこみなさい。

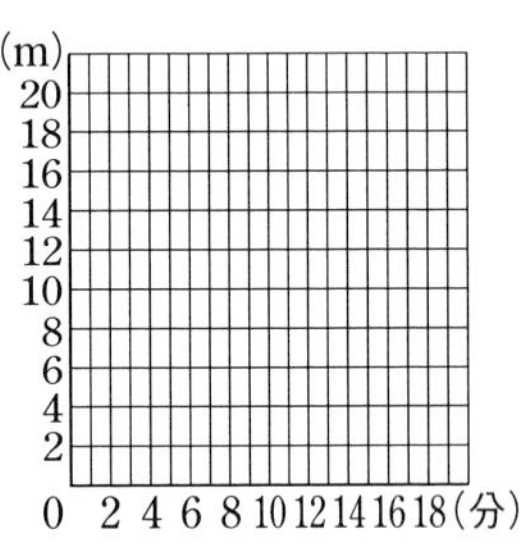

⑶ Aの水面の高さがBの水面の高さより7m高くなるのは，水を入れ始めてから何分後と何分後ですか。【開成中】

6 ある市のタクシーは，2kmまでは基本料金として450円，それを超えると600mを1区間として，新しい区間にはいるごとに80円ずつ加えられます。次の問いに答えなさい。

⑴ 2.9km走ると，料金はいくらになりますか。

⑵ A地点から家まで，このタクシーに乗り，1490円支払いました。A地点から家までの道のりは何kmを超え，何km以下ですか。【法政大中高】

★ **7** ある車が，1周5.4kmのレーシングコースを走ります。次のグラフは，この車が走っているときの速さと，そのときの燃費(燃料1Lで走ることのできる距離)との関係を調べたものです。この結果を見ると，ある速さを超えると燃費の数値が小さくなることがわかりました。このとき，次の問いに答えなさい。ただし，小数第2位を四捨五入して，小数第1位まで求めなさい。

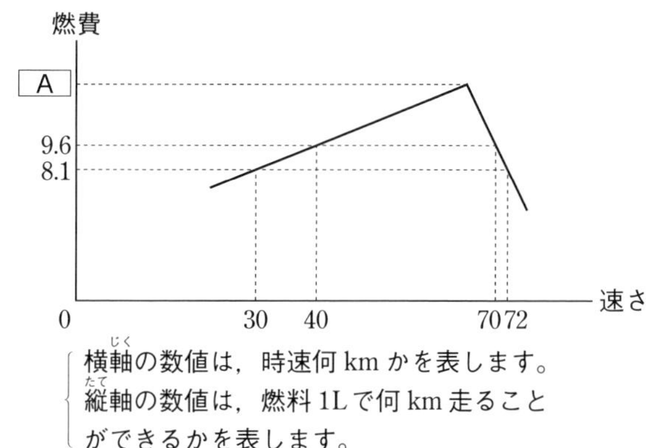

横軸の数値は，時速何kmかを表します。
縦軸の数値は，燃料1Lで何km走ることができるかを表します。

⑴ 上のグラフにおいて，A にあてはまる数を求めなさい。

⑵ 速さが時速40kmのとき，ちょうど10周走りました。このとき，使った燃料は何Lですか。

⑶ 今，車の残りの燃料が6Lしかありません。あと10周以上走りたいとき，車の速さを時速何kmから時速何kmまでの範囲にすればよいですか。

【市川中】

★ **8** 右のグラフは1000Lはいる水槽に，初めにA管だけ，次にB管だけ，さらにA管とB管の両方，最後にB管だけを使って水を入れたときの時間と水槽の水の量の関係を示しているグラフです。

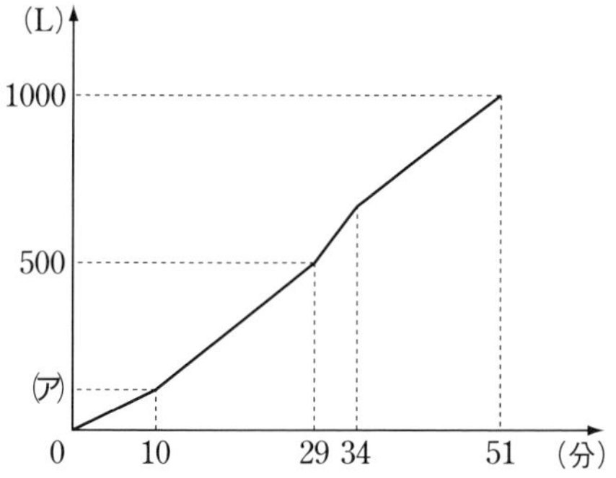

⑴ A管とB管から出る水の量の比を簡単な整数の比で求めなさい。

⑵ グラフの㋐の値を求めなさい。

⑶ A管とB管の両方を使って，初めから給水すると何分何秒で水槽は満水になりますか。

【神戸女学院中学部】

9　205 個の品物をつくるのに，初め桃子さんと恵子さんが 2 人でつくりましたが，途中から恵子さん 1 人でつくり，全部仕上げるのに 5 時間 30 分かかりました。下のグラフを見て，次の問いに答えなさい。

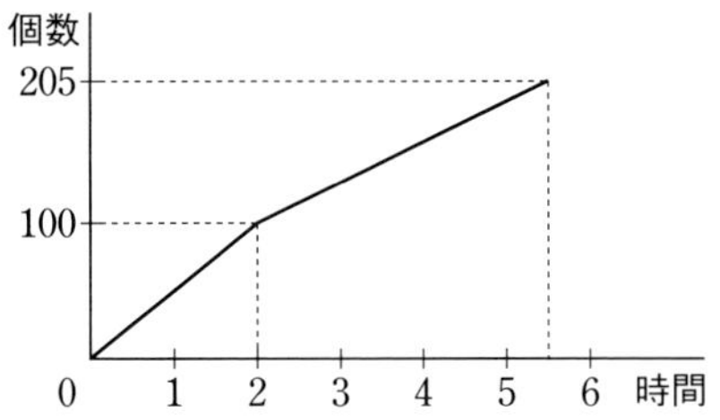

⑴ 恵子さんは 1 時間に何個の品物をつくりましたか。

⑵ 桃子さんと恵子さんが 2 人で 3 時間 36 分かけて品物をつくると，何個仕上げることができますか。

⑶ 桃子さん 1 人で 205 個の品物をつくるとすれば，何時間何分かかりますか。

10　水をビーカーに入れて同じ強さで熱するとき，次のことがわかっています。水の温度をある温度だけ上げるとき，水の量と必要な時間とは比例します。水の量が決まっているときは，熱する時間と上がった温度とは比例します。今，200 cm^3 の水の温度を 20℃上げるのに 5 分かかりました。水を沸騰させることはないものとして，次の問いに答えなさい。

⑴ 600 cm^3 の水の温度を 20℃上げるのに何分かかりますか。また，600 cm^3 の水の温度を 50℃上げるのには何分かかりますか。

⑵ 600 cm^3 の水を 5 分間熱すると，温度は何度上がりますか。

⑶ 300 cm^3 の水を 15 分間熱したあと，100 cm^3 を捨て，さらに 3 分間熱したところ，水の温度は 80℃になりました。この水の初めの温度は何度でしたか。

【福山暁の星女子中】

★ **11** 図のような東西に延(の)びた全長240mの道があります。歩いている人は①～⑪にくると，そのまま進むか向きを変えて進むかを選ぶことができますが，⓪と⑫では必ず向きを変えて進みます。

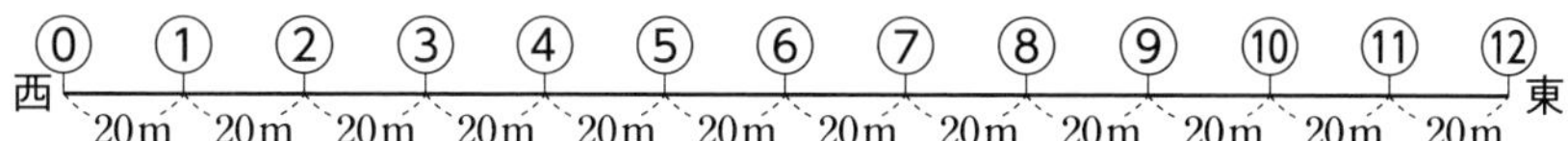

12時にAさんは⓪から東へ，Bさんは⑫から西へ歩き始め，12時4分に2人とも⑧にきて歩くのをやめました。歩く速さは，Aさんが毎分60m，Bさんが毎分40mです。次の□にあてはまる数を答えなさい。必要ならば，下のグラフ用紙を利用しなさい。

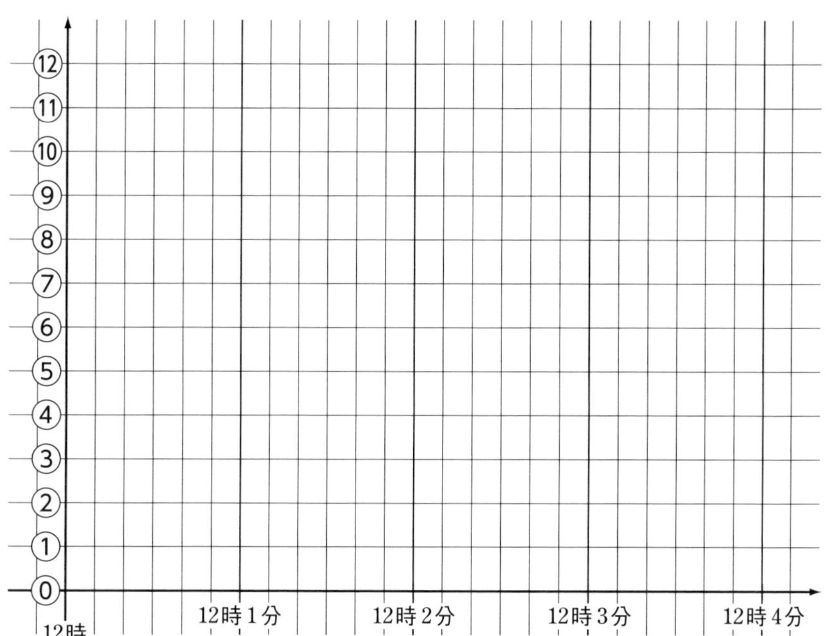

(1) Aさんが西を向いて歩いた道のりの合計は□mです。

(2) Aさんが12時4分以前に⑧にいるとすれば，その時刻(じこく)は12時□分と12時□分です。(12時4分はふくみません。)

(3) AさんとBさんが出会うと考えられる場所のうち，いちばん東側にあるのは⓪から□mの場所です。

【四天王寺中】

第3章 場合の数

1 並べ方

いくつかのものの中から，いくつかを取り出して，決められた条件に合うように並べるとき，何通りの並べ方があるかを調べることがある。重なりがなく，もれがないように順序よく並べるには，次の3つの方法がある。

①表にする　②図(樹形図)にかく　③計算で求める

例　1，2，3の数を1回ずつ使うとき，3けたの数は何個できるか。

①

123
132
213
231
312
321

6通り

②

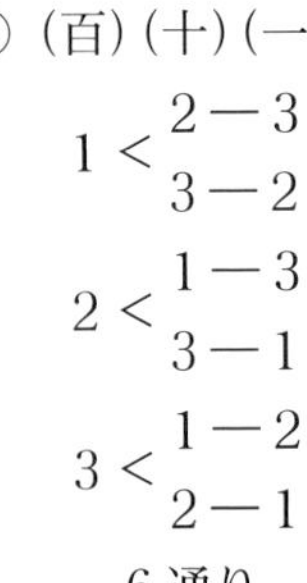

6通り

③
・百の位には，1，2，3のどれかをもってくればよい。3通り。
・十の位は，百の位で使ったもの以外の数。2通り。
・一の位は残った数。1通り。
$3 \times 2 \times 1 = 6$ (通り)

2 組み合わせ

いくつかのものの中からいくつかを取り出して，決められた条件に合うように組み合わせる(順序は区別しない)とき，次の①～③のいずれかで求めるとよい。

①表にする　②図にかく　③計算で求める

表にする場合，必ず書き出していくときに大きさの順序のきまり(小さい方からとか大きい方からとか)をつくることがポイント！

例　1，2，3，4の4つの数から2つ取り出して組み合わせた組み合わせの数

①

(1, 2)
(1, 3)
(1, 4)
(2, 3)
(2, 4)
(3, 4)

6通り

②

1	2	3	4
○	○		
○		○	
○			○
	○	○	
	○		○
		○	○

6通り

③　初めは1，2，3，4どれでもいいから4通り。次は，初めに取った数以外の3通り。組み合わせだから先に取る場合と後で取る場合の区別はないから2でわって

$4 \times 3 \div 2 = 6$ (通り)

★☆☆ 基本 128 1列に並べる並べ方

やってみよう 力だめしの問題❶❸⓫

[1], [2], [3], [4]の4枚(まい)のカードのうち，3枚を並べて，3けたの整数をつくると，□通りの数ができます。

考え方 ① 表にする　② 樹形図をかく　③ 計算で求める

解き方 ①

123	124	134	234
132	142	143	243
213	214	314	324
231	241	341	342
312	412	413	423
321	421	431	432

計 24 通り

②

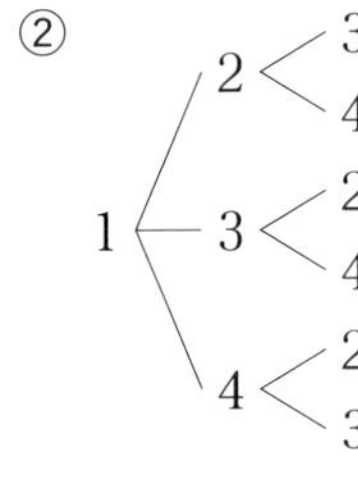

初めに1をとったときを考えると，図より6通り。

初めにとる数が2，3，4の場合も同様だから

$6 \times 4 = 24$（通り）

③ 百の位は1，2，3，4のうちどれでもよいから，4通り。十の位は，百の位以外のどれでもよいから，3通り。一の位は，前にとった2つの数字以外の2個の数字のうちのどちらかだから　$4 \times 3 \times 2 = 24$（通り）

答 24

入試ポイント

● n 個のものを1列に並べる並べ方は

$n \times (n-1) \times (n-2) \times \cdots \times 3 \times 2 \times 1$ **通り**

n 個のものから r 個取ってきて1列に並べる並べ方は

$n \times (n-1) \times (n-2) \times \cdots \times \{n-(r-2)\} \times \{n-(r-1)\}$ **通り**

（最初，2番め，3番め，…，$(r-1)$番め，r番め）

練習 218 A，B，Cの3人がじゃんけんをするとき，グー，チョキ，パーの出し方は，次の場合何通りあるでしょうか。

(1) 1回目のじゃんけんであいこになる場合。

(2) 1回目は，3人でじゃんけんをして2人が勝ち，2回目は，勝った人どうしがじゃんけんをして，Aが勝つ場合。

【立教女学院中】

練習 219 右の図を赤，青，黄，緑の4色をすべて使って塗(ぬ)り分けます。このとき，何通りの塗り方がありますか。また，青と赤を隣(とな)り合わせに塗るとき，何通りの塗り方がありますか。

【慶應中等部】

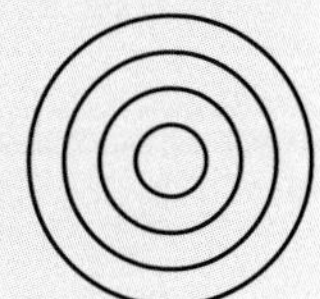

★★★ 応用 129 特別な条件のついた並べ方

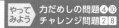

やってみよう 力だめしの問題④⑩ チャレンジ問題[2][8]

4 人が手をつないで輪をつくります。並ぶ順序だけを考えると，並び方は，何通りありますか。

注：次の 4 つの場合は，区別せず，1 通りとみなします。

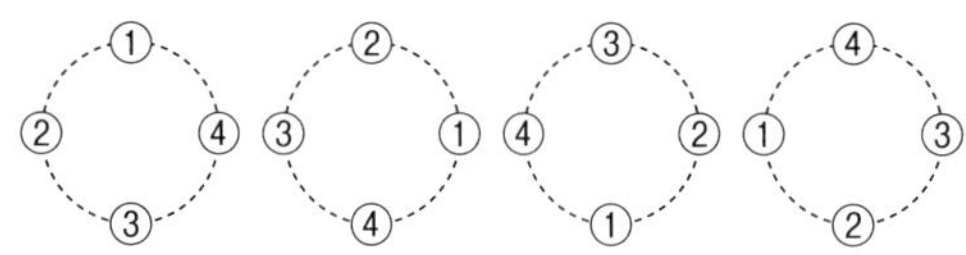

考え方 このような並び方を**円順列**という。

番号のついた座席に 4 人が座ると考えると，その座り方は

$4\times3\times2\times1=24$（通り）

となるが，番号のついた座席に座るわけではないので，注にあるような 4 通りは 1 通りの並び方と数えなければいけない。

解き方 $\dfrac{4\times3\times2\times1}{4}=3\times2\times1=6$（通り）

答 6 通り

入試ポイント

● n 個のものを円形に並べる並べ方の数

$$\frac{n\times(n-1)\times(n-2)\times\cdots\times2\times1}{n}$$

$$=(n-1)\times(n-2)\times\cdots\times2\times1$$

練習 220 5 人が丸いテーブルの周りに座ります。並ぶ順序だけを考えると，並び方は何通りありますか。

練習 221 1 番から 4 番までの番号がついた席に，4 人の子どもが座っています。これから席を立って全員の席の番号が今座っている席の番号と異なるように座りたいと思います。このような席の座り方は，全部で何通りありますか。

★★★ 基本 130 同じものをふくむ組み合わせ

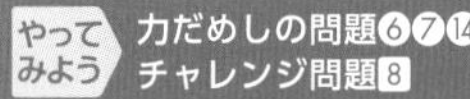
やってみよう 力だめしの問題⑥⑦⑭ チャレンジ問題⑧

[1], [2], [3], [4]の4種類のカードが，それぞれたくさんあります。
この中から，2枚1組で組をつくると，何通りのちがった組ができますか。全部書き並べなさい。 【女子学院中】

考え方 実際にやってみよう。2枚とも同じ数でもかまわないことに注意する。
何通りあるかということだけを求める場合なら，まず，2枚とも同じ数の場合が，(1，1)，(2，2)，(3，3)，(4，4)の4通り。
次に2枚が異なる数の場合の選び方について，初めの1枚の選び方は，[1]～[4]のどれでもよいから4通り，次の数は，初めに選んだ数以外から選ぶから3通り。
ところが，選び方ではどちらが先でどちらが後かを区別しないから，たとえば，(1，2)と(2，1)は同じものと考え区別しない。

$4 \times 3 \div 2 = 6$ (通り)

これより　$4 + 6 = 10$ (通り)

解き方 答 (1，1)，(1，2)，(1，3)，(1，4)，(2，2)，(2，3)，(2，4)，(3，3)，(3，4)，(4，4)の10通り。

入試ポイント

● n 個のものの中から，r 個取って組み合わせをつくるときの組み合わせの数

$$\frac{n\text{ 個のものの中から }r\text{ 個取って並べる場合の数}}{r\text{ 個のものを並べる場合の数}}$$

練習 222 赤，黄，青，白の花が1本ずつあります。3本選ぶ組み合わせは，何通りありますか。 【西南学院中】

練習 223 1から9までの数字が書かれた9枚のカードがあります。その中から同時に3枚のカードを取り出します。
書かれている数の和が15になるような取り出し方は，何通りありますか。 【鳴門教育大附中】

練習 224 2，3，4，5，6，7，8の7個の数があります。この中の異なる2つの数をかけ合わせてできる数は，[　　]通りです。 【愛光中】

力だめしの問題 入試標準レベル

解答➡別冊 p.135

1 (1) A，B，C，D の４人が１列に並ぶ並び方は，何通りありますか。

(2) そのうち，A，B の２人が隣どうしで並ぶ並び方は，何通りありますか。 【豊島岡女学園中】

2 [3]，[4]，[5]，[5]の４枚のカードを横に並べて４けたの整数をつくると，全部で□通りできます。 【日本女子大附中】

3 [0]，[1]，[2]，[3]，[4]の５枚のカードがあります。このカードから２枚抜き出して，２けたの奇数をつくりました。このとき，□種類の奇数ができました。 【高知中】

4 ４けたの奇数で，並んでいる４つの数がすべて異なる奇数であり，左側の数が右側の数より大きいものは，いくつありますか。 【筑波大附駒場中】

5 正方形 ABCD の１つの頂点から隣の頂点へ行くのに，１秒かかります。A から出発して５秒以内で B へ行く方法は，何通りありますか。

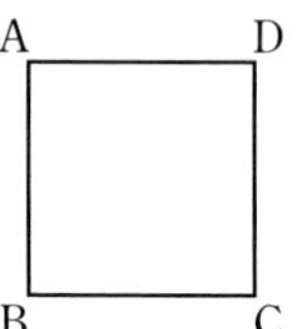

ただし，各辺にそって進み，向きを変えるのは頂点だけででき，B に着いたらどんな場合でも停止するものとします。 【六甲学院中】

6 0，1，2，3，4 の５つの数字があります。この中から，異なる２つの数字を選んで[0，1]のように組にします。ただし，組をつくるときは数字を選ぶ順番は考えないことにします。たとえば，[0，1]と[1，0]は同じ組です。

(1) 組は何通りできますか。

(2) (1)で考えた組のうち，[0，1]，[2，3]，[3，4]の３組を書き，同じ数字がふくまれない組どうしをすべて線で結ぶと，右の図のように２本の線が引けます。(1)で考えた組をすべて書き，同じように線を引くと何本の線が引けますか。

[0,1] [2,3] [3,4]

【大阪桐蔭中】

ヒント

1 (2) まずA，Bを１人と考える。次にA，Bの並び方を考える。

▶基本 128

2 ２枚の５を区別すると，[3][4][5][5]は，２通りに数えられることになる。

3 十の位に０ははいらない。一の位は１，３だけ。

▶基本 128

4 ５つの奇数から４つを選び左から大きい順に並べると求める奇数になる。

▶応用 129

5 Bに着くのは，１秒後または３秒後または５秒後。

6 (2) どの組からも３本の線が引ける。

▶基本 130

7 みかんが3個(こ)，りんごが3個，メロンが1個，かきが2個あります。この中から同時に3個取り出すとき，取り出し方は何通りありますか。ただし，同じ種類のくだものを取ってもよいこととします。 【早稲田実業中等部】

8 3けたの数を全部書くためには0は，□個必要です。 【親和中】

9 右の図を赤，黄，緑の3色で塗(ぬ)り分けることにしました。

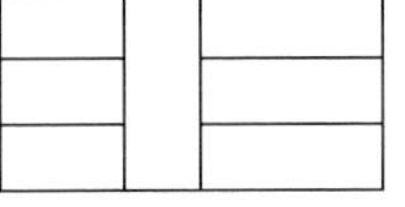

隣り合った部分には同じ色を使わないことにします。

何通りの塗り分け方がありますか。 【フェリス女学院中】

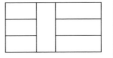

10 画用紙の片面(かためん)に[**図 1**]のような図形がかかれています。この図形の5つの部分を色で塗り分けます。ただし，隣り合う部分は異なる色で塗るものとし，回転すると同じに見える[**図 2**]のような塗り方は，同じ塗り方と見なします。

[図 1]

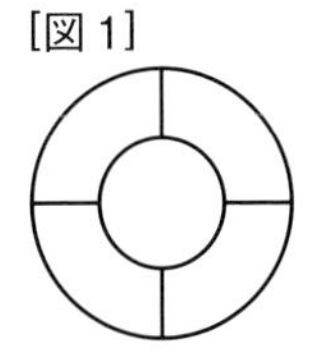

[図 2]

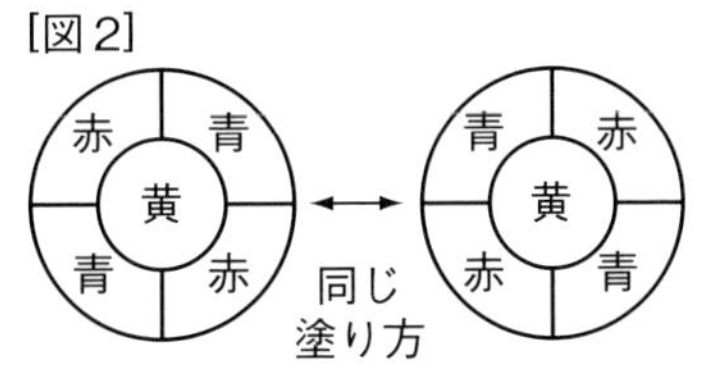

このとき，次の(1)，(2)の問いに答えなさい。

(1) この図形を赤，青，黄の3色で塗る場合の塗り方は全部で何通りありますか。

(2) この図形を赤，青，黄，緑の4色で塗る場合の塗り方は全部で何通りありますか。ただし，4色すべての色を使って塗るものとします。 【浅野中】

ヒント

7 何種類選んだかで場合分けする。

▶基本 130

8 3けたの整数は，100～999までの900個。一の位が0，十の位が0のものがいくつあるかを考える。

4	1	6
2	1	3
5	1	7

1，2が決まると4，5が決まる。

10 中央にはいる色から決めていく。

▶応用 129

11 (1) 数の書かれた4枚のカード[2], [6], [3], [7]のうち3枚を並べてできる3けたの整数をすべて考える。それらの数の平均は[　　]である。

(2) 1から9までの異なる数の書かれた4枚のカード[7], [4], [㋐], [㋑]のうち3枚を並べてできる3けたの整数をすべて考え，それらの数の平均を求めたら721.5となった。㋐と㋑にあてはまる数を小さい順に書くと[　　]である。

【女子学院中】

ヒント

11 (1) できる3けたの整数の和を求める。一の位が2, 6, 3, 7になるものはそれぞれ6個ずつある。

▶基本 128

12 4gの分銅と9gの分銅を何個か用いて，指定された重さをつくることにします。たとえば，30gの重さは，4gの分銅3個と9gの分銅2個を用いるとつくれます。

(1) 2008gをつくるには最低でも何個の分銅が必要ですか。

(2) 1gの重さから順につくっていくとき，つくることのできない最大の重さは何gですか。

【弘学館中】

12 (1) 2008÷9＝223あまり1より，9gの分銅は223個以下。

13 図のように道が碁盤の目のようになった町があります。×印の所は，工事中のため通ることができません。

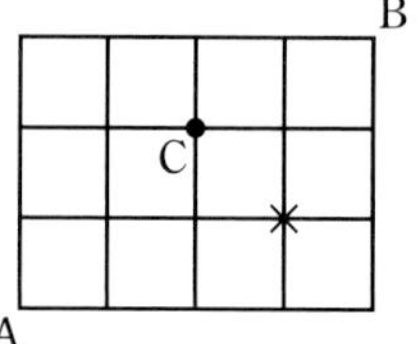

AからBに遠回りしないで行く行き方について，次の問いに答えなさい。

(1) AからCを通ってBに行く行き方は，何通りありますか。

(2) AからBに行く行き方は，全部で何通りありますか。

【フェリス女学院中】

13 右へ2回，上へ2回進めば，AからCへ着く。
(右，右，上，上)
(右，上，右，上)
(右，上，上，右)
(上，右，右，上)
(上，右，上，右)
(上，上，右，右)
の行き方がある。ほかの場合も同じように考える。

14 右の図のように円周を8等分した点をAからHとします。そのうちの4点を直線で結んで四角形をつくるとき，次の問いに答えなさい。

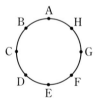

(1) 長方形は，いくつできますか。

(2) そのうち正方形は，いくつできますか。

(3) ABを1辺とする四角形は，いくつできますか。

(4) 四角形ABDFと同じ形の四角形は，いくつできますか。

【京華女子中】

14 実際にかいてみる。

▶基本 130

チャレンジ問題 入試発展レベル

解答➡別冊 p.137

★は最高レベル

1 右の表は1から30までの整数をたがいにかけた数を900個のマスの中に並べたもので，その一部だけを示してあります。次の問いに答えなさい。

⑴ 2の倍数がはいっているマスは何個ありますか。

⑵ 4の倍数がはいっているマスは何個ありますか。 【広島学院中】

	1	2	3	4	5	…	30
1	1	2	3	4	5	…	30
2	2	4	6	8	10	…	60
3	3	6	9	12	15	…	90
4	4	8	12	16	20	…	120
5	5	10	15	20	25	…	150
⋮	⋮	⋮	⋮	⋮	⋮		⋮
30	30	60	90	120	150	…	900

★ **2** 1，2，3，4，5の異なる5つの数を並べた5けたの数を考えます。

⑴ 数は全部で何個できますか。

⑵ 1が3より左にあり，3が5より左にある数は全部で何個ありますか。

⑶ 「14532」や「25431」のように，途中まで数が増えていき，その後減っていくような数は何個ありますか。ただし，「12345」「54321」は除きます。【甲陽学院中】

3 0，1，2，3，4，5，6，7，8，9の数字がそれぞれ1つずつ書かれたカードがたくさんあります。これらを使って次のように1から始まる整数を順につくっていきます。

[1]，[2]，[3]，…，[9]，[1][0]，[1][1]，…，[9][9]，[1][0][0]，[1][0][1]，…

以下の問いに答えなさい。

⑴ 1から500までつくります。

　㈠ 使ったカードは全部で何枚ですか。

　㈡ その中にふくまれる[5]のカードは全部で何枚ですか。

⑵ 1からある数までつくるのに，カードを全部で1926枚使いました。最後につくられた数は何ですか。 【青雲中】

★ **4** 右の図のような六角形ABCDEFがあります。2本の対角線でこの六角形を3つの部分に分ける分け方は，全部で[　　]通りあります。 【灘中】

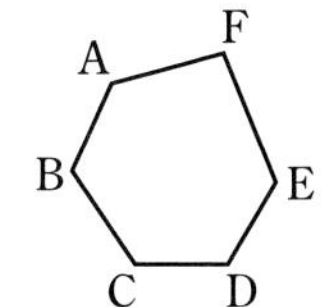

5 右の図の16個(こ)のマス目に，0または1を書き入れて，縦(たて)に加えても，横に加えても，それぞれ和が1になるようにするつくり方は，何通りありますか。 【愛光中】

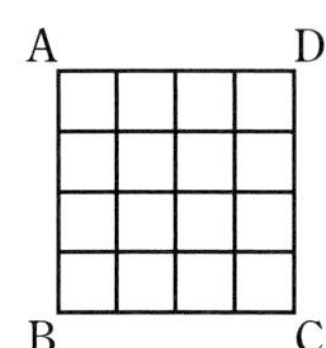

6 右の図のような正三角形4つで囲(かこ)まれた立体があります。点Pは初め頂点(ちょうてん)Aにあり，1秒ごとに他の3つの頂点のうちの1つに移動(いどう)します。

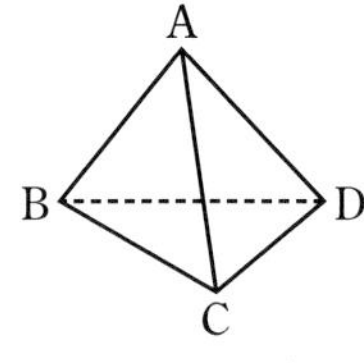

たとえば，2秒後に点Pが頂点Aにあるような動き方は

A→B→A，A→C→A，A→D→A

の3通りあります。

⑴ 3秒後に点Pが頂点Aにあるような動き方は，何通りありますか。

⑵ 4秒後に点Pが頂点Aにあるような動き方は，何通りありますか。

⑶ 5秒後に点Pが頂点Aにあるような動き方は，何通りありますか。 【駒場東邦中】

7 1から9までの数字が書かれた9枚(まい)のカード

[1]，[2]，[3]，[4]，[5]，[6]，[7]，[8]，[9]

があります。9枚の中から3枚を選んで，下の[ア]，[イ]，[ウ]の場所に置いて答えを求めます。

[ア]×[イ]+[ウ]

たとえば，アに[3]のカード，イに[5]のカード，ウに[2]のカードを置くと，3×5+2となり答えは17になります。

アに[5]のカード，イに[3]のカード，ウに[2]のカードを置いても答えは17になりますが，答えが同じでもカードの置き方が異(こと)なればちがう置き方と考えます。

⑴ 答えがいちばん小さくなるようなカードの置き方は何通りありますか。

⑵ 答えが偶数(ぐうすう)になるようなカードの置き方は何通りありますか。 【四天王寺中】

★**8** 1，2，3，4という4種類の数字を使って，以下の条件(じょうけん)をすべて満たすような2けた以上の整数をつくります。

[条件1] 同じ数字を何度使ってもよい。

[条件2] いちばん大きい位の数字(いちばん左はしの数字)は1とする。

[条件3] 偶数の数字どうしが隣(とな)り合うことはない。

このとき，次の㋐～㋕にあてはまる数をそれぞれ求めなさい。

このようにしてできる整数のうち，2けたの奇数(きすう)は[㋐]個，2けたの偶数は[㋑]個となります。

また，3けたの奇数は，2けたの整数の右側に1または3を加えるとできるので［(ウ)］個，3けたの偶数は，2けたの奇数の右側に2または4を書き加えるとできるので［(エ)］個となります。

さらに同じ考えをあてはめることにより，5けたの奇数は［(オ)］個，5けたの偶数は［(カ)］個となることがわかります。

【浅野中】

9 先生4人と生徒4人の合計8人がボートに乗ることにしました。1号ボートと2号ボートは4人まで乗ることができ，3号ボートは5人まで乗ることができます。ただし，生徒だけでボートに乗ることはできません。また，先生も生徒も1人ずつ区別して考えるものとします。このとき，次の問いに答えなさい。

(1) 1号ボートと2号ボートだけを使うとき，先生4人の分かれ方は何通りありますか。ただし，どちらのボートにも先生は必ず1人は乗るものとします。

(2) 8人全員が1号ボートと2号ボートに分かれて乗るとき，8人の分かれ方は何通りありますか。

(3) 8人全員が1号ボートと3号ボートに分かれて乗るとき，8人の分かれ方は何通りありますか。

【聖光学院中】

★ **10** 図のようにマスが並(なら)んだすごろく盤(ばん)と，1，2，3と番号が書かれたカードが1枚ずつはいった袋(ふくろ)があります。カードをひいて，カードの数だけコマを矢印の方向に進め，ひいたカードは袋に戻(もど)すことを繰(く)り返します。

スタート→	1→	2→	3	4	5	6	7	8	9	ゴール

(1) 3のマスまでコマを進めるとき，コマが3のマスで止まるカードのひき方は何通りありますか。

(2) 7のマスまでコマを進めるとき，コマが途中(とちゅう)で3のマスで止まり，さらに7のマスで止まるカードのひき方は何通りありますか。

(3) AさんとBさんが交互(こうご)にカードをひいてそれぞれのコマを進めていったところ，AさんとBさんのコマはともに6のマスに止まりました。この後はAさんがカードをひく順番ですが，BさんがAさんより先にゴールできるカードのひき方は何通りありますか。

【昭和学院秀英中】

入試で得する 解法テクニック

数量関係において,「商売」「食塩水」「割合(わりあい)」「場合の数」は入試頻出(ひんしゅつ)です。「食塩水」における天びん法,「場合の数」における道順の数え方は,かなり有効(ゆうこう)な手なので,ぜひマスターしておきましょう。

商売

ある店は,1個(こ)18円で何個か卵(たまご)を仕入れました。そのうちいくつかは売れ残ることを予想して,利益(りえき)が3000円となるように1個25円の定価(ていか)をつけました。ところが,実際(じっさい)には売れ残った卵の数は予想の$\frac{3}{5}$であったので,利益は3200円となりました。次の問いに答えなさい。

(1) 売れ残ると予想した卵の数はいくつでしたか。

(2) 卵は何個仕入れましたか。

得する 考え方 条件(じょうけん)を線分図で整理すると以下のようになる。

(1) 売れ残りの総額(そうがく)が予想より$\left(1-\frac{3}{5}=\right)\frac{2}{5}$少なかったことで,利益は(3200－3000＝)200円増(ふ)えたことに着目する。

$(3200-3000)\div\left(1-\frac{3}{5}\right)=500$ (円)…予想していた売れ残りの総額

$500\div25=20$ (個)

(2) 見込(こ)みの利益に見込みの損失(そんしつ)分を合わせたものを,卵の仕入れ値に上のせして定価としている。したがって

$(3000+500)\div(25-18)=500$ (個)

答 (1) 20個 (2) 500個

解法テクニック

● (利益)＝(総売り上げ)－(総仕入れ)だから
売り上げが増加(ぞうか)すると,その分すべて利益が増加することになる。

天びん法 1

3%の食塩水と 8%の食塩水を 2：3 の比で混ぜると，何%の食塩水になりますか。

得する考え方 2 種類の食塩水を混ぜる問題は，天びん法を利用して考える。天びん法とは，次のように考える方法である。

たとえば，3%の食塩水 200 g と 8%の食塩水 300 g を混ぜる場合，必ず 3%と 8%の間になる。ところが，8%の食塩水の方が多いから，新しくできる食塩水の濃度(▲印)は，8%の方に近づく。このとき，おもりの重さの比が

200 g：300 g＝2：3

だから，うでの長さの比は 3：2 (逆比)となる。

このようにして，天びんがつり合う所(▲印)が新しくできる食塩水の濃度になる。

天びん法では，数直線の目盛りは濃さを，天びんのおもりは食塩水の重さを表す。おもりの重さの比とうでの長さの比は，逆比になる。

$$(8-3)\times\frac{3}{3+2}=3\ (\%)$$

$$3+3=6\ (\%)$$

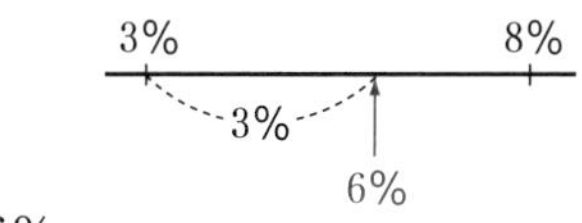

答 6%

解法テクニック

● 食塩水の混合は天びん法を使う。
天びんのうでの長さの比は，食塩水の重さの比と逆比になる。

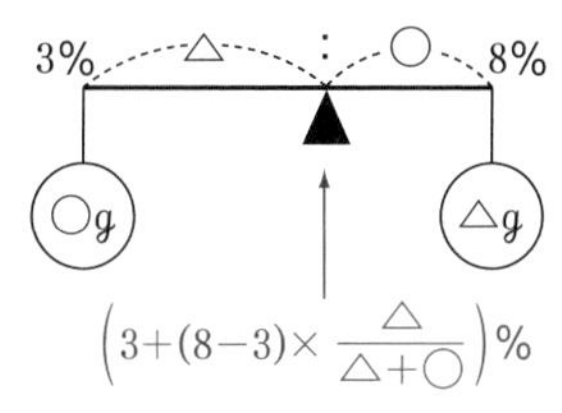

天びん法 2

⑴ 12%の食塩水 300 g から水を□ g 蒸発(じょうはつ)させると，濃度(のうど)が 20%になります。□に数をあてはめなさい。

⑵ 4%の食塩水 A が 400 g，6%の食塩水 B が 200 g，8%の食塩水 C が 100 g あります。A の全部と B の 8 割(わり)，C の□ g を混(ま)ぜると，濃度が 5%になります。□に数をあてはめなさい。

得する 考え方 ⑴ 水(0%の食塩水)に 20%の食塩水を加えて 12%の食塩水になるとして天びん法を使う。

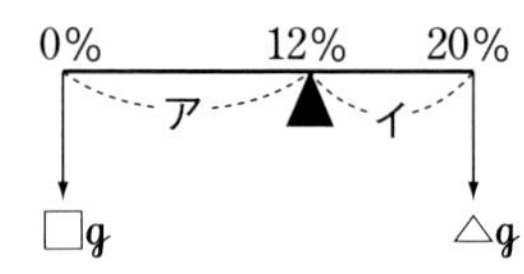

アの長さ：**イ**の長さ＝12：(20－12)＝12：8＝3：2
うでの長さの比(ひ)と食塩水の重さの比は逆比(ぎゃくひ)だから

□：△＝2：3，□＋△＝300 (g)より　　$□=300\times\dfrac{2}{2+3}=120$ (g)

⑵ A を 400 g，B を 160 g，C を□ g 混ぜるとして天びん法を使う。支点(してん)の左側に A，右側に B と C をもってくる。

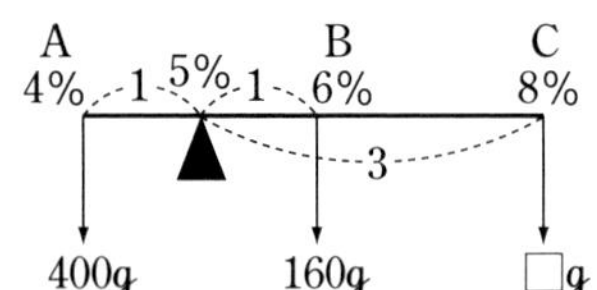

モーメント：うでの長さ×食塩水の重さ
支点の左側のモーメント：1 × 400
支点の右側のモーメントの和：1 × 160 ＋ 3 ×□＝ 160 ＋ 3 ×□
支点の左右でモーメントの和が等しいので
400 ＝ 160 ＋ 3 ×□　　□＝ 80 (g)

答 ⑴ 120　⑵ 80

入れかえて同じ濃(こ)さ

アルコールが 150 g はいっている容器(ようき)と水が 300 g はいっている容器があります。この 2 つの容器から同じ量□ g ずつとって入れかえると，2 つの容器のアルコールの濃度は同じになります。□に数をあてはめなさい。

得する 考え方 「2 つの容器の中の液体(えきたい)の濃度が同じになる」とは，「2 つの容器を丸ごと混ぜたときの濃度になる」ことと同じことである。だから，アルコールと水の比は各容器とも 150：300＝1：2 となる。(次ページ右上の図参照)

この問題では，同じ量ずつ入れかえるから，入れかえる前と後で両方の容器とも全体の重さは変わらない。

入れかえる量は，$150\times\dfrac{2}{1+2}=100$ (g)または，$300\times\dfrac{1}{1+2}=100$ (g)

答 100

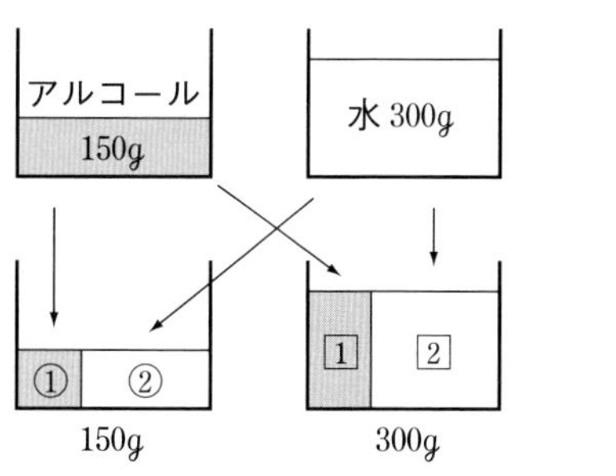

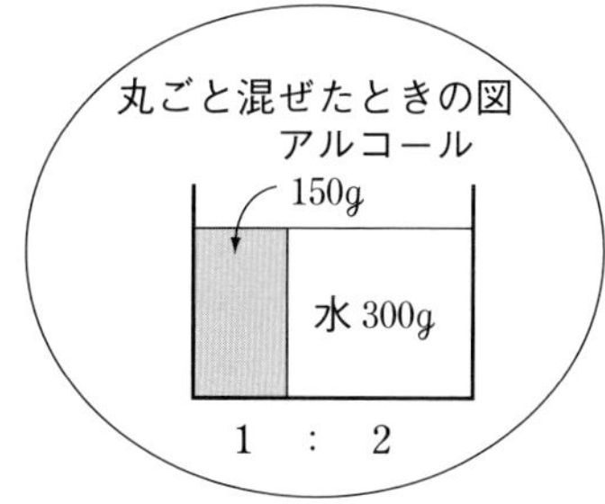

複雑(ふくざつ)なやりとり

容器Aには5%，容器Bには濃度のわからない食塩水がそれぞれ400gずつはいっています。今，AよりBに100g移(うつ)し，よくかき混ぜたのちAに100g戻(もど)したら，Aは6%の食塩水になりました。

(1) 最初，容器Aにはいっていた食塩水にふくまれる食塩の重さを求めなさい。

(2) 最初，容器Bにはいっていた食塩水の濃度を求めなさい。

得する 考え方 (1) $400 \times 0.05 = 20$ (g)

(2) 食塩水を$\dfrac{\text{食塩の重さ}}{\text{食塩水全体の重さ}}$という形で表して考えてみる。

A $\dfrac{20}{400}$ → $\dfrac{15}{300}$ → $\dfrac{\triangle}{400}$ … 6%

$\dfrac{20}{400}$ → $\dfrac{5}{100}$ → $\dfrac{\square+5}{500}$

$\dfrac{\square+5}{500}$ → $\dfrac{\bigcirc}{100}$ → $\dfrac{\triangle}{400}$

B $\dfrac{\square}{400}$ → $\dfrac{\square+5}{500}$ ← 同じ濃度（$\dfrac{\bigcirc}{100}$）

これより，$\triangle = 400 \times 0.06 = 24$ (g)，$\bigcirc = 24 - 15 = 9$ (g)，

$9 \div 100 \times 100 = 9$ (%)

$\square = 500 \times 0.09 - 5 = 40$ (g)，$40 \div 400 \times 100 = 10$ (%)

答 (1) 20g (2) 10%

解法テクニック

- 水を蒸発させるときも，3つの食塩水の混合(こんごう)も**天びん法**が使える！
入れかえて同じ濃度になるときは，全部混ぜたときの濃度！
複雑な食塩水のやりとりは **$\dfrac{\text{食塩}}{\text{食塩水}}$ の形でフローチャート化。**
（流れ図）

打率の問題

ある野球選手は，次にヒットを打てば打率が3分7厘5毛上がり，アウトになれば2分5厘下がるそうです。

次の問いに答えなさい。ただし，(打率)＝(ヒット数)÷(打数)とし，1毛は，1厘の$\frac{1}{10}$です。

(1) 現在の打数は何打数ですか。

(2) 今までに何本ヒットを打っていますか。

(3) 今から何本続けてヒットを打てば，打率が5割になりますか。

得する 考え方 現在のヒット数を□，打数を△とすると，打率は$\frac{□}{△}$と表される。条件をまとめると，ヒットになるか，アウトになるかによる打率の差は次のようになる。

$$\frac{□+1}{△+1},\ \frac{□}{△+1} \quad 差\ \frac{1}{△+1}=0.0375+0.025=0.0625=\frac{1}{16}$$

(1) △＋1＝16

よって　△＝15　　15打数

(2) 次にアウトになれば，2分5厘，打率が下がるので

$$\frac{□}{15}-\frac{□}{16}=\frac{□}{240}=0.025=\frac{1}{40}$$

よって　□＝6　　6本

(3) 現在，15打数6安打なので

$\frac{6+○}{15+○}=0.5=\frac{1}{2}$になればよい。

6＋○＝①とすると　15＋○＝②

このとき，①＝15－6＝9より　○＝3

よって，3本続けて打てばよい。

　　②＝15＋○
－）①＝ 6＋○
　　①＝15－6

答 (1) 15打数　(2) 6本　(3) 3本

解法テクニック ●打率(割合)を分数の形で表し，分母，分子をそろえて考える。

碁盤(ごばん)の目の道順

右の図のような道があり，どの道も直角に交わっています。このとき，A 地点から B 地点まで，最も短い道のりで行く行き方が何通りあるかを考えます。

(1) 行き方は全部で何通りありますか。

(2) C 地点を通らない行き方は全部で何通りありますか。

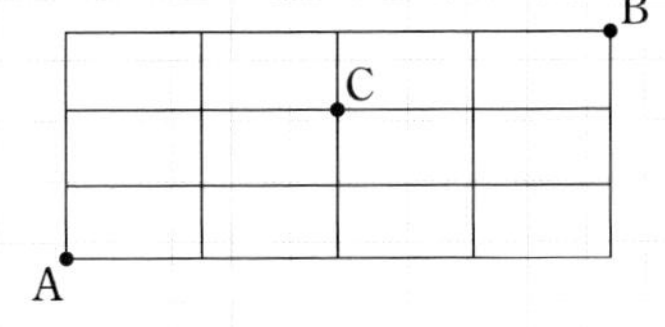

得する 考え方 碁盤の目の道路の道順(最短距離(きょり))である。

右の図で，P は Q からの線と R からの線が合流している点なので，P へ行く道順は，Q へ行く道順と R へ行く道順の和となる。(右の例参照)

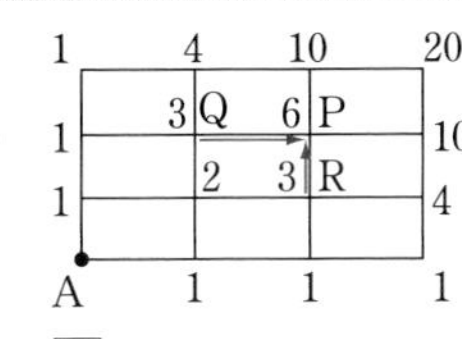

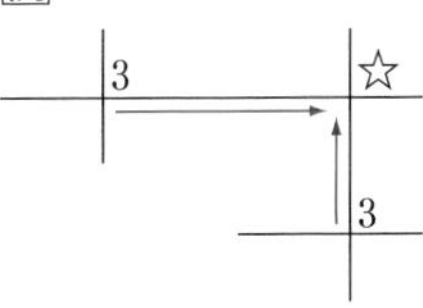

☆には 3+3=6
より，6 を記入する。

また，左の 1 列と下の 1 行の各点への行き方は 1 通りずつなので，これを利用してすべての点について，次々に数を記入していく。

(1)

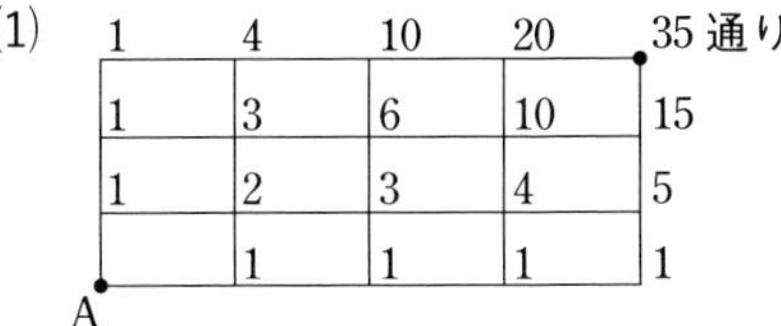

(2) C は通れないので，C につながる 4 本の線(下の図の点線部分)は通れない。

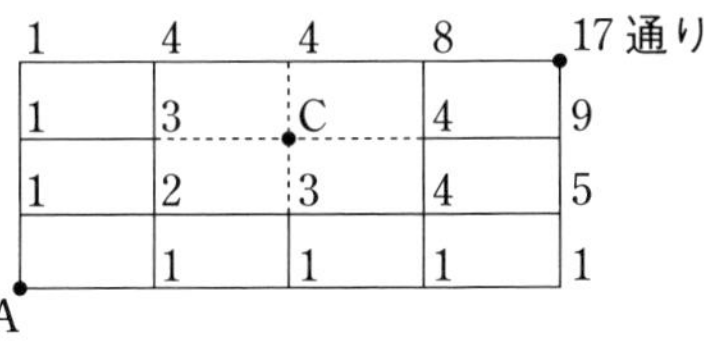

答 (1) 35 通り　(2) 17 通り

解法テクニック ● 道順の問題は，**各交差点までの場合の数をたし算でどんどん求めていく。**

立方体の辺上の移動

立方体の頂点Aから出発して各辺上を動く点があり，1秒ごとに隣の頂点に移るものとします。同じ頂点を何度通ってもよいものとして次の問いに答えなさい。
(1) 3秒後に頂点Bに達するコースは何通りありますか。
(2) 5秒後に頂点Gに達するコースは何通りありますか。

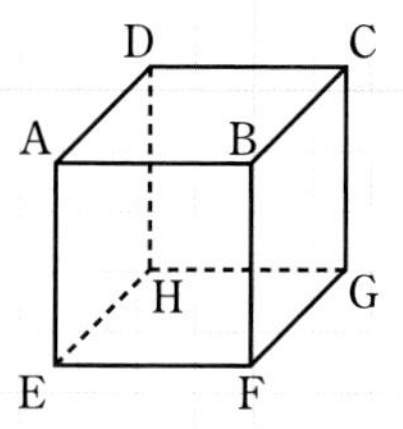

得する考え方 碁盤の目の上の移動を立方体の辺上で行う問題。

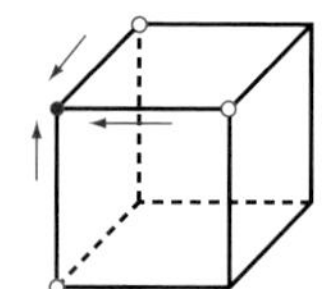

先ほどの碁盤の目の問題とちがうのは，同じ頂点を何度通ってもよいということである。したがって，戻る場合もふくめて考える。ある頂点に到達するには，隣の3頂点からくることになるので，隣の3頂点への到達の場合の数の和が，ある頂点への到達の場合の数となる。

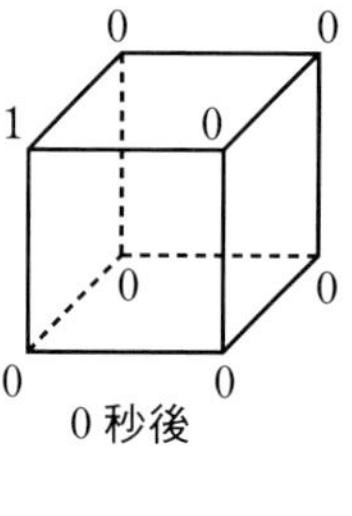

0秒後

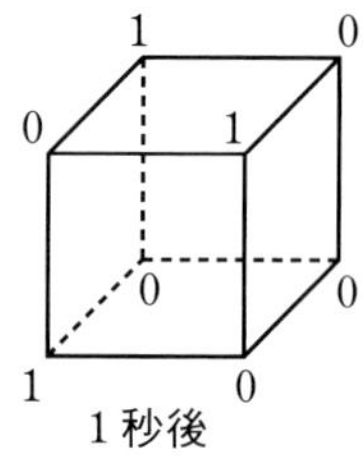

1秒後

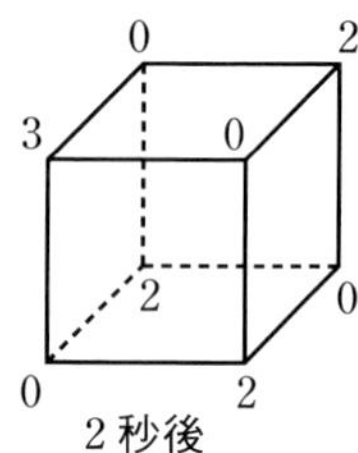

2秒後

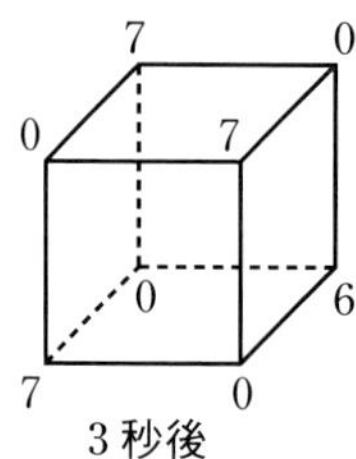

3秒後

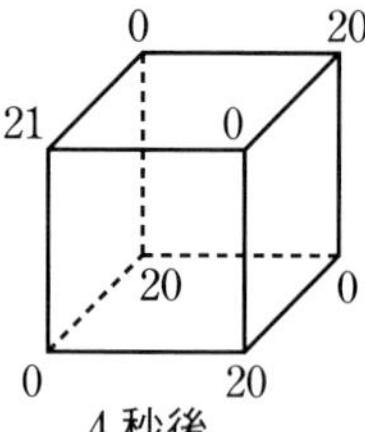

4秒後

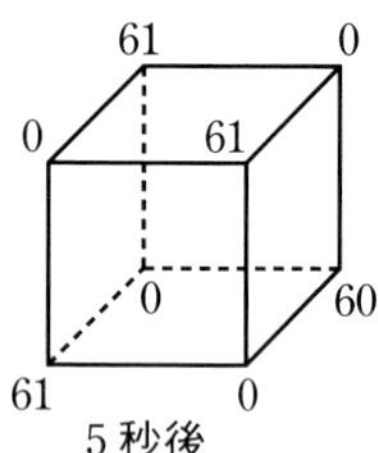

5秒後

答 (1) 7通り (2) 60通り

解法テクニック

● 立方体の辺上の移動…ある頂点に到達するには，**その隣の3頂点への到達の場合の数の和だけ，方法がある。**
1秒ごとに各頂点までの行き方を調べていく。

文章題編

第1章 式を利用して解く問題

1 還元算(かんげん)

最初の数量がわからなくて，最後の数量がわかっているとき，**逆に最後からもとに戻っていって解く問題**を**還元算**という。

例 「ある数を3でわって5をたすと8になるとき，もとの数を求めなさい。」

➡ある数をxとし，式に書くと右のようになる。 $x \div 3 + 5 = 8$

これからxを求めるには，たし算とひき算， $x \div 3 = 8 - 5$

かけ算とわり算がたがいに逆の計算だから， $x \div 3 = 3$

最後の数8から始めて逆の計算をすると，xが求められる。 $x = 3 \times 3 = 9$

▶式の計算の順序についてのきまりを正しく使うことがたいせつである。

2 消去算(しょうきょ)

求める数量が2つ以上あるとき，それらの間にある関係を利用して，1つだけの数量の関係に直し，それを求めてから他の数量を求める問題を**消去算**という。

求める数量をx，yなどの文字を使って，それらの間にある関係を式に表し，それから1つだけの数量を求める式をつくる方法もある。

例 「xの5倍とyの2倍との和は46になり，xの3倍とyの4倍との和が50になるとき，xとyを求めなさい。」

これを式に表すと $x \times 5 + y \times 2 = 46$ …①

$x \times 3 + y \times 4 = 50$ …②

①と②には重なっている部分がないので，重なる部分をつくる。

①の全体を2倍すると $x \times 10 + y \times 4 = 46 \times 2 = 92$ …③

②と③では，$y \times 4$の部分が重なっているので，③から②をひくと

$x \times 10 - x \times 3 = 92 - 50$

$x \times 7 = 42$ つまり $x = 42 \div 7 = 6$

yの値(あたい)は①から $6 \times 5 + y \times 2 = 46$

$y \times 2 = 46 - 30$

$y \times 2 = 16$ つまり $y = 16 \div 2 = 8$

▶このように，xかyの式が同じ形になるものをつくることがたいせつである。

★★★ 基本 131 逆算（還元算）

(1) ある数と4をかけ，その積から4をひき，その差を4でわったら4になりました。ある数はいくつだったのでしょう。

(2) ある数を23.8でわるのをまちがえて28.3でわったので，商が4.1，あまりが0.77になりました。正しく計算したときの，小数第1位までの商とあまりを求めなさい。 【同志社中】

(1) 何種類かの計算が続けられていて，答えが出ているから，終わりの方から順に逆の計算をしていけば，初めの値が出てくる。そのために，ある数を x で表して，計算の順に式を書いて，それを解く。

(2) 初めにある数を求めてから，正しい計算をすればよい。

解き方 (1) ある数を x とすると

$(x \times 4 - 4) \div 4 = 4$

$x \times 4 - 4 = 4 \times 4$

$x \times 4 = 4 \times 4 + 4$

$x = (4 \times 4 + 4) \div 4$

$x = 20 \div 4 = 5$ **答** 5

(2) ある数を x とすると，

$x \div 28.3 = 4.1$ あまり 0.77

なので

$x = 28.3 \times 4.1 + 0.77 = 116.03 + 0.77 = 116.8$

$116.8 \div 23.8 = 4.9$ あまり 0.18

答 商… 4.9　　あまり… 0.18

練習 225 ある数に2.5をかけるところを，まちがえて2.5でわったので，答えが4.8になりました。
正しい答えはいくつですか。

練習 226 100から，5とある数の積をひいた差の3倍は，8と4の和の5倍に等しくなります。
ある数はいくつですか。

練習 227 ある数に $3\frac{2}{3}$ をたして $1\frac{3}{4}$ をひくところを，まちがえて $3\frac{2}{3}$ をひいて $1\frac{3}{4}$ をたしてしまったので，$2\frac{11}{12}$ になりました。
正しい答えはいくつですか。

★★★ 応用 132 やりとり算

A，B，Cの3人が，いくらかずつのお金を持っています。
まず，Aが自分の所持金の中から，BとCにそれぞれの所持金と同じ金額（きんがく）のお金をあたえました。
次に，Bが自分の所持金の中から，AとCにそれぞれの所持金と同じ金額のお金をあたえました。
最後に，Cが自分の所持金の中から，AとBにそれぞれの所持金と同じ金額のお金をあたえました。
この結果，3人とも同じ金額の1600円を持つことになりました。A，B，Cの最初の所持金は，それぞれいくらだったでしょう。 【甲陽学院中】

考え方 まともに考えていくと混乱（こんらん）する。逆（ぎゃく）に計算すると順にわかってくる。
たとえば，最後に3人とも1600円になるので，その前には，AとBは1600円の半分の800円で，CはAとBにあたえる分を加えた(1600＋800＋800)円である。

解き方 やりとりを逆に考えると，次のようになる。

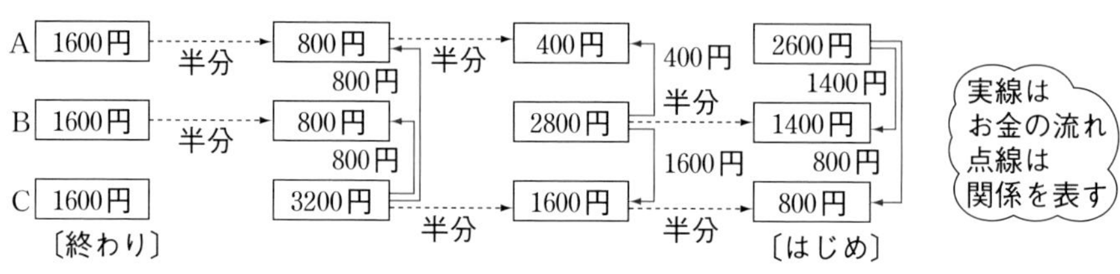

答 A … 2600円　B … 1400円　C … 800円

練習 228 何円かのお金を持っていましたが，そのお金の$\frac{1}{7}$を使い，次に残りの$\frac{1}{6}$を使い，次々に残りの$\frac{1}{5}$，$\frac{1}{4}$，$\frac{1}{3}$，$\frac{1}{2}$と順に使ったところ，残金が500円になりました。初めの金額は何円だったでしょうか。

★★☆ 標準 133 消去算(1)

ガソリン 25L と灯油 10L の値段の合計は，4405 円です。また，ガソリン 10L の値段は，灯油 18L の値段より 46 円高いそうです。ガソリンと灯油のそれぞれ 1L あたりの値段を求めなさい。【慶應中等部】

考え方 求める数量が 2 つあって，それらの間にある関係が 2 つある。そこで，この 2 つの関係からどちらか一方の数量が求められるように式を変える。

解き方 ガソリン 1L の値段を x 円，灯油 1L の値段を y 円とする。

$x \times 25 + y \times 10 = 4405$ …①

$x \times 10 = y \times 18 + 46$ …②

①の場合の量を$\frac{1}{5}$にし，②の場合の量を$\frac{1}{2}$にして，次の③，④の式をつくる。

$$\begin{cases} x \times 5 + y \times 2 = 881 & \cdots③ \\ x \times 5 = y \times 9 + 23 & \cdots④ \end{cases}$$

③の式の $x \times 5$ の代わりに，④の式の $y \times 9 + 23$ とすると

$(y \times 9 + 23) + y \times 2 = 881$

$y \times 9 + y \times 2 = 881 - 23$

$y \times 11 = 858$

$y = 858 \div 11 = 78$

④の式から　$x \times 5 = 78 \times 9 + 23$

$x \times 5 = 725$

$x = 725 \div 5 = 145$

答 ガソリン… 145 円　　灯油… 78 円

練習 229 次の□にあてはまる数を入れなさい。
1 個□円のりんご 8 個をかごにつめてもらったら，かご代を入れて 1140 円でした。同じかごでりんごを 6 個にすると，900 円になりました。【三重大附中】

練習 230 バット 1 本とボール 2 個の代金の合計は 5200 円です。バット 1 本の代金はボール 2 個の代金の 3 倍より 400 円安くなっています。バット 1 本の代金はいくらですか。【関東学院中】

練習 231 りんご 3 個とかきを 8 個買って 1190 円はらいました。かき 1 個の値段は，りんご 1 個の値段の$\frac{1}{3}$倍です。かき 1 個の値段はいくらですか。【佐賀大附中】

★★★ 基本 134 消去算(2)

直方体の水槽があります。内のりの縦は50cm，横は60cm，深さは50cmです。この水槽に大きなバケツで9はい，小さなバケツで8はい水を入れると，水面が上から10cmの所にきます。大きなバケツで3ばい，小さなバケツで1ぱいたすと，水はちょうど水槽いっぱいになります。大きなバケツは何L入りですか。 【関西学院中】

考え方 大，小それぞれのバケツ1ぱいではいる水の量がわかればよいことに気がつく。そこで，大1ぱいで$x$cm，小1ぱいで$y$cm水面が上がるとして，式を2つつくる。1つは深さ40cmまではいることから，もう1つは残り10cm分の水がはいることからつくる。

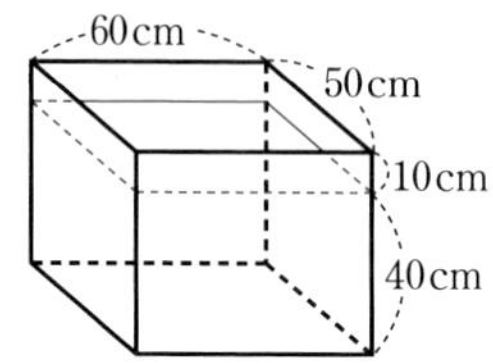

解き方 大きなバケツ1ぱいで$x$cm，小さなバケツ1ぱいで$y$cmの水面が上がるとすると，深さ40cmまで水がはいるとき

$x\times9+y\times8=40$ …①

残り10cm分の水がはいるとき

$x\times3+y\times1=10$ …②

②の場合のバケツの回数を3倍すると

$x\times9+y\times3=30$ …③

①と③を比べて，重なっているものどうしをひき算すると

$y\times8-y\times3=40-30$　$y\times5=10$　$y=10\div5=2$

②の式のyを2とすると，$x\times3+2=10$より　$x=\frac{8}{3}$(cm)

なので，大きなバケツにはいる水の量は　$50\times60\times\frac{8}{3}\div1000=8$　**答** 8L

注意 式A＝Bをつくるときは，AとBの単位をそろえておく。

練習 232 市民球場の入場料は，大人4人と子ども7人で950円です。大人2人と子ども5人では550円です。

大人と子どもの入場料は，それぞれ1人いくらですか。

練習 233 ケーキをつめた箱が2つあります。Aの箱はシュークリーム2個とショートケーキ3個で520円，Bの箱はシュークリーム3個とショートケーキ5個で840円です。(箱代はただです。)

シュークリームとショートケーキは，それぞれ1個いくらですか。

★★☆ 標準 135 消去算(3)

やってみよう
力だめしの問題⑤⑨⑩⑪
チャレンジ問題345

A 君はトランプのカードを全部で 27 枚持っています。そのうちで，ハートとスペードの枚数を合計すると 17 枚，またハートとクラブ(三つ葉)の枚数の合計は 12 枚，またハートとダイヤの枚数の合計は 14 枚です。A 君が持っているカードの枚数は，それぞれ何枚ですか。　【甲陽学院中】

考え方 わからない数量は，ハート，スペード，クラブ，ダイヤの枚数の 4 種類あります。それらを順に，㋩，㋜，㋗，㋟と表して，それらの間にある関係をまとめると

㋩＋㋜は 17　…①
㋩＋㋗は 12　…②
㋩＋㋟は 14　…③

で，もう 1 つは全体の枚数から

㋩＋㋜＋㋗＋㋟は 27　…④

となります。この関係から，①，②，③と④を比べると㋩がわかります。

解き方 ハート，スペード，クラブ，ダイヤの枚数をそれぞれ x 枚，y 枚，z 枚，u 枚とすると

$x+y=17$　…①
$x+z=12$　…②
$x+u=14$　…③
$x+y+z+u=27$　…④

①＋②＋③から

$x\times 3+y+z+u=43$　…⑤

⑤－④から　$x\times 2=16$　　$x=8$

これから　$y=17-8=9$，$z=12-8=4$，$u=14-8=6$

答 ハート…8 枚　　スペード…9 枚　　クラブ…4 枚　　ダイヤ…6 枚

練習 234 ある動物園の入園料は大人 300 円，子ども 200 円です。ある日の入園料の合計は，114000 円でしたが，次の 2 日目は，大人が 2 割減り，子どもが 2 割 5 分増したので，入園料の合計は，118200 円でした。また，次の 3 日目は，大人，子ども合わせて，最初の日の 2 倍より 10 人多い入園者数だったので，入園料の合計は 231000 円となりました。

このとき，次の問いに答えなさい。

(1) 最初の日の，大人，子どもの入園者は，それぞれ何人でしたか。

(2) 3 日目の大人，子どもの入園者は，それぞれ何人でしたか。　【ラ・サール中】

力だめしの問題 入試標準レベル

解答➡別冊 p.144

❶ Aさんは持っていたお金の$\frac{1}{3}$より200円だけ多く使い，次にその残りの$\frac{1}{3}$より200円だけ多く使いました。

今，ちょうど1000円残っています。

Aさんは，初めいくら持っていたのでしょうか。

❷ 子どもに年を聞くと「父の年の半分より9つ少ない」と答え，父に年を聞くと「子どもの年の3倍より3つ多い」といいます。子どもの年は何才ですか。 【青山学院中等部】

❸ ある長さの針金（はりがね）がありました。Aが全体の長さの$\frac{1}{6}$を使い，次にBがその残りの$\frac{1}{4}$を使い，その次にCがその残りの$\frac{1}{5}$を使いましたが，まだ120cm残っているといいます。針金は，初め何cmあったのでしょうか。

❹ こうじ君は，ノート10冊（さつ）と鉛筆（えんぴつ）8本とを買って，1240円払（はら）いました。ノート4冊の値段（ねだん）は，鉛筆3本の値段と同じだそうです。鉛筆1本の値段は，いくらだったのでしょう。 【愛知教育大附名古屋中】

❺ 100点満点のテストで，A，B，C 3人の得点（とくてん）は，それぞれ次のようになりました。

Aは1番と3番をまちがえて85点，Bは2番と3番をまちがえて75点，Cは1番と2番をまちがえて80点でした。

1番と2番と3番の3つをまちがえた人がいるとすると，その人は何点になったでしょうか。 【共立女子中】

❻ ある店で，2種類の品物A，Bを売っている。Aは1個（こ）につき定価（ていか）80円，利益（りえき）15円，Bは1個につき定価120円，利益25円である。Aが□個，Bが□個売れると，売り上げは5800円，利益は1150円となる。 【女子学院中】

ヒント

❶ 2回目に使った残り→1回目に使った残り→初めに持っていた額（がく），と逆（ぎゃく）に求める。

▶基本 131

❷ 子どもに聞いた話は，「子どもの年に9をたして2倍すると父の年になる」のと同じ。

▶基本 131

❸ 初めにx cmあったとして，全体を1として考える。

▶基本 131

❹ ノート10冊＋鉛筆8本が1240円→ノート20冊と鉛筆16本は2480円。

▶標準 133

❺ 1番をa点，2番をb点，3番をc点とすると

$a+c=15$

$b+c=25$

$a+b=20$

これらを全部たす。

▶標準 135

❻ 売り上げと利益について，AとBの関係を式に表す。

▶基本 134

7 水槽に，初めに蛇口 A だけを開けて 20 分間水を入れ，次に蛇口 B だけを開けて 15 分間水を入れたところで，水槽の 65%まで水がはいりました。続けて A，B 両方の蛇口を開けて 10 分間水を入れたら水槽がちょうどいっぱいになりました。蛇口 A だけを開けて水を入れるとすると，水槽がいっぱいになるまで何分かかりますか。

【東大寺学園中】

ヒント

7 A で 1 分間に入れられる水の量を A，B で 1 分間に入れられる水の量を B，水槽いっぱいの水の量を 1 として，式を 2 つつくる。

▶基本 134

8 A，B，C，D 4 人の体重について，A，B，C 3 人の平均が 48kg，A，B，D 3 人の平均が 47kg，A，C，D 3 人の平均が 45kg，B，C，D 3 人の平均が 46kg であるとき，A の体重を求めなさい。

8 3 人ずつの和を計算し，それらから 4 人の合計を求めてみる。

9 A，B，C，D 4 つの整数があります。

このうちの 3 つの数の和をつくると，4 通りできますが，それらは 137，148，134，151 です。4 つの整数のうち，最大の数と最小の数の和はいくらですか。 【明治大付明治中】

9 4 つの和を全部たすと，その中には，4 つの整数が 3 回ずつふくまれている。

▶標準 135

10 美術館の入館料は，大人・中学生・小学生に分かれていて，小学生は大人の半分です。

ひろとさんの家族は，大人 2 人，中学生 1 人，小学生 2 人で 450 円払い，あいこさんの家族は，大人 2 人，中学生 2 人，小学生 1 人で 480 円払いました。

小学生の入館料は，1 人いくらですか。

10 まず，小学生と中学生の入館料の差がわかる。

▶標準 135

11 右の図のような 5 地点 A, B, C, D, E を結ぶ道があります。A から B を通って C へ行く道のりを(A, B, C)で表すと，

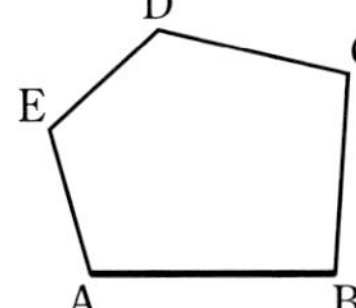

(A，B，C)は 9km，
(B，C，D)は 8km，
(C，D，E)は 7km，
(D，E，A)は 6km，(E，A，B)は 6km　です。

(1) 1 周の道のりを求めなさい。

(2) A，B 間(太い線の部分)の道のりを求めなさい。

【東邦大附東邦中】

11 (9＋8＋7＋6＋6) km は，ちょうど 2 周分になる。

▶標準 135

チャレンジ問題 入試発展レベル

解答➡別冊 p.145

★は最高レベル

1 A君，B君，C君にはそれぞれいくらかの所持金があります。それぞれの所持金を次のように交換(こうかん)しました。

1回目の交換では，A君，B君，C君それぞれの所持金の半分をA君はB君に，B君はC君に，C君はA君に同時に渡(わた)したところ，A君の所持金は4340円になりました。

2回目の交換では，A君からB君に1000円を，C君からA君に400円を渡したところ，B君の所持金は5120円になりました。

3回目の交換では，1回目と同じように，A君，B君，C君それぞれの所持金の半分をA君はB君に，B君はC君に，C君はA君に同時に渡したところ，C君の所持金は4660円になりました。

次の問いに答えなさい。

⑴ 2回目に交換した後のA君の所持金は何円でしたか。

⑵ 3回目に交換した後のB君の所持金は何円でしたか。

⑶ 最初のC君の所持金は何円でしたか。 【帝塚山中】

2 異(こと)なる4つの整数を，小さい方から順にA，B，C，Dとします。これらから選んだ2数の積は224，294，336，384，504の5通りしかありませんでした。このとき，次の各問いに答えなさい。

⑴ A×Cを求めなさい。

⑵ A×B×C×Dを求めなさい。

⑶ Dを求めなさい。 【巣鴨中】

3 A，B，C，D，Eの5人が算数のテストを受けました。5人は得点(とくてん)の低い方から順にA，B，C，D，Eとなり，3人ずつ異なる組合せで平均点(へいきんてん)を計算したところ，

65点，69点，71点，72点，74点，74点，77点，78点，81点，83点

となりました。このとき，次の問いに答えなさい。

⑴ ある3人の得点の合計は207点です。その3人はだれですか。

⑵ 5人の合計点は何点ですか。

⑶ Cの得点は何点ですか。

⑷ AとEの得点はそれぞれ何点ですか。 【聖光学院中】

4 A，B，C 3種類の玉があります。同じ種類の玉は同じ重さで，3種類の間では，重い方からA，B，Cの順になっています。どの種類の玉も1個以上ふくむように，合計5個の玉を袋に入れてその重さを計りました。ただし，袋の重さは考えません。考えられるすべての場合を調べたところ，5通りの重さがあることがわかりました。Aを3個，Bを1個，Cを1個袋に入れるとき，この組み合わせを(3，1，1)という記号で表すことにします。

(1) 3種類の玉の組み合わせ方が異なるのに，同じ重さになるものがあります。それはどの組み合わせとどの組み合わせですか。記号(　，　，　)を使って答えなさい。

(2) 5通りの重さのうち，2番目に重いのは79g，4番目に重いのは71gでした。A，B，Cの玉1個の重さをそれぞれ求めなさい。

【武蔵中】

★ **5** 次の問いに答えなさい。

(1) 0より大きい4つの整数**ア**，**イ**，**ウ**，**エ**が次の条件を満たしています。

条件1　**ア**，**イ**，**ウ**，**エ**は，すべて異なる整数で，この順で小さい順に並んでいる。

条件2　**ア**，**イ**，**ウ**，**エ**の中から2つの整数を取り出してたし合わせ，6つの整数をつくると，次のようになる。

41，48，54，55，61，68

条件3　**ア**，**イ**，**ウ**，**エ**のうち，1つが偶数で，3つは奇数である。

① 48は，**ア**，**イ**，**ウ**，**エ**のうち，どの2つの整数をたし合わせて出た整数かを答えなさい。

② 整数**イ**，**ウ**はそれぞれいくらになるかを答えなさい。

(2) 0より大きい4つの整数**カ**，**キ**，**ク**，**ケ**が次の条件を満たしています。

条件1　**カ**，**キ**，**ク**，**ケ**は，すべて異なる整数で，この順で小さい順に並んでいる。

条件2　**カ**，**キ**，**ク**，**ケ**の中から2つの整数を取り出し，大きい方から小さい方の整数をひいて，6つの整数をつくり，小さいものから並べると，次のようになる。(ただし，**サ**，**シ**，**ス**には整数がはいる)

7，10，[**サ**]，[**シ**]，23，[**ス**]

条件3　**カ**，**キ**，**ク**，**ケ**のうち，1つが偶数で，3つは奇数である。

条件4　**カ**，**キ**，**ク**，**ケ**をすべてたし合わせると91になる。

① 整数[**ス**]はいくらになるかを答えなさい。

② 4つの整数**カ**，**キ**，**ク**，**ケ**は，それぞれいくらになるかを答えなさい。

【西大和学園中】

第2章 和や差の関係から解く問題

1 和差算

2 数の和・差からもとの数を求める問題を**和差算**という。和差算は，次のように考える。

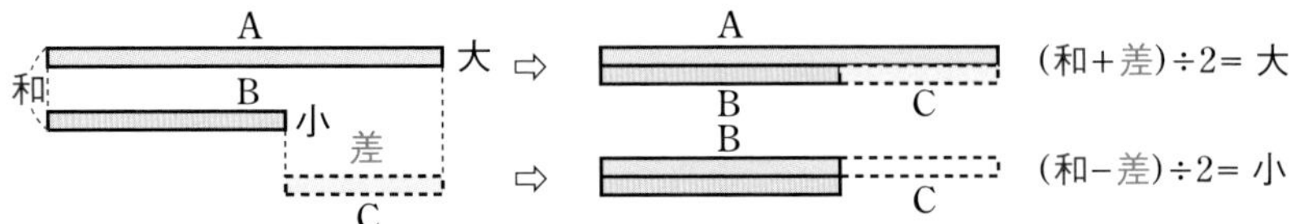

例 「ある学級の児童は 39 人で，男子は女子より 3 人多いそうです。男女それぞれ何人ですか。」

➡図をかくと，右のようになる。

$(39-3)\div2=18$ …女子の人数

$18+3=21$ …男子の人数

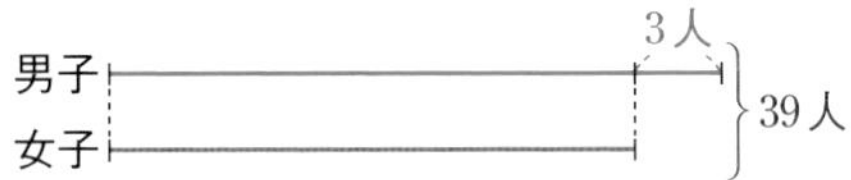

例 「A, B 2 つの数を合計すると 42 で, A は B の 3 倍より 2 大きいそうです。A，B を求めなさい。」

➡図をかくと，右のようになる。

$(42-2)\div(3+1)=10$ …B

$10\times3+2=32$ …A

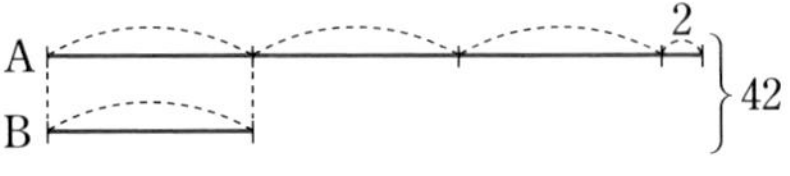

2 平均算（へいきんざん）

平均を使って解く問題を**平均算**という。平均算では，次の関係を利用する。

平均×個数＝合計

例 「男子 20 人の平均点が 70 点で，女子をふくめた 50 人の平均点は 76 点です。女子の平均点を求めなさい。」

➡女子の合計点は　$76\times50-70\times20=2400$ (点)

女子の平均点は　$2400\div(50-20)=80$ (点)

3 過不足算（かふそくざん）

一方があまったり，他方が不足したりする数量をもとにして，**分ける品物の数や人数を求める問題**を**過不足算**という。

あまったものと不足との和÷１人あたりの差＝人数

例 「みかんを1人3個ずつ配ると10個あまり，1人5個ずつ配ると2個たりません。分ける人数は何人ですか。」

➡図をかくと，右のようになる。

あまりと不足の合計が12になるので

12÷(5－3)＝6（人）…人数

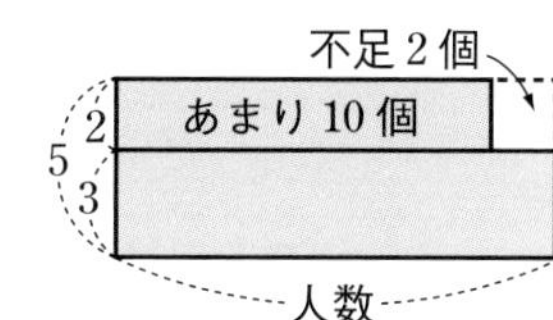

4 つるかめ算

つるとかめの足の数の合計と頭の数がわかっていて，**つる，かめそれぞれの数を求めるような問題**を**つるかめ算**という。

例 「つるとかめが合わせて10ぴきいて，足の合計は34本です。つるとかめはそれぞれ何びきいますか。」

➡10ぴきともかめとすると，足は40本

(40－34)÷(4－2)＝3…つる

10－3＝7…かめ

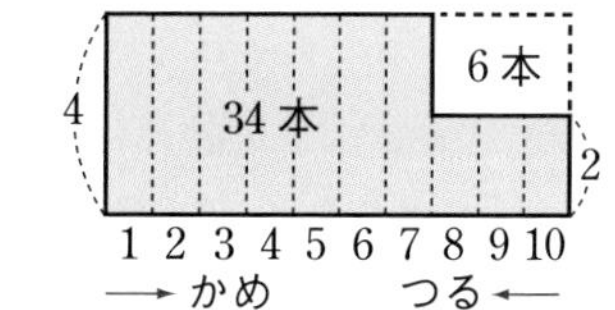

5 そのほかの問題

●**差分算**…2種類以上の数量の間に差があるとき，その差を人数などでわって，**1人あたりの数量などを求める問題**を**差分算**という。

全体の差＝1個あたりの差×個数

●**やりとり算**…何人かの人がお金などを，おたがいにやりとりして損(そん)や得(とく)がないようにする問題を**やりとり算**という。

例 「最初にAがBに400円渡(わた)し，次にBがCに600円渡し，最後にCがAに800円渡したら，3人とも4000円になりました。最初の3人の所持金はそれぞれいくらですか。」

➡A：4000円← 3200円← 3200円← 3600円

B：4000円← 4000円← 4600円← 4200円

C：4000円← 4800円← 4200円← 4200円

●**年令算**…年令についての問題を**年令算**という。2人の年令については，**年令の差が一定**であることを利用する。

例 「現在(げんざい)，3人の子の年令の和は20才，両親の年令の和は56才です。両親の年令の和が3人の子の年令の和の2倍になるのは何年後ですか。」

➡子の年令の和と両親の年令の和は，3：2の割合(わりあい)で増(ふ)えているから

(20＋③)：(56＋②)＝1：2

56＋②＝40＋⑥ ←内項(ないこう)の積＝外項の積

したがって (56－40)÷(6－2)＝4（年後）

基本 136 和差算(1)

やってみよう 力だめしの問題❷

高さが 9cm，面積が $54cm^2$ の台形をつくります。上底の長さが下底より 4cm 短いとすると，上底の長さは何 cm ですか。

考え方 台形の面積は，(上底＋下底)×高さ÷2 である。

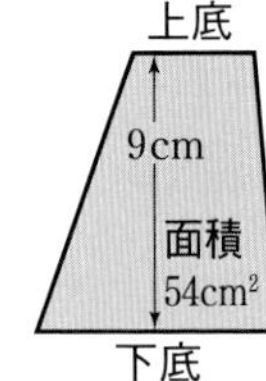

面積が $54cm^2$，高さが 9cm なので

和＝(上底)＋(下底) …①

がわかる。また，

差＝(下底)－(上底) …②

もわかっているので，

(①＋②)÷2 で下底，(①－②)÷2 で上底が求められる。

解き方 (下底)＋(上底)＝54×2÷9

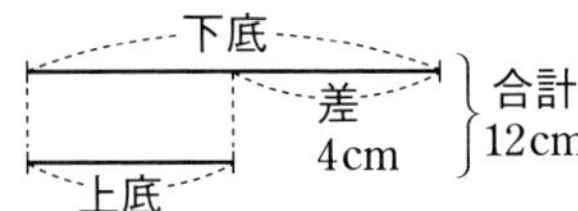

つまり (下底)＋(上底)＝12

また (下底)－(上底)＝4

これから (上底)＝(12－4)÷2＝4

答 4cm

入試ポイント

● 文章題を解(と)くコツは

問題をよく読む→内容(ないよう)を図に表す→問題のしくみを発見する

↑量を直線の長さで表すとよい

初めから，和差算，年令算，○○算などにこだわらないこと。

練習 235 AとBの2人が，同じ所から，同時に自動車で出発します。反対向きに走ると，3時間後には，2人の間が 315km はなれます。同じ向きに走ると，2時間 40 分後に，AがBより 40km 先へ進みます。

同じ速さで走り続けたとすると，AとBの時速は，それぞれいくらですか。

〔手が出ないとき〕 反対向きに走るときは2人の時速の和，同じ向きに走るときは2人の時速の差に注目する。

練習 236 長さ 2m の針金(はりがね)を折りまげて，長方形をつくりました。

長方形の横は，縦(たて)より 12cm 長くなっています。

縦と横がそれぞれ何 cm の長方形ができたのでしょうか。

★★★ 基本 137 和差算(2)

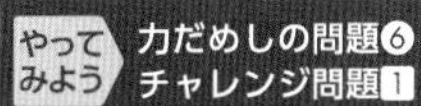

5年生は，男女合わせて195人います。今日は，男子が4人，女子が9人休んだので，出席している男子と女子の数がまったく同じになりました。5年生の男子と女子は，それぞれ何人いるのでしょうか。

考え方 男子と女子の人数を直線の長さで表します。

男子 出席者 4人 差 合計195人
女子 出席者 9人

女子が男子より5人多く休んで，出席している男子と女子の数が同じになったのだから，欠席者の差の5人だけ女子が多かったことになります。

解き方 男子と女子の人数の和は195人。
欠席者は，女子の方が男子より5人多く，その結果出席者が同数になったので，女子は男子より5人多いことになる。

$(195+5)\div 2=100$ (人)…女子
$195-100=95$ (人)…男子

答 男子…95人　女子…100人

練習 237 お兄さんと，お姉さんと，ひさ子さんの年を合わせると41になり，お兄さんはお姉さんより2つ年上で，お姉さんはひさ子さんより3つ年上です。
3人の年令は，それぞれいくつですか。

練習 238 ちよこさんと妹の貯金(ちょきん)は，合わせて3750円ありました。
ちよこさんが250円，妹が500円貯金したら，2人の貯金は同じになりました。
初め，2人の貯金はそれぞれいくらでしたか。

練習 239 A，B，Cの3人の体重の和は115.6kgです。AはBより0.8kg軽く，BはCより3.9kg軽いそうです。
A，B，Cの体重は，それぞれ何kgですか。

練習 240 上下2冊(さつ)に分かれている本があります。上下とも5冊ずつ買うと2800円で，上は下よりも1冊について100円高いそうです。
上下それぞれ1冊の値段(ねだん)を求めなさい。

練習 241 AとBが同じ所から，たがいに反対方向に進むと，3分後に450mはなれ，同じ方向に進むと，1分間にAの方が10m遅(おく)れます。
Aは1分間に何m歩きますか。

★★☆ 標準 138 平均算（へいきん）

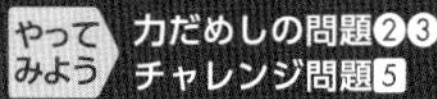

A，B，C，Dの4人の体重は異（こと）なっていて，AからDの順に重くなっています。4人のうち，2人ずつの体重の平均をとると，ちょうど同じ平均になる組があります。

(1) AとCの平均は，AとBの平均より8kg重く，BとCの平均は49kgです。Bは何kgですか。また，4人全員の平均は何kgですか。

(2) A，B，C3人の平均をとると，4人の平均より4kg軽いです。Dは何kgですか。

【神戸女学院中学部】

考え方 A，B，C，Dの順に重くなっているので，2人ずつの体重の和では
A＋B＜C＋D，A＋C＜B＋Dという関係がある。
これから，平均が同じになる組は(A，D)と(B，C)の組になる。
平均＝合計÷人数の関係を使う。

解き方 (1) A＋CはA＋Bより8×2＝16 (kg)大きいので
C－B＝16 (kg)
また，BとCの平均が49kgだから
C＋B＝49×2＝98 (kg)
これからBの体重は　(98－16)÷2＝41 (kg)
次に，B＋CとA＋Dが等しいことから4人の体重の平均は
(98＋98)÷4＝49 (kg)　　**答** B…41kg　4人の平均…49kg

(2) A，B，Cの和は　{(4人の平均)－4}×3＝(49－4)×3＝135 (kg)
Dの体重は　(4人の平均)×4－(A，B，Cの和)＝49×4－135＝61 (kg)

答 61kg

入試ポイント
- 平均が出てくる問題では，合計をうまく利用する。
合計＝平均×人数

練習 242 A，B，C，D，Eの5人の体重をはかりました。その中から何人かについての平均を求めたら，次のようになりました。

A，C，Eの3人では48.1kg，A，C，Dの3人では39.1kg，B，C，Eの3人では46.6kg，B，Dの2人では39.6kgでした。

(1) 5人の体重の平均を求めなさい。

(2) Cの体重を求めなさい。

【フェリス女学院中】

★★★ 応用 139 「差」についての考え方

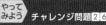

チャレンジ問題 2 6

A，B，C，Dの4つのクラスの人数は，どのクラスも50人より少なく，平均すると46人です。クラス間の人数の差は，AクラスとBクラスの間で4人，BクラスとCクラスの間で3人，CクラスとDクラスの間で2人です。人数がいちばん多いのはAクラスです。A，B，C，Dの各クラスの人数は，それぞれ何人ですか。　【フェリス女学院中】

考え方 AがBより4人多いことはわかるが，BとC，CとDは，差だけわかっていて，どちらが多いかはわからない。そこで，BとCの大小，CとDの大小で，いくつかの場合に分けて考えることになる。こうすると，Aをx人とすれば，Bは$(x-4)$人となり，CもDもxで表せて式をつくることができる。

解き方 Aをx人とすると，Bは$(x-4)$人で，全部の人数は$46\times4=184$（人）である。BとC，CとDの大小で分類すると，人数は次のようになる。

		A	B	C	D	合計	
B＞C	C＞D	x	$x-4$	$x-7$	$x-9$	$x\times4-20$	①
	C＜D	x	$x-4$	$x-7$	$x-5$	$x\times4-16$	②
B＜C	C＞D	x	$x-4$	$x-1$	$x-3$	$x\times4-8$	③
	C＜D	x	$x-4$	$x-1$	$x+1$	$x\times4-4$	④

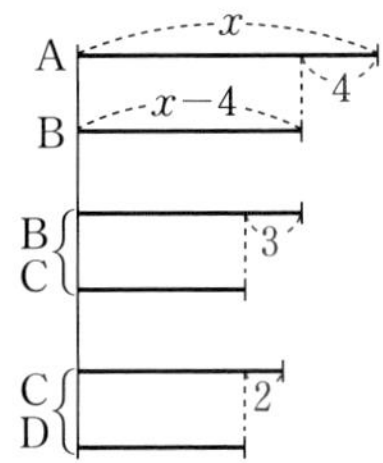

この表で，④はDがAより多くなって問題文には合わない。

①の場合は，$x\times4-20=184$　$x\times4=204$　$x=51$

②の場合は，$x\times4-16=184$　$x\times4=200$　$x=50$

これから①，②は50より少ないという条件（じょうけん）に合わない。

③の場合は，$x\times4-8=184$　$x\times4=192$　$x=48$（←条件に合う）

答 A…48人　B…44人　C…47人　D…45人

練習 243 本校のバレー部は平均身長167.4cmのAチームと156.6cmのBチームの2チームの計12名の選手がいます。

(1) 2チーム合わせた12名の選手の平均身長はいくらですか。

(2) A，Bそれぞれのチームの中から2名ずつの選手を入れかえて，最も平均身長の高い172.6cmのチームにつくりなおすことができます。

① そのときのもう1つのチームの平均身長はいくらですか。

② AチームからBチームに入れかわった2名の平均身長が152.4cmならば，BチームからAチームに入れかわった2名の平均身長はいくらですか。

【追手門学院大手前中】

★★★ 標準 140 過不足算(1)

やってみよう 力だめしの問題⑨

ある品物をつくるのに，初めの15個は2000円かかりますが，16個目からは1個120円ででき，51個目からは1個80円でできます。1個あたりの平均の値段を100円以下にするには，何個以上つくればよいですか。

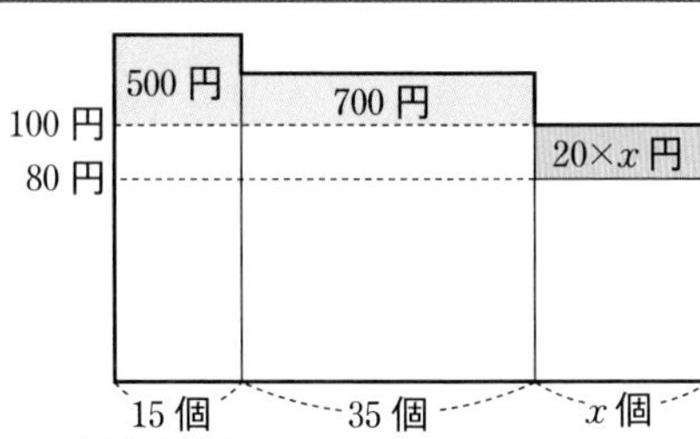

考え方 初めの15個の代金は2000円，次の35個の代金は$120 \times 35 = 4200$（円），その次からは1個80円だから，その個数が多くなるほど平均の値段は下がる。それが100円になるのは，図で影の部分の面積と色の部分の面積が等しくなるとき。

解き方 1個が100円としたときの差額は初めの15個は
$2000 - 100 \times 15 = 500$（円）　…①
16個目から50個目までは　$(120 - 100) \times (50 - 15) = 700$（円）　…②
50個を超えた個数をxとすると，差額は　$20 \times x$（円）　…③
平均が100円になるには，①と②の合計と③が等しくなればよいので
　$x = (500 + 700) \div 20 = 60$（個）
これからつくる個数は　$50 + 60 = 110$（個）以上となる。　**答** 110個以上

入試ポイント
● 基準の値をもとにして平均を求める方法も覚えておく（仮平均法）。
9，8，8，7，8，10，8，7，8，9の平均は，8との差を集めて，
$1 + 2 + 1 = 4$，$1 + 1 = 2$，$4 - 2 = 2$から　$8 + 2 \div 10 = 8.2$
（大きい方）（小さい方）（合計）

練習 244 兄のA君と妹のBさんは，父から同じ切手帳を記念にもらいました。そこで2人は毎月切手を集めることにしました。2人はそれぞれ毎月集める枚数を決めて，同じ月から集め始めました。しかし，5か月経って枚数を比べてみると，A君の方が40枚多く集めていました。そこでBさんは，毎月集める枚数をそれまでの2倍にしたところ，2人は同時に切手帳に全部切手を集め終わることができました。A君は毎月26枚の切手を集めていたとして，次の問いに答えなさい。

(1) 5か月経ったとき，Bさんは切手を何枚集めていましたか。

(2) 切手帳に全部切手を集め終わるのに，切手を集め始めてから何か月かかりましたか。

【清風中】

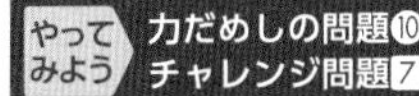

★★★ 標準 141 過不足算(2)

あるグラウンドを借りて運動会を開くことにしました。費用(ひよう)はグラウンドの使用料と弁当(べんとう)代で，1人あたりの参加費は，30人が参加すれば700円になり，50人が参加すれば640円になります。

(1) 弁当1個の値段は何円ですか。

(2) 1人あたりの参加費を600円以下にするためには，何人以上の参加者があればよいですか。

【久留米大附設中】

考え方 グラウンド使用料は参加人数に関係なく同じと考えてよい。

(1) 30人分の費用と50人分の費用の差が，20人分の弁当代になる。

(2) ちょうど600円になるときの参加人数を求める。

解き方 (1) $700 \times 30 = 21000$ (円)　　$640 \times 50 = 32000$ (円)

$32000 - 21000 = 11000$ (円)… 20人分の弁当代

弁当1個は　$11000 \div 20 = 550$ (円)

答 550円

(2) 参加者は多ければ多いほど，1人あたりの参加費は少なくなるから，参加費がちょうど600円のときを考える。

まず，グラウンドの使用料は

$21000 - 550 \times 30 = 4500$ (円)

参加者を x 人とすると

$x \times (600 - 550) = 4500$ (円)

$x = 4500 \div 50 = 90$ (人)

答 90人以上

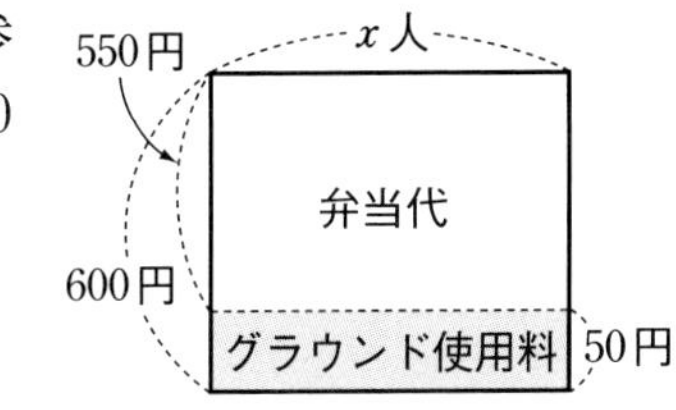

練習 245 A君は毎日4ページの割合(わりあい)で，月曜日から本を読み始めました。この話を聞いたB君が，その週の土曜日から日に7ページの割合で同じ本を読むことにしましたが，B君は日曜日と火曜日はお手伝いをする予定で，この本を読む時間はありません。A君が本を読み始めた週を1週目として，次の問いに答えなさい。

(1) 2週目の火曜日までに，A君，B君はそれぞれ何ページまで読んでいますか。

(2) B君は，何週目の何曜日に初めてA君と同じ部分を読むことになりますか。

【金蘭千里中】

★★★ 基本 142 やりとりに関する問題

やってみよう 力だめしの問題❷ チャレンジ問題６

道子さんと春子さんと秋子さんは，３人で遊園地に遊びに行きました。道子さんは交通費（ひ）を３人分で 1200 円，春子さんは入園料を３人分で 600 円，それぞれ支払（しはら）いました。また，秋子さんはジュースを３本分で 270 円支払い，道子さんに 500 円玉を渡（わた）しました。そのあとで，春子さんが他の２人にいくらかずつ支払ったところ，３人の支出はすべて等しくなりました。

⑴ 春子さんは，道子さんにいくら支払いましたか。

⑵ 春子さんは，秋子さんにいくら支払いましたか。

⑶ ３人は，１人あたりいくら支払ったことになりますか。 【お茶の水女子大附中】

考え方 初めに３人全員でいくら使ったかを計算して，１人あたりの金額（きんがく）を求めるのがよい。つまり，⑶から始める。そのあとで，３人のお金のやりとりを計算しよう。500 円玉にまどわされてはいけない。

解き方 ⑶ ３人の費用の合計は

1200＋600＋270＝2070（円）

１人あたりは　2070÷3＝690（円）

道子 1200円
春子 600円
秋子 270円

⑴⑵ 道子さんのお金の出し入れについては

1200－500－690＝10（円）　…不足

秋子さんのお金の出し入れについては

270＋500－690＝80（円）　…不足

これらの金額を春子さんからもらえばよい。

答 ⑴ 10 円　⑵ 80 円　⑶ 690 円

練習 246 A，B，C の３人は夕食のための買い物をしました。A 君の支払った金額は，B 君の支払った金額の３倍に C 君の支払った金額を加えたものに等しくなりました。その後，B 君は C 君に 950 円，C 君は A 君に 1240 円渡したので，３人の出費は等しくなりました。初めに A，B，C の支払った金額は，それぞれ□円，□円，□円でした。 【大阪星光学院中】

練習 247 太郎（たろう）君，次郎君，三郎君の３人はお米を持ちよって，飯ごう炊（すい）さんをすることにしました。太郎君はお米を５合（ごう），次郎君は３合持ってきましたが，三郎君はお米を忘（わす）れてきたので，太郎君と次郎君がお米を分けてやり，平等に食べることにしました。その代わり，三郎君はお金を 240 円出しました。太郎君と次郎君は，この 240 円をどのように分けるとよいでしょう。 【白陵中】

★基本 143 つるかめ算(1)

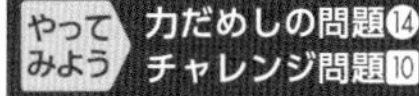

花子さんは文房具店に行き，1冊120円のノートと1冊160円のノートを合わせて13冊買い，1回10円のコピーを2回しました。2100円出したところ，10円のおつりがきました。120円のノートと160円のノートをそれぞれ何冊買ったでしょうか。ただし，すべての代金には10%の消費税がかかりました。

【東京女学館中・改】

考え方 初めに消費税がかかる前の金額を計算する。
コピー代をひいた金額が2種類のノートの代金である。
このとき，13冊とも120円のノートだとすると，金額は

$120 \times 13 = 1560$ (円)

となる。
これと実際の金額との差を，160円のノートでうめていく。

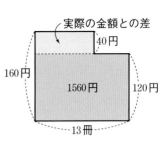

実際の金額との差
40円
160円
1560円
120円
13冊

解き方 $2100 - 10 = 2090$ (円)なので，消費税抜きの金額は
$2090 \div 1.1 = 1900$ (円)
2種類のノートの代金は

$1900 - 10 \times 2 = 1880$ (円)

13冊とも120円のノートとすると

$120 \times 13 = 1560$ (円)

これと1880円との差320円を，160円のノートでうめると，1冊につき

$160 - 120 = 40$ (円)

ずつうまるから
160円のノートは　$320 \div 40 = 8$ (冊)
120円のノートは　$13 - 8 = 5$ (冊)

答 120円… 5冊　　160円… 8冊

練習 248 50円切手と80円切手が合わせて105枚あります。金額を計算してみたら8250円になりました。50円切手と80円切手は，それぞれ何枚ずつでしょうか。

★★★ 標準 144 つるかめ算(2)

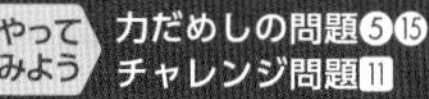

A 君は，ある寺院の石段(いしだん)をさいころをふって，1 の目が出れば 6 段，2 の目が出れば 4 段，その他の目が出れば 3 段ずつ登っていきました。こうして 50 回さいころをふって登ったところ，初めの位置より 198 段上にいました。50 回のうち，1 の目と 2 の目の出た回数は同じでした。1 の目は何回出ましたか。　【愛光中】

考え方 さいころの目の出方は 3 種類で，3 種類の登り方があるが，1 の目と 2 の目の出た回数は同じだから，さいころの目の出方を 2 種類にして，石段の登り方も 2 種類にすることができる。

解き方 1 の目と 2 の目が出た回数は同じだから，この 2 つの目は平均(へいきん)して 1 回に，

$(6+4)\div 2=5$ (段)

登ると考えられる。

50 回とも，1 と 2 以外の目が出たとすると

$3\times 50=150$ (段)

登る。

実際(じっさい)には 198 段登ったので，その差 48 段を 5 段の登りで補(おぎな)えばよい。

5 段登った回数は

$48\div(5-3)=24$ (回)

したがって，1 の目の出た回数は

$24\div 2=12$ (回)

答 12 回

練習 249 家から学校まで行くのに，歩けば 20 分，走れば 8 分かかります。家を出てから歩いて学校へ行く途中(とちゅう)で忘(わす)れ物に気づき，走って家まで戻(もど)り，すぐに走って学校まで行ったところ，初めに家を出てから 22 分で学校に着きました。

忘れ物に気がついたのは，家から学校までの距離(きょり)の何分のいくつの所だったのでしょう。　【愛知淑徳中】

練習 250 大小 2 種類の玉が合わせて 40 個(こ)あります。全部の玉の重さをはかると，1218 g で，小の玉全部の重さは大の玉全部の重さより 238 g 重いそうです。小の玉 1 個の重さは大の玉 1 個の重さの 0.8 倍です。

(1) 大の玉全部の重さは何 g ですか。

(2) 小の玉 1 個の重さは何 g ですか。　【神戸女学院中学部】

★★★ 基本 145 差集め算

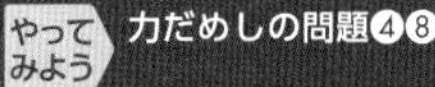

教室にいる生徒に 26 枚ずつカードを配ると，ちょうどカードがなくなりました。3 人の生徒が加わったので，全員から 2 枚ずつカードを戻してもらって，その 3 人に分けあたえたら，全員のカードの枚数が等しくなりました。カードは何枚ありましたか。

【青山学院中等部】

考え方 図をかくとわかりやすくなる。

右の図は，横が人数，縦が 1 人あたりのカードの枚数を表している。色をつけた長方形の面積が全部のカードの枚数を表しているので，3 人増えたときの長方形の面積と比べると，2 つの斜線部分の面積が等しくなればよいことがわかる。

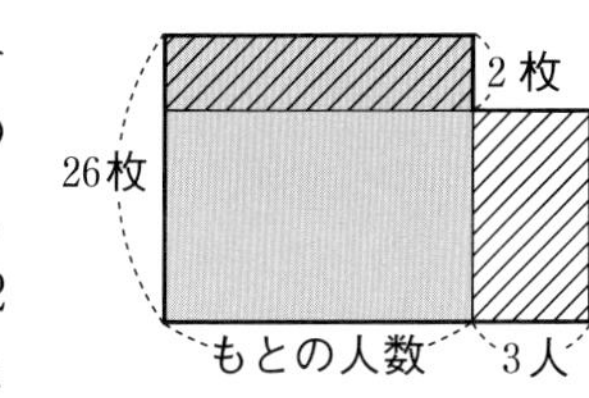

解き方 新しく加わった 3 人の生徒のカードの枚数は

$(26-2)\times 3=24\times 3=72$ (枚)

これがもとの人数から 2 枚ずつ戻してもらった枚数にあたるので，もとの人数は

$72\div 2=36$ (人)

全部のカードの枚数は

$26\times 36=936$ (枚)

答 936 枚

練習 251 みかんがいくつかあります。これらのみかんを 150 人の子どもに配ります。1 人に 3 個ずつ配るとみかんがあまり，1 人に 4 個ずつ配ると足りなくなります。また，3 人につき x 個ずつ配ると 10 個あまり，5 人につき y 個ずつ配ると，ちょうど配ることができました。

(1) x を使って，みかんの数を表す式を書きなさい。

(2) y の値を求めなさい。

【神戸女学院中学部】

練習 252 8 個入りの A の菓子箱と，10 個入りの B の菓子箱とがあります。A の菓子箱の数は，B の菓子箱より 2 箱多い。

今，どの A の箱にもお菓子を詰めると，お菓子は 9 個残り，また，どの B の箱にもお菓子を詰めると，お菓子は 7 個残りました。

A の箱の数を求めなさい。

【甲南女子中】

★★★ 標準 146 過不足算(3)

やってみよう チャレンジ問題8

小学生でつくっている子ども会があります。この子ども会で，箱の中にはいっているあめを分けることにしました。全員に10個ずつ分けると3個不足するので，1年生の4人に15個ずつ，2年生の5人に12個ずつ，3年生の6人に10個ずつ，残りの子どもには7個ずつ分けると，6個残りました。子どもの人数と，箱の中にあったあめの個数をそれぞれ求めなさい。

【フェリス女学院中】

考え方 2種類の分け方を図のように表す。色の部分は7×(人数)(個)を表す。残りの部分が等しいことを考えると解ける。

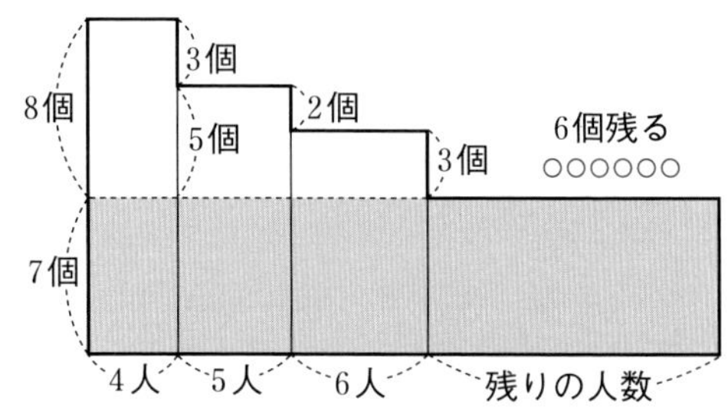

解き方 少なくとも7個は全員に分けられるので，7個より多い部分を考える。

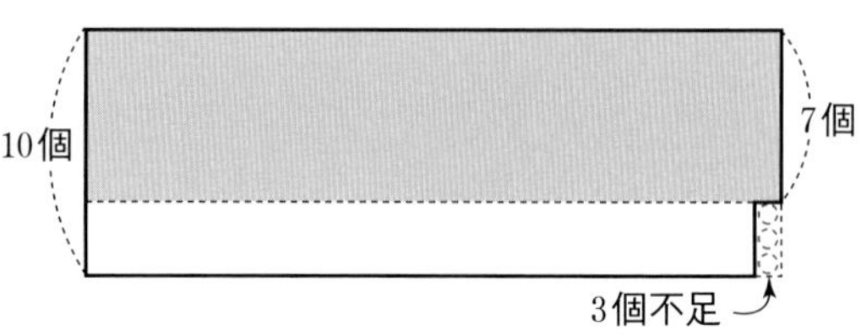

8×4＋5×5＋3×6＋6
＝81(個)

これが，

(10－7)×(人数)－3(個)と等しいので，

人数は　(81＋3)÷(10－7)＝84÷3＝28(人)

あめの個数は　10×28－3＝277(個)

答 子どもの人数…28人　　あめの個数…277個

練習253 映画会を開くために長いすを用意しました。長いす1つに4人ずつ座ると，出席者全員が1人分の空席も残さずにちょうど座れます。ところが，当日になって出席者が予定より30%増えました。そのため，1つに5人ずつ座ることにしました。しかし，それでも3人の人が座れませんでした。次の問いに答えなさい。

(1) 用意した長いすは，全部でいくつでしょうか。

(2) この映画会の出席者は何人でしたか。

【同志社女子中】

練習254 クラブの合宿で，生徒をいくつかの部屋に入れるのに，1室7人ずつにすると10人がはいれません。1室9人ずつにすると，最後の1室だけは3人未満になるといいます。このとき，生徒の人数は何人ですか。

【灘中】

力だめしの問題 入試標準レベル

解答➡別冊 p.152

❶ 45人のクラスで算数のテストをしたところ，全員が受験し，合格者は18人で，合格者の平均点と不合格者の平均点の差が25点でした。またクラス全員の平均点は73点です。このとき，合格者の平均点は□点です。【西大和学園中】

❷ A君，B君，C君，D君の体重について，A君，B君，C君の平均は43kgです。また，A君，C君，D君の平均は40kgです。さらにB君とD君の平均が41.5kgのとき，B君の体重を答えなさい。【白陵中】

❸ 46人のクラスでテストをしました。70点以上の生徒には自分の得点から70点をひかせると，その合計は360点になり，70点未満の生徒には70点から自分の得点をひかせると，その合計は□点になりました。これより，クラスの平均点は75点とわかります。【青山学院中等部・改】

❹ ある旅館に団体で泊まるのに，1部屋3人ずつにしたら24人が部屋にはいれませんでした。そこで，1部屋4人ずつにしたら，ちょうど4人ずつで泊まることができ，部屋が5つあまりました。旅館の部屋の数と団体の人数を答えなさい。【白陵中】

❺ 100円玉が ア 枚，50円玉が イ 枚，10円玉が ウ 枚あります。硬貨の枚数の合計は22枚，金額の合計は1580円です。3種類のうち，ある2種類の硬貨の枚数を逆にすると，金額の合計は770円になります。【大阪桐蔭中】

❻ 60人で同窓会をするのに，1人あたり700円の会費を集めました。1パック800円の寿司と1パック500円のサンドイッチを合わせて60パック買い，少し会費をあまらせる予定でした。ところが寿司の数とサンドイッチの数を取りちがえて注文したために，予定より3600円多く会費があまりました。そこでお茶を60本買ったところ，会費の残金が0円になりました，お茶1本の値段を求めなさい。【関西学院中】

ヒント

❶ 天びん図を使うと計算が楽。

❷「3人の平均」から「3人の合計」を求め，整理する。
▶基本 136，標準 138，基本 142

❸ 70点以上と70点未満の合計点をさしひきする。
▶標準 138

❹ 4人ずつすべての部屋に泊まるには，何人たりないか？と考える。
▶基本 145

❺ 10円玉の枚数は，3枚，8枚，13枚，18枚のいずれかである。
▶標準 144

❻ 予定より多くあまったのは，寿司とサンドイッチの数を取りちがえたため。多くあまったのは，安いサンドイッチの方を予定より多く買ったから。
▶基本 137

❼ ＡさんとＢさんが，長さ８cmの短冊を何枚か貼り合わせて紙テープをつくりました。ＢさんはＡさんののりしろの２倍にしたので，Ａさんと同じ長さの紙テープをつくるには，Ａさんよりも短冊が２枚多く必要でした。２人合わせて36枚の短冊を使ったとすると，Ａさんののりしろは何cmですか。ただし，ＡさんもＢさんも，それぞれののりしろはすべて同じ長さです。

【日本女子大附中】

ヒント

❼ のりしろの数＝短冊の枚数－1

❽ １本のテープを一方のはしから一定の長さごとに印を付けると，印が７個ついて残りは６cmになりました。次に前回よりも２cm短い長さで印をつけると，印が７個ついて同じ間隔に分けられました。このテープの長さは［　　］mです。

【青山学院中等部】

❽ 印を付ける長さの差と６cmをたしたものが，あとにつけた印の１区切りになる。

▶基本 145

❾ ある学校で卒業文集をつくることになり，印刷屋さんに相談しました。初めの50冊は１冊につき200円，51冊目から80冊目までは１冊につき180円，81冊目から120冊目までは１冊につき150円，121冊目からは１冊につき110円でできると言われました。全部で何冊頼んだとき，１冊につきちょうど150円になりますか。

【明治大付中野中】

❾ 面積図をかく。

▶標準 140

❿ ある学校の体育館に同じ長さの長いすがたくさん並べられていて，そこに全生徒が座っています。それぞれの長いすには同じ人数の生徒が座っていて，空席は１つもありません。この状態から長いすを２脚増やし，１脚あたりの人数を２人減らしたところ，やはり全生徒が座ることができ，空席は１つもできませんでした。もしも，初めの状態から長いすを１脚増やし，１脚あたりの人数を１人減らすとしたら，席は何人分あまりますか，それとも，何人分不足しますか。

【暁星中】

❿ これも面積図をかく。

▶標準 141

11 右の表は，青山さんのクラスで犬やねこを飼（か）っている人の数を表にしたものです。クラスの人数は 42 人で，犬を飼っていない人は，犬を飼っている人より 10 人多かったです。

		犬		合計
		いる	いない	
ねこ	いる			△
	いない	△	★	
合計		★		42

同じ印のところには同じ数がはいります

犬とねこの両方を飼っている人は□人です。

【青山学院中等部】

12 今から 9 年前，おじの年令は兄の年令の 2.5 倍でした。また，今から 6 年後，おじの年令は兄の年令の $1\frac{2}{3}$ 倍になります。現在（げんざい）のおじの年令は□才，兄の年令は□才です。

【大阪星光学院中】

13 A 君は両親と弟の 4 人家族です。父は母より 2 才年上で，弟は A 君より 4 才年下です。現在，弟の年令の 12 倍が父の年令です。6 年前，弟は生まれていなかったので 3 人の年令の合計は 59 才でした。現在 A 君は何才ですか。

【日本女子大附中】

14 1 題解（と）いて正しければ 3 点もらえ，まちがえると 1 点ひかれるという計算問題があります。次の問いに答えなさい。

(1) 50 題解いて 17 題まちがえたときの点数は何点ですか。

(2) 100 題解いて 164 点でした。何題まちがえたことになりますか。

【土佐女子中】

15 赤，青，黄の 3 種類の玉が全部で 30 個あり，赤玉には 3，青玉には 4，黄玉には 5 の数が書いてあります。玉に書いてある数の合計は 129 で，赤玉と青玉の個数は同じです。

黄玉は□個あります。

【広島学院中】

ヒント

11 まず，犬を飼っている人と飼っていない人の人数を求める。

12 年令の差が一定であることを利用して，比（ひ）合わせをする。

13 現在の弟の年令を①才とおく。

14 (2) 1 題まちがえると，
3 + 1 = 4 (点)
下がる。

▶基本 143

15 表で解く。

▶標準 144

チャレンジ問題 入試発展レベル

解答➡別冊 p.155

★は最高レベル

1 Aさんと B さんが国語と算数のテストを受けました。国語では A さんの得点が B さんの得点のちょうど2倍でしたが，算数では B さんががんばって，A さんの得点より 26 点高い点になりました。また，国語と算数の2科目の合計では，B さんは 121 点とりましたが，A さんは B さんより 13 点よかったことがわかりました。A さん，B さんの国語と算数の得点はそれぞれ何点でしたか。

★ **2** 父と母と姉と太郎の年令を加えると 124 才，母の年令と姉の年令の3倍と太郎の年令の2倍とを加えると 105 才，父の年令と母の年令の2倍と姉の年令とを加えると 151 才となります。父，母，姉，太郎の年令を求めなさい。ただし，太郎の年令は 10 才より大きく，各人の年令は父，母，姉，太郎の順に小さくなります。【甲陽学院中】

3 A，B，C，D，E，F の6人がどの2人も1度ずつ対戦する総当たり戦で試合を行います。このとき，全部で [(1)] 試合行われます。また，この総当たり戦ではそれぞれの試合ごとに，勝つと2点，引き分けると1点があたえられ，負けると0点です。すべての試合が終わった後の A，B，C，D の点数はそれぞれ9点，2点，9点，1点で，F の点数は E の点数より1点多くなりました。このとき，F の点数は [(2)] 点です。【愛光中】

4 320 個のみかんを，A，B，C，D の4人に分けました。それぞれがもらった個数について

A の個数に4個を加えた個数　　B の個数から4個をひいた個数
C の個数に3をかけた個数　　D の個数を3でわった個数

が等しくなるようにしました。

(1) D は何個もらいましたか。

(2) A がもらった個数は，全体の何％になりますか。【慶應普通部】

5 あるクラスの女子の生徒がソフトボール投げをしました。その平均を計算したところ，いちばん遠くに投げた人の記録をまちがえて 9m 少なくしたため，平均がちょうど 14.2m になりました。計算しなおしたら，今度はいちばん少なく投げた人の記録をまちがえて 6m 多くしたため，平均がちょうど 15.45m になりました。このクラスの女子は [　　] 人で，正しい平均は [　　] m です。【青山学院中等部】

6 何枚(なんまい)かの色紙があります。これをA，B，Cの3人が，次のような約束で分けました。

「BはAの2倍より5枚多く，CはBの3倍より5枚少なく分ける。」

このとき，次の問いに答えなさい。

(1) 3人が何枚かの色紙を上の約束で分けたところ，4枚あまってしまったので，あまった色紙をAがもらいました。そのためAは15枚になりました。

色紙は全部で何枚ありましたか。

(2) 3人が168枚の色紙を上の約束で分けたところ，あまりもなくちょうど分けることができました。3人の枚数はそれぞれ何枚になりますか。 【智辯学園中】

7 ある品物を1個80円で売ったところ，1日で300個売れました。次の日にこの品物を1個50円にしたところ，800個売れたので，利益(りえき)が前日より3000円増(ふ)えました。

この品物の1個の原価(げんか)は□円です。 【青山学院中等部】

8 パーティー会場に丸テーブルが大小合わせて22個あります。大きいテーブルに8人ずつ，小さいテーブルに6人ずつ座(すわ)ると28人座れないので，大きいテーブルに12人ずつ，小さいテーブルに8人ずつ座ることにしたら，34席あまりました。大きいテーブルは□個あります。 【女子学院中】

9 下の表は，A，B，C，D，E，F，G，Hの8人に対する算数のテストの結果です。テストは100点満点で，8人の得点の平均は64点です。Fの得点は8人の中の最高で，ほかの7人の中のだれかの得点のちょうど2倍です。CとFの得点を求めなさい。 【共立女子中】

A	B	C	D	E	F	G	H
74	48		90	33		60	78

10 60分間まで録音できるCDがあります。このCDに曲の長さが3分と4分の曲を合わせて何曲か録音します。そのとき，最初の曲の前に5秒，次からは曲と曲の間に5秒の間をあけます。

次の問いに答えなさい。

(1) このCDに3分と4分の曲を合わせて13曲録音し，48分5秒間のCDをつくりました。このとき，3分の曲は何曲録音されましたか。

(2) このCDに3分と4分の曲を合わせてできるだけ多く録音します。このとき，できるだけ長い時間録音すると，最後の曲の後に録音できる時間は何秒間ですか。

【立教池袋中・改】

11 1冊の値段がそれぞれ70円，30円，20円の3種類のノートを合計47冊買って，2120円支払いました。

1冊30円のノートは，1冊20円のノートの2倍だけ買いました。それぞれ何冊ずつ買いましたか。

【慶應中等部】

12 修学旅行で，6年A組34人の児童とB組36人の児童が遊覧船に乗りました。6年生全児童のうち，女子は36人です。遊覧船には1階と2階に客室があります。2階の客室にはいった39人の中に，A組の女子は12人，B組の男子は16人います。また，1階の客室にはいった31人の中に，男子は8人いて全員A組です。このとき，1階の客室にはいったB組の人は何人か求めなさい。ただし，児童は1階もしくは2階の客室に必ずはいることとします。

★**13** 右の図のような，数字が書かれた板にボールを投げます。ボールが奇数に当たると1点，偶数に当たると2点，◎印に当たると3点，板に当たらないと0点として，30人の生徒が2回ずつボールを投げました。

1	2	3
4	◎	6
7	8	9

このとき，2回とも奇数に当たった生徒は2人，2回とも偶数に当たった生徒は2人，少なくとも1回は◎印に当たった生徒は9人でした。

右の表は，このときの得点と人数の関係を表したものです。

得点(点)	0	1	2	3	4	5	6
人数(人)	2	9	5	6	4	2	2

次の問いに答えなさい。

(1) 少なくとも1回は偶数に当たった生徒は何人ですか。

(2) 得点の規則を，ボールが奇数に当たると2点，偶数に当たると1点と変えました。このとき，規則を変えたときの得点の平均点と，もとの得点の平均点の差は何点になりますか。

【立教池袋中】

第3章 割合の関係から解く問題

1 倍数算(ばいすうざん)——倍数関係についての問題

●和や差と割合(わりあい)が示(しめ)されている問題

例 「AとBの和が30で，AがBの4倍にあたるときBを求めなさい。」

➡和の30はBの5倍にあたるので

30÷5＝6　…B

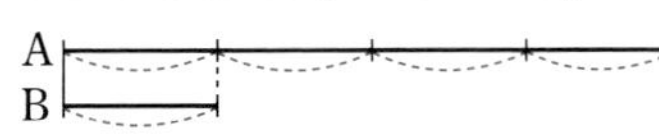

●増(ふ)えたり，減(へ)ったりしたあとの割合が示されている問題

例 「Aは50，Bは30でしたが，同じ数ずつ減らしたら，Aの残りがBの残りの5倍になりました。いくら減らしましたか。」

➡ x 減らしたとき，BがCになったとすると，差が20だから

C×4＝20　　C＝5

x＝30－5＝25

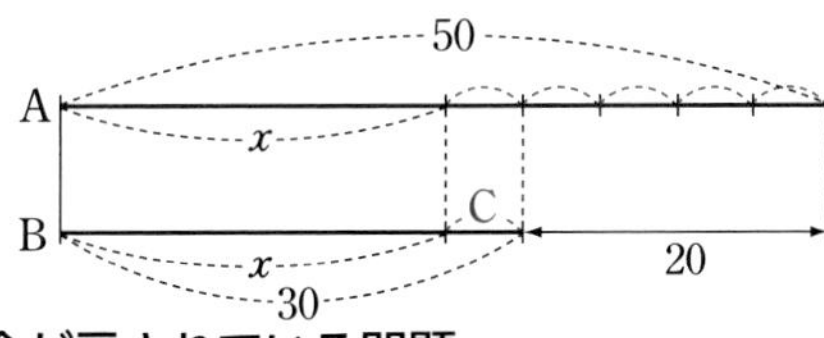

●増えたり，減ったりする前とあとの割合が示されている問題

例 「AはBの4倍でしたが，どちらも5ずつ増えたら，A＋5はB＋5の3倍になりました。初めのA，Bはいくらですか。」

➡図より，Bは5の2つ分で

B＝10

A＝10×4＝40

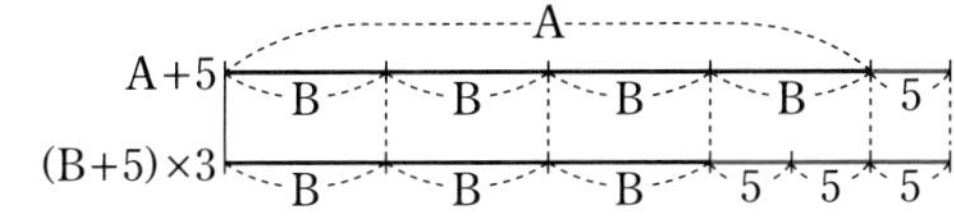

2 相当算(そうとうざん)——もとにする量を1として考える問題

例 「右の図で，DEとBCは平行，三角形ABCの面積が45 cm² のとき，三角形ADEは何 cm² ですか。」

➡三角形ABCの面積を1とすると，㋐：(㋐＋㋑)

＝4：9だから㋐は$\frac{4}{9}$　　よって　$45\times\frac{4}{9}=20$ (cm²)

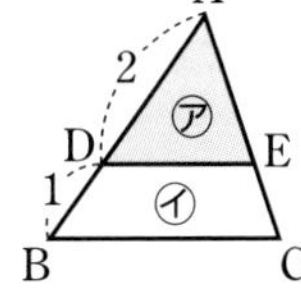

3 損益算(そんえきざん)——売買についての問題

次の関係を理解(りかい)しておこう。

利益＝原価(げんか)×利益の割合　　**定価＝原価＋利益＝原価×(1＋利益の割合)**

損失＝原価－売価＝原価×損失の割合　　**売価＝定価×(1－割引きの割合)**

★★★ 基本 147 「連比」の利用

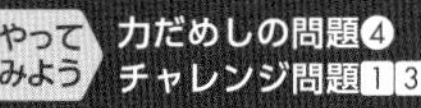

ある事務所では，つとめている人の数は，男子が女子の 4 倍でした。今度，新しく男子も女子も 15 人ずつはいってきました。すると，男子は女子の 3 倍になったそうです。初め，男子と女子は，それぞれ何人だったのでしょうか。

解き方 同じ人数ずつ増えたので，男子と女子の人数の差が一定であることに注目して，差の比合わせにもちこむ。増えたあとの男子と女子を男子′，女子′と表すと

男子	:	女子	:	差	:	男子′	:	女子′
4	:	1	:	3				
				2	:	3	:	1
8	:	2	:	6	:	9	:	3

男子と男子′の差が 15 人なので

男子：15 × 8 = 120（人）　　女子：15 × 2 = 30（人）

答 男子… 120 人　　女子… 30 人

〔別解〕直線の図に表して考えます。

男　15人
女　15人
女の3倍　15人 15人 15人

初めの女子の数を 1 とすると，男子は 4 になる。

男子と女子にそれぞれ 15 人をたすと，男子が女子の 3 倍になるのだから，女子の 3 つ分の直線をかいてみる。

すると，初めの女子の 3 つ分と 15 人の 3 つ分になる。

これと，男子の人数を表す直線を比べてみると，初めの女子が，15 人の 2 つ分にあたることがわかる。

これから，女子の人数は　15 ×(3 − 1)= 30　男子の人数は　30 × 4 = 120

答 男子… 120 人　　女子… 30 人

練習 255 ある牧場には，牛と馬が合わせて 275 頭います。牛の数は，馬の数のちょうど 4 倍だそうです。

牛と馬は，それぞれ何頭いるのでしょうか。

練習 256 たくやさんは 500 円，まさとさんは 400 円もって文房具店に行きましたが，使ったお金はまったく同じでした。

残りのお金を調べたら，たくやさんのお金は，まさとさんの 3 倍でした。

使ったお金は，いくらだったのでしょうか。

★★★ 基本 148 相当算(1)

やってみよう 力だめしの問題⑨⑩

ある製品を注文したら，注文した個数より 12 個不足して届きました。届いた製品の 4%が不良品でした。このため，良品の個数は注文した個数の$\frac{8}{9}$でした。注文した製品の個数は何個ですか。 【桐朋中】

考え方 製品を注文したら，届いた製品の個数が不足していたり，不良品が混ざっていたりすることはよくある。この問題では，注文した個数を 1 とするか，届いた製品の個数を 1 とするかで 2 通りの解き方が考えられる。どちらでもできるようにしておこう。それには，

(良品の個数)：(不良品の個数＋12)＝8：1

に気がつくことが必要である。

解き方 届いた製品の個数を 1 として，直線をかいて表すと，下の図のようになる。

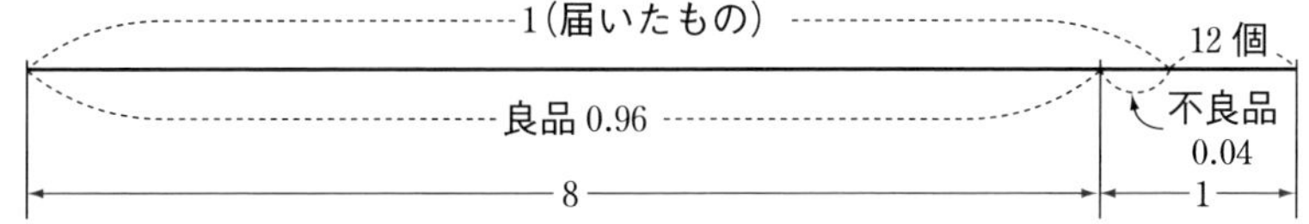

1－0.04＝0.96　…良品

0.96÷8＝0.12　…12 個と不良品の和

0.12－0.04＝0.08　…不足分の 12 個

12÷0.08＝150 (個)　…届いた個数

これから注文した個数は

150＋12＝162 (個)

答 162 個

練習 257 今日は，学校全体で 17 人の欠席がありました。今日の出席率は 97.5%だそうです。この学校の生徒数は何人ですか。

練習 258 ある学校の生徒の人数を調べたら，男子は 210 人で，女子は全生徒数の$\frac{3}{7}$より 2 人多かったそうです。全生徒は何人ですか。 【久留米大附設中】

練習 259 ある病気の検査をしました。その結果，学校全体の 25%が陽性でした。今年，初めて陽性になった人は 32 人で，これは陽性の人の中の 16%にあたります。学校全体の生徒数は何人ですか。

練習 260 ある中学校の入学試験の受験者の 4 割 5 分が女子で，そのうち 2 割 5 分にあたる 135 人が合格しました。受験者は，男女合わせて何人いましたか。

★★☆ 標準 149 相当算(2)

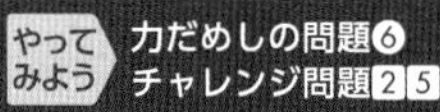

ディオファントスという数学者の墓石には，次のようなことが書かれています。

「ディオファントスはその一生の$\frac{1}{6}$を少年，一生の$\frac{1}{12}$を青年，さらにその後は，一生の$\frac{1}{7}$を独身ですごした。彼は結婚してから5年後に子どもが生まれ，子どもは彼より4年前に，彼の寿命の半分でこの世を去った。」

さて，ディオファントスは何才まで生きましたか。 【相模女子大中学部】

考え方 ディオファントスの一生を1として，結婚後の5年と死ぬ前の4年をたした9年が，何分のいくつになるかを求める。

次の図で考える。

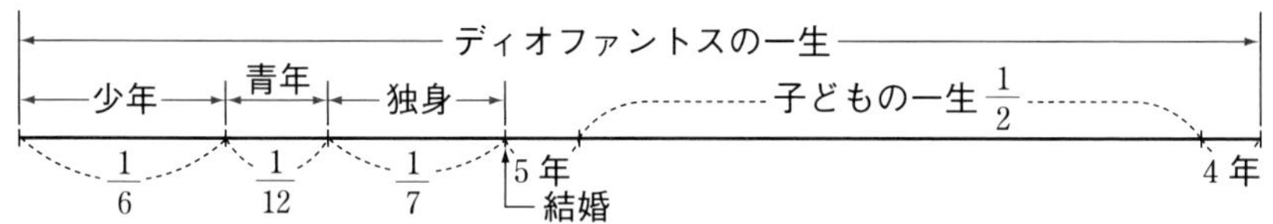

解き方 子どもの一生の期間はディオファントスの半分だから，ディオファントスの一生を1とすると，5＋4＝9（年）は

$$1-\left(\frac{1}{6}+\frac{1}{12}+\frac{1}{7}+\frac{1}{2}\right)=1-\frac{75}{84}=\frac{9}{84}=\frac{3}{28}$$

にあたる。

これからディオファントスの一生は

$$9\div\frac{3}{28}=84$$

答 84才

練習 261 ある学校の入学試験で，合格者数は受験者数の4分の1よりも4人少なく，不合格者数は受験者数の9分の7よりも17人少なかったそうです。受験者の総数はいくらですか。 【関西学院中】

練習 262 あきら君は，お年玉の$\frac{3}{5}$を貯金して，残りのお金で3200円のプラモデルを買いました。このプラモデルの値段は，貯金した残りのお金の$\frac{4}{7}$にあたります。

あきら君は，お年玉をいくらもらいましたか。 【立命館中】

★★★ 基本 150 商売(1)

やってみよう 力だめしの問題⑪⑫ チャレンジ問題⑬

(1) Aの品物の定価は480円，Bの品物の定価は960円です。どちらも，2割の利益がつけてあるそうです。今日，AもBも100円ずつ安くして売りました。それぞれ，利益または損失の割合を求めなさい。

(2) 原価1600円の品物に，2割5分の利益をみこんだ定価をつけていましたが，大売り出しで，200円だけ割引きして売りました。割引きの割合はいくらですか。

実際に，お金を出し入れすると考えると理解しやすくなる。

(1) まずそれぞれの原価を求めて，100円安くして売ったときの利益または損失を計算して，原価と比べればよい。

(2) 定価を求めて，それで200円をわれば，割引きの割合が求められる。

解き方 (1) 原価を1とすると，次のようになる。

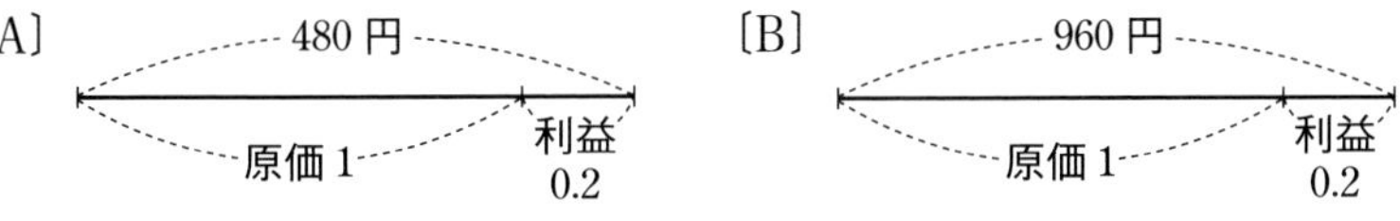

〔A〕	〔B〕
原価は　$480 \div 1.2 = 400$ (円)	原価は　$960 \div 1.2 = 800$ (円)
利益は　$400 \times 0.2 = 80$ (円)	利益は　$800 \times 0.2 = 160$ (円)
$100 - 80 = 20$ (円)	$160 - 100 = 60$ (円)
損失の割合は　$20 \div 400 \times 100 = 5$ (%)	利益の割合は　$60 \div 800 \times 100 = 7.5$ (%)

答 Aは5%の損失，Bは7.5%の利益

(2) 定価は　$1600 \times (1 + 0.25) = 2000$ (円)

$200 \div 2000 = 0.1 \rightarrow 1$ 割

答 1割

入試ポイント

- 利益と損失は原価と比べる。割引きの割合は定価をもとに計算する。

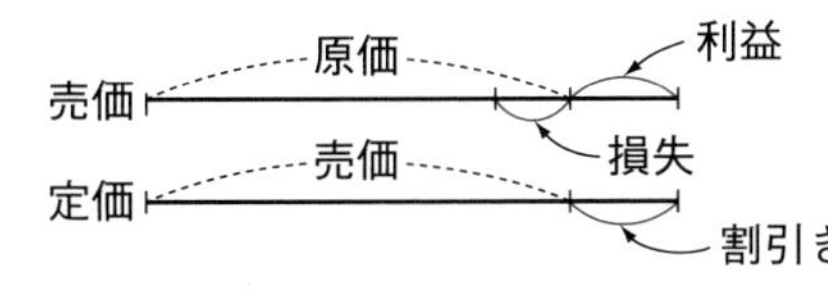

練習 263 (1) 900円で売れば2割の利益が上がる品物を，840円で売りました。利益の割合はいくらになりますか。

(2) 1個について160円の利益がある品物を，100円安くして売ったら，利益の割合が1割5分になったそうです。この品物の原価は，いくらだったのでしょうか。

★★★ 標準 151 商売(2)

やってみよう 力だめしの問題⑪⑫

ある品物を150個仕入れました。その値段の2割増しの定価をつけて売り出しました。仕入れた個数の80%を売った後，残り全部を定価の1割引きで売りました。売り上げ金額は282240円になりました。
この品物を仕入れたときの値段は，1個何円ですか。 【同志社中】

考え方 仕入れ値を1として，定価と1割引きの値段を考える。

解き方 仕入れ値を1とすると，定価は2割増しなので1.2にあたり，売った個数は仕入れた150個の80%で

$150 \times 0.8 = 120$ (個)

また，定価の1割引きの値段は

$1.2 \times (1 - 0.1) = 1.2 \times 0.9 = 1.08$

にあたり，売った個数は

$150 - 120 = 30$ (個)

よって，仕入れ値1に対する売り上げ金額は

$1.2 \times 120 + 1.08 \times 30 = 144 + 32.4 = 176.4$

これが282240円にあたるから，仕入れ値は

$282240 \div 176.4 = 1600$ (円)

答 1600円

練習 264 1個について500円の利益がある品物を，今日は450円安くして売りました。割引きの割合は1割5分にあたるそうです。
この品物の原価はいくらだったのでしょうか。

練習 265 ある人が総額1620000円で同じ品物を何個か仕入れました。ところが1週間後，その品物の仕入れ値段が1割下がったので，その人は「今ならば，ちょうど20個多く仕入れられたのに」と言っていました。仕入れた値段は1個いくらですか。 【洛南高附中】

練習 266 おもちゃを1個500円で何個か仕入れました。それを1個800円で売れば，10個こわれていても28000円の利益が上がるはずでした。ところが実際には15個こわれていたので，1個840円で売ることにしました。全部でいくらの利益が上がりますか。 【愛光中】

練習 267 原価800円の品物があります。この品物50個を定価の1割2分引きで売るときの利益は，この品物80個を定価の1割5分引きで売るときの利益に等しいといいます。この品物の定価はいくらですか。 【灘中】

★★★ 基本 152 「比(ひ)合わせ」の利用

やってみよう 力だめしの問題③④ チャレンジ問題⑦⑧⑨

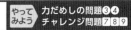

長さが 30 cm ちがう A，B 2 本の棒(ぼう)をへいのそばにまっすぐ立てたら，A はその長さの $\frac{2}{5}$，B はその長さの $\frac{1}{3}$ だけへいの上に出ました。

(1) A，B 2 本の棒の長さの比を，簡単(かんたん)な整数の比で表しなさい。

(2) へいの高さは何 m ありますか。 【慶應中等部】

考え方 どんな問題でも，できるだけ図に表す方がよい。問題を頭の中だけで考えるよりは，ずっとわかりやすくなる。棒 A のへいと同じ長さの部分は，A の $\frac{3}{5}$ で，棒 B のへいと同じ長さの部分は B の $\frac{2}{3}$ である。これが等しいという関係を利用する。

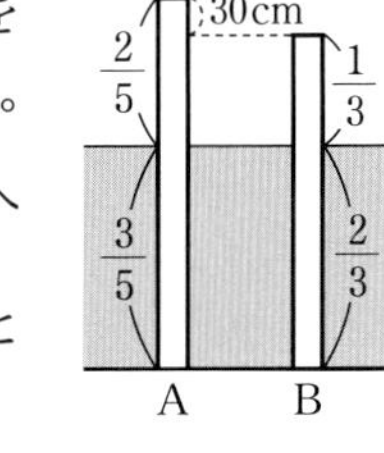

解き方 (1) へいの長さは，A の $\frac{3}{5}$，B の $\frac{2}{3}$ がそれにあたるので，

$$(\text{A の長さ})\times\frac{3}{5}=(\text{B の長さ})\times\frac{2}{3}$$

よって　$(\text{A の長さ}):(\text{B の長さ})=\frac{2}{3}:\frac{3}{5}=10:9$

(2) A と B の長さの比の差が $10-9=1$ から，1 が 30 cm にあたるので，

$$30\times10\times\frac{3}{5}=180\ (\text{cm})\rightarrow 1.8\ (\text{m})$$

答 (1) 10：9　(2) 1.8 m

練習 268 同じ長さの赤，白 2 本のひもがあります。赤いひもの $\frac{5}{9}$ と，白いひもの $\frac{2}{5}$ を切り取り，それを比(くら)べたら差が 25.2 cm でした。

(1) 初めのひも 1 本の長さは何 cm ですか。

(2) 切り取った残りのひもの長さの和は何 cm ですか。 【同志社中】

練習 269 氷の張(は)った池で，氷に穴(あな)をあけて，長さの差が 32 cm の A, B 2 本の棒を，その穴から底までまっすぐ立てました。すると，A，B 2 本の棒のぬれていない部分は，それぞれの長さの $\frac{2}{7}$，$\frac{1}{6}$ でした。

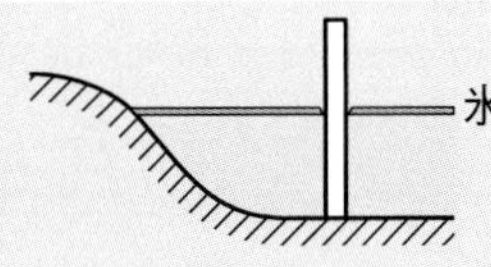

(1) 穴をあけた所の池の深さは，A の棒の何倍ですか。

(2) B の棒の長さは何 cm ですか。

力だめしの問題 入試標準レベル

解答➡別冊 p.160

❶ みかんが何個(なんこ)かあります。これをA，B，C，Dの4人に分けるのに，Aは全体の$\frac{1}{4}$と3個を取り，次にBは残りの$\frac{1}{3}$と2個を取り，Cはその残りの$\frac{1}{2}$と1個を取ったところ，Dの分は5個となりました。みかんは全部で何個ありましたか。 【関西学院中】

❷ ある中学校の男子生徒数は全生徒数の60%で，男子生徒数の15%はA町から通学しています。また，A町から通学している男子，女子の生徒数の合計は，全生徒数の16%です。A町から通学している女子の生徒数は，女子の全生徒数の何%ですか。 【慶應普通部】

❸ プールの深さをはかるために，長さの差が1mある2本の棒(ぼう)をプールの底にまっすぐ立てました。

長い方の棒は$\frac{3}{7}$，短い方の棒は$\frac{3}{5}$までつかりました。プールの水の深さは何cmですか。 【宝仙学園中】

❹ 45000円をA，B，C 3人に分配するのに，まず3人に同額(どうがく)をあたえ，残りを7：5：2に分配したところ，AはCより3000円多くなりました。

それぞれ何円ずつもらいましたか。 【愛光中】

❺ Aさん，Bさん，Cさんの3人が同じ値段(ねだん)のノートを買いました。Aさんはノートを2冊(さつ)買い，持っていたお金の$\frac{3}{5}$を使いました。Bさんはノートを3冊買い，持っていたお金の$\frac{4}{7}$を使いました。Cさんはノートを2冊買い，持っていたお金の$\frac{2}{3}$を使いました。代金を支払(しはら)った後の3人の持っているお金の合計は550円でした。Aさんは最初に□円持っていました。 【西大和学園中】

ヒント

❶ 逆(ぎゃく)に考えると，CとDの個数の和は
$(5+1)\div\left(1-\frac{1}{2}\right)$
になる。

❷ 全生徒数を1とすると，男子は0.6，A町から通学する男子は0.6×0.15である。

❸ プールの深さを1として，それぞれの棒の長さを表してみる。
▶基本 152

❹ 7：5：2に分配したとき，3000円は7－2＝5にあたる。
▶基本 147，基本 152

❺ ノート1冊の代金を①円として，それぞれの残金を求める。

6 ある会社で倉庫にあるすべての荷物を運ぶことになり，3台のトラックを手配しました。1台目のトラックは，最初に倉庫にあった荷物の$\frac{1}{3}$の個数を積みこんで運びました。2台目のトラックは，自分が1台目なのだとかんちがいしてしまい，倉庫に残っていた荷物の$\frac{1}{3}$の個数だけを積みこんで運びました。3台目のトラックは26個を積んで運びましたが，最初に倉庫にあった荷物の$\frac{1}{12}$の個数が残ってしまいました。最初に倉庫にあった荷物の個数を求めなさい。

【浅野中】

7 A，B，Cの3人がいくらかずつお金を持っています。Aの所持金を3倍すると，Bの所持金の4倍より240円多くなり，もしBが所持金の$\frac{1}{3}$をCにあげたとしても，BはCより40円多くなります。このとき，次の問いに答えなさい。

(1) Aの所持金と，B，C2人の所持金の合計では，どちらがいくら多いですか。

(2) 3人の所持金の合計が2440円のとき，Cの所持金はいくらですか。

【愛光中】

8 4人がけの長いすと6人がけの長いすがいくつかあり，その数の比(ひ)は9：5です。男子は4人がけの長いすに，女子は6人がけの長いすに座(すわ)ると，男子は59人，女子は60人座れません。男子が女子より35人多いとき，男女合わせて何人いますか。

【土佐塾中】

9 昨年，172cmの父の身長から兄の身長をひいた値(あたい)は，兄の身長から妹の身長をひいた値とちょうど同じでした。1年後の現在(げんざい)，父の身長は172cmで変わりませんでしたが，兄は10cm，妹は13cm背(せ)が伸(の)びたため，父の身長から兄の身長をひいた値は，兄の身長から妹の身長をひいた値の半分になりました。現在の兄の身長は何cmですか。

【早稲田実業中等部】

ヒント

6 2台目が運んだのは全体の$1-\frac{1}{3}=\frac{2}{3}$の$\frac{1}{3}$になる。

▶標準 149

7 それぞれの所持金をa，b，cとして2つの関係式をつくる。

8 長いすの数を，⑨脚(きゃく)，⑤脚として，男女の人数を求める。

9 線分図を利用する。

▶基本 148

10 同じ量の水がA，B2つの容器にはいっています。容器にはいっている水の量は，Aではその全容積の$\frac{3}{5}$，Bではその全容積の$\frac{3}{4}$にあたります。BがいっぱいになるまでAの水を移すと，Aには10Lの水が残りました。Aの容積は何Lですか。 【関西学院中】

11 あるスーパーマーケットで，さしみパックを何パックか仕入れて売っています。

ある日，夕方まで仕入れたうちの6割しか売れませんでした。そこで残りを，1パックあたりの利益は3分の1になりますが，定価の2割引きで売ることにしました。それでも結局仕入れたうちの1割は売れ残り捨てることになりました。

この日，さしみパックでの利益(売上金額から仕入れ金額を差しひいた金額)は全体で1400円でした。

(1) 値下げ前の1パックあたりの仕入れ値に対する利益の割合を分数で答えなさい。

(2) 売上金額の合計はいくらですか。 【高槻中】

12 りんごを52800円で仕入れ，2割5分もうけるつもりで，1個につき80円で売りました。ところが，そのうちの何個かがくさっていたため，実際のもうけは7200円でした。初めの予定通りにもうけるためには，1個の値段をいくらにしておけばよかったのでしょうか。

13 ある動物園では，子どもの入園料は大人の入園料の32%です。また，30人以上の団体は，入園料の合計金額が15%引きになります。大人4人と子ども5人の入園料は2800円でした。次の問いに答えなさい。

(1) 大人1人の入園料と，子ども1人の入園料をそれぞれ求めなさい。

(2) 大人3人と子ども何人かで，この動物園にはいります。この団体の人数が，30人より少なくても，大人3人と子ども27人の合計30人の団体より，入園料が高くなるのは，子どもが何人以上のときですか。 【ノートルダム清心中】

ヒント

10 A，Bそれぞれの水の量を1とすると，Bの容積は$\frac{4}{3}$，Aに残った10Lは$2-\frac{4}{3}$にあたる。

▶基本 148

11 (1) 線分図をかく。

(2) 仕入れ値を1として，全体の利益を求める式をつくる。

▶基本 150，標準 151

12 売り上げが(52800＋7200)円であることから，売ったりんごの数が求められる。

▶基本 150，標準 151

13 大人の入園料を1とすると，子どもの入園料は0.32である。

(2) 団体割引きの入園料を求める。

チャレンジ問題 入試発展レベル

解答➡別冊 p.162

★は最高レベル

1 A店，B店2つの新聞店が，新聞の配達部数を競っています。

3月は，A店が1400部，B店が1120部で，B店はA店の80%でした。

4月に，B店はがんばって，いくらか増(ふ)やしましたが，A店もB店と同じ部数だけ増やしたので，B店はA店の82.5%というところまでしか追いつきませんでした。それぞれの店は，4月は3月より何部増えたのでしょうか。

2 A，B，C3つの箱に，合計170個のみかんがはいっています。このみかんをより分けたところ，Aから28個のみかんがCに移り，Bの20%はくさっていたので取り除(のぞ)きました。この結果，AとBのみかんの個数が等しくなり，Cの個数はAの個数の2倍になりました。

最初，A，B，Cの箱に，それぞれ何個のみかんがはいっていましたか。

【清風南海中】

3 ある中学校の男子生徒と女子生徒の割合は7：8で，自転車通学生と徒歩通学生の割合は4：5です。ただし，生徒は自転車通学生と徒歩通学生以外はいないものとします。男子の自転車通学生が90人，女子の徒歩通学生が126人でした。この学校の全校生徒は何人ですか。 【ラ・サール中】

4 A君とB君の2人は同じ量の仕事をやるように言われ，何日かがたちました。A君は今までやった仕事の半分が残っています。B君はA君の残した仕事の$\frac{3}{4}$しかやっていません。このあとB君が仕事を完成するまでにかかる日数は，A君が残った仕事を仕上げるまでの日数の何倍かかりますか。 【関西学院中】

5 甲(こう)，乙(おつ)2つの容器があります。甲には乙よりも600 cm^{3}多くの水がはいっています。今，甲からその$\frac{1}{2}$の水を乙に移した後，乙からその$\frac{1}{3}$の水を甲に戻(もど)しました。次に，甲からその$\frac{1}{4}$の水を乙に移したら，乙は甲よりも300 cm^{3}多くなりました。初めに甲の容器にはどれだけ水がはいっていましたか。

【関西学院中】

6 3 人がけ，4 人がけ，5 人がけのベンチが合わせて 26 個あります。これらのベンチ全部にかけると，102 人がかけられます。次に，4 人がけのベンチには 3 人ずつ，5 人がけのベンチには 4 人ずつかけ，3 人がけのベンチには 3 人ずつかけるようにすると，全部で 87 人がかけられます。

4 人がけのベンチは何個ありますか。 【久留米大附設中】

7 A 水槽の水量と，B 水槽の水量との比は 5：3 です。今，A から毎分 7L ずつ，B からは毎分 6L ずつポンプでくみ始めました。B 水槽が空になったとき，A 水槽にはちょうど 270L 残っていました。初めの A 水槽と B 水槽の水量を求めなさい。 【大阪星光学院中】

8 机の上に，内のりが 1 辺 20 cm の立方体の形をした水槽があります。この水槽の底に，底面の縦が 10 cm，横が 10 cm の直方体の形をしたプラスチック製の積み木を，右の図のような位置に固定しました。今，この水槽に，ある高さまで水を入れたら，積み木の水の中にある部分の高さと，水の外に出ている部分の高さの比が 2：1 になりました。さらに，水面が 2 cm だけ上昇するように水を入れたら，積み木の水の中にある部分の高さと，水の外に出ている部分の高さの比が 4：1 になりました。

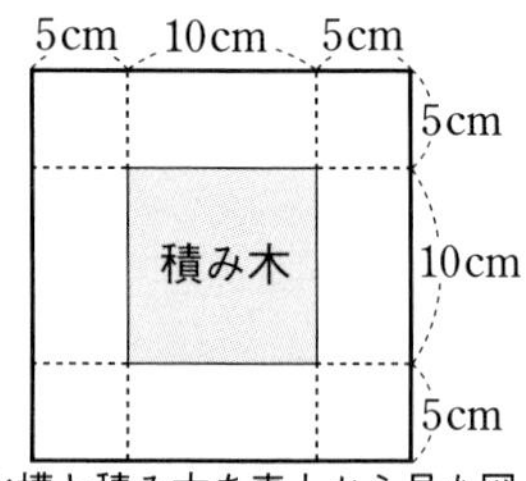

水槽と積み木を真上から見た図

(1) 積み木の高さは何 cm ですか。

(2) この水槽に入れた水の量は，全部で何 cm^3 ですか。

(3) 次に，水槽の底面の 1 辺を机につけたまま，水槽を静かに 45 度傾けました。このとき，こぼれた水の量は何 cm^3 ですか。 【早稲田中】

9 みかんとりんごがいくつかあります。りんごの個数はみかんの個数の $\frac{2}{3}$ です。1 つの箱にみかんを 5 個とりんごを 3 個，合わせて計 8 個ずつつめていくと，みかんが 18 個，りんごが 28 個あまります。みかんとりんごはそれぞれ何個ありますか。 【東海中】

10 太郎君，次郎君，三郎君の 3 人がお金を出して，ゲームを買いました。初めに太郎君は次郎君より 1000 円多く，次郎君は三郎君の 2 倍より 200 円少なく出しました。ところがゲームの値段が予定より安かったので，全員に 200 円ずつ返しました。その結果，太郎君と三郎君が出した金額の比は 4：1 になりました。ゲームの値段はいくらですか。 【慶應普通部】

11 吉田商店では，A，B，C 3 種類の商品を倉庫に保管しています。ある日の倉庫にある A，B，C の個数の比は 5：4：3 でした。その中から A をその個数の 20%，B を 8 個，C を 10 個取り出し，さらに，A，B，C とも同じ個数を取り出しました。このとき，倉庫に残っていた A と B の個数の和は 88 個，B と C の個数の比は 2：1 になっていました。

⑴ 倉庫に残っていた A と B の個数の差は □ 個です。

⑵ A，B，C とも同じ個数を取り出しましたが，その個数は □ 個です。 【芝中】

★ **12** かき，りんご，梨の 3 種類のくだものが売られている店で，A，B，C の 3 人が買い物をしました。かきは全部で 15 個あり，A が全部買いました。りんごは全部で 26 個あり，A が 18 個，B が 8 個買いました。梨は 3 人とも買い，B は 9 個買いました。梨は 1 個 300 円で，B が梨を買うのに使った金額は，かき全部の代金より 150 円少なくなりました。次の問いに答えなさい。

⑴ かき 1 個の値段はいくらですか。

⑵ りんご全部の代金と，B が買い物に使った金額の比は 13：10 でした。

㈠ りんご 1 個の値段はいくらですか。

㈡ 3 人が買った梨全部の代金と，A が買い物に使った金額は同じでした。C が買った梨は何個ですか。 【広島学院中】

★ **13** 日本にある J 商店では，アメリカにある A 牧場から毎月肉を一定量輸入して日本国内で売っています。J 商店は A 牧場に，肉の値段(肉の対価)と輸送費の合計(以下，この合計のことを「仕入れ費」ということにします。)を毎月支払っています。この支払いはすべてアメリカの通貨単位であるドルで行うので，日本円を用意している J 商店の利益はドルの円に対する価値に左右されます。また，肉の値段は毎月ドルでは一定ですが，輸送費は原油価格の変動によりドルでも変動することがあります。先月は 1 ドルは 100 円でした。先月は，仕入れ費の 5 割の利益をみこんで定価をつけて肉を完売しました。今月は 1 ドルが 90 円になったので，原油高のため(ドルでの)輸送費が先月の 2 倍になったにもかかわらず，(円での)仕入れ費は先月の 93.6%ですみました。このため，円高還元セールとして先月の定価の 3%引きの値段を肉につけましたが，完売したところ，利益は先月より 95 万円多くなりました。

⑴ 先月の仕入れにおいて，肉の値段は輸送費の何倍でしたか。

⑵ 毎月支払っている肉の値段は何ドルですか。 【開成中】

第4章 速さの関係から解く問題

1 旅人算

出会ったり，追いかけたりするときの時間や距離を求める問題を**旅人算**という。

例 「1000m はなれた2地点から，分速400m の自転車のAと分速100m の徒歩のBが向かい合って同時に出発しました。出会うのは何分後ですか。」

➡ $1000 \div (400+100) = 2$（分後）

└1分間に短くなる距離

例 「100m 先にいる秒速1m で進んでいるかめを，秒速10m のうさぎが追いかけました。何秒後に追いつくでしょう。」

うさぎ 10m/秒　かめ 1m/秒　100m

➡ $100 \div (10-1) = 11\frac{1}{9}$（秒後）

└1秒間に追いつく距離

● ダイヤグラムの利用　交点の求め方は，相似形を利用してやると，簡単に出すことができる。（色の部分に注目）

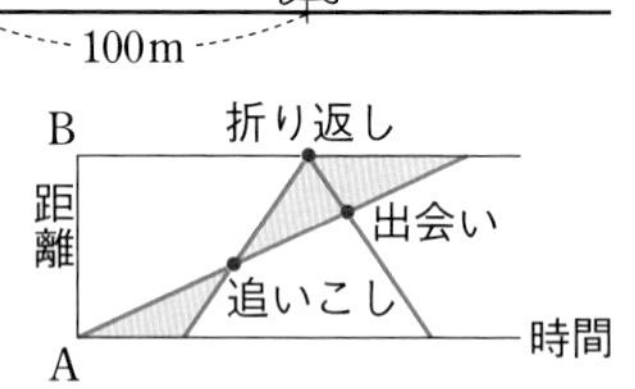

2 時計算

時計についての問題を**時計算**という。長針は1分間に6°，短針は1分間に0.5°進むから，1分間に5.5°縮まる。

例 「2時と3時の間で，時計の針が重なるのはいつですか。」

➡初めの角度の差60°が0°になるときだから

$60 \div 5.5 = 10\frac{10}{11}$（分）より 2時 $10\frac{10}{11}$分

3 流水算

川の流れの速さなどを考えに入れて解く問題を**流水算**という。

下りの速さ＝静水時の速さ＋流れの速さ

上りの速さ＝静水時の速さ－流れの速さ

静水時の速さ＝（上りの速さ＋下りの速さ）÷2

流れの速さ＝（下りの速さ－上りの速さ）÷2

例 「60km を船で上るのに 3 時間かかり，下るのに 2 時間かかりました。流れは一定として，船の静水時の速さと川の流れの速さを求めなさい。」

➡上りの時速は 60 ÷ 3 = 20 (km)，下りの時速は 60 ÷ 2 = 30 (km)より

(20 + 30) ÷ 2 = 25 (km)…船の静水時の時速

30 − 25 = 5 (km)…流れの時速

4 通過算(つうか)

電車など走るものの長さを考えに入れて解く問題を**通過算**という。

通過にかかる時間＝(電車の長さ＋橋の長さ)÷電車の速さ

すれちがいにかかる時間＝電車の長さの和÷速さの和

追いこしにかかる時間＝電車の長さの和÷速さの差

例 「長さ 160m の電車が 440m の鉄橋を通過するのに 20 秒かかりました。この電車が 800m のトンネルを通り抜(ぬ)けるのに何秒かかりますか。」

➡(440 + 160) ÷ 20 = 30 (m/ 秒)…電車の秒速

(800 + 160) ÷ 30 = 32 (秒)…トンネルを通り抜けるのにかかる時間

例 「長さ 160m，秒速 20m の電車は，秒速 12m の貨物列車を 50 秒で追いこします。貨物列車の長さを求めなさい。」

➡(20 − 12) × 50 = 400 (m)…電車と貨物列車の長さの和

400 − 160 = 240 (m)…貨物列車の長さ

5 仕事算

全体の仕事の量を 1 (または時間の最小公倍数)とみて考える。

例 「水槽(すいそう)を満水にするのに，太い管では 30 分，細い管では 90 分かかります。太い管で 20 分間入れた後，細い管で入れると何分かかりますか。」

➡水槽の容積(ようせき)を 90 とすると，1 分間にはいる水量は太い管 3，細い管 1

(90 − 3 × 20) ÷ 1 = 30 (分)

6 ニュートン算

仕事ののべ量と変化する速さ(増減量(ぞうげん))との差を考える。

例 「140 人並(なら)んでいる行列に毎分 3 人ずつ加わります。窓口(まどぐち)を 1 つ開けると 70 分で行列がなくなります。2 つ開ければ何分で行列がなくなりますか。」

➡ 140 + 3 × 70 = 350 (人)… 70 分で窓口から出た人数

350 ÷ 70 = 5 (人)…窓口 1 つから 1 分間に出ていく人数

140 ÷ (5 × 2 − 3) = 20 (分)…求める答え

★★★ 基本 153 くるった時計の問題

やってみよう 力だめしの問題⑦

ある日の午後，はと時計が 8 時の時報を知らせたとき，置き時計は 7 時 50 分を指し，翌朝はと時計が 6 時の時報を知らせたとき，置き時計は 6 時 10 分を指していました。
置き時計がその日の午前 10 時を指す時刻は，はと時計では何時何分ですか。

【甲南女子中】

考え方 はと時計も置き時計も，それぞれ一定の速さで進むことから
　(はと時計の進む速さ)：(置き時計の進む速さ)
を考える。

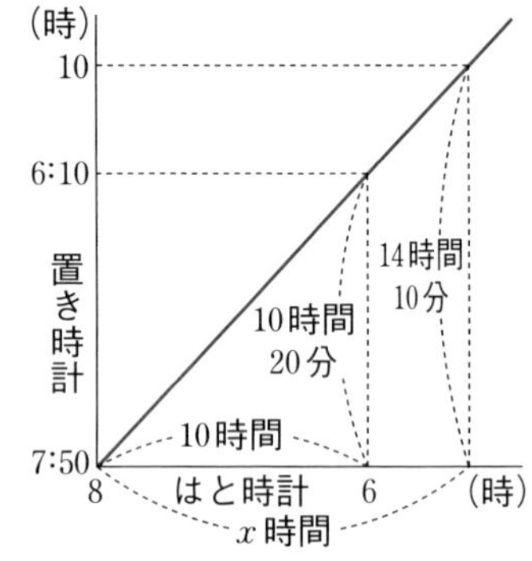

解き方 はと時計で，午後 8 時から翌朝の 6 時までは
$4+6=10$ (時間)
進む。
この間に，置き時計は
12 時－7 時 50 分＋6 時 10 分
＝10 時間 20 分
進む。
置き時計の翌朝の 10 時は，前日の 7 時 50 分から，14 時間 10 分後だから，この間にはと時計が x 時間進むとすると

$$x : 14\frac{10}{60} = 10 : 10\frac{20}{60} = 30 : 31$$

$$x = 14\frac{1}{6} \times \frac{30}{31} = 13\frac{22}{31}\text{(時間)}$$

$60 \times \frac{22}{31} = 42\frac{18}{31}$ (分)から　$x = 13$ 時間 $42\frac{18}{31}$ 分
求める時刻は

8 時＋13 時間 $42\frac{18}{31}$ 分－12 時間＝9 時 $42\frac{18}{31}$ 分

答 午前 9 時 $42\frac{18}{31}$ 分

練習 270 ある時計を午後 0 時ちょうどに，正しい時刻に合わせました。この時計を午後 2 時(正しい時刻)に見ると，午後 2 時 8 分を指していました。この時計の，午後 3 時と 4 時との間で，長針と短針が重なったときの正しい時刻は何時何分ですか。答えが整数にならないときは，分数を用いて答えなさい。

【甲陽学院中】

★★★ 応用 154 旅人算

やってみよう 力だめしの問題5 チャレンジ問題6 10

池の周りに1周100mの道があります。石川君，田村君，山本君の3人がA点を同時に出発して，石川君と田村君は同じ向きに，山本君はそれとは逆(ぎゃく)向きに，それぞれ秒速3m，1m，2mで歩き出しました。3人の中で山本君だけは，他の2人と出会ったり，追いついたり，追いつかれたりするたびに進行方向を逆にします。

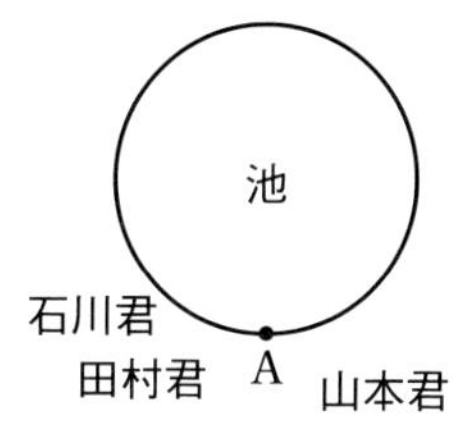

(1) 山本君が初めてA点に戻(もど)ってくるのは，出発してから何秒後ですか。

(2) 山本君が2度目にA点に戻ってくるのは，出発してから何秒後ですか。

【洛星中】

向かい合って進む場合と追いかける場合が混(ま)じっている問題である。進行のグラフをかいて考えるとわかりやすくなる。

解き方 右のように，3人の位置と時間を表してみる。

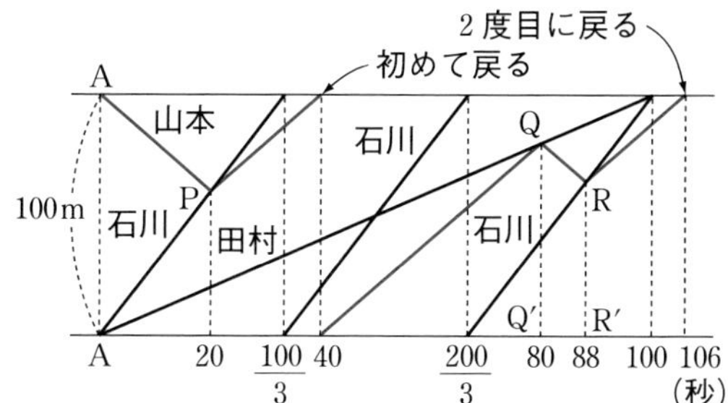

(1) 最初に石川君と出会うのは $100 \div (2+3) = 20$ (秒)後だから，そこから逆に歩いて $20 \times 2 = 40$ (秒)後に戻ってくる。

(2) Aに戻ってから田村君に追いつくのは，$40 \div (2-1) = 40$ (秒)後である。
このとき，石川君はAから $3 \times \left(40 + 40 - \frac{200}{3}\right) = 40$ (m)の所にいるので，
$40 \div (2+3) = 8$ (秒)後に出会い(図の点R)，再(ふたた)びAにひき返す。
$RR' = 80 - 2 \times 8 = 64$ (m)だから，あと36m進めばよいので，
$36 \div 2 = 18$ (秒)かかる。
初めからだと，$40 + 40 + 8 + 18 = 106$ (秒)となる。

答 (1) 40秒後　(2) 106秒後

練習 271 AとBの2人が，620mの直線コースの両はしから，向かい合って同時に歩き始めました。Aが5歩で歩く距離(きょり)をBは4歩で歩き，Aが4歩進む間に，Bは3歩進みます。Aの歩幅(ほはば)が60cmのとき，Aは歩き始めてからBと出会うまでに何m歩きますか。

【フェリス女学院中】

★★★ 応用 155 ダイヤグラムの利用

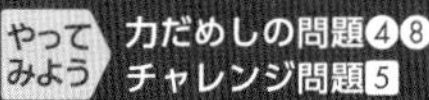

60km はなれている A 駅と B 駅の間を，どのバスも毎時 40km で往復(おうふく)しています。A 駅からは，午前 6 時に始発が出てから 15 分おきにバスが出ます。また B 駅からは，午前 6 時 42 分に始発が出てから 12 分おきにバスが出ます。

(1) バスは A 駅と B 駅の間を何分間で走りますか。

(2) 始発のバスどうしは，何時何分に出会いますか。

(3) A 駅を午前 8 時 30 分に出発するバスは，B 駅に着くまでに何台のバスとすれちがいますか。

【大谷中】

考え方 (3)は，B 駅を出るバスと出会うときと，A 駅を出たバスが B 駅からひき返してきたときに出会うことがある。右のようなバスの進行表をかいて，どこで出会うかを確認(かくにん)するとよい。

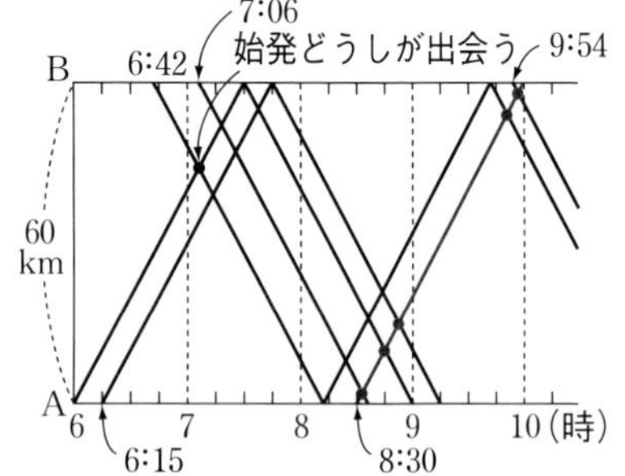

解き方 (1) $60 \div 40 = 1.5$（時間）

つまり，90 分。 **答** 90 分間

(2) B 駅の始発バスが出るときに，A 駅の始発バスはすでに $40 \times \frac{42}{60} = 28$（km）走っている。

$(60 - 28) \div (40 + 40) = 0.4$（時間）　　$0.4 \times 60 = 24$（分）

6 時 42 分＋24 分＝7 時 6 分 **答** 午前 7 時 6 分

(3) B 駅発のバスで A 駅に着くのが 8 時 30 分以後で最も早いのは，90 分前の 7 時以降(いこう)で初めて出発する 7 時 6 分のバス，10 時以前で最も遅(おそ)いのは 9 時 54 分のバスだから，B 駅発のバスと(9 時 54 分－7 時 6 分)÷12 分＋1＝15（台）出会う。また，A 駅始発のバスが 9 時に A 駅に戻(もど)ってくるので，8 時 30 分より前に A 駅を出たバス(8 時 15 分－6 時)÷15 分＋1＝10（台）とも出会い，合計 25 台と出会う。 **答** 25 台

練習 272 A 駅から B 駅に向かう上り電車は時速 80km で，B 駅から A 駅に向かう下り電車は時速 120km で走っています。A 駅を午前 8 時に出発した上り電車と B 駅を午前 8 時 10 分に出発した下り電車が，同じ時刻(じこく)にそれぞれ B 駅と A 駅に着きました。

(1) A 駅から B 駅までは何 km ありますか。

(2) 2 つの電車が出会うのは何時何分ですか。

【武庫川女子大附中】

★★★ 基本 156 流水算

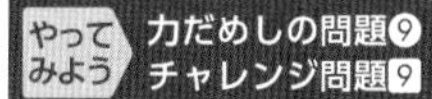

ある船は，川を上流に向かって進むときは毎分 144 m，下流に向かって進むときは毎分 216 m で，つねに一定の速さで動きます。

(1) この川の流れの速さは，毎分何 m ですか。

(2) この船が，この川の上流のア町と下流のイ町の間を往復するのに 50 分かかります。ア町とイ町は何 m はなれていますか。ただし，川の幅(はば)は考えないものとします。

(1) 船で川を上ったり下ったりする問題では，次の関係がたいせつである。

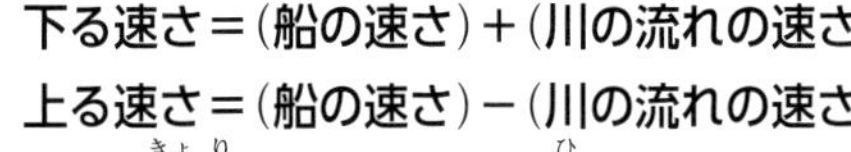

下る速さ＝(船の速さ)＋(川の流れの速さ)
上る速さ＝(船の速さ)－(川の流れの速さ)

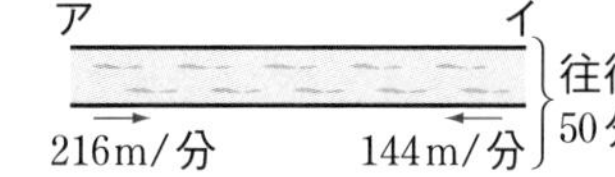

(2) 同じ距離(きょり)を進む速さの比(ひ)と時間の比は逆比(ぎゃく)になる。

(1) (船の速さ)＋(川の流れの速さ)＝216
　　(船の速さ)－(川の流れの速さ)＝144

これから，川の流れの速さは　(216－144)÷2＝36　**答** 毎分 36 m

(2) 船の上りと下りの速さの比は　144：216＝2：3

かかる時間の比は　3：2

この和が 50 分になるので，上りにかかる時間は

$$50 \times \frac{3}{5} = 30\ (\text{分})$$

よって，ア町とイ町の距離は

144 × 30 ＝ 4320　**答** 4320 m

練習 273 川に沿(そ)ったA市とB市は 60 km はなれています。A市の港とB市の港の間を往復している船は，上りに 5 時間，下りに 3 時間かかっています。この船は，静水ならば時速何 km で進みますか。また，この川の流れの速さはいくらですか。

練習 274 小学生が並(なら)んで歩いています。先頭から最後尾(さいこうび)までちょうど 1.2 km あるとき，最後尾にいたA君が急用で，先頭まで走っていったところ，6 分で先頭に追いつきました。そして，最後尾に戻るため，その場所で待っていたら，ちょうど 18 分かかりました。
もしも，A君が先頭から走って戻れば，何分何秒で戻れましたか。

【洛南高附中】

〔手が出ないとき〕まず，列の動く速さ，A君の走る速さを求める。

★★★ 基本 157 通過算（つうか）

やってみよう 力だめしの問題⑥ チャレンジ問題⑧

⑴ 長さ130m，秒速20mのA列車と，秒速25mのB列車が，出会ってからはなれるまでに5秒かかりました。B列車の長さを求めなさい。

【四天王寺羽曳丘中】

⑵ 長さ18mのA電車が，時速60kmで走っています。このA電車が，前を走っている長さ12mのB電車に追いついてから追いこすまでに，6秒かかりました。B電車は時速何kmで走っていましたか。

考え方 ⑴はすれちがう場合，⑵は追いこす場合である。

⑴ すれちがう場合は，どちらか一方を止めて，一方だけが走ると考える。すれちがうときの速さは，2つの列車の速さの和になる。

B　A　B
xm　130m

⑵ 追いこす場合も，追いこされる方を止めて，追いこす方だけが走ると考える。追いこすときの速さは，2つの列車の速さの差になる。

A　B　A
18m　12m

解き方 ⑴ B列車の長さをxmとすると，$(130+x)$m進むのに，
秒速$25+20=45$(m)で5秒かかるから　$130+x=45\times5$
$x=45\times5-130=95$(m)　**答** 95m

⑵ $12+18=30$(m)進むのに6秒かかったので，時速は
$30\div6\times60\times60=18000$(m/時)→18km/時
B列車の時速は　$60-18=42$(km/時)　**答** 時速42km

入試ポイント
● すれちがうときの速さは，2つの列車の速さの和
追いこすときの速さは，2つの列車の速さの差

練習 275 長さが175mで，時速110kmで走っている特急列車が，時速83kmで走っている普通（ふつう）列車を追いこすのに，42秒かかりました。普通列車の長さは，何mだったのでしょうか。

練習 276 A君が電車に乗っているとき，並行（へいこう）して同方向に長さ126m，時速90kmの電車が走っていました。A君は，窓（まど）から真横にその電車の後端（こうたん）を見てから先端を見るまでに18秒かかりました。A君の乗っている電車は時速何kmですか。

【白陵中】

★★ 標準 158 仕事算

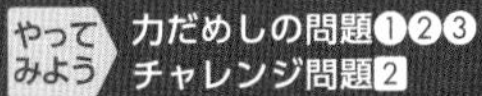

やってみよう
力だめしの問題❶❷❸
チャレンジ問題2

(1) 父は芝生の手入れをするのに2時間30分かかります。途中兄が40分間手伝ったところ，2時間で終わりました。兄が1人でするとしたら，何時間かかりますか。【久留米大附設中】

(2) A町とB町の間を往復するのに，太郎君は行きは毎時4km，帰りは毎時6kmの速さで歩き，次郎君はある一定の速さで歩くと，2人とも同じ時間かかりました。次郎君の速さは毎時何kmですか。【愛光中】

(1) 2時間30分＝150分だから，全体の仕事量を150，父が仕事をする速さを1分間に1として，兄が仕事をする速さを整数で表して式をつくる。

(2) 仕事算のようには見えないが，A，Bの間の距離を12kmとすると，(1)と同じ考えでできる。

解き方 (1) 仕事全体を150とすると，父は2時間30分(＝150分)で仕上げるので，1分間の仕事量は1となる。2時間では，父は$1\times120=120$の仕事をするので，残りの$150-120=30$を兄は40分でしたことになる。

これから兄は1分間に$30\div40=\frac{3}{4}$するので，兄はこの仕事をするのに

$150\div\frac{3}{4}=200$（分）　つまり，$3\frac{1}{3}$時間かかる。　**答** $3\frac{1}{3}$時間

(2) 次郎の速さは，太郎がA，B間を往復するときの平均時速に等しくなる。A，B間の距離を12kmとすると，太郎が行きにかかる時間は3時間，帰りにかかる時間は2時間だから，平均時速は　$12\times2\div(3+2)=\frac{24}{5}=4.8$ (km) となる。　**答** 毎時4.8km

練習 277 ある広さの壁を塗るのに，Aは10時間，Bは12時間，Cは15時間かかります。このような壁が2つあって，AとBがそれぞれ1つずつ受けもって同時に塗り始めましたが，Cは，初めAの手伝いをし，途中からBの手伝いをしたので，2つの壁は同時に仕上がりました。Cは，AとBをそれぞれ何時間ずつ手伝いましたか。

練習 278 12人で15日かかる仕事があります。初め，20日かかってもよいというので，そのつもりで，毎日同じ人数ずつ頼んで仕事にとりかかりましたが，12日過ぎてから，あと3日で仕上げなければならなくなりました。人数をあと何人増やしたらよいでしょうか。

★★★ 標準 159 ニュートン算

やってみよう 力だめしの問題❸

一定の量だけ水のたまっている井戸（いど）があります。この井戸から水をくみ出すと，毎分同じ割合（わりあい）で水がわき出します。この井戸を空にするには，ポンプ6台を使えば10分，ポンプ8台を使えば6分かかります。

(1) この井戸を空にするには，最低何台のポンプが必要ですか。

(2) ポンプ11台を使えば，何分で空になりますか。【慶應中等部】

増（ふ）えながら減（へ）るので難（むずか）しく感じますが，じつは1分あたりに減る量に注目すれば仕事算と同様に考えることができます。

最初に井戸にたまっていた水の量を㊥，ポンプ1台で1分間にくみ出す水の量を㋭／分，1分間にわき出す水の量を㋻／分と表す。

㊥÷(㋭×6－㋻)＝10（分）

㊥÷(㋭×8－㋻)＝6（分）

よって，㊥＝30とすると

㋭×6－㋻＝30÷10＝3（／分）

㋭×8－㋻＝30÷6＝5（／分）

これより

㋭×2＝2（／分）

よって

㋭＝1（／分），㋻＝1×6－3＝3（／分）

(1) 3÷1＝3より，4台必要。　**答** 4台

(2) $30\div(1\times11-3)=3\frac{3}{4}$（分）　**答** $3\frac{3}{4}$分

練習 279 いつも一定の割合で水のわき出る井戸があります。

今，毎分20Lくみ上げられるポンプを使って水をくむと，15分で水がなくなり，毎分30Lくみ上げられるポンプを使えば，9分で水がなくなるということです。この井戸は，毎分何Lの割合で水がわき出ていますか。

練習 280 ある駅で改札を始める前に行列ができました。この行列の人数は，時間に対して一定の割合で増えています。1つの改札口を通る人数は，行列の増えていく人数の3倍です。この改札口を1つ開けて改札を始めたら，12分で行列はなくなりました。

もし，改札口を3つ開けていたら何分で行列はなくなりましたか。

【フェリス女学院中】

力だめしの問題　入試標準レベル

解答➡別冊 p.167

1 ある仕事をするのに，A さん 1 人では 18 日，B さん 1 人では 14 日かかります。また，最初の 3 日は A さんと B さんの 2 人で行い，残りを A さんと C さんの 2 人で行うと全体で 9 日かかります。この仕事を C さん 1 人で行うと □ 日かかります。

【西大和学園中】

2 ある水槽（すいそう）に蛇口（じゃぐち）A と蛇口 B で水を入れます。

蛇口 A だけで 12 分間入れ，次に蛇口 B だけで 15 分間入れると水槽がいっぱいになります。

蛇口 A だけで 16 分間入れ，次に蛇口 B だけで 8 分間入れると水槽がいっぱいになります。

(1) この水槽を蛇口 B だけでいっぱいにするには何分かかりますか。

(2) この水槽に蛇口 A だけで 19 分間入れると，あと 5L で水槽がいっぱいになります。この水槽の容積（ようせき）を求めなさい。

【洛星中】

3 給水管と排水管（はいすい）A，排水管 B がついているタンクがあります。このタンクが空の状態（じょうたい）から給水管のみを開けると満水になるまで 1 時間かかります。満水の状態から給水管と排水管 A を開けると空になるまで 4 時間かかり，満水の状態から給水管と排水管 B を開けると空になるまで 3 時間かかります。

(1) 満水の状態から給水管と排水管 A，排水管 B を同時に開けました。タンクが空になるまでにかかる時間は何分何秒ですか。

(2) 満水の状態から給水管と排水管 A，排水管 B を同時に開けましたが，30 分後に排水管 A を閉（と）じ，さらにその 30 分後に排水管 B を閉じました。給水管と排水管を開けてから再（ふたた）び満水になるまでにかかる時間は何時間何分何秒ですか。

【甲陽学院中】

ヒント

1 18 と 14 の最小公倍数が 126 なので，全体の仕事量を 126 とおく。

▶標準 158

2 (1) 条件（じょうけん）から 2 つの蛇口から 1 分間にはいる水の量の比（ひ）を求める。

▶標準 158

3 (1) タンクの容積を⑫とおく。

(2) 満水から減った水の量を求め，1 時間に給水管からはいる水の量でわる。各管を開いてからの時間であることに注意。

▶標準 158，標準 159

4 太郎(たろう)さんは7時30分に家を出て，歩いて学校に向かいました。ところが7時50分に忘(わす)れ物に気づき，家に戻(もど)り始めました。お母さんは太郎さんの忘れ物に気づき，自転車で太郎さんを追いかけたところ，家に戻る途中(とちゅう)の太郎さんに出会い，忘れ物を渡(わた)しました。その後すぐ太郎さんは学校に向かいましたが，予定より16分遅(おく)れて着きました。自転車の速さが歩く速さの4倍であるとき，お母さんが家を出たのは何時何分ですか。 【土佐塾中】

5 右の図のような山があり，A君はPを出発し，頂上(ちょうじょう)Qを通ってRまで行きます。B君は，A君と同時にRを出発し，Qを通ってPまで行きます。2人が山を上る速さは，A君が毎分36m，B君が毎分30mです。A君がQに着いたときB君はQの600m手前におり，その6分後に2人は出会いました。B君がQに着いたときA君はRの700m手前におり，A君がRに着いてから15分後にB君がPに着きました。このとき，次の問いに答えなさい。

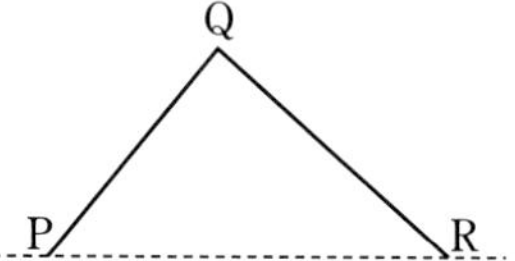

(1) A君の下りの速さは毎分何mですか。

(2) QからRまでは何mありますか。

(3) PからQまでは何mありますか。

(4) B君の下りの速さは毎分何mですか。 【愛光中】

6 4つの列車A, B, C, Dが，それぞれ一定の速さで走っています。列車A, B, Cの3つは同じ向きに，列車Dはこれらと反対の向きに走っており，列車CとDはともに長さ176mで速さも同じです。長さ400mの列車Aを，長さ120mの列車Bが追いついて追いこすまでに130秒かかりました。また，列車Bを列車Cが追いついて追いこすまでに37秒かかりました。さらに，列車AとDが出会ってすれちがうまでに16秒かかりました。列車Cの速さは毎秒□mです。 【西大和学園中】

ヒント

4 太郎さんが家に向かって歩いた時間は
16÷2＝8（分）
▶応用 155

5 (2) A君は，B君が600m進む間にQからRの手前700mまで進んだ。
(3) A君は，B君がRからQの600m手前まで進む間にPからQまで進んだ。
(4) B君は，A君が700m進む時間と15分でQからPまで進んだ。
▶応用 154

6 条件(じょうけん)から，列車AとBの速さの差，列車BとCの速さの差，列車AとDの速さの和が求められる。
▶基本 157

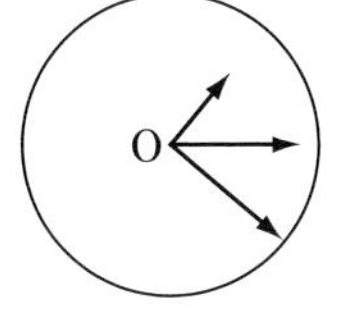

❼ 右の図のような円板があり，円板の中心Oの周りを時計回りにそれぞれ一定の速さで回転し続ける3本の針(はり)がついています。針が1回転するのにかかる時間は長い針から順に5分，8分，14分です。

あるとき3本の針がすべて重なりました。次に3本の針がすべて重なるのは，その□分後です。 【灘中】

❽ A君は午前9時にP地を出発し，一定の速さでQ地に向かいます。途中R地で6分間休みましたが，その後，前と同じ速さで歩き，午前10時42分にQ地に着きました。一方，B君は午前9時13分にP地を出発し，一定の速さでQ地に向かいます。B君はA君が休み始めたときにR地でA君を追いこし，午前10時25分にQ地に到着(とうちゃく)しました。次の問いに答えなさい。

(1) PR間とRQ間の道のりの比(ひ)を最も簡単(かんたん)な整数の比で表しなさい。

(2) B君がA君を追いこした時刻を求めなさい。 【ラ・サール中】

❾ ある川の上流にあるA地点から42kmはなれた下流のB地点の間を，P，Q2せきの船が往復(おうふく)しています。PとQの船は，静水では一定の同じ速さで進みます。午前9時に，Pの船はA地点からB地点に，Qの船はB地点からA地点に向かって進み，両方の船はいずれも到着した地点で20分間の休みをとり，再(ふたた)び，もとの地点に向かって戻(もど)ります。また，両方の船が上りと下りにかかる時間の比は4：3で，上りの速さは毎時18kmです。次の各問いに答えなさい。

(1) この川の流れの速さは，毎時何kmですか。

(2) PとQの船が初めてすれちがうのは，B地点から何kmの所ですか。

(3) PとQの船が3回目にすれちがうのは，午後何時何分ですか。 【明治大付明治中】

ヒント

❼ 長い針と2番目に長い針が重なる時刻(じこく)，長い針と短い針が重なる時刻を調べる。

▶基本 153

❽ A君は途中で休まず，10時36分にQ地に着いたものとしてダイヤグラムをかく。

▶応用 155

❾ (1) 速さの比はかかる時間の逆比(ぎゃくひ)になる。下りの速さは毎時

$18\times\frac{4}{3}=24$ (km)

(2) すれちがうのは出発してから $42\div(18+24)$ (時間後)

(3) P，Qが1往復するのにかかる時間は同じ。

▶基本 156

チャレンジ問題 入試発展レベル

解答➡別冊 p.169

★は最高レベル

1 5人が，ある決められた時間内で2つの商品P，Qをつくります。1人が1時間につくるPの個数（こすう）とQの個数の比（ひ）は3：5で，すでにPは160個あります。最初3人がPをつくり，2人がQをつくります。このまま最後まで続けるとPがQより120個多くなります。そこで，終了（しゅうりょう）の3時間前から2人がPをつくり，3人がQをつくったところ，最後にPとQは同じ個数になりました。このとき，次の問いに答えなさい。

(1) 1人が1時間でつくることができるPの個数を求めなさい。

(2) 商品をつくっていた時間は何時間ですか。 【愛光中】

★ **2** ある家の壁（かべ）にA，B，Cの3人がペンキを塗（ぬ）る作業をします。

この壁をA，B，C，A，B，C，…の順に10分交代で1人ずつ塗っていくと，最後にBが6分塗ったところで完成します。同じ壁をB，C，A，B，C，A，…の順に10分交代で1人ずつ塗っていくと，完成するのにAから塗り始めたときよりも6分短い時間で終わります。また，同じ壁をC，A，B，C，A，B，…の順に10分交代で1人ずつ塗っていくと，完成するのにAから塗り始めたときよりも5分長くかかります。

このとき，次の問いに答えなさい。ただし，A，B，Cの塗る速さはつねに一定であるものとします。

(1) Aが10分間で塗る面積とBが10分間で塗る面積の比を，最も簡単（かんたん）な整数比で答えなさい。

(2) Aが10分間で塗る面積とCが10分間で塗る面積の比を，最も簡単な整数比で答えなさい。

(3) 別の壁をBだけですべて塗ると，完成するのに2時間32分かかります。A，B，Cの3人が同時にこの壁を塗っていくと，完成するのに何時間何分かかりますか。 【聖光学院中】

3 学校から駅までの距離（きょり）は1600mです。Aさんは学校から駅へ向かって，Bさんは駅から学校へ向かって同時に出発すると，10分後に本屋の前で2人は出会います。2人の速さをそれぞれ毎分10m遅（おそ）くすると，本屋より20mはなれた地点で2人は出会います。AさんはBさんよりも速く歩きます。2人の初めの速さはそれぞれ毎分何mですか。 【親和中】

4 A地点とB地点を結ぶ一本道があります。この道に沿って，太郎君はA地点を出発しB地点まで，次郎君はB地点を出発しA地点まで，それぞれ一定の速さで歩きます。2人は同時に出発し，途中ですれちがいました。すれちがってから25分後に太郎君がB地点に到着し，さらにその24分後に次郎君がA地点に到着しました。太郎君の速さは次郎君の速さの□倍です。【灘中】

5 N君は午後4時28分に駅から家に向かって毎時5kmの速さで歩き出しました。お母さんはN君をむかえに行くために，午後4時42分に車で家を出ました。途中でN君と出会った後，N君を乗せてすぐに家に向かい，午後5時10分に家に着きました。家から駅までは車で18分かかります。次の問いに答えなさい。ただし，N君の歩く速さと車の速さは一定であるとします。

(1) N君とお母さんが出会ったのは午後何時何分ですか。

(2) 車の速さは毎時何kmですか。

(3) 家から駅までの道のりは何kmですか。【清風南海中】

6 右の図のような1周400mのトラックに150mはなれた2つの地点P，Qがあります。A君は秒速3mで時計と反対回りにPから，B君は時計回りにQから同時に走り始めました。A君はトラックを15周，B君は20周回って，それぞれ出発地点のP，Qに同時に着きました。

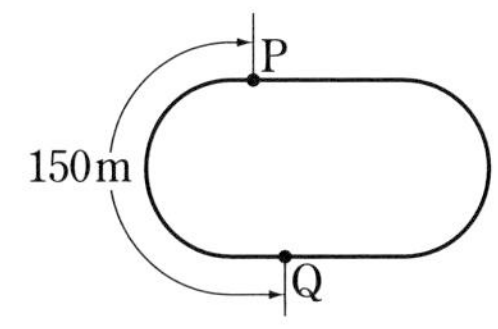

(1) B君は秒速何mで走っていましたか。

(2) A君とB君が5回目にすれちがうのは，スタートしてから何秒後ですか。

(3) 走っている間に，A君とB君は何回すれちがいましたか。【海城中】

★ **7** A地点とB地点があり，その間を一定の速さで進む「動く歩道」があります。兄と弟がこの「動く歩道」を，A地点から同時にそれぞれ一定の速さで歩き始めました。

兄が4歩歩く間に弟は3歩歩き，弟の歩幅は48cmで兄の歩幅の0.8倍です。兄はちょうど80歩でB地点に着き，弟は兄より16秒遅れてB地点に着きました。

もしこの「動く歩道」が止まっていたならば，兄はA地点からB地点までちょうど112歩で歩くといいます。次の各問いに答えなさい。

(1) この「動く歩道」の速さは毎秒何cmですか。

(2) 弟は「動く歩道」をA地点からB地点まで何歩で歩きましたか。【灘中】

8 2つの列車A，Bはそれぞれ一定の速さで，並行(へいこう)する線路の上を走っています。長さ1215mの鉄橋を列車Aが通過(つうか)するとき，渡(わた)り始めてから渡り終わるまでに80秒かかりました。また，長さ2430mのトンネルを通過するとき，はいり終わってから出始めるまでの時間は，列車Aが2分25秒で，列車Bが45秒でした。さらに，列車Bが列車Aを追いこすとき，追いこし始めてから追いこし終わるまでに10秒かかりました。

⑴ 列車Aの長さと秒速を求めなさい。

⑵ 列車Bの長さと秒速を求めなさい。 【甲陽学院中】

★ **9** 川の上流にP地，下流にQ地があります。PQ間を繰(く)り返し往復(おうふく)する船があり，この船はP地，Q地でそれぞれ22分間止まります。

A君は川沿(ぞ)いの道をQ地からP地まで歩きました。A君がQ地を出発したとき，船は同時にP地を出発しました。A君は途中(とちゅう)でP地からQ地に向かう船と2回すれちがいました。2回目にすれちがったのは1回目にすれちがってから1時間20分後のことでした。A君がQ地を出発してから2時間後に，A君はP地に，船はQ地に同時に着きました。

⑴ A君がP地からQ地に向かう船と1回目にすれちがったのは，A君がQ地を出発してから何分後でしたか。

⑵ 船が川を上るときの速さと川を下るときの速さの比(ひ)を求めなさい。

⑶ 流れのない所での船の速さは毎分325mです。川の流れの速さは毎分何mですか。また，PQ間の道のりは何mですか。 【桐朋中】

★ **10** 半径50mの円形の池があります。池の周りを地点Pから太郎(たろう)は秒速2m，犬のポチは秒速5mで時計回りに同時に走り出しました。ある地点Qでポチが太郎に追いつきました。そのあと，ポチは太郎と逆(ぎゃく)向きに秒速3mで走り出しました。ポチは再(ふたた)び太郎と地点Rで出会いました。そこからポチは池の中心を通るようにまっすぐ秒速2mで泳ぎ，陸に上がると今度は秒速1mで時計回りに歩きました。ただし，太郎は同じ速さで時計回りに走るものとします。

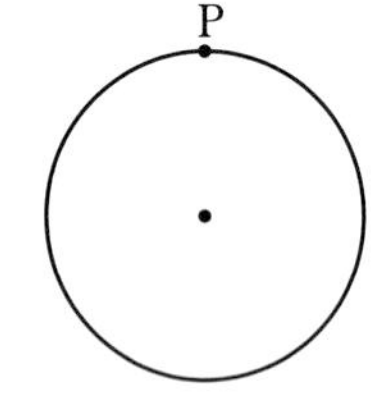

⑴ Rで太郎とポチが出会うのは，Pを出発してから何秒後ですか。

⑵ 太郎がポチに追いつくのは，Pを出発してから何秒後ですか。また，追いつくのはPから時計回りに何m行った所ですか。 【洛星中】

第5章 規則性などを利用して解く問題

1 植木算

植木や電柱などの数，間の距離（きょり），両はしの間の長さなどを求める問題。

① 2つのはしに植木があるとき

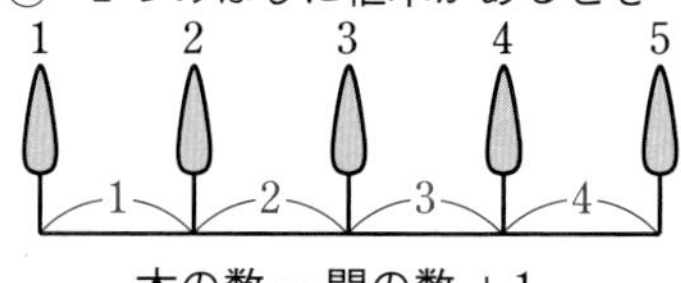

木の数 = 間の数 ＋1

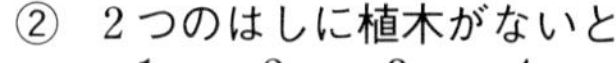

② 2つのはしに植木がないとき

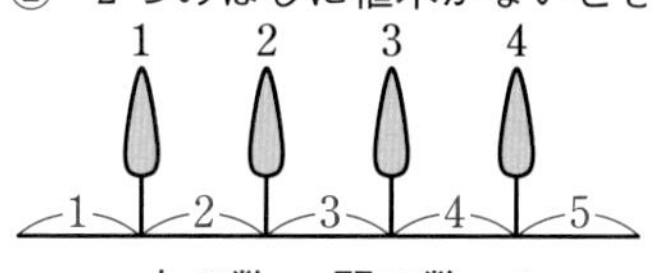

木の数 = 間の数 －1

③ 1つのはしだけ植木があるとき

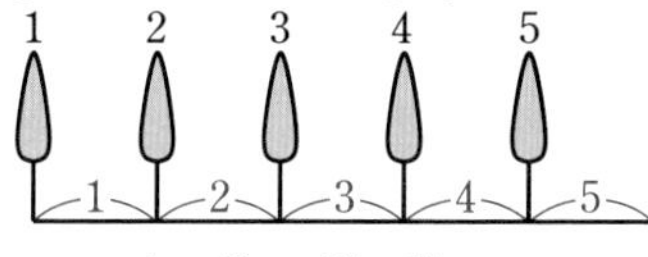

木の数 = 間の数

④ 周りに植えるとき

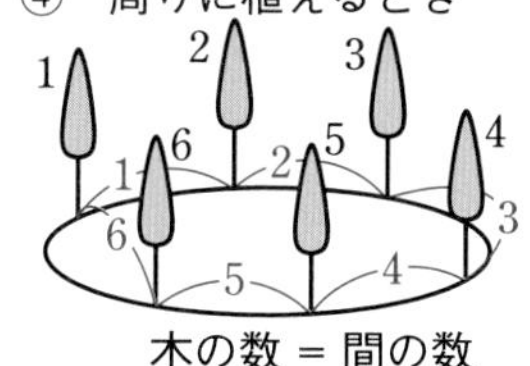

木の数 = 間の数

2 方陣算（ほうじん）

石などを正方形や長方形に並（なら）べたとき，1辺に並んでいる個数（こすう）や全体の個数などを考える問題。普通（ふつう）は正方形に並べたものを**方陣**という。

全体の個数＝1辺の個数×1辺の個数

周りの個数＝1辺の個数×4－4　…㋐図

**　　　　　＝(1辺の個数－1)×4…㋑図**

1辺の個数＝周りの個数÷4＋1　…㋑図

㋐

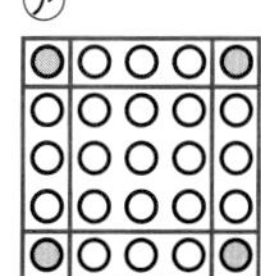

㋑

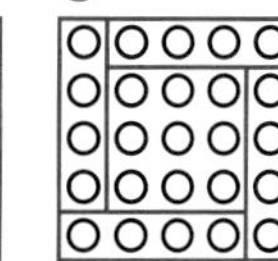

3 日暦算（にちれき）

何月何日は何曜日であるかとか，ある期間の日数などを求める問題。

例「2007年1月27日は土曜日です。2018年1月27日は何曜日ですか。」

➡うるう年が2008，2012，2016年の3回，平年が8回ある。

365＝7×52＋1　…曜日が1つ進む

366＝7×52＋2　…曜日が2つ進む

8＋2×3＝14で土曜日である。

（↑14：7の倍数になる）

日	月	火	水	木	金	土
	1	2	3	4	5	6
7	8	9	10	11	12	13
14	15	16	17	18	19	20
21	22	23	24	25	26	27
28	29	30	31			

★★★ 基本 160　植木算

やってみよう　力だめしの問題❶❸❹　チャレンジ問題123

(1) 横幅が 6 m の壁に，横幅 60 cm の絵 6 枚を等間隔に並べます。両はしは絵と絵の間隔の 1.5 倍あけたいと思います。絵と絵の間隔は，何 cm ずつにすればよいですか。【久留米大附設中】

(2) ある柱時計が 9 時を打つのに 12 秒かかりました。12 時を打つのに何秒かかりますか。【洛南高附中】

考え方　(1) 図をかくと，右のようになる。間隔がいくつで，それと両はしのあきを合わせた長さがいくらになるかを考える。

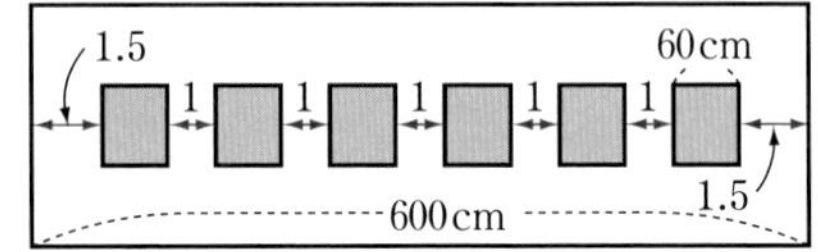

(2) 時間の流れも長さをもつので，時を打つ間隔を求めればよい。

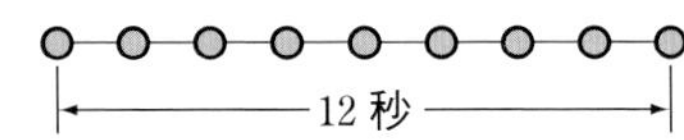

解き方　(1) 6 枚の絵を横につなぐと，長さは

$60 \times 6 = 360$ (cm)

壁の横幅との差は

$600 - 360 = 240$ (cm)

絵と絵の間隔を 1 とすると，上の差は $1 \times 5 + 1.5 \times 2 = 8$ にあたる。

これから絵と絵の間隔は　$240 \div 8 = 30$ (cm)　**答** 30 cm

(2) 12 秒で 9 回打つので，打つ間隔は　$12 \div 8 = 1.5$ (秒)

12 時には 12 回打つので，間隔は $12 - 1 = 11$ (回)となる。

求める時間は　$1.5 \times 11 = 16.5$ (秒)　**答** 16.5 秒

練習 281　横幅 12.42 m の壁に，幅 50 cm の絵 21 枚を等しい間隔で，横 1 列に貼りります。壁のはしと絵との間隔を，絵と絵との間隔の $\frac{2}{3}$ にします。絵と絵の間隔は何 cm になりますか。【京都女子中】

練習 282　植木が等しい間をあけて，8 m に 6 本植えてありました。この続きにあと 9 本，同じ間をあけて植えるとすれば，全部で何 m になりますか。【立命館中】

練習 283　木が等間隔に並んでいる道があります。

1 本目の木から兄と弟が同時に 2 本目の木に向かって歩き始めました。兄は分速 84 m，弟は分速 36 m で歩きます。

兄が 22 本目の木に着いたとき，弟は何本目の木に着きますか。【青山学院中等部】

★★★ 応用 161 日暦算（にちれきざん）

やってみよう 力だめしの問題⑥⑦⑧ チャレンジ問題[7][8]

折り紙でつるを1000個（こ）つくることにしました。3月1日(火)からつくり始めて，月曜日から金曜日まで毎日5個，土曜日には10個，日曜日には20個つくります。このとき，次の問いに答えなさい。

(1) 3月31日(木)までに，つるは何個できあがりますか。

(2) 1000個できあがるのは，何月何日ですか。　【愛光中・改】

考え方　1週間の曜日は一定の日数，つまり7日ごとに繰（く）り返されるところに規則（きそく）性（せい）がある。したがって，7日間を1つのかたまりと考える。

(1) 1週間に何個できるかを計算して，31日間にこのかたまりがいくつあるかを調べる。

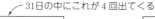

(2) 1000個つくるのに何日かかるかを計算する。そのためには，1週間にできる55個が1000個の中にいくつあるかがわかればよい。

解き方　(1) どの曜日から始めても，連続した7日間(1週間)にできる個数は

$5\times5+10+20=55$ (個)

3月1日から3月31日までの31日間は

31日＝[火～月の7日]×4＋[火，水，木の3日]

だから，できる個数は　$55\times4+5\times3=235$ (個)　**答** 235個

(2) $1000\div55=18$ あまり10だから，18週と火，水の2日間で1000個つくれる。つまり　$7\times18+2=128$ (日)でできる。

$128=31+30+31+30+6$　から，7月6日。
（31は3月，30は4月，31は5月，30は6月，6は7月）

答 7月6日

練習 284　今年の1月1日から，次のように貯金（ちょきん）をしています。
4でわって，あまりが1の日には10円，2の日には20円，3の日には30円貯金をし，わり切れる日には貯金はしません。ただし，1日，2日，3日は，それぞれあまり1，2，3とします。

(1) 1月31日までで20円貯金した日は，何回ありましたか。

(2) 貯金額（がく）が500円をこえるのは，何月何日でしょうか。　【藤村女子中】

★★★ 基本 162 方陣算

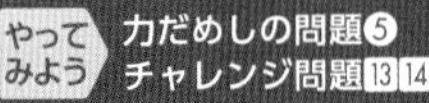

碁石を縦と横に等しい数だけ並べて，中のつまった正方形をつくったら，39個あまりました。縦と横をあと3列ずつ増やして，大きい正方形をつくろうとしたら，12個たりませんでした。碁石は何個ありますか。

【慶應中等部】

考え方 図をかくとわかりやすくなる。

右の図のように，Aがもとの正方形で，これに長方形のBを2つと，正方形のCをつけ加えたものが，新しい正方形になる。Aをつくったとき39個あまり，新しい正方形に対しては12個たりなくなったので，3列増やした分(B2つとC)に使う碁石は

39＋12＝51（個）である。

そこで，B2つとCを1列に並べると，もとの1辺の個数がわかる。

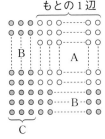

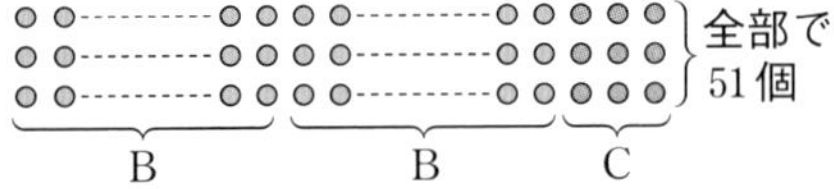

解き方 もとの正方形であまった39個と，3列増やした正方形で足りなかった12個との合計51個が，増やした3列の碁石。

これを上の図のように並べると，横の列には51÷3＝17（個）並ぶ。

上の図でCの1辺が3個だから，Bの1辺は

(17－3)÷2＝7（個）

これがもとの正方形の1辺の個数になるので，初めの碁石は

7×7＋39＝88（個）

答 88個

練習 285 おはじきを，縦，横に同じ数ずつ並べ，中にも並べて正方形をつくったら，33個あまりました。

そこで，縦も横も2列増やして大きい正方形をつくっていくと，3個たりなくなりました。おはじきは，みんなでいくつあるのでしょうか。

練習 286 何人かの生徒を，縦の列の4倍が横の列の5倍よりも3列だけ長い長方形の形にぎっしりと並べたところ，40人あまったので，縦，横ともに1列だけ増やして，長方形の形に並べようとしましたが，27人不足しました。生徒数は，全部で何人ですか。

【関西学院中】

★★ 標準 163 群数列

1, 2, 3, 4, 2, 4, 6, 8, 3, 6, 9, 12, 4, 8, 12, 16, 5, 10, 15, 20, 6, 12, 18, 24, …

のように，規則正しく並んだ数の列について，次の問いに答えなさい。

(1) 250 番目の数は何ですか。

(2) 36 が 3 回目に現れるのは，何番目ですか。 【甲陽学院中】

考え方 (1, 2, 3, 4), (2, 4, 6, 8), (3, 6, 9, 12), …と 4 つずつが 1 つの組としてまとまっている。そして，各組の最初の数が 1, 2, 3, …となっていて，各組の中はその最初の数の 2 倍，3 倍，4 倍となっている。

解き方 (1) 4 つずつのかたまりを 1 つの組と考えると，

$250 \div 4 = 62$ あまり 2

だから，250 番目の数は，第 63 組の 2 番目。

したがって　$63 \times 2 = 126$　**答** 126

(2) 36 が現れるのは

1 回目は第 9 組の 4 番目

2 回目は第 12 組の 3 番目

3 回目は第 18 組の 2 番目

よって　$4 \times 17 + 2 = 70$ (番目)　**答** 70 番目

練習 287 次の計算をしなさい。

$$\left(1+\frac{1}{3}\right)+\left(2+\frac{2}{3}\right)+(3+1)+\left(4+1\frac{1}{3}\right)+\cdots+\left(10+3\frac{1}{3}\right)+\left(11+3\frac{2}{3}\right)$$

練習 288 次のように，分数があるきまりにしたがって並んでいます。

$\frac{1}{1}, \frac{2}{3}, \frac{3}{5}, \frac{1}{7}, \frac{2}{9}, \frac{3}{11}, \frac{1}{13}, \frac{2}{15}, \frac{3}{17}, \frac{1}{19}, \cdots$

(1) 初めから数えて 100 番目の分数は何ですか。

(2) $\frac{1}{20}$ より大きい分数は，全部で何個ありますか。

練習 289 整数があるきまりにしたがって，次のように並んでいます。

10, 1, 11, 3, 12, 5, 13, 7, …

(1) 初めて同じ数が隣り合うのは，何番目と何番目ですか。

(2) 99 番目の数を求めなさい。

(3) 117 が出てくるのは，何番目と何番目ですか。 【神戸女学院中学部】

★★☆ 標準 164 論理に関する問題

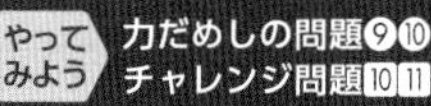

Aさん，Bさん，Cさん，Dさん，Eさんの5人が，クリスマスにプレゼント交換をしました。

5人とも，自分のプレゼントは受け取らなかった。

Aの受け取ったものは，Cのプレゼントではなかった。

Bの受け取ったものも，Cのプレゼントではなかった。

CはBかEのプレゼントを受け取った。

DはAかBのプレゼントを受け取った。

どの2人もたがいに相手のプレゼントを受け取ることはなかった。

(1) Cさんのプレゼントを受け取ったのはだれですか。

(2) Bさんはだれのプレゼントを受け取りましたか。 【吉祥女子中】

考え方 わかっていることがらをもとにして，絶対にない場合を消していく。そのために，表にまとめるとわかりやすくなる。

解き方 縦を渡した人，横を受け取った人として，問題文の内容を右のような表にまとめる。（たとえば，Aは，A，Cから受け取っていないので，表の縦の列でA，Cに×を記入する。）

	A	B	C	D	E
A	×		×		
B		×			
C	×	×	×	×	
D			×	×	
E				×	×

(1) この表で，Cの行を横に見ていくと，Eに決まる。

答 E

(2) C→EよりE→Cはないので，B→Cとなる。

したがって，B→Dはないので，A→Dとなる。

これから，D→Aはなく，(1)よりD→Eもないので，D→Bとなる。 **答** D

練習 290 町内でマラソン大会があり，ひろし，ひさし，まさし，たかし，たけしの5人が，1位から5位までにはいりました。その結果を，A，B，Cの3人は次のように言いました。

A「ひろしが5位で，ひさしが2位だった。」

B「たけしが1位で，まさしが2位だった。」

C「まさしが3位で，たかしが1位だった。」

3人のうち1人だけがうそを言っています。同着はないものとして，マラソン大会の3位はだれだったでしょう。 【池田中】

力だめしの問題 入試標準レベル

解答➡別冊 p.174

❶ 周りが144mの池があります。この池の周りに，9mごとに桜(さくら)の木を植えます。また，桜の木と桜の木との間には，3mごとに柳(やなぎ)の木を植えたいと思います。桜の木と柳の木は，それぞれ何本用意したらよいでしょうか。

❷ 80cmのリボンがあります。初めそのリボンを半分に切り，次にその片方(かたほう)だけを半分に切り，さらにその小さいリボンの片方だけを切るというようにすると，リボンが6本できました。

(1) 最も短いリボンの長さは何cmですか。

(2) 今度はこの6本のリボンを，のりしろ幅(はば)を2cmにして貼(は)り合わせ，1本につなぎました。このリボンの長さは何cmになりますか。 【立命館中】

❸ 長さ120mの校庭の南側に，はしからはしまで等しい間隔(かんかく)で21本の杭(くい)を打つはずのところ，まちがってはしからはしまで等しい間隔で16本の杭を打ってしまいました。初めの予定通り21本の杭を打ち直すためには，すでに打ってある杭の中でそのままにしておいてよいものは，何本ありますか。

❹ 甲(こう)地から乙(おつ)地まで道路の片側に沿(そ)って，等間隔に木を植えるのに，間隔を2.5mにするのと，3mにするのとで20本の差があるといいます。甲乙両地間の距離(きょり)は何mありますか。ただし，両はしに木を植えます。

❺ 碁石(ごいし)がいくつかあります。これを並(なら)べて，方陣(ほうじん)(正方形に並べたもの)をつくろうと思います。ある大きさの方陣ができたとき，碁石が10個(こ)あまりました。そこで，もう1列増(ふ)やした方陣にしようとしたら，今度は5個たりませんでした。碁石は，みんなでいくつありましたか。

ヒント

❶ ぐるりと1周するときは，間の数と木の数は等しくなる。

▶基本 160

❷ (2) 貼り合わせるか所はいくつあるか。1か所ごとに2cm短くなる。

❸ 2つの場合の杭の間隔を求め，それらの公倍数をもとにして考える。

▶基本 160

❹ 何mごとに何本の差がつくかを考える。

▶基本 160

❺ 増やした1列分の碁石の数は $10+5=15$ (個)である。

▶基本 162

6 ある年の3月3日は火曜日です。
この年の10月10日は何曜日になりますか。

7 1月29日は，妹が生まれてから100日目のお祝いの日です。妹の生まれた日は，去年の何月何日ですか。
【帝塚山中】

8 西暦(せいれき)2020年2月11日は月曜日です。
(1) 西暦2019年2月11日は何曜日でしたか。
(2) 西暦2020年2月11日から数えて400日目は西暦2021年何月何日何曜日ですか。（西暦2020年2月11日を1日目とします。）
【南山中女子部・改】

9 A，B，C，Dの4チームが，ソフトボールの試合をします。試合の前に，ひろ子さんとたか子さんが，成績(せいせき)の順位を次のように予想しました。
ひろ子「1位からA，D，C，Bと思う。」
たか子「1位からA，C，B，Dと思う。」
試合の結果，2人は，どちらも1チームだけあたりましたが，1位はBチームでした。結果はどうだったのでしょう。Bから順番に書きなさい。

10 A，B，C，D，E，F，G，Hの8人が，図のような円形のテーブルに向かい，**ア**～**ク**までの席について食事をしました。その席順について，各人の発言は次のようでした。

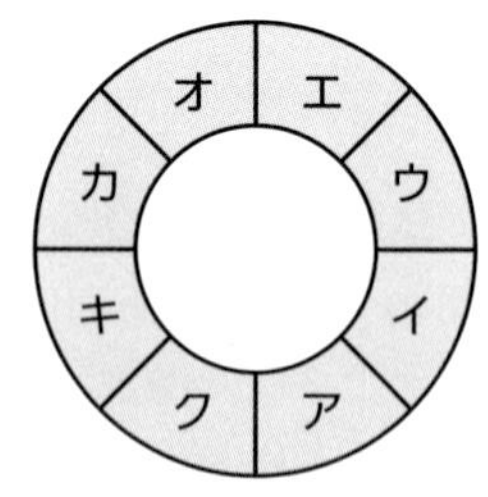

A…「Gは自分の隣(となり)にいなかった。」
B…「Aの左隣ではなく，また正面でもなかった。」
C…「Aの正面ではなかった。」　D…「Fの正面だった。」
E…「Dの隣だった。」　F…「Aの右隣だった。」
G…「Dの隣ではなかった。」　H…「Fの隣であった。」
これらの発言はすべて正しいものとして，8人の席順を決めなさい。（ただしAは**ア**の席とする。）
【賢明女子学院中】

ヒント

6 まず10月10日が何日目かを計算する。
▶応用 161

7 99から各月の日数をひいていく。
▶応用 161

8 2020年はうるう年であることに注意する。
▶応用 161

9 まず，2人とも，AとBについては，外れたことがわかる。次に，ひろ子のDがあたったと仮定(かてい)して考えてみる。
▶標準 164

10 Aから順に，その発言に合わせて，可能性(かのうせい)のある所に記号を書きこんでいく。たとえば，Aの発言で，Gは**ウ**，**エ**，**オ**，**カ**，**キ**に一応(いちおう)入れておく。
▶標準 164

チャレンジ問題 入試発展レベル

解答➡別冊 p.175

★は最高レベル

★ **1** 図のような長方形の辺と対角線がグラウンドに描かれており，この線上に杭を打ちこみます。線上の杭の間隔は同じにし，頂点と対角線の交点には，必ず杭を打つものとします。杭が全部で 250 本あるとき，なるべく多い杭を打つには，何 cm 間隔で打てばよいですか。整数で答えなさい。また，このとき何本の杭が残りますか。 【洛南高附中】

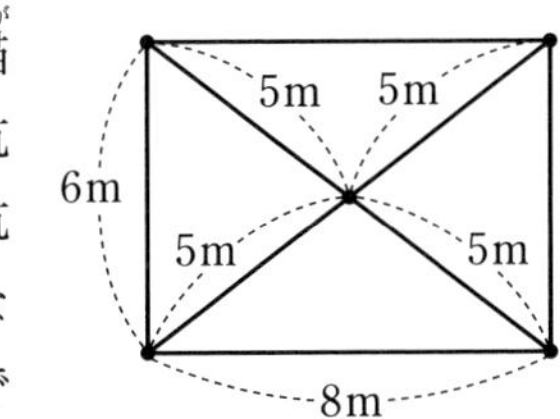

2 外側の直径が 10 cm，内側の直径が 7 cm のまるい輪を 51 個，図のようにつなぎ，まっすぐ伸ばすと，全体の長さは何 m になりますか。 【芝中】

3 縦 4 cm，横 7 cm の長方形の形をした赤，白，青，黄，緑の 5 種類のカードがたくさんあります。これらを図のように，赤，白，青，黄，緑の順につないでテープをつくります。のりしろは 1 cm とします。

(1) 5 枚のカードをつないだとき，テープの面積を求めなさい。

(2) テープの面積が 1396 cm^2 になりました。カードは全部で何枚つなぎましたか。また，青色のカードは何枚使いましたか。 【神戸女学院中学部】

4 ある町では毎年 7 月の最後の日曜日にお祭りがあります。ある年は 7 月 25 日にお祭りがあったとすると，次の年にお祭りがあるのは 7 月何日ですか。ただし，1 年は 365 日とします。 【広島女子学院中】

5 ある月のすべての水曜日の日付の数を合計すると 66 になります。

(1) この月のすべての月曜日の日付の数を合計するといくつになるでしょう。

(2) この月の 17 日は何曜日でしょう。 【愛知淑徳中】

6 地球が生まれてから約45億年経っているそうです。また，生物が地球上に現れたのは約40億年前と考えられています。恐竜が活躍していたのは1億5000万年ぐらい前で，700万年前ごろに人類が初めて姿を見せました。地球誕生から現在までを1年(365日とする)にたとえることにし，地球誕生を1月1日の午前0時として，次の問いに答えなさい。

⑴ 1億5000万年前は何月何日になりますか。

⑵ 700万年前は何月何日何時何分ごろになりますか。 【洛星中・改】

★ **7** ある花屋でバラと栄養剤を届けるサービスを始めることにしました。

バラは1本390円で毎週10本ずつ届けますが，60本買うごとに次の10本は無料になります。料金はバラと交換に集金します。バラを1週間枯らさないために，バラが届いた日に，必ず栄養剤を5mL入れることにします。初めに栄養剤を1ビン届け，なくなるたびに次の週に新しく届けることにし，料金は栄養剤と交換に集金します。

バラ1本の仕入れ値は120円，栄養剤は1ビン20mL入りで，仕入れ値は550円です。次の問いに答えなさい。

⑴ 集金のない初めての週は何週目ですか。

⑵ 栄養剤1ビンの売り値を1750円にするとき，仕入れに使った金額と集金した金額が等しくなる初めての週は何週目ですか。

⑶ 栄養剤1ビンの売り値を1750円にするとき，16週目までの利益の合計は何円ですか。

⑷ 1年間の利益の合計が13万円以上になるためには，栄養剤の売り値を何円以上にすればよいですか。ただし，このサービスは1月2日に始め，12月31日まで続けるものとし，うるう年は考えないものとします。 【清風南海中】

★ **8** 番号1から7までの7人の生徒をAグループとし，番号8から15までの8人の生徒をBグループとします。毎日5人の当番を，Aグループからは(1, 2)，(3, 4)，(5, 6)，(7, 1)，(2, 3)，…のように2人ずつ番号順に，Bグループからは(8, 9, 10)，(11, 12, 13)，(14, 15, 8)，(9, 10, 11)，…のように3人ずつ番号順に出します。

1日目の当番を(1, 2, 8, 9, 10)とします。

⑴ 1日目の次に番号が 8，9，10 の生徒がいっしょに当番になるのは何日目ですか。

⑵ 1日目の次に(1，2，8，9，10)が当番になるのは何日目ですか。

⑶ 初めて(5，6，10，11，12)が当番になるのは何日目ですか。

⑷ ⑵のように，(1，2，8，9，10)が2度目の当番になる前に，番号が 1，8，9 の生徒がいっしょに当番になるのは何日目ですか。すべてを順に答えなさい。

【桐朋中】

9 あるジュースは1本100円で，空きびんを4本持っていくと，新しいジュースを1本もらうことができます。たとえば，700円あるとジュースを9本飲むことができます。

⑴ 1900円では何本のジュースを飲むことができますか。

⑵ いくらあればジュースを90本飲めますか。 【慶應普通部】

10 A，B，Cの3人が，それぞれ100m競走をしました。

そして，順番について，次のように言いました。(同着はいません。)

A「ぼくは1番でなかった。」

B「ぼくは1番だった。」

C「ぼくは2番だった。」

この3人のうち，2人が言っていることは正しく，1人はうそを言っているのだそうです。うそを言っているのはだれですか。また，正しい順番を答えなさい。

11 A，B，Cの3人が，マラソンをしました。

3人がゴールインする前に，DとEの2人が予想をしました。

D「きっと，1等はC君で，2等はB君だ。」

E「ぼくは，1等はA君だと思う。」

3人がゴールインしたとき，DとEの2人は，どちらも「予想がまったくはずれた」と言いました。順位はどうだったのでしょうか。

12 重さがすべてちがう石が7つあって，①～⑦の番号がついています。

2つのものの重さを比(くら)べることができるはかりではかったら，次のようになりました。

④＞③，⑤＞②，②＞⑥，⑦＞④，②＞①，①＞④，⑥＞④，②＞⑦

2番目に重い石の番号と，2番目に軽い石の番号を答えなさい。

13 図Ⅰのように，3600枚(まい)の硬貨(こうか)を正方形の形に並(なら)べます。次に，**図Ⅱ**のようにいちばん外側の1周部分(影(かげ)の部分)の硬貨を取り除(のぞ)きます。同じようにして，順に外側の硬貨を取り除く操作(そうさ)を，硬貨が4枚残るまで続けます。このとき，次の(1)～(3)の問いに答えなさい。

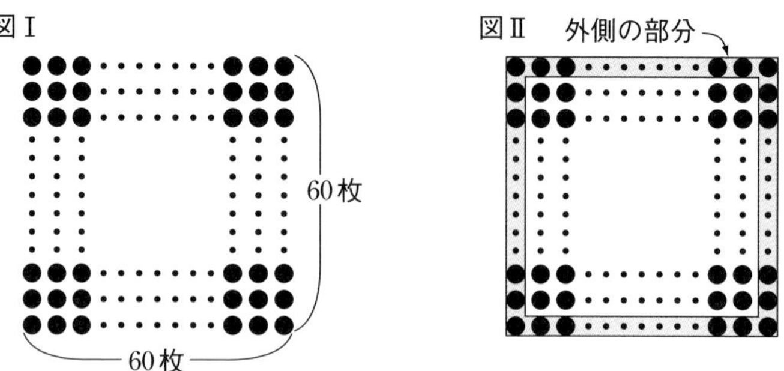

(1) 10回目の操作の後，残った硬貨は何枚ですか。

(2) 何回目かの操作の後，それまでに取り除いた硬貨を合計した枚数が，残った硬貨の枚数より初めて多くなりました。何回目の操作の後ですか。

(3) ある1回の操作で取り除いた硬貨を全部使って，正方形の形に並べられる場合があります。初めにできるのは6回目ですが，次に正方形の形に並べられるのは何回目ですか。

【東邦大附東邦中】

14 正方形の辺に沿(そ)って碁石(ごいし)を並べて，中の空いた正方形をつくります。**図1**はいちばん内側に並べる1列の碁石を表し，この外側に碁石の列を増(ふ)やしていきます。**図2**，**図3**はそれぞれ碁石を2列，3列並べたものです。

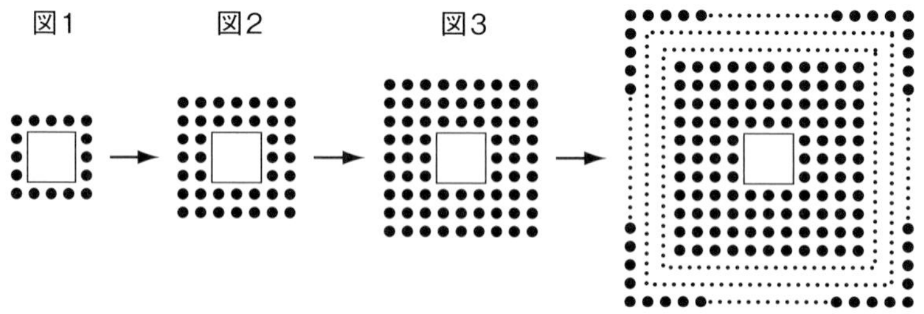

次の問いに答えなさい。

(1) いちばん外側の列に並ぶ碁石の数が200個(こ)になるのは，碁石を何列並べたときですか。

(2) 並べた碁石の総数(そうすう)が10000個にいちばん近くなるのは，碁石を何列並べたときですか。

【学習院女子中等科】

入試で得する 解法テクニック

文章題では入試で必ず出題されるパターン化された問題がいくつかある。「通過算」「坂道」「時計算」など知っておくとスラスラ解ける得するテクニックを集めた。また「規則性」に関するものは，これらの問題以外にも考え方を利用できるので，しっかりとテクニックを学ぼう。

通過算

ある特急列車は，時速 72km の普通列車に追いついてから追いこすまでに 27 秒かかり，時速 54km の貨物列車と出会ってからはなれるまでに 6 秒かかります。普通列車の長さが，貨物列車の長さと等しく，特急列車の長さより 30m 短いとき，次の問いに答えなさい。

(1) 普通列車の速さは秒速何 m ですか。

(2) 特急列車の長さは何 m ですか。

得する 考え方 (1) 72 × 1000 ÷ (60 × 60) = 20 (m/ 秒)

(2) 貨物列車の秒速は，54 × 1000 ÷ (60 × 60) = 15 (m/ 秒) である。

特急列車が普通列車を追いこすときには

(特急の長さ＋普通の長さ) ÷ (特急の速さ − 20) = 27 (秒)

特急列車が貨物列車と出会ってはなれるときは

(特急の長さ＋貨物の長さ) ÷ (特急の速さ＋15) = 6 (秒) である。

ここで

(特急の長さ＋普通の長さ) = (特急の長さ＋貨物の長さ) なので

(特急の速さ − 20)：(特急の速さ＋15) は 27：6 と逆比になって，

(特急の速さ − 20)：(特急の速さ＋15) = 6：27 = 2：9 (逆比)

特急の速さ − 20 = ②(m/ 秒) とおくと　特急の速さ＋15 = ⑨(m/ 秒)

差を考えて，⑦ = 15 + 20 = 35 より　① = 5

これより　⑨ = 45

45 × 6 = 270 (m)…特急の長さ＋貨物の長さ

よって，特急列車の長さは　(270 + 30) ÷ 2 = 150 (m)

答 (1) 秒速 20m　(2) 150m

解法テクニック ● 進んだ距離が等しいとき，**速さと時間は逆比**の関係になる。

峠の往復

太郎君は，上り坂では分速 40m で歩き，下り坂では分速 120m で歩くことができます。ある日 A 地点から峠をこえて B 地点まで太郎君は往復しました。A 地点から峠までの道も B 地点から峠までの道もどちらも坂道だけです。行きには 2 時間 30 分，帰りには 3 時間 30 分かかったそうです。このとき，A 地点から峠までの道のりと，B 地点から峠までの道のりをそれぞれ求めなさい。

得する 考え方 峠の往復の問題なので，上り・下りにかかる時間の比は行き・帰りの速さの比の逆比となる。

上りの速さ：下りの速さ＝40：120＝1：3 より

同じ坂道について

上りにかかる時間：下りにかかる時間＝3：1 (逆比)

となるから，

A～峠間の坂道の上りにかかる時間を△3，

B～峠間の坂道の上りにかかる時間を□3とおくと

行き…△3＋□1＝150 (分)

帰り…△1＋□3＝210 (分)

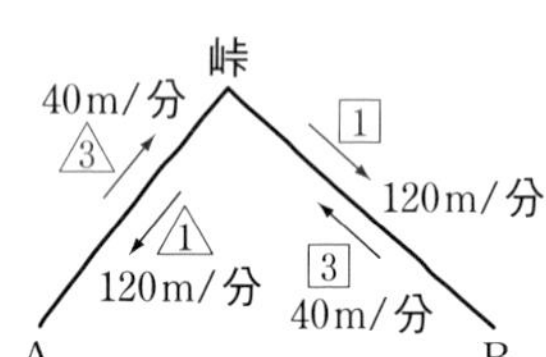

これより

行き…　　△3＋□1＝150 分　…①

帰り…＋) △1＋□3＝210 分

　　　　　△4＋□4＝360 分

　　　　　△1＋□1＝90 分　…②

①－②より　△2＝60

よって　△1＝30 分，□1＝60 分

A～峠… 120 × 30＝3600 (m)，B～峠… 120 × 60＝7200 (m)

答 A 地点から峠… 3600 m　　B 地点から峠… 7200 m

解法テクニック
- 峠を往復する問題は，かかった時間の比に注目して**消去算にもちこむ**ことができる。

時計の針の角度

北原君が時計を見たとき，長針は，右の図のように文字盤の時刻を示すある目盛りの所を，ちょうど指していて，長針と短針との間の角度は 40 度でした。これについて次の問いに答えなさい。ただし，この図はどこの目盛りが 12 かはわかりません。

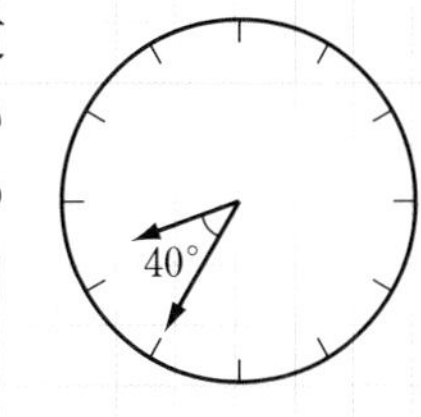

(1) 現在の時刻は何時何分ですか。

(2) 数分前に谷川君が時計を見たとき，北原君が見たときに長針の指していた目盛りを挟んで，短針と長針が等しい角度をつくっていました。その時刻は何時何分ですか。

得する考え方 (1) 短針は，文字の位置から 40 − 30 = 10 (度)回転している。すなわち，？時 0 分から 10 ÷ 0.5 = 20 (分後)ということになる。つまり，長針の指している文字は 20 分の位置なので，「4」の文字となる。よって短針は，5 と 6 の文字の間にあることになるので，5 時 20 分である。

(2)

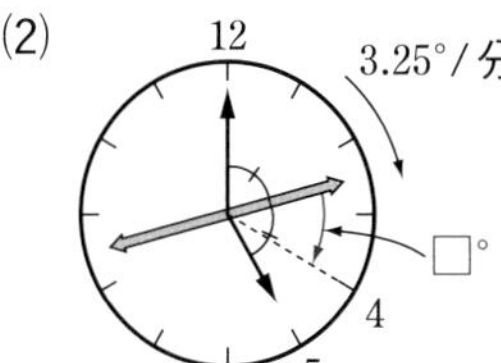

5 時のとき，対称軸は図のような位置にある。

□ = 150 ÷ 2 − 30 = 45 (度)

よって，対称軸があと 45 度回転したら 4 の文字の位置にくる。

長針が 1 分間で 6 度，短針が 1 分間で 0.5 度動くので対称軸は 1 分間で(6 + 0.5) ÷ 2 = 3.25 (度)動く。

$$45 \div 3.25 = \frac{180}{13} = 13\frac{11}{13}\text{(分)}$$

$$\rightarrow 5\text{時}\ 13\frac{11}{13}\text{(分)}$$

答 (1) 5 時 20 分　(2) 5 時 $13\frac{11}{13}$ 分

解法テクニック

● 目盛りを挟んで線対称になる問題は，**長針と短針の真ん中の針(対称軸)をつくって考えてみよう。**

ダイヤグラム

S君は，駅に行くためにバス停でバスを待っていましたが，定刻を過ぎてもバスがこないので，定刻の5分後に分速80mで駅に向けて歩き出しました。歩き始めてから5分後に，駅の手前500mの所で遅れてきたバスに追い抜かれ，さらに歩いたところ，バスより5分遅れて駅に着きました。バスは一定の速さで進んでいたとして，S君は最初の予定より何分遅れて駅に着きましたか。

得する考え方　このような，ある地点までの距離と通過時間が問題になるものでは，ダイヤグラムをかくことで，情報が一気に整理される。

〔ダイヤグラム〕

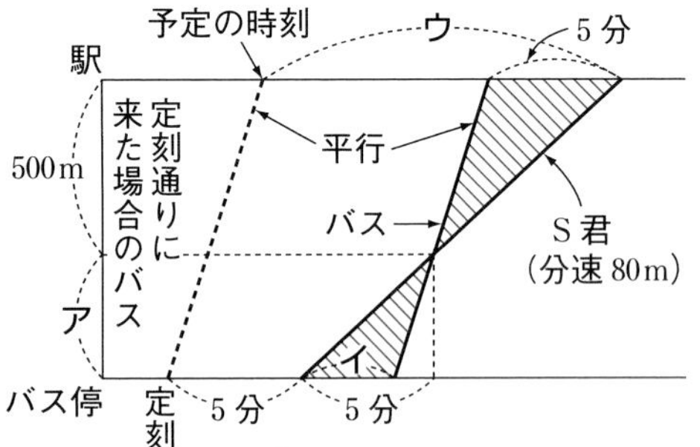

問題文から時間や距離を求めて，うめていく。ここで，図形の性質を使うとよい場合もある。

図の**ア**の長さは，S君が分速80mで5分間歩いた距離なので，

$80\times5=400$ (m)

そこで，図の斜線部分の三角形の相似を考えると**イ**は，$5\times\frac{4}{5}=4$ (分)となる。

したがって，S君は最初の予定より図の**ウ**の時間だけ遅れて着いたことになるので，図より，その時間は，**ウ**$=5+4+5=14$ (分)となる。

答 14分

解法テクニック
- ダイヤグラムを利用すると，**速さの問題は相似を使った図形の問題になる。**

ジャングルジム問題

1本の長さが5cmのマッチ棒(ぼう)をたくさん使って下の図のジャングルジムのような立体をつくります。縦(たて)方向に45cm，横方向に35cm，高さ方向に25cm並(なら)べるとき，この立体全体でマッチ棒は何本使いますか。ただし，内部にもマッチ棒は並んでいます。

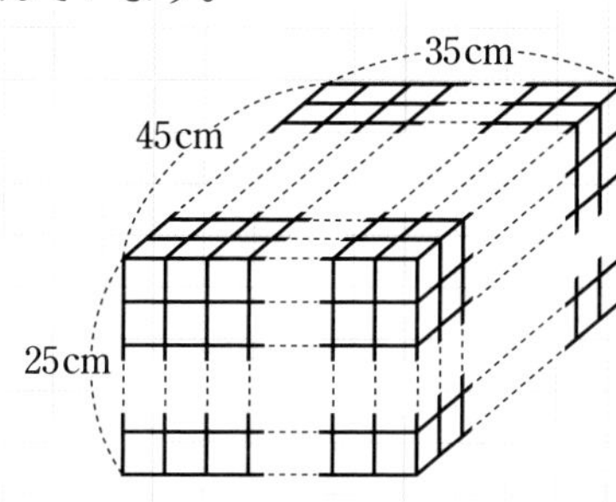

得する 考え方 縦，横，高さのそれぞれ1列に何本のマッチ棒が並ぶかを考える。

縦 45÷5＝9（本），横 35÷5＝7（本），高さ 25÷5＝5（本）

次に，この立体の縦方向の線分の数は，正面から見た図の印をつけた点の数と同じ。

点の数は

(5＋1)×(7＋1)＝48（個(こ)）

よって，縦方向に並ぶマッチ棒の数は

9×48＝432（本）

同様に，横方向は

7×(5＋1)×(9＋1)＝420（本）

高さ方向は

5×(7＋1)×(9＋1)＝400（本）

よって

432＋420＋400＝1252（本）

となる。

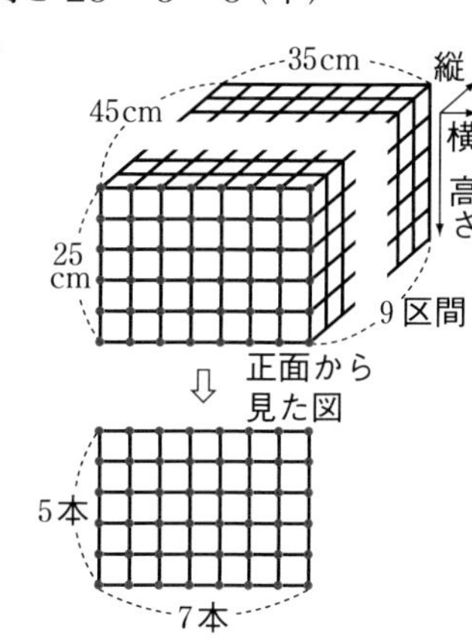

答 1252本

解法テクニック ● ジャングルジムの辺の本数の問題は **3方向に分けてみよう。**

おまけの問題

あるジュース会社のジュースは，空きびん 4 本につき 1 本の割合で新しいジュースと取りかえてくれます。飲むことのできるジュースが 200 本以上であるためには，初めに買う本数は最も少なくて何本ですか。

得する 考え方 まず，右の図の 1 段目の 4 本を買うと，4 本のジュースが飲め，飲んだあとの空きびん 4 本とひきかえに，1 本のジュースがおまけでもらえる。

○ ○ ○ ○ 1段目
● ○ ○ ○ 2段目
● ○ ○ ○ 3段目
⋮
● ○ ○ ○
総計 200 本

これを 2 段目の左はしにかく。おまけのジュースだから，買ったジュースと区別するために黒丸としておく。

すると，あとは 3 本買って飲むごとに，空きびんが，おまけの 1 本と買った 3 本の計 4 本できるから，この 4 本の空きびんとひきかえに 1 本ジュースがもらえる。

これを次々と左はしにかいていく。

あとは，おまけの 1 本と買った 3 本の繰り返しとなる。

飲んだジュースの総数は黒丸もふくめた丸印の数だから，

$200 \div 4 = 50$ (段目)まで。

このとき，買ったジュースの数は白丸の数で，

$3 \times 50 + 1 = 151$ (本)　(または　$4 \times 50 - 49 = 151$ (本))

となる。

答 151 本

解法テクニック ●ジュースのサービスの問題は，●(ひきかえ)，○(買った)で考えよう。

中学入試
総仕上げテスト

第1回 中学入試 総仕上げテスト

時間 45分　合格点 75点
解答➡別冊 p.180

1 次の□にあてはまる数を求めなさい。

(各6点)

(1) $\frac{4}{5} \div \frac{8}{7} + 1.5 \div 2 \times \frac{5}{6} = \square$　(　　　)

(2) $\frac{4}{5} + (\square + 5.2) \times 3.14 \div 5 = 10.22$　(　　　)

(3) ある分数の分母と分子の和が 109 で，分母と分子からそれぞれ 22 をひいて約分すると$\frac{1}{4}$になるとき，この分数は□です。　(　　　)

(4) 右の図は 2 つの直角三角形と，中心角が 90 度の 2 つのおうぎ形を組み合わせた図形です。このとき，この図形の面積は□ cm^2 になります。　(　　　)

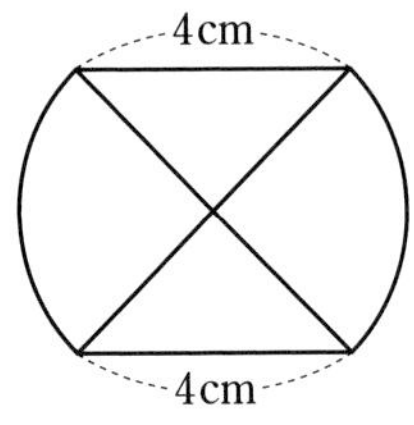

(5) 池の周りを A，B，C の 3 人が同じ場所から，A と B は時計回りに，C は反時計回りに同時に出発しました。A の速さは毎分 100 m，C の速さは毎分 60 m です。出発の 11 分後に A と C が初めて出会い，その 5 分後に B と C が初めて出会いました。このとき，B の速さは毎分□ m です。　(　　　)

2 仕入れ値(ね)が 1 個(こ) 200 円の品物を 120 個仕入れ，2 割(わり)の利益(りえき)をみこんで定価(ていか)をつけ売りました。何個か売れ残ったので，それらを定価の 2 割引きで売ると，すべて売り切れ，利益は初めの予定の 60%になりました。

(各6点)

(1) 利益は何円でしたか。　(　　　)

(2) 定価の 2 割引きで売った個数は何個ですか。　(　　　)

3 下の図のように，1 cm 間隔(かんかく)の正方形のマス目があります。このマス目を使って，さまざまな大きさの正方形を考えます。

(各6点)

(1) 図 1 の太線を 1 辺とする正方形の面積は何 cm^2 ですか。　(　　　)

(2) 図 2 の太線を 1 辺とする正方形の面積は何 cm^2 ですか。　(　　　)

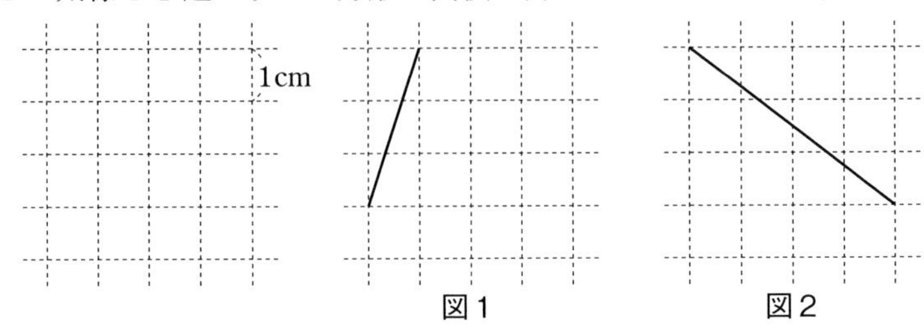

4 **右の表は 20 段ある階段状のマス目です。このマス目に 1 段目から順に規則正しく数を書き入れていきます。たとえば 4 段目の左から 3 番目の数は 4 です。このとき，次の問いに答えなさい。** (各 7 点)

1段目	1					
2段目	2	3				
3段目	4	5	1			
4段目	2	3	4	5		
5段目	1	2	3	4	5	
6段目	1	2	3	…	…	…
⋮						
20段目			……			

⑴ 8 段目の左から 5 番目の数を求めなさい。 (　　　　)

⑵ □段目の左から 1 番目の数が 1 になります。このとき□にあてはまる数をすべて求めなさい。 (　　　　)

5 **右の図のような 3 辺の長さが 10 cm，13 cm，8 cm の三角形 ABC を，辺に平行な 2 本の線分 PQ と RS で 4 つに区切ったところ，四角形 PBSO と AROQ の面積が等しくなり，PR の長さが 4 cm になりました。このとき，次の問いに答えなさい。ただし，O は PQ，RS の交点とします。** (各 6 点)

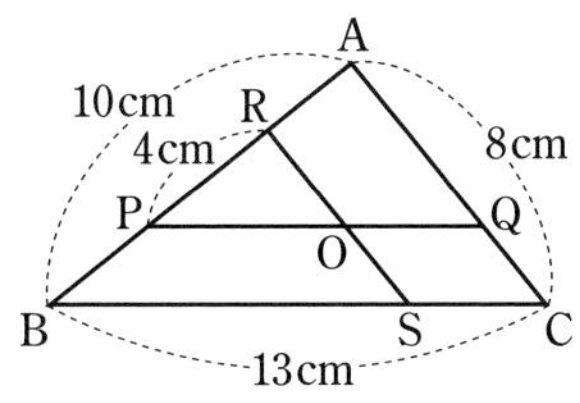

⑴ AR の長さは何 cm ですか。 (　　　　)

⑵ CQ の長さは何 cm ですか。 (　　　　)

⑶ 三角形 RPO と四角形 OSCQ の面積の比を求めなさい。 (　　　　)

6 **1 辺 1 m の立方体の空の容器があります。この容器に，2 つの立方体 A，B を組み合わせてつくったおもりを，図のように底にまっすぐ入れました。今，この容器の中に一定の割合で水を入れていきます。グラフは水を入れ始めてからの時間と水面の高さの関係を表したものです。このとき，次の問いに答えなさい。ただし，おもりの中に水がはいることはないものとします。** (各 7 点)

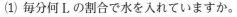

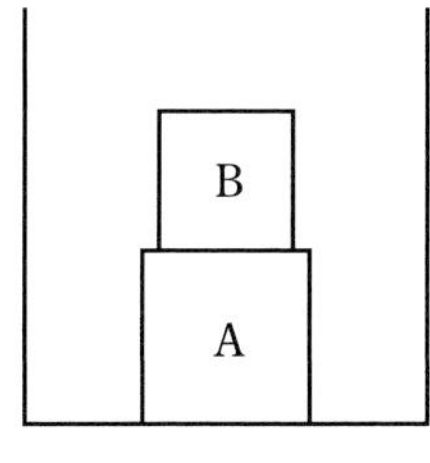

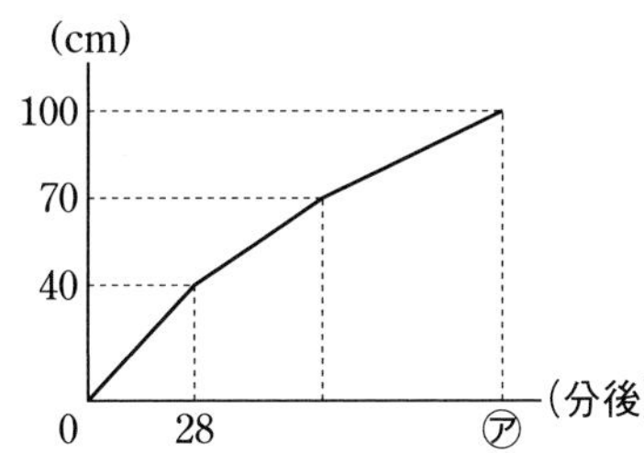

⑴ 毎分何 L の割合で水を入れていますか。 (　　　　)

⑵ グラフの㋐にあてはまる数を求めなさい。 (　　　　)

第2回 中学入試 総仕上げテスト

時間 45分　合格点 75点
解答➡別冊 p.181

1 次の□にあてはまる数を求めなさい。

(1) $11.13 \times \frac{5}{7} - 1.45 = \square \times 3 \div 2\frac{1}{3} + 5.3$　(6点)

(　　　　)

(2) 右の図は三角形 ABC を頂点(ちょうてん) A を中心に時計回りに 30 度回転させたものです。回転させてできる三角形 ADE の頂点 E が辺 BC 上にあるとき，角㋐の大きさは□度になります。　(6点)

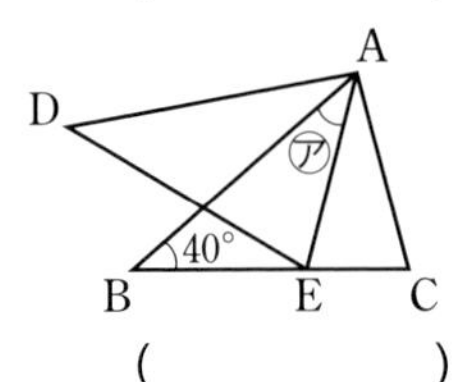

(　　　　)

(3) ある整数 A に 5 をかけた数から，同じ整数 A を 5 でわった数をひくと 902.4 になりました。このとき，整数 A は□です。　(6点)

(　　　　)

(4) 右の図は半径 4 cm の半円 3 つを重ねてつくった図形です。このとき，影(かげ)の部分の面積は［㋐］cm^2，影の部分の周りの長さは［㋑］cm になります。　(各6点)

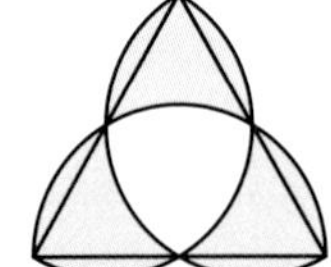

㋐(　　　　)　㋑(　　　　)

(5) あるクラスでは，クラスの人数の$\frac{1}{6}$の人が犬をかっています。また，クラスの人数の$\frac{1}{9}$の人が猫(ねこ)をかっており，どちらもかっていない人が 28 人いました。このとき，このクラスの人数は□人になります。　(7点)

(　　　　)

2 **A 君は本屋さんでお母さんに 1 冊(さつ)の本を買ってもらったので，毎日同じページ数を読んでいき，何日かでちょうど読み終わる計画を立てました。読み始めてから 8 日で全体の$\frac{2}{3}$を読み終わりましたが，おもしろかったので 9 日目からは 1 日に読む量をそれまでの 1.5 倍にしたところ，最後の日は 10 ページ読んで読み終わりました。このとき，次の問いに答えなさい。**　(各7点)

(1) 計画では何日で読み終わる予定でしたか。　(　　　　)

(2) この本は全部で何ページですか。　(　　　　)

3 **右の図は 1 辺 8 cm の正三角形 ABC，1 辺 4 cm の正三角形 DEA，1 辺 6 cm の正三角形 FGC を辺と辺が重なるように並べたものです。このとき，次の問いに答えなさい。** (各 7 点)

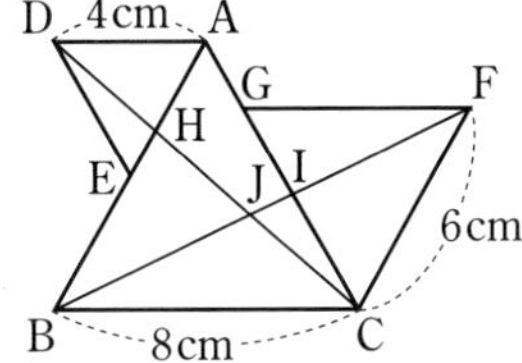

⑴ GI の長さを求めなさい。 (　　　　)

⑵ DH と HJ と JC の長さの比を最も簡単な整数の比で求めなさい。

(　　　　)

4 **図 1 のような円すい形をした容器 A と，同じ円すい台を 2 つくっつけた形をした容器 B があります。今，容器 A を使って容器 B に水を入れていきます。このとき，次の問いに答えなさい。** (各 7 点)

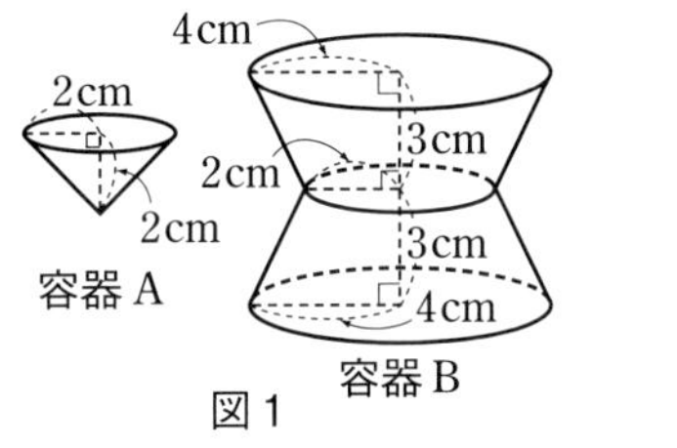

図 1

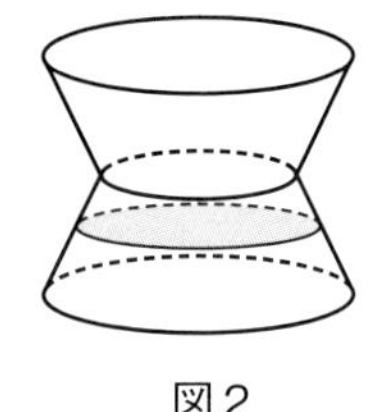
図 2

⑴ 容器 A に水をいっぱいに入れ，空の容器 B に水を入れていきます。このとき，容器 A を何回使えば容器 B を水でいっぱいにすることができますか。

(　　　　)

⑵ 空の容器 B に容器 A で何回か水を入れたところ，**図 2** のようになりました。さらに容器 A で同じ回数水を入れましたが，水面の面積は変わりませんでした。初め容器 A で何回水を入れましたか。 (　　　　)

5 **A 君と妹が右の図のように，家から公園，郵便局を通って学校まで行くことにしました。**

公園と郵便局は家と学校を 3 等分する地点にあります。まず妹が出発し，それからしばらくして A 君が出発しました。妹が公園に着いたとき A 君は公園まであと 400 m の所を歩いており，A 君が公園に着いたとき妹は公園から 300 m 進んだ所を歩いていました。郵便局に着いた時刻は妹の方が A 君より 1 分早く，A 君が妹に追いついたのは学校まであと 720 m の所でした。2 人は家から学校まで休むことなく，それぞれ一定の速さで歩くものとします。このとき，次の問いに答えなさい。 (各 7 点)

⑴ A 君と妹の歩く速さの比を求めなさい。 (　　　　)

⑵ A 君が学校に着いたとき，妹は学校まであと何 m の所にいますか。

(　　　　)

⑶ 妹は A 君より何分早く家を出発しましたか。 (　　　　)

第3回 中学入試 総仕上げテスト

時間 45分 合格点 75点

解答➡別冊p.182

1 次の□にあてはまる数を求めなさい。 (各6点)

(1) $(18-\square)\times\frac{5}{6}+7\frac{1}{12}=11.25$ (　　　)

(2) $3.14\times58+4\times15.7-1.4\times62.8=\square$ (　　　)

(3) 2でわると1あまり，7でわると6あまる整数のうち，最も小さい3けたの整数は□です。 (　　　)

(4) 右の図は直径10cmの2つの半円と，1辺の長さが10cmの正方形，そして円を組み合わせた図形です。このとき，斜線(しゃせん)部分の面積は□ cm^2 になります。 (　　　)

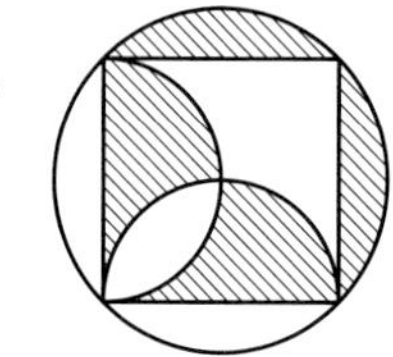

(5) A君は何円かのお金を持っておつかいに行きました。1軒(けん)目のお店で持っていたお金の$\frac{1}{4}$より40円多く使い，2軒目のお店でそのとき持っていたお金の$\frac{3}{5}$より30円少なく使ったところ170円残りました。このとき，初めに持っていたお金は□円になります。 (　　　)

2 右の図は1辺の長さが5cmの立方体を1つの平面で切ったときにできる立体の展開(てんかい)図です。この展開図は3枚(まい)の正方形と，3枚の直角二等辺三角形と，1枚の正三角形を組み合わせたものになっています。この展開図を組み立ててできる立体について，次の問いに答えなさい。

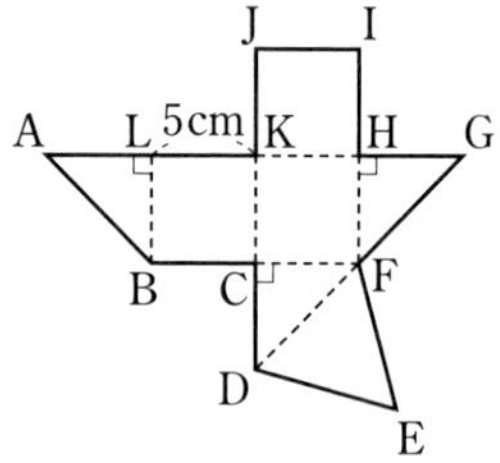

(1) Aと重なる点はどれですか。図のB～Lの中からすべて選び，記号で答えなさい。(6点) (　　　)

(2) 体積は何 cm^3 になりますか。(7点) (　　　)

3 右の図の四角形ABCDは，1辺の長さが6cmの正三角形を3枚並(なら)べてつくった台形です。APの長さが2cmのとき，次の問いに答えなさい。

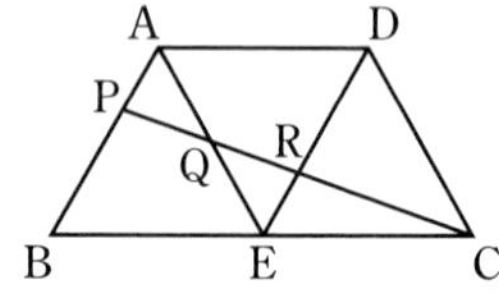

(1) ERの長さは何cmですか。(6点) (　　　)

(2) AQの長さは何cmですか。(6点) (　　　)

(3) PQとQRとRCの長さの比(ひ)を，最も簡単(かんたん)な整数の比で求めなさい。 (7点)

(　　　)

4 2せきの船A, Bが川下にあるP地点と川上にあるQ地点を同時に出発し，1往復(おうふく)します。下の右のグラフは2せきの船A，Bがそれぞれ P地点，Q地点を出発してからの時間と，P地点からの距離(きょり)の関係を示(しめ)したものです。それぞれの船の静水時の速さと川の流れの速さは途中(とちゅう)で変わらないものとして，次の問いに答えなさい。

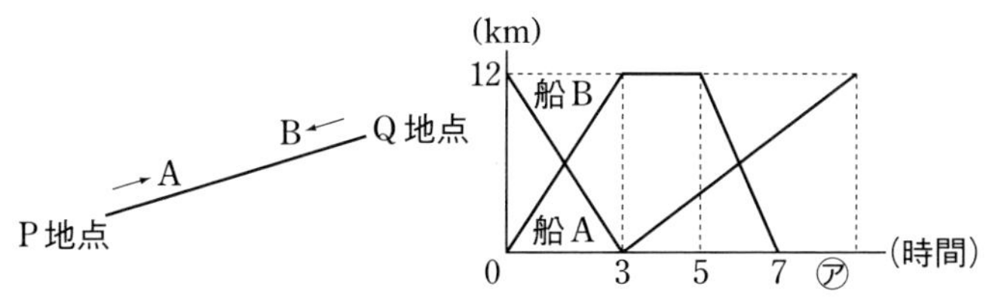

(1) 船Aの静水時の速さは毎時何kmですか。(6点)　(　　　　)

(2) グラフの㋐にあてはまる値(あたい)を求めなさい。(6点)　(　　　　)

(3) 2せきの船が2回目に出会うのは，1回目に出会ってから何時間後ですか。(7点)　(　　　　)

5 円をつらぬくように何本かの直線を引き，円の内部がいくつの部分に分かれるかを考えます。たとえば，2本の直線を引く場合，最も少ない場合は図1のように3個(こ)，最も多い場合は図2のように4個に分かれます。また，3本の直線を引く場合，最も少ない場合は図3のように4個，最も多い場合は図4のように7個に分かれます。このとき，次の問いに答えなさい。

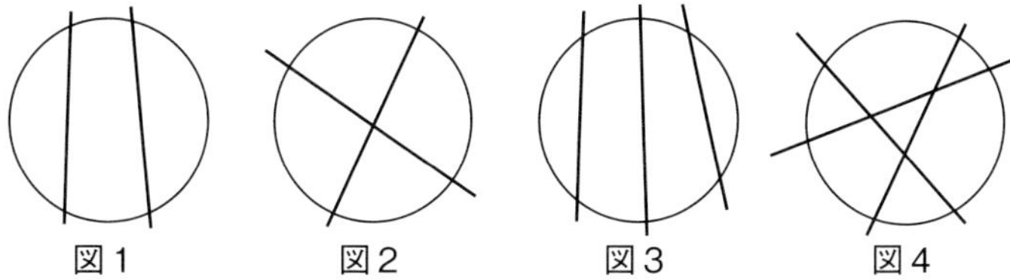
図1　図2　図3　図4

(1) 直線を4本引いたとき，円の内部はいくつの部分に分かれますか。最も少ない場合と，最も多い場合を求めなさい。(6点)

(　　　　)

(2) 直線を6本引いたとき，円の内部はいくつの部分に分かれますか。最も少ない場合と，最も多い場合を求めなさい。(6点)

(　　　　)

(3) 直線を10本引いたとき，円の内部はいくつの部分に分かれますか。最も少ない場合と，最も多い場合を求めなさい。(7点)

(　　　　)

第4回 中学入試 総仕上げテスト

時間 45分　合格点 75点
解答➡別冊 p.184

1 次の□にあてはまる数を求めなさい。　(各6点)

(1) $(12-\square)\div 1\frac{1}{3}+3.3\div 9\frac{1}{6}\times 5=9$　(　　　)

(2) $\frac{1}{1\times 2}+\frac{5}{2\times 3}+\frac{11}{3\times 4}+\frac{19}{4\times 5}=\square$　(　　　)

(3) 整数Aを整数Bでわると商が6であまりが5になります。整数Bを整数Aでわると商が0.15であまりが0.15になります。　(　　　)
このとき，整数Aは□になります。

(4) 何人かの生徒が1列に並んで山登りをしています。先頭のA君と列の途中のB君の間にいる人数，B君と列の途中のC君の間にいる人数，C君と最後尾のD君の間にいる人数，先頭のA君と最後尾のD君の間にいる人数の比が3：4：5：13になっています。このとき，生徒の人数は□人になります。ただし，「○と△の間の人数」とは，はしにいる人(○と△)はふくまないものとし，4人は列の前から順にA，B，C，Dと並んでいるものとします。　(　　　)

(5) 右の図は1辺3cmの正方形4枚と，半径6cmのおうぎ形を重ねたものです。このとき，斜線の部分の面積は□cm^2になります。　(　　　)

3cm
6cm

2 ある整数が偶数であればその数を2でわり，奇数であればその数に1をたすという操作を繰り返します。この操作は1になれば終わります。たとえば「12」は，12→6→3→4→2→1となり，5回の操作で1になります。このとき，次の問いに答えなさい。　(各6点)

(1) 「20」は何回の操作で1になりますか。　(　　　)

(2) 6回の操作で1になる整数は何個考えられますか。　(　　　)

3 10円，50円，100円の3種類の硬貨がたくさんあります。これらの硬貨を使って730円をつくることを考えます。このとき，次の問いに答えなさい。　(各6点)

(1) 100円硬貨の枚数を10円硬貨の枚数の2倍使うとき，50円硬貨は何枚使いますか。　(　　　)

(2) 3種類の硬貨を合わせて18枚使うとき，50円硬貨は何枚使いますか。　(　　　)

4 右の図のような長方形を組み合わせた図形 ABCDEF を直線 ℓ を軸(じく)として 1 回転させます。このとき，次の問いに答えなさい。 (各 6 点)

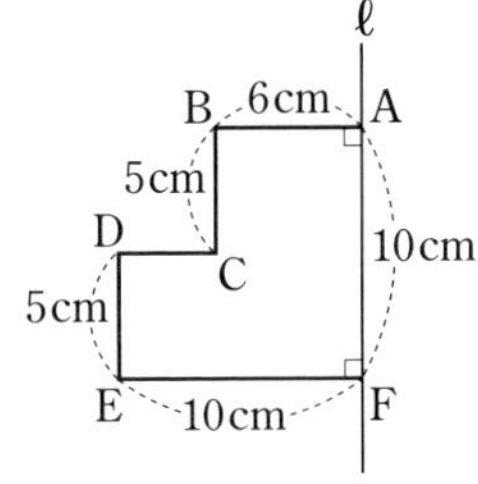

(1) 1 回転させてできる立体の体積は何 cm^3 ですか。

( )

(2) 1 回転させてできる立体の表面積は何 cm^2 ですか。

( )

5 右の図のような台形 ABCD があります。今，この台形 ABCD の面積を 2 等分することを考えます。このとき，次の問いに答えなさい。

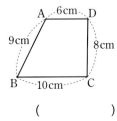

(1) この台形を**図 1** のように直線 AP で区切ったところ，台形の面積が 2 等分されました。このとき，BP の長さは何 cm ですか。(6 点) ( )

(2) この台形を**図 2** のように直線 BQ で区切ったところ，台形の面積が 2 等分されました。このとき，CQ の長さは何 cm ですか。(7 点) ( )

(3) この台形を**図 3** のように直線 RS で区切ったところ，台形の面積が 2 等分されました。このとき，AR の長さは何 cm ですか。(7 点) ( )

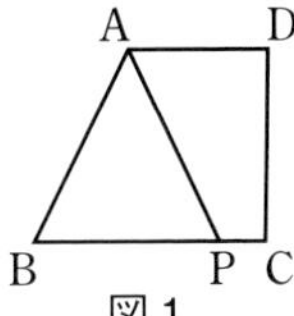

図 1

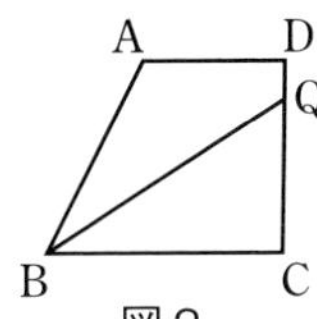

図 2

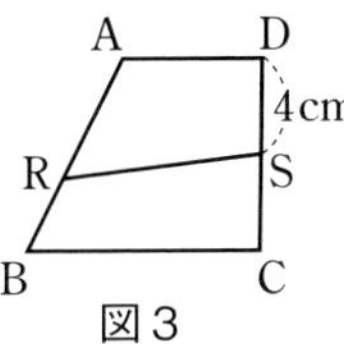

図 3

6 A 君と B 君の家は 1200 m はなれています。ある日，2 人は 2 人の家の間にある公園で遊ぶ約束をしました。2 人は約束の時間に間に合うよう，それぞれの家を同時に自転車で出発しましたが，A 君は家と公園のちょうど真ん中の地点で自転車がパンクしてしまい，そこからは歩いて公園に向かいました。その結果，A 君は約束の時間に 2 分遅(おく)れ，B 君は約束の時間より 4 分早く着きました。A 君の自転車の速さを毎分 120 m，歩く速さを毎分 60 m，B 君の自転車の速さを毎分 100 m，自転車から徒歩にかわる時間は考えないものとして，次の問いに答えなさい。 (各 7 点)

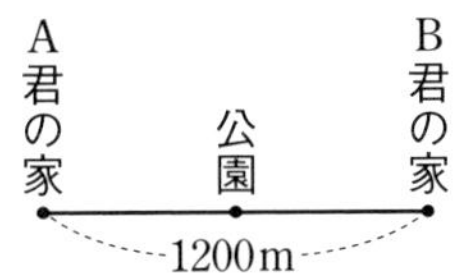

(1) A 君の，家を出発してから公園に着くまでの平均(へいきん)の速さは毎分何 m ですか。

( )

(2) A 君の家から公園までの道のりは何 m ですか。 ( )

第5回 中学入試 総仕上げテスト

時間 45分　合格点 75点

解答➡別冊 p.185

1 次の□にあてはまる数を求めなさい。　（各6点）

(1) $(36 \times 16 - 40 \times 12) \div 4 + 32 = \square$　（　　　）

(2) $\left(3\frac{5}{12} - \square - \frac{1}{6}\right) \times 3.5 = 3$　（　　　）

(3) $0.6\,\mathrm{m}^3 + 120\,\mathrm{dL} - 360\,\mathrm{cm}^3 = \square\,\mathrm{L}$　（　　　）

(4) 60 の約数のうち，20 の約数でない数すべての和は□です。

（　　　）

2 右の表は，あるテストの得点結果を表したものです。このテストは全部で 3 題あり，配点は第 1 問が 2 点，第 2 問が 3 点，第 3 問が 5 点で，10 点満点です。このとき，次の問いに答えなさい。　（各6点）

得点(点)	0	2	3	5	7	8	10
人数(人)	0	5	1	11	8	7	8

(1) このテストの平均点は何点ですか。　（　　　）

(2) 第 1 問の正解者の割合は受験者全体の 60％でした。第 3 問の正解者の割合は受験者全体の何％ですか。　（　　　）

3 右の図のような，6 つの角がすべて等しい六角形 ABCDEF があります。これについて次の問いに答えなさい。

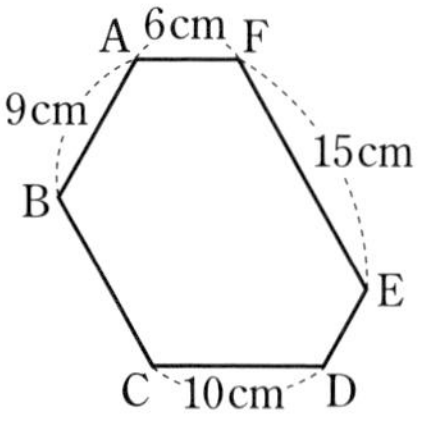

(1) 辺 BC の長さは何 cm ですか。(6点)　（　　　）

(2) この六角形 ABCDEF の面積は，1 辺の長さが 1 cm の正三角形の面積の何倍ですか。(7点)　（　　　）

A 6cm F
9cm
15cm
B
E
C 10cm D

4 時速 72 km で進む長さ 150 m の列車 A と，列車 A と向かい合って進む長さ 200 m の列車 B があります。次の問いに答えなさい。

(1) 列車 A がふみきりの前に立っている人の前を通過するのに何秒かかりますか。(6点)　（　　　）

(2) 列車 A と列車 B がすれちがうのに 10 秒かかりました。列車 B の速さは時速何 km ですか。(6点)　（　　　）

(3) 列車 A と列車 B がトンネルの両はしに同時にさしかかりました。その後，トンネル内ですれちがいが終わってから，列車 A がトンネルを出るまでに 20 秒かかりました。トンネルの長さは何 m ですか。(7点)　（　　　）

5 **水平においた直方体の水槽（すいそう）に水を入れ，図1のような直方体のおもりを沈（しず）めます。このとき，次の問いに答えなさい。ただし，水が水槽からあふれることはないものとします。**

図1

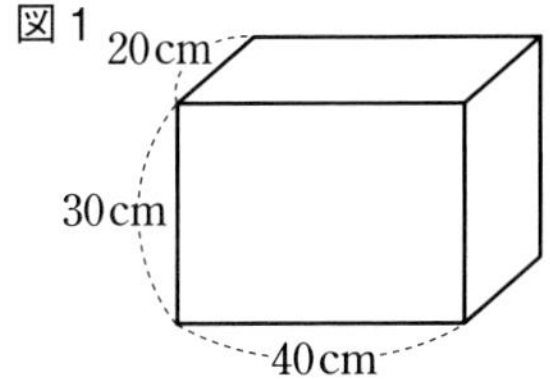

⑴ おもりを 30cm の辺が水槽の底に垂直（すいちょく）になるように底まで沈めると，水の深さは 10cm となり，20cm の辺が水槽の底に垂直になるように底まで沈めると，水の深さは 12cm となりました。水槽の底面積は何 cm^2 ですか。(6点)　（　　　　）

⑵ おもりから直方体を切り取り，**図2**のようにしました。水槽に水を 84.5L 加えて**図2**のおもりを辺 AB が水槽の底に垂直になるように沈めると，ちょうどおもりの最も上の面が水面と同じ高さになりました。このとき x の値（あたい）を求めなさい。(7点)　（　　　　）

図2

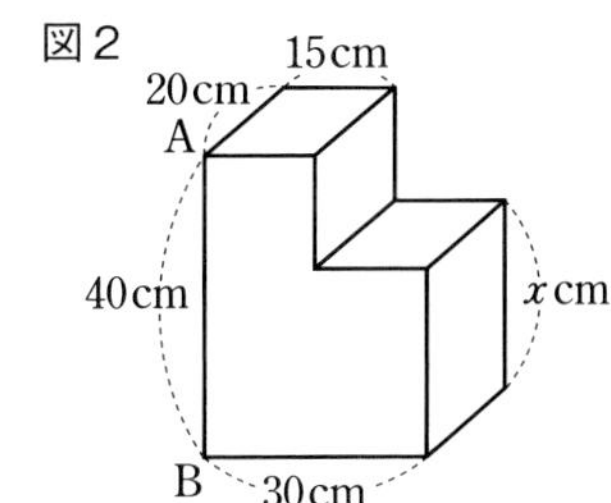

6 **次の問いに答えなさい。**

⑴ **図1**の交差点 X には，道**ア**と**イ**からはいることができ，道**ウ**と**エ**から出ることができます。道**ア**を通った車が 52 台，道**イ**を通った車が 48 台，道**ウ**を通った車が 72 台のとき，道**エ**を通った車は何台ですか。(6点)　（　　　　）

図1

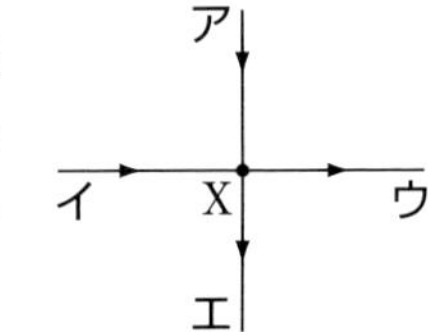

⑵ **図2**の交差点 Y には，道**オ**と**カ**からはいることができ，道**キ**と**サ**から出ることができます。また，交差点 Z には，道**ク**と**サ**からはいることができ，道**ケ**と**コ**から出ることができます。交差点 Y と Z の間の道**サ**は Y から Z の方向にしか進むことができません。道**オ**を通った車が 72 台，道**カ**を通った車が 50 台，道**キ**を通った車が 48 台，道**ク**を通った車が 40 台，道**ケ**を通った車が 30 台のとき，道**コ**を通った車は何台ですか。(6点)　（　　　　）

図2

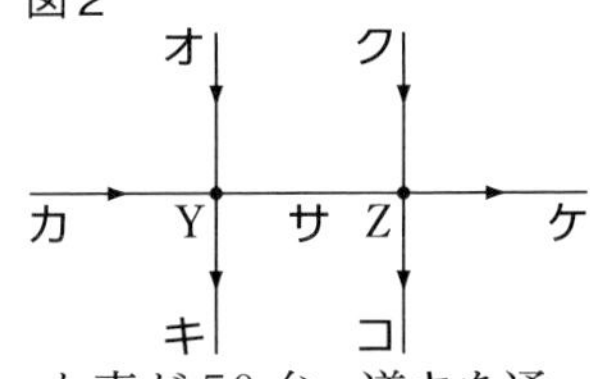

⑶ **図2**の交差点 Y と Z の間の道**サ**が Z から Y の方向にも進めるようになりました。道**オ**を通った車が 48 台，道**カ**を通った車が 50 台，道**キ**を通った車が 40 台，道**ク**を通った車が 39 台，道**ケ**を通った車が 42 台のとき，道**サ**を通った車は何台以上何台以下ですか。(7点)　（　　　　）

さくいん

あ

か

さ

た

な

は

ま

や

ら

わ

［編著者紹介］

前田　卓郎（まえだ　たくろう）

希学園理事長。歯学博士。
1947年　兵庫県尼崎市生まれ。
兵庫県立尼崎高校卒業後，大阪大学在学中より講師業に携わりながら，同大学院博士課程修了後，大阪歯科大学勤務。進学塾算数科講師として42年間一貫して灘中を初め，筑駒中，開成中に多数の合格者を輩出している。中学受験界における「受験の神様」の異名をとる。
「克己の精神で頑張れば難関中に合格できる」をモットーに現在も克己のハチマキ姿で教壇に立っている。

黒田　耕平（くろだ　こうへい）

希学園学園長。
1975年　兵庫県伊丹市生まれ。
高槻中・高出身。大阪大学在学中より講師業に携わり，算数科講師として灘中を初めとした最難関中への多数の合格者を輩出。現在も低学年から灘中受験を目指す６年生まで幅広く担当し，「やる気を引き出す」楽しい授業と「子どもの成長を促す」熱血指導で受験生や保護者の間でもカリスマ的な存在。
中学受験指導の本道を突き進み続けるというポリシーのもと，希学園を牽引している。

□ 編集協力　山腰政喜　奥山修　尾﨑恵理子　小南路子　坂下仁也
佐藤さとみ　田中浩子　鳥居竜三　踊堂憲道
□ 本文デザイン　㈱ライラック
□ 図版作成　㈲デザインスタジオエキス.

シグマベスト
完全理解　小学算数

編著者　前田卓郎・黒田耕平
発行者　益井英郎
印刷所　図書印刷株式会社
発行所　株式会社文英堂
〒601-8121　京都市南区上鳥羽大物町28
〒162-0832　東京都新宿区岩戸町17
(代表)03-3269-4231

ΣBEST シグマベスト

完全理解 小学算数

知識を深め 考える力を育む

小学3～6年

[解答集]

文英堂

知識を深め 考える力を育む

完全理解 小学算数

［解答集］

文英堂

数と計算編

第1章 整数と計算

練習 001 (1)**960** (2)**450** (3)**4600** (4)**93000** (5)**46** (6)**1000** (7)**18840** (8)**3750**

解き方 (1) 458−140+642
=(458+642)−140
=1100−140=960
(2) 934−350−134=(934−134)−350
=800−350=450
(3) 46×25×4=46×(25×4)
=46×100=4600
(4) 125×93×8=(125×8)×93
=1000×93=93000
(5) 46000÷50÷20=46000÷(50×20)
=46000÷1000=46
(6) 62×10+38×10=(62+38)×10
=100×10=1000
(7) 8×8×314−2×2×314
=(8×8−2×2)×314
=60×314=18840
(8) 48×125−23×125+5×125
=(48−23+5)×125
=30×125=3750

練習 002 (1)**7** (2)**2330** (3)**643** (4)**28** (5)**147** (6)**37** (7)**13** (8)**22**

解き方 (1) 25−3×6=25−18=7
(2) 310×5+130×6=1550+780=2330
(3) 950−340+165÷5=950−340+33
=610+33=643
(4) 540−320÷5×8=540−64×8
=540−512=28
(5) 363−(32+23×8)=363−(32+184)
=363−216=147
(6) 16×3−(46−4×6)÷2
=48−(46−24)÷2
=48−22÷2=48−11=37
(7)(8−6)×6−4+(6+3)÷3×2−1
=2×6−4+9÷3×2−1
=12−4+3×2−1
=12−4+6−1=13
(8) 60÷12×5−(87−36)÷17
=5×5−51÷17=25−3=22

練習 003 (1)**10** (2)**341** (3)**18** (4)**10** (5)**6** (6)**138**

解き方 (1){(8+20)÷7−2}×5
=(28÷7−2)×5=2×5=10
(2) 420−{83−(60−48)÷3}
=420−(83−12÷3)
=420−79=341
(3)(48÷8+3)×4−{16×2−(18−8÷2)}
=(6+3)×4−{32−(18−4)}
=36−(32−14)=36−18=18
(4) 15−[7−{(21+9)÷6−3}]
=15−{7−(5−3)}=15−(7−2)
=15−5=10
(5)[80−{(12+6)×5÷3+8}]÷7
={80−(18×5÷3+8)}÷7
=(80−38)÷7=42÷7=6
(6) 18+[{56−(15−8)×6}÷7+18]×6
=18+{(56−7×6)÷7+18}×6
=18+(14÷7+18)×6=18+20×6
=138

練習 004 (1)**40** (2)**5** (3)**26**

解き方 (1) 50−(10+15×2)÷4
=50−40÷4=50−10=40
(2) 180÷{4×(15−12÷2)}
=180÷{4×(15−6)}=180÷(4×9)=5
(3)[{30−(16−8)}×5+20]÷5
={(30−8)×5+20}÷5=130÷5=26

練習 005 (1)**200** (2)**8** (3)**160** (4)**7**

解き方 (1) 240−(□−13×14)=222

□−13×14=240−222

□=18+13×14=200

(2) (12+13×□+24)÷7=20

12+13×□+24=140

13×□=140−12−24

13×□=104

□=104÷13=8

(3) 70+(310−□)÷5=100

(310−□)÷5=100−70

310−□=30×5

□=310−150=160

(4) 1620÷(652−□×16)=3

652−□×16=1620÷3

□×16=652−540

□×16=112

□=112÷16=7

練習 006　それぞれ順に

(1)4, 6　(2)8, 1　(3)6, 1

解き方 (1) □×2+□÷3=10 で，□×2 と 10 は偶数だから，□÷3 も偶数となる。

□は 9 以下の整数だから，□÷3 の□には 6 が入る。

このとき，□×2+6÷3=10 より

□×2+2=10　　□×2=8　　□=4

(2) 5+□−3×□=10 より　□−3×□=5

□=5+3×□で，□は 9 以下の整数だから，3×□の□には 1 が入る。

このとき　□=5+3×1=8

(3) 7×□−4×(□×5+3)=10 より

7×□=10+4×(□×5+3)

4×(□×5+3) は 32 以上の 4 の倍数なので，10+4×(□×5+3)は 42 以上で，4 でわると 2 あまる偶数となる。

よって，7×□の□には 6 が入る。

42=10+4×(□×5+3)より

4×(□×5+3)=32　　□×5+3=8

□×5=5　　□=1

練習 007　(1)8　(2)84

解き方 (1) 0.75=$\frac{3}{4}$であるから，わる数は 4，8，12，…である。

たとえば，4 であるとすると 38−3=35 は 4 でわり切れないから，適さない。

38−3×2=32

これは 8 でわり切れるので適する。

12，16，…などもためしてみると，適さないことがわかる。

〔別解〕ある整数を△，商の整数部分を□とすると　38÷△=□+0.75

つまり　38=△×(□+0.75)

4 倍すると　152=△×4×(□+0.75)

つまり　152=△×(4×□+3)

4×□+3 は 3 より大きい奇数であり，152=2×2×2×19 の約数であるから，

4×□+3=19，△=8 となる。

(2) ある数を$\boxed{1}$とおいてみると，

正しい答えは　$\boxed{1}$×7=$\boxed{7}$

まちがった答えは　$\boxed{1}$×70=$\boxed{70}$

差は　$\boxed{70}$−$\boxed{7}$=$\boxed{63}$

これが 756 であるから

$\boxed{1}$=756÷63=12

正しい答えは　12×7=84

力だめしの問題

❶ (1)32

(2)193, 194, 195, 196, 197

解き方 もとの整数を□で表すと，

□÷8=24 あまり$\boxed{\text{ア}}$

□÷6=$\boxed{\text{イ}}$あまり$\boxed{\text{ア}}$

そこで，もとの整数□からあまり$\boxed{\text{ア}}$をひくと，その数は 8 でも 6 でもわり切れる。

(1) $\boxed{\text{イ}}$は　8×24÷6=32

(2) $\boxed{\text{ア}}$にあてはまる数は 1 ～ 5 の整数だから，もとの整数は 8×24+1=193 から 8×24+5=197 までの整数。

❷ (1)3個　(2)8個

解き方 (1)【4／ア】＝【8／ア】より,「4÷ア」と「8÷ア」のあまりが等しくなるので,8−4＝4 はアでわり切れる。よって，アは 4 の約数で 1，2，4 の 3 個。

(2)《3／イ》＝《4／イ》＝《6／イ》
より,「イ÷3」と「イ÷4」と「イ÷6」のあまりが等しくなる。
「イ÷3」より，あまりは 0，1，2 の 3 通り。3，4，6 の最小公倍数が 12 より,「イ」は 12 でわってあまりが 0，1，2 となる数。
あまり 0 … 12，24
あまり 1 … 1，13，25
あまり 2 … 2，14，26
よって，8 個。

❸ 7

解き方 (4，□，3)＝4×□＋□×3−3×4
＝7×□−12
(7，6，5)＝7×6＋6×5−5×7
＝42＋30−35＝37
7×□−12＝37 より　7×□＝37＋12
7×□＝49　　□＝49÷7＝7

❹ 4500

解き方 〔1001〕，〔1002〕，…，〔2000〕の一の位は，順に
1×1×1，2×2×2，3×3×3，4×4×4，5×5×5，6×6×6，7×7×7，8×8×8，9×9×9，0×0×0
の一の位の繰り返しになる。
つまり，1，8，7，4，5，6，3，2，9，0 の繰り返し。
10 個で 1 セット，1 セットの和は 45 であり，1000÷10＝100(セット)あるので
45×100＝4500

❺ 順に，49，24

解き方 10＝2×5 より，一の位から続く 0 の個数は，1×2×3×…×200 を素数の積の形で表したときの 5 の個数と同じになる。

```
5)200
5) 40 … 0
5)  8 … 0
    1 … 3
```

200÷5＝40 より，5 の倍数は 40 個。
200÷25＝8 より，25 の倍数は 8 個。
200÷125＝1 あまり 75 より，125 の倍数は 1 個。
よって　40＋8＋1＝49(個)
2×4×6×…×198×200
＝2×2×…×2×(1×2×3×…×99×100)
1 から 100 までの整数のうち，
100÷5＝20 より，5 の倍数は 20 個。
100÷25＝4 より，25 の倍数は 4 個。
よって，2×4×6×…×200 の中の 5 の個数は
20＋4＝24(個)

```
5)100
5) 20
    4
```

❻ [7]…8枚　[5]…3枚　[2]…4枚

解き方 79÷7＝11 あまり 2 より，7 は多くても 11 枚で，7 が 11 枚と 2 が 1 枚の合計 12 枚で和が 79 になることがわかる。ここから，15−12＝3 より，カードを 3 枚増やす。
7＝5＋2 より，7 を 1 枚減らすと，5 と 2 は 1 枚ずつ増え，合計枚数は 1 枚増えるから，7 を 3 枚減らし，5 と 2 を 3 枚ずつ増やして，7 が 8 枚，5 が 3 枚，2 が 4 枚となる。

❼ (ア，イ)は(24，25)，(75，76)

解き方 100＝2×2×5×5
2 連続整数を素数の積の形で表したときに，2，2，5，5 がすべてふくまれるようにする。
2 連続整数の両方が 5 の倍数になることはないので，片方の数が 25 の倍数になる。このような 2 数の組は次のようになる。
(24，25)，(25，26)，(49，50)，
(50，51)，(74，75)，(75，76)

このうち，2 数の積が 100 の倍数になるのは，(24，25)，(75，76)の 2 組になる。

❽ ⑴84　⑵6804

解き方 ⑴十一
□□
の□に数をあてはめて整数をつくると考える。ただし，十の位に 0 をあてはめた場合は 1 けたの数と考える。
一の位の数は 0，1，2，4，5，6，7，8，9 の 9 通りあり，いずれの場合も十の位の数は，0，1，2 のうち，一の位の数との和が 3 の倍数にならないものが 2 通りずつある。よって
(0＋1＋2＋4＋5＋6＋7＋8＋9)×2＝84

⑵千百十一
□□□□
一の位にあてはまる数は 0，1，2，4，5，6，7，8，9 の 9 通りで，いずれの場合も十の位，百の位にはそれぞれ 3 を除(のぞ)く 0 ～ 9 の 9 通りの数があてはまる。千の位は 0，1，2 のいずれかで，各位の数の和が 3 の倍数にならないようにするので 2 通り。よって
(0＋1＋2＋4＋5＋6＋7＋8＋9)
　×9×9×2
＝6804

❾ ⑴42，84
⑵10，20，39，52，62，81，94

解き方 ⑴(A)＋{A}＝0 より
(A)＝0，{A}＝0
これより，A は 6 でわって 0 あまり，7 でわって 0 あまる数，つまり，42 でわって 0 あまる数になる。
A は 2 けたなので，42，84 である。

⑵(A)は 6 でわったあまりなので，0 から 5 までの数。
{A}は 7 でわったあまりなので，0 から 6 までの数。
(A)×{A}＝12 より，場合分けをして考える。

㋐(A)＝2，{A}＝6 のとき
A は 6 でわって 2 あまり，7 でわって 6 あまる数，つまり，42 でわって 20 あまる数になる。
A は 2 けたなので，20，62 である。

㋑(A)＝3，{A}＝4 のとき
A は 6 でわって 3 あまり，7 でわって 4 あまる数，つまり，42 でわって 39 あまる数になる。
A は 2 けたなので，39，81 である。

㋒(A)＝4，{A}＝3 のとき
A は 6 でわって 4 あまり，7 でわって 3 あまる数，つまり，42 でわって 10 あまる数になる。
A は 2 けたなので，10，52，94 である。

❿ ①…4　②…5

解き方

```
        1     2     3     4     5     6
       30 ― 15 ― ×
       55 ― ×
             40 ― 20 ― 10 ― 5 ― ×
 60          65 ― ×
       80
                   45 ― ×
                         35 ― ×
             90 ― 70 ― 60 ― …
                         85 ― ×
                   95 ― ×
```

4 回繰り返して 60 になる整数 A は，10，35，60，85 の 4 個。
何度も繰り返して 60 になるのは，
60 → 70 → 90 → 80 → 60 のくり返しのとき。
101÷4＝25 あまり 1 なので，1 回で 60 になる 30，55，80 と，5 回で 60 になる 5 が候補(こうほ)となり，最小は 5 である。

チャレンジ問題

1 ①…4005　②…495000

解き方 入れかえても4けたの整数になるのは　9×10×10×9=8100(個)

そのうち，ABCD=DCBA，すなわち，A=D，B=Cとなるものは　9×10=90(個)

ABCD > DCBAとなるものと，ABCD < DCBAとなるものは，同じ数だけあるので，

(8100−90)÷2=4005(個)…①

DCBA=ABCDのとき，ABBAとなり，全部で90個ある。

Aに現れる数は1～9がそれぞれ10回ずつなので，合計

(1+2+3+…+9)×10=450

Bに現れる数は0～9がそれぞれ9回ずつなので，合計

(0+1+2+…+9)×9=405

よって，すべての整数の和は

1000×450+100×405+10×405
+1×450

=495000…②

2 A…83　B…49　C…61

解き方 (A+B)×5=(B+C)×6より

(A+B)：(B+C)=6：5

(A+C)×11=(A+B)×12より

(A+C)：(A+B)=12：11

よって

(A+B)：(B+C)：(A+C)

=132：110：144

A+B=⑬②，B+C=⑪⓪，A+C=⑭④とおくと

A+B+C=(⑬②+⑪⓪+⑭④)÷2=⑲③

よって

A=⑲③−⑪⓪=⑧③

B=⑲③−⑭④=④⑨

C=⑲③−⑬②=⑥①

ゆえに　A：B：C=83：49：61

A，B，Cは，いずれも2けたの整数なので

A=83，B=49，C=61

3 (1)29　(2)300

解き方 (1)現れる0の個数は

1けた→0個

2けた→10，20，30，…，90の9個

3けた→下2けたは00から99まであるので，0は十の位，一の位どちらにも10回ずつ出てくるから，20個。

よって　0+9+20=29

(2)下3けたは000から999まであるので，0は百の位，十の位，一の位のどのけたにも100回ずつ出てくるから，300個。

よって　300

4 285714

解き方　(A×100000+BCDEF×1)×3

=A×1+BCDEF×10

よって

A×299999=BCDEF×7

A×42857=BCDEF×1

よって　A：BCDEF=1：42857

BCDEFは5けたの数なので

A=1，BCDEF=42857

または

A=2，BCDEF=85714

よって，大きい方は　285714

5 (1)1　(2)2　(3)3417　(4)3077

解き方 (1)4番目の数

=(3番目の数+1)÷(2番目の数)より

(3+1)÷2=2

よって，5番目の数は同様に，

(2+1)÷3=1となる。

(2)同様にして

6番目の数=(1+1)÷2=1

7番目の数=(1+1)÷1=2

8番目の数=(2+1)÷1=3

⋮

となるので，2009 個の数は，

1，2，3，2，1 の 5 個の繰り返し。

よって，2009÷5＝401 あまり 4 より，2009 番目の数は，4 番目の数と同じ 2 になる。

(3)並んでいる 2009 個の数の合計は

(1＋2＋3＋2＋1)×402－1＝3617

また，10 番目，20 番目，30 番目，…，2000 番目の数はすべて 1 である。

よって　2000÷10＝200(個)

これらの数を取り除いたとき，並んでいる数の合計は

3617－1×200＝3417

(4)(3)で取り除いたあと，並んでいる数は

2009－200＝1809(個)

1，2，3，2，1，1，2，3，2

の 9 個の数が，1809÷9＝201(回)繰り返される。ここで，

10÷9＝1 あまり 1

20÷9＝2 あまり 2

30÷9＝3 あまり 3

⋮

90÷9＝10

100÷9＝11 あまり 1

⋮

1800÷9＝200

より，このとき並んでいる 10 番目，20 番目，30 番目，…，1800 番目の数はそれぞれ 1，2，3，2，1，1，2，3，2 の繰り返しとなる。

よって，10 個目ごとの数を取り除くと

1，2，3，2，1，1，2，3，2

の 9 個の数を，1800÷(10×9)＝20(個)ずつ取り除くことになるから，このとき，残った数の合計は

3417－(1＋2＋3＋2＋1＋1＋2＋3＋2)×20

＝3077

6 (1)**2回…12　3回…11　4回…6**

(2)(ア) **2回…10　3回…15　4回…14**

(イ) **21111**

解き方 (1) 4 回倒すまでの図をかくと，次のようになる。

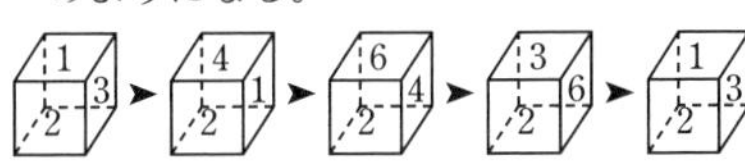

(2) 6 回倒すまでの図をかくと，次のようになる。

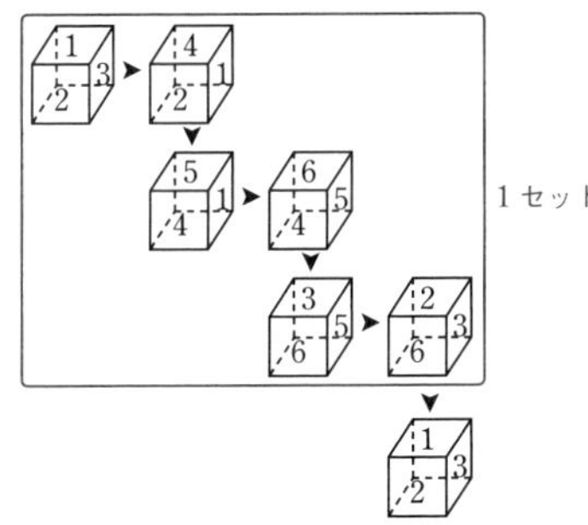

6 個 1 セットと考える。1 セットの 3 面和の合計は

6＋7＋10＋15＋14＋11＝63

2011÷6＝335(セット)あまり 1 個

63×335＋6＝21105＋6＝21111

7 (1) **97÷2＋8÷16**

(2) **98÷4＋6÷12**

74÷3＋6÷18

49÷2＋8÷16

解き方 (1)アイ÷ウ＋エ÷オカとする。

アイはできるだけ大きく，**ウ**はできるだけ小さくするが，**エ÷オカ**が 1 より小さい分数になることに注意して，**アイ**は 97，**ウ**は 2 とする。

$97\div2=48\frac{1}{2}$より　**エ÷オカ**$=\frac{1}{2}$

ここで，$\frac{1}{2}=\frac{6}{12}=\frac{7}{14}=\frac{8}{16}=\frac{9}{18}$のうち，

2，7，9 を使っていないのは$\frac{8}{16}$であるから，

エは 8，オカは 16 となる。

(2)計算結果が 25 で，右の商は 1 より小さい分数なので，ウに入るのは 4，3，2 のいずれかである。

(i)ウに 4 が入るとき，左の商は 24 より大きく，25 より小さいので，アイは 98 または 97 である。

$98\div4=24\frac{1}{2}$のとき，右の商は $\frac{1}{2}$

$\frac{1}{2}=\frac{6}{12}=\frac{7}{14}=\frac{8}{16}=\frac{9}{18}$のうち，$\frac{6}{12}$が適(てき)するので

$98\div4+6\div12$

$97\div4=24\frac{1}{4}$のとき，右の商は $\frac{3}{4}$

$\frac{3}{4}=\frac{9}{12}$で，$\frac{9}{12}$では 9 を 2 回使うことになるので不適。

(ii)ウに 3 が入るとき，アイは 74 または 73 である。

$74\div3=24\frac{2}{3}$のとき，右の商は $\frac{1}{3}$

$\frac{1}{3}=\frac{4}{12}=\frac{5}{15}=\frac{6}{18}=\frac{7}{21}=\frac{8}{24}=\frac{9}{27}$のうち，$\frac{6}{18}$が適するので

$74\div3+6\div18$

$73\div3$ は 3 を 2 回使うことになるので不適。

(iii)ウに 2 が入るとき，アイは 49 である。

$49\div2=24\frac{1}{2}$のとき，右の商は $\frac{1}{2}$

$\frac{1}{2}=\frac{6}{12}=\frac{7}{14}=\frac{8}{16}=\frac{9}{18}$のうち，$\frac{8}{16}$が適すので

$49\div2+8\div16$

第2章 小数・分数の計算

練習 008 (1)順に，**62.5**，**0.25**
(2)順に，**35**，**350** (3)**5500**
(4)順に，**0.305**，**100**

解き方 (1) 0.1 が 10 個(こ)で 1，100 個で 10 なので，625 個集めると 62.5 になる。
また，0.01 が 10 個で 0.1 なので，25 個集めると 0.25 になる。

(2) 0.1 を 10 個集めると 1 なので，3.5 は 0.1 を 35 個集めた数である。
また，0.01 が 10 個で 0.1，100 個で 1 なので，3.5 は 0.01 を 350 個集めた数である。

(3) 0.001 を 100 倍すると 0.1，1000 倍すると 1 なので，5.5 は 0.001 を 5500 倍した数である。

(4) 3.05 を$\frac{1}{10}$にすると，小数点が左へ 1 けた移(うつ)って 0.305 になる。
また，305 は 3.05 の小数点を右へ 2 けた移した数なので，100 倍である。

練習 009 (1)**103.2** (2)**3.5749**
(3)**16.347** (4)**39.367**
(5)**35.724** (6)**75.926**
(7)**13.353** (8)**7.248**

解き方 小数点の位置をそろえて，整数のときと同じように筆算で計算する。

(1)
```
  33.5
+69.7
 103.2
```
(2)
```
  3.485
+0.0899
  3.5749
```
(3)
```
  7.796
+8.551
 16.347
```
(4)
```
   6.487
+32.88
  39.367
```
(5)
```
  27.51
+  8.214
  35.724
```
(6)
```
  32.159
+43.767
  75.926
```

(7)
3.94
5.063
＋4.35
13.353

(8)
2.79
0.06
＋4.398
7.248

練習 010 (1)**5.75** (2)**3.58** (3)**1.39** (4)**2.664** (5)**1.916** (6)**0.114** (7)**2.832** (8)**16.603** (9)**2.178**

解き方 たし算と同様に，小数点の位置をそろえて，筆算で計算する。

(1)
8.46
−2.71
5.75

(2)
6.05
−2.47
3.58

(3)
7.26
−5.87
1.39

(4)
9.251
−6.587
2.664

(5)
4.573
−2.657
1.916

(6)
2.1
−1.986
0.114

(7)
21.51
−18.678
2.832

(8)
26.5
− 9.897
16.603

(9)
5.031
−2.853
2.178

練習 011 (1)**8.77** (2)**13.854** (3)**3.79** (4)**4.932** (5)**7.692** (6)**1.473**

解き方 たし算とひき算の筆算を続けて行う。

(1)
4.38
＋ 6.25
10.63
− 1.86
8.77

(2)
5.27
＋ 9.251
14.521
− 0.667
13.854

(3)
3.08
＋ 8.59
11.67
− 7.88
3.79

(4)
4.006
−3.96
0.046
＋4.886
4.932

(5)
6.075
−2.938
3.137
＋4.555
7.692

(6)
5.97
−3.063
2.907
−1.434
1.473

練習 012 (1)**774.36** (2)**27.864** (3)**292.64** (4)**243.025** (5)**2327.67** (6)**62.82** (7)**152.32** (8)**261.04** (9)**2465.64** (10)**5542.74** (11)**48970.98** (12)**2890.54**

解き方 積の小数点の位置に気をつける。

(1)
9.56
× 81
956
7648
774.36

(2)
0.516
× 54
2064
2580
27.864

(3)
4.72
× 62
944
2832
292.64

(4)
9.721
× 25
48605
19442
243.025

(5)
86.21
× 27
60347
17242
2327.67

(6)
5.235
× 12
10470
5235
62.820

(7)
4.76
× 32
952
1428
152.32

(8)
1.04
× 251
104
520
208
261.04

(9)
7.61
× 324
3044
1522
2283
2465.64

(10)
87.98
× 63
26394
52788
5542.74

(11)
95.46
× 513
28638
9546
47730
48970.98

(12)
25.58
× 113
7674
2558
2558
2890.54

練習 013 (1)**54**　(2)**11.826**　(3)**199.36**　(4)**12.3324**　(5)**1938.3**　(6)**148.392**　(7)**18.1074**　(8)**5.50854**　(9)**1.1628**　(10)**2.862**　(11)**28.18244**　(12)**67.57344**　(13)**25.9869**　(14)**245.3732**　(15)**59.451279**

解き方　交換(こうかん)の法則(ほうそく)を用いて，筆算でのかける数のけた数が，かけられる数より小さくなるようにするとよい。

(1)
```
    22.5
  ×  2.4
  ------
    900
   450
  ------
   54.00
```
(2)
```
    4.38
  × 2.7
  ------
   3066
   876
  ------
  11.826
```
(3)
```
    35.6
  ×  5.6
  ------
   2136
  1780
  ------
  199.36
```
(4)
```
    4.78
   ×2.58
  ------
   3824
  2390
  956
  ------
  12.3324
```
(5)
```
     54.6
  ×  35.5
  -------
    2730
   2730
  1638
  -------
  1938.30
```
(6)
```
     6.48
    ×22.9
  -------
    5832
   1296
  1296
  -------
  148.392
```
(7)
```
     8.79
  ×  2.06
  -------
    5274
  1758
  -------
  18.1074
```
(8)
```
    0.606
  ×  9.09
  -------
    5454
  5454
  -------
  5.50854
```
(9)
```
    0.285
  ×  4.08
  -------
    2280
  1140
  -------
  1.16280
```
(10)
```
  0.954
  ×   3
  -----
  2.862
```
(11)
```
     9.854
  ×   2.86
  --------
    59124
   78832
  19708
  --------
  28.18244
```
(12)
```
     7.776
  ×   8.69
  --------
    69984
   46656
  62208
  --------
  67.57344
```
(13)
```
      5.974
  ×   4.35
  ---------
     29870
    17922
   23896
  ---------
   25.98690
```
(14)
```
      6.854
  ×   35.8
  ---------
     54832
    34270
   20562
  ---------
   245.3732
```
(15)
```
       9.897
  ×   6.007
  ----------
       69279
   59382
  ----------
   59.451279
```

練習 014 (1)**0.72**　(2)**0.075**　(3)**3.6**　(4)**0.92**　(5)**12.4**　(6)**218**

解き方　商の小数点の位置に気をつける。

(1)
```
      0.72
  35)25.2
     245
     ---
      70
      70
      --
       0
```
(2)
```
      0.075
  16)1.20
     112
     ---
      80
      80
      --
       0
```
(3)
```
        3.6
  5.5)19.8
      165
      ---
      330
      330
      ---
        0
```
(4)
```
       0.92
  2.5)2.30
      225
      ---
       50
       50
       --
        0
```
(5)
```
       12.4
  0.4)4.96
      4
      -
       9
       8
       -
       16
       16
       --
        0
```
(6)
```
              218
  0.075)16.350
        150
        ---
         135
          75
         ---
         600
         600
         ---
           0
```

練習 015 (1)**0.23あまり0.24**　(2)**0.46あまり0.22**　(3)**0.50あまり0.9**　(4)**7.76あまり0.024**　(5)**9.06あまり0.0012**　(6)**30.62あまり0.0002**

解き方　あまりの小数点の位置に気をつける。

(1)
```
        0.2 3
  3 2)7.6
      6 4
      1 2 0
        9 6
      0.2 4
```

(2)
```
         0.4 6
  28)1 3.1
     1 1 2
       1 9 0
       1 6 8
       0.2 2
```

(3)
```
            0.5 0
  3 5 9)1 8 0.4
          1 7 9 5
            0.9 0
```

(4)
```
           7.7 6
  2.6)2 0.2
      1 8 2
        2 0 0
        1 8 2
          1 8 0
          1 5 6
        0.0 2 4
```

(5)
```
              9.0 6
  7.4 8)6 7.7 7
        6 7 3 2
            4 5 0 0
            4 4 8 8
          0.0 0 1 2
```

(6)
```
               3 0.6 2
  0.2 9)8.8 8
        8 7
          1 8 0
          1 7 4
              6 0
              5 8
        0.0 0 0 2
```

練習 016 (1)**0.51** (2)**49** (3)**0.11**
(4)**210** (5)**21** (6)**21**

解き方 0でない商が立つ位から3けた目を四捨五入（ししゃごにゅう）する。

(1)
```
        0.5 1 4
  1 4)7.1 9 8
      7 0
        1 9
        1 4
          5 8
          5 6
            2
```

(2)
```
          4 9.4
  1 6)7 9 0.6
      6 4
      1 5 0
      1 4 4
          6 6
          6 4
            2
```

(3)
```
        0.1 1 2
  8 4)9.4 0 9
      8 4
      1 0 0
        8 4
      1 6 9
      1 6 8
          1
```

(4)
```
                1 0
               2 0 9
  0.3 4)7 1.1 3
          6 8
            3 1 3
            3 0 6
                7
```

(5)
```
                1
              2 0.7
  0.3 5)7.2 6.6
        7 0
          2 6 6
          2 4 5
            2 1
```

(6)
```
                1
              2 0.9
  2.1 9)4 5.8 5
        4 3 8
          2 0 5 0
          1 9 7 1
              7 9
```

練習 017 (1)**4** (2)**3** (3)**$10\frac{10}{11}$**
(4)**$\frac{7}{15}$** (5)**$\frac{51}{64}$** (6)**3**

解き方 (1)$\frac{4}{13}+2\frac{11}{13}+\frac{11}{13}=2\frac{26}{13}=4$

(2)$\frac{4}{17}+2\frac{1}{17}+\frac{12}{17}=2\frac{17}{17}=3$

(3)$5\frac{10}{11}+4\frac{1}{11}+\frac{10}{11}=9\frac{21}{11}=10\frac{10}{11}$

(4)$\frac{2}{15}+1\frac{1}{15}-\frac{11}{15}=\frac{2}{15}+\frac{16}{15}-\frac{11}{15}=\frac{7}{15}$

(5)$\frac{3}{128}+2\frac{5}{128}-1\frac{34}{128}$

$=\frac{3}{128}+1\frac{133}{128}-1\frac{34}{128}=\frac{102}{128}=\frac{51}{64}$

(6)$9-2\frac{4}{15}-3\frac{11}{15}=8\frac{15}{15}-2\frac{4}{15}-3\frac{11}{15}=3$

練習 018 (1)**$\frac{11}{15}$** (2)**$\frac{7}{10}$** (3)**$\frac{7}{8}$**
(4)**$\frac{13}{18}$** (5)**$2\frac{7}{16}$** (6)**$\frac{1}{23}$**

解き方 (1)$\frac{1}{2}+1\frac{2}{5}-\frac{7}{6}$

$=\frac{15}{30}+1\frac{12}{30}-1\frac{5}{30}=\frac{22}{30}=\frac{11}{15}$

(2)$3\frac{2}{5}-2\frac{5}{6}+\frac{2}{15}=3\frac{12}{30}-2\frac{25}{30}+\frac{4}{30}$

$=2\frac{42}{30}-2\frac{25}{30}+\frac{4}{30}=\frac{21}{30}=\frac{7}{10}$

(3)$2\frac{1}{8}-1\frac{2}{3}+\frac{5}{12}=2\frac{3}{24}-1\frac{16}{24}+\frac{10}{24}$

$=1\frac{27}{24}-1\frac{16}{24}+\frac{10}{24}=\frac{21}{24}=\frac{7}{8}$

(4)$3\frac{1}{3}-1\frac{7}{9}-\frac{5}{6}=3\frac{6}{18}-1\frac{14}{18}-\frac{15}{18}$

$=2\frac{24}{18}-1\frac{14}{18}-\frac{15}{18}=1\frac{10}{18}-\frac{15}{18}$

$=\frac{28}{18}-\frac{15}{18}=\frac{13}{18}$

(5)$2\frac{5}{8}-1\frac{1}{2}+1\frac{5}{16}=2\frac{10}{16}-1\frac{8}{16}+1\frac{5}{16}=2\frac{7}{16}$

(6)$\frac{1}{46}+\frac{1}{69}+\frac{1}{138}=\frac{3}{138}+\frac{2}{138}+\frac{1}{138}$

$=\frac{6}{138}=\frac{1}{23}$

練習 019 (1)$\mathbf{\frac{1}{3}}$ (2)$\mathbf{\frac{23}{60}}$ (3)$\mathbf{\frac{3}{32}}$ (4)**1**

解き方 (1)$\frac{1}{6}+\frac{1}{12}+\frac{1}{20}+\frac{1}{30}$

$=\frac{10}{60}+\frac{5}{60}+\frac{3}{60}+\frac{2}{60}=\frac{20}{60}=\frac{1}{3}$

(2) $1-\frac{1}{2}+\frac{2}{3}-\frac{3}{4}+\frac{4}{5}-\frac{5}{6}$

$=\frac{60}{60}-\frac{30}{60}+\frac{40}{60}-\frac{45}{60}+\frac{48}{60}-\frac{50}{60}=\frac{23}{60}$

(3) $16\frac{1}{32}-8\frac{1}{16}-4\frac{1}{8}-2\frac{1}{4}-1\frac{1}{2}$

$=16\frac{1}{32}-8\frac{2}{32}-4\frac{4}{32}-2\frac{8}{32}-1\frac{16}{32}$

$=1\frac{1}{32}-\frac{2}{32}-\frac{4}{32}-\frac{8}{32}-\frac{16}{32}$

$=\frac{33}{32}-\frac{2}{32}-\frac{4}{32}-\frac{8}{32}-\frac{16}{32}=\frac{3}{32}$

(4)$\frac{1}{2}+\frac{1}{6}+\frac{1}{8}+\frac{1}{10}+\frac{1}{12}+\frac{1}{40}$

$=\frac{60}{120}+\frac{20}{120}+\frac{15}{120}+\frac{12}{120}+\frac{10}{120}+\frac{3}{120}$

$=\frac{120}{120}=1$

練習 020 (1)$\mathbf{45\frac{1}{15}}$ (2)$\mathbf{23\frac{1}{3}}$ (3)$\mathbf{6\frac{3}{4}}$ (4)**22** (5)$\mathbf{\frac{1}{7}}$ (6)$\mathbf{11\frac{1}{4}}$

解き方 (1) $3\frac{7}{15}\times13=\frac{52}{15}\times13=\frac{676}{15}=45\frac{1}{15}$

(2) $8\times2\frac{11}{12}=8\times\frac{35}{12}=\frac{\overset{2}{\cancel{8}}\times35}{\underset{3}{\cancel{12}}}=\frac{70}{3}=23\frac{1}{3}$

(3) $2\frac{1}{8}\times3\frac{3}{17}=\frac{17}{8}\times\frac{54}{17}=\frac{\overset{1}{\cancel{17}}\times\overset{27}{\cancel{54}}}{\underset{4}{\cancel{8}}\times\underset{1}{\cancel{17}}}=\frac{27}{4}=6\frac{3}{4}$

(4) $3\frac{15}{28}\times6\frac{2}{9}=\frac{99}{28}\times\frac{56}{9}=\frac{\overset{11}{\cancel{99}}\times\overset{2}{\cancel{56}}}{\underset{1}{\cancel{28}}\times\underset{1}{\cancel{9}}}=22$

(5)$\frac{3}{4}\times\frac{6}{7}\times\frac{2}{9}=\frac{\overset{1}{\cancel{3}}\times\overset{\overset{1}{\cancel{2}}}{\cancel{6}}\times\overset{1}{\cancel{2}}}{\underset{\underset{1}{\cancel{2}}}{\cancel{4}}\times7\times\underset{\underset{1}{\cancel{3}}}{\cancel{9}}}=\frac{1}{7}$

(6) $4\frac{1}{8}\times2\frac{2}{9}\times1\frac{5}{22}=\frac{33}{8}\times\frac{20}{9}\times\frac{27}{22}$

$=\frac{\overset{3}{\cancel{33}}\times\overset{5}{\cancel{20}}\times\overset{3}{\cancel{27}}}{\underset{2}{\cancel{8}}\times\underset{1}{\cancel{9}}\times\underset{2}{\cancel{22}}}=\frac{45}{4}=11\frac{1}{4}$

練習 021 (1)$\mathbf{1\frac{8}{45}}$ (2)**15** (3)$\mathbf{\frac{15}{26}}$ (4)$\mathbf{\frac{42}{55}}$ (5)$\mathbf{6\frac{9}{11}}$ (6)$\mathbf{\frac{1}{3}}$

解き方 (1) $14\frac{2}{15}\div12=\frac{212}{15}\times\frac{1}{12}$

$=\frac{\overset{53}{\cancel{212}}\times1}{15\times\underset{3}{\cancel{12}}}=\frac{53}{45}=1\frac{8}{45}$

(2) $65\div4\frac{1}{3}=65\div\frac{13}{3}=\frac{\overset{5}{\cancel{65}}\times3}{\underset{1}{\cancel{13}}}=15$

(3) $6\frac{9}{13}\div11\frac{3}{5}=\frac{87}{13}\div\frac{58}{5}=\frac{\overset{3}{\cancel{87}}\times5}{13\times\underset{2}{\cancel{58}}}=\frac{15}{26}$

(4) $7\frac{1}{11}\div9\frac{2}{7}=\frac{78}{11}\div\frac{65}{7}=\frac{\overset{6}{\cancel{78}}\times7}{11\times\underset{5}{\cancel{65}}}=\frac{42}{55}$

(5) $8\frac{8}{11}\div\frac{16}{85}\div6\frac{4}{5}=\frac{96}{11}\div\frac{16}{85}\div\frac{34}{5}$

$=\frac{\overset{\overset{3}{\cancel{6}}}{\cancel{96}}\times\overset{5}{\cancel{85}}\times5}{11\times\underset{1}{\cancel{16}}\times\underset{\underset{1}{\cancel{2}}}{\cancel{34}}}=\frac{75}{11}=6\frac{9}{11}$

(6) $6\frac{2}{15}\div15\frac{1}{5}\div1\frac{4}{19}=\frac{92}{15}\div\frac{76}{5}\div\frac{23}{19}$

$=\frac{\overset{\overset{1}{\cancel{23}}}{\cancel{92}}\times\overset{1}{\cancel{5}}\times\overset{1}{\cancel{19}}}{\underset{3}{\cancel{15}}\times\underset{\underset{1}{\cancel{4}}}{\cancel{76}}\times\underset{1}{\cancel{23}}}=\frac{1}{3}$

練習 022 (1)$\mathbf{1}$　(2)$\mathbf{1\frac{4}{5}}$　(3)$\mathbf{2}$　(4)$\mathbf{\frac{1}{4}}$

(5)$\mathbf{1}$　(6)$\mathbf{\frac{1}{3}}$　(7)$\mathbf{\frac{1}{5}}$　(8)$\mathbf{1\frac{13}{35}}$

(9)$\mathbf{6\frac{3}{4}}$　(10)$\mathbf{\frac{27}{52}}$　(11)$\mathbf{\frac{10}{23}}$　(12)$\mathbf{1\frac{2}{3}}$

(13)$\mathbf{4\frac{8}{11}}$　(14)$\mathbf{3\frac{11}{15}}$　(15)$\mathbf{1\frac{4}{5}}$

解き方 (1) $\frac{2}{9}\div\frac{5}{6}\div\frac{4}{15}=\frac{2\times6\times15}{9\times5\times4}=1$

(2) $3\frac{3}{5}\times\frac{3}{4}\div1\frac{1}{2}=\frac{18}{5}\times\frac{3}{4}\div\frac{3}{2}$

$=\frac{18\times3\times2}{5\times4\times3}=\frac{9}{5}=1\frac{4}{5}$

(3) $1\frac{1}{14}\div2\frac{1}{4}\times4\frac{1}{5}=\frac{15}{14}\div\frac{9}{4}\times\frac{21}{5}$

$=\frac{15\times4\times21}{14\times9\times5}=2$

(4) $\frac{5}{14}\div3\frac{3}{4}\times2\frac{5}{8}=\frac{5}{14}\div\frac{15}{4}\times\frac{21}{8}$

$=\frac{5\times4\times21}{14\times15\times8}=\frac{1}{4}$

(5) $1\frac{1}{6}\times12\div14=\frac{7}{6}\times12\div14=\frac{7\times12}{6\times14}=1$

(6) $1\frac{3}{4}\div1\frac{1}{8}\times\frac{3}{14}=\frac{7}{4}\div\frac{9}{8}\times\frac{3}{14}$

$=\frac{7\times8\times3}{4\times9\times14}=\frac{1}{3}$

(7) $\frac{3}{10}\times\frac{5}{6}\div1\frac{1}{4}=\frac{3}{10}\times\frac{5}{6}\div\frac{5}{4}=\frac{3\times5\times4}{10\times6\times5}$

$=\frac{1}{5}$

(8) $2\times1\frac{4}{5}\div2\frac{5}{8}=2\times\frac{9}{5}\div\frac{21}{8}$

$=\frac{2\times9\times8}{5\times21}=\frac{48}{35}=1\frac{13}{35}$

(9) $2\frac{14}{17}\div5\frac{1}{3}\times12\frac{3}{4}=\frac{48}{17}\div\frac{16}{3}\times\frac{51}{4}$

$=\frac{48\times3\times51}{17\times16\times4}=\frac{27}{4}=6\frac{3}{4}$

(10) $10\frac{4}{5}\div5\frac{1}{7}\times1\frac{12}{13}\div7\frac{7}{9}$

$=\frac{54}{5}\div\frac{36}{7}\times\frac{25}{13}\div\frac{70}{9}$

$=\frac{54\times7\times25\times9}{5\times36\times13\times70}=\frac{27}{52}$

(11) $3\frac{3}{5}\times\frac{5}{12}\div2\frac{7}{8}\div1\frac{1}{5}=\frac{18}{5}\times\frac{5}{12}\div\frac{23}{8}\div\frac{6}{5}$

$=\frac{18\times5\times8\times5}{5\times12\times23\times6}=\frac{10}{23}$

(12) $1\frac{11}{15}\times9\frac{3}{8}\times\frac{38}{39}\div9\frac{1}{2}=\frac{26}{15}\times\frac{75}{8}\times\frac{38}{39}\div\frac{19}{2}$

$=\frac{26\times75\times38\times2}{15\times8\times39\times19}=\frac{5}{3}=1\frac{2}{3}$

(13) $\frac{7}{15}\div1\frac{3}{4}\div\frac{2}{5}\times7\frac{1}{11}=\frac{7}{15}\div\frac{7}{4}\div\frac{2}{5}\times\frac{78}{11}$

$=\frac{7\times4\times5\times78}{15\times7\times2\times11}=\frac{52}{11}=4\frac{8}{11}$

(14) $1\frac{5}{6}\div\frac{11}{12}\times\frac{4}{9}\times4\frac{1}{5}=\frac{11}{6}\div\frac{11}{12}\times\frac{4}{9}\times\frac{21}{5}$

$=\frac{11\times12\times4\times21}{6\times11\times9\times5}=\frac{56}{15}=3\frac{11}{15}$

(15) $8\frac{1}{3}\div4\frac{1}{6}\div3\frac{3}{4}\times3\frac{3}{8}=\frac{25}{3}\div\frac{25}{6}\div\frac{15}{4}\times\frac{27}{8}$

$$=\frac{\overset{1}{\cancel{25}}\times\overset{\overset{1}{\cancel{2}}}{\cancel{6}}\times\overset{1}{\cancel{4}}\times\overset{9}{\cancel{27}}}{\underset{1}{\cancel{3}}\times\underset{1}{\cancel{25}}\times\underset{5}{\cancel{15}}\times\underset{\underset{1}{\cancel{2}}}{\cancel{8}}}=\frac{9}{5}=1\frac{4}{5}$$

練習 023 ⑴**14** ⑵**30** ⑶**72** ⑷**120** ⑸**35** ⑹**5.5** ⑺**8.04** ⑻**3.26** ⑼**3.6** ⑽**25** ⑾**2** ⑿**16**

解き方 ⑴ $16+4\times3\div6-20\div5$

$=16+2-4=14$

⑵ $100-6\times13+48\div6$

$=100-78+8=30$

⑶ $90-54\div(27-18)\times3$

$=90-54\div9\times3=90-18=72$

⑷ $2\times54-36\div72\times4+14$

$=108-2+14=120$

⑸ $\{(7\times3-12)\div3+6\div3\}\times7$

$=\{(21-12)\div3+2\}\times7=5\times7=35$

⑹ $242-17\times14+(119+49)\div112$

$=242-238+168\div112$

$=242-238+1.5=5.5$

⑺ $8.4-(0.14+0.9\times2-0.5)\div4$

$=8.4-(0.14+1.8-0.5)\div4$

$=8.4-1.44\div4=8.4-0.36=8.04$

⑻ $30.7-2.8\times(21.2-11.4)$

$=30.7-2.8\times9.8=30.7-27.44=3.26$

⑼ $10.8-3.6\div3\times(13-7)$

$=10.8-3.6\div3\times6=10.8-7.2=3.6$

⑽ $18\div2\times3-\{24-4\times(7-3)\div2\}\div8$

$=27-(24-8)\div8=27-2=25$

⑾ $\{49-2\times(26-18\div9\times2)\}\times2\div5$

$=\{49-2\times(26-4)\}\times2\div5=5\times2\div5$

$=2$

⑿ $18-\{33-4\times5\div(14-4)\}\times2\div31$

$=18-(33-2)\times2\div31=18-2=16$

練習 024 ⑴**0.4** ⑵**217.5** ⑶**21** ⑷**5.54** ⑸$\mathbf{\frac{1}{20}}$ ⑹$\mathbf{\frac{3}{4}}$ ⑺$\mathbf{\frac{1}{2}}$ ⑻$\mathbf{12\frac{1}{18}}$ ⑼**7** ⑽**51** ⑾**2**

解き方 計算の優先(ゆうせん)順位に気をつける。

⑴ $(1.2+0.8)\times0.6-(2-0.08)\div2.4$

$=2\times0.6-1.92\div2.4=1.2-0.8=0.4$

⑵ $(9.8+7.6\times5-4.3)\div2\div0.1$

$=(9.8+38-4.3)\div2\div0.1$

$=43.5\div2\div0.1=21.75\div0.1=217.5$

⑶ $7.6\times5-(8.4-3\div6\times3.2)\div0.4$

$=38-(8.4-0.5\times3.2)\div0.4$

$=38-(8.4-1.6)\div0.4$

$=38-6.8\div0.4=38-17=21$

⑷ $3.96+\{6.31-(3\times0.51+4\div1.25)\}$

$=3.96+\{6.31-(1.53+3.2)\}$

$=3.96+(6.31-4.73)=3.96+1.58$

$=5.54$

⑸ $\frac{1}{2}-\frac{1}{3}\times\frac{1}{4}-\frac{1}{5}-\frac{1}{6}$

$=\frac{1}{2}-\frac{1}{12}-\frac{1}{5}-\frac{1}{6}=\frac{30}{60}-\frac{5}{60}-\frac{12}{60}-\frac{10}{60}$

$=\frac{3}{60}=\frac{1}{20}$

⑹ $\frac{5}{6}-\left\{\frac{1}{3}-\left(\frac{3}{4}-\frac{1}{2}\right)\right\}$

$=\frac{5}{6}-\left(\frac{1}{3}-\frac{1}{4}\right)=\frac{5}{6}-\frac{1}{12}=\frac{9}{12}=\frac{3}{4}$

⑺ $3-6\times\left\{\frac{1}{2}-\left(\frac{3}{4}-\frac{2}{3}\right)\right\}$

$=3-6\times\left(\frac{1}{2}-\frac{1}{12}\right)=3-6\times\frac{5}{12}$

$=3-\frac{5}{2}=\frac{1}{2}$

⑻ $9\frac{1}{3}\div2\times\left\{4\frac{1}{2}-\left(\frac{5}{8}+\frac{1}{6}\right)\times2\frac{8}{19}\right\}$

$=\frac{28}{3}\times\frac{1}{2}\times\left\{\frac{9}{2}-\left(\frac{15}{24}+\frac{4}{24}\right)\times\frac{46}{19}\right\}$

$=\frac{14}{3}\times\left(\frac{9}{2}-\frac{23}{12}\right)=\frac{14}{3}\times\frac{31}{12}=\frac{217}{18}=12\frac{1}{18}$

⑼ $126\div60\div3\times10=\frac{126\times10}{60\times3}=7$

⑽ $63\div27\times18+57\times15\div95$

$=\frac{63\times18}{27}+\frac{57\times15}{95}=42+9=51$

⑾ $11\times(12\div13-10\div11)\times13$

$=11\times13\times\left(\frac{12}{13}-\frac{10}{11}\right)$

$=12\times11-13\times10=132-130=2$

練習 025 (1)$\mathbf{\frac{4}{5}}$ (2)$\mathbf{2\frac{1}{2}}$ (3)$\mathbf{1\frac{229}{2079}}$

解き方 (1) $1\frac{2}{3}-\left(1\frac{1}{2}+2\frac{3}{4}\div\frac{11}{2}\right)\div 2\frac{4}{13}$

$=\frac{5}{3}-\left(\frac{3}{2}+\frac{11}{4}\times\frac{2}{11}\right)\div\frac{30}{13}$

$=\frac{5}{3}-2\times\frac{13}{30}=\frac{25}{15}-\frac{13}{15}=\frac{12}{15}=\frac{4}{5}$

(2) $\frac{2}{5}+2\frac{1}{3}\times\left(1\frac{1}{14}\div\frac{3}{7}-1\frac{3}{5}\right)$

$=\frac{2}{5}+\frac{7}{3}\times\left(\frac{15}{14}\times\frac{7}{3}-\frac{8}{5}\right)$

$=\frac{2}{5}+\frac{7}{3}\times\left(\frac{5}{2}-\frac{8}{5}\right)$

$=\frac{2}{5}+\frac{7}{3}\times\frac{9}{10}=\frac{4}{10}+\frac{21}{10}=\frac{25}{10}=2\frac{1}{2}$

(3) $\left\{\left(\frac{14}{15}+\frac{5}{6}\right)\div\frac{11}{12}-\frac{3}{7}\right\}\div\left(\frac{3}{5}+\frac{3}{4}\right)$

$=\left\{\left(\frac{28}{30}+\frac{25}{30}\right)\times\frac{12}{11}-\frac{3}{7}\right\}\div\left(\frac{12}{20}+\frac{15}{20}\right)$

$=\left(\frac{53}{30}\times\frac{12}{11}-\frac{3}{7}\right)\div\frac{27}{20}=\left(\frac{106}{55}-\frac{3}{7}\right)\times\frac{20}{27}$

$=\left(\frac{742}{385}-\frac{165}{385}\right)\times\frac{20}{27}=\frac{577}{385}\times\frac{20}{27}$

$=\frac{2308}{2079}=1\frac{229}{2079}$

練習 026 (1)$\mathbf{2\frac{1}{3}}$ (2)$\mathbf{1\frac{1}{4}}$ (3)$\mathbf{1\frac{5}{14}}$ (4)**52** (5)$\mathbf{2\frac{17}{21}}$ (6)$\mathbf{\frac{11}{12}}$ (7)**2**

解き方 小数は分数に直して計算する。

(1) $1.8\times 1\frac{1}{3}-\left(\frac{5}{6}-\frac{3}{4}\right)\div 1\frac{1}{4}$

$=\frac{9}{5}\times\frac{4}{3}-\left(\frac{10}{12}-\frac{9}{12}\right)\div\frac{5}{4}$

$=\frac{12}{5}-\frac{1}{12}\times\frac{4}{5}=\frac{12}{5}-\frac{1}{15}$

$=\frac{36}{15}-\frac{1}{15}=\frac{35}{15}=\frac{7}{3}=2\frac{1}{3}$

(2) $\left(2.4-\frac{3}{5}\right)\div\left(0.24+\frac{4}{3}\times 0.9\right)$

$=\left(\frac{12}{5}-\frac{3}{5}\right)\div\left(\frac{6}{25}+\frac{4}{3}\times\frac{9}{10}\right)$

$=\frac{9}{5}\div\left(\frac{6}{25}+\frac{6}{5}\right)=\frac{9}{5}\div\left(\frac{6}{25}+\frac{30}{25}\right)$

$=\frac{9}{5}\div\frac{36}{25}=\frac{9}{5}\times\frac{25}{36}=\frac{5}{4}=1\frac{1}{4}$

(3) $\left\{\frac{5}{7}\div 1\frac{1}{4}-1\div(1\div 0.3)\right\}\div\frac{1}{5}$

$=\left\{\frac{5}{7}\div\frac{5}{4}-1\div\left(1\div\frac{3}{10}\right)\right\}\times 5$

$=\left(\frac{5}{7}\times\frac{4}{5}-1\div\frac{10}{3}\right)\times 5=\left(\frac{4}{7}-\frac{3}{10}\right)\times 5$

$=\left(\frac{40}{70}-\frac{21}{70}\right)\times 5=\frac{19}{70}\times 5=\frac{19}{14}=1\frac{5}{14}$

(4) $\left\{2\frac{2}{3}\div\left(1\frac{1}{30}-0.8\right)+4\frac{4}{7}\right\}\times 3.25$

$=\left\{\frac{8}{3}\div\left(\frac{31}{30}-\frac{4}{5}\right)+\frac{32}{7}\right\}\times\frac{13}{4}$

$=\left\{\frac{8}{3}\div\left(\frac{31}{30}-\frac{24}{30}\right)+\frac{32}{7}\right\}\times\frac{13}{4}$

$=\left(\frac{8}{3}\div\frac{7}{30}+\frac{32}{7}\right)\times\frac{13}{4}$

$=\left(\frac{80}{7}+\frac{32}{7}\right)\times\frac{13}{4}=\frac{112}{7}\times\frac{13}{4}$

$=16\times\frac{13}{4}=52$

(5) $3-\left\{1-\left(2\frac{1}{4}-1\frac{2}{3}\right)\div 0.75\right\}\div 1\frac{1}{6}$

$=3-\left\{1-\left(\frac{9}{4}-\frac{5}{3}\right)\div\frac{3}{4}\right\}\div\frac{7}{6}$

$=3-\left(1-\frac{7}{12}\times\frac{4}{3}\right)\times\frac{6}{7}=3-\left(1-\frac{7}{9}\right)\times\frac{6}{7}$

$=3-\frac{2}{9}\times\frac{6}{7}=3-\frac{4}{21}=2\frac{17}{21}$

(6) $\left\{0.375\times 17\frac{7}{9}-\left(2-\frac{11}{12}\right)-3\frac{1}{3}\right\}-1\frac{1}{6}\div\frac{7}{8}$

$=\left(\frac{3}{8}\times\frac{160}{9}-\frac{13}{12}-\frac{10}{3}\right)-\frac{7}{6}\times\frac{8}{7}$

$=\left(\frac{20}{3}-\frac{13}{12}-\frac{10}{3}\right)-\frac{4}{3}=\left(\frac{80}{12}-\frac{13}{12}-\frac{40}{12}\right)-\frac{16}{12}$

$=\frac{27}{12}-\frac{16}{12}=\frac{11}{12}$

(7) $\left\{2.75\times 1\frac{3}{5}-\left(4.1-2\frac{7}{18}\right)\div\frac{2}{3}\right\}\div\left(\frac{1}{3}+\frac{7}{12}\right)$

$=\left\{\frac{11}{4}\times\frac{8}{5}-\left(\frac{41}{10}-\frac{43}{18}\right)\times\frac{3}{2}\right\}\div\left(\frac{4}{12}+\frac{7}{12}\right)$

$=\left\{\frac{22}{5}-\left(\frac{369}{90}-\frac{215}{90}\right)\times\frac{3}{2}\right\}\div\frac{11}{12}$

$=\left(\frac{22}{5}-\frac{154}{90}\times\frac{3}{2}\right)\times\frac{12}{11}$

$=\left(\frac{22}{5}-\frac{77}{30}\right)\times\frac{12}{11}=\frac{22}{5}\times\frac{12}{11}-\frac{77}{30}\times\frac{12}{11}$

$=\frac{24}{5}-\frac{14}{5}=\frac{10}{5}=2$

練習 027 (1)$9\frac{1}{4}$　(2)**10**　(3)**2**　(4)$1\frac{1}{2}$

(5)**6**　(6)$\frac{1}{5}$　(7)$\frac{1}{4}$　(8)$\frac{7}{8}$　(9)**1**

解き方 小数は分数に直して計算する。

(1) $1+11\div\{1+2\div(1+2+3)\}$

$=1+11\div(1+2\div6)$

$=1+11\div\left(1+\frac{1}{3}\right)=1+11\div\frac{4}{3}$

$=1+11\times\frac{3}{4}=1+\frac{33}{4}=\frac{37}{4}=9\frac{1}{4}$

(2) $25\div[1+1\div\{1\div(1+1\div2)\}]$

$=25\div\left\{1+1\div\left(1\div\frac{3}{2}\right)\right\}$

$=25\div\left(1+1\div\frac{2}{3}\right)$

$=25\div\left(1+\frac{3}{2}\right)=25\div\frac{5}{2}=25\times\frac{2}{5}=10$

(3) $1.78\times6\frac{2}{3}-4\times\left(1\frac{2}{3}+\frac{4}{5}\right)$

$=\frac{178}{100}\times\frac{20}{3}-4\times\left(\frac{5}{3}+\frac{4}{5}\right)$

$=\frac{178}{15}-4\times\frac{37}{15}=\frac{178}{15}-\frac{148}{15}=\frac{30}{15}=2$

(4) $2\frac{3}{4}\div1\frac{2}{9}-\left\{5-\left(\frac{3}{5}+1\frac{2}{3}\right)\times1.875\right\}$

$=\frac{11}{4}\div\frac{11}{9}-\left\{5-\left(\frac{3}{5}+\frac{5}{3}\right)\times\frac{15}{8}\right\}$

$=\frac{11}{4}\times\frac{9}{11}-\left(5-\frac{34}{15}\times\frac{15}{8}\right)$

$=\frac{9}{4}-\left(5-\frac{17}{4}\right)=\frac{9}{4}-\frac{3}{4}=\frac{6}{4}=\frac{3}{2}=1\frac{1}{2}$

(5) $3.25\times\left(\frac{1}{8}-\frac{1}{13}\right)\div\frac{3}{128}+\left(\frac{5}{6}+1.25\right)\times0.6$

$-15\frac{1}{3}\times(1-0.875)$

$=\frac{13}{4}\times\frac{5}{104}\times\frac{128}{3}+\left(\frac{5}{6}+\frac{5}{4}\right)\times\frac{3}{5}$

$-\frac{46}{3}\times\left(1-\frac{7}{8}\right)$

$=\frac{20}{3}+\frac{25}{12}\times\frac{3}{5}-\frac{46}{3}\times\frac{1}{8}$

$=\frac{20}{3}+\frac{5}{4}-\frac{23}{12}=\frac{80}{12}+\frac{15}{12}-\frac{23}{12}=\frac{72}{12}=6$

(6) $\left(0.625-\frac{1}{8}\right)\div\left(0.125+\frac{1}{6}\right)\times\left(\frac{1}{3}-\frac{1}{4}+\frac{1}{30}\right)$

$=\left(\frac{5}{8}-\frac{1}{8}\right)\div\left(\frac{1}{8}+\frac{1}{6}\right)\times\left(\frac{20}{60}-\frac{15}{60}+\frac{2}{60}\right)$

$=\frac{1}{2}\div\frac{7}{24}\times\frac{7}{60}=\frac{1\times24\times7}{2\times7\times60}=\frac{1}{5}$

(7) $\left(4\frac{2}{11}+2\frac{1}{8}\right)\times\frac{11}{40}\div\left(5\frac{5}{8}+3.5\div2\frac{2}{3}\right)$

$=6\frac{27}{88}\times\frac{11}{40}\div\left(\frac{45}{8}+\frac{7}{2}\div\frac{8}{3}\right)$

$=\frac{555}{88}\times\frac{11}{40}\div\left(\frac{45}{8}+\frac{21}{16}\right)$

$=\frac{111}{64}\div\frac{111}{16}=\frac{16}{64}=\frac{1}{4}$

(8) $4\frac{3}{8}-3.25-\left(2\frac{1}{8}-0.125\times2\frac{1}{3}\right)\div7\frac{1}{3}$

$=\frac{35}{8}-\frac{13}{4}-\left(\frac{17}{8}-\frac{1}{8}\times\frac{7}{3}\right)\div\frac{22}{3}$

$=\frac{9}{8}-\left(\frac{51}{24}-\frac{7}{24}\right)\times\frac{3}{22}$

$=\frac{9}{8}-\frac{44}{24}\times\frac{3}{22}=\frac{9}{8}-\frac{2}{8}=\frac{7}{8}$

(9) $2.4+1\frac{1}{6}\div\left(0.625\div1\frac{1}{2}\right)-1.8\times1\frac{3}{4}\div0.75$

$=\frac{12}{5}+\frac{7}{6}\div\left(\frac{5}{8}\div\frac{3}{2}\right)-\frac{9}{5}\times\frac{7}{4}\div\frac{3}{4}$

$=\frac{12}{5}+\frac{7}{6}\div\frac{5}{12}-\frac{9\times7\times4}{5\times4\times3}$

$=\frac{12}{5}+\frac{14}{5}-\frac{21}{5}=\frac{5}{5}=1$

練習 028 (1)**75.36**　(2)**25**　(3)**7404**

(4)**12.4**　(5)**314**　(6)**12342**　(7)**436**

解き方 (1) $31.4\times5+3.14\times12-314\times0.38$

$=3.14\times(10\times5+12-100\times0.38)$

$=3.14\times24=75.36$

(2) $0.25\times94-0.75\div\frac{3}{7}+13\times0.25$

$=0.25\times\left(94-3\times\frac{7}{3}+13\right)$

$=0.25\times(94-7+13)=0.25\times100=25$

(3) $6+66+666+6666$

$=6\times(1+11+111+1111)$

$=6\times1234=7404$

(4) $2.48\times12-0.8\times12.4-18\times1.24\div3$

$=1.24\times(2\times12-0.8\times10-18\div3)$

$=1.24\times(24-8-6)=1.24\times10=12.4$

(5) $7.85\div0.25+2.8\times78.5+785\div12.5$

$=7.85\times\left(1\div\frac{1}{4}+2.8\times10+100\div\frac{25}{2}\right)$

$=7.85\times(4+28+8)=7.85\times40=314$

(6) $3366\times22-1122\times55$

$=1122\times11\times(3\times2-1\times5)$

$=1122\times11\times1=12342$

(7) $51+52+53+54+55+56+57+58$

$=(51+58)+(52+57)+(53+56)+(54+55)$

$=109\times4=436$

練習 029 (1)$\mathbf{\frac{1}{24}}$　(2)**0**

解き方

(1)$\frac{1}{8\times9}+\frac{1}{9\times10}+\frac{1}{10\times11}+\frac{1}{11\times12}$

$=\left(\frac{1}{8}-\frac{1}{9}\right)+\left(\frac{1}{9}-\frac{1}{10}\right)+\left(\frac{1}{10}-\frac{1}{11}\right)+\left(\frac{1}{11}-\frac{1}{12}\right)$

$=\frac{1}{8}-\frac{1}{12}=\frac{1}{24}$

(2)$\frac{1}{125\times126}+\frac{1}{126\times127}+\frac{1}{127\times128}-\frac{1}{125}+\frac{1}{128}$

$=\left(\frac{1}{125}-\frac{1}{126}\right)+\left(\frac{1}{126}-\frac{1}{127}\right)+\left(\frac{1}{127}-\frac{1}{128}\right)-\frac{1}{125}+\frac{1}{128}$

$=0$

練習 030 (1)$\mathbf{\frac{5}{6}}$　(2)$\mathbf{1\frac{19}{72}}$

解き方 (1)$\frac{1}{1\times2}+\frac{1}{2\times3}+\frac{1}{3\times4}+\frac{1}{4\times5}+\frac{1}{5\times6}$

$=\left(\frac{1}{1}-\frac{1}{2}\right)+\left(\frac{1}{2}-\frac{1}{3}\right)+\left(\frac{1}{3}-\frac{1}{4}\right)+\left(\frac{1}{4}-\frac{1}{5}\right)+\left(\frac{1}{5}-\frac{1}{6}\right)$

$=1-\frac{1}{6}=\frac{5}{6}$

(2)$\frac{2}{1\times3}+\frac{2}{2\times4}+\frac{2}{3\times5}+\frac{2}{4\times6}+\frac{2}{5\times7}+\frac{2}{6\times8}+\frac{2}{7\times9}$

$=\left(\frac{1}{1}-\frac{1}{3}\right)+\left(\frac{1}{2}-\frac{1}{4}\right)+\left(\frac{1}{3}-\frac{1}{5}\right)+\left(\frac{1}{4}-\frac{1}{6}\right)+\left(\frac{1}{5}-\frac{1}{7}\right)+\left(\frac{1}{6}-\frac{1}{8}\right)+\left(\frac{1}{7}-\frac{1}{9}\right)$

$=\frac{1}{1}+\frac{1}{2}-\frac{1}{8}-\frac{1}{9}=\frac{3}{2}-\frac{17}{72}=\frac{91}{72}=1\frac{19}{72}$

力だめしの問題

❶ (1)**0.4712**　(2)**6.5あまり0.025**　(3)**5**

解き方 (1)

```
   0.0 6 2
 ×     7.6
 ---------
     3 7 2
   4 3 4
 ---------
 0.4 7 1 2
```

(2)

```
            6.5
0.75)4.9 0
     4 5 0
     -----
       4 0 0
       3 7 5
     -------
     0.0 2 5
```

(3)$(9.73-3.8+0.23\times4)\div1.37$

$=(5.93+0.92)\div1.37$

$=6.85\div1.37=5$

❷ (1)**0.3**　(2)$\mathbf{3\frac{3}{4}}$　(3)**25**

解き方 (1) $0.33-\{0.5-(2.17-1.23)\div2\}$

$=0.33-(0.5-0.94\div2)$

$=0.33-(0.5-0.47)=0.33-0.03$

$=0.3$

(2) $1\div\left\{1-\left(1-\frac{8}{15}\times\frac{1}{2}\right)\right\}$

$=1\div\left\{1-\left(1-\frac{4}{15}\right)\right\}=1\div\left(1-\frac{11}{15}\right)$

$=1\div\frac{4}{15}=1\times\frac{15}{4}=\frac{15}{4}=3\frac{3}{4}$

(3) $9\times\left(2\frac{1}{3}-0.2\right)+5.8=9\times\left(\frac{7}{3}-\frac{1}{5}\right)+5\frac{4}{5}$

$=9\times\frac{32}{15}+5\frac{4}{5}=\frac{96}{5}+5\frac{4}{5}=5\frac{100}{5}=25$

❸ (1)**475**　(2)**11.11**　(3)**9.68**　(4)**482**　(5)**500**　(6)**42800**　(7)**9.42**　(8)**4000**　(9)**61**

解き方 (1) $21+22+23+24+75+76+77+78+79$

$=(21+79)+(22+78)+(23+77)+(24+76)+75$

$=100+100+100+100+75=475$

(2)
$$\begin{array}{r} 4.321 \\ 3.214 \\ 2.143 \\ +)\,1.432 \\ \hline 11.110 \end{array}$$

(3) $44\times0.22+22\times0.44-88\times0.11$

$=44\times0.22+22\times2\times0.22-44\times2\times0.11$

$=44\times0.22+44\times0.22-44\times0.22$

$=44\times0.22=9.68$

(4) $800-[532-\{235-(343-297)+25\}]$

$=800-\{532-(235-46+25)\}$

$=800-(532-214)$

$=800-318=482$

(5) $19\times12\div57\times375\div3$

$=\dfrac{19\times12\times375}{57\times3}$

$=4\times125=500$

(6) $428\times23.16+428\times76.84$

$=428\times(23.16+76.84)$

$=428\times100=42800$

(7) $2\times3\times3.14+3\times3\times3.14-4\times3\times3.14$

$=3\times3.14\times(2+3-4)=9.42$

(8) $(125\times106+94\times125)\div25\times4$

$=125\times(106+94)\div25\times4$

$=125\times200\div25\times4$

$=125\times8\times4=4000$

(9) $600-\{732-(3536\div17-15)\}$

$=600-\{732-(208-15)\}$

$=600-(732-193)$

$=600-539=61$

4 (1)**140**　(2)**2.5**　(3)**30**　(4)**$5\frac{1}{2}$**
(5)**141.3**　(6)**0.8**　(7)**1**

解き方 (1) 0.035×4000

$=0.035\times1000\times4=35\times4=140$

(2) $120000\div48000$

$=120000\div(12000\times4)=10\div4=2.5$

(3) $4\times4\times0.75+8\times3\times0.75$

$=(4\times4+8\times3)\times0.75$

$=(16+24)\times0.75=40\times0.75=30$

(4) $2\frac{1}{7}\times4\frac{2}{5}-2\frac{1}{7}\times1\frac{5}{6}$

$=\dfrac{15}{7}\times\dfrac{22}{5}-\dfrac{15}{7}\times\dfrac{11}{6}$

$=\dfrac{15\times11}{7}\times\left(\dfrac{2}{5}-\dfrac{1}{6}\right)=\dfrac{15\times11}{7}\times\dfrac{7}{30}$

$=\dfrac{11}{2}=5\dfrac{1}{2}$

(5) $18\times3.14+24\times6.28-7\times9.42$

$=18\times3.14+24\times2\times3.14-7\times3\times3.14$

$=(18+24\times2-7\times3)\times3.14$

$=(18+48-21)\times3.14$

$=45\times3.14=141.3$

(6) $0.03\times0.56\div0.021=\dfrac{3}{100}\times\dfrac{56}{100}\div\dfrac{21}{1000}$

$=\dfrac{3\times56\times1000}{100\times100\times21}=\dfrac{4}{5}=0.8$

(7) $144\times0.2\div72\times12\div6\times0.25\div\dfrac{1}{5}$

$=144\times\dfrac{1}{5}\div72\times12\div6\times\dfrac{1}{4}\times\dfrac{5}{1}$

$=\dfrac{144\times1\times12\times1\times5}{5\times72\times6\times4\times1}=1$

5 (1)**25.8**　(2)**31.4**　(3)**0.2**　(4)**40.15**

解き方 (1) $6.3\times4\times1.29-2.6\times2\times1.29$

$=(6.3\times4-2.6\times2)\times1.29$

$=(25.2-5.2)\times1.29=20\times1.29=25.8$

(2) $3.14\times2.81+3.14\times2.42+4.77\times3.14$

$=3.14\times(2.81+2.42+4.77)$

$=3.14\times10=31.4$

(3) $4230\div19\times0.38-332\div19\times3.8$
$-9\div19\times38$

$=42.3\div19\times38-33.2\div19\times38$
$-9\div19\times38$

$=(42.3-33.2-9)\div19\times38$

$=0.1\div19\times38=0.2$

(4) $7.3\times3.4-0.73\times1.7+7.3\times2.27$

$=7.3\times3.4-7.3\times0.17+7.3\times2.27$

$=7.3\times(3.4-0.17+2.27)$

$=7.3\times5.5=40.15$

❻ (1)㋐…2.02　㋑…0.0386
(2)①2.0　②220　③190000000
(3)㋐…349　㋑…365

解き方 (1)

```
            2.0 2
4.3 2)8.7 6.5
       8 6 4
         1 2 5 0
           8 6 4
       0.0 3 8 6
```

(2)① 11.6 → 12，0.173 → 0.17 より，
$12\times0.17=2.04$ → 2.0

② 5.56 → 5.6，0.0252 → 0.025 より，
$5.6\div0.025=224$ → 220

③ 38463 → 38000，4865 → 4900 より，
38000×4900
$=186200000$ → 190000000

(3)商は 20.5 以上 21.5 未満なので，ある整数は 20.5×17 以上 21.5×17 未満，つまり，348.5 以上 365.5 未満の整数である。よって，349 以上 365 以下の整数である。

❼ (1)9.6　(2)25.42

解き方 (1)小数第 1 位までの数の小数点を付け忘(わす)れると，10 倍の数になる。
正しい答えを①とすると，誤(あやま)った答えは⑩である。
⑩－①＝86.4　　⑨＝86.4
①＝86.4÷9＝9.6

(2)整数－小数＝2516.58 より正しい答えは小数第 2 位までの数である。
正しい答えを①とすると，誤った答えは⑩⑩である。
⑩⑩－①＝2516.58
⑨⑨＝2516.58
①＝2516.58÷99＝25.42

❽ (1)$\frac{5}{11}$　(2)100個(こ)　(3)95

解き方　まず，下のようにグループ分けをする。

①	②		③			④	
$\frac{1}{2}$	$\frac{1}{3}$	$\frac{2}{3}$	$\frac{1}{4}$	$\frac{2}{4}$	$\frac{3}{4}$	$\frac{1}{5}$	…

(1) $1+2+3+\cdots+9+5=50$ より，50 番目の分数は⑩グループの 5 番目。
⑩グループの分母は，$10+1=11$ より，
求める分数は $\frac{5}{11}$

(2)グループごとに$\frac{1}{2}$以下の分数の個数を調べていく。

①グループ…　$\frac{1}{2}$の 1 個
②グループ…　$\frac{1}{3}$の 1 個
③グループ…　$\frac{1}{4}$，$\frac{2}{4}$の 2 個
④グループ…　$\frac{1}{5}$，$\frac{2}{5}$の 2 個
⑤グループ…　$\frac{1}{6}$ ～ $\frac{3}{6}$の 3 個
⑥グループ…　$\frac{1}{7}$ ～ $\frac{3}{7}$の 3 個
⋮
⑰グループ…　$\frac{1}{18}$ ～ $\frac{9}{18}$の 9 個
⑱グループ…　$\frac{1}{19}$ ～ $\frac{9}{19}$の 9 個
⑲グループ…　$\frac{1}{20}$ ～ $\frac{10}{20}$の 10 個

よって，
$(1+9)\times9\div2\times2+10=100$(個)

(3)グループごとに和を求めると

$\frac{1}{2}$　1　$1\frac{1}{2}$　2　…
①　②　③　④　…

各グループの和は，等差数列になっている。
⑲グループの和は
$\frac{1}{2}+\frac{1}{2}\times(19-1)=9\frac{1}{2}$
よって，すべての数の和は
$\left(\frac{1}{2}+9\frac{1}{2}\right)\times19\div2=95$

❾ (1)ア…9　イ…14　(2)5

解き方 (1)$\frac{5}{6}$に，操作D，操作C，操作B，操作Aの順に行う。

$\frac{5}{6}\div3=\frac{5}{18}$，$\frac{5}{18}\times2=\frac{5}{9}$，$\frac{5}{9}+1=\frac{14}{9}$より

$\frac{5}{6}\underset{D}{\rightarrow}\frac{5}{18}\underset{C}{\rightarrow}\frac{5}{9}\underset{B}{\rightarrow}\frac{14}{9}\underset{A}{\rightarrow}\frac{9}{14}$

(2)分母または分子を素数の積の形で表したとき，2と3しか現れないようにすればよい。

$\frac{5}{7}$に操作Bを行うと，$\frac{5}{7}+1=\frac{12}{7}$になるから，その後操作Dを行うと，

$\frac{12}{7}\div3=\frac{4}{7}$になり，操作Aを行うと，

$\frac{7}{4}$になる。

さらに，操作Cを2回続けて行うと，

$\frac{7}{4}\times2\times2=7$より，整数になる。

よって，できるだけ少ない操作の回数で，$\frac{5}{7}$を整数にするには，操作B，操作D，操作A，操作C，操作Cの5回を行えばよい。

⑩ (1)21，22，23　(2)17，53

解き方 (1)$\frac{5}{7}=\frac{17}{23.8}<\frac{17}{\square}<\frac{17}{20.7\cdots}=\frac{9}{11}$

□にあてはまる整数は，21，22，23

(2)異なる3つの分子の積が100となる。

100=2×2×5×5なので，分子の3つの数の組は

(1，2，50)，(1，4，25)，(1，5，20)，(2，5，10)

の4つが考えられる。

また，3つの分数の和が1なので，分子の和と分母は等しい。

・分子が(1，2，50)のとき

分母は　1+2+50=53

$\frac{1}{53}$，$\frac{2}{53}$，$\frac{50}{53}$はいずれも既約分数なので適する。

・分子が(1，4，25)のとき

分母は　1+4+25=30

$\frac{4}{30}$，$\frac{25}{30}$が既約分数ではないので不適。

・分子が(1，5，20)のとき

分母は　1+5+20=26

$\frac{20}{26}$は既約分数ではないので不適。

・分子が(2，5，10)のとき

分母は　2+5+10=17

$\frac{2}{17}$，$\frac{5}{17}$，$\frac{10}{17}$はいずれも既約分数なので適する。

よって　17，53

チャレンジ問題

1 ①…73　②…66

解き方 1～10を11でわった商を調べる。

1÷11=0.090909…　2÷11=0.181818…
3÷11=0.272727…　4÷11=0.363636…
5÷11=0.454545…　6÷11=0.545454…
7÷11=0.636363…　8÷11=0.727272…
9÷11=0.818181…　10÷11=0.909090…

11でわると小数第2位が3になる整数は，

11でわって7あまる数　…㋐

また，1～12を13でわった商の小数第1位が6になるものは8と9なので，13でわると小数第1位が6になる整数は，

13でわって8あまる数　…㋑

13でわって9あまる数　…㋒

㋐7，18，29，40，51，62，73，84，95，106，117，128，139，150，…

㋑8，21，34，47，60，73，86，99，112，125，138，151，…

㋒9，22，35，48，61，74，87，100，113，126，139，152，…

㋐，㋑に共通する最も小さい数は73，㋐，㋒に共通する最も小さい数は139であり，これらに11と13の公倍数を加えたものがあてはまる数になる。

11 と 13 の最小公倍数は 143 なので，あてはまる数のうち最も小さい数は 73，2 番目に小さい数は 139 である。

よって　139−73=66

2 (1)(ア)**289**　(イ)**289**
(2)**28914**　(3)**16**　(4)**1994種類**

解き方 (1)(ア)$\left[\frac{20}{7}\right]+\left[\frac{2010}{7}\right]=2+287=289$

(イ)$\left[\frac{30}{7}\right]+\left[\frac{2000}{7}\right]=4+285=289$

(2) 2 つずつ和をとっていくと，次の 100 組の和ができる。

$\left[\frac{20}{7}\right]+\left[\frac{2010}{7}\right]=\left[2\frac{6}{7}\right]+\left[287\frac{1}{7}\right]$
$=2+287=289$

$\left[\frac{30}{7}\right]+\left[\frac{2000}{7}\right]=\left[4\frac{2}{7}\right]+\left[285\frac{5}{7}\right]$
$=4+285=289$

⋮

$\left[\frac{70}{7}\right]+\left[\frac{1960}{7}\right]=[10]+[280]$
$=10+280=290$

⋮

$\left[\frac{1010}{7}\right]+\left[\frac{1020}{7}\right]=\left[144\frac{2}{7}\right]+\left[145\frac{5}{7}\right]$
$=144+145=289$

1010÷70=14 あまり 30 なので，上の 100 組の中で 290 になるのが 14 組ある。

よって　289×100+14=28914

(3)○と□の差が 1 以上のとき，[○]と[□]の差は必ず 1 以上になり，○と□の差が 1 より小さいとき，[○]と[□]の差は 0 または 1 になる。

$\left[\frac{1\times1}{20}\right]$, $\left[\frac{2\times2}{20}\right]$, $\left[\frac{3\times3}{20}\right]$, …, $\left[\frac{20\times20}{20}\right]$

の[　]の中の数を見ると，隣(とな)り合った 2 つの差が 1 以上になるのは，分子の差が 20 以上になるとき。

$\triangle=\frac{○\times○}{20}$ とする。

○	1	2	3	4	5	6	7	8
○×○	1	4	9	16	25	36	49	64
差	3	5	7	9	11	13	15	
[△]	0	0	0	0	1	1	2	3

	9	10	11	…	20
	81	100	121	…	400
	17	19	21		
	4	5	6	…	20

上の表において，○が 11 ～ 20 は○×○の差が 20 以上になるから，[△]は必ず異(こと)なる数になる。

よって　6+(20−10)=16(種類)

(4)(3)と同様に，$\triangle=\frac{○\times○}{68}$ として分子の差が 68 以上になるときを調べる。

○	1	2	…	33	34	35	…
○×○	1	4	…	1089	1156	1225	…
差	3	5	…	67	69	…	
[△]	0	0	…	16	17	18	…

よって　18+(2010−34)=1994(種類)

3 (1)**67**　(2)**28**

解き方 (1) 1 つ整数を除(のぞ)くと，平均(へいきん)が最大 $\frac{1}{2}$ 変化する。

(例) 1，2，3，4，5 →平均は 3
1，2，3，4 →平均は 2.5
2，3，4，5 →平均は 3.5

取り除いたあとの平均が $\frac{375}{11}=34\frac{1}{11}$ なので，取り除く前の平均は

$34\frac{1}{11}-\frac{1}{2}=33\frac{13}{22}$(以上)

$34\frac{1}{11}+\frac{1}{2}=34\frac{13}{22}$(以下)

また，個数(こすう)が奇数(きすう)の場合の平均は整数，偶数(ぐうすう)の場合の平均は$□\frac{1}{2}$となるので，取り除く前の平均は，34 か $34\frac{1}{2}$ となる。

平均が 34 のとき，個数は 67 個，平均が $34\frac{1}{2}$ のとき，個数は 68 個。

また，平均×個数＝総和(整数)なので，1 個取り除いたあとの個数は 11 の倍数なので，取り除く前の個数は 67 個と確定する。

つまり，ある整数は 67

(2)取り除く前の総和は

$(1+67)\times67\div2=2278$

取り除いたあとの総和は

$34\frac{1}{11}\times66=2250$

取り除いた整数は　$2278-2250=28$

4 **(1)3，30，67(この3つ順不同)**
5，6，67(この3つ順不同)
(2)順に，5，90

解き方　(1) 767 を 2010 の約数 3 つで表せばよい。

2010 の約数は

1	2	3	5	6	10	15	30
2010	1005	670	402	335	201	134	67

$767=670+67+30$ としたとき

$$\frac{767}{2010}=\frac{670}{2010}+\frac{67}{2010}+\frac{30}{2010}$$
$$=\frac{1}{3}+\frac{1}{30}+\frac{1}{67}$$

$767=402+335+30$ としたとき

$$\frac{767}{2010}=\frac{402}{2010}+\frac{335}{2010}+\frac{30}{2010}$$
$$=\frac{1}{5}+\frac{1}{6}+\frac{1}{67}$$

(2)$\frac{19}{13}=1.461538461538\cdots$より，6 個の数の並び 461538 が繰り返される。

$100\div6=16$(セット)あまり 4(個)なので，小数第 100 位は　5

1 セットに現れる数の和は

$4+6+1+5+3+8=27$

$400\div27=14$(セット)あまり 22 より，14 セットまで加えたときをもとに考える。4，6，1，5，3，8 を順に加えていったとき，あまりの 22 を超えるのは 8 を加えたとき。

よって，400 を超えるのは

$6\times14+6=90$

つまり，小数第 90 位まで加えたとき。

5 (1)㋐**0.3434…**　㋑**0.365656…**
(2)**3**

解き方　(1)㋐$\frac{1}{9}+\frac{23}{99}=\frac{34}{99}=0.3434\cdots$

㋑$\frac{2}{90}=2\div90=0.0222\cdots$

$\frac{34}{99}$は㋐より　$0.343434\cdots$

$\frac{2}{90}+\frac{34}{99}=0.365656\cdots$

(2)$\frac{150}{1111}=150\div1111=0.13501350\cdots$

よって，4 個の数の並び 1350 が繰り返される。

$30\div4=7$(セット)あまり 2 より，小数第 30 位は 3 である。

6 **(1)第5位　(2)第73位**

解き方　分母を $10\times10\times10\times\cdots$にする。

(1)$$\frac{1}{2\times2\times2\times10\times10}$$
$$=\frac{5\times5\times5}{2\times2\times2\times10\times10\times5\times5\times5}$$
$$=\frac{5\times5\times5}{10\times10\times10\times10\times10}$$

分子の整数を 10 で 5 回わるから，小数点は左に 5 けた移る。

(2)$$\frac{3\times7}{\underbrace{2\times2\times\cdots\times2}_{73個}\times\underbrace{5\times5\times\cdots\times5}_{37個}}$$
$$=\frac{3\times7}{\underbrace{2\times2\times\cdots\times2}_{36個}\times\underbrace{10\times10\times\cdots\times10}_{37個}}$$
$$=\frac{3\times7\times\overbrace{5\times5\times\cdots\times5}^{36個}}{\underbrace{10\times10\times\cdots\times10}_{73個}}$$

分子の整数を 10 で 73 回わるから，小数点は左に 73 けた移る。

7 **35，36，37**

解き方　5 でわったとき 6.5 以上 7.5 未満

$6.5 \leqq \square \div 5 < 7.5$

$32.5 \leqq \square < 37.5$ …①

3 でわったとき 11.5 以上 12.5 未満

$11.5 \leqq \square \div 3 < 12.5$

$34.5 \leqq \square < 37.5$ …②

①，②の両方を満たす整数は

35，36，37

8 **(1)10.8以上11.8未満**
(2)1.795以上1.915未満

解き方 (1)ある数を□とすると，□+0.7 の小数第 1 位を四捨五入すると 12 になるから，

$11.5 \leqq \square + 0.7 < 12.5$

$10.8 \leqq \square < 11.8$

(2)還元算のように後ろから逆に戻る。

ア	⟶	イ	⟶	ウ	⟶	エ	⟶	23
	小数第 3 位を四捨五入		+0.7		×9		小数第 1 位を四捨五入	

エ…… $22.5 \leqq$ エ < 23.5

ウ＝エ÷9 より　$2.5 \leqq$ ウ $< \dfrac{47}{18}$

イ＝ウ−0.7より　$1.8 \leqq$ イ $< \dfrac{86}{45}$ $(=1.9111\cdots)$

すなわち　$1.80 \leqq$ イ $< 1.9111\cdots$

$1.795 \leqq$ ア < 1.915

9 **(1)2.60cm より長く2.80cm より短い**
(2)32.9875cm² 以上 で 34.1775cm² より小さい

解き方 縦は 4.55cm 以上 4.65cm 未満，横は 7.25cm 以上 7.35cm 未満。

(1) $7.25-4.65=2.6$(cm)→ 2.60cm

$7.35-4.55=2.8$(cm)→ 2.80cm

(2) $4.55 \times 7.25 = 32.9875$(cm^2)

$4.65 \times 7.35 = 34.1775$(cm^2)

10 **(1)ア…3　イ…5　(2)3，4，5，8**

解き方 単位分数の和の形にもちこむ。

(1)$\dfrac{53}{30}=\dfrac{1}{2}+\dfrac{2}{\boxed{\text{ア}}}+\dfrac{3}{\boxed{\text{イ}}}$ より，

$\dfrac{2}{\boxed{\text{ア}}}+\dfrac{3}{\boxed{\text{イ}}}=\dfrac{53}{30}-\dfrac{1}{2}=\dfrac{53}{30}-\dfrac{15}{30}=\dfrac{38}{30}=\dfrac{19}{15}$

$\dfrac{1}{6}$をかけて，

$\dfrac{1}{\boxed{\text{ア}}\times 3}+\dfrac{1}{\boxed{\text{イ}}\times 2}=\dfrac{19}{90}$ …①

ここで，$\dfrac{1}{\boxed{\text{ア}}\times 3}$と$\dfrac{1}{\boxed{\text{イ}}\times 2}$の一方は，$\dfrac{19}{90}$の半分，すなわち$\dfrac{19}{180}$以上であるから，それを$\dfrac{1}{\mathrm{A}}$とおく。

A は$\boxed{\text{ア}}\times 3$ または$\boxed{\text{イ}}\times 2$ のどちらかであるから，A は 3 または 2 の倍数である。

また，$\dfrac{19}{180} \leqq \dfrac{1}{\mathrm{A}} < \dfrac{19}{90}$ より，逆数を考えて

$\dfrac{90}{19} < \mathrm{A} \leqq \dfrac{180}{19}$

$\dfrac{90}{19}=90\div 19=4.7\cdots$，

$\dfrac{180}{19}=180\div 19=9.4\cdots$ より，

$4.7\cdots < \mathrm{A} \leqq 9.4\cdots$

A は 3 または 2 の倍数であるから，

A＝6，8，9

①より，$\dfrac{19}{90}-\dfrac{1}{\mathrm{A}}$が単位分数になるものを求める。

A＝6 のとき，$\dfrac{19}{90}-\dfrac{1}{6}=\dfrac{19}{90}-\dfrac{15}{90}=\dfrac{4}{90}=\dfrac{2}{45}$

A＝8 のとき，$\dfrac{19}{90}-\dfrac{1}{8}=\dfrac{76}{360}-\dfrac{45}{360}=\dfrac{31}{360}$

A＝9 のとき，$\dfrac{19}{90}-\dfrac{1}{9}=\dfrac{19}{90}-\dfrac{10}{90}=\dfrac{9}{90}=\dfrac{1}{10}$

よって，A＝9 であるから，

$\dfrac{1}{\boxed{\text{ア}}\times 3}=\dfrac{1}{9}$，$\dfrac{1}{\boxed{\text{イ}}\times 2}=\dfrac{1}{10}$

これより，$\boxed{\text{ア}}=3$，$\boxed{\text{イ}}=5$

(2)$\dfrac{2}{\boxed{\text{ア}}}+\dfrac{3}{\boxed{\text{イ}}}=1$ に$\dfrac{1}{6}$をかけて，

$\dfrac{1}{\boxed{\text{ア}}\times 3}+\dfrac{1}{\boxed{\text{イ}}\times 2}=\dfrac{1}{6}$ …②

ここで，$\dfrac{1}{\boxed{\text{ア}}\times 3}$と$\dfrac{1}{\boxed{\text{イ}}\times 2}$の一方は，$\dfrac{1}{6}$の半分，すなわち$\dfrac{1}{12}$以上であるから，それを$\dfrac{1}{\mathrm{A}}$とおく。

Aは[ア]×3または[イ]×2のどちらかであるから，Aは3または2の倍数である。

また，$\frac{1}{12} \leqq \frac{1}{A} < \frac{1}{6}$より，逆数を考えて

$6 < A \leqq 12$

Aは3または2の倍数であるから，

A=8，9，10，12

②より，$\frac{1}{6}-\frac{1}{A}$が単位分数になるものを求める。

A=8のとき，

$\frac{1}{6}-\frac{1}{8}=\frac{4}{24}-\frac{3}{24}=\frac{1}{24}$

このとき，$\frac{1}{\boxed{ア}\times 3}=\frac{1}{24}$，$\frac{1}{\boxed{イ}\times 2}=\frac{1}{8}$

より

[ア]=8，[イ]=4

A=9のとき，

$\frac{1}{6}-\frac{1}{9}=\frac{3}{18}-\frac{2}{18}=\frac{1}{18}$

このとき，$\frac{1}{\boxed{ア}\times 3}=\frac{1}{9}$，$\frac{1}{\boxed{イ}\times 2}=\frac{1}{18}$

より

[ア]=3，[イ]=9

A=10のとき，

$\frac{1}{6}-\frac{1}{10}=\frac{5}{30}-\frac{3}{30}=\frac{2}{30}=\frac{1}{15}$

このとき，$\frac{1}{\boxed{ア}\times 3}=\frac{1}{15}$，$\frac{1}{\boxed{イ}\times 2}=\frac{1}{10}$

より

[ア]=5，[イ]=5

A=12のとき，

$\frac{1}{6}-\frac{1}{12}=\frac{2}{12}-\frac{1}{12}=\frac{1}{12}$

このとき，$\frac{1}{\boxed{ア}\times 3}=\frac{1}{12}$，$\frac{1}{\boxed{イ}\times 2}=\frac{1}{12}$

より

[ア]=4，[イ]=6

まとめると，[ア]にあてはまる整数は，

3，4，5，8

11 4.56

[解き方] もとの数=⑩とおくと，これから①をひいた数が4.104なので

⑩−①=4.104　⑨=4.104

①=4.104÷9=0.456

もとの数=⑩=4.56

第3章 整数の性質

練習 031 (1)**4，8，12**
(2)**6，12，18**
(3)**35，70，105**
(4)**46，92，138**

解き方 1，2，3をかけた答えを順に書く。

練習 032 (1)**504** (2)**20**

解き方 (1) 500÷9=55あまり5より，500から5をひいた495は，9の倍数。
495に9をたした504も，9の倍数。
500に近いのは，504である。

(2) 2，7，12，…，97だから
(97−2)÷5+1=20(個)

〔別解〕5×0+2=2，5×1+2=7，…，
5×19+2=97より，0から19までの整数の個数に等しく，20個。

練習 033 **4個**

解き方 3の倍数になるのは各位の数の和が3の倍数になるとき。すなわち，2と7，5と7を並べたときだから，27，72，57，75の4個。

練習 034 **4個**

解き方 各位の数の和が3の倍数になる組み合わせは，2+5+8だけ。2と5と8を使って2の倍数をつくる。
一の位が2か8になればよい。
258，528，582，852の4個。

練習 035 (1)**順に，9，8**
(2)**順に，1，2**

解き方 (1) 4の倍数は下2けたが00か4の倍数。
・最も大きい数なので，初めの□は9
・□8を4の倍数にする。
08，28，48，68，88
・よって 9，8

(2) 8の倍数は下3けたが000か8の倍数。
・最も小さい数なので，初めの□は1
・55□を8の倍数にする。□に小さい数の0から順に入れて確かめればよい。
552のとき，8の倍数になる。
・よって 1，2

〔別解〕右の筆算から，
7□が8の倍数なので，
□にはいるのは2である。

```
    6
8)55□
  48
   7□
```

練習 036 **17個**

解き方 210=15×14，450=15×30だから，15の14倍から30倍までの
30−14+1=17(個)

〔別解〕1以上450以下の整数の中に，15の倍数は 450÷15=30(個)
1以上199以下の整数の中に，15の倍数は
199÷15=13あまり4より，13個。
よって 30−13=17(個)

練習 037 (1)**12個** (2)**11個**

解き方 (1)いちばん小さい数は
7×2+2=16
いちばん大きい数は 7×13+2=93
13−2+1=12(個)

(2)いちばん小さい数は45×11+10=505
いちばん大さい数は45×21+10=955
21−11+1=11(個)

〔別解〕(1) 2をひいて，8以上97以下の整数の中にある，7の倍数の個数を求める。
1以上97以下の整数の中に
97÷7=13あまり6より13個。
1以上7以下の整数の中に
7÷7=1(個)
よって 13−1=12(個)

(2) 10をひいて，490以上990未満，すなわち490以上989以下の整数の中にある，45の倍数の個数を求める。

1 以上 989 以下の整数の中に
989÷45=21 あまり 44 より 21 個。
1 以上 489 以下の整数の中に
489÷45=10 あまり 39 より 10 個。
よって　21−10=11(個)

練習 038　333，666，999

解き方　111，222，333，444，555，666，777，888，999
このうち，各位の数の和が 9 の倍数になるのは　333，666，999

練習 039　6

解き方　下の左の表から，A は共通だから
36×D=9×12　　D=3
下の真ん中の表から B は共通だから
36×E=4×9　　E=1
下の右の表から
A×B×C=36×B=12×C=108×A
C=3×B，B×C=108 から
3×B×B=108　　B×B=36　　B=6

D	36	A
		9
		12

	36	
4	B	9
	E	

3	36	A
	B	
C	1	12

練習 040　21

解き方　・3□□□6 が 47 の倍数になるから，3□□□6=47×(　)のように書ける。
・47 にある数をかけると，答えの一の位が 6 になるから，かける数の一の位は，7×8=56 より，8 しかない。
・□□□に 000 と 999 を入れて，47 でわってみると
30006÷47=638 あまり 20
39996÷47=850 あまり 46
・かける数の一の位は 8 だから，かける数は，648 から始まって，658，668，…，848 までになる。
・求める個数は，648，658，668，…，848 の個数と同じで，一の位を除(のぞ)いて，64，65，66，…，84 の個数と同じ。
84−64+1=21(個)

練習 041　A=9

解き方　A×B=144=2×2×2×2×3×3 より A と B，さらに A+1，B−1 を求める。

A	1	2	3	4	6	8	9
B	144	72	48	36	24	18	16
A+1	2	3	4	5	7	9	10
B−1	143	71	47	35	23	17	15
積	286	213	188	175	161	153	150

⟶だんだん減っていく

よって　A+1=10，B−1=15
A=9，B=16
〔別解〕積が偶数(ぐうすう)か奇数(きすう)かに着目すると，しぼりこめる。
A+1 と B−1 の積は偶数(150)である。
A+1 と B−1 がともに偶数のとき，A と B はともに奇数となる。しかし，A×B は偶数(144)であるから，条件(じょうけん)に合わない。したがって，A+1 と B−1 の一方だけが偶数となる。
つまり，A と B の一方だけが奇数であるから，
A×B=144=2×2×2×2×3×3
より，奇数の方は 1，3，9 のどれかであるとわかる。
A=1，B=144 のとき
(A+1)×(B−1)=2×143=286
A=3，B=48 のとき
(A+1)×(B−1)=4×47=188
A=9，B=16 のとき
(A+1)×(B−1)=10×15=150
A=16，B=9 のとき
(A+1)×(B−1)=17×8=136
A=48，B=3 のとき
(A+1)×(B−1)=49×2=98

A＝144，B＝1 のとき

(A＋1)×(B－1)＝145×0＝0

したがって　A＝9

練習 042 **252，434，616，686，868**

解き方 求める数は 2□2，4□4，6□6，8□8

□に 0 ～ 9 の数字をあてはめ，7 の倍数を求めると，252，434，616，686，868

〔参考〕7×1，7×2，7×3，…，7×9 の答えの一の位の数はすべて異(こと)なるので，一の位に着目するとよい。

2□2 が 7 でわり切れるとき

商の一の位の数は 6 であるから，

2□2－7×6＝2□2－42 が 7 の倍数である。

よって，2□－4 が 7 の倍数なので，

2□－4＝21 より，□＝5 とわかる。

4□4 が 7 でわり切れるとき

商の一の位の数は 2 であるから，

4□4－7×2＝4□4－14 が 7 の倍数である。

よって，4□－1 が 7 の倍数なので，

4□－1＝42 より，□＝3 とわかる。

6□6 が 7 でわり切れるとき

商の一の位の数は 8 であるから，

6□6－7×8＝6□6－56 が 7 の倍数である。

よって，6□－5 が 7 の倍数なので，

6□－5＝56 または 6□－5＝63 より，

□＝1 または□＝8 とわかる。

8□8 が 7 でわり切れるとき

商の一の位の数は 4 であり，商の百の位の数は 1 であるから，

8□8－7×104＝8□8－728 が 7 の倍数である。

よって，1□－2 が 7 の倍数なので，

1□－2＝14 より，□＝6 とわかる。

練習 043 (1)**12，24，36**

(2)**45，90，135**

(3)**60，120，180**

(4)**216，432，648**

解き方 (1) 4 と 6 の最小公倍数は 12 だから，

12×1＝12，12×2＝24，12×3＝36

(2) 9 と 15 の最小公倍数は 45 だから，

45×1＝45，45×2＝90，45×3＝135

(3)
```
2)10  12  15
3) 5   6  15
5) 5   2   5
   1   2   1
```

10 と 12 と 15 の最小公倍数は，

2×3×5×1×2×1＝60 だから，

60×1＝60，60×2＝120，60×3＝180

(4)
```
2)24  36  54
2)12  18  27
3) 6   9  27
3) 2   3   9
   2   1   3
```

24 と 36 と 54 の最小公倍数は，

2×2×3×3×2×1×3＝216 だから，

216×1＝216，216×2＝432，

216×3＝648

練習 044 **15個**

解き方 2，3，4，5，6 の最小公倍数は，右の計算から

```
2)2  3  4  5  6
3)1  3  2  5  3
  1  1  2  5  1
```

2×3×1×1×2×5×1＝60

120，180，240，……，960

よって　(960－120)÷60＋1＝15(個)

練習 045 (1)**122**　(2)**196**

解き方 (1) 8 と 5 の最小公倍数は 40 であるから，求める数は　40×□＋2

3 けたの最小の数だから，□に 3 を入れて

40×3+2=122

(2) 3と5の最小公倍数は15であるから，

求める数は　15×□+1

(200−1)÷15=13あまり4

求める数は　15×13+1=196

練習 046　133回

解き方　(A町の花火の回数)+(B町の花火の回数)−(同時に聞こえる回数)
という方針で求める。

同時に聞こえるのは15分ごとだが，片方の花火が終わるまで考えればよい。

A …… 3×(100−1)=297(分間)

B …… 5×(50−1)=245(分間)

↑先に終わる（245 を指す）

245÷15=16あまり5

最初の1回を入れて，17回同時に聞こえるから

100+50−17=133(回)

練習 047　(1)576cm²　(2)24枚

解き方　(1)まず，直角三角形2枚で長方形をつくる。この長方形を並べて正方形をつくる。

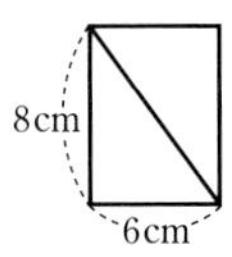

6と8の最小公倍数は24

24×24=576(cm²)

(2)(24÷8)×(24÷6)×2=24(枚)

〔別解〕三角形の面積は　6×8÷2=24(cm²)

よって　576÷24=24(枚)

練習 048　(1)午前8時36分　(2)5回

解き方　(1) 12と18の最小公倍数は36

午前8時+36分=午前8時36分

(2) 9時台に初めて同時に発車するのは

8時36分+36分=9時12分

12時−9時12分=2時間48分=168分

168分÷36分=4(回)あまり24分

4+1=5(回)

練習 049　(1)5人　(2)11人

解き方　(1) 2と3の両方の倍数の番号の人が2日とも教室を分担する。2と3の最小公倍数は6だから，

33÷6=5あまり3　　よって，5人。

(2) 2でも3でもわれない番号の生徒が2日とも特別区域を分担する。

33−(2の倍数の個数)−(3の倍数の個数)
　+(6の倍数の個数)

=33−16−11+5=11(人)

練習 050　12週間後

解き方　4日ごとの広告は4，8，12，…と4の倍数日後に取りかえる。

6日ごとの広告は6，12，18，…と6の倍数日後に取りかえる。

月曜日は7日目ごとにくるから，4，6，7の最小公倍数の84日目が求めるものである。

84÷7=12(週間)

〔参考〕

・4日ごと…○×××○×××○××

・4日おき…○××××○××××○

練習 051　(1)午前6時51分
(2)午前7時27分
(3)午後0時15分，21番目

解き方　(1) 6時15分+12分×3
=6時51分

(2)電車　6：51　7：03　7：15　7：27

バス　　6：55　7：11　　　7：27

午前7時27分

(3)午前7時27分から12と16の最小公倍数48分ごとに同時に出発する。午後に初めて出発するのは

12時−7時27分=4時間33分=273分

273÷48=5あまり33

48−33=15より，12時15分。

12時15分発のバスは何番目かを求めると，

12時15分−6時55分=5時間20分

$=320$ 分

$320\div16+1=21$(番目)

練習 052 (1)**72人，78人，84人，90人，96人**
(2)**78人**

解き方 (1) Bの人数は70以上100以下の数で，6の倍数だから，72人，78人，84人，90人，96人。

(2) 60と(1)の数のうちで，7以上の数の公約数をもたないものを見つける。

Bが72人，84人，96人のとき，12人のグループに分けられる。また，Bが90人のとき，10人または15人または30人のグループに分けられる。

$78=2\times3\times13$ より，60との最大公約数は6だからあてはまる。

練習 053 **4週目の水曜日**

解き方 6と40の最小公倍数である120人目で1まわりする。1日に6人ずつが掃除当番にあたるから，$120\div6=20$ より20日である。

したがって，次に同じ6人が掃除当番になるのは，21日目で，4週目の水曜日。

	月	火	水	木	金	土	日
3週	○	○	○	○	○	○	
	○	○	○	○	○	○	
	○	○	○	○	○	○	
	○	○	○				

練習 054 **18週目の木曜日**

解き方 クラスの人数は35人で，日直は2人ずつだから，35と2の最小公倍数である70人で1まわりする。1日に2人ずつだから，$70\div2=35$ より，35日間で1まわりする。

掃除当番は5人ずつだから，$35\div5=7$ よりちょうど7班に分かれ，3日間ずつ当番をするから，$3\times7=21$ より，21日間で1まわりする。

35と21の最小公倍数は105だから，106日目に日直と掃除当番が重なる。

$106\div6=17$(週)あまり4(日)

よって，18週目の木曜日である。

練習 055 **25本**

解き方 Aからは $2+1=3$(番目)ごとに赤ひもをつけ，Bからは $3+1=4$(番目)ごとに青ひもをつけるから，真ん中はAとBから数えて(3と4の公倍数+1)番目になっている。

○××|○××|…|○××|●|×××○|…|×××○|×××○

3の倍数　　4の倍数

3と4の最小公倍数は12で，

$12\times2+1=25$(本)

なお，その次は $24\times2+1=49$ で40より多いのであてはまらない。

練習 056 (1)**252** (2)**288**

解き方 A，Bの最小公倍数をL，最大公約数をGとすると，$A\times B=L\times G$ の関係がある。

(1) $A\times216=\underset{L}{1512}\times\underset{G}{36}$ より　$A=252$

(2) $A\times B=\underset{L}{(A\times8)}\times\underset{G}{12}$ より

$B=8\times12=96$

$B=A\times2+24$ より　$96=A\times2+24$

$A=36$　　$L=36\times8=288$

練習 057 **60**

解き方 $1+2+3+4+6+8+12+24=60$

練習 058 (1)**22** (2)**6**

解き方 (1) [20]＋[30]＋[40]＝6＋8＋8
＝22

(2) [72]－[35]－[37]＝12－4－2＝6

練習 059 (1)**3個** (2)**10個**

解き方 (1) 4，9，25の3個。

(2) 素数の約数は1とその数自身で，その和はその数より1大きいから，30までの素数の個数を求めればよい。

2, 3, 5, 7, 11, 13, 17, 19, 23, 29 の 10 個。

〔参考〕約数の特別な個数

①約数が 2 個→素数(2, 3, 5, 7, 11, 13, …)

②約数が奇数個→平方数(1, 4, 9, 16, 25, 36, …)

③約数が 3 個→P を素数としたとき P×P (4, 9, 25, 49, …)

練習 060 74

解き方 約数が 3 つある整数は A×A となる数で，A は素数。

20 から 50 まででは　5×5, 7×7

5×5+7×7=25+49=74

練習 061 (1)1, 2, 3, 6 (2)1, 2, 7, 14 (3)1, 3, 5, 15

解き方 素因数(そいんすう)でわって求める。

(1)
```
2)12  18
3) 6   9
   2   3
```
よって，最大公約数は　2×3=6

公約数は　1, 2, 3, 6

(2)
```
2)14  28  56
7) 7  14  28
   1   2   4
```
よって，最大公約数は　2×7=14

公約数は　1, 2, 7, 14

(3)
```
3)45  60  90
5)15  20  30
   3   4   6
```
よって，最大公約数は　3×5=15

公約数は　1, 3, 5, 15

練習 062 (1)15 (2)7 (3)17 (4)18 (5)8 (6)6 (7)13

解き方 素因数でわって求める。

(1)
```
3)30  45
5)10  15
   2   3
```
よって，最大公約数は　3×5=15

(2)
```
7)14  21
   2   3
```
よって，最大公約数は　7

(3)
```
17)17  51
    1   3
```
よって，最大公約数は　17

(4)
```
2)36  90
3)18  45
3) 6  15
   2   5
```
よって，最大公約数は　2×3×3=18

(5)
```
2)16  24  56
2) 8  12  28
2) 4   6  14
   2   3   7
```
よって，最大公約数は　2×2×2=8

(6)
```
2)36  42  72
3)18  21  36
   6   7  12
```
よって，最大公約数は　2×3=6

(7)
```
13)65  78  104
    5   6    8
```
よって，最大公約数は　13

練習 063 (1)14 (2)4, 6, 12

解き方 (1)ある数は 53−11=42, 81−11=70 ならちょうどわり切れる。つまり，42 と 70 の公約数で 11 より大きく最大のものは　14

(2)ある数は 87−3=84, 183−3=180 の公約数のうち 3 より大きいものだから

4, 6, 12

練習 064 15組

解き方 組の数は 45, 60, 30 の最大公約数だから，15 組が求めるものである。

練習 065 (1)12cm　(2)60個

解き方 (1) 36 と 48 と 60 の最大公約数は 12(cm)

(2)(36÷12)×(48÷12)×(60÷12)＝60(個)

練習 066 13

解き方 あまりをひいた残りがある整数でわり切れる。

50−11＝39，76−11＝65

39 と 65 の公約数のうち 11 より大きいものは　13

練習 067 大きい数…54 小さい数…6

解き方 380−2＝378

1085−5＝1080

378 と 1080 の最大公約数は　2×3×3×3＝54

2) 378　1080
3) 189　540
3) 63　180
3) 21　60
　 7　20

54 の約数は 1，2，3，6，9，18，27，54

5 より大きい約数で最小のものは　6

練習 068 12，18，36

解き方 168＋12＝180

240＋12＝252

384＋12＝396

180，252，396 の最大公約数は

2×2×3×3＝36

2) 180　252　396
2) 90　126　198
3) 45　63　99
3) 15　21　33
　 5　7　11

36 の約数は

1，2，3，4，6，9，12，18，36

36 の約数で 2 けたのものが答えだから 12，18，36 の 3 つ。

練習 069 35

解き方 615−510＝105 であまりが相殺されるので，ある数は 385 と 105 の公約数のうち，2 けたのものだから

5×7＝35

5) 385　105
7) 77　21
　 11　3

練習 070 32人

解き方 子どもの数は，分けた鉛筆の数とノートの数の公約数である。

148−20＝128，100−4＝96

128 と 96 の公約数 1，2，4，8，16，32 のうちで，20 より大きいものは　32

練習 071 7

解き方 あまりだけを考えればよい。

あまりの 5 の 3 倍は　15

15÷8＝1 あまり 7 より，あまりは　7

練習 072 (1)36　(2)27または54

解き方 (1)〔(18，27)，12〕＝〔9，12〕＝36

(2)〔(12，18)，□〕＝54　→　〔6，□〕＝54

□は 54 の約数。

そして，6＝2×3，54＝2×3×3×3 より

□は 3×3×3 の倍数。

□＝27，54

練習 073 12m

解き方 間隔は 60，72，96，84 の最大公約数だから 12(m)である。

練習 074 52本

解き方 間隔は 132 と 180 の最大公約数の 12(m)

木の本数は

(132＋180)×2÷12＝52(本)

練習 075 4

解き方 a＝12×2＋4＝28，b＝48

28 と 48 の最大公約数は　4

練習 076 8回，14175

解き方 1 から 10 まで全部かけると

$\underbrace{2\times2\times\cdots\times2}_{8個}\times3\times3\times3\times3\times5\times5\times7$

になる。

奇数の積は　81×25×7＝14175

練習 077 **$(a, b, c)=(1, 45, 54), (3, 15, 18), (9, 5, 6)$**

解き方 $a\times b=45$, $a\times c=54$ より
a は 45 と 54 の公約数だから，最大公約数 9 の約数となり，1，3，9 の 3 つの場合がある。
$a=1$ のとき，$b=45$, $c=54$
$a=3$ のとき，$b=15$, $c=18$
$a=9$ のとき，$b=5$, $c=6$

練習 078 ⑴**10** ⑵**2** ⑶**3** ⑷**8** ⑸**24**

解き方 $2\times5=10$ であるから 2 でわれる回数と 5 でわれる回数の小さい方が答えになる。
⑴ 2 が 10 個で 5 の個数より少ない。よって，0 は 10 個。
⑵ 2 は 8 個，5 は 5 と 10 に 1 個ずつで 2 個ある。よって，0 は 2 個。
⑶ 5 が 25 に 2 個，30 に 1 個で 3 個ある。よって，0 は 3 個。
⑷ 5 は 75 と 100 に 2 個ずつ，80，85，90，95 に 1 個ずつ。よって，0 は 8 個。
⑸ ⑷と同じように考えてもよいが，次の方法でもよい。
5 が 1 つの数は $100\div5=20$(個)，5 が 2 つの数は $100\div25=4$(個)あるから，
$20+4=24$(個)

練習 079 ⑴**Bグループ** ⑵**59** ⑶**Aグループ**

解き方 3 でわったときのあまりが 2 なら A，1 なら B，わり切れるなら C にはいる。
⑴ $70\div3=23$ あまり 1 →B
⑵ $2+3\times(20-1)=59$
⑶ $2\times1=2$ →A

練習 080 **17個**

解き方 30，36，54 の公倍数で 4 けたのものを求めればよい。
最小公倍数は
$2\times3\times3\times5\times2\times3=540$
$1000\div540=1$ あまり 460
$540\times2=1080$

```
2)30 36 54
3)15 18 27
3) 5  6  9
   5  2  3
```

$9999\div540=18$ あまり 279
540 の 2 倍から 18 倍までの数の個数は
$18-2+1=17$(個)

練習 081 **10080**

解き方 12，18，20 の最小公倍数は
$2\times2\times3\times3\times5=180$

```
2)12 18 20
2) 6  9 10
3) 3  9  5
   1  3  5
```

$10000\div180=55$ あまり 100
$180\times55=9900$, $180\times56=10080$
9900 と 10080 では，10080 の方が 10000 に近い。

練習 082 **63個**

解き方 (6，9，16 の公倍数)$+4$ となる 4 けたの数の個数を求める。
6，9，16 の最小公倍数は
$2\times3\times3\times8=144$

```
2)6 9 16
3)3 9  8
  1 3  8
```

$10000\div144=69$ あまり 64 より，
いちばん大きい数は　$144\times69+4=9940$
$1000\div144=6$ あまり 136 より，
いちばん小さい数は　$144\times7+4=1012$
よって　$69-7+1=63$(個)

練習 083 ⑴**144** ⑵**13**

解き方 ⑴ $60=12\times5$ なので，ある数は 12 に 5 の倍数以外をかけたもの。
よって，10 番目に大きいのは
$12\times12=144$
⑵ $119-2=117$, $184-2=182$, $262-2=260$ より，ある整数は 117 と 182 と 260 の 2 より大きな公約数になる。
117 と 182 と 260 の最大公約数は 13 だから，ある整数は 13 である。
〔別解〕$184-119=65$, $262-184=78$

より，ある整数は 65 と 78 の公約数のうち，2 より大きいものだから，13 である。

練習 084　1048

解き方 どれもあまりはわる数より 2 だけ小さい。5，6，7 の公倍数より 2 だけ小さい数で，1000 に最も近い数を求める。

5，6，7 の最小公倍数は 210

210×4−2=838

210×5−2=1048

1048 の方が 1000 に近い。

練習 085　(1)59　(2)983

解き方 (1) 11 の倍数より 7 小さい数は

4，15，26，37，48，59，70，…

7 の倍数より 11 小さい数は

3，10，17，24，…，59，66，…

したがって，求める数は 59

〔別解〕ある数を□とすると，□+7 は 11 の倍数だから，□+18 も 11 の倍数。

□+11 は 7 の倍数だから，□+18 も 7 の倍数。

□+18 は，11 と 7 の公倍数=77 の倍数

□は 77−18=59

(2) 7 と 11 の最小公倍数は 77

問題の整数は，59 に 77 を次々に加えた数である。

(1000−59)÷77=12 あまり 17

59+77×12=983

59+77×13=1060

983 の方が 1000 に近い。

練習 086　(1)42　(2)1002

解き方 (1) 8 でわると 2 あまり，12 でわると 6 あまり，16 でわると 10 あまる数は，8 と 12 と 16 の公倍数より 6 だけ小さい数である。すなわち　48−6=42

(2) 1000 に最も近い数… 1000 より小さいものと 1000 より大きいものを調べる。

(1000+6)÷48=20 あまり 46

48×20−6=954

48×21−6=1002

1002 の方が 1000 に近い。

力だめしの問題

❶ (1)16個　(2)4個　(3)12個

解き方 (1) 100÷6=16 あまり 4 より 16 個。

(2) 6 と 8 の最小公倍数は 24 で，

100÷24=4 あまり 4 より 4 個。

(3)図の色の部分である。

16−4=12(個)

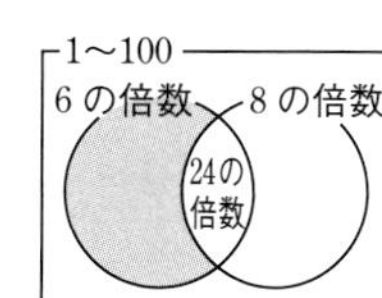

❷ 45倍

解き方 最大公約数は

3×3

最小公倍数は

3×3×3×3×5

3) 27　45　81
3) 9　15　27
3) 3　5　9
　 1　5　3

よって　3×3×5=45(倍)

❸ 33個

解き方 100−(2 の倍数の個数)

−(3 の倍数の個数)

+(6 の倍数の個数)

より

100−50−33+16

=33(個)

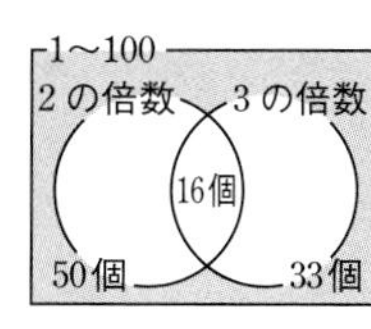

〔別解〕1，2，3，4，…から，2 の倍数と 3 の倍数を除く。

1，2̸，3̸，4̸，5，6̸　7，8̸，9̸，10̸，11，12̸

6 個で 1 セットにすると，1 セットにつき 2 個残る。

100÷6=16 あまり 4

2×16+1=33(個)

❹ 27個

解き方 (2 と 3 の公倍数の個数)−(2 と 3 と 5 の公倍数の個数)を計算する。

2と3の公倍数は6の倍数である。

300÷6=50, 99÷6=16 あまり3で6の倍数は

50−16=34(個)

2と3と5の公倍数は30の倍数である。

300÷30=10, 99÷30=3 あまり9で30の倍数は

10−3=7(個)

求める個数は　34−7=27(個)

5 (1)**40回**　(2)**20回**

解き方 (1)㋐の信号は3秒ごとに鳴るから，
2分=120秒より　120÷3=40(回)

(2) 3と2の最小公倍数は6だから，6秒間を1セットとすると，同時に休むのは5秒後から6秒後までの1秒間だけである。
同時に休むのは　120÷6=20(回)

6 **359**

解き方 5と6と8の最小公倍数は120
あまりの条件(じょうけん)から，求める数は公倍数より1小さい数である。

120×2−1=239, 120×3−1=359

359の方が300に近い。

7 **43人**

解き方 人数を□，あまりを△とすると，
525, 310, 224はすべて，
(□の倍数)+△で表される。

525−310=215, 310−224=86,

525−224=301をつくると，あまりの△がなくなって，215, 86, 301は□の倍数になるから，□はそれらの公約数の43か1である。1は問題に合わない。

8 (1)**72個**　(2)**12個**　(3)**30個**　(4)**22個**

解き方 　4の倍数は，4個ごとに同じ順番で現(あらわ)れる。同様に8の倍数，16の倍数はそれぞれ8個ごと，16個ごとに同じ順番で現れる。

	4の倍数	8の倍数	16の倍数
1× 2× 3	×	×	×
2× 3× 4	○	○	×
3× 4× 5	○	×	×
4× 5× 6	○	○	×
5× 6× 7	×	×	×
6× 7× 8	○	○	○
7× 8× 9	○	○	×
8× 9×10	○	○	○
9×10×11	×	×	×
10×11×12	○	○	×
11×12×13	○	×	×
12×13×14	○	○	×
13×14×15	×	×	×
14×15×16	○	○	○
15×16×17	○	○	○
16×17×18	○	○	○

(1) 1セット4組に4の倍数となる積は3個できる。
97÷4=24(セット)あまり1(個)
よって　3×24+0=72(個)

(2) 1セット8組に4の倍数であり8の倍数でない積は1個できる。
97÷8=12(セット)あまり1(個)
よって　1×12+0=12(個)

(3) 1セット16組に8の倍数であり16の倍数でない積は5個できる。
97÷16=6(セット)あまり1(個)
よって　5×6+0=30(個)

(4) 36の倍数になるかどうかは36組ごとに同じ順番で現れる。
36は9の倍数なので9の倍数をふくむ組を第36組まで調べる。

7× 8× 9	○
8× 9×10	○
9×10×11	×
16×17×18	○
17×18×19	×
18×19×20	○
25×26×27	×
26×27×28	○
27×28×29	○
34×35×36	○
35×36×37	○
36×37×38	○

1セット36組に36の倍数となる積は9個できる。
97÷36=2(セット)あまり25(個)
よって　9×2+4=22(個)

9 (1)**9個**
(2)**N=81　最も小さい公倍数…324**
(3)**11個**

解き方 (1) 1, 2, 3, 4, 6, 9, 12, 18,

36 の 9 個。

(2) N の約数が奇数個→ N は平方数
50 以上，100 以下の平方数は
8×8＝64，9×9＝81，10×10＝100
N と 36 の最大公約数が 9 だから，N は 9 の倍数である。
よって，N は 81
また，N と 36 の公倍数のうち，最も小さいものは 81 と 36 の最小公倍数だから
324

(3) N，36 のうち，少なくとも一方をわり切る整数→ N，36 の少なくとも一方の約数。その個数は，N の約数の個数と 36 の約数の個数の和から，N と 36 の公約数の個数をひいたものとなる。
81 の約数の個数は 1，3，9，27，81 の 5 個，81 と 36 の公約数は，最大公約数 9 の約数で，その個数は 1，3，9 の 3 個だから　5＋9－3＝11(個)

⑩ (1)91けた　(2)330　(3)12個

解き方 (1) 1 けたは 1 ～ 9 の 9 個
2 けたは 10 ～ 50 の 41 個
したがって　9＋2×41＝91(けた)

(2)一の位の数の和は
(1＋2＋3＋…＋9＋0)×5＝225
十の位の数の和は
1×10＋2×10＋3×10＋4×10＋5＝105
225＋105＝330

(3) 1×2×3×4×…×50
の素因数 5 の個数は
10＋2＝12(個)

5)50
5)10
　　2

素因数 2 は 12 個以上あるから，0 は 12 個並ぶ。

〔参考〕連続した整数の積が 10 で何回わり切れるかを調べるとき，よほど特殊でない限り，5 で何回わり切れるかを調べればよい。
たとえば，625×626×627×628 は 2 で 3 回，5 で 4 回わり切れるから，0 は 3 個しか並ばない。

⑪ (1)午前0時53分30秒
(2)162回
(3)甲寺，午前0時33分0秒
(4)189回

解き方

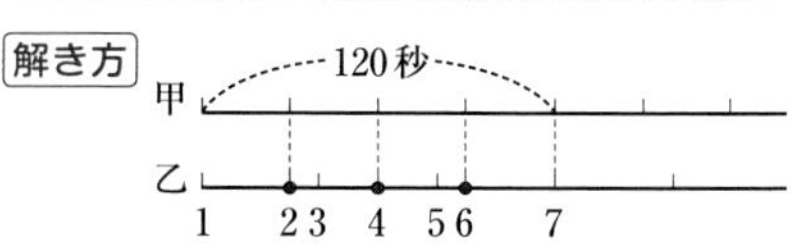

(1)あと 107 回つけばよいから
30×107＝3210(秒)＝53(分)30(秒)
よって，午前 0 時 53 分 30 秒

(2) 3210÷40
＝80 あまり 10
これより，乙寺の鐘は 81 回つく。

甲　乙　27回　108回　81回

3210÷120＝26 あまり 90 で，両方の鐘は同時に 27 回聞こえる。
聞こえる鐘の数は
108＋81－27＝162(回)

(3) 120 秒間に，最初を除いて 6 回聞こえる(図参照)。
100÷6＝16 あまり 4 であるから，
16×120＝1920(秒)後に
6×16＝96(回)
96 回に最初の 1 回を加えて，97 回目の鐘が同時に聞こえる。だから，あと 3 回目は図より，60 秒後に甲寺の鐘が聞こえる。
1920＋60＝1980(秒)
1980÷60＝33(分)
で午前 0 時 33 分。

(4)(1)の時刻よりあとに聞こえる乙寺の鐘は
108－81＝27(回)
(2)の答えに 27 を加えたものが答えになる。
聞こえる鐘の数は　162＋27＝189(回)

〔参考〕A は a 分ごとに起こり，B は b 分ご

とに起こるとき，A，Bがともに起こるのはa，bの最小公倍数ごとであるという問題は，その変形とともにむかしから数多く出題されている。

⓬ (1)**22秒**　(2)**36回目**
(3)**1分40秒後**

解き方 (1) 14分後にCの21回目のパターンが始まる。
言いかえると，20回目のパターンが終わる。

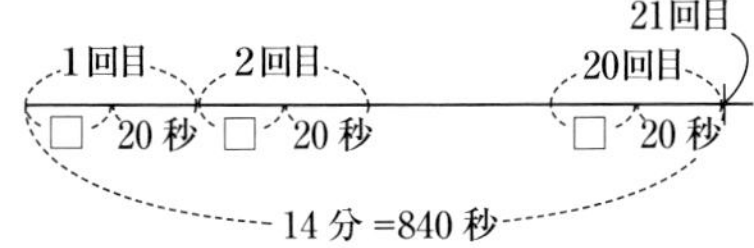

□=840÷20−20=22(秒)

(2) 2：10：11=4：20：22より，Aは4秒，Bは20秒鳴っている。
つまり，Aは4秒……20秒……の繰り返し(くりかえ)であるから
840÷(4+20)=35
35回目のパターンの終わり=36回目の鳴り始め。

(3)同時に鳴り始めるのは24，40の最小公倍数である120秒後だから，同時に鳴り終わるのは
120−20=100(秒後)→1分40秒後

チャレンジ問題

1 (1)〔20〕=7　〔98〕=$28\frac{1}{2}$

(2)最も小さい値(あたい)…$6\frac{1}{5}$

最も大きい値…$24\frac{1}{5}$

(3)最も小さい値…$4\frac{2}{3}$

最も大きい値…49

解き方 (1) 20の約数は，1，2，4，5，10，20の6個(こ)なので
〔20〕=(1+2+4+5+10+20)÷6=7
また，98の約数は1，2，7，14，49，98の6個なので
〔98〕=(1+2+7+14+49+98)÷6
　=171÷6=$28\frac{1}{2}$

(2)約数の個数が5個になるのは，素数(そすう)の積で表したときに(□×□×□×□)となる数であり，このときの約数は
1，□，□×□，□×□×□，
□×□×□×□
の5個。
〔A〕の値が最も小さくなるのは□が2の場合(A=2×2×2×2=16)であり，このときの約数は1，2，4，8，16の5個なので
〔16〕=(1+2+4+8+16)÷5
　=31÷5=$6\frac{1}{5}$
また，〔A〕の値が最も大きくなるのは□が3の場合(A=3×3×3×3=81)であり，このときの約数は1，3，9，27，81の5個なので
〔81〕=(1+3+9+27+81)÷5
　=121÷5=$24\frac{1}{5}$

(3)〔A〕の値が最も小さくなるのは，次の場合。
・Aの値ができるだけ小さい
・1に近い約数ができるだけ多い
よって，考えられる整数は12なので
〔12〕=(1+2+3+4+6+12)÷6=$4\frac{2}{3}$
また，〔A〕の値が最も大きくなるのは，次の場合。
・Aの値ができるだけ大きい
・1に近い約数ができるだけ少ない
よって，考えられる整数は97なので
〔97〕=(1+97)÷2=49

2 **4.7m**

解き方 1辺が50cmの正方形のタイルを

横1列に敷くと，600÷50＝12(枚)並ぶ。1辺が30cmの正方形のタイルを横に1列に敷くと，600÷30＝20(枚)並ぶ。
ここで，1辺が50cmと30cmの正方形のタイルを縦にそれぞれa列，b列敷くと，使うタイルが合計228枚になるとする。
12×a＋20×b＝228
すなわち　3×a＋5×b＝57
57は3の倍数だから，bの値も3の倍数になる。これより，bの値を3，6，9，…としたときのaを調べると，次の表のようになる。

a	14	9	4	×	×
b	3	6	9	12	…

b＝3，6，9の場合について，部屋の縦の長さを求めると
50×14＋30×3＝790(cm)
50×9＋30×6＝630(cm)
50×4＋30×9＝470(cm)
次に，直線を横の辺に平行なままずらした場合，1辺が40cmの正方形のタイルは横1列に600÷40＝15(枚)並ぶ。
ここで，1辺が40cmと30cmの正方形のタイルを縦にそれぞれa'列，b'列敷くと，使うタイルは合計220枚になるとする。
15×a'＋20×b'＝220
すなわち　3×a'＋4×b'＝44
44は4の倍数だから，a'の値も4の倍数となる。a'＝4，8，12，…の場合についてb'の値を求めると，次の表のようになる。

a'	4	8	12	16	…
b'	8	5	2	×	×

a'＝4，8，12の場合について部屋の縦の長さを求めると
40×4＋30×8＝400(cm)
40×8＋30×5＝470(cm)
40×12＋30×2＝540(cm)
部屋の縦の辺の長さとして共通するのは
470cm＝4.7m

〔別解〕6m＝600cmであるから，1列に並ぶタイルの数は，それぞれ
50cm → 600÷50＝12（枚）
30cm → 600÷30＝20（枚）
40cm → 600÷40＝15（枚）
となる。
228÷12＝19であるから，50cmのタイルを縦に19枚，横に12枚並べると長方形になる。
このときの縦の長さは
50×19＝950（cm）
12と20の最小公倍数は60であるから，50cmのタイル60枚(12枚ずつ5列)と30cmのタイル60枚(20枚ずつ3列)を入れかえても長方形になる。このとき，縦の長さは
50×5－30×3＝160(cm)だけ短くなる。
228÷60＝3あまり48より，この入れかえは3回までできるから，
950－160＝790，790－160＝630，
630－160＝470
より，考えられる縦の長さは
790cm，630cm，470cmである。
次に，220÷20＝11であるから，30cmのタイルを縦に11枚，横に20枚並べると，長方形になる。
このときの縦の長さは
30×11＝330(cm)
20と15の最小公倍数は60であるから，30cmのタイル60枚(20枚ずつ3列)と40cmのタイル60枚(15枚ずつ4列)を入れかえても長方形になる。このとき，縦の長さは
40×4－30×3＝70(cm)だけ長くなる。
220÷60＝3あまり40より，この入れかえは3回までできるから，
330＋70＝400，400＋70＝470，
470＋70＝540
より，考えられる縦の長さは

400cm, 470cm, 540cm である。

よって, 共通するのは　470cm＝4.7m

3 (1)S(4)＝7, S(5)＝15　(2)8

解き方 (1)○と○の間に仕切りを入れるか入れないかの2通りを順々に選び, 最後に1つも仕切りを入れない1通りをひけばよい。

$S(4)=2\times2\times2-1=7$

$S(5)=2\times2\times2\times2-1=15$

(2) $127+1=128$

$2\times2\times2\times2\times2\times2\times2=128$ より, 128は2を7回かけているので, 仕切りの数は最大7個。よって　$n=8$

4 (1)648　(2)1477

解き方 (1)使える数字は, 0～8の9通り。その中に9個に1個の割合(わりあい)で9の倍数(0をふくむ)があるので

$9\times9\times9\times\frac{9-1}{9}=648$(個)

〔注意〕1は001, 2は002, …というように考えている。

(2) $999-648=351$(個)であり, 4けたの数の個数は小さいものから順に

10□□の形のもの… 72個

11□□の形のもの… 72個

12□□の形のもの… 72個

13□□の形のもの… 72個

14□□の形のもの… 72個

になる。$72\times5=360$(個)より, 1488は$648+360=1008$(番目)の数になる。

148□の形の数は8個あるので, 1478は1000番目の数。

よって, 999番目の数は　1477

〔別解〕(1) 0～9, 10～19, 20～29, …というように, 10個の整数を1セットと考える。各セットには, 一の位が9のものが1つあり, 残りの連続する9個の整数のうち, 9でわり切れるものが1つだけあるから, 条件(じょうけん)に合う整数は1セットにつき8個ずつある。

999以下のセットの数は,

百の位の選び方は0～8の9通り,

十の位の選び方も0～8の9通り

であるから　$9\times9=81$(セット)

よって　$8\times81=648$(個)

(2)まず, 1000番目の数を求める。

$1000\div8=125$ より, その数は125セット目にあって, 条件に合う最後の数である。

それは, $125-81=44$ より, 1000以上の数で考えると44セット目である。

$44\div9=4$ あまり8より, 10□□, 11□□, 12□□, 13□□のあとの8セット目であるから, 1470～1479のセットであり, 条件に合う最後の数は1478である。

1000番目が1478で, 1477は条件に合うから, 999番目の数は1477である。

5 (1)54本　(2)2時間35分

解き方 (1)池の周りの長さは

5の倍数＋2, 7の倍数＋1

をともに満たす数である。

5の倍数＋2　7, 12, 17, 22, 27, …

7の倍数＋1　8, 15, 22, 29, 36, …

なので, それは35の倍数＋22と表される。

3時間半＝210分, 4時間＝240分で, 最後の木を植えたあと, 休憩(きゅうけい)があると考えて

$(210+1)\div(3+1)=52$(本)あまり3(分)

$(240+1)\div(3+1)=60$(本)あまり1(分)

より, 木の本数は53本～60本。

$5\times(53-1)+2=262$(m)

$5\times(60-1)+2=297$(m)

より, 池の周りの長さは262m～297mであり, 35の倍数＋22となるのは267のみ。よって, 木の本数は

(267−2)÷5+1=54(本)

(2)木の本数は　(267−1)÷7+1=39(本)

最後の木を植えるときは休憩がないということに注意する。

4×39−1=155(分)→2時間35分

6 34

解き方 A組の人数，B組の人数をそれぞれⒶ，Ⓑと表す。

Ⓐは180÷4=45(人未満)

Ⓑは200÷5=40(人未満)，

200÷6=33.3…(人以上)

A組で4本ずつ配ったときにあまった数，B組で5本ずつ配ったときにあまった数をそれぞれ□，△とすると

180=Ⓐ×4+□，200=Ⓑ×5+△

より　380=Ⓐ×4+Ⓑ×5+□+△

□+△=Ⓐ+Ⓑとなるので

380=Ⓐ×5+Ⓑ×6

380，Ⓐが5の倍数なので，Ⓑも5の倍数。

よって　Ⓑ=35(人)，

Ⓐ=(380−35×6)÷5=34(人)

7 (1)33個　(2)12回　(3)5個

解き方 (1) 2の倍数でも3の倍数でもないブロックになる。

2の倍数は　100÷2=50(個)

3の倍数は　100÷3=33(個)あまり1

6の倍数は　100÷6=16(個)あまり4

よって　100−(50+33−16)=33(個)

(2) 84の約数は

1，2，3，4，6，7，12，14，21，28，42，84の12個。よって，12回転がした。

(3)約数の個数が，1個，5個，9個，13個，17個，…のブロックになる。約数の個数が奇数個になるのは平方数なので，1から100までの平方数を調べる。

1→1個，4→3個，9→3個，

16→5個，　25→3個，36→9個，

49→3個，64→7個，81→5個，

100→9個

よって，1，16，36，81，100の5個になる。

第4章 数と計算の発展

練習 087 (1)**65** (2)**$11\frac{21}{31}$**

解き方 (1)初項2に3，4，5，…を順にたした数が並んでいるから

$2+3+4+5+6+7+8+9+10+11=65$

(2)整数部分は，番号＋1で，

分子は3に2をたしていったもの，分母は4に3をたしていったものだから

$(10+1)+\frac{3+2\times(10-1)}{4+3\times(10-1)}=11\frac{21}{31}$

練習 088 (1)**141** (2)**221番目，441**

解き方 (1) $3\times47=141$

(2) $663\div3=221$(番目)

$1+2\times(221-1)=441$

練習 089 (1)**123** (2)**20番目**

解き方 5×番号−2 のきまりで順に並んでいる。

(1) $5\times25-2=123$

(2) $5\times\square-2=98$ より

$(98+2)\div5=20$(番目)

練習 090 **73番目**

解き方

$\left|\frac{1}{1}\right|\frac{1}{2},\ \frac{2}{2}\left|\frac{1}{3},\ \frac{2}{3},\ \frac{3}{3}\right|\frac{1}{4},\ \frac{2}{4},\ \frac{3}{4},\ \frac{4}{4}\right|\cdots$

$\frac{7}{12}$は第12グループの7番目であるから

$1+2+3+\cdots+11+7=66+7=73$(番目)

練習 091 (1)**204** (2)**880** (3)**3192** (4)**147**

解き方 (1)$(1+50)\times8\div2=204$

(2)$(100+60)\times11\div2=880$

(3)$(123+789)\times7\div2=3192$

(4)(1から20までの自然数の和)

$-(3+6+9+12+15+18)$

$=(1+20)\times20\div2-(3+18)\times6\div2$

$=147$

練習 092 (1)**8.5，8** (2)**14，9** (3)**32.5，10** (4)**78，7**

解き方 つまり

{(最初の数)＋(最後の数)}÷2×(個数)

である。

(1)$(5+12)\div2\times8=8.5\times8$

(2)$(2+26)\div2\times9=14\times9$

(3)$(10+55)\div2\times10=32.5\times10$

(4)$(96+60)\div2\times7=78\times7$，個数の7は，

16×6，15×6，……，10×6から，

$16-10+1=7$として求める。

〔別解〕差が等しい数列(等差数列)の平均(真ん中の数)は，初項と末項の平均で求められる。

		平均(真ん中の数)		個数
1+2+3	＝	2	×	3
5+7+9+11	＝	8	×	4
10+14+18+22+26	＝	18	×	5

(1)平均は　$(5+12)\div2=8.5$

個数は　$12-5+1=8$(個)

(2)平均は　$(2+26)\div2=14$

個数は　$(26-2)\div3+1=9$(個)

(3)平均は　$(10+55)\div2=32.5$

個数は　$(55-10)\div5+1=10$(個)

(4)平均は　$(96+60)\div2=78$

個数は　$(96-60)\div6+1=7$(個)

練習 093 (1)**2550** (2)**2500**

解き方 (1)与式$=2\times(1+2+3+\cdots+50)$

$=2\times(1+50)\times50\div2=2550$

(2)$(1+99)\times50\div2=2500$

練習 094 (1)**800** (2)**5000**

解き方 (1) 20番目の数は

$2+4\times(20-1)=78$

よって　$(2+78)\times20\div2=800$

(2) 50番目の数は　$2+4\times(50-1)=198$

よって　$(2+198)\times50\div2=5000$

練習 095 (1)**3**　(2)**201**

解き方 (1) 6 個の数の繰り返しである。

100÷6＝16 あまり 4 → 4 番目の数は 3

(2)(1＋2＋3＋3＋2＋1)×16

＋(1＋2＋3＋3)

＝201

練習 096 (1)**16**　(2)**●○○○●●**

解き方 (1)それぞれの場所が表す数は，右はしから 1，2，4，8，…と 2 倍になっているので，

㉜⑯⑧④②①となる。

○⑯○○○○← 2×2×2×2＝16

(2)○⑯○④②○＝16＋4＋2＝22

○○⑧④○①＝8＋4＋1＝13

22＋13＝35

35＝32＋2＋1 より

㉜○○○②①

練習 097

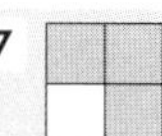

解き方 右の図のように数がはいることに気がつけばよい。

8	4
2	1

練習 098 赤

解き方

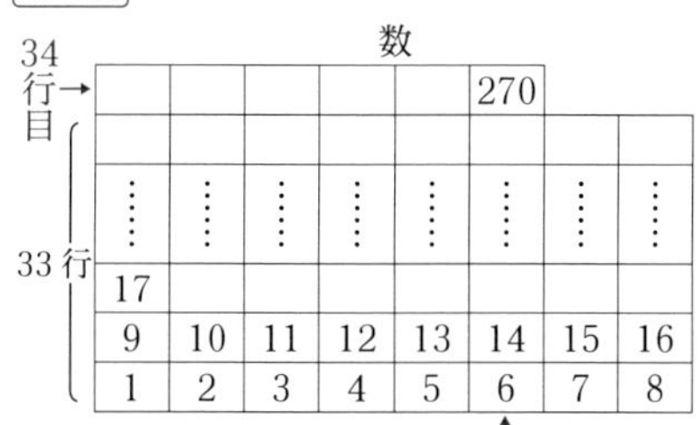

270÷8＝33(行)あまり 6(個)より，

270 は 6 列目の前から　33＋1＝34(行目)

色

⋮	⋮	⋮	⋮	⋮	⋮	⋮	⋮
赤	白	青	緑	赤	白	青	緑
白	青	緑	赤	白	青	緑	赤
青	緑	赤	白	青	緑	赤	白
緑	赤	白	青	緑	赤	白	青
赤	白	青	緑	赤	白	青	緑

↑ 6列目

6 列目は白赤緑青の繰り返し。

34÷4＝8 あまり 2 より，34 行目は赤。

練習 099 (1)**83**　(2)**順に，6，9**

解き方 (1) 1 段目の 9 列目の数は 9×9＝81 だから 1 列目の 10 段目は 82，次は 83 である。

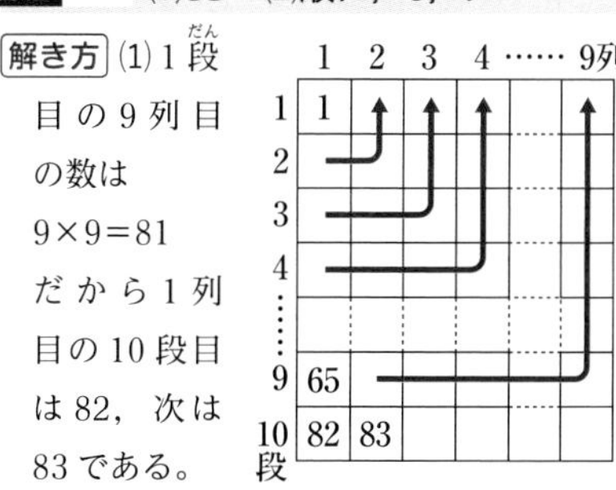

(2) 8×8＝64，9×9＝81 だから，70 は 9 段目の正方形がつくる中にある。

9 段目は 65 から始まるから 70 は 65 から数えて 6 番目。

力だめしの問題

❶ (1)**2889けた**　(2)**300個**

解き方 (1) 1 から 9 までの整数は 9 個，10 から 99 までは 90 個，100 から 999 までは 900 個ある。

よって　1×9＋2×90＋3×900＝2889

(2)一の位，十の位，百の位にそれぞれ 1 が 100 個ずつある。よって

100×3＝300(個)

❷ (1)**11時53分**　(2)**151m**

(3)**172m**

解き方 (1)各信号の周期は

A … 4＋4＝8(分)，B … 3＋3＝6(分)，

C … 2＋2＝4(分)

よって，全体的には 8，6，4 の最小公倍数である 24 分が周期となる。

信号が赤の状態のときを「＝」，ロボットが動く場合を「○」，止まる場合を「－」として，24 分間の各区間での動きをまとめると下のようになる。

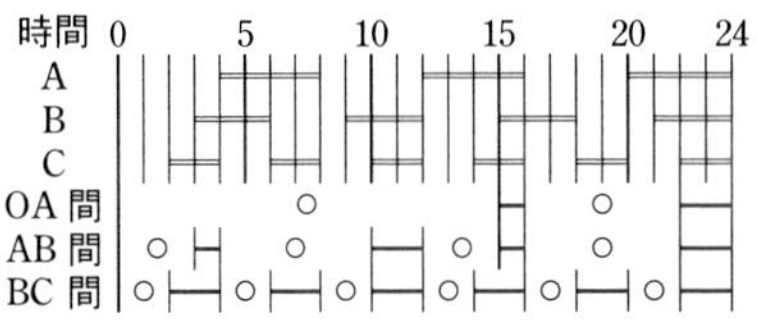

OA 間では，24 分間で 21 分間進むので，100÷21＝4(セット)あまり 16(分)

A 地点に着くまでに，

24×4＋17＝113(分)かかる。

よって，10 時＋113 分＝11 時 53 分

(2) OA 間では，2×4＋1＝9(回)止まっているので，AB 間では，20－9＝11(回)止まっている。

11÷4＝2(セット)あまり 3(回)

A に着いたのは第 5 セットの 17 分なので，AB 間では 17 分をセットの初めと考える。すると，「13 分」に地点 B に着くとわかる。あと 4 分でちょうど 3 セットになると考えると，AB 間の距離は

1×(24－6)×3－3＝51(m)

OB 間の距離は　100＋51＝151(m)

(3) B 地点に着いたのは，第 8 セットの 13 分なので，24×7＋13＝181(分)かかる。

その時刻は，10 時＋181 分＝13 時 1 分

信号が故障しなければ，BC 間で合計 20 分間止まっている。4 分を 1 セットと考えると，BC 間では，「1 分動き，2 分止まり，1 分動く」を繰り返す。

よって，このセットを，20÷2＝10(セット)繰り返す。地点 C に着くのは，信号がちょうど「青」から「赤」に変わるときだから，あと 1 分動く。

BC 間は　1×(2×10＋1)＝21(m)

OC 間は　151＋21＝172(m)

❸ (1)第16式の3番目　(2)273
(3)第21式

解き方 (1) 1＝1×1，4＝2×2，9＝3×3，16＝4×4，…

となり，上から N 段目の最初の数は，(N×N)と表されることがわかる。

つまり，8×8＝64，9×9＝81 より，75 は上から 8 段目にあることがわかる。

また，8 段目の左側の式には 9 個，右側の式には 8 個の数がある。

64＋9＝73 より，8 段目の右側の式の最初の数は 73 になる。

よって，75 は第 8×2＝16(式)の 3 番目の数である。

(2)第 11 式は上から(11＋1)÷2＝6(段目)の左側の式。最初の数は，6×6＝36 であり，6＋1＝7(個)の数が並ぶ。

よって，第 11 式の数の和は

36＋37＋38＋39＋40＋41＋42

＝(36＋42)×7÷2＝273

(3)個数が偶数のとき，最初と最後の数の和(以下，和とよぶ)は

和＝最初＋最後

　＝最初＋最初＋(個数－1)

　＝最初×2＋(個数－1)

より，奇数になる。

和×個数÷2＝1518 なので

和×個数＝2×2×3×11×23

和は奇数になるから，

因数は　3，11，23

和として考えられるのは次の数である。

3，11，23，3×11＝33，3×23＝69，

11×23＝253，3×11×23＝759

第 8 式までと比べると，3，11，23，33 は不適。

和が 69 のとき

個数は　2×2×11＝44

最初の数は　{69－(44－1)}÷2＝13

これは第6式と比べると不適。

和が253のとき

個数は　2×2×3＝12

最初の数は　{253－(12－1)}÷2＝121

最後の数は　121＋(12－1)＝132

これは適する。

和が759のとき

個数は　2×2＝4　　これは不適。

よって，最初の数は121，最後の数は132

また，121＝11×11より，上から11段目の左側にあるので，

11×2－1＝21より，第21式。

〔別解〕＝を＋にして，左の式と右の式をまとめた和を考えると，連続する奇数個の整数の和なので，真ん中の数に個数をかけたものが，1518×2＝3036となる。

3036＝2×2×3×11×23で，個数は奇数なので，真ん中の数は4の倍数である。

真ん中の数は，2に4，6，8，10，… をたした数であるから，5段目からの真ん中の数と個数，和をまとめると次の表のようになる。ただし，真ん中の数が4の倍数でないものや，個数が3036の約数でないものについては，和を求める必要はないので，省いてある。

真ん中	30	42	56	72	90	110	132
個数	11	13	15	17	19	21	23
和	／	／	／	／	／	／	3036

表より，真ん中の数が132のときであり，これは上から11段目で，奇数段目は左の式の数の個数が偶数なので，第21式である。

4 (1)**9**　(2)**558**　(3)**222番目**
(4)**8，162番目**
(5)**1，343番目の千の位**

解き方 (1)(B)は3，6，9，2，5，8，1，4，7，0の10個の数を繰り返す。

123÷10＝12あまり3より，123番目は10個を12回繰り返したあとの3番目の数になり　9

〔別解〕3×123＝369より　9

(2)(B)の初めから10個の数の和は

3＋6＋9＋2＋5＋8＋1＋4＋7＋0＝45

なので，(B)の123番目までの数の和は

45×12＋3＋6＋9＝558

(3)(B)の初めからの和が999になるのは，999÷45＝22あまり9より，10個の数を22回繰り返したあと，残りの数の和が9になるとき。

3＋6＝9より，残りの数は2個になるので，10×22＋2＝222(番目)まで加えたとき。

(4)(A)の66番目は，3×66＝198なので，一の位の数は　8

また，(A)は66番目までに，次のように数が並ぶ。

1けたの数

10÷3＝3あまり1より，3個。

2けたの数

100÷3＝33あまり1より

33－3＝30(個)

3けたの数

66－33＝33(個)

(A)の66番目の数の一の位の数は，(C)では　1×3＋2×30＋3×33＝162(番目)

(5)(A)の3けたの数の最後は999で，(A)の333番目。

(A)の999の一の位の9は，(C)の

1×3＋2×30＋3×(333－33)

＝963(番目)

になる。

(1000－963)÷4＝9あまり1より，(C)の1000番目の数は，(A)の4けたの数の9＋1＝10(番目)の千の位の数になる。

(C)の1000番目の数は1で，

(A)の333＋10＝343(番目)の千の位の数。

5 (1)

303
×
△

(2)**1711**

解き方 (1) 1段目は△×□の，2段目は×□□△の繰り返し。303は

(303＋1)÷2＝152(列目)

152÷3＝50 あまり 2 →×

152÷4＝38 →△

よって，右の図のようになる。

303
×
△

(2) 3と4の最小公倍数12列ごとにセットにする。1セット中に△は

12÷3＋12÷4＝7(個)ある。

500÷7＝71 あまり 3

あまりの3個はあと4列分の△の個数。

12×71＋4＝856(列)

1＋2×(856－1)＝1711

チャレンジ問題

1 (1)**1560** (2)**6120**

解き方 (1) 10番目の最初の数を□，最後の数を△として，1番目から順に立方体にかかれた6つの数を書くと，次のようになる。

1番目：	1	2	3	4	5	6
	↓＋6	↓＋7	↓＋8	↓＋9	↓＋10	↓＋11
2番目：	7	9	11	13	15	17
	↓＋11	↓＋12	↓＋13	↓＋14	↓＋15	↓＋16
3番目：	18	21	24	27	30	33
	↓＋16	↓＋17	↓＋18	↓＋19	↓＋20	↓＋21
4番目：	34	38	42	46	50	54
	⋮	⋮	⋮	⋮	⋮	⋮
10番目：	□	…	…	…	…	△

よって，□は初項(しょこう)1，公差5，項数10の等差数列の和として求められる。

□＝1＋6＋11＋16＋…＋46

　＝(1＋46)×10÷2＝235

△＝235＋10×(6－1)＝285

よって　(235＋285)×6÷2＝1560

(2)各番目について，5つ目の数が計算しやすいので，それをもとにする。

1番目　5＝5×1

2番目 15＝5×(1＋2)

3番目 30＝5×(1＋2＋3)

⋮

これが1000より大きくなるのは，

和(1＋2＋3＋…)が200を超(こ)えるとき。

⋮

19番目　950＝5×(1＋2＋3＋…＋19)

20番目 1050＝5×(1＋2＋3＋…＋19＋20)

⋮

20番目の立方体に書かれた数の中でいちばん小さな数は

1050－20×4＝970

いちばん大きな数は

1050＋20×1＝1070

よって，その和は

(970＋1070)×6÷2＝6120

2 (1)**25秒間** (2)**125秒間**

解き方 (1)青いランプは1秒後に点灯し，1＋2＝3(秒)ごとに1秒間ずつ点灯する。

赤いランプは3秒後に点灯し，3＋1＝4(秒)ごとに1秒間ずつ点灯する。

したがって，両方のランプは次の図のように点灯する。

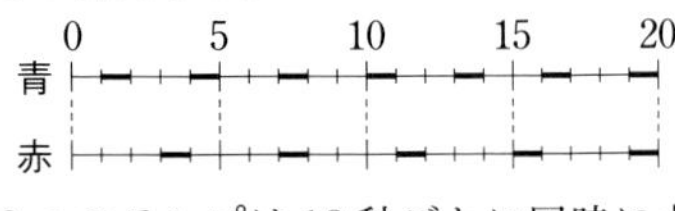

2つのランプは12秒ごとに同時に点灯する。

60×5÷12＝25より，初めから5分間に2つのランプが同時に点灯しているのは全部で25回。つまり25秒間。

(2) 12秒間に青いランプだけ点灯しているのは3秒間。赤いランプだけが点灯しているのは2秒間である。

よって，2つのランプのうちどちらか一方だけがついているのは全部で

(3＋2)×25＝125(秒間)

3 (1)**67番目** (2)**181** (3)**31384番目**

解き方 (1)次のようにグループに分ける。

①	②	③	④	⑤	⑥
1	1,3	1,4,7	1,5,9,13	1,6,11,16,21	1,…

12個目の1は⑫グループの最初の1なので

1＋2＋3＋…＋11＋1＝67(番目)

(2) 200＝1＋2＋3＋…＋19＋10より，200番目の数は，⑳グループの10番目の数である。

⑳グループは，20でわると1あまる数を小さい順に並べているので，10番目は

1＋20×9＝181

(3)各数から1をひいた数の列は，次のようになり，◻グループには0をふくめて□の倍数が□個並んでいる。

①	②	③	④	⑤	⑥
0	0,2	0,3,6	0,4,8,12	0,5,10,15,20	0,…

ここで最初に現れる2008が何番目の数かを求めればよい。

2008＝2×2×2×251より，㉕①グループの9番目になるので

1＋2＋3＋…＋250＋9

＝(1＋250)×250÷2＋9＝31384(番目)

4 **(1)第6行…1，6，16，26，30**
26，16，6，1
第7行…1，7，22，42，56
56，42，22，7，1
(2)ア…5　イ…13　ウ…1
エ…2　オ…32　カ…64　キ…16
ク…32　ケ…128
コ…4194300

解き方 (1)順に見ていく。

第5行に並ぶ数は

1，5，11，15，15，11，5，1

第6行に並ぶ数は

1，6，16，26，30，26，16，6，1

第7行に並ぶ数は

1，7，22，42，56，56，42，22，7，1

(2)(1)より，アは　5

奇数だけが並ぶには，その上の行が，第4行のように奇数と偶数が交互に並んでいなければならない。

第8行以降の奇数と偶数の並びを偶数は0，奇数は1として表していく。

第8行が　10100000101

第9行が　111100001111

第10行が　1000100010001

第11行が　11001100110011

第12行が　101010101010101

だから，次に奇数と偶数が交互に並ぶのは第12行。

よって，イは　12＋1＝13

ウは　(1＋1＋1＋1)÷4＝1

第2行以降は，数の和は次のように考えれば，1つ前の行の数の和の2倍になっているとわかる。

第○行の数を1，□，△，…，◎，1とすると，和は　1＋□＋△＋…＋◎＋1

このとき，第(○＋1)行の数は

1，1＋□，□＋△，△＋…，…＋◎，◎＋1，1

よって，和は

(1＋□＋△＋…＋◎＋1)×2

となり，1つ前の行の数の和の2倍になっている。

エは　1×2＝2

オは　1×2×2×2×2×2＝32

カは　32×2＝64

これより，最初から，第1行までの和，第2行までの和，第3行までの和を求めると，次のようになる。

第1行まで

1×4＝(2－1)×4

第2行まで

(1＋2)×4＝3×4＝(4－1)×4

第3行まで

(3＋4)×4＝7×4＝(8－1)×4

かっこの中のひかれる数は2倍になると

いう規則があることがわかる。

よって，キは　8×2＝16

クは　16×2＝32

ケは　32×2×2＝128

また，コは

(128×2×2×2×2×2×2×2×2×2×2×2×2×2−1)×4

＝4194300

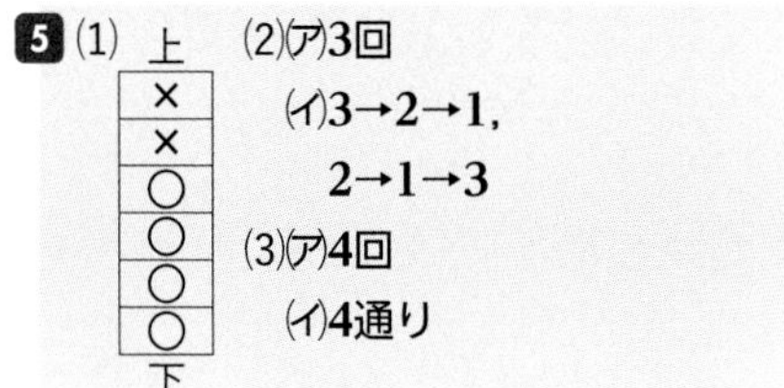

5 (1)

(2)(ア)**3回**

(イ)**3→2→1，2→1→3**

(3)(ア)**4回**

(イ)**4通り**

解き方 (1) 1回目に1の目が出ると，いちばん上のカードだけが裏になる。

次に，2回目に2の目が出ると，上から2枚をまとめたまま裏返すので，2枚目にあったカードが裏になり，いちばん上にあったカードは再び裏返るから表にもどり，2枚目になる。

さらに，3回目に3の目が出ると，上3枚をまとめて裏返すので，3枚目にあったカードがいちばん上で裏，2枚目のカードは裏になり，いちばん上にあったカードは再び裏返り，表になって上から3枚目になる。

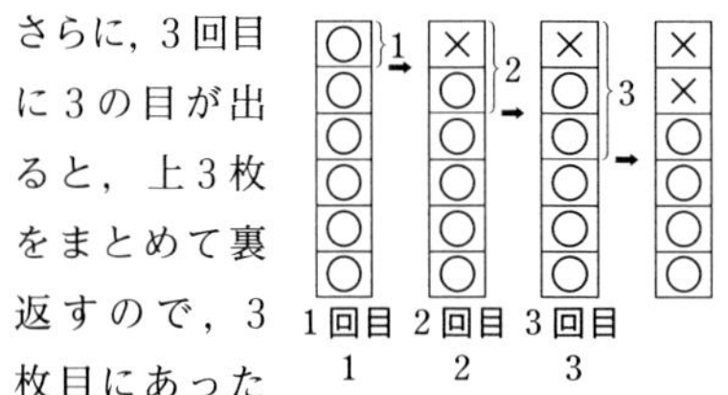

(2)(ア)操作を何回か行ったあと

1枚目と2枚目，2枚目と3枚目，

3枚目と4枚目

の間で表どうし，または，裏どうしが向かい合っている。この3か所の部分を，操作をさかのぼって表と裏が向かい合っている状態に戻すには，少なくとも3回の操作が必要になる。

よって，操作の回数のうちの最小は3回。

(イ)右の図で，aを戻すには，その前のサイコロの目は1であればよい。

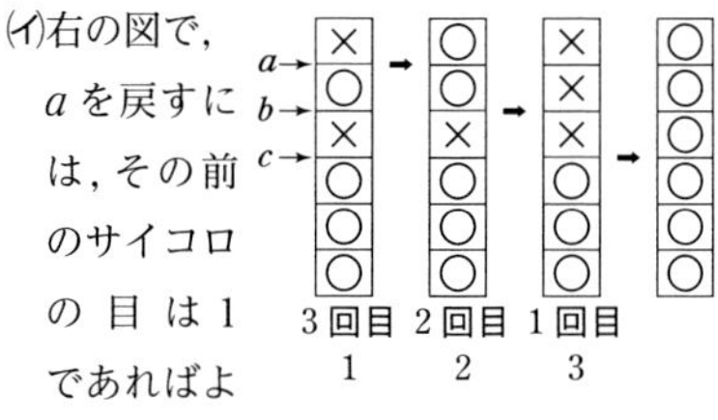

次にbを戻すには，その前のサイコロの目は2であればよい。

最後にcを戻すにはサイコロの目は3となる。

これより，出た目の数は，3→2→1の順で考えられる。

右の図で，c，a，bの順に戻していく。この場合の目の出方は，2→1→3となる。

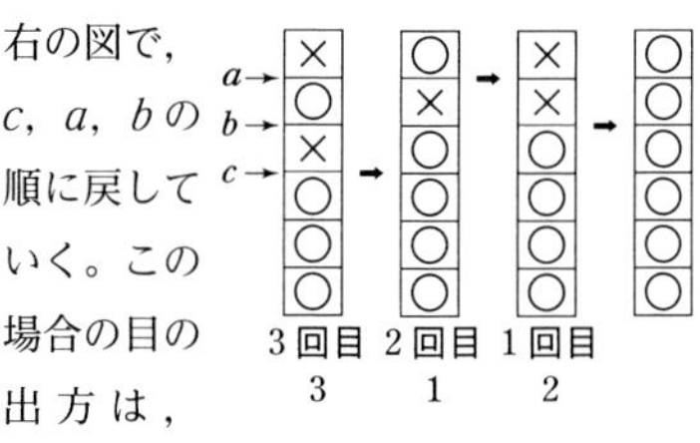

bを最初に戻すと，4回以上かかる。

したがって，(ア)のとき，サイコロの目の出方は，3→2→1と，2→1→3の2通りだけである。

(3)(ア)表どうし，または，裏どうしが向かい合っている部分は，

1枚目と2枚目，2枚目と3枚目，

3枚目と4枚目，5枚目と6枚目

の4か所だから，少なくとも操作を4回行ったことになる。

(イ)表どうし，または，裏どうしが向かい合っている部分は4か所ある。この部分のうち，下のカードの記号が，いちばん上のカードの記号と同じ場合は操作を行っても表と裏が向かい合ったままになるので戻せない。

最初に a を戻す場合

次の図のように，サイコロの目の出方は，5→3→2→1，3→2→5→1の場合がある。

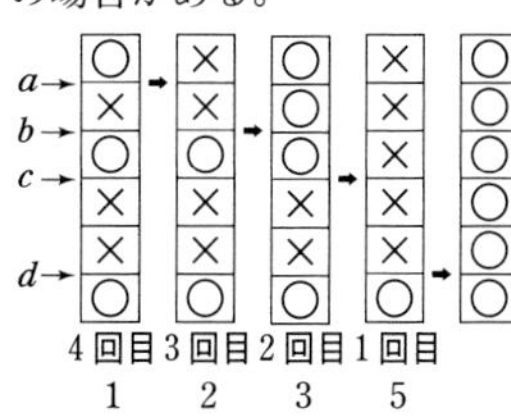

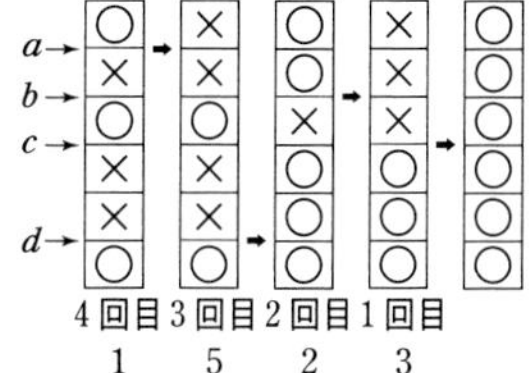

最初に c を戻す場合

次の図のように，サイコロの目の出方は，5→2→1→3，4→3→5→3の場合がある。

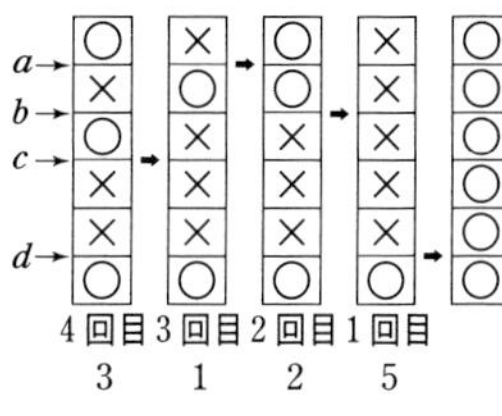

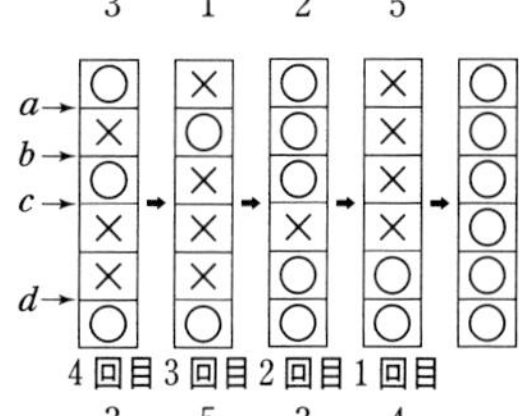

したがって，サイコロの目の出方は全部で4通り。

量と測定編

第1章 図形と長さ

練習 100 27.98

解き方 大きいおうぎ形の半径は

$12.56 \div \left(2 \times 3.14 \times \frac{60}{360}\right) = 12$(cm)

小さいおうぎ形の半径は 9cm で曲線の長さは

$9 \times 2 \times 3.14 \times \frac{60}{360} = 9.42$(cm)

$12.56 + 9.42 + 3 \times 2 = 27.98$(cm)

〔別解〕曲線部分は，大きいおうぎ形より小さいおうぎ形が

$3 \times 2 \times 3.14 \times \frac{60}{360}$(cm)短いから

$12.56 \times 2 - 3.14 + 6 = 27.98$(cm)

練習 101 62.8km

解き方 1万m＝10kmより，地球の半径を$a$kmとすると

$(a+10) \times 2 \times 3.14 - a \times 2 \times 3.14$

$= (a+10-a) \times 2 \times 3.14 = 10 \times 2 \times 3.14$

$= 62.8$(km)

練習 102 25.12cm

解き方 $6 \times 2 \times 3.14 \times \frac{120}{360} \times 2 = 25.12$(cm)

練習 103 (1)120° (2)60° (3)71.4cm

解き方 (1)三角形ABC，三角形ACDは1辺10cmの正三角形である。

角ACB＝角ACD＝60°より

角BCD＝120°

(2)角BAD＝120°

角EAF＝360°－角FAB－角BAD－角DAE

＝60°

(3)辺FGの4倍と半径5cmの円周の和となる。ひもの長さは

$10 \times 4 + 5 \times 2 \times 3.14 = 71.4$(cm)

練習 104 35.7cm

解き方 直角三角形があって，斜辺（しゃへん）と他の1辺の長さの比（ひ）が，5：3または5：4のとき，あるいは直角を挟（はさ）む2辺の長さの比が3：4のとき3辺の長さの比は3：4：5である。

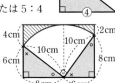

よって，右上の図のようになるので

$10 \times 2 \times 3.14 \times \frac{1}{4} + 4 + 2 + 14 = 35.7$(cm)

練習 105 18.84cm

解き方 5つのおうぎ形は半径1cm，2cm，3cm，4cm，5cmで中心角はどれも

$360° \div 5 = 72°$

曲線の長さは

$(1+2+3+4+5) \times 2 \times 3.14 \times \frac{72}{360}$

$= 18.84$(cm)

練習 106 62.8cm

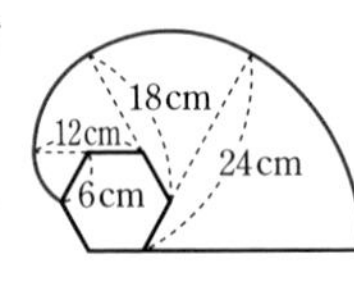

解き方 4つのおうぎ形の半径は6cm，12cm，18cm，24cm，中心角は

$360° \div 6 = 60°$だから

$(6+12+18+24) \times 2 \times 3.14 \times \frac{60}{360}$

$= 62.8$(cm)

力だめしの問題

❶ 107.1cm

解き方 $10 \times 2 \times 3.14 \times \frac{3}{4} + 10 \times 2 + 20 \times 2$

$= 107.1$(cm)

❷ (1)25.7cm (2)107.1cm

解き方 1目盛り10cmの方眼紙にかくと，上手にかける。

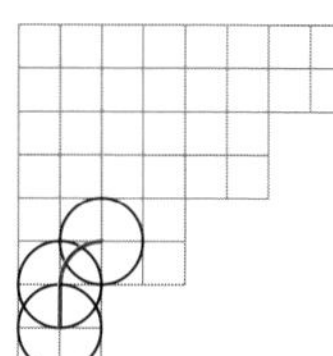

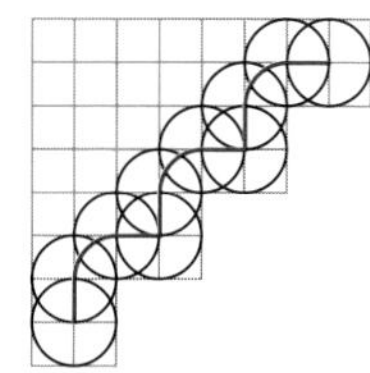

(1) ADの長さと円の90°の円周DBの和を求める。

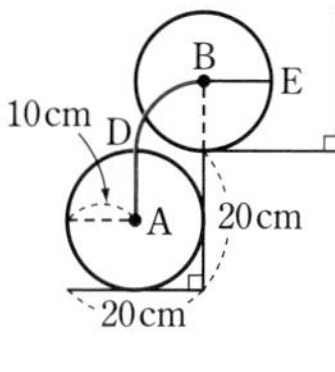

$10+10\times2\times3.14\times\frac{1}{4}$

$=25.7$(cm)

(2)(1)にBEの長さを加えて3倍する。

$(25.7+10)\times3=107.1$(cm)

❸ 80m

解き方 ABを1とするとBCは2でグラウンド1周は

$1\times3.14+2\times2=7.14$

$285.6\div7.14=40$(倍)だから，BCの長さは

$40\times2=80$(m)

❹ 36.56cm

解き方 曲線部分は半径2cmの円が1個分。直線部分は円の半径が12個分なので

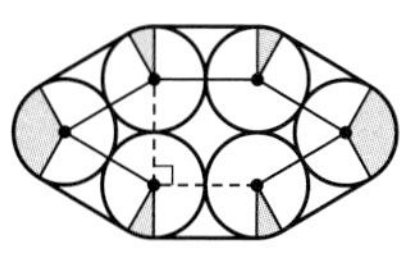

$2\times2\times3.14+2\times12=36.56$(cm)

❺ (1)150cm (2)10秒後，60cm

解き方 (1) 90：120＝3：4だから右の三角形は3辺の長さの比が3：4：5の直角三角形である。

B′ B 90cm ⑤ ③ 90 cm ④ 40cm A 80cm A′ 120cm

よって，ABの長さは

$90\times\frac{5}{3}=150$(cm)

(2)(1)よりABの方向に1cm進むと横の方向に$\frac{4}{5}$cm進む。PとQで，AB方向の距離は1秒間に5cm縮まるから横の方向は4cm縮まる。Qが最初にPを真下に見るのは，横方向に40cm縮めたときで

$40\div4=10$(秒後)

このとき，距離は　$90\times\frac{80}{120}=60$(cm)

〔別解〕10秒間にPとQの進んだ距離を150cmからひいた距離の$\frac{3}{5}$が求める距離だから

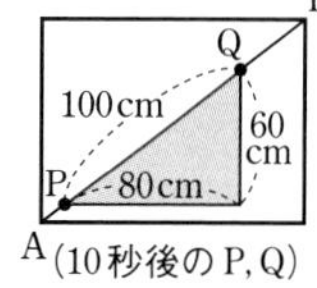

$(150-5\times10)\times\frac{3}{5}=60$(cm)

❻ 91.4

解き方 $10\times3.14+(5+5\times2+5)\times3$

$=91.4$(cm)

❼ 21.98cm

解き方 円周の部分を使って転がるとき，中心Oは直線を描く。動いた長さは

$6\times2\times3.14\times\frac{1}{4}\times2+6\times2\times3.14\times\frac{30}{360}$

$=21.98$(cm)

❽ (1)3.5m (2)50秒

解き方 (1)おうぎ形3つの面積の合計は，半径4mの円の面積に等しいから，長方形3つの面積の和は

$10\times10\times3.14-4\times4\times3.14$

$=84\times3.14$(m^2)

ABを1辺とする長方形の面積は

$84\times3.14\times\frac{8}{8+9+7}=28\times3.14$($m^2$)

ABの長さは，

$28\times3.14\div4=7\times3.14$(m)

で，これを円周とする円の半径は

$7\times3.14\div(3.14\times2)=3.5$(m)

⑵外側と内側の直線部分の長さは等しいので，道の外側は内側より半径4mの円周分長い。

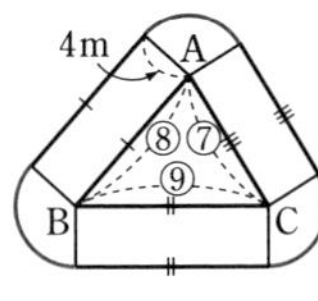

秒速は$\frac{4\times2\times3.14}{20}$mだから

半径10mの円を1周する時間は

$(10\times2\times3.14)\div\frac{4\times2\times3.14}{20}=50$(秒)

❾ ⑴31.4cm　⑵3回転

解き方 ⑴ $5\times2\times3.14=31.4$(cm)

⑵半径15cmの円周上を半径5cmの円が回転するから3回回る。

〔別解〕 $15\times2\times3.14\div(5\times2\times3.14)$

$=3$(回転)

❿ 20.56cm

解き方 半径4cmの部分，円周の部分，角の90°の部分の3つに分けて考えればよい。

$4\times2+(4+1)\times2\times3.14\div4$

$+1\times2\times3.14\times\frac{3}{4}$

$=20.56$(cm)

⓫ ⑴8cm　⑵48cm

解き方 ⑴中央の正方形の1辺を4とすると右上と左下の正方形の1辺は3で，全体の面積は

$4\times4+(3\times3)\times2-(2\times2)\times2=26$

$104\div26=4$で実際(じっさい)の面積は4倍であるから長さは2倍で

$4\times2=8$(cm)

⑵太線部分は，右の図のように，1辺が12cmの正方形の周の長さに等しいので

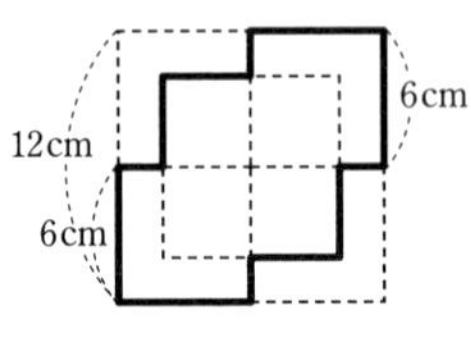

$12\times4=48$(cm)

⓬ 図の円内の実線部分，12.56cm

解き方 正三角形が動いたあとは，右のような円に内接(ないせつ)する正六角形になる。

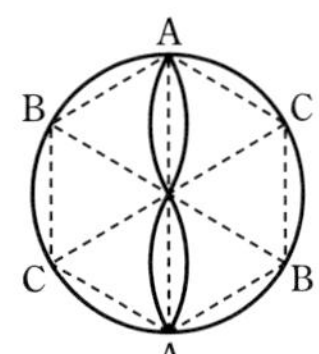

Aが描いた線の長さは

$3\times2\times3.14\times\frac{60}{360}\times4$

$=12.56$(cm)

⓭ ⑴$\frac{4}{3}$cm　⑵$\frac{8}{5}$cm

解き方 ⑴図のP，Q，R′が一直線上に並(なら)ぶときである。

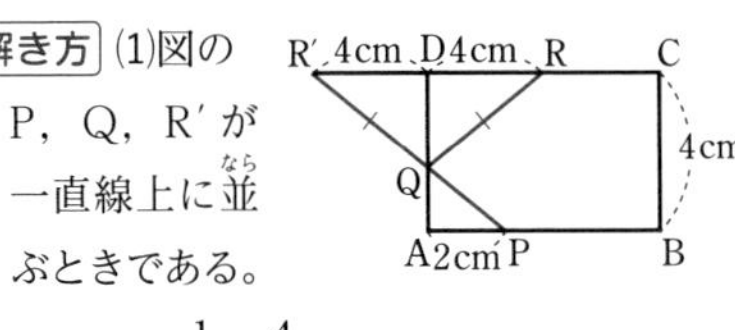

$AQ=4\times\frac{1}{3}=\frac{4}{3}$(cm)

⑵図より　$AQ=8\times\frac{2}{10}=\frac{8}{5}$(cm)

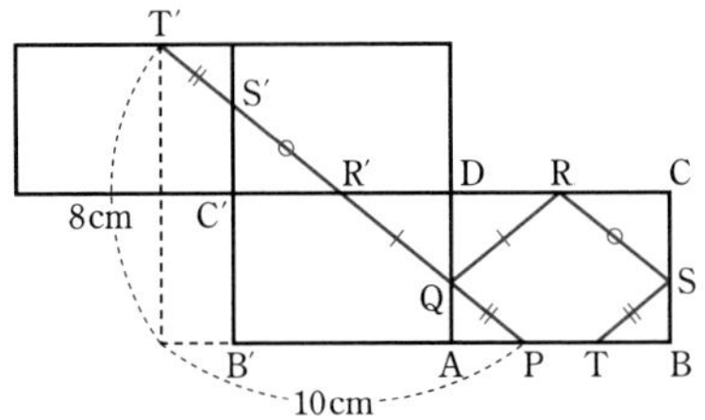

〔参考〕

最短距離の問題は，光の反(はん)射(しゃ)の問題と同じ。

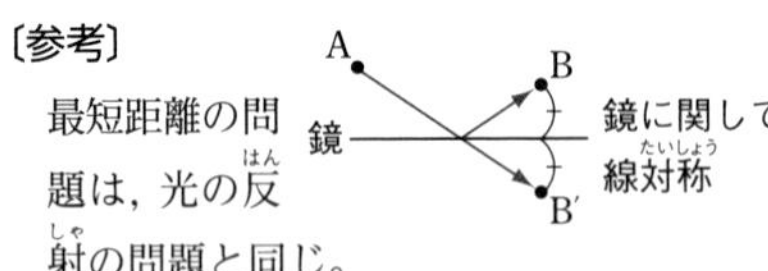

⓮ 43.96cm

解き方 Bを中心とする円の直径は6cmである。黒く塗(ぬ)りつぶした部分の周りの長さは3つの円の円周の和になる。

よって　$(6+4\times2)\times3.14=43.96$(cm)

⓯ 855m

解き方 2本のパイプをしばるのにひもは，$60\times2+5\times4+10=150$(cm)いる。ひもの

本数は1段目と2段目で3本，2段目と3段目で6本，3段目と4段目で9本というように，3，6，9，…，57となるので，全部で

(1+2+3+…+19)×3=570(本)

ひもの長さは　150×570=85500(cm)

85500cm=855m

⑯ 31.4，78.5(順不同)

解き方 紙を広げると，図のような平行四辺形になる。

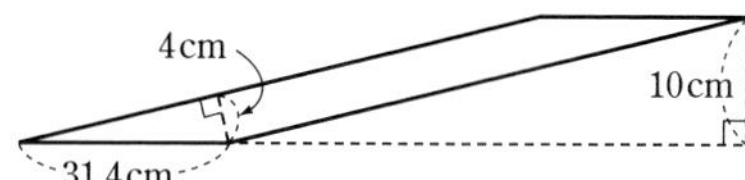

短い辺は円柱の底面の円周に等しいから

10×3.14=31.4(cm)

長い辺は，平行四辺形の面積に目をつけて

31.4×10÷4=78.5(cm)

〔参考〕円柱に巻きつく紙が平行四辺形になることは考えにくい。平行四辺形の1辺が，円柱の底面の円周に等しいことに気づけば解ける。

チャレンジ問題

1 (1)255.125 (2)左，8.75

解き方 (1)小さい方から1～4番目の半径を順に調べていくと，次のようになる。

1番目　10cm

2番目　10×1.5=15(cm)

3番目　15×1.5=22.5(cm)

4番目　22.5×1.5=33.75(cm)

よって

$10\times2\times3.14\times\frac{1}{2}+15\times2\times3.14\times\frac{1}{2}$

$+22.5\times2\times3.14\times\frac{1}{2}$

$+33.75\times2\times3.14\times\frac{1}{2}$

=(10+15+22.5+33.75)×3.14

=81.25×3.14

=255.125(cm)

(2)半円を小さい順に①,②,③,④とし，

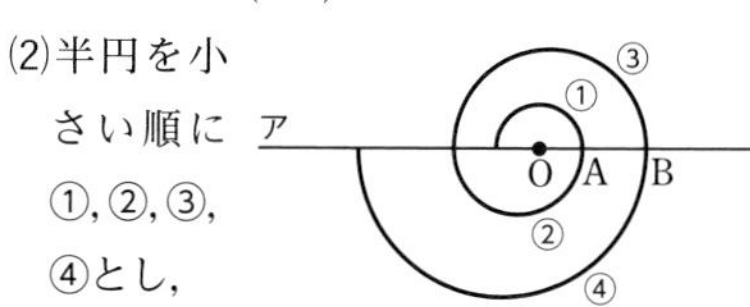

半円①の中心をOとすると

OA=10(cm)

ABは，半円③の直径から半円②の直径をひいて

22.5×2−15×2=45−30=15(cm)

よって　OB=10+15=25(cm)

半円④の半径は33.75cmなので，

33.75−25=8.75より，半円④の中心は，半円①の中心より左へ8.75cmだけはなれている。

2 22

解き方 平行四辺形ABCDの内部の線は，斜線部分の図形，斜線部分以外の図形に共通する周の一部なので，平行四辺形ABCDの辺で差がつく。

よって　4×5+3−1=22(cm)

3 $4\frac{1}{3}$

解き方 各部分の面積は

$(8\times18-6\times14)\div3=20(cm^2)$

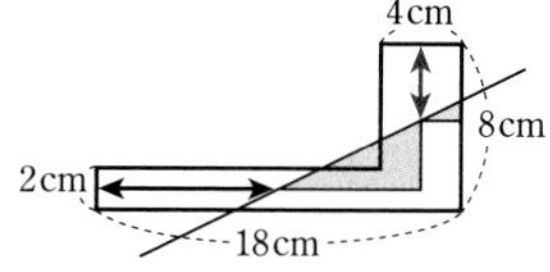

黒い矢印の長さは　20÷2=10(cm)

色の矢印の長さは　20÷4=5(cm)

色のついた三角形は相似で，

大きい方は底辺6cm，高さ2cm。

小さい方は底辺2cm。

小さい方の高さは

$2\times\frac{2}{6}=\frac{2}{3}$(cm)

よって　$5-\frac{2}{3}=4\frac{1}{3}$(cm)

4 (1)**30cm**　(2)**135cm²**　(3)**1053cm²**

解き方 (1)辺ABの真ん中の点をMとする。

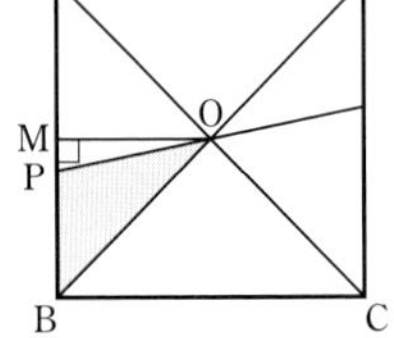

三角形OAMと三角形OBMは合同な直角二等辺三角形であるから

OM＝AM＝BM

三角形OPBの面積が $90cm^2$ であるから

12×OM÷2＝90

OM＝90×2÷12＝15(cm)

よって，正方形ABCDの１辺の長さは

AB＝AM×2＝OM×2

＝15×2＝30(cm)

(2)三角形OPBと三角形OQCは合同であるから，三角形OBQの面積は，三角形OBCの面積から三角形OQC，すなわち三角形OPBの面積をひいて

$30×30÷4-90=225-90=135(cm^2)$

〔参考〕三角形OPBと三角形OQCで，正方形の対角線は，それぞれの真ん中の点で垂直(すいちょく)に交わるから

OB＝OC　…①

角FOG＝角BOC＝90°より

角POB＝角FOG－角BOG

＝90°－角BOG

角QOC＝角BOC－角BOG

＝90°－角BOG

よって　角POB＝角QOC　…②

三角形OABと三角形OBCは直角二等辺三角形であるから

角OBP＝角OCQ＝45°　…③

①，②，③より，１組の辺とその両はしの角がそれぞれ等しいから，三角形OPBと三角形OQCは合同である。

(3)四角形OPBQの面積は，三角形OPBと三角形OBQの面積の和で

$90+135=225(cm^2)$

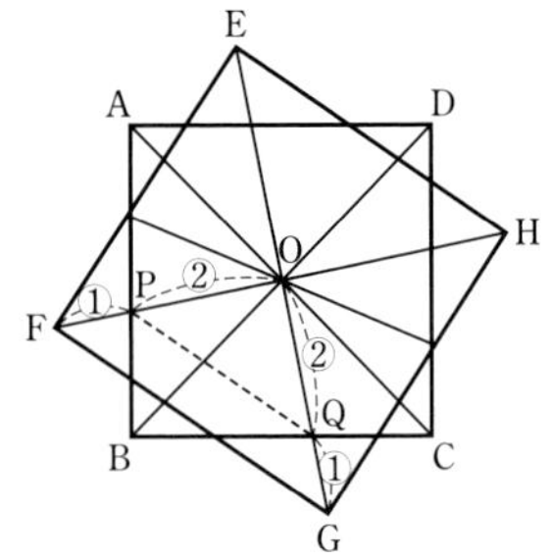

三角形PBQの面積は

BQ×PB÷2＝(30－12)×12÷2

$=108(cm^2)$

よって，三角形OPQの面積は

$225-108=117(cm^2)$

OQ：QG＝OP：PF＝2：1より，

OQ：OG＝OP：OF＝2：3であるから，三角形OPQと三角形OFGの面積の比(ひ)は

(2×2)：(3×3)＝4：9

よって，三角形OFGの面積は

$117×\frac{9}{4}(cm^2)$

これより，正方形EFGHの面積は

$117×\frac{9}{4}×4=1053(cm^2)$

5 **5**

解き方 最短距離(きょり)は，鏡の考え方で解(と)く。

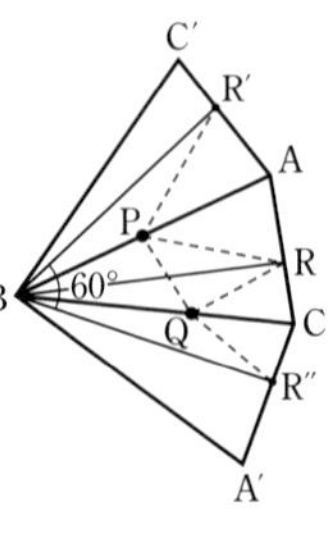

右の図のように，ABに関してC，Rと対称(たいしょう)な点をC′，R′とし，BCに関してA，Rと対称な点をA′，R″とする。

RP＋PQ＋QR＝R′P＋PQ＋QR″なので，R′P＋PQ＋QR″が最も短くなるのは，R′，P，Q，R″が一直線上にあるとき。

角R′BR″＝30°×2＝60°なので，三角形R′BR″は正三角形。
したがって　R′R″＝BR＝5(cm)

6 (1)**56.52cm**　(2)**12.56cm**

解き方 (1)おうぎ形の中心角は
180°－360°÷8＝135°
になるので
$3\times2\times3.14\times\frac{135}{360}\times8$
＝56.52(cm)

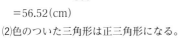

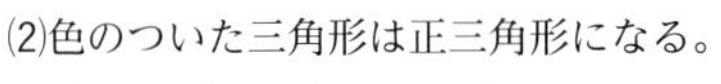
(2)色のついた三角形は正三角形になる。
㋐＝135°－60°×2＝15°
なので
$6\times2\times3.14\times\frac{15}{360}\times8$
＝12.56(cm)

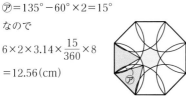

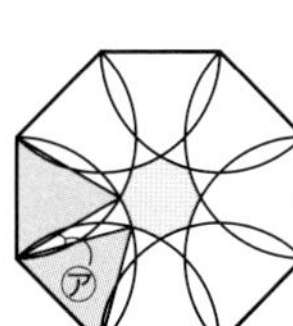

7 (1)**5cm**　(2)**94.2cm**

解き方 (1)斜辺の長さを10として計算すると
10×3.14÷2＋7×2＝29.7
よって，半円の直径は10cmなので，半径は5cmである。
(2)中心は右の図の色の線を通る。
半径5cm，中心角45°のおうぎ形の円周部分が8つで，

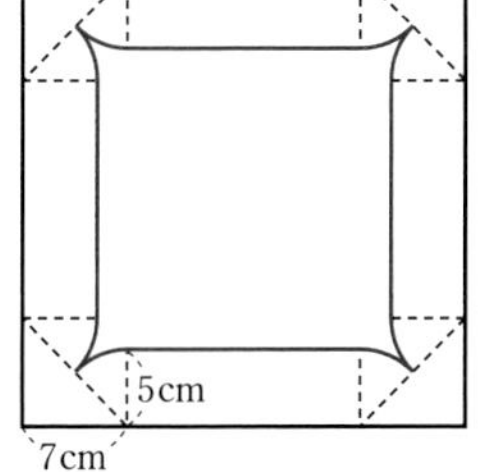

直径10cmの円の円周と等しい長さになるから
10×3.14＋(29.7－14)×4
＝94.2(cm)

第2章 面積

練習 107 (1)**5.5cm**　(2)**24cm²**

解き方 (1)三角形BCF
＝(三角形BCE)－(三角形CEF)
$=\frac{1}{2}\times12\times10-27=33(\text{cm}^2)$
FC＝33×2÷12＝5.5(cm)
(2)$\text{DF}=10\times\frac{8}{8+12}=4(\text{cm})$だから
三角形CEF＝(10－4)×8÷2＝24(cm²)

練習 108 **12cm**

解き方 かりに，ADの長さを3cmにしてみると，HI＝1cm，BC＝5cm，
$\text{EG}=\frac{5}{2}$cmとなる。
斜線(しゃせん)を引いた台形の面積は
$\left(1+\frac{5}{2}\right)\times10\div2=\frac{35}{2}(\text{cm}^2)$
実際(じっさい)は70cm²だから$70\div\frac{35}{2}=4$(倍)から
AD＝3×4＝12(cm)
〔別解〕HI＋EG＝70×2÷10＝14(cm)
HIはADの$\frac{1}{3}$，EGはBCの$\frac{1}{2}$なので，
AD＝⑥とすると　HI＝②
AD：BC＝3：5なので$\text{BC}=⑥\times\frac{5}{3}=⑩$
EG＝⑤より
HI＋EG＝②＋⑤＝⑦＝14(cm)
よって，①＝2(cm)であるから
AD＝⑥＝12(cm)

練習 109 **62.5cm²**

解き方 2＋3＝5，5＋1＝6，5と6の最小公倍数は30より，AD＝㉚とおいて考えると
BE＝⑫，AF＝㉕
三角形BEFと三角形ABFの面積の比(ひ)は辺BEとAFの比に等しいから

BE：AF＝⑫：㉕＝12：25

三角形ABF＝$30\times\frac{25}{12}$＝62.5(cm^2)

練習 110 順に，3，2，9，8

解き方 高さが共通のとき，面積の比は底辺の長さの比に等しい。

㋩＝1 とすると

㋥＝㋩×2＝2

㋺＝(㋩＋㋥)×$\frac{1}{2}$＝$\frac{3}{2}$

㋑＝(㋩＋㋥＋㋺)×$\frac{1}{2}$＝$\frac{9}{4}$

よって

㋺：㋩＝$\frac{3}{2}$：1＝3：2

㋑：㋥＝$\frac{9}{4}$：2＝9：8

練習 111 (1)$\frac{1}{6}$ (2)$\frac{1}{24}$ (3)27：4

解き方 (1)(三角形DBC)

＝(正方形ABCD)×$\frac{1}{2}$

(三角形DEC)＝(三角形DBC)×$\frac{1}{3}$だから

(三角形DEC)＝(正方形ABCD)×$\frac{1}{6}$

(2)AD：EC＝3：1 より DF：FE＝3：1

(三角形FEC)：(三角形DEC)＝1：4

(三角形FEC)＝(三角形DEC)×$\frac{1}{4}$

＝(正方形ABCD)×$\frac{1}{24}$

(3)AG：GB＝AF：FC＝DF：FE＝3：1 より

(三角形AGF)＝AG×GF÷2

＝$\frac{3}{4}$×AB×$\frac{3}{4}$×BC÷2

＝$\frac{9}{16}$×AB×BC÷2

＝(三角形ABC)×$\frac{9}{16}$

となり，三角形AGFの面積は正方形ABCDの面積の$\frac{9}{32}$である。

(三角形AGF)：(三角形FEC)

＝$\frac{9}{32}$：$\frac{1}{24}$＝27：4

〔別解〕三角形AGFと三角形ABCは相似で，AF：AC＝3：4 なので，面積の比は

(3×3)：(4×4)＝9：16

よって，

(三角形AGF)＝(三角形ABC)×$\frac{9}{16}$

としてもよい。

練習 112 386.76cm^2

解き方 影(かげ)の部分の面積は縦(たて) 28cm，横 10cmの長方形と，半径 5cmの円 2 つの面積の和から，半径 4cmの円の面積をひけばよい。

28×10＋5×5×3.14×2－4×4×3.14

＝386.76(cm^2)

練習 113 (1)50cm^2 (2)25cm^2

解き方 (1)対角線が 10cmの正方形である。

10×10÷2＝50(cm^2)

(2)(5×5×3.2－50)×$\frac{1}{4}$＝7.5(cm^2)

(10×10－5×5×3.2)×$\frac{1}{8}$＝2.5(cm^2)

(50×3.2－10×10)×$\frac{1}{4}$＝15(cm^2)

└EB×EB×3.2 …いちばん外側の円の面積

よって，求める面積は

7.5＋2.5＋15＝25(cm^2)

練習 114 432.67m^2

解き方 牛が歩ける範囲(はんい)は下の図のようになる。

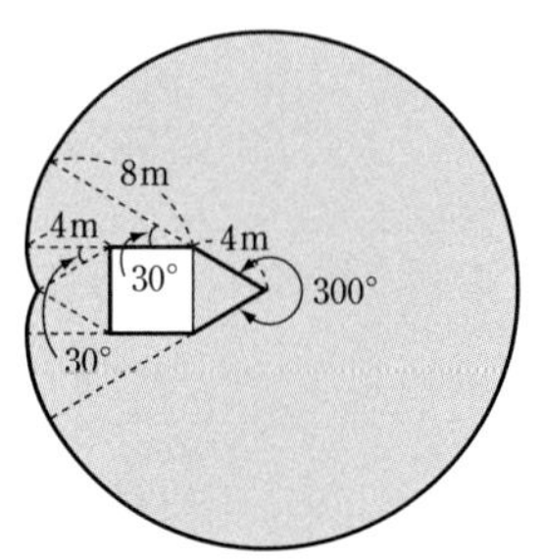

$12\times12\times3.14\times\frac{300}{360}$

$+8\times8\times3.14\times\frac{30}{360}\times2$

$+4\times3.5\div2\times2$

$+4\times4\times3.14\times\frac{30}{360}\times2$

$=432.666\cdots(m^2)\rightarrow 432.67m^2$

練習 115　(1)下の図　(2)47.1cm²

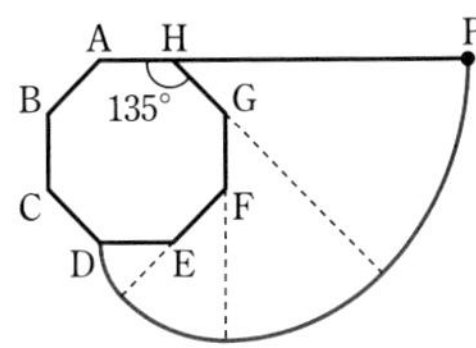

解き方　(2) 4つのおうぎ形の面積の和だから

$(2\times2+4\times4+6\times6+8\times8)\times3.14\times\frac{1}{8}$

$=47.1(cm^2)$

〔別解〕4つのおうぎ形は相似(そうじ)だから，1番小さいおうぎ形の面積を求め，それを4倍，9倍，16倍してほかのおうぎ形の面積を求めてもよい。

練習 116　109.9cm²

解き方　斜線部分は対角線を半径とする中心角70°のおうぎ形の面積に等しい。

おうぎ形の半径を□cmとすると

□×□÷2＝90より　□×□＝180

おうぎ形の面積は

$\square\times\square\times3.14\times\frac{70}{360}$

$=180\times3.14\times\frac{70}{360}$

$=109.9(cm^2)$

練習 117　86cm²

解き方　1辺10cmの正三角形2つ分の面積に等しい。

$0.43\times10\times10\times2=86(cm^2)$

練習 118　25cm²

解き方　1辺10cmの正方形の面積の$\frac{1}{4}$なので　$10\times10\div4=25(cm^2)$

練習 119　7.85cm

解き方　半円と三角形の面積は等しい。

半円の面積は

$5\times5\times3.14\div2=39.25(cm^2)$

BCは　$39.25\times2\div10=7.85(cm)$

練習 120　2295cm²

解き方　30秒後のBP，BQの長さは

$BP=2.5\times30=75(cm)$

$BQ=3.4\times30=102(cm)$

三角形QBPのBPを底辺としたときの高さはBQの$\frac{3}{5}$だから

三角形$QBP=75\times\left(102\times\frac{3}{5}\right)\div2$

$=2295(cm^2)$

練習 121　8.5秒後

解き方　あ，いの横の長さは毎秒8cm短くなる。うの横の長さは最初の0.5秒は0でその後毎秒8cm長くなる。

0.5秒後のあ＋い－うの横の長さは

$(100-8\times0.5)\times2=192(cm)$

その後，あ＋い－うの横の長さは毎秒

$8\times2+8=24(cm)$ずつ減(へ)るので，

あ＋い－うの横の長さが0になるのは，

さらに$192\div24=8$(秒)後で，8.5秒後になる。

練習 122　(1)36cm　(2)36cm　(3)49cm²

解き方　(1)縦8cm，横10cmの長方形の周の長さに等しい。

$(8+10)\times2=36(cm)$

(2)(1)と等しい。

(3)円が通った部分の内側は，縦6cm，横8cmの長方形で，外側の4つの部分を合わせると，1辺の長さが2cmの正方

形から，半径1cmの円を除いた形になるから，

$6\times8+(2\times2-1\times1\times3)=49(\text{cm}^2)$

練習 123　15cm²

解き方　全体から白い部分をひくと，おうぎ形が相さいされ，長方形が残る。

(長方形AA′O′O)＋(おうぎ形O′A′B′)

　－(おうぎ形OAB)

＝長方形AA′O′O＝3×5＝15(cm^2)

練習 124　1050cm²

解き方　$5\times5\times\{3\times3\times2+(1+2+3)\times4\}$
$=1050(\text{cm}^2)$

〔参考〕真上から見える面は(3×3)個，底面の見えない面は(3×3)個，正面から見える面，側面から見える面はともに(1＋2＋3)個である。

表面積は，

(1つの表面の面積)×(表面の個数)

として求められる。

練習 125　4800cm²

解き方　$10\times10\times(3\times3+7+8)\times2$
$=4800(\text{cm}^2)$

練習 126　5652cm²

解き方　$20\times20\times3.14\times2$
$+5\times2\times3.14\times10\times2$
$+20\times2\times3.14\times20$
$=5652(\text{cm}^2)$

練習 127　2，3

解き方　「手が出ないとき」の切り口の形の図で，3つのひし形を6つの正三角形に分けると，切り口は正三角形6つ分，三角形ABCは正三角形9つ分。

したがって　6：9＝2：3

力だめしの問題

❶ 162cm²

解き方　問題図の影の部分を除いた面積は

$36\times36-648=648(\text{cm}^2)$

切り取られた1つの三角形について，36cmの長さの辺を底辺と見たときの高さは

$648\div4\times2\div36=9(\text{cm})$

底面の正方形の対角線の長さは

$36-9\times2=18(\text{cm})$

よって，面積は　$18\times18\div2=162(\text{cm}^2)$

❷ 11，2

解き方　右の図の(う)の三角形の面積を①とすると

(あ)＋(う)

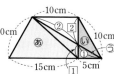

$=①\times\dfrac{5+15}{5}\times\dfrac{3}{1}=⑫$

よって　(あ)＝⑫－①＝⑪

また　(い)＝$①\times\dfrac{2}{1}$＝②

よって　(あ)：(い)＝11：2

❸ (1)$1\dfrac{1}{3}$　(2)$16\dfrac{2}{3}$

解き方　(1)右の図で

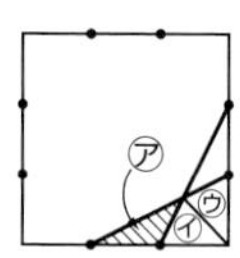

三角形㋐＝三角形㋑

三角形㋑と三角形㋒は合同になる。

よって，三角形㋐，㋑，㋒の面積は等しい。また，三角形㋐，㋑，㋒を合わせると，底辺が，$6\div3\times2=4(\text{cm})$，高さが2cmの直角三角形になるので，三角形㋐，㋑，㋒の面積の和は

$4\times2\div2=4(\text{cm}^2)$

したがって，**図1**の斜線部分の面積は

$4\div3=1\dfrac{1}{3}(\text{cm}^2)$

(2)右の図で

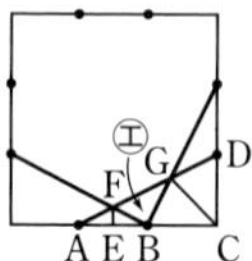

EF：CD＝AE：AC

よって

$EF=AE\times\dfrac{CD}{AC}=(6\div3\div2)\times\dfrac{2}{4}$

$=\dfrac{1}{2}(cm)$

三角形FAB$=2\times\dfrac{1}{2}\div2=\dfrac{1}{2}(cm^2)$

三角形ABG$=\dfrac{4}{3}$より←(1)より

㊀$=\dfrac{4}{3}-\dfrac{1}{2}=\dfrac{5}{6}(cm^2)$

$4\times4+\dfrac{5}{6}\times4=19\dfrac{1}{3}(cm^2)$

よって，斜線部分の面積は

$6\times6-19\dfrac{1}{3}=16\dfrac{2}{3}(cm^2)$

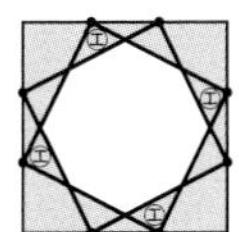

❹ 196.08cm²

解き方 右の図のように分けると，影をつけた部分の面積は1辺5cmの正三角形6個分と，中心角が180°と120°のおうぎ形2つずつの面積の和となる。

$5\times5\times3.14\times\dfrac{180\times2+120\times2}{360}$

$+5\times5\times0.87\div2\times6$

$=196.083\cdots(cm^2)\to196.08cm^2$

❺ $4\dfrac{2}{3}$

解き方 色のついた三角形は辺の長さの比が1：2より，30°，60°，90°の直角三角形。

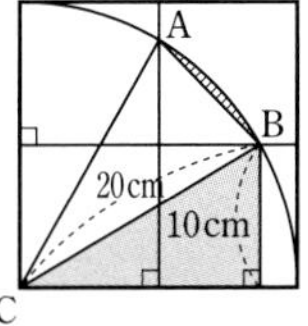

よって，おうぎ形CBAの中心角は$90°-30°\times2=30°$となるから

おうぎ形CBA$=20\times20\times3.14\times\dfrac{30}{360}$

$=\dfrac{314}{3}=104\dfrac{2}{3}$

三角形CBA$=20\times\left(20\times\dfrac{1}{2}\right)\div2=100$

よって　$104\dfrac{2}{3}-100=4\dfrac{2}{3}(cm^2)$

❻ (1)252　(2)12.6cm²　(3)47.25

解き方 (1)右の図より

$7\times2\times3\times6$

$=252(cm^2)$

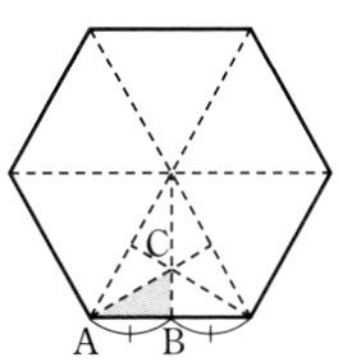

(2)，(3)は右の図をもとに考える。

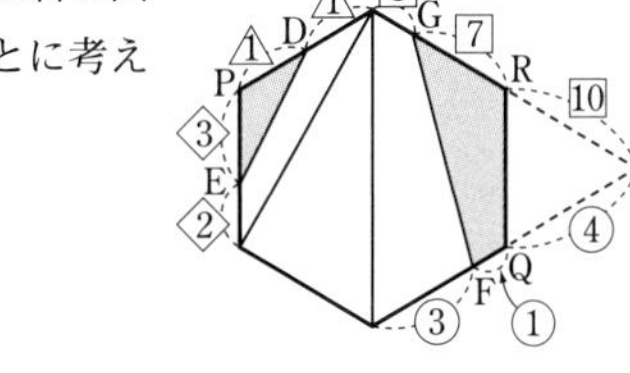

(2) $252\times\dfrac{1}{6}\times\dfrac{3}{3+2}\times\dfrac{1}{1+1}=12.6(cm^2)$

(3) $252\times\dfrac{1}{6}\times\left(\dfrac{10+7}{10}\times\dfrac{4+1}{4}-1\right)$

$=47.25(cm^2)$

❼ (1)8　(2)20　(3)A

解き方 (1)BからRまでに注目すると，

縦(たて)方向に10cm，

横方向に$10\times2+4=24(cm)$

進む。

BからUまでは，縦方向に20cm進んでいるので，横方向には

$24\times\dfrac{20}{10}=48(cm)$

進むから，4辺と8cm進む。

よって　BU＝8cm

(2)三角形AQR，三角形BTU，三角形CPB，三角形DSRが相似(そうじ)で，その相似比は

4：8：10：6＝2：4：5：3

(1)より，縦方向と横方向の進む距離の比が10：24＝5：12なので，正方形の1辺を⑫として考えると各辺の長さは右の図のようになる。

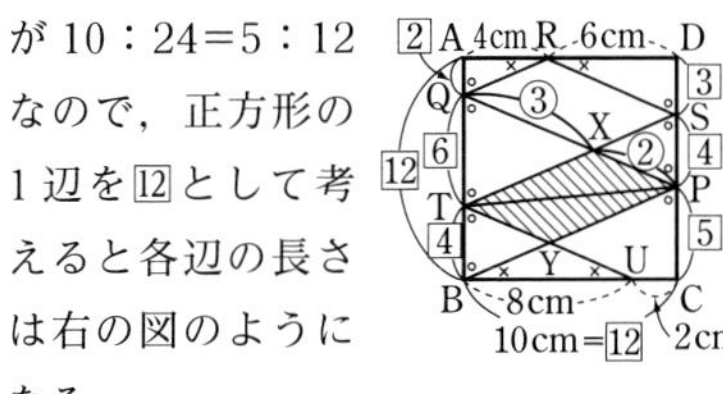

三角形SPXと三角形TQXは相似なので

QX：XP＝QT：PS＝6：4＝3：2

QT＝$10\times\frac{6}{12}$＝5(cm)より

三角形PQT＝5×10÷2＝25(cm^2)

三角形PXT＝$25\times\frac{2}{3+2}$＝10(cm^2)

四角形PXTYは平行四辺形なので，
求める面積は

10×2＝20(cm^2)

(3)縦方向，横方向ともに(10の倍数)cm進んだとき頂点に止まる。

横方向に10cm進むとき，縦方向には

$10\times\frac{5}{12}=\frac{50}{12}$(cm)進むから，縦50cm，横120cm進んだときである。

縦方向　50÷10＝5(辺)　辺AD上

横方向　　120÷10＝12(辺)　辺AB上

よって，頂点Aで止まる。

❽ 40.5

解き方 辺EFの真ん中の点をJとし，AJ，BF，CIを右の図のように延ばして交わる点をKとする。三角すいK−ABCは

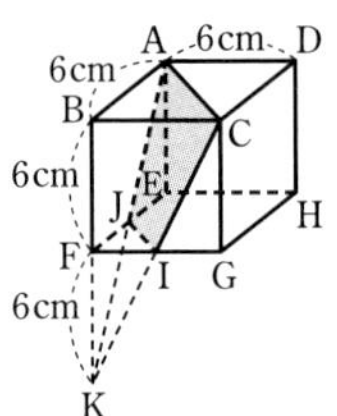

AB：BC：BK＝6：6：12

＝1：1：2

の三角すいで，展開図は正方形になる。

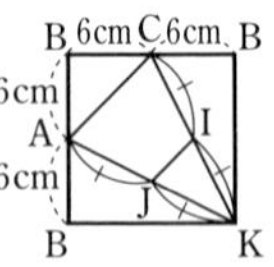

三角形KAC

＝12×12−(6×6÷2＋6×12÷2×2)

＝54(cm^2)

よって　$54\times\frac{4-1}{4}$＝40.5(cm^2)

❾ 24

解き方 相似形に注目して各辺の長さの比を求めると次の図のようになる。

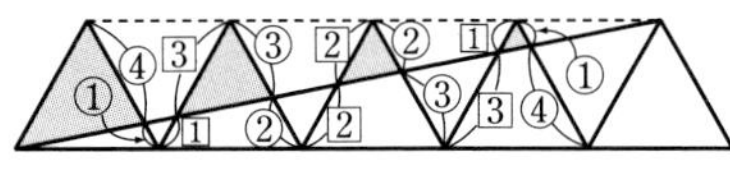

$16\times\left(\frac{4}{5}+\frac{3}{4}\times\frac{3}{5}+\frac{1}{2}\times\frac{2}{5}+\frac{1}{4}\times\frac{1}{5}\right)$

＝24(cm^2)

❿ (1)2.25cm^2
(2)(イ)75°　(ロ)9cm^2

解き方 (1)右の図で

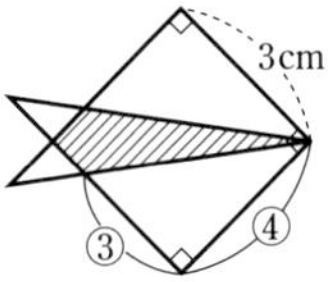

④＝3cmより

③＝2.25cm

1辺3cmの正方形から三角形を2つ除くと斜線部分となる。

よって

3×3−3×2.25÷2×2＝2.25(cm^2)

(2)(イ)右の図において，

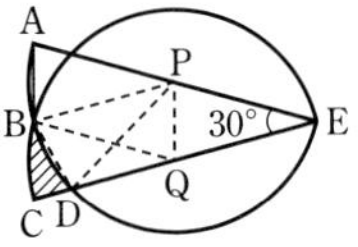

PB＝BQ＝QE

＝EP

より，四角形PBQEはひし形である。

よって

角APB＝角PEQ＝30°

また，AP＝BPより三角形ABPは二等辺三角形。

よって

角PAB＝(180°−30°)÷2＝75°

(ロ)図の対称性より

BC＝AB＝6cm

角BCD＝角PAB＝75°

三角形PDEはPD＝PEの二等辺三角形なので

角DPE＝180°−30°×2＝120°

おうぎ形PBDの中心角は

180°−(30°＋120°)＝30°

よって，おうぎ形PAB，おうぎ形PBDは合同で　BD＝AB＝6cm

三角形BCDはBC＝BD＝6cmの二等辺三角形なので

角BDC＝角BCD＝75°

角CBD＝180°－75°×2＝30°

斜線部分は弧BCのふくらみを弧BDのへこみに移動すると，三角形BCDの面積と等しくなる。

右の図をもとに考えると，三角形BCDの面積は

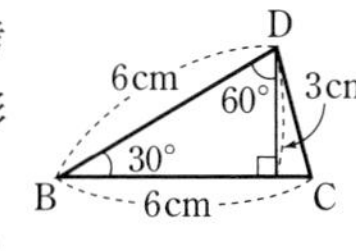

6×3÷2＝9(cm²)

⓫ 139.25cm²

解き方 次の図のように，色の部分を移動して考える。

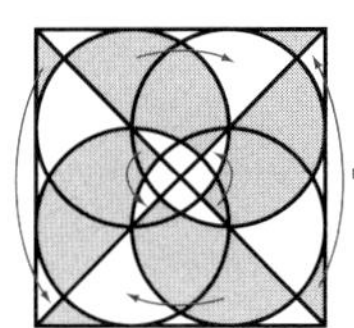

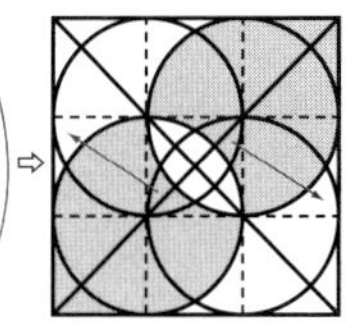

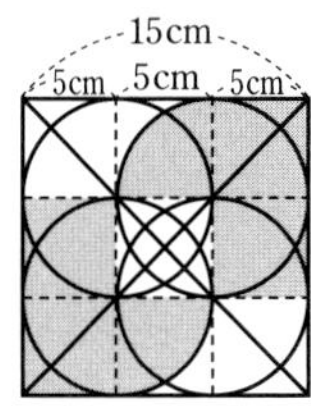

求める面積は，1辺の長さ5cmの正方形4個と，半径が5cm，中心角90°のおうぎ形2個の面積の和である。

$5\times5\times4+5\times5\times3.14\times\frac{1}{4}\times2$

＝139.25(cm²)

⓬ 175.212cm²

解き方 右の図の太線ウの長さは，小円の円周と同じなので

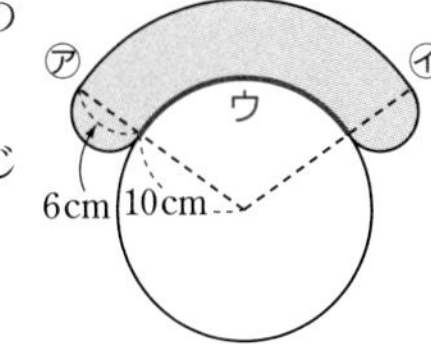

6×3.14(cm)

これは大円の円周の

$(6\times3.14)\div(10\times2\times3.14)=\frac{3}{10}$(倍)

よって

$(16\times16\times3.14-10\times10\times3.14)\times\frac{3}{10}$

＋3×3×3.14

＝55.8×3.14＝175.212(cm²)

⓭ 3.5

解き方 ○○××

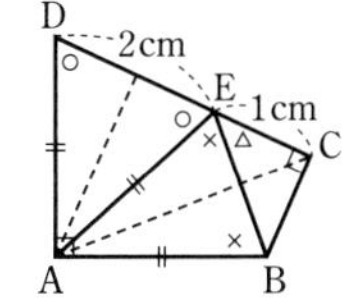

＝360°－90°＝270°

○×＝270°÷2＝135°

よって

△＝180°－135°＝45°

なので，三角形CEBは直角二等辺三角形。

三角形ADEを2等分する。

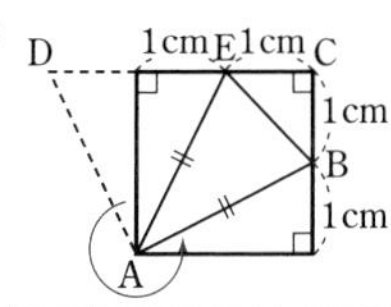

2×2－1×1÷2

＝3.5(cm²)

⓮ (1)652cm²　(2)4396cm²

解き方 (1)ABの分け方は，次のようになる。

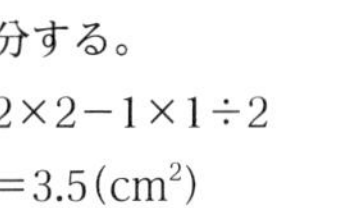

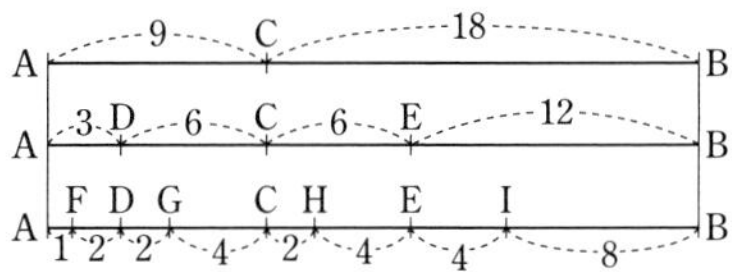

8個の立方体の表面積の和は

1×1×6＋2×2×6×3

＋4×4×6×3＋8×8×6

＝750(cm²)

8個の立方体の接している面積の和は

(1×1＋2×2＋2×2＋2×2

＋2×2＋4×4＋4×4)×2

＝98(cm²)

よって　750－98＝652(cm²)

(2)もとの立方体の表面積は

27×27×6＝4374(cm²)

立体Vの中で，もとの立方体の表面と共通する部分の面積は

1×1＋(1×1＋2×2×3＋4×4×3

＋8×8)×2＋8×8

＝315(cm²)

よって

4374＋652－315×2＝4396(cm²)

量と測定編

第2章 面積

⑮ (1)**21.98m²**　(2)**18.625m²**
(3)**20.56m²**

解き方 (1)上から見て右の図の色の部分のようになる。

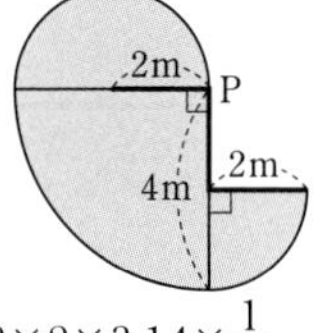

$2\times2\times3.14\div2$

$+4\times4\times3.14\times\frac{1}{4}+2\times2\times3.14\times\frac{1}{4}$

$=7\times3.14=21.98(\text{m}^2)$

(2)上から見て右の図の色の部分のようになる。

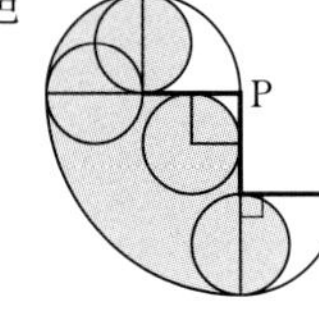

$1\times1\times3.14\div2\times2$

$+2\times2\times3.14\times\frac{1}{4}$

$+4\times4\times3.14\times\frac{1}{4}$

$-\left(1\times1-1\times1\times3.14\times\frac{1}{4}\right)$

$=6.25\times3.14-1=18.625(\text{m}^2)$

(3) 3枚(まい)の板を並(なら)べて，裏側(うらがわ)を次の図のように折り返して考える。

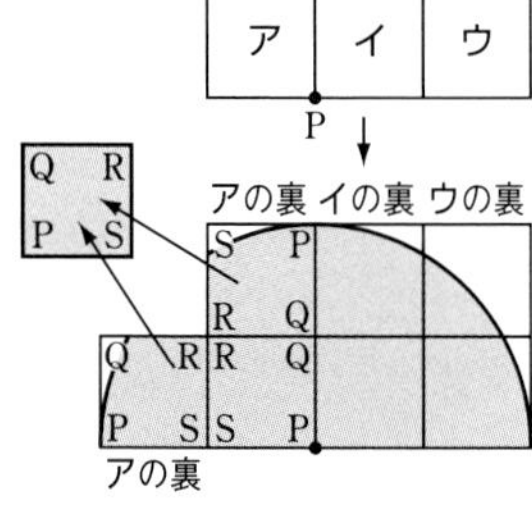

このとき，アの裏は辺RQと辺RSの側から塗(ぬ)ることができるので，両方を作図して合わせると全部塗ることができる。

$4\times4\times3.14\times\frac{1}{4}+2\times2\times2$

$=4\times3.14+8=20.56(\text{m}^2)$

⑯ (1)**14.13cm**　(2)**9cm**
(3)**94.2cm²**

解き方 (1)点Pが動くのは，点Hを中心とする半径9cm，中心角90°のおうぎ形の曲線部分。よって，その長さは

$9\times2\times3.14\times\frac{90}{360}=14.13(\text{cm})$

(2)HP＝9cm

$\text{HM}=16\times\frac{1}{2}$

$=8(\text{cm})$

より

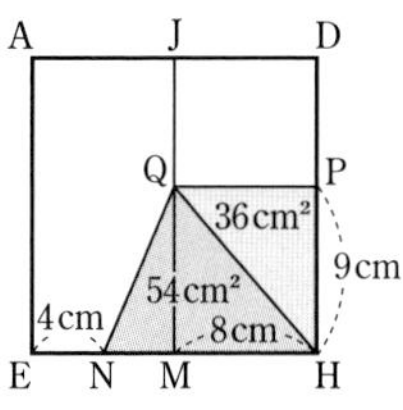

三角形PQHの面積は

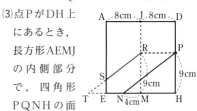

$9\times8\div2=36(\text{cm}^2)$

三角形NHQの面積は

$90-36=54(\text{cm}^2)$

$\text{EN}=16\times\frac{1}{2}\times\frac{1}{2}=4(\text{cm})$より

$\text{NH}=16-4=12(\text{cm})$

よって　$\text{MQ}=54\times2\div12=9(\text{cm})$

(3)点PがDH上にあるとき，長方形AEMJの内側部分で，四角形PQNHの面積が90cm²になるのは，図のように，点QがPNと平行な直線RS上にあるときである。

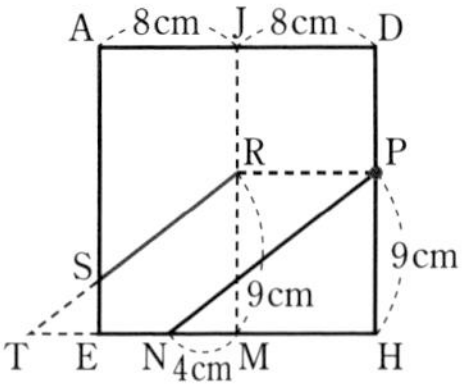

このとき

TR＝NP＝15cm

TM＝NH＝12cm

SE：RM＝TS：TR＝TE：TM

＝(12−8)：12＝1：3

よって

$\text{SE}=\text{RM}\times\frac{1}{3}=9\times\frac{1}{3}=3(\text{cm})$

$\text{TS}=\text{TR}\times\frac{1}{3}=15\times\frac{1}{3}=5(\text{cm})$

点Pが動く範囲(はんい)は，右の図の曲線UV上である。また，点Qが動く範囲は，色の部分になる。

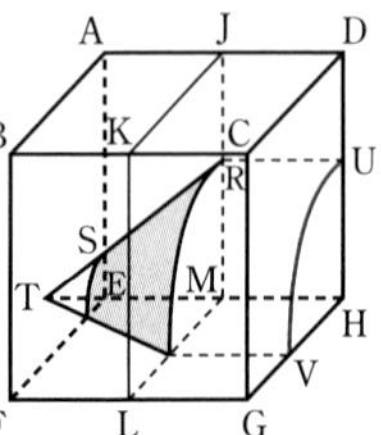

その面積は，底面の半径 9cm，母線の長さ 15cmの円すいの側面積の$\frac{1}{4}$から，底面の半径 3cm，母線の長さ 5cmの円すいの側面積の$\frac{1}{4}$をひいたものになる。

よって

$$15\times15\times3.14\times\frac{9}{15}\times\frac{1}{4}$$
$$-5\times5\times3.14\times\frac{9}{15}\times\frac{1}{4}$$
$$=94.2(\text{cm}^2)$$

⑰ 306

解き方 次の図の●はすべて等しいので，四角形BFDEはひし形である。

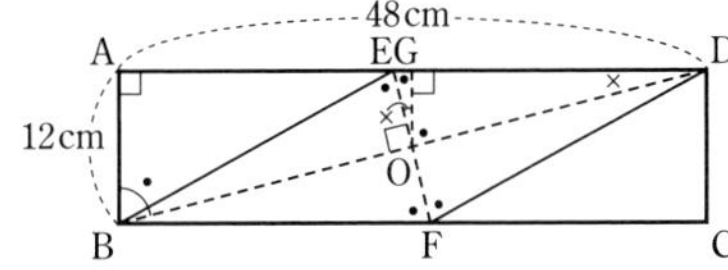

また，三角形ABDと三角形GODと三角形GEOは相似。

EG：OG＝BA：DA＝12：48＝1：4

OG：DG＝BA：DA＝1：4

よって　EG：OG：DG＝1：4：16

ゆえに

$$\text{ED}=\text{OG}\times\frac{1+16}{4}=6\times\frac{17}{4}=25.5(\text{cm})$$

よって　25.5×12＝306(cm²)

⑱ (1)

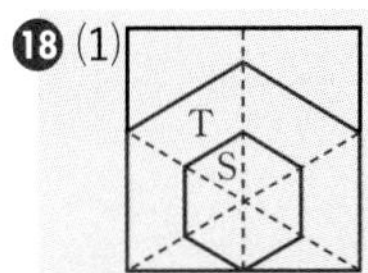

(2)$\frac{3}{7}$倍　(3)5個，$\frac{1}{56}$倍

解き方 (1)太線部分を順に広げていくと，**図**①～**図**④になる。

よって，図形S，Tと折れ線は**図**④のようになる。

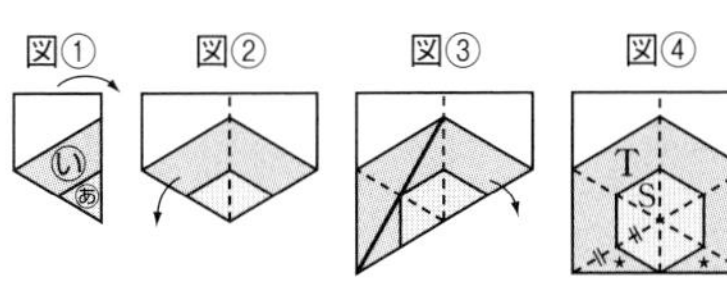

(2)**図**①で，あの部分と(あ＋い)の部分はどちらも正三角形である。

1辺の長さの比は1：2なので，面積の比は，(1×1)：(2×2)＝1：4である。

よって，いの面積はあの面積の(4－1)÷1＝3(倍)とわかる。

したがって，あの面積を1とすると，いの面積は3になる。

また，**図**④の★印の部分の面積は，あの面積と等しい。

図形Sの面積は，1×6＝6，図形Tの面積は，3×4＋1×2＝14となる。

ゆえに，Sの面積はTの面積の

$$6\div14=\frac{3}{7}(\text{倍})$$

(3)いを点Mと点Eを結ぶ線に沿って切った図を広げていくと，**図**⑤～**図**⑧のようになる。

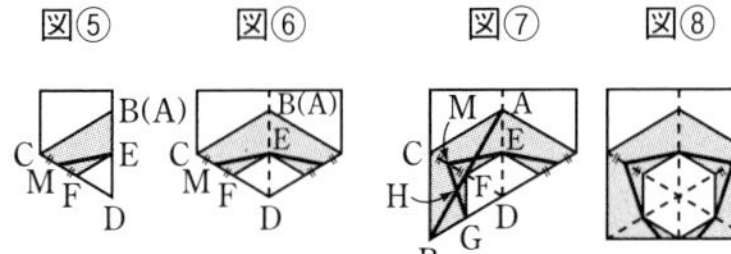

よって，全部で5個の部分に分かれ，このうちいちばん小さいのは影の部分である。

そこで，CM(＝MF)の長さを1として，**図**⑦の三角形DCBを抜き出すと，右の図のようになる。この図で，三角形FMGと三角形CMIは合同。

ゆえに　IC＝2

また，三角形FHGと三角形BHIは相似。

相似比は，2：(2＋4)＝1：3なので

FH：BH＝1：3

したがって，三角形DFGの面積（＝㋐の面積）を1とすると，
三角形FBGの面積＝1，
影の部分の面積$=1\times\frac{1}{1+3}=\frac{1}{4}$
となる。
また，図形Tの面積は(2)より14なので，影の部分の面積は図形Tの面積の
$\frac{1}{4}\div14=\frac{1}{56}$（倍）

チャレンジ問題

1 (1)

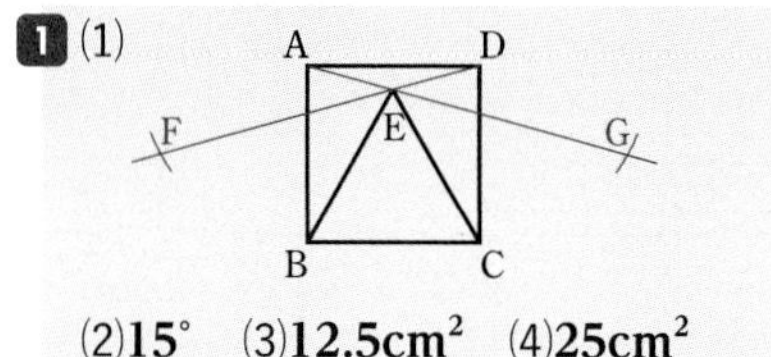

(2)**15°**　(3)**12.5cm²**　(4)**25cm²**

解き方 (1)Aを中心とする半径ADの円とDEの延長線（えんちょう）の交点がF，Dを中心とする半径ADの円とAEの延長線の交点がGになる。

(2)三角形AFDは二等辺三角形なので，角AFDは角ADFと等しい。
よって　15°

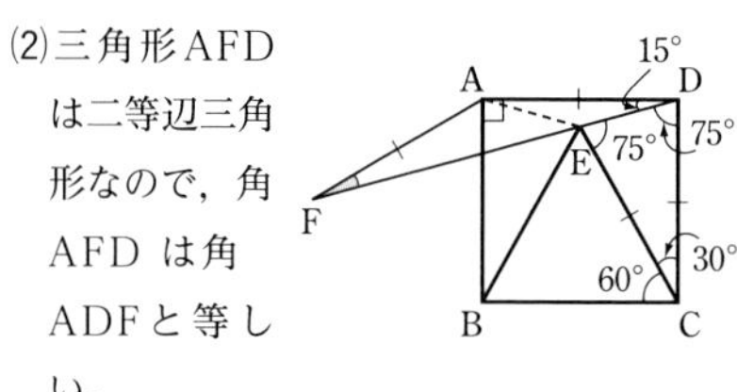

(3)

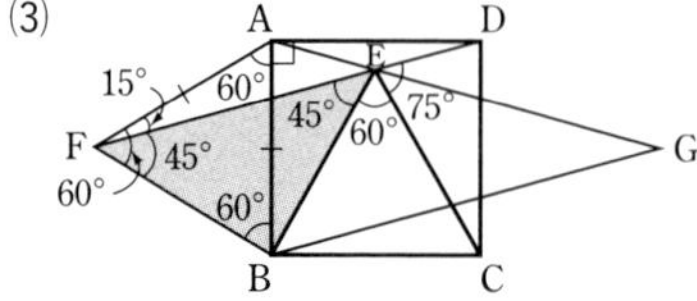

角BAFが180°−15°×2−90°＝60°で，AF＝ABなので，三角形AFBは正三角形であり　角AFB＝60°
これより　角EFB＝60°−15°＝45°
角FEB＝180°−75°−60°＝45°
よって，三角形BEFはBE＝BF＝5cmの直角二等辺三角形。
ゆえに，面積は　5×5÷2＝12.5(cm²)

(4)

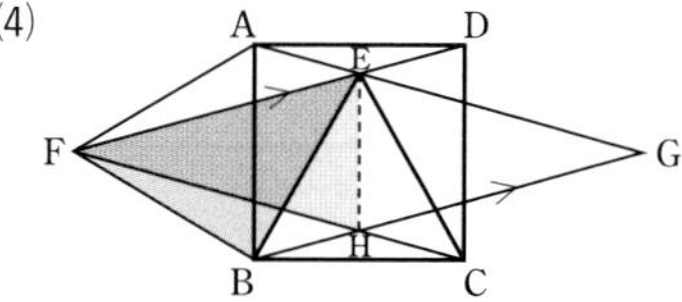

FDとBGは平行。辺EFを底辺と考えると，三角形BEFと三角形HEFは底辺共通で高さも等しいので面積が等しい。
(3)より三角形BEFの面積は12.5cm²なので三角形HEFの面積も12.5cm²である。三角形HEGはEHを軸（じく）として三角形HEFと線対称（たいしょう）なので面積は12.5cm²である。
よって　12.5×2＝25(cm²)

2 (1)**2.2cm**　(2)**64.08cm²**

解き方 (1)右の図で
角AOF
＝360°÷12°×2
＝60°
なので，三角形AOFは1辺の長さが6cmの正三角形である。

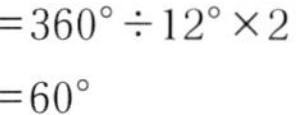

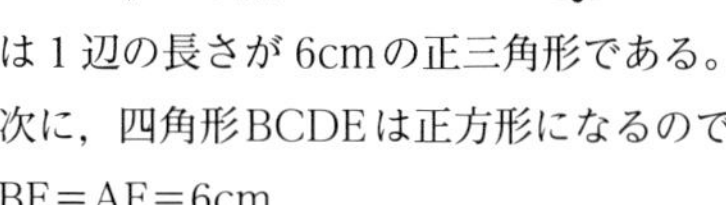

次に，四角形BCDEは正方形になるのでBE＝AF＝6cm
よって，三角形AOFの辺AFを底辺と見たときの高さは5.2cm，直角二等辺三角形BOEの辺BEを底辺と見たときの高さは，6÷2＝3(cm)なので，
AB＝5.2−3＝2.2(cm)

(2)三角形AOFの面積は
6×5.2÷2＝15.6(cm²)
なので，円周と影（かげ）の部分で囲（かこ）まれた白い部分の1つの面積は
$6\times6\times3.14\times\frac{1}{6}-15.6=18.84-15.6$
$=3.24(cm^2)$
また
円Oの面積＝6×6×3.14＝113.04(cm²)

正方形BCDEの面積$=6\times6=36(\text{cm}^2)$
よって
影の部分の面積$=113.04-36-3.24\times4$
$=64.08(\text{cm}^2)$

3 (1)**138cm²**　(2)**35cm**

解き方 (1)図のような部分の面積をP，Q，R，Sとする。

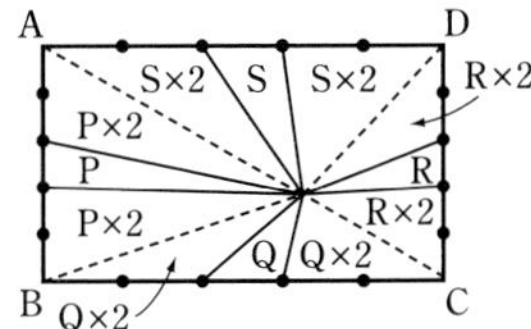

Ⓐ$=\text{P}\times2+\text{S}\times2=198(\text{cm}^2)$
Ⓤ$=\text{Q}\times2+\text{R}\times2=82(\text{cm}^2)$
よって
Ⓐ+Ⓤ$=\text{P}\times2+\text{Q}\times2+\text{R}\times2+\text{S}\times2$
$=280(\text{cm}^2)$
これと，Ⓘ$=\text{P}\times2+\text{Q}\times2=142(\text{cm}^2)$より
Ⓔ$=\text{R}\times2+\text{S}\times2$
$=280-142=138(\text{cm}^2)$
(2) $20\times\text{AD}=(\text{P}+\text{Q}+\text{R}+\text{S})\times5$
$=280\div2\times5$
$=700$
よって　$\text{AD}=35(\text{cm})$

4 (1)**毎分0.5m，16：9**
(2)$\mathbf{2\frac{17}{32}m^2}$
(3)**2分40秒後と9分50秒後**

解き方 (1)グラフより，4分で2m動くので
$2\div4=0.5(\text{m/分})$
Ⓘがあに重なり始めてから抜(ぬ)け出し始めるまでにかかる時間は8分間。
正方形Ⓘの上の頂点(ちょうてん)がⒶの上の頂点と一致(いっち)してから完全に抜けるまでにかかる時間は8～12.5分の4.5分間。
Ⓘは常(つね)に一定の速さで動いているので，
ⒶとⒾの対角線の長さの比(ひ)は
$8:4.5=16:9$
(2)(1)より，Ⓘの対角線の長さは
$0.5\times4.5=\frac{9}{4}(\text{m})$
よって
$\frac{9}{4}\times\frac{9}{4}\div2=\frac{81}{32}=2\frac{17}{32}(\text{m}^2)$
(3)重なっているⓊの対角線の長さを□mとすると
$\square\times\square\div2=\frac{8}{9}(\text{m}^2)$
よって　$\square=\frac{4}{3}(\text{m})$
ゆえに，$\frac{4}{3}\div0.5=\frac{8}{3}$(分後)より，
2分40秒後。
また，完全に抜ける時刻(じこく)の2分40秒前も，重なっている部分の面積が$\frac{8}{9}\text{m}^2$になるので，もう1つは
12分30秒−2分40秒＝9分50秒後

5 $\mathbf{\frac{5}{18}}$

解き方 三角形CGFの面積を1とすると，平行四辺形ABCDの面積は

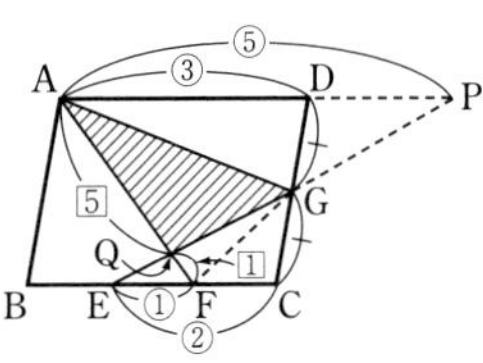

$1\times3\times2\times2=12$
三角形ABF$=1\times2\times2=4$
三角形ADG$=1\times3\times1=3$
三角形AFG$=12-4-1-3=4$
図より，AQ：QF＝5：1なので，
三角形AQG＝三角形AFG$\times\frac{5}{5+1}$
$=4\times\frac{5}{6}=\frac{10}{3}$
よって，三角形AQGの面積は，平行四辺形ABCDの面積の
$\frac{10}{3}\div12=\frac{10}{36}=\frac{5}{18}$(倍)

6 (1)$6\mathrm{cm}^2$ (2)$3\frac{1}{3}\mathrm{cm}^2$

解き方 (1)台形ABCDの面積は

$3+5+4+3=15(\mathrm{cm}^2)$

三角形ABCの面積は

$15\times\frac{3}{2+3}=9(\mathrm{cm}^2)$

よって $9-3=6(\mathrm{cm}^2)$

(2)三角形APQと三角形CPQは底辺PQが共通で，面積比が5：4だから，それぞれの高さの比は5：4になる。

したがって AR：RC＝5：4

(1)から三角形APCの面積は$6\mathrm{cm}^2$だから，三角形APRの面積は

$6\times\frac{5}{5+4}=\frac{10}{3}=3\frac{1}{3}(\mathrm{cm}^2)$

7 (1)黒の方が$\frac{1}{2}\mathrm{cm}^2$大きい

(2)同じ (3)黒の方が$\frac{1}{2}\mathrm{cm}^2$大きい

解き方 (1)三角形ABCの中で区切られた台形と三角形について，左から順に面積比は

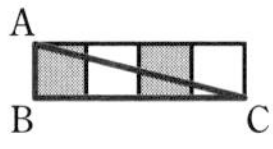

$(4\times4-3\times3):(3\times3-2\times2)$

$:(2\times2-1\times1):(1\times1)$

$=7:5:3:1$

三角形ABCの面積は $4\times1\div2=2(\mathrm{cm}^2)$ だから，黒の部分と白の部分の面積は次のようになる。

黒の部分 $2\times\frac{7+3}{1+3+5+7}=\frac{5}{4}(\mathrm{cm}^2)$

白の部分 $2\times\frac{5+1}{1+3+5+7}=\frac{3}{4}(\mathrm{cm}^2)$

よって，黒の方が$\frac{5}{4}-\frac{3}{4}=\frac{1}{2}(\mathrm{cm}^2)$大きい。

〔別解〕3マス目の黒の台形を180°回転して1マス目の黒の台形の上につなぐと，縦(たて)1.25cm，横1cmの長方形になるから，面積は$1.25\mathrm{cm}^2$になる。

4マス目の白の三角形を180°回転して2マス目の白の台形の上につなぐと，縦0.75cm，横1cmの長方形になるから，面積は$0.75\mathrm{cm}^2$になる。

その差は $1.25-0.75=0.5(\mathrm{cm}^2)$

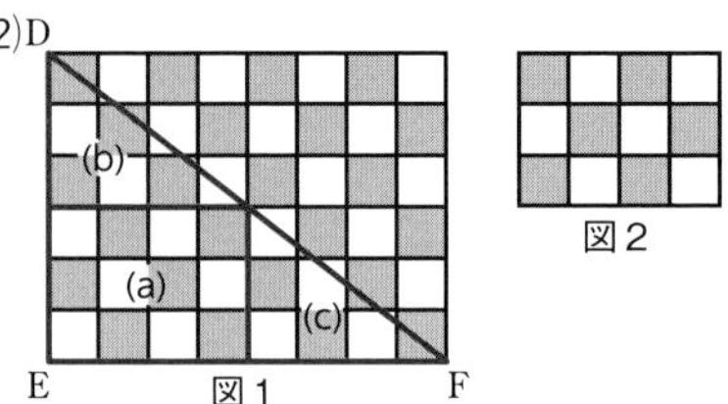

図1のように，(a)，(b)，(c)の場所に分ける。白の部分と黒の部分の面積を比(くら)べると，(a)の所では差はない。また(c)を回転させて(b)と合わせると**図2**のようになる。**図2**において黒の部分と白の部分では面積の差ができない。

したがって，同じになる。

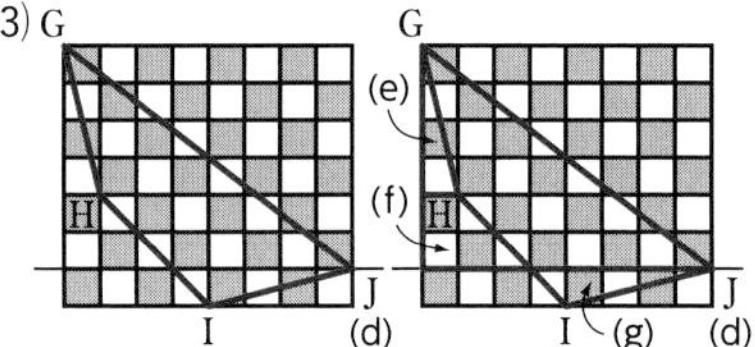

四角形GHIJを，上6段(だん)と下1段に分けて考える。

下1段の右から4マス分については，(1)より，黒の方が$\frac{1}{2}\mathrm{cm}^2$大きいが，右から5マス目に白が$\frac{1}{2}\mathrm{cm}^2$あるので，下1段では黒と白の面積の差はない。

上6段について，四角形GHIJの中と(e)，(f)を合わせると，(2)より，黒と白の面積は等しい。ここから，(e)と(f)を除(のぞ)く。

(e)については，(1)とは黒と白が逆(ぎゃく)なので，白の方が$\frac{1}{2}\mathrm{cm}^2$大きい。

(f)については，黒と白の面積はそれぞれ$2\mathrm{cm}^2$で等しい。

したがって，四角形GHIJの中では，黒の方が$\frac{1}{2}$cm^{2}大きい。

8 (1)

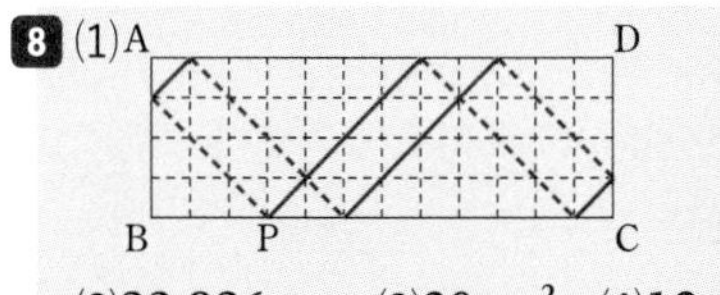

(2)33.936cm　(3)20cm^2　(4)12cm^2

解き方 (1) 7 回折り返したあとPに戻(もど)る。

(2) 1.414×24＝33.936(cm)

(3)

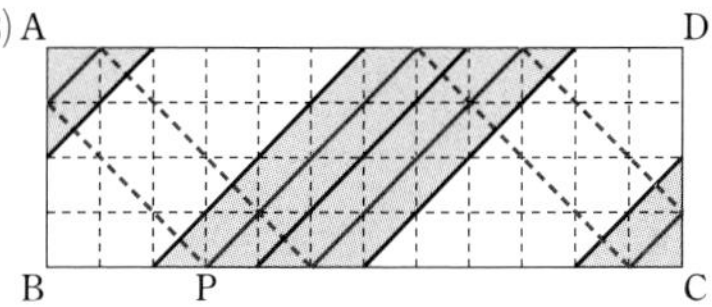

上の図の色の部分なので

4×4＋2×2÷2×2＝20(cm^2)

(4)

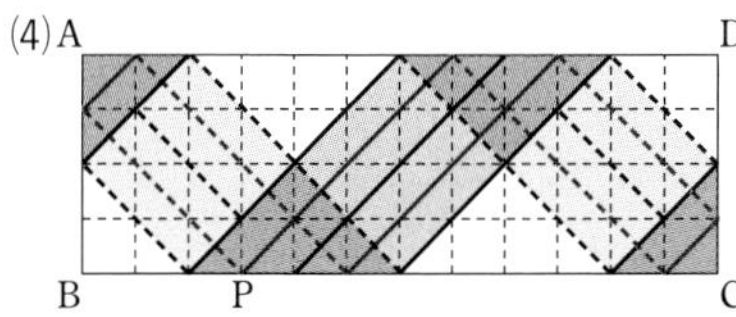

上の図の色の部分なので

4×2÷2×2＋2×2÷2×2＝12(cm^2)

9 **(1)174.24　(2)9**

解き方 (1)下の図の周囲(しゅうい)の直角三角形はすべて相似(そうじ)で，3 辺の比が 3：4：5 になる。

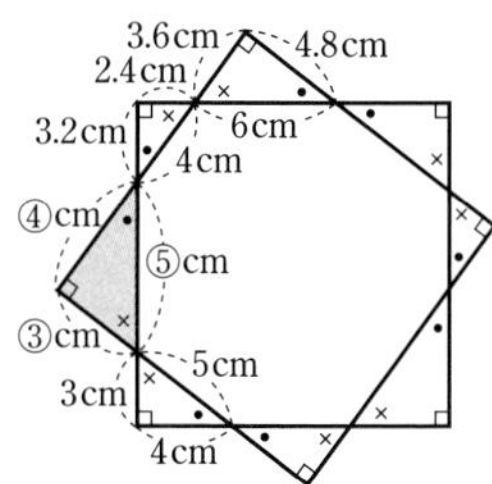

図の色の部分の直角三角形のいちばん短い辺の長さを③cmとすると，正方形の1 辺の長さは

3.6＋4＋④＝3.2＋⑤＋3

これより，①＝1.4(cm)となるので

3.6＋4＋1.4×4＝13.2(cm)

よって　13.2×13.2＝174.24(cm^2)

(2)図形の式で考える。

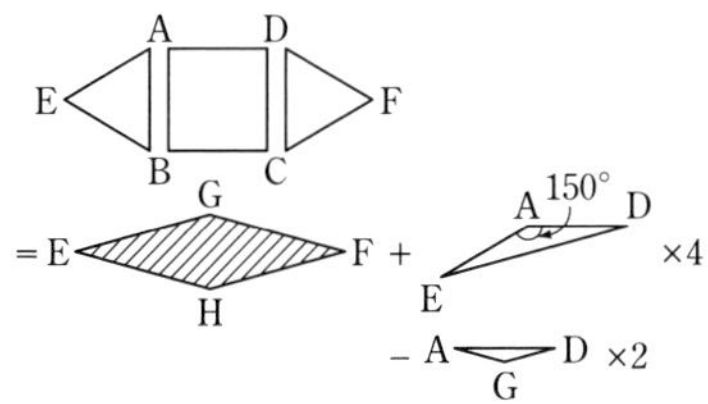

これより

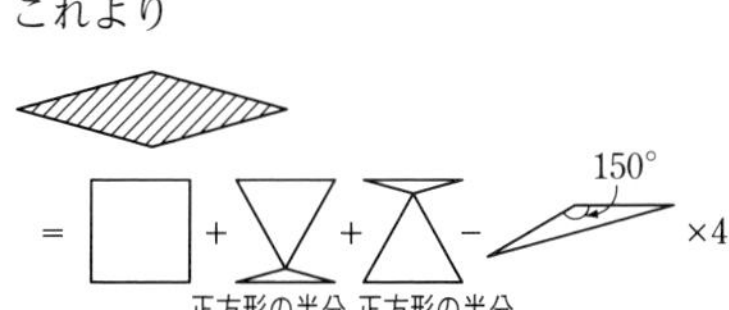

よって，四角形EHFGの面積は

3×3＋3×3÷2×2－3×(3÷2)÷2×4

＝9(cm^2)

10 **232cm^2**

解き方 各段でくり抜かれる立方体を■で表し，各段の間で立方体どうしが接(せっ)している部分(のりしろ)を●で表すと，下の図のようになる。

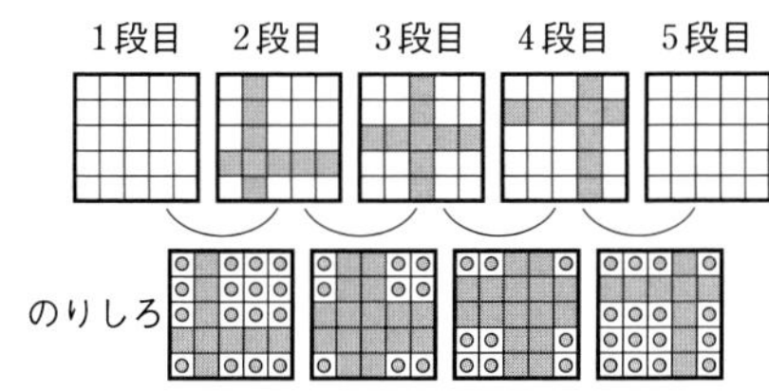

各段の表面積(底面積と側面積の和)を合計し，のりしろの面積の和の 2 倍をひく。

1，5 段目の表面積の和

(5×5×2＋1×5×4)×2＝140(cm^2)

2，3，4 段目の表面積の和

{(5×5－9)×2＋1×1×32}×3＝192(cm^2)

のりしろの面積の和

1×1×(16＋9＋9＋16)＝50(cm^2)

よって　140＋192－50×2＝232(cm^2)

第3章 体積・容積

練習 128 **容積(ようせき)㋐…1120cm³**
㋑…1177.5cm³
体積㋐…680cm³　㋑…631.14cm³

解き方 ㋐容積は
$(12-2)\times(10-2)\times(15-1)=1120(\text{cm}^3)$
体積は　$12\times10\times15-1120=680(\text{cm}^3)$
㋑容積は
$5\times5\times3.14\times(16-1)=1177.5(\text{cm}^3)$
体積は
$6\times6\times3.14\times16-1177.5=631.14(\text{cm}^3)$

練習 129 **(1)354.4cm³　(2)18575cm³**

解き方 (1)$(6\times8-2\times2\times3.14)\times10$
$=354.4(\text{cm}^3)$
(2)$(30\times30\div2-5\times5\times3.14)\times50$
$=18575(\text{cm}^3)$

練習 130 **(1)275t　(2)70cm**

解き方 (1)水 1m³ の重さは 1t だから
$(0.8+1.4)\times25\div2\times10=275(\text{t})$
(2)プールのいちばん浅い所まで水がきたときの水量は
$(1.8-1.2)\times25\div2\times10=75(\text{t})$
8 時間後の水量は　$12.5\times8=100(\text{t})$
いちばん浅い所での深さは
$(100-75)\div(25\times10)=0.1(\text{m})$
よって，いちばん深い所での深さは
$0.1+0.6=0.7(\text{m})$

練習 131 **(1)1：2　(2)7cm**

解き方 (1)右の図の三角形PQR，三角形POR，三角形ORSの面積は等しいから，Bの底面積はAの底面積の 2 倍。

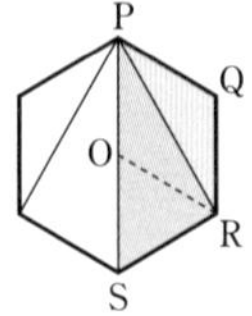

(2)Aの底面積をSとすると，DはS，B，Cは2×Sとなるので，水の体積は
$16\times S+8\times2\times S+4\times2\times S+2\times S$
$=42\times S$
仕切り板を取り除(のぞ)くと底面積は 6×S だから，水の深さは
$(42\times S)\div(6\times S)=7(\text{cm})$
〔別解〕AとDは底面積が同じで，高さは16cmと2cmなので，AとDだけ考えると，高さは　$(16+2)\div2=9(\text{cm})$
A+DとBとCは底面積が同じで，高さは 9cm，8cm，4cm なので，仕切りを取り除くと，高さは
$(9+8+4)\div3=7(\text{cm})$

練習 132 **4.8cm**

解き方 高さの比(ひ)が 2：3 だから，大きい部分と小さい部分の底面積の比は 3：2 である。仕切りを取ったときの高さは
$\dfrac{3\times4+2\times6}{3+2}=4.8(\text{cm})$

練習 133 **(1)7200cm³　(2)15cm**
(3)2160cm³

解き方 (1) $16\times18\times25=7200(\text{cm}^3)$
(2) $7200\div(16\times30)=15(\text{cm})$
(3)石を入れないときのBの水量はAと同じだから，深さは
$7200\div(20\times36)=10(\text{cm})$
石を沈(しず)めると $13-10=3(\text{cm})$ だけ水面が上がるので，石の体積は
$20\times36\times3=2160(\text{cm}^3)$

練習 134 **62.8**

解き方 直方体の容積は
$2.5\times7.5\times12.5(\text{cm}^3)$
水の体積は
$2.5\times2.5\times3.14\times10\times\dfrac{3}{4}(\text{cm}^3)$
求める割合(わりあい)は
$\left(2.5\times2.5\times3.14\times10\times\dfrac{3}{4}\right)$
$\div(2.5\times7.5\times12.5)\times100$

$=\dfrac{2.5\times2.5\times3.14\times7.5}{2.5\times7.5\times12.5}\times100$

$=3.14\times20$

$=62.8(\%)$

練習 135　477.28cm^3

解き方　右のような立体が4つ集まった形。つまり直径$(40-36)\div2=2(\text{cm})$，高さ$(40+36)\times2=152(\text{cm})$の円柱の体積に等しい。

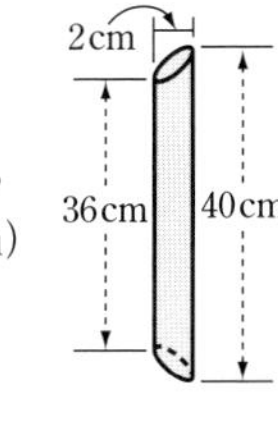

$1\times1\times3.14\times152$

$=477.28(\text{cm}^3)$

練習 136　(1)$13\frac{1}{3}$cm　(2)$2\frac{2}{9}$cm

解き方　(1)CFは共通で水量が同じだから，図の2つの台形BCHT，KCASの面積は等しい。

三角形ATH，BSKの面積も等しい。

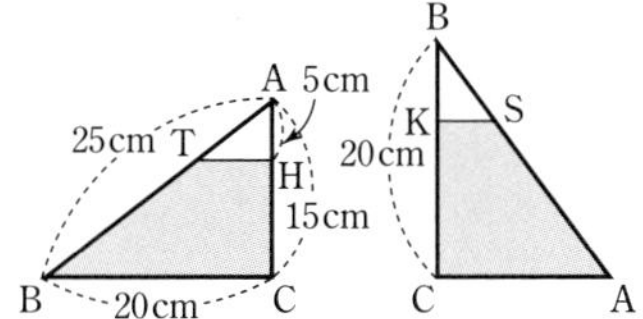

AH：AC＝1：3より，三角形ATHの面積は三角形ABCの$\frac{1}{9}$で，三角形BSKの面積に等しい。

BK：BC＝1：3より

$\text{KC}=20\times\frac{2}{3}=\frac{40}{3}=13\frac{1}{3}(\text{cm})$

(2)三角形ABGの面積は，三角形ATHの面積に等しく，三角形ABCの面積の$\frac{1}{9}$だから

BG：BC＝1：9

よって　$\text{BG}=\text{BC}\times\frac{1}{9}=\frac{20}{9}=2\frac{2}{9}(\text{cm})$

練習 137　(1)10cm　(2)50cm^2　(3)1570cm^3

解き方　(1)次のように分割(ぶんかつ)すると，色の線の部分の長さは等しい。

よって，差は　$5\times2=10(\text{cm})$

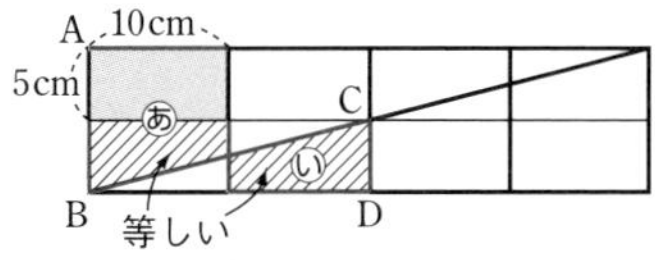

(2)上の図の斜線(しゃせん)部分の面積は等しい。

よって，差は　$5\times10=50(\text{cm}^2)$

(3)上の図の斜線部分を回転したあとの体積は等しい。差は底面の半径10cm，高さ5cmの円柱の体積だから

$10\times10\times3.14\times5=1570(\text{cm}^3)$

練習 138　3840cm^3

解き方　右のように，長方形と直角二等辺三角形に分ける。

水の体積は

$(22+10)\times12\div2\times20$

$=3840(\text{cm}^3)$

練習 139　(1)56.52cm^3　(2)1：3

解き方　(1) $3\times3\times3.14\times6\times\frac{1}{3}$

$=56.52(\text{cm}^3)$

(2)$a=3\times3\times3.14\times6\times\frac{1}{3}$

$b=6\times6\times3.14\times6\times\frac{1}{3}-a$

$=27\times3.14\times6\times\frac{1}{3}$

より　$a:b=9:27=1:3$

〔別解〕ABの真ん中の点をMとし，三角形AMDをABを軸(じく)として1回転してできる立体の体積を$c\,\text{cm}^3$とすると

$a=c\times2$

$b=c\times2\times2\times2-c\times2=c\times6$

よって　$a:b=2:6=1:3$

練習 140 (1)**5626cm²** (2)**8分** (3)**33cm**

解き方 (1) $30\times30\times3.14+60\times80-50\times40$
$=5626(\text{cm}^2)$
(2) $5626\times20\div14000=8.03\cdots$(分)→ 8 分
(3) 7 分間ではいる水量は
$14000\times7=98000(\text{cm}^3)$
よって，深さは
$20+98000\div(30\times30\times3.14+60\times80)$
$=32.8\cdots$(cm)→ 33cm

練習 141 ㋐…**7個** ㋑…**12個** ㋒…**8個**

解き方 ㋐を 7 個で内部の骨組をつくる。次に，㋑を 12 個(立方体の辺の数と同じ)を㋐の間に入れる。最後に，㋒を 8 個(立方体の頂点の数と同じ)を㋑の間に入れる。

練習 142 **136cm³**

解き方 問題の図の縦の点線に沿って 3 つに切り，両はしの立体をくっつけると，正四角すいと三角柱ができる。
$8\times8\times3\times\frac{1}{3}+8\times3\div2\times6=136(\text{cm}^3)$

力だめしの問題

❶ (1)**7.065** (2)**706.5** (3)**2.826** (4)**21195**

解き方 (1) $150\times150\times3.14=70650(\text{m}^2)$
$70650\text{m}^2=7.065\text{ha}$
(2) 0.15km の$\frac{1}{1000}$は 15cm だから
$15\times15\times3.14=706.5(\text{cm}^2)$
〔別解〕 $70650\text{m}^2=706500000\text{cm}^2$
この面積の$\frac{1}{1000000}$なので　706.5cm^2
(3) $0.15\times2\times3.14\div\frac{20}{60}=2.826$(分)
(4) $70650\div5\times1.5=21195(\text{m}^3)$
$=21195$(kL)

❷ (1)**468cm²** (2)**288cm³**

解き方 (1)正面から見える長方形の面積は
$10\times6=60(\text{cm}^2)$
正面から見て 2 枚目の板で，正面の方を向いている面の面積は
$(10-1)\times6=54(\text{cm}^2)$
真横から見える部分の面積は，重なりに気をつけて
$(10-1)\times2\times2+1\times12=48(\text{cm}^2)$
真上から見える長方形の面積は
$6\times12=72(\text{cm}^2)$
よって，求める表面積は
$(60+54+48+72)\times2=234\times2$
$=468(\text{cm}^2)$
(2) $48\times6=288(\text{cm}^3)$

❸ (1)**60cm** (2)**75cm**

解き方 (1)AとBの面積比は 1：3 で，Aからけずられる土の量は，Bにうめられる土の量に等しい。Aがけずられる高さとBがかさ上げされる高さの比は　3：1
今Aは 80cm 高いから，
$80\times\frac{3}{4}=60$(cm)
けずればよい。
(2) $1\times\frac{3}{4}=0.75$(m)→ 75cm

❹ (1)**0.9L** (2)**10分40秒**

解き方 (1)水深 7cm のときの水量は
$\left\{\left(7\times\frac{20}{15}+12\right)+12\right\}\times7\div2\times18$
$=2100(\text{cm}^3)$→ 2.1L
2 分 20 秒$=2\frac{1}{3}$分$=\frac{7}{3}$分
$2.1\div\frac{7}{3}=0.9$(L)
(2)満水のときの水量は
$(25\times32-20\times15\div2)\times18$
$=11700(\text{cm}^3)$
それまでにかかる時間は

$11700 \div 900 = 13$(分)

$13 - 2\frac{1}{3} = 10\frac{2}{3}$(分)＝10 分 40 秒

5 **(1)18　(2)602.88**

解き方 (1)Aの底面積＝$(6\times6\times3.14)\text{cm}^2$

Bの底面積＝$(4\times4\times3.14)\text{cm}^2$

(Aの底面積)：(AとBの底面積の和)

＝9：13

求める高さは　$26\times\frac{9}{13}=18$(cm)

〔別解〕容器Aに入れた水の量を，容器Aと容器Bの底面積の和でわって

$$\frac{6\times6\times3.14\times26}{6\times6\times3.14+4\times4\times3.14}$$

$$=\frac{36\times26\times3.14}{(36+16)\times3.14}$$

$$=\frac{36\times26}{52}=\frac{36}{2}=18\text{(cm)}$$

(2)入れる水量はBの容器の深さ分の体積に等しい。

$30-18=12$(cm)

$4\times4\times3.14\times12=602.88(\text{cm}^3)$

6 **(1)4：5　(2)$133\frac{1}{3}\text{cm}^3$　(3)$333\frac{1}{3}\text{cm}^3$**

解き方 (1)OQ：OA＝2：3 だから，三角形OPQとOBAの面積の比は

(2×2)：(3×3)＝4：9

求める面積の比は　4：(9－4)＝4：5

(2)三角すいO－PQDとO－BADは，三角形OPQと三角形OBAを底面と考えると高さが等しいから，体積比は底面積の比に等しい。

三角すいO－PQDの体積

＝三角すいO－BADの体積×$\frac{4}{9}$

＝四角すいO－ABCDの体積×$\frac{1}{2}\times\frac{4}{9}$

$=600\times\frac{2}{9}=\frac{400}{3}=133\frac{1}{3}(\text{cm}^3)$

(3)PQ：CD＝2：3 より

(三角形PQDの面積)：(台形PQDCの面積)＝2：5

2つの角すいの高さは等しいから，

四角すいO－QPCDの体積は

$\frac{400}{3}\times\frac{5}{2}=\frac{1000}{3}=333\frac{1}{3}(\text{cm}^3)$

7 **9.6cm**

解き方 底面の半径の比が 6：8＝3：4 より，底面積の比は

(3×3)：(4×4)＝9：16

同じ量の水を入れたとき深さの比は 16：9 で，Aにいっぱい入れた水はBに移すとBの$\frac{9}{16}$までくる。$\frac{2}{3}$と$\frac{9}{16}$の差が 1cm だから，容器の深さは

$1\div\left(\frac{2}{3}-\frac{9}{16}\right)=9\frac{3}{5}=9.6$(cm)

8 **(1)15cm　(2)5cm**

解き方 (1)AとCの底面積の比が 5：2 より，A，Cに等しい量の水を入れると深さの比は 2：5 になる。Cの深さの$\frac{2}{5}$がAの深さで，AとCが同じ深さになるから，

$1-\frac{2}{5}=\frac{3}{5}$

が 9cm にあたり，水の深さは

$9\div\frac{3}{5}=15$(cm)

(2)BとCの底面積の比は 3：2 で，等しい量の水を入れると深さの比は 2：3 となるので，BにはCの深さ 15cm の$\frac{2}{3}$の 10cm 分はいったことになる。

初めの水の深さは

$15-10=5$(cm)

9 **615.44cm³**

解き方 次ページの図のように，影の部分の図形を移動させることにより，色の部分の図形を回転させた立体の体積を求めることになる。

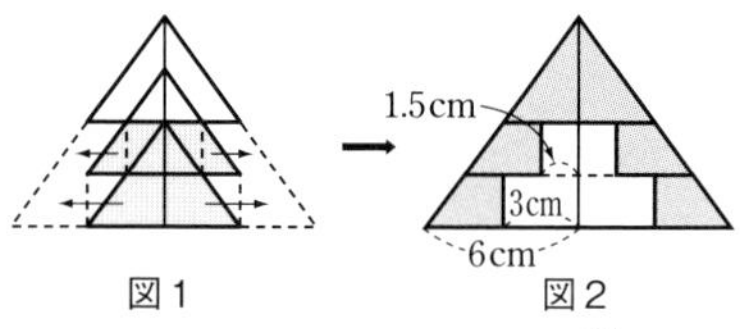

これは，円すいから円柱を2つ除いた立体の体積を2倍すればよい。

$\left(8\times8\times3.14\times6\times\frac{1}{3}-4\times4\times3.14\times1.5-2\times2\times3.14\times1.5\right)\times2$

$=196\times3.14=615.44(\text{cm}^3)$

⑩ (1)240cm³ (2)3個，424cm³

解き方 (1)用いる板と枚数の組み合わせは，下の表のA～Gの7通り。

	①	②	③	④	⑤	⑥
A	2	4				
B	2					4
C		4	2			
D			2	4		
E				4	2	
F					2	4
G		2		2		2

Gの直方体2個で長方形の板を使い切ると，他の直方体はつくれない。

よって　$4\times5\times6\times2=240(\text{cm}^3)$

(2)E，F，Cの3個の直方体をつくるとき。

$6\times6\times5+6\times6\times4+5\times5\times4$

$=424(\text{cm}^3)$

⑪ (1)

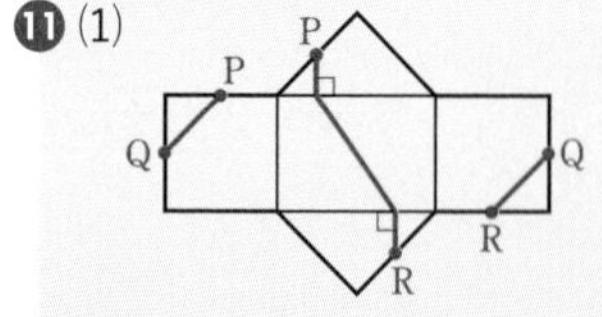

(2)21cm² (3)5：7

解き方 (1)見取り図は右の図のようになる。

これを展開図にすると，答えのようになる。

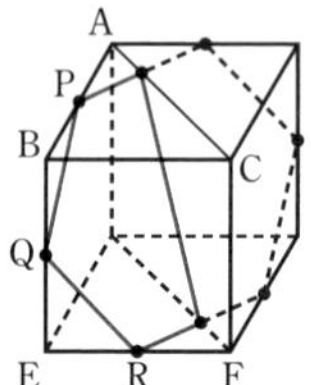

(2)切断面の面積は1辺が4cmの正六角形の面積の半分になる。

よって　$\frac{7}{16}\times4\times4\times6\div2=21(\text{cm}^2)$

(3)(イ)の部分の立体は右の図の色の部分の立体になる。立体Xの体積は三角柱の体積の半分になる。

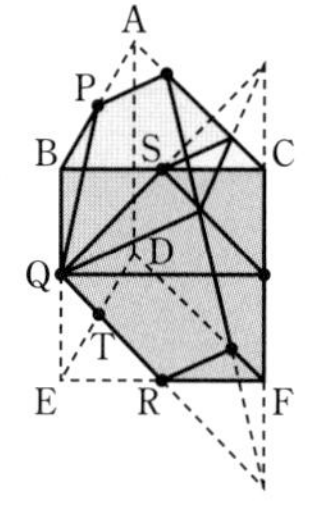

三角柱の高さを□cmとすると，立体Xの体積は

$8\times4\div2\times\square\div2=8\times\square(\text{cm}^3)$

(イ)の立体は三角すい台2つとなる。

三角すい1個の底面積が

$4\times4\div2=8(\text{cm}^2)$

なので，体積は

$8\times\square\times\frac{1}{3}\times\frac{8-1}{8}\times2=\frac{14}{3}\times\square(\text{cm}^3)$

よって

(ア)：(イ)$=\left(8\times\square-\frac{14}{3}\times\square\right):\left(\frac{14}{3}\times\square\right)$

$=\left(\frac{10}{3}\times\square\right):\left(\frac{14}{3}\times\square\right)$

$=5:7$

⑫ 55cm²

解き方 右の図の3点を通る平面で切断すると考える。

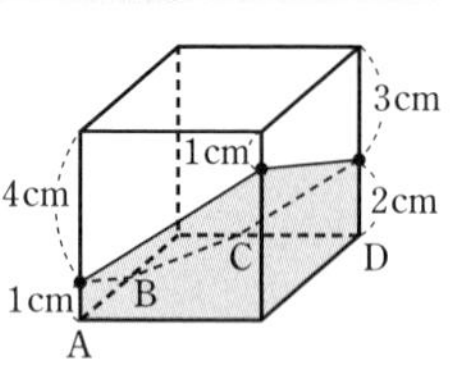

手前から奥に向かっては，3−1＝2(cm)下がると5cm進むので，1cm下がると$\frac{5}{2}$cm進むから

$\text{AB}=\frac{5}{2}\times1=\frac{5}{2}(\text{cm})$

右から左に向かっては，4−1＝3(cm)下がると5cm進むので，1cm下がると$\frac{5}{3}$cm進むから

$\text{CD}=\frac{5}{3}\times2=\frac{10}{3}(\text{cm})$

よって

$(1+4)\times5\div2+(2+4)\times5\div2$

$+\frac{10}{3}\times2\div2+\frac{5}{2}\times1\div2+5\times5$

$-\frac{5}{2}\times\frac{5}{3}\div2$

$=\frac{25}{2}+15+\frac{10}{3}+\frac{5}{4}+25-\frac{25}{12}$

$=40+\frac{150}{12}+\frac{40}{12}+\frac{15}{12}-\frac{25}{12}$

$=40+\frac{180}{12}=40+15$

$=55(\text{cm}^2)$

⓭ ア…$\frac{3}{7}$　イ…$\frac{3}{7}$　ウ…800　エ…17

解き方 アについて

右側の底面積は $16\times15=240(\text{cm}^2)$ なので，右側の初めの水面の高さは

$1440\div240=6(\text{cm})$

直方体Aの底面積は $4\times4=16(\text{cm}^2)$ なので，直方体Aを立てたあとの水面の高さは

$1440\div(240-16)=\frac{1440}{224}=\frac{45}{7}$

$=6\frac{3}{7}(\text{cm})$

よって　$6\frac{3}{7}-6=\frac{3}{7}(\text{cm})$

イについて

$4\times4\times6=96(\text{cm}^3)$ 食塩水が増(ふ)えたのと同じことになるので

$96\div(240-16)=\frac{96}{224}=\frac{3}{7}(\text{cm})$

ウについて

6個全部が完全に沈(しず)むと考えると，水面の高さは

$6+16\times8\times6\div240=9.2(\text{cm})$

Aの高さである8cmより大きいのでこの考え方は正しい。

左側の水面の高さは $9.2-4.2=5(\text{cm})$ なので，左側に初めにはいっていた食塩水の量は

$10\times16\times5$

$=800(\text{cm}^3)$

エについて

左側に流れこむ食塩水の量は

$16\times8\times10-240\times(10-6)=320(\text{cm}^3)$

$320:800=2:5$ なので

$15+(15-10)\times\frac{2}{5}=17(\%)$

⓮ (1)$4\frac{5}{6}$cm　(2)2.45cm
(3)2.1cm

解き方 (1)容器の底面積は

$4\times6=24(\text{cm}^2)$

くり抜(ぬ)いた立方体の体積は，20cm^3 なので

$(24\times4+20)\div24=\frac{29}{6}=4\frac{5}{6}(\text{cm})$

(2)最初，容器の中にはいっている水の量は

$24\times1.8=43.2(\text{cm}^3)$

空の容器の中に立体を置く。そこにこの量の水を入れたときの水面の高さを求めればよい。

水面の高さが2cmのときの水の量は

$(24-1\times8)\times1+(24-1\times4)\times1$

$=36(\text{cm}^3)$

よって，水面は2cmより高くなり，$(43.2-36)\div(24-8)=0.45$ なので，水面の高さは

$2+0.45=2.45(\text{cm})$

(3)立体の下段(だん)または上段が沈むとき，立体の底面積は

8cm^2 である。立体と容器の底面積の比は　$8:24=1:3$

よって，沈めたあとの水面から見て，沈んだ立体の長さと上がった水面の高さの比は3：1となる。

同様に，立体の中段が沈むとき，底面積の比が $4:24=1:6$ より，沈めたあとの

水面から見て，沈んだ立体の高さと上がった水面の高さの比は 6：1 となる。
下段と中段を沈めても，
$\frac{1}{3}+\frac{1}{6}=\frac{1}{2}=0.5$(cm) しか水面は上がらない。あと，0.8－0.5＝0.3(cm) だけ水面を上げるとき，上段は
0.3×3＝0.9(cm) まで沈むから，沈めたあとの水面の高さは
1＋1＋0.9＝2.9(cm)
よって，沈める前の水面の高さは
2.9－0.8＝2.1(cm)

〔別解〕⑴容器の底面積は
4×6＝24(cm^2)
よって，立体の体積 1cm^3 分が水面に沈んだとき，水面の高さは沈める前より $\frac{1}{24}$cmだけ上がる。
沈める立体は，1 辺の長さが 1cm の立方体を，下段に 8 個，中段に 4 個，上段に 8 個並べたもので，体積は 20cm^3 である。
沈める前の水面の高さが 4cm なので，立体は完全に沈むから，水面が上がるのは
$\frac{1}{24}\times20=\frac{20}{24}=\frac{5}{6}$(cm)
よって，水面の高さは　$4+\frac{5}{6}=4\frac{5}{6}$(cm)

⑵沈める前の水面の高さが 1.8cm なので，まず，立体の下段だけ沈めると，下段の体積は 8cm^3 なので，水面が上がるのは
$\frac{1}{24}\times8=\frac{1}{3}$(cm)
このとき，水面の高さは 2cm をこえるので，中段まで沈めると，中段の体積は 4cm^3 なので，水面が上がるのは
$\frac{1}{24}\times4=\frac{1}{6}$(cm)
このとき，水面の高さは
$1.8+\frac{1}{3}+\frac{1}{6}=1.8+\frac{1}{2}=1.8+0.5$
＝2.3(cm)
立体の底から容器の底までの長さは
2.3－2＝0.3(cm)
立体の上段が 0.3cm 沈むと，上段の底面積は 8cm^2 なので，水面が上がるのは
8×0.3÷(24－8)＝0.15(cm)
よって，水面の高さは
2.3＋0.15＝2.45(cm)

⑶水面の高さが 0.8cm 上がったので，沈んだ立体の体積は
$0.8\div\frac{1}{24}=0.8\times24=19.2$($cm^3$)
下段と中段で 12cm^3 で，上段の底面積は 8cm^2 なので，上段が沈んでいるのは
(19.2－12)÷8＝0.9(cm)
よって，立体は下から 2.9cm の所まで沈んでいるから，沈める前の水面の高さは，
2.9－0.8＝2.1(cm)

⓯ ⑴CD＝15cm，AH＝16cm
⑵12cm

解き方 ⑴水槽(すいそう)全体に 10cm まで水がはいるのは 165 秒後で，水量は
20×165＝3300(cm^3)
2 枚目の仕切りの面積は
10×10＝100(cm^2)
よって，AD の長さは
3300÷100＝33(cm)
2 つ目の仕切りまで水の深さが 8cm になるのは 72 秒後で，水量は
20×72＝1440(cm^3)
仕切りの面積は　8×10＝80(cm^2)
AC の長さは　1440÷80＝18(cm)
CD＝33－18＝15(cm)
満水時の水量は　20×264＝5280(cm^3)
水槽の底面積は　33×10＝330(cm^2)
AH＝5280÷330＝16(cm)

⑵流れ出る水は㋐＋㋑＋㋒の部分で

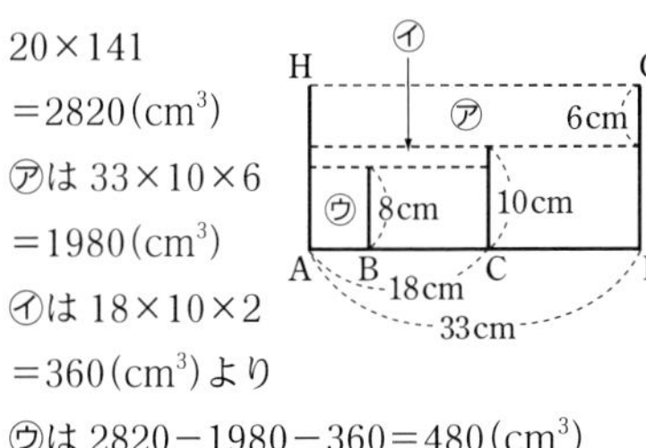

20×141

$=2820(\text{cm}^3)$

㋐は $33\times10\times6$

$=1980(\text{cm}^3)$

㋑は $18\times10\times2$

$=360(\text{cm}^3)$ より

㋒は $2820-1980-360=480(\text{cm}^3)$

$\text{AB}=480\div80=6(\text{cm})$

$\text{BC}=18-6=12(\text{cm})$

⓰ ⑴6.28cm³　⑵18.055cm³

解き方 ⑴ 12 秒後の共通部分の立体は，右の図のようになる。

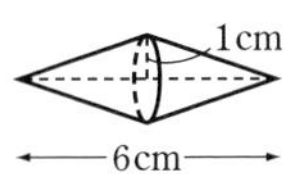

よって，体積は

$1\times1\times3.14\times3\times\frac{1}{3}\times2=6.28(\text{cm}^3)$

⑵ 18 秒後は次のようになる。

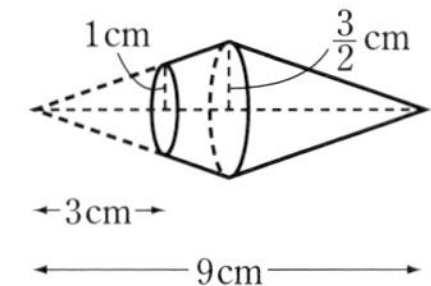

$3\div2=\frac{3}{2}$

$\frac{3}{2}\times\frac{3}{2}\times3.14\times\frac{9}{2}\times\frac{1}{3}\times2$

$-1\times1\times3.14\times3\times\frac{1}{3}$

$=18.055(\text{cm}^3)$

⓱ ⑴30cm，毎分0.6L
⑵①…11　②…8：45　⑶25.5cm

解き方 ⑴Aは 10 分で満水になるから，Aの横の長さは

$1500\times10\div15\div100=10(\text{cm})$

よって，Bの横の長さは

$60-(10+20)=30(\text{cm})$

Cは 40 分で満水になるから，Cに 1 分間にはいる水の量は

$100\times20\times30\div40=1500(\text{cm}^3/分)$

よって，Bの穴（あな）から 1 分間に出る水の量は

$1500\times\frac{2}{5}=600(\text{cm}^3/分)$ → 0.6L/分

⑵ 8 時 20 分から 8 時 40 分は，Aから水がはいり穴から水が出るので，8 時 20 分から 20 分間で増える水の深さは

$(1500-600)\times(40-20)\div(100\times30)$

$=6(\text{cm})$

よって，①は　$5+6=11(\text{cm})$

8 時 40 分からはCからも水がはいるようになるので，深さが 11cm から 15cm になるのにかかる時間は

$100\times30\times(15-11)\div(1500\times2-600)$

$=5(分)$

よって，②は

8 時 40 分＋5 分＝8 時 45 分→ 8：45

⑶Bを閉（と）じるのは

8 時 40 分＋10 分＝8 時 50 分

9 時－8 時 50 分＝10 分間

よって，8 時 45 分から 9 時までに増える水の量は

$(1500\times2-600)\times(50-45)$

$+1500\times2\times10$

$=42000(\text{cm}^3)$

増える深さは

$42000\div\{100\times(60-20)\}=10.5(\text{cm})$

よって　$15+10.5=25.5(\text{cm})$

⓲ ①…150　②…2000

解き方 ① $15\times20\div2=150(\text{cm}^2)$

②三角柱 2 つに分けて求める。

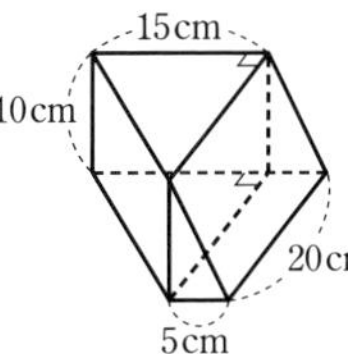

$15\times20\div2\times10$

$+5\times10\div2\times20$

$=2000(\text{cm}^3)$

チャレンジ問題

1 (1)**36cm³**　(2)**56.52cm³**
(3)**14.13cm³**

解き方 (1)右の図で，三角形AODと三角形BOCはどちらも直角三角形で，OD＝OC，AD＝BCだから，この２つの三角形は合同であり

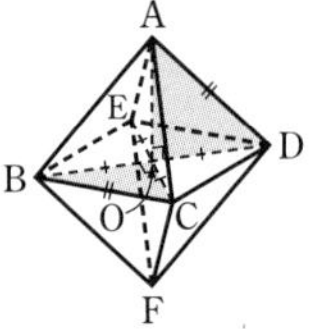

AO＝BO＝6÷2＝3(cm)
また，四角形BCDEは対角線の長さが6cmの正方形で，面積は
6×6÷2＝18(cm²)
四角すいA-BCDEと四角すいF-BCDEの体積はどちらも，
18×3÷3＝18(cm³)
なので，この立体の体積は
18×2＝36(cm³)

(2)立体ABCDEFを点B側から見ると，右の図のようになる。よって，AFを軸として四角形AEFCを回転すると，底面の半径が3cmで高さが3cmの円すいを２つ合わせた形の立体ができるので，その体積は

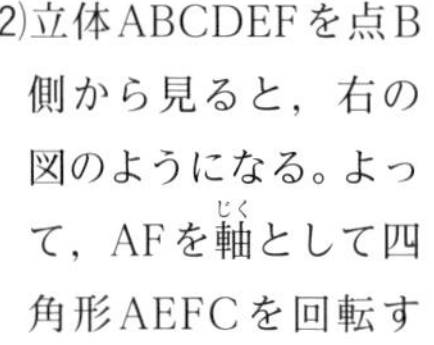

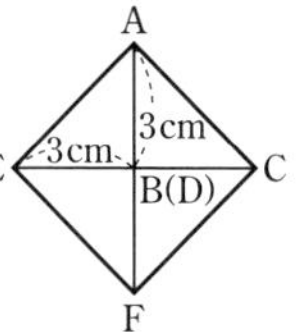

(3×3×3.14×3÷3)×2＝56.52(cm³)

(3)立体ABCDEFを真上から見ると，右の図のようになる。そして，AFを軸として立体ABCDEFを回転すると，三角形ABCはAB(AC)によってできる円すいとAGによってできる円すいの間の部分を通る。つまり，右の図のようになる。ここで，OGの長さを□cmとすると，□×□の値(あたい)は正方形BCDEの面積の$\frac{1}{4}$になるから

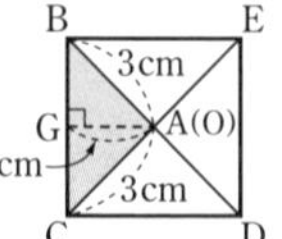

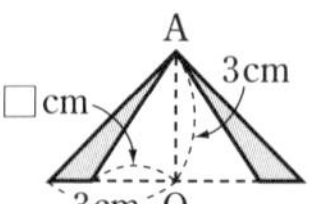

□×□＝18×$\frac{1}{4}$＝4.5(cm²)
よって，この立体の体積は
3×3×3.14×3÷3
　－□×□×3.14×3÷3
＝9×3.14－4.5×3.14
＝(9－4.5)×3.14
＝4.5×3.14＝14.13(cm³)

2 (1)**37cm**
(2)**表面積…154cm²**　**体積…488cm³**

解き方 (1)もとの直方体の縦(たて)，横，高さをそれぞれ$x$cm，$y$cm，$z$cmとする。

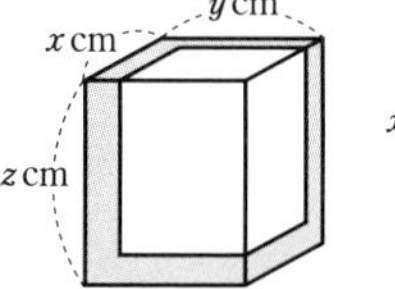

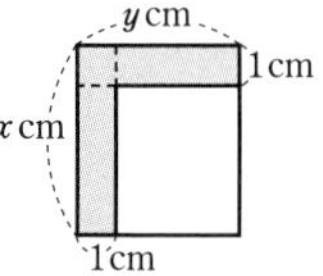

減(へ)った表面積は142cm²なので
$(x+y-1)\times2+(y+z-1)\times2$
　$+(z+x-1)\times2=142$
これより　$(x+y+z)\times4-6=142$
よって　$x+y+z=37$(cm)

(2)増(ふ)えた表面積は
$(x+y+1)\times2+(y+z+1)\times2$
　$+(z+x+1)\times2$
$=(x+y+z)\times4+6$
$=37\times4+6=154$(cm²)
また，もとの直方体の表面積が900cm²なので，
$(x\times y+y\times z$
$+z\times x)\times2=900$ より
$x\times y+y\times z+z\times x=450$

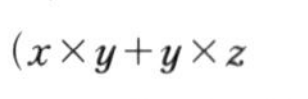

よって，増えた体積は
$(x\times y+y\times z+z\times x)+(x+y+z)+1$
$=450+37+1=488$(cm³)

〔別解〕(1)もとの直方体から，縦，横，高さを1cmずつ切ってできる8個の立体を，下の図のようにア～クとする。

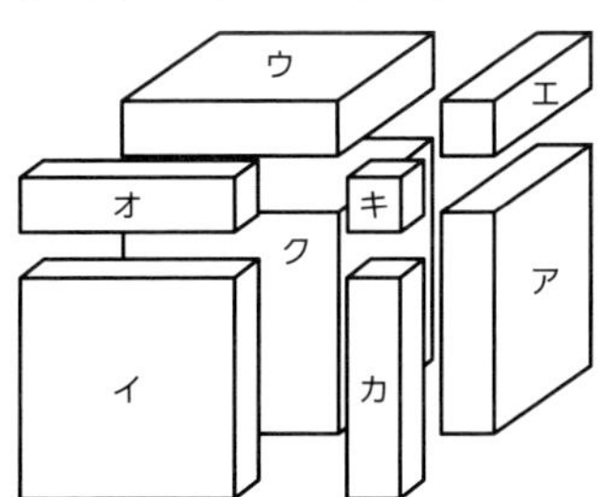

表面積が減った部分を移動して，**エ**，**オ**，**カ**に集めると，ちょうどこの3つの立体の表面積の和だけ減ったことがわかる。

もとの直方体の縦，横，高さの合計を□cmとすると，**エ**の縦の長さ，**オ**の横の長さ，**カ**の高さは，もとの直方体より1cmずつ短いので，和は(□−3)cmとなり，減った表面積が142cm^2なので，

1×(□−3)×4+1×1×6=142

(□−3)×4=136

□−3=34

よって　□=37(cm)

(2)上の図で，**ク**をもとの直方体と考える。

縦，横，高さを1cmずつ長くしたときに増える表面積は，**エ**，**オ**，**カ**の表面積の和に等しいから

1×37×4+1×1×6=148+6

$=154(\text{cm}^2)$

体積は，**ア**～**キ**の立体の体積の和だけ増える。

ア，**イ**，**ウ**について，1cmの辺を高さとすると，底面積の和はもとの直方体の表面積の半分なので，体積の和は

$(900\div2)\times1=450(\text{cm}^3)$

エ，**オ**，**カ**について，体積の和は

$1\times1\times37=37(\text{cm}^3)$

キについて，体積は　$1\times1\times1=1(\text{cm}^3)$

よって，求める体積は

$450+37+1=488(\text{cm}^3)$

3 (1)**46**　(2)**18$\frac{2}{3}$**

解き方　(1) 排水口Rを開くと，右の図の㋐，㋑部分の水が排水される。

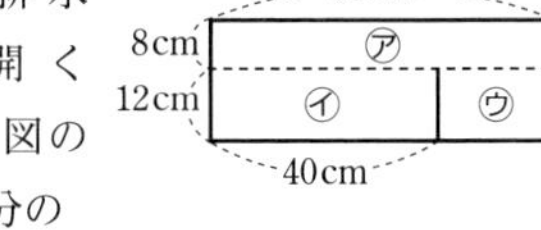

そして，㋐の部分の容積は

40×(40+20)×(20−12)

$=40\times60\times8=19200(\text{cm}^3)$

㋑の部分の容積は

$40\times40\times12=19200(\text{cm}^3)$

よって，㋐，㋑の部分の水が排水されるのにかかる時間は

(19200+19200)÷2400=16(分)

だから，㋐の時間は

62−16=46(分)

(2)

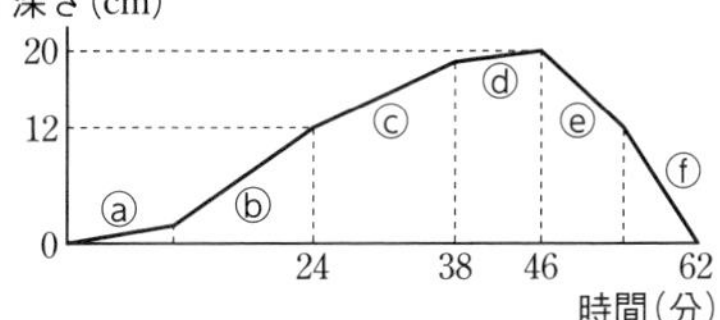

上の図のⓐ～ⓕは，次のようなときについて，Aの部分の水の深さと時間の関係を表している。

ⓐ…㋑にPだけから水がはいるとき

ⓑ…㋑にP，Qから水がはいるとき

ⓒ…㋐にP，Qから水がはいるとき

ⓓ…㋐にPだけから水がはいるとき

ⓔ…㋐の部分の水が排出されるとき

ⓕ…㋑の部分の水が排出されるとき

また，㋑，㋒の部分の容積の合計は

$40\times60\times12=28800(\text{cm}^3)$

なので，P，Qからはいる水の量の合計は，毎分$28800\div24=1200(\text{cm}^3)$とわかる。

よって，初めてAの部分の水の深さが8cmになるのは，㋑，㋒の部分がいっぱいになる時間の

$40\times40\times(12-8)\div1200=5\frac{1}{3}$(分)

前なので　$24-5\frac{1}{3}=18\frac{2}{3}$(分後)

4 (1)**56cm³**　(2)**50cm³**

(3)**11：16**

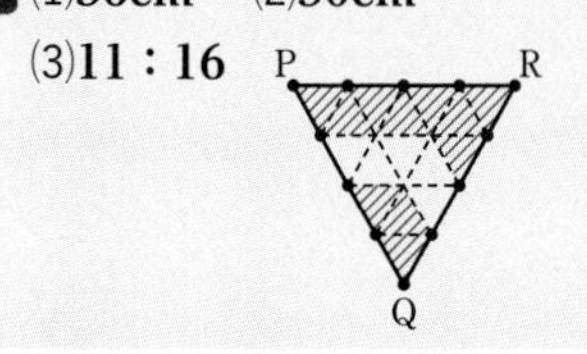

解き方 (1) $4\times4\times4-4\times2\times1=56$(cm³)

(2) $56-1\times4\times2+1\times2\times1=50$(cm³)

(3)下から1cmごとに，くり抜かれた部分▢と切り口▨を調べていくと，次のようになる。

0 cm～1 cm

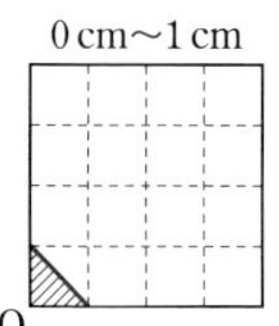

1 cm～2 cm

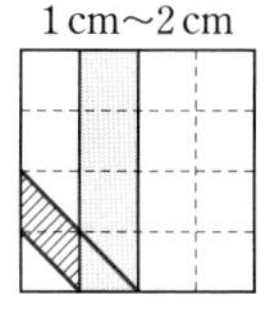

2 cm～3 cm

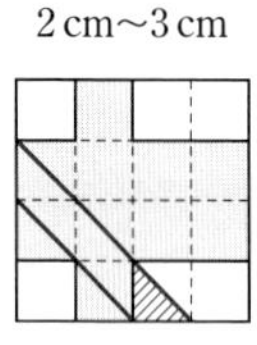

3 cm～4 cm

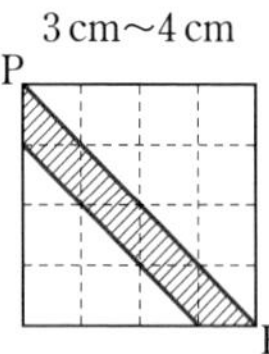

これらを合わせると，切断面は答えの図のようになる。図の小さい三角形の数を，斜線部分，三角形PQRでそれぞれ数えればよい。

斜線部分… 11 個

三角形PQR… 16 個

より　11：16

5 (1)**82cm**　(2)**368cm²**

(3)**38cm³**

解き方 (1) $2+4\times2+4\times4+6\times4+8\times4$

$=82$(cm)

(2) $10\times10\times2+1\times(2+4+6+8+10)\times4$

$+1\times(2+4+6)\times4$

$=368$(cm²)

(3)正面から見ると，右の図のようになる。斜線部分は中央に奥行き2cmの穴があいている。

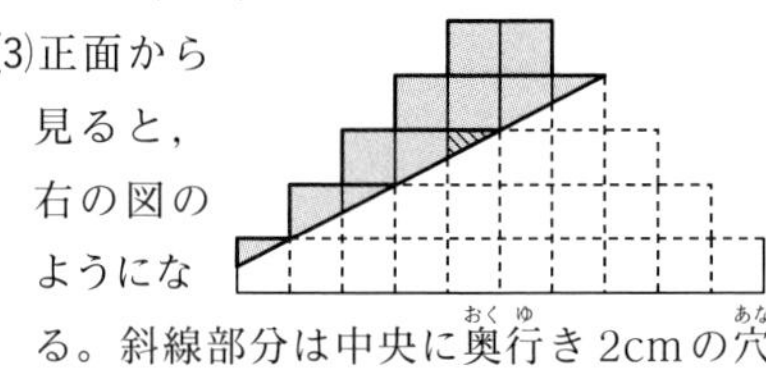

$2\times2+3\times4+2\times6+1\times8+0.25\times10$

-0.25×2

$=38$(cm³)

6 **37**

解き方 容器は，下の右のように1辺が4cmの正三角すいから1辺が3cmの正三角すいを切り取った形になる。

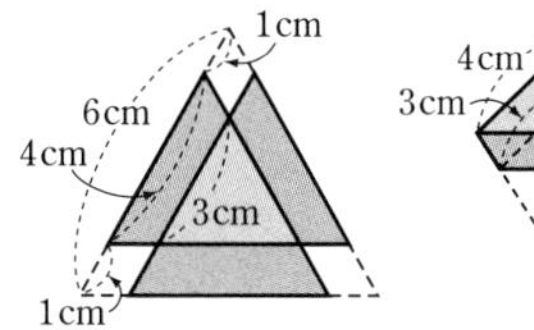

1辺が1cm，3cm，4cmの正三角すいについて

相似比　1：3：4

体積比　1：27：64

よって　$(64-27)\div1=37$(倍)

7 $3\frac{1}{6}$

解き方 切り取られる様子は右の図のようになる。

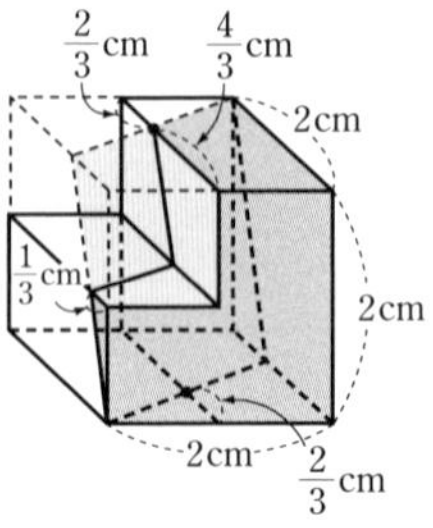

図の色の部分と影の部分を合わせた部分の体積は，立方体の体積の半分になる。

また，影の部分を2つ合わせると，正方形が底面，高さが$\frac{4}{3}+\frac{1}{3}$(cm)の直方体にな

るので

$2\times2\times2\div2-1\times1\times\left(\frac{4}{3}+\frac{1}{3}\right)\div2$

$=4-\frac{5}{6}=3\frac{1}{6}$(cm³)

8 (1)**20**　(2)**1.57**　(3)**7.85cm³**

解き方 (1)三角すいAEIH, 三角すいBEJF, 三角すいCGHJ, 三角すいDFGIの体積はすべて三角すいABCDの$\frac{1}{2}\times\frac{1}{2}\times\frac{1}{2}=\frac{1}{8}$(倍)なので, 立体Pの体積は

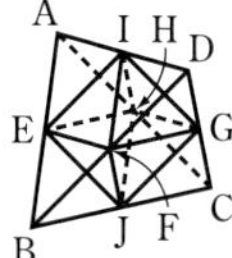

$40\times\left(1-\frac{1}{8}\times4\right)=40\times\frac{1}{2}=20$(cm³)

(2)立体Pを回転させると, EGが直径の円を底面とする円すいを2つ合わせた形になる。また, 立体Pは正方形EFGHを底面とする四角すいを2つ合わせた形と見ることができる。

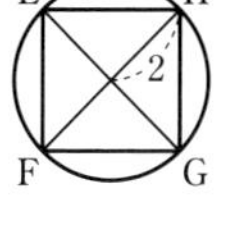

円すい, 四角すいの高さは同じなので, 底面積の比が体積の比となる。

よって, FH=4として考えると

(2×2×3.14)÷(4×4÷2)=1.57(倍)

(3)斜線部分を回転させると, 次の①から②をくり抜(ぬ)いた形になる。

①EGが直径の円を底面とする円すい

②正方形EFGHに内接(ないせつ)する円を底面とする円すい

②の底面の半径を□, FH=4とすると, 正方形EFGHの面積は

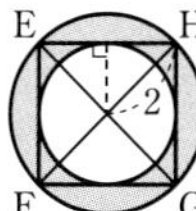

(□×2)×(□×2)

=4×4÷2=8

よって　□×□=2

①から②をくり抜いた立体の底面積は

2×2×3.14−□×□×3.14

=2×3.14

よって, 回転体と立体Pの体積の比は

(2×3.14)：(8×2)=157：400

立体Pの体積は20cm³なので

$20\times\frac{157}{400}=7.85$(cm³)

9 (1)**608cm³**　(2)**544cm³**

解き方 (1)上から穴(あな)をあけた状態(じょうたい)の体積は

(8×10−4×6)×12=672(cm³)

ここから, 正面からあけた三角形を底面とする高さが2cmの三角柱を2個取り除(のぞ)く。

672−4×8÷2×2×2=608(cm³)

(2)右からあける穴の体積は

3×10×4=120(cm³)

穴の奥行(おくゆ)きは3cmあり, そのうちの1cmは正面からあけた穴と, 残りの2cmは上からあけた穴と重なる。

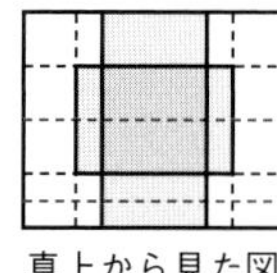
真上から見た図

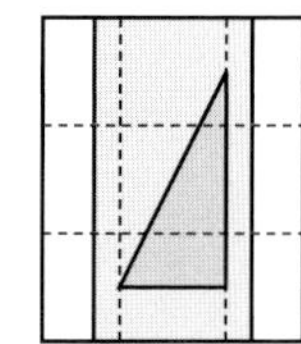
真正面から見た図

真正面から見た図の, 点線で挟(はさ)まれた部分と三角形の重なりは, 上底が1cm, 下底が3cmの台形になり, 高さは4cmである。

(1+3)×4÷2×1=8(cm³)

2×6×4=48(cm³)

よって

608−{120−(8+48)}=544(cm³)

10 **20**

解き方 正六角柱から三角すいを6つ切断(せつだん)したときに残った立体と考える。

量と測定編
第3章 体積・容積

色の部分の面積は

$3\times\frac{1}{3}=1(\text{cm}^2)$

正六角形の面積は

$3\times2=6(\text{cm}^2)$

よって

$6\times5-1\times5\times\frac{1}{3}\times6$

$=20(\text{cm}^3)$

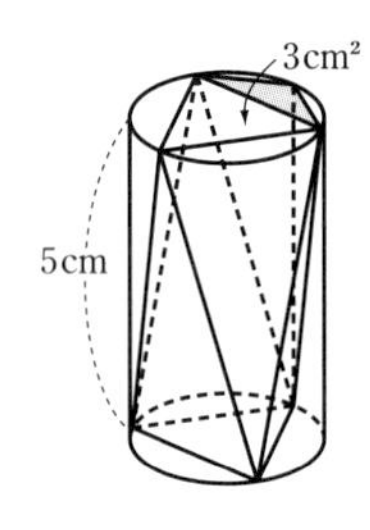

第4章 単位量あたり

練習 143　4

解き方　$7200\div4.5=1600(\text{ha})$

$1600\text{ha}=16000000\text{m}^2$

$=160000000000\text{cm}^2$

$160000000000\div(200000\times200000)$

$=4(\text{cm}^2)$

練習 144　(1)$\frac{2}{3}$　(2)15分　(3)36人

解き方　(1)全員が1時間で刈(か)り取れる広さを1とすると，Aの広さは$1+\frac{1}{2}$より，

$1\div\left(1+\frac{1}{2}\right)=\frac{2}{3}$

(2)Bの広さは　$\left(1+\frac{1}{2}\right)\times\frac{1}{2}=\frac{3}{4}$

何人かで刈った広さは$\frac{3}{4}-\frac{1}{2}=\frac{1}{4}$なので，全員で刈るとかかる時間は$\frac{1}{4}$時間，つまり15分。

(3)残って稲(いね)刈りをした人数は全体の$\frac{15}{36}=\frac{5}{12}$だから，35以上45以下で12の倍数を探すと36人。

練習 145　3時間52分30秒

解き方　24km進むのに休むのは5回。

歩いていた時間は

6時間15分−75分=300分

だから，1km歩くのに

$300\div24=12.5$(分)

15km進むのに休むのは3回だから，

$12.5\times15+15\times3=232.5$(分)

→3時間52分30秒

練習 146　A…時速10km　B…時速6km

解き方　Aさんが3周したとき，2人の差は1周と800mだから，4.8km

0.5時間で2kmの差になるから，Aさんは

3 周するのに $0.5\times\dfrac{4.8}{2}=1.2$(時間)かかり，その間に 12km 走るから時速 10km，
Bさんは $12-4.8=7.2$(km)を 1.2 時間かかるから時速 6km

練習 147　(1)(カ)　(2)(オ)

解き方 (1)球の表面積は

$4\times$半径$\times$半径$\times3.14$

$=(2\times$半径$)\times(2\times$半径$\times3.14)$

$=$直径$\times$円周$=\dfrac{\text{円周}}{3.14}\times$円周

地球の表面積の陸の部分は

$\dfrac{40000}{3.14}\times40000\times\dfrac{5}{5+12}$

$=1.49\cdots\times(1$ 億$)$

より，約 1.5 億km^2 で，1 人あたりの面積は

$1.5\div68=0.022\cdots(\text{km}^2)\rightarrow20000\text{m}^2$

(2) $20000\div(2$ を 14 回かけた数$)=1.2\cdots$

$20000\div(2$ を 15 回かけた数$)=0.6\cdots$

から，

$100\times15=1500$(年後)

練習 148　80km

解き方 目的地までの距離を 1 とすると，1 往復にかかる時間は

$\dfrac{1}{60}+\dfrac{1}{40}=\dfrac{1}{24}$(時間)

実際にかかった時間は，4 時間から休憩した 40 分をひいて，3 時間 20 分$=\dfrac{10}{3}$時間だから

$\dfrac{10}{3}\div\dfrac{1}{24}=80$(km)

練習 149　9：7

解き方 時間の比は，

5 分 36 秒：7 分 12 秒＝336：432＝7：9

速さの比は　9：7

練習 150　毎時48km

解き方 道の長さを 1 とすると

$2\div\left(\dfrac{1}{40}+\dfrac{1}{60}\right)=48$(km)

練習 151　(1)7.5分
(2)甲…毎分120m　乙…毎分80m

解き方 (1) 2 人の速さの和は

$1200\div6=200$(m/分)

2 人が毎分 20m ずつ遅くすると 2 人の速さの和は

$200-20\times2=160$(m/分)

よって，かかる時間は

$1200\div160=7.5$(分)

(2)

甲が，もとの速さで 6 分行くときと，遅い速さで 7.5 分行くときの，進んだ距離の差は 30m。

甲が遅い速さで 7.5 分行くときと，もとの速さで 7.5 分行くときの，進んだ距離の差は　$20\times7.5=150$(m)

よって，甲は$(150+30)$m を

$7.5-6=1.5$(分)で進む。

甲の速さ　$\dfrac{180}{1.5}=120$(m/分)

乙の速さ　$200-120=80$(m/分)

練習 152　(1)4：3　(2)毎分50m
(3)48分後

解き方 (1)兄が弟に追いついてからA町に帰り着くまでの時間で，

兄は $2.8+10=12.8$(km)，

弟は $12.8-3.2=9.6$(km)

歩いている。このとき，速さの比は，距離の比に等しいから

12.8：9.6＝4：3

(2)兄が $10-2.8=7.2$(km)進む時間に，

弟は $7.2\times\dfrac{3}{4}=5.4$(km)進むので，弟は，

兄が出発するまでの 36 分間で

$7.2-5.4=1.8$(km)歩く。

よって弟の速さは

$1.8\times1000\div36=50$(m/分)

⑶兄の歩く速さは　$50\times\frac{4}{3}=\frac{200}{3}$(m/分)

かかる時間は

$2800\times2\div\left(50+\frac{200}{3}\right)=48$(分)

練習 153　時速37.5km

解き方 時速30km，36kmで行くと，決められた時刻(じこく)には，それぞれ60km，12km手前にいる。

60−12＝48(km)は，時速30kmと時速36kmの差の時速6kmで，決められた時刻までに進む道のりなので，決められた時刻までは

48÷6＝8(時間)

目的地までの距離は

30×10＝300(km)

求める速さは　300÷8＝37.5(km/時)

練習 154　⑴3時$16\frac{4}{11}$分　⑵$21\frac{9}{11}$分

解き方 ⑴ $90\div(6-0.5)=\frac{90}{5.5}=16\frac{4}{11}$(分)

⑵長針(ちょうしん)が短針との差60°＋60°＝120°をつめる時間を求めればよい。

$120\div(6-0.5)=21\frac{9}{11}$(分)

〔参考〕時計算の解(と)き方は

①スタート(～時ちょうど)の角度を調べる。

②毎分0.5°の短針を，毎分6°の長針が追いかける旅人算と考える。

練習 155　24人

解き方 全員が半日でする仕事を1とすると，大きい牧場，小さい牧場の仕事量は

$1+\frac{1}{2}=\frac{3}{2}$，$\frac{3}{2}\times\frac{1}{2}=\frac{3}{4}$となる。

小さい牧場の残した分$\frac{3}{4}-\frac{1}{2}=\frac{1}{4}$を3人で午前と午後で終えたから1人あたりの仕事量は　$\frac{1}{4}\div(3\times2)=\frac{1}{24}$

求める人数は24人。

力だめしの問題

❶ 順に，87，69，19

解き方 すべて120円とすると，金額(きんがく)は

120×156＝18720(円)で，その差

23940−18720＝5220(円)は，1箱の値段(ねだん)のちがい180−120＝60(円)の分。

10個(こ)入りの箱は　5220÷60＝87(箱)

6個入りの箱は　156−87＝69(箱)

23940÷(10×87＋6×69)＝18.6…

→19(円)

❷ 油…700g　びん…800g

解き方 油1Lの重さは

(2.9−1.5)÷2＝0.7(kg)→700g

びんの重さは　1.5−0.7＝0.8(kg)→800g

❸ $7\frac{1}{2}\div1\frac{1}{4}=\frac{15}{2}\div\frac{5}{4}=6$(kg)

❹ ⑴292.5　⑵$\frac{8}{9}$

解き方 ⑴ 1Lのガソリンで走れるのは，

Aは　$52\div6=\frac{26}{3}$(km)

Bは　$39\div4=\frac{39}{4}$(km)

Aが260km走るのに必要なガソリンは

$260\div\frac{26}{3}=260\times\frac{3}{26}=30$(L)

Bが30Lのガソリンで走れるのは

$\frac{39}{4}\times30=\frac{585}{2}=292.5$(km)

⑵ 1km走るのに必要なガソリンは，

Aは$\frac{6}{52}$L，Bは$\frac{4}{39}$L

よって，消費(しょうひ)するガソリンの割合(わりあい)は

$\frac{4}{39}\div\frac{6}{52}=\frac{8}{9}$(倍)

❺ 9個

解き方 Bの個数の割合を2とみると，

Aは3

BはDの半分なので，Dは4

BとDの和は6だから，Cは5になる。つまり，

A：B：C：D＝3：2：5：4

Aの器のみかんの数は

$42\times\frac{3}{3+2+5+4}=42\times\frac{3}{14}=9$(個)

❻ (1)時速45.3km (2)時速43.2km

解き方 (1) $\frac{60+40+36}{3}=\frac{136}{3}$

$=45.33\cdots$(km/時)

(2)ある距離(きょり)を1kmとすると，かかった時間は

$\frac{1}{60}+\frac{1}{40}+\frac{1}{36}=\frac{5}{72}$(時間)

よって　$3\div\frac{5}{72}=\frac{216}{5}=43.2$(km/時)

❼ 5

解き方 本冊(ほんさつ)p.166のヒントの図より

25：5＝5：1

〔別解〕右の図より，人が25分で進む距離を，バスは30－25＝5(分)で進む。

時間の比(ひ)が5：25＝1：5だから，

速さの比は　5：1

❽ (1)すべて□ (2)150秒後

解き方 (1) 120°を1として考える。

A，B，Cの回転速度は毎秒$\frac{1}{5}$，$\frac{3}{10}$，$\frac{2}{5}$だから，50秒後には次のようになる。

Aは　$\frac{1}{5}\times50\div3=3$ あまり1より□

Bは　$\frac{3}{10}\times50\div3=5$ より□

Cは　$\frac{2}{5}\times50\div3=6$ あまり2より□

(2)Bが13回転するときの角度は

$13\times3=39$

時間は　$39\div\frac{3}{10}=130$(秒)

A，B，Cは30秒ごとにもとに戻(もど)るから，Bが13回転したあとでもとに戻るのは5回目のときで

$30\times5=150$(秒後)

❾ 1時間11分

解き方 行きは3回休んだので，歩いた時間は　$234-10\times3=204$(分)

帰りの歩いた時間は

$204\div(1-0.2)=255$(分)

$255\div50=5$ あまり5より，休みは5回だから，帰りの時間は

$255+10\times5=305$(分)

時間の差は　$305-234=71$(分)

71分＝1時間11分

❿ 6時55分

解き方 6時間でAは8分遅(おく)れ，Bは3分進むから，A，Bの示(しめ)す時刻(じこく)の速さの比は

352：363＝32：33

Bをセットしてベルが鳴るまで，Bではかると11時間，Aではかると

$11\times\frac{32}{33}=\frac{32}{3}=10\frac{2}{3}$(時間)

午後8時15分からでは

$\left(8\frac{1}{4}+10\frac{2}{3}\right)-12=6\frac{11}{12}$(時間) で

6時55分。

⓫ (1)12cm (2)14分後

解き方 (1)A，Bの長さの差は，1分間に

$(6-2)\div5=\frac{4}{5}$(cm)

初めの長さの差は$\frac{4}{5}\times10=8$(cm) だから，初めのBの長さは

$20-8=12$(cm)

(2)A，Bはそれぞれ毎分$\frac{20-2}{15}=\frac{6}{5}$(cm)，

$\frac{12-6}{15}=\frac{2}{5}$(cm)ずつ短くなる。Aの減(へ)る速さの2倍とBの速さの差は

$\frac{6}{5}\times2-\frac{2}{5}=2$(cm)

初めのAの2倍とBの差は

2×20－12＝28(cm)だから，2倍になるのは

28÷2＝14(分後)

⓬ 順に，4，30，1，20

解き方 容器の容積の大きい方を3，小さい方を2とすると，A，B管の注水速度は $\frac{3}{2}$，$\frac{2}{3}$だから，いっぱいになる時間は，

大きい方は　$3\div\frac{2}{3}=\frac{9}{2}=4\frac{1}{2}$(時間)

小さい方は　$2\div\frac{3}{2}=\frac{4}{3}=1\frac{1}{3}$(時間)

⓭ 16

解き方 全仕事量を1とする。

A，B，Cの3人が1日でする仕事量の和は全体の

$\left(\frac{2}{24}+\frac{1}{21}\right)\div2=\frac{11}{168}$

よって，仕上げる日数は

$1\div\frac{11}{168}=\frac{168}{11}=15\frac{3}{11}$(日)

⓮ ⑴250cm　⑵76cm

解き方 ⑴台㋑の高さが実際より10cm低い(台㋐の高さと同じ)と，落ちる高さが10cm増えるので，跳ね上がる高さは8cm増えるが，台が10cm低くなるので，最も高くなったときの高さは

10－8＝2(cm)低くなる。

よって，Aより90cm低くなる。

点Aが台㋐より1m高いとき，台㋐からの高さは100×0.8×0.8＝64(cm)で，Aとの高さの差は100－64＝36(cm)だから，求める高さは

90÷36＝2.5(m)→250cm

〔別解〕点Aから台㋐までの距離を□cmとすると，ボールは台㋐で跳ねたあと，(□×0.8)cmまで上がる。

台㋑は台㋐より10cm高いので，ボールが落ちる距離は　(□×0.8－10)cm

よって，台㋑で跳ねたあと，

(□×0.8－10)×0.8＝□×0.64－8(cm)

まで上がる。

これより，点Aから台㋐までの距離は

88＋□×0.64－8＋10

＝90＋□×0.64(cm)

と表される。

これが□に等しいことから

□×(1－0.64)＝90 となることがわかる。

□×0.36＝90 より

□＝90÷0.36＝250(cm)

⑵台㋑でボールが跳ね上がる距離は

250－88－10＝152(cm)

台㋒にボールが落ちるまでの距離は

152＋38＝190(cm)

台㋒でボールが跳ね上がる距離は

190×0.8＝152(cm)

それは床から200cmの高さだから，台㋒の高さは　200－152＝48(cm)

よって，台㋐の高さは

48＋38－10＝76(cm)

⓯ ⑴5km　⑵時速2.5km
⑶11時5分

解き方 ⑴頂上で休んだ30分が，グラフでは横の2目盛りなので，1目盛りは15分である。

A駅から頂上までは10目盛りだから

15×10＝150(分)

150分＝2.5時間

時速2kmで2.5時間歩いたから

2×2.5＝5(km)

⑵縦の8目盛りが5kmだから，1目盛りは

$\frac{5}{8}$kmになっている。

$\frac{15}{8}$kmを45分＝$\frac{3}{4}$時間で降りたから

$\frac{15}{8}\div\frac{3}{4}=2.5$(km/時)

⑶出会ったときのよし子さんの歩く速さは時速 2.5km である。2 人が休憩するのは 11 時 30 分。出会ってから休憩するまでに 2 人合わせて$\frac{15}{8}$km歩いているから

$\frac{15}{8}\div\left(2+\frac{5}{2}\right)=\frac{5}{12}$(時間)→ 25(分)前

つまり，11 時 5 分に出会った。

⑯ ⑴29：25　⑵点Q，30分後

解き方 ⑴太郎君は周の$\frac{1}{4}$(60m) を分速 50m で歩くから，かかる時間は$\frac{60}{50}$分，次郎君は $4\frac{4}{29}$分で 1 周だから，$\frac{1}{4}$では $1\frac{1}{29}$分。

$\frac{60}{50}:1\frac{1}{29}=\frac{6}{5}:\frac{30}{29}=29:25$

⑵太郎君が次の接点に移るのに 29 分かかるとすると，2 人がPを出発後初めて同時に接点に着くのは，29 と 25 の最小公倍数 725 の 725 分後。

このとき太郎君は出発してから 25 個目の接点にいて，25÷4＝6 あまり 1 より，点Qにいる。

次郎君は出発してから 29 個目の接点にいて，29÷4＝7 あまり 1 より，点Qにいる。

実際は 29 分でなく 1.2 分だから，

$725\times\frac{1.2}{29}=30$(分後)で，その場所は

30÷1.2＝25　　25÷4＝6 あまり 1 より，Pから 1 つ先の点Qとなる。

⑰ ⑴4800m　⑵1.6分後，2112m

解き方 ⑴AとCの速さの比は 3：2 だから，A，Cが出会うのはAが池を$\frac{3}{5}$周した所。AとBの速さの比は 2：1 だから，AとBの間の距離は　$\frac{3}{5}-\frac{3}{10}=\frac{3}{10}$(周)

AとBが 8 分間で進む距離は

(120＋60)×8＝1440(m)

これが池の周りの$\frac{3}{10}$だから，池の周りは

$1440\div\frac{3}{10}=4800$(m)

⑵AとBが出会ったとき，AとCの距離は

(120－80)×8＝320(m)

これをAとCで歩くのにかかる時間は

320÷(120＋80)＝1.6(分)

AとCが出会った地点まで

$4800\times\frac{3}{5}=2880$(m)

あと戻りした距離 120×8＝960(m)をひき，再びCに出会うまでの距離

120×1.6＝192(m)を加えて

2880－960＋192＝2112(m)

これは池の半周より短い。

⑱ ⑴12km　⑵19分後

解き方 ⑴A地，B地間の道のりを 1 とすると，B地到着に太郎が遅れる時間は

$\frac{1}{4}-\frac{1}{20}=\frac{1}{5}$で，これが 2 時間 24 分にあたるから，道のりは

2 時間 24 分＝$2\frac{24}{60}$時間＝$\frac{12}{5}$時間より

$\frac{12}{5}\div\frac{1}{5}=12$(km)

⑵次郎がB地を出発するのは，最初から

$\frac{12}{20}+\frac{1}{2}=\frac{11}{10}$(時間)後で，このとき太郎は

B地まで $12-4\times\frac{11}{10}=12-\frac{22}{5}=\frac{38}{5}$(km)の所にいる。

よって，2 人が出会うのは

$\frac{38}{5}\div(4+20)=\frac{38}{5\times24}=\frac{19}{60}$(時間)より

19 分後。

⑲ ⑴265L　⑵4420L

解き方 ⑴ 50 分間に 7500－500＝7000(L)増えたから，7000÷50＝140(L)で，使用する分 125L を加えると 265L となる。

⑵貯水量が 500L に減るのに

7000÷125＝56(分)だから,
50＋56＝106(分)ごとに500Lになる。
正午までの4時間＝240分間では
240÷106＝2あまり28より，正午は
500Lになってから28分後。
500＋140×28＝4420(L)

⑳ (1)1：2　(2)22時間30分

解き方 (1)注水量の20%と使用量の10%は等しいから，使用量は注水量の2倍である。
よって　注水量：使用量＝1：2
(2)注水する量を毎時1とすると，使用量は毎時2で，減る量は毎時
2－1＝1　…①
注水量を50%増やし，使う水の量を20%増やしたとき，水の減る量は毎時
2×1.2－1×1.5＝0.9　…②
①と②の水が減る速さの比は
1：0.9＝10：9
水が減る時間の比は，速さの逆比(ぎゃくひ)で
9：10
水を使い切るとき，この比の差
10－9＝1が2時間にあたるから，①のときの水を使い切る時間は
2×9＝18(時間)
注水量を20%増やし，使用量を変えないとき，水の減る量は毎時
2－1×1.2＝0.8　…③
①と③の水が減る速さの比は
1：0.8＝10：8＝5：4
水が減る時間の比は，速さの逆比で
4：5
水を使い切る時間を□時間とすると
18：□＝4：5
$□=18\times\frac{5}{4}=22.5$(時間)

チャレンジ問題

1 (1)10秒間
(2)(ア)毎秒15cm　(イ)毎秒2.5cm

解き方 (1)Aの先が横線に着くまで
40÷5＝8(秒)
Bの先が縦線(たて)に着くまで
50÷5＝10(秒)
よって，重なり始めるのは，10秒後。
Aの後部がBの上部に着くまで
(40＋50＋10)÷5＝20(秒)
Bの後部がAの左側に着くまで
(50＋50＋20)÷5＝24(秒)
よって，はなれてしまうのは，20秒後。
したがって，重なり合っている時間は
20－10＝10(秒間)
(2)(ア)Aの先が横線に着くまでの8秒間に，Bは(50＋50＋20)cmを通り抜(ぬ)ければよい。
120÷8＝15(cm/秒)
(イ)Aが横線の上10cmの位置を通りすぎる20秒後より後に，Bが縦線を通ればよい。
50÷20＝2.5(cm/秒)

2 (1)20秒　(2)160m

解き方 (1)2時間20分＝8400秒
42km＝42000m
$\frac{8400}{42000}\times100=20$(秒)
(2)400m走るのにB君は48秒かかる。A君は48秒で240m走るから,
400－240＝160(m)後ろ。
〔別解〕(1)42km＝42000mを,
2時間20分＝140分＝8400秒で走るので，速さは，42000÷8400＝5より，秒速5mである。
よって，100mを走るのにかかる時間は
100÷5＝20(秒)

(2) B君の速さは，$100\div12=\frac{25}{3}$より，秒速$\frac{25}{3}$mであるから，400m走るのにかかる時間は

$400\div\frac{25}{3}=400\times\frac{3}{25}=48$(秒)

A君は48秒で，$5\times48=240$(m)走るから，その差は　$400-240=160$(m)

3 **(1) ACの4等分点のうちCにいちばん近い点**
(2) 350秒後

解き方 (1) 1回目に出会うのにかかる時間は$1\div\left(\frac{1}{15}+\frac{1}{21}\right)=\frac{35}{4}$(秒)だから，3回目に出会うのは　$\frac{35}{4}\times3=\frac{105}{4}$(秒後)

Pが1辺を動くのにかかる時間は5秒だから，$\frac{105}{4}\div5=5\frac{1}{4}$で5辺と$\frac{1}{4}$辺分。

よって，ACの4等分点のうちCにいちばん近い点。

(2) P，QがBにくるとき

P：5，20，35…（20と35の間 15）
Q：14，35，56…（14と35の間 21）

35秒のあと15と21の最小公倍数である105(秒)ごと

4回目⇒ $35+105\times(4-1)=350$(秒後)

4 **(1) 8km　(2) 44分**
(3) 午後2時0分　(4) 3回

解き方 (1) $80\times100=8000$(m)$=8$(km)

(2) A，B間を歩くのにかかった時間は

$\frac{7200}{60}=120$(分)だから，休憩(きゅうけい)時間は

$(100+120)\times\frac{1}{5}=44$(分)

(3) B地点から三郎(さぶろう)君の家までは

$18.8-8-7.2=3.6$(km)

かかった時間の合計は

$100+120+\frac{3600}{100}+44=300$(分)

→5時間0分

(4) ダイヤグラムから読みとる。

次郎は$18.8-8=10.8$(km)を$320-90=230$(分)で歩く。

AB間の7.2(km)では

$230\times\frac{7.2}{10.8}=153\frac{1}{3}$(分)かかる。

したがって，次郎がB地点に着くのは，太郎が出発してから

$90+153\frac{1}{3}=243\frac{1}{3}$(分後)

これは1時3分20秒だから，太郎が休憩中。

よって，3回出会う。

5 **(1) 時速6km　(2) 8km　(3) $\frac{35}{8}$km**

解き方 (1) ぬかるんでいないのは

$15-1=14$(km)

かかった時間は　$14\div14=1$(時間)

よって，ぬかるんでいる1kmを

10分$=\frac{10}{60}$時間$=\frac{1}{6}$時間で進んだから，

$1\div\frac{1}{6}=6$より，時速6kmである。

(2) $1\frac{5}{6}$時間で15km進むので，つるかめ算の考え方を利用すると，時速14kmで進んでいる時間は

$\left(15-6\times1\frac{5}{6}\right)\div(14-6)$

$=\left(15-6\times\frac{11}{6}\right)\div8$

$=(15-11)\div8=4\div8=\frac{1}{2}$(時間)

よって，ぬかるんでいた距離(きょり)は

$15-14\times\frac{1}{2}=15-7=8$(km)

〔別解〕ぬかるみがないときにかかる時間は

$15\div14=\frac{15}{14}=1\frac{1}{14}$(時間)

よって，1kmぬかるむと，増(ふ)える時間は

$1\frac{1}{6}-1\frac{1}{14}=\frac{7}{42}-\frac{3}{42}=\frac{4}{42}=\frac{2}{21}$(時間)

よって，ぬかるんでいたのは

$\left(1\frac{50}{60}-1\frac{1}{14}\right)\div\frac{2}{21}=\left(\frac{35}{42}-\frac{3}{42}\right)\times\frac{21}{2}$

$=\frac{32}{42}\times\frac{21}{2}=8$(km)

(3)次の図で，**ア**はぬかるんでいない所，**イ**はぬかるんでいる所，**ウ**はAP間ではぬかるんでいないがPB間ではぬかるんでいる所を表している。

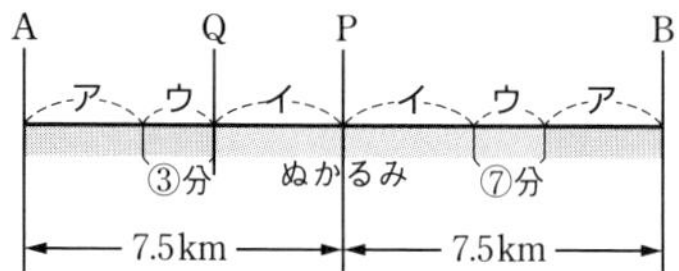

上の線分図のように考えると，**ア**や**イ**の区間ではかかる時間に差がないので，**ウ**の部分でかかる時間の差が10分ということになる。

ぬかるんでいない所とぬかるんでいる所での速さの比(ひ)は14：6＝7：3なので，かかる時間の比は逆比(ぎゃくひ)で3：7となる。

そこで，AP間の**ウ**で③分，PB間の**ウ**で⑦分かかるとすると

⑦－③＝10(分)

④＝10(分)より　①＝10÷4＝2.5(分)

よって，③＝2.5×3＝7.5(分)なので，AQ間にかかる時間は

$(30+7.5)\div2\times\frac{1}{60}=\frac{75}{2}\times\frac{1}{2}\times\frac{1}{60}$

$=\frac{5}{16}$(時間)

したがって，AQ間の距離は

$14\times\frac{5}{16}=\frac{35}{8}$(km)

〔別解〕かかる時間の差は

10分＝$\frac{1}{6}$時間だから，PB間でぬかるんでいた距離とAP間でぬかるんでいた距離の差は

$\frac{1}{6}\div\frac{2}{21}=\frac{1}{6}\times\frac{21}{2}=\frac{7}{4}$(km)

(2)より，ぬかるんでいるのは8kmであるから，AP間でぬかるんでいたのは

$\left(8-\frac{7}{4}\right)\div2=\frac{25}{4}\div2=\frac{25}{8}$(km)

よって

$AQ=\frac{15}{2}-\frac{25}{8}=\frac{60}{8}-\frac{25}{8}=\frac{35}{8}$(km)

6 **(1)Aから32m先**
(2)15分後，Bから60m先

解き方 (1)太郎，次郎が1周する時間は

$\frac{120\times4+20\times4\times2}{140}=4\frac{4}{7}$(分)

$\frac{120\times4}{100}=\frac{24}{5}=4\frac{4}{5}$(分)

その差は $4\frac{4}{5}-4\frac{4}{7}=\frac{8}{35}$(分)だから

$140\times\frac{8}{35}=32$(m)

(2)次郎が $4\frac{4}{5}=4.8$(分)で1周するごとに，太郎は32mの差を縮(ちぢ)める。初めは120mの差がある。120÷32＝3あまり24より，次郎が3周したとき，まだ太郎は24m手前で，これを縮めるのに

$\frac{24}{140-100}=0.6$(分)かかる。

初めからの時間は

4.8×3＋0.6＝15(分)

そのとき次郎はBから0.6分走った所だから，Bから100×0.6＝60(m)先である。

7 **(1)375cm²　(2)5250cm²**
(3)ア…12　イ…22

解き方 (1) 5×5＝25(cm)…横

3×5＝15(cm)…縦

よって　15×25＝375(cm²)

(2) 5×10＋5×10

＝100(cm)…横

3×10＋6×10

＝90(cm)…縦

求める面積は右の図の色の部分。

$60\times50+50\times60\div2+50\times30\div2$
$=5250(\text{cm}^2)$

(3) A→C
$(5+7+7)\times8=152(\text{cm})$…横
$(3+3+5)\times8=88(\text{cm})$…縦
C→A
$6\times□+8\times△=152(\text{cm})$…横
$4\times□+4\times△=88(\text{cm})$…縦
$88\div4=22$(秒後)…イ(=□+△)
$(8\times22-152)\div(8-6)=12$(秒後)…ア
(=□)

8 (1)**360cm²** (2)**540cm²**

解き方 (1)点Rは，
縦：横=6：15=2：5
の割合で進む。

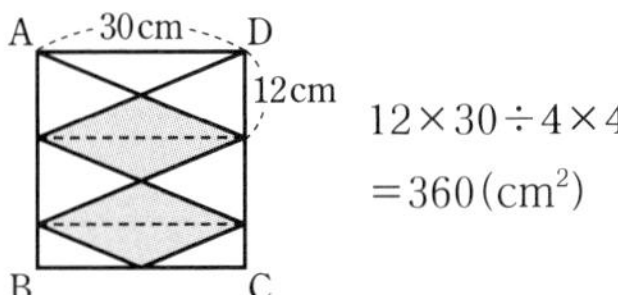

$12\times30\div4\times4$
$=360(\text{cm}^2)$

(2)点Rは，縦：横=6：20=3：10 の割合で進む。

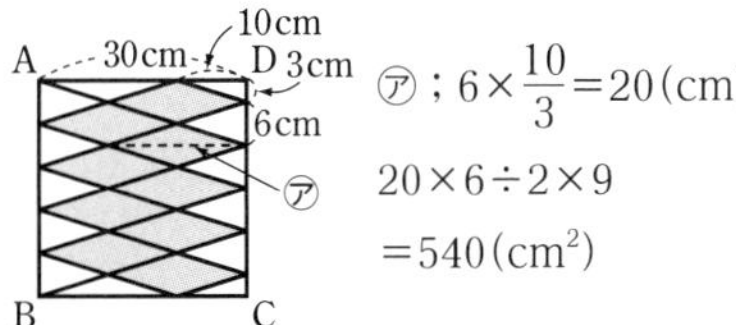

㋐；$6\times\frac{10}{3}=20(\text{cm})$
$20\times6\div2\times9$
$=540(\text{cm}^2)$

9 (1)**1分30秒後** (2)**4：3**
(3)**24分後，3分40秒間**

解き方 (1)周が1200mなので，1辺は
$1200\div6=200(\text{m})$
$\text{BG}=200\div2+100\div2=150(\text{m})$
次郎がA→Gと進むとき，太郎はB→Gと進む。
$150\div100$
$=1.5$(分後)
→1分30秒後

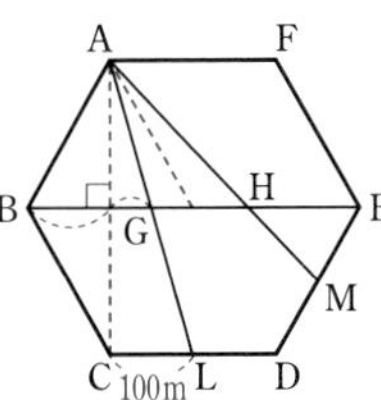

(2) AG：AL=1：2
次郎はAG間に1.5分かかるので，AL間に$1.5\times2=3$(分)かかる。
BH：HE=AB：ME=200：100=2：1
花子がA→Hと進むとき，太郎はB→Hと進み，その時間は
$\underbrace{200\times2}_{\text{BE}}\times\frac{2}{2+1}\div100=\frac{8}{3}$(分)

花子は，AH間に$\frac{8}{3}$分かかるので，AM間には$\frac{8}{3}\times\frac{2+1}{2}=4$(分)かかる。
AL間の距離とAM間の距離は等しいので，かかる時間の比は
次郎：花子=3：4 より，速さの比は
次郎：花子=4：3

(3)次郎は往復に$3\times2=6$(分)，花子は往復に$4\times2=8$(分)かかる。
6と8の最小公倍数は24だから，2人が同時にAに戻るのは24分後。
この間で次郎がGL間にいるのは，
1.5～4.5，7.5～10.5，13.5～16.5，
19.5～22.5(分後)
また，同じくこの間で花子がHM間にいるのは
$\frac{8}{3}\sim\frac{16}{3}$，$\frac{32}{3}\sim\frac{40}{3}$，$\frac{56}{3}\sim\frac{64}{3}$(分後)
通分すると
次郎 $\frac{9}{6}\sim\frac{27}{6}$，$\frac{45}{6}\sim\frac{63}{6}$，$\frac{81}{6}\sim\frac{99}{6}$，
$\frac{117}{6}\sim\frac{135}{6}$
花子 $\frac{16}{6}\sim\frac{32}{6}$，$\frac{64}{6}\sim\frac{80}{6}$，$\frac{112}{6}\sim\frac{128}{6}$
共通するのは $\frac{16}{6}\sim\frac{27}{6}$，$\frac{117}{6}\sim\frac{128}{6}$
よって $\frac{27-16}{6}+\frac{128-117}{6}=\frac{22}{6}$(分)
→3分40秒

10 (1)**11回目**
(2)**時速45km，10.5km**

解き方 (1)時速36kmは秒速10mだから，

A，B間を行くのにかかる時間は

14000÷10＝1400(秒)

信号は 70＋20＋50＝140(秒) ごとに，青，黄，赤を繰り返すから，

1400÷140＝10 で 11 回目。

⑵⑵と⑴の自動車の速度の比は，時間の逆比で

$\frac{1}{9-1}:\frac{1}{11-1}=5:4$ だから，⑵の自動車の速度は　$36\times\frac{5}{4}=45$(km/時)

A，B間とB，C間を通過するのにかかった時間の比は，(9−1)：(15−9)＝4：3 だから，B，C間の距離は

$14\times\frac{3}{4}=10.5$(km)

〔参考〕新傾向の問題である。時間を秒で，距離をmで考えるとよい。青信号は線で，赤信号と黄信号は空白で，長さの比を 1：1 にした

— — — — — — — — —

のような線をかいて考える。または，下のような図をかいて，ダイヤグラムで考える。

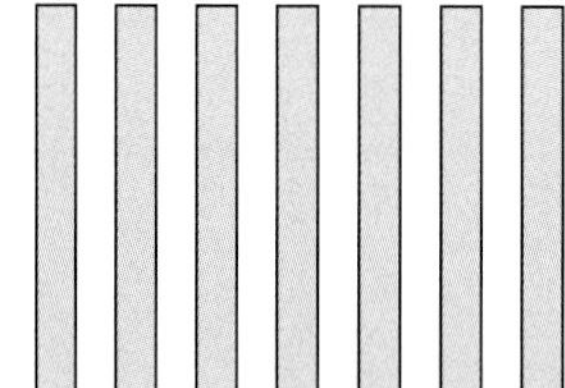

⓫ 4時間40分

解き方 太郎の歩いた時間は

(6＋24)÷4＝7.5(時間)

次郎は 45 分＝0.75 時間休憩しているから，歩いたのは　7.5−0.75＝6.75(時間)

24km を時速 4.8km で歩くと 5 時間かかり，実際より 1.75 時間早く着く。1km あたりを時速 3km と時速 4.8km で歩くときの時間差は $\frac{1}{3}-\frac{1}{4.8}=\frac{1}{8}=0.125$ より，時速 3km で歩いたのは，

1.75÷0.125＝14(km)で，

$14\div3=4\frac{2}{3}$(時間)→ 4 時間 40 分

⓬ ⑴2時間0分後　⑵時速8km

解き方 ⑴Aが 15km 地点を通過したとき，Bは 3km 後方にいたから，AとBの速さの比は 15：(15−3)＝5：4 で，かかった時間の比は 4：5 になる。Aが走るのをやめるまでの時間を 1 とすると，Bがその地点に着く時間は

$1\times\frac{5}{4}=\frac{5}{4}$(時間)で，差は

$\frac{5}{4}-1=\frac{1}{4}$(時間)

実際は $\frac{1}{2}$ 時間なので，$\frac{1}{2}\div\frac{1}{4}=2$ より，走るのをやめたのは 2 時間 0 分後。

⑵再びAが走り始めてからのAとBとの速さの比は(12−1.5)：12＝7：8 だから，

(Aの初めの速さ)：(Aの後半の速さ)

＝10：7 で，Aの後半は前半より

$\frac{10-7}{10}=0.3$ 遅い。これが 3km にあたるから，Aの初めの速さは

$\frac{3}{0.3}=10$(km/時)，

Bは $10\times\frac{4}{5}=8$(km/時)

〔別解〕⑴Aが 15km 地点を通過したとき，Bは 3km 後方にいたから，Bが走ったのは

15−3＝12(km)

よって，距離の比は 15：12＝5：4 なので，同じ距離を走るときの時間の比は，逆比で 4：5 になる。

Aが休み始めて 30 分後にBがその地点に着いたので，時間の比の差 5−4＝1 が 30 分，すなわち 0.5 時間にあたる。

よって，Aが走るのをやめたのは，

0.5×4＝2 より，2 時間 0 分後である。

(2) B が 12km を走る間に，体調をくずして休む前の A は 15km，休んだあとの A は 12－1.5＝10.5(km) 走っている。

この差 15－10.5＝4.5(km) は，A の速さが毎時 3km 遅くなったからである。

よって，B が 12km 走るのにかかった時間は 4.5÷3＝1.5(時間)

したがって，B の速さは，12÷1.5＝8 より，時速 8km である。

13 (1)子ども…$\frac{200}{3}$m　大人…100m
(2)36分間

解き方 (1)

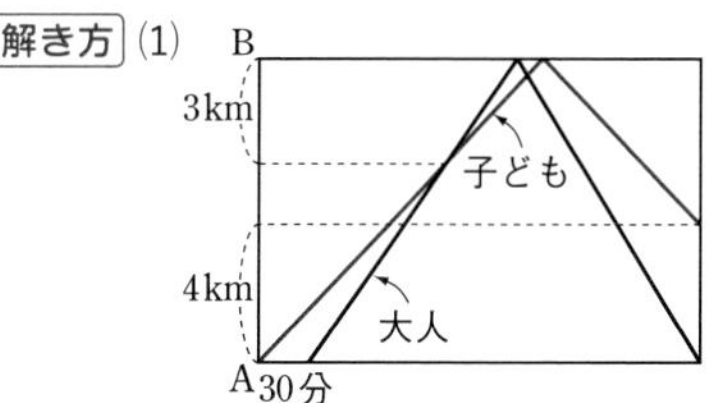

大人が子どもに追いついてから A 地に帰るまでに，大人は 3＋9＝12(km)，子どもは 3＋9－4＝8(km) 歩くから，速さの比は　3：2

よって，大人と子どもの時速を 3km，2km と考えると，6km 歩くときの時間差は $\frac{6}{2}-\frac{6}{3}=1$(時間) となるが，

実際は 30 分だから，

子どもは時速 4km，つまり分速 $\frac{200}{3}$m，

大人は時速 6km，つまり分速 100m

(2) B の手前 3km の地点から B への往復距離 6km を，大人と子どもで歩くから，求める時間は　$\frac{6}{4+6}=\frac{3}{5}$(時間)

つまり 36 分。

〔別解〕(1)大人が子どもに追いついてから A 地に帰るまでに，進むのは

子どもは　3＋9－4＝8(km)

大人は　3＋9＝12(km)

よって，距離の比は 8：12＝2：3 なので，同じ距離を走るときの時間の比は，逆比で 3：2 になる。

大人が 30 分遅れて出発したので，大人が子どもに追いつくまでの 6km を進むのにかかる時間の比の差 3－2＝1 が 30 分にあたる。よって，追いつくまでの時間は

子どもは　30×3＝90(分)

大人は　30×2＝60(分)

したがって，速さは，

子どもは　$6000\div 90=\frac{200}{3}$(m/分)

大人は　6000÷60＝100(m/分)

(2)大人が子どもに追いついてから，帰りに会うまでに 2 人合わせて進む距離は

3×2＝6(km)

よって，かかる時間は

$6000\div\left(\frac{200}{3}+100\right)=6000\div\frac{500}{3}$

$=6000\times\frac{3}{500}=36$(分)

図形編

第1章 平面図形

練習 156　140°

解き方　角アは 60°,
角イは
180°－(90°＋20°)＝70°
四角形の内角の和は
360°だから，x の角は
360°－(90°＋60°＋70°)＝140°
〔別解〕x を三角形の外角と見て
x＝30°＋90°＋20°＝140°

練習 157　(1)80°　(2)20°

解き方　(1)AC＝BC
より，角アと角Bは
25°だから，角イは
180°－25°×2＝130°
角ウは　180°－120°＝60°
四角形の内角の和は 360°より
x＝360°－(130°＋60°＋90°)＝80°
(2)$y+y$＝120°より
y＝60°
y＝x×3 だから
x＝60°÷3＝20°
〔参考〕三角形の
1つの外角は，
その隣(となり)にない
2つの内角の和に等しい。

練習 158　㋑…154°　㋒…26°　㋓…128°　㋔…39°　㋕…102°

解き方　三角形ACB，三角形BCD，三角形CEDは二等辺三角形。だから
㋒＝㋐×2＝26°
㋑＝180°－26°＝154°
角BDC＝㋒＝26°
㋓＝180°－26°×2＝128°
角DCE＝㋐＋角ADC＝13°＋26°＝39°
㋔＝角DCE＝39°
㋕＝180°－39°×2＝102°

練習 159　(1)3cm　(2)30°

解き方　(1)角ABC＝(180°－20°)÷2＝80°
角BEC＝180°－(80°＋50°)＝50°だから，三角形BCEは二等辺三角形である。
よって　BE＝BC＝3cm
(2)角EBD＝80°－60°＝20°
三角形BDEはBD＝BEの二等辺三角形だから
角BED＝(180°－20°)÷2＝80°
よって　(あ)＝80°－50°＝30°

練習 160　(1)15°　(2)105°

解き方　(1)真ん中の小さい三角形は3つの角が 90°，60°，30°の直角三角形である。
㋐＝45°－30°
＝15°
(2)小さい三角形の角の和に着目すると
㋑＝180°－(30°＋45°)＝105°

練習 161　30°

解き方　AB＝BEより，
角BAE＝角AEB
＝(180°－60°－90°)÷2＝15°
角CAD＝15°
角DAE＝60°－(15°＋15°)＝30°

練習 162　x＝75°，y＝30°，z＝45°

解き方　三角形CDEはCD＝CEの二等辺三角形だから
角EDC＝{180°－(90°－60°)}÷2＝75°
x＝90°－角ADE＝角EDC＝75°
y＝角EDC－45°＝75°－45°＝30°

z＝x－角ABE＝75°－30°＝45°

練習 163　x＝35°，y＝120°

解き方　BC＝AC＝ECだから

角ACB＝180°－65°×2＝50°

角BCE＝50°＋60°＝110°

x＝(180°－角BCE)÷2

＝(180°－110°)÷2＝35°

ABとDCは直角に交わっているから

y＝90°＋角ABE＝90°＋(65°－x)

＝155°－35°＝120°

〔別解〕BC＝ACより

角ABC＝角BAC＝65°

三角形ADBと三角形ACEは正三角形なので，点Aを中心として，三角形ADCを60°回転すると三角形ABEに重なるから　角ABE＝角ADC＝30°

よって

x＝角ABC－角ABE＝65°－30°＝35°

また，点Aを中心として辺DCを60°回転すると辺BEに重なるから

y＝180°－60°＝120°

練習 164　(1)正十五角形　(2)A，P

解き方　(1)全円周を1として，Aからの弧(円周)の長さを求めると，

弧CQ＝弧AQ－弧AC

＝2×弧AP－2×弧AB

$=2\times\frac{1}{5}-2\times\frac{1}{6}=\frac{1}{15}$

$1\div\frac{1}{15}=15$ で正十五角形。

(2)弧AC＝2×弧AB$=2\times\frac{1}{6}=\frac{1}{3}=\frac{5}{15}$

弧BC$=\frac{1}{6}=\frac{1}{15}\times\frac{15}{6}=\frac{1}{15}\times2.5$

弧PQ$=\frac{1}{5}=\frac{1}{15}\times3$

弧CD$=\frac{1}{6}=\frac{1}{15}\times2.5$

より，弧ACと弧PQが弧CQの整数倍になるのでAとP。

〔別解〕(1)角COD＝360°÷6＝60°

角QOR＝360°÷5＝72°より

角QOD＝角QOR÷2＝72°÷2＝36°

角COQ＝角COD－角QOD

＝60°－36°＝24°

360°÷24°＝15より，点Oのまわりを15等分するから，正十五角形ができる。

(2)角COA＝60°×2＝120°

角COB＝角COD＝60°

角QOP＝72°

このうち，中心角が24°の整数倍になっている点が，正十五角形の頂点であるから，AとPである。

練習 165　(1)120°　(2)11.5cm

解き方　(1)六角形の6つの角の和は720°だから　720°÷6＝120°

(2)六角形の辺を延ばして，正三角形PQRをつくる。

BP＝CRより　10＋8.5＝14＋DR

DR＝4.5＝ER

AQ＝FRより

10＋BQ＝17＋4.5

BC＝BQ

＝17＋4.5－10

＝11.5(cm)

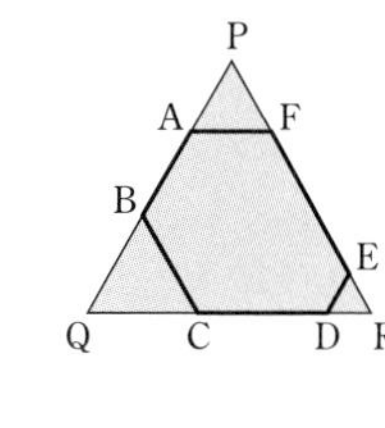

〔別解〕内角がすべて120°だから，右のように延長すると，正三角形が2個でき，全体は平行四辺形になる。

□＝8.5＋17－14

＝11.5(cm)

練習 166　235°

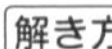

解き方

㋐＋㋑
＝55°＋x,
x＋㋒＋㋓＝180°だから
㋐＋㋑＋㋒＋㋓＝180°＋55°＝235°

練習 167　x＝108°, y＝54°

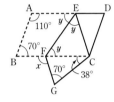

解き方 角FGC
＝角FBA＝70°,
x＝38°＋角FGC
＝108°
角ECD
＝110°－角ECF
＝角ECG－角ECF＝38°
2×y＝角EDC＋角ECD＝108°　y＝54°

練習 168　ア…50°　イ…70°

解き方 角A＝90°
だから，角AFB
＝90°－50°＝40°
角EBF
＝(90°－50°)÷2
＝20°だから
ア＝90°－40°＝50°，イ＝90°－20°＝70°

練習 169　(1)㋐，㋒　(2)直線CE

解き方 頂点が重なる所に記号をつけていくと，次の図のようになる。

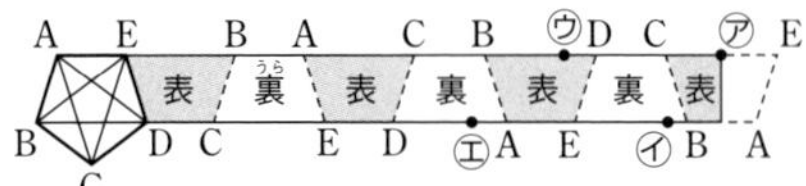

練習 170　(1)70°　(2)50°

解き方 (1)角D＝角BAC
＝180°－(30°＋85°)＝65°
角ACD＝(回転角)＝45°
x＝180°－(65°＋45°)＝70°
(2)AC＝CFより，
角CAF＝角F＝角BAC＝65°
回転角ACF＝180°－65°×2＝50°

練習 171　132

解き方 円を直線上に延ばして考える。

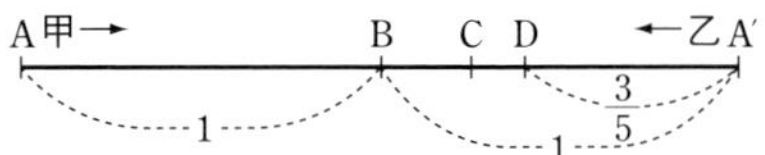

甲(こう)がBにきたとき，乙(おつ)の進んだ距離(きょり)は$\frac{3}{5}$で，その点をDとする。

BD＝$1-\frac{3}{5}=\frac{2}{5}$を6：3＝2：1の速さで，BとDから向かい合って進み，Cで出会うので

BC＝$\frac{2}{5}\times\frac{2}{3}=\frac{4}{15}$

1の長さが半円周で角度は180°だから

180°×$\frac{4}{15}$＝48°

㋐＝180°－48°＝132°

〔別解〕・甲がBに着くまで
進んだ距離の比(ひ)は速さの比に等しく
5：3
⑤＝180°とすると
①＝180°÷5＝36°
③＝36°×3＝108°
・甲がBから出会うまで
進んだ距離の比は
6：3＝2：1
180°－108°＝72°
[1]＋[2]＝[3]＝72°
[1]＝72°÷3＝24°
よって　㋐＝108°＋24°＝132°

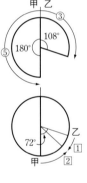

練習 172　(1)48　(2)18

解き方 (1)PDはODと重なるので，
PO＝OD＝PD
つまり，三角形ODPは正三角形。
よって　角POD＝60°
角POA＝180°－(72°＋60°)＝48°

(2) OP＝OAより

角APO＝(180°－48°)÷2＝66°

角CPO＝角COP＝48°より，

角APC＝66°－48°＝18°

練習 173

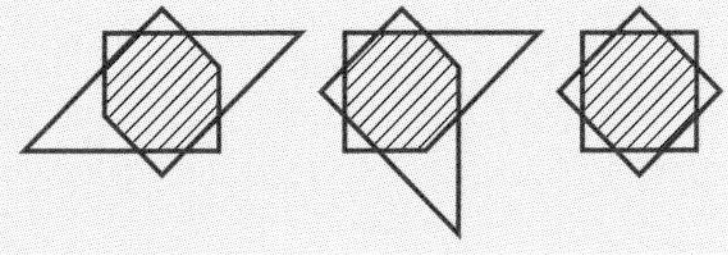

練習 174　2番目…エ　4番目…ク

解き方

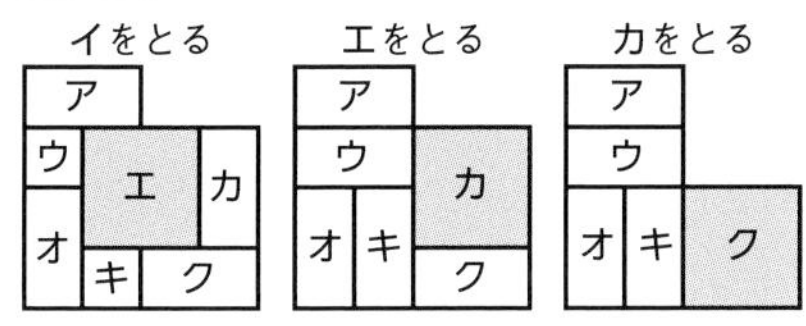

よって，上から順に，イ，エ，カ，ク，キ，…となる。

〔別解〕①アとウではアが下

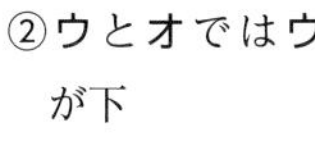

②ウとオではウが下

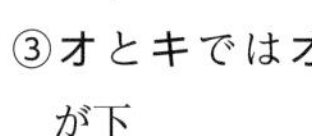

③オとキではオが下

④キとクではキが下

⑤クとカではクが下

上から順にイ，エ，カ，ク，キ，オ，ウ，アとなる。

練習 175　(1)7周　(2)44回

解き方 (1)角AOB＝180°－62°×2＝56°

360と56の最小公倍数は

2×2×2×45×7＝2520

であるから

2520÷360＝7(周)

2)	360	56
2)	180	28
2)	90	14
	45	7

(2) 2520÷56＝45から，円周上にAを入れて，45個の点ができる。反射(はんしゃ)する回数にはAを入れないから44回。

練習 176　(1) x＝13，y＝18　(2) y＝7
(3) x＝14，y＝10か x＝8，y＝14
(4) x＝8，y＝4か x＝0，y＝10

解き方 (1)Cの位置は(8，10)で，AからCへは，横に8－3＝5，縦(たて)に10－2＝8だけ進むから，

x＝8＋5＝13，y＝10＋8＝18

(2)Bの位置は(4，7)であるから，(10，7)であればよい。

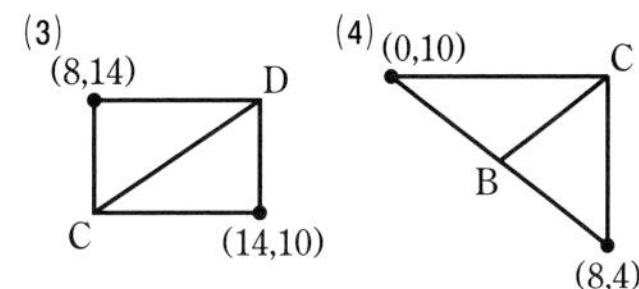

(3)はほかに(6，13)，(10，7)なども考えられる。

(4)はほかに(4，13)，(12，7)なども考えられる。

練習 177　8個

解き方

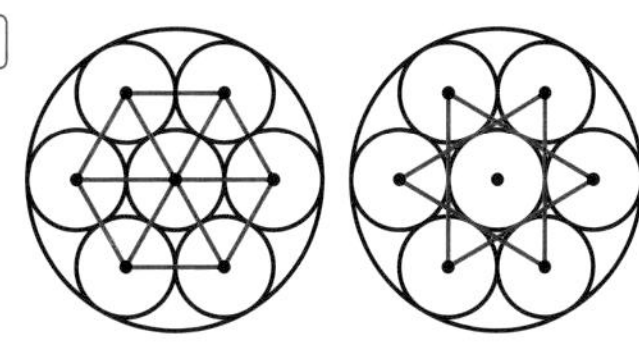

小さい正三角形6個　大きい正三角形2個

練習 178　(1)2個　(2)12個

解き方 (1) 1つおきにとる。

(2)いちばん長い対角線，たとえばBEを斜(しゃ)辺(へん)とする直角三角形は，残りの4点を直角の頂点として4個できるから

4×3＝12(個)

練習 179

(1)

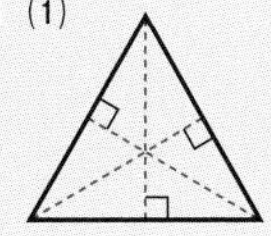

(2)

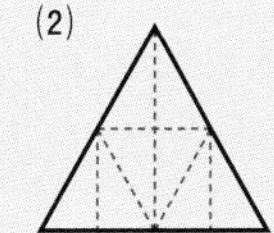

解き方 (1) 3等分してからそれぞれを2等分する。

(2) 4等分してからそれぞれを2等分する。

力だめしの問題

❶ 81°

解き方 (弧ABの長さ)：(弧CDの長さ)＝5：3なので　角AOB：角COD＝5：3
よって，角AOB＝⑤とすると，
角COD＝③となる。
③＋⑤－24°＝144°より　①＝21°
よって　(あ)＝⑤－24°＝81°
〔別解〕角AOB＋角COD
　＝角AOC＋角BOC＋角COD
　＝角AOC＋角COD＋角BOC
　＝角AOD＋角BOC＝144°＋24°＝168°
　角AOB：角COD＝5：3より
　角AOB＝$168°\times\frac{5}{5+3}=168°\times\frac{5}{8}=105°$
　(あ)＝角AOB－角BOC＝105°－24°＝81°

❷ 60°

解き方 三角形ADEと三角形FDEは合同。三角形FDBと三角形FDEも合同。以上から

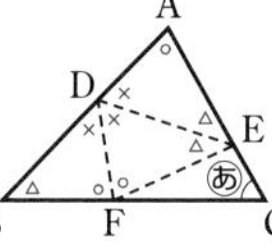

角DAE＝角DFE＝角DFB＝○
角ADE＝角FDE＝角FDB＝×
角DEA＝角DEF＝角DBF＝△
とおく。
図より　○＋△＋×＝180°
また，×3つで180°なので　×＝60°
三角形ABCの内角に注目すると
○＋△＋(あ)＝180°
よって　(あ)＝×＝60°

❸ ㋐…22.5　㋑…7.5

解き方 角DOB
＝(180°－45°)÷2
＝67.5°
なので
㋐＝90°－67.5°
　＝22.5°

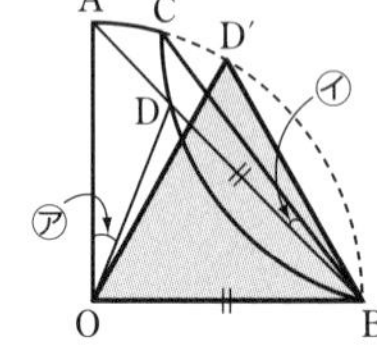

次に，Dの折り返す前の点をD′とすると，
三角形OBD′は正三角形であるから
角D′BD＝60°－45°＝15°
よって　㋑＝15°÷2＝7.5°

❹ 30

解き方 右の図のように，三角形CDEを点Cを中心に180°回転すると，BC＝CDより，点Dは点Bと重なり，AB＝DE＝BE′より，三角形ABE′は二等辺三角形になる。
角CED＝角BAC
　　＝110°－80°
　　＝30°

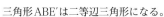

❺ (1)54本　(2)解き方参照

解き方 (1)(12－3)×12÷2＝54(本)
(2)外側から正十二角形を見つけていく。最初に見つけた正十二角形がいちばん外側の正十二角形の縮小であり，

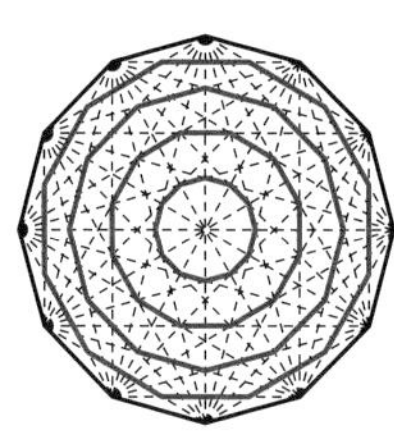

15°回転させたものであることを見つけた段階で規則性に気がつく。さらに内側も15°回転(いちばん外側の正十二角形と平行な辺ができる)させたものであることに気がつき，次々とかいていくことで図のようになる。

❻ 9.42cm

解き方 いずれもおうぎ形の半径なので
BG＝BC
線対称なので　BG＝CG
以上より三角形GBCは正三角形なので，
角GBCは60°となるから
$9\times2\times3.14\times\frac{60}{360}=3\times3.14=9.42$(cm)

❼ (1)40枚　(2)24枚

解き方 (1)正三角形の枚数をア，正方形の枚数をイ，正五角形の枚数をウとする。

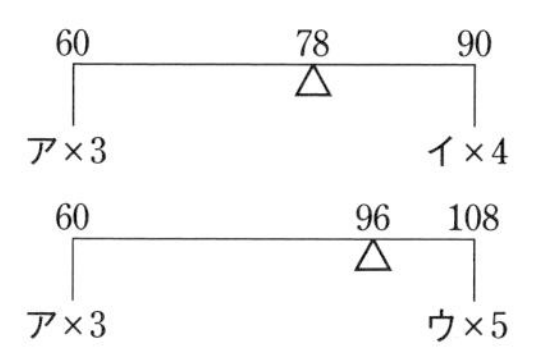

(ア×3)：(イ×4)＝(90−78)：(78−60)
＝2：3

より　ア：イ＝$\frac{2}{3}$：$\frac{3}{4}$＝8：9

(ア×3)：(ウ×5)＝(108−96)：(96−60)
＝1：3

より　ア：ウ＝$\frac{1}{3}$：$\frac{3}{5}$＝5：9

以上から　ア：イ：ウ＝40：45：72

よって　ア＝157×$\frac{40}{40+45+72}$＝40(枚)

(2)正三角形の枚数を②，正方形の枚数を①，正五角形の枚数をエとする。

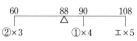

60　88　90　108
②×3　①×4　エ×5

②×3×(88−60)
＝①×4×(90−88)
＋エ×5×(108−88)

②×84＝①×8＋エ×100

⑯⓪＝エ×100

よって，エ＝(1.6)となる。

辺の数に注目して

②×3＋①×4＋(1.6)×5＝⑱

これが270本に相当するので

①＝270÷18＝15

正五角形の枚数は

(1.6)＝15×1.6＝24(枚)

❽ (1)6通り
(2)(7，12，16)，(8，12，15)
(3)ア…14　イ…210

解き方 (1)以下の6通り。

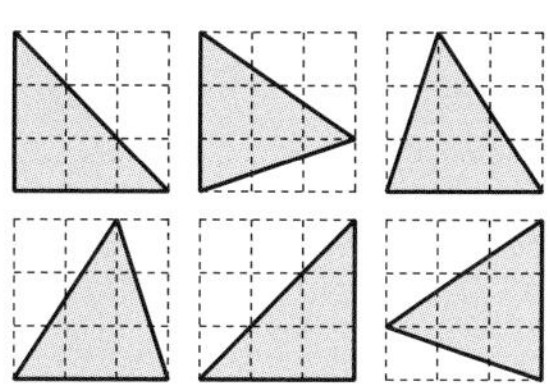

(2) 3枚のカードの数の和が35なので，Aの箱から取り出す数で場合分けする。

A＝1のとき　B…×
A＝2のとき　B…×
A＝3のとき　B…×
A＝4のとき　B＝15＋16
A＝5のとき　B＝14＋16
A＝6のとき　B＝13＋16，14＋15
A＝7のとき　B＝12＋16，13＋15
A＝8のとき　B＝11＋16，12＋15，
13＋14

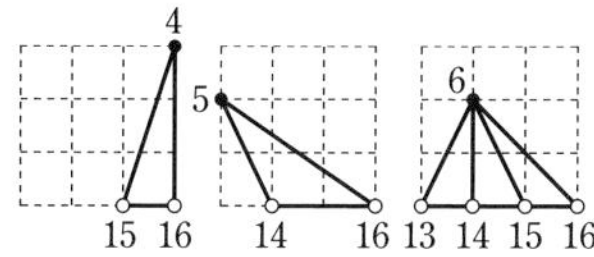

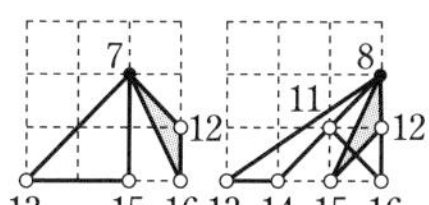

よって　(7，12，16)，(8，12，15)

(3)図のように，1，2，5，6から三角形にならない(線になる)点のとり方を調べる。

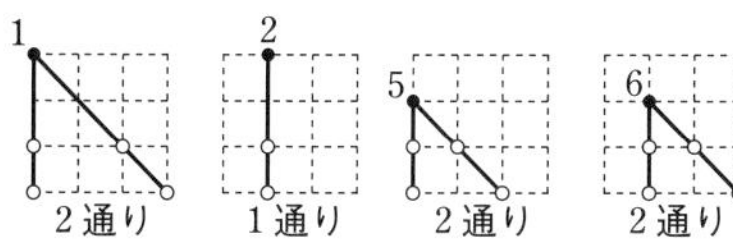

3，4，7，8はそれぞれ2，1，6，5と同じになる。

よって

(2＋1＋2＋2)×2＝14(通り)…ア

カードの取り出し方は全部で

8×$\frac{8\times7}{2\times1}$＝224(通り)

よって　224−14＝210(通り)…イ

9 (1)(ア)の方が**2**個多い
(2)(イ)の方が**10**個多い

解き方 (1)(ア)について
30÷2=15(個)
8÷2=4(段)
よって　15×4=60(個)
(イ)について
右の図のように，段ごとの高さの差は
0.87×2
=1.74(cm)となる。

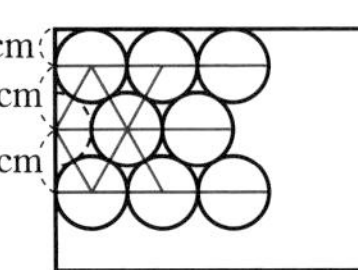

(8−1×2)÷1.74=3 あまり 0.78(cm)
より　3+1=4(段)
奇数段目には 15 個，偶数段目には 14 個あるので
15×2+14×2=58(個)
以上から，(ア)の方が 60−58=2(個)多い。
(2)(ア)について
20÷2=10(段)より　15×10=150(個)
(イ)について
(20−1×2)÷1.74=10 あまり 0.6(cm)
より
10+1=11(段)
(1)と同様に　15×6+14×5=160(個)
以上から(イ)の方が 160−150=10(個)多い。

チャレンジ問題

1 (1)**4**　(2)**83**

解き方 (1)AE=BE，CE=DE，
角AEC=角BEDより，三角形ACEと三角形BDEは合同であるから，
AC=BDとなる。
よって　OD=8+1−5=4(cm)
(2)角CAE=角DBEより
角(イ)=23°+60°=83°

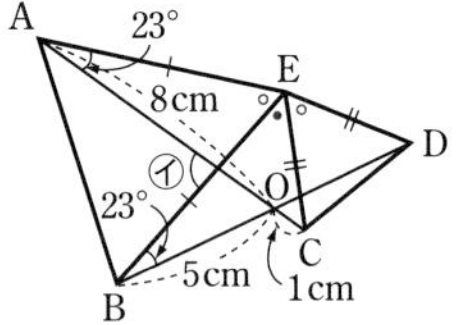

2 (1)①○　②×　③×
④○　⑤×　⑥○
(2)**8**個

解き方 (1)**カ**と**セ**，**イ**と**イ**が向かい合う必要がある。②は**イ**と**イ**が向かい合っていない。
③は，**カ**と**イ**が向かい合ってしまっている。
⑤は，文字の向きがちがう。
(2) 1 辺が 4cm の正六角形は，1 辺が 1cm の正三角形 4×4×6=96(個)でできている。
よって　(4×26−96)÷(4−3)=8(個)

3 (1)①**6**個　②**24**個　③**28**個
(2)**22**個

解き方 (1)①縦に 3 個，横に 4 個の正方形を敷きつめたとき，**図①**のようになるから，直線PQは 6 個の正方形を通る。

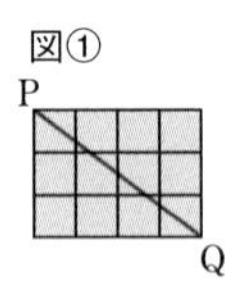

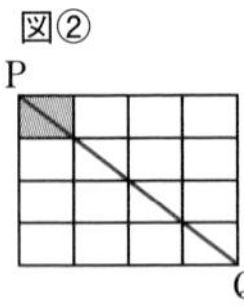

②縦に 12 個，横に 16 個の正方形を敷きつめたとき，12：16=3：4 より，①の長方形を**図②**のように縦と横に 4 個ずつ並べたものになる。このとき，直線PQは，6×4=24(個)の正方形を通る。
③縦に 12 個，横に 17 個の正方形を敷きつめたとき，直線PQは正方形の

縦の辺と 17−1＝16(回),
横の辺と 12−1＝11(回)
交わるから，16＋11＋1＝28(個)の正方形を通る。

⑵縦に 7 個，横に 9 個，上に 8 個の立方体を積み重ねたとき，
底面に平行な正方形の面を 8−1＝7(個)，
正面に平行な正方形の面を 7−1＝6(個)，
側面に平行な正方形の面を 9−1＝8(個)
通る。よって，このとき直線PQは
7＋6＋8＋1＝22(個)の立方体を通る。

4 **$4\frac{1}{4}$**

解き方 図で，角B＝90°より

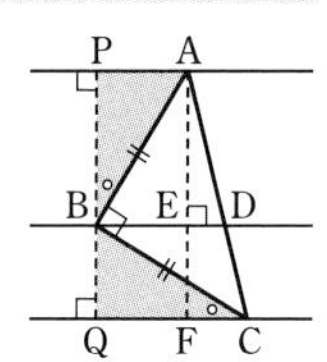

角ABP＋角CBQ＝90°
角BCQ＋角CBQ＝90°
なので，
角ABP＝角BCQ
また　AB＝BC
よって，三角形ABPと三角形BCQは合同。
ゆえに
AP＝BQ＝3(cm)，CQ＝BP＝5(cm)
よって，FC＝5−3＝2(cm)となる。
また
ED：FC＝AE：AF＝5：(5＋3)＝5：8
したがって，$ED=2\times\frac{5}{8}=1\frac{1}{4}$(cm)より
$BD=3+1\frac{1}{4}=4\frac{1}{4}$(cm)

5 **⑴15個　⑵135個**

解き方 ⑴次の図のような四角形が考えられる。

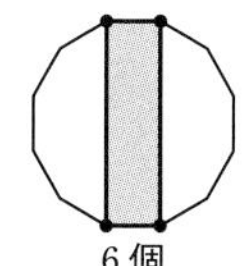
6 個

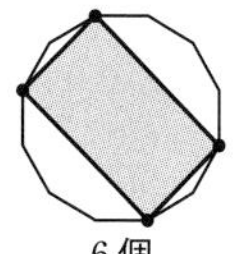
6 個

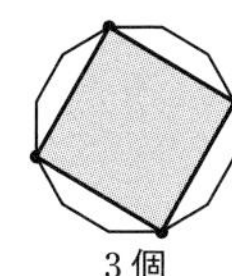
3 個

よって　6＋6＋3＝15(個)

⑵正十二角形は線対称な図形で，対応する点どうしを結んだ直線はすべて平行になる。
対称軸を，次の 2 つに分けて考える。
㋐正十二角形のどの辺とも平行でない
㋑正十二角形のある辺と平行になる

㋐の場合
平行な直線は 5 本考えられる。この 5 本から 2 本を選んで四角形をつくるので，できる四角形の個数は　$\frac{5\times4}{2\times1}=10$(個)

㋑の場合

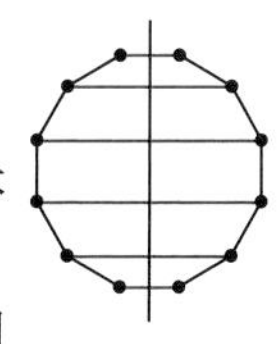

平行な直線は 6 本考えられる。この 6 本から 2 本を選んで四角形をつくるので，できる四角形の個数は　$\frac{6\times5}{2\times1}=15$(個)

㋐，㋑どちらの対称軸も 6 本ずつあるので，合計すると　(10＋15)×6＝150(個)
ただし，平行線を 2 組使ってできる⑴の四角形は 2 回数えられている。
よって　150−15＝135(個)

6 **⑴20.4秒後**
⑵㋐20秒後〜21秒後，24秒後
㋑8.4秒後〜12秒後，
32.4秒後〜36秒後

解き方 ⑴ 42×2＋18＝102(cm)より，PとQが出会うのは，動き始めてから
102÷(3＋2)＝20.4(秒後)

⑵㋐三角形ができないのは，3 点P，Q，Rが同じ辺上にあるか，3 点のうち 2 点が重なったときである。QとRは，同じ向きに同じ速さで進むので，重なることはない。
PがCを通過するのは

$(42+18)\div3=20$(秒後)

このとき，QはCの

$42-2\times20=2$(cm)手前にある。

QがCを通過するのは，動き始めてから

$42\div2=21$(秒後)

また，PとRが出会うのは

$(42+18)\times2\div(3+2)=24$(秒後)

なので，三角形PQRができなくなるのは動き始めて20秒後から21秒後までと，24秒後とわかる。

(イ)・直線PQが初めてEを通るとき

三角形PEDと三角形QEBは合同。

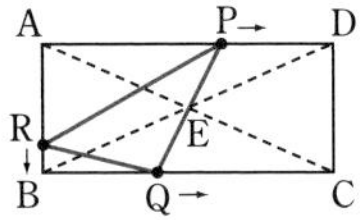

ゆえに，

PD＝QBとなり

$AP+BQ=42$(cm)

これは，動き始めてから

$42\div(3+2)=8.4$(秒後)

・直線PRがはじめてEを通るとき

PD＝RBより，PとRの動いた長さの和は

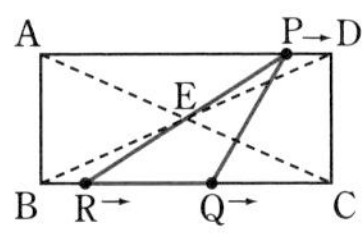

$42+18=60$(cm)

よって　$60\div5=12$(秒後)

次に，QがDまで動いたときPが動くのは

$(42+18)\times\frac{3}{2}=90$(cm)

なので，Bの

$102-90=12$(cm)

手前にある。

・直線PQが2回目にEを通るとき

QがDを通過してから

$12\div(3+2)$

$=2.4$(秒後)

ゆえに，動き始めてから

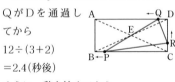

$60\div2+2.4=32.4$(秒後)

である。

・直線PRが2回目にEを通るとき

PとRが動いた長さの和が長方形ABCDの周の長さの1.5倍になったときだから，動き始めてから

$60\times2\times1.5\div(3+2)=36$(秒後)

よって，Eが三角形PQRの内部や周上にあるのは，8.4秒後から12秒後までと，32.4秒後から36秒後までの間である。

第2章 立体図形

練習 180　41個

解き方　1つの立方体の体積は $2\times2\times2=8(\text{cm}^3)$ で，全体の体積は 328cm^3 だから　$328\div8=41$(個)

練習 181　336個

解き方　赤く塗られた立方体だけを取り除くと，縦6個，横7個，高さ8個と積み重ねた直方体になるから
$6\times7\times8=336$(個)

練習 182　4通り

解き方　わかりやすい展開図に変化させる。
㋑，㋓，㋗，㋘の4通りある。

練習 183

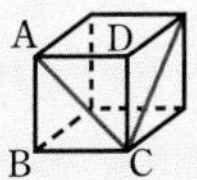

解き方　右の立方体を，展開図に合うように切り開き，展開図に頂点の記号をつけていくと，CとHをつなげばよいことがわかる。

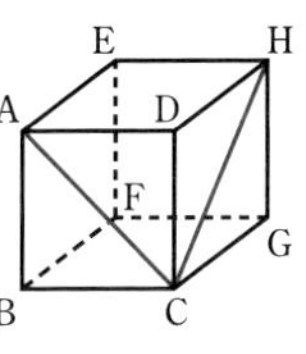

練習 184

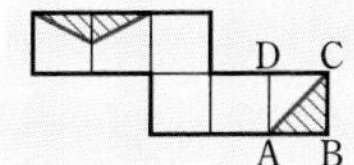

解き方
どの頂点にも記号をつけ，三角形ABC，三角形ABP，三角形BCPの3つの部分を切り取る。

練習 185

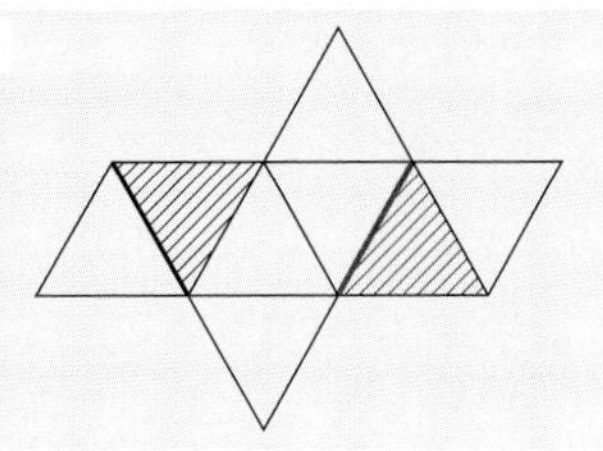

練習 186　㋐，㋒

解き方　真上から見ると，㋐がちがう図になり，真正面から見ると，㋓がちがう図になる。

練習 187　(1)144cm^2　(2)280cm^3　(3)84個

解き方　(1)上下，左右，前後の6方向から見てすべて6個分の正方形だから
$2\times2\times6\times6=144(\text{cm}^2)$

(2)上から順に個数をたすと
$1+3+6+10+15=35$(個)
$2\times2\times2\times35=280(\text{cm}^3)$

(3) 4段目に1個，5段目に $1+2=3$(個)，
6段目に $3+3=6$(個)，
7段目に $6+4=10$(個)，
8段目に $10+5=15$(個)，
9段目に $15+6=21$(個)，
10段目に $21+7=28$(個)
よって
$1+3+6+10+15+21+28=84$(個)

練習 188

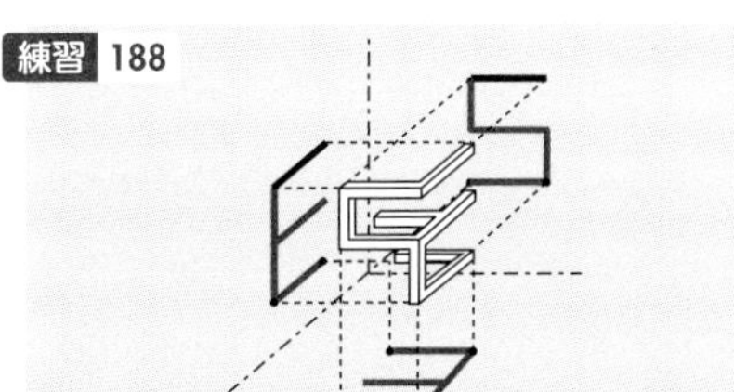

力だめしの問題

1 (1)**44cm³**　(2)**280cm²**

解き方 (1)くり抜いた部分の形は右の図のようになっている。くり抜いた部分の体積は

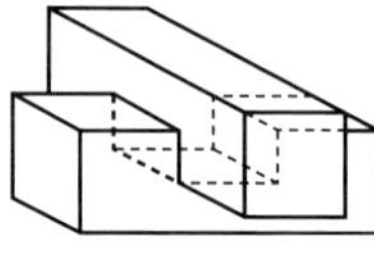

$2\times2\times6\times2-2\times2\times1=44(\text{cm}^3)$

(2)くり抜いた部分によって増える表面積は

$2\times6\times4\times2-(1\times2\times2+2\times2)\times2$

$=80(\text{cm}^2)$

くり抜いた部分によって減る表面積は

$2\times2\times4=16(\text{cm}^2)$

よって　$6\times6\times6+80-16=280(\text{cm}^2)$

2 (1)㋐**72cm³**　㋑**4cm**
(2)㋐**162cm²**　㋑**12cm**

解き方 (1)

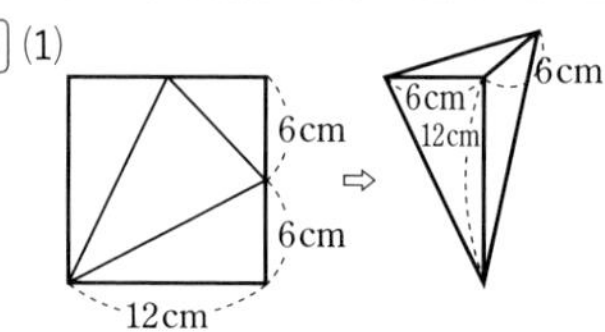

㋐ $6\times6\div2\times12\times\frac{1}{3}=72(\text{cm}^3)$

㋑三角形AMNの面積は

$12\times12-6\times12\div2\times2-6\times6\div2$

$=54(\text{cm}^2)$

三角形AMNが底面のときの高さを□とすると　$54\times□\times\frac{1}{3}=72(\text{cm}^3)$

よって　$□=72\div\frac{1}{3}\div54=4(\text{cm})$

(2)㋐右の図のように延長する。

三角すいP－GHFは(1)の三角すいと相似で，相似比は

$6:12=1:2$

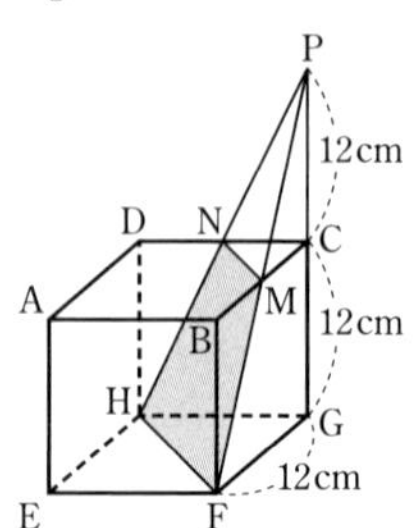

(1)の三角形AMNの面積が54cm²であることから

$54\times(2\times2-1\times1)=162(\text{cm}^2)$

㋑右の図のように延長する。

三角すいQ－ARSは(1)の三角すいと相似で，相似比は

$6:(12+6)$

$=1:3$

よって

$4\times3=12(\text{cm})$

3

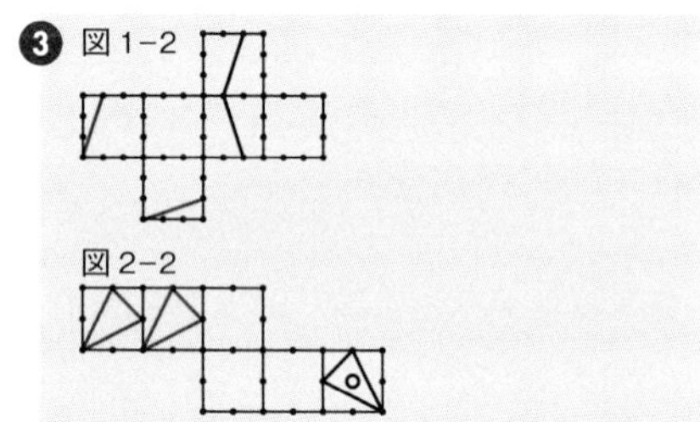

解き方 図1，図2の各頂点にそれぞれの記号をつけて展開図にとる。

不足している線は，それぞれ下の図の太線部分のようになる。

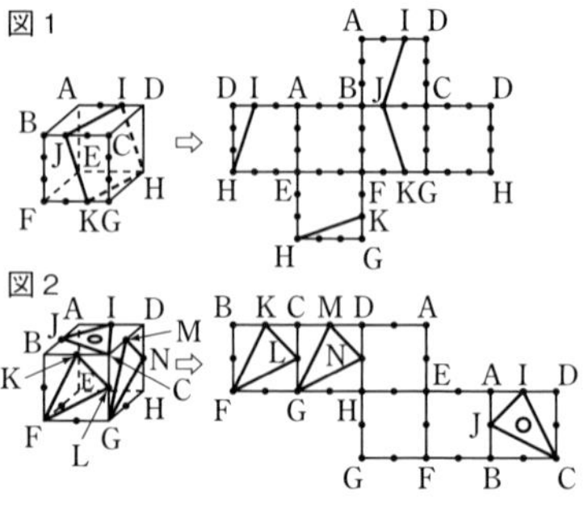

4 (1)

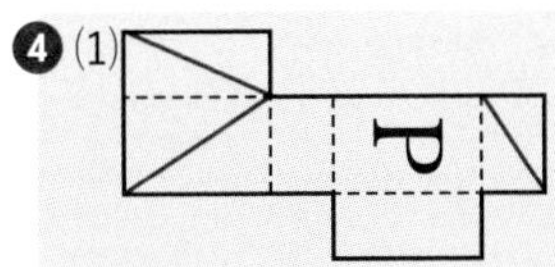

(2)**756**

解き方 (1)見取図は右のようになる。この図をもとに**図2**に3本の対角線をかく。

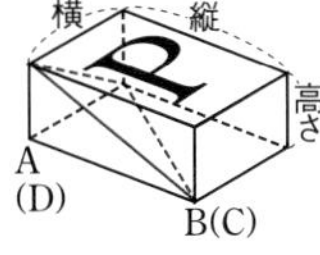

(2)右上の図のように，縦（たて），横，高さとする。

図1の展開図の周の長さは

縦×2＋横×4＋高さ×8　…①

長方形ABCDの周の長さは

縦×2＋横×4＋高さ×4　…②

図2の展開図の周の長さは

縦×4＋横×2＋高さ×8　…③

①，②の差が24cmなので，高さは

24÷4＝6(cm)

①，③の差が10cmなので，縦と横の長さの差は　10÷2＝5(cm)

よって，横の長さは　14−5＝9(cm)

したがって，体積は

$14\times9\times6=756(\mathrm{cm}^3)$

5 (1)**27個**（こ）　(2)**54個**　(3)**600cm²**

解き方 (1)見えない立方体だから

3×3×3＝27(個)

(2)表面上にあって，辺になっていない立方体を考えればよい。

3×3×6＝54(個)

(3)小さい立方体の表面積は

$1\times1\times6=6(\mathrm{cm}^2)$

で，5×5×5＝125(個)あるから，表面積の合計は

$6\times125=750(\mathrm{cm}^2)$

赤く塗（ぬ）られているのは，1辺の長さが5cmの立方体の表面積分で

$5\times5\times6=150(\mathrm{cm}^2)$

$750-150=600(\mathrm{cm}^2)$

6 (1)順に，⚂，⚅　(2)**19**

解き方 (1)4と平行になるのは，3

あの面は，向きを考えると6である(向きにも注意)

(2)2＋2＋5＋3＋4＋3＝19

7 (1)①…**H**　②…**A**　(2)**3cm**

解き方 (1)展開図をかくと右のようになる。

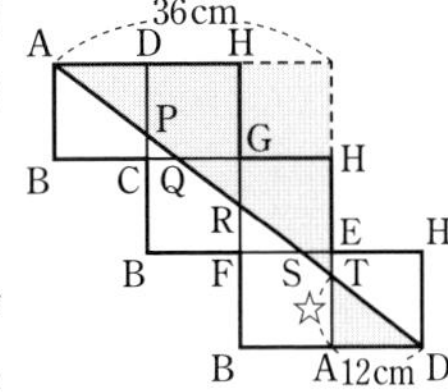

(2)折れ線APQRSTDが最も短くなるのは，右の図のように展開図上で直線になるとき。

図の色をつけた部分の相似形に注目すれば

$☆(\mathrm{AT})=36\times\dfrac{12}{12+36}=9(\mathrm{cm})$

よって　ET＝12−9＝3(cm)

チャレンジ問題

1 (1)

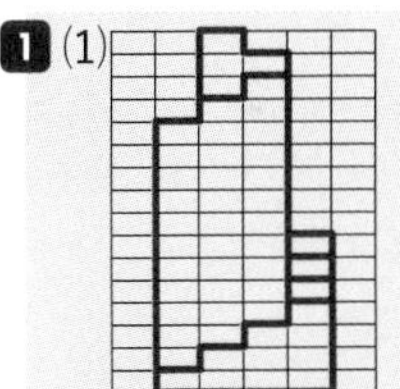

(2)ア…**136**　イ…**544000**

ウ…**50400**

(3)**23600cm²**

解き方 (1)答えの図のようになる。

(2)正面から見た図　右から見た図　上から見た図 数字は積まれた積み木の数

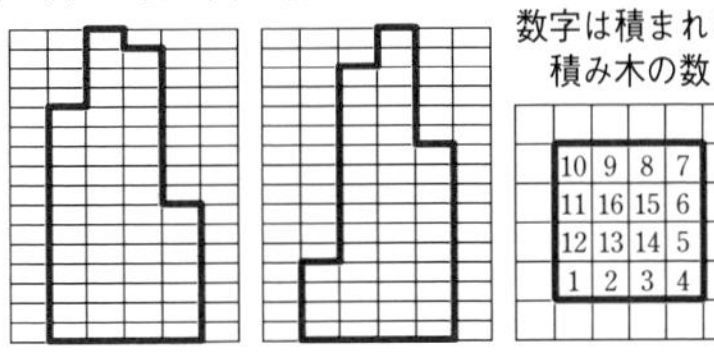

ア　1＋2＋3＋…＋15＋16

＝(1＋16)×16÷2＝136(個)

イ　20×20×10×136＝544000(cm^3)

ウ

10×20×(50＋44)×2＋20×20×16×2
＝50400(cm^2)

⑶ 180000÷(20×20×10)＝45(個)

45＝1＋2＋3＋4＋5＋6＋7＋8＋9

であり，9＝3×3(個)なので，**図2**の立体である。

正面から見た図　右から見た図　上から見た図 数字は積まれた積み木の数

7	6	5
8	9	4
1	2	3

10×20×(22＋19)×2＋20×20×9×2
＝23600(cm^2)

2 ⑴**(2，1，4)**
⑵**(2，4，4)，(4，2，8)**
⑶**2通り**　⑷**11通り**

解き方　Aを2個組み合わせて縦2cm，横2cm，高さ4cmの直方体A′を，Cを4個組み合わせて縦2cm，横2cm，高さ6cmの直方体C′をつくる。A′，B，C′および立体**ア**はいずれも縦2cm，横2cmでそろっているため，高さにのみ注目する。

A′が□セット，Bが△個，C′が☆セットあるとする。ただし，□，△，☆は1以上。

⑴ 4×□＋5×△＋6×☆＝15より，
4×□＋6×☆は偶数，15は奇数なので，5×△は15より小さい奇数となり，△は3より小さい奇数だから，△＝1と決まる。

このとき，4×□＋5×1＋6×☆＝15より

4×□＋6×☆＝10

2×□＋3×☆＝5

☆は2より小さい奇数になるから，

☆＝1，□＝1と決まるので，

(□，△，☆)＝(1，1，1)

よって，Aが2個，Bが1個，Cが4個。

⑵ 4×□＋5×△＋6×☆＝30より，
4×□＋6×☆と30は偶数なので，5×△は30より小さい偶数となり，△は6より小さい偶数なので，
△＝2または△＝4である。

・△＝2のとき

4×□＋5×2＋6×☆＝30より

4×□＋6×☆＝20

2×□＋3×☆＝10

☆は4より小さい偶数になるから，

☆＝2，□＝2となる。

・△＝4のとき

4×□＋5×4＋6×☆＝30より

4×□＋6×☆＝10

2×□＋3×☆＝5

☆は2より小さい奇数になるから，

☆＝1，□＝1となる。

まとめると，

(□，△，☆)＝(1，4，1)，(2，2，2)

よって，Aが2個，Bが4個，Cが4個，

およびAが4個，Bが2個，Cが8個。

⑶立体**ウ**は立体**イ**が2本，つまり高さが60cm分あると考える。

4×□＋5×△＋6×☆＝60

△＝6なので

4×□＋6×☆＝30

2×□＋3×☆＝15

よって，☆は5より小さい奇数になるから，☆＝1または☆＝3である。

・☆＝1のとき

2×□＋3×1＝15

2×□＝12

□＝6

・☆＝3のとき

2×□＋3×3＝15

2×□＝6

□＝3

これより　(□，☆)＝(3，3)，(6，1)

これらそれぞれの場合について，実際(じっさい)に高さ 30cm のイ 2 本をつくることが可能(かのう)かどうかを調べる。

いずれも可能であるため，2 通り。

⑷ 4×□＋5×△＋6×☆＝60

ただし，4×□＋6×☆はつねに偶数であるから，△は 12 より小さい偶数である。

・△＝2 のとき

4×□＋6×☆＝50 より

2×□＋3×☆＝25

☆は 9 より小さい奇数になるから

(□，☆)＝(2，7)，(5，5)，(8，3)，(11，1)

・△＝4 のとき

4×□＋6×☆＝40 より

2×□＋3×☆＝20

☆は 7 より小さい偶数になるから

(□，☆)＝(1，6)，(4，4)，(7，2)

・△＝6 のとき

⑶より　(□，☆)＝(3，3)，(6，1)

・△＝8 のとき

4×□＋6×☆＝20 より

2×□＋3×☆＝10

☆は 4 より小さい偶数になるから

(□，☆)＝(2，2)

・△＝10 のとき

4×□＋6×☆＝10 より

2×□＋3×☆＝5

☆は 2 より小さい奇数になるから

(□，☆)＝(1，1)

以上それぞれの場合について実際に高さ 30cm のイ 2 本をつくることが可能かどうかを調べる。

すべて可能であるため，これらを合わせて

4＋3＋2＋1＋1＝11(通り)

〔別解〕⑴どの積み木も必ず 1 個は使うので，まず，A′，B，C′を 1 個ずつ使うと，高さは

4＋5＋6＝15(cm)

アをつくるのは，これしかないので，

(A，B，C)＝(2，1，4)

⑵まず，アをつくり，残りの 15cm について考えると，

(A′，B，C′)＝(0，3，0)，(1，1，1)

つまり，

(A，B，C)＝(0，3，0)，(2，1，4)

の 2 通りしかない。

最初の 15cm の分と合わせて

(A，B，C)＝(2，4，4)，(4，2，8)

⑶イを 2 本つくると考える。

B を 6 個使うとイが 1 つできるので，もう 1 つは，A と C だけで高さ 30cm にする。

<u>A′ 3 個と C′ 2 個の高さはどちらも 12cm で等しい</u>ことに注意して表にまとめると，右のようになるから，2 通りである。

C′	1	3
A′	6	3

⑷イを 2 本，つまり高さ 60cm の直方体をつくると考える。A′と C′の高さは偶数なので，B の個数は偶数になることに注意して表にまとめる。

B	2				4			6		8	10
C′	1	3	5	7	2	4	6	1	3	2	1
A′	11	8	5	2	7	4	1	6	3	2	1

よって，11 通りになる。

〔注意〕⑶，⑷で，2 本のイの間で，B を 2 個使ってできる高さ 10cm の直方体と，A を 2 個，C を 4 個使ってできる高さ 10cm の直方体を入れかえることで，いろいろなつくり方ができるが，A，B，C の個数は変わらないことに注意する。

3 ⑴アとイとエ，イとウとエ
⑵アとウとオ
⑶アとウとエ，アとエとオ

解き方　3 点の選び方は $\frac{5\times4\times3}{3\times2\times1}=10$(通り)

ある。それぞれについて切り口を調べると，次のようになる。

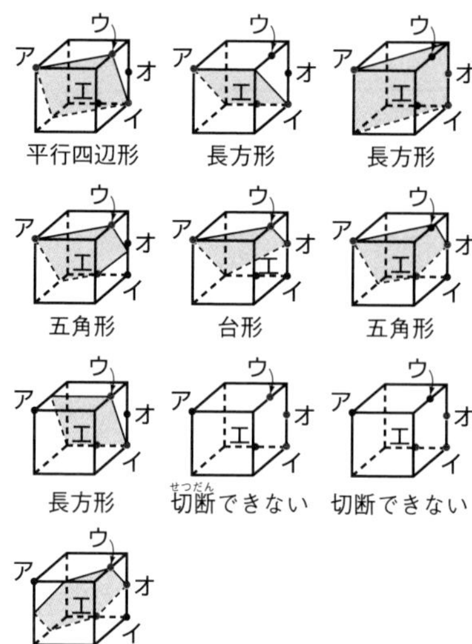

4 (1)面…8　辺…12　頂点…6

表面積…$\frac{1}{2}$倍

(2)面…8　辺…18　頂点…12

表面積…$\frac{7}{9}$倍

解き方 (1)面の数

＝立体Xの面の数

＋四面体の頂点の数

なので　4＋4＝8

辺の数＝立体Xの面の数×3

なので　4×3＝12

頂点の数＝立体Xの辺の数

なので　6

1辺の長さが6cmの正三角形の面積を1とすると，取り除いたあとの立体の1つの面の面積は$\frac{1}{4}$で，8面あるから

表面積は　$\frac{1}{4}\times8\div(1\times4)=\frac{1}{2}$(倍)

(2)面の数

＝立体Xの面の数

＋四面体の頂点の数

なので　4＋4＝8

辺の数＝立体Xの辺の数

＋立体Xの面の数×3

なので　6＋4×3＝18

頂点の数＝立体Xの頂点の数×3

なので　4×3＝12

1つの頂点につき，面積は$\frac{3}{9}$減って，$\frac{1}{9}$増えるから，$\frac{2}{9}$減ることになる。

表面積は　$\left(4-\frac{2}{9}\times4\right)\div(1\times4)=\frac{7}{9}$(倍)

5 (1)**5cm³**　(2)①…**4**　②…**5**

(3)**200個**

解き方 (1)完成図は右の図のようになるから，体積は

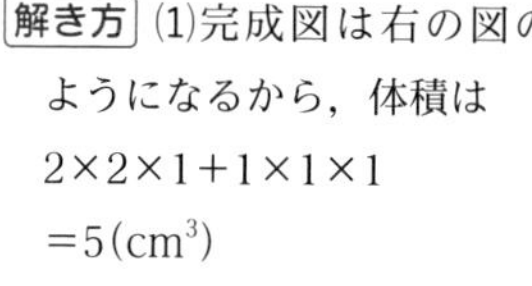

2×2×1＋1×1×1

＝5(cm³)

(2) 1個あたりが5cm³なので，できる直方体の体積も5の倍数。よって，縦が5cmの直方体ができるかどうかを確かめる。右の図のようにできるので，縦は5cm，個数は　5×2×2÷5＝4(個)

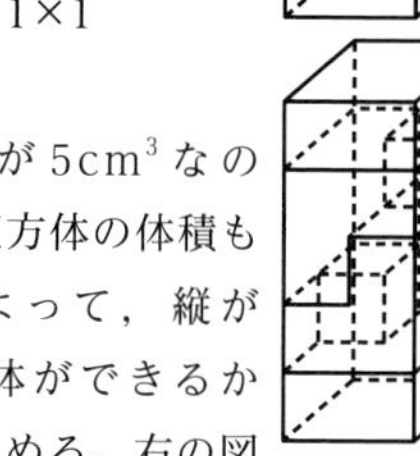

(3) 2と5の最小公倍数は10だから，1辺の長さが10cmの立方体をつくることができる。

10×10×10÷5＝200(個)

〔参考〕1辺5cmの立方体はできない。その証明は大変難しいが，一例をあげておく。1辺が5cmの正方形のマス目を，1辺が2cmの正方形のマス目でうめつくすには，各辺に最低3個，3×3＝9(個)以上の正方形が必要である。(★)

また，1辺5cmの立方体を水平方向に

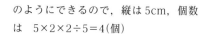

5等分すると，立体はすべて「1段目と2段目」，「2段目と3段目」，「3段目と4段目」，「4段目と5段目」にあり，その個数をそれぞれA個，B個，C個，D個とすると，5×5×5÷5＝25(個)

より

A＋B＋C＋D＝25

また，(★)より1，3，5段目を考えると，Aは9以上，B＋Cは9以上，Dは9以上。これとA＋B＋C＋D＝25をともに満たすA，B，C，Dはないので，1辺が5cmの立方体を組み上げることはできない。

6 (1)**12種類**

(2)最大…**50.24cm^3**

2番目…43.96cm^3

解き方 (1)異なる立体となるような回転軸のとり方は，次のようなものがある。

正方形の中の数は，その部分を回転させたときにできる立体の体積の，半径と高さが1cmの円柱の体積(3.14cm^3)に対する比を表し，○の中の数はその合計を表す。

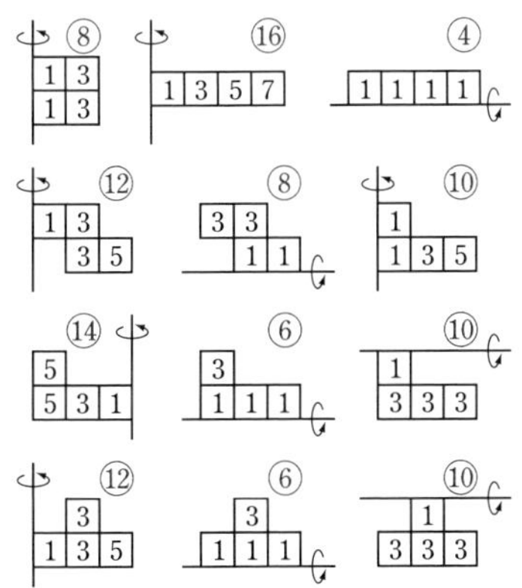

よって，12種類。

(2)図の正方形内の数の和を比べればよい。

最大のものは　3.14×16＝50.24(cm^3)

2番目のものは　3.14×14＝43.96(cm^3)

第3章 対称・移動

練習 189 (1)**6本**

(2)①**オサ**　②**イク**　③**ウケ**

(3)①**ケク**　②**オエ**　③**シア**

解き方 (1)直線アキ，イク，ウケ，エコ，オサ，カシの6本が対称の軸である。

練習 190 **円，長方形**

解き方 次のようにまとめられる。

	円	正三角形	平行四辺形	台形	長方形
線対称	○	○	×	×	○
点対称	○	×	○	×	○

練習 191

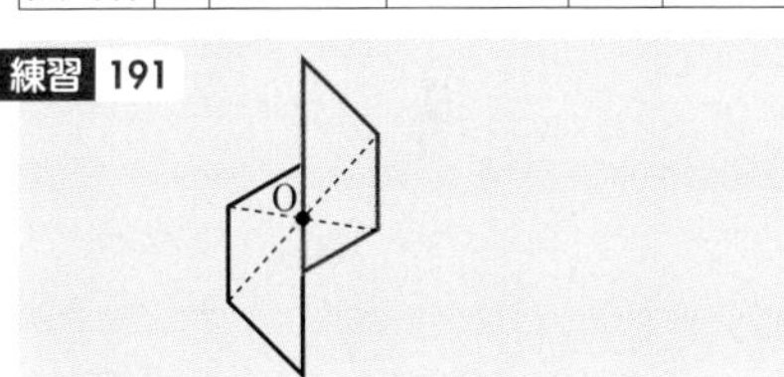

解き方 頂点の対称点を求めてから，それらを線でつなぐ。

練習 192 (1)**18**

(2)(イ)

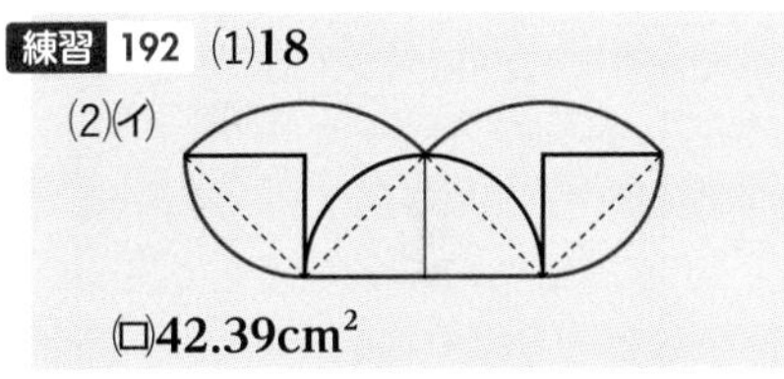

(ロ)**42.39cm^2**

解き方 (1)$x\times x$は正方形の面積である。

一方，正方形の面積は

3×3÷2×4＝18(cm^2)

よって　$x\times x=18$

(2)(ロ)求める面積は半径3cmの半円の面積と半径$x$cmの半円の面積の和になるから

$\left(\frac{3\times3}{2}+\frac{x\times x}{2}\right)\times3.14=\frac{27}{2}\times3.14$

＝42.39(cm^2)

練習 193　5回

解き方　2，4，8は動かない。ほかの番号は右のように変わって繰り返され，5回目に，初めてもとの位置に戻る。

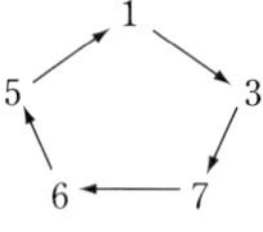

力だめしの問題

❶ 6.75

解き方　右の図のように補助線を引くと，補助線の長さはすべて等しい。これを□cmとすると，三角形ADSの面積は

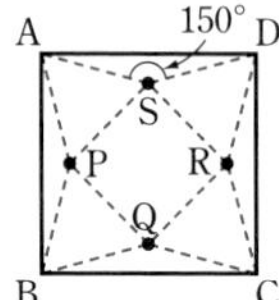

□×(□÷2)÷2=□×□÷4(cm^2)

四角形PQRSの面積は□×□(cm^2)と表せる。四角形PQRSの面積は，三角形ADSの面積の4倍であるから，求める面積は

27÷4=6.75(cm^2)

❷ (1)(ア)…15
(2)(イ)…9　(ウ)…11　(エ)…7

解き方　(1)(ア)右の図のように移動すると，長方形2つになる。

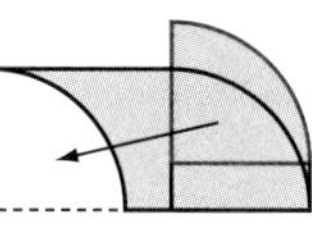

3×4+1×3=15(cm^2)

これは，縦に置かれた長さ3cmの線が横に4cm，横に置かれた長さ3cmの線が縦に1cm移動したときに通る部分(長方形)として3×(4+1)で求めることもできる。

(2)(イ)(1)と同じように考えて

3×(2+1)=9(cm^2)

(ウ)右の図の色の部分を通る。(1)と同様に，おうぎ形の面積が打ち消し合うと考えると　3×2+1×2+1×3=11(cm^2)

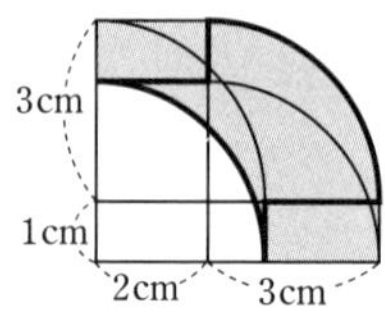

〔参考〕3つの長方形と右上のおうぎ形の面積の和から左下のおうぎ形の面積をひく。

(エ)図の太線で囲まれた部分が2回通る部分になる。

11−1×2×2=7(cm^2)

❸ EC=1.8cm，GF=4cm，AG=4.92cm

解き方　三角形BEDと三角形BCAは相似なので

$BE=BC\times\frac{BD}{BA}=6\times\frac{10-3}{10}=4.2$(cm)

EC=6−4.2=1.8(cm)

右の図から

DF=DB=7(cm)，

DG=DA=3(cm)

よって

GF=7−3=4(cm)

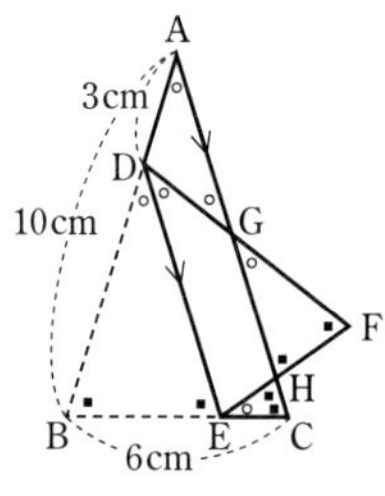

三角形ECHは三角形ABCと相似なので

$HC=1.8\times\frac{6}{10}=1.08$(cm)

GH=GF=4(cm)より

AG=AC−GH−HC
　=10−4−1.08
　=4.92(cm)

❹ (1)5cm　(2)699cm^2

解き方　(1)下の図のとき，青い部分の面積は最大(705cm^2)になる。

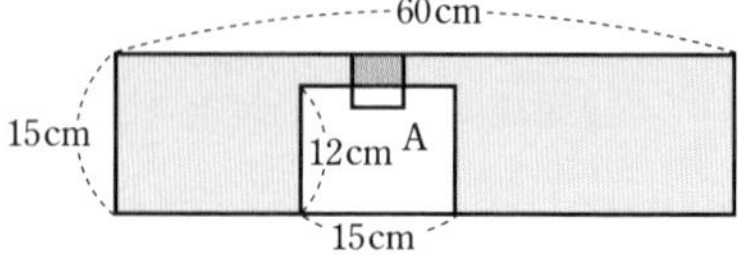

Aの面積を加えると

705+12×15=885(cm^2)

になる。色をつけた長方形の面積は

15×60−885=15(cm^2)

よって，Bの1辺の長さは

15÷(15−12)=5(cm)

(2)初めのAとBの間の長さ(次の図の**ア**)は

ア$=60-(15+5)=40$(cm)

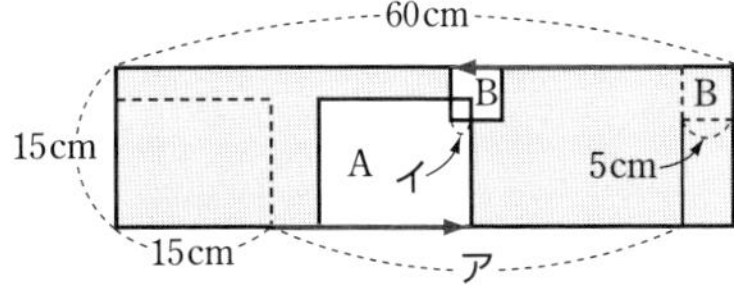

Aは反対側に着くまでに

$60-15=45$(cm)

動くから，A，Bが反対側に着くのは

$45\div1.5=30$(秒後)

また，Bは反対側に着くまでに

$60-5=55$(cm)

動くので，Bの動く速さは

$55\div30=\frac{11}{6}$(cm/秒)

よって，AとBが12.6秒で動く長さの和(色の矢印の長さの和)は

$\left(1.5+\frac{11}{6}\right)\times12.6=42$(cm)

12.6秒後にAとBが重なっている部分の横の長さ(**イ**の長さ)は

イ$=42-40=2$(cm)

また，AとBが重なっている部分の縦の長さは　$12+5-15=2$(cm)

よって，白い部分の面積は

$12\times15+5\times5-2\times2=201$(cm^2)

となり，青い部分の面積は

$15\times60-201=699$(cm^2)

5 (1)**9cm^2**　(2)**$5\frac{1}{4}$cm^2**

(3)**$2\frac{2}{3}$秒後，$3\frac{1}{3}$秒後**

解き方 (1)右の図で，三角形AEIの面積は12cm^{2}なので，三角形ACK, CEG, KGI, CGKの面積はいずれも

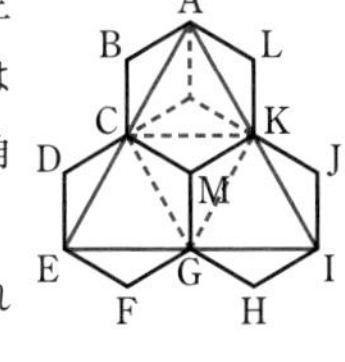

$12\div4=3$(cm^2)

正六角形ABCMKLは三角形CMKと合同な三角形によって6つに分割(ぶんかつ)することができる。よって，1つの正六角形の面積は$3\div3\times6=6$(cm^2)となる。

また，3点P，Q，Rはどれも1秒間に辺1つ分を進む。

したがって，出発して1秒後には右の図のようになり，3つの台形CMKB，GMCF，KMGJの面積はいずれも正六角形の面積の半分なので

$6\div2=3$(cm^2)

よって，三角形PQRの面積は

$3\times3=9$(cm^2)

(2)出発して1.5秒後には，右の図のようになる。この図で，正六角形の1辺の長さを2とすると，

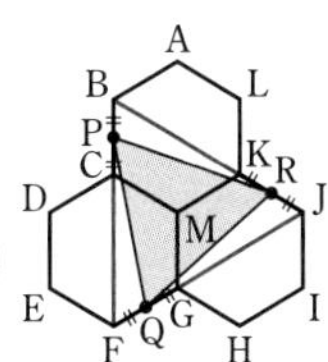

BP(=PC)$=2\div2=1$,

CF$=2\times2=4$となり

BP：PF$=1:(1+4)=1:5$

となる。同様に

FQ：QJ=JR：RB$=1:5$

よって，三角形PFQ，QJR，RBPの面積はどれも三角形BFJの面積の

$\frac{1}{1+5}\times\frac{5}{1+5}=\frac{5}{36}$

なので，三角形PQRの面積は三角形BFJの面積の$1-\frac{5}{36}\times3=\frac{7}{12}$となる。

また，(1)より，三角形BFJの面積は9cm^{2}と求められているから，出発して1.5秒後の三角形PQRの面積は

$9\times\frac{7}{12}=5\frac{1}{4}$(cm^2)

(3)三角形PQRの面積が$\frac{1}{3}$cm^{2}になるのは2回ある。

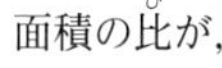

右の図で，三角形CGKと三角形PQRは相似である。

面積の比が，

$3:\frac{1}{3}=9:1$ だから，

$9:1=(3\times3):(1\times1)$

より，相似比は $3:1$ と求められる。

よって，PMの長さはCMの長さの$\frac{1}{3}$なので，図のようになるのは出発してから

$3-\frac{1}{3}=2\frac{2}{3}$(秒後)である。

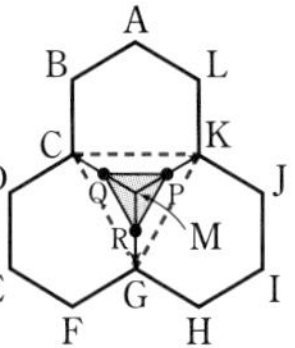

同じように，右の図のMPの長さはMKの長さの$\frac{1}{3}$なので，図のようになるのは出発してから

$3+\frac{1}{3}=3\frac{1}{3}$(秒後)

❻ $1\frac{1}{3}$倍

解き方 正方形ABCDの1辺の長さを2とすると，正方形ABCDの面積は

$2\times2=4$

これより，$DB\times DB\div2=4$ となり

$DB\times DB=8$

■$=1\times1\times3.14=1\times3.14$

■$=DB\times DB\times3.14\times\frac{1}{6}$

　$+$三角形DB′C′$-$三角形DBC

$=8\times3.14\times\frac{1}{6}$

$=1\frac{1}{3}\times3.14$

よって　$1\frac{1}{3}\div1=1\frac{1}{3}$(倍)

❼ 114.41cm²

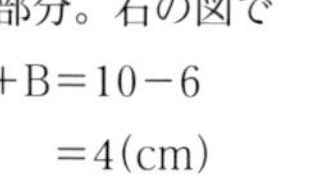

解き方 円が通った部分は右の図の色の部分。右の図で

$A+B=10-6$

$=4$(cm)

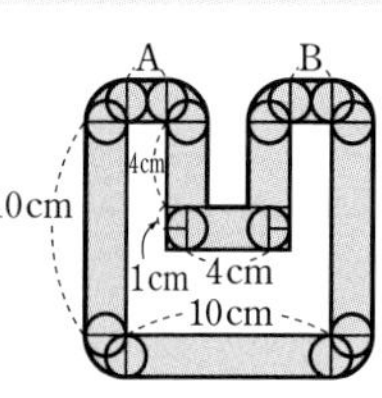

なので，色の部分の面積は，次の図形の面積の和である。

・半径2cm，中心角90°のおうぎ形の面積を6個分。

・2辺の長さが10cm，2cmの長方形の面積を3個分。

・2辺の長さが4cm，2cmの長方形の面積を4個分。

・1辺の長さが1cmの正方形の面積を2個分。

・半径1cm，中心角90°のおうぎ形の面積を2個分。

よって

$2\times2\times3.14\times\frac{90}{360}\times6$

$+10\times2\times3+4\times2\times4+1\times1\times2$

$+1\times1\times3.14\times\frac{90}{360}\times2$

$=6\times3.14+60+32+2+\frac{1}{2}\times3.14$

$=\left(6+\frac{1}{2}\right)\times3.14+94$

$=6.5\times3.14+94$

$=20.41+94$

$=114.41(cm^2)$

❽ (1)①　(2)⑥　(3)③

解き方 (1)左右が逆になることを2回続けるので，もとの図になる。

よって　①

(2)

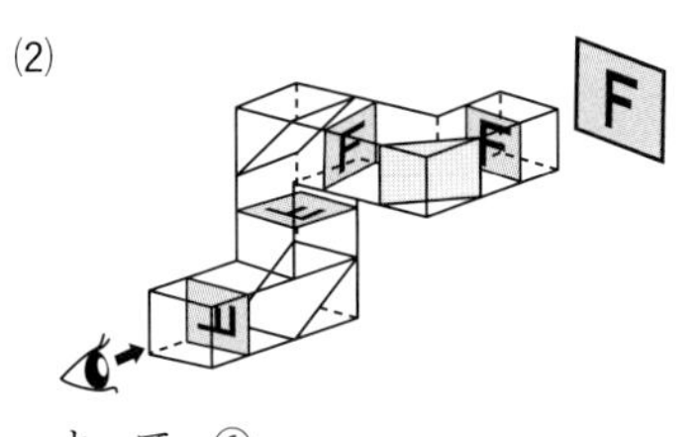

よって　⑥

(3)

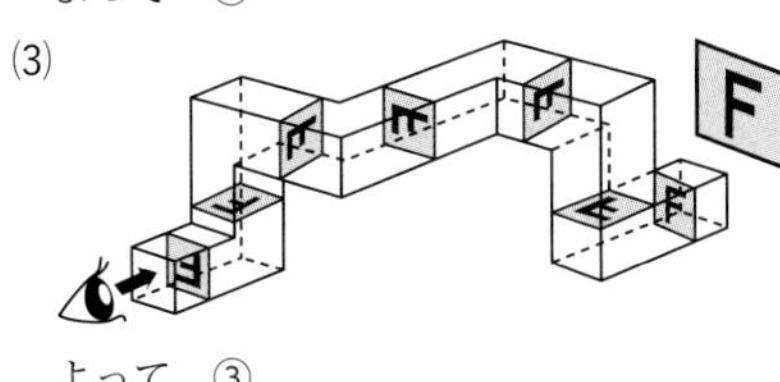

よって　③

チャレンジ問題

1 (1)**B′**　(2)**13.659cm**

解き方 (1)

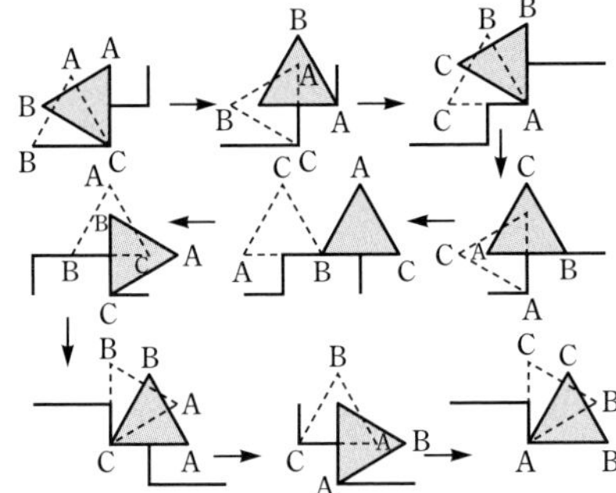

よって　B′

(2)

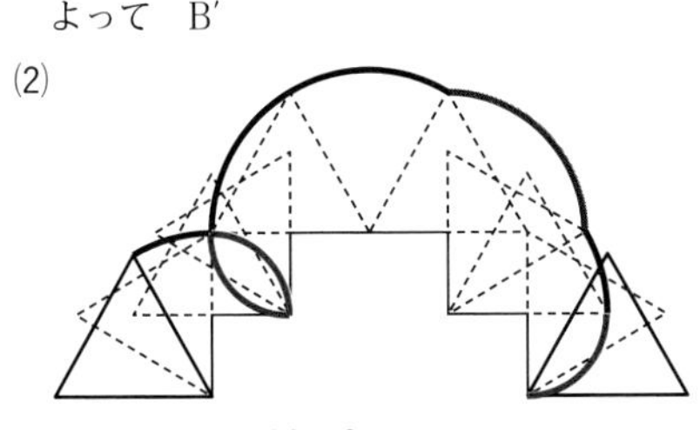

$1\times2\times3.14\times\frac{90\times3}{360}$

$+1.7\times2\times3.14\times\frac{90}{360}$

$+2\times2\times3.14\times\frac{30\times2+120}{360}$

$=\frac{3}{2}\times3.14+\frac{1.7}{2}\times3.14+2\times3.14$

$=\left(\frac{3}{2}+\frac{1.7}{2}+2\right)\times3.14$

$=4.35\times3.14$

$=13.659$(cm)

2 **4.43**

解き方　点Aの通る範囲は，右の図の色の部分。外側の直角三角形の内接円の半径は

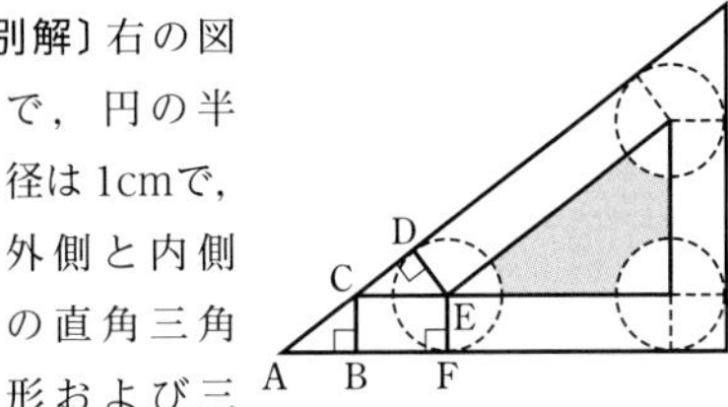

$(6+8-10)\div2=2$(cm)

外側と内側の直角三角形は相似で，相似比は2：(2−1)=2：1より，内側の直角三角形の面積は　$8\times6\div2\times\frac{1\times1}{2\times2}=6$(cm²)

よって　$6-1\times1\times3.14\times\frac{180}{360}=4.43$(cm²)

〔別解〕右の図で，円の半径は1cmで，外側と内側の直角三角形および三角形ABCと三角形CDEは，すべて3辺の長さの比が3：4：5の直角三角形である。

BC=1より　$AB=1\times\frac{4}{3}=\frac{4}{3}$(cm)

DE=1より　$CE=1\times\frac{5}{3}=\frac{5}{3}$(cm)

よって　$AF=AB+CE=\frac{4}{3}+\frac{5}{3}=3$(cm)

これより，内側の直角三角形の底辺の長さは　$8-3-1=4$(cm)

高さは　$4\times\frac{3}{4}=3$(cm)

面積は　$4\times3\div2=6$(cm²)

よって，求める面積は

$6-1\times1\times3.14\times\frac{180}{360}=6-1.57$

$=4.43$(cm²)

3 **①2.5　②1.5**

解き方 ①右の図より

$(40\times2+10\times2)\div40$

$=2.5$(分)

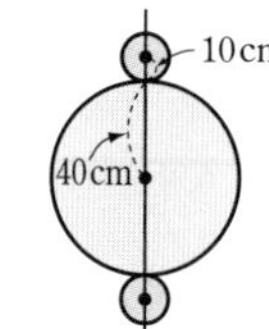

② $30\times2\div40=1.5$(分)

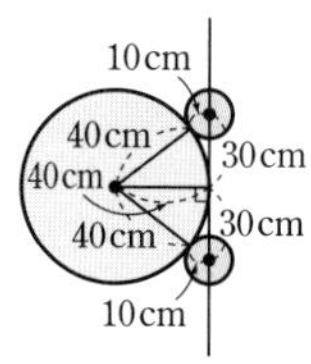

4 **(1)ア…4　イ…3　ウ…8　エ…2**

(2)8分の1…7枚

16分の1…2枚

(3)1024分の1…1023枚

2048分の1…2枚

(4)・3回折った場合

12分の1…7枚

24分の1…10枚

・10回折った場合

1536分の1…1023枚

3072分の1…1026枚

解き方 (1) 2 回半分に折ると，テープの長さは，$\frac{1}{2}\times\frac{1}{2}=\frac{1}{4}$になり，4 枚重なる。

これを真ん中で切ると，両はしの 2 枚は $\frac{1}{4}\times\frac{1}{2}=\frac{1}{8}$になり，残りは折り目でつながっているので，$\frac{1}{8}\times2=\frac{1}{4}$になる。

テープは 4 か所で切れるから，

$4+1=5$(枚)に分かれる。

よって，残りの枚数は　$5-2=3$(枚)

(2) 3 回半分に折ると，テープの長さは，

$\frac{1}{2}\times\frac{1}{2}\times\frac{1}{2}=\frac{1}{8}$になり，8 枚重なる。

これを真ん中で切ると，両はしの 2 枚は $\frac{1}{8}\times\frac{1}{2}=\frac{1}{16}$になり，残りは折り目でつながっているので，$\frac{1}{16}\times2=\frac{1}{8}$になる。

残りの枚数は

$8+1-2=7$(枚)

(3) 10 回半分に折ると，テープの長さは，

$\frac{1}{2}\times\frac{1}{2}\times\frac{1}{2}\times\cdots\times\frac{1}{2}=\frac{1}{1024}$になり，

1024 枚重なる。

これを真ん中で切ると，両はしの 2 枚は $\frac{1}{1024}\times\frac{1}{2}=\frac{1}{2048}$になり，残りは折り目でつながっているので，$\frac{1}{2048}\times2=\frac{1}{1024}$になる。残りの枚数は

$1024+1-2=1023$(枚)

(4) 3 回折った場合

3 回半分に折ると，テープの長さは，

$\frac{1}{2}\times\frac{1}{2}\times\frac{1}{2}=\frac{1}{8}$になり，8 枚重なる。

これを 3 等分する位置で切ると，全体の両はしの 2 枚と各テープの真ん中の 8 枚の合計 10 枚は，$\frac{1}{8}\times\frac{1}{3}=\frac{1}{24}$になり，

残りは折り目でつながっているので，

$\frac{1}{24}\times2=\frac{1}{12}$になる。

残りの枚数は

$8\times2+1-10=7$(枚)

10 回折った場合

10 回半分に折ると，テープの長さは，

$\frac{1}{2}\times\frac{1}{2}\times\frac{1}{2}\times\cdots\times\frac{1}{2}=\frac{1}{1024}$になり，

1024 枚重なる。

これを 3 等分する位置で切ると，全体の両はしの 2 枚と各テープの真ん中の 1024 枚の合計 1026 枚は，

$\frac{1}{1024}\times\frac{1}{3}=\frac{1}{3072}$になり，残りは折り目でつながっているので，$\frac{1}{3072}\times2=\frac{1}{1536}$になる。残りの枚数は

$1024\times2+1-1026=1023$(枚)

5 **(1)37.68cm　(2)87.92cm**

(3)113.04cm

解き方 三角形ABCの辺BCは，3 回動か

すごとに正多角形の辺と重なる。

⑴ 6回動かすごとに正三角形ABCがもとの場所に戻(もど)る。3と6の最小公倍数は6だから，3回の移動(いどう)を

6÷3=2(セット)

行う。

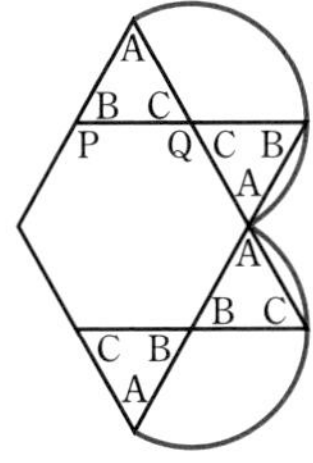

正六角形の1つの内角は120°なので

$3\times2\times3.14\times\frac{360-120-60}{360}\times2\times2$

$=37.68$(cm)

⑵ 4回動かすごとに正三角形ABCがもとの場所に戻る。3と4の最小公倍数は12だから，3回の移動を

12÷3=4(セット)

行う。

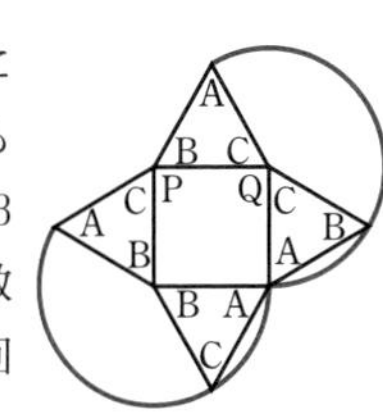

正方形の1つの内角は90°なので

$3\times2\times3.14\times\frac{360-90-60}{360}\times2\times4$

$=87.92$(cm)

⑶ 24回動かすごとに正三角形ABCがもとの場所に戻る。

3と24の最小公倍数は24だから，

3回の移動を24÷3=8(セット)行う。

正二十四角形の1つの内角は

180°×(24−2)÷24=165°なので

$3\times2\times3.14\times\frac{360-165-60}{360}\times2\times8$

$=113.04$(cm)

6 **⑴3回**

⑵㋐$\frac{15}{16}$秒後　㋑268回

解き方 ⑴Qが180°動くごとに1つの線の上にくる。

よって　5÷2=2.5(秒ごと)

9÷2.5=3(回)あまり1.5より，3回。

⑵㋐Q，Rが合わせて半周回ったときである。Q，RがPの周りを動く速さは，それぞれ

360÷5=72(度/秒)

360÷3=120(度/秒)

よって　$180\div(72+120)=\frac{15}{16}$(秒後)

㋑O，P，Qが一直線になるのは，2.5秒ごと。

P，Q，Rが一直線になる(QとRが一致(いっち)する場合もふくむ)のは，$\frac{15}{16}$秒ごと。

$2.5:\frac{15}{16}=8:3$より，O，P，Q，Rが一直線になるのは，

2.5×3=7.5(秒ごと)

よって　2010÷7.5=268(回)

7 **156.56**

解き方 正方形Bが通ることのできる部分は，右の図のようになる。

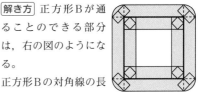

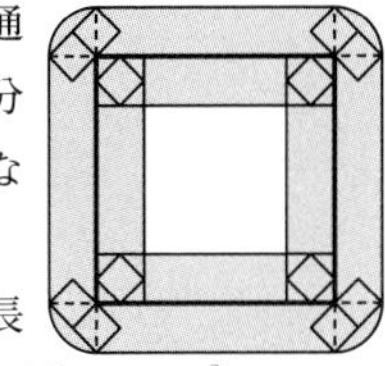

正方形Bの対角線の長さを□cmとすると，面積が2cm^{2}なので，

□×□÷2=2

□×□=4

よって　□=2(cm)

2×10×4=80(cm^2)

10×10−6×6=64(cm^2)

$2\times2\times3.14\times\frac{1}{4}\times4=4\times3.14$

$=12.56$(cm^2)

よって　80+64+12.56=156.56(cm^2)

図形編

第3章 対称・移動

第4章 図形の拡大・縮小

練習 194 色の線が$\frac{1}{2}$に縮小したもの

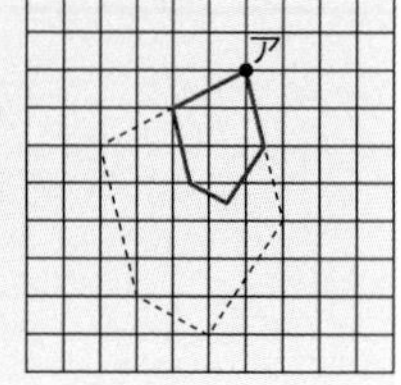

練習 195 $3\frac{9}{37}$**cm**

解き方 BE：EC＝25：12 だから

EF：BA＝EC：BC＝12：(25＋12)

＝12：37

$DE=EF=BA\times\frac{12}{37}=10\times\frac{12}{37}$

$=\frac{120}{37}=3\frac{9}{37}$(cm)

練習 196 ⑴**16倍** ⑵**9：55**

解き方 ⑴ 1 つ外側の正方形の面積は内側の面積の 2 倍になるから

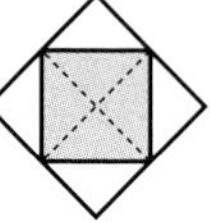

2×2×2×2＝16(倍)

⑵最も小さい正方形の面積を 4 とすると，最も大きい正方形の面積は 64 になり，影の部分の面積は 4＋2＋2＋1＝9

求める比は 9：(64－9)＝9：55

練習 197 ⑴**10万分の1**
⑵**300m，12ha**

解き方 ⑴面積の比は

$2cm^2：2km^2$

$=2cm^2：20000000000cm^2$

＝1：10000000000

＝(1×1)：(100000×100000)

よって，縮尺は $\frac{1}{100000}$

⑵ 12mm×25000＝300000mm＝300m

16mm×25000＝400000mm＝400m

$300\times400=120000(m^2)$→ 12ha

練習 198 **10950cm²**

解き方

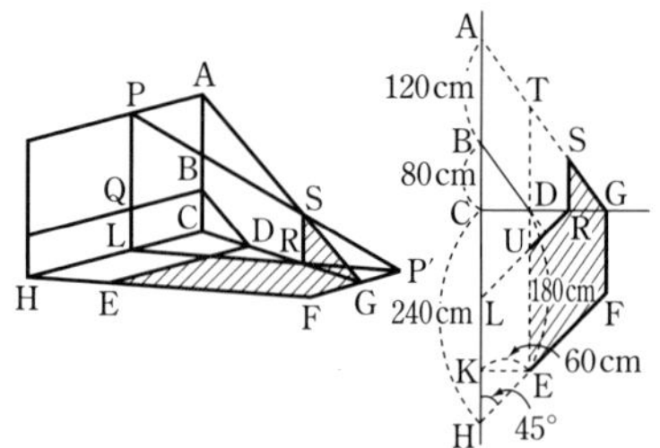

まず，台形EFGTの面積を求める。

本冊p.246 の応用**115**の解答より

GF＝90，DE＝180，CG＝150

上の図より

TE＝TD＋DE＝120＋180＝300

DG＝CG－CD＝150－60＝90

よって，台形EFGTの面積は

(GF＋TE)×DG÷2＝(90＋300)×90÷2

$=17550(cm^2)$

次に，台形URSTの面積を求める。

上の図より，

CR＝CL＝120

RG＝CG－CR＝150－120＝30

よって

DU＝DR＝DG－RG＝90－30＝60

TU＝TD＋DU＝120＋60＝180

また，SR：AC＝RG：CGより

SR＝AC×RG÷CG＝200×30÷150＝40

よって，台形URSTの面積は

(SR＋TU)×DR÷2＝(40＋180)×60÷2

$=6600(cm^2)$

求める面積は

$17550-6600=10950(cm^2)$

力だめしの問題

❶ (1)$19\frac{11}{25}$cm² (2)86.4cm²

解き方 (1)右の図のように頂点を決める。三角形HFGと三角形HBCは相似なので

GH：GF＝CH：CB

＝9：12＝3：4

三角形GFCと三角形DECは相似なので

GF：GC＝DE：DC＝9：12＝3：4

これより GH：GF：GC＝9：12：16

ゆえに $GF=CH\times\frac{12}{9+16}$

$=9\times\frac{12}{25}=\frac{108}{25}$(cm)

よって，影の部分(三角形HFC)の面積は

$9\times\frac{108}{25}\div2=\frac{486}{25}=19\frac{11}{25}$(cm²)

〔別解 1〕右の図のように，BA，CEを延長し，交わった点をPとする。

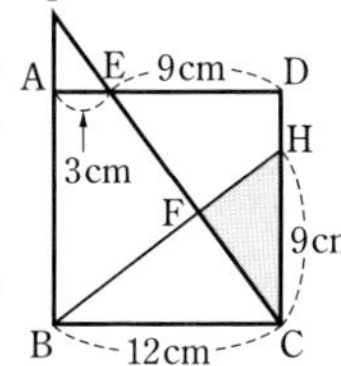

三角形PAEと三角形CDEは相似なので

PA：CD＝AE：DEより

PA：12＝3：9＝1：3

よって，PA＝4となるので

PB＝4＋12＝16

三角形FPBと三角形FCHは相似なので

FB：FH＝PB：CH＝16：9

よって，三角形FCHの面積は，三角形BCHの面積の$\frac{9}{16+9}=\frac{9}{25}$なので，求める面積は

$12\times9\div2\times\frac{9}{25}=54\times\frac{9}{25}=\frac{486}{25}$

$=19\frac{11}{25}$(cm²)

〔別解 2〕上の図で，対角線AC，BDの交わる点をOとすると，三角形BCHを，点Oを中心として90°回転すると三角形CDEに重なるので，BHとCEは垂直である。

そして，図にあるすべての直角三角形について，3辺の長さの比は3：4：5である。このことを用いて求めることもできる。

$FH=9\times\frac{3}{5}=\frac{27}{5}$，$FC=9\times\frac{4}{5}=\frac{36}{5}$より，

求める面積は

$\frac{27}{5}\times\frac{36}{5}\div2=\frac{486}{25}=19\frac{11}{25}$(cm²)

(2)右の図のように頂点を決める。BD，KCに補助線を引く。

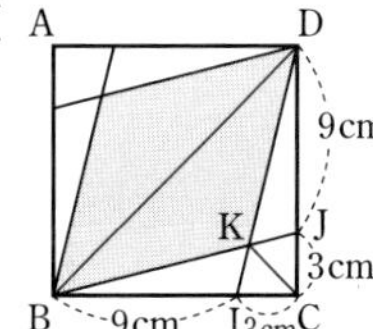

三角形DKB

：三角形DKC

＝9：3＝3：1

三角形DKB：三角形CKB

＝9：3＝3：1

これより，三角形DKBの面積を③とすると，三角形DKC，三角形CKBの面積はともに①となる。

三角形DBC＝12×12÷2＝72(cm²)

これが③＋①＋①＝⑤にあたるので

三角形DKB＝③＝$72\times\frac{3}{5}=43.2$(cm²)

よって，影の部分の面積は

43.2×2＝86.4(cm²)

❷ 2：9

解き方 ㋓は三角形全体の $\frac{4}{2+3+4}=\frac{4}{9}$

㋐は三角形全体の

$\frac{4}{4+2+3}\times\frac{2}{2+3+4}=\frac{8}{81}$

したがって ㋐：㋓＝$\frac{8}{81}:\frac{4}{9}$＝2：9

❸ (1)$\frac{3}{4}$倍 (2)14cm

解き方 (1)右の図で三角形ABP, 三角形APD, 三角形DPCのいずれについても白い部分と全体の面積比は

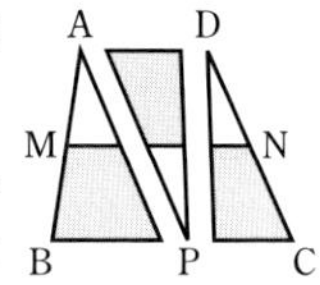

$(1\times1):(2\times2)=1:4$

よって, ▭部分は全体の$\frac{3}{4}$倍。

(2)右の図のようにBA, CDを延長する。

ア：(ア＋イ＋ウ)

$=(6\times6):(18\times18)$

$=36:324$

ア$=36$とすると

イ$=(324-36)\times\frac{5}{5+4}=160$

ア：(ア＋イ)$=36:(36+160)=36:196$

$=(6\times6):(14\times14)$

ゆえに, AD：EF$=6:14$なので

EF$=14$cm

❹ (1)**4：2：1**　(2)**1：1**　(3)**2.5cm**　(4)**12cm²**

解き方 (1)

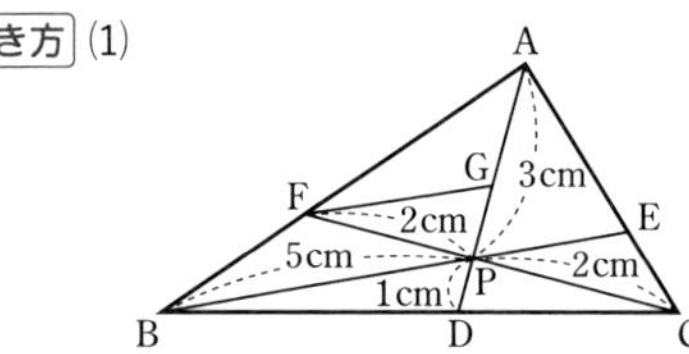

辺ABを底辺と見ると, CF：PF$=2:1$であることから, 三角形ABPの面積は, 三角形ABCの面積の$\frac{1}{2}$とわかる。

辺BCを底辺とみると, AD：PD$=4:1$であることから, 三角形PBCの面積は, 三角形ABCの面積の$\frac{1}{4}$とわかる。

よって　$1:\frac{1}{2}:\frac{1}{4}=4:2:1$

(2)三角形APCの面積は, $1-\frac{1}{2}-\frac{1}{4}=\frac{1}{4}$より, 三角形ABCの面積の$\frac{1}{4}$

AF：FB＝三角形APC：三角形PBC

$=\frac{1}{4}:\frac{1}{4}=1:1$

(3)三角形AFGと三角形ABPは相似で, AF：FB$=1:1$より, 相似比は$1:2$

よって　FG$=5\times\frac{1}{2}=2.5$(cm)

(4)三角形AFGと三角形ABPは相似で, AG：GP＝AF：FB$=1:1$より, GPの長さは　$3\times\frac{1}{1+1}=1.5$(cm)

三角形GPFは3辺の長さの比が

1.5cm：2cm：2.5cm$=3:4:5$

であることから, 角FPGが直角である直角三角形とわかる。

三角形APCの面積は,

$2\times3\div2=3$(cm²)で, これが三角形ABCの面積の　$\frac{1}{4}$

よって　$3\div\frac{1}{4}=12$(cm²)

❺ **26**

解き方 次のように真横から見た図で考える。

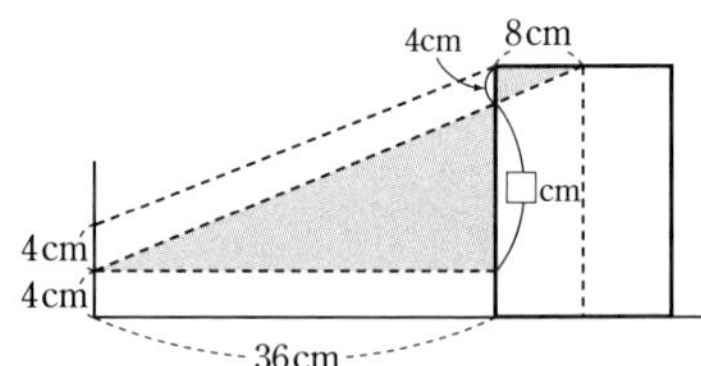

色の三角形の相似に着目すると

□$:4=36:8$

□$=4\times\frac{36}{8}=18$(cm)

よって　$4+18+4=26$(cm)

❻ (1)**3：1**　(2)**12：1**

解き方 (1)三角形ABCの面積を$2\times2=4$とすると,

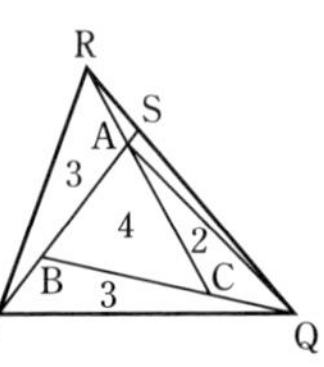

BC：CQ$=2:1$より, 三角形ACQの

面積は2で，CA：AR＝2：1より，三角形ARQの面積は1なので，三角形RCQの面積は3となる。

同様にして，三角形RPA，三角形BPQの面積も3になる。

QS：SR＝三角形APQ：三角形RPA

＝(4＋3＋2)：3

＝9：3＝3：1

⑵三角形RASの面積は　$1\times\frac{1}{3+1}=0.25$

PA：AS＝三角形RPA：三角形RAS

＝3：0.25＝12：1

7 ⑴**8：5**　⑵**32：21**

解き方 ⑴三角形の底辺と，それに内接(ないせつ)する正方形の1辺の長さの比は2：1，三角形の高さと正方形の1辺の長さの比も2：1なので，面積比は

(2×2÷2)：(1×1)＝2：1

そこで，この正方形の面積を1とすると，三角形ABCの面積は2となる。

小さい正方形の1辺の長さは大きい正方形の$\frac{1}{2}$倍なので，面積は$\frac{1}{4}$倍。

ゆえに，正方形の面積の和は，

$1+\frac{1}{4}=\frac{5}{4}$

よって　$2:\frac{5}{4}=8:5$

⑵同様に考えると，正方形の面積の和は，

$1+\frac{1}{4}+\frac{1}{4}\times\frac{1}{4}=\frac{21}{16}$

よって　$2:\frac{21}{16}=32:21$

8 ⑴**1：3**　⑵$\frac{5}{6}$　⑶$\frac{25}{33}$

解き方 ⑴ビルAの高さを1とすると，右のような図がかける。

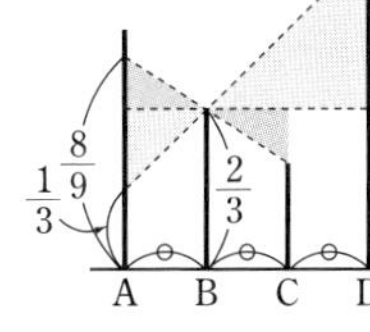

色の三角形は合同なので

$C=\frac{2}{3}-\left(\frac{8}{9}-\frac{2}{3}\right)=\frac{4}{9}$

影をつけた三角形は相似なので

$D=\frac{2}{3}+\left(\frac{2}{3}-\frac{1}{3}\right)\times2=\frac{4}{3}$

よって　$C:D=\frac{4}{9}:\frac{4}{3}=1:3$

⑵

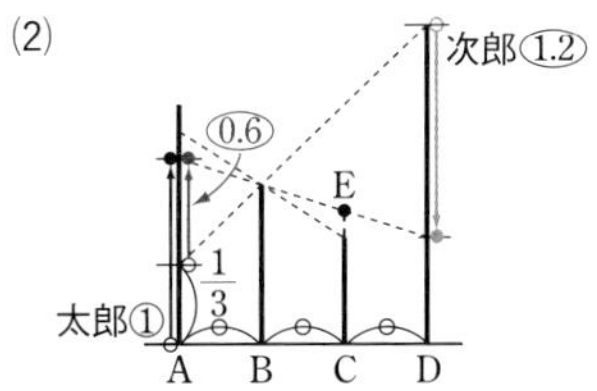

次郎(じろう)君からは，初めはビルAの下から$\frac{1}{3}$よりも上の部分が見える。

その後，見える部分は短くなっていく。

次郎君から見えるいちばん下の部分に太郎君が着くときを求めればよい。太郎君が①上がると，次郎君は(1.2)下がり，次郎君が見える部分は(1.2)÷2＝(0.6)短くなるので，

①－(0.6)＝$\frac{1}{3}$より　(0.4)＝$\frac{1}{3}$

①＝$\frac{1}{3}\times\frac{1}{0.4}=\frac{1}{3}\times\frac{5}{2}=\frac{5}{6}$

このとき，図のEの高さは

$\frac{2}{3}-\left(\frac{5}{6}-\frac{2}{3}\right)=\frac{1}{2}$

これはビルCの高さ$\frac{4}{9}$よりも高い位置にあるので適(てき)する。

⑶

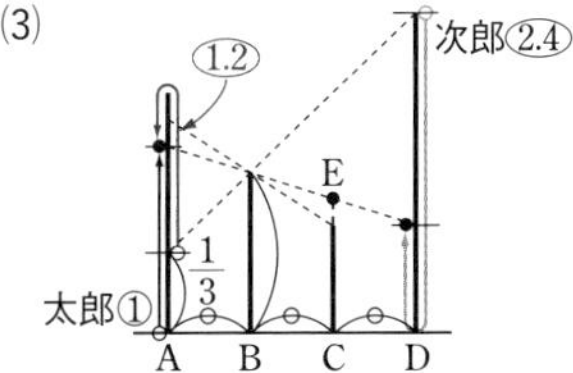

⑵と同様に考える。次郎君の見える部分は(2.4)÷2＝(1.2)より，太郎君が上がっていく速さよりも速い速さで短くなっていくので，次郎君が1階まで下って上り始めてから，次郎君の姿(すがた)を太郎君は見ることができる。

①＋(1.2)＝1×2－$\frac{1}{3}$より　(2.2)＝$\frac{5}{3}$

①＝$\frac{5}{3}\times\frac{1}{2.2}=\frac{5}{3}\times\frac{5}{11}=\frac{25}{33}$

このとき，図のEの高さは

$\frac{2}{3}-\left(\frac{25}{33}-\frac{2}{3}\right)=\frac{19}{33}$

これはビルCの高さ$\frac{4}{9}$よりも高い位置にあるので適する。

チャレンジ問題

1 (1)**3：1：2**　(2)**3cm²**　(3)$\frac{2}{3}$**cm²**

解き方

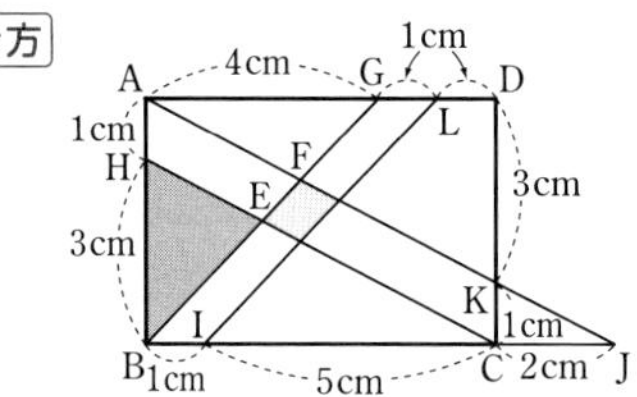

(1)BE：EF＝BH：HA＝3：1

CJ：DA＝CK：KD＝1：3より

CJ＝(4＋1＋1)×$\frac{1}{3}$＝2(cm)

BF：FG＝BJ：GA

＝(1＋5＋2)：4＝2：1

よって，BE：EF＝3：1，

BF：FG＝2：1＝4：2より

BE：EF：FG＝3：1：2

(2)▬＝三角形BGA×$\frac{BH}{BA}\times\frac{BE}{BG}$

＝4×4÷2×$\frac{3}{4}\times\frac{3}{6}$＝3(cm²)

(3)▬＝平行四辺形GBIL×$\frac{EF}{BG}$

＝1×(1＋3)×$\frac{1}{6}=\frac{2}{3}$(cm²)

2 **25：4**

解き方 右の図のように，BCと平行に補助線を引く。

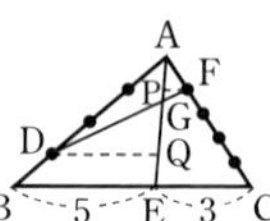

BE＝5とすると

DQ＝5×$\frac{3}{4}=\frac{15}{4}$

PF＝3×$\frac{1}{5}=\frac{3}{5}$

よって

DG：GF＝DQ：PF＝$\frac{15}{4}$：$\frac{3}{5}$＝25：4

3 (1)**1：4**　(2)**9：11**

解き方 (1)三角形ABD：三角形BCD＝3：5なので，

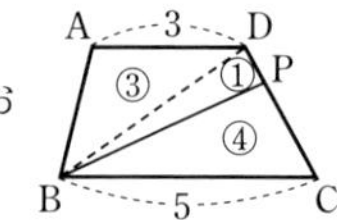

三角形ABD＝③とおくと，

三角形BCD＝⑤

三角形BCP＝(③＋⑤)÷2＝④より

三角形BPD＝①

よって

DP：PC＝三角形BPD：三角形BCP

＝1：4

(2)BC＝20とおくと

AD＝12，DF＝5

また，

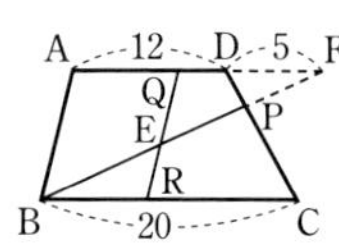

BE：EP＝45：31，

BP：PF＝4：1より

BE：EP：PF

＝45：31：{(45＋31)÷4}

＝45：31：19

よって

BR：QF＝BE：EF

＝45：(31＋19)＝9：10

BR＝⑨とすると　QF＝⑩

四角形ABEQ＝四角形ERCPより

四角形ABRQ＝三角形BCP

＝四角形ABCD×$\frac{1}{2}$

これより $\begin{cases} AQ+BR=(12+20)\times\frac{1}{2}=16 \\ AQ+QF=12+5=17 \end{cases}$

上の2つの式の差を考えると，

⑩－⑨＝17－16より，①＝1となるから

BR：RC＝⑨：(20－⑨)

＝9：(20－9)＝9：11

4 (1)**60**　(2)順に，**5，11**
(3)**30秒より長く37.5秒より短い**

解き方 (1) $7.5\times2\times(10-1)\div135$
$=1$(m/秒)
よって　60(m/分)
(2) AとBの速さの比(ひ)は
$(5-1):(7-5)=2:1$
なので，Bの速さは　$1\div2=0.5$(m/秒)
真上から見て重なるのは，2人合わせて1周分(7.5m)進むときで
$7.5\div(1+0.5)=5$(秒)おき。
AはRからPに進むのに
$7.5\times2\times(5-1)\div1=60$(秒)
かかるので　$60\div5-1=11$(回)
(3) 13回出会うということは，2人が歩いた距離(きょり)の和が13周分より長く，14周分より短いということ。
BはRに着くまでに$2\times(5-1)=8$(周)していて，Aはそのとき5〜6(周)する。AはRに着くまでに$2\times(10-5)=10$(周)するので，Aが4〜5周する時間，Bは休んでいる。
$7.5\times4\div1=30$(秒)
$7.5\times5\div1=37.5$(秒)
より，30秒〜37.5秒。

5 (1)**PA：AD＝5：3，**
BC：CQ＝3：2
(2)**GH：HB＝13：10，**
GI：IC＝13：4
(3)**17：26：23**

解き方

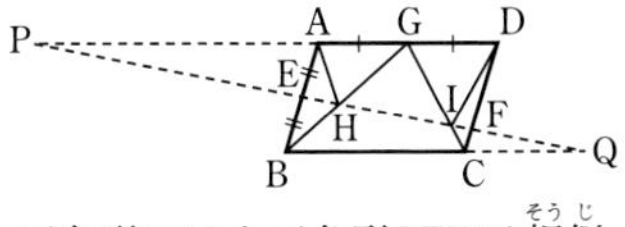

(1)図で，三角形PEAと三角形PFDは相似(そうじ)。
AE＝EB，DF：FC＝4：1より
$PA:PD=AE:DF=\dfrac{1}{2}:\dfrac{4}{4+1}=5:8$
よって　$PA:AD=5:(8-5)=5:3$
また，PA＝QB，AD＝BCより
$BC:CQ=3:(5-3)=3:2$
(2)三角形PGHと三角形QBHの相似より，
GH：BH＝PG：QBとなる。
ここで，AG＝GDであるから
$GH:HB=\left(5+\dfrac{3}{2}\right):5=13:10$
同様に
$GI:CI=PG:QC=\left(5+\dfrac{3}{2}\right):2=13:4$
より　GI：IC＝13：4
(3)(2)から
GH：GB＝13：23，GI：GC＝13：17
よって
三角形AHG：三角形ABG＝13：23
三角形GID：三角形GCD＝13：17
また
三角形GHI：三角形GBC
$=(13\times13):(23\times17)$
三角形ABG：三角形GBC
：三角形GCD
＝1：2：1
よって
三角形AHG：三角形GHI：三角形GID
$=\left(1\times\dfrac{13}{23}\right):\left(2\times\dfrac{13\times13}{23\times17}\right):\left(1\times\dfrac{13}{17}\right)$
＝17：26：23

6 (1)**4：3**　(2)**4.5cm**　(3)**3：8**

解き方 (1)右の図1のように，立方体を真上から見た正方形ABCDにおいて，三角形PAKと三角形PCLは相似なので
AP：PC＝AK：CL＝4：3

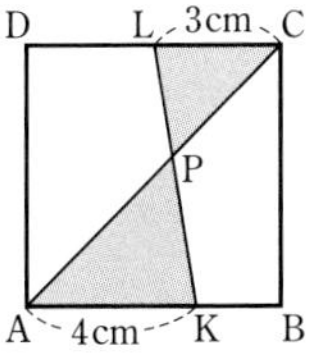

▲図1

⑵右の**図2**のように，正方形AEFBと正方形DHGCは平行なので，切り口の四角形KMQLにおいて，KMとLQは平行である。

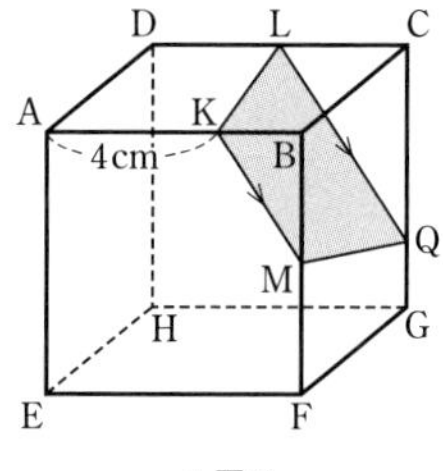

▲図2

真正面から見ると，右の**図3**のようになり，三角形CLQと三角形BKMは相似なので，

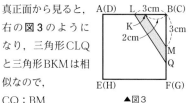

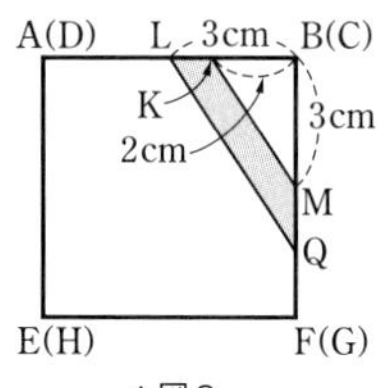

▲図3

CQ：BM
＝CL：BKより
CQ：3＝3：2
よって

$$CQ=3\times\frac{3}{2}=4.5(cm)$$

⑶右の**図4**で，PはAC上の点，QはCG上の点なので，PQは長方形AEGC上にある。これより，3点K，L，Mを通る平面と長方形AEGCが交わってできる直線がPQであることがわかる。よって，PQとCEの交点がRである。

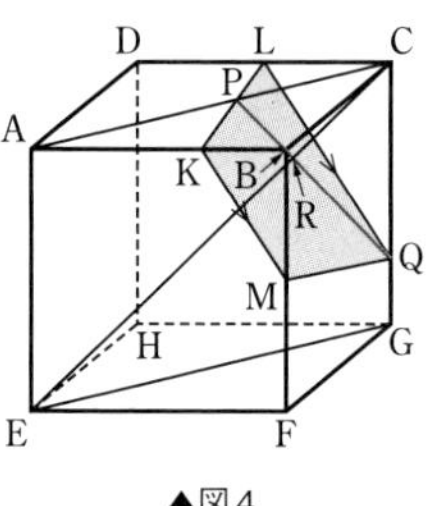

▲図4

右の**図5**のように，PQの延長(えんちょう)とEGの延長の交点をSとする。

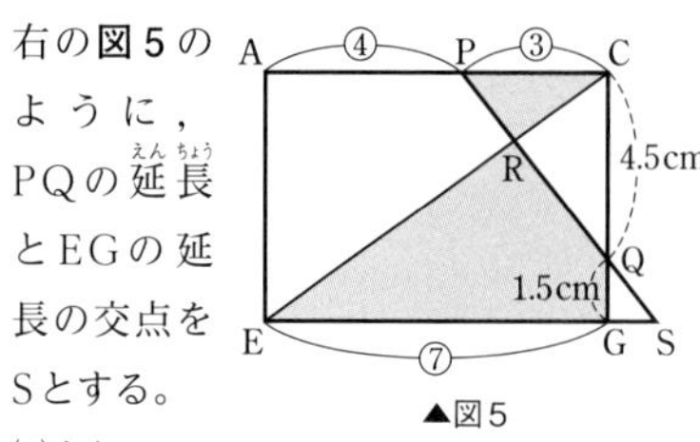

▲図5

⑴より，
AP：PC＝4：3なので
PC：EG＝3：7

また　CQ：QG＝4.5：(6−4.5)
＝4.5：1.5＝3：1
三角形QCPと三角形QGSは相似なので
PC：SG＝CQ：QG＝3：1
よって　PC：ES＝3：(7＋1)＝3：8
三角形RCPと三角形RESは相似なので
CR：RE＝PC：ES＝3：8

数量関係編

第1章 割合

練習 199 (1)**9**　(2)$\mathbf{\frac{15}{2}}$

解き方 (1) $1.2:\frac{2}{3}=\frac{6}{5}:\frac{2}{3}$
$=(6\times3):(5\times2)$
$=18:10=9:5$

よって　$x=9$

(2)$\frac{2}{5}\times x=\frac{3}{4}\times4$ より　$x=\frac{3}{4}\times4\div\frac{2}{5}=\frac{15}{2}$

練習 200 **11400円**

解き方 昨年の値段(ねだん)がもとにする量，106400 円が比(くら)べる量，1.12 が割合(わりあい)である。

$106400\div1.12=95000$(円)

昨年の値段は 95000 円だったから

$106400-95000=11400$(円)

練習 201 **2500円**

解き方 定価(ていか)を x 円とすると

$x\times0.8\times1.1=2200$

$x=2200\div1.1\div0.8=2500$(円)

練習 202 **1280**

解き方 定価の 2 割 5 分(ぶ)引きが仕入れ値の 2 割増(ま)しになる。

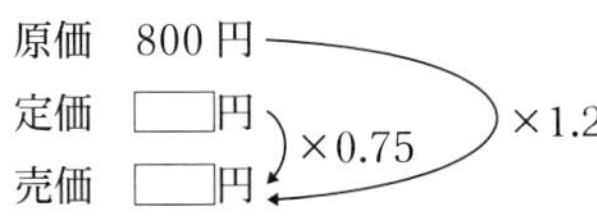

売価… $800\times1.2=960$(円)

定価… $960\div0.75=1280$(円)

練習 203 **12**

解き方 $3000\times1.25=3750$(円)より，

原価　3000 円
定価　3750 円　×1.25
売価　3300 円　+300 円

よって，値引き後の値段は定価の

$3300\div3750=0.88$

値引き分は　$1-0.88=0.12$ → 12%

練習 204 (1)**60%**　(2)**100g**　(3)**12%**

解き方 (1)$\frac{60}{60+40}\times100=60$(%)

(2) 5 倍の体積の水で薄(うす)めたのだから，体積はもとのシロップの 6 倍になっている。もとのシロップの体積は

$120\div6=20$(cm^3)

水の体積は　$20\times5=100$(cm^3)

水 1cm^3 は 1g だから 100g

(3)水 100g を加えて 125g になったのだから，取ったシロップは $125-100=25$(g)である。シロップの濃度(のうど)は 60% だから $25\times0.6=15$(g)の砂糖(さとう)がふくまれている。125g の飲み物の中に 15g の砂糖がはいっているので，濃度は

$\frac{15}{125}\times100=12$(%)

〔注意〕水溶液(すいようえき)の濃度は重さで計算する。体積で計算してはいけない。

練習 205 **縦(たて)…75cm　横…125cm**

解き方 縦の長さは

$400\div2\times\frac{3}{3+5}=75$(cm)

横の長さは　$400\div2-75=125$(cm)

練習 206 **6：7**

解き方 今年の男子，女子は，昨年の $(1-0.12)$ 倍，$(1+0.1)$ 倍になっているから今年の男子と女子の生徒数の比(ひ)は

$\{15\times(1-0.12)\}:\{14\times(1+0.1)\}$

$=(15\times0.88):(14\times1.1)$

$=132:154=6:7$

練習 207 (1)**6割5分**　(2)**20勝**

解き方 (1) $26\div(26+14)=0.65$

→ 6 割 5 分

(2)試合総数(そうすう)は $40+25=65$(試合)になるから，勝率(しょうりつ) 7 割のときの勝ち試合数は

$65 \times 0.7 = 45.5$

試合数は整数だから，勝ち試合の数は，最低 46 試合。あと勝たなければならないのは　$46 - 26 = 20$(勝)

練習 208 (1)**2035円**　(2)**4546円**

解き方 (1) $1850 \times 1.1 = 2035$(円)

(2)切り捨てて 5000 になるのは，5000 以上 5001 未満。

$5001 \div 1.1 = 4546.3 \cdots$ より，4546 円まで買える。

力だめしの問題

❶ (1)**4**　(2)**9**　(3)**21**　(4)$\mathbf{\frac{1}{4}}$
(5)**5，3**　(6)**32，27**

解き方 (1) $52 \div 13 = 4$ だから

$52 : 13 = 4 : 1$

(2) $48 \times 6 \div 32 = 9$ だから　$32 : 48 = 6 : 9$

(3) $8.4 \times 15 \div 6 = 21$ だから

$21 : 8.4 = 15 : 6$

(4)$\frac{3}{2} \times 1 \div 6 = \frac{1}{4}$だから　$\frac{3}{2} : \frac{1}{4} = 6 : 1$

(5) 1.5kg＝1500g だから

1500g：900g＝5：3

(6) 1.6 時間＝60 分×1.6＝96 分

1 時間 21 分＝81 分だから

$96 : 81 = 32 : 27$

❷ $\mathbf{\frac{5}{3}}$**倍**

解き方 $A \times \frac{4}{5} = B \times 1\frac{1}{3}$より

$A = B \times \frac{4}{3} \div \frac{4}{5} = B \times \frac{5}{3}$

❸ (1)**1：6**　(2)**15：16**

解き方 (1)$A \times 2 = B \times \frac{1}{3}$より

$A : B = \frac{1}{3} : 2 = 1 : 6$

(2)$A \times \frac{4}{5} = B \times \frac{3}{4}$より

$A : B = \frac{3}{4} : \frac{4}{5} = 15 : 16$

❹ **18：15：8**

解き方 A，B，C の容器(ようき)に入れた水の体積を 1 とすると，容器の容積は

$A = 1 \div \frac{1}{3} = 3$，$B = 1 \div \frac{2}{5} = \frac{5}{2}$，

$C = 1 \div 0.75 = \frac{4}{3}$

$A : B : C = 3 : \frac{5}{2} : \frac{4}{3} = 18 : 15 : 8$

❺ **□＝14，△＝9**

解き方 (4×△)×7＝(3×□)×6

28×△＝18×□

14×△＝9×□

このとき　△＝9，□＝14

❻ **4：5**

解き方 C を 6 とすると，

A：B：C：D＝2：4：6：5 より

B：D＝4：5

❼ **9：10**

解き方 底面の半径の比(ひ)が 2：3 だから，底面の面積比は　4：9

求める高さの比は　$\frac{2}{4} : \frac{5}{9} = 9 : 10$

❽ **50，75，100**

解き方 2 けたの整数は 10 以上で 99 以下の数である。

20%が 2 けたの整数になる最小の数は

$\frac{10}{0.2} = 50$

96%が 2 けたの整数になる最大の数は，

$\frac{100}{0.96} = 104.\cdots$となり 104

また，その数は $0.2 = \frac{1}{5}$，$0.96 = \frac{24}{25}$がそれぞれ整数になるのだから，25 の倍数である。

50 以上，104 以下の 25 の倍数は，50，75，100 である。

❾ **A…100cm　B…80cm**

解き方 Bの残りはもとの長さの

$1-\frac{1}{4}=\frac{3}{4}$で，AとBの長さの比は5：4だから，これはもとのAの　$\frac{4}{5}\times\frac{3}{4}=\frac{3}{5}$(倍)

切り取った残りの比が3：2だから，Aの残りはもとのAの$\frac{3}{5}\times\frac{3}{2}=\frac{9}{10}$(倍)，切り取ったのはもとのAの$1-\frac{9}{10}=\frac{1}{10}$で，この長さが10cmだから，もとのAの長さは100cm。

Bのもとの長さは　$100\times\frac{4}{5}=80$(cm)

⑩ 63.4

解き方 女子の人数は　$36\times\frac{4}{9}=16$(人)

男子の人数は　$36-16=20$(人)

男子の平均点は

$\frac{65\times36-67\times16}{20}=63.4$(点)

〔別解〕女子の平均点が67点なのに，全体の平均点が65点しかないのは，男子の平均点が低いから。

全体の平均点は男子の方が人数が多いから，男子の方に近づく。

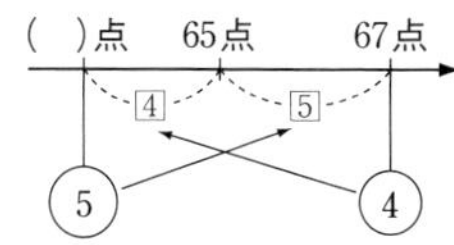

おもりの重さの比が5：4だから，うでの長さの比は4：5(逆比)

$67-65=2$(点)

5＝2(点)より　1＝0.4(点)

4＝1.6(点)

よって，男子の平均点は

$65-1.6=63.4$(点)

⑪ 26本

解き方 A君が11本，B君が13本持っていたとする。B君にあげたあとのA君の鉛筆の数は

$11-(11+13)\times0.25=5$(本)

ところが実際は10本だから，最初の仮定からすべて2倍にして考えればよい。B君の持っていた鉛筆の数は　$13\times2=26$(本)

〔別解〕Aの本数を⑪，Bの本数を⑬とおくと

(⑪＋⑬)×0.25＝⑥

Bに⑥あげた後のAは　⑪－⑥＝⑤

⑤＝10(本)より　①＝2(本)

初めのBは　⑬＝26(本)

⑫ 35

解き方 碁石の数と，碁石と碁石の間の数は等しくなる。また，4cm間隔のときの間の数は，3cmのときの間の数の$\frac{3}{4}$倍にあたる。

必要な碁石の個数の差は　$8+1=9$(個)

これは，3cmのときの間の数の

$1-\frac{3}{4}=\frac{1}{4}$(倍)にあたるので，間隔が3cmのときに必要な碁石の数は

$9\div\frac{1}{4}=36$(個)

よって，最初にあった碁石の数は

$36-1=35$(個)

〔別解〕碁石の数と，碁石と碁石の間の数は等しいから，碁石の数の比は，間隔の比4：3の逆比3：4になる。

この比の差$4-3=1$が$8+1=9$(個)にあたるから，求める個数は　$9\times4-1=35$(個)

($9\times3+8=35$(個)としてもよい。)

⑬ 60km

解き方 時速15km，時速12km，時速9kmで走った道のりの比が1：2：3なので，かかった時間の比は

$\frac{1}{15}:\frac{2}{12}:\frac{3}{9}=\frac{1}{15}:\frac{1}{6}:\frac{1}{3}=2:5:10$

よって，時速15kmで走った時間は

$5\frac{40}{60}\times\frac{2}{2+5+10}=\frac{17}{3}\times\frac{2}{17}=\frac{2}{3}$(時間)

道のりの合計は

$15\times\frac{2}{3}\times\frac{1+2+3}{1}=60$(km)

⓮ 300g

解き方 2%の食塩水500gにふくまれている食塩の量は　500×0.02＝10(g)

10gの食塩で5%にするためには全体は

10÷0.05＝200(g)

蒸発(じょうはつ)させる水の量は　500－200＝300(g)

⓯ 5500円

解き方 1割(わり)の利益(りえき)を見込(こ)む売り値(ね)は

4000×1.1＝4400(円)

これが定価(ていか)の2割引きに相当するから，定価は

4400÷(1－0.2)＝5500(円)

⓰ 2500円

解き方 原価を1とすると，

定価は　1＋0.2＝1.2

売り値は　1.2×(1－0.2)＝1.2×0.8＝0.96

よって，100円は1－0.96＝0.04にあたるから，原価は　100÷0.04＝2500(円)

⓱ (1)1%
(2)A…3286個　B…2976個

解き方 (1)商品Aと商品Bの昨日売れた個数をそれぞれ1とすると，今日売れた個数は，

商品A… 1＋0.06＝1.06

商品B… 1－0.04＝0.96

よって，今日売れた個数の合計は

1.06＋0.96＝2.02

昨日売れた個数の合計は1＋1＝2なので

2.02÷2＝1.01より，1%増(ふ)えた。

(2) 2.02－2＝0.02が，増えた62個にあたるので，昨日売れた商品Aと商品Bそれぞれの個数は　62÷0.02＝3100(個)

よって，今日売れた個数は

商品A… 3100×1.06＝3286(個)

商品B… 3100×0.96＝2976(個)

⓲ (1)88円　(2)45本

解き方 (1)定価は　99÷0.9＝110(円)

よって，原価は　110÷1.25＝88(円)

(2) 1本あたりの利益(りえき)は

1日目… 110－88＝22(円)

2日目… 99－88＝11(円)

すべて2日目に売れたときと比(くら)べると

1815－11×120＝495(円)

高くなっている。

よって，1日目に売れた本数は

495÷(22－11)＝45(本)

⓳ (1)16台
(2)A社…48台　B社…56台
(3)64台

解き方 (1)昨年のA社の台数を3とすると，昨年のA社，B社，合計の台数の比は3：5：8で，今年の台数の合計は，

$8\times1\frac{5}{8}=8\times\frac{13}{8}=13$にあたる。よって，

今年のA社の台数は　$13\times\frac{6}{6+7}=6$

B社の台数は　$13\times\frac{7}{6+7}=7$

にあたる。昨年と今年のA社の台数の比は3：6であり，この比の差6−3＝3が24台である。昨年と今年のB社の台数の比は5：7であるから，増えた台数は

$24\times\frac{7-5}{3}=24\times\frac{2}{3}=16$(台)

(2)A社の今年の台数は　$24\times\frac{6}{3}=48$(台)

B社の今年の台数は　$24\times\frac{7}{3}=56$(台)

(3) $24\times\frac{8}{3}=64$(台)

⓴ 16：9

解き方 大円の面積の$\frac{3}{8}$と小円の面積の$\frac{2}{3}$が等しいので

大円$\times\frac{3}{8}=$小円$\times\frac{2}{3}$

これより　大円：小円$=\frac{2}{3}:\frac{3}{8}=16:9$

〔別解〕重なった部分の面積を1とおいて考える。

大円：小円$=\frac{8}{3}:\frac{3}{2}=16:9$

㉑ 43.1%

解き方　439÷33=13 あまり 10 となるので，33人の組は3組で，34人の組が10組ある。

女子は 13×3+15×10=189(人)より

$\frac{189}{439}\times100=43.05\cdots(\%)\rightarrow43.1\%$

㉒ (1)$1\frac{2}{3}$倍　(2)3000円 (3)250円

解き方　(1)入園料を払う(はら)と，もらった金額(きんがく)の$\frac{2}{5}$が残ったので，入園料は

$1-\frac{2}{5}=\frac{3}{5}$

よって　$1\div\frac{3}{5}=\frac{5}{3}=1\frac{2}{3}$(倍)

(2)太郎(たろう)，二郎，三郎がもらった金額をそれぞれ㊄円，㊁円，㊂円とする。

㊄$\times\left(1-\frac{2}{3}\right)=$㊄$\times\frac{1}{3}$

㊁$\times\left(1-\frac{1}{2}\right)=$㊁$\times\frac{1}{2}$

㊂$\times\frac{3}{5}$

はすべて入園料を表す。

㊄$\times\frac{1}{3}=$㊁$\times\frac{1}{2}=$㊂$\times\frac{3}{5}$より

㊄：㊁：㊂$=3:2:\frac{5}{3}=9:6:5$

よって，二郎がもらった金額は

$10000\times\frac{6}{9+6+5}=3000$(円)

(3)昼食の代金は

$3000\times\frac{1}{2}-750=750$(円)

よって，三郎の残金は

$10000\times\frac{5}{9+6+5}\times\frac{2}{5}-750=250$(円)

チャレンジ問題

1 (1)9：4　(2)$2\frac{10}{13}$L

解き方　(1)Aの容積(ようせき)の$\frac{1}{2}-\frac{1}{6}=\frac{1}{3}$とBの容積の$1-\frac{1}{4}=\frac{3}{4}$は等しいから

$A\times\frac{1}{3}=B\times\frac{3}{4}$

よって　$A:B=\frac{3}{4}:\frac{1}{3}=9:4$

(2)A，Bの容積の和が12L，容積比(ひ)が9：4だから，Aの容積は

$12\times\frac{9}{9+4}=\frac{108}{13}$(L)

Aからくみ出した水の量は

$\frac{108}{13}\times\frac{1}{3}=\frac{36}{13}=2\frac{10}{13}$(L)

2 男子…6.25%　女子…10%

解き方　ある年の男子を8，女子を7とすると，3年後の人数は

$(8+7)\times1.08=16.2$

そのうちの男子は

$16.2\times\frac{85}{85+77}=8.5$

女子は　$16.2-8.5=7.7$

男子の増(ふ)えた割合(わりあい)は

$\frac{8.5-8}{8}=0.0625\rightarrow6.25\%$

女子の増えた割合は

$\frac{7.7-7}{7}=0.1\rightarrow10\%$

3 (1)C　(2)9個(こ)

解き方　(1)a，b，c，dをA，B，C，Dの箱にはいっているボールの数を表すことにすると

$a+b=c\times2$

$b+d=a\times2$

$a+1=(b-1)\times 2$

a, bは整数だから，$a+1$ は偶数(ぐうすう)でaは奇数(きすう)。

cも整数だから，$a+b$は偶数になるが，aが奇数だからbも奇数。

$b+d$は偶数でbが奇数だからdも奇数。

すると，A，B，Dの箱にはいっているボールの数は奇数となる。

よって，6 個はいっているのはCとなる。

(2) $c=6$ だから　$a+b=12$

$(a+1)+(b-1)=12$

$(b-1)\times 2+(b-1)=12$

$(b-1)\times 3=12$

$b-1=12\div 3=4$

$b=4+1=5$

$a=12-5=7$

よって　$d=7\times 2-5=9$

Dの箱には 9 個のボールがはいっている。

4 7.5m

解き方 右の図で，A，Bの高さの差は 2mだから，C，Bの高さの差は

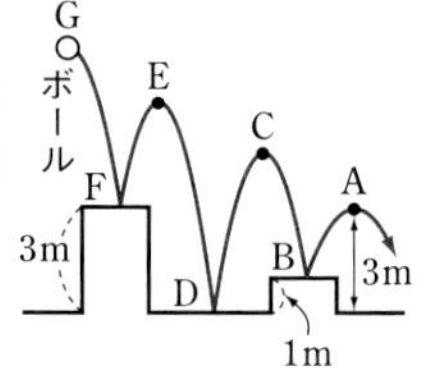

$2\div\frac{2}{3}=3$(m)

C，Dの高さの差は　$3+1=4$(m)

E，Dの高さの差は　$4\div\frac{2}{3}=6$(m)

E，Fの高さの差は　$6-3=3$(m)

G，Fの高さの差は　$3\div\frac{2}{3}=4.5$(m)

だから，G，Dの高さの差は

$3+4.5=7.5$(m)

5 (1)5：2　(2)160g

解き方 (1)Bは何g混(ま)ぜても濃度(のうど)は変わらないので，AとCを混ぜて 7%になると考える。右の図から，AとCの量の比は 5：2 となる。

(2)AとCを混ぜてできる食塩水の濃度を□とする。

$\square=5+(12-5)\times\frac{2}{2+1}$

$=5+4\frac{2}{3}=9\frac{2}{3}$(%)

これとBを 400g混ぜると 8% の食塩水ができる。

BとA+Cの量の比は $1\frac{2}{3}:1=5:3$ なので，A+Cの量は

$400\times\frac{3}{5}=240$(g)

よって，Cの量は

$240\times\frac{2}{1+2}=160$(g)

6 (1)10.5%　(2)240g

解き方 (1)下の図を使って考える。

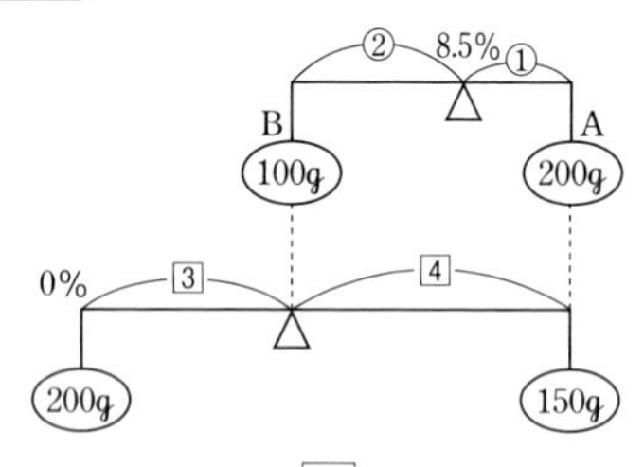

③$=\boxed{4}$より　②$=\boxed{\frac{8}{3}}$

よって　$\boxed{3}+\boxed{\frac{8}{3}}=8.5$　$\boxed{\frac{17}{3}}=8.5$

これより　$\boxed{1}=8.5\div\frac{17}{3}=1.5$

Aの濃度は　$\boxed{7}=1.5\times 7=10.5$(%)

(2)AとBを同じ割合で混ぜればよい。

初めのAとBの重さの比は

$400:600=2:3$

混ぜたあとのA400gの中が
(もともとあった食塩水)：(Bからの食塩水)＝2：3
となればよい。
よって，BからAに入れた食塩水の量は
$400\times\frac{3}{2+3}=240$(g)

7 (1)**6.8**　(2)$\mathbf{61\frac{7}{13}}$

解き方 (1)混ぜた後の食塩水にふくまれる食塩の量は
$(100+150+350)\times\frac{8.3}{100}=49.8$(g)
よって，食塩水Cにふくまれる食塩の量は
$49.8-\left(100\times\frac{8}{100}+150\times\frac{12}{100}\right)=23.8$(g)
よって，食塩水Cの濃度は
$23.8\div350\times100=6.8$(%)
(2)Bを少なくするので，9%の濃度に近いAをできるだけ使うようにする。
Aは100gすべて使うとすると，

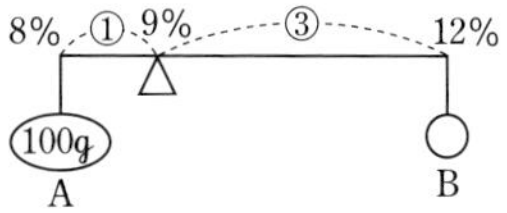

8%　①　9%　③　12%　100g　A　B

Bの必要な量は
$100\times\frac{1}{3}=\frac{100}{3}$(g)
このとき，$200-100-\frac{100}{3}=\frac{200}{3}$(g)残る。
次に，BとCを使って9%の食塩水を$\frac{200}{3}$gつくると考える。

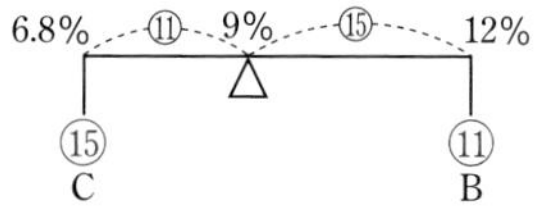

6.8%　⑪　9%　⑮　12%　⑮　C　⑪　B

BとCの量の比は
$(9-6.8)：(12-9)=2.2：3=11：15$
なので，Bの量は
$\frac{200}{3}\times\frac{11}{11+15}=\frac{1100}{39}$(g)
よって
$\frac{100}{3}+\frac{1100}{39}=\frac{800}{13}=61\frac{7}{13}$(g)

8 (1)**100g以上180g以下**
(2)$\mathbf{128\frac{4}{7}}$**g**

解き方 (1) 3%の食塩水を使わないとき，5%，8%の食塩水の量の比は2：1になるので，8%の食塩水の量は

3%　5%　1%　6%　2%　8%　0g　②　①

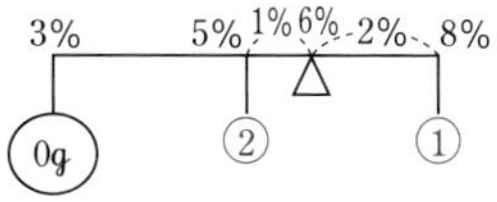

$300\times\frac{1}{2+1}=100$(g)
5%の食塩水を使わないとき，3%，8%の食塩水の量の比は2：3になるので，8%の食塩水の量は

3%　3%　6%　2%　8%　2　0g　3

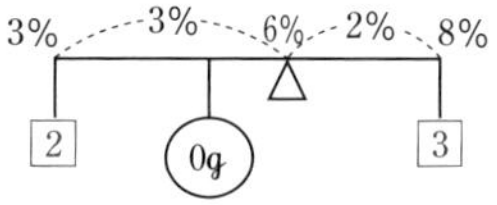

$300\times\frac{3}{2+3}=180$(g)
よって，100g以上180g以下になる。
(2) 5%，8%の食塩水を同じ量混ぜると，
$(5+8)\div2=6.5$(%)の食塩水になる。
右の図で，
$0.5：3$
$=1：6$
なので，求める食塩水の量は

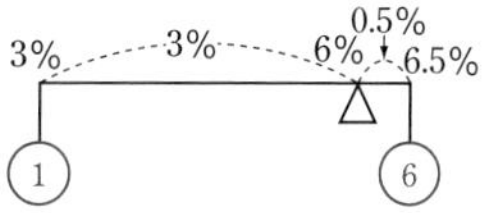

3%　3%　6%　0.5%　6.5%　①　⑥

$300\times\frac{6}{1+6}\div2$
$=\frac{900}{7}=128\frac{4}{7}$(g)

9 (1)**108個**　(2)**40個**

解き方 (1)兄と弟の，当たった割合，はずれた割合，その差の割合は右の表のようになる。

	兄	弟
当たり	54%	55%
はずれ	46%	45%
差	8%	10%

兄，弟の投げたボールの数をそれぞれ㊇，㊈とすると，㊇×0.08＝㊈×0.1なので
㊇：㊈＝0.1：0.08＝5：4

兄と弟の的に当てたボールの数の比は

(兄×54)：(弟×55)＝(5×54)：(4×55)

＝27：22

よって，兄が的に当てたボールの数は

$196\times\frac{27}{27+22}=108$(個)

(2)兄の当たった数とはずれた数の差は

$108\times\frac{8}{54}=16$(個)

あとから投げた後，その差は16＋8＝24(個)で，これが10%にあたるから，あとから投げたボールの数は

$24\div0.1-108\times\frac{100}{54}=240-200$

＝40(個)

10 (1)**600円**　(2)**42本**　(3)**240円**

解き方 (1) 15本買うと2割引きにしてもらえる。

50×0.8×15＝600(円)

(2) 3000円では100円の鉛筆(えんぴつ)が30本以上買えるので，3割引きにしてもらえる。

1本の値段(ねだん)は，100×(1−0.3)＝70(円)となるから

3000÷70＝42.8…　よって，42本まで。

(3)定価(ていか)を求めると，

(2000−80)÷30＝64(円)

だから　64÷0.8＝80(円)

80円の鉛筆を3割引きで30本買うわけで，代金は

80×0.7×30＝1680(円)

おつりは　2000−1680＝320(円)

実際(じっさい)にもらったおつりは80円だから，

不足分は　320−80＝240(円)

11 (1)**3000人**　(2)**1200人**
(3)**12050人**

解き方 (1)A市の人口密度(みつど)は

50000÷200＝250(人/km^2)

B市がこの人口密度になるために必要な人口は　250×300＝75000(人)

よって　75000−72000＝3000(人)

(2)A市とB市の人口の比が面積の比と同じ比の2：3になればよい。

このときのB市の人口は

$(50000+72000)\times\frac{3}{2+3}=73200$(人)

よって　73200−72000＝1200(人)

(3)引っこし後のB市の人口密度は

(72000＋50000×0.006)÷300

＝241(人/km^2)

ここにC町が合併(がっぺい)しても人口密度が変わらないので，C町の人口密度も

241(人/km^2)である。

よって，C町の人口は

241×50＝12050(人)

12 (1)$\mathbf{1\frac{1}{8}}$**時間**　(2)**25km**　(3)**35km**

解き方 (1)

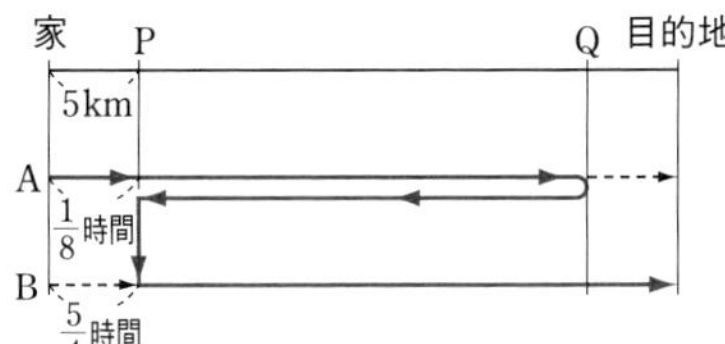

BグループがPまでくるのにかかった時間は

$5\div4=\frac{5}{4}$(時間)

車が家からPまでくるのにかかった時間は

$5\div40=\frac{1}{8}$(時間)

PQ間の往復(おうふく)にかかった時間は

$\frac{5}{4}-\frac{1}{8}=\frac{9}{8}=1\frac{1}{8}$(時間)

(2)距離(きょり)が一定のとき，時間の比は速さの逆比(ぎゃくひ)だから，車がP→Q，Q→Pを進むのにかかる時間の比は　$\frac{1}{40}:\frac{1}{50}=5:4$

車がP→Qを進むのにかかる時間は

$\frac{9}{8}\times\frac{5}{4+5}=\frac{5}{8}$(時間)

よって，PQ間の距離は

$40\times\frac{5}{8}=25$(km)

⑶ 2つのグループは同時に目的地に着いたことから，車に乗っていた時間，歩いていた時間はそれぞれ等しい。

したがって，距離も等しく，家から目的地までは　$5+25+5=35$(km)

13 A…126　B…36

解き方 A：B＝7：2でAの$\frac{2}{3}$が整数だから，Aは21の倍数，Bは6の倍数。

$21\times\frac{2}{3}=14$ を6でわると

$14\div6=2$ あまり2

あまりが12だから，$12\div2=6$(倍)して

$B=6\times6=36$，$A=B\times\frac{7}{2}=36\times\frac{7}{2}=126$

〔別解〕A：B＝7：2より　$A=B\times\frac{7}{2}$

$A\times\frac{2}{3}=B\times\frac{7}{2}\times\frac{2}{3}=B\times\frac{7}{3}$

$B\times\frac{7}{3}\div B=2$ あまり $B\times\frac{1}{3}$

よって，$B\times\frac{1}{3}=12$ より　$B=36$

$A=36\times\frac{7}{2}=126$

14 ⑴$\frac{3}{14}$　⑵70cm²　⑶95cm²

解き方 ⑴正方形の面積は　$1\times\frac{4}{7}=\frac{4}{7}$

㋣の面積は　$\frac{4}{7}\times\frac{3}{8}=\frac{3}{14}$

⑵㋑の部分の面積は55cm²で，これは長方形の面積の $1-\frac{3}{14}=\frac{11}{14}$ にあたるから，

長方形の面積は

$55\div\frac{11}{14}=70$(cm²)

⑶㋑と正方形の面積を合わせて

$55+70\times\frac{4}{7}=95$(cm²)

15 ⑴40本　⑵181.5cm

解き方 ⑴表の11目盛りと23目盛り間に，表に12個，裏に9個の間隔がある。

表の23目盛りとBまでの間には，裏に13個の間隔があるから表には，

$13\times\frac{12}{9}=17\frac{1}{3}$ 個分の間隔がある。

したがって，板の表のAからBまでの目盛りの線は

$23+17=40$(本)

⑵Aと表の11番目の目盛りの間では，

$11\times\frac{9}{12}=\frac{33}{4}=8\frac{1}{4}$(本)より，裏には8本の線が引いてあり，裏の最後の線とAとの距離1.5cmが，裏の目盛りの幅の$\frac{1}{4}$にあたるから，$1.5\div\frac{1}{4}=6$(cm)が裏の1目盛り。

ABの長さは

$6\times(22+8)+1.5=181.5$(cm)

〔別解〕⑴表の $23-11=12$(目盛り)と，裏の $22-13=9$(目盛り)が同じ長さなので，表と裏の1目盛りの長さの比は

12：9＝4：3

裏の13目盛りに対して，表は

$13\times\frac{4}{3}=\frac{52}{3}=17\frac{1}{3}$(目盛り)

よって，目盛りの数は

$23+17=40$(本)

⑵板の長さは，表の目盛りでは

$23+17\frac{1}{3}=40\frac{1}{3}$

裏の目盛りでは

$40\frac{1}{3}\times\frac{3}{4}=30\frac{1}{4}$(目盛り)

$\frac{1}{4}$目盛りが1.5cmなので，1目盛りは

$1.5\times4=6$(cm)

よって　$AB=6\times30\frac{1}{4}=181.5$(cm)

第2章 2つの変わる量

練習 209 (1)$x \times y = 60$，△
(2)$x + y = 18$，×
(3)$x \times 2 - y = 1$，×
(4)$y = 0.4 \times x$，○

解き方 (3)xが1増えるとyは2増える。

x	2	3	4	5	6
y	3	5	7	9	11
$x \times 2$	4	6	8	10	12

上の表から，$x \times 2$とyを比べると，$x \times 2$とyの差は1で一定。
よって　$x \times 2 - y = 1$

練習 210 (1)ア…4.8　イ…15
(2)分速1.2km　(3)$y = 1.2 \times x$

解き方 (1)$y \div x = 7.2 \div 6 = 1.2$より
ア… $4 \times 1.2 = 4.8$
イ… $18 \div 1.2 = 15$

練習 211 (1)49　(2)48回転

解き方 歯数の比は円周の比と同じ。
(1)Cの歯数をcとすると
$42 \times 7 = c \times 6$　$c = 49$
(2)Bの歯数をbとすると
$b \times 7 = 49 \times 1$　$b = 7$
Bの回転数を□回転とすると
$42 \times 8 = 7 \times □$　　$□ = 48$
〔別解〕Aが8回転するとき，
Cは$6 \times \frac{8}{7} = \frac{48}{7}$(回転)するから，
Bは　$\frac{48}{7} \times 7 = 48$(回転)

練習 212 (1)(イ)，(オ)　(2)(エ)，(キ)

解き方 (ア)は$y = a \times x + b$と書ける。
(イ)は$y = a \times x$で比例。
(ウ)は$x + y = a$でどちらでもない。
(エ)は$x \times y = 5600$で反比例。
(オ)は$y = 40 \times x$で比例。
(カ)は$x + y = 150$でどちらでもない。
(キ)は$x \times y = 18$で反比例。

練習 213 (1)472.5L　(2)20cm

解き方 (1)$(60 \times 120 - 30 \times 30) \times 75$
$= 472500(\text{cm}^3) \rightarrow 472.5(\text{L})$
(2) $27 \times 5 = 135(\text{L}) \rightarrow 135000(\text{cm}^3)$
$135000 \div \{75 \times (120 - 30)\} = 20(\text{cm})$
これは，30cmより小さいのでOK！

練習 214 (1)15秒　(2)10秒後
(3)毎秒10cm^2

解き方 (1) $30 \div 2 = 15$(秒)
(2)$\text{BP} = 30 \times \frac{2}{3} = 20(\text{cm})$のときである。
$20 \div 2 = 10$(秒後)
(3) 1秒ごとに底辺が2cmずつ増える。
$2 \times 10 \div 2 = 10(\text{cm}^2)$

練習 215 9cm^2

解き方 グラフより，17秒後は
角POA＝150°
角QOC＝60°

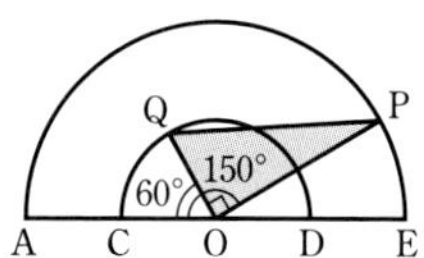

三角形POQは角POQが直角の直角三角形だから面積は
$3 \times 6 \div 2 = 9(\text{cm}^2)$

練習 216 (1)15km　(2)毎時3km
(3)45分間

解き方 (1) 30分間で9km進むから50分間では
$9 \times \frac{50}{30} = 15(\text{km})$
(2)C船の時速　$9 \div 0.5 = 18(\text{km})$
D船の時速　$(15 - 9) \div 0.5 = 12(\text{km})$
C船，D船の静水時の速さは同じだから，この時速の差は，川の流れの速さの2倍である。
$(18 - 12) \div 2 = 3(\text{km/時})$
(3)D船がA町に着くのは，

$15 \div 12 = \frac{15}{12} = \frac{75}{60}$(時間)後，

つまり 75 分後だから

$120 - 75 = 45$(分間)

練習 217 ⑴**4km**　⑵**11時30分**　⑶**1.6km**

解き方 ⑴時速 12kmの自転車で，20 分間走った地点だから

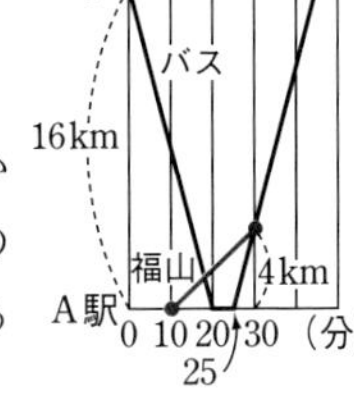

$12 \times \frac{20}{60} = 4$(km)

⑵バスは 10 時 25 分から 10 時 30 分までの 5 分間で 4km 走るから，

時速　$4 \div \frac{5}{60} = 48$(km)

AB間をバスは 20 分で走るから

$48 \times \frac{20}{60} = 16$(km)

福山君は　$16 \div 12 = 1\frac{1}{3}$(時間)

→1 時間 20 分かかる。

B駅に着くのは

10 時 10 分＋1 時間 20 分＝11 時 30 分

⑶ 10 時 10 分にバスはA，B両駅の中間地点(A駅から 8km)にきており，自転車とバスの速度比は，12：48＝1：4 だから，求める地点はA駅より

$8 \times \frac{1}{1+4} = 1.6$(km)

力だめしの問題

❶ ⑴○　⑵△　⑶○　⑷×

❷ ⑴㋑，×　⑵㋒，○　⑶㋓，○　⑷㋐，△　⑸㋔，×

解き方 ⑴グラフは右上がりの直線で，x が 2 増えたとき y が 3 増えるもの。

⑵$y = x$　　⑶$y \div x = 0.5$

⑷$y = 1 \div x$　　⑸$x + y = 6$

❸ ⑴㋓　⑵㋐，$\frac{7}{2}$　⑶㋒，㋓

解き方 ⑴㋓は $x \times y = 30$

⑵㋐は $y = \frac{7}{2} \times x$

⑶㋓は $y = 30 \div x$　$x = 10$ のとき $y = 3$

㋒は $y = 18 - \frac{3}{2} \times x$　$x = 10$ のとき $y = 3$

❹ **5.2**

解き方 26＝□×5

□＝26÷5＝5.2

❺ **87m**

解き方 針金(はりがね)の重さと長さは比例(ひれい)するから，

軽い方の長さは，全体の　$\frac{748}{2958} = \frac{22}{87}$

残りの針金は全体の $\frac{22}{87} \times \frac{5}{2} = \frac{55}{87}$ だから，

3mの針金は，全体の　$1 - \frac{55}{87} - \frac{1}{3} = \frac{1}{29}$

針金の全長は　$3 \div \frac{1}{29} = 87$(m)

❻ $6\frac{2}{33}$**分**

解き方 午後 1 時の長針と短針の間の角は

360°÷12=30°

1 時台で長針と短針が重なる時刻(じこく)は

$30 \div (6 - 0.5) = \frac{60}{11}$(分) ←くるった時計が示(しめ)す時刻

正しい時計とくるった時計で計る時間の比は

60：(60－6)＝10：9

よって

$\frac{60}{11} \times \frac{10}{9} = \frac{200}{33} = 6\frac{2}{33}$(分)

❼ **4.5**

解き方 A君が街灯の真下を通過(つうか)する 1 秒前を考えると，街灯の高さは

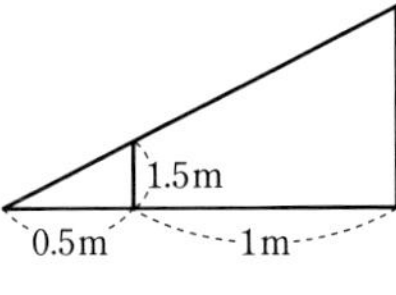

$1.5 \times \frac{1.5}{0.5} = 4.5$(m)

❽ 3500

解き方 x が100増えると y は
2300−2000=300
増えるから，x が 1000−600=400 増えると，y は $300\times\frac{400}{100}=1200$ 増える。

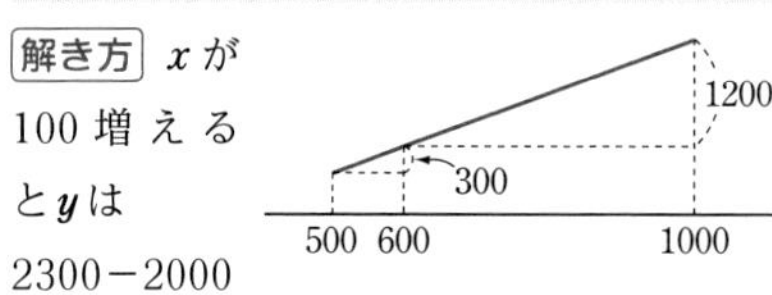

よって　2300+1200=3500

❾ (1)28.8分　(2)16分

解き方 (1)水槽（すいそう）の容積（ようせき）は720L，A管の注水量は，毎分 300÷12=25(L)
求める時間は
720÷25=28.8(分)
(2)A，B両管を合わせた注水量は毎分
(720−300)÷(18−12)=70(L)
B管だけでは毎分
70−25=45(L)
求める時間は
720÷45=16(分)

❿ (1)20分後　(2)40cm　(3)$5\frac{5}{7}$分後

解き方 (1) 48cmのろうそくが，火をつけてから15分後に12cmになるので，燃（も）える速さは
(48−12)÷15=2.4(cm/分)
よって，燃えつきるのは火をつけてから
48÷2.4=20(分後)
(2)Bは20分後から40分後の20分間で20cm燃えるので，燃える速さは
20÷20=1(cm/分)
よって，Bの初めの長さは
1×40=40(cm)
(3)(48−40)÷(2.4−1)
$=\frac{8}{1.4}=\frac{40}{7}=5\frac{5}{7}$(分後)

⓫ (1)30分後　(2)80分後　(3)右の図

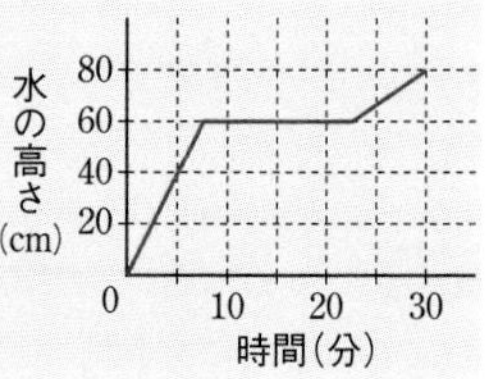

解き方 (1) 120÷4=30(分後)
(2)Ⅲの部分が空になるときの排水量（はいすいりょう）は
$120\times\frac{20+60+80}{80+80+80}=80$(L)
また1分間の排水量と注水量の差は1Lだから，Ⅲが空になるのは，80分後
〔別解〕(2)Bから水を抜（ぬ）くと，右の影（かげ）の部分の水が流れる。
4L/分
5L/分
これは全体の $\frac{8}{12}$ だから，流れた水は
$120\times\frac{8}{12}=80$(L)
1分間に1Lずつ減るから80分後。
(3) Ⅰの深さ60cmの部分の容積は
$120\times\frac{60}{80+80+80}=30$(L)
満水になる時間は　30÷4=7.5(分)
ⅠとⅡ，Ⅲの深さ60cmの部分の容積の和は
$120\times\frac{60}{80}=90$(L)
この部分を満水にするのにかかる時間は
90÷4=22.5(分)

⓬ (1)8cm²　(2)区間BC　(3)$y=\frac{8}{5}\times x$　(4)下の図

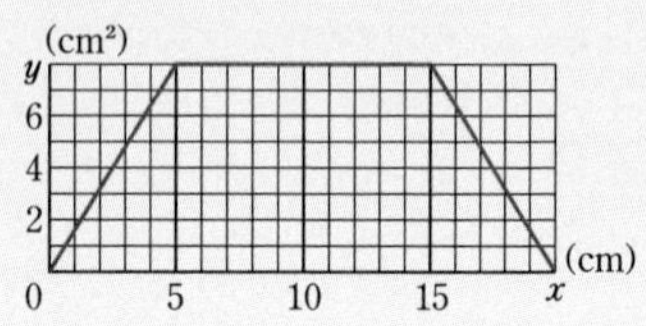

解き方 (1)点Pが点Aから5cm動くと点Bにくるから，三角形APDは三角形ABD

と重なり三角形APDの高さは4cmになる。

三角形APDの面積は　$4\times4\div2=8(\mathrm{cm}^2)$

⑵BC上を動くとき，高さは一定であるから面積は変化しない。

⑶AP＝$x$cmのとき，高さは$x\times\frac{4}{5}$cmだから，面積は

$y=4\times x\times\frac{4}{5}\div2=\frac{8}{5}\times x$

⑷PがAB，BC，CD上を動くときに分けて考える。

BC上にあるとき　$y=4\times4\div2=8$

xが15のときPはC上にきて，面積は$8\mathrm{cm}^2$となる。xが20のときD上にきて面積は$0\mathrm{cm}^2$となる。

⓭ ⑴**3倍**　⑵**20分後**

解き方 ⑴ろうそくA，Bが1分間に燃える長さは　$\frac{30}{40}=\frac{3}{4}$(cm)，$\frac{20}{80}=\frac{1}{4}$(cm)

だから，3倍。

⑵初めのろうそくA，Bの長さの差は10cmで，1分間に燃えて縮(ちぢ)まる長さは

$\frac{3}{4}-\frac{1}{4}=\frac{1}{2}$(cm)だから，残りの長さが等しくなるのは　$10\div\frac{1}{2}=20$(分後)

〔参考〕ろうそくの問題は，ろうそくの上の面どうしの旅人算。「ろうそくの長さが等しくなる」というのは，一方が他方に追いつくことと考える。

⓮ ⑴**2回**　⑵**7.5km**
⑶**時速45km**

解き方 ⑴グラフで交点を数える。

⑵グラフの縦(たて)の1目盛(めも)りは1.5kmだから

$1.5\times5=7.5$(km)

⑶ 20分＝$\frac{1}{3}$時間で15km進むから時速は

$15\div\frac{1}{3}=45$(km/時)

チャレンジ問題

1 ⑴**4倍**　⑵**8km**
⑶**9時4分17$\frac{1}{7}$秒**

解き方 ⑴バスは10分で8km進むから

時速 $8\div\frac{10}{60}=48$(km)

太郎(たろう)君の自転車は10分で2km進むから

時速 $2\div\frac{10}{60}=12$(km)

よって，$48\div12=4$(倍)となる。

〔別解〕⑴横1目盛(めも)りにつき，バスは縦(たて)4目盛り，太郎君は縦1目盛り進むから

$4\div1=4$(倍)

⑵グラフから読みとる。縦軸(じく)の1目盛りは2kmだからB町から8km

⑶太郎君と和夫君の速さは，それぞれ時速12km，時速16kmである。

太郎君がA町を出発したとき，和夫君はB町から8kmA町に近づいている。

残り$24-8=16$(km)を2人が走るから，出会うまでにかかる時間は

$16\div(12+16)=\frac{4}{7}$(時間)

$\frac{4}{7}\times60=\frac{240}{7}=34\frac{2}{7}$(分)

$\frac{2}{7}\times60=\frac{120}{7}=17\frac{1}{7}$(秒)

つまり34分$17\frac{1}{7}$秒

出会う時刻(じこく)は

8時30分＋34分$17\frac{1}{7}$秒

＝9時4分$17\frac{1}{7}$秒

2 ⑴**時速6km**　⑵**9時24分**
⑶**時速30km**　⑷**7.5km**

解き方 ⑴ 8時から9時までの1時間で6km歩く。

⑵横の1目盛りが12分だから，バスが下町に到着(とうちゃく)するのは9時24分。

(3) 24 分間で 12kmだから，$12 \div \frac{24}{60} = 30$ より
時速 30km

(4)太郎君は 9 時にバスより 6km 先を歩いており，バスとの差は 1 時間に，
30−6=24(km)縮(ちぢ)まるから，バスが太郎君に追いつくまでにかかる時間は
$6 \div 24 = \frac{1}{4}$(時間)
求める距離(きょり)は　$30 \times \frac{1}{4} = 7.5$(km)

3 **①10　②43　③10**

解き方　9 時 54 分 52 秒−9 時 36 分 25 秒
=18 分 27 秒=1107 秒
2 つの時計の 1 日でつく差は
1 分 18 秒+45 秒=123 秒
なので，1107 秒の差がつくのは
1107÷123=9(日後)
よって，1 月 10 日。
正しい時刻は
9 時 36 分 25 秒+45 秒×9=9 時 43 分 10 秒

4 **(1)長針(ちょうしん)…168度　短針…254度**
(2)8時45分

解き方 (1)長針… 6°×28=168°
8 時間 28 分=508 分なので
短針… 0.5°×508=254°

(2) 8 時 28 分から 9 時までの 32 分間に，この時計は 30 分進む。

正	誤(ご)
8:28	8:28
↓32分	↓30分
9:00	8:58

よって，正しい時間とこの時計ではかる時間の比(ひ)は
32：30=16：15
13 時−8 時 28 分=272 分
なので，右の㋐は
$㋐ = 272 \times \frac{15}{16}$
=255(分)

正	誤
8:28	
↓272分	↓㋐
13:00	13:00

よって
13 時−255 分=8 時 45 分

5 **(1)7分後**
(2)右の図
(3)5分後，8分後

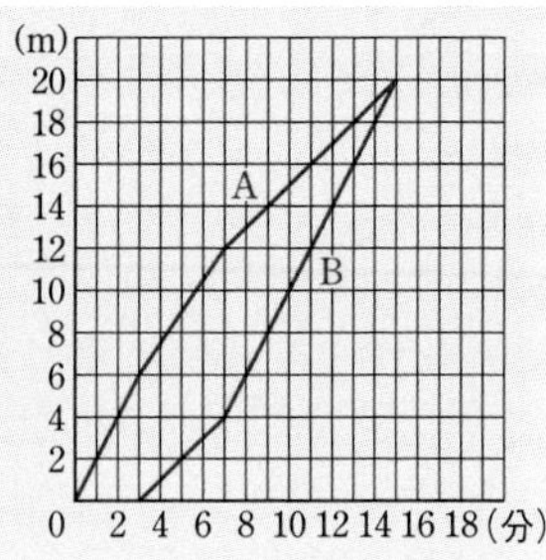

解き方　(1) A の水面が 6m になるまでの水面の上昇(じょうしょう)速度は，底面積が 10m² だから
毎分 20÷10=2(m)
よって，6m になるのは
6÷2=3(分後)
3 分以後の A の毎分の水の増加(ぞうか)量は
$20-5=15(m^3)$
底面積 $10m^2$ だから，水面の上昇速度は
毎分 15÷10=1.5(m)
3 分以後，水面が 6m 上昇するのにかかる時間は 6÷1.5=4(分)だから
3+4=7(分後)

(2) 7 分以後，A の増水(ぞうすい)量は，毎分 $10m^3$ となるので，水面は毎分 1m ずつ高くなる。B の底面積は $5m^2$ で，ポンプによる注水が 3 分後から 7 分後まで毎分 $5m^3$ あるから，水面は毎分 1m ずつ高くなる。7 分後からは，ポンプの注水が毎分 $10m^3$ となり，水面は毎分 2m ずつ高くなる。

(3) 3 分までは A が 6m，B は 0m で，A が B より 7m 高くはならない。3 分後から 7 分後までは，1 分間に A は B を
1.5−1=0.5(m)ずつひきはなしていくので，3+(7−6)÷0.5=5(分後)に 7m になる。
7 分以後，A は毎分 1m，B は毎分 2m 高くなるので毎分 1m ずつ差が縮まる。
7 分のときの差が 8m だから，差が 7m になるのは　7+(8−7)÷1=8(分後)

6 (1)**610円**
(2)**9.2kmを超え，9.8km以下**

解き方 (1)(2.9−2)÷0.6＝1 あまり 0.3
だから，メーターは 2 回上がる。
450＋80×2＝610(円)
(2)(1490−450)÷80＝13(回)
2＋0.6×(13−1)＝9.2(km)
9.2+0.6＝9.8(km)

7 (1)**13.4** (2)**5.6L**
(3)**時速36kmから時速70.8kmまで**

解き方 (1)下の図の影のついた三角形，色のついた三角形はそれぞれ相似。

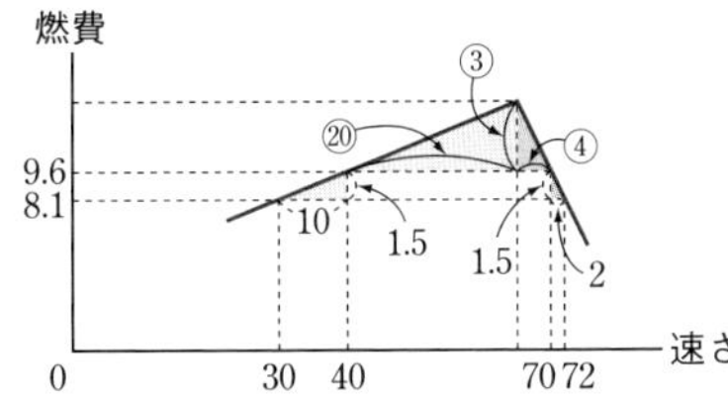

㉔＝70−40＝30 より ③＝$30\times\frac{3}{24}$＝3.75
よって A＝9.6＋3.75＝13.35 → 13.4
(2) 5.4×10÷9.6＝5.625(L)→ 5.6L
(3)必要な燃費は 5.4×10÷6＝9(km/L)
燃費が 9km/L となる最低速度は
$30+10\times\frac{9-8.1}{9.6-8.1}=30+10\times\frac{0.9}{1.5}$
＝36(km/時)
燃費が 9km/L となる最高速度は
$70+2\times\frac{9.6-9}{9.6-8.1}=70+2\times\frac{0.6}{1.5}$
＝70.8(km/時)
よって，時速 36km から時速 70.8km まで。

8 (1)**3：5** (2)**120** (3)**31分15秒**

解き方 (1)A，B から 1 分間に出る水の量をそれぞれ aL/分，bL/分とする。
グラフより
$a\times10+b\times(29-10)=500$
$a\times(34-29)+b\times(51-29)=500$
これより
$a\times10+b\times19=a\times5+b\times22$
よって，$a\times5=b\times3$ となるから
$a:b=3:5$
(2)a＝③L/分とおくと b＝⑤L/分
よって ③×10＋⑤×19＝500
⑫⑤＝500 より ①＝4L/分
a＝③＝4×3＝12(L/分)
b＝⑤＝4×5＝20(L/分)
よって ㋐＝a×10＝12×10＝120(L)
(3) 1000÷(12＋20)＝31.25(分)
→ 31 分 15 秒

9 (1)**30個** (2)**180個**
(3)**10時間15分**

解き方 (1)(205−100)÷(5.5−2)＝30(個)
(2)$\frac{100}{2}\times3\frac{36}{60}$＝180(個)
(3) 100÷2−30＝20
$205\div20=10\frac{1}{4}$(時間)
つまり，10 時間 15 分。

10 (1)**20℃…15分 50℃…37.5分**
(2)$6\frac{2}{3}$**度** (3)**28度**

解き方 (1) $5\times\frac{600}{200}$＝15(分)
$15\times\frac{50}{20}$＝37.5(分)
(2) $20\times\frac{200}{600}=6\frac{2}{3}$(℃)
(3) 300cm^3 の水を 15 分間熱すると，
$20\times\frac{200}{300}\times\frac{15}{5}$＝40(℃)上がり，
300−100＝200(cm^3)の水を 3 分間熱すると，
$20\times\frac{200}{200}\times\frac{3}{5}$＝12(℃)上がる。
80−(40＋12)＝28(℃)

11 (1)**40**　(2)順に，$2\frac{2}{3}$，$3\frac{1}{3}$　(3)**192**

解き方 (1) 1 区間進むのにかかる時間は

Aさんは　20÷60×60＝20(秒)

Bさんは　20÷40×60＝30(秒)

Aさんが 4 分間に進む区間の数は

4×60÷20＝12(区間)

12 区間進んで⑧の場所にいるので，西を向いて歩いた区間の数は

(12－8)÷2＝2(区間)

よって，その道のりは　20×2＝40(m)

(2)⑧の位置にくる可能性(かのうせい)があるのは 8 区間進んだときと 10 区間進んだとき。

8 区間進んだとき

20×8＝160(秒)→$\frac{160}{60}=\frac{8}{3}=2\frac{2}{3}$(分)

10 区間進んだとき

20×10＝200(秒)→$\frac{200}{60}=\frac{10}{3}=3\frac{1}{3}$(分)

(3)いちばん東になるのは，たとえば次のグラフの状態(じょうたい)のとき。

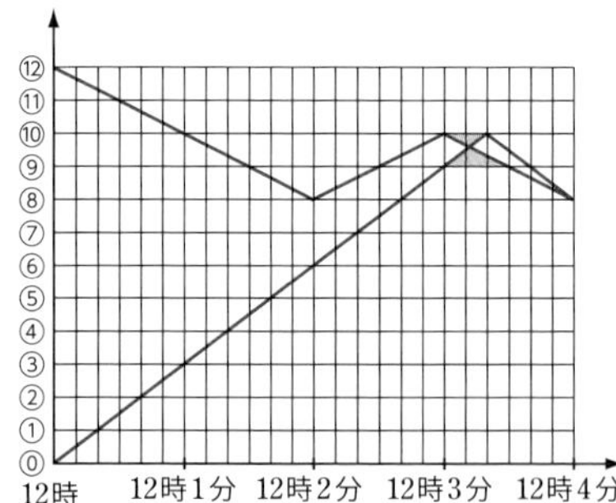

色のついた三角形に注目すると

$20\times10-20\times\frac{2}{2+3}=192$(m)

第3章 場合の数

練習 218 (1)**9通り**　(2)**18通り**

解き方 (1)全員が同じものを出す場合が 3 通り，3 人が異(こと)なるものを出す場合が

3×2×1＝6(通り)

よって　3＋6＝9(通り)

(2) 1 回目にAが勝つのは何で勝つかで 3 通り，もう 1 人勝つのは誰(だれ)かが 2 通りで 3×2＝6(通り)，2 回目にAが勝つのは，何で勝つかで 3 通り。

よって　6×3＝18(通り)

練習 219 **24通り，12通り**

解き方　4×3×2×1＝24(通り)

(青赤)，黄，緑とすると，3 つのかたまりの並(なら)べ方になる。

3×2×1＝6(通り)

そのそれぞれで(赤青)と(青赤)の 2 通りずつあるので

6×2＝12(通り)

練習 220 **24通り**

解き方　$\frac{5\times4\times3\times2\times1}{5}=24$(通り)

練習 221 **9通り**

解き方

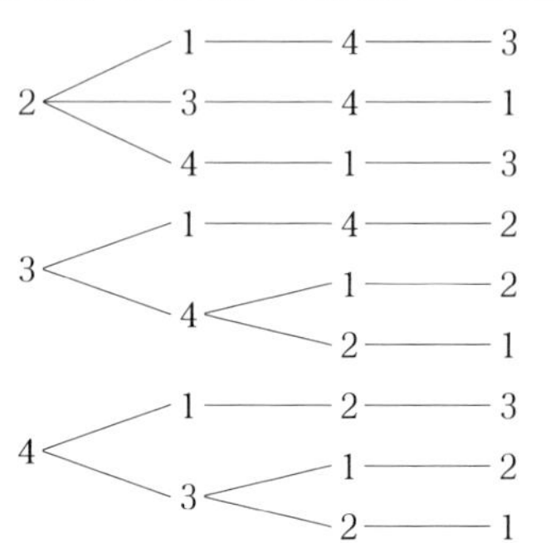

よって，9 通り。

練習 222　4通り

解き方　4本のうち選ばないものを1本決めると考える。決め方は4通り。

練習 223　8通り

解き方　(大，中，小)と順序を決めて書き出していく。

(9，5，1)　(9，4，2)
(8，6，1)　(8，5，2)　(8，4，3)
(7，6，2)　(7，5，3)
(6，5，4)
の8通り。

練習 224　19

解き方　7個から2個を取り出す取り出し方は　$\frac{7\times6}{2\times1}=21$(通り)

ただし　$2\times6=3\times4=12$
　　　　$3\times8=4\times6=24$

となり，2×6と3×4，3×8と4×6はそれぞれ同じ答えになるので
21－2＝19(通り)

下のような表をつくって，全部の場合を数えあげてもよい。

	2	3	4	5	6	7	8
2		6	8	10	⑫	14	16
3			⑫	15	18	21	㉔
4				20	㉔	28	32
5					30	35	40
6						42	48
7							56
8							

このうち，12，24は2回ずつ現れるので
21－2＝19(通り)

力だめしの問題

❶ (1)24通り　(2)12通り

解き方　(1) 4×3×2×1＝24(通り)

(2)A，Bを1人とみると，並び方は
3×2×1＝6(通り)
そのそれぞれに対して，A，Bの並び方が2通りあるから　6×2＝12(通り)

❷ 12

解き方　4×3×2×1÷2＝12(通り)

〔別解〕3，4の順に並べたものを書き出すと，3455，3545，3554，5345，5354，5534の6通りある。これと3，4を入れかえたものも6通りあるので，12通りとなる。

❸ 6

解き方　一の位は，1か3の2通り。十の位は，一の位に使わなかった数と2，4の3つの数のうちから選べばよいから，3通り。
3×2＝6(通り)
または，全部数えてみてもよい。
21，31，41，13，23，43で6通り。

❹ 5個

解き方　1，3，5，7，9のうち，どの数を除くかを決めれば，あとは左から大きい順に並べればよいから，どの数を抜くかの決め方に等しくて，5個。

〔別解〕全部書き出すと，
9753，9751，9731，9531，7531
の5つある。

❺ 7通り

解き方　1秒ではA→Bの1通り。
3秒では，A→D→C→B，
A→D→A→Bの2通り
5秒では，A→D→C→D→C→B，
A→D→C→D→A→B，
A→D→A→D→A→B，
A→D→A→D→C→Bの4通り。
全部で　1＋2＋4＝7(通り)

❻ (1)10通り　(2)15本

解き方　(1)5つのものから2つ選ぶので
$\frac{5\times4}{2\times1}=10$(通り)

(2)たとえば[0，1]からは[2，3]，[2，4]，

[3, 4]に引ける。

[a, b]から引ける線の数は，5つの数のうち，a，b以外の3つの数から2つ選んだ組み合わせと同じ数になる。

つまり，どの組からも$\frac{3\times2}{2\times1}=3$(本)引ける。

よって　$10\times3\div2=15$(本)

❼ 15通り

解き方

・1種類だけを取り出すとき

3個取り出せるのはみかん，りんごの2種類。よって，2通り。

・2種類を取り出すとき

2個取り出せるのはメロン以外の3種類。それぞれについて，1個取り出すくだものが3種類あるので　$3\times3=9$(通り)

・3種類を取り出すとき

4種類の中から3種類を選ぶので，選ばない1種類の選び方で4通り。

よって，全部で　$2+9+4=15$(通り)

❽ 180

解き方　3けたの数は

$999-100+1=900$(個)

一の位が0のものと十の位が0のものは900個の10分の1ずつ，つまり90個ずつあるので

$90\times2=180$(個)

〔別解〕百の位の数字が1の場合を考える。一の位と十の位がともに0は100だけ，十の位だけ0のものは9個，一の位だけ0のものは9個だから，使われる0は

$2+9\times2=20$(個)

これは百の位が，2から9までの他の数のときも同じだから

$20\times9=180$(個)

❾ 12通り

解き方　1の塗(ぬ)り方は3通り，2の塗り方は1に塗った色以外の2通り，3も1以外の2通りで，他は1通りに決まるから

2	1	3

$3\times2\times2=12$(通り)

❿ (1)3通り　(2)12通り

解き方　(1)中央にはいる色は3通りある。

残りの場所は，残った2色のうち1色を向かい合わせに塗ると，残り2か所に残った色を塗ることになり，回転すると同じ塗り方になるので1通り。

よって　$3\times1=3$(通り)

(2)中央にはいる色は4通りある。

残りの場所は，残った3色から向かい合わせに塗る色を1つ選ぶと考えれば3通り。

残り2か所を，残り2色で塗ると，回転すると同じ塗り方になるので1通り。

よって　$4\times3\times1=12$(通り)

⓫ (1)499.5　(2)6，9

解き方　(1)3けたの整数のうち，一の位が2になるものは　$3\times2\times1=6$(個)

同じように，一の位が6，3，7になるものもそれぞれ6個ずつあるので，一の位の数の和は　$(2+6+3+7)\times6=108$

十の位，百の位の数の和も108になるので，できる3けたの数をすべてたすと

$100\times108+10\times108+1\times108$

$=111\times108=11988$

3けたの整数は全部で$4\times3\times2=24$(個)できるので，平均(へいきん)は

$11988\div24=499.5$

〔別解〕各位の数の平均は

$(2+6+3+7)\div4=4.5$

$4.5\times111=499.5$

(2)できる3けたの整数の，一の位の数の和は

721.5×24÷111＝156

一の位には，4つの数が6個ずつあるので，4つの数の合計は　156÷6＝26

よって　㋐＋㋑＝26－7－4＝15

これより，㋐は6，㋑は9になる。

〔別解〕各位の数の平均は

721.5÷111＝6.5

㋐＋㋑＝6.5×4－7－4＝15

よって，㋐は6，㋑は9になる。

⓬ ⑴**227個**　⑵**23g**

解き方 ⑴ 2008÷9＝223 あまり1より，9gの分銅を223個，222個，221個，…使う場合について，2008gまで残り何gかということと，必要な4gの分銅の数を表にすると，次のようになる。(4gの分銅の数が整数にならないものは×で表す。)

9g(個)	223	222	221	220
あまり(g)	1	10	19	28
4g(個)	×	×	×	7

よって　220＋7＝227(個)

⑵
1　5　⑨　~~13　17　21　25　29　…~~
2　6　10　14　⑱　~~22　26　30　…~~
3　7　11　15　19　23　㉗　~~31　…~~
~~4　8　12　16　20　24　28　32　…~~

上の数のうち，4の倍数および，○の数の右側に書かれた数はすべてつくることができる。

よって，つくることのできない最大の数は23になる。

⓭ ⑴**18通り**　⑵**23通り**

解き方 ⑴別れ道では，必ず右か上に行くことになる。AからCへ，CからBへの行き方を考えると，AからCへは6通り，CからBへは3通りの行き方があるので，6×3＝18(通り)

⑵各交差点までの場合の数を碁盤の目に書きこんでいく。○で囲んだ2は左から1通り，下から1通りの1＋1＝2(通り)の意味である。図より，23通り。

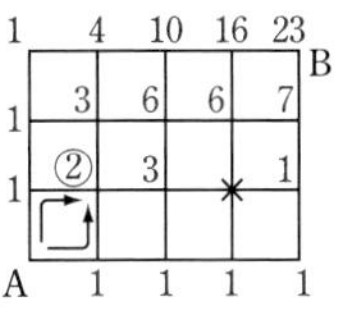

⓮ ⑴**6個**　⑵**2個**　⑶**15個**
⑷**15個**

解き方 ⑴長方形は頂点が2つ決まれば，あとは決められてしまうから，AからDまでの4つの頂点から2つを選べばよい。

$\frac{4\times3}{2\times1}$＝6(個)

⑵四角形ACEGと四角形BDFHの2個。

⑶他の6つの頂点から2点を選んで，残りの頂点にすればよいから

$\frac{6\times5}{2\times1}$＝15(個)

⑷円周上で隣り合う2点を1組選ぶと，この2点を結ぶ線を1辺として，四角形ABDFと同じ形の四角形が2つできる。ABに対しては，四角形ABDFと四角形ABEGの2つである。2点の選び方は8通りあるが，四角形ABDFは除くから，できる四角形の数は

8×2－1＝15(個)

チャレンジ問題

❶ ⑴**675個**　⑵**435個**

解き方 ⑴ 2の倍数(偶数)にならないのは，奇数×奇数のとき。

奇数×奇数は15×15＝225(個)あるので，2の倍数(偶数)の個数は

900－225＝675(個)

⑵ 4の倍数ではない数の個数は

(4の倍数以外の数)×(4の倍数以外の数)から

(4の倍数以外の偶数)×(4の倍数以外の偶数)をひいたもの。

よって，4の倍数ではない数の個数は

23×23−8×8＝465(個)

よって，4の倍数の個数は

900−465＝435(個)

〔別解〕(1)上から奇数番目の行には，

奇数×偶数で偶数になるものが15個ある。

これが15行ある。

偶数番目の行は，積はすべて偶数になる。

これが15行ある。

よって，全部で

15×15＋30×15＝225＋450＝675(個)

(2)上から奇数番目の行には，

奇数×(4の倍数)で4の倍数になるものが7個ある。これが15行ある。

上から(4の倍数)番目の行は，積はすべて4の倍数になる。これが7行ある。

上から(4の倍数)番目ではない偶数番目の行には，4の倍数ではない偶数×偶数で4の倍数になるものが15個ある。これが8行ある。

よって，全部で

7×15＋30×7＋15×8＝105＋210＋120

＝435(個)

2 (1)**120個**　(2)**20個**　(3)**14個**

解き方 (1)5×4×3×2×1＝120(個)

(2)5つのけたから1，3，5の3つの数がはいるけたを選び，残った2つのけたに2，4を入れると考える。

$\frac{5\times4\times3}{3\times2\times1}$×2×1＝20(個)

〔別解〕1，3，5の3つの数を並(なら)べる並べ方は

3×2×1＝6(通り)

(1)の120個のうち，1，3，5の位置のちがいはないものと見る。

120÷6＝20(通り)

(3)□5□

上の□の中に1，2，3，4がはいる。

□の中にはいる数が決まれば順番は決まるので，左右の□のふり分け方を考えると，1，2，3，4それぞれについて，左右どちらの□にはいるかの2通りずつが考えられる。4つの数が全部片方(かたほう)の□だけにはいる場合を除(のぞ)くと

2×2×2×2−2＝14(個)

3 (1)(ア)**1392枚**(まい)　(イ)**101枚**

(2)**678**

解き方 (1)1から500までの整数のうち，1けた，2けた，3けたの数について，整数の個数と使ったカードの枚数は，次のようになる。

1けた(1〜9)

整数の個数　9個

カードの枚数　1×9＝9(枚)

2けた(10〜99)

整数の個数　99−9＝90(個)

カードの枚数　2×90＝180(枚)

3けた(100〜500)

整数の個数　500−99＝401(個)

カードの枚数　3×401＝1203(枚)

(ア)9＋180＋1203＝1392(枚)

(イ)一の位の数が5の整数(□□5)の個数

□にはいる数の組は(0，0)，(0，1)，…，(4，9)の50個。

ただし，百の位が0になるときは2けたの整数，百の位，十の位がともに0になるときは1けたの数とみなす。

十の位の数が5の整数(□5□)の個数

□にはいる数の組は(0，0)，(0，1)，…，(4，9)の50個。

ただし，百の位が0になるときは2けたの整数とみなす。

百の位の数が5の整数(5□□)の個数

□にはいる数の組は(0，0)の1個。

よって　50＋50＋1＝101(枚)

(2) 1926－(9＋180)＝1737(枚)

1737÷3＝579(枚)

3けたの整数の579番目の整数になる。

よって　99＋579＝678

4 21

解き方 2本の対角線が頂点(ちょうてん)以外の点で交わらないとき，六角形は3つの部分に分けられる。

対角線の本数は　(6－3)×6÷2＝9(本)

対角線2本の選び方は　$\dfrac{9\times8}{2\times1}$＝36(通り)

六角形の6つの頂点から4つの点を選べば，交わる2本の対角線が1つ決まるので，交わる2本の対角線の選び方は

$\dfrac{6\times5\times4\times3}{4\times3\times2\times1}$＝15(通り)

よって　36－15＝21(通り)

〔別解〕

・頂点で交わる2本の対角線で3つの部分に分けるとき

頂点Aで交わる場合，AC，AD，AEの3本から2本の選び方は3通りある。

頂点の選び方は，A～Fの6通りあるから，

3×6＝18(通り)

・交わらない2本の対角線で3つの部分に分けるとき

ACとFD，AEとBD，BFとCEの3通り。

よって，全部で　18＋3＝21(通り)

5 24通り

解き方 1列目は，4つのマス目のどこに1を入れてもよいので4通り。

2列目は，1列目で1を入れた行以外のマス目に1を入れるから3通り。

3列目は，1列目，2列目で1を入れた行以外のマス目に1を入れるから2通り。

4列目は，1～3列目で1を入れた行以外のマス目に1を入れるから1通り。

したがって　4×3×2×1＝24(通り)

6 (1)6通り　(2)21通り　(3)60通り

解き方 ある頂点には，その頂点以外の3つの頂点から移動(いどう)してくるので，1秒ごとにそれぞれの頂点にくる場合の数を書いていくと，次のようになる。

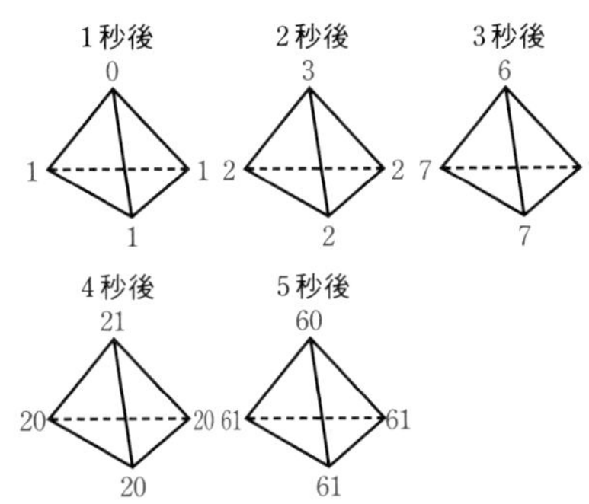

(1) 6通り

(2) 21通り

(3) 60通り

7 (1)4通り　(2)204通り

解き方 (1) 1，2，3の3つの数字を使ってつくる。

最小になるのは

1×2＋3＝5，2×1＋3＝5，

1×3＋2＝5，3×1＋2＝5

の4通り。

(2)答えが偶数になるパターンは

奇数×奇数＋奇数，奇数×偶数＋偶数，

偶数×奇数＋偶数，偶数×偶数＋偶数

の4つ。

5×4×3＝60(通り)←奇数×奇数＋奇数

5×4×3＝60(通り)←奇数×偶数＋偶数

4×5×3＝60(通り)←偶数×奇数＋偶数

4×3×2＝24(通り)←偶数×偶数＋偶数

よって　60＋60＋60＋24＝204(通り)

8 (ア)…2　(イ)…2　(ウ)…8　(エ)…4　(オ)…80　(カ)…48

解き方 (ア)2けたの奇数は11，13の2個。

(イ)2けたの偶数は12，14の2個。

(ウ)2けたの整数は4個。
この右側に1または3が並ぶので，
3けたの奇数は　4×2=8(個)

(エ)2けたの奇数は2個。
この右側に2または4が並ぶので，
3けたの偶数は　2×2=4(個)

(オ)4けたの奇数は　(8+4)×2=24(個)
4けたの偶数は　8×2=16(個)
5けたの奇数は　(24+16)×2=80(個)

(カ)5けたの偶数は　24×2=48(個)

9 (1)**14通り**　(2)**68通り**
(3)**120通り**

解き方　(1)先生4人は1号ボートか2号ボートを選べるので，選び方は
2×2×2×2=16(通り)
ただし，先生全員が1つのボートを選ぶ場合は除くので　16−2=14(通り)

(2)(1号ボートに乗る人数，2号ボートに乗る人数)と表す。
先生が(1，3)のとき，生徒は(3，1)
4×4=16(通り)
先生が(2，2)のとき，生徒は(2，2)
$\frac{4\times3}{2\times1}\times\frac{4\times3}{2\times1}=36$(通り)
先生が(3，1)のとき，生徒は(1，3)
4×4=16(通り)
よって，合わせて
16+36+16=68(通り)

(3)(1号ボートに乗る人数，3号ボートに乗る人数)と表す。
先生が(1，3)のとき，
生徒は(3，1)，(2，2)
$4\times\left(4+\frac{4\times3}{2\times1}\right)=40$(通り)
先生が(2，2)のとき，
生徒は(2，2)，(1，3)
$\frac{4\times3}{2\times1}\times\left(\frac{4\times3}{2\times1}+4\right)=60$(通り)
先生が(3，1)のとき，
生徒は(1，3)，(0，4)
4×(4+1)=20(通り)
よって，合わせて
40+60+20=120(通り)

10 (1)**4通り**　(2)**28通り**　(3)**26通り**

解き方　(1)3を1枚ひく場合…………1通り
1，2を1枚ずつひく場合…………2通り
1を3枚ひく場合…………1通り
よって　1+2+1=4(通り)

(2)7=3+4なので，4つ進む進み方を考える。
1，3を1枚ずつひく場合…………2通り
2を2枚ひく場合…………1通り
1を2枚，2を1枚ひく場合…………3通り
1を4枚ひく場合…………1通り
合わせて　2+1+3+1=7(通り)
よって，3で止まったあと7で止まる場合は
4×7=28(通り)

(3)4以上進むとゴールになる。BがAより先にゴールするのは，次の2つの場合がある。
①Aが2回で3以下しか進まず，Bが2回で4以上進むとき。
Aが2回で3以下しか進まないのは
1を2枚ひく場合…………1通り
1と2を1枚ずつひく場合…………2通り
Bが2回で4以上進むのは
1と3を1枚ずつひく場合…………2通り
2を2枚ひく場合…………1通り
2と3を1枚ずつひく場合…………2通り
3を2枚ひく場合…………1通り
よって
(1+2)×(2+1+2+1)=18(通り)
②Aが3回で3以下しか進まず，Bが3回目で初めて4以上進むとき。
Aが3回で3以下しか進まないのは

1を3枚ひく場合……………………1通り
Bが3回目で初めて4以上進むのは
1を2枚と2を1枚ひく場合…3通り
1を2枚と3を1枚ひく場合…1通り
1を1枚と2を2枚ひく場合…2通り
1, 2, 3を1枚ずつひく場合…2通り
よって　1×(3+1+2+2)=8(通り)
①, ②を合わせて　18+8=26(通り)

〔別解〕カードを何枚ひくかで場合分けをする。

⑴ 1枚だけひいて3のマスで止まるとき
3をひくから1通り。
2枚ひいて3のマスで止まるとき
(1, 2), (2, 1)の2通り。
3枚ひいて3のマスで止まるとき
(1, 1, 1)の1通り。
よって, 全部で　1+2+1=4(通り)

⑵ 7−3=4より, 4つ進む進み方を考える。
2枚ひいて4つ進むとき
(1, 3), (2, 2), (3, 1)の3通り。
3枚ひいて4つ進むとき
(1, 1, 2), (1, 2, 1), (2, 1, 1)の3通り。
4枚ひいて4つ進むとき
(1, 1, 1, 1)の1通り。
よって, 全部で　3+3+1=7(通り)
3のマスで止まって, さらに7のマスで止まるカードのひき方は
4×7=28(通り)

⑶ 2回ずつひいてBさんが先にゴールするとき
Aさんは3以下しか進まないから
(1, 1), (1, 2), (2, 1)の3通り。
Bさんは4以上進むから
(1, 3), (2, 2), (2, 3), (3, 1), (3, 2), (3, 3)の6通り。
よって　3×6=18(通り)
3回ずつひいてBさんが先にゴールするとき
Aさんは3以下しか進まないから
(1, 1, 1)の1通り。
Bさんは2回目までで3以下, 3回目で4以上進むから
(1, 1, 2), (1, 1, 3), (1, 2, 1), (1, 2, 2), (1, 2, 3), (2, 1, 1), (2, 1, 2), (2, 1, 3)の8通り。
よって　1×8=8(通り)
まとめると　18+8=26(通り)

文章題編

第1章 式を利用して解く問題

練習 225 30

解き方 ある数をxとすると

$x \div 2.5 = 4.8$

$x = 4.8 \times 2.5 = 12$

正しい計算は　$12 \times 2.5 = 30$

練習 226 16

解き方 ある数をxとする。

$(100 - 5 \times x) \times 3 = (8 + 4) \times 5$

$(100 - 5 \times x) \times 3 = 60$

$100 - 5 \times x = 60 \div 3$

$100 - 5 \times x = 20$

$x = (100 - 20) \div 5 = 16$

練習 227 $6\frac{3}{4}$

解き方 ある数をxとする。

$x - 3\frac{2}{3} + 1\frac{3}{4} = 2\frac{11}{12}$

$x = 2\frac{11}{12} + 3\frac{2}{3} - 1\frac{3}{4} = 4\frac{5}{6}$

求める答えは　$4\frac{5}{6} + 3\frac{2}{3} - 1\frac{3}{4} = 6\frac{3}{4}$

練習 228 3500円

解き方 初めの金額(きんがく)をx円とすると

$$x \times \left(1 - \frac{1}{7}\right) \times \left(1 - \frac{1}{6}\right) \times \left(1 - \frac{1}{5}\right) \times \left(1 - \frac{1}{4}\right) \times \left(1 - \frac{1}{3}\right) \times \left(1 - \frac{1}{2}\right)$$

$= 500$

$x \times \frac{6}{7} \times \frac{5}{6} \times \frac{4}{5} \times \frac{3}{4} \times \frac{2}{3} \times \frac{1}{2} = 500$

$x \times \frac{1}{7} = 500$

$x = 3500$(円)

練習 229 120

解き方 りんご1個(こ)をx円，かご代をy円とすると

$x \times 8 + y = 1140$　…①

$x \times 6 + y = 900$　…②

①から②をひくと

$x \times 8 - x \times 6 = 240$

$x \times 2 = 240$　　$x = 120$(円)

〔別解〕次のように，りんごとかごの個数だけ書き出せばx，yを使わなくてもよい。

	りんご	かご		
	8個	1個	1140円	…①
	6個	1個	900円	…②
①−②	2個	0個	240円	

よって，りんご1個は$240 \div 2 = 120$(円)

練習 230 3800円

解き方 バット1本x円，ボール2個y円とする。

$x + y = 5200$　…①

$x = y \times 3 - 400$　…②

①のxを②のxでおきかえる。

$y \times 3 - 400 + y = 5200$

$y \times 4 = 5600$

$y = 1400$

$x = 1400 \times 3 - 400 = 3800$(円)

練習 231 70円

解き方 かき1個x円とすると，りんご1個は$x \times 3$(円)だから

$(x \times 3) \times 3 + x \times 8 = 1190$

$x \times 17 = 1190$

$x = 1190 \div 17 = 70$(円)

練習 232 大人…150円　子ども…50円

解き方 入場料を大人1人x円，子ども1人y円とする。

$x \times 4 + y \times 7 = 950$　…①

$x \times 2 + y \times 5 = 550$　…②

②で人数を2倍にすると

$x \times 4 + y \times 10 = 1100$　…③

③から①をひくと

$y \times 3 = 150$　　$y = 50$(円)

②のyを50にすると

$x \times 2 + 50 \times 5 = 550$

$x \times 2 = 300$

$x = 150$(円)

〔別解〕

	大人	子ども		
	4人	7人	950円	…①
	2人	5人	550円	…②
②×2	4人	10人	1100円	…③
③－①	0人	3人	150円	

よって，子ども1人は150÷3＝50(円)

大人1人は(550－50×5)÷2＝150(円)

練習 233　シュークリーム…80円
ショートケーキ…120円

解き方　シュークリーム，ショートケーキをそれぞれ1個x円，y円とすると

$$\begin{cases} x \times 2 + y \times 3 = 520 & \cdots ①(\text{Aの箱}) \\ x \times 3 + y \times 5 = 840 & \cdots ②(\text{Bの箱}) \end{cases}$$

Aの箱3個分，Bの箱2個分，

つまり，①×3と②×2を考えると

$$\begin{cases} x \times 6 + y \times 9 = 1560 & \cdots ③ \\ x \times 6 + y \times 10 = 1680 & \cdots ④ \end{cases}$$

④から③をひくと

$y = 120$(円)

①は　$x \times 2 + 120 \times 3 = 520$

$x \times 2 = 520 - 360 = 160$

$x = 80$(円)

〔別解〕

	シュークリーム	ショートケーキ		
	2個	3個	520円	…①
	3個	5個	840円	…②
①×3	6個	9個	1560円	…③
②×2	6個	10個	1680円	…④
④－③	0個	1個	120円	

よって，ショートケーキ1個は120円。

シュークリーム1個は

(520－120×3)÷2＝80(円)

練習 234　(1)大人…180人
子ども…300人
(2)大人…370人　子ども…600人

解き方　(1)最初の日の入園者を大人x人，子どもy人とすると

$300 \times x + 200 \times y = 114000$

$3 \times x + 2 \times y = 1140$　…①

2日目は大人$x \times 0.8$(人)，子ども$y \times 1.25$(人)だから

$300 \times x \times 0.8 + 200 \times y \times 1.25 = 118200$

$24 \times x + 25 \times y = 11820$　…②

①で人数を8倍にすると

$24 \times x + 16 \times y = 9120$　…③

②から③をひくと　$9 \times y = 2700$

$y = 300$(人)

①で　$3 \times x + 2 \times 300 = 1140$

$3 \times x = 540$

$x = 180$(人)

〔別解〕

	大人	子ども		
	1	1	114000円	…①
	0.8	1.25	118200円	…②
①×0.8	0.8	0.8	91200円	…③
②－③	0	0.45	27000円	…④
④÷0.45	0	1	60000円	

よって，子どもは

60000÷200＝300(人)

大人は

(114000－60000)÷300＝180(人)

(2) 3日目の入園者数は

(180＋300)×2＋10＝970(人)

全員子どもならば入園料は

970×200＝194000(円)

ところが，実際(じっさい)は231000円。

差額，231000－194000＝37000(円)は大人と子どもの入園料の差100(円)からできるから　37000÷100＝370(人)

が大人でなければならない。

子どもは　970－370＝600(人)

力だめしの問題

❶ 3000円

解き方 残りの$\frac{1}{3}$より200円多く使った残りが1000円だから，

1000＋200＝1200(円)

は，1回目に使ったお金の残りの$\frac{2}{3}$にあたる。

よって，1回目に使ったお金の残りは

$1200\div\frac{2}{3}=1800$(円)

同様にして，初めに持っていたお金は

$(1800+200)\div\frac{2}{3}=3000$(円)

❷ 15才

解き方 子どもの話から，父の年は「子どもの年に9をたして2倍する」，すなわち，「子どもの年の2倍より18多い」となる。これと「子どもの年の3倍より3つ多い」が等しいので，重なる部分(子どもの年の2倍と3つ)をひくと

子どもの年＝18−3＝15(才)

❸ 240cm

解き方 x cmあったとすると

$x\times\left(1-\frac{1}{6}\right)\times\left(1-\frac{1}{4}\right)\times\left(1-\frac{1}{5}\right)=120$

$x\times\frac{5}{6}\times\frac{3}{4}\times\frac{4}{5}=120$　　$x\times\frac{1}{2}=120$

$x=240$(cm)

❹ 80円

解き方 ノート10冊(さつ)と鉛筆(えんぴつ)8本で1240円だから，2倍すると，ノート20冊と鉛筆16本で2480円となる。ノート4冊と鉛筆3本が同じ値段(ねだん)だから，5倍して，ノート20冊と鉛筆15本が同じ値段となる。

よって，鉛筆15本と16本，すなわち，31本で2480円となるから，1本は

2480÷31＝80(円)

❺ 70点

解き方 1番a点，2番b点，3番c点とすると，Aは1番と3番をまちがえて15点なくしたから　$a+c=15$

B，Cについても同様に

$b+c=25$，$a+b=20$

3つの式をたすと　$(a+b+c)\times2=60$

$a+b+c=30$

1番，2番，3番をまちがえた人は

100−30＝70(点)

❻ 順に，35，25

解き方	A	B		
定価(ていか)について	80	120	5800	…①
利益(りえき)について	15	25	1150	…②
①÷40より	2	3	145	…①′
②÷5より	3	5	230	…②′
①′×3より	6	9	435	…③
②′×2より	6	10	460	…④

④−③より　Bの数＝25(個(こ))

これと①′より

Aの数＝(145−25×3)÷2＝35(個)

❼ 40分

解き方 Aで1分間に入れられる水の量をA，Bで1分間に入れられる水の量をBとし，水槽(すいそう)いっぱいの水の量を1とすると

A×20＋B×15＝0.65

→A×4＋B×3＝0.13　…①

A×10＋B×10＝1−0.65＝0.35

→A＋B＝0.035　…②

①−②×3より

A＝0.025

よって　1÷0.025＝40(分)

〔別解〕A，B両方で水を入れたのは

10＋15＝25(分)

はいった水の量は，水槽の

$(100-65)\times\frac{25}{10}=87.5$(%)

よって，Aだけで5分間にはいる水の量

は，水槽の 100−87.5=12.5(%)

Aだけで水を入れるのにかかる時間は

$5 \div \frac{12.5}{100} = 40$(分)

❽ 48kg

解き方 4人の体重をそれぞれ，$a$kg，$b$kg，$c$kg，$d$kgとすると

$a+b+c=48\times3=144$

$a+b+d=47\times3=141$

$a+c+d=45\times3=135$

$b+c+d=46\times3=138$

4つの式を全部加えて

$(a+b+c+d)\times3=558$

$a+b+c+d=186$

$a=186-(b+c+d)=186-138=48$(kg)

❾ 95

解き方 4つの和を全部たすと，その中には4つの整数A，B，C，Dがそれぞれ3回ずつふくまれる。したがって，4つの整数の和は

(137+148+134+151)÷3=190

最大の数は　190−134=56

最小の数は　190−151=39

和は　56+39=95

❿ 60円

解き方 480−450=30(円)は，小学生1人が中学生に変わって高くなった料金だから，小学生の入館料をx円とすると，中学生，大人の入館料はそれぞれ，

$x+30$(円)，$x\times2$(円)になる。

$(x\times2)\times2+(x+30)+x\times2=450$

$x\times7=420$

$x=60$(円)

⓫ (1)18km　(2)4km

解き方 (1)(A，B，C)+(B，C，D)+(C，D，E)+(D，E，A)+(E，A，B)=9+8+7+6+6=36(km)は，2周分の道のりだから　36÷2=18(km)

(2) 1周−(B，C，D)−(D，E，A)

=18−8−6=4(km)

チャレンジ問題

1 (1)3740円　(2)4430円　(3)4820円

解き方

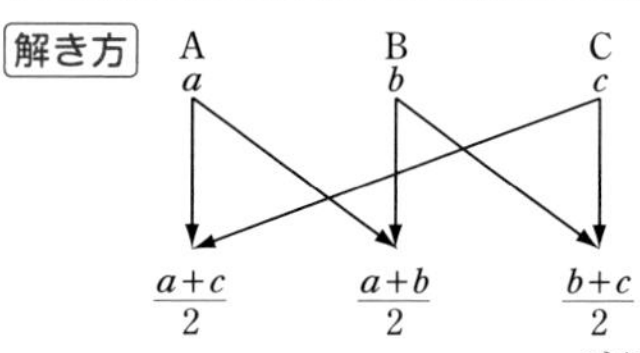

図のように，1回目と3回目の交換(こうかん)では，交換後のAは，交換前のCとAの平均(へいきん)，交換後のBは，交換前のAとBの平均，交換後のCは，交換前のBとCの平均となる。

(1) 2回目の交換でAは，1000円を渡(わた)して，400円をもらうので

4340−1000+400=3740(円)

(2) 3回目に交換した後のBは，2回目に交換した後のAとBの平均だから

(3740+5120)÷2=4430(円)

(3) 3回目に交換した後のCは，2回目に交換した後のBとCの平均だから，

2回目に交換した後のCは

4660×2−5120=4200(円)

3人の所持金の合計は

3740+5120+4200=13060(円)

1回目に交換した後のBは

5120−1000=4120(円)

これは最初のAとBの平均だから，最初のCは

13060−4120×2=4820(円)

2 (1)294　(2)112896　(3)24

解き方

A＜B＜C＜D	積
A×B	224 ←最小
A　×　C	294 ← 2 番目に小さい
A　　×　　D	
B×C	
B　×　D	384 ← 2 番目に大きい
C×D	504 ←最大

(1)表より　294

(2)A×B×C×D＝224×504＝112896
（A×B＝224，C×D＝504）

(3)表より　A×D＝B×C＝336

B×D×C×D＝384×504

B×C×D×D＝384×504
（B×C＝336）

D×D＝384×504÷336＝576

20×20＝400，30×30＝900 より，Dは 20 より大きく 30 より小さい整数で，一の位に着目すると，24 か 26 である。

24×24＝576

よって　D＝24

3 (1)**A，B，D**　(2)**372点**
(3)**72点**　(4)**A…57点　E…93点**

解き方 (1) 207÷3＝69(点)

これは，低い方から 2 番目の点数なので A，B，D

(2) 3 人の点数の平均が 10 種類あるということは，この 10 種類の平均点にはのべ 3×10＝30(人)の点数がふくまれている。実際（じっさい）の人数は 5 人なので，1 人が 30÷5＝6(回)分の平均点に関係しているとわかる。つまり

A＋B＋C＋D＋E
＝(65＋69＋71＋72＋74＋74＋77＋78
　＋81＋83)×3÷6
＝744÷2
＝372(点)

(3)(A＋B＋C)＋(C＋D＋E)
　　　－(A＋B＋C＋D＋E)
＝Cより

65×3＋83×3－372＝72(点)

(4)(A＋B＋D)－(A＋B＋C)＝D－C
＝69×3－65×3＝12(点)
D＝C＋12＝72＋12＝84(点)
(C＋D＋E)－(B＋D＋E)＝C－B
＝83×3－81×3＝6(点)
B＝C－6＝72－6＝66(点)

よって

A＝(A＋B＋C)－B－C
　＝65×3－66－72＝57(点)
E＝(C＋D＋E)－C－D
　＝83×3－72－84＝93(点)

4 (1)**(1，3，1)と(2，1，2)**
(2)**A…19g　B…15g　C…11g**

解き方 (1)袋（ふくろ）の中の玉の様子は次の通り。

	A＞B＞C		
ア	1	1	3
イ	1	2	2
ウ	1	3	1
エ	2	1	2
オ	2	2	1
カ	3	1	1

重さについて　**ア＜イ＜ウ，エ＜オ＜カ**
ウと**エ**はどちらが重いかわからないが，**ア，イ，オ，カ**については，この順に重くなっていくことは明らかなので，同じ重さであるとすれば，**ウ**と**エ**になる。

(2)**ウ**の重さ＝**エ**の重さ，**イ**が 71g，**オ**が 79gであることがわかっている。

A，B，Cの重さをそれぞれag，bg，cgとおくと

$a+b\times3+c=a\times2+b+c\times2$　…①
$a+b\times2+c\times2=71$　…②
$a\times2+b\times2+c=79$　…③
①より　$a+c=b\times2$　…④

②でCを 1 つAに置きかえると③の状態（じょうたい）になり，8g重くなる。つまり，AはCより 8g重いとわかる。

$a=c+8$　…⑤

④，⑤より　$c+8+c=b\times2$

$b=c+4$　…⑥

②，⑤，⑥より

$(c+8)+(c+4)\times2+c\times2=71$

$c\times5=55$　　$c=11$(g)

よって

$a=c+8=11+8=19$(g)

$b=c+4=11+4=15$(g)

5 **(1)①ア，ウ　②イ…24　ウ…31**
(2)①30　②カ…7　キ…17
ク…30　ケ…37

解き方 (1)① 48 は 2 番目に小さい数なので，ア，ウをたし合わせた数。

②偶数(ぐうすう)が 1 つだけなので，ア＋ウ＝48 より，アとウは奇数(きすう)となり，

ア＋イ＝41 より，イが偶数となる。

これより，2 つの整数の和は次のようになる。

ア	イ	ウ	エ	計
○	○			41
○		○		48
○			○	54
	○	○		55
	○		○	61
		○	○	68

(ア＜イ＜ウ＜エ)

$(41+48+55)\div2=72$　…ア＋イ＋ウ

$72-41=31$　…ウ

$72-48=24$　…イ

(2)キ－カ＝A，ク－キ＝B，ケ－ク＝C とすると，2 つの整数の差は，A，B，C，A＋B，B＋C，A＋B＋C のいずれか。

カ，キ，ク，ケのうち 1 つが偶数であることから，A，B，C の奇数と偶数の関係は次のようになる。

カ	キ	ク	ケ	A	B	C
奇	奇	奇	偶	偶	偶	奇
奇	奇	偶	奇	偶	奇	奇
奇	偶	奇	奇	奇	奇	偶
偶	奇	奇	奇	奇	偶	偶

また，7，10 は A，B，C のいずれか，23 は A＋B，B＋C のいずれかで，A＋B または B＋C の 23 でない方の数は，23 より小さいことに気をつけて，A，B，C，A＋B，B＋C を表にすると次のようになる。

A	B	C	A+B	B+C	
7	10	13	17	23	×
7	16	10	23	26	×
7	13	10	20	23	
10	7	16	17	23	×
16	7	10	23	17	×
10	13	7	23	20	
10	16	7	26	23	×
13	10	7	23	17	×

・色の数は計算によって求められる数

以上より

(A，B，C)＝(7，13，10)

　　　または(10，13，7)

(A，B，C)＝(7，13，10)のとき

(カ，キ，ク，ケ)

＝(カ，カ＋7，カ＋20，カ＋30)

→　カ＋キ＋ク＋ケ

＝カ＋(カ＋7)＋(カ＋20)＋(カ＋30)

＝カ×4＋57＝91

→　カ＝8.5　整数にならないので不適(ふてき)。

(A，B，C)＝(10，13，7)のとき

(カ，キ，ク，ケ)

＝(カ，カ＋10，カ＋23，カ＋30)

→　カ＋キ＋ク＋ケ

＝カ＋(カ＋10)＋(カ＋23)＋(カ＋30)

＝カ×4＋63＝91

→　カ＝7(これは適する。)

(カ，キ，ク，ケ)＝(7，17，30，37)

…②

ス＝37－7＝30　…①

〔別解〕①キ－カ＝A，

ク－キ＝B，

ケ－ク＝C とすると，

2 つの整数の差は，A，B，C，A＋B，B＋C，A＋B＋C となる。

7，10，[サ]，[シ]，23，[ス]

A，B，C　A+B，B+C　↑ A+B+C

<u>B=7 のとき</u>

[シ]=7+10=17

7+[サ]=23 より　[サ]=23−7=16

[ス]=A+B+C=7+10+16=33

B=7 より，**キ**か**ク**のどちらか一方だけが偶数であり，**カ**と**ケ**は奇数となる。

カ+33=**ケ**より，これは不適。

<u>B=10 のとき</u>

[シ]=7+10=17

10+[サ]=23 より　[サ]=23−10=13

[ス]=A+B+C=7+10+13=30

B=10 より，**キ**と**ク**はともに奇数であり，**カ**と**ケ**のどちらか一方だけが奇数となる。**カ**+30=**ケ**より，これは不適。

<u>B=[サ]のとき</u>

[シ]=7+[サ]

10+[サ]=23 より　[サ]=23−10=13

[シ]=7+13=20

[ス]=A+B+C=7+10+13=30

B=13 より，**キ**か**ク**のどちらか一方だけが偶数であり，**カ**と**ケ**は奇数となる。

カ+30=**ケ**より，これは適する。

以上より　[ス]=30

②①より，B=13，A+B+C=30 だから，

カ+**キ**+**ク**+**ケ**

=**カ**+(**カ**+A)+(**カ**+A+B)
　　+(**カ**+A+B+C)

=**カ**×4+A×2+43

この和が 91 だから

カ×4+A×2+43=91

カ×4+A×2=48

カ×2+A=24

これより，A は偶数だから　A=10

よって　**カ**×2+10=24

カ×2=14

カ=7

キ=**カ**+A=7+10=17

ク=**キ**+B=17+13=30

ケ=**カ**+30=7+30=37

第2章 和や差の関係から解く問題

練習 235 A…時速60km B…時速45km

解き方 AとBの時速の和は

315÷3=105(km/時)

時速の差は　$40\div2\frac{2}{3}=15$(km/時)

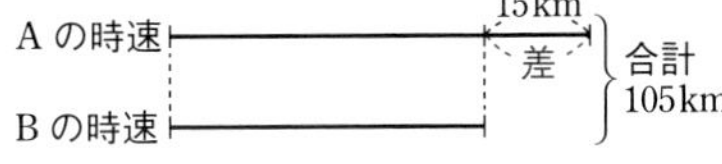

Aの方が速いからAの時速は

(105+15)÷2=60(km/時)

Bの時速は　105−60=45(km/時)

練習 236 縦(たて)…44cm 横…56cm

解き方 周りが2m=200cmだから，縦と横の和は半分の100cmである。

(横)−(縦)=12(cm)

(横)+(縦)=100(cm)

(横)=(100+12)÷2=56(cm)

(縦)=100−56=44(cm)

練習 237 兄…16才 姉…14才 ひさ子…11才

解き方

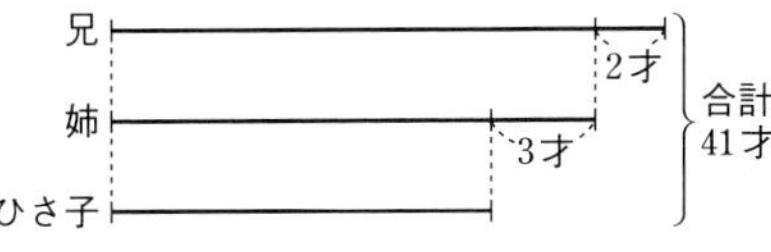

ひさ子は　(41−3−3−2)÷3=11(才)

兄は　11+5=16(才)

姉は　11+3=14(才)

練習 238 ちよこ…2000円 妹…1750円

解き方 (ちよこ)+(妹)=3750円

(ちよこ)−(妹)=500−250=250(円)

ちよこは　(3750+250)÷2=2000(円)

妹は　3750−2000=1750(円)

練習 239 A…36.7kg B…37.5kg C…41.4kg

解き方

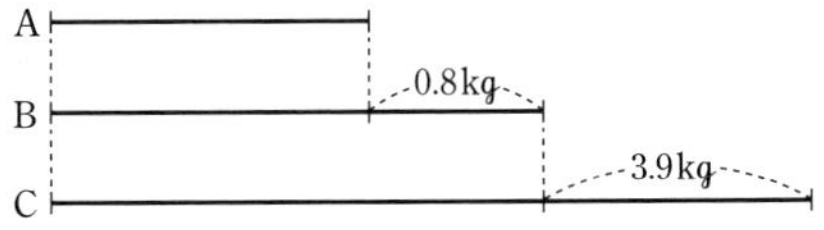

合計115.6kgだから

A=(115.6−0.8−0.8−3.9)÷3=36.7(kg)

B=36.7+0.8=37.5(kg)

C=37.5+3.9=41.4(kg)

練習 240 上…330円 下…230円

解き方 (上)+(下)=2800÷5=560(円)

(上)−(下)=100(円)だから，

上は　(560+100)÷2=330(円)

下は　330−100=230(円)

練習 241 70m

解き方 1分間に，

A+B=450÷3=150(m)

はなれ，差はB−A=10(m)だから，遅(おそ)い方のAの分速は

A=(150−10)÷2=70(m)

練習 242 (1)44.7kg (2)33.6kg

解き方 (1) 3人の平均(へいきん)を3倍すれば3人の合計が，2人の平均を2倍すれば2人の合計が求められる。

48.1×3=144.3(kg)

39.1×3=117.3(kg)

46.6×3=139.8(kg)

39.6×2=79.2(kg)

なので

	A	B	C	D	E	合計	
	1	0	1	0	1	144.3kg	…①
	1	0	1	1	0	117.3kg	…②
	0	1	1	0	1	139.8kg	…③
	0	1	0	1	0	79.2kg	…④
①+④	1	1	1	1	1	223.5kg	…⑤

5 人の合計が 223.5kg なので，平均は
$223.5\div5=44.7$(kg)

(2)

	A	B	C	D	E	合計	
②＋③	1	1	2	1	1	257.1kg	…⑥
⑥－⑤	0	0	1	0	0	33.6kg	

よって，Cの体重は 33.6kg である。

練習 243 (1)**162cm**
(2)①**151.4cm**　②**168cm**

解き方 (1)AチームとBチームはどちらも6人ずつだから
$(167.4+156.6)\div2=162$(cm)

(2)① 12 名全員の合計は
(Aの平均)×6＋(Bの平均)×6
＝(Aの平均＋Bの平均)×6
なので
Aの平均＋Bの平均＝167.4＋156.6
＝324(cm)
は一定。
よって　$324-172.6=151.4$(cm)

②Aの平均は
$172.6-167.4=5.2$(cm)
上昇(じょうしょう)する。
合計は $5.2\times6=31.2$(cm)増(ふ)える。
AからBに入れかわった 2 人は合計が
$152.4\times2=304.8$(cm)なので
BからAに入れかわった 2 人の平均は
$(304.8+31.2)\div2=168$(cm)

練習 244 (1)**90枚(まい)**　(2)**9か月**

解き方 (1)Aは 5 か月で，$26\times5=130$(枚)，
Bは $130-40=90$(枚)

(2)5 か月後から，Bは$(90\div5)\times2=36$(枚)集めるので，$36-26=10$(枚)が 1 か月にBとAの差の縮(ちぢ)まる枚数になる。
$40\div10=4$(か月)
$5+4=9$(か月)

練習 245 (1)**A…36ページ**
B…14ページ
(2)**3週目の土曜日**

解き方 (1)Aは 9 日間読んだので
$4\times9=36$(ページ)
Bは土曜日，月曜日の 2 日間で
$7\times2=14$(ページ)

(2)土曜日から金曜日までの 1 週間に
Aは $4\times7=28$(ページ)
Bは $7\times5=35$(ページ)
読む。その差 7 ページを集めて，Bが始める前の差 20 ページになればよい。
$20\div7=2$ あまり 6 より，Bが読み始めて 2 週間後に 2 人の差は 6 ページだから，次の土曜日にAと同じ所を読むことになり，Aが読み始めてから 3 週目。

練習 246 **2700，510，1170**

解き方 B，Cが初めに支払(しはら)った金額(きんがく)をそれぞれ，x円，y円とする。

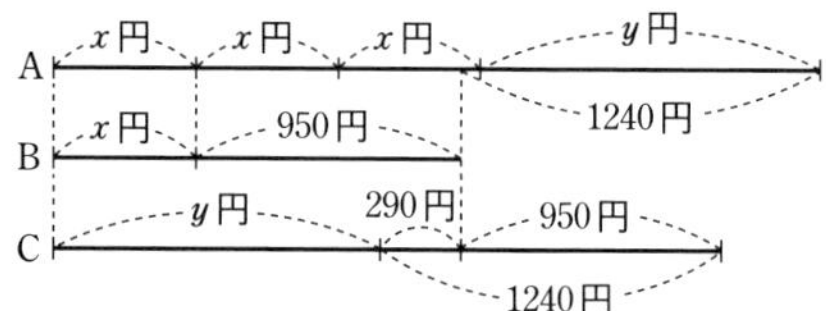

$x\times2+y=950+1240=2190$(円)
$y-x=950-290=660$(円)
Bは　$x=(2190-660)\div3=510$(円)
Cは　$y=510+660=1170$(円)
Aは　$510\times3+1170=2700$(円)

練習 247 **太郎(たろう)…210円　次郎…30円**

解き方

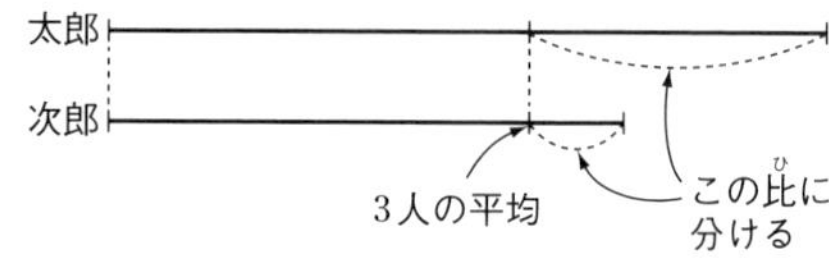

8 合を 3 人で食べたから 1 人あたり$\frac{8}{3}$合，
太郎は $5-\frac{8}{3}=\frac{7}{3}$(合)，次郎は

$3-\frac{8}{3}=\frac{1}{3}$(合)多く出しているから，

240円を$\frac{7}{3}:\frac{1}{3}=7:1$に分ければよい。

太郎は　$240\times\frac{7}{7+1}=210$(円)

次郎は　$240-210=30$(円)

練習 248　50円…5枚　80円…100枚

解き方　105枚とも50円切手とすると，金額は
50×105
$=5250$(円)

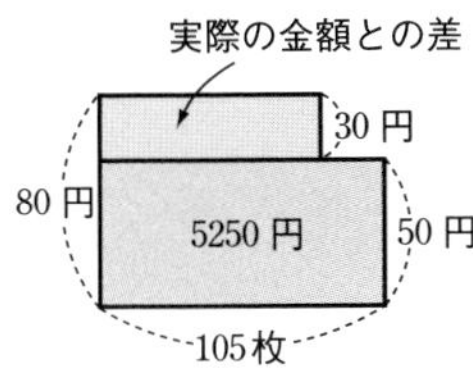

実際(じっさい)との差
$8250-5250=3000$(円)は，
$80-50=30$(円)から出るから，
$3000\div30=100$(枚)が80円で，50円は5枚。

練習 249　$\frac{1}{2}$

解き方　家から学校までの距離(きょり)を20と8の最小公倍数40とおく。
歩く速さは毎分　$40\div20=2$
走る速さは毎分　$40\div8=5$
家を出てから1歩いた所で引き返したとき，かかる時間は$1\div2+1\div5=0.7$(分)増える。よって，家から引き返した地点までの距離は　$(22-8)\div0.7=20$
これは，家から学校までの距離の
$\frac{20}{40}=\frac{1}{2}$である。

〔別解〕家を出てから忘(わす)れ物に気づいて家に戻(もど)るまでにかかった時間は
$22-8=14$(分)
歩く場合と走る場合でかかる時間の比は
$20:8=5:2$なので，往復(おうふく)14分のうち，歩いた時間は
$14\times\frac{5}{5+2}=\frac{14\times5}{7}=10$(分)
家から学校まで歩くと20分かかるので，忘れ物に気づいたのは，家から学校までの距離の
$\frac{10}{20}=\frac{1}{2}$

練習 250　(1)490g　(2)28g

解き方　(1)$(1218-238)\div2=490$(g)
(2)小の玉の重さは，$1218-490=728$(g)で，大の玉を全部小の玉にかえるとその重さは，$490\times0.8=392$(g)になるので，小の玉1個(こ)の重さは
$(728+392)\div40=28$(g)

練習 251　(1)$x\times50+10$　(2)17

解き方　(1) 150人を3人ずつ組にすると
$150\div3=50$(組)に分けられる。
みかんをx個ずつ50組に配ると10個あまるから，みかんの数は
$x\times50+10$(個)
(2)$y\times(150\div5)=y\times30$より，みかんの数は$150\times3=450$より大きく，
$150\times4=600$より小さい30の倍数なので，480，510，540，570である。
その中で，$x\times50+10$になるのは510だけ。
$510=y\times30$より　$y=17$

練習 252　11

解き方　右の図から
$\square=8\times2+(9-7)$
$=18$(個)

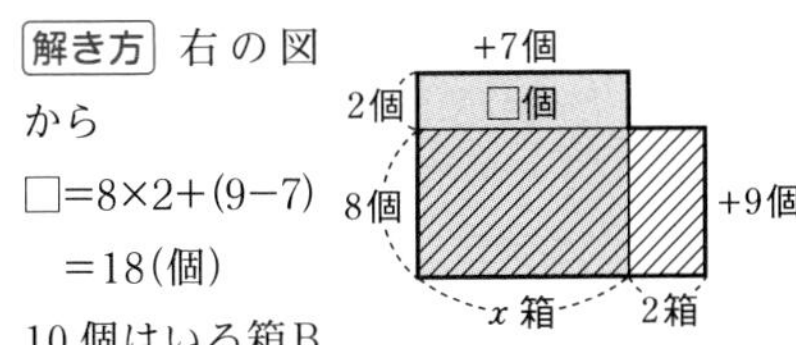

10個はいる箱Bの数は　$18\div2=9$(箱)
8個はいる箱Aの数は　$9+2=11$(箱)
〔別解〕Bの箱を2箱増やして，Aと同じにすると，$10\times2-7=13$より，Bの箱に詰(つ)めるには13個足りないことになる。
よって，箱の数は
$(9+13)\div2=22\div2=11$(箱)

練習 253　(1)15脚(きゃく)　(2)78人

解き方 (1)いすの数を1とすると，予定の人数は4×1で，30%増えた人数は，
4×1.3＝5.2
5人ずつかけると，5.2－5＝0.2が座(すわ)れない。
これが3人にあたるから，長いすは
3÷0.2＝15(脚)

(2) 5×15＋3＝78(人)

練習 254 73人

解き方 1室7人では10人あまる。
1室9人のときの最後の部屋の人数を○人とすると，(9－○)人不足する。
よって，部屋数は

$(10+9-○)\div(9-7)=\frac{19-○}{2}$ …①

○は0，1，2で，①が整数になるので
○＝1(人)

部屋数は $\frac{19-1}{2}=9$(部屋)

生徒数は　7×9＋10＝73(人)

〔別解〕7人ずつにしたときにはいれなかった10人と，最後の1室の7人の計17人を2人ずつ部屋に入れて9人ずつにすると，
17÷2＝8あまり1より，9人ずつの部屋が8室で，最後の1室だけは1人となる。
これは，最後の1室だけ3人未満になることにあてはまる。
よって，生徒の人数は
9×8＋1＝73(人)

力だめしの問題

❶ 88

解き方 合格者(ごうかく)が18人，不合格者が45－18＝27(人)より，次の図のような天びんが成立する。

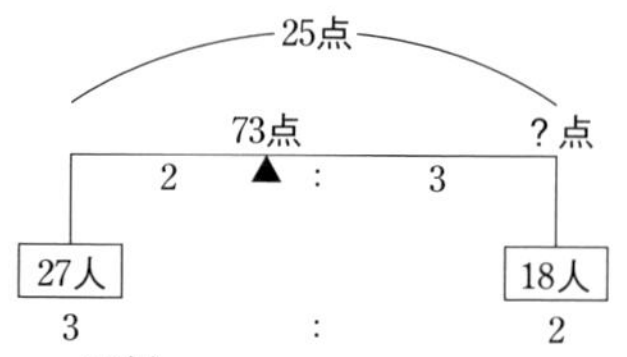

合格者の平均点(へいきん)は

$73+25\times\frac{3}{2+3}=88$(点)

〔別解〕(25×18)÷45＝10より，
不合格者の平均点は　73－10＝63(点)
合格者の平均点は　63＋25＝88(点)

❷ 46kg

解き方 整理してみる。

A	B	C	D	和
○	○	○		43×3＝129(kg)…①
○		○	○	40×3＝120(kg)…②
	○		○	41.5×2＝83(kg)…③

①＋③－②＝B×2＝129＋83－120
＝92(kg)
B＝92÷2＝46(kg)

❸ 130

解き方 70点を仮(かり)平均として計算したとき，実際(じっさい)の平均点は75点だったということ。
求める合計点を x 点とすると
$360-x=(75-70)\times46$
$x=360-230=130$(点)

❹ 部屋の数…44部屋　人数…156人

解き方 様子をまとめる。

33…333333　　24人あまる
44…400000　　ちょうど
この部屋にも4人ずつ泊(と)まるとすると…
44…444444　　20人不足
11…111111　　24＋20
＝44(人)

部屋数は　44÷1＝44(部屋)
人数は　3×44＋24＝156(人)

❺ ア…12　イ…7　ウ…3

解き方　100円玉と50円玉と10円玉で1580円になるから，10円玉は3枚，8枚，13枚，18枚のいずれかである。

10円玉が3枚のとき，残り 22−3＝19(枚)で 1580−30＝1550(円)となるから，100円玉は

(1550−50×19)÷(100−50)＝12(枚)

50円玉は　19−12＝7(枚)

このとき，100円玉と10円玉の枚数を逆にすると

100×3＋50×7＋10×12＝770(円)

となり，あてはまる。

10円玉が8枚のとき，残り 22−8＝14(枚)で 1580−80＝1500(円)にすることはできない。

同様に，10円玉が13枚，18枚のときも不適となる。

❻ 80円

解き方　寿司→㋜，サンドイッチ→㋚と表す。

			□個
予定	㋜	800 … 800	800 … 800
	㋚	500 … 500	
実際	㋜	800 … 800	↓
	㋚	500 … 500	500 … 500
			300 … 300

□＝3600÷(800−500)＝12(個)

(60−12)÷2＝24(個)　…実際の寿司

60−24＝36(個)　…実際のサンドイッチ

お茶を買う前に残っていた金額は

700×60−(800×24＋500×36)

＝4800(円)

4800÷60＝80(円)

❼ 0.8cm

解き方　Aの短冊は　(36−2)÷2＝17(枚)

Bの短冊は　36−17＝19(枚)

Aののりしろの数は　17−1＝16

Bののりしろの数は　19−1＝18

Aさんの1つののりしろの長さを①cmとすると，Bさんの1つののりしろの長さは②cmとなる。

のりしろの長さの差は

②×18−①×16＝⑳(cm)

これが，短冊2枚の長さであるから

8×2＝16(cm)となる。

よって，Aののりしろの長さは

16÷20＝0.8(cm)

❽ 1.6

解き方　あとの印のつけ方では8等分できたことになる。印をつける長さは

2×7＋6＝20(cm)

└初めとあとの1区切りの差を7つ分と，残りをたしたもの

よって，テープの長さは

20×8＝160(cm)→1.6m

❾ 205冊

解き方

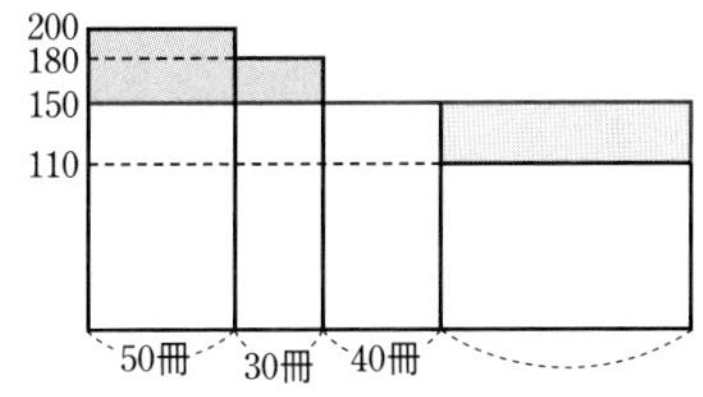

上の面積図で，▒の部分の面積と░の部分の面積が等しいから，110円で買う冊数は

{(200−150)×50＋(180−150)×30}
　÷(150−110)
＝3400÷40＝85(冊)

よって，全部で

50＋30＋40＋85＝205(冊)

❿ 1人分あまる

解き方

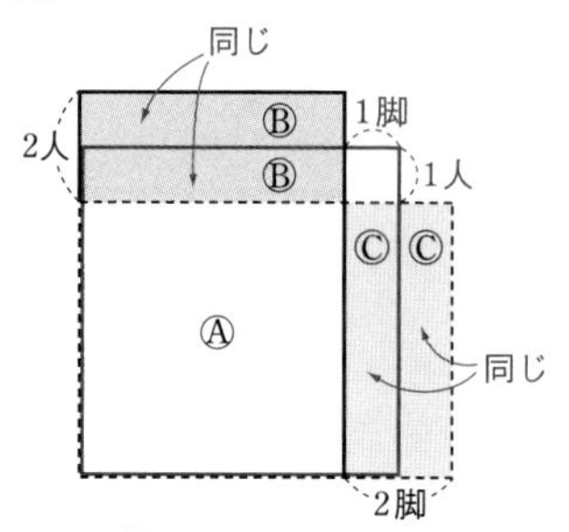

縦にいすに座る人数，横にいすの数をとって座れる人数を面積図に表すと，上の図のようになる。黒の実線部分が最初の状態で，黒の点線部分があとの状態。共通する部分(Ⓐ)を除いた，と の面積は等しい。

いすに座る人数を1人減らし，いすの数を1脚増やした場合は赤線。この赤線によって上下に分割(Ⓑ)される，左右に分割(Ⓒ)される において，分割された2つの面積はそれぞれ等しい。

いすに座る人数を1人減らし，いすの数を1脚増やした場合の面積(人数)は

Ⓐ+Ⓑ+Ⓒ+1(人)

└初めの状態，2人減らし2脚増やした状態と同じ。

よって，余分にまだ1人座れる。

⓫ 3

解き方 犬を飼っている人は

(42−10)÷2=16(人)

犬を飼っていない人は　16+10=26(人)

わかった数値を表に書き入れる。

		犬		合計
		いる	いない	
ねこ	いる		10	△
	いない	△	16	△+16
合計		16	26	42

よって　△+(△+16)=42　　△=13(人)

ゆえに　16−13=3(人)

⓬ 順に，39，21

解き方

	おじ	兄	差	
9年前	2.5	1	1.5	×4
6年後	$1\frac{2}{3}$	1	$\frac{2}{3}$	×9

↓比合わせ

	おじ	兄	差
9年前	⑩	④	⑥
6年後	⑮	⑨	⑥

⑨−④=⑤が9+6=15(年)にあたるから

15÷5=3より，①は3年にあたる。

よって　3×10+9=39(才)…おじ

　　　　3×4+9=21(才)…兄

⓭ 7才

解き方 現在の，父，母，Aの年令の和は

59+6×3=77(才)

現在の，父，母，弟の年令の和は

77−4=73(才)

現在の弟の年令を①才とすると，父の年令は⑫才，母の年令は⑫−2才になるので

⑫+(⑫−2)+①=㉕−2=73(才)

①=(73+2)÷25=3(才)

よって，現在のAは　3+4=7(才)

⓮ (1)82点　(2)34題

解き方 (1)(50−17)×3−17×1

=33×3−17=99−17=82(点)

(2) 300−164=136(点)

1題まちがえると3+1=4(点)ずつ下がるから　136÷4=34(題)

⓯ 16

解き方 30個とも黄玉だったとして表をつくる。赤玉，青玉は同数なので，赤玉，青玉が1個増えるとき，黄玉は2個減っていく。

同じ（赤(3)	$0 \xrightarrow{+1} 1$
同じ（青(4)	$0 \xrightarrow{+1} 1$
黄(5)	$30 \xrightarrow{-2} 28 \qquad \square$
計	$\underbrace{150 \xrightarrow{-3} 147 \cdots 129}_{-21}$

$21\div3=7$ →□$=30-2\times7=16$(個)

〔別解〕赤玉と青玉は同数なので，玉に書かれた数を$(3+4)\div2=3.5$ と考える。黄玉の個数は

$(129-3.5\times30)\div(5-3.5)$

$=24\div1.5=16$(個)

チャレンジ問題

1 A：国語 … 78点　算数…56点

B：国語 … 39点　算数…82点

解き方　Bの国語をx点，Aの算数をy点とする。

$121-26=95$ が$x+y$だから，

$134-95=39$ がBの国語の点になる。

$y=95-39=56$

	国語	算数	合計
A	$x\times2$	y	134
B	x	$y+26$	121

〔別解〕Aさんと Bさんの合計点の差は，

(Bさんの国語の点)$-26=13$

これより，Bさんの国語は

$13+26=39$(点)

Aさんの国語は　$39\times2=78$(点)

Aさんの算数は　$134-78=56$(点)

Bさんの算数は　$56+26=82$(点)

2 父…60才　母…38才　姉…15才

太郎（たろう）…11才

または　父…59才　母…39才

姉…14才　太郎…12才

解き方　父，母，姉，太郎の年令をx才，y才，z才，u才とする。

$x+y+z+u=124$　…①

$y+z\times3+u\times2=105$　…②

$x+y\times2+z=151$　…③

③−①から　$y-u=27$　…④

②+④×2 より

$(y+z)\times3=105+27\times2=159$

$y+z=53$　…⑤

①と⑤より　$x+u=71$　…⑥

以上から

$x=71-u$，$y=27+u$，$z=53-y=26-u$

uは 10 より大きくzより小さい。

uは $26\div2=13$ より小さい。

uは 11 か 12 で，

$u=11$ のとき　$x=60$，$y=38$，$z=15$

$u=12$ のとき　$x=59$，$y=39$，$z=14$

〔別解〕$x=$父$+$母，$y=$母$+$姉，

$z=$姉$+$太郎とおくと，

父＋母＋姉＋太郎＝124 より

$x+z=124$　…①

母＋姉×3＋太郎×2＝105 より

$y+z\times2=105$　…②

父＋母×2＋姉＝151 より

$x+y=151$　…③

①×2−②より

$x\times2-y=124\times2-105=143$　…④

③+④より　$x\times3=151+143=294$

よって　$x=294\div3=98$

③より　$y=151-98=53$

①より　$z=124-98=26$

姉＋太郎＝26 で，太郎の年令は 10 才より大きく，姉より小さいから，

$26\div2=13$ より，太郎は 11 才か 12 才。

太郎が 11 才のとき

姉は $26-11=15$(才)

母は $53-15=38$(才)

父は $98-38=60$(才)

太郎が 12 才のとき

姉は $26-12=14$(才)

母は $53-14=39$(才)

父は $98-39=59$(才)

3 (1)**15**　(2)**5**

解き方 (1) 6 人が自分以外の 5 人と対戦する。AがBと対戦するのもBがAと対戦するのも同じ。
よって　$6\times5\div2=15$(試合)
(2) 1 つの試合が終わると，2 人にはいる点数の合計は 2 点(勝負がつけば勝った方に 2 点，引き分けならそれぞれに 1 点)。よって，全試合が終わった時点ですべての点数の合計は　$2\times15=30$(点)
EとFの得点の合計は
$30-(9+2+9+1)=9$(点)
Fの得点は　$(9+1)\div2=5$(点)

4 (1)**180個**　(2)**17.5%**

解き方 (1)Dを 3 でわった数を①とすると
D=③，(A+4)+(B−4)=②，
C=$\frac{①}{3}$より，②+$\frac{①}{3}$+③=$\frac{⑯}{3}$が 320 個にあたるから，
①$=320\div\frac{16}{3}=320\times\frac{3}{16}=60$(個)
で，Dがもらったのは 180 個。
(2)Aがもらった個数は　$60-4=56$(個)
$56\div320\times100=17.5$(%)

5 **順に，12，14.95**

解き方 全体の総和から 9 少ない場合の平均は 14.2 で，総和より 6 多い場合の平均は 15.45 である。
この差$(15.45-14.2)$は総和が$(9+6)$ちがうことからできるもの。
よって，女子の人数は
$(9+6)\div(15.45-14.2)$
$=15\div1.25=12$(人)
正しい平均は　$15.45-6\div12=14.95$(m)

6 (1)**118枚**
(2)**A…17枚　B…39枚　C…112枚**

解き方 A，B，Cの枚数をa枚，b枚，c枚とする。
$b=a\times2+5$，$c=b\times3-5$
(1)$a=15-4=11$，$b=11\times2+5=27$，
$c=27\times3-5=76$
色紙は　$a+b+c+4=118$(枚)
(2)$c=b\times3-5=(a\times2+5)\times3-5$
$=a\times6+10$
$a+b+c=a+a\times2+5+a\times6+10$
$=a\times9+15=168$
これから　$a=17$，$b=17\times2+5=39$，
$c=39\times3-5=112$

7 **26**

解き方 原価を□円とする。2 日間の利益の様子をまとめると

	300 個	
1 日目	80−□… 80−□	
2 日目	50−□… 50−□	50−□… 50−□
	300 個	500 個
差	30×300 =9000(円)	(50−□)×500 =9000+3000 =12000(円)

300 個については 2 日目の方が利益は少ない。
よって　$(50-□)\times500=12000$
$50-□=12000\div500=24$(円)
$□=50-24=26$(円)

8 **9**

解き方 テーブルに座る人数と過不足の様子は次の通り。「座れない」=「人があまる」ことに注意。

22 個
8　8 … 8　6　6 … 6　28 席不足……①
12　12 … 12　8　8 … 8　34 席あまる…②
+2　小さいテーブルに座る人の人数をそろえるため，①の状態にあと 2 人ずつ座る。
10　10 … 10　8　8 … 8　16 席あまる…③
$22\times2=44$(席)　$44-28=16$(席)
2　2 … 2　　18 席あまる…②−③

よって　$18\div2=9$(個)

9 **C…33　F…96**

解き方 FはBかCの2倍。8人の合計点は 64×8=512(点)で，C，F以外6人の合計点は
74+48+90+33+60+78=383(点)
だから，512−383=129(点)がCとFの合計点。
FがCの2倍なら，Fは
129÷3×2=86(点)
で最高点にならない。
FはBの2倍で　48×2=96(点)
Cは　129−96=33(点)

10 (1)**5曲**　(2)**25秒間**

解き方 (1)録音されている時間は
48分5秒−5秒×13=47分
3分
4分 } 13曲→47分のつるかめ算
(4×13−47)÷(4−3)=5(曲)
(2)曲数を多くする
→できる限り3分の曲を多くする
60×60÷(3×60+5)
=19(曲)あまり85(秒)
3分の曲を1曲4分に変えると，あまりは1分短くなる。
よって　85−60×1=25(秒間)

11 **70円…20冊　30円…18冊**
20円…9冊

解き方 30円のノート2冊と20円のノート1冊をまとめて，3冊で1パック80円と考える。70円のノートも3冊で1パック210円と考えると，47÷3=15あまり2より，15パックできて2冊あまる。
この2冊は70円のノートなので，
2120−70×2=1980より，80円と210円のノートが15パックで1980円となる。
よって
(1980−80×15)÷(210−80)
=780÷130=6
より，210円は6パックなので，70円は
3×6+2=20(冊)
80円は，15−6=9(パック)なので，
20円が9冊，30円が9×2=18(冊)となる。
〔別解〕1冊20円のノートを①冊買ったとすると，1冊30円のノートは，その倍だから②冊買ったことになる。
1冊70円のノートを$\boxed{1}$冊買ったとする。
①+②+$\boxed{1}$=47より　③+$\boxed{1}$=47 …(1)
70×$\boxed{1}$+30×②+20×①=2120より
$\boxed{7}$+⑧=212 …(2)
(1)×7より　③×7+$\boxed{1}$×7=47×7 …(3)
(2)，(3)より　⑬=117　　①=9(冊)
②=9×2=18(冊)
$\boxed{1}$=47−9×3=20(冊)

12 **19人**

解き方 表にまとめると

	男	女	計
A	8　ア	イ　12	34
B	16　0	ウ　エ	36
計	34	36	

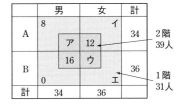

2階 39人（→12）
1階 31人（→エ）

ア=34−(8+16+0)=10(人)
イ=34−(8+10+12)=4(人)
ウ=39−(10+12+16)=1(人)
エ=31−(8+4+0)=19(人)
よって　0+19=19(人)

13 (1)**10人**　(2)**0.2点**

解き方 表に得点のパターンを書き入れる。

得点	0	1	2	
	××	×奇	×偶	奇奇
人数	2	9	3	2

（×偶の3）← 5−2=3(人)

3		4		5	6
×◎	奇偶	奇◎	偶偶	偶◎	◎◎
3	3	2	2	2	2

（奇偶の3）← 6−3=3(人)
（×◎の3）← 9−(2+2+2)=3(人)

(1) 3＋3＋2＋2＝10(人)
(2)奇数に当たったのは
のべ 9＋2＋2＋3＋2＝18(人)
偶数に当たったのは
のべ 3＋3＋2＋2＋2＝12(人)
この点数が入れかわるから，全体で
18－12＝6(点)総計が増える。
よって，平均点は 6÷30＝0.2(点)高くなる。

第3章 割合の関係から解く問題

練習 255 牛…220頭　馬…55頭

解き方 馬の数を 1 とすると牛の数は 4 となるので，馬は　275÷5＝55(頭)
牛は　55×4＝220(頭)

練習 256 350円

解き方

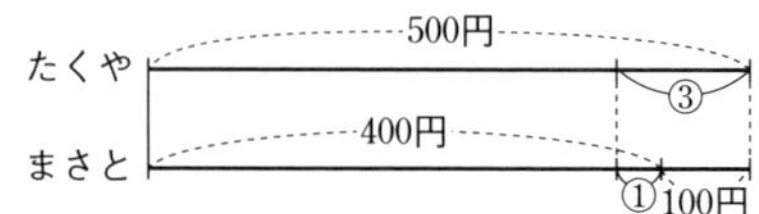

使う前も後も 2 人のお金の差は変わらない。
まさとさんの残りを 1 とすると，たくやさんの残りは 3 で，この差が 100 円にあたる。
まさとさんの残ったお金は
100÷2＝50(円)
使ったお金は　400－50＝350(円)

練習 257 680人

解き方 生徒数を 1 とすると，欠席率の
1－0.975＝0.025 が 17 人にあたるから
17÷0.025＝680(人)

練習 258 371人

解き方 全生徒数を 1 とすると，
210＋2＝212(人)が $1-\frac{3}{7}=\frac{4}{7}$ にあたるから
$212\div\frac{4}{7}=371$(人)

練習 259 800人

解き方 学校全体で陽性になった人は
32÷0.16＝200(人)
これが全体の 0.25 にあたるから，生徒数は
200÷0.25＝800(人)

練習 260 1200人

解き方 受験者数を 1 とすると，

1×0.45×0.25＝0.1125 が 135 人にあたるから，受験者数は

135÷0.1125＝1200(人)

練習 261　756人

解き方　次の図より 17＋4＝21(人)は

$\frac{1}{4}+\frac{7}{9}-1=\frac{1}{36}$にあたるから

$21\div\frac{1}{36}=21\times36=756$(人)

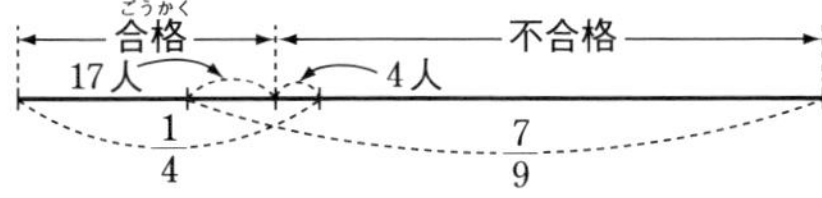

練習 262　14000円

解き方　もらったお年玉を 1 とすると，

$1-\frac{3}{5}=\frac{2}{5}$の$\frac{4}{7}$が 3200 円にあたる。

$3200\div\left(\frac{2}{5}\times\frac{4}{7}\right)=14000$(円)

練習 263　(1)1割2分　(2)400円

解き方　(1)原価は 900÷1.2＝750(円)

利益の割合は

(840－750)÷750＝0.12 → 1 割 2 分

(2) 160－100＝60(円)が原価の 1 割 5 分にあたるから，この品物の原価は

60÷0.15＝400(円)

練習 264　2500円

解き方　450 円が定価の 0.15 だから，

定価は　450÷0.15＝3000(円)

3000－500＝2500(円)

練習 265　9000円

解き方　下がった仕入れ値段は

1620000×0.1＝162000(円)

これは，新しい仕入れ値段で 20 個分なので，1 個の値段は

162000÷20＝8100(円)

もとの仕入れ値段を□円とすると

□×0.9＝8100

よって　□＝8100÷0.9＝9000(円)

練習 266　28200円

解き方　10 個こわれた分の原価を払って利益が 28000 円だから，もしこわれていなければ，800×10＝8000(円)を加えて 36000(円)になる。

1 個あたりの利益でわると

36000÷(800－500)＝120(個)

これが仕入れた個数である。

売り上げ金額は

840×(120－15)＝88200(円)

仕入れ金額は 500×120＝60000(円)より，

利益は　88200－60000＝28200(円)

練習 267　1000円

解き方

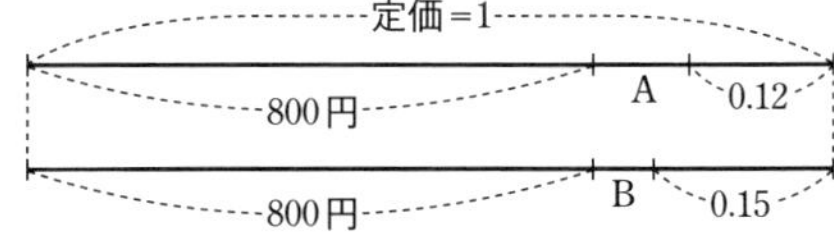

上の図より　A×50＝B×80

A：B＝8：5

0.15－0.12＝0.03

よって　Aは　$0.03\times\frac{8}{8-5}=0.08$

利益の割合は　0.12＋0.08＝0.2

定価は　800÷(1－0.2)＝1000(円)

練習 268　(1)162cm　(2)169.2cm

解き方　(1)ひもの長さを 1 とすると，切り取った長さの差$\frac{5}{9}-\frac{2}{5}=\frac{7}{45}$が 25.2cm にあたるから，ひもの長さは

$25.2\div\frac{7}{45}=162$(cm)

(2) $162\times\left(1-\frac{5}{9}+1-\frac{2}{5}\right)=169.2$(cm)

練習 269　(1)$\frac{5}{7}$倍　(2)192cm

解き方　(1)Aの棒の長さを 1 とすると，池の中にある部分は　$1-\frac{2}{7}=\frac{5}{7}$

(2)Bの棒の池の中にある部分は，Bの棒の

長さを1とすると　$1-\frac{1}{6}=\frac{5}{6}$

$(\text{Aの長さ})\times\frac{5}{7}=(\text{Bの長さ})\times\frac{5}{6}$

よって

$(\text{Aの長さ}):(\text{Bの長さ})=\frac{5}{6}:\frac{5}{7}=7:6$

7−6=1 が 32cm にあたるので

32×6=192(cm)

力だめしの問題

❶ 32個

解き方　逆から考えると，5+1=6(個)が$\frac{1}{2}$にあたるから，C，Dの合計は

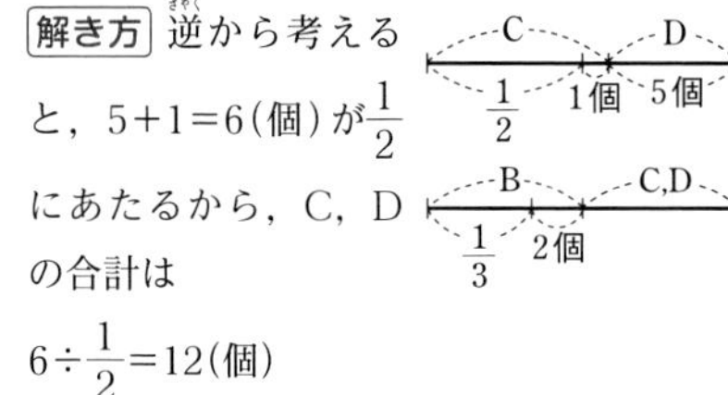

$6\div\frac{1}{2}=12$(個)

同じようにして，Aが取った残りは

$(12+2)\div\left(1-\frac{1}{3}\right)=14\times\frac{3}{2}=21$(個)

初めのみかんの数は

$(21+3)\div\left(1-\frac{1}{4}\right)=24\times\frac{4}{3}=32$(個)

❷ 17.5%

解き方　全生徒数を1とすると，男子は0.6，女子は0.4である。

A町から通学している

男子は　0.6×0.15=0.09

女子は　0.16−0.09=0.07

より，全女子生徒に対する割合は

0.07÷0.4=0.175 → 17.5%

❸ 150cm

解き方　プールの深さを1とする。

長い棒の長さは　$1\div\frac{3}{7}=\frac{7}{3}$

短い棒の長さは　$1\div\frac{3}{5}=\frac{5}{3}$

この差$\frac{7}{3}-\frac{5}{3}=\frac{2}{3}$が 100cm にあたるから

$100\div\frac{2}{3}=150$(cm)

❹ A…16400円　B…15200円　C…13400円

解き方　AとCとの差3000円は，割合では，

A ├──┼───7───┤
B ├──┼──5──┤
C ├──┼─2─┼──3000円──┤

7−2=5 にあたる。

1にあたる金額は，

3000÷5=600(円)である。

7にあたる金額は　600×7=4200(円)

5にあたる金額は　600×5=3000(円)

2にあたる金額は　600×2=1200(円)

同額のお金は

(45000−4200−3000−1200)÷3

=12200(円)

Aは　12200+4200=16400(円)

Bは　12200+3000=15200(円)

Cは　12200+1200=13400(円)

❺ 400

解き方　ノート1冊の値段を①円とする。

$\left(①\times2\div\frac{3}{5}\right)\times\frac{2}{5}=\left(\frac{4}{3}\right)$(円)…Aの残金

$\left(①\times3\div\frac{4}{7}\right)\times\frac{3}{7}=\left(\frac{9}{4}\right)$(円)…Bの残金

$\left(①\times2\div\frac{2}{3}\right)\times\frac{1}{3}=①$(円)…Cの残金

$\left(\frac{4}{3}\right)+\left(\frac{9}{4}\right)+①=\left(\frac{55}{12}\right)=550$(円)

$①=550\div\frac{55}{12}=120$(円)

$120\times2\div\frac{3}{5}=400$(円)

❻ 72個

解き方　2台目が運んだのは，全体の

$\left(1-\frac{1}{3}\right)\times\frac{1}{3}=\frac{2}{9}$

よって　$26\div\left(1-\frac{1}{3}-\frac{2}{9}-\frac{1}{12}\right)$

$=26\div\frac{36-12-8-3}{36}=\frac{26\times36}{13}=72$(個)

❼ ⑴Aが120円多い　⑵260円

解き方 ⑴それぞれの所持金をa円，b円，c円として，それぞれの関係を表すと

$a\times3=b\times4+240$ …①

$b\times\dfrac{2}{3}=c+b\times\dfrac{1}{3}+40$ …②

$b=\boxed{3}$とすると

①より　$a\times3=\boxed{3}\times4+240$

$a=\boxed{4}+80$ …③

②より　$\boxed{3}\times\dfrac{2}{3}=c+\boxed{3}\times\dfrac{1}{3}+40$

$c=\boxed{1}-40$

$b+c=\boxed{3}+\boxed{1}-40=\boxed{4}-40$ …④

③，④より，Aが120円多い。

⑵$\boxed{4}+80+\boxed{4}-40=\boxed{8}+40=2440$

→$\boxed{1}=300$(円)

$300-40=260$(円)

❽ 515人

解き方 4人がけの長いすの数を⑨脚，6人がけの長いすの数を⑤脚とする。

座れている人数は，男子　4×⑨=㊱(人)

女子　6×⑤=㉚(人)

よって，男子全員　㊱+59(人)

女子全員　㉚+60(人)

女子の方が35人少ないから

㊱+59=㉚+60+35　　⑥=36(人)

㊱+59+㉚+60=㊻+119=36×11+119

=515(人)

❾ 165cm

解き方 昨年の，父と兄の身長の差(=兄と妹の身長の差)を○cmとし，今年の父と兄の身長の差を△cmとして線分図に表すと次のようになる。

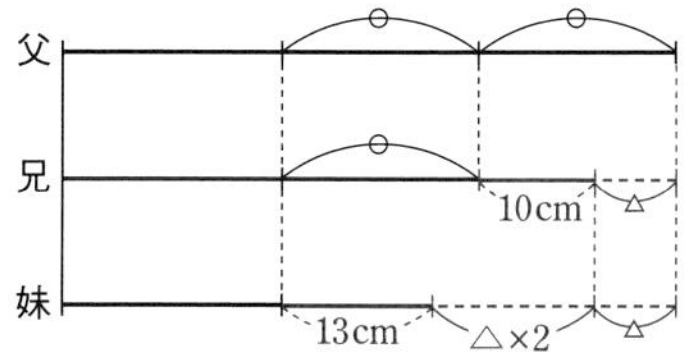

図より

○=10+△…①

○×2=13+△×2+△=13+△×3 …②

②の○を①の○に置きかえると

(10+△)×2=13+△×3

20+△×2=13+△×3　　△=7(cm)

よって　172−7=165(cm)

❿ 25L

解き方 同じ量の水を1とすると，Bの容積は

$1\div\dfrac{3}{4}=\dfrac{4}{3}$

Aに残った10Lは，1+1=2からBの容積$\dfrac{4}{3}$をひいたものに等しいから，1に相当するのは

$10\div\left(2-\dfrac{4}{3}\right)=10\times\dfrac{3}{2}=15$(L)で，これがAの容積の$\dfrac{3}{5}$だから，Aの容積は

$15\div\dfrac{3}{5}=25$(L)

⓫ ⑴$\dfrac{3}{7}$　⑵8400円

解き方 ⑴定価と割引きした価格では，

売り値については　⑤：④

利益については　$\boxed{3}$：$\boxed{1}$

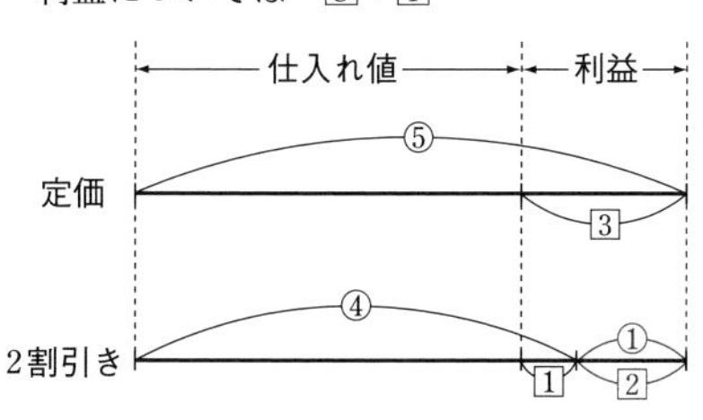

図より　①=$\boxed{2}$

定価は　⑤=$\boxed{10}$

よって，仕入れ値は　$\boxed{10}-\boxed{3}=\boxed{7}$

以上より　$\dfrac{3}{7}$

⑵仕入れ値を1とすると，

全体の利益は，売上金額−仕入れ値より

$\left(1+\frac{3}{7}\right)\times\frac{6}{10}+\left(1+\frac{1}{7}\right)\times\frac{3}{10}-1$

$=\frac{6}{7}+\frac{12}{35}-1$

$=\frac{30+12-35}{35}=\frac{7}{35}=\frac{1}{5}$

仕入れ値は　$1400\div\frac{1}{5}=7000$(円)

よって　7000＋1400＝8400(円)

⑫ 88円

解き方 売り上げ金額は

52800＋7200＝60000(円)

売価は１個 80 円だから，売り上げ個数は

60000÷80＝750(個)

予定の売り上げは

52800×(1＋0.25)＝66000(円)

だから，１個の値段は

66000÷750＝88(円)

⑬ ⑴大人…500円　子ども…160円 ⑵22人以上

解き方 ⑴大人１人の入園料を１とする。

1×4＋0.32×5＝5.6

2800÷5.6＝500(円)…大人

500×0.32＝160(円)…子ども

⑵割引き前の 30 人の入園料は

500×3＋160×27＝5820

15%引きの入園料は

5820×(1－0.15)＝4947

(4947－500×3)÷160＝21.5 …

よって，子どもが 22 人以上のとき団体(だんたい)割引きよりも高くなる。

チャレンジ問題

1 200部

解き方 同じ部数だけ増(ふ)えたので，３月も４月も部数の差は同じで

1400－1120＝280(部)

割合(わりあい)は，1－0.825＝0.175 に相当するから

280÷0.175＝1600(部)

増えた部数は　1600－1400＝200(部)

2 A…68個(こ)　B…50個　C…52個

解き方 終わりのA，Bの個数を１とするとCは２になる。

Bは 20%がくさっていたので取り除(のぞ)く前のBは，

1÷0.8＝1.25

1＋1.25＋2＝4.25 が 170 個に相当するから，１にあたる量は

170÷4.25＝40(個)

これより，初めのBの個数は

40×1.25＝50(個)

Aの個数は　40＋28＝68(個)

Cの個数は　40×2－28＝52(個)

3 405人

解き方 男子：女子：和＝7：8：15

自転車通学：徒歩通学：和＝4：5：9

和がそろうように比(ひ)合わせをする。

15 と 9 の最小公倍数の 45 にそろえる。

	自転車	徒歩	計
男子	90 人	○人	㉑
女子	□人	126 人	㉔
計	⑳	㉕	㊺

男子について　90＋○＝㉑

徒歩通学生について　○＋126＝㉕

下の式から上の式をひくと

④＝36　①＝9

9×45＝405(人)

4 6倍

解き方 Aが今までにした仕事と残りの比は　$1:\frac{1}{2}=2:1$

よって，仕事全体を１とすると，Aが今までにした仕事は

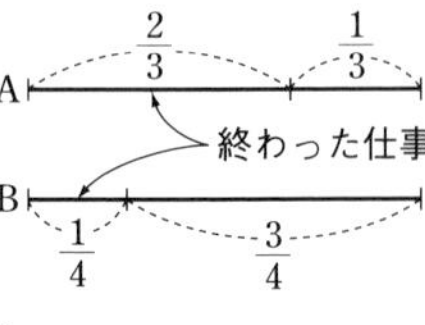

$\frac{2}{3}$，残りは$\frac{1}{3}$である。

Bのした仕事は　$\frac{1}{3}\times\frac{3}{4}=\frac{1}{4}$

Aは，これまでの日数の半分で仕事が終わるが，Bは，3倍の日数がかかるから，その比は

$\frac{1}{2}$：3＝1：6

5 1200cm³

解き方 最初の乙(おつ)の水の量を①とする。

	甲(こう)	乙
	↓	↓
最　初	600＋①	①
第1回	300＋($\frac{1}{2}$)	300＋($1\frac{1}{2}$)
第2回	400＋①	200＋①
第3回	300＋($\frac{3}{4}$)	300＋($1\frac{1}{4}$)

これから ($1\frac{1}{4}$)−($\frac{3}{4}$)＝($\frac{1}{2}$) が 300cm³ にあたる。

①は 600cm³ になり，最初，甲には，

600＋600＝1200(cm³)あった。

6 6個

解き方 3人がけ，4人がけ，5人がけのベンチの数を，それぞれx，y，zとすると，

$x+y+z=26$　…①

$3\times x+4\times y+5\times z=102$　…②

$3\times x+3\times y+4\times z=87$　…③

②−③より　$y+z=15$　…④

①と比(くら)べて　$x=26-15=11$

③のxを 11 にして

$3\times y+4\times z=87-33=54$　…⑤

④を4倍すると　$4\times y+4\times z=60$　…⑥

⑥−⑤から　$y=6$

〔別解〕ベンチ全部にかけると 102 人。

ここで，4人がけと5人がけから1人ずつ立ち上がると，座(すわ)っているのは 87 人になるから，4人がけと5人がけのベンチの数を合わせると　102−87＝15(個)

さらに，すべてのベンチから3人ずつ立ち上がると，5人がけに1人ずつだけ残るから，5人がけのベンチの数は

87−3×26＝9(個)

よって，4人がけのベンチの数は

15−9＝6(個)

7 A…900L　B…540L

解き方 同じ時間にAからくみ出す水量は，Bからくみ出す水量の$\frac{7}{6}$であるからBの3がなくなるとき，Aからは $3\times\frac{7}{6}=3.5$ にあたる水がくみ出される。

これと5との差 5−3.5＝1.5 が 270L に相当するから，

1にあたるのは　270÷1.5＝180(L)

初めにAには　180×5＝900(L)

Bには，180×3＝540(L)あった。

8 (1)15cm　(2)3600cm³　(3)600cm³

解き方 (1)積み木の高さの

$\frac{4}{5}-\frac{2}{3}=\frac{2}{15}$

が 2cm に相当するから，高さは

$2\div\frac{2}{15}=15$(cm)

(2)水の高さは，$15\times\frac{4}{5}=12$(cm)だから

(20×20−10×10)×12＝3600(cm³)

(3)残っている水の量は，立方体の体積の半分から，積み木のうち水の中にある部分の体積をひいたものだから

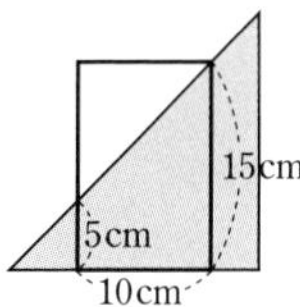

20×20×20÷2−(5＋15)×10÷2×10

＝3000(cm³)

こぼれた水の量は，

3600−3000＝600(cm³)

9 みかん…258個　りんご…172個

解き方 箱の数を①箱とすると

みかんについて　5×①＋18(個)

りんごについて　3×①＋28(個)

これが3：2だから

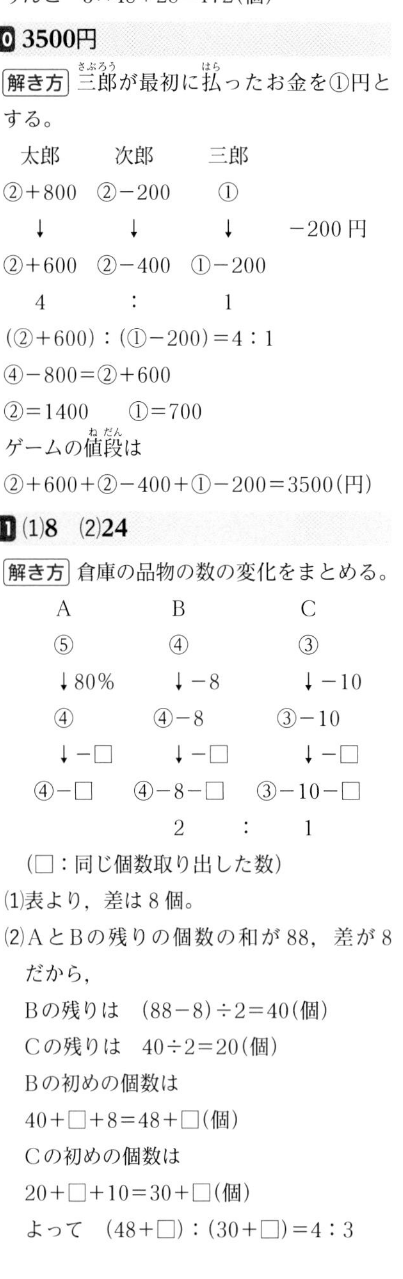

(⑤+18)：(③+28)＝3：2

⑨+84＝⑩+36

よって　①＝48(箱)

みかん　5×48+18＝258(個)

りんご　3×48+28＝172(個)

10 3500円

解き方 三郎(さぶろう)が最初に払(はら)ったお金を①円とする。

太郎	次郎	三郎	
②+800	②−200	①	
↓	↓	↓	−200円
②+600	②−400	①−200	
4	：	1	

(②+600)：(①−200)＝4：1

④−800＝②+600

②＝1400　①＝700

ゲームの値段(ねだん)は

②+600+②−400+①−200＝3500(円)

11 (1)8　(2)24

解き方 倉庫の品物の数の変化をまとめる。

A	B	C
⑤	④	③
↓80%	↓−8	↓−10
④	④−8	③−10
↓−□	↓−□	↓−□
④−□	④−8−□	③−10−□
	2 ：	1

(□：同じ個数取り出した数)

(1)表より，差は8個。

(2)AとBの残りの個数の和が88，差が8だから，

Bの残りは　(88−8)÷2＝40(個)

Cの残りは　40÷2＝20(個)

Bの初めの個数は

40+□+8＝48+□(個)

Cの初めの個数は

20+□+10＝30+□(個)

よって　(48+□)：(30+□)＝4：3

120+4×□＝144+3×□

□＝24(個)

12 (1)190円
(2)(ア)225円　(イ)14個

解き方

	かき	りんご	梨300円
A	15	18	
B	0	8	9
C	0	0	○
個数	15	26	

(1)(300×9+150)÷15＝190(円)

(2)(ア)りんご1個の値段を□円とすると

(□×26)：(□×8+300×9)＝13：10

(□×8+2700)×13＝(□×26)×10

13でわって

□×8+2700＝□×20

□×12＝2700

□＝225(円)

(イ)▭と□の部分が等しいから

190×15+225×18＝300×(9+○)

9+○＝23

○＝23−9＝14(個)

13 (1)24倍　(2)480000ドル

解き方 (1)先月と今月のそれぞれの費用(ひよう)は次の通り。単位は円。

	肉	輸送費(ゆうそう)	仕入れ費
先月	①	[1]	1
今月	(0.9)	2×[1]×0.9	0.936

↑輸送費は2倍になったが，ドルが0.9倍になっている。

よって

(①+[1])×0.936＝(0.9)+2×[1]×0.9

(0.936)+[0.936]＝(0.9)+[1.8]

(0.036)＝[0.864]

したがって　0.864÷0.036＝24(倍)

(2)先月の仕入れ費を1としたとき

	仕入れ費	定価(ていか)	利益(りえき)
先月	1	1.5	0.5
今月	0.936	1.455	0.519

↑1.5×(1−0.03)＝1.455

$0.519-0.5=0.019$

これが 95 万円にあたるので

$950000\div0.019=50000000$(円)

が，先月の仕入れ費。

↑1 としたのは先月の仕入れ費

肉の値段をドルで表すと

$50000000\times\frac{24}{24+1}\div100=480000$(ドル)

第4章 速さの関係から解く問題

練習 270 午後3時$4\frac{1}{11}$分

解き方 長針(ちょうしん)と短針とが重なる時刻(じこく)は，90°の差を 1 分間に 6°－0.5°＝5.5°ずつ縮(ちぢ)めることから　$90\div5.5=16\frac{4}{11}$

よって，午後 3 時 $16\frac{4}{11}$分である。

0 時からの時間は

$60\times3+16\frac{4}{11}=196\frac{4}{11}=\frac{2160}{11}$(分)

0 時から正しい時計で 120 分動くとき，この時計で 128 分動くから

$\frac{2160}{11}\times\frac{120}{128}=\frac{2025}{11}=184\frac{1}{11}$(分)

よって　午後 3 時 $4\frac{1}{11}$分

練習 271 320m

解き方 歩幅(ほはば)の比(ひ)は　A：B＝4：5

歩数の比は　A：B＝4：3

速さの比は

A：B＝(4×4)：(5×3)＝16：15

Aが歩く距離(きょり)は，620m を 16：15 に分けたとき，16 に相当する方だから

$620\times\frac{16}{16+15}=320$(m)

練習 272 (1)40km　(2)午前8時18分

解き方 (1)出発時刻の差が 10 分で，同時に到着(とうちゃく)しているので，A，B両駅間を 2 つの電車が進むのにかかった時間の差が 10 分。

上り電車と下り電車の

速さの比は　80：120＝2：3

かかる時間の比は　3：2

この差が 10 分なので，上り電車がA駅からB駅まで進むのにかかる時間は

$10\times3=30$(分)

A駅からB駅までの距離は

$80\times\frac{30}{60}=40$(km)

⑵ 8時10分のとき，2つの電車の距離は

$40-80\times\frac{10}{60}=\frac{80}{3}$(km)

$\frac{80}{3}\div(120+80)=\frac{2}{15}$(時間)→8分

出会う時刻は午前8時18分。

練習 273 船…時速16km 川の流れ…時速4km

解き方 上りの速さは，60÷5=12(km/時)
下りの速さは，60÷3=20(km/時)
船の速さは　(20+12)÷2=16(km/時)
川の流れの速さは　20−16=4(km/時)

練習 274 3分36秒

解き方 行列の速さは，$1200\div18=\frac{200}{3}$
(m/分)で，A君と行列の速さの差は
1200÷6=200(m/分)

A君の速さは　$\frac{200}{3}+200=\frac{800}{3}$(m/分)

A君が先頭から最後尾(さいこうび)まで走れば

$1200\div\left(\frac{200}{3}+\frac{800}{3}\right)=1200\times\frac{3}{1000}=3.6$(分)

→3分36秒

練習 275 140m

解き方 2つの列車の速さの差は
(110−83)×1000÷(60×60)
=7.5(m/秒)
7.5×42=315(m)が2つの列車の長さの和だから，普通(ふつう)列車の長さは
315−175=140(m)

練習 276 時速115.2km

解き方 2つの電車の秒速の差で126mをわったものが，18秒であるから，
126÷18=7(m/秒)が電車の速さの差。
秒速7mは
7×3600÷1000=25.2(km/時)
だから，Aの乗っている電車の時速は
90+25.2=115.2(km/時)

練習 277 A…3時間　B…5時間

解き方 壁(かべ)1つ分の仕事量を60とする。
A，B，Cの仕事をする速さは
A：60÷10=6(/時)
B：60÷12=5(/時)
C：60÷15=4(/時)
3人とも休まず働いているから3人でする仕事量は，6+5+4=15(/時)
3人で60×2=120の仕事をするには
120÷15=8(時間)かかる。Aは8時間で
6×8=48の仕事をするので，CはAを
60−48=12手伝ったが，これは，
12÷4=3(時間)になる。
Bの方は，8−3=5(時間)手伝った。

練習 278 15人

解き方 全仕事量を12×15=180とする。
1人1日の仕事量は1である。
20日間では，1日あたり180÷20=9(人)ですればよい。
9人で12日間に　1×9×12=108
あとの180−108=72を3日間で仕上げるには，1日に，72÷3=24ずつしなければならないから，1日に24人いる。
24−9=15(人)増(ふ)やす。

練習 279 毎分5L

解き方 最初に井戸にたまっていた水の量を㊋，1分間にわき出す水の量をⓦL/分と表す。
㊋÷(20−ⓦ)=15(分)
㊋÷(30−ⓦ)=9(分)
よって，㊋=㊺とすると
20−ⓦ=㊺÷15=③(L/分)
30−ⓦ=㊺÷9=⑤(L/分)
これより　10=②　　①=5(L/分)
よって　ⓦ=20−5×3=5(L/分)

練習 280 3分

解き方 行列の人数を行，1分間に並ぶ人数を①人/分と表すと，1分間に改札口を通る人数は③になる。
行÷(③−①)=12 なので　行=12×②=㉔
よって，改札3つを開けた場合は
行÷(③×3−①)=㉔÷⑧=3(分)

力だめしの問題

❶ 21

解き方 18と14の最小公倍数が126なので，全体の仕事量を126とおく。
Aさんの1日の仕事量は　126÷18=7(/日)
Bさんの1日の仕事量は　126÷14=9(/日)
AさんとBさんが3日で行った仕事量は
(7+9)×3=48
AさんとCさんが1日に行う仕事量は
(126−48)÷(9−3)=13(/日)
Cさんの1日の仕事量は　13−7=6(/日)
よって　126÷6=21(日)

❷ (1)36分　(2)$65\frac{5}{11}$L

解き方 (1)2つの蛇口A，Bから1分間にはいる水の量をⒶL，ⒷLとする。
条件から
Ⓐ×12+Ⓑ×15=Ⓐ×16+Ⓑ×8
これより，Ⓐ×4=Ⓑ×7となり
Ⓐ：Ⓑ=7：4
Ⓐ=⑦(L)，Ⓑ=④(L)とすると，水槽の容積は　⑦×12+④×15=⑭⑷(L)
よって　⑭⑷÷④=36(分)
(2)蛇口Aだけで19分間水を入れたとき，満水までの水の量は
⑭⑷−⑦×19=⑪(L)
これが5Lになるので
$5\div\frac{11}{144}=5\times\frac{144}{11}=65\frac{5}{11}$(L)

❸ (1)37分$53\frac{13}{19}$秒　(2)1時間57分30秒

解き方 (1)3と4の最小公倍数が12なので，タンクの容積を⑫とすると，給水管から1時間にはいる水の量は⑫(/時間)である。
給水管と排水管Aを開いたとき，1時間に減る量は
⑫÷4=③(/時間)
よって，排水管Aが1時間に排水する水の量は
⑫+③=⑮(/時間)
給水管と排水管Bを開いたとき，1時間に減る量は
⑫÷3=④(/時間)
よって，排水管Bが1時間に排水する水の量は
⑫+④=⑯(/時間)
したがって
⑫÷(⑮+⑯−⑫)=$\frac{12}{19}$(時間)
→37分$53\frac{13}{19}$秒
(2)排水管を2つとも閉じるまでに出る水の量は
(⑮+⑯−⑫)×$\frac{30}{60}$+(⑯−⑫)×$\frac{30}{60}$
=($11\frac{1}{2}$)
よって　$\frac{30}{60}$×2+($11\frac{1}{2}$)÷⑫=$1\frac{23}{24}$
→1時間57分30秒

❹ 7時55分

解き方 線分図は次のようになる。

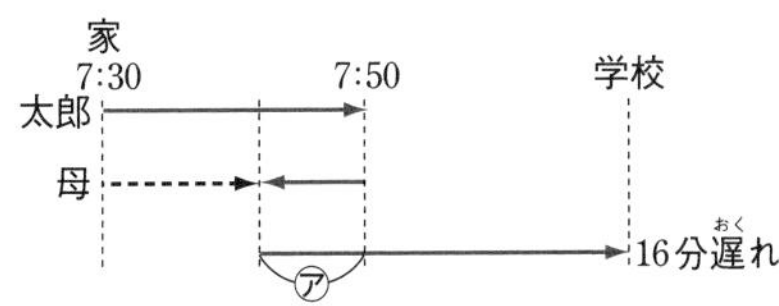

アの往復の時間だけ予定より遅れるので，

太郎さんは㋐を，16÷2＝8(分)で進む。
お母さんは，太郎さんが
50－30－8＝12(分)で進む距離を
$12\times\frac{1}{4}=3$(分)で進む。
よって，お母さんが家を出たのは
7時50分＋8分－3分＝7時55分

❺ ⑴毎分70m　⑵2100m　⑶1800m　⑷毎分72m

解き方 出発時間(○)，A君がQに着いた時間(□)，2人が出会った時間(△)，B君がQに着いた時間(◎)，A君がRに着いた時間(●)の，A君とB君の位置は次のようになる。

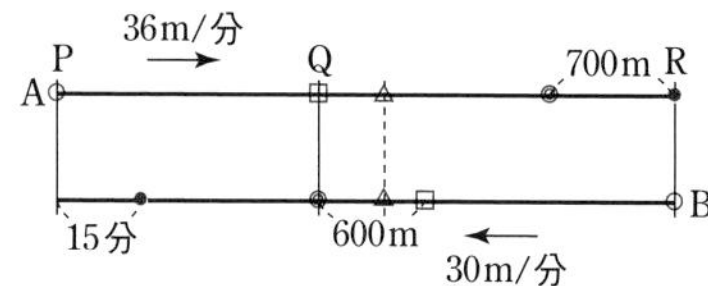

⑴□から△の時間にA君が下った距離とB君が上った距離の合計が600mになるので，A君の下る速さとB君の上る速さの和は　600÷6＝100(m/分)
よって，A君の下りの速さは
100－30＝70(m/分)

⑵□から◎の時間は　600÷30＝20(分)
よって，QR間の距離は
70×20＋700＝2100(m)

⑶○から□までの時間は
(2100－600)÷30＝50(分)
よって，PQ間の距離は
36×50＝1800(m)

⑷◎から●の時間は　700÷70＝10(分)
B君がQからPに行くのにかかる時間は
10＋15＝25(分)なので，下りの速さは
1800÷25＝72(m/分)

❻ 24

解き方 4つの列車A，B，C，Dの速さをそれぞれⒶm/秒，Ⓑm/秒，Ⓒm/秒，Ⓓm/秒と表す。
Ⓑ－Ⓐ＝(400＋120)÷130＝4(m/秒)
Ⓒ－Ⓑ＝(120＋176)÷37＝8(m/秒)
Ⓐ＋Ⓓ＝(400＋176)÷16＝36(m/秒)
Ⓒ＝Ⓓなので，上の3つの式から
Ⓒ＝(4＋8＋36)÷2＝24(m/秒)

❼ $93\frac{1}{3}$

解き方 各針の角速度を求めると，長い方からそれぞれ
$\frac{1}{5}$周/分，$\frac{1}{8}$周/分，$\frac{1}{14}$周/分
最も長い針と2番目に長い針が重なるのは
$1\div\left(\frac{1}{5}-\frac{1}{8}\right)=\frac{40}{3}$(分ごと)
最も長い針と最も短い針が重なるのは
$1\div\left(\frac{1}{5}-\frac{1}{14}\right)=\frac{70}{9}$(分ごと)
$\frac{40}{3}:\frac{70}{9}=12:7$ より，共通する時刻は
$\frac{40}{3}\times7=93\frac{1}{3}$(分後)

❽ ⑴13：11　⑵午前9時52分

解き方 ⑴A君は6分間の休憩がなければ10時42分－6分＝10時36分にQ地に着いていたはずである。
ダイヤグラムをかくと，次のようになる。

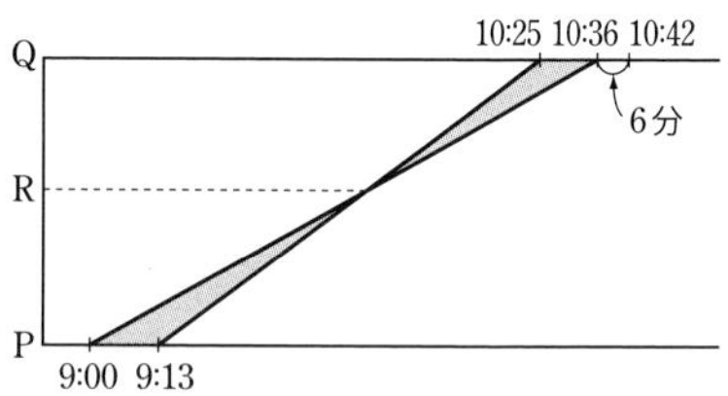

よって　PR：RQ＝(13－0)：(36－25)
＝13：11

⑵$(60+36-0)\times\frac{13}{13+11}=52$ より
午前9時52分

❾ ⑴毎時3km　⑵18km　⑶午後2時45分

解き方 ⑴上りと下りのかかる時間の比は

4：3 なので，速さの比は　3：4

よって，下りの速さは

$18\times\frac{4}{3}=24$(km/時)

川の流れの速さは

$(24-18)\div 2=3$(km/時)

⑵すれちがうのは出発してから

$42\div(18+24)=1$(時間後)

よって，Bから $18\times 1=18$(km)の所。

⑶ダイヤグラムをかくと，次のようになる。

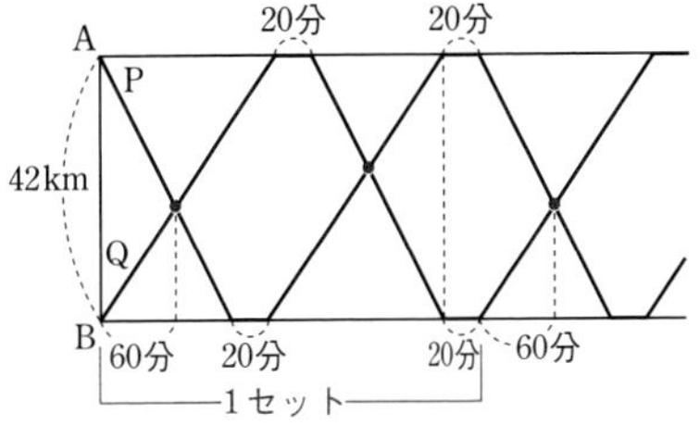

P，Qは静水時の速さが等しいので，1往復するのにかかる時間は同じ。

出発してから 3 回目にすれちがうまでの時間は，(1 セット＋1 時間)なので

$42\div 24\times 60+20+42\div 18\times 60+20+60$

$=345$(分)

よって

午前 9 時＋345 分＝午後 2 時 45 分

チャレンジ問題

1 ⑴**15個**　⑵**8時間**

解き方 ⑴ 1 時間で 1 人がつくるPの個数を③個とすると，1 時間で 1 人がつくるQの個数は⑤個になる。

商品をつくっていた時間を□時間として線分図をかくと，次のようになる。

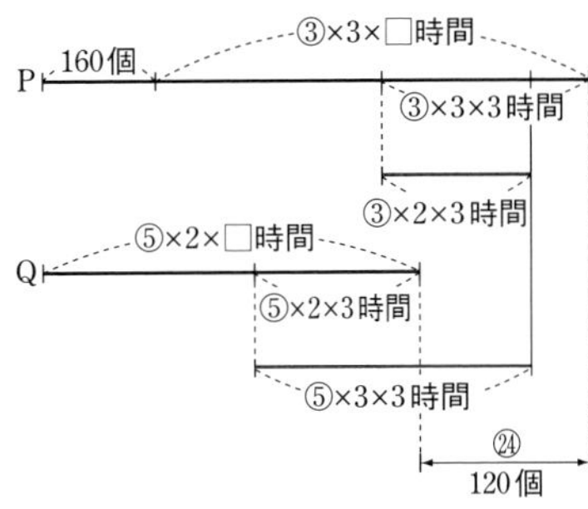

最初の人数のまま作業を続けるのと，人数を変えてPとQが同じ個数できるようにした場合のつくられるP，Qの個数を比べる。

つくられるPの個数の差は，1 人が 3 時間でつくる個数だから

③×3＝⑨(個)

つくられるQの個数の差は

⑤×3＝⑮(個)

⑨＋⑮＝㉔(個)が 120 個にあたる。

①＝5(個)なので　③＝15(個)

⑵ 3 人でPをつくり，2 人でQをつくり続けたとき，できる商品の個数の差は

160－120＝40(個)なので，つくっていた時間は

40÷(⑤×2－③×3)＝40÷5＝8(時間)

2 ⑴**2：5**　⑵**4：5**

⑶**1時間20分**

解き方 ⑴ 30 分ごとに同じ仕事量になり，差が出るのは最後の部分。

①	ABC (30分)	…	ABC (30分)	A (10分)	B (6分)	
②	BCA (30分)	…	BCA (30分)	B (10分)		
③	CAB (30分)	…	CAB (30分)	C (10分)	A (10分)	B (1分)
	同じ仕事量			同じ仕事量		

A，B，Cが 1 分間で塗る面積をそれぞれⒶ，Ⓑ，Ⓒとする。図の①と②を比べると

Ⓐ×10＋Ⓑ×6＝Ⓑ×10

Ⓐ×10＝Ⓑ×4 より

Ⓐ：Ⓑ＝4：10＝2：5

⑵図の①と③を比べると

Ⓐ×10＋Ⓑ×6

＝Ⓒ×10＋Ⓐ×10＋Ⓑ×1

Ⓑ×5＝Ⓒ×10 より

Ⓑ：Ⓒ＝10：5＝2：1

Ⓐ：Ⓑ：Ⓒ＝4：10：5 より

Ⓐ：Ⓒ＝4：5

⑶ 2 時間 32 分＝152 分なので

152×10÷(4＋10＋5)＝80(分)

→ 1 時間 20 分

3 Aさん … 毎分94m
Bさん … 毎分66m

解き方 Aさん，Bさんの初めの速さをそれぞれⒶ，Ⓑ，Aさん，Bさんの遅(おそ)くした速さをそれぞれⒶ′，Ⓑ′とする。

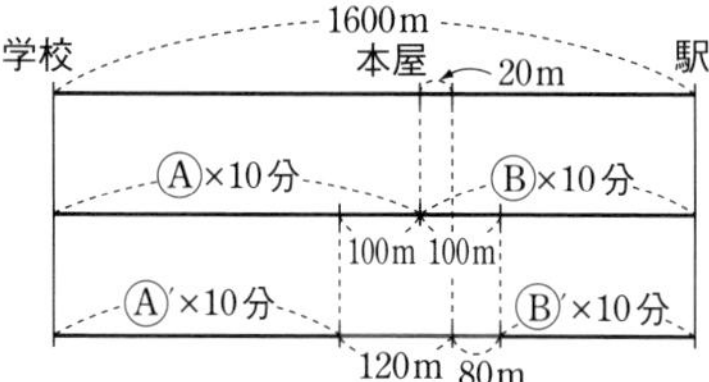

AさんとBさんがそれぞれ毎分 10m 遅くして 10 分歩いて着いた場所は，本屋まであと 10×10＝100(m)の地点。Aさんの方が速いので，そこからあと何分か歩いて出会う場所は，本屋から 20m 駅に近づいた地点。

よって，遅い速度で歩いたとき，10 分後から出会うまでに歩いた距離(きょり)はそれぞれ

Aさん　100＋20＝120(m)

Bさん　100−20＝80(m)

これより　Ⓐ′：Ⓑ′＝120：80＝3：2

初め 2 人は 10 分間で 1600m 歩くので

Ⓐ＋Ⓑ＝1600÷10＝160(m/分)

よって　Ⓐ′＋Ⓑ′＝160−10×2＝140(m/分)

したがって

Ⓐ′＝140×$\frac{3}{3+2}$＝84 より

Ⓐ＝84＋10＝94(m/分)

Ⓑ＝160−94＝66(m/分)

4 1.4

解き方 出発してからすれちがうまでの時間を○分とする。

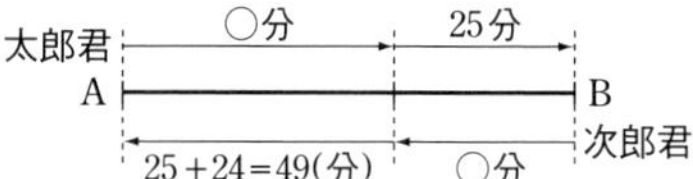

かかった時間の比(ひ)を考えると

○：49＝25：○より　○×○＝49×25

これより　○＝35(分)

太郎(たろう)君と次郎君の速さの比は

$\frac{1}{25}$：$\frac{1}{35}$＝7：5

よって　7÷5＝1.4(倍)

5 ⑴午後4時56分
⑵毎時35km　⑶10.5km

解き方 ⑴車は午後 4 時 42 分に出て，午後 5 時 10 分に帰ってくるので，往復(おうふく)するのにかかった時間は

5 時 10 分−4 時 42 分＝28 分

片道(かたみち)では　28 分÷2＝14 分

よって，出会ったのは

4 時 42 分＋14 分＝4 時 56 分

⑵N君が出会うまでに歩いた時間は

4 時 56 分−4 時 28 分＝28 分

その道のりを車で進んだときにかかる時間は

18 分−14 分＝4 分

N君と車の速さの比は　$\frac{1}{28}$：$\frac{1}{4}$＝1：7

よって　5×7＝35(km/時)

⑶ 35×$\frac{18}{60}$＝10.5(km)

6 ⑴秒速4m　⑵250秒後
⑶35回

解き方 (1)A君とB君の速さの比は，道のりの比に等しいので

15：20＝3：4

よって，B君の速さは　$3\times\frac{4}{3}=4$(m/秒)

(2) 1回目は　$150\div(3+4)=\frac{150}{7}$(秒後)

以後　$400\div(3+4)=\frac{400}{7}$(秒ごと)

よって，5回目にすれちがうのは

$\frac{150}{7}+\frac{400}{7}\times4=\frac{1750}{7}=250$(秒後)

(3) 2人が走った時間は

$400\times15\div3=2000$(秒)

$\left(2000-\frac{150}{7}\right)\div\frac{400}{7}=34\frac{5}{8}$より

$1+34=35$(回)

7 (1)**毎秒48cm**　(2)**84歩**

解き方 (1)兄が80歩進む間に「動く歩道」は兄の112−80＝32(歩)分進むので，兄と「動く歩道」の速さの比は

80：32＝5：2

兄と弟の速さの比は4：(3×0.8)＝5：3なので，兄，弟，「動く歩道」の速さの比は

5：3：2

よって，「動く歩道」を歩くときの兄と弟の速さの比は　(5+2)：(3+2)＝7：5

兄と弟の，AB間にかかる時間の比は5：7なので，兄がAB間を進むのにかかった時間は

$16\times\frac{5}{7-5}=40$(秒)

この時間に「動く歩道」が進む距離は

$48\div0.8\times32=1920$(cm)

なので，「動く歩道」の速さは

$1920\div40=48$(cm/秒)

(2)「動く歩道」が止まっていたら，弟はAB間を112÷0.8＝140(歩)で歩くので

$140\times\frac{3}{3+2}=84$(歩)

8 (1)長さ…**81m**　秒速…**秒速16.2m**
(2)長さ…**243m**　秒速…**秒速48.6m**

解き方 (1)鉄橋とトンネルをつなげて考える。

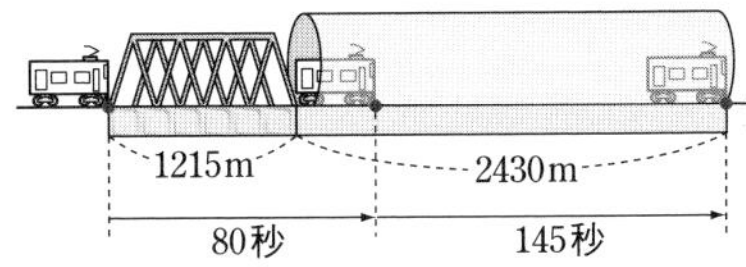

列車Aの速さは

(1215＋2430)÷(80＋145)

＝16.2(m/秒)

列車Aの長さは

16.2×80−1215＝81(m)

(2)Bの長さをⒷ，Bの速さを毎秒①mとする。

トンネルを通過(つうか)するときの条件(じょうけん)から

(2430−Ⓑ)÷①＝45

2430−Ⓑ＝①×45

Ⓑ＝2430−㊺　…ア

列車Aを追いこすときの条件から

(81＋Ⓑ)÷(①−16.2)＝10

81＋Ⓑ＝(①−16.2)×10

81＋Ⓑ＝⑩−162

Ⓑ＝⑩−243　…イ

ア，イから

2430−㊺＝⑩−243

㊿＝2673より　①＝48.6(m/秒)

Ⓑ＝48.6×10−243＝243(m)

〔別解〕トンネルと列車Aをつなげて考える。列車Bがトンネルを出始めるときに列車Aを追いこし始めるとすると，列車Bがトンネルにはいり終わってから列車Aを追いこし終わるまでに進む距離は，トンネルの長さと列車Aが10秒間に進む距離と，列車Aの長さの和で

2430＋16.2×10＋81＝2673(m)

そのときにかかる時間は

45＋10＝55(秒)

よって，列車Bの速さは

$2673 \div 55 = 48.6$(m/秒)

列車Bの長さは

$(48.6 - 16.2) \times 10 - 81 = 243$(m)

9 (1)**20分後**　(2)**6：7**
(3)**川の流れの速さ…毎分25m**
PQ間…8400m

解き方 (1)ダイヤグラムをかくと，次のようになる。

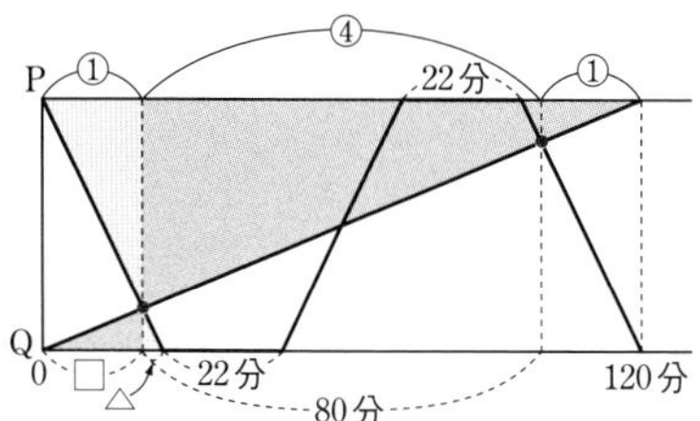

これは点対称(たいしょう)なので

$\square = (120 - 80) \div 2 = 20$(分後)

(2)図の色の三角形は相似(そうじ)なので，A君と下りの船の速さの比は

$1 : (4+1) = 1 : 5$

影(かげ)の三角形は相似なので

$\triangle = 20 \times \dfrac{1}{5} = 4$(分)

船がPQ間を移動(いどう)するのにかかる時間は

下り　$20 + 4 = 24$(分)

上り　$120 - 24 \times 2 - 22 \times 2 = 28$(分)

時間の比が $28 : 24 = 7 : 6$ なので，速さの比は　$6 : 7$

(3)船の上りの速さ，下りの速さ，静水時の船の速さ，川の流れの速さの比は

$6 : 7 : \{(7+6) \div 2\} : \{(7-6) \div 2\}$

$= 12 : 14 : 13 : 1$

よって，川の流れの速さは

$325 \times \dfrac{1}{13} = 25$(m/分)

PQ間の道のりは

$325 \times \dfrac{14}{13} \times 24 = 8400$(m)

10 (1)$\mathbf{167\frac{7}{15}}$**秒後**
(2)$\mathbf{274\frac{7}{15}}$**秒後，**$\mathbf{234\frac{14}{15}}$**m**

解き方 (1)出発してから地点Qで追いつくまでの時間は

$50 \times 2 \times 3.14 \div (5-2)$

$= \dfrac{100}{3} \times 3.14$(秒後)

地点Qで追いついてから地点Rで出会うまでの時間は

$50 \times 2 \times 3.14 \div (2+3) = 20 \times 3.14$(秒後)

出発してから地点Rで出会うまでの時間は

$\dfrac{100}{3} \times 3.14 + 20 \times 3.14 = \left(\dfrac{100}{3} + 20\right) \times 3.14$

$= \dfrac{160}{3} \times \dfrac{157}{50} = \dfrac{16 \times 157}{3 \times 5}$

$= \dfrac{2512}{15} = 167\dfrac{7}{15}$(秒後)

(2)地点Rで出会ってから，ポチが泳ぐ時間は

$50 \times 2 \div 2 = 50$(秒)

その間に太郎(たろう)は $2 \times 50 = 100$(m)進む。

ポチが泳ぎ終わったとき，太郎はポチの $50 \times 2 \times 3.14 \div 2 - 100 = 57$(m)後ろにいる。この差を追いつくのに

$57 \div (2-1) = 57$(秒)かかる。

以上から，太郎がポチに追いつくのは，出発から

$167\dfrac{7}{15} + 50 + 57 = 274\dfrac{7}{15}$(秒後)

出発からこの追いつきまでに，太郎は

$2 \times 274\dfrac{7}{15} = 548\dfrac{14}{15}$(m)進む。

池1周は $50 \times 2 \times 3.14 = 314$(m)なので，Pからの道のりは

$548\dfrac{14}{15} - 314 = 234\dfrac{14}{15}$(m)

第5章 規則性などを利用して解く問題

練習 281　9cm

解き方　1242−50×21＝192(cm)
絵と絵の間隔を1とすると，壁と絵との間隔は$\frac{2}{3}$，間隔の合計は
$1\times(21-1)+\frac{2}{3}\times2=\frac{64}{3}$
これが192cmにあたるから
$192\div\frac{64}{3}=9$(cm)

練習 282　22.4m

解き方　植木の間隔は
8÷(6−1)＝1.6(m)
9＋6＝15(本)で，両はしも植えるから
1.6×(15−1)＝22.4(m)

練習 283　10本目

解き方　速さの比は84：36＝7：3，木と木の間隔を1とすると，$(22-1)\times\frac{3}{7}=9$ だから
9＋1＝10(本目)

練習 284　(1)8回　(2)2月2日

解き方　(1)あまりが2の日だから，2日から30日までで　(30−2)÷4＋1＝8(回)
〔別解〕31÷4＝7 あまり 3
あまりの3日の中にも1日あるので
7＋1＝8(回)
(2) 1月1日からの4日間に，
10＋20＋30＝60(円)貯金する。
500÷60＝8 あまり 20
1月1日から1月28日までで
60×7＝420(円)
1月29日，30日，31日で60円。
2月1日は10円。
この日までで，490円だから，2月2日に500円をこえる。

練習 285　97個

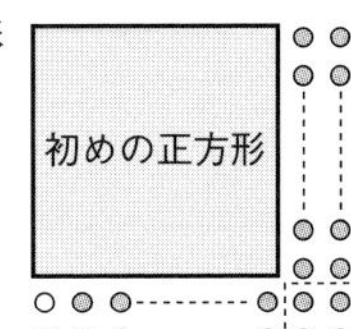

解き方　初めの正方形の1辺の数は
(33＋3−4)÷2÷2
＝8(個)
おはじきの数は
8×8＋33＝97(個)

練習 286　1113人

解き方　40＋27−1＝66(人)より
縦＋横＝66　…①
縦×4＝横×5＋3　…②
①×4より　縦×4＋横×4＝264
②を代入して　横×9＋3＝264
横＝29(人)　　縦＝66−29＝37(人)
生徒数は　37×29＋40＝1113(人)

練習 287　88

解き方　$\left(1+\frac{1}{3}\right)$の1倍，2倍，…，11倍の和を求める。
$\left(1+\frac{1}{3}\right)\times(1+2+3+\cdots+11)$
$=\frac{4}{3}\times(1+11)\times11\div2=88$

練習 288　(1)$\frac{1}{199}$　(2)21個

解き方　(1) 100÷3＝33 あまり 1　だから
分子は1，分母は100番目の奇数で
100×2−1＝199
(2)分子が1となるものは，分母が1，7，13，19の4個，分子が2となるものは，分母が3，9，15，21，27，33，39の7個，分子が3となるものは，分母が5，11，17，…，59の10個。
合計 4＋7＋10＝21(個)

練習 289　(1)19番目と20番目　(2)59　(3)118番目と215番目

解き方　(1)(10，1)，(11，3)，(12，5)，…と2つずつ組にすると差が，9，8，7，

…と1ずつ減っているから，差が0になるのは，10番目の組。よって，19番目と20番目。

(2)奇数番目と偶数番目の項に分けて考える。

99番目は奇数番目の項の

(99＋1)÷2＝50(番目)

奇数番目の項を見ると

① ② ③ … ㊿

10，11，12，…，□

よって □＝50＋9＝59

(3)偶数番目の項を見ると

① ② ③ ④ … ⓐ

1，3，5，7，…，117

△×2−1＝117 より △＝59

偶数番目の項の59番目なので

59×2＝118(番目)

奇数番目の項を見ると

① ② ③ ④ … ▲

10，11，12，13，…，117

▲＋9＝117 より ▲＝108

奇数番目の項の108番目なので

108×2−1＝215(番目)

練習 290 まさし

解き方 B，Cが2人とも正しいことはないから，Aは正しく，2位はひさしで，うそを言っているのはBとわかる。

したがって，3位はまさしとなる。

力だめしの問題

❶ 桜…16本 柳…32本

解き方 144mに，桜は9mごとに円形に植えるから 144÷9＝16(本)

柳は，桜と桜の間に2本ずつ植えるから

2×16＝32(本)

❷ (1)2.5cm (2)70cm

解き方 (1) 80cmを2で5回わると2.5cmとなる。

(2) 5か所のりづけをする。1か所で2cm短くなるから

80−2×5＝70(cm)

❸ 6本

解き方 120÷(21−1)＝6

120÷(16−1)＝8

6と8の最小公倍数は24

120÷24＝5

5＋1＝6(本)

❹ 300m

解き方 2.5の整数倍で，3の倍数になる最小の数は15だから，15mごとに，2.5m間隔と3m間隔で1本の差ができる。

したがって 15×20＝300(m)

❺ 59個

解き方 10個あまり，1列増やすと5個たりないことから，1列増やした分の碁石は15個。もとの方陣の1辺の碁石の数は

(15−1)÷2＝7

碁石の数は 7×7＋10＝59(個)

❻ 土曜日

解き方 3月3日から10月10日までの日数は，

29＋30＋31＋30＋31＋31＋30＋10

＝222(日)

222÷7＝31 あまり 5

あまり1が火曜日，あまり2が水曜日だから，あまり5は土曜日

〔別解〕3月のミニカレンダーをつくる。

3月

日	月	火	水	木	金	土
1	2	3	4	5	6	0

10/10 $\underset{+30}{\rightarrow}$ 9/40 $\underset{+31}{\rightarrow}$ 8/71 $\underset{+31}{\rightarrow}$ 7/102

$\underset{+30}{\rightarrow}$ 6/132 $\underset{+31}{\rightarrow}$ 5/163 $\underset{+30}{\rightarrow}$ 4/193 $\underset{+31}{\rightarrow}$ 3/224

224÷7＝32 あまり 0

よって，10月10日は土曜日。

❼ 10月22日

解き方 1月29日が100日目なので，
1月29日の99日前を考える。
1月，12月，11月の日数をひく。
99－(29＋31＋30)＝9(日)
10月31日より9日前は10月22日。

❽ (1)日曜日 (2)3月16日月曜日

解き方 (1) 1年前は365日前。
365÷7＝52あまり1より，2月11日は月曜日の1つ前の曜日で，日曜日。
(2) 2020年2月11日の399日後。
2020年はうるう年なので2021年2月11日の 399－366＝33(日後)
2/44 → 3/16
また，399÷7＝57あまり0より，曜日は2020年2月11日と同じ。
よって，3月16日月曜日。

❾ B，A，C，D

解き方 うまく合わないものを消す。
Dが2位とすると，たか子が全部はずれるので，Dは2位ではない。
ひろ子 ~~A~~，~~D~~，Ⓒ，~~B~~
たか子 ~~A~~，~~C~~，~~B~~，Ⓓ

❿ A…ア B…キ C…ク D…カ
E…オ F…イ G…エ H…ウ

解き方 Aは**ア**である。
FはAの右隣なので**イ**である。
HはFの隣なので**ウ**である。
DはFの正面なので**カ**である。
GはDとAの隣ではないので，**オ**，**キ**，**ク**ではない。残った席は**エ**だけなので，Gは**エ**となる。
BはAの左隣の**ク**とAの正面の**オ**ではないので，残った**キ**となる。
CはAの正面の**オ**ではないので，**ク**となる。
Eは残った**オ**である。

チャレンジ問題

1 20cm間隔，13本残る

解き方 周囲と対角線の長さの和を求めると，
(6＋8)×2＋5×4＝48(m)
4800cmだから，4800÷250＝19.2
19.2に近い整数値で，各辺の長さがわり切れるものは，20cmと10cmである。
10cmにすると，杭が250本より多くなる。
20cmとして計算すると，
長方形の辺上(頂点をふくむ)に
(600＋800)×2÷20＝140(本)
両はしを除いて，1つの対角線上に
500×2÷20－1＝49(本)
対角線の交点の1本が重なるから，杭の本数は全部で
140＋49×2－1＝237(本)
残りの杭は 250－237＝13(本)

2 3.6m

解き方 この問題のポイントは内側の直径で考えることである。内側の直径51個と，両はしの輪の太さ2つ分の和で，
$7\times51+\frac{10-7}{2}\times2=360$(cm)より，3.6m。

3 (1)124cm² (2)58枚，青色12枚

解き方 (1)横の長さはのりしろ1cmを4回ひいて
7×5－1×4＝31(cm)
面積は 4×31＝124(cm²)
(2)テープの長さは 1396÷4＝349(cm)
最初は7cmで，1枚つなぐごとに6cmずつ長くなるから，枚数は
1＋(349－7)÷6＝1＋57＝58(枚)
58÷5＝11あまり3
あまりの3の最後は青だから，青色は
11＋1＝12(枚)

4 31日

解き方 365÷7＝52 あまり 1 より，曜日は 1 年で 1 つずれる。
つまり，ある年の 7 月 25 日が日曜日なので，次の年の 7 月 25 日は月曜日になる。
次の日曜日は 7 月 31 日で，これが 7 月最後の日曜日になる。

5 (1)58 (2)日曜日

解き方 1 か月に水曜日は 4 日または 5 日ある。1 回目の水曜日を①日とすると，その月の水曜日の日付けは
1 回目 ①日
2 回目 ①＋7(日)
3 回目 ①＋14(日)
4 回目 ①＋21(日)
5 回目 ①＋28(日)
水曜日が 4 日あるとすると，日付けの合計は
①＋①＋7＋①＋14＋①＋21＝66
④＋42＝66 より ④＝24
①＝6(日)
水曜日が 5 日あるとすると，日付けの合計は
①＋①＋7＋①＋14＋①＋21＋①＋28
＝⑤＋70(日)
となり，66 日にならない。
これより，カレンダーをかくと，次のようになる。

日	月	火	水	木	金	土
					1	2
3	4	5	6	7	8	9
10	11	12	13	14	15	16
17	18	19	20	21	22	23
24	25	26	27	28	…	…

(1)上の表より 4＋11＋18＋25＝58
(2)上の表より，日曜日。

6 (1)12月19日
(2)12月31日午前10時22分ごろ

解き方 (1) 45 億年が 365 日のとき，1.5 億年を x 日とすると 45：365＝1.5：x

$x=365\times\frac{1.5}{45}=\frac{365}{30}=12\frac{1}{6}$

31－12＝19

(2) 700 万年は 0.07 億年で，これを x 日とすると
45：365＝0.07：x

$x=365\times\frac{0.07}{45}=\frac{365\times7}{4500}=\frac{73\times7}{900}$

$=\frac{511}{900}$(日)

1 より小さいので，12 月 31 日である。

$\frac{511}{900}\times24=13\frac{47}{75}$

$\frac{47}{75}\times60=37\frac{3}{5}$

24(時)－$\left(13\text{時}\ 37\frac{3}{5}\text{分}\right)$＝10 時 $22\frac{2}{5}$分

だから，12 月 31 日午前 10 時 22 分ごろ。

7 (1)7週目 (2)21週目
(3)40200円 (4)1850円以上

解き方 (1)バラは 6 週続けて支払い（しはら），7 週目は無料になることの繰り（く）返し。
栄養剤（ざい）は，1 週目に支払い，2～4 週目は無料になることの繰り返し。
バラは 7 週目に初めて無料になり，そのとき栄養剤も無料になる。よって，7 週目。
(2) 1750＝120×10＋550 より，バラの料金が無料で，栄養剤の料金のみ集金する週になる。
バラの料金を集金しないのは，7 の倍数の週。
7，14，21，28，…
栄養剤の料金を集金するのは，
(4 の倍数＋1)の週。
1，5，9，13，17，21，25，…
よって，最初の週は 21 週目。
(3)バラと栄養剤の仕入れる本数は

バラ　10×16＝160(本)
栄養剤　16÷4＝4(本)
16 週の間に，バラの料金が無料になるのが，7 週目，14 週目の 2 回あるので
390×10×(16－2)＋1750×4
　－(120×160＋550×4)
＝40200(円)

⑷ 1 月 2 日から 12 月 31 日までの週の数は
(365－1)÷7＝52(週)
52÷7＝7 あまり 3 より，52 週のうちバラの料金が無料になるのが 7 週あるので，バラでの利益(りえき)は
390×10×(52－7)－120×10×52
＝113100(円)
1 年間の売り上げが 130000 円以上なので，栄養剤での利益は
130000－113100＝16900(円以上)
売れる栄養剤の本数は 52÷4＝13(本)なので，1 本あたりの利益は
16900÷13＝1300(円以上)
よって，売り値(ね)は
550＋1300＝1850(円以上)

8 **⑴9日目　⑵57日目**
⑶31日目
⑷1日目，22日目，25日目，46日目

解き方 ⑴ A は 7 日を 1 かたまりとすると 8 日目が同じ組み合わせ，B は 8 日を 1 かたまりとすると，9 日目が同じ組み合わせになる。したがって，9 日目になる。
⑵ 7 と 8 の最小公倍数は 7×8＝56 だから，57 日目。
⑶ (5，6)は 3 番目。
(8，9，10)，(11，12，13)，…より，(10，11，12)は 7 番目。
$7\times x+3$ と $8\times y+7$ が等しい数を求めると，$x=4$，$y=3$ のときだから，
7×4＋3＝31(日目)である。

〔別解〕(5，6)が当番になるのは，7 でわったときのあまりが 3 の日なので
　3，10，17，24，31，38，45，52，…
(10，11，12)が当番になるのは，8 でわったときのあまりが 7 の日なので
　7，15，23，31，39，47，55，…
よって，初めていっしょに当番になるのは 31 日目である。

⑷ 1 が当番の日は，$(7\times x+1)$日目と $(7\times x+4)$日目，8，9 が当番の日は，$(8\times y+1)$日目と$(8\times y+6)$日目だから，
$7\times x+1=8\times y+1$ のときは 1 日目。
$7\times x+1=8\times y+6$ のときは 22 日目。
$7\times x+4=8\times y+1$ のときは 25 日目。
$7\times x+4=8\times y+6$ のときは 46 日目。

〔別解〕1 が当番になるのは，7 でわったときのあまりが 1 と 4 の日なので
あまり 1 … 1，8，15，22，29，36，43，50
あまり 4 … 4，11，18，25，32，39，46，53
8 と 9 が当番になるのは，8 でわったときのあまりが 1 と 6 の日なので
あまり 1 … 1，9，17，25，33，41，49
あまり 6 … 6，14，22，30，38，46，54
よって，1 と 8 と 9 がいっしょに当番になるのは，1 日目，22 日目，25 日目，46 日目である。

9 **⑴25本　⑵6800円**

解き方 最初に 4 本買えば，あとは 3 本買うごとに新しいジュースがもらえる。
買ったジュースを○，もらったジュースを×と表すと，次ページのようになる。

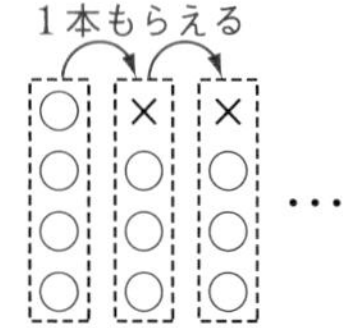

(1)買った本数は　1900÷100＝19(本)

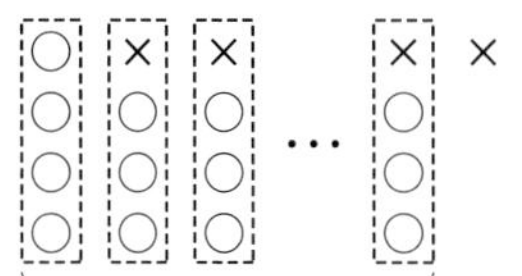

4×(19−1)÷3＋1＝25(本)

(2) 90÷4＝22 あまり 2

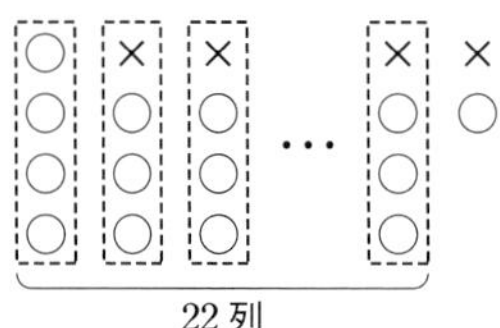

図より，×は 22 本なので

100×(90−22)＝6800(円)

10 うそを言っている人…C
正しい順番…B，A，C

解き方 うそを言っている１人を，A，B，Cの順に考える。

Aのとき，A，Bともに１番になる。

Bのとき，Aは２番か３番，Bも２番か３番，Cは２番になり１番がいない。

Cのとき，Aは２番か３番，Bは１番，Cは１番か３番で，Cが３番，Aが２番となる。

11 B，C，AまたはB，A，C

解き方 D，Eの予想は２人とも外れたので，１等はCでもAでもない。したがって，Bが１等となる。２等はB以外だから，AかCである。２等がAのとき３等はC，２等がCのとき３等はAとなる。

12 2番目に重い石…②
2番目に軽い石…④

解き方 重い方から右の順になる。　⑤>②>[⑦ ① ⑥]>④>③

⑦，①，⑥は，②と④の間であって，大小はわからない。

13 (1)1600枚　(2)9回目
(3)18回目

解き方 (1) 1 回の操作で 1 辺に並ぶ硬貨は 2 枚減る。1 辺に並ぶ硬貨の枚数は

60−2×10＝40(枚)

よって　40×40＝1600(枚)

(2) 3600÷2＝1800(枚)で

42×42＝1764　　44×44＝1936

より，残りの 1 辺に並ぶ硬貨の枚数が 42 枚になったとき。

(60−42)÷2＝9(回目)

(3) 1 回の操作で取り除く枚数は

1 回目　59×4(枚)

2 回目　57×4(枚)

3 回目　55×4(枚)

⋮　　　⋮

のように，(奇数)×4 の形になっている。これが平方数になるので，(奇数)の部分が平方数になる。

59，57，55，…

と順に見ていくとき，最初に平方数になるのは　49 ← 7×7

2 回目は　25 ← 5×5

よって　(59−25)÷2＋1＝18(回目)

14 (1)24列　(2)49列

解き方 (1)いちばん外側の正方形の 1 辺に並ぶ碁石の数は

200÷4＋1＝51(個)

よって，列の数は

(51−3)÷2＝24(列)

(2) 100×100＝10000 だから，いちばん外側の正方形の 1 辺に並ぶ碁石の数は 100 に近い奇数である。

碁石が 99 個のとき　99×99−9＝9792

碁石が 101 個のとき

101×101－9＝10192

よって，1 辺に 101 個並ぶときだから，

列の数は

(101－3)÷2＝49(列)

総仕上げテスト

第1回 中学入試 総仕上げテスト

1 (1)$1\frac{13}{40}$ (2)9.8 (3)$\frac{35}{74}$
(4)20.56 (5)50

解き方 (1)$\frac{4}{5}\div\frac{8}{7}+1.5\div2\times\frac{5}{6}$

$=\frac{4}{5}\times\frac{7}{8}+\frac{3}{2}\times\frac{1}{2}\times\frac{5}{6}$

$=\frac{7}{10}+\frac{5}{8}=\frac{53}{40}=1\frac{13}{40}$

(2)$\left(10.22-\frac{4}{5}\right)\times5\div3.14-5.2$

$=9.42\times5\div3.14-5.2$

$=15-5.2=9.8$

(3)$(109-22\times2)\div(1+4)=13$

$13+22=35$ …分子

$13\times4+22=74$ …分母

よって　$\frac{35}{74}$

(4) $4\times4\div2=8$ …円の半径×円の半径

$4\times4\div2+8\times3.14\times\frac{1}{4}\times2$

$=8+4\times3.14=20.56(\mathrm{cm}^2)$

(5)池の1周の道のりは

$(100+60)\times11=1760(\mathrm{m})$

BとCの速さの和は

$1760\div(11+5)=110$(m/分)

よって　$110-60=50$(m/分)

2 (1)2880円 (2)40個

解き方 (1)予定の利益は

$200\times0.2\times120=4800$(円)

その60%だから

$4800\times0.6=2880$(円)

(2)$(4800-2880)\div(200\times1.2\times0.2)$

$=40$(個)

3 (1)$10\mathrm{cm}^2$ (2)$25\mathrm{cm}^2$

解き方 (1) $4\times4-1\times3\div2\times4=10(\mathrm{cm}^2)$

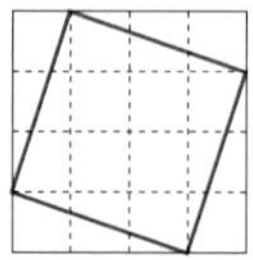

(2) $7\times7-3\times4\div2\times4=25(\mathrm{cm}^2)$

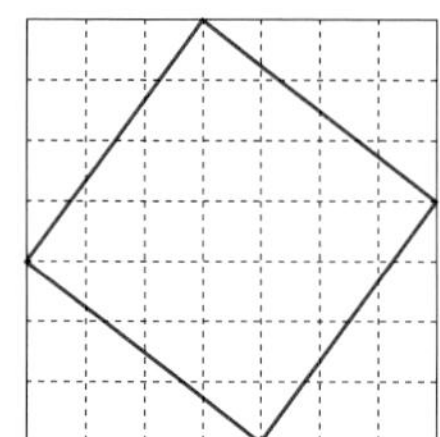

4 (1)3
(2)1, 5, 6, 10, 11, 15, 16, 20

解き方 (1) 1段目から始めて，2段目，3段目，…と左の数から右の数の順に番号をつけると，8段目の左から5番目の数は

$1+2+3+4+5+6+7+5=33$(番目)

$33\div5=6$ あまり3より，3である。

(2)左から1番目の数を1段目から順に見ていくと

1，2，4，2，1，1，2，4，2，1，…

と1，2，4，2，1の5つの数の並びを繰り返す。

よって，(5の倍数+1)段目と(5の倍数)段目の左から1番目の数が1になる。

よって

1，5，6，10，11，15，16，20

5 (1)3cm (2)2.4cm (3)8：9

解き方 (1)　四角形PBSO＝四角形AROQ
＋) 三角形POR　＝三角形POR
三角形RBS　＝三角形APQ

いずれも三角形ABCと相似なので，三角形RBSと三角形APQは合同。

よって，AP＝RBより，AR＝PBとなるので　$AR=(10-4)\div2=3(\mathrm{cm})$

⑵AB：PB＝AC：QCなので

$QC=\frac{3\times8}{10}=2.4$(cm)

⑶三角形RPOの面積を①cm^2とすると

三角形ABC＝①$\times\frac{10}{4}\times\frac{10}{4}$＝$\left(\frac{25}{4}\right)$($cm^2$)

四角形OSCQ

＝三角形QSC×2

＝三角形ABC$\times\frac{3}{10}\times\frac{3}{10}\times2$

＝$\left(\frac{25}{4}\right)\times\frac{18}{100}$

＝$\left(\frac{9}{8}\right)$

よって　$1:\frac{9}{8}=8:9$

6 ⑴**毎分12L**　⑵**75.75**

解き方 ⑴グラフより，Aは1辺の長さが40cmの立方体，Bは1辺の長さが70−40＝30(cm)の立方体とわかる。

(100×100×40−40×40×40)÷28

＝12000(cm^3/分)

12000÷1000＝12(L/分)

⑵(100×100×100−40×40×40

−30×30×30)÷12000

＝75.75(分)

第2回 中学入試 総仕上げテスト

1 ⑴$\mathbf{\frac{14}{15}}$　⑵**35**　⑶**188**

⑷㋐**25.12**　㋑**37.68**

⑸**36**

解き方 ⑴ $7.95-1.45=\square\times\frac{9}{7}+5.3$

$\square\times\frac{9}{7}=1.2$　　$\square=\frac{14}{15}$

⑵図の色の部分が二等辺三角形になる。

角C＝(180°−30°)÷2

＝75°

㋐＋40°＝75°より

㋐＝75°−40°＝35°

⑶整数Aを①とすると

①×5−①÷5＝(4.8)＝902.4

①＝902.4÷4.8＝188

⑷影(かげ)の部分の面積は，右の図の色の部分の面積と同じになるから

$4\times4\times3.14\times\frac{1}{6}\times3$

＝8×3.14＝25.12(cm^2)

また，周りの長さは円周の半分の3倍。

4×2×3.14÷2×3＝12×3.14

＝37.68(cm)

⑸クラスの人数を⑱とすると，犬をかっている人が③人，猫(ねこ)をかっている人が②人となる。

何もかっていない人は

⑱−(③＋②)＝⑬(人以上)

⑱−③＝⑮(人以下)

と表される。これが28人なので

①＝2(人)

よって　2×18＝36(人)

2 ⑴**12日**　⑵**120ページ**

解き方 ⑴ $8\div\frac{2}{3}=12$(日)

⑵全体のページ数を⑫ページとすると，計画での1日あたりの読む量は①ページ。

⑫−①×8＝④で　④÷(1.5)＝2あまり①

あまりの①ページが10ページにあたるので

10×12＝120(ページ)

3 ⑴$\mathbf{2\frac{4}{7}}$**cm**　⑵**17：16：18**

解き方 ⑴右の図の色の三角形に着目する。

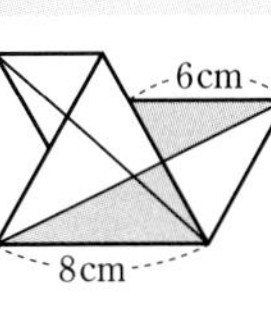

6：8＝3：4より

$6\times\frac{3}{3+4}=\frac{18}{7}$

$=2\frac{4}{7}$(cm)

(2)下の図の色の三角形に着目する。

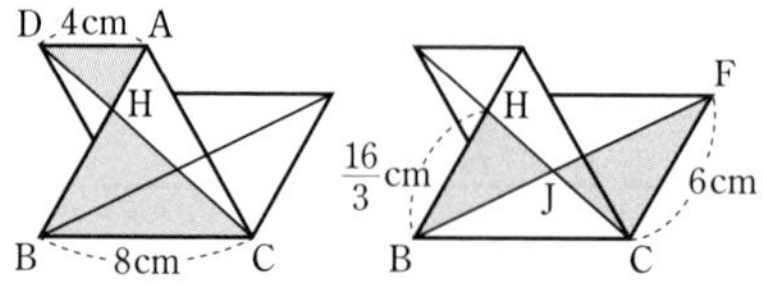

上の左の図より

DH：HC＝4：8＝1：2

$BH=8\times\frac{2}{1+2}=\frac{16}{3}$(cm)

上の右の図より

$HJ：JC=\frac{16}{3}：6=8：9$

よって

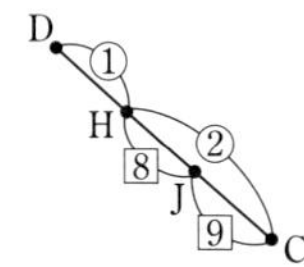

DH：HJ：JC

$=\frac{8+9}{2}：8：9$

＝17：16：18

4 (1)**21回**　(2)**7回**

解き方 (1)Aの体積は

$2\times2\times3.14\times2\times\frac{1}{3}=\frac{8}{3}\times3.14$(cm^3)

Bの体積は

$\left(4\times4\times3.14\times6\times\frac{1}{3}-2\times2\times3.14\times3\times\frac{1}{3}\right)$

$\times2$

$=56\times3.14$(cm^3)

よって　$56\times3.14\div\left(\frac{8}{3}\times3.14\right)=21$(回)

(2)最初に□回水を入れてアにはいり，次の□回でイに水がはいり，残った空気の部分をウとする。水面の面積が等しいということは，図のようにアとウが同じ形になる。

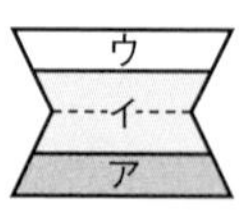

アの部分に□回ということは，ウの部分の空気も□回分。

イの部分は□回入れているので

□＝21÷3＝7(回)

5 (1)**4：3**　(2)**180m**　(3)**9分**

解き方 (1)A君が400m進む間に妹は300m進むので

400：300＝4：3

(2)A君が720m進む間に妹が進む距離(きょり)は

$720\times\frac{3}{4}=540$(m)

よって　720－540＝180(m)

(3)A君が出発した時刻(じこく)，妹が公園に着いた時刻，A君が公園に着いた時刻，A君が妹に追いついた時刻，A君が学校に着いた時刻の2人の位置をそれぞれ□，○，■，△，●で表し，線分図をかいて考える。

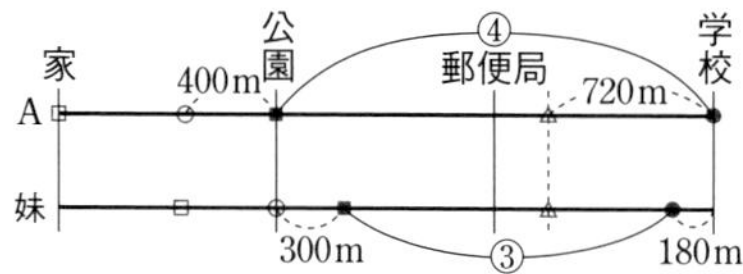

図より　①＝300＋180＝480(m)

それぞれの区間は，480×4÷2＝960(m)

郵便局(ゆうびん)から2人が並(なら)んだ場所までの距離は　960－720＝240(m)

240m進むのにかかった時間の差が1分であり，A君と妹のかかる時間の比(ひ)は3：4なので，240m進むのにそれぞれ3分，4分かかる。

A君の歩く速さは　240÷3＝80(m/分)

妹の歩く速さは　240÷4＝60(m/分)

A君が出発したときの妹の進んでいる距離は

$960-(960-400)\times\frac{3}{4}=540$(m)

よって，妹は540÷60＝9(分)早く出発した。

第3回 中学入試 総仕上げテスト

1 (1)**13**　(2)**157**　(3)**111**
(4)**78.5**　(5)**520**

解き方 (1) $18-□=\left(11.25-7\frac{1}{12}\right)\div\frac{5}{6}$

$=\frac{25}{6}\times\frac{6}{5}=5$

よって　□=18−5=13

⑵ 3.14×58+4×15.7−1.4×62.8

=3.14×58+4×5×3.14

−1.4×20×3.14

=3.14×(58+4×5−1.4×20)

=3.14×50=157

⑶ 2と7の最小公倍数が14なので，2でわると1あまり，7でわると6あまる数は，14でわって13あまる数。

100÷14=7あまり2より

14×7+13=111

⑷図のように移動して考える。

半径×半径は

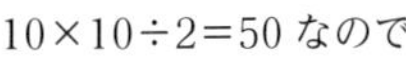

10×10÷2=50なので

$50 \times 3.14 \div 2 = 78.5(\mathrm{cm}^2)$

⑸ 1軒目の残りのお金は

$(170-30) \div \left(1-\frac{3}{5}\right) = 350$(円)

初めに持っていたお金は

$(350+40) \div \left(1-\frac{1}{4}\right) = 520$(円)

2 ⑴**E, G, I**　⑵$\mathbf{104\frac{1}{6}cm^3}$

解き方 組み立ててできる立体は右の図のような立体。立方体から三角すいを切り取った形になる。

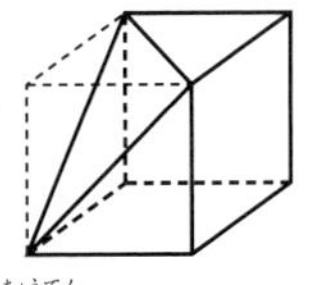

⑴下の図のように対応する頂点を調べる。

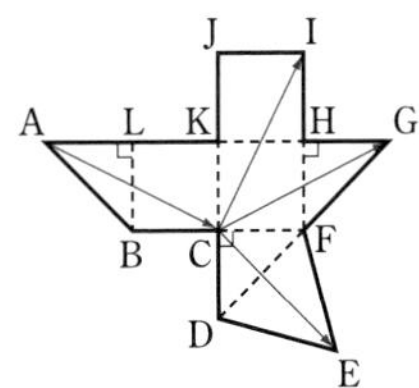

よって，E, G, I

⑵ $5\times5\times5-5\times5\div2\times5\times\frac{1}{3}=125-\frac{125}{6}$

$=125-20\frac{5}{6}=104\frac{1}{6}(\mathrm{cm}^3)$

3 ⑴**2cm**　⑵**3cm**　⑶**1：1：2**

解き方 ⑴右の図の相似形に着目する。

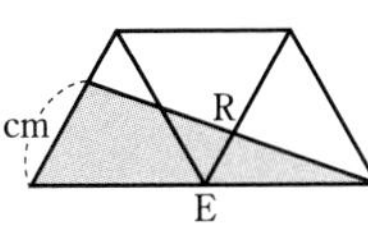

(6−2)÷2

=2(cm)

⑵右の図の相似形(合同)に着目する。

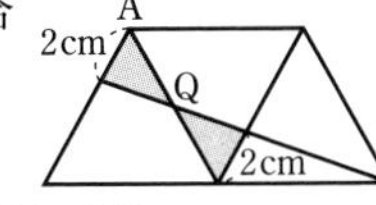

6÷2=3(cm)

⑶PQ=QR，PQ+QR=RC

よって　1：1：(1+1)=1：1：2

4 ⑴**毎時5km**　⑵**9**

⑶**4.5時間後**

解き方 ⑴船Aの上りと下りの速さは

上り　12÷3=4(km/時)

下り　12÷(7−5)=6(km/時)

よって　(6+4)÷2=5(km/時)

⑵船Bの下りの速さは　12÷3=4(km/時)

船Bの上りの速さは

4−(6−4)=2(km/時)

よって　3+12÷2=9(時間後)

⑶下の図のような相似形(ともに相似比1：1)に着目する。

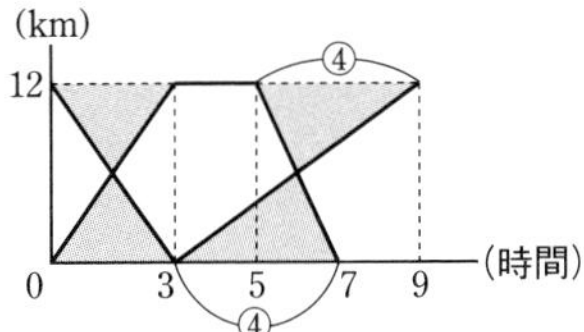

1回目の出会いは　3÷2=1.5(時間後)

2回目は　3+(9−3)÷2=6(時間後)

よって　6−1.5=4.5(時間後)

5 ⑴最も少ない…**5個**

最も多い…**11個**

⑵最も少ない…**7個**

最も多い…**22個**

⑶最も少ない…**11個**

最も多い…**56個**

総仕上げテスト

解き方 直線どうしが交わらないように引くと，分けられる個数は最も少なく，1本引くごとに1個ずつ増える。逆に，できる限り多くの直線と交わるように引くと，分けられる個数は最も多くなる。このとき，直線が引かれていない状態から考えると，1本引くごとに1個，2個，3個，…増える。

(1)最も少ない… $4+1=5$(個)

最も多い… $1+1+2+3+4=11$(個)

(2)最も少ない… $6+1=7$(個)

最も多い… $1+1+2+3+\cdots+6=22$(個)

(3)最も少ない… $10+1=11$(個)

最も多い… $1+1+2+3+\cdots+10$

$=56$(個)

第4回 中学入試 総仕上げテスト

1 (1)**2.4** (2)**$3\frac{1}{5}$** (3)**59** (4)**28** (5)**9.42**

解き方 (1) $12-\square=\left(9-3.3\div 9\frac{1}{6}\times 5\right)\times 1\frac{1}{3}$

$=\left(9-3.3\div\frac{55}{6}\times 5\right)\times\frac{4}{3}$

$=\left(9-\frac{3.3\times 6\times 5}{55}\right)\times\frac{4}{3}$

$=(9-1.8)\times\frac{4}{3}=9.6$

よって $\square=12-9.6=2.4$

(2) $\left(1-\frac{1}{1\times 2}\right)+\left(1-\frac{1}{2\times 3}\right)$

$+\left(1-\frac{1}{3\times 4}\right)+\left(1-\frac{1}{4\times 5}\right)$

$=4-\left(\frac{1}{1\times 2}+\frac{1}{2\times 3}+\frac{1}{3\times 4}+\frac{1}{4\times 5}\right)$

$=4-\left(\frac{1}{1}-\frac{1}{2}+\frac{1}{2}-\frac{1}{3}+\frac{1}{3}-\frac{1}{4}+\frac{1}{4}-\frac{1}{5}\right)$

$=4-\left(\frac{1}{1}-\frac{1}{5}\right)=4-\frac{4}{5}=\frac{16}{5}=3\frac{1}{5}$

(3)B=①とすると A=①×6+5=⑥+5

条件より

①=(⑥+5)×0.15+0.15=⓪.⑨+0.9

①=0.9÷(1−0.9)=9

よって $9\times 6+5=59$

(4)A君とB君の間の人数を③人として，列全体の人数を式で表すと

③+④+⑤+4=⑬+2

①=2(人)なので $2\times 13+2=28$(人)

(5)右の図のように等積変形すれば，半径6cmのおうぎ形になる。

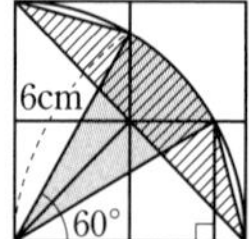

おうぎ形の中心角は

$90°-(90°-60°)\times 2=30°$

よって

$6\times 6\times 3.14\times\frac{30}{360}=3\times 3.14=9.42(\text{cm}^2)$

2 (1)**7回** (2)**8個**

解き方 (1) 20 → 10 → 5 → 6 → 3 → 4 → 2 → 1 より，7回。

(2)操作を逆にして考える。

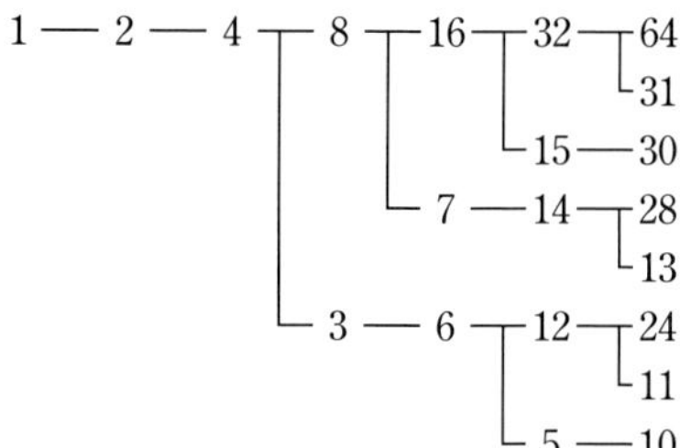

よって，8個。

3 (1)**2枚** (2)**7枚**

解き方 (1) 730円より10円は3枚，8枚，…となるが，100円の枚数が7枚までなので，条件に合う10円は3枚(100円は6枚)。

$(730-10\times 3-100\times 6)\div 50=2$(枚)

(2) 10円を3枚使うとき，残り15枚で700円となる。全部50円の場合でも

$50\times 15=750$(円)だから，不適。

10円を8枚使うとき，残り10枚で650円となるから，50円の枚数は

$(100\times 10-650)\div(100-50)=7$(枚)

10円を13枚使うとき，残り5枚で600

円となる。全部100円の場合でも
100×5＝500(円)だから，不適。
以上より，50円は7枚である。

4 (1)**2135.2cm^3**　(2)**1130.4cm^2**

解き方 (1) 10×10×3.14×5
＋6×6×3.14×5
＝680×3.14＝2135.2(cm^3)
(2) 10×10×3.14×2＋6×2×3.14×5
＋10×2×3.14×5
＝360×3.14＝1130.4(cm^2)

5 (1)**8cm**　(2)**6.4cm**　(3)**$5\frac{5}{8}$cm**

解き方 (1)(10＋6)÷2＝8(cm)
(2)右の図のように区切って考える。三角形BCDの面積を⑩とすると，
全体の半分は
(⑥＋⑩)÷2＝⑧

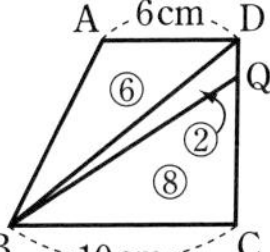

図より　CQ：QD＝⑧：②＝4：1
よって　8×$\frac{4}{4+1}$＝$\frac{32}{5}$＝6.4(cm)
(3)右の図のように区切って考える。三角形BCDの面積を⑩とすると，
三角形BCSの面積は⑤，三角形ADSの面積は

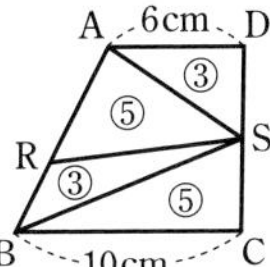

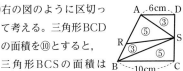

⑤×$\frac{6}{10}$＝③となる。このとき
三角形ARS＝⑯÷2－③＝⑤
三角形BSR＝⑯÷2－⑤＝③
なので，AR：RB＝5：3となる。
よって　9×$\frac{5}{5+3}$＝$\frac{45}{8}$＝$5\frac{5}{8}$(cm)

6 (1)**毎分80m**　(2)**800m**

解き方 (1) 120と60の最小公倍数が120なので，A君の家から公園までの道のりを[120]×2＝[240](m)とする。
A君の自転車に乗っていた時間，歩いた時間はそれぞれ
[120]÷120＝[1](分)，[120]÷60＝[2](分)
よって，平均(へいきん)の速さは
[120]×2÷([1]＋[2])＝80(m/分)
(2)公園に到着(とうちゃく)する時間の差は
2＋4＝6(分)
A君は家から公園までずっと80(m/分)で進んだとすると，B君が公園に着いたとき，A君は公園の手前80×6＝480(m)の地点にいる。
1200－480＝720(m)の$\frac{80}{80+100}$＝$\frac{4}{9}$を
A君が進んだので
720×$\frac{4}{9}$＋480＝800(m)

第5回 中学入試 総仕上げテスト

1 (1)**56**　(2)**$2\frac{11}{28}$**　(3)**611.64**
(4)**126**

解き方 (1)(36×16－40×12)÷4＋32
＝36×16÷4－40×12÷4＋32
＝36×4－40×3＋32＝56
(2) $3\frac{5}{12}$－□－$\frac{1}{6}$＝3÷3.5
□＝$3\frac{5}{12}$－$\frac{1}{6}$－$\frac{6}{7}$＝$\frac{13}{4}$－$\frac{6}{7}$＝$\frac{67}{28}$＝$2\frac{11}{28}$
(3) 0.6m^3＋120dL－360cm^3
＝600L＋12L－0.36L＝611.64L
(4) $\left(\begin{array}{cccccc} \not{1} & \not{2} & 3 & \not{4} & \not{5} & 6 \\ 60 & 30 & \not{20} & 15 & 12 & \not{10} \end{array}\right.$
よって　3＋6＋12＋15＋30＋60＝126

2 (1)**6.5点**　(2)**77.5%**

解き方 (1) 0＋5＋1＋11＋8＋7＋8
＝40(人)
2×5＋3×1＋5×11＋7×8＋8×7
＋10×8
＝260(点)
260÷40＝6.5(点)

⑵右のようなベン図をかき，うめていくと，**ア**と**イ**の人はともに5点なので，人数の和は11人。

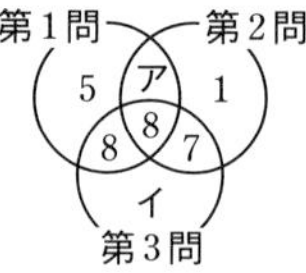

ア＝40×0.6－(5＋8＋8)＝3(人)

イ＝11－3＝8(人)

よって

(8＋8＋7＋8)÷40×100＝77.5(％)

3 ⑴**11cm**　⑵**494倍**

解き方 ⑴右の図のように延ばして正三角形にすると，1辺が30cmの正三角形になる。

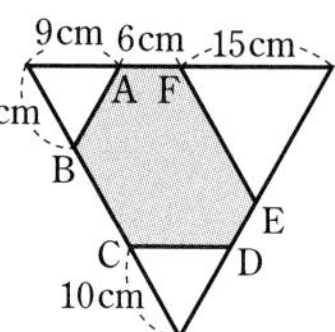

30－(9＋10)＝11(cm)

⑵ 30×30－(9×9＋15×15＋10×10)

＝494(倍)

4 ⑴**7.5秒**　⑵**時速54km**

⑶**1050m**

解き方 ⑴時速72km＝秒速20m

150÷20＝7.5(秒)

⑵列車Bの速さを□(m/秒)とする。

150＋200＝(20＋□)×10 より

□＝(150＋200)÷10－20＝15(m/秒)

秒速15m＝時速54km

⑶列車Aの最後尾に注目すると，20秒で400m進む。

列車Bはトンネルにさしかかってからすれちがい終わるまでに，

400＋200＝600(m)進む。

列車Bが600m進む間に列車Aが進む距離は

$600\times\frac{20}{15}$＝800(m)

よって　800－150＋400＝1050(m)

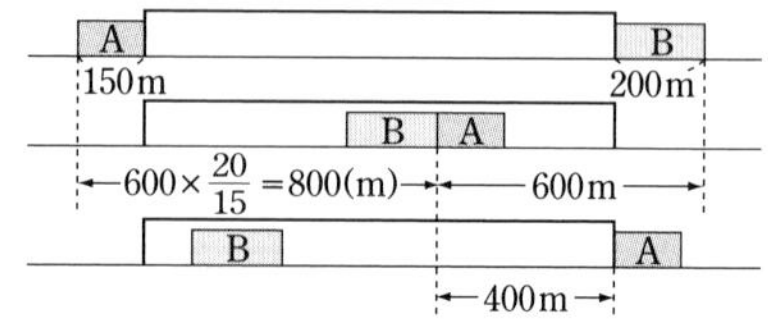

5 ⑴**3200cm²**　⑵**25**

解き方 ⑴ 30cmの辺が高さになるように立てたときと，20cmの辺が高さになるように立てたときでは，水の深さの比が10：12＝5：6なので，水のはいっている部分の底面積の比は6：5になる。

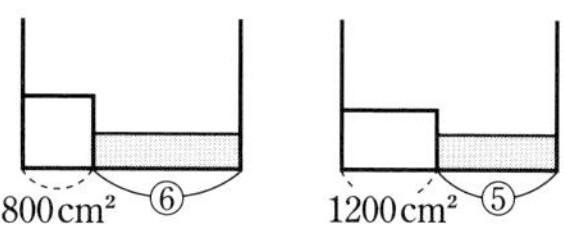

40×30－40×20＝400(cm²)が①にあたるので

800＋400×6＝3200(cm²)

⑵初めの水量は

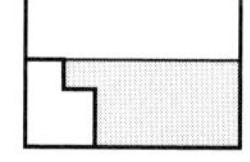

400×6×10＝24000(cm³)

24000＋84.5×1000

＝108500(cm³)

これが最終的な水量(上の図の影の部分)にあたる。

水面よりも下の容積は

3200×40＝128000(cm³)

図2のおもりの体積は

128000－108500＝19500(cm³)

切り取った部分の体積は

20×30×40－19500＝4500(cm³)

x＝40－4500÷20÷(30－15)＝25(cm)

6 ⑴**28台**　⑵**84台**

⑶**58台以上136台以下**

解き方 ⑴**ア**＋**イ**＝**ウ**＋**エ**　となる。

52＋48－72＝28(台)

⑵道**サ**の移動は考えず，道**オ**，**カ**，**ク**ははいってくる道，道**キ**，**ケ**，**コ**は出て行く道と考えると，

オ＋**カ**＋**ク**＝**キ**＋**ケ**＋**コ**となる。

72＋50＋40－48－30＝84(台)

(3) 2つの交差点YとZには，

48＋50＋39＝137(台)はいってきている。

最も少ないときは，**キ**から出た40台が**オ**，**カ**からきたとき。

よって　48＋50－40＝58(台以上)

最も多いときは，**キ**から出た40台のうち，なるべく多くが**ク**からきたときで，39台まで可能(かのう)。

このとき道**サ**を通っていない車の台数は

40－39＝1(台)

よって　137－1＝136(台以下)

MEMO

MEMO

MEMO

MEMO

MEMO